国家出版基金项目
NATIONAL PUBLICATION FOUNDATION

合成生物学丛书

材料合成生物学

钟 超 主编

山东科学技术出版社 | 科学出版社
济 南　　　　　　　　北 京

内 容 简 介

本书对材料合成生物学这一蓬勃发展的新兴交叉领域进行了系统性梳理和介绍。首先对可作为构筑单元的生物源材料进行了系统阐述，随后对"活"材料的设计与应用展开了详尽论述。具体而言，第 1 章阐述了材料合成生物学的核心理念与基础概念，为后续章节奠定了坚实的理论基础。紧接着，第 2 和 3 章聚焦于聚乳酸与聚羟基脂肪酸酯这两大生物可降解材料的生产和应用；第 4～13 章深入探讨蛋白质、多糖及核酸等生物大分子材料的设计原理与实践应用；第 14～19 章对工程活体材料的设计理念、从实际应用到加工技术进行了总结，全方位展示了其在智能响应、自我修复及环境适应性等方面的应用，为材料的未来发展开辟了全新的路径。第 20 章探讨了材料合成生物学领域可能的发展方向与趋势。

本书不仅是合成生物学、生物工程、生物材料、材料科学与工程等领域专家学者的研究指南，也适合作为高等院校相关专业研究生教学参考书，为培养跨学科人才贡献智慧与力量。

图书在版编目（CIP）数据

材料合成生物学 / 钟超主编. -- 北京 : 科学出版社 ; 济南 : 山东科学技术出版社，2025. 3. -- （合成生物学丛书）. -- ISBN 978-7-03-081287-2

Ⅰ. TB3；Q503

中国国家版本馆 CIP 数据核字第 2025V7Z273 号

责任编辑：王 静 罗 静 刘 晶 陈 昕 张 琳
责任校对：杨 赛 / 责任印制：王 涛 肖 兴 / 封面设计：无极书装

山东科学技术出版社 和 **科 学 出 版 社** 联合出版

北京东黄城根北街 16 号
邮政编码：100717
http://www.sciencep.com
北京中科印刷有限公司印刷
科学出版社发行　各地新华书店经销
*
2025 年 3 月第 一 版　开本：720×1000　1/16
2025 年 3 月第一次印刷　印张：43 1/4
字数：872 000
定价：498.00 元
（如有印装质量问题，我社负责调换）

丛 书 序

21世纪以来，全球进入颠覆性科技创新空前密集活跃的时期。合成生物学的兴起与发展尤其受到关注。其核心理念可以概括为两个方面："造物致知"，即通过逐级建造生物体系来学习生命功能涌现的原理，为生命科学研究提供新的范式；"造物致用"，即驱动生物技术迭代提升、变革生物制造创新发展，为发展新质生产力提供支撑。

合成生物学的科学意义和实际意义使其成为全球科技发展战略的一个制高点。例如，美国政府在其《国家生物技术与生物制造计划》中明确表示，其"硬核目标"的实现有赖于"合成生物学与人工智能的突破"。中国高度重视合成生物学发展，在国家973计划和863计划支持的基础上，"十三五"和"十四五"期间又将合成生物学列为重点研发计划中的重点专项予以系统性布局和支持。许多地方政府也设立了重大专项或创新载体，企业和资本纷纷进入，抢抓合成生物学这个新的赛道。合成生物学-生物技术-生物制造-生物经济的关联互动正在奏响科技创新驱动的新时代旋律。

科学出版社始终关注科学前沿，敏锐地抓住合成生物学这一主题，组织合成生物学领域国内知名专家，经过充分酝酿、讨论和分工，精心策划了这套"合成生物学丛书"。本丛书内容涵盖面广，涉及医药、生物化工、农业与食品、能源、环境、信息、材料等应用领域，还涉及合成生物学使能技术和安全、伦理和法律研究等，系统地展示了合成生物学领域的新成果，反映了合成生物学的内涵和发展，体现了合成生物学的前沿性和变革性特质。相信本丛书的出版，将对我国合成生物学人才培养、科学研究、技术创新、应用转化产生积极影响。

丛书主编
2024年3月

序 一

一部材料的发展史，映射了科技的进化史。自工业革命以来，人类的生产力获得极大解放，催生了诸如塑料、橡胶、玻璃、合成纤维等一系列兼具高强度与卓越性能的新型材料，重塑了人类的生产模式和生活方式，极大地提升了生活的便捷性与舒适度。然而，时光荏苒，曾经被视为人类智慧结晶的材料，却在不经意间对地球生态与人类的存续构成了长远的威胁。废弃的塑料制品仿佛历史的烙印，预计在未来数个世纪内与人类共存，其污染范围之广，以至使人类血液中都检测到了微塑料的存在，成为一道难以抹去的伤痕。与此同时，石化燃料的过度使用导致二氧化碳排放量激增，加剧了温室效应，引发极端气候事件频发，对全球生态平衡构成了严峻挑战。因此，可持续发展的理念被提升至前所未有的战略高度，已成为全球共识与行动指南。

随着基因编辑、定向进化、蛋白质工程的发展，合成生物学赋予了人类前所未有的生物设计与改造能力，推动材料设计迈入全新纪元。近年来，合成生物学和材料科学的交叉融合，催生了一个崭新的、充满无限可能的研究领域——材料合成生物学。该领域致力于通过合成生物技术来开发可持续的工程活体材料。这些材料不仅具备独特的物理和化学性质，更拥有自再生、自适应、环境响应等生命特性。材料合成生物学的诞生，恰逢全球对可持续发展与绿色创新需求日益增长的关键时刻，一经问世便迅速吸引了欧美等发达国家的高度关注与大力支持。这一新兴学科不仅契合了全球科技发展的主流趋势，更被视为推动未来产业升级、实现环境友好型社会转型的关键力量。在各国政府、科研机构及企业的共同努力下，材料合成生物学正以前所未有的速度蓬勃发展，预示着一个由生命材料构建的新时代的到来。早在 2014 年，美国国防部高级研究计划局（Defense Advanced Research Projects Agency，DARPA）就资助了近 5000 万美元的项目，用于功能活体建筑材料的开发。此后，该领域进入蓬勃发展时期。2021 年，美国工程生物学研究联盟（Engineering Biology Research Consortium，EBRC）发布了《工程生物学与材料科学：跨学科创新研究路线图》，聚焦工程生物学与材料科学的交叉融合技术研发与应用，将该领域分为合成（synthesis）、组成与结构（composition & structure）、加工处理（processing）、性质与性能（properties &performance）四个技术主题，并阐明其未来 20 年的发展目标，以及如何通过工程生物学与材料科学的融合应对工业生物技术、健康与医药、食品与农业、环境生物技术及能源领域面临的挑战。同年，新成立的欧洲创新理事会（European Innovation Council，EIC）发布了首批"探路者"项目，工程活体材料是五大资助方向之一。2023 年，美国国家科学基金会（National Science Foundation，NSF）宣布投资 1.62 亿美元推动包括工程活体材料在内的九项先进材料的创造，并与美国国家癌症研究所（National Cancer Institute，NCI）联合举办了工程活体材料研讨会，对医疗领域的应用和未来发展进行了深入探讨。同年，德国科学基金会（German Research Foundation，DFG）设立了"适应性工程活体材料"的六年期优先项目，旨在促进非生命体系和生命体系的协同效应，并推动其市场应用。自 2020 年起，德国莱布尼茨新材料研究所已经连续举办了 4 届工程活体材料国际会议，对该领域的新进展、新突破及未来发展方向进行探讨。在我国，材料合成生物学这一前沿领域的受重视程度也日益攀升，呈现出蓬勃发展的态势。越来越多的顶尖研究团队纷纷投身其中，共同推动着材料合成生物学研究的不断深入与拓展。

作为国内率先以"材料合成生物学"命名的权威著作，该书全面而深入地探讨了蛋白质、多糖、DNA 等天然高分子材料，以及可降解高分子材料和功能化"活材料"等领域的最新进展与发展趋势，并对材料合成生物学的未来发展之路进行了深刻洞察与展望。该书不仅为科研人员提供了丰富的理论框架与实践指导，助力其探索材料合成生物学这一新兴领域；同时，也可以作为高等院校的前沿教材，旨在帮助学生构建系统的知识体系，激发创新思维，为培养未来生物材料领域的领军人才奠定坚实基础。

作为合成生物学领域的研究者，我深感材料合成生物学的重要性。它不仅为我们提供了一种全新的材料设计和制造方法，更为解决当前全球面临的资源与环境问题提供了新的思路。通过合成生物技术，我们可以设计和制造出具有自修复、自适应和智能响应等特性的新型材料，这些材料将在医疗、能源、环境等领域发挥重要作用。该书的出版，正是对这一领域研究成果的总结和展望，相信它将为材料科学、合成生物学及相应交叉学科的研究者提供宝贵的参考，推动这一领域的进一步发展。我们期待材料合成生物学在未来能够取得更多突破，为人类的可持续发展贡献力量。

中国科学院院士

元英进
2025 年 3 月

序　二

当今世界，随着社会的快速发展和工业化的不断推进，我们面临着不可再生石化资源的迅速消耗，以及随之而来的全球性污染问题。与此同时，大家对可持续发展的关注也越来越深入，绿色能源和绿色材料的生物制造，成为越来越多人探讨的方向。就在这样的大背景下，材料合成生物学应运而生。它融合了合成生物学和材料科学的前沿成果，为新型材料的设计、生产和应用开辟了一条前所未有的新路。

从石器时代的打磨工具，到陶瓷的发明，再到青铜和铁器的冶炼，直至现代的有机高分子、先进陶瓷和纳米材料，每一次材料的创新，都在深刻影响着人类社会的进步。然而，传统材料的制造过程却伴随着巨大的资源消耗和环境污染，尤其是塑料制品的大量使用，对生态系统带来了极大的冲击。因此，开发低碳、环保、可持续且高性能的新材料，不仅是科学家的梦想，也是整个社会的共同期望。自然界经过数十亿年的演化，生命系统已发展出精巧而高效的生物合成能力，产生了许多功能出众的生物材料，如抗冻蛋白、贻贝蛋白、胶原蛋白等。它们在医疗和材料科学等领域有着巨大的应用潜力。然而，想要从自然界直接获取这些生物材料，往往面临着低产量和高成本的难题，难以满足规模化应用的需求。这时，材料合成生物学给我们提供了新的解决方案。通过基因工程和微生物发酵技术，我们可以高效地让工程化的微生物或细胞体系来"工厂化"生产这些天然组分。这种方式不仅可以满足大规模应用的需求，还能显著降低生产成本、减少对环境的影响，真正实现材料的可持续发展。

不仅如此，自然界自身还有许多令人惊叹的"活材料"系统，例如，能够自我愈合的皮肤和骨骼，能够动态响应环境变化的细菌生物被膜等。它们之所以如此令人感兴趣，是因为它们具备鲜活生命特有的"动态"特性，能够在受到外部刺激时，随时调节自身的特性、功能和行为。这些特性和功能在传统的材料中是难以实现的，也是材料科学家梦寐以求的目标。幸运的是，合成生物学的发展为我们实现这些目标提供了最先进的工具。通过基因工程和人工设计的基因线路，我们可以创建出具备环境感知、自我修复和自我再生等特性的"活材料"。这些活体材料具有传统材料所不具备的智能响应能力，能够根据外界条件自动调整自身的状态，为医疗、能源、环境等多个领域的创新应用，提供了无穷的可能性。

当然，作为一门新兴学科，材料合成生物学依然面临很多挑战。如何理性设计微生物在内的生命体系及其生物学功能，以高效合成生产人类所需的"活"材料？生物合成的材料如何发挥与自然媲美的功能？如何提升这些"活材料"的性能，使其超越天然材料？如何让这些材料在面对环境变化时，能够更加快速而精准地响应？这些问题的解决，需要我们来自生物学、化学、材料科学、工程学和计算机科学等多个领域的研究者，进行更多跨学科的合作与技术创新。《材料合成生物学》一书汇集了该领域的最新研究成果和实际应用，共分为二十章，涵盖了生物功能材料、自我愈合材料、刺激响应材料等前沿领域，深入探讨了合成生物学在自组装生物材料以及活体材料设计、生产和应用中的创新实践。该书不仅介绍了聚乳酸、聚羟基脂肪酸酯、重组胶原蛋白、丝蛋白、抗冻蛋白等自组装生物材料的合成与应用，还详细讨论了蛋白水凝胶、可控分子量透明质酸、细菌纤维素和核酸材料等功能材料的开发；涉及到的应用包括微生物合成纳米材料、半人工光合作用、生物纳米传感器、工程化活体治疗材料、活体建筑材料和活体能源材料等。最后，该书还对活材料的加工制造和未来的发展进行了展望。

我相信该书的出版，能够为从事材料科学、合成生物学及相关领域的研究人员、工程师和学生提供有价值的参考，也期待更多不同学科的学者和专业人士投身于这一充满前景领域的研究和应用中。未来的材料科学，必将与生命科学更加紧密地结合，而材料合成生物学将成为这一融合的核心驱动力。让我们共同期待材料合成生物学的不断突破，推动新材料的诞生，为我们的可持续未来注入新的动力。

中国科学院院士

施剑林

2025 年 3 月

前　言

人类文明的长河，伴随着材料演进的壮丽史诗。铁器的出现，极大地增强了人类改造自然的能力。而硅的发现，照亮了信息革命的道路，引领我们步入了数字时代。每一次材料的革新都深刻地改变了人类社会的面貌。随着合成生物学的蓬勃发展，人类对生命的改造和控制的边界也在不断拓宽。近年来，一个全新的领域——材料合成生物学（亦称工程活体材料、活体功能材料，或简称为活材料）正悄然兴起，它将生命体系的独特属性赋予材料，使创造的材料拥有了自再生、自修复、自适应及环境响应等卓越性能。该领域诞生于材料科学与合成生物学的交叉融合，为能源、环境、医疗等诸多领域的可持续发展注入了强劲动力。随着合成生物学理论与技术的不断突破，该领域的研究内涵日益丰富，展现出广阔的发展前景。

追溯历史，该领域诞生于 2014 年，哈佛大学和麻省理工学院的研究人员分别提出了活材料的概念。同年，美国国防部高级研究计划局（DARPA）提供了高达5000 万美元的资金支持，用于该领域的技术开发。进入 21 世纪 20 年代，随着全球对可持续发展的高度重视，该领域迎来了爆发式增长，各国纷纷加大投入，竞相布局。2021 年，美国工程生物学研究联盟（EBRC）发布了《工程生物学与材料科学：跨学科创新研究路线图》（*Engineering Biology and Materials Science: A Roadmap for Interdisciplinary Innovation*），聚焦两大领域的深度融合与技术创新。同年，欧洲创新理事会（EIC）也将工程活体材料纳入首批"探路者"项目，彰显其战略地位。2023 年，美国国家科学基金会（NSF）更是宣布斥资 1.62 亿美元，推动包括工程活体材料在内的九项先进材料研发，并与美国国家癌症研究所（NCI）联合举办研讨会，深入探讨活材料在医疗领域的应用前景。德国科学基金会（DFG）亦不甘落后，设立了为期六年的"适应性工程活体材料"优先项目，旨在促进生命体系与非生命体系的协同创新与市场应用。在国内，国家重点研发计划亦在 2020 年和 2024 年持续布局，为该领域的蓬勃发展提供有力支撑。

鉴于材料合成生物学的迅猛发展态势，我们有幸邀请国内从事可持续生物材料研究的青年才俊，共同撰写此书，以期为有志于该领域的同仁提供参考与借鉴。

本书共 20 章，第 1 章由钟超及其团队成员编写，第 2 章由陶飞及其团队成员编写，第 3 章由陈国强、谭丹编写，第 4 章由范代娣及其团队成员编写，第 5 章由柏文琴及其团队成员编写，第 6 章由张雷及其团队成员编写，第 7 章由孙飞及其团队成员编写，第 8 章由曹毅及其团队成员编写，第 9 章由康振及其团队成员编写，第 10 章由钟成及其团队成员编写，第 11 章由仰大勇及其团队成员编写，

第 12 章由高翔、王博及其团队成员编写，第 13 章由王殿冰及其团队成员编写，第 14 章由安柏霖、王艳怡及其团队成员编写，第 15 章由陈飞、于寅、霍敏锋编写，第 16 章由刘尽尧及其团队成员编写，第 17 章由李柯编写，第 18 章由王新宇及其团队成员编写，第 19 章由余子夷及其团队成员编写，第 20 章由钟超及其团队成员编写。尽管我们力求完美，但鉴于学术功底、研究经验与写作能力的局限，书中难免存在疏漏之处。在此，我们诚挚地邀请广大读者与同行批评指正，共同推动该领域的繁荣发展。

展望未来，材料合成生物学将继续在科技创新的道路上砥砺前行。我们相信，在不久的将来，这一领域将为我们带来更多惊喜与突破，为人类社会的可持续发展贡献更多力量。在此，我们衷心感谢编写团队的辛勤付出与无私奉献，感谢编辑团队的精心策划与悉心指导，感谢所有对本书出版给予支持与帮助的人们。希望本书能为广大读者提供有益的启示与借鉴，共同开创可持续发展的美好未来。

编　者
2025 年 2 月

目　　录

第 1 章　材料合成生物学概述

在不久的将来，我们的日常生活将发生翻天覆地的变化：皮包不再是传统皮革的制品，而是由蘑菇菌丝巧妙编织而成；餐桌上的培根，也不再来源于猪肉，而是蘑菇经过精心培育的杰作；牛肉，无需宰杀牲畜，可以直接在实验室里"培养"出来；疫苗，不再依赖于复杂的生产线，而是有可能直接从地里"长出来"；衣服，在完成使命后，可以直接自然降解，回归土地；汽油，不再是石油的衍生品，而是微生物直接生产的清洁能源。

这些曾经只存在于科幻小说中的场景，如今正逐渐变为现实。这一切的变革，都离不开合成生物学的迅猛发展。合成生物学作为一门新兴的交叉学科，将生物学的原理与工程学的手段相结合，推动了材料科学的跨越式进步。它不仅改变了我们获取和使用材料的方式，更在潜移默化中改写着人类的生活方式。材料合成生物学正是这一变革浪潮中的璀璨明珠，它站在材料与生物的交叉领域，将两者的优势巧妙融合，为人类社会带来了前所未有的创新机遇。

1.1　材料合成生物学的发展和概念

生物界的材料（如贝壳、蜘蛛丝、骨骼等）具有许多优异的性能，如高机械强度，长期以来为材料科学提供了灵感。仿生材料领域通过模仿这些生物材料的天然结构和原理，已经制备出一系列优异的功能材料（Zhao et al.，2014；Wegst et al.，2015；Naik and Singamaneni，2017）。然而，尽管仿生学取得了显著进展，许多天然材料的特性仍难以通过传统合成手段复制或实现。究其原因，在于自然材料的生成过程往往由活细胞完成，即细胞能够感知和处理环境信号，通过体内的信号传导和基因调控网络来控制材料的生物合成、组装、功能化乃至降解。相比之下，传统材料制造过程缺乏这种由活体系统动态调控的机制。因此，将合成生物学引入材料科学，为材料设计提供了全新的范式：通过理性地设计细胞的感应和遗传基因回路，将外界信息转化为材料的性质和功能（Chen et al.，2015）。CRISPR 基因编辑技术的发展可以实现更快、更精确的底盘细胞改造（Pickar-Oliver et al.，2019），这些改造赋予了材料诸如自组装、自修复、环境响应、适应进化等特性。

材料合成生物学正是在这一背景下兴起，结合了合成生物学、材料科学、工程学等多个学科的知识和方法，以创造和设计具有生命特征的新型活材料为研究目标，不仅拓宽了传统材料科学的边界，还深化了对生命过程的理解，促进了生命科学与工程学的深度融合（Tang et al.，2021）。该领域的发展受到多方面驱动：一方面，可持续发展和绿色制造的需求促使人们寻找生物替代方案来生产材料；另一方面，生物材料自身的智能性和复杂结构吸引科研人员尝试将生命特征引入人工材料中。另外，合成生物学近年来的迅速发展也为这一交叉领域提供了有力工具和技术支撑（Yan et al.，2023；Khalil et al.，2010）。以下关键技术的进展在材料合成生物学中尤为重要。

（1）基因电路设计：通过设计合成基因线路，实现对细胞行为的精确编程，使细胞按照预定逻辑响应环境并产生所需产物。例如，研究者可以重新布线细胞的信号传导途径，将外部刺激与特定基因表达关联，从而控制材料的合成启动或功能表达。这种基因电路就像细胞内的"程序"，赋予材料生成过程高度可控的特性。

（2）代谢途径重构：通过代谢工程改造细胞内部的生化通路，使其合成目标分子或材料前体。传统上，人们利用微生物发酵生产一些高分子材料的单体（如聚合物前体），但早期的这些材料产物本身并不具有生物系统的动态功能。如今，合成生物学可以将全新的代谢途径导入细胞，"按需"生物合成出过去依赖石化工业的材料。例如，工程化的微生物细胞工厂能够制造生物基塑料单体或功能高分子，为材料合成提供可再生且独特的分子积木。

（3）细胞工厂构建：综合运用基因电路和代谢工程，将微生物细胞打造为高效的材料生产工厂。通过优化代谢流和产物分泌途径，工程菌可以高产地合成材料组分，如大量表达结构蛋白、胶原、纤维素等，用于后续材料的提取和制备。与传统化工工厂不同，细胞工厂具有原料可再生、条件温和、过程可生物降解等优势，在规模化制备材料时更加环保。

借助上述技术，近年来材料合成生物学取得了大量成功案例。例如，研究者利用工程细胞合成出可降解的生物塑料（Zhang et al.，2020），或者通过细胞合成路径显著简化了复杂分子的制备过程（Jullesson et al.，2015）。然而，该领域仍存在诸多挑战。首先，如何精确调控活细胞构建材料的过程仍未完全解决。生物体系复杂且具有非线性，工程化细胞在长期培养中可能出现变异或失去功能，给材料性能的一致性和可预测性带来困难。其次，跨尺度整合的难题依然突出，即如何将分子层面的设计意图传递并实现到宏观材料结构，这是获得稳定功能材料所必须克服的。再次，生物安全和伦理问题也需要关注，如包含活细胞的材料在应用于开放环境时可能带来的生态风险或监管挑战。此外，规模化与成本也是一大瓶颈，将实验室的新颖材料生产方法转化为工业可行的工艺需要克服成本、产率等方面的障碍。面向未来，随着基因编辑（如 CRISPR）、合成基因组学和计算机辅助生物设计等技术的进步，这些问题有望逐步得到解决。总体而言，材料合成生物学正沿着由简单到复杂、由封闭到开放应用的路径快速发展，在实现材料科学新突破方面被寄予厚望。

1.2　材料合成生物学研究范畴

材料合成生物学的研究内容涵盖多个层次，从分子自组装到宏观结构，主要包括自组织生物材料（也可以称为生物源材料）和活体功能材料（又称工程活体材料或者活材料）（Tang et al.，2021）。自组织生物材料是指利用生物分子天然的自组装机制来构筑材料，使材料在微观上形成有序的结构单元，并由此产生宏观功能。许多生物体系都体现出自组织特性，例如，细胞内的蛋白质、脂类、核酸等组分常常通过非共价相互作用在时空上有序排列，形成分级结构，从而赋予生物体机械稳定性或功能调控能力。受此启发，研究者设计了各类可以自组装的生物大分子，用于材料构建。合成生物学为定制这些分子构件提供了方案——通过基因工程修改分子的氨基酸序列或结构域设计，可以获得具备特定组装性质的蛋白质、多肽或 DNA 结构单元。这些模块在细胞内合成并提取出来，便可在适当条件下自发组装成多尺度的材料结构。典型例子包括蜘蛛丝蛋白的自组装（Teulé et al.，2009）。蜘蛛丝以其优异的机械性能著称，其强度和韧性源于蜘蛛丝蛋白在特定条件下形成的高度有序纤维结构。通过合成生物学手段，研究者已经能够在异源生物（如大肠杆菌、酵母甚至植物细胞）中表达蜘蛛丝蛋白，并让这些蛋白质在体外自行组装成纤维（Whittall et al.，2021）。研究表明，蜘蛛丝蛋白的组成和结构与其性能密切相关，合成生物学的进展使人们可以仿照自然设计出具有不同长度、重复序列和化学修饰的蜘蛛丝蛋白，从而调控其组装行为和最终力学性能（Whittall et al.，2021）。这些重组蜘蛛丝材料不仅保留了天然蜘蛛丝的生物相容、可降解等优点，而且通过分子设计拓展了新的功能，在生物医用材料领域展现出广阔的应用前景。

除了蛋白质，自组织生物材料还包括 DNA 或 RNA 寡聚体、病毒外壳、胶原和其他生物高分子。DNA "折纸术" 利用核酸序列特异性互补配对可以构建纳米尺度的多种形状（Dey et al.，2021）。在微生物材料方面，大肠杆菌的 Curli 纤维是研究得比较透彻的自组装体系。Curli 纤维由细菌分泌的 CsgA 蛋白聚合形成，是大肠杆菌生物被膜的重要骨架（Van Gerven et al.，2015）。科研人员已经成功改造该体系，使 CsgA 蛋白在融合各种功能蛋白肽之后依然能够自组装成纳米纤维，从而赋予材料不同功能（如催化、导电、水下黏合等）（Courchesne et al.，2018；Zhong et al.，2014）。总的来说，自组织生物材料利用生物分子自身的装配属性，实现了材料从下而上的构筑。这种策略往往能得到精细且高度规则的结构，并通过分子设计直接将功能编程进材料之中，为构建功能化纳米材料和智能材料提供了重要途径。

活体功能材料（又称工程活体材料）是材料合成生物学中更具革命性的一个研究方向，即让活细胞成为材料的一部分，这种材料由活细胞与其他支架或胞外基质共同构成，细胞在其中能持续地感知环境并作出响应，赋予材料环境适应性和智能调控能力（An et al.，2023；Rodrigo-Navarro et al.，2021）。与传统材料相比，活体功能材料可以像生物体一样生长、自修复、进行新陈代谢并执行特定功能，例如，材料中的细胞可以被设计为遇到特定化学物质时改变材料性质，或者周期性地修补材料中的损伤（Rivera-Tarazona et al.，2021）。这种活体材料概念在 2010 年代中期开始兴起，被视为开创了材料设计的新范式（Chen et al.，2014；2015）。例如，在环境治理方面，通过工程化大肠杆菌，使其携带一个汞离子感应基因电路，当环境中出现剧毒的汞离子时，细胞内的 MerR 抑制蛋白被解除抑制，从而启动下游 *csgA* 基因的表达，CsgA 蛋白会被分泌到细胞外自组装形成黏性生物被膜基质。Curli 纤维对重金属离子（如汞离子）有很强的结合能力，工程菌迅速形成的生物被膜网络便将汞离子捕获固定在基质中，达到从环境中清除汞的效果（Tay et al.，2017）。这类活体材料相当于一个智能生物海绵，能自主检测污染并加以去除，实现了生物修复功能。更重要的是，只要有充足的营养，材料中的细胞可以持续存活并发挥作用，赋予材料长期作用力，这一点是传统材料难以实现的。

除了环境传感和修复，活体功能材料在许多领域都展现出创造性应用。例如，在生物医用领域，将工程化细胞嵌入水凝胶，制成活体水凝胶敷料，可以根据伤口微环境动态释放药物或生长因子，加速愈合过程（Rodrigo-Navarro et al.，2021）。再如，在黏合剂领域，研究者制作了生物被膜活胶水。通过基因工程修改枯草芽孢杆菌，使其生物被膜中的关键蛋白（TasA 和 BslA）分别融合了贻贝黏附蛋白 Mefp5 和 Mfp3 的片段，并让细胞分泌一种酪氨酸酶催化蛋白质中的酪氨酸形成多巴（DOPA）（Zhang et al.，2019）。多巴基团可使生物膜具备类似贻贝足丝的黏附性能，从而得到可自主生成和重塑的胶黏材料。这种活体胶水在湿润环境下依然有效，且材料中的细菌可逐渐生长填充新的空间，使黏合界面具有自我愈合能力。综上，活体功能材料通过将细胞工厂嵌入材料内部，实现了材料功能的程序化和可演化特性。细胞在材料中既提供源源不断的功能物质，又充当了环境感应器和响应器，使材料能够根据外界条件调整自身属性。随着对细胞与材料界面相互作用机制的深入研究，这类智能材料的性能将进一步提升，并扩展到更多元的应用场景。

材料合成生物学作为一门新兴交叉学科，未来的发展前景非常广阔。从技术路径上看，研究者将致力于开发更加复杂稳健的生物系统，以拓展材料功能的边界。例如，更高级的合成基因线路和细胞通信体系可赋予材料更灵敏和多样的响应行为；多物种工程（合成微生物群落）有望用于构建具有分工合作功能的材料体系；再结合机器学习和计算设计可优化生物材料的序列与结构，使材料性能实现按需定制。此外，新型底盘细胞（如光合菌、放线菌或真菌等）的挖掘和利用，将为材料合成带来不同于传统模式生物的新特性，进一步丰富材料的类型。可以预见，自我进化、自适应的材料将在未来出现，例如，材料中的细胞能够根据使用频率不断优化自身产物，使材料随着使用时间的延长而获得更好的效果；又如，材料能够记录环境刺激，从而具备某种"记忆"效应。这些功能目前仍属于概念阶段，但随着生物学与材料科学的深入融合，有望逐步成为现实。

产业方面，材料合成生物学可能引发新一轮产业革命。生物制造将重构材料生产的范式，带来分布式、低能耗的生产模式。例如，未来的工厂可能变成大型发酵车间，由工程细胞生产出各种材料前体，再通过简单的加工得到最终产品。在这种模式下，原料可以是可再生的生物质，生产过程接近常温常压，副产物易于降解，从而大幅降低碳足迹。事实上，产业界已经开始了这方面的布局。根据波士顿咨询公司的报告，截至 2023 年年初，全球有约 79 家合成生物学公司专注于材料应用，吸引了将近 80 亿美元的私人投资。这些企业的目标领域涵盖纺织、时尚、家居日用品、电子器件、采矿和建筑等多个行业。可以预见，随着新兴技术的发展，这些行业的供应链将被改造甚至颠覆——原本依赖石油和矿产的材料将部分由生物途径生产，产品设计也将突破传统材料的限制，例如，可生物降解的服装、能够自动降解或循环的包装、能够生长的建筑材料都有望走出实验室进入市场。对于社会而言，这意味着更加环保的产品和生产方式，以及由此带来的经济结构转型。当然，新技术的大规模应用也伴随着挑战，例如，如何确保这些含有活体成分的材料在环境中安全可控。监管部门和科学界需要制定完善的生物安全规范来防范潜在风险，同时向公众科普这项技术的益处和风险，从而取得社会信任。

展望未来，实现材料合成生物学的远大目标需要学术界和工业界的紧密合作。学术界将在基础研究上继续深化，对生物材料形成机制、细胞-材料界面相互作用等问题提供理论指导，并开发更高效的工程工具。而工业界则可以投入资金和资源，加速将实验室成果转化为大规模生产技术。在这一过程中，跨领域的协同创新平台将发挥关键作用。例如，近年来国际上出现了专门聚焦生物制造与材料的大会和加速器计划（如 Biofabricate 峰会等），将科研人员、企业和投资者汇聚一堂，共同推动生物基材料的商业化。这种协作有助于对接技术供给与应用需求，缩短研发到应用的周期。通过引入生命体系的设计原则，我们有望创造出前所未有的智能材料和可持续材料。随着技术的进步和各种创新的累积，材料合成生物学可能会引领材料领域发生根本性的变革，从而推动工业模式朝着更加绿色高效的方向发展，并最终为社会创造重大的经济和环境效益。

1.3　材料合成生物学全球布局

1.3.1　美国：战略引领与系统性投入

追溯历史，材料合成生物学领域诞生于 2014 年，哈佛大学和麻省理工学院的研究人员分别提出了"活材料"的概念。同年，美国国防部高级研究计划局（DARPA）启动"工程活体材料"（engineered living material，ELM）专项，提供5000万美元支持微生物合成功能材料的基础研究。2021年，美国工程生物学研究联盟（EBRC）发布《工程生物学与材料科学：跨学科创新研究路线图》，聚焦两大领域的深度融合与技术创新，系统规划了生物-非生物界面工程、动态自修复材料等五大技术方向，提出未来20年实现可编程生物材料规模化制造的目标。2023年，美国国家科学基金会（NSF）启动1.62亿美元的"材料未来"计划，其中工程活体材料被列为九大核心方向，并与美国国家癌症研究所（NCI）联合召开医疗应用研讨会，推动肿瘤靶向载药生物材料研发。

1.3.2 欧盟：政策驱动与产业转型

欧盟通过顶层设计推动生物基材料替代战略。2013年，《生物基产业战略创新与研究议程》首次将生物基材料纳入欧洲工业转型框架；2019年，《面向生物经济的欧洲化学工业路线图》更明确提出在2030年生物基产品替代率达到25%的硬性指标；2021年，欧洲创新理事会（EIC）在"探路者"计划中投入1.3亿欧元，活材料是五大支持方向之一，研究重点是推动活材料的规模化生产，并解决理论、社会、法律和监管方面的问题，从而推动产业化发展；2024年，欧盟通过循环生物基产业联合承诺（CBE JU）追加2.13亿欧元，专项用于纤维素纳米材料、微生物矿化建材等可降解材料的产业化攻关。

表 1-1　欧洲创新理事会"探路者"项目信息

序号	项目名称	项目简介
1	招募合成的真菌-细菌菌群以生产具有计算能力的多细胞菌丝基工程活体材料（ELM）	ELM由赋予其独特性质和功能的活细胞组成。由于其可调性和可持续生产的潜力，ELM在材料科学领域受到了广泛关注。由欧洲创新理事会资助的Fungateria项目旨在开发一系列创新的ELM组合，将真菌与细菌相结合。基于真菌的材料通常是通过在不同有机基质上培养蘑菇的营养体部分——菌丝体来生产的。该项目将菌丝体与作为传感器遗传电路载体的细菌相结合，所得的ELM将展现出高级功能，并在不再需要时实现可诱导降解
2	在胚胎样结构中监控形态发生	胚胎样结构是一种多组织胚胎类器官（器官的微型化且简化版本），能够在培养皿中复制哺乳动物的发育过程，包括早期的器官发生。它们通过模拟最早可识别的器官发育阶段，为科学进步带来了巨大希望。然而，目前的类器官体积较小，且缺乏自主发展血管网络的能力。欧盟资助的SUMO项目聚焦于心血管和前肠的发育，应用了包括人工智能和生物工程在内的前沿技术，以开发出可重复且可扩展的、具有胚胎样形态的胚胎样结构，这些结构展示出了器官发育的高级阶段

序号	项目名称	项目简介
3	利用 FUROID 和 HAROID 技术实现人工毛发、绒毛和羊毛毛囊的大规模连续生产	市场和挑剔的消费者正转向更可持续、更符合道德规范的众多产品来源，以减少对动物的依赖。众多需要变革的领域包括用于服装和装饰的动物毛皮、用于毛发移植疗法的动物来源，以及广泛用于服装和地毯的羊毛。由欧洲创新理事会（EIC）资助的 FUROID 项目将开发并生产具有改进特性的工程活体毛皮、毛囊和羊毛，这些产品利用纳米结构支架、毛发/羊毛/毛皮类器官和自动化生物制造技术。该项目将支持不断增长的工程活体材料组合，提供一种连续、可扩展且可泛化的技术，用于通过"卷对卷"工艺从哺乳动物细胞中形成具有纹理的材料
4	具有特化高级层的活体治疗与再生材料	与传统材料相比，生物体内的生物材料具有特定的结构、组织方式，并且常常展现出多种功能。ELM 作为合成生物学和材料科学的基石应运而生，由于其内含的活体生物体，能够生产出功能增强的材料。由欧洲创新理事会资助的 NextSkins 项目受到皮肤多层结构与功能的启发，通过模仿皮肤的特殊排列方式，制造出两种工程活体材料：一种具有治疗功能，用于治疗皮肤疾病；另一种具有再生功能，可用于制作运动中的防护服装
5	真菌材料的闭环控制	截至目前已被描述的真菌物种大约有 10 万种，而实际总数估计可达数百万种。它们是令人惊叹的工厂，能生产出众多具有治疗价值的生物活性代谢物。欧盟资助的 LoopOfFun 项目认识到了真菌在另一个创新领域的潜力——作为 ELM 的一部分，实现对机械和结构特性的开环和闭环控制。该项目将筛选出具有卓越材料合成能力的真菌，并利用它们进行基于合成生物学的编程。这种编程将通过一种新型的自动化机器人平台完成，该平台基于迭代的设计-构建-测试-学习循环，将真菌开发成工程活体材料。其成果将为这类材料的理性设计提供支持
6	印刷共生材料作为生产活体组织的动态平台	欧盟资助的 PRISM-LT 项目将采用混合活体材料概念，打造一个用于生产活体组织的灵活平台。这种创新的生物墨水将包含干细胞，这些干细胞被整合到一个含有工程化辅助细菌或酵母细胞的支撑基质中。生物打印过程将产生一种 3D 图案结构，其中的干细胞可被诱导分化为不同的细胞谱系。通过定向刺激分化的干细胞，将迫使它们产生谱系特异性的代谢产物，以供设计者指定的辅助细胞感知。平台内的辅助细胞随后将增强局部谱系承诺，以维持分化的稳定性。该项目旨在开发两种分别用于生物医学和食品应用的共生材料
7	构建人体微型心脏和游泳生物机器人	制造我们自己的心脏，真的就指日可待了。工程师们正与生物学家携手合作，共同打造生物心脏机器人。欧盟资助的 BioRobot-MiniHeart 项目正在开发一种具有血管且能跳动的微型心脏。同时，该团队还在创造一种自主游动的生物机器人，它是通过将人类心脏细胞组装成 3D 组织结构而制成的。为此，他们使用了牺牲模塑和高分辨率 3D 生物打印技术。这种微型心脏和生物机器人将为科学家提供更逼真的人体心脏体外模型，以及评估环境中心脏毒物存在的合适工具。这项创新有望帮助加快心脏病治疗方法的开发

1.3.3　德国：基础研究与应用转化并重

德国科学基金会（DFG）采取"概念验证中心+产业加速器"模式，于 2023 年启动"适应性工程活体材料"优先计划，在第一个三年投入 4400 万欧元，聚焦生命/非生命系统的系统工程，针对以下科学问题展开：如何设计材料以支持细胞的持续生存和功能？如何将合成生物学工具与材料相结合？如何使加工技术与活细胞相兼容？需要哪些参数和方法来表征工程活体材料的动态行为？工程活体材料生产的标准化扩大规模有哪些要求？未来负责任地应用工程活体材料存在哪些潜在风险，以及有哪些缓解策略？该计划将要实现以下目标：①制定材料设计规则，以维持和调节细胞生存、限制（或定位）和功能，并开发验证这些规则的演示模型。②开发和验证合成生物技术，使活材料能够适应所需的刺激。③开发与加工技术（如 3D 打印）相结合的材料前驱体和形态，以实现和扩大规模化生产多材料工程活体材料。④开发和验证表征工程活体材料动态特性的方法。⑤研究工程活体材料的负责任和安全使用。

1.3.4 中国：国家战略持续布局

我国的《"十四五"生物经济发展规划》明确将合成生物列为七大科技前沿领域之一。另外，国家重点研发计划"合成生物学"重点专项于 2020 年和 2024 年分别都设立了活体功能材料相关的专项，支持活体功能材料的基础研究。在全国各地的生物制造产业发展规划中，也将活体功能材料的绿色生物制造作为重点支持领域。中国科学院深圳先进技术研究院成立了全球首个以"材料合成生物学"命名的研究中心，推动活体功能材料的基础和产业研究。

1.4 全 书 脉 络

本书旨在全面介绍材料合成生物学这一蓬勃发展的研究领域，涵盖其研究现状、最新进展及未来发展方向。全书内容精心组织，共分为 20 章。第 2～13 章聚焦于生物源的自组织材料，深入探讨其分子设计、自组装机制及功能特性，为读者呈现这一领域的丰富内涵和广阔前景。第 14～19 章则转向活体功能材料，详细阐述其在环境治理、生物医用、材料表面涂层及黏合剂等多个领域的创新应用，展示活体材料的独特魅力和无限可能。最后，第 20 章总结归纳材料合成生物学面临的挑战和发展方向，提供前瞻性的思考和探索路径。本书力求为相关领域的研究人员、工程师及学生提供全面、系统的知识框架和实用指南，助力跨学科人才的培养。

编写人员：钟　超　安柏霖　王新宇（中国科学院深圳先进技术研究院）

参 考 文 献

An B, Wang Y, Huang Y, et al. 2023. Engineered living materials for sustainability. Chemical Reviews,

续表

123(5): 2349-2419.

Chen A Y, Deng Z, Billings A N, et al. 2014. Synthesis and patterning of tunable multiscale materials with engineered cells. Nature materials, 13(5): 515-523.

Chen A Y, Zhong C, Lu T K. 2015. Engineering living functional materials. ACS Synthetic Biology, 4(1): 8-11.

Courchesne N M D, DeBenedictis E P, Tresback J, et al. 2018. Biomimetic engineering of conductive curli protein films. Nanotechnology, 29(45): 454002.

Dey S, Fan C, Gothelf K V, et al. 2021. DNA origami. Nature Reviews Methods Primers, 1(1): 13.

Jullesson D, David F, Pfleger B, et al. 2015. Impact of synthetic biology and metabolic engineering on industrial production of fine chemicals. Biotechnology advances, 33(7): 1395-1402.

Khalil A S, Collins J J. 2010. Synthetic biology: applications come of age. Nature Reviews Genetics, 11(5): 367-379.

Pickar-Oliver A, Gersbach C A. 2019. The next generation of CRISPR–Cas technologies and applications. Nature Reviews Molecular Cell Biology, 20(8): 490-507.

Naik R R, Singamaneni S. 2017. Introduction: Bioinspired and biomimetic materials. Chemical Reviews, 117(20): 12581-12583.

Rivera-Tarazona L K, Campbell Z T, Ware T H. 2021. Stimuli-responsive engineered living materials. Soft Matter, 17(4): 785-809.

Rodrigo-Navarro A, Sankaran S, Dalby M J, et al. 2021. Engineered living biomaterials. Nature Reviews Materials, 6(12): 1175-1190.

Tang T C, An B, Huang Y, et al. 2021. Materials design by synthetic biology. Nature Reviews Materials, 6(4): 332-350.

Tay P K R, Nguyen P Q, Joshi N S. 2017. A synthetic circuit for mercury bioremediation using self-assembling functional amyloids. ACS Synthetic Biology, 6(10): 1841-1850.

Teulé F, Cooper A R, Furin W A, et al. 2009. A protocol for the production of recombinant spider silk-like proteins for artificial fiber spinning. Nature Protocols, 4(3): 341-355.

Van Gerven N, Klein R D, Hultgren S J, et al. 2015. Bacterial amyloid formation: structural insights into curli biogensis. Trends in Microbiology, 23(11): 693-706.

Wegst U G, Bai H, Saiz E, et al. 2015. Bioinspired structural materials. Nature Materials, 14(1): 23-36.

Whittall D R, Baker K V, Breitling R, et al. 2021. Host systems for the production of recombinant spider silk. Trends in Biotechnology, 39(6): 560-573.

Yan X, Liu X, Zhao C, et al. 2023. Applications of synthetic biology in medical and pharmaceutical fields. Signal Transduction Targeted Therapy, 8(1): 199.

Zhang C, Huang J, Zhang J, et al. 2019. Engineered *Bacillus subtilis* biofilms as living glues. Materials Today, 28: 40-48.

Zhang X, Lin Y, Wu Q, et al. 2020. Synthetic biology and genome-editing tools for improving PHA metabolic engineering. Trends in Biotechnology, 38(7): 689-700.

Zhao N, Wang Z, Cai C, et al. 2014. Bioinspired materials: from low to high dimensional structure. Advanced Materials, 26(41): 6994-7017.

Zhong C, Gurry T, Cheng A A, et al. 2014. Strong underwater adhesives made by self-assembling multi-protein nanofibres. Nature Nanotechnology, 9(10): 858-866.

第 2 章　聚乳酸材料

聚乳酸（聚丙交酯，poly-lactic acid，PLA）是一种合成的生物可降解热塑性脂肪族聚酯聚合物材料，主要合成原料是玉米等天然物质，具有环境友好、可塑性好、易于加工成型等多重优势，有着广泛的应用前景。凭借其优良的机械性能和生物可降解特性，PLA 为传统塑料的使用领域提供了一个可持续的替代方案，在医疗、农业和包装等多个行业中得到应用。一方面，合成生物学的快速发展为 PLA 的合成工艺赋能，推动 PLA 胞外和胞内合成技术的持续进化，实现 PLA 合成的降本增效，减少 PLA 合成工艺的碳排放和环境污染；另一方面，合成生物学还能通过各种改性赋能的方式提升 PLA 的材料性能，大幅拓展 PLA 的应用领域。

本章旨在全面介绍 PLA 材料的重要应用价值和 PLA 材料在合成生物学领域的研究现状。首先，本章介绍了 PLA 材料的物理和化学性质，总结了 PLA 材料的主要应用领域，如用作包装材料、医疗材料、农业材料、纺织品和 3D 打印材料等；其次，本章从胞外合成和胞内合成两个方面重点讨论了 PLA 的生物制造技术，系统介绍了 PLA 材料生物制造的创新技术；再次，本章还探讨了 PLA 材料的改性赋能技术，进一步赋予 PLA 材料新的功能并改善其性能，以满足更广泛的应用需求；最后，本章探讨了 PLA 材料合成中遇到的挑战，讨论了 PLA 材料生物制造的未来发展前景，并提出未来的研究方向。

2.1　聚乳酸的材料特性

2.1.1　热性能与机械性能

PLA 的热性能和机械性能与其结晶度有关，而结晶度与原料中两种主要的组分异构体(L-乳酸和 D-乳酸)的比例密切相关。当 PLA 中的聚 L-乳酸（简称 PLLA，见图 2-1）含量高于 90%时，具有较高的结晶度，而这种结晶性好的 PLA 具有较高的熔点和玻璃化转变温度，在机械性能上也更加稳定，适用于承受较大机械压力的应用场景，但同时可能会降低气体渗透性和透明度。

PLLA 的结晶度大约为 37%，玻璃化转变温度 65℃，熔点 180℃，拉伸模量为 3～4 GPa，弯曲模量为 4～5 GPa，适合制造需要高精度和高强度的工程部件。增加 PLA 的退火时间可以改变其结晶度和导热性，从而有可能促进其作为保温材

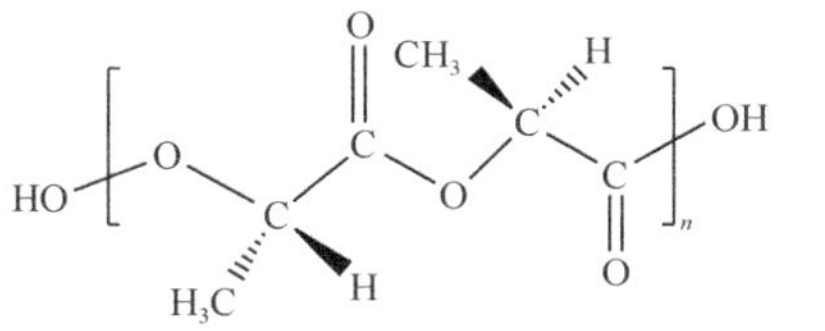

图 2-1　聚 L-乳酸（PLLA）的结构式

料的应用。特定的退火条件可以将热导率降低至 0.0798 W/（m·K）（Barkhad et al.，2020）。相反，当 PLA 中 L-乳酸单体的比例较低时，产生的聚合物多为非晶态，其熔点和玻璃化转变温度也相应较低，能使材料更易于加工和成型，但在结构稳定性和机械承载能力上略逊一筹。但是，PLLA 和聚 D-乳酸（PDLA）可以在共混体系中形成立体复合物（stereocomplex，sc）微晶。与均晶 PLA 相比，sc 型 PLA 具有更好的耐热性和化学耐受性。例如，PLLA 按照一定比例与 PDLA 共混后，熔点最多可以提高 50℃，热弯曲温度升高到大约 190℃，所得的抗热性 PLA 可以在 110℃的环境下使用（Fiore et al.，2010）。

PLA 的机械性能与聚对苯二甲酸乙二醇酯（polyethylene terephthalate，PET）相当，优于聚苯乙烯（polystyrene，PS）的机械性能。PLA 的熔融温度和玻璃化转变温度低于 PET 和 PS，结晶度提高后可以提高其耐热性，但生物降解速率也将随之变慢。

2.1.2　影响材料性能的因素

PLA 是通过乳酸聚合得到的聚合物，而乳酸本身可以从可再生资源（如玉米糖浆、甘蔗等）通过发酵过程制得。PLA 的分子结构通常为高度规则的立体复杂结构，这决定了其最终的物理和化学性质。其中，分子量大小以及添加增塑剂与否，都是除组分异构体组成外的关键影响因素。

在某些情景下，可认为分子量与聚合物的聚合度密切相关。高分子量的 PLA 因其较长的链长度和较大的链间作用力，表现出更高的机械强度和更慢的生物降解速率，也表现出更好的热性能，适用于需要长期机械支持的应用，但同时加工难度也会增加。相反，低分子量的 PLA 降解速率较快，适用于一次性使用或需要快速回收的情景，同时拉伸强度也更高。

此外，PLA 的性质还可以通过与其他单体（增塑剂），如聚乙二醇、聚己二醇等的共聚来优化，实现更高的结晶度、热稳定性和机械强度，本章的 2.5 节会详细介绍。另外，为解决脆性和低耐热性问题，可借助玻璃纤维结合热处理制备具有更高拉伸强度、弯曲模量和冲击强度的 PLA（Wang et al.，2019）。

2.1.3 绿色特性

在安全性层面，PLA 作为一种生物可降解的聚合物，具有良好的生物相容性和安全的降解产物，已被美国食品药品监督管理局（FDA）批准为生物医学材料（Li et al.，2020），并成为医疗植入物和治疗诊断系统的热门选择。

在生物可降解层面，目前假单胞菌 MYK1、芽孢杆菌 MYK2（Kim et al.，2017b）和黄粉虫（Peng et al.，2021）等生物都可以有效降解 PLA。也有研究证明在模拟堆肥条件下，地衣芽孢杆菌的生物强化可加速 PLA 和 PLA 生物纳米复合材料等生物可降解塑料的生物降解速率（Castro-Aguirre et al.，2018）。

在节能减排层面，Zhao 等（2018）的研究成果表明，与传统的石油基聚乙烯（PE）塑料产品相比，PLA 生物基包装塑料在原料获取、加工、使用和最终处理的整个生命周期，可减少 61.25% 的 CO_2 排放；Papong 等（2014）对泰国生产的 PLA 和 PET 饮用水瓶的生命周期环境性能进行了评估与比较，指出在全球变暖潜能值（global warming potential）、化石能源需求等方面，PLA 瓶的环境性能优于PET 瓶；Leejarkpai 等（2016）在完成了对 PS、PET 和 PLA "全生命周期"的多项计算后，指出在适当的废物管理措施下（如通过堆肥而不是填埋），PLA 具有比 PS 和 PET 更低的全球变暖潜能值。

2.2 聚乳酸的应用领域

PLA 凭借良好的使用性能、丰富的改性能力和绿色的应用特性，在包装、医疗、农业、3D 打印等领域得到了广泛、有效、可持续的应用。

2.2.1 包装材料

受到环保材料需求增长的推动，PLA 在食品和饮料包装材料领域的应用日益广泛。PLA 不仅具有良好的透明性和阻隔性能，还能提供必要的机械强度和刚性，非常适用于生产瓶子、杯子、一次性餐具、薄膜和各种容器等。

近年来，研究人员进一步通过各种技术改进 PLA 的性能，以满足更为严格的市场需求。例如，Wu 等（2022）探索了利用静电纺丝技术生产 PLA 纳米纤维，这种方法不仅增强了材料的阻隔性能、机械性能和热性能，还使其适用于活性和智能食品包装应用。此外，Arrieta 等（2017）研究了 PLA 与聚羟基丁酸共聚物（PHB）的混合物，发现这种混合技术能有效改善机械性能和阻隔性能，有助于提升包装材料的综合性能。

在食品安全和延长保质期方面，PLA 也展现出了巨大的潜力。Shao 等（2022）的研究表明，向 PLA 中添加天然抗菌剂可以生产具有有效抗菌特性的包装材料，而这对于延长食品的保质期至关重要。同时，Gan 和 Chow（2018）的综述也指出，抗菌 PLA/纤维素纳米复合材料的发展，可以为可持续且环保的食品包装提供新的解决方案。

此外，Marano 等（2022）专注于研究定制食品包装中 PLA 的阻隔性能，通过优化传质性能增强了 PLA 包装的功能性。上述研究共同证明了 PLA 作为食品和饮料包装材料的多功能性，不仅符合环保趋势，还能满足高阻隔性、高机械强度和良好抗菌性等多方面的应用需求，展示了 PLA 在现代包装技术中的广泛应用前景。

2.2.2　医疗材料

凭借卓越的生物相容性和生物可降解性，PLA 在医疗领域的应用受到众多的关注，现主要用于制造吸收性缝合线、组织工程支架及药物输送系统等。PLA 植入人体后不会引起剧烈的免疫反应，在体内能够通过正常的新陈代谢过程安全地排出，无须通过第二次手术移除，且没有遗传毒性，因此可显著降低患者的痛苦和医疗成本。

为进一步扩展和优化 PLA 在医疗领域的应用，学术界和工业界已经开展了大量工作。例如，Lou 等（2008）开发了多股 PLA 缝合线，显示了其优异的生物兼容性和生物可降解性，适用于多种医疗修复操作，包括骨组织工程。此外，实验室规模的 PLA 生产技术进步，也为生物可降解的组织工程支架和生物医学设备制造带来了新的可能。

Mi 等（2013）的工作进一步拓展了 PLA 的应用，他们利用 PLA 与热塑性聚氨酯（TPU）的混合物制备了组织工程支架，通过调整两种材料的比例，实现了支架性能的调控。这些支架不仅支持细胞的增殖和迁移，还为心血管、皮肤等多种组织工程应用打下了基础。

在药物输送系统方面，作为热敏材料的 PLA 的研究同样取得了显著进展。Djidi 等（2015）通过可逆的 Diels-Alder 反应制备了基于聚乳酸的热敏网络，这种材料展现了优异的交联与解交联的热依赖性，为开发新型可控药物释放系统提供了有力的材料基础。此外，Li 等（2017a）开发的基于聚乳酸-聚（N-异丙基丙烯酰胺）的三嵌段共聚物，能够自组装成纳米胶束，并表现出显著的温度敏感性，这一发现为癌症治疗中的药物定向释放提供了新的策略。

总之，PLA 在医疗领域的广泛应用不仅彰显了其在生物安全性和生物兼容性方面的优势，也体现了其通过高度可定制的生物可降解性来满足特定临床需求的潜力，这些特性使得 PLA 成为当前及未来医疗材料研究和应用的重点。

2.2.3 农业材料

在农业生产中，PLA 极其出色的生物可降解性显示出巨大的应用潜力。目前，PLA 主要用于生产生物可降解薄膜和缓释肥料载体。其中，PLA 基薄膜可以用于土壤覆盖，有助于保湿和控制杂草，尤其是在作物收获后，这些薄膜能在土壤中自然降解，从而减少对农用塑料薄膜回收和处理的需求，有效减轻了环境负担。

举例来说，由 PLA 和各种工业蔬菜废料（如菠菜茎、番茄渣和可可壳）制成的可拉伸、生物可降解的农业地膜，可以为传统地膜提供可持续的、完全生物基的替代品。此外，PLA 与聚羟基脂肪酸酯（PHA）的混合物在土壤应用条件下也显示出有效的降解性能，这进一步增强了 PLA 作为生物降解农用地膜的实用性。PLA 还可以与其他生物可降解材料结合，形成结构复合材料，成为控释肥料的有效载体，并可响应环境条件，实现养分的缓慢释放，有助于提高土壤养分的可用性并减少对地下水的污染。目前已经有 PLA 与醋酸纤维素结合，作为缓释水溶性肥料的涂层膜使用的报道（El Assimi et al.，2021）。

上述研究和应用强调了 PLA 在农业生产中的重要性，不仅因其具有减少环境影响的能力，还因其提升了农业生产的可持续性，使 PLA 成为现代农业技术中不可或缺的材料之一。

2.2.4 纺织品和服装材料

PLA 作为一种生物基纤维，不仅具有良好的安全性和环保性，还展现出了优异的机械性能和舒适性，使其在各类纺织品及日用品（如卫生巾、尿布、湿巾、口罩等）的生产中具有广泛的应用前景，可作为传统聚酯纤维（如 PET）的替代品，提供相似甚至更优的性能。当然，为了保持其强度和其他理想特性，PLA 在预处理和染色过程中需要特别的条件（如预热定型时需要较温和的温度），这与 PET 有所不同。

此外，通过添加木质素和聚磷酸铵等生物基聚合物，可以显著改善 PLA 纺织品的防火性能，使其适用于安全服装领域（Cayla et al.，2016）。PLA 与真丝的混纺面料则表现出良好的耐磨性和透湿性，虽然在透气性和抗皱恢复能力方面不及纯丝面料，但其抗起球性较好，适合于高质量的纺织品应用（Zhu and Pan，2017）。这些特性展示了 PLA 纤维在创造可持续和舒适的纺织产品方面巨大潜力，为纺织行业提供了一个环保而高效的选择。

2.2.5 3D 打印材料

PLA 具有较高的强度和较低的熔化温度，以及较小的碳足迹，这些属性使得它在先进制造业中得到了广泛的应用。尤其在 3D 打印领域，PLA 因其多种优势而成为最常用的材料之一，特别是在熔丝沉积成形（fused deposition modeling，FDM）的技术应用中（Cojocaru et al.，2022）。同时，PLA 较低的熔点和良好的流动性简化了打印过程，使其非常适合于教育教学、原型设计及家庭用途。

作为初学者友好的选择，PLA 机械属性的稳定性和对打印条件的适应性已通过研究得到验证，表现出高的容错率和对工艺参数的宽容度。此外，通过适当提高打印温度，可以进一步改善 PLA-黏土纳米复合材料的机械性能和热稳定性，为制造更加耐用和稳定的 3D 打印产品提供了可能。目前成功实现的 3D 打印 PLA 基复合材料的具体产品包括用于治疗小骨缺损的组织工程支架（Niaza et al.，2016）、有盘绕螺旋结构的液体传感器（Guo et al.，2015）、用作锂离子电池负极的 PLA-石墨纳米复合材料（Maurel et al.，2018）、能产生不同形状记忆行为的 4D 打印 PLA-聚乙二醇（polyethylene glycol，PEG）复合材料（Sun et al.，2019）等。

总体来看，PLA 极其优越的特性不仅满足了环保和可持续性的需求，还确保了其在快速发展的 3D 打印领域中占据重要地位，提供了一种高效、经济且环境友好的解决方案。这些优势预示着 PLA 在未来先进制造业和高端消费品领域的广泛应用前景。

2.3　聚乳酸的胞外合成

PLA 是一种生物可降解的高分子材料，以其优良的生物相容性、生物可降解性及可再生资源的特性，在生物材料领域得到了广泛应用。聚乳酸的生物合成主要有胞外合成法和胞内合成法两种（图 2-2），这两种方法各有优势和局限，适用于不同的生产需求和应用场景。

胞外合成法是一种相对传统的生产方式，其过程较为复杂，但技术成熟度较高。在胞外合成法中，首先需要通过微生物发酵过程来生产乳酸单体。这一过程通常涉及使用特定的乳酸菌，如乳杆菌属（*Lactobacillus*）或链球菌属（*Streptococcus*）的微生物，它们能够将碳水化合物（如葡萄糖）发酵转化为乳酸。得到的乳酸单体随后需要经过一系列的纯化步骤以去除杂质并提高纯度。纯化后的乳酸单体通过化学聚合的方法合成聚乳酸，这一步骤通常涉及使用金属催化剂或有机酸催化剂来促进乳酸单体之间的酯化反应，形成高分子链（Huang et al.，2021）。

胞内合成法则是一种更为直接且具有潜在成本优势的方法。在这种方法中，乳酸的产生和聚乳酸的合成都在微生物细胞内部完成。微生物细胞首先将发酵底物（如葡萄糖或其他可发酵的碳水化合物）转化为乳酸，然后乳酸在细胞内通过酶催化聚合成聚乳酸。胞内合成法的优势在于它可以减少纯化和聚合过程中的能耗及成本，因为乳酸单体不需要从细胞中分离出来，而是直接在细胞内进行聚合。

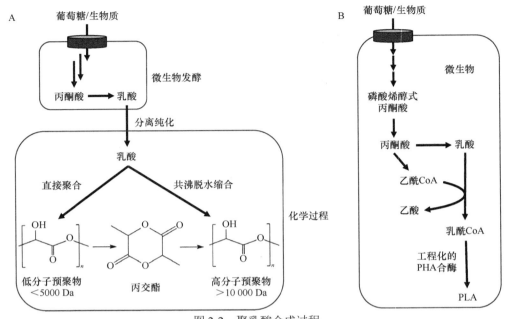

图 2-2 聚乳酸合成过程

A. 胞外合成法生产聚乳酸；B. 胞内合成法生产聚乳酸

然而，胞内合成法面临的挑战包括提高聚乳酸的分子量和生产效率，以及优化微生物的代谢途径以提高聚乳酸的产量。

迄今为止，胞内合成聚乳酸尚不具备经济上的可行性，胞外合成法是合成聚乳酸的主流方式。

2.3.1 乳酸单体的生物合成途径

乳酸单体可以通过碳氢化合物来源的化学合成或微生物发酵途径产生。D-/L-乳酸的外消旋形式是通过化学途径获得的，但应用有限；而光学纯的 D-/L-乳酸可以通过微生物发酵获得。微生物生产乳酸有更多的好处，包括廉价的原材料和温和的生产条件。目前，微生物发酵是生产乳酸的主要工业化路线。

根据乳酸代谢途径和产物的不同，乳酸发酵可分为同型乳酸代谢和异型乳酸代谢。在同型乳酸发酵中，碳水化合物通过糖酵解分解产生的丙酮酸，分别在 NAD 依赖性 L-乳酸脱氢酶（EC 1.1.1.27）和 NAD 依赖性 D-乳酸脱氢酶（EC 1.1.1.28）的催化作用下转化为 L-乳酸和 D-乳酸。在异型乳酸发酵中，除了作为最终产物的乳酸外，还会形成乙醇、乙酸和二氧化碳。图 2-3 显示了从葡萄糖生产乳酸的途径。

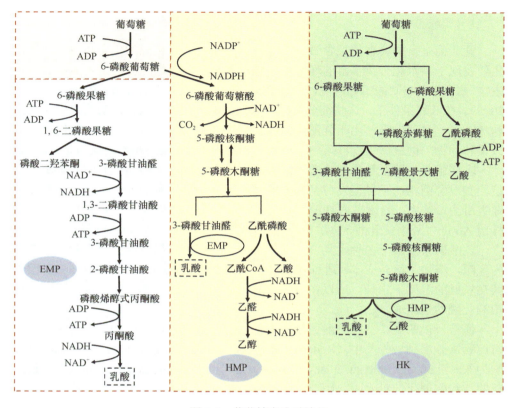

图 2-3　葡萄糖产乳酸途径

在同型乳酸代谢中，一个葡萄糖分子在缺氧条件下通过糖酵解途径分解为两个丙酮酸分子，然后这两个分子通过乳酸脱氢酶被 NADH 和 H⁺ 还原为乳酸，产生两个 ATP 分子。理论上讲，该途径没有副产物产生，在此过程中乳酸的转化率应为 100%；但在实践中，只能获得约 90% 的乳酸，并产生少量的乙酸、甲酸和甘油。

异型乳酸代谢可以进一步细分为两个子途径：己糖单磷酸途径和己糖激酶途径。在己糖单磷酸途径中，1 分子葡萄糖转化为 1 分子乳酸、1 分子乙醇、1 分子 CO_2 和 1 分子 ATP。因此，当微生物利用葡萄糖通过己糖单磷酸途径生产乳酸时，葡萄糖转化为乳酸的转化率仅为 50%。在己糖激酶途径中，2 分子葡萄糖可以产生 3 分子乙酸、2 分子乳酸和 5 分子 ATP。

1. 天然乳酸生产菌株

在自然界中，乳酸是由多种微生物产生的，包括细菌、真菌、蓝藻和藻类。未经修饰的乳酸菌、一些芽孢杆菌和丝状真菌表现出最突出的乳酸生产性能；其他微生物只能自然产生少量乳酸，主要是作为少量发酵副产物。

1）乳酸菌

乳酸菌是一类典型的无呼吸、无芽孢的细菌，具有相似的代谢和生理特性，主要发现于碳水化合物丰富的环境中，包括乳制品和腐烂的植物。乳酸菌是中温生物，耐受 5～45℃ 的中等温度，在 pH 3.5～10.0 范围内生长（Abdel-Rahman et al.，2013）。在低氧条件下，这些细菌将碳流导向乳酸的生物合成，帮助细胞供应 ATP 和 NAD$^+$。重要的是，由于乳酸菌自然存在于乳制品和食品中，以及它们在维持人类和动物的健康微生物群落中的作用，这些细菌通常在工业上被认为是安全的。

乳酸菌分为同型和异型乳酸发酵菌，生产光学纯 L（+）或 D（−）乳酸的同型乳酸发酵菌相比于异型发酵菌株乳酸产量更高，且下游加工更容易，更具有工业吸引力。其中，食木薯乳杆菌、乳酸乳杆菌和牛乳杆菌等产生 L-乳酸，植物乳杆菌 A6 产生外消旋乳酸，德尔布鲁克乳杆菌等产生 D-乳酸（Okano et al.，2010）。

乳酸菌天生缺乏多种生物合成途径，因此它们需要昂贵的酵母膏和蛋白胨作为氮源，增加了培养成本。乳酸菌最适生长条件为 pH 3.5～10 和 5～45℃。因为其在较低的温度下生长，所以在开始发酵之前需要对培养基灭菌。以上因素显著影响乳酸的生产成本。

值得一提的是，一些乳酸菌能够直接利用淀粉材料作为底物，因为它们可以将淀粉酶分泌到培养基中（Reddy et al.，2008）。然而，它们的最适 pH 和温度分别为 6.5 和 30℃（Shibata et al.，2007），这不利于在较高温度（＞50℃）下最活跃的淀粉酶催化淀粉水解。因此，有必要对嗜热淀粉酶乳酸菌进行筛选，以开发更高效的淀粉直接转化为乳酸的发酵工艺。

2）芽孢杆菌

芽孢杆菌是革兰氏阳性、产孢子型、运动型和兼性厌氧菌。与传统乳酸菌相比，芽孢杆菌在降低乳酸生产成本方面具有多方面的优势：①它们可以在更简单的矿物培养基中生长，使用廉价的氮源，如玉米浆或(NH$_4$)$_2$SO$_4$（Wang et al.，2011）；②它们可以在 50℃ 发酵，因此发酵前不需要对培养基进行灭菌；③它们可以代谢戊糖和己糖，从而有机会利用木质纤维素中的所有糖（Wang et al.，2011）。这些芽孢杆菌通过磷酸戊糖途径利用木糖来产生乳酸，可以将 3 个木糖分子转化为 5 个乳酸分子；④芽孢杆菌已被欧洲食品安全局（EFSA）和美国 FDA 认证为合格安全推定（QPS）名单，以及在畜牧业生产中应用的 GRAS（generally recognized as safe，一般认为安全）状态（European Food Safety Authority，2008）。所有报道的芽孢杆菌都仅生产 L-乳酸。

3）丝状真菌

丝状真菌形成一种称为菌丝的结构，可以分泌各种酶来分解动植物生物质中的复杂生物聚合物。根霉菌只具有 L-乳酸脱氢酶，能够生产高光学纯度的 L-乳酸，在 L-乳酸生产过程中被广泛使用（Trakarnpaiboon et al.，2017）。然而，当该物种的氧气供应成为限制因素时，丙酮酸脱羧酶和乙醇脱氢酶的表达与活性增加，导致丙酮酸转化为乙醇。通过改善曝气增加发酵混合物中的氧气含量，可以显著减少这种副产物的形成。在旋转纤维床发酵中固定化米曲霉，以葡萄糖和玉米淀粉为碳源，L-乳酸的转化率分别提高到理论值的 90% 和近 100%（Tay and Yang，2002）。由于菌株天然产生淀粉酶，根霉菌可以利用富含淀粉的产品、其他低聚糖和木质纤维生物质生产 L-乳酸，可达到理论产率的 90% 以上（Tay and Yang，2002；Trakarnpaiboon et al.，2017）。通过合理的工艺优化，利用米根霉能够从富含纤维素的烟草废料中生产高达 173.5 g/L 的 L-乳酸（Zheng et al.，2016），具有较高的应用潜力。

2. 代谢工程改造微生物生产乳酸

在过去的三十年里，除了天然乳酸生产菌之外，许多其他微生物已被改造用来生产光学纯的 L-乳酸和 D-乳酸，为使用替代碳源和进一步改善乳酸生产工艺提供了机会。以下是几种主要的基因工程策略。

1）强化乳酸生产途径

乳酸脱氢酶通过利用 NAD（P）H 的还原力将丙酮酸转化为乳酸，是乳酸生产过程中的最后一步，也是关键步骤。向马克斯克鲁维酵母中异源引入恶性疟原虫和巨大芽孢杆菌的乳酸脱氢酶基因，菌株从葡萄糖和木糖混合碳源中产生了 55.79 g/L 的 L-乳酸（Kong et al.，2019）。6-磷酸果糖激酶和丙酮酸激酶作为糖酵解途径关键限速酶，在乳酸生产中起着关键作用。在酿酒酵母 TAM-L16 中，表达大肠杆菌来源磷酸果糖激酶，使得 L-乳酸产量从 63.3 g/L 提升到 72.7 g/L（Liu et al.，2023）。引入异源的丙酮酸激酶使得集胞藻 PCC6803 乳酸产量从（5.20±0.17）mmol/L 提升到（9.29±0.74）mmol/L（Angermayr et al.，2014）。天然代谢 D-木糖的索诺念珠菌不能天然产生乳酸，将瑞士乳杆菌编码的 L-乳酸脱氢酶的基因整合到其基因组中，则可以从 D-木糖生产 L-乳酸。在微需氧、$CaCO_3$ 作为中和剂的条件下，具有两个乳酸脱氢酶基因拷贝的转化体可以从 50 g/L D-木糖产生 31 g/L 乳酸，同时不产生乙醇（Koivuranta et al.，2014）。

2）阻断副产物生成途径

通过基因敲除阻断副产物生成途径，可以重新分配代谢流量，增加乳酸的产量。在大肠杆菌 W3110 中敲除与乳酸生产竞争的代谢途径中的关键基因，如丙酮酸脱羧酶基因（*adhE*）和丙酮酸甲酸裂解酶基因（*pflB*），消除乙醇和甲酸的产生，可以将乳酸转化率从 1.34 mol/mol 葡萄糖提升到 1.73 mol/mol 葡萄糖，能够在严格厌氧条件下积累乳酸至 100 g/L，葡萄糖转化率为 1.97 mol/mol 葡萄糖（Liu et al.，2011）。在一株表达乳酸乳球菌来源乳酸脱氢酶的酿酒酵母 TAM-L3 中敲除负责乙醇合成的丙酮酸脱羧酶基因 pdc1 和 pdc6 以及负责甘油合成的三磷酸甘油脱氢酶基因 GPD，使得 L-乳酸摇瓶产量从 7.76 g/L 提升到 29.8 g/L（Liu et al.，2023）。

3）乳酸转运蛋白工程

乳酸不能直接透过膜，需要膜转运蛋白才能进行转运。利用微生物细胞合成乳酸后，需要借助于转运蛋白转运到胞外；同时，合成的乳酸借助摄取转运蛋白，也能被微生物细胞重新摄取利用。提高乳酸外排效率和减少乳酸重新摄取也是常见的代谢工程策略。在酿酒酵母 TAM-L8 中，过表达乳酸转运蛋白的基因 Ady2 可以增加乳酸外排，敲除 Jen1 基因可以减少乳酸重新进入细胞，两种基因操作均对乳酸生产有帮助，过表达 Ady2 的同时敲除 Jen1，可将 L-乳酸产量从 29.8 g/L 提升到 50.5 g/L（Liu et al.，2023）。在巴斯德毕赤酵母 GS 中引入外源乳酸脱氢酶后，过表达内源性乳酸转运蛋白使得乳酸产量提升 46%（de Lima et al.，2016）。L-乳酸转运蛋白 LldP 被描述为一种非特异性 D-乳酸转运蛋白，可利用大肠杆菌和蓝细菌中的质子动力有效转运 D-乳酸。在细长聚球藻 PCC7942 中引入 NADPH 偏好性 D-乳酸脱氢酶的基础上引入 lldP 基因，使得 YLW05 在 10 天内分泌了 829 mg/L 的 D-乳酸，比 YLW04 中高约 1.8 倍。

4）提高乳酸耐受性

典型的商业乳酸菌发酵是在 5.0～5.5 的最低 pH 下进行的，需要消耗大量的中和剂维持 pH。如果能够在乳酸 pK_a（约 3.8）或以下的 pH 条件下进行乳酸发酵，就不再需要添加中和剂控制 pH，在商业上有显著优势。在如此低的 pH 下，大部分乳酸呈游离酸形式，并且可以通过发酵液的直接有机萃取来纯化。在较高 pH 下，乳酸以乳酸盐形式存在，需要烦琐的纯化步骤并产生大量废物。在低 pH 下，乳酸可以扩散回细胞中，阻碍质子输出并抑制细胞中的酶（John et al.，2010；Patnaik et al.，2002），对细胞生长和乳酸生产造成抑制。对菌株进行工程改造以提高低 pH 条件下的生长和乳酸产量，将减少废物形成并降低乳酸生产成本。

研究人员在酿酒酵母中删除了 GSF2 基因，该基因编码的蛋白质位于内质网并促进己糖转运蛋白的分泌。这种改造增加了胞内 ATP 和 NAD^+ 水平，从而提高了乳酸的产量。在非缓冲培养基中，通过这种改造，乳酸产量从 16.9 g/L 提高到 33.2 g/L，产量提升了约 96%（Baek et al.，2016）。对异源表达肠膜明串珠菌来源乳酸脱氢酶并消除了乙醇和甘油产生及 D-乳酸消耗的酿酒酵母 JHY5610 菌株进行适应性进化，获得的菌株 JHY5710 具有更高的乳酸耐受性，将 D-乳酸产量提升了 30%（Baek et al.，2017）。

5）利用非传统碳源

改造微生物以利用非传统碳源（如木质纤维素或甘油）进行生产，可以降低成本并提高可持续性。甘油是生物柴油工业的副产品，产量约为生物柴油的 10%。这种粗甘油可用作微生物生产乳酸的廉价碳源。在大肠杆菌中过表达甘油异化的呼吸途径（即甘油激酶和好氧 3-磷酸甘油脱氢酶），高效利用粗甘油生产 L-乳酸，产量可达到 100 g/L（Mazumdar et al.，2013）。欧盟的生物柴油产量从 2005 年的 320 万吨增加到 2007 年的近 571 万吨，美国的生物柴油产量从 2004 年的 2500 万加仑（1 加仑约等于 3.79 L）增加到 2007 年的 4.5 亿加仑。因此，这种利用粗甘油的生产方式有广阔的应用前景。

植物生物质是地球上最丰富的可再生资源。然而，除了葡萄糖之外，源自纤维素生物质的底物还含有大量的木糖，而大多数乳酸菌无法发酵木糖。工程化后可以生产乳酸的酿酒酵母菌株，在导入编码木糖还原酶、木糖醇脱氢酶和木聚糖酶的基因后，具备了从木糖生产乳酸的能力，乳酸产量达到 49.1 g/L（Turner et al.，2015）。一株改造后产乙醇的大肠杆菌突变体菌株 SZ470 经过进一步改造，可以从木糖碳源经同型发酵生产 L-乳酸，1.2 mol 木糖可转化为 2 mol L-乳酸。将 E. coli SZ470 中的乙醇脱氢酶敲除，引入乳酸片球菌来源的 L-乳酸脱氢酶，所得菌株 WL203 经过代谢进化，可在含有木糖的螺旋盖管中厌氧生长，经过多轮传代培养，进化出厌氧细胞生长得到改善的菌株 WL204。WL204 菌株以 1.63 g/（L·h）的速率从 70 g/L 木糖中产生 62 g/L L-乳酸，光学纯度为 99.5%，产率为 97%（Zhao et al.，2013）。

2.3.2　化学催化乳酸聚合成聚乳酸

聚乳酸是利用可再生资源生产的最有前景的一类聚合物。聚乳酸的生产始于乳酸的生产，然后进行聚合。如今已经发展出多种聚合方法，包括酶催化聚合、直接缩聚、开环聚合等技术，以乳酸为原料合成聚乳酸（Garlotta，2001）。

1. 开环聚合

该方法中乳酸首先被聚合成环状二聚体，即乳酸环酯（丙交酯）。在催化剂（如辛酸亚锡）的作用下，丙交酯的环被打开，形成活性中间体。活性中间体与其他丙交酯分子反应，形成更大的寡聚体。重复上述反应，逐渐形成高分子量的聚乳酸。聚合反应完成后，通过沉淀、过滤或溶剂蒸发等方法分离出聚乳酸（Garlotta，2001）。ROP 可以产生高分子量的聚乳酸，并且可以通过控制聚合条件来调节聚乳酸的分子量及其分布（Hu et al.，2016）。

2. 直接缩聚

直接缩聚（direct polycondensation）是将乳酸单体在干燥的环境中加热，以去除水分。在酸性或碱性催化剂的作用下，乳酸分子通过酯化反应形成酯键。随着反应的进行，乳酸分子链逐渐增长，形成低分子量的聚乳酸。由于反应体系的黏度增加，水的移除变得困难，通常需要降低压力以便于水的蒸发。为了提高分子量，可以添加偶联剂或使用非酸性转酯化催化剂。反应完成后，通过冷却和沉淀分离出聚乳酸（Hyon et al.，1997）。这种方法成本较低，但通常得到的聚乳酸分子量较低、力学性能较差。

3. 酶催化聚合

酶催化聚合需要选择合适的酶（如脂肪酶或酯酶）作为催化剂。将酶与乳酸单体在温和的条件下（如室温或稍微升高的温度）混合。酶催化乳酸单体形成酯键，逐渐形成 PLA。反应过程中，可以通过控制底物浓度、酶的用量和反应时间来调节 PLA 的分子量。反应完成后，通过过滤或离心分离出 PLA。这种方法可以在温和的条件下进行，对环境更友好，并且具有较高的选择性和产率（García-Arrazola et al.，2009）。

2.4 聚乳酸的胞内合成

2.4.1 聚乳酸的胞内合成途径和代谢途径优化

PLA 是一种非天然的多聚物，目前仍然没有天然积累 PLA 的生物被发现，其生物合成途径主要是模仿钩虫贪铜菌（*Cupriavidus necator*）和假单胞菌属 *Pseudomonas* 等微生物中聚羟基脂肪酸酯（PHA）的天然生物合成系统途径搭建。在这一途径中：第一步，微生物通过其代谢途径将碳源（如葡萄糖）转化为脂肪酸单体，即葡萄糖经糖酵解代谢途径转化为丙酮酸，随后，丙酮酸通过乳酸脱氢酶（LdhA）的作用转化为乳酸；第二步，脂肪酸单体与胞内枢纽性高能物质乙酰CoA（acetyl-CoA）或者丙酰 CoA（propionyl-CoA）在辅酶 A 转移酶的催化作用下转化为 CoA 硫酸酯形式的前体，即乳酸在丙酰 CoA 转移酶（propionate CoA-transferase，PCT）的作用下被转化为乳酰辅酶 A（lactyl-CoA）；第三步，通过 PHA 合成酶（PhaC）将 CoA 硫酸酯形式的前体聚合生产相应的聚羟基脂肪酸酯，并脱掉一个 CoA，即利用工程化改造的 PHA 合成酶——乳酸聚合酶（lactate-polymerizing enzyme，LPE），将乳酰-CoA 聚合成 PLA。这一途径的设计和构建是实现 PLA 生物合成的关键突破（图 2-4）。

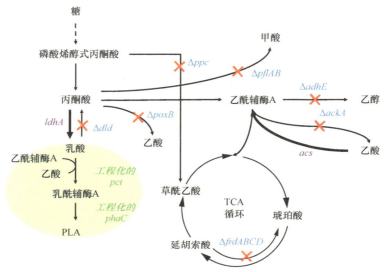

图 2-4　聚乳酸的胞内合成途径和代谢工程改造

　　为了提高 PLA 的产量和质量，微生物菌株的代谢途径会经过优化，包括增强乳酸的生物合成途径、删除或抑制与 PLA 合成竞争的途径，以及增强 CoA 供应等相关策略。为了优化聚乳酸的代谢通量，可以根据代谢途径和所涉及酶的信息合理地选择工程靶点。例如，可以选择编码丙酮酸转化为乳酸的乳酸脱氢酶的 *ldhA* 基因作为促进乳酸生物合成的靶点。*ldhA* 基因的表达增强是通过以下两种方式实现的：用更强表达 *ldhA* 基因的 *trc* 启动子替换天然 *ldhA* 启动子，取消对天然启动子的天然调控；或者基于高拷贝质粒系统过表达 *ldhA* 基因（Jung et al.，2010；Jung and Lee，2011）。失活竞争途径中的基因被认为是一种常见的代谢工程策略，以减少其他代谢途径的代谢通量。在此背景下，编码丙酮酸甲酸裂解酶的 *pflB* 基因在染色体上被敲除，通过阻止丙酮酸转化为甲酸盐来增加丙酮酸的水平，以期将增加的丙酮酸池驱动到乳酸。由于乙酰 CoA 是合成乳酰 CoA 的供体，通过敲除相应的基因（*ackA*）来增加细胞内乙酰 CoA 的水平，从而使乙酰 CoA 向乙酸酯的转化被失活（Choi et al.，2016）。

　　通过使用基因组规模代谢模型（genome-scale metabolic model）进行计算机模拟来选择哪些基因进行敲除或过度表达，以提高聚乳酸的产量。在一项研究中，从模拟结果中选择了两个目标基因，即编码乙醛/乙醇脱氢酶的 *adhE* 基因和编码乙酰 CoA 合成酶的 *acs* 基因，敲除 *adhE* 和过量表达 *acs*（用更强的启动子取代天然启动子）被证实对于促进 PLA 和 P(LA-*co*-3HB)的生产是有效的。通过同时实施多种操作，可以有效提高微生物菌株的生产性能。例如，当所有 5 个基因（*ackA*、*ppc*、*ldhA*、*adhE* 和 *acs*）全部进行相应的敲除和过表达，并且在配备了 PLA 生物合成途径的大肠杆菌中进行操作时，仅从葡萄糖就可以生产出聚合物含量为 4%～11%（wt%）的 PLA（Jung et al.，2010）。

胞内合成途径的优势在于能够直接从可再生生物质中生产 PLA，避免了传统化学合成 PLA 过程中的高能耗和潜在的环境污染问题。此外，这种方法还为生产具有特定性质的 PLA 及其共聚物提供了可能，从而扩展了 PLA 在生物医学、包装和其他工业领域的应用潜力。

2.4.2　聚乳酸胞内合成的关键酶

PLA 生物合成的关键在于两个主要的酶，即 CoA 转移酶和 PHA 合成酶。辅酶 A 转移酶负责将乳酸转化为乳酰 CoA，而 PHA 合成酶则负责将乳酰 CoA 聚合成 PLA，这两个酶是整个胞内 PLA 合成途径的限速步骤。由于 PhaC 催化生成的 PLA 是不溶于水的不定型颗粒，该反应涉及相变，其效率决定了整个聚乳酸的合成效率，是最关键的酶。目前，人们通过蛋白质工程和定向进化技术，已经逐步开发出能够高效催化乳酸聚合的工程化 PHA 合成酶。

已有相关报道证明有几种微生物的 CoA 转移酶可以将 CoA 从丙酰辅酶 A（propionyl-CoA）或乙酰辅酶（acetyl-CoA）转移到乳酸上，其中来自丙酸梭菌（*Clostridium propionicum*）和埃氏巨球形菌（*Megasphaera elsdenii*）的 PCT 被报道可以将乙酰 CoA 作为 CoA 供体，催化乳酸生成乳酰 CoA，并已经建立相关的细胞工厂（Selmer et al.，2002）。Sang Yup Lee 等通过易错 PCR（error-prone PCR）的方式获得了两个产气荚膜梭菌来源的 PCT 变异体——Pct532（Ala243Thr，以及 A1200G 的一个沉默核苷酸突变）和 Pct540（Val193Ala，以及四个沉默核苷酸突变 T78C、T669C、A1125G 和 T1158C），虽然降低了转化效率，但是成功促进了细胞生长，最终有利于 PLA 的积累（Yang et al.，2010）。

PhaC 是合成 PHA 的关键酶，催化中（C6-C14）/短（C3-C5）链羟基烷酸的羟酰辅酶 A（hydroxyacyl-CoA，HA-CoA）分子聚合，释放 CoA，合成 PHA，是聚乳酸胞内合成途径中的研究重点和热点。PhaC 的底物专一性决定了加入到 PHA 长链中的单体类型。一般来说，根据氨基酸序列、底物特异性和亚基组成，PhaC 可以分为四类：第Ⅰ类和第Ⅱ类 PhaC 由一个亚基组成（第Ⅰ类为 PhaC，第Ⅱ类为 PhaC1 或 PhaC2），而第Ⅲ类和第Ⅳ类合酶是异源二聚体（第Ⅲ类为 PhaC 和 PhaE，第Ⅳ类为 PhaC 和 PhaR）（Zou et al.，2017）。四种类型的 PhaC 蛋白分子量为 60～70 kDa，包含 450～600 个氨基酸，且整体是保守的。不同类别的 PHA 合成酶也有其各自的特征，例如，Ⅰ类 PHA 合成酶的关键催化残基为 Cys-319、Asp-480 和 His-508；Ⅱ类 PHA 合成酶的关键催化残基为 Asp-452 和 His-453；Ⅲ类 PHA 合成酶的关键催化残基为 Cys-149、Asp-302 和 His-331（Rehm，2003）。

PhaC 的整体结构是典型的 α/β-水解酶折叠，这种结构类似于脂肪酶（lipase）的结构，由 N 端结构域和 α/β-水解酶结构域组成，其中 α/β-水解酶结构域由两个 α/β 核心亚结构域和一个 CAP 亚结构域构成，其中位于 CAP 亚结构域的 LID 区域含有由 Cys-Asp-His 组成的催化中心，起到聚合 HA-CoA 和控制底物进出的作用（Zher Neoh et al.，2022）（图 2-5）。

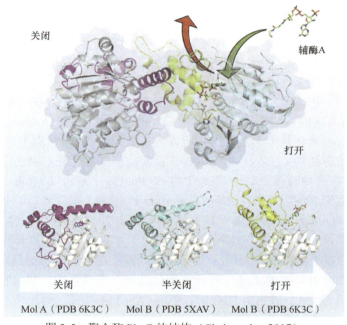

图 2-5　聚合酶 PhaC 的结构（Chek et al.，2017）

由于 N 端结构域具有动态、柔性的结构，难以结晶，故目前仅有两个 C 端晶体结构，即来自 PhaC$_{Cn}$-CAT（来自 *C. necator* H16）（Wittenborn et al.，2016）和 PhaC$_{Cs}$-CAT（Chek et al.，2017）（来自 *Chromobacterium* sp. USM2）的 C 端催化结构域。一般来说，PhaC 的单体和二聚体形式是平衡存在的。当底物存在时，PhaC 被诱导成二聚体形式，这时才具有活性（Wodzinska et al.，1996）。目前还没有完整的 PhaC 的 N 端晶体结构被报道，但是不同研究结果初步证实了 PhaC 的 N 端结构域能够影响二聚体的形成、稳定性、酶活性、底物特异性、PHA 的相对分子量、PhaC 的表达、与 PHA 颗粒的结合，以及与其他 PHA 结构类似物的结合（Zher Neoh et al.，2022）。

基于 C 端晶体结构信息，研究人员发现 C 端的核心区 CAP 亚结构域的结构非常保守，但在 LID 区域的一小段上具有丰富的多态性。LID 区域整体是高度动态和灵活的，它可以通过结构变化调控整个催化结构域的闭合或开放构象，控制底物在闭合构象中进入催化位置，是 C 端催化结构域最为核心的区域（Kim et al.，2017a）。作为 PhaC 的催化结构域，C 端的 α/β-水解酶结构域中均含有半胱氨酸（Cys）、天冬氨酸（Asp）和组氨酸（His）构成的三元化合物催化中心。Wittenborn 等（2016）基于 PhaC$_{Cn}$-CAT 提出的催化机理被广泛认可，其过程概括如下：Cys 被 His 通过去质子化活化后会起到亲核剂的作用，对酰基辅酶 A（CoA-SH）的硫酯键进行亲核攻击，并从活性口袋中释放辅酶 A，形成共价结合的 Cys-3HB 中间体。在延伸步骤中，第二个 3HB-CoA 将被 His 或 Asp 通过羟基去质子化而激活。然后，活化的底物将攻击 Cys-3HB 中间体的硫酯键，产生(3HB)$_2$-CoA 非共价中间体。随后，(3HB)$_2$-CoA 非共价中间体被另一个 Cys-S-攻击，脱去 CoA-SH，生成 Cys-(3HB)$_2$（Chek et al.，2017）。

　　天然 PhaC 中，以 3-HA-CoA、4-HA-CoA、5-HA-CoA、6-HA-CoA 为底物的较多，且具有高度的立体选择性，基本上只能催化 D 构型的 HA-CoA。而乳酰 CoA 这类 2-HA-CoA 单体是非天然底物，所以大多数天然的 PhaC 对于乳酰 CoA 基本没有或只有边际活性（Cho et al.，2007）。目前能够催化乳酰 CoA 这类 2-HA-CoA 的 PhaC 仅有三种被报道，分别是 I 型的 PhaC$_{Cs}$（来自 *Chromobacterium* sp. USM2）、III 型的 PhaC$_{Av}$（来自 *Allochromatium vinosum*）和改造后的 II 型的 PhaC$_{Ps}$（来自 *Pseudomonas* sp. MBEL 6-19）（Zou et al.，2017）。为了拓宽 PhaC 的底物谱和它本身的聚合效率，研究人员一方面致力于寻找自然进化的天然 PhaC，验证其底物谱，尝试乳酰 CoA 的聚合；另一方面，基于现有的结构信息，通过系统的人工改造方式，对现有的 PhaC 进行工程化改造，得到更广泛的底物专一性工程 PhaC，提升乳酰 CoA 到 PLA 的效率。Sang Yup Lee 等通过对影响酶底物特异性和活性的特定氨基酸残基进行定点突变，改造了来自 *Pseudomonas* sp. MBEL 6-19 的 II 型 PhaC，经过验证和选择，得到了一系列突变体，其中 4 个氨基酸残基（Glu130、Ser325、Ser477 和 Gln481）被发现对乳酰 CoA 的酶活性有显著影响。特别是，Glu130Asp、Ser325Thr、Ser477Arg/His/Phe/Gly 和 Gln481Lys/Met 的取代对于胞内合成 PLA 和含乳酸的共聚物是有效的（Yang et al.，2010）。邹慧斌团队检测了来自 *Chromobacterium* sp. USM2 的 I 型 PhaC$_{Cs}$，在工程大肠杆菌中用于葡萄糖从头合成聚乳酸，结果表明，PhaC$_{Cs}$ 在聚乳酸生产中的性能优于 Sang Yup Lee 等优化的 II 型 PhaC1$_{Ps6-19}$（Shi et al.，2022）。尽管已经有一些新的和改造后的 PhaC 用于提升 PLA 胞内合成的性能，但是其整体效果仍然不能满足工业化生产，Sang Yup Lee 团队的 PLA 产量最高为 11%细胞干重，邹慧斌团队 PLA 产量最高为 2.2% 细胞干重。随着更多关于天然 PhaC 的结构、催化性质、特征和系统发育关系的研究被发表，研究人员可以更为理性地设计用于 PLA 合成的 PhaC，高活性的 PhaC 是进一步促进 PLA 低成本生产的关键。

2.4.3　聚乳酸胞内合成的碳源选择

在 PLA 的胞内合成过程中，碳源的选择对于微生物生长、乳酸产生，以及最终 PLA 的产量和质量都有着重要影响。选择的碳源应当能够被微生物菌株有效地利用。例如，一些微生物可能更倾向于利用葡萄糖，而其他微生物可能更适合利用木糖或甘露糖。因此，碳源的选择需要考虑微生物的代谢特性。当多种糖共存时，在大多数底盘细胞中，葡萄糖倾向于优先被消耗，而木糖留在培养基中。为了避免这种不平衡的糖吸收，并有效地将两种糖转化为聚合物，人们试图过表达编码 Mlc 的基因（Mlc 是葡萄糖和木糖吸收的多重调节因子）。结果发现，葡萄糖和木糖同时消耗，P(LA-*co*-3HB)产量增加到 10.6 g/L，乳酸的摩尔分数为 10.9%（Kadoya et al.，2018）。Salamanca-Cardona 等（2016）试图直接利用木聚糖作为原料生产 P(LA-*co*-3HB)。携带内切木聚糖酶（endoxylanase）和木糖苷酶（xylosidase）两种木聚糖酶基因的重组大肠杆菌，以市售的山毛榉木聚糖酶为原料，合成了 16 mol%的共聚物，产率为 0.44 g/L。

从可持续发展的角度出发，选择的碳源应当具有较低的环境影响。例如，使用可再生生物质作为碳源，可以减少对化石燃料的依赖，并降低温室气体排放。例如，以棕榈油和木质纤维素（最丰富的糖基生物质）作为基础的生物质，有助于通过使用基因工程菌作为工业菌株来低成本地生产 PLA。目前的生物精制方法一般分为以下三个步骤：①生物质的预处理，如水热或机械化处理；②通过酶或化学反应从多糖中释放单糖；③微生物发酵糖化液，包括葡萄糖、木糖、半乳糖等。有研究人员利用桉木木屑和杂交芒草作为糖化液，成功地生物合成了 P(LA-*co*-3HB)，产率约为 5 g/L 聚合物，乳酸的摩尔分数分别为 5.5 mol%和 16.9 mol%（Sun et al.，2016）。

过量 CO_2 排放造成全球变暖、气候变化和极端天气频发，但它同时也是丰富的碳资源。诸如蓝细菌和紫色光合细菌的这类光自养微生物，因为能够利用太阳能直接固定无机碳获得生命活动所需的养料和能量，如今已被用于 PHA 的生产。基于这样的理念，上海交通大学许平课题组在之前的工作中，向光合自养微生物细长聚球藻（*Synechococcus elongatus*）PCC 7942 中引入 NADPH 依赖性 D-乳酸脱氢酶（LDH，*ldhD* 编码）、来源于丙酸梭菌（*Clostridium propionicum*）的丙酰辅酶 A 转移酶（PCT，*pct* 编码）和来源于假单胞菌（*Pseudomonas* sp.）的 PHA 合酶（PhaC，*phaC* 编码）的编码基因，在诱导型强启动子 P_{trc} 的控制下，整合至底盘细胞基因组中，建立丙酮酸到聚乳酸的生物合成途径，优化了关键酶的表达水平，使用小 RNA 技术重构了代谢网络，采用辅因子自循环系统增加辅酶的供给，促使 CO_2 进入细胞后更多地流向聚乳酸合成通路，首次使用合成生物技术开发了直接利用 CO_2 一步合成聚乳酸的负碳细胞工厂，把"二氧化碳—粮食—淀粉—糖—乳酸—丙交酯—聚乳酸"这个漫长的工业过程转变为"二氧化碳—聚乳酸"的能量高效转化的生产工艺,为塑料污染、粮食安全、碳排放问题的协同解决提供了"一石三鸟"的先进整合方案,同时为未来大宗材料的绿色制造提供新策略,也为利用 CO_2 资源生产化学品提供新契机(Tan et al.,2022)。在海洋紫色光合细菌中,嗜硫小红卵菌(*Rhodovulum sulfidophilum*)因其生物合成 PHA 的能力和作为生物聚合物生产宿主的潜力而被研究得最多。日本科学家 Keiji Numata 与合作者通过采用全基因组诱变和高通量筛选,对 *R. sulfidophilum* 菌株进行了改造,改良菌株的 PHA 产量增加了 1.7 倍,同时也能比原始菌株更快地积累 PHA(Foong et al.,2022)。

2.4.4 胞内聚乳酸产物的分离纯化与检测

胞内聚乳酸(PLA)的分离纯化是生物合成过程中的关键步骤,它确保了最终产品的质量和适用性。目前主要有两种胞内 PLA/PHA 常用的分离纯化方法,即两相萃取法和索氏抽提法,分别是最常见的胞内多聚物小剂量和大剂量分离纯化方法。两相萃取法多以水-氯仿的两相体系对裂解后的细胞溶液进行萃取,再通过相分离,得到小剂量的胞内 PLA/PHA,从而进行下游的检测;索氏抽提法多以氯仿为提取溶剂,用索氏抽提装置对干燥的细胞样品进行胞内多聚物的提取,随后用预冷的甲醇清洗粗提物,之后经冷冻干燥得到大剂量的白色或略带黄色的多聚物纯品,从而进行核磁共振分析等检测。

快速、可靠的 PLA 检测方法是从事 PLA 生物聚合的关键基础技术。为了确认 PLA 的生物合成并分析其组成和分子量,需要使用一系列分析技术,如重量法、浊度法、光学技术、荧光或电子显微镜技术、紫外光谱技术、拉曼光谱技术、红外光谱技术、遗传学方法(Southern 杂交、聚合酶链反应、荧光标记原位杂交)、酶生物传感器、^1H 和 ^{13}C 核磁共振,以及先进的气、液色谱方法。上述大多数方法都很耗时或不准确,特别是在低 PHA 浓度下,要获得可靠的结果,需要大量的样本量和重复分析。此外,各种细胞成分可能会干扰 PLA/PHA 的提取,这些方法通常仅限于测定均聚物或多聚物的总量,而无法提供区分不同多聚物单体的可能性(Koller and Rodríguez-Contreras,2015)。因此,同时基于液相色谱(LC)特别是基于气相色谱(GC)的方法,是目前最常用的准确测定 PLA/PHA 的分析技术。根据检测器的类型(FID 或 MS)和所应用的前处理方法,LC 的检测灵敏度为 0.014~14 μg,GC 的检测灵敏度为 0.05 pg 至 15 mg。本节主要介绍 1978 年由 Braunegg 等提出的布劳尼格方法(Braunegg's method),该方法的开发首次建立了一种快速、可靠的常规技术来监测运行生物过程中 PLA/PHA 的合成和降解,并可同时识别除 3HB 以外的单体。

布劳尼格方法是一种用于检测和定量 PLA/PHA 的传统方法,主要基于气相色谱技术（Braunegg et al.，1978）。该方法的基本原理是：将 PLA/PHA 分解成可通过 GC 分析的较小挥发性单元，即通过酸催化的酯化反应将 PLA/PHA 转化为其相应的甲酯。将孤立的 PLA/PHA 或含有 PLA/PHA 的生物质与氯仿和转酯化试剂（如甲醇、硫酸和内部标准物，通常是己酸或苯甲酸）一起孵育。通常在 100~105℃ 的温度下孵育，这个温度高于氯仿和甲醇的沸点，孵育过程中，PLA/PHA 被转化为相应的甲酯，并通过氯仿相分离出来。分离出的氯仿相含有甲酯，随后注入 GC 进行分析。孵育过程大约需要 4 h，并需要定期手动摇晃试管以促进反应；加入水可以帮助氯仿相沉淀，然后通过重力或离心分离（图 2-6）。布劳尼格方法具有很高的重现性，只需要小样本量，检测限低，可以达到 10 μg/L，反应和提取过程在同一个封闭试管中进行，简化了操作步骤。但该方法同时也面临着一些风险，如 PLA/PHA 的回收率常常不完全，可能需要预先进行样品的冻干处理。该方法中使用的酸性催化剂（如硫酸）可能导致 PLA/PHA 分解，从而低估实际的 PLA/PHA 含量。需要注意的是，使用的氯化溶剂对环境有害，且在高温下存在爆炸风险。在强酸性条件，该检测方法的检测过程容易导致 GC 色谱柱的快速老化。

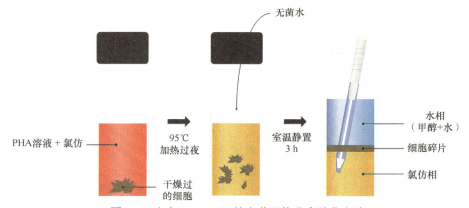

图 2-6　胞内 PLA/PHA 的布劳尼格分离纯化方法

　　尽管存在这些缺点，布劳尼格方法因其高灵敏度和可靠性，在 PLA/PHA 研究和生产中仍然被广泛使用。随着技术的发展，已经有一些改进方法被提出来以克服这些问题，如使用微波辅助加热来减少酯化反应的时间。此外，研究人员尝试使用非氯化溶剂和不同的催化剂，如使用酸性丙醇或丁醇代替酸性甲醇，以及使用 HCl 代替 H$_2$SO$_4$ 作为催化剂，有助于减少对 GC 柱的损害，降低操作过程中的安全风险；使用二甲基碳酸盐或脂肪酸盐作为表面活性剂，以提高 PLA/PHA 的回收率和纯度，减少有机溶剂的使用，降低对操作人员和环境的潜在危害。研究人员还开发了基于酶的生物传感器和基于荧光的在线监测技术，这些技术能够提供快速、连续的 PLA/PHA 含量监测，有助于及时调整生物反应器的操作条件，优化 PLA/PHA 的生产过程;通过将 GC 与质谱(MS)技术结合,提高了对 PLA/PHA 单体的检测灵敏度和鉴定能力,尤其是在分析复杂 PLA/PHA 样品时;使用高效液相色谱(HPLC)和核磁共振(NMR)等技术,也为 PLA/PHA 的定量和结构分析提供了更多的选择(Koller and Rodríguez-Contreras,2015)。

这些优化和技术进步不仅提高了 PLA/PHA 检测的效率及准确性,还增强了方法的环境可持续性,为 PLA/PHA 的研究和工业生产提供了更强大的工具。随着技术的不断进步,一些基于荧光定量和拉曼光谱定量的胞内 PLA/PHA 快速检测方法也被逐步重视起来。

目前已被报道的胞内 PLA/PHA 快速检测方法,主要是针对 PhaC 的天然底物 PHB。陈国强团队将荧光蛋白与 PHB 颗粒外壳蛋白 PhaP 融合表达,应用于 PHB 的胞内定位和定量检测(专利 CN113252538);Rehakova 等(2023)利用傅里叶变换红外光谱快速高通量筛选产 PHA 的菌株,每个菌株仅需要 5 min 就可以完成测量;Samek 等(2016)利用拉曼光谱建立了钩虫贪铜菌(*Cupriavidus necator*)H16 胞内 PHB 含量的定量检测方法。上述方法都是应用于天然积累的 PHB 检测,并未有将上述策略应用于胞内 PLA 定量检测的报道,这可能是由于 PLA 作为一种非天然聚合物,其聚合机理尚与 PHB 等存在差异;此外,PLA 本身的积累量较低,上述策略无法满足其较高的信噪比要求。

PLA 等颗粒在胞内是以不溶性无定型颗粒聚集存在的,其表面存在较为丰富的疏水基团,可以被用作定位靶点。Rübsam 等(2017)设计了增强型绿色荧光蛋白(EGFP)与锚定多肽 LCI(UniProt ID:P82243)的融合蛋白,并将其应用于聚丙烯表面进行荧光显微镜的检测,其密度能够达到 0.8 pmol/cm^2,且难以被表面活性剂洗脱;随后,他们又将该技术运用于聚苯乙烯、聚对苯二甲酸乙二酯、不锈钢和硅片等材料上,都展现了不错的锚定效果(Dedisch et al.,2020)。锚定多肽 LCI 具有定位胞内 PLA 颗粒的潜力,有望被开发成荧光探针用于定量测定胞内 PLA 含量,进而结合流式荧光激活细胞分选(FACS)开发高通量的胞内 PLA 实时检测技术,服务于 PhaC 等关键酶突变体的高通量筛选工作。

总而言之,随着人们对胞内 PLA 合成的认识愈发清晰,未来还会有更多创新的方法出现,以进一步提升 PLA 分析的质量和效率。

2.4.5 聚乳酸胞内合成的主要挑战和研究方向

尽管有上述优点,但目前的胞内 PLA 一步发酵生产系统仍存在缺点,如产量和生产率仍然较低、不具备价格竞争力。对于聚乳酸均聚物,聚合物含量低于 11 wt%,终浓度和产率分别约为 0.6 g/L 和 0.02 g/(L·h)(Park et al.,2013a)。另外,据报道,P(3HB)的聚合物含量和产率分别达到约 90 wt%和 5.13 g/(L·h)(Ahn et al.,

2000；Wang and Lee，1997）。因此，这种微生物合成聚乳酸的生产效率需要大大提高，才能实现未来的商业化。鉴于许多微生物生产系统通过应用系统代谢工程策略大幅提高化合物产量的成功例子，各种菌株操纵策略均可以极大地提高微生物菌株的生产性能。此外，自从部分 PhaC 与底物共晶的蛋白质结构被解析，为其理性设计工作奠定了基础，再结合 AI 技术的蓬勃发展，未来的研究将集中在提高 PLA 生产效率、开发新的酶和代谢途径，以及拓展 PLA 的应用范围方面，使胞内 PLA 合成技术成为生产聚乳酸、乳酸共聚聚合物和其他非天然聚合物的通用技术路线。

2.5　聚乳酸的改性赋能

聚乳酸（PLA）是最具代表性的生物基材料之一，具有良好的生物相容性和生物可降解性。此外，PLA 材料还有高强度、高模量、生物可堆肥性、低毒性等优点；但 PLA 同时也存在疏水性低、韧性低、生产过程复杂等不足。与其他商业化的塑料相比较，PLA 的成本相对更高。为了弥补这一不足，与其他单体共聚是最有效的方法。共聚后，PLA 的降解周期、力学性能、亲水性、亲脂性等性能都会发生变化。与此同时，随着共聚物成分和比例的变化，PLA 及其共聚物聚合后性能有了显著提升。与聚乳酸共聚的单体一般都属于聚羟基脂肪酸酯（polyhydroxyalkanoate，PHA），它是一类典型的生物基单体，目前已经在工业、医药和科研等领域有了广泛的应用。

最常见的乳酸基共聚物是聚（乳酸-*co*-3-羟基丁酸酯）[P(LA-*co*-3HB)]。PLA 是一种刚性、透明、可堆肥的生物可降解材料；P(3HB)是刚性和不透明的，但具有较高的生物可降解性；P(LA-*co*-3HB)结合了 PLA 和 P(3HB)在透明度及生物可降解性方面的优势（Taguchi et al.，2008）。

然而，与聚乳酸相比，含有 3HB、3-羟基戊酸酯（3HV）和 4-羟基丁酸酯（4HB）的 PHA，由于其相对较低的酸度和生物活性而具有更高的危害（细胞毒性）（Singh et al.，2019）。此外，乳酸基共聚物的疏水性导致其生物相容性较差，这将限制其在某些领域（如医疗领域）的应用。乳酸基共聚物存在的这些缺陷表明，在其商业化之前，还需要进一步的研究和开发。虽然乳酸基共聚物的商业化尚未见报道，但近年来对 P(LA-*co*-3HB)的研究越来越多，其中乳酸单体分数的不同会引起材料性能的变化，通过酶工程、代谢工程等策略来调节乳酸单体的分数是提高材料性能的关键。

2.5.1　微生物法合成聚（乳酸-*co*-3-羟基丁酸酯）

工业、医药和科研领域乳酸基共聚物的一步微生物代谢生产工艺的开发，克服了传统化学合成工艺的固有缺点。2008 年，Taguchi 等首次实现了使用微生物底盘一步合成具有代表性的乳酸基共聚物 P(LA-co-3HB)（图 2-7）（Taguchi et al.，2008）。采用生物合成方法有效地解决了乳酸基共聚物在化学合成过程中产生残留物的难题。

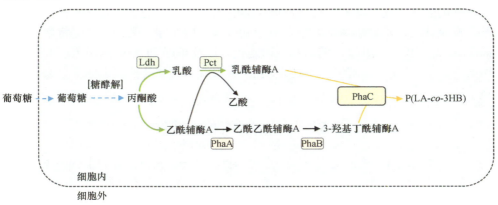

图 2-7　在大肠杆菌中一步合成乳酸基共聚物 P(LA-co-3HB)

在 P(LA-co-3HB)中，乳酸单体摩尔分数的不同会引起材料性能的变化。对映体纯度、序列结构和分子量、P(LA-co-3HB)的热力学性能等均受到掺入单体摩尔百分比的影响，不同的性能会影响其在不同领域的应用。随着乳酸单体加入共聚物，共聚物分子量会降低（Yamada et al.，2010）。热力学分析表明，共聚物的熔融温度（T_m）和玻璃化转变温度（T_g）随乳酸单体摩尔分数的变化而变化。乳酸单体摩尔分数较高的共聚物通常具有较低的熔融温度和较高的玻璃化转变温度（Yamada et al.，2010）。在力学性能方面，共聚物的杨氏模量低于均聚物，且随乳酸单体摩尔分数的增加而降低。共聚物的断裂伸长率高于均聚物，并能保持较长的时间。结晶度随着乳酸单体摩尔分数的增加而降低。当共聚物中乳酸单体组分的摩尔百分比高于 15% 时，共聚物膜的透明度显著提高（Yamada et al.，2010）。因此，通过基因工程、发酵工程等调节微生物代谢途径，对于调节共聚物中单体成分的摩尔百分比，尤其是提高乳酸单体在共聚物中的摩尔百分比非常重要。

1. 酶工程策略

Taguchi 等（2008）首次以大肠杆菌为底盘，通过构建一种重组大肠杆菌来实现 PLA 的微生物法一步合成。野生型大肠杆菌无法提供共聚物合成所需的 D 型乳酰辅酶 A（D-lactoyl-CoA，D-LA-CoA），因此需要引入 CoA 转移酶 Pct 将细胞内的 D-乳酸转化为 D-LA-CoA。随后，通过引入能够同时催化 PHA 和 PLA 的聚合反应的 PHA 合成酶突变体 LPE，将 D-LA-CoA 和 3HB-CoA 聚合成了含有乳酸单元的聚酯 P(6 mol% LA-co-94 mol% 3HB)，所生产的聚合物具有 1.9×10^5 的数均分子量。

为了提高 LA-CoA 的产量,研究人员改进了乳酸转化为 LA-CoA 的关键酶 Pct 和 LPE。通过酶工程策略改造 Pct 酶,提高 Pct 的催化效率和底物特异性,使其更有效地将乳酸转化为 LA-CoA,增加胞内 LA-CoA 的累积。通过改造 LPE,使其底物谱拓宽,能够以 LA-CoA 作为底物,从而合成 PLA。为了实现更高比例的 LA 单元整合,通过酶活性位点定向突变等策略,可以进一步改进 LPE 的底物特异性,增强其对 LA-CoA 的亲和力和催化效率,同时降低对其他底物的活性,从而在共聚酯链中提高 LA 单体摩尔分数(Taguchi et al.,2008)。

Yamada 等(2010)发现了一种新的 PHA 合成酶变体 LPE,它可以将乳酸单元整合到聚合物链中。通过在重组大肠杆菌中使用 LPE,成功生产了 P(LA-co-3HB)共聚酯。使用了酶工程策略,在 LPE 的 392 位点进行饱和突变(F392X),在 19 个 F392X 突变体中,有 17 个能够生产具有不同 LA 分数(16 mol%~45 mol%)的 P(LA-co-3HB)共聚酯,实现了共聚酯中乳酸分数的精细调控。其中,F392S 突变体展现出最高的乳酸分数(45 mol%),聚合物含量也有了较大提升(62 wt%)。Nduko 等(2013)实现了在重组大肠杆菌 $E.coli$ JW0885 中表达乳酸聚合酶(LPE)和单体供应酶,结合其他策略来调节 P(LA-co-3HB)共聚物中乳酸分数。

Ren 等(2017)通过假单胞菌中的 LPE(PhaC1 和 PhaC2),对其进行点突变改造,构造了 PhaC1(E130D、S325T、F392S、S477G、Q481K)和 PhaC2(S326T、S478G、Q482K)。Lu 等(2019)研究了荧光假单胞菌的 LPE——PhaCm,通过点突变策略构建了 PhaCm(E130D、S325T、Q481K)等突变体。对 LPE 的点突变研究极大地促进了共聚物的研究。

2. 代谢工程策略

乳酰 CoA 和乙酰 CoA 是 P(LA-co-3HB)的两种前体,它们都来源于丙酮酸,因此,调节丙酮酸代谢通量是调节共聚物中乳酸单体摩尔分数的有效方法。过表达关键通路基因或阻断竞争通路,都是实现这一目标的有效代谢工程策略。除了这两种策略外,还有一些其他的方法可以调节共聚物中乳酸单体摩尔分数,例如,通过提高 Pct 在微生物中的表达水平,可以增加细胞内 LA-CoA 的供应,从而促进 PLA 共聚酯的合成。

敲除乙酸激酶基因($ackA$)和磷酸烯醇丙酮酸羧化酶基因(ppc)、使用 trc 启动子取代 D-乳酸脱氢酶基因($ldhA$)的天然启动子,都可以调节相关代谢通量。此外,通过计算机模拟敲除和通量响应分析,敲除乙醛/乙醇脱氢酶基因($adhE$)、使用 trc 启动子替换乙酰辅酶 A 合成酶基因(acs)的天然启动子,也可以进一步调节代谢通量。通过在工程大肠杆菌 $E.\ coli$ XL1-Blue 中表达 PhaC1310Ps6-19、Pct540Cp 和 PhaABCn,将共聚物含量和乳酸单体摩尔分数提高了约 3.7 倍;表达 PhaC1400Ps6-19、Pct532Cp 和 PhaABCn,将共聚物含量和乳酸单体摩尔分数提高了约 2.6 倍（Jung et al.，2010）。通过敲除丙酮酸甲酸裂解酶基因（*pflB*）、富马酸还原酶基因（*frdABCD*）和 *adhE* 基因，同时使用 *trc* 启动子替换了 *ldhA* 和 *acs* 基因，*E. coli* XL1-Blue 可以在含有 20 g/L 葡萄糖的培养基中合成 15.2 wt%的 P(67.4 mol% LA-*co*-3HB)（Jung and Lee，2011）。

其他靶基因如丙酮酸甲酸裂解酶激活酶基因（*pflA*）、磷酸乙酰转移酶基因（*pta*）、丙酮酸氧化酶基因（*poxB*）、不依赖 NAD⁺的乳酸脱氢酶基因（*dld*）和 *ackA* 基因的部分缺失也有利于共聚物的改善。在缺失 *pflA* 和 *dld* 基因的情况下，工程大肠杆菌 *E. coli* XL1-Blu BW25113 在含 20 g/L 木糖的培养基中可合成 58 wt%的 P(73 mol% LA-*co*-3HB)。此外，过表达不消耗 ATP 的半乳糖醇渗透酶（galactitol permease，GatC）也可以促进木糖的吸收，提高突变体的共聚物产量和乳酸单体摩尔分数（Nduko et al.，2014）。PflB 受 PflA 调控，*pflA* 基因的缺失会增加丙酮酸进入乳酸和乙酰辅酶 A 的通量。工程大肠杆菌 *E. coli* LS5218 能在 20 g/L 葡萄糖培养基中生产 45.1 wt% P(0.9 mol% LA-*co*-3HB)，在 20 g/L 木糖培养基中生产 41.1 wt% P(8.3 mol% LA-*co*-3HB)和 45.1 wt% P(0.9 mol% LA-*co*-3HB)（Salamanca-Cardona et al.，2014）。在大肠杆菌 *E. coli* BW25113 中敲除单功能肽聚糖转糖基化酶基因（*mtgA*），也可以提高共聚物的产量（Kadoya et al.，2015）。

Kadoya 等（2015）通过调控 σ 因子来间接影响聚酯生产和组成的新方法，为提高 P(LA-*co*-3HB)的生产效率和乳酸分数提供了一种新的途径。2015 年，Kadoya 等首次敲除了 *E. coli* 中的 4 个非必需 σ 因子（RpoS、RpoN、FliA 和 FecI），发现 RpoN 的敲除对 P(LA-*co*-3HB)的生产和乳酸摩尔分数有双重积极影响。与亲本菌株相比，敲除 RpoN 的菌株（Δ*rpoN*）展现出显著增强的聚合物生产（亲本：5.3 g/L，58.3 wt%；敲除株：6.2 g/L，75.1 wt%）和明显提高的乳酸摩尔分数（亲本：26.2 mol%；敲除株：18.6 mol%）。同时，Δ*rpoN* 菌株中与 P(LA-*co*-3HB)生物合成相关的酶（Pct、PhaA、PhaB 和 LDH）的表达水平并没有增加，表明 P(LA-*co*-3HB)产量提高并不是由这些酶表达水平的提高引起的，而是因为 σ 因子的调控间接影响了聚酯生产（Kadoya et al.，2015）。此后，Kadoya 等（2017）继续通过 σ 因子策略筛选了大肠杆菌中所有非致命的转录因子缺失突变体，以提高乳酸基聚酯的生产效率。通过筛选 252 个非致命的转录因子缺失突变体，发现其中 8 个突变体（Δ*pdhR*、Δ*cspG*、Δ*yneJ*、Δ*chbR*、Δ*yiaU*、Δ*creB*、Δ*ygfI* 和 Δ*nanK*）相比于亲本菌株 *E. coli* BW25113，能够积累更多的聚酯（6.2～10.1 g/L）。

在有氧条件下，减弱呼吸链会导致大肠杆菌中乳酸的积累增加。通过敲除黄素戊烯基转移酶基因（*ubiX*），可以削弱大肠杆菌呼吸链的关键组分辅酶 Q8 的合成。在含 20 g/L 的葡萄糖培养基中，敲除 *dld* 基因的 *E. coli* MG1655 能够合成 81.7 wt% P(14.1 mol% LA-*co*-3HB)（Lu et al.，2019）。在此基础上，将 Pct540Cp 启动子替换为 *ldhA* 启动子，并敲除葡萄糖特异性 PTS 酶 IIBC 组分基因（*ptsG*），减弱了碳分解代谢抑制，MG1655 在含有 10 g/L 混合糖（葡萄糖：木糖=7：3）的培养基中合成 P(7 mol% LA-co-3HB)，但与未敲除 ptsG 基因的菌株相比，乳酸单体摩尔分数降低（Wu et al.，2021）。Wei 等（2021）还提出了另一种策略，即敲除硫酯酶基因（ydiI 和 yciA），以防止细胞内 LA-CoA 的降解。缺失 dld 基因的 MG1655 在含 20 g/L 木糖的培养基中可合成 66.3 wt%的 P(46.1 mol% LA-co-3HB)，其中硫酯酶的缺乏起着重要调节作用。LA-CoA 降解酶（LDE）（如硫酯酶）可能导致大肠杆菌细胞内 LA-CoA 含量降低，这是高效共聚物生产所面临问题之一，类似功能缺失可能会增加共聚物中乳酸单体摩尔分数，并阻止共聚物链延伸。

3. 发酵工程策略

微生物产共聚物发酵工程策略主要是优化培养基的配方，通过调节培养基的碳源来调控微生物的代谢通量，从而提高乳酸单体摩尔分数和共聚物的产量。

将 LPE 和单体合成酶引入 pflA 基因缺失的 E. coli BW25113 中，突变体共聚物在 20 g/L 木糖上生长时，其 LA 单体摩尔分数为 34 mol%，高于在 20 g/L 葡萄糖上生长时的突变体（LA 单体摩尔分数为 26 mol%）（Nduko et al.，2013）。在 E. coli LS5218 中引入链霉菌内源木聚糖酶基因（xylB）和枯草芽孢杆菌 β-木糖苷酶基因（xynB），能够使细胞内的木聚糖转化为 PHA。此外，在培养基中同时添加木糖或阿拉伯糖，工程大肠杆菌的 PHA 产量可增加 18 倍（Salamanca-Cardona et al.，2014）。

蔗糖是最丰富和最便宜的碳源之一。E. coli W 能够将 20 g/L 蔗糖分解为果糖和葡萄糖，并进一步在细胞内合成 12.2 wt%的 P(16 mol% LA-co-3HB)（Oh et al.，2014）。为了建立高效的蔗糖利用途径，将 β-果糖呋喃苷酶基因（sacC）引入不同转基因大肠杆菌菌株中，在含有 20 g/L 蔗糖的培养基中，重组大肠杆菌 XL1-Blue 株系中表达 sacC 的产量达 29.44 wt% P(42.3 mol% LA-co-3HB)（Sohn et al.，2020）。

利用传统碳源如葡萄糖生产共聚物是一种简单有效的方法，然而高昂的原材料成本限制了共聚物产量和应用范围的扩大，开发廉价的碳源是解决方法。来自不同加工行业的副产品具备巨大潜力，如生物柴油工业残留物、从海洋废物资源中提取的几丁质和壳聚糖、牛奶加工和还原过程中产生的废弃物（如奶酪乳清），以及木质纤维素生物质、其他绿色废弃物、纸浆和造纸厂废弃物。一些非传统碳源不仅在一定程度上有助于共聚物生产，而且可以降低对环境污染的风险。

P(LA-co-3HB)可以通过利用葡萄糖或木糖进行生产，证明了利用木质纤维素样生物质作为碳源生产 P(LA-co-3HB)的可行性。Wu 等（2021）使用玉米秸秆水解物作为原料，成功地合成了 P(7.1 mol% LA-co-3HB)，然而细胞生长受到了轻微抑制。与纯糖相比,Sun 等(2016)发现巨芒草(*Miscanthus giganteus*)的水解溶液对共聚物的含量、产率和乳酸单体摩尔分数没有影响,但稻草的水解溶液会降低乳酸单体摩尔分数。然而,Kadoya 等(2018)研究发现使用衍生自杂交芒草的水解溶液会导致共聚物中乳酸单体摩尔分数下降,推测其是由生物质糖溶液中少量乙酸盐所引起。

半纤维素水解液主要由木糖和半乳糖组成,水解液中的乙酸含量会抑制共聚物合成。经过活性炭和离子交换柱去除乙酸后,*E.coli* BW25113 在含有半纤维素水解液的培养基中成功合成 62.4 wt% P(5.5 mol% LA-*co*-3HB)(Takisawa et al.,2017)。

2.5.2 其他单体与乳酸共聚

工程大肠杆菌可以通过引入 Pct 合成 LA-CoA,通过引入 PhaAB 合成 3HB-CoA,通过引入 LPE 合成共聚物。同样,通过将相应的辅酶 A 代谢途径转入大肠杆菌,可以将其他单体引入共聚物中;也可以将单体直接添加到底物中,然后使用一锅法生产共聚物。

1. 引入 2HB 合成途径

通过向 *E.coli* XL1-Blue 中引入詹氏甲烷球菌(*Methanococcus jannaschii*)的柠檬酸酯合成酶基因(*cimA3.7*)、*E.coli* W3110 的 3-异丙基苹果酸脱氢酶基因(*leuB*)、苹果酸异丙酯(IPM)异构酶基因(*leuCD*)以及乳酸乳球菌乳亚种(*Lactococcus lactis* subsp. *lactis*)Il1403 的 2HB 脱氢酶基因(*panE*),可以将葡萄糖转化为 2HB(Park et al.,2012b)。通过向大肠杆菌 XL1-Blue 引入艰难梭菌(*Clostridioides difficile*)的丙酰辅酶 A 合成酶基因(*prpE*)并利用其固有的丙酮酸脱氢酶复合物(PDHc),该菌株可以将丙酸转化为 2HB。此外,2-甲基柠檬酸合成酶基因(*prpC*)的缺失可以增加共聚物中 2HB 单体的比例,同时降低共聚物的含量(Park et al.,2013b)。大肠杆菌可以合成内源性的 L-苏氨酸,借助 *panE* 基因转化为 2HB(Yang et al.,2016),也可以借助 *C. difficile* 630 的 *ldhA* 和 *hadA* 基因转化为 2HB-CoA(Sudo et al.,2020)。然而,L-苏氨酸脱氢酶基因(*ilvA*)的缺失将导致 2HB 从共聚物中去除,因为 *ilvA* 是氨基酸生物合成过程中的关键酶,在大肠杆菌中敲除 *ilvA* 会导致生长缺陷,降低共聚物的产量。L-异亮氨酸可以变构抑制 L-苏氨酸脱氢酶的活性,在培养基中加入 L-异亮氨酸的策略也可以提升共聚物产量(Yang et al.,2016)。为了提高 2HB 单体的分数,也可以在培养基中外源添加 L-苏氨酸(Sudo et al.,2020)。L-缬氨酸可以负调控乙酰羟基酸合成酶的活性,也能变构激活 L-苏氨酸脱氨酶,催化 L-苏氨酸形成 2-酮丁酸盐来提高共聚物的产量(Sudo et al.,2020)。

2. 引入 4HB 途径

将科氏梭菌（*Clostridium kluyveri*）DSM555 的琥珀酸半醛脱氢酶基因（*sucD*）、4HB 脱氢酶基因（*4hbD*）和 CoA 转移酶基因（*orfZ*）引入 *E.coli* JM109 中，可以在体内将葡萄糖转化为 4HB-CoA（Li et al.，2017b）。通过将 *sucD* 和 *4hbD* 基因导入 *E.coli* XL1-Blue，并借助 Pct540Cp，XL1-Blue 也可以将葡萄糖转化为 4HB-CoA（Choi et al.，2016）。此外，琥珀酸半醛脱氢酶基因（*sad* 和 *gabD*）的缺失可以增加共聚物中 4HB 单体的含量（Li et al.，2017b）。敲除编码琥珀酸半醛脱氢酶的 *yneI* 和 *gabD* 基因，也可以增加共聚物中 4HB 单体的含量（Choi et al.，2016）。

3. 引入羟基乙酸途径

2011 年，研究人员首次用外源性羟基乙酸（glycolate，GL）在 *E.coli* LS5218 中合成了含 GL 的共聚物（Matsumoto et al.，2011）。随后，通过调节代谢途径提供内源 GL 的方法，在 *E.coli* XL1-Blue 中引入木糖脱氢酶基因（*xylB*）和木糖内酯酶基因（*xylC*），建立 Dahms 通路（XylBCccs），使木糖在体内转化为 GL（Choi et al.，2016）。通过过表达异柠檬酸裂解酶基因（*aceA*）、异柠檬酸脱氢酶激酶/磷酸酶基因（*aceK*）和乙醛酸还原酶基因（*ycdW*），扩充了大肠杆菌的天然乙醛酸旁路，能使葡萄糖在体内转化为 GL。乙醇酸氧化酶基因（*glcD*）的缺失可以增加共聚物中 GL 单体的含量（Li et al.，2017b）。

4. 引入其他 2-羟基烷酸酯（2HA）生物合成途径

将大肠杆菌 *E.coli* W3110 的突变型乙酰乳酸合成酶基因（*ilvBNmut*）[或枯草芽孢杆菌乙酰乳酸合成酶基因（*alsS*）]、酮酸还原异构酶基因（*ilvC*）和二羟酸脱水酶基因（*ilvD*）引入 *E.coli* XL1-Blue 中，可以在体内借助 *panE* 基因将葡萄糖转化为 2-羟基异戊酸酯（2HIV）。此外，在培养基中加入 L-缬氨酸也可以增加共聚物中 2HIV 单体的比例（Choi et al.，2016；Yang et al.，2016）。在 *E.coli* DH5α 中引入 *ldhA* 和 *hadA* 基因，可以将葡萄糖/木糖/甘油转化为 2HA-CoA（2HP、2H3MB、2H3MV、2H4MV 和 2H3PhP）（Mizuno et al.，2018）。

2.6　聚乳酸材料的挑战和限制

尽管 PLA 具有如此高的应用潜力，但其在实际应用的时候面临着一些挑战和限制，具体表现为：生物聚合法的生产成本高于化学聚合法的生产成本；生物聚合法合成的 PLA 性能较差、分子量低、应用范围不广泛、市场接受度低。因此，消费者使用生物可降解塑料的意识薄弱。

2.6.1 生产成本和经济可行性

目前，PLA 生产公司大多数使用丙交酯-聚乳酸或乳酸-丙交酯-聚乳酸的化学聚合路线。各种生产路线的生产成本不同，依据原材料来源可以分为两种路径。①公司对外采购乳酸或丙交酯，生产成本稳定性受上游供应商制约。国内最具代表性的 PLA 生产企业为浙江海正生物材料股份有限公司，2018~2021 年该公司丙交酯-聚乳酸生产线的 PLA 生产成本大约在 1.94 万元/t，2021 年其乳酸-丙交酯-聚乳酸生产线的 PLA 生产成本大约在 2.45 万元/t。②一些企业已打通原料（如玉米、甘蔗等）—乳酸—丙交酯—聚乳酸各环节技术，配备上、下游完整的产业链，上游使用发酵技术从原料生产乳酸，下游使用化学聚合法将乳酸聚合为 PLA。若以玉米为原料，在价格为 2837 元/t 的条件下计算，这种路径的 PLA 市场理论成本为 1.58 万元/t 左右，最低可达到 1.3 万元/t。根据以上生产成本计算方法，以目前每吨 5 万元的市场售价为基准，尽管两种路径的生产成本差异巨大，但仍存在可观的生产利润。

针对生物聚合方面，已经有报道使用大肠杆菌（*Escherichia coli*）（Jung et al.，2010；Park et al.，2012a）、解脂耶氏酵母（*Yarrowia lipolytica*）（Lajus et al.，2020）和酿酒酵母（*Saccharomyces cerevisiae*）（Ylinen et al.，2021）为底盘细胞，在生物体内从原料葡萄糖直接聚合 PLA 的案例，聚合合成的 PLA 中乳酸单体均为 D-乳酸，即聚合合成的 PLA 均为 PDLA（右旋聚乳酸）。在 Jung（2010）等的研究中，通过代谢工程改造并优化的大肠杆菌能够生产 PDLA，其 PDLA 的积累可以达到细胞干重的 11 wt%。根据 Lajus（2020）等的研究，通过工程改造的解脂耶氏酵母生产的 PDLA 最高产量可以占细胞干重的 2.6%，平均分子量达到了 50.5 kDa。在 Ylinen（2021）等的研究中，通过代谢工程改造的酿酒酵母能够生产 PDLA 和 PHB（聚羟基丁酸），PHB 的产量为细胞干重的 11 wt%，而 PDLA 的产量仅为细胞干重的 0.73 wt%，PDLA 的平均分子量仅为 6.3 kDa。

与化学聚合方法相比，上述 PLA 的生物聚合法存在细胞中聚合物含量低、聚合物分子量低等问题，其产量和分子量均低于 PHB，这会直接影响 PLA 的生产成本和材料性能。因此，目前生物聚合法生产 PLA 的成本远高于化学聚合法，这是限制生物聚合法批量投产的"卡脖子"因素。

2.6.2 性能和应用范围的限制

虽然 PLA 具有许多优势，如生物可降解性和可持续性，但相较其他生物塑料也存在一些劣势。

1. 降解条件限制

PLA 只有在温度高于 58℃和高湿度的密闭工业堆肥环境中才可以降解，在自然和受控条件下分解速率依旧缓慢，较难实现彻底分解（Xie et al.，2023）。这意味着在没有适当处理设施的情况下，PLA 可能并不会完全分解，仍有可能导致环境污染。另外，目前生物聚合合成的 PLA 均为 PDLA，其降解效率远低于单体为 L-乳酸的 PLLA（左旋聚乳酸），在蛋白酶 K 和 55℃堆肥条件下，PLLA 的降解效率均高于 PDLA，因此生物聚合的 PDLA 在降解速率上不如 PLLA（Quynh et al.，2007）。

2. 物理性能限制

PLA 的抗冲击能力很差，断裂伸长率也不足 10%，过强的脆性限制了其在较高应力水平下塑性变形的能力。PLA 的玻璃化转化温度低，在加工温度下容易降解，因此在需要高耐热性和高冲击强度的应用场景中的应用受到限制（刘文涛等，2021）。另外，生物聚合合成的 PDLA 通常具有较低的结晶速率和结晶温度，PLLA 则具有较高的结晶速率和结晶温度，能够更快地形成结晶结构，这使得 PLLA 在热性能方面（如热稳定性和耐热性）比 PDLA 表现出色（Sun et al.，2011）。PDLA 的力学性能通常比 PLLA 弱，尤其是在高分子量时，PDLA 分子链的缠结变得严重，导致力学性能下降。PLLA 则因其较高的结晶度而具有较好的力学性能，包括较高的抗拉伸强度和良好的拉伸模量，这些特性使得 PLLA 在需要高强度和耐久性的应用中更为理想，如生物医学领域中的手术缝合线和支架材料（Hirata and Kimura，2008）。总之，生物聚合的 PDLA 在物理性质上相较 PLLA 具有一定劣势，因此多用于学术研究；PLLA 的应用领域则更广泛。

3. 降解产物的潜在生物毒性效应

已有研究证明，肠道酶催化的 PLA 塑料会释放低聚物纳米颗粒，进而引发急性炎症，具有潜在的健康风险（Wang et al.，2023）。该发现打破了 PLA 不可被人类吸收、无毒的传统观念，对于正确认识 PLA 的健康效应具有重要的意义。也有研究表明，PLA 微塑料可能对某些生物体产生负面影响，如影响家蚕的生长发育和鱼类的社会行为。家蚕过量摄入 PLA 会损害中肠上皮细胞，诱导氧化应激反应，改变中肠代谢、中肠微生物群的丰富度和组成，从而导致生长和存活受到威胁（Wu et al.，2023）。这些结果表明，PLA 可能并非是完全无害的替代品，其降解产物和微塑料可能会对人体及其他生物体造成一些不可预知的影响。

2.6.3　市场接受度和消费者意识

尽管全球范围内的环保意识逐渐增强，但消费者对生物可降解塑料及其环保特性的了解仍然有限,缺乏充分的宣传和教育可能导致消费者对 PLA 优势的认知不足。由于技术和需求方面的限制,PLA 的市场推广进展相对缓慢。虽然中国制造商正在扩大产能以增加市场份额,但在技术和需求方面仍有改进空间。此外,市场上存在多种生物可降解材料,这些竞争对手在某些方面具有更优越的特性,如 PGA(聚乙醇酸)具有优异的力学强度和气体阻隔性(谭博雯等,2021)。这些替代品可能成本更低或更适合特定应用,从而与 PLA 形成竞争,影响其市场接受度。尽管 PLA 的生产成本相对较低,但其价格仍然高于传统的不可降解石油基塑料。聚乙烯(PE)的售价仅为 8326 元/t,而 PLA 的售价却高达 5 万元/t,这在一定程度上限制了 PLA 在价格敏感型市场中的竞争力,尤其是在一次性塑料制品等大规模应用领域。另外,尽管一些国家和地区已开始实施限塑政策,但全球范围内的政策支持和法规推广仍不够充分,这也限制了 PLA 的市场拓展和消费者的接受程度。

综上所述,PLA 作为生物可降解塑料,有潜力成为环保替代品,但仍然面临一些挑战。首先,生物聚合法的生产成本高于化学聚合法,主要由生物聚合法的聚合物产量和分子量低所致。其次,PLA 的性能受限,如降解条件苛刻、物理性能不足、抗冲击能力和热稳定性较低。此外,消费者对 PLA 的认知度有限,市场接受度不高,其他生物塑料竞争对手也影响其市场份额。因此,为促进 PLA 的广泛应用,需降低生产成本、提升性能,并加强消费者教育和市场推广。

2.7 聚乳酸材料的创新和发展

2.7.1 生物聚合技术的进步

目前生物聚合法合成 PLA 主要需要三个酶:第一个酶是将丙酮酸还原为乳酸的乳酸脱氢酶(lactate dehydrogenase,LDH);第二个酶是将乳酸单体转化为乳酰辅酶 A 的丙酰辅酶 A 转移酶(propionyl-CoA transferase,PCT),第三个酶是将乳酰辅酶 A 聚合为 PLA 的聚羟基脂肪酸合成酶(polyhydroxyalkanoate synthase,PhaC)。其中,对 PhaC 酶的改造是聚乳酸生物聚合的研究重点。韩国科学技术院李相烨课题组使用定向进化和点突变的手段改造假单胞菌(Pseudomonas sp. MBEL 6-19)的 PhaC 酶,首次使 PhaC 酶能够催化合成 PLA 均聚物(Yang et al., 2010)。日本北海道大学松本谦一郎课题组将强酶活的钩虫贪铜菌(Cupriavidus necator)的 PhaC 酶和底物谱广泛的豚鼠气单胞菌(Aeromonas caviae)的 PhaC 酶嵌合在一起,得到嵌合酶 PhaC$_{AR}$。PhaC$_{AR}$ 继承了两种亲本酶的优势,并首次合成了 3-羟基丁酸和 4-羟基丁酸的嵌段共聚物 P(3HB-co-4HB)(Phan et al., 2022),之后又利用进化后的 PhaC$_{AR}$ 酶合成了一种新型的、含有 PDLA 的 PHA 嵌段共聚酯（Phan et al.，2023），为提高 PLA 及其嵌段聚合物的物理性质奠定了基础。然而，由于目前还没有解析出全长 PhaC 酶的结构，针对 PhaC 酶进行合理改造的方法尚未得到确切的理论支持。因此，PhaC 酶结构及其催化机制的完全解析是该方向的关键突破点。

采用细胞体积更大的底盘细胞以及底盘细胞的形态学工程，也是提高 PLA 产量和聚合度的新兴方法。上海交通大学陶飞课题组开发了一种来自细长聚球藻（*Synechococcus elongatus*）PCC 7942 的细胞工厂，其细胞体积大于常见底盘细胞，最终实现了以二氧化碳为原料从头生物聚合 PLA。该研究分步解决了碳流重定向、蓝藻细胞生物量低以及生长速度过慢等问题，得到的 PLA 分子量达 62.5 kDa，高于异养菌株（如大肠杆菌和酵母）生产的 PLA（Tan et al.，2022）。改造的蓝藻底盘细胞既能吸收二氧化碳，也能合成 PLA，其细胞体积大于普通细菌和酵母底盘，能够积累更高分子量的 PLA 颗粒，为材料行业的"负碳"生产以及提高 PLA 的胞内分子量提供了新思路。另外，通过形态学工程改造 PLA 生产菌株，也能够使其提供更大的细胞空间来积累 PLA 颗粒。青岛科技大学邹惠斌课题组使用 *sulA* 基因在 PLA 生产菌株中进行表达，用于形态学改造，经过形态改造的菌株 PLA 产量得到提高。经过系统工程改造，*E. coli* MS6 菌株在补料分批发酵中的 PLA 产量高达 955.0 mg/L，占细胞干重的 2.23 wt%，生产的 PLA 平均分子量可达 21 kDa，是形态学工程用于细菌底盘细胞中高分子量 PLA 生产的成功例子（Shi et al.，2022）。

另外，为了提升 PLA 的产量，可以借鉴 PHA 生物合成时采用的一些策略。例如，清华大学陈国强课题组开发了嗜盐菌"下一代工业生物技术"，是 PHA 低成本连续发酵的创新尝试。嗜盐单胞菌蓝晶盐单胞菌（*Halomonas bluephagenesis*）和坎帕尼亚盐单胞菌（*Halomonas campaniensis*）是其中两个很好的例子，二者能够在高盐浓度、高 pH 条件下快速生长，使得它们拥有其他微生物难以媲美的抗污染能力，大大降低了工业生产中添加抗菌剂的成本。目前已有嗜盐单胞菌在 PHA 生产上的应用，例如，Zhao 等在蓝晶盐单胞菌基因组上整合了类 T7 表达系统调控基因 *phaCAB*，显著增强了 *phaCAB* 的转录，提高了 PHB 产量（Zhao et al.，2017）。这些促进 PHA 产量的尝试为提高 PLA 产量的研究提供了宝贵的借鉴和参考，日后可以尝试采用嗜盐菌进行 PLA 的高效、低成本生产，可能会成为提高 PLA 产量的有效途径，同时降低生产成本，推动生物聚合的 PLA 材料的广泛应用。

2.7.2　未来的潜在应用

鉴于 PLA 均聚物存在脆性高、疏水性强及热稳定性差等缺点，改善其物理性能是拓宽其应用领域的未来发展方向。PLA 的改性分为物理方法和化学方法，物理方法包括共混改性、增塑改性、复合改性等。其中,共混改性是最常用的改性方法之一,即 PLA 与其他聚合物或填料共混,如聚己内酯(PCL)、聚乙烯醇(PVA)、热塑性生物可降解塑料等。共混改性能够方便、快捷地对 PLA 进行功能化的融合改性,常用于对其韧性、机械强度以及生物相容性的性能改良(孙明超等,2021)。增塑改性也是常用的物理改性方法,是指在 PLA 混溶过程中加入一定量的高沸点、低挥发性的小分子量物质,以改善 PLA 的力学性能和加工性能。增塑剂的加入可以增加 PLA 的柔韧性和延展性,降低其刚度,并且可以有效改进 PLA 的降解性能(彭少贤等,2019)。复合改性是在保留 PLA 优良降解性能的同时,实现其力学性能的增强、亲水性能的改良,并赋予其本身不具备的其他性能特征(耿佚雯等,2018)。

另外,还可以通过化学改性改进 PLA 的性能。例如,共聚改性将乳酸单体与其他单体(如乙二醇、己内酯、甘油等)共聚,以改善 PLA 的性能,如孔径、亲水性、降解性、结晶性、力学性能和生物相容性。由两种或多种链段组成的嵌段聚合物,在药物控制释放、靶向药物传递等领域展现出良好的应用前景(孙明超等,2021)。接枝共聚物是指在 PLA 主链上接枝其他单体,以改善其亲水性、细胞相容性和降解性能(Maharana et al.,2015)。星形交联结构是通过在 PLA 分子上引入多官能度的交联剂(如多酸酐或多异氰酸酯)来形成的,这种结构可以提高 PLA 的强度、弹性和耐热性。通过调节交联剂的种类和数量,还可以控制星形交联聚合物的降解周期和力学性能(金飞等,2015)。这些物理法和化学法的 PLA 改性尝试有助于扩展其应用领域,增加其市场覆盖率。

PLA 在 3D 打印领域的应用也是未来的一大发展方向。PLA 具有较低的熔点(150~180℃),相比于其他材料如丙烯腈-丁二烯-苯乙烯共聚物(ABS),其在熔融沉积成形(fused deposition modelling,FDM)3D 打印过程中更容易打印,且不易产生翘曲或收缩,在冷却后具有良好的稳定性,减少了打印过程中的变形和收缩问题(Raj et al.,2018)。此外,PLA 易于印刷、略带光泽的表面和多色外观等特性,使该材料成为基于 FDM 的 3D 打印中最重要的可选材料之一(Baran and Erbil,2019)。近年来,研究人员和制造商正在探索利用废旧 PLA 材料生产 3D 打印长丝的潜力。陈卫等(2015)采用 Joncryl ADR 4370S 扩链剂改性 PLA 基线材,使用熔融挤出法制备了可用于 3D 打印的 PLA 丝材,ADK 扩链剂改性的 PLA 耐热性、熔体强度和力学性能均得到提高。因此,借助 PLA 本身物理性质的优势,加上改性技术的发展,PLA 未来在 3D 打印领域将大有可为。

PLA 具有生物相容性,其降解产物乳酸对人体组织和细胞的毒性低,可以减少免疫反应和炎症反应,因此在生物医学领域将会有更加广阔的用途。另外,如上所述,PLA 具有优异的加工性能,可以通过多种加工方法(如 3D 打印、熔融纺丝等)制成不同形状和结构的医疗器械(谭文萍等,2023)。目前,PLA 在生物医学领域的应用已经包括组织工程框架、药物运输载体、体外医疗模型等，应用前景十分广阔（潘刚伟等，2019）。PLA 复合材料还可用于组织工程中的生物活性骨植入物的制造，例如，Tcacencu 等（2018）采用 3D 打印制备了一种磷灰石-硅灰石/聚乳酸（AW/PLA）复合材料，与皮质骨和松质骨的性能相匹配。PLA 复合材料在药物递送方面也有潜在用途，Wang 等（2020）开发了一种高孔隙率、吸附能力强的氨基改性聚乳酸（EPLA）纳米纤维微球，成功将药物阿仑磷酸盐负载在纳米纤维微球上，载药量达 503 mg/g。承载阿仑磷酸盐的 EPLA 纳米纤维微球具有良好的缓释性能，阿仑磷酸钠持续释放约 15 天，且没有明显的初始释放。因此，由于 PLA 的生物相容性和易加工性，未来 PLA 在生物医学领域将会有广阔的应用空间。

2.8　总结与展望

随着合成生物学相关技术迅速发展到日益成熟的阶段，合成生物学在生物基塑料领域的应用也越来越广泛。生物塑料 PLA 的生产原料丰富且可再生，生产过程绿色可控，且具备生物可降解性和生物相容性，具有广阔的市场前景和多样的应用范围。根据贝哲斯咨询数据，2022 年全球 PLA 的市场规模达到了 121.2 亿元，中国 PLA 的市场规模达到了 22.02 亿元。预测全球 PLA 市场容量到 2028 年将会以 17.96% 的增速达到 326.47 亿元。PLA 市场规模潜力巨大，且已用于食品、饮料、纺织、建筑和汽车等诸多领域。

目前，乳酸单体的高产量已经通过代谢工程和合成生物学取得了显著进展，未来关键的发展方向在于提高细胞内乳酸单体的直接聚合产量和分子量，从而降低生物聚合的生产成本。通过酶工程改造参与聚合的酶（如 PHA 合成酶 PhaC），结合菌株形态学工程和代谢工程，将有助于提高胞内单体的聚合度和产量。未来，仍需不断开发能够改善 PLA 性能的加工工艺，使其性能可以接近甚至超越传统不可降解的石油基塑料，进一步推动 PLA 的应用与普及。此外，加强政策支持和教育宣传，提高消费者对生物基塑料的认知和使用意识，也是促进 PLA 应用和推广的关键。随着技术的持续进步和社会意识的提升，可以预见 PLA 在未来将发挥更为重要的作用，为可持续发展和环保产业做出重要贡献。

编写人员：陶　飞　韩　笑　张震东　田　森　王　锐　吕　杉　马丽娜

（上海交通大学生命科学技术学院）

参 考 文 献

陈卫, 汪艳, 傅轶. 2015. 用于 3D 打印的改性聚乳酸丝材的制备与研究. 工程塑料应用, 43(8): 21-24.

耿伏雯, 李卫红, 汪瑾, 等. 2018. 国内聚乳酸复合改性的研究现状. 化工时刊, 32(6): 36-39.

金飞, 林强, 王迎雪, 等. 2015. 交联结构聚乳酸生物降解材料的研究进展. 机械工程材料, 39(7): 11-16.

刘文涛, 徐冠桦, 段瑞侠, 等. 2021. 聚乳酸改性与应用研究综述. 包装学报, 13(2): 3-13, 19.

潘刚伟, 杨静, 孙其松, 等. 2019. 3D 打印用聚乳酸的改性及其应用研究进展. 塑料, 48(3): 31-35.

彭少贤, 蔡小琳, 胡欢, 等. 2019. 环境友好型增塑剂增韧聚乳酸的最新研究进展. 材料导报, 33(15): 2617-2623.

孙明超, 吴韶华, 高嵩巍, 等. 2021. 聚乳酸功能化改性研究进展. 棉纺织技术, 49(5): 75-80.

谭博雯, 孙朝阳, 计扬, 2021. 聚乙醇酸的合成、改性与性能研究综述. 中国塑料, 35(10): 137-146.

谭文萍, 马小英, 张倩, 等. 2023. 生物基聚乳酸纤维制备与应用前景分析. 棉纺织技术, 51(4): 73-78.

Abdel-Rahman M A, Tashiro Y, Sonomoto K. 2013. Recent advances in lactic acid production by microbial fermentation processes. Biotechnology Advances, 31(6): 877-902.

Ahn W S, Park S J, Lee S Y. 2000. Production of poly(3-hydroxybutyrate) by fed-batch culture of recombinant *Escherichia coli* with a highly concentrated whey solution. Applied and Environmental Microbiology, 66(8): 3624-3627.

Angermayr S A, van der Woude A D, Correddu D, et al. 2014. Exploring metabolic engineering design principles for the photosynthetic production of lactic acid by *Synechocystis* sp. PCC6803. Biotechnology for Biofuels, 7(1): 99.

Arrieta M P, Samper M D, Aldas M, et al. 2017. On the use of PLA-PHB blends for sustainable food packaging applications. Materials, 10(9): 1008.

Baek S H, Kwon E Y, Bae S J, et al. 2017. Improvement of d-lactic acid production in *Saccharomyces cerevisiae* under acidic conditions by evolutionary and rational metabolic engineering. Biotechnology Journal, 12(10): 1700015.

Baek S H, Kwon E Y, Kim S Y, et al. 2016. *GSF2* deletion increases lactic acid production by alleviating glucose repression in *Saccharomyces cerevisiae*. Scientific Reports, 6: 34812.

Baran E H, Erbil H Y., 2019. Surface modification of 3D printed PLA objects by fused deposition modeling: A review. Colloids and Interfaces, 3(2): 43.

Barkhad M S, Abu-Jdayil B, Mourad A H I, et al. 2020. Thermal insulation and mechanical properties of polylactic acid(PLA) at different processing conditions. Polymers, 12(9): 2091.

Braunegg G, Sonnleitner B, Lafferty R M. 1978. A rapid gas chromatographic method for the determination of poly-β-hydroxybutyric acid in microbial biomass. European Journal of Applied Microbiology and Biotechnology, 6(1): 29-37.

Castro-Aguirre E, Auras R, Selke S, et al. 2018. Enhancing the biodegradation rate of poly(lactic acid) films and PLA bio-nanocomposites in simulated composting through bioaugmentation. Polymer Degradation and Stability, 154: 46-54.

Cayla A, Rault F, Giraud S, et al. 2016. PLA with intumescent system containing lignin and ammonium polyphosphate for flame retardant textile. Polymers, 8(9): 331.

Chek M F, Kim S Y, Mori T, et al. 2017. Structure of polyhydroxyalkanoate(PHA) synthase PhaC from *Chromobacterium* sp. USM2, producing biodegradable plastics. Scientific Reports, 7: 5312.

Cho J H, Park S J, Lee S Y, et al. 2007. Cells or plants producing polylactate or its copolymers and uses thereof. US20070277268.

Choi S Y, Park S J, Kim W J, et al. 2016. One-step fermentative production of poly (lactate-co-glycolate) from carbohydrates in *Escherichia coli*. Nature Biotechnology, 34(4): 435-440.

Cojocaru V, Frunzaverde D, Miclosina C O, et al. 2022. The influence of the process parameters on the mechanical properties of PLA specimens produced by fused filament fabrication-A review. Polymers, 14(5): 886.

de Lima P B A, Mulder K C L, Melo N T M, et al. 2016. Novel homologous lactate transporter improves L-lactic acid production from glycerol in recombinant strains of *Pichia pastoris*. Microbial Cell Factories, 15(1): 158.

Dedisch S, Wiens A, Davari M D, et al. 2020. Matter-tag: A universal immobilization platform for enzymes on polymers, metals, and silicon-based materials. Biotechnology and Bioengineering, 117(1): 49-61.

Djidi D, Mignard N, Taha M. 2015. Thermosensitive polylactic-acid-based networks. Industrial Crops and Products, 72: 220-230.

El Assimi T, Blažic R, Vidović E, et al. 2021. Polylactide/cellulose acetate biocomposites as potential coating membranes for controlled and slow nutrients release from water-soluble fertilizers. Progress in Organic Coatings, 156: 106255.

European Food Safety Authority. 2008. The maintenance of the list of QPS microorganisms intentionally added to food or feed - Scientific Opinion of the Panel on Biological Hazards. EFSA Journal, 6(12): 923.

Fiore G L, Jing F, Young V G, et al. 2010. High T_g aliphatic polyesters by the polymerization of spirolactide derivatives. Polymer Chemistry, 1(6): 870-877.

Foong C P, Higuchi-Takeuchi M, Ohtawa K, et al. 2022. Engineered mutants of a marine photosynthetic purple nonsulfur bacterium with increased volumetric productivity of polyhydroxyalkanoate bioplastics. ACS Synthetic Biology, 11(2): 909-920.

Gan I, Chow W S. 2018. Antimicrobial poly(lactic acid)/cellulose bionanocomposite for food packaging application: A review. Food Packaging and Shelf Life, 17: 150-161.

García-Arrazola R, López-Guerrero D A, Gimeno M, et al. 2009. Lipase-catalyzed synthesis of poly-l-lactide using supercritical carbon dioxide. The Journal of Supercritical Fluids, 51(2): 197-201.

Garlotta D. 2001. A literature review of poly(lactic acid). Journal of Polymers and the Environment, 9(2): 63-84.

Guo S Z, Yang X L, Heuzey M C, et al. 2015.3D printing of a multifunctional nanocomposite helical liquid sensor. Nanoscale, 7(15): 6451-6456.

Hirata M, Kimura Y. 2008. Thermomechanical properties of stereoblock poly(lactic acid) with different PLLA/PDLA block compositions. Polymer, 49(11): 2656-2661.

Hu Y Z, Daoud W A, Cheuk K K L, et al. 2016. Newly developed techniques on polycondensation, ring-opening polymerization and polymer modification: focus on poly(lactic acid). Materials, 9(3): 133.

Huang S Y, Xue Y F, Yu B, et al. 2021. A review of the recent developments in the bioproduction of polylactic acid and its precursors optically pure lactic acids. Molecules, 26(21): 6446.

Hyon S H, Jamshidi K, Ikada Y. 1997. Synthesis of polylactides with different molecular weights. Biomaterials, 18(22): 1503-1508.

John R P, Anisha G S, Pandey A, et al. 2010. Review: Genome shuffling: A new trend in improved bacterial production of lactic acid. Industrial Biotechnology, 6(3): 164-169.

Jung Y K, Kim T Y, Park S J, et al. 2010. Metabolic engineering of *Escherichia coli* for the production of polylactic acid and its copolymers. Biotechnology and Bioengineering, 105(1): 161-171.

Jung Y K, Lee S Y. 2011. Efficient production of polylactic acid and its copolymers by metabolically engineered *Escherichia coli*. Journal of Biotechnology, 151(1): 94-101.

Kadoya R, Kodama Y, Matsumoto K, et al. 2017. Genome-wide screening of transcription factor deletion targets in *Escherichia coli* for enhanced production of lactate-based polyesters. Journal of Bioscience and Bioengineering, 123(5): 535-539.

Kadoya R, Kodama Y, Matsumoto K, et al. 2015. Enhanced cellular content and lactate fraction of the poly(lactate-co-3-hydroxybutyrate) polyester produced in recombinant *Escherichia coli* by the deletion of σ factor RpoN. Journal of Bioscience and Bioengineering, 119(4): 427-429.

Kadoya R, Matsumoto K, Takisawa K, et al. 2018. Enhanced production of lactate-based polyesters in *Escherichia coli* from a mixture of glucose and xylose by Mlc-mediated catabolite derepression. Journal of Bioscience and Bioengineering, 125(4): 365-370.

Kim J, Kim Y J, Choi S Y, et al. 2017a. Crystal structure of *Ralstonia eutropha* polyhydroxyalkanoate synthase C-terminal domain and reaction mechanisms. Biotechnology Journal, 12(1): 1600648.

Kim M Y, Kim C, Moon J, et al. 2017b. Polymer film-based screening and isolation of polylactic acid(PLA) degrading microorganisms. Journal of Microbiology and Biotechnology, 27(2): 342-349.

Koivuranta K T, Ilmén M, Wiebe M G, et al. 2014. L-lactic acid production from D-xylose with *Candida sonorensis* expressing a heterologous lactate dehydrogenase encoding gene. Microbial Cell Factories, 13(1): 107.

Koller M, Rodríguez-Contreras A. 2015. Techniques for tracing PHA-producing organisms and for qualitative and quantitative analysis of intra- and extracellular PHA. Engineering in Life Sciences, 15(6): 558-581.

Kong X, Zhang B, Hua Y, et al. 2019. Efficient L-lactic acid production from corncob residue using metabolically engineered thermo-tolerant yeast. Bioresource Technology, 273: 220-230.

Lajus S, Dusséaux S, Verbeke J, et al. 2020. Engineering the yeast *Yarrowia lipolytica* for production of polylactic acid homopolymer. Frontiers in Bioengineering and Biotechnology, 8: 954.

Leejarkpai T, Mungcharoen T, Suwanmanee U. 2016. Comparative assessment of global warming impact and eco-efficiency of PS(polystyrene), PET(polyethylene terephthalate) and PLA(polylactic acid) boxes. Journal of Cleaner Production, 125: 95-107.

Li G, Zhao M H, Xu F, et al. 2020. Synthesis and biological application of polylactic acid. Molecules, 25(21): 5023.

Li P, Zhang Z F, Su Z Q, et al. 2017a. Thermosensitive polymeric micelles based on the triblock copolymer poly(d, l-lactide)-b-poly(N-isopropyl acrylamide)-b-poly(d, l-lactide) for controllable drug delivery. Journal of Applied Polymer Science, 134(37): 45304.

Li Z J, Qiao K J, Che X M, et al. 2017b. Metabolic engineering of *Escherichia coli* for the synthesis of the quadripolymer poly(glycolate-co-lactate-co-3-hydroxybutyrate-co-4-hydroxybutyrate) from glucose. Metabolic Engineering, 44: 38-44.

Liu H M, Kang J H, Qi Q S, et al. 2011. Production of lactate in *Escherichia coli* by redox regulation genetically and physiologically. Applied Biochemistry and Biotechnology, 164(2): 162-169.

Liu T T, Sun L, Zhang C, et al. 2023. Combinatorial metabolic engineering and process optimization enables highly efficient production of L-lactic acid by acid-tolerant *Saccharomyces cerevisiae*. Bioresource Technology, 379: 129023.

Lou C W, Yao C H, Chen Y S, et al. 2008. Manufacturing and properties of PLA absorbable surgical suture. Textile Research Journal, 78(11): 958-965.

Lu J X, Li Z M, Ye Q, et al. 2019. Effect of reducing the activity of respiratory chain on biosynthesis of poly(3-hydroxybutyrate-co-lactate) in *Escherichia coli*. Chinese Journal of Biotechnology, 35(1): 59-69.

Maharana T, Pattanaik S, Routaray A, et al. 2015. Synthesis and characterization of poly(lactic acid) based graft copolymers. Reactive and Functional Polymers, 93: 47-67.

Marano S, Laudadio E, Minnelli C, et al. 2022. Tailoring the barrier properties of PLA: a state-of-the-art review for food packaging applications. Polymers, 14(8): 1626.

Matsumoto K, Ishiyama A, Sakai K, et al. 2011. Biosynthesis of glycolate-based polyesters containing medium-chain-length 3-hydroxyalkanoates in recombinant *Escherichia coli* expressing engineered polyhydroxyalkanoate synthase. Journal of Biotechnology, 156(3): 214-217.

Maurel A, Courty M, Fleutot B, et al. 2018. Highly loaded graphite-polylactic acid composite-based filaments for lithium-ion battery three-dimensional printing. Chemistry of Materials, 30(21): 7484-7493.

Mazumdar S, Blankschien M D, Clomburg J M, et al. 2013. Efficient synthesis of L-lactic acid from glycerol by metabolically engineered *Escherichia coli*. Microbial Cell Factories, 12: 7.

Mi H Y, Salick M R, Jing X, et al. 2013. Characterization of thermoplastic polyurethane/polylactic acid(TPU/PLA) tissue engineering scaffolds fabricated by microcellular injection molding. Materials Science and Engineering: C, 33(8): 4767-4776.

Mizuno S, Enda Y, Saika A, et al. 2018. Biosynthesis of polyhydroxyalkanoates containing 2-hydroxy-4-methylvalerate and 2-hydroxy-3-phenylpropionate units from a related or unrelated carbon source. Journal of Bioscience and Bioengineering, 125(3): 295-300.

Nduko J M, Matsumoto K, Ooi T, et al. 2013. Effectiveness of xylose utilization for high yield production of lactate-enriched P(lactate-co-3-hydroxybutyrate) using a lactate-overproducing strain of *Escherichia coli* and an evolved lactate-polymerizing enzyme. Metabolic Engineering, 15: 159-166.

Nduko J M, Matsumoto K, Ooi T, et al. 2014. Enhanced production of poly(lactate-co-3-hydroxybutyrate) from xylose in engineered *Escherichia coli* overexpressing a galactitol transporter. Applied Microbiology and Biotechnology, 98(6): 2453-2460.

Niaza K V, Senatov F S, Kaloshkin S D, et al., 2016.3D-printed scaffolds based on PLA/HA nanocomposites for trabecular bone reconstruction. Journal of Physics: Conference Series, 741: 012068.

Okano K, Tanaka T, Ogino C, et al. 2010. Biotechnological production of enantiomeric pure lactic acid from renewable resources: recent achievements, perspectives, and limits. Applied Microbiology and Biotechnology, 85(3): 413-423.

Oh Y H, Kang K H, Shin J, et al. 2014. Biosynthesis of lactate-containing polyhydroxyalkanoates in recombinant *Escherichia coli* from sucrose. KSBB Journal, 29(6): 443-447.

Papong S, Malakul P, Trungkavashirakun R, et al. 2014. Comparative assessment of the environmental profile of PLA and PET drinking water bottles from a life cycle perspective. Journal of Cleaner Production, 65: 539-550.

Park S J, Jang Y A, Lee H, et al. 2013a. Metabolic engineering of *Ralstonia eutropha* for the biosynthesis of 2-hydroxyacid-containing polyhydroxyalkanoates. Metabolic Engineering, 20: 20-28.

Park S J, Kang K H, Lee H, et al. 2013b. Propionyl-CoA dependent biosynthesis of 2-hydroxybutyrate containing polyhydroxyalkanoates in metabolically engineered *Escherichia coli*. Journal of Biotechnology, 165(2): 93-98.

Park S J, Lee S Y, Kim T W, et al. 2012a. Biosynthesis of lactate-containing polyesters by metabolically engineered bacteria. Biotechnology Journal, 7(2): 199-212.

Park S J, Lee T W, Lim S C, et al. 2012b. Biosynthesis of polyhydroxyalkanoates containing 2-hydroxybutyrate from unrelated carbon source by metabolically engineered *Escherichia coli*. Applied Microbiology and Biotechnology, 93(1): 273-283.

Patnaik R, Louie S, Gavrilovic V, et al. 2002. Genome shuffling of *Lactobacillus* for improved acid tolerance. Nature Biotechnology, 20(7): 707-712.

Peng B Y, Chen Z B, Chen J B, et al. 2021. Biodegradation of polylactic acid by yellow mealworms(larvae of *Tenebrio molitor*) *via* resource recovery: A sustainable approach for waste management. Journal of Hazardous Materials, 416: 125803.

Phan H T, Furukawa S, Imai K, et al. 2023. Biosynthesis of high-molecular-weight poly(D-lactate)-containing block copolyesters using evolved sequence-regulating polyhydroxyalkanoate synthase PhaCAR. ACS Sustainable Chemistry & Engineering, 11(30): 11123-11129.

Phan H T, Hosoe Y, Guex M, et al. 2022. Directed evolution of sequence-regulating polyhydroxyalkanoate synthase to synthesize a medium-chain-length–short-chain-length (MCL-SCL) block copolymer. Biomacromolecules, 23(3): 1221-1231.

Quynh T M, Mitomo H, Nagasawa N, et al. 2007. Properties of crosslinked polylactides(PLLA & PDLA) by radiation and its biodegradability. European Polymer Journal, 43(5): 1779-1785.

Raj S A, Muthukumaran E, Jayakrishna K. 2018. A case study of 3D printed PLA and its mechanical properties. Materials Today: Proceedings, 5(5): 11219-11226.

Reddy G, Altaf M, Naveena B J, et al. 2008. Amylolytic bacterial lactic acid fermentation - A review. Biotechnology Advances, , 26(1): 22-34.

Rehakova V, Pernicova I, Kourilova X, et al. 2023. Biosynthesis of versatile PHA copolymers by thermophilic members of the genus *Aneurinibacillus*. International Journal of Biological Macromolecules, 225: 1588-1598.

Rehm B H A. 2003. Polyester synthases: Natural catalysts for plastics. Biochemical Journal, 376(Pt 1): 15-33.

Ren Y L, Meng D C, Wu L P, et al. 2017. Microbial synthesis of a novel terpolyester P(LA-*co*-3HB-*co*-3HP) from low-cost substrates. Microbial Biotechnology, 10(2): 371-380.

Rübsam K, Stomps B, Böker A, et al. 2017. Anchor peptides: A green and versatile method for polypropylene functionalization. Polymer, 116: 124-132.

Salamanca-Cardona L, Scheel R A, Bergey N S, et al. 2016. Consolidated bioprocessing of poly(lactate-co-3-hydroxybutyrate) from xylan as a sole feedstock by genetically-engineered *Escherichia coli*. Journal of Bioscience and Bioengineering, 122(4): 406-414.

Salamanca-Cardona L, Scheel R A, Lundgren B R, et al. 2014. Deletion of the *pflA* gene in *Escherichia coli* LS5218 and its effects on the production of polyhydroxyalkanoates using beechwood xylan as a feedstock. Bioengineered, 5(5): 284-287.

Samek O, Obruča S, Šiler M, et al. 2016. Quantitative Raman spectroscopy analysis of polyhydroxyalkanoates produced by *Cupriavidus necator* H16. Sensors(Basel), 16(11): 1808.

Selmer T, Willanzheimer A, Hetzel M. 2002. Propionate CoA-transferase from *Clostridium propionicum*. Cloning of gene and identification of glutamate 324 at the active site. European Journal of Biochemistry, 269(1): 372-380.

Shao L Y, Xi Y W, Weng Y X. 2022. Recent advances in PLA-based antibacterial food packaging and its applications. Molecules, 27(18): 5953.

Shi M X, Li M D, Yang A R, et al. 2022. Class I polyhydroxyalkanoate(PHA) synthase increased polylactic acid production in engineered *Escherichia coli*. Frontiers in Bioengineering and Biotechnology, 10: 919969.

Shibata K, Flores D M, Kobayashi G, et al. 2007. Direct L-lactic acid fermentation with sago starch by a novel amylolytic lactic acid bacterium, *Enterococcus faecium*. Enzyme and Microbial Technology, 41(1-2): 149-155.

Singh A K, Srivastava J K, Chandel A K, et al. 2019. Biomedical applications of microbially engineered polyhydroxyalkanoates: An insight into recent advances, bottlenecks, and solutions. Applied Microbiology and Biotechnology, 103(5): 2007-2032.

Sohn Y J, Kim H T, Baritugo K A, et al. 2020. Biosynthesis of polyhydroxyalkanoates from sucrose by metabolically engineered *Escherichia coli* strains. International Journal of Biological Macromolecules, 149: 593-599.

Sudo M, Hori C, Ooi T, et al. 2020. Synergy of valine and threonine supplementation on poly(2-hydroxybutyrate-block-3-hydroxybutyrate) synthesis in engineered *Escherichia coli* expressing chimeric polyhydroxyalkanoate synthase. Journal of Bioscience and Bioengineering, 129(3): 302-306.

Sun J, Utsunomia C, Sasaki S, et al. 2016. Microbial production of poly(lactate-*co*-3-hydroxybutyrate) from hybrid Miscanthus-derived sugars. Bioscience, Biotechnology, and Biochemistry, 80(4): 818-820.

Sun J R, Yu H Y, Zhuang X L, et al. 2011. Crystallization behavior of asymmetric PLLA/PDLA blends. The Journal of Physical Chemistry B, 115(12): 2864-2869.

Sun Y C, Wan Y M, Nam R, et al. 2019. 4D-printed hybrids with localized shape memory behaviour: implementation in a functionally graded structure. Scientific Reports, 9(1): 18754.

Taguchi S, Yamada M, Matsumoto K, et al. 2008. A microbial factory for lactate-based polyesters using a lactate-polymerizing enzyme. Proceedings of the National Academy of Sciences of the United States of America, 105(45): 17323-17327.

Takisawa K, Ooi T, Matsumoto K, et al. 2017. Xylose-based hydrolysate from *Eucalyptus* extract as feedstock for poly(lactate-co-3-hydroxybutyrate) production in engineered *Escherichia coli*. Process Biochemistry, 54: 102-105.

Tan C L, Tao F, Xu P. 2022. Direct carbon capture for the production of high-performance biodegradable plastics by cyanobacterial cell factories. Green Chemistry, 24(11): 4470-4483.

Tay A, Yang S T. 2002. Production of L(+)-lactic acid from glucose and starch by immobilized cells of *Rhizopus oryzae* in a rotating fibrous bed bioreactor. Biotechnology and Bioengineering, 80(1): 1-12.

Tcacencu I, Rodrigues N, Alharbi N, et al. 2018. Osseointegration of porous apatite-wollastonite and poly(lactic acid) composite structures created using 3D printing techniques. Materials Science and Engineering: C, 90: 1-7.

Trakarnpaiboon S, Srisuk N, Piyachomkwan K, et al. 2017. L-lactic acid production from liquefied cassava starch by thermotolerant *Rhizopus microsporus*: characterization and optimization. Process Biochemistry, 63: 26-34.

Turner T L, Zhang G C, Kim S R, et al. 2015. Lactic acid production from xylose by engineered *Saccharomyces cerevisiae* without PDC or ADH deletion. Applied Microbiology and Biotechnology, 99(19): 8023-8033.

Wang F, Lee S Y. 1997. Poly(3-hydroxybutyrate) production with high productivity and high polymer content by a fed-batch culture of *Alcaligenes latus* under nitrogen limitation Applied and Environmental Microbiology, 63(9): 3703-3706.

Wang G L, Zhang D M, Li B, et al. 2019. Strong and thermal-resistance glass fiber-reinforced polylactic acid(PLA) composites enabled by heat treatment. International Journal of Biological Macromolecules, 129: 448-459.

Wang M J, Li Q Q, Shi C Z, et al. 2023. Oligomer nanoparticle release from polylactic acid plastics catalysed by gut enzymes triggers acute inflammation. Nature Nanotechnology, 18(4): 403-411.

Wang Q Z, Zhao X M, Chamu J, et al. 2011. Isolation, characterization and evolution of a new thermophilic *Bacillus licheniformis* for lactic acid production in mineral salts medium. Bioresource Technology, 102(17): 8152-8158.

Wang Z, Song X H, Yang H, et al. 2020. Development and *in vitro* characterization of rifapentine microsphere-loaded bone implants: a sustained drug delivery system. Annals of Palliative Medicine, 9(2): 375-387.

Wei X J, Wu J, Guo P Y, et al. 2021. Effect of short-chain thioesterase deficiency on P(3HB-co-LA) biosynthesis in *Escherichia coli*. Chinese Journal of Biotechnology, 37(1): 196-206.

Wittenborn E C, Jost M, Wei Y F, et al. 2016. Structure of the catalytic domain of the class I polyhydroxybutyrate synthase from *Cupriavidus necator*. Journal of Biological Chemistry, 291(48): 25264-25277.

Wodzinska J, Snell K D, Rhomberg A, et al. 1996. Polyhydroxybutyrate synthase: Evidence for covalent catalysis. Journal of the American Chemical Society, 118(26): 6319-6320.

Wu J, Wei X J, Guo P Y, et al. 2021. Efficient poly(3-hydroxybutyrate-co-lactate) production from corn stover hydrolysate by metabolically engineered *Escherichia coli*. Bioresource Technology, 341: 125873.

Wu J H, Hu T G, Wang H, et al. 2022. Electrospinning of PLA nanofibers: Recent advances and its potential application for food packaging. Journal of Agricultural and Food Chemistry, 70(27):

8207-8221.

Wu X H, Zhang X, Chen X D, et al. 2023. The effects of polylactic acid bioplastic exposure on midgut microbiota and metabolite profiles in silkworm(*Bombyx mori*): An integrated multi-omics analysis. Environmental Pollution, 334: 122210.

Xie B, Bai R R, Sun H S, et al. 2023. Synthesis, biodegradation and waste disposal of polylactic acid plastics: a review. Chinese Journal of Biotechnology, 39(5): 1912-1929.

Yamada M, Matsumoto K, Shimizu K, et al. 2010. Adjustable mutations in lactate(LA)-polymerizing enzyme for the microbial production of LA-based polyesters with tailor-made monomer composition. Biomacromolecules, 11(3): 815-819.

Yang J E, Kim J W, Oh Y H, et al. 2016. Biosynthesis of poly(2-hydroxyisovalerate-co-lactate) by metabolically engineered *Escherichia coli*. Biotechnology Journal, 11(12): 1572-1585.

Yang T H, Kim T W, Kang H O, et al. 2010. Biosynthesis of polylactic acid and its copolymers using evolved propionate CoA transferase and PHA synthase. Biotechnology and Bioengineering, 105(1): 150-160.

Ylinen A, Maaheimo H, Anghelescu-Hakala A, et al. 2021. Production of D-lactic acid containing polyhydroxyalkanoate polymers in yeast *Saccharomyces cerevisiae*. Journal of Industrial Microbiology and Biotechnology, 48(5-6): kuab028.

Zhao H, Zhang H M, Chen X B, et al. 2017. Novel T7-like expression systems used for *Halomonas*. Metabolic Engineering, 39: 128-140.

Zhao J N, Ma X L, Guo J, et al. 2018. Life cycle assessment on environmental effect of polylactic acid biological packaging plastic in Tianjin. IOP Conference Series: Earth and Environmental Science, 189(5): 052002.

Zhao J F, Xu L Y, Wang Y Z, et al. 2013. Homofermentative production of optically pure L-lactic acid from xylose by genetically engineered *Escherichia coli* B. Microbial Cell Factories, 12(1): 57.

Zheng Y X, Wang Y L, Zhang J R, et al. 2016. Using tobacco waste extract in pre-culture medium to improve xylose utilization for L-lactic acid production from cellulosic waste by *Rhizopus oryzae*. Bioresource Technology, 218: 344-350.

Zher Neoh S, Fey Chek M, Tan H T, et al. 2022. Polyhydroxyalkanoate synthase(PhaC): The key enzyme for biopolyester synthesis. Current Research in Biotechnology, 4: 87-101.

Zou H B, Shi M X, Zhang T T, et al. 2017. Natural and engineered polyhydroxyalkanoate(PHA) synthase: Key enzyme in biopolyester production. Applied Microbiology and Biotechnology, 101(20): 7417-7426.

Zhu Y N, Pan Z J. 2017. The properties of plain satin-like PLA/silk mixed fabrics. Journal of Textile Engineering & Fashion Technology, 1(1): 28-31.

第3章　聚羟基脂肪酸酯（PHA）材料

随着生产的发展，由化石经济带来的负面影响，如环境危机、资源危机和能源危机，让人类社会不堪重负。以塑料为例，每年全球的塑料消耗量惊人，如此庞大的塑料需求量，若使用传统的石油基塑料如聚乙烯（polypropylene，PP）、聚丙烯（polyethylene，PE）等，将会造成严重的浪费和白色污染。近年来，各国"限塑令"的颁布以及"碳中和"政策的推广，使得环境友好型的生物可降解塑料得到越来越多的关注，聚羟基脂肪酸酯（polyhydroxyalkanoate，PHA）就是其中的一类。PHA 可由地球上的绝大多数微生物胞内合成，无须复杂化学工艺；相对于传统的聚乙烯、聚丙烯等，其结构和性能更加多样，因而应用前景更为广泛，形成了包括可降解材料、医用材料、智能材料、药物、燃料等在内的 PHA 产业价值链。正因为如此，在过去的几十年里，PHA 得到了产业界和学术界的深入研究，也有个别商业化的产品问世。但是，由于其生产成本过高，无法像传统石油基塑料一样得到大规模的商业化应用，这是限制 PHA 发展和应用的最主要瓶颈。同时，PHA 的材料性能也需要进一步提高以扩展其应用价值。近年来，基于嗜盐微生物的下一代工业生物技术被开发出来，能有效地降低 PHA 的工业生产成本，各种合成生物学改造平台的完善也实现了 PHA 材料的定制化合成，助力其大规模应用。本章将对 PHA 的性质、应用和生产工艺进行综述，并重点阐述基于合成生物学的 PHA 材料的定制化合成，以及基于嗜盐微生物的下一代工业生物技术的低成本 PHA 生产平台，为以 PHA 为代表的生物基材料的定制化合成、工业化生产和应用提供借鉴。

3.1　PHA 概述

PHA 是微生物胞内合成的一类具有良好生物可降解性和生物相容性的聚合物。由于"限塑令"的颁布及"碳中和"政策的推广，环境友好型材料 PHA 得到产业界和学术界的认可，被认为可部分替代包括聚乙烯、聚丙烯和聚对苯二甲酸乙二醇酯（polyethylene terephthalate，PET）在内的传统化学塑料，以解决全球日益严重的塑料污染问题（Chen and Patel，2012；Babu et al.，2013；Olguín et al.，2012；Andreeßen et al.，2014）。PHA 材料的组成和性能多样，很难通过化学法合成，其生物合成已研究了 30 年，其中个别 PHA 材料已实现了商业化生产（Tan et al.，2021；Chen and Patel，2012）。

3.1.1　PHA 的组成和结构

　　PHA 是微生物在其他营养限制而碳源过剩的条件下合成的一类碳源和能源的贮藏性颗粒（图 3-1）（Chen，2009），是一类生物线性高分子聚酯，具有良好的生物可降解性和生物相容性。自然界中有多种微生物具有合成 PHA 的能力，含量有时甚至高达细胞干重的 90 wt%以上，其 PHA 分子量范围从几万到上千万道尔顿。

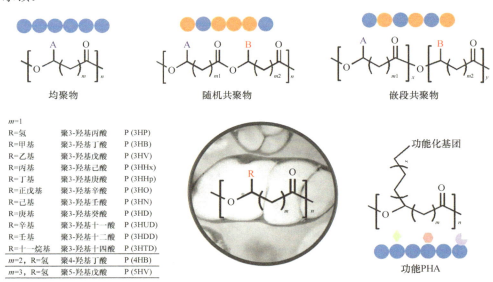

m=1		
R=氢	聚3-羟基丙酸	P (3HP)
R=甲基	聚3-羟基丁酸	P (3HB)
R=乙基	聚3-羟基戊酸	P (3HV)
R=丙基	聚3-羟基己酸	P (3HHx)
R=丁基	聚3-羟基庚酸	P (3HHp)
R=正戊基	聚3-羟基辛酸	P (3HO)
R=己基	聚3-羟基壬酸	P (3HN)
R=庚基	聚3-羟基癸酸	P (3HD)
R=辛基	聚3-羟基十一酸	P (3HUD)
R=壬基	聚3-羟基十二酸	P (3HDD)
R=十一烷基	聚3-羟基十四酸	P (3HTD)
m=2，R=氢	聚4-羟基丁酸	P (4HB)
m=3，R=氢	聚5-羟基戊酸	P (5HV)

图 3-1　PHA 的组成和结构（Tan et al.，2021）

结构通式中 n 表示聚合度，决定分子量的大小；m 通常为1，即聚 3-羟基脂肪酸酯。R 为可变基团，可以是饱和或不饱和、直链或含侧链或取代基的烷基（功能 PHA）。PHA 的聚合方式有均聚、随机共聚和嵌段共聚

　　PHA 的结构通式如图 3-1 所示，其单体均为 R 构型，侧链 R 基团不同，导致构成 PHA 的单体不同。当 R 为甲基时，PHA 为聚 3-羟基丁酸酯（poly-3-hydroxybutyrate，PHB），是最早被发现的 PHA 分子。依据侧链 R 基的不同，PHA 单体可以从 3 个碳原子（C3）的 3-羟基丙酸到 4 个碳原子（C14）的 3-羟基十四酸。其中，C3 到 C5 单体构成的 PHA 称为短链 PHA（SCL PHA），C6 以上单体构成的 PHA 称为中长链 PHA（MCL PHA）。R 基还可以为苯环、卤素及不饱和键等，因为这些基团可进行许多化学修饰，使 PHA 具有了很多新的功能（Meng et al.，2014）。这类功能 PHA 材料往往能提供一些高附加值性能，如高强度、温度响应性、形状记忆等。另外，依据参与聚合反应的单体种类不同，可将 PHA 分为均聚物（homopolymer）和共聚物（copolymer）两类：前者只有一种单体，如 PHB、PHV（聚 3-羟基戊酸酯，poly-3-hydroxyvalerate）等；后者含有两种或两种以上的

单体，如 PHBV[poly(3-hydroxybutyrate-*co*-3-hydroxyvalerate)，聚 3-羟基丁酸 3-羟基戊酸共聚酯]。此外，共聚物又分为随机共聚物和两种单体规律排列的嵌段共聚物（图 3-1）。已经有越来越多的新型 PHA 被合成出来，目前 PHA 的单体种类已经突破了 150 种，形成了 PHA 家族（PHAmily 或 PHAomics）（Chen and Patel，2012；Chen and Hajnal，2015）。

3.1.2 PHA 的性质

相对于传统塑料而言，PHA 具有更好的热加工性能、气体阻隔性，光学纯度高，生物可降解性和生物相容性更好，安全无毒甚至可食用；同时，PHA 可由微生物发酵生产，无须剧烈复杂的化学生产工艺，生产过程环保无污染，发酵底物可用纤维素等廉价底物，是一类性能多样的环境友好型生物基材料。

在 PHA 的单体构成中，碳链长度可变，R 基团也可变，导致单体种类繁多；而单体之间的排列方式多种多样（包括均聚物和共聚物等），加之侧链基团的其他化学修饰，使得 PHA 具有丰富的结构、性质和功能，表现出从坚硬质脆的硬塑料到柔软的弹性塑料等不同的材料学性质（Choi et al.，2020a；Chen and Patel，2012；Meng et al.，2014；Park et al.，2012a）。表 3-1 列出了几种典型 PHA 与传统塑料的材料性能对比。其中，PHB 结构最简单，结晶度高、硬度高、强度大，但柔韧性差，导致不容易加工成型，限制了其应用范围。当 PHB 共聚物中掺入 3-羟基戊酸（3HV）单体时，3-羟基丁酸戊酸共聚酯（PHBV）的结晶结构发生变化，硬度、强度和熔点下降，但弹性有所提高。短链 PHA 呈现出硬晶体性质，而中长链 PHA 是具有热塑性的弹性体，硬度低，柔韧性好，但结晶速率非常慢且熔融温度低（一般为 39～61℃），这些特点也严重限制了其应用（Choi et al.，2020a）。研究表明，含 3-羟基丁酸（3HB）和少量中长链 3-羟基脂肪酸（3HA）的 PHA 共聚物，熔点和结晶速率较 PHB 下降不多，而韧性和弹性大幅提高，具有更好的材料性能（Li et al.，2021；Zheng et al.，2020），是 PHA 材料定制化合成的研究重点。

表 3-1　几种典型 PHA 与传统塑料的材料性能对比（Choi et al.，2020a）

聚合物类型	熔融温度 (T_m) /℃	玻璃化转变温度 (T_g) /℃	拉伸强度 /MPa	断裂伸长率/%
PHB	178	4	43	5
P(3HB-20 mol% 3HV)	145	−1	20	50
P(3HB-17 mol% 3HHx)	120	−2	20	850
P(4HB)	58	−48	104	1000
P(3HB-45 mol% 4HB)	162	−16	3	268
P(3HP)	78.1	−17.9	33.8	497.6
P(7 mol% 3HHx-3HO)	61	−37.8	7.4	346.3

续表

聚合物类型	熔融温度（T_m）/℃	玻璃化转变温度（T_g）/℃	拉伸强度/MPa	断裂伸长率/%
P(10 mol% 3HHx-86 mol% 3HO-4 mol% 3HD)	61	−35	10	300
PP	186	−10	38	400
PET	262	—	56	8300
HDPE	135	—	29	—

PP，聚丙烯；PET，聚对苯二甲酸乙二醇酯；HDPE，高密度聚乙烯；PHB，聚 3-羟基丁酸酯。其他 PHA 聚合物括号中为单体种类：一种单体表示均聚物，两种及以上单体表示共聚物，数字表示单体的不同摩尔比例。3HB，3-羟基丁酸；3HV，3-羟基戊酸；3HHx，3-羟基己酸；4HB，4-羟基丁酸；3HP，3-羟基丙酸；3HO，3-羟基辛酸；3HD，3-羟基癸酸。

3.1.3　PHA 的应用

由于 PHA 结构多种多样，导致其性能多种多样，因而在各个领域有着广泛的应用前景。PHA 因具有与传统塑料非常相似的材料学性质，在很多场合可代替传统的聚乙烯和聚丙烯；同时，PHA 具有传统塑料所不可比拟的生物可降解性和生物相容性等优良特性，被认为是"环境友好型塑料"。目前已经逐步形成了覆盖塑料、生物医学材料、药物、动物饲料、智能材料、生物燃料等领域的 PHA 产业价值链（图 3-2）（陈国强等，2008）。

1. PHA 作为环保生物塑料

PHA 具有良好的疏水性和气体阻隔性，且安全无毒，使得 PHA 比传统塑料在一次性包装领域更具吸引力，尤其是食品包装（Chen and Patel，2012）。PHA 还能被开发为高品质纺织品和农用地膜，已分别由中国宁波天安生物材料公司和中国石油化工集团有限公司进行生产与推广使用。

2. PHA 作为生物医学材料

由于 PHA 具有优异的生物可降解性和生物相容性，过去十几年中，其已被广泛应用于组织工程领域。聚 4-羟基丁酸酯（P4HB）于 2007 年被 FDA 批准用于临床手术缝合线。聚 3-羟基丁酸与己酸共聚酯（PHBHH$_x$）以及其他具有优良特性的中长链 PHA，长期以来一直应用于各种组织植入物，如心脏瓣膜、血管、软骨或肌腱、神经导管、人工食道、骨修复材料等（Wang et al.，2008；Zhang et al.，2018）。

近年来，PHA 被报道用作活细胞的植入支架，可制备直径为 300～360 μm 的多孔微球（PHA-OPM），类似于运载干细胞的"微型诺亚方舟"，可作为注射载体将细胞安全地运送到缺陷组织，使活细胞持续增殖并改善分化（Wei et al.，2018）。

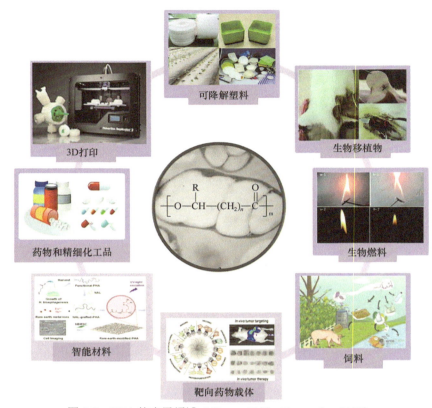

图 3-2　PHA 的应用领域（Chen，2009；Tan et al.，2021）

此外，通过 UV 光交联方式，将不饱和的 3-羟基十一酸和 3-羟基-10-十一烯酸的 PHA 共聚物（PHU10U）与聚乙二醇二硫醇（PDT）合成了一种新的、可生物降解的 PHA 有机凝胶/水凝胶，其良好的生物相容性使其在生物医学领域、有机电子和光伏领域具有很大的应用潜力（Zhang et al.，2019）。

3. PHA 单体作为药物

研究显示，PHA 单体及其甲酯能够改善阿尔茨海默病、骨质疏松症或帕金森病小鼠的相关症状，甚至具有改善记忆力的功能，有望作为这些疾病的治疗药物或手性中间体。其中，PHB 降解产物 3-羟基丁酸（3HB）单体，是一种安全的、人体内含有的酮体物质，已被证明在模拟微重力下具有抗骨质疏松作用，并且一步在中国天舟飞船的空间微重力真实环境下进行了进一步骨质疏松改善测试（Cao et al.，2014）。

4. PHA 作为动物饲料

据报道，PHA 的低聚物（如寡聚 O3HB）可作为有价值的动物食品添加剂。最近，有研究将粉状的 PHB 用作大黄鱼和断奶仔猪的饲料添加剂。当添加 1%～2% 的 PHB 时，鱼的生长速度更快，体重增加更多，同时存活率提高；另外，敏感的断奶仔猪在添加 0.5% PHB 时生长正常，无任何毒性。因此，PHB 有望作为一种微塑料性质的动物饲料添加剂，避免对海洋和陆地动物有害的微塑料污染（Wang et al.，2019）。

5. PHA 作为生物燃料

PHA 单体的甲酯化产物 3-羟基丁酸甲酯（3HBME）和 3-羟基链烷酸甲酯（3HAME），燃烧热值分别为 20 kJ/g 和 30 kJ/g，可用作新型生物燃料。单一乙醇的燃烧值为 27 kJ/g，当添加 10% 3HBME 或 3HAME 时，乙醇的燃烧热值分别增加到 30 kJ/g 和 35 kJ/g。因此，PHA 的甲酯化产物可直接用作生物燃料或与其他燃料混合使用，是石油基生物燃料的良好替代品（Gao et al.，2011）。

6. PHA 作为 3D 打印材料

除了最常用的丙烯腈丁二烯苯乙烯（ABS）或聚乳酸（PLA），PHA 也能用于耐热的 3D 打印材料或体内和皮肤的植入物，因为它们耐高温、无毒且生物相容性好。PHA 材料经 ColorFabb 公司测试可用于打印结构简单的产品，而 PLA/PHA 混合材料可用于打印结构复杂的产品（如化妆品容器或薄膜等）；此外，研究发现 PHA 组分的添加有利于材料在环境中的降解。研究人员还制备了聚 3-羟基丁酸和 3-羟基戊酸的共聚酯（PHBV）或含有马来酸酐（MA）接枝的 PHBV（PHBV-g-MA），并 3D 打印成纤维长丝，证明了 PHA 材料在 3D 打印材料领域的潜力（Rydz et al.，2019）。

7. PHA 作为潜在的智能材料

PHA 通过进一步化学修饰后，可对温度、pH、光等外部刺激做出反应，改变其结构和功能，因此在智能材料领域也具有巨大的应用潜力。如前所述，PHA 分子的侧链可引入多种不同的官能团，对侧链进行进一步的化学改性，如在侧链上接枝小分子或大聚合物时，PHA 的性质将发生巨大变化，形成不同性质的功能 PHA 材料。研究人员合成了一种热响应的接枝共聚物——PHA-g-聚（N-异丙基丙烯酰胺），其表面亲水性提高，且在不同温度下具有显著的热响应性能；当接种活细胞时，细胞生长的生物相容性好，且细胞迁移也具有热响应能力（Ma et al.，2016）。此外，基于功能性 PHA 成功设计并制备了一种稀土元素（Eu^{3+} 和 Tb^{3+}）修饰的荧光材料，在紫外线激发下表现出强烈的光致发光特性，同时具有显著提高的亲水性和优异的生物相容性，表明其在生物医学方面具有巨大的潜在应用价值（Yu et al.，2019b）。由此可见，通过控制 PHA 的各种微观结构，可以显著改变其材料性能，能够实现"智能 PHA"的合成。

8. PHA 纳米颗粒作为药物递送载体或纳米催化剂

PHA 本身作为一种直径 50～500 nm 的纳米颗粒，已经被用作药物、基因或抗原的靶向递送载体，能够以最佳剂量可控地将药物递送到靶位置，扩展了其医疗用途。此外，通过与 PHA 表面相关蛋白的融合表达，可将目标蛋白固定于 PHA 颗粒表面，用于研究蛋白质互作、纳米催化剂，或作为 PHA 纳米疫苗（Hooks，2014；Draper and Rehm，2012）。除此之外，越来越多的 PHA 应用还在深入研究中，PHA 材料多样的结构、性质和功能为其广泛应用提供了无限可能。

3.2 PHA 的生产

3.2.1 PHA 的生物合成途径

PHA 生物合成大体上可分为两个步骤（图 3-3）（Choi et al.，2020b；Meng et al.，2014；Zheng et al.，2020）：通过结构相关碳源或不相关碳源的胞内代谢产生 3-羟脂酰辅酶 A（3HA-CoA）前体，然后在 PHA 合酶催化下聚合成 PHA。结构相关碳源一般具有与目标单体相似的分子结构，并通过简单的转化步骤转化为相应的 3HA-CoA。目前鉴定出的 PHA 单体中，大多数需要添加相关的前体或碳源以获得 3HA-CoA。结构不相关碳源，一般可通过天然途径[如糖酵解、三羧酸（TCA）循环、脂肪酸生物合成和降解、氨基酸生物合成等]或改造后的天然途径获得用于生产 PHA 的前体。经典的 PHA 生物合成途径包括糖酵解产生的乙酰辅酶 A 介导（图 3-3，途径 I）、β-氧化循环介导（途径 II）及脂肪酸从头合成介导（途径 III）；此外，生物体内还存在着其他较为少见和工程化的合成途径，主要是由相关碳源及 TCA 循环的中间物合成 PHA 的路径（如 2-羟基-3-甲基戊酸酯等不常见 PHA 单体）（Choi et al.，2020b）。

途径 I：由两分子乙酰辅酶 A 依次经过 β-酮基硫解酶（β-ketothiolase）、NADPH 依赖的乙酰乙酰辅酶 A 还原酶（acetoacetyl-CoA reductase）和 PHB 合成酶（PHB synthase）催化，最后合成 PHB。富养罗尔斯通氏菌（*Ralstonia eutropha*）是利用这种途径合成 PHA 的模式菌株。

途径 II：以嗜油假单胞菌为代表的假单胞菌属（*Pseudomonas*）多以 β-氧化（β-oxidation）循环的中间物参与 PHA 合成。脂肪酸进入细胞后，经过 β-氧化循环先转变成烯酯酰辅酶 A，并转变为 PHA 合成前体 3-羟基酯酰辅酶 A，最后经 PhaC 催化合成 PHA。恶臭假单胞菌（*Pseudomonas putida*）和嗜水气单胞菌

（*Aeromonas hydrophila*）胞内均存在这类途径。

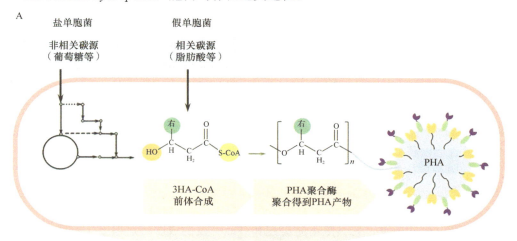

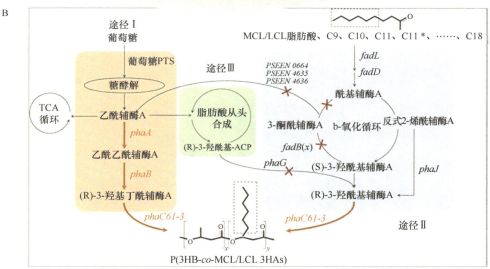

图 3-3　PHA 的主要生物合成途径（陈国强和谭丹，2024）

A. 不同底物（相关碳源和不相关碳源）培养合成 PHA 的代谢途径；B. 三条经典的 PHA 生物合成途径，即糖酵解途径（途径 I）、β-氧化途径（途径 II）和脂肪酸从头合成途径（途径 III）

途径 III：这是与脂肪酸从头合成途径相关联的一条 PHA 合成路径。其中，3-羟基酰基-ACP-辅酶 A 转移酶（3-hydroxyacyl-ACP-CoA transferase，PhaG）是将脂肪酸从头合成途径和 PHA 合成途径联系起来的关键酶，将脂肪酸从头合成途径产生的 3-羟基酯酰 ACP 转化为 3-羟基酯酰辅酶 A，从而被 PhaC 催化合成 PHA。研究表明，脂肪酸的从头合成途径及 β-氧化循环与 PHA 的合成是独立进行的，一种细菌可能会通过两种途径来合成中长链 PHA，但这两种途径并不是均等地在胞内起作用。

3.2.2 PHA 的生产工艺

PHA 的生产包括菌种开发、摇瓶培养、实验室小试发酵、中试发酵、工业化发酵、下游提纯和产品开发等几个阶段（图 3-4）（Chen，2012）。菌种开发是 PHA 生产的关键，PHA 的高产菌株可以从自然界中通过高通量筛选（如 FTIR 方法或 FACS 方法）得到，或者对产量不高的模式菌株进行基因工程、代谢工程或合成生物学改造以获得高产菌株。摇瓶发酵和实验室规模的小试发酵主要进行温度、pH、底物浓度等培养条件优化以促进细胞生长和 PHA 生产，这其中需要重点考虑细胞密度、胞内 PHA 含量、底物转化率、培养时间、下游提取的难易程度等参数。中试发酵和工业化发酵则需要在保证细胞生长率和 PHA 产率的基础上，优化整个生产过程的成本，尤其是下游提纯和产品开发的成本，这需要生物学家、发酵工程师、高分子领域专家等的共同配合和努力。

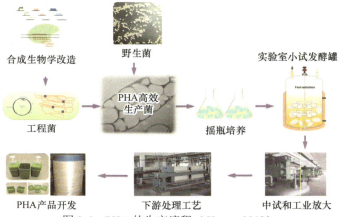

图 3-4　PHA 的生产流程（Chen，2012）

多种野生型和工程化菌株已用于生产结构及性能多样的 PHA 材料（Choi et al.，2020b；Leong et al.，2014；Ferre-Guell and Winterburn，2018）。产碱弧菌（*Alcaligenes latus*）（Gahlawat and Srivastava，2017）、富养罗尔斯通氏菌（*Ralstonia eutropha*）（Arikawa et al.，2017；Ryu et al.，1997）和盐单胞菌（*Halomonas* spp.）（Tan et al.，2011）主要用于生产短链 PHA，而罗氏真养杆菌和嗜水气单胞菌（*Aeromonas hydrophila*）则用于生产短链中长链共聚酯 3-羟基丁酸己酸共聚酯（PHBHHx）（Qiu et al.，2006；Jian et al.，2010）。假单胞菌（*Pseudomonas* spp.）通常用于中长链 PHA 的生产，产生了多种多样的功能化 PHA（Chung et al.，2011；Li et al.，2014a；2021；Lee et al.，2000b；Ouyang et al.，2007；Poblete-Castro et al.，

2013；Tripathi et al.，2013；Shen et al.，2014；Wang et al.，2017）。大肠杆菌
（*Escherichia coli*）经过工程化改造，也被用于生产各种类型的单体，进一步组成
可控的 PHA（Leong et al.，2014；Chen et al.，2011；Arikawa et al.，2017；Hokamura
et al.，2015；Li et al.，2016a；Meng et al.，2015；Park et al.，2001；Wang and Lee，
1998；Yang et al.，2014；Zhuang and Qi，2019）。以上 PHA 的生产菌株中，富养
罗尔斯通氏菌的最高细胞密度可达 232 g/L（Ryu et al.，1997），而携带来自产碱
弧菌的 *phaCAB* 合成基因簇的重组大肠杆菌，PHB 的最高时空产率可达 4.63 g/
（L·h）（Choi et al.，1998）（表 3-2），推动了 PHA 的工业化生产。

表 3-2　代表性的 PHA 生产菌及其最高产量

菌株	PHA 种类	底物	细胞干重/（g/L）	PHA 含量/wt%	最高时空产率/[g/（L·h）]	参考文献
大肠杆菌	各类 PHA	葡萄糖	141.6	73	4.63	Choi et al.，1998
富养罗尔斯通氏菌	SCL-PHA	葡萄糖	232	80	3.14	Ryu et al.，1997
	MCL-PHA、PHBHHx	脂肪酸				
嗜水气单胞菌	PHBHHx	脂肪酸	43.3	45.2	1.01	Lee et al.，2000a
假单胞菌	MCL-PHA	脂肪酸	72.6	51.4	1.91	Lee et al.，2000b
盐单胞菌	SCL-PHA	葡萄糖	100	60～92	1.67～3.2	Ye et al.，2018b

　　尽管利用传统工业生物技术生产 PHA 已经有一些商业化应用的实例，但仍存
在着诸多瓶颈问题：一是生产成本太高，市场化前景受限，亟须成本低廉的生产
方式；二是 PHA 材料的性能欠佳，材料均一性不高，需要扩展材料种类、提升材
料性能以适应多种应用场景。许多研究致力于改善 PHA 的材料性能和降低其生产
成本，并取得了一定进展。

3.3　PHA 材料的定制化合成

3.3.1　基于假单胞菌的中长链/功能化 PHA 的定制化合成

　　中长链 PHA 的优良生产菌——假单胞菌，主要通过内源性 β-氧化途径、脂肪
酸从头合成途径以及最近报道的反 β-氧化途径（Zhuang et al.，2014）产生单体，
从而参与中长链 PHA 的合成，但单体长度不可控（Meng and Chen，2018；Meng
et al.，2014；Poblete-Castro et al.，2013）。为了定制化不同单体比例的 PHA 共聚
物，研究人员敲除了假单胞菌属中 β-氧化途径的几个关键基因（图 3-5），当 β-
氧化减弱的工程菌株用不同碳链长度的脂肪酸培养时，脂肪酸不能进一步代谢为
碳长度较短的产物，整合到 PHA 链中时会保持其原始链长和结构，由此控制 PHA
聚合物中单体的组成和比例，生产 PHA 均聚物（或近均聚物）、随机或嵌段共聚

物（图 3-6）（Chung et al.，2011；Wang et al.，2017）。

其中，工程化改造后的恶臭假单胞菌（*Pseudomonas putida*）KTQQ20 可以通过调节己酸钠（C6）和癸酸钠（C10）的比例来轻松调控产生的 P(3HHx-*co*-3HD) 共聚物中两种单体的比例；当按照一定的顺序依次加入 C6 和 C10 前体时，则能生产嵌段共聚物 P(3HHx)-*b*-P(HD-*co*-HDD)（Tripathi et al.，2013）。β-氧化途径弱化突变株恶臭假单胞菌 KTHH03，能够分别以己酸盐或庚酸盐为底物合成均聚的聚 3-羟基己酸酯（PHHx）、聚 3-羟基庚酸酯（PHHp）；以辛酸盐为底物合成了近均聚的聚 3-羟基辛酸酯（PHO）（其中 3HO 的比例为 98 mol%）。刘倩课题组在此基础上进一步弱化 β-氧化途径，实现了以癸酸为底物合成近均聚的聚 3-羟基癸酸酯（PHD）（Wang et al.，2011）。

嗜虫假单胞菌（*Pseudomonas entomophila*）是另一株优秀的功能化 PHA 合成菌株，可用于合成全系列的（C6-C14）PHA 均聚物、随机共聚物和嵌段共聚物（Chung et al.，2011；Li et al.，2021；2014a；Shen et al.，2014；Wang et al.，2017）。当提供等链长脂肪酸时，可生产含 C6-C14 单体的 PHA 均聚物，如 β-氧化减弱后的改造菌株 *P. entomophila* LAC26 在加入十二酸（C12）底物时，积累了占细胞干重 90 wt%以上的聚 3-羟基十二酸酯 P(3HDD)，其中 3-羟基十二酸单体（3HDD）摩尔比例为 99 mol%（近均聚物）；随着 3HDD 含量增加，材料的玻璃化转变温度（T_g）和熔融温度（T_m）之间的差距逐渐扩大；研究还首次发现单体碳原子数为偶数和奇数时，MCL-PHA 均聚物具有不同的物理性质（Wang et al.，2017）。由此可见，可以通过控制单体比例显著提升 PHA 材料性能，从而拓展 PHA 材料的加工性能和应用领域（Chung et al.，2011）。工程化菌株 *P. entomophila* LAC23 能合成含有 3-羟基辛酸（3HO）和 3HDD 的随机共聚物 P(3HO-3HDD)，以及含 3HO 和 3-羟基十四酸（3HTD）的共聚物 P(3HO-3HTD)，同时还能合成嵌段共聚物 P(3HO)-*b*-P(3HDD)，其组成可通过调节两种相关脂肪酸底物的比例来控制（Wang et al.，2017）。进一步对嗜虫假单胞菌（*P. entomophila*）进行较为系统的重编程和代谢工程改造，制备了一系列 PHA 含量超过 60 wt%且性能提升的新型 P(3HB-*co*-MCL 3HA)共聚物（Li et al.，2021）（图 3-5）。

当向工程化的 *P. putida* KTQQ20 和 *P. entomophila* LAC23 提供含有功能基团（如双键、三键、环氧基、羰基、氰基、苯基或卤素基团）的脂肪酸时，产生的 PHA 侧链上将带有各种各样的功能基团，从而产生功能化 PHA（Meng and Chen，2018）。例如，加入 5-苯基戊酸时，能合成聚（3-羟基-5-苯基戊酸酯）（P3HPhV）均聚物；当其在含 5-苯基戊酸和十二酸的混合底物上生长时，也成功合成了 3HPhV 单体含量为 3 mol%～32 mol%的共聚物 P(3HPhV-*co*-3HDD)（Shen et al.，2014）。此外，含有芳香族侧链的 PHA 均聚物和共聚物已经被合成出来；含烷氧基、乙酰氧基和羟基的 PHA 聚合物已被合成，且证实其具有增强的材料溶解性和生物相容

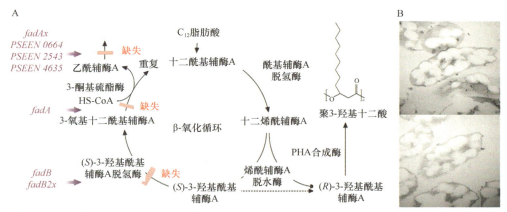

图 3-5　嗜虫假单胞菌 L48 中 β-氧化途径弱化（A）及其合成的 3-羟基十二酸酯均聚物的电镜
图（B）（Chung et al.，2011）

fadA 为 3-酮基硫酯酶基因；*fadAx*、*PSEEN0664*、*PSEEN2543* 和 *PSEEN4635* 为 3-酮基硫解酶基因；*fadB* 和 *fadB2x*
为(S)-3-羟基酰基辅酶 A 脱氢酶基因

性（Shen et al.，2014）。这些侧链含功能基团的 PHA 分子能进一步进行更复杂多样的化学修饰（如接枝），产生更为多样的 PHA 材料，如热响应性的接枝共聚物 PHA-g-聚（*N*-异丙基丙烯酰胺）（Ma et al.，2016），以及含有稀土元素（Eu^{3+} 和 Tb^{3+}）的 PHA 荧光材料等（Yu et al.，2019b）（图 3-6）。β-氧化弱化的嗜虫假单胞菌已被开发成为 PHA 定制化合成的高性能平台菌株，提供了一种灵活且可控的方式来定制 PHA 材料，即通过调整底物的加入比例和顺序，精确地控制共聚物中单体组成和比例，加上后续侧链的进一步化学修饰，可得到具有特定性能的材料。

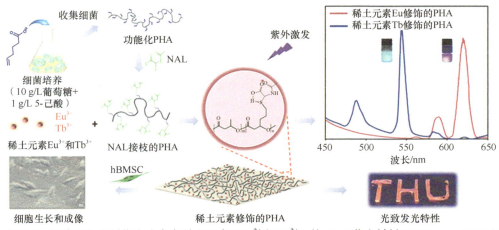

图 3-6　假单胞菌定制化合成含有稀土元素（Eu^{3+} 和 Tb^{3+}）的 PHA 荧光材料（Yu et al.，2019b）

3.3.2 短链 PHA 的定制化合成

假单胞菌主要依靠 β-氧化循环的弱化、控制底物加入比例和顺序来实现中长链及功能化 PHA 的定制化合成。与之不同的是，短链 PHA 的定制化合成主要通过底盘细胞的代谢工程改造来实现，包括多基因代谢途径整合（实现碳源利用途径的改造和底物谱的扩展）、代谢前体的富集和旁路代谢的敲除等策略（Ye et al.，2023；Meng and Chen，2018；Zheng et al.，2020）。

1. 3-羟基丁酸 3-羟基戊酸共聚酯 PHBV

以葡萄糖和丙酸/戊酸的混合物为碳源培养富养罗尔斯通氏菌，可获得含有不同单体比例的 PHBV。丙酸/戊酸浓度是生产高 3HV 单体比例的 PHBV 聚合物的重要影响因子，将丙酸浓度控制在 1～4 g/L，经 59 h 发酵，PHBV 的积累量达到了 85.6 g/L（3HV 单体比例为 11.4 mol%）（Lee et al.，1995）。以戊酸和葡萄糖为底物，在限氮条件下经 50 h 发酵，PHBV 积累量可以达到 90.4 g/L（3HV 单体比例可达 20.4 mol%）。国内浙江宁波天安生物材料公司使用富养罗尔斯通氏菌生产 PHBV，细胞干重达 200 g/L 以上。

研究人员也在尝试以廉价的碳源（如葡萄糖等）为单一碳源实现 PHBV 的合成。Chen 等在大肠杆菌中过表达了苏氨酸合成通路中的 thrABC 操纵子及苏氨酸脱氢酶基因 ilvA，成功实现了由葡萄糖或木糖直接合成 PHBV，并通过进一步抑制竞争性途径，最终以木糖为碳源合成了 3HV 比例为 17.5 mol% 的 PHBV（Aldor et al.，2002）。在沙门菌中也有类似的研究，通过在 prpC（2-甲基柠檬酸合成酶基因）失活的肠道沙门菌（Salmonella enterica）JE4199 中表达来自大肠杆菌的 sbm-ygfD-ygfG 三基因和不动杆菌属（Acinetobacter）的 PHB 合成操纵子 phbBCA，实现了由甘油直接生产 PHBV，其中 3HV 单体含量为 14 mol%（Aldor et al.，2002）。

地中海嗜盐菌（Haloferax mediterranei）是嗜盐古菌中的一株 PHA 优势生产菌（Han et al.，2012；Lu et al.，2008；Huang et al.，2006）。它能在高达 200 g/L 的盐浓度条件下，利用非相关的廉价碳源为原料合成含量较高的 PHB 和 PHBV。借助合成生物学手段改造嗜盐古菌，实现了 3HV 单体比例可控的 PHBV 聚合物的生产，可以合成具有不同单体比例（10 mol%～60 mol%）、不同分子量、不同材料学性能（延伸能力 10%～600%）和不同热力学性能的 PHBV，这类材料的可控材料性能及完美的生物相容性（几乎不含内毒素），使其在止血、疤痕愈合、软骨修复、神经修复等多个领域具有潜在的高值应用。

除此之外，越来越多含有其他单体的短链 PHA 也已经被开发出来，它们往往具有一些特殊的优异材料性质，因此具有潜在的应用价值。

2. 3-羟基丁酸 4-羟基丁酸共聚酯 P3HB4HB

P3HB4HB 最先于 1988 年在富养罗尔斯通氏菌中发现（Kunioka et al.，1989）。根据组成单体 3HB 与 4HB 比例的不同，P3HB4HB 具有从非常硬的高度结晶体到软的弹性体等一系列不同的材料学性质。由于 4HB 单体不含支链，使得 P3HB4HB 可同时被 PHA 降解酶和脂肪酶降解，因此它有着比其他 PHA 材料更为优异的材料性能和降解性能，是 PHA 领域研究的重要产品。2007 年 2 月，美国 FDA 批准了 Tepha 公司的 P3HB4HB 作为临床手术缝合线。

P3HB4HB 共聚酯中的两种单体一般分别由不同的碳源产生：产生 3HB 单体的碳源为常规糖类等，而 4HB 单体的掺入需要向培养基中加入与 4HB 结构类似的碳源如 4-羟基丁酸、γ-丁内酯和 1,4-丁二醇等。当向培养基中添加 4-羟基丁酸或者 4-氯丁酸时，4HB 单体比例可在 0～49 mol% 之间调节。为节约碳源成本、降低毒性以及简化发酵方法，研究人员致力于利用结构非相关的廉价碳源来生产 P3HB4HB。通过在大肠杆菌中异源表达富养罗尔斯通氏菌的 PHB 合成操纵子 *phaCAB* 和克氏梭菌（*Clostridium kluyveri*）的琥珀酸降解相关基因 *sucD*、*4hbD*、*orfZ*，以及敲除大肠杆菌的琥珀酸半缩醛脱氢酶基因 *sad* 和 *gabD*，得到的重组菌株以葡萄糖为唯一碳源发酵 32 h 后，细胞干重可达 24.7 g/L，获得占细胞干重 62 wt% 的 P(3HB-*co*-12.1 mol%4HB)（Valentin and Dennis，1997；Li et al.，2010）。若添加 1.5～2 g/L 的 α-酮戊二酸前体，4HB 单体比例可进一步提高到 20 mol% 以上。另外，整合有 4 种异源基因（*ogdA*、*sucD*、*4hbD* 和 *orfZ*）以及缺失 *gabD* 的盐单胞菌工程菌，也能以葡萄糖作为唯一碳源合成 4HB 比例高达 25 mol% 的 P3HB4HB。进一步采用启动子工程、染色体整合技术以及新型双诱导系统来精细调控基因表达，重组盐单胞菌在培养 36 h 后细胞干重达 48.2 g/L，其中含有 75 wt% P(3HB-*co*-16 mol% 4HB)（Ye et al.，2020；2018a）（图 3-7）；在进一步的 5 t 中试发酵罐中，盐单胞菌工程菌更是获得了 99.6 g/L 的细胞密度和 60.4 wt% 的 P(3HB-*co*-13.5 mol% 4HB)。

3. 含有 3HP 单体的 PHA 聚合物（P3HP3HB 和 P3HP4HB）

3-羟基丙酸（3HP）作为最简单的奇数碳单体，具有无侧链、无手性、分子量低、能够增加 PHA 降解性能等特点。因此，3HP 可以优化 PHA 的结构和组成，提升 PHA 材料性能和应用价值。例如，3HP 的掺入可加强聚合物的弹性（Wang et al.，1999），PHB 的断裂伸长率（elongation to break）为 6%，而 3HP 比例为 13 mol% 的 P3HP3HB 的断裂伸长率大幅度增加至 302%。P3HP3HB 和 P3HP4HB 是含有 3HP 单体的 PHA 聚合物中的典型代表。

异源表达来自绿非硫细菌（*Chloroflexus aurantiacus*）二氧化碳固定途径的丙二酰辅酶 A 还原酶和 3-羟基丙酰辅酶 A 合成酶两个外源基因的重组富养罗尔斯通

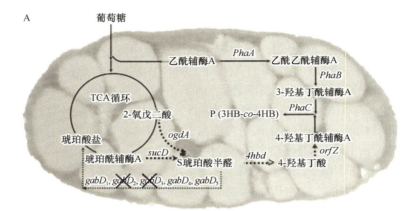

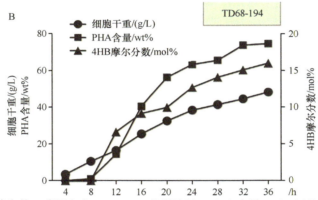

图 3-7　以葡萄糖为单一碳源合成 P3HB4HB 代谢途径（A）和产量（B）（以盐单胞菌为例）（Ye et al., 2018a）

氏菌, 可以将基础代谢途径产生的乙酰辅酶 A 引入到 P3HP3HB 的合成中。以果糖或偶数碳原子的脂肪酸为碳源, 可以合成 3HP 含量为 0.2 mol%～2.1 mol% 的 P3HP3HB 共聚物（Fukui et al., 2009）。同时, 当大肠杆菌底盘细胞中同时组装入包含 11 个外源基因的 3HB 合成途径和 3HP 合成途径后, 以葡萄糖为唯一碳源能够合成含量为 18 wt% 的聚 3-羟基丙酸均聚物（P3HP）和含量为 42 wt% 的聚合物 P(84 mol% 3HP-co-3HB)（Zhou et al., 2011）。

　　P3HP4HB 是另一种新型无分支 PHA 共聚物。研究人员通过表达 1,3-丙二醇脱氢酶基因 dhaT 和醛脱氢酶基因 aldD, 在重组大肠杆菌中实现了以 1,3-丙二醇和 1,4-丁二醇为底物合成 3HP 和 4HB 前体；进一步表达琥珀酸辅酶 A 转移酶基因 orfZ、PHA 合成酶基因 phaC1 以及来自绿非硫细菌的 3-羟基丙酸辅酶 A 连接酶基因 pcs′, 可在重组大肠杆菌中积累单体组分可控的 P3HP4HB, 使聚合物中 4HB 单体的比例从 12 mol% 增加到 82 mol%, 聚合物的性能也随之变化。其中, 3HB

单体比例在 67 mol%左右时，P3HP4HB 膜变得基本透明（图 3-8）（Zhou et al.，2011；Meng et al.，2015）。

P (3HP)　　P (3HP-co-11.86%　P (3HP-co-25.48%　P (3HP-co-37.89%　P (3HP-co-67.00%　P (3HP-co-81.84%　P (4HB)
　　　　　　4HB)　　　　　　4HB)　　　　　　4HB)　　　　　　4HB)　　　　　　4HB)

图 3-8　大肠杆菌中构建并生产的 P3HP4HB 材料透明度的变化（Meng et al.，2015）

图中数值为摩尔分数

4. 含乳酸单体（LA）和乙醇酸单体（GA）的新型 PHA（PHBLA 和 PHBGA）

随着代谢工程和合成生物学的发展，越来越多的新型短链 PHA 被合成出来。图 3-9 中详细列出了新型 PHA 合成的各种天然和非天然途径，这些新型短链 PHA 的单体主要有乳酸（LA）、乙醇酸（GA）、2-羟基丁酸（2HB）、苯乳酸（PhLA）等（Choi et al.，2020a；Park et al.，2012b；2012c）。

聚乳酸（PLA）具有高强度、高模量、良好的生物相容性和低毒性等优点，已广泛应用于一次性容器、包装及生物医用材料等方面。PHA 中适当掺入 LA 单体会改善材料的性能。在大肠杆菌中表达来自丙酸梭菌的丙酰辅酶 A 转移酶 pct 突变体和来自假单胞菌的 PHA 合酶 phaC1 突变体，工程菌将合成 PLA 聚合物；进一步引入富养罗尔斯通氏菌的 phaAB 基因时，能以葡萄糖为底物合成 LA 比例高达 70 mol%的 PHBLA 聚合物，并且该合成路径已成功转移到其他宿主如谷氨酸棒杆菌和富养罗尔斯通氏菌中，也同样能实现 PHBLA 合成（Jung et al.，2010）。以上途径还可被扩展为生产含乙醇酸 GA 单体的聚合物。分别过表达异柠檬酸裂解酶基因 aceA、异柠檬酸脱氢酶激酶/磷酸酶基因 aceK、乙醛酸还原酶基因 ycdW、丙酸梭菌 pct 突变体、假单胞菌 phaC1 突变体以及富养罗尔斯通氏菌的 phaAB 基因，将合成三元聚合物 P(3HB-co-17 mol% LA-co-16 mol% GA)（Li et al.，2016b）。这种工程化大肠杆菌还可用于生产各种含 GA 的共聚物，如 P(LA-co-GA-co-2HB)、

P(LA-*co*-GA-*co*-4HB)和 P(LA-*co*-GA-*co*-2HIV)等。

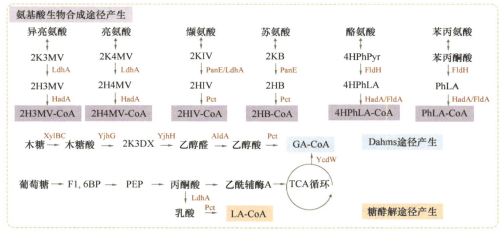

图 3-9　几种新型 PHA 前体合成代谢（Choi et al.，2020a）

几种新型 PHA 的各种天然和非天然辅酶 A 单体合成途径，各类单体进一步被 PHA 聚合酶 PhaC 聚合成 PHA。所示代谢物为：2H3MV-CoA，2-羟基-3-甲基戊酰辅酶 A；2H4MV-CoA，2-羟基-4-甲基戊酰辅酶 A；2HIV-CoA，2-羟基异戊酰辅酶 A；2HB-CoA，2-羟基丁酰辅酶 A；PhLA-CoA，苯乳酰辅酶 A；4HPhLA-CoA，4-羟基苯乳酰辅酶 A；GA-CoA，乙醇酰辅酶 A；LA-CoA，乳酰辅酶 A；2K3MV，2-酮基-3-甲基戊酸酯；2K4MV，2-酮基-4-甲基戊酸酯；2H3MV，2-羟基-3-甲基戊酸酯；2H4MV，2-羟基-4-甲基戊酸酯；2KIV，2-酮异戊酸酯；2HIV，2-羟异戊酸酯；2KB，2-酮丁酸酯；2HB，2-羟基丁酸酯；4HPhPyr，4-羟基苯丙酮酸酯；4HPhLA，4-羟基苯乳酸酯；PhLA，苯乳酸酯；2K3DX，2-酮基-3-脱氧木糖酸酯；F1,6BP，果糖1,6 二磷酸；PEP，磷酸烯醇丙酮酸。所示酶为：LdhA，乳酸脱氢酶；HadA，艰难梭菌的异辛酰辅酶 A:2-羟基己酸辅酶 A 转移酶；Pct，丙酸梭菌的丙酰辅酶 A 转移酶；FldH，苯乳酸脱氢酶；FldA，肉桂酰辅酶 A:苯乳酰辅酶 A 转移酶；PanE，2-羟酸脱氢酶；AldA，醛脱氢酶；XylBC，木糖脱氢酶和木糖内酯酶；YcdW，乙醛酸还原酶

5. 含 2-羟酸（2HA）单体的新型 PHA

利用柠檬酸酯途径的工程化大肠杆菌菌株，首次从葡萄糖生产含有 2-羟基丁酸（2HB）的 PHA 聚合物。当工程化大肠杆菌表达 *cimA*、*leuBCD*、*panE*、*pct540*、*phaC1437* 和 *phaAB* 基因时，该菌株产生含量为 74 wt%的 P(3 mol% 2HB-*co*-96 mol% 3HB-*co*-LA)（Park et al.，2012c）。与 2HB 类似，对相关支链氨基酸的生物合成途径进行代谢工程改造，能够利用葡萄糖产生富含 2-羟基异戊酸（2HIV）的 PHA 聚合物。将乙酰羟基酸合酶基因 *ilvBN*、酮醇酸还原异构酶和二羟基酸脱水酶基因 *ilvCD* 以及乳酸乳杆菌亚种 Il1403 的 *panE* 基因在大肠杆菌中过表达，可有效产生 2HIV；同时敲除大肠杆菌自身的 *poxB*、*adhE*、*pflB* 和 *frdB* 等基因以增加丙酮酸前体，使得工程菌能够合成含量为 9.6 wt%的 P(20 mol% 2HIV-*co*-LA)（Yang et al.，2016）。

最近，2-羟基-3-甲基戊酸（2H3MV）和 2-羟基-4-甲基戊酸（2H4MV）被新鉴定为 PHA 单体。它们分别是 L-异亮氨酸和 L-亮氨酸生物合成的中间体，通过

来自艰难梭菌（*Clostridioides difficile*）的 2-HA 脱氢酶（LdhA）和辅酶转移酶（HadA）催化的两个酶促反应转化为 2H3MV-CoA 和 2H4MV-CoA，并进一步被 PHA 聚合酶催化为聚合物。当添加 1 g/L L-缬氨酸、L-异亮氨酸和 L-亮氨酸时，工程菌分别合成了含 8.3 mol% 2HIV、0.6 mol% 2H3MV 和 38.1 mol% 2H4MV 的 PHA 共聚物；当加入 1 g/L L-苯丙氨酸时，所生产聚合物中还含有 17.2 mol% 的苯乳酸单体（PhLA）。通过对芳香族氨基酸生物合成途径进行系统的代谢工程改造，工程化大肠杆菌以葡萄糖作为碳源，通过补料分批发酵培养产生了 13.9 g/L 的聚合物 P(61.9 mol% 3HB-*co*-38.1 mol% PhLA)（Mizuno et al.，2018）。除 PhLA 外，其他芳香族 2-羟酸如 4-羟基苯乳酸（4HphLA）、扁桃酸（即 2-羟基-2-苯乙酸，MA），也可通过艰难梭菌的辅酶转移酶 HadA 和假单胞菌的 PHA 合酶掺入 PHA 聚合物中。艰难梭菌的 HadA 底物利用谱广泛，覆盖了各种芳香族和脂肪族羟基酸，包括 4HPhLA、PhLA、MA、3HB、4HB、2HB 和 LA 等，因此是合成新型含 2HA 单体 PHA 的关键酶。

3.4　PHA 材料的低成本生产

3.4.1　传统工业生物技术与下一代工业生物技术

PHA 种类多样且已研究了多年，但目前实现工业化生产的仅有 PHB、PHBV、P3HB4HB 和 3-羟基丁酸己酸共聚酯（PHBHH$_x$），主要原因是生产成本高，导致其工业化生产受到限制（Yin et al.，2015；Ye et al.，2023）。传统工业生物技术（current industrial biotechnology，CIB）主要以大肠杆菌、假单胞菌、富养罗尔斯通氏菌和酵母菌等传统微生物作为底盘细胞，生产过程需要复杂的操作和设备来保持无菌，过程耗能耗水，分离工艺复杂，影响了产品的竞争力（Ye et al.，2023；Tan et al.，2021）。因此，亟须开发具有竞争力的下一代工业生物技术（next-generation industrial biotechnology，NGIB）。

NGIB 旨在克服当前工业生物技术的缺点，采用抗染菌的极端微生物进行无灭菌连续发酵，是一种开放的节能发酵工艺；NGIB 使用低成本的混合底物并以海水为基质，降低了底物成本，减少了淡水消耗；同时辅以人工智能（AI）控制，减少了人工控制的成本（Tan et al.，2021）。如图 3-10 所示，NGIB 使用低成本的混合底物作为碳源，如处理过的厨余垃圾、纤维素水解物、活性污泥、合成气或页岩气等，这将显著降低底物成本；海水作为一种广泛可用且取之不尽的水源，可成为发酵淡水的可持续替代品；此外，NGIB 采用一种无灭菌的开放式发酵工艺以节省灭菌能耗，也有利于使用更便宜的塑料或陶瓷发酵罐，而不是传统发酵中的普通不锈钢发酵罐；另外，由于极端微生物通常更强大且更稳定，因此 NGIB 可进行持久的连续发酵，生产效率更高；同时，NGIB 可通过 AI 方便地控制，而不是复杂的人为处理和监控。AI 控制的自动化处理也能保证产品质量稳定，避免了 CIB 中经常出现发酵过程的批次间不均匀性。除人工成本外，生物产品的生产成本由上游和下游两部分组成：上游部分包括底物及其预处理过程，以及工艺能耗（包括灭菌、搅拌、曝气、冷却和加热等）；下游部分包括分离、提取和纯化。任何解决上述因素的尝试都有利于降低生产成本。由此可见，NGIB 可以显著降低上述列出的生产成本（Li et al., 2014b；Yu et al., 2019a）。

图 3-10　CIB 和 NGIB 的比较（Yu et al., 2019a）

然而，常规 PHA 生产菌如富养罗尔斯通氏菌、嗜水气单胞菌、假单胞菌和大肠杆菌工程菌，必须在温和及无菌条件下以不连续的方式进行发酵，无法应用于 NGIB 工艺。因此，开发一种强大的、抗污染的菌株是开发 NGIB 的关键（Chen and Jiang, 2018）。

3.4.2　基于嗜盐微生物的下一代工业生物技术

嗜盐微生物（halophiles）是一类需要在一定盐浓度中才能正常生长的微生物，高盐浓度是其生长的必需条件。嗜盐微生物能耐受至少 10%（m/V）的盐浓度，且其最适盐浓度在 5%（m/V）以上。由于大多数嗜盐菌既嗜碱又嗜盐，为防止微生物污染提供了双重屏障。嗜盐微生物底盘细胞与其他传统底盘细胞的比较如表 3-3 所示（Chen and Jiang, 2018）。

表 3-3　嗜盐微生物底盘细胞与其他传统底盘细胞的比较

	嗜盐微生物底盘细胞	传统底盘细胞
用水	海水（或含盐水）	淡水
碳源	常规碳源、厨余垃圾、秸秆等	各种糖类、脂肪酸等
灭菌/耗能	无需灭菌/耗能小	需灭菌/耗能大
染菌情况	不易染菌	较易染菌
生长条件	灵活（pH 6～10，NaCl 10～100 g/L）	苛刻
生长速度	较快（与大肠杆菌相当）	因细胞而异
发酵方式	可以连续发酵	连续发酵困难
产品提取	对渗透压敏感，稀释提取产物	破壁难度大
废水处理	含盐废水可循环利用	废水一般不可循环
发酵过程控制	简单	精细、复杂
菌株遗传背景/代谢情况	不清晰，完善中	清晰
菌株基因编辑	困难，开发中	简便

研究人员从新疆盐湖中分离到了嗜盐嗜碱高鲁棒性的细菌——蓝生盐单胞菌（*Halomonas bluephagenesis*）TD01 和坎帕尼盐单胞菌（*Halomonas campaniensis*）LS21，具有耐盐、耐碱、不易染菌、生长速度快和鲁棒性强等诸多优势，已被成功开发为 NGIB 较为成熟的平台菌株（Tan et al.，2011；Yue et al.，2014）。其中，蓝生盐单胞菌于 2011 年分离自于中国新疆艾丁湖，并进行了全基因组测序。该菌株能在海水中以开放无灭菌和连续发酵工艺生产 PHB，细胞密度达 80 g/L，其中 PHB 占细胞干重的 80 wt%，连续培养了 14 天未检测到染菌。坎帕尼盐单胞菌是另一株与蓝生盐单胞菌高度同源的菌株，在开放无灭菌条件下，该菌株以人工海水中的混合底物（包括纤维素和厨房垃圾）为碳源，连续发酵 65 天没有检测到染菌。这些盐单胞菌所具有的优良特性，使其成为符合 NGIB 需求的优秀底盘菌，已经被开发用于 PHA 的低成本生产（Yin et al.，2015）。

图 3-11 所示为 NGIB 流程示意图，盐单胞菌在开放和连续发酵条件下，利用低成本混合底物以及海水，快速生长并生产多种 PHA 材料。通过改变细胞形态促使细胞自沉降和自絮凝，分离的细胞经过稀释破壁处理获得胞内 PHA 产物，而发酵上清经过简单处理后重回发酵罐循环使用。整个发酵过程由 AI 控制，有助于稳定产品质量。同时，利用多种合成生物学手段不断优化盐单胞菌底盘的功能，以及开发胞内 PHA 与胞外产物的联产技术，能进一步提高 NGIB 的经济性（Tan et al.，2021）。因此，以嗜盐微生物作为底盘细胞的下一代工业生物技术，使发酵工业实现了开放式的节能、节水、连续、全自动过程，减少了微生物大规模培养的复杂程度和对设备的高要求，同时能联产生产多种产品，大幅度降低了现有工业生物技术的制造成本，提高了产品的竞争性（Chen and Jiang，2018；Yu et al.，2019a；

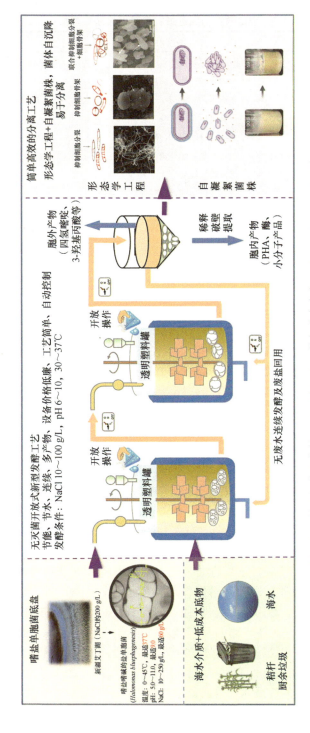

图 3-11 基于盐单胞菌的 NGIB 用于 PHA 的低成本生产（Chen and Jiang，2018）

Ye et al.，2023；Tan et al.，2021；Hajnal et al.，2016；Chen et al.，2022）。目前已成功完成了基于盐单胞菌的下一代工业生物技术的实验室小试及 5～225 t 工业生物反应器中试，细胞密度高达 100 g/L，是国际上嗜盐微生物发酵的最大规模和最高水平。

3.4.3　嗜盐微生物的合成生物学改造以实现多种 PHA 的高效生产

1. 盐单胞菌的合成生物学工具和元件开发

研究人员建立了较为成熟的合成生物学改造工具和元件，用于改善和提高嗜盐微生物底盘菌的特性（Silva-Rocha et al.，2013；Tan et al.，2014；Fu et al.，2014；Xu et al.，2024；Ma et al.，2024），包括 SEVA 高表达质粒（Silva-Rocha et al.，2013；Tan et al.，2014；Fu et al.，2014；Xu et al.，2024；Ma et al.，2024）、接合转化方法（Silva-Rocha et al.，2013；Tan et al.，2014；Fu et al.，2014；Xu et al.，2024；Ma et al.，2024）、外膜缺陷型电转化菌株（Xu et al.，2022b；Wang et al.，2021）、CRISPR/Cas 基因编辑体系（Qin et al.，2018）和多基因大片段的重编程技术（Liu et al.，2023），实现了电转化效率达 4×10^6 cfu/μg DNA，基因编辑效率达 90%以上，最大单次可编辑长度 50 kb，累积可编辑长度 226 kb；开发了丰富的基因元件用于基因表达的多样化和精细化调控，如基于强表达孔道蛋白 Porin 的组成型启动子及其一系列强度可调的人工启动子库（Shen et al.，2018）、高动态范围的诱导型启动子（以柚皮素、香草酸、阿拉伯糖、无水四环素等为诱导剂的诱导启动子）和基于噬菌体的类 T7 启动子（Zhao et al.，2017）、基于铜绿假单胞菌的小 RNA（sRNA）干扰技术（Wang et al.，2022）、不同活性的核糖体结合位点（RBS）和转录终止子等（Li et al.，2016a；Xu et al.，2022a），并且建立了油酸响应（Ma et al.，2022）和新型高分辨率基因表达控制（HRCGE）等代谢工程的动/静态精细调控方法（Ye et al.，2020）。以上技术和工具的开发，极大地加速了 NGIB 底盘菌的改造以生产多样化的 PHA 材料。

2. 工程化改造的盐单胞菌用于高效生产各种 PHA 材料

利用上述合成生物学工具对上述盐单胞菌进行工程化改造，创制了一系列能高效合成 PHB、PHBV 和 P3HB4HB 的底盘细胞。

野生型蓝生盐单胞菌经过 56 h 发酵，能达到细胞干重 80 g/L，PHB 含量 80 wt%（Tan et al.，2011），而进一步工程化改造后能合成含量高达 92 wt%的 PHB（Zhao et al.，2017）。重组盐单胞菌 H. campaniensis LS21 在添加了厨余垃圾等废料的海水中进行 65 天的开放式无灭菌连续发酵，积累的 PHB 达到细胞干重的 70 wt%（Yue et al.，2014）。

与 PHB 相比，PHBV 的热力学性能显著改善，有利于材料的热加工。研究表明，当加入丙酸时，2-甲基柠檬酸合酶基因 *prpC* 的缺失会提高共聚物中 3HV 单体比例。在盐单胞菌中敲除 *prpC* 并引入苏氨酸途径或异源 *scpAB* 操纵子，进一步通过基因组编辑改造 TCA 循环相关基因后得到工程菌株，能够以葡萄糖/葡萄糖酸盐为底物，合成含量为 65 wt% 的 PHBV 共聚物 P(3HB-*co*-8 mol% 3HV)，其中 3HV 比例可进一步优化提升至 25 mol%（Chen et al.，2019）。

P(3HB4HB)具有更加灵活的机械性能，是众多 PHA 中最有价值的材料之一。通过多基因代谢途径改造的重组嗜盐微生物能以葡萄糖作为唯一碳源合成P3HB4HB；经过进一步基因编辑、启动子工程和染色体整合技术，以及一种新型高分辨率基因表达控制（HRCGE）策略，对基因表达和产物产量进行精细调控，重组菌 *H. bluephagenesis* TD68-194 发酵 36 h，细胞密度能达到 48.2 g/L，积累 75 wt% 的 P3HB4HB（4HB 比例高达 16 mol%），实现了 PHA 含量和产率的大幅度提升（Ren et al.，2018；Ye et al.，2020）。另外，通过整合 P3HB4HB 和 PHBV 两种聚合物的合成途径，在嗜盐微生物中实现了单体比例可调、性能更加优异的P(3HB-4HB-3HV)材料的合成。

工程化的盐单胞菌通过一系列合成生物学和代谢工程改造，也能实现多种新型 PHA 聚合单体，包括 2-羟基丁酸（2HB）、乳酸（LA）、3-羟基丁酸（3HB）、3-羟基丙酸（3HP）、4-羟基丁酸（4HB）、3-羟基戊酸（3HV）、5-羟基戊酸（5HV）、3-羟基己酸（3HHx）、3-羟基己烯酸（3HHxE）、乙醇酸（GA）等的可控组合聚合，形成具有不同单体比例、不同分子量、不同材料性能（断裂延伸率 10%～600%等）的短链 PHA 材料定制化合成体系（Ye et al.，2023；2020；2018b；Tan et al.，2021；Yu et al.，2020；Ma et al.，2020；Choi et al.，2020a）。重组盐单胞菌还能将包括 1,3-丙二醇、1,4-丁二醇和 1,5-戊二醇等在内的二元醇转化为PHA，产生 13 种不同单体组成和比例的 PHA 聚合物，包括透明的 P(53 mol% 3HB-*co*-20 mol% 4HB-*co*-27 mol% 5HV)、黏性的 P(3HB-*co*-3HP-*co*-4HB-*co*-5HV)和高弹性的 P(85 mol% 3HB-*co*-15 mol% 5HV)（Yan et al.，2022）。

另外，研究人员还利用一系列合成生物学手段对盐单胞菌进行重编程改造，包括引入透明颤菌血红蛋白 VHb 以增加氧气利用度（Ouyang et al.，2018）、调整NADH/NAD$^+$辅因子比例以平衡胞内氧化还原力（Ling et al.，2018）、通过多轮"突变-筛选"策略获得生长密度显著提升的高密度发酵菌株（Ren et al.，2018）等，进一步提升盐单胞菌底盘的生长和生产能力。

3. 盐单胞菌的形态学工程用于简化下游加工工艺

PHA 的下游处理也是导致高生产成本的主要因素，需要连续离心以沉淀细胞，然后裂解细胞以释放细胞内 PHA 颗粒。离心、破壁、PHA 产品提纯等步骤都需要昂贵的设备和大量的时间，这些弊端在大规模的工业化发酵中显得尤为突出。因此，如果能够使得细胞自絮凝并自溶破壁，PHA 颗粒也能自沉降，这将显著降低下游加工工艺的复杂度和成本。通过细胞和 PHA 颗粒的各种形态学工程改造能够达到这一目的（图 3-12）（Elhadi et al.，2016；Jiang and Chen，2016；Wu et al.，2016；Tan et al.，2014）。

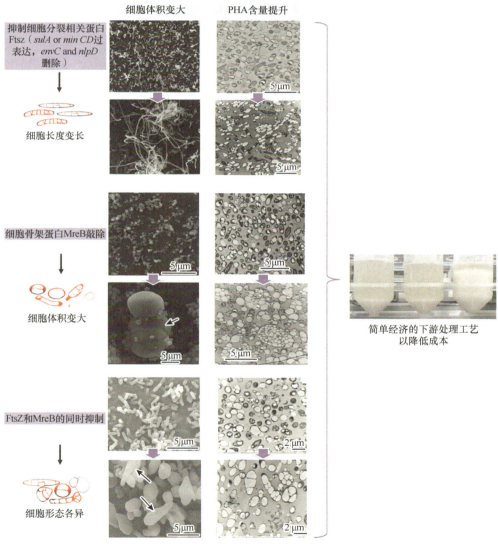

图 3-12　通过形态学工程简化下游处理工艺（Jiang and Chen，2016）

通过形态学工程（morphology engineering）能够改变细菌的形状。细胞分裂相关蛋白和细胞骨架蛋白是控制细胞形态的两个关键因素：抑制细胞分裂相关蛋白（如 FtsZ），细菌将纵向拉伸，从杆状变为纤维状；抑制细胞骨架蛋白（如 MreB），细菌将横向膨胀，由杆状变为小球状或大球状。研究人员在盐单胞菌中过表达细胞分裂的抑制基因 *sulA* 或 *minCD*，或者敲除 *envC* 和 *nlpD* 基因，导致 FtsZ 分裂环形成受阻，细胞分裂停滞，产生丝状细胞。当抑制因子 MinCD 在盐单胞菌生长稳定期诱导表达时，甚至产生数百微米的丝状细胞（图 3-12），PHA 含量也从 69 wt%增加到 82 wt%。这些交织的纤维网络在重力作用下发生自沉降，使细胞更容易从培养液中分离。此外，细胞骨架蛋白 MreB 的缺失使细胞变为大球状，体积增大了数百倍（图 3-12），为 PHA 颗粒合成提供了更多胞内空间，因此 PHA 积累量也相应增加了 60%以上。研究人员还利用 CRISPRi 技术同时抑制了 *ftsZ* 和 *mreB* 基因，联合调控细胞分裂和细胞骨架蛋白来分别改变细胞的长度及宽度，导致各种不同形状的细胞形态（长细胞或胖细胞）出现，通过精细设计和调控，细胞生长并不受影响，PHA 积累量也得到提升。由此可见，细胞形态学工程改变了细胞形状并增大了细胞体积，为 PHA 的合成提供了更多的空间，同时也使细胞变得更重、更大，能够快速沉淀，降低了下游处理的复杂性和成本。

在嗜盐微生物中开展上述形态学工程改造并敲除了电子传递链中黄素蛋白的两个亚基后，获得了能自沉降、自絮凝的菌株（Elhadi et al., 2016; Jiang and Chen, 2016; Wu et al., 2016; Tan et al., 2014; Ling et al., 2019）；研究人员还在工程菌中引入了噬菌体裂解基因，诱导细胞自发裂解（Hajnal et al., 2016），并通过敲除 PHA 颗粒结合蛋白 PhaP 显著增大 PHA 颗粒尺寸至 10 μm（Shen et al., 2019）。以上策略均有助于发酵液的分离、自裂解，以及产物 PHA 的简单、快速纯化。

在成功构建超级 PHA 生产菌后，工程化的盐单胞菌发酵生产 PHA 已从实验室的 1 L 发酵罐逐步放大到 1 t 和 5 t 的工业发酵罐（Ye et al., 2018b）。在 1 t 中试规模中，盐单胞菌 *H. bluephagenesis* TD40 在开放无灭菌条件生长 48 h，细胞密度达 80 g/L，其中含有超过 60 wt%的 P(3HB-*co*-16 mol% 4HB)；而在 5 t 发酵罐获得了 99.6 g/L 的细胞密度和 60.4 wt%的 P(3HB-*co*-13.5 mol% 4HB)。基于嗜盐微生物的下一代工业生物技术的开发和完善，能有效地扩展 PHA 合成种类，改善 PHA 材料性能，提升 PHA 合成产量，降低 PHA 生产成本，助力其大规模应用。丰富的 PHA 材料种类也带来了多样的材料性能和应用范围，扩展了下一代工业生物技术的应用前景。

3.5 PHA 材料的低成本产业化生产

PHA 已成为全球范围内对抗塑料污染的环境友好型生物材料。我国"限塑令"的实施极大地促进了 PHA 产业化发展，PHA 生产公司剧增（表 3-4）（Tan et al.，2021）。中国已经成立了 9 家 PHA 生产公司：宁波天安集团（TianAn Biopolymer）、天津国韵公司（GreenBio）和山东意可曼公司（Ecomann）以生产 PHBV 著称；北京微构工场（PhaBuilder）（还有其控股的湖北微琪生物、伊宁微宁生物）、珠海麦德发公司（Medpha）、中粮 PHA 生产线（COFCO）和蓝晶微生物公司（Bluepha）等 4 家最近成立，旨在利用下一代工业生物技术（NGIB）探索低成本 PHA 生产工艺。国外的 PHA 生产商中包括最早建立的 Metabolix 公司，大多采用富养罗尔斯通氏菌（R. eutropha）和大肠杆菌（E. coli）以各种低成本的废物基质（厨房/森林/农业垃圾、页岩气和混合有机废物等）来生产 PHA，旨在降低生产成本。目前国内外的 PHA 生产商大多数使用传统工业生物技术来生产 PHA，生产成本较高；只有新成立的几家公司采用了基于嗜盐微生物的 NGIB 技术进行包括 PHB、PHBV、P3HB4HB 和 PHBHHx 在内的 PHA 材料的生产。目前，NGIB 技术已成功完成了实验室小试及 5～225 t 的工业生物反应器中试，发酵密度最高达 100 g/L，其中含有超过 60 wt%的 P3HB4HB 聚合物（Ye et al.，2018b）。

表 3-4　国内外 PHA 生产企业（Tan et al.，2021）

公司	PHA 种类	企业性质、生产菌种或工艺	规模/（t/a）	网址链接
Go!PHA，荷兰	各类 PHA	推进 PHA 生产和应用的公益组织	未知	gopha.org
微构工场，中国	各类 PHA	嗜盐微生物 *Halomonas* spp.（NGIB[a]）	1 000～10 000	www.phabuilder.com
微琪生物，中国	PHB	嗜盐微生物 *Halomonas* spp.（NGIB[a]）	30 000	—
微宁生物，中国	PHBV	嗜盐微生物 *Halomonas* spp.（NGIB[a]）	10 000	—
麦德发，中国	P3HB4HB	嗜盐微生物 *Halomonas* spp.（NGIB[a]）	100	—
中粮，中国	PHB	嗜盐微生物 *Halomonas* spp.（NGIB[a]）	1 000	www.cofco.com
蓝晶微生物，中国	PHBHHx	富养罗尔斯通氏菌 *Ralstonia eutropha* 和 NGIB	1 000	www.bluepha.com
宁波天安，中国	PHBV	富养罗尔斯通氏菌 *Ralstonia eutropha*	2 000	www.tianan-enmat.com
天津国韵，中国	P3HB4HB	大肠杆菌 *Escherichia coli*	10 000	—
山东意可曼，中国	P3HB4HB	大肠杆菌 *Escherichia coli*	10 000	ecomannbruce.plasway.com
RWDC，新加坡和美国	PHBHHx	富养罗尔斯通氏菌 *Ralstonia eutropha*	未知	www.rwdc-industries.com
Danimer Scientific，美国	PHBHHx	富养罗尔斯通氏菌 *Ralstonia eutropha*	10 000	danimerscientific.com
Full Cycle，美国	PHA[b]	非基因工程菌	未知	—
Newlight，美国	PHB	利用温室气体生长的海洋微生物	未知	www.newlight.com

续表

公司	PHA 种类	企业性质、生产菌种或工艺	规模/（t/a）	网址链接
Metabolix，美国	P3HB4HB	大肠杆菌 *Escherichia coli*		—
BOSK Bioproducts，加拿大	PHA[b]	利用森林废物	未知	
Genecis，加拿大	PHBV	未知	未知	genecis.co
TerraVerdae Bioworks，加拿大	PHA[b]	未知	未知	terraverdae.com
Kaneka，日本	PHBHHx	富养罗尔斯通氏菌 *Ralstonia eutropha*	5 000	www.kaneka.be
Nafigate，法国	PHB	有毒废物作为发酵底物	未知	www.nafigate.com
CJ，韩国	P3HB4HB	大肠杆菌 *Escherichia coli*	未知	www.cj.co.kr
Helian Polymers，挪威	PHB/PHBV	非基因工程菌	未知	helianpolymers.com
Biocycle，巴西	PHB	芽孢杆菌 *Bacillus* spp.	100	—
Biomer，德国	PHB	广泛产碱菌 *Alcaligenes latus*	未知	biomer.de
Bioextrax，瑞士	PHA[b]	公司自研方法（DSP）	未知	bioextrax.com
SABIO srl，意大利	PHA[b]	利用有机废物	未知	

[a] 下一代工业生物技术；[b] 未知 PHA 种类。

NGIB 技术采用开放不灭菌发酵过程，底物循环利用，产物提取简便，因此能显著降低 PHA 生产成本。以 5 t 发酵罐规模（产能万吨以下）中试生产 PHA 为例估算其成本（Ye et al.，2018b；Tan et al.，2021；Li et al.，2014b；Shahzad et al.，2017）：采用 NGIB 技术，PHA 的生产成本可降低至约 21 000 元/t（2.9 美元/kg），且通过 NGIB 的不断开发和完善（底盘改造、工艺优化和放大生产），成本还能进一步降低（Shahzad et al.，2017）；而同样规模下以大肠杆菌为宿主的传统补料分批发酵成本约为 29 000 元/t（4.0 美元/kg）。因此，相较于传统发酵，基于嗜盐微生物的下一代工业生物技术生产 PHA 将显著降低生产成本（约 30%）。

3.6 总结与展望

合成生物学与材料学的深度交叉融合，为新型材料的合成提供了多样化的可能，从而为材料领域带来变革性的技术和影响。PHA 是一类含有至少 150 种组成单体的生物材料，其组成、结构及性能的多样性带来了广泛的应用前景，形成了 PHA 家族或 PHA 组学。合成生物学研究对于 PHA 材料的合成和性能提升具有重要作用。通过微生物细胞的一系列合成生物学改造，辅以提供不同底物培养，可以控制 PHA 共聚物中单体组成和比例，从而实现了具有不同结构和性能的 PHA 材料的定制化合成。与此同时，基于嗜盐微生物的下一代工业生物技术（NGIB），是以海水为介质的节能节水的无灭菌开放式工业发酵工艺，多方位解决了传统发酵技术的难题，大幅度降低了 PHA 材料的生产成本，推动 PHA 的规模化生产。

但相对于传统塑料，PHA 的生产成本及其材料性能仍然缺乏竞争力。因此，需要继续在降低生产成本和提升材料性能两个方面寻求进一步突破，才能最终实现从上游生产到下游应用的强大 PHA 工业价值链。

（1）继续探索底盘菌的合成生物学工程化技术和突破性生产策略，以进一步降低生产成本。基于嗜盐微生物的 NGIB 可连续无灭菌开放发酵 65 天以上，细胞密度最高达 100 g/L，并可实现菌体的自絮凝分离。借助于新兴的合成生物学和形态学工程，盐单胞菌的细胞密度和 PHA 产率将能够进一步提升，细胞密度有望超过 200 g/L，PHA 含量超过 80 wt%，PHA 的转化率达到 50%（Tan et al.，2021；Chen et al.，2022；Ye et al.，2023；Meng and Chen，2018）；另外，进一步开发经济快速的下游处理工艺，颗粒尺寸增大的 PHA 将促进产物的快速提取，同时优化废水回收和废盐回用工艺，降低废水处理成本，实现 PHA 生产过程的绿色化。此外，除盐单胞菌（*Halomonas* sp.）外，其他极端微生物的独特特性也可以被进一步探索用于开发 NGIB（Ye et al.，2023）。

（2）多学科交叉融合，共同提升 PHA 的材料性能。PHA 较差的热力学和机械性能限制了其高附加值应用，因此：①可以筛选或合成生物学改造微生物底盘，如扩展 PHA 合成酶的底物范围，获得能利用各类功能基团前体的微生物，产生功能性 PHA；或利用基因编辑技术优化基因序列以改造代谢途径，实现对材料性能的精确调控，如改善材料的机械性能、热稳定性或生物相容性等（Tan et al.，2021；Ye et al.，2023）；②在 PHA 侧链上进一步通过各种复杂化学修饰，开发出满足不同应用需求、性能提升和性能多样的 PHA 材料，通过控制 PHA 的各种微观结构来实现智能 PHA 材料的合成（Tarrahi et al.，2020）；③借助完备的人工智能（AI）控制生产线，稳定生产过程中不同批次 PHA 材料的性能（Ali and Brocchini，2006；Aynsley et al.，1993；Guerra et al.，2019）。这将依赖于大数据收集分析和深度学习程序，整个生产线都需要理论与技术的学科交叉。

以上合成生物学、材料学、人工智能等多学科交叉融合，不仅为 PHA 材料的未来发展提供了新方向，也为整个工业生物技术和材料领域带来革命性变化。

编写人员：陈国强（清华大学生命科学学院/化学工程系）

谭　丹（西安交通大学生命科学与技术学院）

参 考 文 献

陈国强, 罗容聪, 徐军, 等. 2008. 聚羟基脂肪酸酯生态产业链--生产与应用技术指南. 北京: 化学工业出版社.

陈国强, 谭丹. 2024. 重编程微生物底盘用于 PHA 材料的定制化低成本生物合成. 合成生物学, DOI: 10.12211/2096-8280.2024-024.

Aldor I S, Kim S W, Prather K L, et al. 2002. Metabolic engineering of a novel propionateindependent pathway for the production of poly(3-hydroxybutyrate-co-3-hydroxyvalerate) in recombinant Salmonella enterica serovar typhimurium. Applied and Environmental Microbiology, 68(8): 3848-3854.

Ali M, Brocchini S. 2006. Synthetic approaches to uniform polymers. Advanced Drug Delivery Reviews, 58(15): 1671-1687.

Andreeßen B, Taylor N, Steinbüchel A. 2014. Poly(3-hydroxypropionate): A promising alternative to fossil fuel-based materials. Applied and Environmental Microbiology, 80(21): 6574-6582.

Arikawa H, Matsumoto K, Fujiki T. 2017. Polyhydroxyalkanoate production from sucrose by *Cupriavidus necator* strains harboring csc genes from *Escherichia coli* W. Applied Microbiology and Biotechnology, 101(20): 7497-7507.

Aynsley M, Hofland A, Morris A J, et al. 1993. Artificial intelligence and the supervision of bioprocesses (real-time knowledge-based systems and neural networks). Advances in Biochemical Engineering/Biotechnology, 48: 1-27.

Babu R P, O'Connor K, Seeram R. 2013. Current progress on bio-based polymers and their future trends. Progress in Biomaterials, 2(1): 8.

Cao Q, Zhang J Y, Liu H T, et al. 2014. The mechanism of anti-osteoporosis effects of 3-hydroxybutyrate and derivatives under simulated microgravity. Biomaterials, 35(28): 8273-8283.

Chen G Q, Hajnal I. 2015. The 'PHAome'. Trends in Biotechnology, 33(10): 559-564.

Chen G Q, Jiang X R. 2018. Next generation industrial biotechnology based on extremophilic bacteria. Current Opinion in Biotechnology, 50: 94-100.

Chen G Q, Patel M K. 2012. Plastics derived from biological sources: Present and future: A technical and environmental review. Chemical Reviews, 112(4): 2082-2099.

Chen G Q, Zhang X, Liu X, et al. 2022. *Halomonas* spp., as chassis for low-cost production of chemicals. Applied Microbiology and Biotechnology, 106(21): 6977-6992.

Chen G Q. 2009. A microbial polyhydroxyalkanoates (PHA) based bio- and materials industry. Chemical Society Reviews, 38(8): 2434-2446.

Chen G Q. 2012. New challenges and opportunities for industrial biotechnology. Microbial Cell Factories, 11: 111.

Chen Q, Wang Q, Wei G Q, et al. 2011. Production in *Escherichia coli* of poly(3-hydroxybutyrate-co-3-hydroxyvalerate) with differing monomer compositions from unrelated carbon sources. Applied and Environmental Microbiology, 77(14): 4886-4893.

Chen Y, Chen X Y, Du H T, et al. 2019. Chromosome engineering of the TCA cycle in *Halomonas bluephagenesis* for production of copolymers of 3-hydroxybutyrate and 3-hydroxyvalerate (PHBV). Metabolic Engineering, 54: 69-82.

Choi J I, Lee S Y, Han K. 1998. Cloning of the *Alcaligenes latus* polyhydroxyalkanoate biosynthesis genes and use of these genes for enhanced production of poly(3-hydroxybutyrate) in *Escherichia coli*. Applied and Environmental Microbiology, 64(12): 4897-4903.

Choi S Y, Cho I J, Lee Y, et al. 2020a. Microbial polyhydroxyalkanoates and nonnatural polyesters. Advanced Materials, 32(35): 1907138.

Choi S Y, Rhie M N, Kim H T, et al. 2020b. Metabolic engineering for the synthesis of polyesters: A 100-year journey from polyhydroxyalkanoates to non-natural microbial polyesters. Metabolic

Engineering, 58: 47-81.

Chung A L, Jin H L, Huang L J, et al. 2011. Biosynthesis and characterization of poly(3-hydroxydodecanoate) by β-oxidation inhibited mutant of *Pseudomonas entomophila* L48. Biomacromolecules, 12(10): 3559-3566.

Draper J L, Rehm B H. 2012. Engineering bacteria to manufacture functionalized polyester beads. Bioengineered, 3(4): 203-208.

Elhadi D, Lv L, Jiang X R, et al. 2016. CRISPRi engineering *E. coli* for morphology diversification. Metabolic Engineering, 38: 358-369.

Ferre-Guell A, Winterburn J. 2018. Biosynthesis and characterization of polyhydroxyalkanoates with controlled composition and microstructure. Biomacromolecules, 19(3): 996-1005.

Fu X Z, Tan D, Aibaidula G, et al. 2014. Development of *Halomonas* TD01 as a host for open production of chemicals. Metabolic Engineering, 23: 78-91.

Fukui T, Suzuki M, Tsuge T, et al. 2009. Microbial synthesis of poly((R)-3-hydroxybutyrate-co-3-hydroxypropionate) from unrelated carbon sources by engineered *Cupriavidus necator*. Biomacromolecules, 10(4): 700-706.

Gahlawat G, Srivastava A K. 2017. Model-based nutrient feeding strategies for the increased production of polyhydroxybutyrate (PHB) by *Alcaligenes latus*. Applied Biochemistry and Biotechnology, 183(2): 530-542.

Gao X, Chen J C, Wu Q, et al. 2011. Polyhydroxyalkanoates as a source of chemicals, polymers, and biofuels. Current Opinion in Biotechnology, 22(6): 768-774.

Guerra A, von Stosch M, Glassey J. 2019. Toward biotherapeutic product real-time quality monitoring. Critical Reviews in Biotechnology, 39(3): 289-305.

Hajnal I, Chen X B, Chen G Q. 2016. A novel cell autolysis system for cost-competitive downstream processing. Applied Microbiology and Biotechnology, 100(21): 9103-9110.

Han J, Zhang F, Hou J, et al. 2012. Complete genome sequence of the metabolically versatile halophilic archaeon Haloferax mediterranei, a poly(3-hydroxybutyrate-co-3-hydroxyvalerate) producer. Journal of Bacteriology, 194(16): 4463-4464.

Hokamura A, Wakida I, Miyahara Y, et al. 2015. Biosynthesis of poly(-hydroxybutyrate-co-3-hydroxyalkanoates) by recombinant *Escherichia coli* from glucose. Journal of Bioscience and Bioengineering, 120(3): 305-310.

Hooks D O, Venning-Slater M, Du J P, et al. 2014. Polyhydroyxalkanoate synthase fusions as a strategy for oriented enzyme immobilisation. Molecules, 19(6): 8629-8643.

Huang T Y, Duan K J, Huang S Y, et al. 2006. Production of polyhydroxyalkanoates from inexpensive extruded rice bran and starch by Haloferax mediterranei. Journal of Industrial Microbiology & Biotechnology, 33(8): 701-706.

Jian J, Li Z J, Ye H M, et al. 2010. Metabolic engineering for microbial production of polyhydroxyalkanoates consisting of high 3-hydroxyhexanoate content by recombinant Aeromonas hydrophila. Bioresource Technology, 101(15): 6096-6102.

Jiang X R, Chen G Q. 2016. Morphology engineering of bacteria for bio-production. Biotechnology Advances, 34(4): 435-440.

Jung Y K, Kim T Y, Park S J, et al. 2010. Metabolic engineering of *Escherichia coli* for the production of polylactic acid and its copolymers. Biotechnology and Bioengineering, 105(1):

161-171.

Kunioka M, Kawaguchi Y, Doi Y. 1989. Production of biodegradable copolyesters of 3-hydroxybutyrate and 4-hydroxybutyrate by *Alcaligenes eutrophus*. Applied Microbiology and Biotechnology, 30(6): 569-573.

Lee I Y, Kim M K, Kim G J, et al. 1995. Production of poly(β-hydroxybutyrate-*co*-β-hydroxyvalerate) from glucose and valerate in *Alcaligenes eutrophus*. Biotechnology Letters, 17(6): 571-574.

Lee S H, Oh D H, Ahn W S, et al. 2000a. Production of poly(3-hydroxybutyrate-*co*-3-hydroxyhexanoate) by high-cell-density cultivation of *Aeromonas hydrophila*. Biotechnology and Bioengineering, 67(2): 240-244.

Lee S Y, Wong H H, Choi J I, et al. 2000b. Production of medium-chain-length polyhydroxyalkanoates by high-cell-density cultivation of *Pseudomonas putida* under phosphorus limitation. Biotechnology and Bioengineering, 68(4): 466-470.

Leong Y K, Show P L, Ooi C W, et al. 2014. Current trends in polyhydroxyalkanoates (PHAs) biosynthesis: insights from the recombinant *Escherichia coli*. Journal of Biotechnology, 180: 52-65.

Li M Y, Ma Y Y, Zhang X, et al. 2021. Tailor-made polyhydroxyalkanoates by reconstructing *Pseudomonas entomophila*. Advanced Materials, 33(41): e2102766.

Li S J, Cai L W, Wu L P, et al. 2014a. Microbial synthesis of functional *Homo*-, random, and block polyhydroxyalkanoates by β-oxidation deleted *Pseudomonas entomophila*. Biomacromolecules, 15(6): 2310-2319.

Li T, Chen X B, Chen J C, et al. 2014b. Open and continuous fermentation: products, conditions and bioprocess economy. Biotechnology Journal, 9: 1503-1511.

Li T, Ye J W, Shen R, et al. 2016a. Semirational approach for ultrahigh poly(3-hydroxybutyrate) accumulation in *Escherichia coli* by combining one-step library construction and high-throughput screening. ACS Synthetic Biology, 5(11): 1308-1317.

Li Z J, Qiao K J, Shi W C, et al. 2016b. Biosynthesis of poly(glycolate-*co*-lactate-*co*-3-hydroxybutyrate) from glucose by metabolically engineered *Escherichia coli*. Metabolic Engineering, 35: 1-8.

Li Z J, Shi Z Y, Jian J, et al. 2010. Production of poly(3-hydroxybutyrate-*co*-4-hydroxybutyrate) from unrelated carbon sources by metabolically engineered *Escherichia coli*. Metabolic Engineering, 12(4): 352-359.

Ling C, Qiao G Q, Shuai B W, et al. 2018. Engineering NADH/NAD$^+$ ratio in *Halomonas bluephagenesis* for enhanced production of polyhydroxyalkanoates (PHA). Metabolic Engineering, 49: 275-286.

Ling C, Qiao G Q, Shuai B W, et al. 2019. Engineering self-flocculating *Halomonas campaniensis* for wastewaterless open and continuous fermentation. Biotechnology and Bioengineering, 116(4): 805-815.

Liu C Y, Yue Y X, Xue Y F, et al. 2023. CRISPR-Cas9 assisted non-homologous end joining genome editing system of *Halomonas bluephagenesis* for large DNA fragment deletion. Microbial Cell Factories, 22(1): 211.

Lu Q H, Han J, Zhou L G, et al. 2008. Genetic and biochemical characterization of the poly(3-hydroxybutyrate-*co*-3-hydroxyvalerate) synthase in *Haloferax mediterranei*. Journal of

Bacteriology, 190(12): 4173-4180.

Ma H, Zhao Y Q, Huang W Z, et al. 2020. Rational flux-tuning of *Halomonas bluephagenesis* for co-production of bioplastic PHB and ectoine. Nature Communications, 11(1): 3313.

Ma Y M, Wei D X, Yao H, et al. 2016. Synthesis, characterization and application of thermoresponsive polyhydroxyalkanoate-graft-poly(*N*-isopropylacrylamide). Biomacromolecules, 17(8): 2680-2690.

Ma Y Y, Ye J W, Lin Y N, et al. 2024. Flux optimization using multiple promoters in *Halomonas bluephagenesis* as a model chassis of the next generation industrial biotechnology. Metabolic Engineering, 81: 249-261.

Ma Y Y, Zheng X R, Lin Y N, et al. 2022. Engineering an oleic acid-induced system for *Halomonas*, *E. coli* and *Pseudomonas*. Metabolic Engineering, 72: 325-336.

Meng D C, Chen G Q. 2018. Synthetic biology of polyhydroxyalkanoates (PHA). Advances in Biochemical Engineering/Biotechnology, 162: 147-174.

Meng D C, Shen R, Yao H, et al. 2014. Engineering the diversity of polyesters. Current Opinion in Biotechnology, 29: 24-33.

Meng D C, Wang Y, Wu L P, et al. 2015. Production of poly(3-hydroxypropionate) and poly(3-hydroxybutyrate-*co*-3-hydroxypropionate) from glucose by engineering *Escherichia coli*. Metabolic Engineering, 29: 189-195.

Mizuno S, Enda Y, Saika A, et al. 2018. Biosynthesis of polyhydroxyalkanoates containing 2-hydroxy-4-methylvalerate and 2-hydroxy-3-phenylpropionate units from a related or unrelated carbon source. Journal of Bioscience and Bioengineering, 125(3): 295-300.

Olguín E J, Giuliano G, Porro D, et al. 2012. Biotechnology for a more sustainable world. Biotechnology Advances, 30(5): 931-932.

Ouyang P F, Wang H, Hajnal I, et al. 2018. Increasing oxygen availability for improving poly(3-hydroxybutyrate) production by *Halomonas*. Metabolic Engineering, 45: 20-31.

Ouyang S P, Liu Q, Fang L, et al. 2007. Construction of pha-operon-defined knockout mutants of *Pseudomonas putida* KT2442 and their applications in poly(hydroxyalkanoate) production. Biotechnology for a More Sustainable World, 7(2): 227-233.

Park S J, Ahn W S, Green P R, et al. 2001. Production of poly(3-hydroxybutyrate-co-3-hydroxyhexanoate) by metabolically engineered *Escherichia coli* strains. Biomacromolecules, 2(1): 248-254.

Park S J, Kim T W, Kim M K, et al. 2012a. Advanced bacterial polyhydroxyalkanoates: Towards a versatile and sustainable platform for unnatural tailor-made polyesters. Biotechnology Advances, 30(6): 1196-1206.

Park S J, Lee S Y, Kim T W, et al. 2012b. Biosynthesis of lactate-containing polyesters by metabolically engineered bacteria. Biotechnology Journal, 7(2): 199-212.

Park S J, Lee T W, Lim S C, et al. 2012c. Biosynthesis of polyhydroxyalkanoates containing 2-hydroxybutyrate from unrelated carbon source by metabolically engineered *Escherichia coli*. Applied Microbiology and Biotechnology, 93(1): 273-283.

Poblete-Castro I, Binger D, Rodrigues A, et al. 2013. In-silico-driven metabolic engineering of *Pseudomonas putida* for enhanced production of poly-hydroxyalkanoates. Metabolic Engineering, 15: 113-123.

Qin Q, Ling C, Zhao Y Q, et al. 2018. CRISPR/Cas9 editing genome of extremophile *Halomonas* spp. Metabolic Engineering, 47: 219-229.

Qiu Y Z, Han J, Chen G Q. 2006. Metabolic engineering of *Aeromonas hydrophila* for the enhanced production of poly(3-hydroxybutyrate-co-3-hydroxyhexanoate). Applied Microbiology and Biotechnology, 69(5): 537-542.

Ren Y L, Ling C, Hajnal I, et al. 2018. Construction of *Halomonas bluephagenesis* capable of high cell density growth for efficient PHA production. Applied Microbiology and Biotechnology, 102(10): 4499-4510.

Rydz J, Sikorska W, Musioł M, et al. 2019. 3D-printed polyester-based prototypes for cosmetic applications-future directions at the forensic engineering of advanced polymeric materials. Materials (Basel), 12(6): 994.

Ryu H W, Hahn S K, Chang Y K, et al. 1997. Production of poly(3-hydroxybutyrate) by high cell density fed-batch culture of *Alcaligenes eutrophus* with phospate limitation. Biotechnology and Bioengineering, 55(1): 28-32.

Shahzad K, Narodoslawsky M, Sagir M, et al. 2017. Techno-economic feasibility of waste biorefinery: Using slaughtering waste streams as starting material for biopolyester production. Waste management, 67: 73-85.

Shen R, Cai L W, Meng D C, et al. 2014. Benzene containing polyhydroxyalkanoates Homo- and copolymers synthesized by genome edited *Pseudomonas entomophila*. Science China Life Sciences, 57(1): 4-10.

Shen R, Ning Z Y, Lan Y X, et al. 2019. Manipulation of polyhydroxyalkanoate granular sizes in *Halomonas bluephagenesis*. Metabolic Engineering, 54: 117-126.

Shen R, Yin J, Ye J W, et al. 2018. Promoter engineering for enhanced P(3HB- co-4HB) production by *Halomonas bluephagenesis*. ACS Synthetic Biology, 7(8): 1897-1906.

Silva-Rocha R, Martínez-García E, Calles B, et al. 2013. The standard European vector architecture (SEVA): A coherent platform for the analysis and deployment of complex prokaryotic phenotypes. Nucleic Acids Research, 41(Database issue): D666-D675.

Tan D, Wang Y, Tong Y, et al. 2021. Grand challenges for industrializing polyhydroxyalkanoates (PHAs). Trends in Biotechnology, 39(9): 953-963.

Tan D, Wu Q, Chen J C, et al. 2014. Engineering Halomonas TD01 for the low-cost production of polyhydroxyalkanoates. Metabolic Engineering, 26: 34-47.

Tan D, Xue Y S, Aibaidula G, et al. 2011. Unsterile and continuous production of polyhydroxybutyrate by *Halomonas* TD01. Bioresource Technology, 102(17): 8130-8136.

Tarrahi R, Fathi Z, Özgür Seydibeyoğlu M, et al. 2020. Polyhydroxyalkanoates (PHA): From production to nanoarchitecture. International Journal of Biological Macromolecules, 146: 596-619.

Tripathi L, Wu L P, Dechuan M, et al. 2013. Pseudomonas putida KT2442 as a platform for the biosynthesis of polyhydroxyalkanoates with adjustable monomer contents and compositions. Bioresource Technology, 142: 225-231.

Valentin H E, Dennis D. 1997. Production of poly(3-hydroxybutyrate-co-4-hydroxybutyrate) in recombinant *Escherichia coli* grown on glucose. Journal of Biotechnology, 58(1): 33-38.

Wang F L, Lee S Y. 1998. High cell density culture of metabolically engineered *Escherichia coli* for the production of poly(3-hydroxybutyrate) in a defined medium. Biotechnology and Bioengineering, 58(2-3): 325-328.

Wang H H, Zhou X R, Liu Q, et al. 2011. Biosynthesis of polyhydroxyalkanoate homopolymers by *Pseudomonas putida*. Applied Microbiology and Biotechnology, 89(5): 1497-1507.

Wang L J, Jiang X R, Hou J, et al. 2022. Engineering Halomonas bluephagenesis via small regulatory RNAs. Metabolic Engineering, 73: 58-69.

Wang X, Jiang X R, Wu F Q, et al. 2019. Microbial poly-3-hydroxybutyrate (PHB) as a feed additive for fishes and piglets. Biotechnology Journal, 14(12): e1900132.

Wang Y, Bian Y Z, Wu Q, et al. 2008. Evaluation of three-dimensional scaffolds prepared from poly(3-hydroxybutyrate-co-3-hydroxyhexanoate) for growth of allogeneic chondrocytes for cartilage repair in rabbits. Biomaterials, 29(19): 2858-2868.

Wang Y, Chung A, Chen G Q. 2017. Synthesis of medium-chain-length polyhydroxyalkanoate homopolymers, random copolymers, and block copolymers by an engineered strain of *Pseudomonas entomophila*. Advanced Healthcare Materials, 6(7): 1601017.

Wang Y, Ichikawa M, Cao A M, et al. 1999. Comonomer composition distribution of P(3HB-co-3HP) produced by *Alcaligenes latus* at several pH conditions. Macromolecular Chemistry and Physics, 200(5): 1047-1053.

Wang Z Y, Qin Q, Zheng Y F, et al. 2021. Engineering the permeability of *Halomonas bluephagenesis* enhanced its chassis properties. Metabolic Engineering, 67: 53-66.

Wei D X, Dao J W, Chen G Q. 2018. A micro-ark for cells: highly open porous polyhydroxyalkanoate microspheres as injectable scaffolds for tissue regeneration. Advanced Materials, 30(31): e1802273.

Wu H, Chen J C, Chen G Q. 2016. Engineering the growth pattern and cell morphology for enhanced PHB production by *Escherichia coli*. Applied Microbiology and Biotechnology, 100(23): 9907-9916.

Xu M M, Chang Y, Zhang Y Y, et al. 2022a. Development and application of transcription terminators for polyhydroxylkanoates production in halophilic *Halomonas bluephagenesis* TD01. Frontiers in Microbiology, 13: 941306.

Xu T, Chen J Y, Mitra R, et al, 2022b. Deficiency of exopolysaccharides and O-antigen makes *Halomonas bluephagenesis* self-flocculating and amenable to electrotransformation. Communications Biology, 5(1): 623.

Xu T, Mitra R, Tan D, et al. 2024. Utilization of gene manipulation system for advancing the biotechnological potential of halophiles: A review. Biotechnology Advances, 70: 108302.

Yan X, Liu X, Yu L P, et al. 2022. Biosynthesis of diverse α, ω-diol-derived polyhydroxyalkanoates by engineered *Halomonas bluephagenesis*. Metabolic Engineering, 72: 275-288.

Yang J E, Choi Y J, Lee S J, et al. 2014. Metabolic engineering of *Escherichia coli* for biosynthesis of poly(3-hydroxybutyrate-co-3-hydroxyvalerate) from glucose. Applied Microbiology and Biotechnology, 98(1): 95-104.

Yang J E, Kim J W, Oh Y H, et al. 2016. Biosynthesis of poly(2-hydroxyisovalerate-co-lactate) by metabolically engineered *Escherichia coli*. Biotechnology Journal, 11(12): 1572-1585.

Ye J W, Hu D K, Che X M, et al. 2018a. Engineering of *Halomonas bluephagenesis* for low cost production of poly(3-hydroxybutyrate-*co*-4-hydroxybutyrate) from glucose. Metabolic

Engineering, 47: 143-152.

Ye J W, Hu D K, Yin J, et al. 2020. Stimulus response-based fine-tuning of polyhydroxyalkanoate pathway in *Halomonas*. Metabolic Engineering, 57: 85-95.

Ye J W, Huang W Z, Wang D S, et al. 2018b. Pilot scale-up of poly(3-hydroxybutyrate-*co*-4-hydroxybutyrate) production by *Halomonas bluephagenesis* via cell growth adapted optimization process. Biotechnology Journal, 13(5): e1800074.

Ye J W, Lin Y N, Yi X Q, et al. 2023. Synthetic biology of extremophiles: A new wave of biomanufacturing. Trends in Biotechnology, 41(3): 342-357.

Yin J, Chen J C, Wu Q, et al. 2015. Halophiles, coming stars for industrial biotechnology. Biotechnology Advances, 33(7): 1433-1442.

Yu L P, Wu F Q, Chen G Q. 2019a. Next-generation industrial biotechnology-transforming the current industrial biotechnology into competitive processes. Biotechnology Journal, 14(9): e1800437.

Yu L P, Yan X, Zhang X, et al. 2020. Biosynthesis of functional polyhydroxyalkanoates by engineered *Halomonas bluephagenesis*. Metabolic Engineering, 59: 119-130.

Yu L P, Zhang X, Wei D X, et al. 2019b. Highly efficient fluorescent material based on rare-earth-modified polyhydroxyalkanoates. Biomacromolecules, 20(9): 3233-3241.

Yue H T, Ling C, Yang T, et al. 2014. A seawater-based open and continuous process for polyhydroxyalkanoates production by recombinant *Halomonas campaniensis* LS21 grown in mixed substrates. Biotechnology for Biofuels, 7(1): 108.

Zhang J Y, Shishatskaya E I, Volova T G, et al. 2018. Polyhydroxyalkanoates (PHA) for therapeutic applications. Materials Science & Engineering C, Materials for Biological Applications, 86: 144-150.

Zhang X, Li Z H, Che X M, et al. 2019. Synthesis and characterization of polyhydroxyalkanoate organo/hydrogels. Biomacromolecules, 20(9): 3303-3312.

Zhao H, Zhang H M, Chen X B, et al. 2017. Novel T7-like expression systems used for *Halomonas*. Metabolic Engineering, 39: 128-140.

Zheng Y, Chen J C, Ma Y M, et al. 2020. Engineering biosynthesis of polyhydroxyalkanoates (PHA) for diversity and cost reduction. Metabolic Engineering, 58: 82-93.

Zhou Q, Shi Z Y, Meng D C, et al. 2011. Production of 3-hydroxypropionate homopolymer and poly(3-hydroxypropionate-co-4-hydroxybutyrate) copolymer by recombinant *Escherichia coli*. Metabolic Engineering, 13(6): 777-785.

Zhuang Q Q, Qi Q S. 2019. Engineering the pathway in *Escherichia coli* for the synthesis of medium-chain-length polyhydroxyalkanoates consisting of both even- and odd-chain monomers. Microbial Cell Factories, 18(1): 135.

Zhuang Q Q, Wang Q, Liang Q F, et al. 2014. Synthesis of polyhydroxyalkanoates from glucose that contain medium-chain-length monomers *via* the reversed fatty acid β-oxidation cycle in *Escherichia coli*. Metabolic Engineering, 24: 78-86.

第 4 章　重组胶原蛋白材料

胶原蛋白是人体的主要蛋白质，存在于皮肤、骨骼、肌腱、韧带和血管等组织中，对维持组织结构和功能起着关键作用，约占人体蛋白质总量的 30%。胶原蛋白因其优异的生物学功能、生物相容性和生物可降解等特性，成为生物材料和再生医学等领域最有潜在广泛使用价值的蛋白质材料之一。目前市面上使用的胶原蛋白主要是从动物组织提取获得的各种不同类型胶原蛋白，但这些传统提取方法常导致胶原蛋白结构发生改变，与体内自然状态相异，此外还存在排斥反应大、产品批次质量不均一、生物功效不稳定等特点，极大地限制了胶原蛋白材料的应用范围。伴随着基因工程、蛋白质工程、合成生物学等现代生物技术的快速发展，重组蛋白质表达技术已成为一种重要的选择。作为天然动物组织胶原蛋白的替代品，重组胶原蛋白因其生物相容性优异、免疫原性低、可加工及生物功效可控等特点，展现出在生物材料和生物医学领域广泛应用的巨大潜力。

4.1　胶原蛋白概述

胶原蛋白（collagen）简称"胶原"，"collagen"一词由希腊文"kolla"（意为"胶水"）和"gene"（意为"形成"或"产生"）组合而成，直译为"产生胶水的物质"。这一命名反映了胶原蛋白在生物体内作为"胶水"般的黏结物质，对于维持组织结构和功能具有重要作用。

胶原蛋白与其他蛋白质一样，是由较小的氨基酸单元组成的。胶原蛋白的类型虽然多种多样，但是与其他蛋白质相比，具有独特的分子结构和氨基酸序列模式。正是由于胶原蛋白的独特性和多样性，其在各种组织中发挥了重要的生理作用。近年来，随着胶原蛋白在生物医学领域应用研究的不断开展，充分认识各胶原蛋白的特征与其组织功能之间关系的重要性也日益凸显。

4.1.1　胶原蛋白的结构

1. 一级结构

胶原蛋白的一级结构由特定的氨基酸序列组成，这些序列构成其多肽链的基础。每种胶原蛋白的氨基酸序列都是独特的，它们决定了胶原蛋白的生物学特性和功能。在胶原蛋白的螺旋区段，氨基酸呈现$(Gly-X-Y)_n$的周期性排列，因此甘氨酸（Gly）是胶原蛋白中最常见的氨基酸，这种高频率出现甘氨酸的特性是胶原蛋白的一个显著特征；此外，甘氨酸的小侧链允许多肽链紧密排列，从而形成稳定的三螺旋结构。氨基酸序列中的 X、Y 位置通常为脯氨酸（Pro）和羟脯氨酸（Hyp），也是一级结构中的关键氨基酸，它们在序列中的存在有助于稳定三螺旋结构，通过形成氢键而增强分子的刚性。此外，胶原蛋白中还含有羟赖氨酸（Hyl），它不是以现成的形式参与胶原的生物合成，而是由已经合成的胶原肽链中的赖氨酸经羟化酶作用转化而来。胶原蛋白的一级结构还包括其肽链的 N 端和 C 端的非螺旋前肽，这些前肽在蛋白质的合成、折叠和分泌过程中起到关键作用。在胶原蛋白的成熟过程中，这些前肽通常被特定的蛋白酶切割掉，从而激活胶原蛋白并促使其组装成更高级的结构。通过对胶原蛋白一级结构的深入研究，可以更好地理解其物理性质、生物力学性质，以及在不同领域的应用潜力，为相关领域的发展提供有力支持。

2. 二级结构

胶原蛋白的二级结构主要由左手 α 螺旋构成，这是其最显著的特征之一。在生理条件下，聚脯氨酸 II（PPII）结构链经历特定的分子间相互作用，转变为左手 α 螺旋结构，这一转变是胶原蛋白分子获得高度刚性和抗拉伸性的关键步骤，为皮肤、骨骼、肌腱等组织维持其形态和功能提供了坚实的基础。这种螺旋结构每旋转一圈包含大约 3.33 个氨基酸残基，螺距约为 0.858 nm，这使得螺旋结构紧密而稳定。甘氨酸与 X、Y 位置上的氨基酸（特别是脯氨酸和羟脯氨酸）之间存在空间排斥力，这种排斥力是螺旋结构形成的重要驱动力。同时，螺旋内部相邻氨基酸残基的酰胺氢原子和羧基氧原子之间形成的氢键，沿着螺旋轴平行排列，进一步增强了螺旋结构的稳定性。这些共同构成了胶原蛋白分子中这一复杂而精细的二级结构层次（图 4-1）。

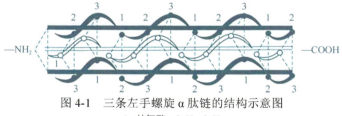

图 4-1　三条左手螺旋 α 肽链的结构示意图

1. 甘氨酸；2. X；3. Y

3. 三级结构

胶原蛋白的三股螺旋结构是一种精细而复杂的构造，由三条 α 肽链围绕同一中心轴彼此间巧妙错位一个氨基酸残基，通过氢键相互缠绕形成了一个长度约 300 nm、直径约 1.4 nm 的右手超螺旋棒状结构。胶原蛋白三股螺旋结构中，每三个氨基酸中含一个甘氨酸，其重要性不言而喻，任意一个甘氨酸突变都可能对胶原三股螺旋结构造成破坏（Bella et al.，1994；Kramer et al.，1999）。氢键在维持三股螺旋的稳定性中起着至关重要的作用。这些氢键主要由甘氨酸残基的氨基与相邻链中 X 位置氨基酸的羧基形成；同时，Y 位置上羟脯氨酸的羟基也参与形成这些关键的链间氢键。值得注意的是，这些氢键垂直于三股螺旋的轴线，这与 α 螺旋中平行于轴线的氢键形成鲜明对比。由于胶原蛋白三股螺旋的旋转方向与其构成多肽链的旋转方向相反，这种结构不易解旋，赋予了胶原蛋白极高的机械强度和稳定性。

4. 四级结构

胶原蛋白的四级结构也称为超分子结构或高级结构，是指由多条胶原蛋白分子通过特定的相互作用和排列方式，在更高级别上形成的复杂结构，通常以纤维的形式存在。在纤维的形成过程中，主要涉及胶原蛋白分子间的交联和聚合过程，胶原分子按首尾错位 1/4 规则平行排列，通过共价键搭接交联，形成稳定的胶原微纤维，并进一步聚集成纤维束，即具有高度轴向排列特征的胶原纤维。胶原蛋白的四级结构对其生物学功能至关重要，包括提供机械支撑、参与组织修复、影响细胞行为等。此外，胶原蛋白纤维的组装和解聚也是组织重塑和病理过程的一部分。

4.1.2　胶原蛋白的类型

所有胶原蛋白都是由三条 α 肽链相互缠绕组装而成。迄今为止，在脊椎动物中已鉴定出 46 种不同的胶原蛋白 α 肽链，形成 29 种不同类型的胶原蛋白。按照胶原分子结构、分子质量、沿螺旋线的电荷分布、三股螺旋的中断方式、末端结构域的大小和形状、超分子聚集体裂解或保留、翻译后修饰的变化等，可将胶原蛋白分为成纤维胶原蛋白与非成纤维胶原蛋白，其中，非成纤维胶原蛋白是指那些不能形成纤维状结构的胶原蛋白类型，又分为多个亚类，如具有中断三螺旋的纤维相关胶原蛋白（fibrilassociated collagens with interrupted triple-helix，FACIT）、网状结构胶原蛋白、珠状细丝胶原蛋白、锚定胶原蛋白、跨膜胶原蛋白、内皮抑制素相关胶原蛋白等；此外，还有少数胶原蛋白无法归入任何胶原蛋白家族。胶原蛋白的具体分类和特征见表 4-1。

表 4-1　胶原蛋白的类型和特征

类别	类型	α 肽链组成	组织分布
成纤维胶原蛋白	I	[α1(I)$_2$α2(I)]；[α1(I)]$_3$	皮肤、骨骼、肌腱、韧带、血管壁、牙齿等
	II	[α1(II)]$_3$	软骨、玻璃体、肌腱软骨区、椎间盘等
	III	[α1(III)]$_3$	皮肤、肺、肝、肠、血管等

续表

类别	类型	α肽链组成	组织分布
成纤维胶原蛋白	V	$[\alpha1(V)\alpha2(V)\alpha3(V)]$； $[\alpha1(V)]_3$	骨骼、肌腱、角膜、皮肤、血管等
	XI	$[\alpha1(XI)\alpha2(XI)\alpha3(XI)]$	关节软骨、睾丸、气管、肌腱、骨小梁、骨骼肌、胎盘、肺、大脑等
	XXIV	$[\alpha1(XXIV)]_3$	骨骼、大脑、肌肉、肾脏、脾脏等
	XXVII	$[\alpha1(XXVII)]_3$	肥厚软骨
FACIT 胶原蛋白	IX	$[\alpha1(IX)\alpha2(IX)\alpha3(IX)]$	软骨、脊柱、玻璃体等
	XII	$[\alpha1(XII)]_3$	真皮、肌腱、软骨等
	XIV	$[\alpha1(XIV)]_3$	真皮、肌腱、角膜、软骨等
	XVI	$[\alpha1(XVI)]_3$	皮肤、软骨、心脏、肠、动脉壁、肾脏等
	XIX	$[\alpha1(XIX)]_3$	乳腺、结肠、肾脏、肝脏、胎盘、前列腺、骨骼肌、皮肤、脾脏等
	XX	$[\alpha1(XX)]_3$	角膜、血管
	XXI	$[\alpha1(XXI)]_3$	心脏、胎盘、胃、空肠、骨骼肌、肾脏、肺、胰腺、淋巴结
	XXII	$[\alpha1(XXII)]_3$	心脏、骨骼肌
网状结构胶原蛋白	IV	$[\alpha1(IV)_2\alpha2(IV)]$； $\alpha3(IV)$，$\alpha4(IV)$，$\alpha5(IV)$，$\alpha6(IV)$	基底膜
	VIII	$[\alpha1(VIII)]_2\alpha2(VIII)$	心脏、脑、肝脏、肺、肌肉、软骨等
	X	$[\alpha1(X)]_3$	钙化软骨
珠状细丝胶原蛋白	VI	$[\alpha1(VI)\alpha2(VI)\alpha3(VI)]$	真皮、骨骼肌、肺、血管、角膜、肌腱、皮肤、软骨、椎间盘、脂肪等
锚定胶原蛋白	VII	$[\alpha1(VII)]_3$	皮肤、直肠、结肠、小肠、食管、口腔黏膜等
跨膜胶原蛋白	XIII	$[\alpha1(XIII)]_3$	内皮细胞、表皮等
	XVII	$[\alpha1(XVII)]_3$	皮肤、黏膜、眼睛等
	XXIII	$[\alpha1(XXIII)]_3$	肺、角膜、皮肤、肌腱、羊膜
	XXV	$[\alpha1(XXV)]_3$	脑、心脏、睾丸、眼睛等
内皮抑制素相关胶原蛋白	XV	$[\alpha1(XV)]_3$	微血管、心肌或骨骼肌细胞的基底膜区域
	XVIII	$[\alpha1(XVIII)]_3$	肝脏、眼睛、肾脏等
未分类胶原蛋白	XXVI	$[\alpha1(XXVI)]_3$	卵巢、睾丸
	XXVIII	$[\alpha1(XXVIII)]_3$	周围神经系统、背根神经节、颅盖、皮肤、郎飞结
	XXIX	$[\alpha1(XXIX)]_3$	表皮、肺、小肠、结肠、睾丸上基底细胞

4.1.3　胶原蛋白的合成与降解

胶原蛋白的合成与降解是一个复杂而精细的生物化学过程，它涉及基因的转录、蛋白质的翻译，以及肽链的修饰、分泌和组装等多个阶段，需要在时间和空间上协调一系列的生化反应。

1. 胶原蛋白的合成

胶原蛋白的合成分为细胞内合成和细胞外合成两个阶段，如图 4-2 所示。在细胞核中，胶原蛋白的遗传信息由 mRNA 转录，然后在核糖体上合成前胶原 α 链，这是胶原蛋白的基本组成单元。前胶原 α 链进入内质网后，会经历一系列羟基化反应，这些反应使得胶原分子中特有的羟脯氨酸和羟赖氨酸得以形成。具体而言，前胶原 α 链中的脯氨酸和赖氨酸残基在内质网的特定酶作用下发生转化，涉及此过程的酶包括脯氨酰-4-羟化酶、脯氨酰-3-羟化酶和赖氨酰羟化酶。胶原蛋白的糖基化是一种重要的翻译后修饰过程，主要发生在内质网中。半乳糖或者葡萄糖-半乳糖通过 O-糖苷键连接在羟赖氨酸的羟基上，富含甘露糖的寡糖链则通过 N-糖苷键与天冬酰胺连接，这一特定的糖基化作用对于胶原蛋白的分泌以及胶原蛋白纤维的正确排列至关重要。当三条前胶原 α 链经过羟基化和糖基化修饰后，前胶原 α 链的球状 C 端前肽相互识别形成二硫键，从而连接形成三聚体，此时前胶原蛋白开始折叠。前胶原分子通过囊泡的形式向细胞表面靠近，最终通过胞吐作用释放出前胶原分子。

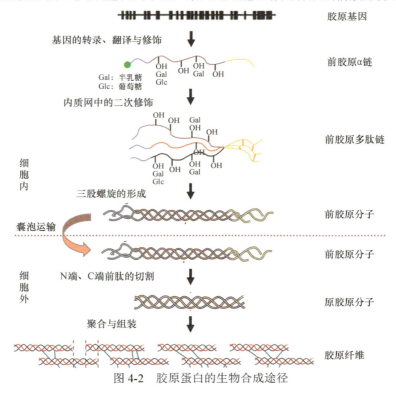

图 4-2　胶原蛋白的生物合成途径

在细胞外，前胶原分子通过特异性蛋白酶对 C 端前肽和 N 端前肽进行切割，从而形成原胶原分子。原胶原分子通过分子间的相互作用（如氢键和疏水相互作用）以及共价交联形成稳定的胶原纤维。随着时间的推移，胶原纤维会通过交联酶的作用进一步交联，形成更稳定和成熟的胶原纤维网络。这些网络结构为组织提供了结构支持和机械强度。

2. 胶原蛋白的降解

胶原蛋白的生物降解是胶原蛋白代谢中一个至关重要的过程，它不仅涉及正常的生理需求（如组织的更新和修复），还包括清除异常胶原蛋白以防止功能障碍。与一般蛋白质相比，胶原蛋白的降解速率较慢，半衰期可能从数周至数年不等。这种缓慢的降解速率归因于胶原蛋白稳定的三股螺旋结构，它对常规蛋白酶具有很高的抵抗力，通常只在极端条件下才会发生部分解旋和水解。

胶原酶是一类特殊的酶，能够在体温下有效解旋胶原蛋白，使其易于被蛋白酶进一步水解成单股肽链。胶原酶广泛存在于动物、植物和微生物中，其中，基质金属蛋白酶（MMP）和微生物胶原酶是主要研究对象。

4.2　重组胶原蛋白概述

重组胶原蛋白是指采用重组 DNA 技术，对编码所需胶原蛋白的基因进行遗传操作（或修饰），利用质粒或病毒载体将目的基因导入适当的宿主细胞中，表达并翻译成胶原蛋白或类似胶原蛋白的多肽，然后经过提取和纯化等步骤制备而成的一类物质，其合成途径如图 4-3 所示。重组胶原蛋白作为天然动物组织胶原蛋白的替代物，因其分子单一、结构清晰、易于控制等特点，在生物材料和生物医学领域具有很好的应用潜力。

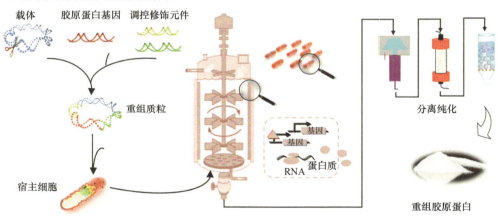

图 4-3　重组胶原蛋白的合成途径

4.2.1　重组胶原蛋白的发展

1972 年，Paul Berg 教授在实验室里实现了一项开创性的科学突破——成功重组了世界上首批 DNA 分子，这一创举不仅开启了基因重组研究的新纪元，也奠定了现代基因工程的基石。随后，一系列革命性的基因工程产品相继诞生，包括生长激素释放抑制因子、人胰岛素、人生长激素、胸腺肽、干扰素、尿激酶等，在医学和生物技术领域发挥着重要作用；乙型肝炎病毒疫苗和甲型肝炎病毒疫苗等预防性疫苗的开发，显著提升了全球公共卫生水平。随着基因重组技术的不断进步，胶原蛋白等功能性蛋白质的重组制备已经成为生物医学研究中的一个活跃和前沿的领域，展现出巨大的应用潜力和发展前景。

1994 年，Fertala 等在肿瘤细胞 HT1080 细胞系中成功表达了人 II 型胶原蛋白 α1 基因，并纯化出具有生物活性的重组 II 型胶原蛋白，为胶原蛋白相关研究和潜在的医学应用提供了重要的基础（Fertala et al.，1994）。1997 年，Fichard 等用人类胚胎肾细胞 HEK293-EBNA 表达全长的人 V 型胶原蛋白 α1 基因，分子量可达 250 kDa（Fichard et al.，1997）。1999 年，John 等在小鼠乳腺中成功表达了截短的 I 型胶原 α2 基因，通过脯氨酰羟化酶的作用，形成了稳定的三螺旋结构，最终在乳汁中获得了未经蛋白酶水解的前胶原蛋白（John et al.，1999）。2015 年，Hou 等在中华仓鼠卵巢细胞中表达了 VII 型胶原蛋白，为治疗隐性营养不良大疱性表皮松解症（epidermolysis bullosa dystrophic recessive，RDEB）提供了一种新的潜在治疗策略（Hou et al.，2015）。2010 年，Adachi 等利用转基因家蚕作为生物反应器，成功地在家蚕的丝腺中合成了人 I 型胶原蛋白 α1 链，并且能够将这种蛋白质分泌到蚕茧中，产量占蚕茧干重的 8%，但由于丝腺中缺乏脯氨酰羟化酶活性，合成的胶原蛋白 α1 链并不包含三螺旋结构（Adachi et al.，2010）。2016 年，Qi 等利用家蚕作为宿主，通过杆状病毒载体表达了人 II 型胶原蛋白 α1 基因，获得分子量为 300 kDa 的、具有三螺旋结构的重组 II 型胶原蛋白，产量达到 1 mg/头（Qi et al.，2016）。2002 年，Merle 等利用农杆菌介导的瞬时表达技术将人 I 型胶原蛋白 α1 基因导入烟草中，并且嵌合表达脯氨酸-4-羟化酶（P4H）基因，生产出功能性和稳定性得到改善的重组胶原蛋白，最终重组胶原蛋白产量可达 15～20 μg/mL，羟基率为 6.85%（Merle et al.，2002）。2009 年，Zhang 等以转基因玉米作为宿主，合成重组 I 型胶原蛋白 α1 链，产量可达 3 mg/kg 谷粒，并对纯化后的蛋白质进行了一系列的生物化学和生物物理特性分析（Zhang et al.，2009）。这些表达系统，包括动物细胞、转基因动物、转基因植物，为合成重组胶原蛋白提供了多样化的选择，然而，它们在实际应用中仍面临着一些挑战，如培养周期长、制备成本高、胶原蛋白表达量低等，这些因素限制了其在工业规模生产中的广泛应用，目前主要被应用于实验室规模的研究。尽管存在很多限制，但是这些系统在开发新的胶原蛋白生产方法和提高生产效率方面，仍具有重要的研究价值和应用潜力。

重组胶原蛋白在微生物表达系统中展现出显著的优势，如易于遗传修饰、发酵成本低、生产周期短、培养过程简便等，鉴于此，微生物表达系统被视为重组胶原蛋白商业化生产的优选菌株。芬兰奥卢大学胶原蛋白研究中心在毕赤酵母中成功表达出Ⅲ型胶原蛋白（Vuorela et al., 1997）；紧接着，澳大利亚联邦科学与工业研究组织也在酿酒酵母中实现了含有羟基化片段的类人Ⅲ型胶原蛋白的合成（Vaughn et al., 1998）。De Bruin 等（2000）利用汉森酵母和毕赤酵母作为宿主菌，成功表达了人Ⅰ型胶原蛋白的 α1 肽链。随后，Myllyharju 等（2000）通过甲基酵母合成了准人纤维胶原蛋白Ⅰ、Ⅱ、Ⅲ型。尽管很多实验室已经可以成功制备重组胶原蛋白，但其表达水平往往较低，难以满足工业规模生产的需求。这主要是因为胶原蛋白在生产中会遇到很多技术挑战，例如，胶原蛋白特有的"Gly-X-Y"高频重复序列可能会为互补的 GGN 和 CCN 密码子序列带来潜在的干扰修饰，进而影响蛋白质的正确修饰。这些问题限制了重组胶原蛋白的高效表达。

西北大学范代娣教授团队在国际上较早开始了重组胶原蛋白的研究。早在2001 年，该团队就成功建立了一种大肠杆菌体系合成序列重复型重组胶原蛋白的方法（该种胶原蛋白命名为"类人胶原蛋白"）。此后陆续开发了酵母、枯草芽孢杆菌等体系生物合成重组胶原蛋白的方法，建立了重组胶原蛋白高效表达体系、高密度发酵工艺及工程控制策略、高效分离纯化方法和产业化技术路线，并开展了系列重组胶原蛋白的生物学功效研究，发现其具有广泛应用于生物材料和生物医学等领域的潜力。

4.2.2 重组胶原蛋白的特点

重组胶原蛋白相较于传统方法提取的动物源性胶原蛋白，具有许多显著的特点。①生物安全性高。一般情况下，从动物组织中提取的胶原蛋白存在病毒隐患，这种致命的缺点在很大程度上限制了胶原蛋白的应用和发展。重组胶原蛋白避免了从动物组织提取时可能携带的病毒和其他病原体，减少了感染的风险，使其生物安全性显著提高。②低免疫原性。重组胶原蛋白可与天然的人体胶原蛋白序列100%同源，具有极低的免疫原性。此外，通过对天然胶原蛋白的基因序列进行优化设计，可以进一步降低其免疫原性。因此，经过特殊处理的重组胶原蛋白，在人体中引起免疫排斥反应的风险显著降低，这使得它在医疗和美容领域应用中更为安全与有效。③优良的水溶性。传统动物源胶原蛋白的纤维结构较为完整，通常难以溶解于水。然而，重组胶原蛋白展现出良好的水溶性，这得益于其独特的分子设计。通过设计，将非编码氨基酸序列中的疏水性氨基酸替换为亲水性氨基酸，可使重组胶原蛋白的亲水性显著提升。这种改进不仅增强了其在生物医学应用中的溶解性和稳定性，也为胶原蛋白的多功能性应用开辟了新的可能性。④良好的加工性能。重组胶原蛋白可精确设计并合成。这种生产方式使得胶原蛋白的分子量、结构、纯度以及某些特定的生物活性片段都可以根据实际需求进行定制和调整，从而满足不同的应用需求。⑤生产可控性。通过精确的基因工程和生物技术方法，可以从分子层面定制胶原蛋白的特性，并且通过发酵调控可大批量生产分子量均一和质量可控的重组胶原蛋白。这种可控性确保了胶原蛋白的稳定性、可靠性和适应性，满足了不同应用领域对高质量生物材料的特定需求。

4.2.3　重组胶原蛋白的分类

根据重组胶原蛋白的来源，可将其细分为三种类型：①重组人胶原蛋白（recombinant human collagen protein），是指由 DNA 重组技术制备的、含有人特定型别胶原蛋白基因编码的全长或部分基因序列（至少含有螺旋结构域）的重组蛋白，有或无三股螺旋结构，具有胶原蛋白理化性质和生物学功能；②重组类人胶原蛋白（recombinant human-like collagen protein），是指由 DNA 重组技术制备的、含有人特定型别或不同型别胶原蛋白基因编码的部分序列，经基因编辑、组合、拼装、剪接等制备的人胶原蛋白类似物，具有蛋白质结构，可有或无三股螺旋结构；③重组类胶原蛋白（recombinant collagen-like protein），是指由 DNA 重组技术制备的胶原蛋白类似物，其基因编码序列或氨基酸序列与人胶原蛋白的基因编码序列或氨基酸序列同源性很低，但具有胶原蛋白的理化性质和生物学功能。这三类重组胶原蛋白可以涵盖市场上和研发中有关重组胶原蛋白的所有情况。

4.3　重组胶原蛋白的生物制造

4.3.1　重组胶原蛋白表达体系的构建

1. 大肠杆菌表达体系

大肠杆菌是一种典型的革兰氏阴性菌原核表达系统，也是目前应用最广泛的蛋白质表达系统，其遗传背景清晰、发酵成本低、生长周期短、生产效率高，可以快速、大规模生产外源蛋白，具备规模化生产外源蛋白的潜力。大肠杆菌已被成功用于表达多种重组胶原蛋白。

2001 年，西北大学范代娣教授以大肠杆菌为宿主细胞，成功在细胞内合成了分子量为 97 kDa 的类人胶原蛋白，率先在重组胶原蛋白的研究上有了突破。该重组胶原蛋白与人胶原蛋白免疫原性及功效相当，填补了国内外无病毒隐患的低免疫原化胶原蛋白的空白，取得重组胶原蛋白"从 0 到 1"的突破，相关专利"一种类人胶原蛋白及其生产方法"荣获 2016 年中国专利金奖（范代娣，2005）；随后对该生产菌株进行了一系列的优化改造，包括表达元件优化、分子伴侣修饰、代谢途径改造、发酵调控等措施，使得最高产量达到 13.6 g/L（Fan et al.，2005）。此后，该团队又报道了一系列重组胶原蛋白分子的构建技术并申请了一系列发明专利，这些重组胶原蛋白已被用于研制人工血管、止血敷料、皮肤创伤修复材料，以及软骨修复、医学美容等领域（Zhu et al.，2014；2018；段志广，2008；Pan et al.，2019；Cao et al.，2020）。2022 年 8 月，我国首个"重组胶原蛋白"医药行业标准正式实施，意味着重组胶原蛋白行业正式进入标准化的发展阶段。此外，王皓（2013）成功地在大肠杆菌表达系统中实现了Ⅵ型胶原蛋白 α2 链的表达，所得到的重组胶原蛋白分子量为 30 kDa，表达量达到了 34.2%，并且展现出良好的抗氧化活性。李瑛琦等（2020）成功构建了表达类人Ⅲ型胶原蛋白的重组大肠杆菌（分子量为 13 kDa），产量可以达到 3.02 g/L。杨晶等（2016）在Ⅰ型胶原蛋白 α1链 660～964 位肽段的 C 端和 N 端添加具有细胞黏附功能的氨基酸序列，成功在大肠杆菌中合成了重组Ⅰ型胶原蛋白片段。

翻译后修饰对重组胶原蛋白的结构及功能有重要意义。胶原特有的稳定三螺旋结构依赖于羟脯氨酸发挥作用。然而，大肠杆菌由于自身缺乏脯氨酸羟化酶，因此在单独表达胶原蛋白时不能获得羟基化的胶原蛋白，无法有效形成三螺旋结构，进而抑制天然结构胶原分子到胶原纤维的自组装。脯氨酸羟化酶与胶原蛋白的共表达系统，被尝试用于制备三螺旋重组胶原蛋白。范代娣教授团队研究了病毒脯氨酰 4-羟化酶对全长人Ⅲ型胶原蛋白 α1 链的羟基化修饰，发现脯氨酰残基的羟基化率高达 73%；生物活性分析表明，该羟基化的重组胶原蛋白支持幼仓鼠肾细胞的生长，与天然胶原蛋白的观察结果相似（Shi et al.，2017）。Rutschmann 等（2014）在大肠杆菌中共表达人Ⅲ型胶原蛋白片段和巨型病毒的脯氨酸及赖氨酸羟化酶，成功地获得了产量为 90 mg/L 的羟基化人Ⅲ型胶原蛋白，脯氨酸和赖氨酸的羟基化水平分别达到 25% 和 26%，与天然人Ⅲ型胶原蛋白的羟基化水平相似。Liu 等（2023）将Ⅰ型胶原蛋白 α1 链的部分氨基酸序列与来源于炭疽杆菌（*Bacillus anthracis*）的脯氨酸羟化酶共表达，在 5 L 发酵罐中获得了 0.8 g/L 的胶原蛋白，羟基化率可达 63.6%，羟化后的重组胶原蛋白在热稳定性和生物相容性方面表现出显著的改善。

2. 酵母表达体系

酵母作为真核生物，能够保证胶原蛋白经过工程菌足够的翻译后修饰。迄今为止，利用酵母表达人胶原蛋白的研究较多，如酿酒酵母、毕赤酵母、汉逊酵母和解脂耶氏酵母等。其中，毕赤酵母作为应用最广泛的酵母种类，与其他酵母相比，其翻译加工的蛋白质能形成稳定的二硫键，且具有适度糖基化、减轻蛋白水解过程等特征。

范代娣教授团队经过多年的研究，成功实现了重组人胶原蛋白在酵母细胞中的制备，构建了一系列重组人胶原蛋白大分子化合物，如人Ⅰ、Ⅱ、Ⅲ、Ⅴ型胶原蛋白及其功能片段重复序列，丰富了重组胶原蛋白分子库的种类（Yan et al.，2024b；Guo et al.，2024；Wang et al.，2023；范代娣，2022）。为了进一步提升重组胶原蛋白的产量，范代娣教授团队对蛋白分泌信号肽进行改造，将 α 信号肽的 pre 区域替换为来自酿酒酵母 OST1 基因的信号肽序列，这一改变使得蛋白质的转运机制从传统的翻译后转运优化为更为高效的翻译共转运；接着，精确敲除 pro 区域中 57～70 位的氨基酸序列，以进一步提升蛋白质的分泌效率（Wang et al.，2023）。毕赤酵母在异源蛋白表达过程中会产生氧化应激，导致胞内活性氧（ROS）的积累，ROS 主要源于异源蛋白表达过程中的呼吸相关代谢过程，以及在甲醇的强烈诱导下产生未代谢的甲醇、甲醛、H_2O_2 等有毒物质，并且还可能受到环境压力的胁迫。伴侣蛋白 N-乙酰转移酶 MPR1 介导的抗氧化机制被认为通过乙酰化参与活性氧（ROS）产生的有毒代谢物来调节细胞内 ROS 水平，通过降低氧化应激（如热激、冷冻或乙醇处理）下的细胞内 ROS 水平来保护酵母细胞。范代娣教授团队尝试在毕赤酵母共表达 MPR1 基因与Ⅲ型胶原蛋白基因，发现共表达 MPR1 基因可以促进甲醇代谢通路，减少胞内 ROS 水平，有利于缓解甲醇带来的环境压力对酵母细胞的损伤，且目标蛋白含量增加了 20%。此外，徐立群（2013）表达了重组Ⅵ型胶原蛋白（分子量为 32 kDa），为其活性功能的探讨及其生产奠定基础。杨树林教授课题组以人Ⅲ型胶原蛋白 α1 链编码基因为模板，在毕赤酵母细胞中表达重组胶原蛋白（分子量为 55 kDa），12.5 L 发酵罐体系表达量为 3.81 g/L（刘斌，2012）。侯增淼等（2019）基于人Ⅰ型胶原蛋白 Gly-X-Y 序列设计编码亲水性 Gly-X-Y 胶原肽段的核苷酸序列，成功构建了可以合成类人胶原蛋白的毕赤酵母工程菌，获得了表达量为 4.5 g/L、纯度大于 95% 的重组类人胶原蛋白（分子量为 38 kDa）。

酵母细胞中因为缺乏脯氨酸羟化酶，无法实现胶原链中脯氨酸残基的羟基化。通过基因工程手段将脯氨酸羟化酶基因导入酵母表达系统，可实现胶原蛋白中关键脯氨酸残基的有效羟基化，还进一步增强了其稳定性与生物学功能，为胶原蛋白的商业化生产和临床应用开辟了新途径。范代娣教授团队在毕赤酵母中实现了人Ⅰ型和Ⅲ型胶原 α1 链基因及来源于人的脯氨酸羟化酶基因的共表达，以及羟基化人Ⅰ型和Ⅲ型胶原蛋白 α1 链的高效生产（He et al.，2015）。Myllyharju 等将人Ⅰ、Ⅱ和Ⅲ型胶原蛋白编码基因整合到含脯氨酸羟化酶的毕赤酵母工程菌中，获得的重组胶原蛋白均能被充分羟基化，且通过持续供氧可使产量达到 0.2～0.6 g/L，获得的人Ⅰ、Ⅱ和Ⅲ型胶原蛋白的分子量为 116～200 kDa。

酿酒酵母也常被用来生产重组胶原蛋白（Myllyharju et al., 2000; Nokelainen et al., 2001）。Chan 等（2010）利用优化的 DNA 组装算法，设计并合成人Ⅲ型胶原蛋白，并且通过在酿酒酵母中表达人源的脯氨酰羟化酶，实现了重组胶原蛋白的羟基化，最初的羟基化率为 0.5%，通过优化表达系统，羟基化水平可以提高 10 倍。

4.3.2 重组胶原蛋白生产菌株的发酵调控

微生物发酵调控的重要性在于它能够确保发酵过程的稳定与可控，直接关系到产品质量的提升、产量的增加以及生产成本的有效降低，同时可以保障发酵产品的安全性和市场竞争力，是推动微生物发酵技术持续进步与产业发展的核心环节。

1. 宿主菌株稳定性的优化

在长时间发酵过程中，宿主菌株的遗传稳定性至关重要。质粒丢失、基因突变等都可能导致产物表达量的下降。因此，需要选择稳定性好的宿主菌株，并采取适当的措施来维持菌株的稳定性。

重组大肠杆菌在补料分批发酵生产重组胶原蛋白过程中，生长周期、卡那霉素浓度及比生长速率都会对质粒稳定性有影响。研究发现，在分批发酵阶段的前期，含质粒细胞比例很高，随着细胞生长进入指数生长期以及卡那霉素的消耗，含质粒细胞比例逐步减少，在分批发酵末期达到最低点。在补料阶段，随着葡萄糖和卡那霉素的连续补充，卡那霉素在一定程度上抑制了不含质粒细胞的增殖，从而提高了含质粒细胞的比例。在 42℃ 的高温诱导阶段，含质粒细胞的比例有所减少，这表明高温条件下质粒的复制也可能面临不稳定性。研究人员建立了卡那霉素浓度与质粒稳定性之间的指数关系方程 $Y = -37.1663\exp$（$-x/2.284\,07$）$+89.669\,01$，通过该方程确定在卡那霉素浓度为 0.006 06 g/L 时质粒稳定性出现拐点。因此，为了维持发酵过程中的质粒稳定性，建议卡那霉素的添加量不应低于 0.006 g/L。从质粒稳定性的角度考虑，控制比生长速率（μ）在 0.15 h^{-1} 是较为理想的条件（郑文超，2007）。

2. 培养条件的优化

优化培养条件对于提高重组菌株的生产效率至关重要，因为它能够确保微生物在最佳的环境条件下生长和表达目标蛋白，从而增加目标蛋白的产量和质量。通过调整温度、pH、溶氧量等关键参数，可以显著提高细胞的代谢活性和稳定性，减少副产物。

在对重组大肠杆菌菌株的研究中，可采用微量热学的理论和技术，分析菌株代谢与生长等生物学过程的热动力学规律。研究发现，温度、抗生素浓度、Mg^{2+}浓度和 pH 对菌株的生长速率常数、产热最大功率、传代时间以及整个生长周期的发热量有显著影响（王莉衡，2007）。通过发酵条件优化，可确定促进细胞生长和重组胶原蛋白表达的最佳条件，包括初始 pH、诱导后的 pH、培养温度、溶氧浓度及诱导时机，这些条件的优化使得细胞密度和类人胶原蛋白 II 的产量分别达到了 88.4 g/L 和 14.2 g/L，为重组胶原蛋白的高效合成提供了新的方法（常海燕等，2009）。对于真核细胞的发酵优化，通过对毕赤酵母生长阶段的培养基进行优化，发现当酵母提取物为 1.13%、蛋白胨为 1.61%、甘油比例为 0.86% 时，培养 12 h，生长阶段毕赤酵母的菌体重量增加 26%，所得人 III 型胶原蛋白含量增至 4.7 g/L，该胶原蛋白对因乙酸灼伤的大鼠胃黏膜有较好的修复作用（李伟娜等，2017）。此外，对毕赤酵母发酵生产重组全长 III 型胶原蛋白的工艺进行优化，发现当混合碳源比例达到 0.8（甘油/甲醇，质量比）时，目标蛋白的产量显著提高，并且达到这一产量所需的时间缩短了 50%。这一发现不仅优化了生产效率，而且建立了一种高效的混合发酵策略，为实现全长 III 型胶原蛋白的大规模生产提供了一种省时、有效的新策略（Wang et al.，2023）。

3. 补料方式的优化

补料方式对发酵过程具有显著影响，它通过调节底物浓度、营养物质供给以及代谢产物的移除，直接影响微生物的生长代谢速率，从而影响整个发酵过程的效率、产物的质量和产量。合理的补料策略能够优化微生物的代谢途径，提高底物转化率，减少副产物的生成，实现发酵过程的高效和稳定运行。

在一项针对重组大肠杆菌生长和重组类人胶原蛋白表达影响的研究中，补氮方式被证实为一个关键因素（骆艳娥，2005）。研究中采用了两种不同的补氮模式：一种是快速循环补氮，其间隔时间为 0.5 min；另一种是慢速循环补氮，间隔时间为 4 min。结果表明，最佳的发酵条件是采用快速循环补氮方式，以（3.34～5.06）×10^{-3} L/min 的速率流加氮源。此外，在溶氧水平低于 20% 时，适当提高罐压至（0.3～0.8）×10^5 Pa 以维持溶氧水平。最适宜的诱导条件为 42℃并保温 2～3 h，然后降温至 39℃继续培养 5～6 h。在此条件下，发酵结束时细胞浓度和重组胶原蛋白浓度分别可达 68.94 g/L（细胞干重，dry cell weight，DCW）和 13.16 g/L。此外，还可采用非线性补料策略控制细胞特定的生长速率，以优化代谢过程，提高目标蛋白的产量和质量。研究发现，不同的比生长速率（0.1～0.25 h^{-1}）下，最终细胞浓度几乎相同，但是当最终比生长速率为 0.15 h^{-1} 时，重组胶原蛋白浓度最高，可达 13.6 g/L（Fan et al.，2005）。Fruchtl 等（2016）采用补料分批发酵策略，使用甘油作为初始碳源，以 10 g/L 浓度的乳糖作为诱导剂，通过控制进料流速在 0.3 mL/min 以内、pH 6.8、温度 37℃，以及调整搅拌速率和通风率，维持溶氧值高于 40%，实现了目标蛋白的有效表达。在诱导 12 h 后，细胞浓度和重组胶原蛋白含量分别为 35 g/L（DCW）和 20.2 mg/g。

4. 代谢途径的优化

不合理的发酵条件往往会导致副产物的生成，影响产品的纯度和品质。通过精细的发酵调控，可以减少副产物的生成，提高产品的纯度。

在大肠杆菌发酵过程中，葡萄糖是主要的碳源，其吸收和摄取主要依赖于磷酸烯醇丙酮酸-糖磷酸转移酶系统（PTS 系统）。PTS 系统中的葡萄糖特异性透性酶以及其他能够转运葡萄糖的透性酶发挥着关键作用，它们使得葡萄糖能够有效地进入细胞内部，确保了细胞在不同环境条件下能够有效地管理和分配碳源，以适应其代谢需求和生长状态。在有氧发酵过程中，大肠杆菌对碳源的过流代谢，导致大量丙酮酸的产生，使细胞碳代谢速率不平衡，最终造成乙酸等不利于菌体生长的物质大量积累，菌体生长受到抑制。乙酸的产生不但是碳源和能量的一种浪费，而且是抑制重组类人胶原蛋白表达和细胞生长的主要因素。通过基因工程技术敲除细胞 $ptsG$ 基因后，细胞可通过其他转运酶的作用摄取葡萄糖，但进入糖酵解途径的总碳代谢流有所减少，使其进入三羧酸循环的碳代谢大体平衡，从而避免副产物乙酸的积累，使细胞在生长过程中可大量摄取葡萄糖用于菌体生长和蛋白质表达（Luo et al.，2014；范代娣等，2015）。进一步分析 $ptsG$ 基因的敲除对细胞代谢，特别是对葡萄糖代谢和氮代谢的影响，发现 $ptsG$ 敲除有效地避免了大肠杆菌培养过程中碳源的过量代谢，使乙酸产量明显降低，同时谷氨酸脱氢酶（GDH）成为主要的氮素同化途径，以适应降低的葡萄糖摄入速率和细胞内的"低能量"状态（吕忠成，2015）。通过控制葡萄糖的流加策略和优化发酵条件以减少乙酸的积累，也是提高重组胶原蛋白表达量的有效方法。此外，通过探索葡萄糖饥饿阶段吸收乙酸对发酵过程的影响，发现在分批培养阶段，乙酸对大肠杆菌有明显的抑制作用，但在补料培养阶段，其影响却并不明显；而乙酸对重组胶原蛋白表达的抑制只发生在表达阶段。基于该结果，建立以控制乙酸产生为目的的溶氧探测补料技术，在实验室规模获得的最终细胞浓度和重组胶原蛋白浓度分别为 69.1 g/L（DCW）和 13.1 g/L（Xue et al.，2010；薛文娇，2009）。

5. 发酵放大及工艺优化

发酵放大及工艺优化对合成目标蛋白至关重要，它们确保了从实验室规模到工业生产的高效转化，不仅提高了目标蛋白的产量和质量，而且通过精准控制发酵条件，可降低生产成本并增强生产过程的可控性和稳定性，从而满足生物医药、生物化工等领域对高质量重组蛋白日益增长的需求。

种子扩大培养阶段对整个发酵过程至关重要，尽管它本身是一个独立环节，却显著影响着发酵的效率和经济效益。在实验室规模的发酵中，许多观察到的过程变化实际上源于种子接种条件的波动。在发酵的放大过程中，确立一个适宜的种子培养策略对于实现成功的规模化生产同样关键。深入研究发现，三级种子的移种阶段和种子培养基的浓度对发酵过程有着显著的影响。在对数生长期的后期进行移种，能够获得最高的重组胶原蛋白产率。此外，当种子培养基中的葡萄糖浓度设定为 20 g/L 时，不仅缩短了随后发酵阶段的培养时间，还显著提升了重组胶原蛋白的表达量，这一策略实现了高达 0.518 g/（L·h）的平均产率，优化了整个发酵流程，显著提升了生产效率和产品质量。

在发酵过程中，体积氧传递系数是一个关键参数，它直接影响着细胞的代谢活动和生产效率。基于这一参数的关联方程，通过以 $p \times k_L a$ 为基准的放大策略，可实现细胞干重的显著提升，最终达到了 68.4 g/L，同时重组胶原蛋白的浓度也达到了 13.0 g/L。这些成果与实验室规模条件下的数据基本一致，证明了放大过程的高效性和可靠性（薛文娇，2009）。

4.3.3　重组胶原蛋白的分离纯化

蛋白质的分离纯化在生物科学及工业应用中具有至关重要的作用和意义，它是指通过有效的分离纯化技术，从复杂的生物混合物中去除样品中的杂质、非目标蛋白质和其他潜在的污染物，精确分离出目标蛋白质的过程，并且保证蛋白质的结构和功能不受损害，对于提高蛋白质的纯度、特异性和活性至关重要。这一过程不仅有助于深入研究蛋白质的结构与功能、揭示生命活动的规律，还为药物开发、临床应用、食品工业生产提供了高质量的蛋白质原料，推动了相关产业的发展和进步。因此，蛋白质的分离纯化是生物化学研究及工业应用中的一项关键技术，具有深远的意义。

1. 分离与初步纯化

目前，重组胶原蛋白的分离纯化方法多种多样，但操作流程具有共同的特点，一般都包括预处理、细胞破碎（胞内产物）、初纯、精纯及成品加工等步骤。高效的分离纯化技术不但保证了产品的质量，而且直接决定了产品的成本和经济效益。

在对大肠杆菌发酵生产重组胶原蛋白的一系列分离与纯化研究中，范代娣教授团队通过高压匀浆、硫酸铵盐析、超滤浓缩，得到类人胶原蛋白Ⅰ的粗品；再通过对离子交换批量层析与凝胶过滤层析相结合的方法和离子交换柱层析一步纯化法进行比较，发现离子交换柱层析一步纯化法可获得纯度为 95.1% 的类人胶原蛋白Ⅰ，总回收率为 77.0%（王晓军等，2003）。对类人胶原蛋白Ⅱ的分离纯化进行研究，发现大肠杆菌经细胞破碎、沉淀、超滤分离后，再通过离子交换层析纯化，得到类人胶原蛋白Ⅱ的纯度为 96.43%，总回收率为 71.69%（侯文洁，2006）。Peng 等（2014）开发了一种简单且成本效益高的方法，用于大规模纯化重组胶原蛋白。首先，使用 pH 2.2 的 50 mmol/L 乙酸缓冲液进行细胞裂解时，可以有效地从细胞裂解物中提取出三螺旋结构的蛋白质，并通过蛋白质电泳确认其可溶性。在经过酸沉淀和胃蛋白酶消化后,通过超滤步骤回收了大约71%的干重蛋白。该纯化过程没有使用色谱柱,展示了一种适用于商业化大规模生产的纯化策略。Yan等(2024a)建立了一种结合碱性沉淀和酸性沉淀的简便分离程序,使粗胶原蛋白的纯度超过90%;接着开发了一个使用阳离子交换色谱法的精致化纯化步骤,进一步将重组胶原蛋白的纯度提高至98%以上,并且整体回收量约为120 mg/L培养液。

2. 内毒素的去除

内毒素是一种由革兰氏阴性菌产生的热原性物质,主要存在于细胞壁最外层。它能够引发人体强烈的免疫反应,导致发热、寒战、恶心、呕吐等症状,严重时甚至可能引起休克和多器官功能衰竭。因此,在生物制药和医疗器械领域,去除内毒素是确保产品安全性和降低不良反应风险的关键步骤。重组胶原蛋白等生物制品在生产过程中可能会受到内毒素污染,去除内毒素不仅可以提高产品的纯度和稳定性,还能显著降低其对人体的潜在危害,确保其在临床应用中的安全性和有效性。

采用聚氧乙烯单叔辛基苯基醚(Triton X-114)双水相分离法结合多聚赖氨酸亲和层析的两步工艺,通过响应面法和正交试验设计的优化,可有效去除大肠杆菌发酵生产重组胶原蛋白中存在的内毒素(Zhang et al.,2013)。在第一步中,通过精确控制蛋白质含量、反应温度、时间和pH,成功将内毒素含量从10 000~25 000 EU/mg显著降低至1.5~2.0 EU/mg,同时保持了95.1%的蛋白回收率。第二步中,通过调整缓冲液离子强度、盐浓度和pH,内毒素含量进一步降至0.025~0.25 EU/mg,蛋白回收率达到81.9%。此外,通过EDTA-二钠螯合和硝酸铈溶解的方法处理菌体,再通过正交试验和响应面优化,将胞内蛋白的内毒素残余量降低,继续使用Tris-Acetate-EDTA缓冲液和尿囊素吸附,可进一步降低内毒素含量至0.0102 EU/mg,确保了重组胶原蛋白的理化性质、生物性能和细胞毒性符合医用安全标准。该方法简化了操作流程、降低了成本,为重组胶原蛋白的大规模生产和医学应用提供了有力支持。

4.4　重组胶原蛋白的应用

重组胶原蛋白相比于传统方法提取的动物源性胶原蛋白展现出更广泛的应用潜力。通过基因工程精准调控,不仅增强了亲水性,使材料在实际应用中,特别是组织工程领域,展现出更高的灵活性和便捷性,还赋予其单链结构更多活性位点,即便保持三螺旋结构,也较天然人源胶原蛋白更为松散,从而增强了与细胞及生物分子的相互作用,提升了生物活性。此外,重组胶原蛋白对催化氧化反应的金属离子具有更强的螯合能力,提供了优异的抗氧化特性,减少了皮肤氧化损伤,具有美白效果。同时,其增强了血小板和凝血因子富集能力,表现出更优异的止血和促进伤口愈合能力；更为重要的是，重组技术允许对胶原蛋白分子进行理性设计与改造，创造出具有新特性或多功能结构的新变体，如增加活性官能团、融合特定功能域或构建胶原与生长因子的嵌合体，以满足食品、美容护肤及生物材料等多领域的个性化需求，极大地拓展了胶原蛋白的应用边界。

4.4.1 骨修复材料

重组胶原蛋白作为一种生物材料，在骨修复领域的应用日益受到重视。近年来，多项研究揭示了重组胶原蛋白在促进骨组织再生和治疗骨缺损等方面的潜力。范代娣教授团队将有机相重组类人胶原蛋白与无机相羟基磷灰石复合，成功构建了有利于成骨细胞分化的骨缺损修复支架（Zheng et al.，2017）。此外，该团队还创新性地将类人胶原蛋白、透明质酸和羟基磷灰石三种材料复合，制备出双层软骨支架，从结构和成分上模拟软骨环境，促进软骨的再生和修复（Liu et al.，2021）。尽管金属材料如钛（Ti）和镍钛（NiTi）合金，因其坚硬性在骨修复中扮演重要角色，但它们植入后不会降解，长期存在于宿主体内可能引发问题。为了解决这一问题，范代娣教授团队尝试通过橄榄苦苷交联制备含有重组类人胶原蛋白（HLC）和纳米羟基磷灰石（nHA）的多孔复合支架，为骨组织工程提供了新的解决方案（Fan et al.，2014）。由于 HLC/nHA 在骨组织工程中的应用取得成功，2017 年，Zhou 等基于重组类人胶原蛋白（HLC）、纳米羟基磷灰石（nHA）、可生物降解的聚乳酸（PLA）以及聚多巴胺（pDA）辅助的骨形态发生蛋白 2（bone morphogenetic protein 2，BMP-2）衍生肽 P24，制造了一种 3D 多孔支架（nHA/HLC/PLA-pDA-P24）。这种支架不仅具有更高的机械强度和可控的生物降解性，还能显著提升大鼠颅骨缺陷的骨再生能力，显示出对骨组织再生的显著促进作用（Zhou et al.，2017）。基于 I 型胶原蛋白的重组肽在促进大鼠关键尺寸颅骨缺损的骨再生方面展现出了更好的效果，与商业可用的人工骨替代材料 Cytrans®相比，重组胶原肽显示出更强的诱导新骨形成的能力（Chimedtseren et al.，2023）。Pulkkinen 等（2010）的研究将重组人 II 型胶原蛋白应用于软骨修复，展现出优异的生物相容性和软骨修复能力。相比于上述研究多采用传统材料混合重组胶原蛋白来提高机械强度、控制生物降解速率，Chen 等（2019）最近发现重组胶原蛋白能与 BMP-2 很好地结合，快速诱导骨再生。这些研究共同证明了重组胶原蛋白在硬骨和软骨修复中的重要作用及广泛的应用前景。

4.4.2 创面修复敷料

皮肤作为人体自然防御系统的第一道免疫器官，保护人体免受伤害和防止微生物侵染，在维持生命中起着重要的作用。然而，当皮肤遭遇刀伤、烧伤、枪伤、车祸创伤时，其结构和功能也受到一定破坏并形成创面，这就需要通过修复来恢复其保护屏障、调节体温、感知外界刺激等功能。有效的修复能够防止感染、促进组织再生、减少疤痕形成，对保障个体健康与生活质量具有重要意义。胶原蛋白作为皮肤的主要成分，在皮肤创面的愈合中尤为重要。

范代娣教授团队对重组胶原蛋白在皮肤创面修复方面的应用进行了广泛的研究，首先将重组类人胶原蛋白（HLC）与羧化壳聚糖和透明质酸混合，通过谷氨酰胺转氨酶交联，成功构建了一种具有相互连通孔径结构和生物活性的水凝胶组织工程皮肤支架，有效促进了成纤维细胞的增殖和皮肤缺损的修复（Zhu et al.，2018）。该研究团队还创新性地将 HLC 与聚乙烯醇复合，通过吐温乳化法制备出兼具透气性、细菌阻隔性、止血活性及优异细胞黏附性的大孔水凝胶，显著提升了皮肤创面的修复效率（Pan et al.，2019）。在进一步的研究中，研究人员将 HLC 和壳聚糖在谷氨酰胺转移酶（TG 酶）及 1-(3-二甲氨基丙基)-3-乙基碳二亚胺盐酸盐的协同作用下，成功制备出具有良好促进创面皮肤组织再生能力的皮肤支架水凝胶（Cao et al.，2020）。针对烧伤等复杂创面，该团队将 HLC、透明质酸和壳聚糖复合，引入 TG 酶和氯化钠，在低温条件下实现交联，制备出能够有效抵御细菌感染、加速烧伤创面愈合的水凝胶产品，为烧伤治疗提供了新的解决方案（Lei et al.，2020）。针对不可压迫性创伤出血（如穿透伤和贯穿伤），该团队以 HLC 和壳聚糖为原料，通过氧化葡聚糖交联，成功制备了具有高度互连的大孔结构和强大的吸水/吸血能力、机械性能强、能够快速恢复形状的冷冻凝胶，在控制表面创伤和不可压迫性出血、促进伤口修复方面具有优异的应用前景（Ma et al.，2022）。Cheng 等（2020）利用包含天然 I 型胶原蛋白细胞黏附结构域的重组胶原蛋白与表皮生长因子结合，研发了一种创新的冻干敷料，可在保持周围伤口湿润的同时，加速伤口愈合过程。Guo 等（2021）在含重组人胶原蛋白与 TG 酶的特殊培养环境中培养成纤维细胞，成功制备出组织工程人工皮肤，进一步加速并优化了皮肤缺损区域的体内修复进程。这些研究成果不仅展示了重组胶原蛋白在皮肤创面修复中的广阔应用前景，也为临床治疗提供了新的思路和方法。

4.4.3 角膜基质再生材料

角膜是眼睛最前面的凸形高度透明物质，对视觉至关重要，可以保护眼内的微结构及组织，并为眼睛提供大部分屈光力，而其基质主要由高度有序排列的胶原纤维构成。角膜损伤、感染及一些先天性因素导致的角膜疾病是目前全球第二大致盲疾病。重组胶原蛋白因其良好的生物相容性、生物可降解性和结构可定制性，成为角膜组织工程和再生医学中极具吸引力的生物材料。2014 年，Fagerholm

等开发了一种基于重组人Ⅲ型胶原蛋白的无细胞植入物，在长达 4 年的随访中，这种植入物成功地促进了新角膜组织和神经的再生，与健康角膜的微结构相似，且未发生排斥反应或炎症性树突状细胞的招募（Fagerholm et al., 2014）。2022 年，Kong 等使用重组人胶原蛋白，通过化学修饰引入甲基丙烯酸酐（methacrylic anhydride，MA），制造出具有仿生角膜特性的水凝胶。这种水凝胶具有排列整齐的微沟槽和逆蛋白石纳米孔结构。在大鼠模型中，植入物与宿主组织成功整合，比对照组更好地促进了受损角膜基质的再生（Kong et al., 2022）。这些发现证明了重组胶原蛋白作为促进角膜修复和再生的有效材料，未来可能成为补充人类供体组织、治疗致盲性角膜疾病的长期可行方案。

4.4.3 药物输送

重组胶原蛋白在药物输送系统中的应用是近年来生物医学领域的一个重要研究方向。重组胶原蛋白独特的生物相容性、生物可降解性和结构可调性，使其成为开发高效、安全药物递送载体的理想选择。为了实现干细胞分泌的细胞外囊泡的靶向和持续释放，Xu 等（2022）采用重组人Ⅲ型胶原蛋白与来源于链霉菌的 TG 酶交联，制备了一种具有均匀孔径和良好生物相容性的水凝胶。这种水凝胶能够促进细胞外囊泡的持续释放，从而有效促进皮肤伤口愈合，尤其在糖尿病相关的皮肤损伤愈合中显示出显著效果。Mumcuoglu 等（2018）探索了来源于Ⅰ型胶原蛋白的重组蛋白微球作为骨形态发生蛋白 BMP-2 的新型递送载体在骨组织工程中的应用。这种微球具有独特的生物相容性和可控的生物可降解性，能够有效地负载 BMP-2，并在体内缓慢释放，从而促进骨组织的再生。重组胶原蛋白在药物递送系统中的应用正日益凸显其在促进伤口愈合、骨组织再生等医疗场景下的巨大潜力，为未来生物医学研究和临床实践开辟了崭新的路径。

4.4.4 蛋白质替代疗法

蛋白质替代疗法是一种针对遗传性或获得性蛋白质功能障碍的有效治疗手段，其核心在于向患者体内补充或替换缺失/异常的蛋白质，以恢复正常的生理功能。这种疗法的意义重大，尤其对于那些患有罕见遗传病的个体，可以显著改善患者的生活质量，甚至挽救患者的生命。

隐性营养不良大疱性表皮松解症（RDEB）是一种严重的遗传性皮肤病，主要表现为皮肤和黏膜的极度脆弱，容易形成水疱和溃疡。这种疾病由 COL7A1 基因突变引起，导致Ⅶ型胶原蛋白的缺乏或功能异常，而Ⅶ型胶原蛋白是维持皮肤结构和功能的关键成分。目前，基因疗法介导的蛋白质替代和直接递送重组Ⅶ型胶原蛋白已被测试用于将正常Ⅶ型胶原蛋白引入患病组织。例如，Remington 等（2009）发现，通过注射重组人Ⅶ型胶原蛋白能够显著改善 RDEB 小鼠的皮肤病变，纠正其疾病表型。该研究专注于静脉注射重组人Ⅶ型胶原蛋白对皮肤伤口愈合的影响，以及对 RDEB 患者皮肤完整性恢复的作用。Woodley 等（2013）的研究结果表明，重组Ⅶ型胶原蛋白能够定位至皮肤伤口，并促进伤口愈合，从而恢复了 RDEB 患者皮肤的完整性，为临床治疗提供了有力的证据。Hou 等（2015）也发现重组Ⅶ型胶原蛋白注射显著改善了 RDEB 小鼠的皮肤病变，包括减少水疱形成和增强皮肤结构的完整性，并有效地归巢到受损皮肤区域。这说明静脉注射重组Ⅶ型胶原蛋白是一种有效的治疗手段，能够逆转 RDEB 小鼠的疾病表型，为 RDEB 的治疗提供了新的可能性。目前，蛋白质替代疗法在治疗某些疾病时也面临一些挑战，主要包括以下几个方面。①扩散难题：由于Ⅶ型胶原蛋白是人体内已知最大的蛋白质之一，其斯托克斯半径较大，难以轻易扩散到靶组织；此外，高亲和性的Ⅶ型胶原蛋白分子间易发生聚集，进一步限制了其在体内的有效分布。②自组装复杂性：Ⅶ型胶原蛋白需要通过自组装形成功能性锚定纤维，这一过程在体外注射的Ⅶ型胶原蛋白中难以复现。③半衰期限制：Ⅶ型胶原蛋白的半衰期约为 1 个月，这意味着为了获得持续的治疗效果，患者需要频繁接受大量注射。④潜在的血液反应：尽管Ⅶ型胶原蛋白不像其他类型的胶原蛋白那样强烈聚集血小板，但其静脉注射仍有可能触发血液凝固，增加血栓形成的风险。这些挑战表明，尽管蛋白质替代疗法在理论上具有巨大潜力，但在临床应用中仍需克服诸多难题，以实现其在相关疾病治疗中的有效性和安全性。

4.4.5 皮肤医学

随着年龄增长，人体自然合成胶原蛋白的能力逐渐减弱，这一生理变化显著削弱了肌肤的保水屏障，使其难以维持充盈状态，进而转变为缺乏弹性的结缔组织基质，最终导致皮肤松弛、皱纹形成等衰老迹象。鉴于胶原蛋白在保湿锁水方面的卓越表现，其已被广泛认可并应用于各类化妆品的配方之中。水解胶原蛋白富含亲水基团（如—$CONH_2$、—$COOH$、—OH），及甘氨酸、丙氨酸、丝氨酸、天冬氨酸都是天然的保湿因子。小分子胶原蛋白易被皮肤真皮层吸收，提高皮肤含水量，显示出其作为内部保湿因子的潜力；而大分子胶原蛋白虽不能被皮肤角质层吸收，但可以通过补水作用结合皮肤外层水分，增加皮肤湿度。正是基于这些特性，重组胶原蛋白凭借其在结构与功能上的精准调控优势，成为皮肤护理和修复领域的研究热点。

范代娣教授利用由生物合成法获得的重组胶原蛋白，成功开发出一系列具有不同修复功效的湿性敷料系列产品，旨在满足不同修复需求，迄今为止，已获得

14 项国家注册批件，覆盖了 57 种剂型，在全国范围内广泛推广，产品用于 2000 多家公立医院，受益千万余例患者。在科研探索方面，Lu 等（2023）研究发现，重组人Ⅲ型胶原蛋白能显著增厚表皮活细胞层，改善组织形态，增加胶原纤维相对面积，提升Ⅳ和Ⅰ型胶原的含量，从而有效抵抗皮肤皱纹的形成。当浓度达到 2%时，胶原纤维和Ⅳ型胶原的含量分别提高了 36.8%和 58.2%，Ⅰ型胶原含量提升了 75.0%，这表明重组人Ⅲ型胶原蛋白在高浓度下对皮肤的抗皱效果显著（Lu et al.，2023）。此外，通过微针技术将类人胶原蛋白导入面部皮肤，实现了面部年轻化的显著效果，为美容医学领域开辟了新的治疗途径（伍勇，2023）。当前，国内重组胶原蛋白生产企业主要有巨子生物、锦波生物、创健医疗、聚源生物等。这些企业凭借科研积累和技术创新，不断推动重组胶原蛋白的生产工艺优化、应用场景拓展及商业化进程，为消费者提供了丰富多样的产品选择，同时也推动了整个行业的发展。

4.5　总结与展望

随着生物技术和材料科学的不断进步，重组胶原蛋白在生物医学和材料科学领域展现出了巨大的潜力及广泛的应用前景。然而，尽管重组胶原蛋白技术取得了显著进展，但其产业化和商业化过程仍面临诸多挑战与机遇。

（1）技术创新与成本控制。重组胶原蛋白的生产依赖于高效的表达系统。目前，大肠杆菌、酵母、昆虫细胞、哺乳动物细胞等多种表达系统已被用于重组胶原蛋白的生产。然而，不同表达系统在胶原蛋白的产量、翻译后修饰等方面均存在显著差异。例如，大肠杆菌系统虽产量高，但缺乏必要的翻译后修饰（如羟基化等）；而哺乳动物细胞虽能进行翻译后修饰，但成本高昂，且存在病毒感染的风险。此外，重组胶原蛋白的结构完整性直接影响其生物活性和功能。

随着基因编辑、合成生物学等前沿技术的应用，胶原蛋白的表达系统将更加高效和精准。这不仅包括提高胶原蛋白的产量，还涉及增强其特定功能属性，如提高抗氧化能力或增强特定细胞的黏附能力。此外，通过优化发酵条件、纯化工艺等生物制造过程，可以显著降低生产成本，使得重组胶原蛋白更具经济竞争力，从而加速其在市场上的普及。

（2）临床转化与应用的综合性挑战。将重组胶原蛋白应用于生物医药领域，需要全面评估其安全性和有效性。对于一些特殊用途，如在特定疾病治疗中的作用机制，也需要深入的基础研究数据和临床试验验证。

借助结构生物学和生物信息学的深度解析，可优化重组胶原蛋白的分子设计，增强其生物活性，满足特殊用途的要求；此外，也要建立严格的质控标准和监测体系，以保障产品的质量和患者的安全。

（3）个性化与定制化生产的潜力。随着个体化医疗和个性化营养概念的兴起，重组胶原蛋白的生产将趋向于个性化定制。例如，在皮肤修复领域，可以根据患者伤口的类型和愈合状态，定制具有特定生长因子结合位点的重组胶原蛋白，以促进伤口愈合的速度和质量。在再生医学中，通过调整胶原蛋白的分子结构和物理性质，可以创造出更适合特定组织再生的三维支架，如软骨、骨骼或心血管组织。此外，重组胶原蛋白还能根据个体的免疫状态进行设计，减少排斥反应，提高胶原蛋白人工器官移植的成功率。结合生物信息学和人工智能技术，未来的个性化胶原蛋白产品将更加智能化，能够动态响应体内环境的变化，实现精准治疗。这种定制化能力不仅有望提高治疗的针对性和有效性，而且为未来个性化医疗的发展提供了可能。

重组胶原蛋白的出现，为生物医学领域和临床需求带来了新的解决方案。通过不断的技术创新和优化，重组胶原蛋白正逐步展现出巨大的市场潜力和价值。随着研究的深入和技术的成熟，重组胶原蛋白有望成为生物材料和生物医学领域的重要组成部分，为人类健康和生活质量的提升做出重要贡献。

编写人员：范代娣　王　盼（西北大学化工学院）

参 考 文 献

常海燕, 范代娣, 骆艳娥, 等. 2009. 重组大肠杆菌高密度发酵生产类人胶原蛋白II条件优化. 微生物学通报, 36(6): 870-874.

段志广. 2008. 类人胶原蛋白止血海绵的性能研究. 西安: 西北大学硕士学位论文.

范代娣, 骆艳娥, 马晓轩. 2015. 一株高效表达类人胶原蛋白的 ptsG 基因敲除重组菌及其构建方法和蛋白表达. 中国, ZL 201310157411.7.

范代娣. 2005. 一种类人胶原蛋白及其生产方法. 中国 ZL011067578.

范代娣. 2022. 胶原蛋白材料. 北京: 化学工业出版社.

侯文洁. 2006. 重组类人胶原蛋白(II)分离纯化的工艺研究. 西安: 西北大学硕士学位论文.

侯增淼, 李晓颖, 李敏, 等. 2019. 重组人源性胶原蛋白的制备及表征. 生物工程学报, 35(2): 319-326.

李伟娜, 尚子方, 段志广, 等. 2017. 毕赤酵母高密度发酵产III型类人胶原蛋白及其胃粘膜修复功能. 生物工程学报, 33(4): 672-682.

李瑛琦, 龚劲松, 许正宏, 等. 2020. III型类人胶原蛋白在大肠杆菌重组表达及发酵制备. 微生物学通报, 47(12): 4164-4171.

刘斌. 2012. 巴氏毕赤酵母基因工程菌高密度发酵表达重组人源胶原蛋白. 南京: 南京理工大学博士学位论文.

骆艳娥. 2005. 重组大肠杆菌高密度发酵生产类人胶原蛋白的过程优化研究. 西安: 西北大学硕士学位论文.

吕忠成. 2015. ptsG 敲除对重组大肠杆菌碳氮代谢的影响. 西安: 西北大学硕士学位论文.

王皓. 2013. 类人胶原蛋白在大肠杆菌中的高效表达及其抗氧化活性研究. 长春: 吉林农业大学硕士学位论文.

王莉衡. 2007. 基因工程菌 *E.coli* 的热动力学研究. 西安: 西北大学硕士学位论文.

王晓军, 惠俊峰, 米钰, 等. 2003. 重组类人胶原蛋白的分离纯化. 中国生物制品学杂志, 16(4): 212-214.

伍勇. 2023. 微针导入类人胶原蛋白在面部年轻化治疗中的效果. 医学美学美容, 32(8): 8-11.

徐立群., 2013. 类人胶原蛋白真核表达载体的构建及在毕赤酵母中的分泌表达. 长春: 吉林农业大学硕士学位论文.

薛文娇. 2009. 重组 *E. coli* 生产类人胶原蛋白发酵调控策略与 500L 中试规模放大方法优化. 西安:西北大学博士学位论文.

杨晶, 余洁莹, 王蒙, 等. 2016. 重组类人 I 型胶原蛋白肽在大肠杆菌中的表达纯化及功能鉴定. 现代食品科技, 32(2): 60-65.

郑文超. 2007. 重组大肠杆菌生产类人胶原蛋白高密度发酵调控与质粒稳定性. 西安: 西北大学硕士学位论文.

Adachi T, Wang X B, Murata T, et al. 2010. Production of a non-triple helical collagen α chain in transgenic silkworms and its evaluation as a gelatin substitute for cell culture. Biotechnology and Bioengineering, 106(6): 860-870.

Bella J, Eaton M, Brodsky B, et al. 1994. Crystal and molecular structure of a collagen-like peptide at 1.9 A resolution. Science, 266(5182): 75-81.

Cao J, Wang P, Liu Y N, et al. 2020. Double crosslinked HLC-CCS hydrogel tissue engineering scaffold for skin wound healing. International Journal of Biological Macromolecules, 155: 625-635.

Chan S W P, Hung S P, Raman S K, et al. 2010. Recombinant human collagen and biomimetic variants using a *de novo* gene optimized for modular assembly. Biomacromolecules, 11(6): 1460-1469.

Chen Z Y, Zhang Z, Ma X X, et al. 2019. Newly designed human-like collagen to maximize sensitive release of BMP-2 for remarkable repairing of bone defects. Biomolecules, 9(9): 450.

Cheng Y T, Li Y F, Huang S Y, et al. 2020. Hybrid freeze-dried dressings composed of epidermal growth factor and recombinant human-like collagen enhance cutaneous wound healing in rats. Frontiers in Bioengineering and Biotechnology, 8: 742.

Chimedtseren I, Yamahara S, Akiyama Y, et al. 2023. Collagen type I-based recombinant peptide promotes bone regeneration in rat critical-size calvarial defects by enhancing osteoclast activity at late stages of healing. Regenerative Therapy, 24: 515-527.

de Bruin E C, de Wolf F A, Laane N C M. 2000. Expression and secretion of human α1 (I) procollagen fragment by Hansenula polymorpha as compared to *Pichia pastoris*. Enzyme Microb Tech, 26(9-10): 640-644.

Fagerholm P, Lagali N S, Ong J A, et al. 2014. Stable corneal regeneration four years after implantation of a cell-free recombinant human collagen scaffold. Biomaterials, 35(8): 2420-2427.

Fan D D, Luo Y E, Mi Y, et al. 2005. Characteristics of fed-batch cultures of recombinant *Escherichia coli* containing human-like collagen cDNA at different specific growth rates. Biotechnology Letters, 27(12): 865-870.

Fan H, Hui J F, Duan Z G, et al. 2014. Novel scaffolds fabricated using oleuropein for bone tissue engineering. Biomed Research International, 2014(1): 652432.

Fertala A, Sieron A L, Ganguly A, et al. 1994. Synthesis of recombinant human procollagen II in a stably transfected tumour cell line (HT1080). Biochemical Journal, 298 (Pt 1): 31-37.

Fichard A, Tillet E, Delacoux F, et al. 1997. Human recombinant α1 (V) collagen chain: Homotrimeric assembly and subsequent processing. Journal of Biological Chemistry, 272(48): 30083-30087.

Fruchtl M, Sakon J, Beitle R. 2016. Alternate carbohydrate and nontraditional inducer leads to increased productivity of a collagen binding domain fusion protein *via* fed-batch fermentation. Journal of Biotechnology, 226: 65-73.

Guo X Y, Wang P, Yuwen W G, et al. 2024. Production and functional analysis of collagen hexapeptide repeat sequences in *Pichia pastoris*. Journal of Agricultural and Food Chemistry, 72(24): 13622-13633.

Guo Y Y, Bian Z Y, Xu Q, et al. 2021. Novel tissue-engineered skin equivalent from recombinant human collagen hydrogel and fibroblasts facilitated full-thickness skin defect repair in a mouse model. Materials Science and Engineering: C, 130: 112469.

He J, Ma X X, Zhang F L, et al. 2015. New strategy for expression of recombinant hydroxylated human collagen α1(III) chains in *Pichia pastoris* GS115. Biotechnology and Applied Biochemistry, 62(3): 293-299.

Hou Y P, Guey L T, Wu T, et al. 2015. Intravenously administered recombinant human type VII collagen derived from Chinese *Hamster* ovary cells reverses the disease phenotype in recessive dystrophic epidermolysis bullosa mice. Journal of Investigative Dermatology, 135(12): 3060-3067.

John D C, Watson R, Kind A J, et al. 1999. Expression of an engineered form of recombinant procollagen in mouse milk. Nature Biotechnology, 17(4): 385-389.

Kong B, Sun L Y, Liu R, et al. 2022. Recombinant human collagen hydrogels with hierarchically ordered microstructures for corneal stroma regeneration. Chemical Engineering Journal, 428: 131012.

Kramer R Z, Bella J, Mayville P, et al. 1999. Sequence dependent conformational variations of collagen triple-helical structure. Nature Structural Biology, 6(5): 454-457.

Lei H, Zhu C H, Fan D D. 2020. Optimization of human-like collagen composite polysaccharide hydrogel dressing preparation using response surface for burn repair. Carbohydrate Polymers, 239: 116249.

Liu K Q, Liu Y N, Duan Z G, et al. 2021. A biomimetic bi-layered tissue engineering scaffolds for osteochondral defects repair. Science China Technological Sciences, 64(4): 793-805.

Liu S, Li Y M, Wang M, et al. 2023. Efficient coexpression of recombinant human fusion collagen with prolyl 4-hydroxylase from *Bacillus anthracis* in *Escherichia coli*. Biotechnology and Applied Biochemistry, 70(2): 761-772.

Lu B, Zhang T, Zhang J. 2023. Study on the efficacy of recombinant type Ⅲ human collagen in skin care cosmetics. Frontiers in Medical Science Research, 5(7) : 94-101.

Luo Y E, Zhang T, Fan D D, et al. 2014. Enhancing human-like collagen accumulation by deleting the major glucose transporter ptsG in recombinant *Escherichia coli* BL21. Biotechnology and Applied Biochemistry, 61(2): 237-247.

Ma C H, Zhao J, Zhu C H, et al. 2022. Oxidized dextran crosslinked polysaccharide/protein/

polydopamine composite cryogels with multiple hemostatic efficacies for noncompressible hemorrhage and wound healing. International Journal of Biological Macromolecules, 215: 675-690.

Merle C, Perret S, Lacour T, et al. 2002. Hydroxylated human homotrimeric collagen I in *Agrobacterium tumefaciens*-mediated transient expression and in transgenic tobacco plant. FEBS Letters, 515(1-3): 114-118.

Mumcuoglu D, de Miguel L, Jekhmane S, et al. 2018. Collagen I derived recombinant protein microspheres as novel delivery vehicles for bone morphogenetic protein-2. Materials Science and Engineering: C, 84: 271-280.

Myllyharju J, Nokelainen M, Vuorela A, et al. 2000. Expression of recombinant human type I-III collagens in the yeast *Pichia pastoris*. Biochemical Society Transactions, 28(4): 353-357.

Nokelainen M, Tu H, Vuorela A, et al. 2001. High‐level production of human type I collagen in the yeast *Pichia pastoris*. Yeast, 18(9): 797-806.

Pan H, Fan D D, Duan Z G, et al. 2019. Non-stick hemostasis hydrogels as dressings with bacterial barrier activity for cutaneous wound healing. Materials Science and Engineering: C, 105: 110118.

Peng Y Y, Stoichevska V, Madsen S, et al. 2014. A simple cost-effective methodology for large-scale purification of recombinant non-animal collagens. Applied Microbiology and Biotechnology, 98(4): 1807-1815.

Pulkkinen H J, Tiitu V, Valonen P, et al, 2010. Engineering of cartilage in recombinant human type II collagen gel in nude mouse model *in vivo*. Osteoarthritis and Cartilage, 18(8): 1077-1087.

Qi Q, Yao L G, Liang Z S, et al. 2016. Production of human type II collagen using an efficient baculovirus-silkworm multigene expression system. Molecular Genetics and Genomics, 291(6): 2189-2198.

Remington J, Wang X Y, Hou Y P, et al. 2009. Injection of recombinant human type VII collagen corrects the disease phenotype in a murine model of dystrophic epidermolysis bullosa. Molecular Therapy, 17(1): 26-33.

Rutschmann C, Baumann S, Cabalzar J, et al. 2014. Recombinant expression of hydroxylated human collagen in *Escherichia coli*. Applied Microbiology and Biotechnology, 98(10): 4445-4455.

Shi J J, Ma X X, Gao Y, et al. 2017. Hydroxylation of human type III collagen alpha chain by recombinant coexpression with a viral prolyl 4-hydroxylase in *Escherichia coli*. The Protein Journal, 36(4): 322-331.

Vaughn P R, Galanis M, Richards K M, et al. 1998. Production of recombinant hydroxylated human type III collagen fragment in *Saccharomyces cerevisiae*. DNA and Cell Biology, 17(6): 511-518.

Vuorela A, Myllyharju J, Nissi R, et al. 1997. Assembly of human prolyl 4‐hydroxylase and type III collagen in the yeast *Pichia pastoris*: Formation of a stable enzyme tetramer requires coexpression with collagen and assembly of a stable collagen requires coexpression with prolyl 4-hydroxylase. The EMBO Journal, 16(22): 6702-6712.

Wang X Y, Wang P, Li W N, et al. 2023. Effect and mechanism of signal peptide and maltose on recombinant type III collagen production in *Pichia pastoris*. Applied Microbiology and Biotechnology, 107(13): 4369-4380.

Woodley D T, Wang X Y, Amir M, et al. 2013. Intravenously injected recombinant human type VII collagen homes to skin wounds and restores skin integrity of dystrophic epidermolysis bullosa. The Journal of Investigative Dermatology, 133(7): 1910-1913.

Xu L J, Liu Y F, Tang L Z, et al. 2022. Preparation of recombinant human collagen III protein hydrogels with sustained release of extracellular vesicles for skin wound healing. International Journal of Molecular Sciences, 23(11): 6289.

Xue W J, Fan D D, Shang L A, et al. 2010. Effects of acetic acid and its assimilation in fed-batch cultures of recombinant *Escherichia coli* containing human-like collagen cDNA. Journal of Bioscience and Bioengineering, 109(3): 257-261.

Yan L Y, Zhang Y, Zhang Y X, et al. 2024a. Preparation and characterization of a novel humanized collagen III with repeated fragments of Gly300-Asp329. Protein Expression and Purification, 219: 106473.

Yan W J, Huang C J, Yan Y M, et al. 2024b. Expression, characterization and antivascular activity of amino acid sequence repeating collagen hexadecapeptide. International Journal of Biological Macromolecules, 270: 131886.

Zhang C, Baez J, Pappu K M, et al. 2009. Purification and characterization of a transgenic corn grain-derived recombinant collagen type I alpha 1. Biotechnology Progress, 25(6): 1660-1668.

Zhang J, Zhu C H, Fan D D. 2013. Endotoxin removal from recombinant human-like collagen preparations by *Triton* X-114 two-phase extraction. Biotechnology(Faisalabad), 12(2): 135-139.

Zheng X Y, Hui J F, Li H, et al, 2017. Fabrication of novel biodegradable porous bone scaffolds based on amphiphilic hydroxyapatite nanorods. Materials Science and Engineering: C, 75: 699-705.

Zhou J, Guo X D, Zheng Q X, et al. 2017. Improving osteogenesis of three-dimensional porous scaffold based on mineralized recombinant human-like collagen via mussel-inspired polydopamine and effective immobilization of BMP-2-derived peptide. Colloids and Surfaces B: Biointerfaces, 152: 124-132.

Zhu C H, Fan D D, Wang Y Y. 2014. Human-like collagen/hyaluronic acid 3D scaffolds for vascular tissue engineering. Materials Science and Engineering: C, 34: 393-401.

Zhu C H, Lei H, Fan D D, et al. 2018. Novel enzymatic crosslinked hydrogels that mimic extracellular matrix for skin wound healing. Journal of Materials Science, 53(8): 5909-5928.

第 5 章　丝蛋白材料

传统的人造聚合物材料生产面临高耗能、高排放、高污染的严峻挑战，迫切需要发展高效、绿色、低成本的先进制造技术。近年来，合成生物学的发展促进了新型蛋白材料的绿色、低碳、高效合成技术。与人造聚合材料相比，除了生产方式的优势外，蛋白材料还具有生物相容性、生物可降解性、材料的无限多样性等优势。因此，蛋白材料是人造聚合材料的良好替代品，新型蛋白材料的开发是未来材料科学的重要发展方向，是生物制造的重要领域。丝蛋白作为典型的蛋白基生物材料，具有卓越的机械性能和生物可降解性，已成为合成纤维的可持续替代品。作为一种高性能的下一代生物材料，丝蛋白材料将促进社会经济可持续发展（Watanabe and Arakawa，2023）。本章将系统介绍天然丝蛋白序列及结构特性，以及重组丝蛋白的研究策略、应用潜力及产业现状等。

5.1　丝蛋白概述

自然界中很多动物具有本能的吐丝本领。据不完全统计，目前至少有十几个目的动物存在可以泌丝的种类，其中以鳞翅目、纺足目、毛翅目和蜘蛛目种类所占比例最大。虽然许多动物具有产丝能力，但截至目前，家蚕（*Bombyx mori*）是唯一被人类驯化的产丝昆虫。通过养蚕生产丝绸起源于中国古代，是生产丝绸纺织品的一种手段（Naskar et al.，2014）。目前，全球生产的蚕丝中约90%来自桑蚕，桑蚕以桑叶为食，通常在28～30天内产生蚕茧，即蚕丝蛋白（Naskar et al.，2014）。

一般产丝动物只分泌一种类型的丝，具有一定的力学特性和黏附性，行使一种特定功能，如桑蚕和飞蛾（保护）、蜜蜂和黄蜂（筑巢）和草蜻蛉（繁殖）等（Trossmann and Scheibel，2024；Sutherland et al.，2010）。但蜘蛛产丝特殊，它们可生产出多种具有不同特定功能的丝（Trossmann and Scheibel，2024；Aigner et al.，2018）。以园蛛科（Araneidae）蜘蛛为例，其体内具有7种不同的丝腺，每种丝腺的数量、形态及大小具有很大的差异，所分泌的丝蛋白针对其自身生命活动形成不同的特定功能（Andersson et al.，2016；Humenik et al.，2011a；Vollrath and Knight，2001）。

天然丝的化学本质是具有特殊序列特征和力学特性的蛋白质，因此，这类丝蛋白除了其本身优异的力学性质（强度、韧性和弹性）外，还具有生物相容性、低免疫原性、生物可降解性和抗菌性等优良特性，可作为生物材料应用于航空航天、组织工程及再生医学等新兴领域，具有广泛的应用前景（Bittencourt et al.，2022）。目前，丝蛋白的最大应用领域仍是桑蚕纺丝工业，全世界每年生丝产量超过 10 万吨。蚕是蚕丝蛋白最可行的生物合成分泌系统,家蚕生产的蚕丝由两种丝蛋白组成,即丝心蛋白和丝胶蛋白(Andersson et al.,2016)。工业上,从蚕茧中提取不同丝蛋白,经过成型加工,可制成支架、水凝胶、纳米颗粒等多种生物医学产品,但目前的工业提取方法在可持续性和最终产品质量方面仍存在一些缺点(Guinea et al.,2024)。尤其是蚕丝蛋白在一些特定环境下因蛋白质的强度和弹性性能不足等,限制了其应用范围。蛛丝被认为是目前已知的天然动物纤维丝中强度和弹性最高的一种蛋白纤维,其强度和弹性明显高于蚕丝,例如,十字园蛛(*Araneus diadematus*)的拖丝蛋白纤维密度仅为钢的 1/6,但韧性(断裂能量)却是钢的 30 倍(Connor et al.,2024;Trossmann and Scheibel,2024)。蛛丝还具有优良的耐湿性和耐低温性能,在−196℃的低温下仍能保持良好的强度和韧性(Pogozelski et al.,2011)。目前,蛛丝已经是制造轻质防弹衣和航空陀螺仪悬线的最好材料。但由于蜘蛛具有同类相食性,无法通过规模饲养获得天然蛛丝蛋白,因此,如何获得优质、高性能的重组蛛丝蛋白(spidroin)成为研究热点。目前研究人员已对不同蛛丝蛋白的功能基序、结构特性进行了系统研究。近年来,随着合成生物技术的迅猛发展,不同特性的蛛丝蛋白序列在各种宿主细胞中实现了异源表达,分子生物工程和重组生产策略的结合推进了更高质量蛛丝蛋白基生物材料在生物医药等高新领域的应用(图 5-1),使重组蛛丝蛋白成为 21 世纪最具工业化开发潜力的生物材料之一(Trossmann and Scheibel,2024)。

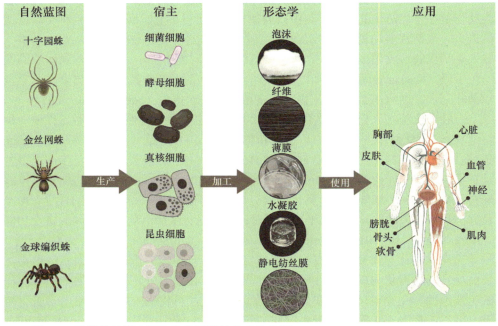

图 5-1　天然蛛丝蛋白通往生物医学的技术路线图(Trossmann and Scheibel,2024)

5.2　蛛丝蛋白分类与结构特性

蜘蛛分泌不同类型的丝线用于不同的目的，包括觅食、运动、筑巢、交配、保护卵和通信。园蛛属（*Araneus*）和毛络新妇属（*Trichonephila*）蜘蛛是研究较为清楚的两类织网蜘蛛（orb-weaving spider），可分泌 6 种蛛丝和 1 种黏液蛋白（图5-2），每种丝均以生产这些丝线的腺体命名，分别为主壶腹腺丝、次壶腹腺丝、鞭毛状丝、葡萄状腺丝、管状腺丝、梨状腺丝和聚合状腺黏液蛋白。每种丝都由称为蛛丝蛋白（spidroin）的特定蛋白质组成，这些蛋白质使它们具有特定的机械性能（Humenik et al.，2011a）。根据蛛丝来源和种类的不同，天然蛛丝蛋白的分子量存在差异，一般在 70～700 kDa 范围内（Altman et al.，2003；Sponner et al.，2005），其分子量明显低于许多合成纤维聚合物（Johari et al.，2022）。这些天然蛛丝蛋白序列一般包括一个大的、重复的核心序列，其单个模块包含 40～200 个氨基酸，在丝蛋白序列中重复多达 100 次；同时，两侧含有球状非重复的末端序列，即 N 端结构域（N-terminal domain，NT）和 C 端结构域（C-terminal domain，CT）（图 5-3）（Trossmann and Scheibel，2024）。核心重复序列的氨基酸种类、序列长度及结构特征直接影响蛛丝蛋白的组装和蛛丝结构特性，使不同蛛丝具有不同的功能（表 5-1）（Ittah et al.，2010）。以下针对 7 种蛛丝的特性及其蛋白质的重复区序列结构和性质进行了总结概括。

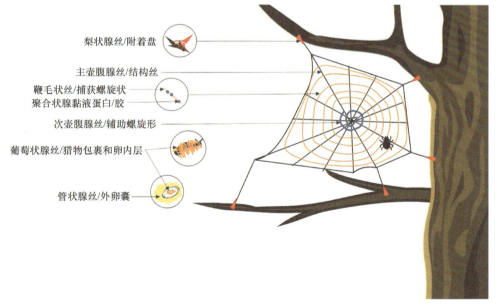

图 5-2　蛛丝种类及作用

表 5-1　不同类型的蛛丝蛋白及其结构特征（侯佳男，2020）

蛛丝蛋白类型	序列特征	结构特征	应用特性	分泌腺体	参考文献
MaSp1	$(A)_n(n:4\sim13)$、GGX、GXG	β折叠晶体结构、3_{10}螺旋	高强度、高韧性、高弹性、超强收缩能力	主壶腹腺	Trossmann and Scheibel，2024；Watanabe and Arakawa，2023
MaSp2	$(A)_n(n:4\sim13)$ GPGQQ、GPGGX	β折叠晶体结构、β转角螺旋结构		主壶腹腺	Trossmann and Scheibel，2024；Jin et al.，2022
MiSp1/MiSp2	$(GA)_n$ 或$(A)_n$、GGX	β折叠晶体结构、3_{10}螺旋	拉伸强度高、延展性好	次壶腹腺	Chen and Numata，2024；Bittencourt et al.，2022
Flag	GPGGX GGX	β转角螺旋结构、3_{10}螺旋	良好的弹性和延展性	鞭状腺	Agarwal et al.，2024；Wu et al.，2023
AcSp1	—	不同于其他丝心蛋白	高延展性、高韧性	葡萄状腺	Mi et al.，2024；Zhu et al.，2020
TuSp1	S_n、$(SA)_n$、$(SQ)_n$、GX	多种结构，不同种类蜘蛛，具有不同二级结构	良好的生物相容性和稳定性	管状腺	Chen and Numata，2024；Kaur and Kaur，2019
ECP-1/ECP-2	$(GA)_n$ 或$(A)_n$、N端非重复区有16个保守半胱氨酸	β折叠晶体结构；N端非重复区可能存在二硫键			Miserez et al.，2023；Humenik et al.，2011a
PySp1/PySp2	QQSSVA PXPXP	α螺旋、β折叠、无规则卷曲	黏性极强	梨状腺	Miserez et al.，2023；Wang et al.，2020
AgSp1	—	高度糖基化；与几丁质的结合蛋白同源性高	具有几丁质结合特性	聚合丝腺	Mi et al.，2023
AgSp2	GSSVS、GLGV	—	良好的弹性	聚合丝腺	Miserez et al.，2023

　　研究最早、最深入的蛛丝是主壶腹腺丝（major ampullate silk），又称大壶腹腺丝、牵引丝、拖丝等，是 7 种蛛丝中强度最大的丝，其力学强度可与卡夫拉纤维相媲美，且具有低密度、高延展性、高韧性等优势（Arakawa et al.，2022；Madurga et al.，2016），是军工和航天领域的优异材料，受到学术界和工业界的广泛关注。主壶腹腺丝蛋白（major ampullate spidroin，MaSp），即拖丝蛋白，主要由 MaSp1 和 MaSp2 两种蛋白质组成（Kaur and Kaur，2019；Oliveira et al.，2019）。两者之间最明显的区别是脯氨酸含量，MaSp1 几乎不含脯氨酸，而 MaSp2 含有高达 10% 的脯氨酸残基（Humenik et al.，2011b）。尽管脯氨酸含量不同，但两种蛋白质对蛛丝的结构和力学性能均起主要作用。丙氨酸残基形成的结晶区域负责强度和韧性，而富含甘氨酸的基序则形成无定形区，负责延展性（Trossmann and Scheibel，2024）（图 5-3）。天然的 MaSp1 和 MaSp2 蛋白分子均由 3500 个左右的氨基酸组成，蛋白质分子量可以达到 250 kDa 以上（Qin et al.，2024）。不同种类的蜘蛛分泌的主壶腹腺丝蛋白的组成也不尽相同，十字园蛛的主壶腹腺丝至少由两种脯氨

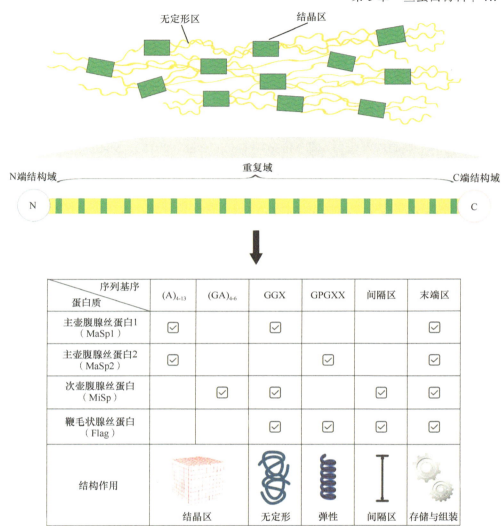

图 5-3　天然蛛丝蛋白的结构及负责相应纤维弹性和强度的氨基酸基序（Trossmann and Scheibel，2024）

酸含量相似的 MaSp2 蛋白组成（Kaur and Kaur，2019）；相比之下，金丝蛛（*Trichonephila clavipes*）的主壶腹腺丝主要由 MaSp1 组成（约占 80%），MaSp2 的贡献较少，这也导致各类蛛丝的性能存在非常显著的差异。两种 MaSp 的氨基酸序列共同特征是含有（A）$_n$（n 为 4～13），形成 β 折叠结晶区，决定 MaSp 的强度和韧性（Humenik et al.，2011a；Römer and Scheibel，2008；Rising et al.，2005）。不同的是，MaSp1 的无定形区域富含甘氨酸的三肽（GGX 和 GXG，其中 X 为 Gln、Tyr、Leu 或 Arg 中的一种）（Belbéoch et al.，2021；Gosline et al.，1999）；

而 MaSp2 的非结晶区是富含脯氨酸的五肽（GPGQQ 和 GPGGX，其中 X 为 Ala、Ser 或 Tyr 中的一种）（Ko and Wan，2018），它们决定了 MaSp 具有高弹性和延展性（图 5-3）（Yarger et al.，2018；Humenik et al.，2011a；Eisoldt et al.，2011；Hardy et al.，2008；Kümmerlen et al.，1996）。弹性和超收缩能力是与蜘蛛拖丝相关的属性，可能与 MaSp2 的序列特征有关，其中无定形区域与 β 折叠区域的比例起着关键作用（Arakawa et al.，2022）。除了 MaSp1 和 MaSp2 外，近年来发现存在第三种类型的主壶腹腺丝蛋白，即 MaSp3（Collin et al.，2018）。MaSp3 的存在提高了蜘蛛拖丝纤维的韧性，是纤维高韧性的主要决定因素之一（Arakawa et al.，2022）。

次壶腹腺丝（minor ampullate silk）又称为临时捕获丝，由次壶腹腺分泌，其结构和功能与主壶腹腺丝相似，主要作用是捕获和缠绕猎物。次壶腹腺丝蛋白（minor ampullate spidroin，MiSp）也是由两种蛋白质组成：MiSp1 和 MiSp2。在氨基酸组成上，甘氨酸和丙氨酸的含量占总氨基酸的 64% 以上。与 MaSp 不同，MiSp 不含脯氨酸，含少量的谷氨酸，此序列特性使得次壶腹腺丝在弹性方面不具有优势（Wang et al.，2020；Kaur and Kaur，2019）。但 MiSp 序列的高度重复区具有的特定基序，主要包括 $(GA)_n$ 或 $(A)_n$、GGX，可形成典型的 β 折叠晶体结构和 3_{10} 螺旋结构。因此，含 MiSp 的次壶腹腺丝也具有良好的力学强度和延展性（Wang et al.，2020；Kaur and Kaur，2019）。

鞭毛状丝（flagelliform silk，FlSp）由鞭毛状腺分泌，具有良好的延展性，该类蜘丝具有防止猎物损害蛛网的作用。鞭毛状腺丝蛋白（flagelliform gland spidroin，Flag）的重复区一般包含 300～400 个氨基酸，特定基序序列主要包括 GPGGX 和 GGX，其中 X 多为丙氨酸、丝氨酸或赖氨酸（Venkatesan et al.，2022）。与以上两种腹腺丝蛋白相比，Flag 蛋白仅含有约 5% 的结晶区域，含有特征基序 GPGGX，导致该类蜘丝蛋白具有高弹性和延展性，从而可以负责捕获猎物（Venkatesan et al.，2022；Kaur and Kaur，2019）。选择脯氨酸含量相近的腹腺丝蛋白和鞭毛状丝蛋白进行比较，结果显示，脯氨酸的含量和氨基酸序列的定位影响其力学性能，特别是对弹性有重要影响。与腹腺丝蛋白相比，鞭毛状腺丝蛋白中含有脯氨酸的重复序列链更长，构象限制更少（Jakob et al.，2019）。

葡萄状腺丝（aciniform silk）由葡萄状腺分泌，是蜘蛛用来包裹、固定猎物和衬卵袋的内层丝（侯佳男等，2020）。葡萄状腺丝蛋白 1（aciniform spidroin 1，AcSp1）与其他类型丝的序列同源性较低，每个重复单位一般含有 200 个左右氨基酸，其中甘氨酸和丙氨酸的含量较少，因此其力学强度明显低于主壶腹腺丝，其延展性优于主壶腹腺丝，但不及鞭毛状腺丝（Wang et al.，2020；Kaur and Kaur，2019）。

管状腺丝（tubiform silk）又称包卵丝，由管状腺分泌，主要用于蜘蛛编织卵袋（Venkatesan et al.，2022；Kaur and Kaur，2019）。管状腺丝的重复区序列包括三种蛋白质：管状丝蛋白 1（tubuliform spidroin 1，TuSp1）、蛋壳蛋白 1（egg case protein 1，ECP-1）和 ECP-2。TuSp1 的重复序列中甘氨酸含量较低，而丝氨酸含量较高，其特征基序的序列包括 S_n、$(SA)_n$、$(SQ)_n$、GX，其中 X 主要为 Gln、Leu、Val 或 Ala（Tian and Lewis，2006）。ECP-1 和 ECP-2 与其他蛛丝蛋白具有相似的 $(A)_n$ 和 $(GA)_n$ 基序，但不一样的是，ECP 含有保守 Cys_{16} 序列的 N 端非重复区，使得管状腺丝的纤维之间容易形成二硫键，进而影响丝蛋白的高级结构，并在不同种类蜘蛛中形成 α 螺旋、平行与反平行 β 折叠和 β 转角等不同的二级结构（Venkatesan et al.，2022；Hu et al.，2005）。

梨状腺丝（pyriform silk）又称胶性腺丝，由梨状腺分泌，是附着盘的主要成分，其作用是固定大壶腹腺丝，将蜘蛛网牢固地附着在各种物体表面。胶性腺丝由两种胶性腺丝蛋白（pyiform spidroin，PySp）组成：PySp1 和 PySp2。其序列特征是含有大量的 Glu、Gln、Lys 和 Arg 等极性氨基酸，基序序列包括 QQSSVA 和 PXPXP，主要决定胶性腺丝的机械功能；同时，PySp 是一种黏性蛋白，使得胶性腺丝具有极强的黏性（Wang et al.，2020）。

聚合状黏液胶（aggregate sticky glue，ASG）由蜘蛛的聚合丝腺体分泌，是一种具有黏性的溶液状蛋白胶，主要用于捕获猎物。聚合状黏液蛋白由聚合状丝蛋白 1（aggregate spidroin 1，AgSp1）和 AgSp2 两种蛋白质组成（López Barreiro et al.，2019）。其中，AgSp1 是高度糖基化修饰的蛋白质，其蛋白质序列与几丁质的结合蛋白具有很高的同源性，使得其具有结合几丁质的功能；AgSp2 蛋白分子的重复序列基序主要包括 GSSVS 和 GLGV 等，含有较高比例的脯氨酸（Venkatesan et al.，2022）。

5.3 蛛丝蛋白的异源合成

以蛛丝蛋白为代表的各种丝蛋白（除蚕丝蛋白，其主要由养殖桑蚕获得）通过合成生物学技术异源合成，是目前实现规模化制备的最佳方法。只有实现各类功能特性丝蛋白的规模化制备，才有望满足各应用领域对丝蛋白日益增长的需求（Chen and Numata，2024；Bhattacharyya et al.，2021）。此外，应用合成生物学策略可以对丝蛋白基因序列进行重新设计和改造，精确调控丝蛋白的分子量、二级结构、机械特性等，可以满足不同的应用需求。合成生物学将在丝蛋白定制化合成及规模化生产方面发挥重要作用（Gupta and Rastogi，2023；Xia et al.，2010）。

5.3.1 蛛丝蛋白异源合成的技术挑战

蛛丝蛋白优良的机械性能与蛋白质序列的重复区域密切相关，根据前面对各类蛛丝蛋白序列的阐述可知，蛛丝蛋白序列存在分子量大、序列重复度高的特点，并且大部分核心序列都包含多聚丙氨酸（polyA）和(GA)_n重复模块序列，这也导致丝蛋白的编码基因具有高 GC 含量的特点，这些基因及氨基酸序列特点都将为丝蛋白的异源合成带来极大的挑战（Gupta and Rastogi，2023）。由于拖丝蛋白 MaSp 和 MiSp 具有卓越的机械性能，最常用于开发人工蜘蛛丝蛋白，因此其异源合成研究最多。然而，由于其具有甘氨酸和丙氨酸含量高、序列高度重复、分子量大等特点，在微生物中异源表达时通常会遇到复制截短、转录提前终止、翻译效率低、表达量不稳定，甚至表达不出目标蛋白的问题。虽然其他类型蛛丝蛋白的序列不像 MaSp 和 MiSp 这样极端，但由于其功能模块同样是由大量高度一致的重复序列构成的，因此不同类型蛛丝蛋白的异源合成均面临类似的问题（Lin et al.，2013）。同时，受蛛丝蛋白序列的复杂性的影响，以及表达宿主与载体本身的限制，蛛丝蛋白在异源表达系统中的表达水平难以事先预测。即使是不同蛛丝蛋白中序列非常保守的 N 端和 C 端模块，在不同表达系统中所表现的溶解度和表达量仍有极大的差异（Gupta and Rastogi，2023）。

5.3.2 丝蛋白的结构与性质关系

蜘蛛丝在长达 3 亿多年的演化过程中形成了复杂的层级结构，从由蜘蛛丝蛋白序列决定的氨基酸链，到蛋白质纳米复合材料（nanocomposite）、丝纤丝（silk fibril）、丝纤维（silk fiber）和蛛网（Lu et al.，2024）。这种层级结构赋予蜘蛛丝卓越的机械性能，包括韧性、强度和延展性，同时保持轻质性。丝蛋白序列与物理性质之间关系的研究，有助于全面了解赋予蜘蛛丝优异机械性能的机理，并有助于改进人工蜘蛛丝的生产，是开发低隐含能源（embodied energy）和高性能生物聚合材料的灵感源泉（Arakawa et al.，2022；Abascal and Regan，2018；Kluge et al.，2008）（图 5-4）。

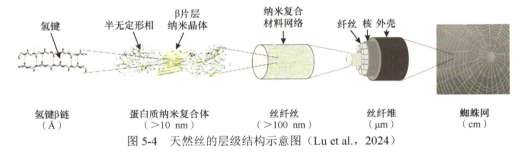

氢键β链　　　　蛋白质纳米复合体　　　　　丝纤丝　　　　　丝纤维　　　　蜘蛛网
（Å）　　　　　　（>10 nm）　　　　　　（>100 nm）　　　　（μm）　　　　（cm）

图 5-4　天然丝的层级结构示意图（Lu et al.，2024）

蛛丝蛋白序列的多样性已经被探索了几十年。然而，截至目前，人们对这种构效关系原理的探索、定义和利用还不够充分。Gatesy 等（2001）首次鉴定并分析了几种蜘蛛谱系的蛛丝蛋白序列，从而使人们一窥蛛丝蛋白序列的复杂进化过程。随后，有大量研究对蛛丝蛋白序列的多样性和进化进行了探讨，包括对蛛丝蛋白各种类群的集中研究，以及从系统发育角度进行的研究，这些研究主要基于保守的末端序列（Arakawa et al.，2022；Sarr et al.，2022；Ayoub et al.，2021；Correa-Garhwal et al.，2021；Kono et al.，2020；Collin et al.，2018；Rising and Johansson，2015），结果发现保守的 N 端和 C 端结构域是蛛丝蛋白自组装形成层级结构过程中必不可少的部分（Rising and Johansson，2015）。

近年来，人们对丝蛋白的结构与功能有了更多的认识。丝的机械强度是由其高级结构（四级结构）决定的，而该结构的形成受到一级结构（氨基酸序列）和纺丝过程的影响。蚕丝和蜘蛛丝纤维均由亲水性 N 端非重复区域、疏水性重复区域和亲水性 C 端非重复区域组成（Hagn et al.，2010）。这些不同的结构域各自发挥不同的功能，但共同作用于蜘蛛丝的整体性能。NT 和 CT 影响蛛丝蛋白的溶解性及丝纤维的组装，通过 NT 和 CT 的二聚化，实现重复区域的有序排列和 β 片层纳米晶体的形成；重复区的(GA)$_n$或(A)$_n$序列形成 β 片层结晶区，其稳定性及含量决定纤维的强度和韧性（Mi et al.，2023；Hagn et al.，2010）。尽管 β 片层结晶区的形成依靠弱的非共价作用（如氢键），但这些晶体区域对丝纤维的整体力学性能起着决定性作用。同时，富含 Gly 的无序、半无定形相和弱氢键增强了其延展性。目前用于生产重组丝蛋白材料的大多数方法都集中在 β 片层结构的形成和控制，通过它可以定制丝纤维的机械性能、生物降解速率和溶剂溶解程度（Marín et al.，2020）。

随着组学技术和测序技术的发展，蜘蛛丝非凡特性的分子机制开始逐渐被揭示和完善。Arakawa 等（2022）利用全新转录组测序和组装技术，对包括整个蛛形纲在内的 1098 个物种的 1774 个蜘蛛个体转录组进行了测序，鉴定出 11 155 个推测的蛛丝蛋白基因，同时还全面测量了其拖丝纤维的材料特性，并将这些数据汇编在公开的蜘蛛蛛丝数据库中（https://spider-silkome.org/）。这是截止到目前，蛛丝蛋白基因型与表型相关联的最大数据库，有助于揭示蜘蛛系统发育过程中丝蛋白氨基酸序列与丝纤维物理特性之间的关系。为了进一步提取有助于蛛丝物理特性的序列特征，Arakawa 等（2022）筛选了与测量特性相关的氨基酸基序，整理了蛛丝蛋白序列与物理性质之间的关系（表 5-2）。这些蛛丝蛋白基序与物理性质关系的发现，为重组蛛丝蛋白序列设计提供了指导，进一步为蛛丝蛋白的工业化规模应用奠定了基础。

表 5-2　MaSp 重复结构域的氨基酸序列特征及其对蜘蛛拖丝物理性质的影响（Arakawa et al.，2022）

	正面影响	负面影响
硬度/韧性	MaSp1-GYGQGG	MaSp2 中存在 P 和 SQGP
	MaSp1-poly-Ala；以 GGS 结尾	MaSp1 中存在 SY 和 SV
	MaSp1-GGGQ	

续表

	正面影响	负面影响
抗拉强度	MaSp1-GYGQGG	MaSp2-PQ
	MaSp1-SS 在 poly-Ala 前	MaSp1 中有 GQG 模块缺 S
	MaSp1-QGGS	MaSp1 中 A 在 GQG 模块前
断裂应变	MaSp1-GYGQGG	ASA 在 poly-Ala 前
	MaSp1 中存在 QGP 和 PGA	
杨氏模量	MaSp2 中存在 PA	MaSp2 中存在 Q
	MaSp1 和 MaSp2 中存在 GL	MaSp1-GGQ
	MaSp1-GQ	
结晶度	MaSp2 中存在 PA、N、A、GA	MaSp1 中存在 GT
	MaSp1-GQ	MaSp1-GGQ
双折射	MaSp2 中存在 SS、N、GQQ	MaSp1-GQGGAGAA
	MaSp1 中存在 TGG	
直径	MaSp1-GAAAAAAG	MaSp2-PSGPGS
	MaSp1-AAGGAGQG	MaSp2-SQG
	MaSp2-PQG	MaSp2-AAGGY
		MaSp1-QS
水分损失（N%）	MaSp2-PGGYGP	MaSp1-SQGAG
	MaSp2 poly-Ala	MaSp2 中存在 V
		MaSp1 中存在 GT
含水量	MaSp1-GSG	MaSp2-QQGPG
	MaSp2-GAS	MaSp1-PGAA
		MaSp1 和 MaSp2 中存在 A
超收缩性	含有 MaSp2	MaSp1 和 MaSp2 中存在 poly-Ala
	MaSp1-AGQG	
	MaSp1-GLG	

通过长链测序和多组学技术，鉴定了第三种拖丝蛋白 MaSp3，其存在对于拖丝纤维的韧性起着重要作用（Arakawa et al.，2022；Konoet al.，2021；Collin et al.，2018）。利用转录组分析结合蛋白组学技术，Kono 等（2021）发现蜘蛛拖丝蛋白中存在少量低分子量的非蛛丝蛋白（non-spidroin），即蜘蛛丝构成元素（spider-silk constituting element，SpiCE），其对蜘蛛拖丝纤维强度起重要作用，1%的添加量即可使人工蛛丝蛋白的体外拉伸强度提高一倍。这些发现有助于全面了解赋予蜘蛛丝高机械性能的机制，并有助于推进人造蜘蛛丝的生产（Watanabe and Arakawa，2023）。然而，由于蜘蛛丝和蜘蛛丝蛋白的高度多样性及复杂性，蜘蛛丝的结构与性能关系现阶段尚未完全阐明。

5.3.3　丝蛋白合成的细胞工厂构建

　　天然蛛丝具有优异的性能，以及广泛的应用前景。但由于天然蛛丝材料有限的可获得性和低产量，不同性能的天然蛛丝混合在一起，以及受环境因素影响的质量波动较大等问题，严重限制了其在诸多方面的应用（Salehi et al.，2020）。此外，蜘蛛的同类相食性和领土意识，导致人们很难通过规模化饲养蜘蛛来获取蛛丝蛋白（Bittencourt et al.，2022）。随着遗传和蛋白质组学分析技术的不断发展，蛛丝蛋白的编码基因不断被注释和认识，蛛丝蛋白的结构与功能之间的关系逐步被阐明，为重组蛛丝蛋白的异源合成奠定了基础（Hayashi and Lewis，2000；Altman et al.，2003）。

　　目前已经在多种异源宿主系统（如细菌、酵母、植物、昆虫、转基因动物和哺乳动物细胞系等）实现了蛛丝蛋白的表达（Whittall et al.，2021；Poddar et al.，2020；Bowen et al.，2018；Lyda et al.，2017；Sidoruk et al.，2015；Heidebrecht and Scheibel，2013；Lazaris et al.，2002；Scheller et al.，2001）（图 5-5）。其中，大肠杆菌是实验室规模和工业生产蛛丝蛋白最成熟的细菌宿主细胞，但是存在表达量低的问题。其他表达系统在生产蛛丝蛋白过程中也存在周期长、成本高、纯化难等问题（Trossmann and Scheibel，2024）。与天然蛛丝蛋白相比，许多重组类蛛丝蛋白的分子量较低，这与所使用的表达系统有关。此外，重组蛛丝蛋白很难获得与天然蛛丝蛋白同样的机械性能，这是目前异源合成面临的主要挑战之一。然而，随着合成生物学的发展，近年来的技术进步已经可以合成超越天然分子量大小、与天然蛛丝蛋白性质相媲美的重组蛛丝蛋白（Trossmann and Scheibel，2024；Bowen et al.，2018）。

图 5-5　蛛丝蛋白异源表达系统示意图

1. 重组蛛丝蛋白的微生物合成

目前，重组蛛丝蛋白微生物合成研究和应用最多的微生物宿主细胞是大肠杆菌（Bittencourt et al.，2022；Whittall et al.，2021）。大肠杆菌具有基因操作简单、易培养、发酵周期短、生产成本相对较低等优势，相对适合于工业规模扩大生产（Chen，2012；Teulé et al.，2009）。然而，蛛丝蛋白的序列重复性和不稳定性，以及合成过程对甘氨酸和丙氨酸的高度依赖，导致蛛丝蛋白的表达水平偏低，这是大肠杆菌中异源合成蛛丝蛋白的主要技术瓶颈（Chen，2012）。另外，天然蛛丝蛋白的高分子量和较多糖基化修饰等问题，使大肠杆菌工程菌株在表达接近天然蛛丝蛋白大小并具有特定修饰的重组蛛丝蛋白方面存在天然缺陷（Xia et al.，2010）。Xia 等（2010）根据拖丝蛋白序列中 Gly 含量高的特点，设计构建了补充 glycyl-tRNA 的大肠杆菌工程菌，重组蛛丝蛋白的表达量达到 1.2 g/L，并首次成功实现了表达高分子量（284.9 kDa）的重组蛛丝蛋白，所得蛋白质的分子量接近天然拖丝蛋白。同时研究还发现，重组蛛丝蛋白的分子量大小与纤维性能呈正相关性，阐明了低分子量重组蛛丝蛋白不能再现天然纤维的特性的原因。该研究建立的蛛丝蛋白表达、纯化和纺丝平台可用于可持续生产高品质的天然拖丝，具有广泛的应用前景。Connor 等（2023）通过在大肠杆菌中系统地构建一组不同的蛛丝蛋白序列，以鉴定蛛丝蛋白表达的瓶颈。研究发现，通过限制菌株基础表达，或诱导应激相关基因突变，可以提高重组菌株的蛛丝蛋白表达量。基于该理论，改造后的新型大肠杆菌产生的重组蛛丝蛋白的水平是野生型的 4～33 倍。进一步研究发现，蛛丝蛋白内在的高度紊乱性对大肠杆菌宿主系统具有毒性作用。在工程菌株改造基础上，通过延长培养时间和降低诱导强度，蛛丝蛋白产量进一步提升了 7 倍，并减轻了毒性。同时研究发现，改变重组丝蛋白的一级序列也可以减轻细胞毒性。该研究首次确定了蛛丝蛋白结构的内在紊乱性与其表达后的细胞毒性是限制其异源表达的重要因素。除了蛛丝蛋白本身的结构特性及毒性影响其在大肠杆菌中表达外，Xiao 等（2023）发现重组蛛丝蛋白工程菌的代谢负担、乙酸的过量生成也是影响丝蛋白表达的关键因素，可通过在培养基中添加关键氨基酸、将菌株生长与蛋白质生产分离、使用非葡萄糖基底物等方式解决。

利用大肠杆菌底盘细胞，可以实现蛛丝蛋白的胞内合成，然而下游细胞裂解和蛋白质纯化的高成本限制了重组蛛丝蛋白的工业化应用，因此，研究人员尝试利用其他细菌异源表达蛛丝蛋白。Connor 等（2024）首次在巨大芽孢杆菌中实现了重组蛛丝蛋白的分泌表达，以探索革兰氏阳性宿主菌的生产潜力，研究发现，利用 Sec 分泌途径可以分泌丝蛋白，但信号肽序列的选择对丝蛋白的成功分泌起着关键作用。此外，串联多个翻译起始位点不会显著影响丝蛋白的表达水平，这与其他革兰氏阳性宿主分泌重组蛋白的研究结果相反。在基础培养基中添加前体氨基酸可使产量增加 135%，在摇瓶发酵中可产生约 100 mg/L 的胞外重组丝蛋白。

这些研究结果表明，利用巨大芽孢杆菌作为宿主菌，可以实现重组蛛丝蛋白的高效分泌表达，为蛛丝蛋白的工业化生产提供了新的可能性。

Jin 等（2022）改造谷氨酸棒杆菌也实现了重组蛛丝蛋白的分泌表达。针对金丝圆蛛的主壶腹腺丝蛋白 MaSp1 的 16 个重复模块 MaSp1-16，利用谷氨酸棒杆菌的 Sec 蛋白分泌途径，实现了重组丝蛋白的分泌表达。进一步通过信号肽文库的筛选、菌株代谢工程改造（敲除重组酶基因 *recA*，过表达 $tRNA^{Gly}$，敲除细胞壁组分合成相关基因 *pbp1a* 和 *sigD*）以及高密度发酵优化，提高了重组蛛丝蛋白分泌水平。在 5 L 发酵罐中，重组蛛丝蛋白 MaSp1-16 的分泌表达量达到 554.7 mg/L，占胞外总蛋白量的 65.8%以上。经过简单的盐析纯化，可以获得纯度达 93.0%的重组蛛丝蛋白。纯化后的蛋白质具有高溶解性，可以制备浓度高达 66%的丝蛋白纺丝液，制备韧性高达 70.0 MJ/m^3 的超强纤维。该代谢调控策略也适用于高分子量蛛丝蛋白 MaSp1-64（64 个重复）的分泌表达，用以产生高性能的纤维。该项工作可以大大降低下游细胞裂解和蛋白纯化的成本，且可以实现水相纺丝，具有工业化生产应用的潜力。

除细菌外，其他真核微生物也是重组蛛丝蛋白合成的重要底盘细胞。毕赤酵母、酿酒酵母和里氏木霉等是具有工业应用前景的菌株（Linder et al.，2017；Sidoruk et al.，2015；Fahnestock and Bedzyk，1997）。虽然这些菌株主要是二代生物燃料合成过程所需工业酶的主要生产宿主，但近年来也被用于生产结构材料蛋白。这些真核宿主最大的优势是能够实现异源蛋白细胞外过表达，可以分泌高达 50～100 g/L 的重组蛋白；通过延长发酵时间，可获得更高细胞的密度和积累更多的目标蛋白。由于这些真核宿主中丝蛋白的合成均实现了细胞外分泌，大大简化了下游纯化工艺，从而节约了生产成本。此外，真核细胞具有更复杂和稳定的分子调控机制，不会在蛋白质表达过程中过早终止，从而避免了丝蛋白的截短表达，有利于合成高分子量的重组丝蛋白（Miserez et al.，2023）。但目前用这些真核细胞分泌表达丝蛋白的产量仍较低，蛋白酶的降解是其中一个原因。近年来，通过缺失多个蛋白酶基因，有利于保持目标蛋白在大规模分批补料或连续发酵中的稳定（Miserez et al.，2023）。

真核微生物作为重组蛛丝蛋白的生产宿主，具有独特的优势，未来有望通过合成生物学策略进一步提高产量和纯度，为工业化应用提供更好的解决方案。

2. 重组蛛丝蛋白的哺乳动物细胞合成

哺乳动物细胞在表达高分子蛋白方面具有独特的优势，蛛丝蛋白在一些哺乳动物细胞系中的异源合成方面也取得了一些进展。来自金丝圆蛛的 MaSp1 和 MaSp2，以及来自十字园蛛的 ADF-3 已经在牛乳腺上皮细胞和仓鼠肾细胞中实现了可溶性的丝蛋白（60～140 kDa）分泌表达（Lazaris et al.，2002）。纯化后的重组 ADF-3 蛋白（60 kDa）进行了水相纺丝，其纤维与天然拖丝的韧性和模量值相当，但抗拉强度较低，仅具有天然蜘蛛丝的 1/3 到 1/5 的强度。源自苗圃蜘蛛（*Euprosthenops australis*）的拖丝蛋白在非洲绿猴肾的哺乳动物细胞系 COS-1 中实现了表达，但表达量非常低，未进行蛋白纯化及材料性质表征（Grip et al.，2006）。此外，在转基因小鼠和山羊中也实现了拖丝蛋白的表达（Miserez et al.，2023）。Xu 等（2007）从转基因小鼠乳汁中获得了重组拖丝蛋白。虽然现阶段在哺乳动物细胞中可以实现重组蜘丝蛋白的合成，但是存在规模化生产时生产成本高的问题，而且可能受到动物传播病原体的污染（Miserez et al.，2023）。哺乳动物细胞系为蜘丝蛋白的异源合成提供了新的可能性，但仍需要进一步优化表达水平和纯化工艺，同时降低生产成本，才能实现真正的工业化应用。

3. 重组蜘丝蛋白的植物细胞合成

植物是可扩大培养的、具有经济性的异源表达系统，在蜘丝蛋白的合成方面也展现出了很大的潜力。转基因植物在遗传稳定性方面具有优势，且不需要昂贵的设备就可以合成高分子量的目的蛋白。丝蛋白在植物中表达的优势是：生产和纯化方面相对容易扩大规模，可控制其在植物的不同部位产生，异源基因的长度和复杂性可以与特定的组织及细胞器类型相匹配，从而提高整体的溶解度和稳定性（Miserez et al.，2023；Bittencourt et al.，2022；Hauptmann et al.，2013）。目前，已经在烟草、马铃薯、番茄、拟南芥及苜蓿中实现了重组蜘丝蛋白的合成，尽管产量不高，但为进一步优化奠定了基础（Hugie，2019；Weichert et al.，2016；Peng et al.，2016；Yang et al.，2005；Barr et al.，2004；Scheller et al.，2001）。

Scheller 等（2001）首次在烟草和马铃薯中成功表达了长度为 420～3600 bp 的蜘蛛拖丝蛋白基因，重组蜘丝蛋白占总可溶性蛋白的比例达到了 2%，并在叶片及块茎中检测到分子量高达 100 kDa 的重组蜘丝蛋白。Weichert 等（2016）在烟草种子中实现了分子量为 37.6 kDa 的鞭毛状腺丝蛋白的表达，利用内含肽系统组装成大于 460 kDa 的多聚体，最大积累量达到 190 μg/g 新鲜种子，并可以稳定储存长达 1 年。该项工作显示了植物种子作为蜘丝蛋白生产和储存平台的优势。Peng 等（2016）利用烟草细胞对蜘蛛拖丝蛋白进行了表达，利用内含肽系统创建了包括氨基与羧基端域的重组 MaSp1 和 MaSp2 变体，其分子量范围从 73 kDa 到 162 kDa 不等。重组蛋白定位到叶片中，较小的多聚体（73 kDa 和 81 kDa）的产量占叶片总可溶性蛋白的 0.74%～1.89%。

苜蓿是一种常见的作物，因其易得，且可以在一年内进行多次收获，成为一个较理想的生产重组蛋白的宿主系统。Hugie（2019）在苜蓿的叶片中成功实现了重组 MaSp2（80～110 kDa）的表达，表明利用高产作物如苜蓿进行重组蜘丝蛋白的生产具有一定的潜力。然而，由于加工（冷冻）的原因，无法从叶片中回收蛋白质。

拟南芥是一种小型开花植物，是第一个基因组被完整测序的植物，也是异源表达重组蛛丝蛋白的潜在宿主系统。Barr 等（2004）在拟南芥的叶片和种子中特异性表达了来源于圆网蜘蛛的 MaSp1 蛋白。在种子中表达的 64 kDa 和 127 kDa 的蛛丝蛋白分别占总可溶蛋白的 1.2% 和 0.78%，但它们在叶片中的表达量较低。从表达量、储存及加工条件考虑，在拟南芥的种子中表达蛛丝蛋白更合适。Yang 等（2005）在拟南芥中表达了两个 64 kDa 的类拖丝蛋白。当定位到质外体和内质网时，这两个蛋白质在叶片组织中的产量分别达到总可溶蛋白的 8.5% 和 6.7%；当定位到内质网腔和液泡时，它们在种子中的产量分别达到总可溶蛋白的 18% 和 8.2%。因此，内质网定位和种子特异性表达是提高基于植物的类蛛丝蛋白生产的最佳策略之一。

4. 重组蛛丝蛋白的家蚕细胞合成

家蚕（*Bombyx mori*）的丝腺与蜘蛛的丝腺具有非常相似的理化环境，利用家蚕的高密度培养来生产蜘蛛丝，可以规避蛛丝纺丝机制尚未完全解析的问题，以及开发纺丝工艺的技术障碍，有望实现低成本大规模生产蜘蛛丝。此外，由家蚕生产的蜘蛛丝可以保留角质层，使其能够在较长时间内保持其力学性能，从而促进了蜘蛛丝纤维的商业化（Mi et al.，2023）。

利用家蚕合成重组蛛丝蛋白的工作已经开展了十多年的研究。Teulé 等（2012）通过 piggyBac 转座系统在家蚕中表达蛛丝基因，获得蚕丝-蛛丝的嵌合体丝蛋白纤维，其韧性高于蚕丝纤维，与天然蛛丝纤维相当。Xu 等（2018）通过转录激活因子样效应物核酸酶（transcription activator-like effector nuclease，TALEN）介导的同源定向修复技术，在家蚕中用棒络新妇 *MaSp1* 基因替换蚕丝的重链基因（*FibH*）部分序列，构建了内源启动子驱动表达嵌合体丝的高效系统，从而大幅提高了重组蛛丝蛋白产量；同时，重组嵌合体丝纤维的机械性能也得到显著改善，特别是延展性获得大幅提升。Mi 等（2023）采用 CRISPR-Cas9技术，成功在转基因蚕中获得全长蛛丝纤维。这些纤维表现出极强的抗拉强度（1299 MPa）和韧性（319 MJ/m^3），超过凯夫拉韧性的 6 倍。该研究为纤维韧性和拉伸强度兼备的设计理念提供了有价值的见解，对传统上认为这些特性相互矛盾的观念提出了挑战，对于生产同时具有高强度和超韧性的合成商用纤维具有重要指导意义。这项工作有望解决阻碍高性能蜘蛛丝商业化的科学、技术和工程难题，未来可能用蜘蛛丝取代商业合成纤维（如尼龙），促进材料在生态文明领域的绿色可持续性发展。

5.3.4 重组丝蛋白的性能提升

尽管目前已经在多个异源表达系统中实现了重组蛛丝蛋白的合成，然而与其机械性能相匹配的人造蜘蛛丝的批量生产仍然难以实现（Schmuck et al.，2024）。

微型蛛丝蛋白（mini-spidroin）的开发使大规模生产蜘蛛丝在经济上可行，但这种纤维的力学性能不如天然丝。此外，天然蛛丝作为结构材料，缺乏生物学活性。围绕重组丝蛋白的性能（机械性能及生物学活性等）的提升，各国科学家也做出了一系列研究。

1. 序列设计

蛛丝蛋白异源合成的一个优势是可以通过序列设计实现定制化合成。为提升重组蛛丝蛋白的性能，可以通过以下几种策略改变现有的序列设计：结构域的组合及融合；β 片层的替换；融合其他功能蛋白。

将蛛丝蛋白的亲水性 N 端（NT）非重复区域和亲水性 C 端（CT）非重复区域与重复区（R）融合，利用末端结构域的高度溶解性及介导蛛丝组装的作用，提升重组蛛丝蛋白的表达量、溶解性和机械性能。Andersson 等（2017）首次将 MaSp1-NT 和 MiSp1-CT 模块与 MaSp1 重复区融合成重组蛛丝蛋白，实现了重组蛛丝蛋白表达量、溶解性及机械性能的提升，且利用简单的水相纺丝，即可获得高性能的丝纤维材料。Qin 等（2024）报道了一种模拟蛛丝纤维的模块化设计，具体由蛛丝蛋白保守的 CT 模块、十字园蛛拖丝蛋白（*Araneus diadematus* fibroin，ADF）eADF3 和 eADF4 的 β 片层模块，以及类弹性蛋白柔性区模块组成（图 5-6）。重组蛛丝纤维具有优异的力学性质，其韧性约为 200 MJ/m^3。重组蛛丝两组分之间的相互作用促进了 β 片层的分子间共组装，从而提高了双组分蛛丝纤维的机械强度，减少了批次间的差异性。Mi 等（2023）将蚕丝重链（Fib-H）的部分 NT 和 CT 模块与 MiSp 融合，成功在转基因蚕中合成了全长蛛丝纤维，推测融合蛋白提升了分子间非共价键能密度和平均单分子间非共价键能密度，从而使纤维表现出极强的抗拉强度（1299 MPa）和韧性（319 MJ/m^3）。结构域的组合与融合有效提升了重组蛛丝蛋白的性能，为实现大规模生产具有天然蛛丝性能的人造蜘蛛丝提供了新思路。

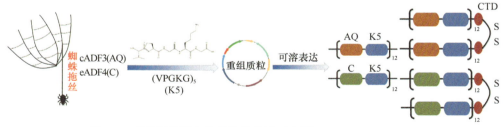

图 5-6　重组蛛丝蛋白的模块化设计示意图（Qin et al.，2024）

现有理论认为，蚕丝和蛛丝的 β 片层纳米晶体区的氢键数量决定着丝纤维的强度（Yarger et al.，2018）。因此，通过设计新的 β 片层序列或者替换具有更强相

互作用的 β 片层，有望提升丝纤维的力学性质。淀粉样蛋白（amyloid protein）具有形成稳定的 β 折叠纳米纤维的能力，可开发成为各种纳米材料。美国圣路易斯华盛顿大学张福中教授团队提出了一种新的策略，用淀粉样肽替换蛛丝蛋白的 polyA 结晶区序列，与蛛丝的柔性区序列融合，在大肠杆菌中表达获得嵌合体类丝蛋白（图 5-7）（Li et al.，2021）。将嵌合体类丝蛋白溶液进行湿法纺丝，获得强度、韧性、杨氏模量均显著高于相同分子量的蛛丝蛋白的纤维材料，结构分析显示在 β-纳米结晶区存在类似淀粉样纳米纤维的交叉 β 结构。淀粉样肽序列形成的稳定 β-纳米结晶区使得纤维具有更强的力学性能，同时氨基酸序列的多样性使嵌合体蛋白更容易异源表达。

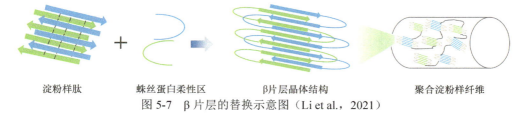

淀粉样肽　　　　蛛丝蛋白柔性区　　　β片层晶体结构　　　　　聚合淀粉样纤维

图 5-7　β 片层的替换示意图（Li et al.，2021）

高性能丝蛋白材料具有高分子量、高重复性的特点，且它们的氨基酸组成具有高度偏向性，限制了它们的生产和广泛应用。Li 等（2023）提出了一种提高低分子量丝蛋白基材料强度和韧性的通用策略，即通过将内在的、无序的贻贝足蛋白 Mfp5 融合到类丝蛋白的末端，以促进末端的蛋白质-蛋白质相互作用（图 5-8）。该研究证明了分子量为 60 kDa 的融合类丝蛋白纤维的拉伸强度高达（481±31）MPa，韧性为（179±39）MJ/m^3，蛋白表达量可达（8.0±0.70）g/L；同时发现 Mfp5 片段的

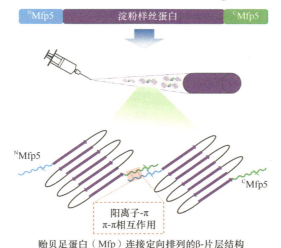

图 5-8　淀粉样丝蛋白末端融合黏性蛋白示意图（Li et al.，2023）

两端融合显著增强了 β-纳米晶体的排列，并且末端片段之间的阳离子-π 和 π-π 相互作用促进了分子间的相互作用。蛛丝蛋白序列与黏性蛋白序列的融合，显著提升了纤维材料的力学性质，使得相对低分子量蛋白纤维材料获得了相对高的强度和韧性。该方法也表明了自相互作用的黏性蛋白 Mfp5 可通过提高内聚能，从而提高丝蛋白材料的强度和韧性，对于蛋白基材料的设计具有指导意义。

2. 分子量提升

聚合物的分子量是开发具有高抗拉强度和韧性纤维的关键参数。随着分子量（链长）的增加，纤维的抗拉强度和韧性随之增加，蜘蛛丝也遵循这一规律。因此，生产高分子量的人工蜘蛛丝蛋白是蜘蛛丝研究的一个重要目标。Xia 等（2010）利用代谢工程策略，提高 Glycyl-tRNA 的供应，实现了天然高分子量重组蛛丝蛋白的表达，获得具有优异力学性质的丝蛋白纤维材料。然而，由于在大肠杆菌中直接表达高分子量蛋白具有挑战性，以及随着分子量增加蛋白表达量下降的问题，必须采用替代方法。

蛋白质在体内和体外共价连接方法的发展使低分子量蛋白质通过共价连接成为高分子量蛋白质成为可能，为获得重组高分子量蛛丝蛋白提供了新的思路。Lin 等（2016）首次报道利用内含肽系统实现了 MaSp 重复模块和 AcSp 模块的组装。嵌合纤维显示了卓越的机械性能，首次证明了小的蛋白模块可以通过内含肽系统组装成大的、更接近天然长度的重组蛛丝蛋白。Bowen 等（2018）开发了一种合成生物学方法（图 5-9A），利用断裂内含肽介导的组装，体外获得了来源于络新妇蛛（*Nephila clavipes*）拖丝蛋白的 192 个重复序列单元的重组蛛丝蛋白，分子量高达 556 kDa，是目前具有最高分子量的重组蛛丝蛋白，完全复制了天然蛛丝纤维的机械性能，抗拉强度达到了（1.03±0.11）GPa。随后，Bowen 等（2019）又利用种子链式生长聚合（seeded chain-growth polymerization，SCP）的策略，将断裂内含肽与小分子丝蛋白共翻译，在细菌胞内合成了高达 300 kDa 的高分子量蛛丝蛋白，从而获得高强度、高弹性模量和高韧性的重组蛛丝纤维。该研究工作提供了一种利用断裂内含肽融合丝蛋白模块化的策略来合成高分子量、高重复序列的蛋白质材料。

"Catcher/Tag"蛋白/肽段对可以实现蛋白质之间的连接，该方法基于一种生物分子"点击"反应，在 Catcher 蛋白和 Tag 肽之间自催化形成异肽键，从而实现共价连接。由于该反应的高效性和鲁棒性，自 2010 年首次报道以来，用 Catcher/Tag 对进行蛋白质连接的方法受到了广泛关注。Fan 等（2023）通过蛋白质工程改造获得新型的 Silk-Catcher/Tag，可以与广泛使用的 Spy-Catcher/Tag 对兼容，还可以实现 pH 诱导的高效蛋白连接。利用 Silk-Catcher/Tag 联合 Spy-Catcher/Tag 对连接重组蛛丝蛋白，获得了纯度>90%的天然大小高度重复的蛛丝蛋白（图 5-9B）。该项工作为高分子量重组蛛丝蛋白的获得提供了一个新的策略。

Mi 等（2024）从聚酰胺纤维尼龙和凯夫拉纤维具有不同拉伸强度和韧性中获得灵感，开发了一种创新的方法，将特定的分子间二硫键与可逆氢键结合起来，创造出超强和超韧的重组蛛丝纤维（图 5-9C）。获得的重组蛛丝中分子量最高可达 1084 kDa，具有高拉伸强度（1180 MPa）和超高的韧性（433 MJ/m^3），比凯夫拉纤维的韧性高出 8 倍。这一突破为蛛丝蛋白的可持续发展提供了新的机遇，也为其他聚酰胺类材料的设计提供了指导。

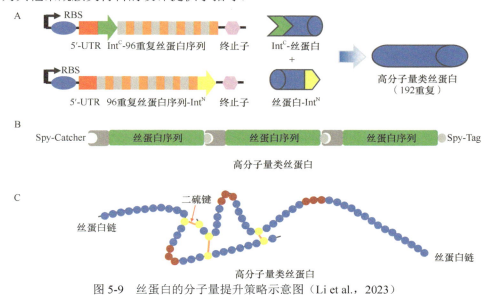

图 5-9　丝蛋白的分子量提升策略示意图（Li et al.，2023）

A. 断裂内含肽介导丝蛋白组装方法；B. Catcher/Tag 对介导丝蛋白连接；C. 通过分子间二硫键连接形成高分子量丝蛋白

5.4　重组丝蛋白的体外组装形式

重组丝蛋白的最终形态取决于蛋白质组装和加工方法（Trossmann and Scheibel，2024；Bakhshandeh et al.，2021；Humenik et al.，2011b）。目前，重组蛛丝蛋白可以加工成不同的定制形态，如薄膜和涂层、纳米或微米尺度的单纤维或非织造纤维网、自组装的纳米原纤维、不同类型的凝胶（如水凝胶、有机凝胶、冻凝胶等）、颗粒和胶囊等。这些形态具有非凡的特性，使它们在生物医学和组织工程方面具有广泛的应用前景（Trossmann and Scheibel，2024；Jones et al.，2015；Hardy et al.，2008；Sponner et al.，2005）。

5.4.1　丝蛋白纤维

由于天然蛛丝纤维具有超强的机械性能，长期以来人们一直在努力大规模生产人造蜘蛛丝纤维，以实现其独特的应用价值。天然纺丝是一种复杂的制造工艺，将水性蛋白质原料转化为机械性能优异的材料，代表了数百万年自然进化发展的工程奇迹。尽管在过去几十年人工纺丝取得了重大进展，但蜘蛛天然吐丝的基本机制仍然尚未完全阐明，阻碍了人工纺丝技术的发展。纺丝的基本机制与丝蛋白在多个层次上的有序组装密切相关，其特点是液体到固体的相变作用支撑着纤维纺丝，同时也涉及对丝蛋白的精确控制和等级组织，这些因素导致了丝纤维材料的优异机械性能。纺丝的复杂机制中，两个关键的因素是丝蛋白的分子设计和纺丝液中的溶剂因子。

尽管丝蛋白存在多样性，但在分子设计上表现出某些高度保守的特征，如交替的亲水和疏水区域、特定氨基酸、基序、多态构象，以及更高级别的 β 片层、胶束和纳米纤维结构。这些通用特征对蜘蛛丝的纺丝过程至关重要，可能代表了一般的蜘蛛丝纺丝仿生制备的科学框架。蜘蛛丝蛋白的多肽链形成类似胶束的结构或液晶态。这些组装中间结构在高浓度丝溶液的室温存储和丝制备过程中发挥关键作用，介导纤维的形成（Mu et al.，2023）。Malay 等（2020）设计了不同突变体的重组 MaSp2，以研究分层重建的必要条件，结果表明，在仿生溶液中只有全长序列（包括 N/C 端和重复结构域）的蜘蛛蛋白才能自组装出纳米纤维。此外，通过手动拉伸蜘蛛丝蛋白，可以观察到类似天然样的定向纳米纤维。Onofrei 等（2021）报道 polyA 基序在甲醇溶液中可以自组装成长纤维。此外，polyA 基序两侧的 Gly-Ala-Ala 和 Ala-Ala-Gly 等基序，对预组装的稳定性和分层超结构具有重要意义。

在天然纺丝腺体的纺丝液中，大致包括 pH、盐离子和含水量等溶剂因子，在无需外部加热和大量能量输入的情况下，可能会引导丝蛋白的组装（图 5-10A）（Andersson et al.，2016）。因此，溶剂因子与丝蛋白之间的相互作用似乎是宏观纤维纺丝的主要分子基础。元素组成的半定量分析揭示了盐离子的空间分布和多重变化，包括钠、氯、钾、磷酸盐和硫酸盐（Mu et al.，2023；Vollrath and Knight，2001）。沿纺丝腺体的 pH 梯度从 8.0 左右逐渐降低到 6.0（Mu et al.，2023；Foo et al.，2006）。水从纺丝液中被去除，很可能是通过上皮细胞的吸收，导致固体含量从约 25 wt%增加到 90 wt%以上（Mu et al.，2023）。除了这些溶剂因素外，纺丝腺体内的纺丝速率和剪切速率也被认为是纺丝的重要影响因素（Mu et al.，2023；Sparkes and Holland，2017）。

目前的人工纺丝技术模拟天然纺丝过程，将重组蜘蛛丝蛋白从高度可溶的储存状态（纺丝液）组装成有序的、不溶性的纤维（图 5-10B）。纺丝过程中赋予蜘蛛丝蛋白有序的排列是蜘蛛丝高性能的基础。在不同的纺丝方法中，湿法纺丝因简便的实验设施和操作，在实验室和工业中得到了广泛的研究。一些研究集中在使用有机溶剂，如六氟异丙醇、溴化锂、六氟丙酮和甲酸来溶解丝蛋白以获得高浓度纺丝液（Chen et al.，2018；Gnesa et al.，2012；Sohn and Gido，2009；Yao et al.，
2002；Um et al.，2001）。之后，将制备好的纺丝液置于有机溶液（通常为甲醇、
乙醇和异丙醇）的混凝浴中，通过由具有脱水作用的强有机溶剂组成的凝固浴，
诱导形成负责丝的高拉伸强度的 β 片层结构（Chen and Numata，2024；Koeppel and
Holland，2017）。这种方法获得的纤维韧性为 258 MJ/m³，分别是天然家蚕丝的
3 倍和 5 倍（Ha et al.，2005）。为了获得无定形结构，将几种不同的有机溶剂作
为混凝溶液，可通过降低 β 片层含量而形成高延展性材料（Chen and Numata，2024；
Yazawa et al.，2018）。

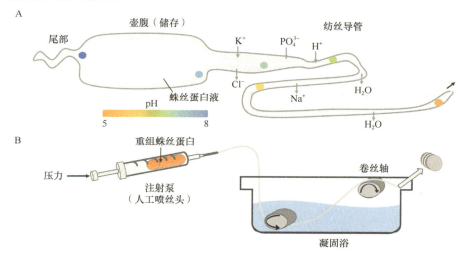

图 5-10　天然及重组蛛丝蛋白纺丝过程示意图（Whittall et al.，2021）
A. 蜘蛛吐丝过程；B. 重组蛛丝蛋白湿法纺丝过程

　　最近，越来越多的研究探索了在水环境下生产丝纤维的"绿色"替代工艺，
从而最大限度地减少使用传统方法中对环境有害的有机溶剂。另外，目前研究认
为采用严格遵守自然纺纱条件的做法（仿生方法）将产生具有增强机械性能的纤
维。对于蛛丝来说尤其如此，利用重组蛛丝蛋白在有机溶剂中凝固来纺丝的尝试
通常会产生劣质纤维，无法复制天然纤维令人满意的机械性能。因为暴露在苛刻
的溶剂中必然会导致蛋白质变性，从而导致自组装机制的丧失，这种自组装机制
是通过蛛丝在 NT 和 CT 结构域的精确生化功能来协调的，而这些功能是产生蛛
丝纤维分层结构所必需的（Chen and Numata，2024；Rising and Johansson，2015）。
基于 pH 介导的组装机制，已经设计出了一种完全水相的人工纤维纺丝工艺，其
中包括一个含有 500 mmol/L 乙酸钠和 200 mmol/L 氯化钠的（pH5.0）的水浴，以
及重组蜘蛛丝蛋白的纺丝液。这种工艺表现出约 45 MJ/m³ 的韧性。当水浴的 pH
低于 3.0 或高于 7.0 时，挤出的丝蛋白无法形成连续的丝纤维。pH 为 5.5 的酸性

水浴还导致了向四级结构和 β 片层构象的显著转变。使用相同缓冲液的另一项研究中，人工丝纤维的韧性提高到（74±40）MJ/m³。此外，在酸性水浴（750 mmol/L 乙酸缓冲液、200 mmol/L 氯化钠，pH 5.0）中，对合理设计的蜘蛛丝蛋白进行人工纺丝，获得韧性为 146 MJ/m³ 和 125 MJ/m³ 的丝纤维，与银色十字蛛（*Argiope argentata*）拖丝蛋白的韧性（136 MJ/m³）相当。尽管尝试了多种水性纺丝方法来纺丝，但通常情况下，β 片层结构的含量都低于天然蜘蛛丝。此外，核-壳结构可能对最终的机械性能至关重要，如何制造出具有核-壳结构的单向排列纳米纤维，是一个有趣但具有挑战性的问题。

5.4.2 丝蛋白凝胶

水凝胶是由含水量超过 90%的物理或化学交联形成的 3D 生物聚合物，通常通过疏水、静电相互作用以及氢键形成交联的分子内和分子间蛋白质链（Schacht and Scheibel，2011）。一般通过浓缩、加热、控温、超声振动、涡旋剪切、酸处理、交联剂等方法制备丝蛋白水凝胶（Wang and Zhang，2015）。利用酶法也可以制备丝蛋白水凝胶，丝蛋白中的酪氨酸基团作为活性位点，利用辣根过氧化物酶和过氧化氢进行酶催化的交联反应（Chen and Numata，2024）（图 5-11）。

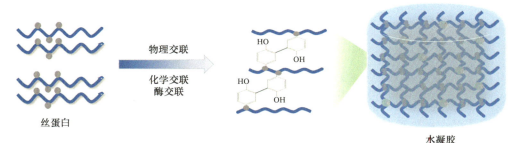

图 5-11　丝蛋白水凝胶制备示意图

水凝胶模拟细胞外基质（ECM），提供了一种微环境以调节细胞行为和组织功能。因此，水凝胶被广泛应用于各个领域，开发为药物输送载体、组织工程支架、组织黏合剂、自修复材料和生物传感器等。丝蛋白水凝胶因其生物可降解性和生物相容性，被认为具有广泛的应用前景，特别是在生物医学领域（Zheng and Zuo，2021），目前已被用作组织工程支架，用于控制药物/基因传递及骨、肌肉和软骨再生（Kapoor and Kundu，2016）。Matsumoto 等（2006）根据丝蛋白的浓度、pH 和应用温度，重点研究了其二级结构的变化与其凝胶时间的相关性；随后又研究了通过超声快速形成 β 片层的丝蛋白水凝胶，其中 4%（*m/V*）的水凝胶适合间充质干细胞封装。在静态培养条件下，细胞可保持数周的活力和生长（Wang et al.,

2008）。通过评估丝蛋白水凝胶在软组织增强应用中的生物相容性和机械强度，表明丝蛋白水凝胶可用于口腔和口腔周围组织，作为同种异体生物材料的替代品（Shirangi et al.，2024；Etienne et al.，2009）。

Wu 等（2023）基于基因工程技术制备的仿生重组蛛丝蛋白，通过透析法制备自组装重组蛛丝水凝胶（纯度＞85%）。在 25℃下，储存模量约为 250 Pa 的重组蛛丝水凝胶表现出自主自愈和高应变敏感性（临界应变约 50%）。原位小角 X 射线散射（in situ small angle X-ray scattering，SAXS）分析表明，自修复机制与 β 片层的黏滑行为有关。根据 SAXS 曲线在高 q 值范围内的斜率变化（即在 100%/200%应变时约为–0.4，在 1%应变时约为–0.9），得到的纳米晶体大小为 2～4 nm。纳米晶体内部可逆氢键的断裂和重构可能导致自愈现象的发生。该仿生自修复重组蛛丝凝胶显示了良好的生物医学应用潜力。

5.4.3　丝蛋白 3D 支架

与传统的减材制造相比，基于数字设计的 3D 打印可以提供一系列制造优势（Limon et al.，2024；Wang et al.，2024；Jongprasitkul et al.，2023；Heinrich et al.，2019）。特别是 3D 打印，在制造无模具、数字化设计、患者特异性支架方面具有优势，如交付时间短和解剖精度高，在治疗一系列组织缺陷方面具有应用潜力。蜘蛛和蚕会制造 3D 结构（如蜘蛛网和蚕茧），因此纺丝似乎呈现出一种基于挤压的 3D 打印/增材制造的自然版本。因此，纺丝激发了一系列 3D 打印方法的开发，这些方法可能使用浓缩电解质、有机溶剂和结构添加剂等（Mu et al.，2023；Zheng et al.，2018）。

Mu 等（2023）展示了一种基于丝素蛋白墨水的 3D 打印的全新水盐浴法，标志着向蚕丝纺纱启发的生物制造迈出重要一步。与胶原蛋白、纤维蛋白等材料的 3D 打印所采用的温度诱导、酶催化和离子交联机制不同，这种 3D 打印方法最重要的技术特征包括：环境友好和水性常温加工条件（无需加热和有机溶剂）；墨水由单一蛋白质组成（消除非蛋白质添加剂）；出色的可打印性。所有技术特征的协同作用对于实现蚕丝纺纱启发的生物制造在可持续聚合物制造和各种生物医学应用方面的潜力至关重要。

蛛丝蛋白作为 3D 打印的生物墨水和生物制造应用的基质材料非常有前途（Trossmann and Scheibel，2024）。重组蛛丝蛋白通过物理相互作用可以在稳定的凝胶基质中自组装，无需进一步交联，并表现出剪切稀化行为，丝凝胶显示形状保真度，能够生成复杂的结构，满足成功 3D 生物打印的先决条件（Trossmann and Scheibel，2024；Lechner et al.，2022）。此外，温和的凝胶条件允许将哺乳动物细胞包封在丝蛋白网络中，以制造基于蜘蛛丝的生物墨水的类组织结构（Lechner et al.，2022）。

复合支架是包含两种或两种以上材料的聚合结构体。复合支架具有与宿主组织相似的生理和力学特性，因此备受关注。丝蛋白可以与其他生物分子如蛋白质、多糖、生物活性物质和聚合物结合或交联，形成丝蛋白基复合材料（Thangavel et al.，2023；Li et al.，2013）。由于易于加工、机械性能和生物相容性良好、具有血液相容性和可生物降解性，以及适宜的氧气和透水性，丝蛋白基复合材料是组织工程应用中最有潜力的生物材料之一。用含有牙龈组织源性干细胞（hGMSC）的聚己内酯（PCL）和丝蛋白微纤维制成 3D 打印复合材料，复合材料支架的压缩模量高于散装 3D 打印 PCL 支架。复合材料可以促进骨的再生，hGMSC 两周后的代谢活性比第 1 天增加 4.5 倍（Shirangi et al.，2024）。另外，Bhunia 等（2021）使用基于微挤压的 3D 打印来制造用于椎间盘替换的丝-卡拉胶长丝层，制备的结构在解剖学上类似于纤维环（如椎间盘外环韧带），复合材料增强了猪细胞和脂肪源性干细胞的增殖与扩散。

5.4.4 丝蛋白静电纺丝纳米纤维

静电纺丝是将纺丝原液在强电场中进行喷射纺丝的技术。利用静电纺丝技术，可以开发出基于丝蛋白的纳米纤维支架。静电纺丝装置由高压电源、毛细管针和收集器组成，施加在丝蛋白溶液液滴上的电场、蛋白质分子之间的排斥力以及收集器的吸引力诱导形成一股纳米纤维流，从锥体顶部向收集器移动（图 5-12）（Zhang et al.，2009）。静电纺丝获得纳米纤维的质量受诸多因素影响，如静电纺丝原液的性质、丝蛋白分子量、静电纺丝的流速、电压值、喷丝口到收集器的距离，以及环境温度和湿度等（Islam et al.，2019）。静电纺丝制备的纳米纤维垫具有比表面积大、孔隙率高、孔径小、力学性能好、易于表面改性等优点（Pant et al.，2019）。

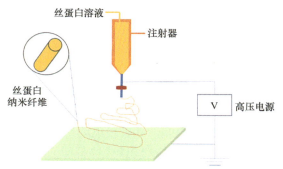

图 5-12 丝蛋白静电纺丝纳米纤维制备示意图

Alessandrino 等（2008）研究了静电纺丝参数对丝蛋白纳米纤维制备的影响。

扫描电镜结果表明，在流速为 3 mL/h、收集器与喷丝口的距离为 10 cm、聚合物浓度为 7.5%的条件下，可制得尺寸和形貌均匀的丝蛋白纳米纤维。制备的静电纺丝蛋白纳米纤维在诱导 L929 细胞的附着和生长方面的试验结果显示，L929 细胞在 1 天后可以很好地附着在静电纺丝蛋白纳米纤维表面，第 3 天完全填充在聚合物网上并整合到丝蛋白基质中，7 天后完全隐藏在静电纺丝蛋白垫上。另外，细胞不仅在丝蛋白垫表面附着和增殖，而且还可以渗透到结构内部。

Min 等（2004）采用电纺法制备了丝蛋白纳米纤维非织造布，用于正常人类角质形成细胞和成纤维细胞的细胞培养。由于静电纺丝制备的丝蛋白纳米纤维具有合适的 3D 几何形状，因而具有促进细胞附着和扩散的潜力。此外，也有研究显示丝蛋白纳米纤维的直径会影响伤口愈合的速度（Shirangi et al.，2024）。随着纤维直径的增大，细胞黏附度降低，通常 250～300 nm 直径的纤维可显著促进细胞生长和黏附。小直径的纳米纤维支架可诱导细胞外基质的生成、细胞增殖和基因表达。在离体创面模型中，这种支架维持了角质形成细胞的迁移，改善了创面闭合（Shirangi et al.，2024）。

含有生物活性分子的生物功能化丝蛋白垫在生产功能性伤口敷料方面显示出巨大的潜力（Schneider et al.，2009）。利用含有表皮生长因子的静电纺丝蛋白纳米纤维，支持损伤区域的再上皮化和愈合（Shirangi et al.，2024）。Li 等（2006）通过静电纺丝制备了含有骨形态发生蛋白 2（BMP-2）与羟基磷灰石混合的丝蛋白纤维支架，以促进人骨髓间充质干细胞体外骨再生。与对照组相比，丝蛋白纳米纤维支架递送 BMP-2 增强了钙积累和骨特异性标记物转录水平，证明了制备的 BMP-2 递送和骨修复系统的有效性，改善了体内缺陷骨模型的骨矿化，表明功能化的静电纺丝蛋白纳米纤维具有诱导骨再生的潜力。

5.4.5　丝蛋白活体材料

基于蛋白质的生物材料在组织工程等领域发挥了关键作用，并且作为自修复材料和可持续聚合物的其他极具潜力的新应用出现。在过去的几十年里，已经实现了各种重组纤维蛋白在微生物中的表达和生产。然而，目标重组蛋白通常必须经过人工纯化和加工，形成可用的纤维和其他材料形式。Xie 等（2023）开发了一种新的利用细菌来生产和自组装蛋白质基生物材料的方法（图 5-13）。研究发现革兰氏阳性菌——枯草芽孢杆菌可以通过一个正交信号肽/肽酶对，利用其转运系统分泌丝蛋白。这种转运机制驱动丝蛋白自发在细胞表面组装成纤维，这一过程称之为"分泌催化组装"（secretion-catalyzed assembly，SCA）。分泌的丝蛋白纤维只需要很少的处理即可形成自愈合水凝胶。这项工作为直接从微生物工厂中获得有用形态的蛋白质生物材料的自主组装提供了新思路，为生物材料的制造提供了新的可能性。

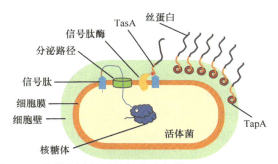

图 5-13 丝蛋白活体材料组装示意图（Xie et al., 2023）

5.4.6 丝蛋白其他组装形式

丝蛋白还可以组装成其他形式，如颗粒、薄膜、泡沫、海绵等，以满足特定的生物医学应用，如药物载体、组织工程等。

球形固体或空心结构（胶囊）中的颗粒是递送应用中的理想药物载体。原则上，相分离法和模板辅助法是制备颗粒的两种主要方法。对于前者，磷酸钾盐析工艺是制备几纳米或几十纳米丝颗粒的典型方法（Chen and Numata，2024）。丝蛋白颗粒的产率、大小和二级结构可以由关键参数决定，如 pH、离子强度和蛋白质浓度。对于后者，乳化法得到了很好的研究，可以制备亚微米或微米级的丝蛋白颗粒，这是一个相对复杂的过程，涉及溶剂、乳液稳定剂和交联剂的混合物。最终，丝蛋白颗粒的形状和大小主要由乳剂液滴决定。其他一系列方法，如喷雾干燥、微流控技术、"油上 HFIP"方法、层流射流破碎等，都可以灵活地制造出各种尺寸和结构的丝蛋白颗粒（Chen and Numata，2024）。

薄膜具有多孔性、生物相容性和生物可降解性，类似于细胞外基质，可用于研究细胞对周围生物、化学和物理环境的反应。薄膜易加工、所需样品量小、拓扑结构和机械性能控制灵活，因此是功能性应用的优先选择。常用的制备方法包括浇铸、旋涂和逐层沉积等，通过简单的浇铸和干燥，可以很容易获得丝蛋白薄膜。制备好的薄膜通常要经过醇类溶剂（甲醇、乙醇和异丙醇）或水退火处理，以诱导出更多具有更高机械性能的 β 片状晶体，可以提高薄膜的机械性能。有趣的是，通过软光刻技术，可在薄膜表面制备出微结构图案（如微针或金字塔），进一步拓宽了应用范围，如基于薄膜的药物输送等（Chen and Numata，2024）。总之，丝蛋白薄膜具有广泛的应用前景，在生物医学工程领域尤为重要。

丝蛋白可以加工成具有 3D 结构的泡沫，具有薄壁孔隙，可用于组织工程、疾病模型和植入应用。泡沫的孔径和模量是调节泡沫结构及性能的两个关键参数。大表面积和多孔网络使其成为良好的细胞生长、分化、增殖的载体（Chen and

Numata，2024）。当泡沫被用作骨生长或体内再生的支架时，需要高模量来提供足够的支持，同时控制降解和生物相容性。获得泡沫最常用的方法有气体发泡、冷冻干燥和盐浸法。其中，冷冻干燥法制备丝蛋白泡沫时，溶剂组分是影响孔隙大小的关键因素（Chen and Numata，2024）。

丝海绵是一种 3D 聚合物结构，具有高孔隙率，适合细胞招募。这些支架可以通过 3D 打印、冻干法、超声波和盐浸法等制备，例如，通过冻干法制备装载 CM11 肽的丝蛋白/明胶（SF/Gel）双层海绵，以减轻皮肤感染并诱导伤口修复（Chizari et al.，2022）。制备的海绵具有最佳的力学性能、高含水量，以及良好的生物相容性、生物可降解性和缓释性能。含 16 μg/mL 肽的海绵对所有菌株均有显著的抑菌作用（Shirangi et al.，2024；Chizari et al.，2022）。

5.5　丝蛋白潜在应用领域

重组丝蛋白是具有强度高、弹性大、热稳定性好、耐疲劳、抗辐射、可降解等一系列优良特性的天然生物材料，在生物医学工程、纺织、食品、军工与航空航天等领域显示了巨大的潜在应用价值。

5.5.1　医学领域

基于丝蛋白材料的优异特性，特别是良好的加工性、生物相容性、可调节的生物可降解性，再加上功能修饰，可使多级多维的丝蛋白材料在生物医学领域具有广泛的应用价值。

1. 伤口愈合

许多生物材料具有良好的生物相容性、生物可降解性、水合保持性、抗菌性和透气性，已被广泛应用于创面敷料中。一般来说，丝蛋白制备为薄膜、泡沫、凝胶和纳米纤维，用于伤口愈合。其中，纳米纤维基质被认为是促进皮肤再生的最佳支架（Li et al.，2015）。此外，丝蛋白纳米纤维通过与各种药物或生物活性成分进行结构和化学修饰，可以进一步增强丝蛋白纳米纤维敷料的功能，包括：负载抗菌药物，增强抗感染能力；负载生长因子，促进组织再生；负载干细胞，加速创面愈合。总之，丝蛋白纳米纤维作为创面敷料材料具有广阔的应用前景，值得深入研究和开发。

丝蛋白纳米纤维垫的纤维直径是决定其比表面积和孔隙率的关键因素，因此对细胞的附着、增殖和伤口愈合速度有重要影响。将聚氧化乙烯（polyethylene oxide，PEO）加入到黏度增加的丝蛋白水溶液中，可以辅助静电纺丝。通过改变丝蛋白和 PEO 的比例，可以有效地控制丝纤维的直径。通过这种方法，Hodgkinson

等（2014）制备了直径为250～1200 nm的丝蛋白纤维支架，评估了人原代皮肤成纤维细胞在这些支架上的增殖、活力、形态和基因表达。研究发现，直径最小（250～300 nm）的纤维支架可显著促进细胞增殖。细胞形态从星形转变为沿纤维延伸的细长形。随着纤维直径减小，细胞外基质中Ⅰ型和Ⅲ型胶原蛋白基因的表达量提高，增殖标记物增加。在体外人皮肤伤口愈合模型中，添加促进迁移的角质细胞的丝蛋白纳米纤维支架，显著改善了表皮细胞的迁移。研究结果表明，丝蛋白纳米纤维支架可以增强细胞增殖和表皮细胞迁移，为伤口愈合应用提供了有效的支架。这些发现对于开发高效的丝蛋白纳米纤维支架用于伤口愈合具有重要意义。

除了通过静电纺丝控制丝蛋白纳米纤维的直径外，研究人员还引入了另一种方法来制备高孔隙结构的丝蛋白纳米基质（Ju et al.，2016）。在静电纺丝过程中，将氯化钠晶体（直径为180 μm）置于收集器上方的旋转滚筒上，将水中的PEO和盐浸出后，形成具有纳米片与泡沫相结合形态的丝蛋白纳米基质。这种结合静电纺丝和盐晶体模板的方法为制备具有理想孔隙结构的丝蛋白纳米基质敷料提供了新的思路。将制备的丝蛋白纳米基质与商业创面敷料（Medifoam和医用纱布）进行比较，结果表明，丝蛋白纳米基质比Medifoam具有更大的开放孔隙和更好的吸水性，有利于去除伤口渗出液和代谢废物，减少伤口面积，加速胶原蛋白的合成；与医用纱布相比，丝蛋白纳米基质可以增加增殖细胞核抗原的表达，显著降低促炎细胞因子（IL-1α）的表达，延缓转化生长因子（TGF-β1）表达峰值。总之，这种引入大尺寸盐晶体的方法可以有效地调控丝蛋白纳米基质的孔隙结构，进一步优化其作为创面敷料的性能。丝蛋白纳米基质在烧伤创面修复方面表现出良好的效果，是一种很有前景的创面敷料候选材料（Chen and Numata，2024）。

2. 组织工程

组织工程的最大挑战之一是再造细胞外基质（ECM），而ECM是细胞正常生长的自然环境，对组织再生至关重要（Bittencourt et al.，2022）。蜘蛛丝蛋白材料因其优异的性能，如易加工、生物降解缓慢、生物相容性高，以及具有可调节的机械性能等，在组织工程和再生医学中有着广泛的应用（Trossmann and Scheibel，2024；Holland et al.，2019）。然而，支架设计必须仔细考虑许多因素，以模仿ECM的功能和组织特异性三维网络，从而为功能性组织再生提供有利的微环境（Bakhshandeh et al.，2021）。

丝蛋白作为结构蛋白，通常缺乏用于增强细胞功能的生物活性肽。为了提高细胞与基于蜘蛛丝的材料之间的相互作用，将来自纤连蛋白的细胞结合肽RGD（Arg-Gly-Glu）基序与蜘蛛丝蛋白融合表达，将重组蛋白纺成薄膜，可以支持成骨细胞分化（Morgan et al.，2008）。研究发现，β片层的含量越高，薄膜的稳定性就越好，越有利于成骨细胞的附着和分化。通过基因融合法或者化学修饰法，获得 RGD 基序改造的工程蛛丝蛋白 ADF4，修饰蛋白制成的薄膜能显著提高成纤维细胞及心肌细胞的黏附性及增殖性（Esser et al.，2021）。除了 RGD 细胞结合肽外，用其他类型的细胞结合肽（IKVAV 和 YIGSR）对类蛛丝蛋白进行基因功能化，并制成薄膜以形成合成 ECM。在无血清培养条件下，不同细胞的黏附性在不同的薄膜上有所不同，表明细胞对细胞结合肽的敏感性不同（Johansson and Rising，2014）。这些研究表明，通过对蛛丝蛋白进行基因工程和化学修饰，可以赋予其更好的生物活性，从而更好地模拟 ECM 的功能，为组织工程和再生医学提供更优异的生物材料。

组织工程中，需要支架提供特异性三维网络。纳米纤维的微孔表面结构具有更高的细胞附着率，使细胞能更快地在纤维周围附着、增殖和分子运输，可能是基于蜘蛛丝的组织工程支架的最佳形态。研究发现，丝蛋白的静电纺丝纳米纤维垫可以支持人骨髓基质细胞（BMSC）在体外的附着、扩散和生长，用作骨修复/再生支架（Jin et al.，2004）。除了骨再生，静电纺丝纳米纤维也被用于其他再生医学，如神经再生（Rajabi et al.，2018）。为了改善神经细胞的附着、扩散和生长，可以对丝蛋白垫的表面进行修饰或制成各种结构。为增强结构稳定性，经甲醇处理后的丝蛋白纳米纤维垫用氧等离子体处理后，可以改善表面亲水性。层粘连蛋白（laminin，LN）是具有生物活性结合位点的基底膜的主要成分，它可以调节神经突的生长、细胞黏附和功能。因此，在氧等离子体处理后，在丝蛋白垫表面涂上层粘连蛋白以保持功能。表面亲水性和 LN 功能化的丝蛋白纳米纤维垫，对施万（Schwann）细胞增殖和活力的促进具有显著的作用（Chen and Numata，2024）。利用 RGD 功能化的丝蛋白 4RepCT 生产出纳米纤维膜支架，为体外血管壁模型的细胞共培养提供了支持，并能调节分子渗透（Tasiopoulos et al.，2021）。总之，通过对丝蛋白纳米纤维的表面修饰和结构设计，可以进一步优化其在组织工程和再生医学中的应用，为骨、神经、血管等组织的修复和再生提供有效的支架材料。

3. 药物递送

与传统给药方式相比，使用纳米结构系统控制给药具有以下几个方面的优势：更好的药代动力学；降低对健康器官的毒性；促进靶细胞的优先蓄积和吸收；可编程给药曲线（Bittencourt et al.，2022）。此外，在给药过程中使用生物材料载体还能减少给药量，提高药物的生物利用度和治疗效果。生物来源的聚合物材料在药物递送领域展现出巨大的潜力，目前已被广泛用作药物递送的载体（Trossmann and Scheibel，2024）。

疏水性是蜘蛛丝的一大优势，可以帮助提高疏水性药物的溶解度和稳定性，从而改善其生物利用度。此外，蛛丝蛋白具有优异的自组装能力，可以形成稳定的纳米颗粒。许多研究已经证明了由重组丝蛋白形成的纳米颗粒作为载体释放不同活性成分的能力（Chen and Numata，2024；Bittencourt et al.，2022）。重组蛛丝蛋白 eADF4（C16）可形成稳定的纳米颗粒，为药物的有效装载和释放提供了良好的基础（Lammel et al. 2010）。这些纳米颗粒能够有效结合和释放低分子量的模型药物，展现出良好的载药性能。即使是大分子量的药物，如多柔比星等抗肿瘤药物，也能被这些纳米颗粒有效结合并释放到靶细胞中（Schierling et al.，2016）。这些研究结果充分证明了重组丝蛋白纳米颗粒在药物递送领域的广泛应用前景。

此外，可以通过合成生物学手段对蛛丝蛋白进行定制，制备出具有特定功能的混合纳米粒子，用于靶向递送治疗分子（Bittencourt et al.，2022）。通过基因工程改变蛛丝蛋白的氨基酸序列，从而控制其特性，进而控制其对药物的亲和力。用赖氨酸取代蛛丝蛋白 ADF4（C16）中的谷氨酸，制备带正电荷的丝蛋白 eADF4（κ16），这种改性可以封装带负电荷的活性物质，如 DNA 颗粒等，为核酸药物递送提供了新的载体选择（Doblhofer and Scheibel，2015）。通过添加聚-L 核酸结合域对丝蛋白进行修饰，开发出了新型寡核苷酸递送系统，这为核酸疗法如癌症免疫治疗和核酸疫苗的应用提供了新的技术支撑（Kozlowska et al.，2017）。这些基于蛛丝蛋白的改性策略，可以有效优化药物的药代动力学性能，提高治疗效果，对于提升核酸药物的临床应用非常关键（Bittencourt et al.，2022）。

融合功能肽或蛋白质的重组蛛丝蛋白，在药物载体方面具有一定的优势。将细胞穿膜肽和（或）受体相互作用基团与蛛丝蛋白融合，可以增强癌细胞对递送系统的摄取和靶向特异性，提高药物的治疗效果（Numata et al.，2011）。ErbB 酪氨酸激酶受体家族功能化的重组蛛丝蛋白球体用于体内治疗癌症，也显示出良好的功效（Florczak et al.，2020）。同样的策略还被用于开发基于重组蛛丝蛋白的多肽疫苗，将目标肽序列与蛛丝蛋白融合表达，可以避免目标肽的过早降解，并适当激活细胞毒性 T 细胞，提高疫苗的免疫原性（Lucke et al.，2018）。总之，融合功能肽或蛋白质的重组蛛丝蛋白作为药物载体和疫苗载体，具有靶向性强、细胞穿透性好、免疫原性适中等优势，在癌症治疗和疫苗开发等领域展现出广阔的应用前景。

通过化学方法修饰重组蛛丝蛋白，可以开发药物"智能"递送系统。在重组 MaSp1 的纳米球中，通过化学方法嵌入对凝血酶原敏感的连接体，可以实现只在感染部位释放抗生素万古霉素，提高靶向性，从而开发出一种 "智能"递送系统（Kumari et al.，2018）。这种策略还可以减轻细菌的多重耐药性，延长抗生素的药效。

5.5.2　军事与航空领域

丝蛋白纤维材料具有极佳的机械性能和轻质性，在航空航天领域具有广阔的应用前景，也是防弹服的良好备选材料。北京航空航天大学的研究人员对蚕丝纤维复合材料开展了系统研究，通过简单的热压和真空处理，制备了蚕丝环氧树脂复合材料，证明了蚕丝可以大幅提高复合材料的机械性能（Yang et al.，2016）。添加亚麻植物纤维，可调控蚕丝复合材料的力学性能，从而提升蚕丝复合材料的刚性和强度（Wu et al.，2019）。Hamidi 等（2018）也同时开展了蚕丝纤维复合材料的研究，研发获得了与蚕丝更匹配的树脂复合体系，构建了强度和韧性兼备的混杂纤维复合材料。针对蚕丝纤维复合材料的强度和刚度仍存在不足的问题，北京航空航天大学的研究人员创新性地制备了野生柞蚕丝纤维和碳纤维复合材料，层内/层间混杂的柞蚕丝/碳纤维复合材料，既保证了蚕丝纤维复合材料在弯曲和冲击模式下的韧性，同时也达到了工程结构材料对强度和刚度的要求；对柞蚕丝/碳纤维复合材料的性能进行了全面的评估，包括拉伸、弯曲、层间剪切、冲击、动态力学热分析、吸水老化行为、拉伸蠕变、弯曲蠕变等。实验数据表明，交替铺层的柞蚕丝/碳纤维复合材料具有最佳的纤维-基体界面，冲击强度达到 98 kJ/m^2，是纯碳纤维增强复合材料（44 kJ/m^2）的 2 倍，并表现出优异的综合力学性能。这种创新性的复合材料设计思路，充分发挥了天然柞蚕丝纤维和高性能碳纤维的协同增强效应，不仅解决了蚕丝纤维复合材料强度和刚度不足的问题，而且大幅提升了冲击韧性等关键性能指标，为开发高性能复合材料提供了指导（Yang et al.，2019）。蚕丝纤维复合材料的制备为航空、军事、汽车等领域中轻质高韧性、抗冲击材料的选择提供了新思路（Nepal et al.，2022；Frydrych et al.，2019）。

5.5.3　纺织领域

蚕丝纤维材料作为一种传统的纺织材料，具有柔软的手感、珍珠般的光泽和良好的吸湿性等，在纺织领域已经使用超过 4000 年（Vepari and Kaplan，2007）。此外，天然蚕丝纤维具有优异的机械性能、生物相容性、生物可降解性、光泽感、轻质性、压电性能，这些特性使得天然蚕丝成为制造智能纤维和织物的理想材料（Zhang et al.，2022）。丝纤维的机械性能对其在智能纺织品中的适用性起到了至关重要的作用。丝纤维具有优异的柔韧性和强度韧性，这使得它们能够承受各种外部力量而不易断裂。这些特性确保了智能纺织品在穿着过程中能够保持耐用性和舒适性。丝纤维的良好机械性能，能够有效支持集成传感器、制动器及其他电子设备的功能。例如，丝纤维能够抵御拉伸和弯曲，这对于织物中嵌入的智能元件的稳定性和功能执行至关重要。蚕丝的复杂层级结构使得其在应变和压力传感方面表现出色，可以应用于健康监测等领域。由于丝材料的生物相容性和可降解性，它们不仅安全可靠，而且与皮肤接触时也不会引起不适，进一步提升了智能纺织品在可穿戴技术中的应用前景。因此，丝纤维的机械性能在设计和实现智能纺织品的功能性、舒适性和耐久性方面都发挥着重要作用。随着材料科学的进步，未来有望进一步提升丝蛋白基智能纤维和织物的性能及功能，推动它们在健康监测、人机交互等领域的应用。

蜘蛛拖丝纤维具有优异的机械性能，一些公司已经应用重组拖丝蛋白生产了各种纺织品（Whittall et al.，2021）。德国生物技术公司 AMSilk 与运动品牌阿迪达斯合作，开发了由重组蜘蛛丝制成的鞋子。日本初创公司 Spiber 与 The North Face 品牌合作，生产了由重组蜘蛛丝制成的派克夹克。美国 Bolt Threads 公司生产了一系列重组蜘蛛丝服装，如连衣裙、帽子和领带。蜘蛛拖丝纤维的韧性优于凯夫拉纤维，因此被认为适合用于防护服和各种防护装备。美国和英国军队已将重组丝织内衣作为抵御弹道碎片的材料之一（Lewis et al.，2013）。

近年来，丝胶蛋白在纺织领域也显示出较好的应用前景。丝胶蛋白是一种水溶性的球形蛋白，约占蚕丝成分的 20%～30%（Huang et al.，2018）。丝胶蛋白富含极性氨基酸，如丝氨酸、天冬氨酸和甘氨酸，使其具有良好的水溶性、强抗氧化性、持油性和易起泡等优良特性（Melke et al.，2016）。经丝胶蛋白涂层整理的织物，对皮肤有保温、调湿作用。丝胶蛋白涂层的纺织品，不仅具有锁水和保湿功能，还可以防止化学纤维与皮肤直接接触，从而具有抗菌消炎功能。丝胶蛋白在纺织领域显示出广泛的应用前景，可以用于开发具有优异性能的新型纺织品（Huang et al.，2018；Melke et al.，2016）。

5.5.4 其他领域

丝胶蛋白在食品领域也具有广泛的应用前景。由于丝胶蛋白具有良好的乳化性、保湿性、溶解性和持油性等功能性质，适合应用于食品添加剂领域。将丝胶蛋白作为乳化剂加入香肠等产品中，可以提高产品质量，延长产品货架期；丝胶蛋白作为起泡剂，应用于蛋糕烘焙中，可使蛋糕结构疏松，提升口感。另外，丝胶蛋白富含十八种氨基酸，其中八种人体必需的氨基酸含量占20%以上，并且比例适宜，可作为优质的人体补充蛋白营养来源。丝胶蛋白富含的丝氨酸、天冬氨酸和甘氨酸，具有预防高血压、糖尿病和冠心病，以及保护肝和心肌、降低氧消耗、降低血糖等功效。丝胶蛋白优良的抗氧化性，可清除人体过剩的自由基，缓解不健康和亚健康状态（Seo et al.，2023）。总之，丝胶蛋白不仅可以作为功能性食品添加剂，还可以作为优质的营养补充来源，对人体健康有多方面的积极作用。

丝胶蛋白在化妆品领域也具有广泛的应用前景。丝胶蛋白富含大量亲水性氨基酸，与天然保湿因子相似，在化妆品领域显示了良好的锁水保湿功能。在皮肤表面涂抹丝胶蛋白水凝胶，可以进一步水合软化角质层，使皮肤光滑、柔软并富有弹性。另外，小分子丝胶蛋白具有更优异的调湿、保湿作用，更受护肤市场认可。除了保湿作用，丝胶蛋白还有酪氨酸酶的抑制活性，其抗氧化能力可与维生素 C 相媲美，当丝胶蛋白分子量分布在 10～20 kDa 时，抗氧化能力最强，可起到有效防止细胞老化和促进胶原蛋白生成的作用。近期研究还发现，丝胶蛋白的水解物是一种新型的非离子表面活性剂，并且具有 pH 稳定性和一定程度的化学惰性，与其他无机盐、无机酸、有机酸、脂肪、醇和维生素等物质混合后可制成沐浴用品，能够均一地附着于全身皮肤，可使得皮肤角质层处于最佳持水状态，有效恢复皮肤保湿能力，预防皮肤干燥（Shankar et al.，2023）。

5.6　丝蛋白产业发展现状

重组蛛丝蛋白的研究主要是为了商业化生产物理化学性质与天然同类产品相似的合成纤维。然而，经过多年的研发，巴斯夫公司和杜邦公司等许多大公司已撤出投资，放弃了在这一领域的研究，主要是出于经济方面的考虑，即无法以足够低的成本生产出相关的产品（Miserez et al.，2023）。这主要是由于高分子量、重复序列及整体序列的复杂性，阻碍了重组丝蛋白的产业化进程。尽管如此，越来越多的初创公司正在研究可持续的大规模重组蛛丝蛋白的生产方案，以及除增强纤维以外的其他应用（表 5-3）。尽管相关工作仍在进行中，但重组生产的蛛丝蛋白有望以具有成本效益的方式生产出来，在特定应用方面具有潜力。

表 5-3　已实现商业化生产蛛丝蛋白的公司（Trossmann and Scheibel，2024；Melton，2023）

公司名称	成立时间	重组丝蛋白技术	商业应用领域	产品
Kraig Biocraft Laboratories	2006 年	含有家蚕 N 端片段、蜘蛛 MaSp 或 MiSp、家蚕 C 端片段的嵌合蛛丝	生丝，组织工程用技术纤维	龙丝（Dragon Silk）、怪物丝（Monster Silk）
AmSilk	2008 年	ADF-3、ADF-4、FLAG、MaSp1 和 MaSp2 等 20 种蛛丝蛋白	医用涂料、化妆品、纤维	生物钢纤维、丝涂层、丝水凝胶
Bolt Threads	2009 年	酵母中表达微丝纤维、Mylo 材料、B-silk™ 蛋白、MaSp2	纺织品、化妆品	微丝纤维、Mylo 材料、B-silk™ 蛋白
Seevix Material Sciences	2014 年	重组细菌，表达 MaSp，制备改性 MaSp 纤维	细胞培养、化妆品和复合材料	SVXfiber，SpheroSeev，HydroSeev
灵蛛科技	2019 年	大肠杆菌及转基因蚕生产蛛丝	生物皮革、织染工艺、护肤原料	LINK Protein™
Spiber	2020 年	大肠杆菌产重组丝蛋白	服装、运动器材	Spiber's brewed，Protein™ materials

该领域的知名公司之一是总部位于德国慕尼黑的 AMSilk 公司。该公司是世界上第一家成功生产重组蜘蛛丝生物聚合物的公司，可用于服装、化妆品、工业和结构等多种应用。该公司以大肠杆菌作为底盘细胞，生产来源于十字园蛛（A. diadematus）的 20 种蛛丝蛋白，其中 4 种已经实现了应用。据 AMSilk 报道，该

公司已成功进行了 0.5 t 中试规模的发酵和纯化可行性试验。这种蛋白质主要用作个人护理添加剂,用于配制保湿水凝胶、洗发水和乳液,可改变头发或皮肤表面,使其感觉更光滑、更有光泽、更健康。AMSilk 公司还开发了伤口愈合喷雾剂和硅胶乳房植入物涂层,并获得了人体临床研究的认证。其他应用包括作为药物输送载体的微球和疫苗稳定剂支架,这些支架不需要使用冷藏设备,便于冷链管理。此外,该公司还与时尚、可穿戴设备、运动器材和汽车领域的一些大公司进行了合作。2016 年,在纽约举行的生物制造大会上,阿迪达斯发布了全球首款使用 AMSilk 公司生产的生物钢纤维制造的高性能鞋,这双鞋的重量减轻了 15%,100% 可生物降解,而且比目前使用的传统合成纤维更坚固。AMSilk 与空中客车公司和欧米茄公司合作,正在构建新的技术原型,展示生物钢在高技术应用领域的能力。Novo Holdings 公司向 AmSilk 公司投资了 2900 万欧元(3150 万美元),支持 AmSilk 公司与 21 生物公司(21st Bio)合作,利用人工智能和机器学习技术,通过识别关键纤维蛋白序列,并在酵母细胞中表达,以获得目标蛋白,通过调整基因序列来调整生物纤维的长度和功能,以适应不同的应用(Melton,2023)。

受蛛丝蛋白的启发,Seevix 公司利用酵母发酵生产纤维蛋白的嵌合混合物。使用专利的自组装工艺,将 20 个蛋白质单体自发组装成更大的纳米原纤维,制成 SVX 纤维。三级相互作用(如氢键或盐桥)驱动这种自组装过程。自组装 SVX 生物聚合物的结构由大约 47 万个单体蛋白质组成。Seevix 公司一直致力于将它的 SVX 纤维应用于化妆品,改善皮肤和头发(Melton,2023)。最近,该公司又生产了 SpheroSeev 和 hydroSeev 纤维,这两种纤维为细胞(如癌症细胞或干细胞)提供支架,使其组装成 3D 结构,从而使它们在显微镜下更容易被检测。这些纤维已经帮助癌症研究小组在实验室中检测和培养癌细胞。SpheroSeev 和 hydroSeev 纤维也用于干细胞研究、组织工程,甚至用于人造肉培养(Melton,2023)。

美国合成生物制品中心(Synthetic Bioproducts Center)以金丝蛛(*T. clavipes*)的拖丝蛋白为基础,在几种表达宿主中生产出不同的重组蛛丝蛋白,主要用于纺丝人造纤维,并将其用于生物医学工程领域(Trossmann and Scheibel,2024;Holland et al.,2019)。瑞典 Spiber Technologies AB 公司生产的蜘蛛丝制成的材料是基于大肠杆菌的丝蛋白,主要用于学术和行业合作,促进生物医学新生物材料的临床前研究和开发(Trossmann and Scheibel;2024;Holland et al.,2019)。

深圳市灵蛛科技有限公司(LINK SPIDER)成立于 2019 年,是国内最早规模化生产蛛丝蛋白的企业。该公司以合成生物学为基础,设计高性能生物新材料,基于基因编辑与合成生物智造,实现蛛丝功能蛋白及特种纤维的设计研发与商业应用。该公司开发了蛛丝蛋白+生物色素(靛蓝和泰尔紫等名贵天然染料)的织染工艺,完成了蛛丝功能蛋白的中试发酵及实验室纺丝,创建了工业级纯化及工业纺丝的工艺路径。2023 年 9 月,该公司获得国家级科技型中小企业认证,已经完成蛛丝功能蛋白发酵量产,可作为护肤品原材料。目前,该公司推进了复合其他天然纤维的蛛丝功能蛋白在纺织领域的应用,并完成了我国首例转基因蚕生产全长蛛丝育种,与养蚕企业达成合作(https://www.link-spider.com/)。

5.7　总结与展望

现代基因组学与先进的生物信息学方法相结合,使我们能够更全面地认识复杂的生命系统。因此,应将分类学、基因组学和材料组学结合起来,进行全面、协同的序列解析与揭示,以全面认识丝蛋白材料的真正潜力。全球采样、综合测试、集成分析和开放数据库的建立,将为未来的丝蛋白材料设计提供坚实的基础。

随着合成生物学的发展,大数据结合人工智能将促进丝蛋白等生物聚合物或具特殊性能生物材料的序列智能设计与定制化合成,以及高效低成本合成。随着AI 技术的发展、丝蛋白构效关系的逐步阐明,可以快速设计优化丝蛋白序列,甚至从头设计创建全新的序列,获得性质超越天然丝蛋白的新型类丝蛋白。随着基因合成的成本降低和速度加快,可以廉价地合成不同定制化的丝蛋白基因序列。随着合成生物学发展,可以利用越来越多的宿主细胞进行丝蛋白的定制化异源合成,预计未来的研究可以通过设计和改造全新的微生物菌株来合成丝蛋白。此外,CRISPR/Cas9 等最先进的基因编辑技术发展,可以同时针对数千个基因进行编辑,改变微生物的新陈代谢,大幅提高丝蛋白表达量。目前的微生物发酵过程主要是将植物性单糖和淀粉等碳源转化为丝蛋白。未来利用合成生物学技术改造菌株,利用低成本的二氧化碳、非粮食农业废弃物等转化为丝蛋白,将大大降低丝蛋白异源合成的成本。

随着丝蛋白纺丝机制的逐步解析,人工纺丝技术逐步成熟,有望开发在水环境下生产丝纤维的“绿色”替代工艺,这将大大降低传统纺丝工艺中有毒有机溶剂对环境的负面影响。通过改进纺丝工艺,未来可以制造出具有核-壳结构的、单向排列的纳米纤维。此外,生物制造领域通过增材制造方法(如生物 3D 打印),将生物聚合物、生物活性分子及细胞相结合,实现材料的高度定制化、结构复杂化、多功能化及材料制造的精准化。因此,未来的重点是通过先进的增材制造方法,实现具有分层组织结构的丝蛋白的高度定制及精准制造。

编写人员:柏文琴　郑宏臣(中国科学院天津工业生物技术研究所)

参 考 文 献

侯佳男, 杨国新, 刘丹梅, 等. 2020. 重组蛛丝蛋白——从结构、设计到应用. 生命的化学, 40(11): 2006-2013.

Abascal N C, Regan L. 2018. The past, present and future of protein-based materials. Open Biology, 8(10): 180113.

Agarwal P, Kar A, Vasanthan K S, et al. 2024. Silk protein‐based smart hydrogels for biomedical applications//Kundu S C, Reis R S, eds. Silk-Based Biomaterials for Tissue Engineering, Regenerative and Precision Medicine (Second Edition). Cambridge: Woodhead Publishing: 265-296.

Aigner T B, DeSimone E, Scheibel T. 2018. Biomedical applications of recombinant silk-based materials. Advanced Materials, 30(19): e1704636.

Alessandrino A, Marelli B, Arosio C, et al. 2008. Electrospun silk fibroin mats for tissue engineering. Engineering in Life Sciences, 8(3): 219-225.

Altman G H, Diaz F, Jakuba C, et al. 2003. Silk-based biomaterials. Biomaterials, 24: 403-416.

Andersson M, Jia Q P, Abella A, et al. 2017. Biomimetic spinning of artificial spider silk from a chimeric minispidroin. Nature Chemical Biology, 13(3): 262-264.

Andersson M, Johansson J, Rising A. 2016. Silk spinning in silkworms and spiders. International Journal of Molecular Sciences, 17(8): 1290.

Arakawa K, Kono N, Malay A D, et al. 2022. 1000 spider silkomes: Linking sequences to silk physical properties. Science Advances, 8(41): eabo6043.

Ayoub N A, Friend K, Clarke T, et al. 2021. Protein composition and associated material properties of cobweb spiders' gumfoot glue droplets. Integrative and Comparative Biology, 61(4): 1459-1480.

Bakhshandeh B, Nateghi S S, Gazani M M, et al. 2021. A review on advances in the applications of spider silk in biomedical issues. International Journal of Biological Macromolecules, 192: 258-271.

Barr L A, Fahnestock S R, and Yang J. 2004. Production and purification of recombinant DP1B silk-like protein in plants. Molecular Breeding. 13: 345-356.

Belbéoch C, Lejeune J, Vroman P, et al. 2021. Silkworm and spider silk electrospinning: A review. Environmental Chemistry Letters, 19(2): 1737-1763.

Bhattacharyya G, Oliveira P, Krishnaji S T, et al. 2021. Large scale production of synthetic spider silk proteins in *Escherichia coli*. Protein Expression and Purification, 183: 105839.

Bhunia B K, Dey S, Bandyopadhyay A, et al. 2021. 3D printing of annulus fibrosus anatomical equivalents recapitulating angle-ply architecture for intervertebral disc replacement. Applied Materials Today, 23: 101031.

Bittencourt D M C, Oliveira P, Michalczechen-Lacerda V A, et al. 2022. Bioengineering of spider silks for the production of biomedical materials. Frontiers in Bioengineering and Biotechnology, 10: 958486.

Bittencourt D M C, Oliveira P, Michalczechen-Lacerda V A, et al. 2022. Bioengineering of spider silks for the production of biomedical materials. Frontiers in Bioengineering and Biotechnology, 10: 958486.

Bowen C H, Dai B, Sargent C J, et al. 2018. Recombinant spidroins fully replicate primary mechanical properties of natural spider silk. Biomacromolecules, 19(9): 3853-3860.

Bowen C H, Reed T J, Sargent C J, et al. 2019. Seeded chain-growth polymerization of proteins in living bacterial cells. ACS Synthetic Biology, 8(12): 2651-2658.

Chen J M, Hu J L, Sasaki S, et al. 2018. Modular assembly of a conserved repetitive sequence in the spider eggcase silk: From gene to fiber. ACS Biomaterials Science & Engineering, 4(8): 2748-2757.

Chen J M, Numata K. 2024. Artificial silk fibers as biomaterials and their applications in biomedicine//Kundu S C, Reis R S, eds. Silk-based biomaterials for tissue engineering, regenerative and precision medicine (Second Edition). Cambridge: Woodhead Publishing: 191-218.

Chen R. 2012. Bacterial expression systems for recombinant protein production: *E. coli* and beyond. Biotechnology Advances, 30(5): 1102-1107.

Chizari M, Khosravimelal S, Tebyaniyan H, et al. 2022. Fabrication of an antimicrobial peptide-loaded silk fibroin/gelatin bilayer sponge to apply as a wound dressing: an *in vitro* study. International Journal of Peptide Research and Therapeutics, 28(1): 18.

Collin M A, Clarke T H, Ayoub N A, et al. 2018. Genomic perspectives of spider silk genes through target capture sequencing: conservation of stabilization mechanisms and homology-based structural models of spidroin terminal regions. International Journal of Biological Macromolecules, 113: 829-840.

Connor A, Wigham C, Bai Y, et al. 2023. Novel insights into construct toxicity, strain optimization, and primary sequence design for producing recombinant silk fibroin and elastin-like peptide in *E. coli*. Metabolic Engineering Communications, 16: e00219.

Connor A, Zha R H, Koffas M. 2024. Production and secretion of recombinant spider silk in *Bacillus megaterium*. Microbial Cell Factories, 23(1): 35.

Correa-Garhwal S M, Babb P L, Voight B F, et al. 2021. Golden orb-weaving spider (*Trichonephila clavipes*) silk genes with sex-biased expression and atypical architectures. G3 (Bethesda), 11(1): jkaa039.

Doblhofer E, Scheibel T. 2015. Engineering of recombinant spider silk proteins allows defined uptake and release of substances. Journal of Pharmaceutical Sciences, 104(3):988-994.

Eisoldt L, Smith A, Scheibel T. 2011. Decoding the secrets of spider silk. Materials Today, 14(3): 80-86.

Esser T U, Trossmann V T, Lentz S, et al. 2021. Designing of spider silk proteins for human induced pluripotent stem cell-based cardiac tissue engineering. Materials Today Bio, 11: 100114.

Etienne O, Schneider A, Kluge J A, et al. 2009. Soft tissue augmentation using silk gels: An *in vitro* and *in vivo* study. Journal of Periodontology, 80(11): 1852-1858.

Fahnestock S R, Bedzyk L A. 1997. Production of synthetic spider dragline silk protein in *Pichia pastoris*. Applied Microbiology and Biotechnology, 47(1): 33-39.

Fan R X, Hakanpää J, Elfving K, et al. 2023. Biomolecular click reactions using a minimal pH-activated catcher/tag pair for producing native-sized spider-silk proteins. Angewandte Chemie International Edition, 62(11): e202216371.

Florczak A, Deptuch T, Penderecka K, et al. 2020. Functionalized silk spheres selectively and effectively deliver a cytotoxic drug to targeted cancer cells *in vivo*. Journal of Nanobiotechnology, 18(1):177.

Foo C, Bini E, Hensman J. et al. 2006. Role of pH and charge on silk protein assembly in insects and spiders. Applied Physics A, 82: 223-233.

Frydrych M, Greenhalgh A, Vollrath F. 2019. Artificial spinning of natural silk threads. Scientific Reports, 9(1): 15428.

Gatesy J, Hayashi C, Motriuk D, et al. 2001. Extreme diversity, conservation, and convergence of spider silk fibroin sequences. Science, 291(5513): 2603-2605.

Gnesa E, Hsia Y, Yarger J L, et al. 2012. Conserved C-terminal domain of spider tubuliform spidroin 1 contributes to extensibility in synthetic fibers. Biomacromolecules, 13(2): 304-312.

Gosline J M, Guerette P A, Ortlepp C S, et al. 1999. The mechanical design of spider silks: From fibroin sequence to mechanical function. Journal of Experimental Biology, 202(Pt23): 3295-3303.

Grip S, Rising A, Nimmervoll H, et al. 2006. Transient expression of a major ampullate spidroin 1 gene fragment from *Euprosthenops* sp. in mammalian cells. Cancer Genomics & Proteomics, 3(2): 83-87.

Guinea G V, Elices M, Pérez-Rigueiro J, et al. 2024. Structure and properties of spider and silkworm silks for tissue engineering and medicine// Kundu S C, Reis R S, eds. Silk-Based Biomaterials for Tissue Engineering, Regenerative and Precision Medicine (Second Edition). Cambridge: Woodhead Publishing: 89-132.

Gupta V, Rastogi S. 2023. Engineering spider genes for high-tensile silk and patenting challenges. Journal of Advanced Zoology, 44(S-3): 1004-1012.

Ha S W, Tonelli A E, Hudson S M. 2005. Structural studies of *Bombyx mori* silk fibroin during regeneration from solutions and wet fiber spinning. Biomacromolecules, 6(3): 1722-1731.

Hagn F, Eisoldt L, Hardy J G, et al. 2010. A conserved spider silk domain acts as a molecular switch that controls fibre assembly. Nature, 465(7295):239-242.

Hamidi Y K, Yalcinkaya M A, Guloglu G E, et al. 2018. Silk as a natural reinforcement: Processing and properties of silk/epoxy composite laminates. Materials, 11(11): 2135.

Hardy J G, Römer L M, Scheibel T R. 2008. Polymeric materials based on silk proteins. Polymer, 49(20): 4309-4327.

Hauptmann V, Weichert N, Menzel M, et al. 2013. Native-sized spider silk proteins synthesized in planta *via* intein-based multimerization. Transgenic Research, 22(2): 369-377.

Hayashi C Y, Lewis R V. 2000. Molecular architecture and evolution of a modular spider silk protein gene. Science, 287(5457): 1477-1479.

Heidebrecht A, Scheibel T. 2013. Recombinant production of spider silk proteins. Advances in Applied Microbiology, 82: 115-153.

Heinrich M A, Liu W J, Jimenez A, et al. 2019. 3D bioprinting: from benches to translational applications. Small, 15(23): 1805510.

Hodgkinson T, Yuan X F, Bayat A. 2014. Electrospun silk fibroin fiber diameter influences *in vitro* dermal fibroblast behavior and promotes healing of *ex vivo* wound models. Journal of Tissue Engineering, 5: 2041731414551661.

Holland C, Numata K, Rnjak-Kovacina J, et al. 2019. The biomedical use of silk: past, present, future. Advanced Healthcare Materials, 8(1): e1800465.

Hu X Y, Kohler K, Falick A M, et al. 2005. Egg case protein-1: A new class of silk proteins with fibroin-like properties from the spider *Latrodectus hesperus*. Journal of Biological Chemistry, 280(22): 21220-21230.

Huang W W, Ling S J, Li C M, et al. 2018. Silkworm silk-based materials and devices generated using bio-nanotechnology. Chemical Society Reviews, 47(17): 6486-6504.

Hugie M R. 2019. Expression systems for synthetic spider silk protein production. Logan: Utah State University.

Humenik M, Scheibel T, Smith A. 2011a. Spider silk: Understanding the structure-function relationship of a natural fiber. Progress in Molecular Biology and Translational Science, 103: 131-185.

Humenik M, Smith A M, Scheibel T. 2011b. Recombinant spider silks-biopolymers with potential for future applications. Polymers, 3(1): 640-661.

Islam M S, Ang B C, Andriyana A, et al. 2019. A review on fabrication of nanofibers via electrospinning and their applications. SN Applied Sciences, 1(10): 1248.

Ittah S, Barak N, Gat U. 2010. A proposed model for dragline spider silk self-assembly: Insights from the effect of the repetitive domain size on fiber properties. Biopolymers, 93(5): 458-468.

Jakob L, Gust A, Grohmann D. 2019. Evaluation and optimisation of unnatural amino acid incorporation and bioorthogonal bioconjugation for site-specific fluorescent labelling of proteins expressed in mammalian cells. Biochemistry and Biophysics Reports, 17: 1-9.

Jin H, Chen J, Karageorgiou V, et al. 2004. Human bone marrow stromal cell responses on electrospun silk fibroin mats. Biomaterials, 25(6): 1039-1047.

Jin Q, Pan F, Hu C F, et al. 2022. Secretory production of spider silk proteins in metabolically engineered *Corynebacterium glutamicum* for spinning into tough fibers. Metabolic Engineering, 70: 102-114.

Johari N, Khodaei A, Samadikuchaksaraei A, et al. 2022. Ancient fibrous biomaterials from silkworm protein fibroin and spider silk blends: biomechanical patterns. Acta Biomaterialia, 153: 38-67.

Jones J A, Harris T I, Bell B E, et al, 2019. Material formation of recombinant spider silks through aqueous solvation using heat and pressure. Journal of Visualized Experiments, (147): e59318.

Jones J A, Harris T I, Tucker C L, et al. 2015. More than just fibers: an aqueous method for the production of innovative recombinant spider silk protein materials. Biomacromolecules, 16(4): 1418-1425.

Jongprasitkul H, Turunen S, Parihar V S, et al. 2023. Sequential cross-linking of Gallic acid-functionalized GelMA-based bioinks with enhanced printability for extrusion-based 3D bioprinting. Biomacromolecules, 24(1): 502-514.

Ju H W, Lee O J, Lee J M, et al. 2016. Wound healing effect of electrospun silk fibroin nanomatrix in burn-model. International Journal of Biological Macromolecules, 85: 29-39.

Kapoor S, Kundu S C. 2016. Silk protein-based hydrogels: promising advanced materials for biomedical applications. Acta Biomaterialia, 31: 17-32.

Kaur A, Kaur K. 2019. Spider Silk: an excellent candidate as toughest biomaterial. Research & Reviews in Biotechnology & Biosciences, 6(1): 31-43.

Kluge J A, Rabotyagova O, Leisk G G, et al. 2008. Spider silks and their applications. Trends in Biotechnology, 26(5): 244-251.

Ko F K, Wan L Y. 2018. Engineering properties of spider silk//Bunsell A R. eds. Handbook of Properties of Textile and Technical Fibres (Second Edition). Cambridge: Woodhead Publishing: 185-220.

Koeppel A, Holland C. 2017. Progress and trends in artificial silk spinning: A systematic review. ACS Biomaterials Science & Engineering, 3(3): 226-237.

Kono N, Nakamura H, Mori M, et al. 2020. Spidroin profiling of cribellate spiders provides insight into the evolution of spider prey capture strategies. Scientific Reports, 10(1): 15721.

Kono N, Nakamura H, Mori M, et al. 2021. Multicomponent nature underlies the extraordinary mechanical properties of spider dragline silk. Proceedings of the National Academy of Sciences of the United States of America, 118(31): e2107065118.

Kozlowska A K, Florczak A, Smialek M, et al. 2017. Functionalized bioengineered spider silk spheres improve nuclease resistance and activity of oligonucleotide therapeutics providing a strategy for cancer treatment, 59: 221-233.

Kumari S, Bargel H, Anby M, et al. 2018. Recombinant spider silk hydrogels for sustained release of biologicals. ACS Biomaterials Science and Engineering, 4(5):1750-1759.

Kümmerlen J, van Beek J D, Vollrath F, et al. 1996. Local structure in spider dragline silk investigated by two-dimensional spin-diffusion nuclear magnetic resonance. Macromolecules, 29(8): 2920-2928.

Lammel A, Schwab M, Hofer M, et al. 2011. Recombinant spider silk particles as drug delivery vehicles. Biomaterials, 32: 2233-2240.

Lazaris A, Arcidiacono S, Huang Y, et al. 2002. spider silk fibers spun from soluble recombinant silk produced in mammalian cells. Science, 295(5554): 472-476.

Lechner A, Trossmann V T, Scheibel T. 2022. Impact of cell loading of recombinant spider silk based bioinks on gelation and printability. Macromolecular Bioscience, 22(3):e2100390.

Lewis E A, Pigott M A, Randall A, et al. 2013. The development and introduction of ballistic protection of the external genitalia and perineum. Journal of the Royal Army Medical Corps, 159(Suppl 1): i15-i17.

Li C, Vepari C, Jin H, et al. 2006. Electrospun silk-BMP-2 scaffolds for bone tissue engineering. Biomaterials, 27(16): 3115-3124.

Li G, Li Y, Chen G, et al. 2015. Silk-based biomaterials in biomedical textiles and fiber-based implants. Advanced Healthcare Materials, 4(8):1134-51.

Li J, Jiang B, Chang X, et al. 2023. Bi-terminal fusion of intrinsically-disordered mussel foot protein fragments boosts mechanical strength for protein fibers. Nature Communications, 14(1): 2127.

Li J, Zhu Y, Yu H, et al. 2021. Microbially synthesized polymeric amyloid fiber promotes β-nanocrystal formation and displays gigapascal tensile strength. ACS Nano, 15(7): 11843-11853.

Li Z H, Ji S C, Wang Y Z, et al. 2013. Silk fibroin-based scaffolds for tissue engineering. Frontiers of Materials Science, 7(3): 237-247.

Limon S M, Quigley C, Sarah R, et al. 2024. Advancing scaffold porosity through a machine learning framework in extrusion based 3D bioprinting. Frontiers in Materials, 10: 1337485.

Lin S, Chen G, Liu Xi, et al. 2016. Chimeric spider silk proteins mediated by intein result in artificial hybrid silks. Biopolymers, 105(7):385-392.

Lin Z, Deng Q, Liu X, et al. 2013. Engineered large spider eggcase silk protein for strong artificial fibers. Advanced Materials, 25(8): 1216-1220.

Linder M, Penttilä M, Szilvay G, et al. 2017. Production of fusion proteins in *Trichoderma*. WO2017115005A1.

López Barreiro D, Yeo J, Tarakanova A, et al. 2019. Multiscale modeling of silk and silk-based biomaterials—a review. Macromolecular Bioscience, 19(3): e1800253.

Lu W, Kaplan D L, Buehler M J. 2024. Generative modeling, design, and analysis of spider silk protein sequences for enhanced mechanical properties. Advanced Functional Materials, 34: 2311324.

Lucke M, Mottas I, Herbst T, et al. 2018. Engineered hybrid spider silk particles as delivery system for peptide vaccines. Biomaterials, 172:105-115.

Lyda T A, Wagner E L, Bourg A X, et al. 2017. A *Leishmania* secretion system for the expression of major ampullate spidroin mimics. PLoS One, 12(5): e0178201.

Madurga R, Plaza G, Blackledge T. et al. 2016. Material properties of evolutionary diverse spider silks described by variation in a single structural parameter. Scientific Reports, 6:18991.

Malay A D, Suzuki T, Katashima T. et al. 2020. Spider silk self-assembly via modular liquid-liquid phase separation and nanofibrillation. Science Advances, 6(45):eabb6030.

Marín C B, Fitzpatrick V, Kaplan D L, et al. 2020. Silk Polymers and nanoparticles: A powerful combination for the design of versatile biomaterials. Frontiers in Chemistry. 8:604398.

Matsumoto A, Chen J S, Collette A L, et al. 2006. Mechanisms of silk fibroin Sol-gel transitions. The Journal of Physical Chemistry B, 110(43): 21630-21638.

Melke J, Midha S, Ghosh S, et al. 2016. Silk fibroin as biomaterial for bone tissue engineering. Acta Biomaterialia, 31: 1-16.

Melton L. 2023. Top ten news stories in 2023. Nature Biotechnology, 41(12): 1663-1664.

Mi J, Li X, Niu S, et al. 2024. High-strength and ultra-tough supramolecular polyamide spider silk fibers assembled *via* specific covalent and reversible hydrogen bonds. Acta Biomaterialia, 176: 190-200.

Mi J, Zhou Y, Ma S, et al. 2023. High-strength and ultra-tough whole spider silk fibers spun from transgenic silkworms. Matter, 6(10): 3661-3683.

Min B M, Lee G E, Kim S H, et al. 2004. Electrospinning of silk fibroin nanofibers and its effect on the adhesion and spreading of normal human keratinocytes and fibroblasts *in vitro*. Biomaterials, 25(7-8): 1289-1297.

Miserez A, Yu J, Mohammadi P. 2023. Protein-based biological materials: molecular design and artificial production. Chemical Reviews, 123(5): 2049-2111.

Morgan A W, Roskov K E, Lin-Gibson S, et al. 2008. Characterization and optimization of RGD-containing silk blends to support osteoblastic differentiation. Biomaterials, 29(16): 2556-2563.

Mu X, Amouzandeh R, Vogts H, et al. 2023. A brief review on the mechanisms and approaches of silk spinning-inspired biofabrication. Frontiers in Bioengineering and Biotechnology, 11: 1252499.

Naskar D, Barua R R, Ghosh A K, et al. 2014. Introduction to silk biomaterials//Kundu S C. eds. Silk Biomaterials for Tissue Engineering and Regenerative Medicine. Cambridge: Woodhead Publishing: 3-40.

Nepal D, Kang S, Adstedt K M, et al. 2022. Hierarchically structured bioinspired nanocomposites. Nature Materials, 22(1): 18-35.

Numata K, Katashima T, Sakai T. 2011. State of water, molecular structure, and cytotoxicity of silk hydrogels. Biomacromolecules, 12: 2137-2144.

Onofrei D, Stengel D, Jia D. 2021. Investigating the atomic and mesoscale interactions that facilitate spider silk protein pre-assembly. Biomacromolecules, 22(8): 3377-3385.

Pant B, Park M, Park SJ. 2019. Drug delivery applications of core-sheath nanofibers prepared by coaxial electrospinning: A review. Pharmaceutics, 11(7): 305.

Peng C A, Russo J, Gravgaard C, et al. 2016. Spider silk-like proteins derived from transgenic *Nicotiana tabacum*. Transgenic Research, 25(4): 517-526.

Poddar H, Breitling R, Takano E. 2020. Towards engineering and production of artificial spider silk using tools of synthetic biology. Engineering Biology, 4(1): 1-6.

Pogozelski E M, Becker W L, See B D, et al. 2011. Mechanical testing of spider silk at eryogenic temperatures. International Journal of Biologioal Macromolecules, 48(1): 27-31.

Qin D, Wang M, Cheng W, et al. 2024. Spidroin-mimetic engineered protein fibers with high toughness and minimized batch-to-batch variations through β-sheets co-assembly. Angewandte Chemie International Edition, 63(15): e202400595.

Rajabi M, Firouzi M, Hassannejad Z, et al. 2018. Fabrication and characterization of electrospun laminin-functionalized silk fibroin/poly(ethylene oxide) nanofibrous scaffolds for peripheral nerve regeneration. Journal of Biomedical Materials Research Part B, Applied Biomaterials, 106(4): 1595-1604.

Rising A, Johansson J. 2015. Toward spinning artificial spider silk. Nature Chemical Biology, 11(5): 309-315.

Rising A, Nimmervoll H, Grip S, et al. 2005. Spider silk proteins: mechanical property and gene sequence. Zoological Science, 22(3): 273-281.

Römer L, Scheibel T. 2008. The elaborate structure of spider silk: structure and function of a natural high performance fiber. Prion, 2(4): 154-161.

Salehi S, Koeck K, Scheibel T. 2020. Spider silk for tissue engineering applications. Molecules, 25(3): 737.

Sarr M, Kitoka K, Walsh-White K A, et al. 2022. The dimerization mechanism of the N-terminal domain of spider silk proteins is conserved despite extensive sequence divergence. Journal of Biological Chemistry, 298(5): 101913.

Schacht K, Scheibel T. 2011. Controlled hydrogel formation of a recombinant spider silk protein. Biomacromolecules, 12(7): 2488-2495.

Scheller J, Gührs K H, Grosse F, et al. 2001. Production of spider silk proteins in tobacco and potato. Nature Biotechnology, 19(6): 573-577.

Schierling M, Doblhofer E & Scheibel T. 2016. Cellular uptake of drug loaded spider silk particles. Biomaterials Science, 4(10):1515-1523

Schmuck B, Greco G, Pessatti T B, et al, 2024. Strategies for making high-performance artificial spider silk fibers. Advanced Functional Materials, 34(35): 2305040.

Schneider A, Wang X Y, Kaplan D L, et al. 2009. Biofunctionalized electrospun silk mats as a topical bioactive dressing for accelerated wound healing. Acta Biomaterialia, 5(7): 2570-2578.

Seo S J, Das G, Shin H S, et al. 2023. Silk sericin protein materials: Characteristics and applications in food-sector industries. International Journal of Molecular Sciences, 24(5): 4951.

Shankar S, Murthy A N, Rachitha P, et al. 2023. Silk sericin conjugated magnesium oxide nanoparticles for its antioxidant, anti-aging, and anti-biofilm activities. Environmental Research, 223: 115421.

Shirangi A, Sepehr A, Kundu S C, et al. 2024. Recent trends in controlled drug delivery based on silk platforms// Kundu S C, Reis R S, eds. Silk-Based Biomaterials for Tissue Engineering, Regenerative and Precision Medicine (Second Edition). Cambridge: Woodhead Publishing: 417-444.

Sidoruk K V, Davydova L I, Kozlov D G, et al. 2015. Fermentation optimization of a *Saccharomyces cerevisiae* strain producing 1F9 recombinant spidroin. Applied Biochemistry and Microbiology, 51(7): 766-773.

Sohn S, Gido S P. 2009. Wet-spinning of osmotically stressed silk fibroin. Biomacromolecules, 10(8): 2086-2091.

Sparkes J, Holland C. 2017. Analysis of the pressure requirements for silk spinning reveals a pultrusion dominated process. Nature Communications, 8: 594.

Sponner A, Schlott B, Vollrath F, et al. 2005. Characterization of the protein components of *Nephila clavipes* dragline silk. Biochemistry, 44(12): 4727-4736.

Sutherland T D, Young J H, Weisman S, et al. 2010. Insect silk: one Name, many materials. Annual Review of Entomology, 55: 171-188.

Tasiopoulos C P, Gustafsson L, Wijngaart W, et al. 2021. Fibrillar nanomembranes of recombinant spider silk protein support cell co-culture in an *in vitro* blood vessel wall model. ACS Biomaterials Science & Engineering, 7: 3332-3339.

Teulé 1 F, Cooper A R, Furin W A, et al. 2009. A protocol for the production of recombinant spider silk-like proteins for artificial fiber spinning. Nature Protocols, 4(3):341-355.

Teulé F, Miao Y, Sohn B H, et al. 2012. Silkworms transformed with chimeric silkworm/spider silk genes spin composite silk fibers with improved mechanical properties. Proceedings of the National Academy of Sciences of the United States of America, 109(3): 923-928.

Thangavel P, Kanniyappan H, Chakraborty S, et al. 2023. Fabrication of konjac glucomannan-silk fibroin based biomimetic scaffolds for improved vascularization and soft tissue engineering applications. Journal of Applied Polymer Science, 140(35): e54333.

Tian M, Lewis R V. 2006. Tubuliform silk protein: a protein with unique molecular characteristics and mechanical properties in the spider silk fibroin family. Applied Physics A, 82(2): 265-273.

Trossmann V T, Scheibel T. 2024. Spider silk and blend biomaterials: recent advances and future opportunities//Kundu S C, Reis R S, eds. Silk-Based Biomaterials for Tissue Engineering, Regenerative and Precision Medicine (Second Edition). Cambridge: Woodhead Publishing: 133-190.

Um I C, Kweon H Y, Park Y H, et al. 2001. Structural characteristics and properties of the regenerated silk fibroin prepared from formic acid. International Journal of Biological Macromolecules, 29(2): 91-97.

Venkatesan H, Chen J M, Hu J L, 2022. Fibers made of recombinant spidroins—a brief review. AATCC Journal of Research, 6(1_suppl): 37-40.

Vepari C, Kaplan D L. 2007. Silk as a biomaterial. Progress in Polymer Science, 32(8-9): 991-1007.

Vollrath F, Knight D P. 2001. Liquid crystalline spinning of spider silk. Nature, 410(6828): 541-548.

Wang H Y, Zhang Y Q. 2015. Processing silk hydrogel and its applications in biomedical materials. Biotechnology Progress, 31(3): 630-640.

Wang K K, Wen R, Wang S Z, et al. 2020. The molecular structure of novel pyriform spidroin (PySp2) reveals extremely complex central repetitive region. International Journal of Biological Macromolecules, 145: 437-444.

Wang X P, Jiang J H, Yuan C H, et al. 2024. 3D bioprinting of GelMA with enhanced extrusion printability through coupling sacrificial carrageenan. Biomaterials Science, 12(3): 738-747.

Wang X Q, Kluge J A, Leisk G G, et al. 2008. Sonication-induced gelation of silk fibroin for cell encapsulation. Biomaterials, 29(8): 1054-1064.

Watanabe Y, Arakawa K. 2023. Molecular mechanisms of the high performance of spider silks revealed through multi-omics analysis. Biophysics and Physicobiology, 20(1): e200014.

Weichert N, Hauptmann V, Helmold C, et al. 2016. Seed-specific expression of spider silk protein multimers causes long-term stability. Frontiers in Plant Science, 7: 6.

Whittall D R, Baker K V, Breitling R, et al. 2021. Host systems for the production of recombinant spider silk. Trends in Biotechnology, 39(6): 560-573.

Wu C, Yang K, Gu Y, et al. 2019. Mechanical properties and impact performance of silk-epoxy resin composites modulated by flax fibres. Composites Part A: Applied Science and Manufacturing, 117: 357-368.

Wu S D, Chuang W T, Ho J C, et al. 2023. Self-healing of recombinant spider silk gel and coating. Polymers, 15(8): 1855.

Xia X, Qian Z, Ki C, et al. 2010. Native-sized recombinant spider silk protein produced in metabolically engineered *Escherichia coli* results in a strong fiber. Proceedings of the National Academy of Sciences of the United States of America, 107(32): 14059-14063.

Xiao Z, Connor A J, Worland A M, et al. 2023. Silk fibroin production in *Escherichia coli* is limited by a positive feedback loop between metabolic burden and toxicity stress. Metabolic Engineering, 77: 231-241.

Xie Q, On Lee S, Vissamsetti N, et al, 2023. Secretion-catalyzed assembly of protein biomaterials on a bacterial membrane surface. Angewandte Chemie International Edition, 62(37): e202305178.

Xu H, Fan B, Yu S, et al. 2007. Construct synthetic gene encoding artificial spider dragline silk protein and its expression in milk of transgenic mice. Animal Biotechnology, 18(1): 1-12.

Xu J, Dong Q, Yu Y, et al. 2018. Mass spider silk production through targeted gene replacement in *Bombyx mori*. Proceedings of the National Academy of Sciences of the United States of America, 115(35): 8757-8762.

Yang J J, Barr L A, Fahnestock S R, et al. 2005. High yield recombinant silk-like protein production in transgenic plants through protein targeting. Transgenic Research, 14(3): 313-324.

Yang K, Guan J, Numata K, et al. 2019. Integrating tough *Antheraea pernyi* silk and strong carbon fibres for impact-critical structural composites. Nature Communications, 10(1): 3786.

Yang K, Ritchie R O, Gu Y, et al. 2016. High volume-fraction silk fabric reinforcements can improve the key mechanical properties of epoxy resin composites. Materials & Design, 108: 470-478.

Yao J, Masuda H, Zhao C, et al. 2002. Artificial spinning and characterization of silk fiber from *Bombyx mori* silk fibroin in hexafluoroacetone hydrate. Macromolecules, 35(1): 6-9.

Yarger J L, Cherry B R, Vaart A. 2018. Uncovering the structure-function relationship in spider silk. Nature Reviews Materials, 3(3): 18008.

Yazawa K, Malay A D, Ifuku N, et al. 2018. Combination of amorphous silk fiber spinning and postspinning crystallization for tough regenerated silk fibers. Biomacromolecules, 19(6):

2227-2237.

Zhang X, Reagan M R, Kaplan D L. 2009. Electrospun silk biomaterial scaffolds for regenerative medicine. Advanced Drug Delivery Reviews, 61(12): 988-1006.

Zhang X, Xia L, Day B A, et al. 2019. CRISPR/Cas9 initiated transgenic silkworms as a natural spinner of spider silk. Biomacromolecules, 20(6): 2252-2264.

Zhang Y, Lu H, Liang X, et al. 2022. Silk materials for intelligent fibers and textiles: Potential, progress and future perspective. Acta Physico-Chimica Sinica, 38 (9):2103034.

Zheng H, Zuo B. 2021. Functional silk fibroin hydrogels: preparation, properties and applications. Journal of Materials Chemistry B, 9(5): 1238-1258.

Zheng Z, Wu J, Liu M, et al. 2018. 3D bioprinting of self-standing silk-based bioink. Advanced Healthcare Materials, 7(6): e1701026.

Zhu H, Rising A, Johansson J, et al. 2020. Tensile properties of synthetic pyriform spider silk fibers depend on the number of repetitive units as well as the presence of N- and C-terminal domains. International Journal of Biological Macromolecules, 154: 765-772.

第6章　抗冻蛋白材料

　　水是地球最重要的资源，然而水冻结成冰会给人类及大多数生物体带来诸多不便，甚至是致死性伤害。对于生存在高海拔地区、南北两极、永久冻土层和山地冰川地区等环境中的生物，冰晶会对生物体细胞产生机械损伤和渗透压损伤，影响其正常生长和发育，甚至导致死亡。

　　冰晶的形成也会对人类的生产生活造成很大的影响，例如，冰雪覆盖的道路会导致交通事故的增加，结冰导致输电网络和电缆故障，覆冰通信设备会发生信号中断或设备故障，冻结的水流造成供水中断或水管破裂等。2008 年年初，中国南方出现极低气温、暴风雪和冻雨等自然现象，造成了中国南方大量输电线路断裂、37%的输电塔倒塌、大量基础设施损坏、交通混乱等现象，直接经济损失达到 538 亿元人民币（Zhou et al.，2009）。2021 年 2 月，美国得克萨斯州经历了一场严重的暴风雪，造成该州的发电厂多次停电、减产或无法启动，导致全州 40%的电力供应中断。为避免电网崩溃，得克萨斯州电网运营商采取了 20 GW 容量的滚动停电措施，这也成为美国历史上最大规模的手动控制负荷减少事件。为了减少结冰对人类生产生活带来的危害，研究人员提出了很多应对措施，例如，使用化学物质（如盐或融雪剂）来降低路面冰的形成温度、防止结冰；当已经形成冰时，使用化学除冰和热除冰等方式进行除冰。然而，上述除冰方法不仅耗时、耗能、昂贵，而且效率低下。

　　在医疗发展中，细胞、组织和器官的长期保存，是基础医学、医药开发及再生医学等领域一项重要的支撑技术。然而，在细胞的低温冷冻保存中，冰晶的形成会对细胞内和细胞间结构造成不可逆的破坏，造成细胞生理形态发生改变甚至死亡。为了应对结冰带来的危害，研究人员提出，对于细胞和组织的低温冷冻保存，可通过添加冷冻保护剂进行低温保护。目前最常用的冷冻保护剂主要分为两类：①渗透性抗冻保护剂，如二甲基亚砜（DMSO）、甘油、聚脯氨酸（Xie et al.，2016）；②非渗透性抗冻保护剂，如蔗糖、海藻糖、棉子糖、聚乙烯吡咯烷酮、聚乙二醇、羟乙基淀粉和白蛋白等大分子物质（Newton et al.，1998）。然而，由于上述冻存剂的毒性等问题，开发生物相容性良好、高效的低温冷冻保护剂仍是关键难点。

6.1　抗　冻　蛋　白

　　寒冷环境中的生物经过长期的适应性进化，在体内产生出一种具有降低冰点、抑制冰晶生长功能的蛋白质，称为抗冻蛋白（antifreeze protein，AFP）（Ewart et al.，

1999）。1969 年，研究人员在南极 Mcmurdo 海峡的鱼类体液中，首次发现了具有抗冻能力的蛋白质，并发现这类蛋白质具有与冰晶结合的独特能力，由于此类抗冻蛋白具有相对简单的重复三肽结构，每个三肽结构都连接一个二糖，故将其命名为抗冻糖蛋白（antifreeze glycoprotein，AFGP）。随着研究的深入，在脊椎动物、无脊椎动物、植物、细菌和真菌中都发现具有抗冻能力的蛋白质，其蛋白质上不连接糖类分子，结构更加多样（Biggs et al.，2017）。

研究表明，来源于不同生物体内的抗冻蛋白结构各异，没有共同的演化规律，并且不同结构的抗冻蛋白具有不同的功能偏好性。本章将对不同来源的抗冻蛋白进行分类介绍，具体如下。

6.1.1 抗冻蛋白的来源

1. 鱼类抗冻蛋白

极地海洋的温度低于冰点温度，生存在此环境中的鱼类能够通过抗冻蛋白降低体液的冰点，维持其体液的流动性，从而在极寒的海洋环境中生存。到目前为止，科研人员在鱼类中共发现了 5 种抗冻（糖）蛋白，分别是抗冻糖蛋白（AFGP）、Ⅰ 型抗冻蛋白（AFP Ⅰ）、Ⅱ 型抗冻蛋白（AFP Ⅱ）、Ⅲ 型抗冻蛋白（AFP Ⅲ）和Ⅳ型抗冻蛋白（AFP Ⅳ）（Kim et al.，2017）。由于鱼类抗冻蛋白表现出较低的热滞活性，被归类为中等活性的抗冻蛋白。

2. 昆虫抗冻蛋白

昆虫抗冻蛋白来源丰富，黄粉虫、松皮天牛、云杉卷叶蛾等昆虫均在冷胁迫下产生抗冻蛋白，从而保护细胞免受冻结伤（Toxopeus and Sinclair，2018）。例如，1977 年，Graham 等利用凝胶渗透色谱法从黄粉虫幼虫的血淋巴中分离出微量的抗冻蛋白，即黄粉虫抗冻蛋白（TmAFP），经过分析，TmAFP 是一种分子量为 8～12 kDa 的抗冻蛋白，富含半胱氨酸、苏氨酸和其他短侧链氨基酸（甘氨酸、丙氨酸、丝氨酸），并且缺乏几种疏水性氨基酸，表现出非常高的热滞活性。赤翅甲虫抗冻蛋白（DAFP）的分子量大约为 8.4 kDa，在氨基酸水平上表现出与 TmAFP 的高度同源性。DAFP 包括很多类型，目前研究较清楚的是 DAFP1 和 DAFP2，分别含有 83 个和 84 个氨基酸。狐尾毛线虫抗冻蛋白（CfAFP）是从一种针叶树的害虫中纯化得到的，由 90 个氨基酸和 4 个二硫键组成，其蛋白质序列与其他已知的昆虫抗冻蛋白序列同源性很低。

在低温环境下，昆虫抗冻蛋白可以与冰晶表面相互作用，形成一层保护层，抑制冰晶的生长速度，从而减小因冰晶的生长给细胞和组织带来的损伤。此外，昆虫抗冻蛋白还可以与细胞膜相互作用。在低温条件下，细胞膜往往容易受到冻结和解冻引起的损伤,抗冻蛋白可以在细胞膜表面形成一层保护性的"薄膜",保护细胞膜的完整性,减少细胞膜的破裂(Duman,2001)。

3. 植物抗冻蛋白

植物抗冻蛋白发现较晚,但是到目前为止,已经发现多种植物抗冻蛋白,例如,冬季作物小麦、大麦和草莓,以及生长在高山地区的植物(如高山杜鹃和高山冷杉)等(Ding et al.,2019)。寒冷天气下,植物抗冻蛋白在防止冰晶生长引起的细胞损伤中发挥着重要作用。对于植物细胞来说,冰晶的形成是致命的,因为它们会破坏细胞或细胞结构并造成机械损伤。而抗冻蛋白会抑制水晶重结晶,阻止大而尖锐的冰晶产生,从而使植物能在0℃以下的环境中生存。

来源于植物类的抗冻蛋白呈现出较强的抑制冰晶重结晶能力,这可能是由于抗冻蛋白具有较大的分子量,其表面通常包括多个亲水性冰晶亲和结构域,从而高效组织冰的重结晶。以黑麦草抗冻蛋白(LpAFP)为例,1992年,Griffith等首先从冬黑麦中提取并纯化得到LpAFP,研究表明,LpAFP中的7个多肽组分都表现出了明显的抗冻活性,并且具有相似的氨基酸组成,经结构预测,LpAFP的二级结构主要为β折叠,三级结构为有规则的右手β螺旋,螺旋的两个侧面都可以与冰晶的棱面相结合,因此表现出了良好的抑制冰重结晶能力。

4. 微生物抗冻蛋白

微生物抗冻蛋白包括细菌产生的抗冻蛋白和真菌产生的抗冻蛋白,一些生活在极寒环境中的细菌,如原始海洋单胞菌,可以合成和分泌抗冻蛋白,以适应极端低温的生存条件。真菌中也发现含有抗冻蛋白,如雪腐菌和冷腐菌,可以通过抗冻蛋白保护细胞免受冷冻损伤。

一般来说,微生物AFP是分泌到细胞外的,呈现出较低的热滞活性和较高的抑制冰重结晶能力,这些蛋白质有助于维持细菌周围的流体环境,防止细胞外冰的损害。当环境温度略低于0℃时,较高的冰重结晶抑制(ice recrystallization inhibition,IRI)活性可以增加微生物在冻融循环中存活的机会。此外,微生物抗冻蛋白还可以使海冰或冰川中的冰粒之间形成液体通道,用于微生物的呼吸、营养吸收和细胞分裂,维持微生物群落的生长。

6.1.2 抗冻蛋白的功能

抗冻蛋白的主要功能包括抑制冰重结晶、热滞活性和改变冰晶形貌。

1. 冰重结晶抑制

冰重结晶抑制(IRI)是抗冻蛋白的重要特性,这个过程意味着大冰晶以牺牲

小冰晶为代价继续增长。冰重结晶现象受多种因素影响，有研究表明，表现出冰重结晶抑制活性的抗冻蛋白，其活性仍依赖于吸附-抑制机理。虽然与热滞活性机理相同，但是冰重结晶抑制活性和热滞活性程度之间没有明显的相关性（Zhang et al.，2023a）。同一种抗冻蛋白，亚微摩尔级别的浓度就能呈现出明显的冰重结晶抑制能力，但是热滞活性需要毫摩尔级别浓度（Baskaran et al.，2021）。

2. 热滞活性

抗冻蛋白的热滞活性是其在低温条件下表现出的一种特殊性能，能够对冰的形成和融化过程产生影响（Duman，2015）。具体而言，抗冻蛋白表现出非依数性降低冰点的能力，它们可以吸附在冰晶表面，阻止进一步生长。这会使所谓的滞后凝固点低于正常的平衡凝固点/熔点，使两者之间产生差异，称为热滞（thermal hysteresis，TH）（Eskandari et al.，2020）。研究表明，不同生物体及其生存的环境条件不同，AFP 的 TH 活性也不同，鱼类 AFP 具有更高的 TH 值（在 0.6～1.5℃之间），而植物 AFP 的 TH 值仅在 0.2～0.4℃之间。

TH 和 IRI 的性质都是基于 AFP 对冰的亲和力，然而研究证明 TH 活性与 IRI 活性无明确相关性。Yu 等（2010）研究发现，在比较高活性 AFP（如昆虫抗冻蛋白）与中等活性 AFP（如鱼类抗冻蛋白）时，AFP 的高 TH 值并不总是与高 IRI 活性相对应。

3. 改变冰晶形貌

改变冰晶形貌很可能不是抗冻蛋白的主要功能，而是其吸附到冰晶表面之后随之而来的可视化变化。抗冻蛋白最重要的特性是其能够不可逆地吸附到一个或多个冰晶表面。相比热滞能力，抗冻蛋白改变冰晶形貌能力所需要的浓度更低，甚至仅需微摩尔浓度。在常压，–200℃以上的低温环境下，冰晶会生长为六方冰（Ih）。用纳升仪器测试纯水溶液中单冰晶的形貌，在较大过冷温度下，初始冰晶呈现为扁平的圆盘状。当溶液中存在抗冻蛋白时，抗冻蛋白会特异性吸附在冰晶的不同晶面，使冰晶形态变成六边形、针状等多种形状（Bar Dolev et al.，2016）。抗冻蛋白通过多种机制达到改变冰晶形貌的目的。此外，抗冻蛋白还可以在冰晶晶格中插入，干扰冰晶结构的有序性，改变晶格的缺陷分布和排列方式，进而影响冰晶的形状和结构。通过这些机制，抗冻蛋白能够调控冰晶的形貌，使得冰晶呈现出多样化的形状、大小和排列方式。

6.1.3 抗冻蛋白的结构

耐寒生物体内产生抗冻蛋白是自我保护的手段。由于耐寒生物种类繁多且生存环境差异较大，由不同生物独立进化得到的抗冻蛋白具有显著的结构多样性，分子量大小范围为 2～50 kDa。本节根据抗冻蛋白的结构不同进行介绍。

1. 抗冻糖蛋白

南极脊索鱼类及鳕科鱼类体内可以合成富含丙氨酸的抗冻糖蛋白（antifreeze glycoprotein，AFGP）（Fletcher et al.，1982）。这些 AFGP 由三肽重复单元组成，肽骨架为丙氨酸/脯氨酸-丙氨酸-苏氨酸。不同数量的重复单元可以组成不同大小的 AFGP，重复单元的重复次数为 4～55 次（Cheng，1996）。最初，根据凝胶电泳显示的迁移率鉴定出 8 种不同大小的 AFGP，分别标记为 AFGP1～8，其中 AFGP1 分子量最大（约 33 kDa），而 AFGP8 分子量最小（2.6 kDa）。分子量较小的 AFGP7 和 AFGP8，是最常见的同分异构体，约占大多数南极脊索鱼类体内 AFGP 的 2/3。根据分子量将抗冻糖蛋白分为两类：大分子量的 AFGP（AFGP1～5）和小分子量的 AFGP（AFGP6～8）。研究发现，大分子量 AFGP 只含有丙氨酸-丙氨酸-苏氨酸重复单元的肽骨架，而一些小分子量的 AFGP 在组成上是不均匀的，在三肽重复单元的内部，一个或多个位置的丙氨酸会发生脯氨酸替代的现象（Ahmed et al.，1975）。研究发现，脯氨酸替代第一个丙氨酸的现象普遍存在于较小分子量的 AFGP 中，在大分子量的 AFGP 中此类情况出现较少。Chen 等（1997a）发现了一个具有长达 88 个三肽重复单元的大分子量 AFGP，序列中包含少量脯氨酸替代丙氨酸的情况。

尽管北极地区鳕科鱼类的 AFGP 尚未得到充分表征，但研究人员已经解析出一系列不同尺寸的同分异构体。在一些北温带地区的鳕科鱼类中，最大的 AFGP 分子量小于南极地区的同类。来自远东宽突鳕的抗冻蛋白属于 AFGP6 分子量范围（Raymond et al.，1975）。北极地区鳕科鱼类的 AFGP 在主要结构上几乎与南极鱼类相同，唯一的微小差异是在三肽重复中的一些苏氨酸被赖氨酸所替代（Chen et al.，1997a；O'Grady et al.，1982）。

南极脊索鱼类和北方鳕鱼类的 AFGP 均为大分子量的聚蛋白。对这两个不相关鱼类群的 AFGP 基因进行详细分析，显示它们的 AFGP 均来自不同的基因组起源。南极类脊索鱼类的 AFGP 基因源自类胰蛋白原样蛋白酶基因，其演化起源约在 700 万～1500 万年前，这与海平面冰川作用和南极水域冰冻的时间相符（Cheng and Detrich III，2012；Chen et al.，1997b）。鳕鱼类的 AFGP 基因演化研究表明它并非源自类胰蛋白原样蛋白酶基因，而是新生演化而来（Zhuang et al.，2019）。因此，南极脊索鱼类和北方鳕鱼类的 AFGP 是通过趋同进化产生的。

2. 富含 α 螺旋的 I 型抗冻蛋白

α 螺旋是蛋白质二级结构的主要形式之一，其特点为多肽链主链围绕中心轴呈有规律的螺旋式上升，每 3.6 个氨基酸残基螺旋上升一圈，两个氨基酸残基之间的距离为 0.15 nm。螺旋的方向为右手螺旋。氨基酸侧链 R 基团伸向螺旋外侧，每个肽链的肽键羧基氧和第四个N-H形成氢键,氢键的方向与螺旋长轴基本平行。由于肽链中的全部肽键都可形成氢键,故 α 螺旋十分稳定。

研究人员从比目鱼和杜父鱼中分离出了 I 型抗冻蛋白。源自冬季比目鱼的 I 型抗冻蛋白 HPLC6 是目前研究最全面的抗冻蛋白。该蛋白质含有 37 个氨基酸,其序列由 11 个氨基酸重复单元组成(Davies and Hew,1990;Hew et al.,1986)。此外,该蛋白质还具有较高的丙氨酸残基含量,占比为 62%。研究人员利用 X 射线晶体学确定了 HPLC6 的分子结构(PDB:1WFA),结果表明 HPLC6 抗冻蛋白是一种具有两性特性的 α 螺旋蛋白。另一种 I 型抗冻蛋白是从短角杜父鱼中分离出来的(ss3 AFP),同样具有较高的 64%丙氨酸含量。ss3 AFP 的结构(PDB:1Y03)是由 NMR 光谱学确定的,其总体结构类似于 HPLC6 AFP;但 ss3 AFP 在第 4 位有一个脯氨酸残基,导致其螺旋弯曲。之后研究人员又在冬季比目鱼中发现了一个含有 4 个重复亚型的 AFP 9 和一个更大的 I 型抗冻蛋白(一种含有 195 个氨基酸的蛋白质,AFP Maxi)。这两种蛋白质的 TH 活性显著高于 HPLC6 AFP。AFP 尺寸的增加可能使其结合的晶格数目增加,进而增加冰面覆盖率,从而提高冰晶结合能力,使得抗冻活性进一步提高。

Knight 等(1991)通过冰蚀刻试验对 I 型抗冻蛋白的冰结合机制进行了研究,结果表明,来自冬季比目鱼和阿拉斯加比目鱼的 I 型抗冻蛋白吸附在冰的锥面上,而短角杜父鱼的 AFP 吸附在次级棱面上。这一发现说明,每种 I 型抗冻蛋白根据其序列长度和组成,具有独特的冰结合机制。目前普遍认为,I 型抗冻蛋白的冰结合面为富含丙氨酸的疏水面,其冰结合位点为丙氨酸。结冰蚀刻试验还可用于确定 AFP 和绿色增强荧光蛋白(EGFP)构成的融合蛋白的冰结合面,从而实现它们的清晰可视化。

3. 凝集素样的 II 型抗冻蛋白

研究人员在海鸦、胡瓜鱼、鲱鱼和长吻杜父鱼体内发现了 II 型抗冻蛋白。II 型抗冻蛋白是球形的、富含半胱氨酸的鱼类抗冻蛋白,分子量为 11~24 kDa 不等。研究发现,II 型抗冻蛋白有 2 个 α 螺旋和 9 个 β 折叠,其中半胱氨酸可以形成二硫键,这些二硫键增加了它的结构稳定性(Drickamer,1999;Gronwald et al.,1998)。Ewart 等(1999)通过对 II 型抗冻蛋白与 C 型凝集素样结构域(CTLD)的结构进行比较,发现它们的氨基酸序列相似性虽然较低,但结构相似,并表现出相同的功能。这一结果表明,II 型抗冻蛋白是从 CTLD 的主链进化而来的。

部分 II 型抗冻蛋白的一个独特性质是通过结合 Ca^{2+} 来实现抗冻活性,如鲱鱼和两种胡瓜鱼所产生的抗冻蛋白。来自鲱鱼的 II 型抗冻蛋白(hAFP)在结构上与胰石蛋白(PDB:1qdd)和甘露糖结合蛋白(PDB:1sl6)相似,但后两种蛋白质没有冰结合活性。因此，不同的进化模式造就了在碳骨架结构上高度相似的蛋白质，却展现出完全不同的活性。C 型凝集素蛋白也含有 Ca^{2+} 依赖糖识别域，与 hAFP 之间的差异为半胱氨酸键的数量。hAFP 有 5 个二硫键，而 C 型凝集素只有 3 个或 4 个。Thr96、Leu97、Thr98 和 Thr115 残基都位于 Ca^{2+} 结合位点附近，可以促进与冰的结合。Liu 等（2007b）研究得出，hAFP 中的 Ca^{2+} 结合对于形成冰结合结构和增加冰结合活性至关重要。海鸦和长吻杜父鱼可以产生不依赖 Ca^{2+} 的 II 型抗冻蛋白。对依赖与不依赖 Ca^{2+} 的 II 型抗冻蛋白之间的结构进行比较，研究人员发现 Ca^{2+} 结合位点附近的几个残基是不同的。hAFP 的 Gln92、Asp94、Glu99 和 Asn113 残基在长吻杜父鱼 AFP（lpAFP）中分别被 Lys95、Asn97、Asp102 和 Asp116 残基替代。通过这些研究，Nishimiya 等（2008）确定了 Ca^{2+} 结合的关键氨基酸。这些氨基酸可能是区分依赖与不依赖 Ca^{2+} 的 II 型抗冻蛋白的重要指标。此外，在接近中纬度地区淡水中生活的日本胡瓜鱼体内发现了一种 II 型抗冻蛋白（HniAFP）。HniAFP 可以结合 Ca^{2+}，但其冰结合活性并不依赖于此特性，即使添加乙二胺四乙酸（EDTA）以去除 Ca^{2+}，其抗冻活性也不受影响（Yamashita et al., 2003）。

4. 富含 β 夹心结构的 III 型抗冻蛋白

III 型抗冻蛋白是一种平均分子量为 6.5 kDa 的小球形蛋白，存在于南极深海鳕鱼和狼鱼中（Antson et al., 2001；Yeh and Feeney, 1996）。III 型抗冻蛋白可以根据它们的序列相似性，以及对磺丙基（3-sulfopropyl methacrylate potassium salt, SP）和四次氨乙基[4-（2-aminoethyl）morpholine, QAE]的亲和力分为两组，即 QAE 葡聚糖结合异构体和 SP 葡聚糖结合异构体（Hew et al., 1988）。QAE 可以进一步分为 QAE1 和 QAE2 两个亚组（Nishimiya et al., 2005）。一些研究显示，QAE1 异构体的 TH 活性高于 QAE2 和 SP 异构体。III 型抗冻蛋白的结构已经得到广泛研究，在蛋白质数据库（http://www.rcsb.org/pdb/）中约有 40 个结构。其中，属于 QAE1 亚组的 HPLC12 AFP 的三维结构是第一个确定的，它由两个反平行三股 β 折叠组成的球形 β 夹心结构组成（Chao et al., 1994）。尽管 III 型抗冻蛋白主要由几个环组成，但可以通过疏水相互作用和结构中心处的许多氢键形成稳定的结构。Chao 等（1994）发现 III 型抗冻蛋白在 pH 2～11 范围内均表现出活性，这表明即使在会导致蛋白质变性的极端 pH 下，蛋白质也能保持稳定的折叠构象。Leiter 等（2016）研究表明，在 80℃和 400 MPa 的压力处理下（两种处理时间均为 1 min），III 型抗冻蛋白的 IRI 活性并不会受到影响。唾液酸合成酶（SAS）具有类似于 III 型抗冻蛋白的 C 端抗冻样结构域。然而，这两种同源蛋白的温度依赖稳定性、活性和主链动力学非常不同。虽然 III 型抗冻蛋白主要是刚性的，只有少数残基显示缓慢的运动，但 SAS 在低温下非常灵活（Hamada et al., 2006）。这两种显示不同功能的蛋白质可能起源于同一个结构。

在研究Ⅲ型抗冻蛋白与冰晶相互作用的机制时，研究人员发现位于平坦表面上的 Thr18 残基可能负责识别冰的棱面并与之结合。抗冻蛋白覆盖了可供水接触的冰表面，从而抑制了冰的生长。将 Thr18 替换为 Asn 会导致 TH 活性下降约 90%。Graether 等（1999）通过计算机模拟发现冰结合位点内的疏水相互作用对蛋白质的抗冻活性也很重要。当疏水残基（如 Leu19、Val20 和 Val41）被 Ala 替换时，会出现 20% 的活性损失。双突变体（L19A/V41A 和 L10A/I13A）与野生型蛋白相比，活性损失超过 50%（Baardsnes and Davies，2002）。De Vries 和 Wohlschlag（1969）的冰蚀刻试验研究揭示了Ⅲ型抗冻蛋白内更复杂的冰结合机制，结果表明，它们可以与冰的一级棱面和锥面相互作用。QAE1 异构体能够结合冰的一级棱面和锥面，但 SP 和 QAE2 异构体只能结合锥面（Garnham et al.，2010）。无活性的 QAE2 异构体的三重突变体（V9Q/V19L/G20V）能够结合一级棱面，并显示与 QAE1 异构体相似的 TH 活性（Garnham et al.，2012）。最新研究通过 NMR 实验得知，含有 V20G 突变的 QAE2 样突变体通常表现出更加灵活的构象，无法与冰晶的一级棱面结合。因此，Choi 等（2016）推断，无活性的Ⅲ型抗冻蛋白可能由于在第一个 3_{10} 螺旋（残基 18～22）位置无法与水分子之间形成氢键网络，因此不具有 ACW 机制。

5. β 螺线管抗冻蛋白

β 螺线管抗冻蛋白主要存在于昆虫、植物及南极细菌中。昆虫抗冻蛋白在抑制溶液中冰晶生长方面，比鱼类抗冻蛋白要有效得多。几种鳞翅目昆虫属如卷蛾中表达的抗冻蛋白（Tyshenko et al.，2005），其氨基酸基序 TxT 的规则形态由 15 个残基的片段分隔，没有明显的重复序列；基序中的"x"位置大多为脯氨酸（Thr）、丝氨酸（Ser）、半胱氨酸（Cys）或丙氨酸（Ala）；蛋白质结构由多个不规则间隔的二硫键稳定（Graether et al.，2000）。Lin 等（2011）报道了另一种来自鳞翅目昆虫蚕蛾的抗冻蛋白，其主要结构由重复序列 TxTxTxTxT 组成，这些序列由约 15 个残基的片段分隔，同样没有任何重复序列，这是在卷蛾的抗冻蛋白中发现的 TxT 基序的另一版本。虽然脯氨酸是"x"位置中占主导地位的残基，但这些位置可能也被精氨酸（Arg）、天冬氨酸（Asp）、天冬酰胺（Asn）、缬氨酸（Val）、异亮氨酸（Ile）和丝氨酸（Ser）占据。从 4 种鞘翅目昆虫物种黄粉虫、加拿大拟步甲、小胸鳖甲和光滑鳖甲中表征的抗冻蛋白非常相似，其结构为由 5～8 个 12 或 13 个氨基酸残基组成的重复序列，具有共识序列 TCTxSxxCxxAx（Mao et al.，2011）。这个 TxT 基序与前述鳞翅目昆虫抗冻蛋白中 TxT 基序类似，其中"x"为半胱氨酸。由于序列中的第 8 位也是半胱氨酸，这种残基在整个序列中每隔 6 个位置就会出现一次，导致在整个蛋白质中形成非常规则的二硫键模式（Li et al.，

1998）。另一种在天牛科甲虫松皮天牛中表达的抗冻蛋白，其结构是由 12～18 个残基的片段分隔的重复 TxTxTxT 序列组成。重复序列中的大多数"x"位置为脯氨酸和丙氨酸。它在 N 端附近包含一个单一的二硫键桥（Kristiansen et al.，2011）。

多年生黑麦草是一种世界范围内种植的耐寒牧草（Gudleifsson et al.，1986）。从多年生黑麦草中分离出的抗冻蛋白（LpAFP）具有较高的 IRI，但 TH 活性较低（Sidebottom et al.，2000）。LpAFP 的 TH 活性比超活性抗冻蛋白要低一个数量级，略低于中度活跃的鱼类 I、II 和 III 型抗冻蛋白（Yu et al.，2010）。LpAFP 从植物细胞分泌，并在细胞外间隙发挥作用，主要通过其 IRI 活性来减少植物组织受到的低温胁迫（Sandve et al.，2011）。

在南极洲一个冰覆盖的盐碱湖泊中生长着一种细菌，名为普利莫耶卤地海单胞菌，其分泌出一种大型抗冻蛋白 MpAFP（分子量约 1.5 MDa），此类抗冻蛋白依赖于 Ca^{2+} 发挥抗冻活性。Ca^{2+} 结合于抗冻蛋白后，抗冻蛋白结构发生改变，形成一个平坦的冰结合面，从而具有特异性吸附于冰晶表面的能力，发挥抗冻活性（Garnham et al.，2008）。MpAFP 可分为 5 个不同的区域（R I～V），其中包含 2 个高度重复的片段，即区域 II 和 IV（R II 和 R IV）。R IV 是唯一具有抗冻活性的区域，包含 13 个连续的氨基酸重复序列，每个重复序列包含 19 个氨基酸，占整个蛋白质约 2%（Garnham et al.，2011）。MpAFP 的 X 射线衍射表明，R IV 与 Ca^{2+} 结合后，以右旋 β 螺旋形式折叠排列，平坦的冰结合面上规则排列着重复的 Pro 和 Asx 残基（Gallagher and Sharp，2003）。残基将其周围的水分子排列成一个与冰的一级棱面和基面相匹配的规则类冰水层，介导其与冰晶表面结合。符合抗冻蛋白的一种通用抗冻机制（ACW 机制），能够将冰结合面生的水分子有序排列，形成类冰水，从而协助抗冻蛋白结合到冰面上（Garnham et al.，2011）。

6. 聚脯氨酸 II 型螺旋

Graham 和 Davies（2005）从冬季活动的雪蚤中分离纯化出防冻蛋白。这些大小为 6.5 kDa 和 15.7 kDa 的不耐热蛋白富含甘氨酸（占残基的 45%），短的亚型由三肽重复序列 Gly-X-X 组成。两种 AFP 具有相似的氨基酸组成，其中甘氨酸占比大于 45 mol%，丙氨酸是占比第二高的氨基酸（15 mol%）。半胱氨酸残基还原和烷基化后质量增加，表明在 6.5 kDa AFP 中有 4 个半胱氨酸形成分子内二硫键，在 15.7 kDa AFP 中有两个半胱氨酸形成分子内二硫键。这些二硫键的减少使得抗冻活性消失。这种富含甘氨酸的 AFP 与鱼类、植物、细菌或昆虫中发现的任何 AFP 都不相似。因此，节肢动物 AFP 的演化模式似乎与硬骨鱼相似，即初始物种产生于温暖的气候条件，之后不同的物种进化出不同的 AFP。

富含甘氨酸的雪蚤抗冻蛋白（sfAFP）的三维结构通过 X 射线晶体学得以解析：它由 6 个聚脯氨酸 II 螺旋束组成，由 Gly-Gly-x 重复单元构成，其中 x 为 Ala、

Arg、Asn、Asp、His、Lys、Ser、Thr 或 Val。其内部为甘氨酸残基，并在多个螺旋之间形成丰富的氢键网络（Treviño et al.，2018）。

7. α 螺旋和 β 螺旋复合型

雪霉真菌附着在休眠植物上，在积雪覆盖下向细胞外空间分泌其表达的抗冻蛋白（TisAFP）（Xiao et al.，2010）。纯化的 TisAFP 由 223 个氨基酸残基的多肽异构体混合物组成。TisAFP8 的异构体显示出高 TH 活性（2.1℃）和树突状冰生长模式，表明它也结合到冰的基面，就像超活性的抗冻蛋白一样。Kondo 等（2012）确定了另一个异构体 TisAFP6 的 X 射线晶体结构，它形成一个具有三角形横截面的独特右旋 β 螺旋，其中 N 端和 C 端的 β 折叠片相邻于 β 螺旋管主体结构内，而顶端结构由内部环形成。突变试验表明，TisAFP6 的冰结合位点位于最平坦的 β 螺旋表面上。此外，这个冰结合位点与来自细菌、藻类和硅藻等微生物的抗冻蛋白同源性较低。与其他 β 螺旋抗冻蛋白相比，TisAFP6 的螺旋结构异常地不规则。

6.2　抗冻机理

当环境温度降到冰点以下时，生物体内的水分子通过均相成核或非均相成核的方式形成冰核。随后，水分子围绕冰核不断凝聚和排列，冰晶不断生长。然而，大而尖锐的冰晶会对细胞造成机械性损伤，最终导致细胞破裂，进一步对生物体产生致命影响。为了抵御冰冻，生存在低温恶劣环境中的生物体进化出了抗冻蛋白分子。

作为最高效的生物抗冻分子，抗冻蛋白能够通过一定的作用方式与冰晶或者水相结合，降低冰点，调控冰晶的大小和形貌，抑制冰晶的生长或重结晶。不同来源的抗冻蛋白在结构和活性方面存在差异，抗冻机理也不完全相同。AFGP 与水分子间有很强的水合作用，能够在长距离上扰动水分子，通过扰动水合的方式获得抗冻能力。AFP Ⅰ 和 AFP Ⅲ 主要通过疏水性相互作用吸附在冰晶表面抑制冰晶生长，而 AFP Ⅱ、昆虫抗冻蛋白、植物抗冻蛋白等则是通过氢键结合到冰晶上发挥作用。不同类型抗冻蛋白的抗冻机理如表 6-1 所示。

表 6-1　不同类型抗冻蛋白的抗冻机理

类型	结合方式	主要作用方式	来源生物举例	参考文献
AFGP	与水结合	扰动水合	南极鳕鱼	Meister et al.，2013；Ebbinghaus et al.，2010
AFP Ⅰ	与冰晶结合	疏水性相互作用	冬季比目鱼	Zhang and Laursen，1998
AFP Ⅱ	与冰晶结合	氢键	鲱鱼	Li et al.，2004
AFP Ⅲ	与冰晶结合	疏水性相互作用	美洲绵鳚	Graether et al.，1999
AFP IV	与冰晶结合	氢键	褐牙鲆	Lee and Kim，2016

续表

类型	结合方式	主要作用方式	来源生物举例	参考文献
昆虫	与冰晶结合	氢键	黄粉虫	Zhang et al.，2023b；Middleton et al.，2012
植物	与冰晶结合	氢键	黑麦草	Middleton et al.，2012
微生物	与冰晶结合	氢键	南极细菌	Garnham et al.，2011

分子动力学（molecular dynamics，MD）模拟是在原子水平上，以经典力学、量子力学和统计力学为基础，利用计算机对分子间的相互作用进行数值求解，模拟研究分子体系的结构与性质的方法。MD 模拟在各种物理化学过程的机理研究中发挥重要作用，是对理论计算和实验探究的有力补充。借助 MD 模拟，不仅可以得到体系中所有原子的运动轨迹，获得其在变化过程中或最终稳定态的结构，也可以得到该过程的自由能变化等热力学统计结果，进一步揭示复杂化学和生物过程的机理。近年来，MD 模拟也被广泛应用于抗冻蛋白在冰-水混合体系中的模拟研究。

6.2.1 抗冻蛋白扰动水分子

部分抗冻蛋白与水分子之间的水合作用比水分子间的氢键相互作用更强，冰-水体系中的水分子更倾向于和蛋白质结合，使冰晶生长所需的能量更高，从而间接限制了水分子与冰晶的结合。有研究表明，抗冻糖蛋白（AFGP）就是通过这种方式与水结合，发挥抗冻活性。

AFGP 的 TH 活性很低，但 IRI 活性很高，是目前最有效的冰晶重结晶抑制剂。但其没有明确的二级结构，且分子柔性强，使得与之相关的 MD 模拟存在困难。目前对于 AFGP 抗冻机理的研究仍存在争议，其中扰动水合作用备受关注。AFGP 的 Thr 残基上有独特的二糖结构（Galβ1-3GalNAcα1-），这是它能够与水结合、实现扰动水合作用的关键。扰动水合作用是指 AFGP 能够引起周围水分子规律性扰动，在其表面形成远距离动态水化层，进而抑制结冰的现象（Meister et al.，2013；Ebbinghaus et al.，2010）。通过 MD 模拟研究发现，AFGP 的结构允许末端二糖单元上的羟基形成稳定的水桥，从而影响周围溶剂的氢键网络、结构和动力学，这些局部效应导致 AFGP 较远距离（10.0～12.0 Å）内的水分子所处的环境受到扰动，形成动态水化层。这种由于结构引起的远程水化动力学改变是抗冻活性产生的主要原因（Mallajosyula et al.，2014）。

此外，温度也是影响 AFGP 扰动水合作用的一个重要因素。在低温环境中，AFGP 与水分子间的水合作用更加显著，并且其动态水化层随着冰点的接近而增大，表现出低温应激性（Meister et al.，2013；Ebbinghaus et al.，2010）。

6.2.2　抗冻蛋白与冰晶结合

抗冻蛋白可以吸附到冰晶上，抑制冰晶的生长和重结晶，减轻冰晶对细胞的损伤，从而保证生物体在低温环境中的活性与结构完整性。多种分子间作用力共同促成了抗冻蛋白与冰晶的结合，氢键和疏水性相互作用是其中的两种主要作用力。

1. 氢键作用

目前，大多数对于抗冻机理的研究认为氢键在抗冻蛋白与冰晶的结合过程中发挥主要作用。抗冻蛋白的冰结合面上存在许多重要的氨基酸残基，被称为冰结合位点。这些残基的 R 基氢原子能与冰晶氧原子之间相互作用，结合形成 N—H···O 或 O—H···O 型氢键，限制了冰晶与水分子的结合，抑制冰晶生长。其中，抗冻蛋白上常见的冰结合位点包括 Thr、Asn、Ser 等，它们的侧链上通常具有亲水性的羟基或氨基，能够作为氢键的供体而发挥作用。吸附-抑制机制是公认的抗冻蛋白与冰晶结合机制，该机制认为抗冻蛋白通过氢键作用最终吸附在冰晶表面上，通过 Kelvin 效应增加表面张力、改变冰晶表面曲率，从而抑制冰晶的生长速率、降低冰晶的凝固点，形成针状冰晶，进而使抗冻蛋白具有 TH 活性（Raymond and DeVries，1977）。吸附-抑制模型作用机制如图 6-1 所示。

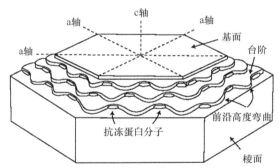

图 6-1　吸附-抑制模型作用机制（修改自 DeVries et al.，1984）

随着研究的深入，研究人员在吸附-抑制机制的基础上进一步完善并提出了包合水锚定（anchored clathrate water，ACW）机制。包合水锚定机制认为：一方面，抗冻蛋白通过疏水性相互作用使表面水分子按照晶格方式排列形成类冰水，并通过部分氨基酸残基形成氢键锚定水分子晶格，使抗冻蛋白与类冰水结合；另一方面，类冰水与冰晶表面同样形成氢键（O—H···O 型）。以类冰水为桥梁，抗冻蛋白和冰晶可以成功结合到一起（Garnham et al.，2011）。Hudait 等（2018）使用 MD 模拟方法来揭示 TmAFP 识别和结合冰的机制，发现在溶液中抗冻蛋白结合位点处的类冰水不是预先产生的，当抗冻蛋白移动到冰的附近时开始翻转，直到找到能够完成锚定的正确方向和距离；然后，蛋白结合位点处的水分子迅速变化，形成按晶格方式排列的类冰水结构，依照 ACW 机制将抗冻蛋白结合到冰的表面。

苏氨酸（Thr）是抗冻蛋白与冰晶结合过程中的重要位点，它的结构中既有疏水性的甲基，又有亲水性的羟基。甲基能够使冰晶水分子按晶格方式规则排列，羟基与冰晶完成晶格匹配形成氢键（O—H···O 型），实现抗冻蛋白与冰晶的结合。

Hudait 等（2019）通过使用全原子和单原子 MD 模拟来研究冰与高活性抗冻蛋白 TmAFP 的结合，并通过设计突变体，将结合位点上的 Thr 替换为 Val、Ser 或合成的氨基酸，调节冰结合面的疏水性和氢键强度。研究发现，甲基和羟基对 TmAFP 和冰结合自由能的贡献是相等的，这揭示了氢键和疏水基团的协同效应。其中，甲基是维持 Thr 残基在冰结合位点处刚性构象的关键，它将羟基排列到与冰结合所需的位置。当 Ser 取代 Thr 时，由于缺乏关键性的甲基，该位点构象变得柔性，进而导致冰结合自由能显著减弱。甲基的另外一个作用是与锚定羟基一起使水分子有序排列并形成稳定的笼状结构，促进抗冻蛋白对笼状结构基序的锚定，从而将蛋白质吸附在冰面上。

Lee 等（2019）的研究进一步证明了 Thr 在抗冻蛋白与冰晶结合过程中发挥的重要作用。该研究通过 Cys 的巯基和胶体金之间形成的假共价键，将合成的不同序列多肽与胶体金分别相连，制备出不同的五肽络合金纳米立方体。研究发现，30 min 后，（Thr）$_5$-Cys-Au NC 悬液重结晶的平均粒径最小，IRI 活性最高，说明与其他氨基酸相比，兼具甲基和羟基的 Thr 在抑制冰晶重结晶方面的效果最好。

鱼类蛋白 AFP Ⅱ 的冰结合位点富含苏氨酸，既可以提供产生氢键的羟基，又可提供疏水性的甲基，存在亲和性-特异性共存的特点。AFP Ⅱ 与冰晶的结合属于 ACW 机制（Arai et al.，2019）。在关于 AFP Ⅱ 的研究中，Li 等（2004）对鲱鱼 AFP Ⅱ 的 Ca^{2+} 协调残基进行了定点诱变，从而探索影响抗冻活性的关键残基。研究发现，Asp 对该蛋白质与冰晶之间氢键的形成十分重要，进一步影响着蛋白质的抗冻活性。Lee 和 Kim（2016）对褐牙鲆 AFP Ⅳ 进行了研究，认为该蛋白质通过氢键吸附在冰晶上，并且发现其在鱼类血液中的浓度很低，推测 AFP Ⅳ 的抗冻活性并非通过选择性进化产生，而是偶然获得的。

除了上述提到的鱼类抗冻蛋白，氢键在昆虫抗冻蛋白与冰晶结合时也起到至关重要的作用。Zhang 等（2023b）对黄粉虫的抗冻蛋白进行了研究，MD 模拟结果表明，蛋白质中 Thr1 和 Thr3 残基的羟基通过氢键相互作用与晶格完美匹配，从而导致其吸附在冰晶表面。Middleton 等（2012）对黄粉虫抗冻蛋白进行了突变试验，与野生型蛋白相比，用 Ser 或 Val 取代单个 Thr 残基均可导致 TH 活性大幅降低，突变导致的羟基丢失意味着突变体通过氢键锚定水分子晶格的能力降低，最终造成蛋白质抗冻能力的降低。

与同样具有 β 折叠结构的昆虫抗冻蛋白相比，黑麦草抗冻蛋白中部分 Thr 被

Ser 和 Val 所取代,疏水残基比例上升,具有中等的抗冻活性。Middleton 等(2012)发现,黑麦草抗冻蛋白的 Thr 或 Ser 残基与冰分子之间形成氢键稳定结构,这是黑麦草产生抗冻能力的关键原因。

微生物抗冻蛋白也依靠氢键与冰晶结合发挥抗冻作用。普利莫耶卤地海单胞菌是一种南极细菌,Garnham 等(2011)研究了该细菌产生的一种抗冻蛋白 MpAFP 与冰的结合机制,发现冰的结合位点为两排 Thr 和 Asp(或 Asn),这些残基通过疏水性相互作用将水分子按晶格方式排列,并通过氢键进行锚定,属于 ACW 类型的抗冻机理。

2. 疏水性相互作用

鱼类的 AFP Ⅰ 和 AFP Ⅲ 依靠疏水性相互作用吸附到冰面上,在这一结合过程中,氢键处于次要地位。抗冻蛋白的多肽链上存在 Ala 和 Val 等多种疏水性氨基酸。在冰-水体系中,因为冰具有较强的疏水性,所以蛋白质的疏水性氨基酸倾向于与冰结合而不是与水结合,使水分子的混乱度增加。因此,抗冻蛋白通过疏水性相互作用与冰晶结合是熵增的过程,从热力学角度来看更容易发生。

Zhang 和 Laursen(1998)对冬季比目鱼的 AFP Ⅰ 进行突变试验,当 Ser 取代 3 个或 4 个 Thr 残基时,虽然保留了侧链羟基,但失去了疏水性的甲基,导致其抗冻活性完全丧失;当 Val 取代所有 4 个 Thr 残基时,失去了可以形成氢键的羟基,但保留了疏水性的甲基,其抗冻活性仅有部分损失。该蛋白质中的疏水斑块 Ala9-Leu12-Thr13 和 Ala20-Leu23-Thr24 与冰表面之间的疏水性相互作用,为二者的初始结合和整体稳定性提供了保障。研究表明,Thr 甲基的疏水性相互作用,特别是中心两个残基 Thr13 和 Thr24,在 AFP Ⅰ 与冰晶的结合过程中发挥了主导作用。

Baardsnes 和 Davies(2002)研究了疏水性基团在 AFP Ⅲ 与冰结合中的作用,发现当较大的疏水基团被较小的疏水基团取代时,蛋白质的抗冻活性下降,认为这是由于较小的疏水基团破坏了蛋白质和冰面之间的最佳表面互补性。Graether 等(1999)用 Asn 取代第 18 位的 Thr,设计出一种美洲绵鳚 AFP Ⅲ 抗冻蛋白的突变体(T18N),导致抗冻活性降低 90%。Kumari 等(2020)采用 MD 模拟的方法,比较了上述野生型蛋白与突变体蛋白的抗冻活性,模拟结果表明野生型和突变体与冰晶结合的能力没有明显差异,而突变体疏水性的丧失导致其吸附强度显著降低。因此,疏水性相互作用在鱼类的 AFP Ⅲ 与冰晶结合过程中尤为关键。

近年来,虽然不断有研究报道抗冻蛋白相关的氨基酸序列及晶体结构,但对抗冻机理的研究依然存在争议。随着计算机产业的迅速发展和 MD 模拟方法的不断完善,以计算机作为辅助工具与实验相结合,探究抗冻蛋白与冰/水结合这样的复杂物理化学过程，将成为推动抗冻机理等理论发展的有效方式。

6.3　抗冻蛋白模拟物

抗冻蛋白具有很强的抗冻能力，在低温保存、食品储存、医疗等多个方面有广泛的应用，有着极大的潜在利用价值。但是，天然抗冻蛋白的生产和实际应用存在着许多问题，包括提取困难、合成成本高、难以大规模生产、潜在的免疫原性可能诱发有害的免疫反应等。低温保存是抗冻蛋白的一个重要应用领域，该技术通常被用于延长蛋白质、细胞、组织、器官等的寿命。而采用天然抗冻蛋白制备细胞冻存剂的成本较高，冷冻时可能出现针状冰晶，对细胞的低温保存造成不良影响。因此，设计制备具有较好的抗冻性能，并且能够克服上述缺点的合成材料，有着较为重要的现实意义。

在过去的二十年里，合成聚合物化学取得了巨大的研究进展，这为设计和精确合成尽可能包含所有官能团的复杂结构提供了有力的支撑，甚至在引入单体序列方面也提供了一定的帮助，为合成材料的快速发展奠定了坚实的基础。此类材料不仅有着类似蛋白质的功能，还存在与聚合物类似的可伸缩性和可调性。

随着对抗冻蛋白的深入探索，抗冻蛋白仿生材料正逐渐进入人们的视野，成为生物化学领域的研究热点。在合成聚合物化学的理论基础上，从抗冻蛋白的化学成分、三维结构、功能特性和抗冻机理等多角度考虑，通过合理的生物模拟，合成出一系列调节冰核、控制冰的生长形态以及抑制冰晶重结晶的相关仿生材料。此类材料既可作为抗冰涂层、天然气水合物抑制剂，又能够参与酶、细胞、器官等的低温保存和运输，具有良好的生物相容性、较高的稳定性、对环境友好等优点，同时相较天然抗冻蛋白而言可大规模生产，发展前景广阔。例如，抗冻糖蛋白被认为是最有效的冰晶重结晶抑制剂，但其具有一定的细胞毒性且生产成本较高，利用已发现的仿生抗冻材料聚乙烯醇（PVA）来模拟其抗冻性能，非常具有发展潜力。

在抗冻蛋白的模拟过程中，可以通过模拟其化学组成、重要基团的三维空间结构来研究其抗冻活性，设计出低成本、高性能的抗冻蛋白仿生材料。起初，由于抗冻蛋白的抗冻机制较为复杂，且缺乏合适的表征方法，只能借助低效的试错策略来研究抗冻蛋白的仿生学。近年来，通过将 MD 模拟与实验相结合，人们对产生抗冻性能的分子机制有了更为深入的认识，从而得到了大量的抗冻蛋白模拟物。

基于模拟的角度不同，可以将抗冻蛋白仿生材料分为功能仿抗冻蛋白材料和结构仿抗冻蛋白材料。前者主要为聚两性电解质和小分子、抗冻胶体金、小分子和肽基材料；后者主要为具有规则羟基的多元醇、自组装材料和纳米材料。目前，抗冻仿生材料以功能仿抗冻蛋白为主体，其研究成果多于结构仿抗冻蛋白，原因是抗冻蛋白的化学结构较为复杂，构效关系尚不清晰，导致设计和合成与天然抗冻蛋白结构相类似的仿生抗冻材料较为困难，而抗冻蛋白的抗冻机理研究成果更加丰富，相关理论基础更为坚实，因此更多集中于功能仿抗冻蛋白材料的研究。

6.3.1 功能仿抗冻蛋白材料

1. 聚两性电解质

聚两性电解质是一种兼具正负电荷的聚合物，因其具有较好的生物相容性，在生物医学相关领域应用较广。其中，具有代表性的聚两性电解质是羧化聚 ε-赖氨酸（COOH-PLL），其具有 IRI 活性（Matsumura and Hyon，2009）。COOH-PLL 与冰晶之间的结合力较弱，同时吸附也较为缓慢，从而降低冰晶生长速率，进一步降低冰点。但与天然抗冻蛋白相比，其吸附能力处于一种不稳定的状态，致使相关 IRI 活性低于抗冻蛋白（Vorontsov et al.，2014）。类似 COOH-PLL 这种仿抗冻蛋白 IRI 功能的聚两性电解质，能够使冰晶的体积保持小且均匀的状态，避免产生过大的冰晶，从而对细胞膜造成一定机械性损伤。

在聚两性电解质中，羧基是影响 IRI 活性的重要因素。当聚合物中不含羧基、仅 PLL 存在时，其对冰晶重结晶无抑制作用。含有羧基的聚合物 COOH-PLL 具有 IRI 活性，当其浓度达 7.5%（m/m）时，引入羧基含量分别占 20%、46% 和 50% 的 PLL，均能够轻度抑制 30%（m/m）蔗糖溶液中冰晶的生长；而含量分别为 65%、76% 和 84% 的 PLL 能够使冰晶的生长被高度抑制，产生体积更小、更均匀的冰晶。

此外，氢键作用对聚两性电解质的 IRI 活性也有着重要影响。Mitchell 等（2015）发现，借助马来酸 p（MVEMA（NH$_2$））开环获得的聚两性电解质氢键作用较强，能够较好地抑制冰晶的重结晶，而它的前体 N-Boc 的 IRI 活性较低。

作为影响仿生抗冻材料抗冻能力的一个重要因素，疏水性在不同的聚两性电解质中能够发挥截然不同的抗冻效果：对 COOH-PLL 和 p（MVEMA（NH$_2$））而言，其 IRI 活性随着疏水性的减弱而提高；而对于 2-（二甲基氨基）甲基丙烯酸乙酯（DMAEMA）和甲基丙烯酸（MAA）的共聚物 p（DMAEMA-MAA）、聚磺基甜菜碱 p（SPB）、聚羧甲基甜菜碱 p（CMB）及其衍生物等一系列的聚双酚酯，以及 N, N-二甲氨基丙基甲基丙烯酰胺（DMAPMA）和丙烯酸（AA）的共聚物 p（DMAPMA-AA）而言，其 IRI 活性随着疏水性的增强而提高（Stubbs et al.，2020；Zhao et al.，2019；Rajan et al.，2013）。此外，在对合成 p（DMAPMA-AA）涉及的正叔丁基丙烯酰胺（t-BuAAm）进行适当的修饰后，发现制备得到的材料能够缩小冰晶的尺寸。

除了上述的聚两性电解质材料之外，纤维素纳米晶体（CNC）和 2,2,6,6-四甲基哌啶-1-氧基氧化纤维素纳米纤维（TEMPO-CNF）等两亲性纳米纤维素也具有类似抗冻蛋白的 IRI 活性特征，可作为功能仿抗冻蛋白材料（Li et al.，2019）。其中，TEMPO-CNF 能够与冰晶发生相互作用，进一步抑制冰晶在溶液中的重结晶。Li

等（2020a）研究发现，此类材料的纤维长度也会对 IRI 活性产生一定影响，其与 IRI 活性呈正相关关系，即更长的 TEMPO-CNF 能够为冰提供更多的相互作用位点，进一步提高 IRI 能力。同时，表面电荷密度也是影响 IRI 活性的一个重要因素，有研究表明，纳米纤维素的 IRI 活性随着 SCD 值的降低而提高，SCD 能够影响纳米纤维素的疏水性，SCD 值越低，疏水性越强，IRI 活性就越高（Li et al.，2020b）。

2. 抗冻胶体金

受抗冻蛋白的启发，Lee 等（2019）将寡肽附着在了大小相同但形状不同（纳米球、纳米立方体、纳米八面体）的胶体金表面，从而获得了抗冻金胶体。这种修饰后的胶体金可以通过氢键和疏水性相互作用，吸附到生长的冰晶上，从而有效地抑制冰晶的生长和重结晶，其中，纳米立方体的 IRI 活性最高，能够表现出更好的吸附能力和 IRI 活性。在采用不同序列的寡肽进行偶联的过程中，若将 Thr 替换为其他氨基酸（Ser、Ala 和 Gly），IRI 活性将会下降，由此得知，引入 Thr 对于胶体金抗冻能力的提高起着关键作用。

3. 小分子和肽基材料

在关于抗冻糖蛋白仿生材料的研究中，碳水化合物由于其自身具有 IRI 活性，成为人们研究的方向之一。最初被报道的是具有 IRI 活性的低分子量碳水化合物衍生物的合成（Capicciotti et al.，2016；Balcerzak et al.，2012；Tam et al.，2008）。在此基础上，针对如何提高 IRI 活性的问题，受 AF（G）P 中疏水平面的启发（图 6-2），人们发现将疏水基团安装在异位位置可以有效提高 IRI 活性（Biggs et al.，2017）。糖的引入与否也能影响 IRI 活性。虽然糖不能独自发挥作用，但可以被视为一个亲水部分，与必需的疏水基团互补，诱导产生 IRI 活性。例如，烷基（辛基/壬基/癸基）半乳糖苷在 5.5 mmol/L 浓度时就能够抑制冰晶的重结晶，但游离糖即便在浓度达 22 mmol/L 时也不能做到完全抑制。

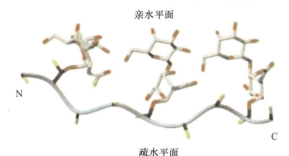

亲水平面

疏水平面

图 6-2　AFGP-8 的两亲性结构（修改自 Biggs et al.，2017）

迄今为止，在关于抗冻仿生小分子材料的研究中，已报道最有效的 IRI 活性小分子材料是两亲性小分子碳水化合物衍生物和对甲氧基苯基-β-D-糖苷，相较于PBS，其在毫摩尔浓度的水平下，便能够减小平均冰粒尺寸。

对于抗冻仿生肽基材料，有研究发现，含有由碳连接的半乳糖-丝氨酸和甘氨酸主干的糖肽具有较高的 IRI 活性，可在浓度低于 0.05 μmol/L 时发挥作用，其 IRI 活性高于 AFP Ⅲ型，但没有观察到其 TH 和 DIS 活性（Liu et al.，2007a；Liu and Ben，2005）。随着对肽基材料研究的深入，人们通过制备一系列碳链抗冻糖蛋白类似物，测定肽主链结构的重要性，发现了一些具有 IRI 活性但缺失 TH 活性的化合物（Capicciotti et al.，2015；Czechura et al.，2008；Eniade et al.，2001）。进一步研究后得到的结果表明，碳连接的抗冻糖蛋白类似物太短或太长，或者用葡萄糖、甘露糖代替半乳糖，都将会使其 IRI 活性降低。

6.3.2　结构仿抗冻蛋白材料

1. 具有规则羟基的多元醇

聚乙烯醇（PVA）是一种具有相邻羟基的柔性聚合物，而以 PVA 为代表的碳链上具有规则羟基的多元醇是典型的抗冻蛋白仿生材料。研究表明，在 0.1～10 mg/mL 的浓度范围内，PVA 的 IRI 活性显著高于其他多元醇，包括典型的二/三醇和单/二/低聚糖（Deller et al.，2014；2013）。作为一种结构仿抗冻蛋白的材料，PVA 的规则羟基能够和冰晶晶格之间发生几何匹配，在氢键作用的驱动下使 PVA 吸附到冰面上（Stubbs et al.，2019；Naullage et al.，2017）。冰主棱面和次棱面上的氧原子之间的距离分别为 2.76 Å 和 2.74 Å，而 PVA 中相邻羟基之间的距离（2.92 Å）与之相似，因此可以很好地匹配。同时，MD 模拟结果表明，PVA 链可以吸附在冰晶的基面和棱面上（Jin et al.，2019；Weng et al.，2018；Congdon et al.，2016）。

与天然聚合物相比，合成聚合物的优点是能够进行结构调整。PVA 作为其中具有 IRI 活性的高效抗冻模拟物，相关的研究更是层出不穷。在关于 PVA 结构的研究中，Congdon 等（2017）合成了具有星形支链结构的 PVA，发现 PVA 在冰晶上的有效吸附面积对 IRI 活性有较为重要的影响。所设计的三臂星链 PVA 与双臂线性 PVA 具有相同活性，表明 PVA 在冰晶上的有效吸附面积受一条直线上的两臂主导，而与第三臂无关。近年来，等规 PVA（i-PVA）和非等规 PVA（a-PVA）之间 IRI 活性的研究也逐渐受到关注。对于 i-PVA，相同取向的 O 原子将会导致更多的分子内氢键生成，从而限制了 PVA 在冰-水界面上的扩散；a-PVA 则与之相反，其与水之间能够形成分子间氢键，从而促进了 PVA 在冰-水界面上的扩散，因此，扩散面积更多的 a-PVA 具有更高的 IRI 活性。PVA 的有效体积及其与冰面的接触面积决定了其 IRI 活性，相应抑制能力一方面来自 PVA

与冰之间的氢键作用,另一方面来自亚甲基的脱溶作用(Bachtiger et al.,2021)。上述氢键和疏水相互作用,使得 PVA 拥有类似抗冻蛋白的 IRI 活性,成为一种较好的仿生抗冻材料。

聚合诱导自组装(polymerization-induced self-assembly,PISA)方法是研究具有 IRI 活性的抗冻蛋白仿生材料的一种重要途径。Georgiou 等(2020)利用这种方法获得了具有 IRI 活性的 PVA 基纳米颗粒。在研究过程中,首先利用 RAFT 试剂 CEPA 对聚合程度为 181 的 PVA 进行修饰,得到 PVA mCTA;再以双丙酮丙烯酰胺(DAAm)为纳米颗粒的芯块,利用 PISA 方法引入 PVA 作为纳米颗粒的壳块,制备得到的纳米颗粒 IRI 活性高于原 PVA mCTA,且随着纳米颗粒尺寸的增加,IRI 活性将会变高。将 PVA 与 PVA 基纳米颗粒进行对比,虽然二者均通过与冰结合的方式来表现 IRI 活性,但活性之间仍存在差异,这可能是由二者构象不同所致。在模拟过程中,PVA 基纳米颗粒的三维结构设计依托于能够发挥抗冻活性的抗冻蛋白结构特征,从而保持了与冰晶之间的吸附能力,因此 IRI 活性有所增强。

2. 自组装材料

在热力学领域,自组装是一个有利的过程,材料通过此途径能在生物系统中执行复杂的功能。氢键、π-π 堆积、疏水相互作用等都能诱导发生自组装,使材料结构更加稳定(Grzelczak et al.,2019;Ariga et al.,2019)。Safranine O 是一种有机染料,常用于组织化学染色。研究发现,在水溶液中,当 Safranine O 的浓度超过 1 mmol/L 时,将通过 π-π 堆积形成 Safranine O 氯化物(S^+Cl^-)的大聚集体,随着浓度的增加,聚集体的大小和数量有所改变,当浓度超过 4 mmol/L 时,可以使冰晶的重结晶被有效抑制(Drori et al.,2016)。这种聚集结构在界面上呈胺基-甲基的规律交替,类似于抗冻蛋白 IBF 上的羟基和甲基结构,体现了聚集体的两亲性,促进了材料自组装过程的进行(图 6-3)。

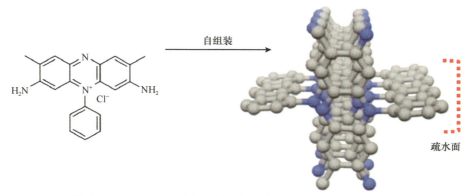

图 6-3 Safranine O 的自组装过程(修改自 Biggs et al.,2017)

经苏氨酸修饰的自组装材料也可能具有 IRI 活性，如 2-NapGFF。2-NapGFF 是一种肽基序，能够通过萘基和苯基之间的 π-π 堆积自组装形成 β 折叠结构（Xue et al.，2019）。在不影响其自组装过程的基础上，用 1 或 2 个苏氨酸修饰 C 端可得到 2-NapGFFT 和 2-NapGFFTT，二者均有 IRI 活性。但与 2-NapGFFT 相比，2-NapGFFTT 因具有更多能与冰结合的 Thr 残基，能够更有效地抑制冰晶的生长和重结晶，因此 IRI 活性更高。

3. 纳米材料

具有特殊表面化学和拓扑结构的纳米材料能够抑制冰的生长，氧化石墨烯（GO）是其中较为常用的一种材料。GO 是石墨烯的衍生物，具有类似于蜂窝形状的六角形架构，经羟基修饰后，能够与冰晶之间实现晶格匹配，形成比 GO-水更稳定的 GO-冰氢键，这与抗冻蛋白的结构特性相似（Zheng et al.，2013）。此外，MD 模拟发现，GO 与冰之间氢键的平均数量高于 GO 与水之间的氢键数，进一步表明 GO 与冰之间的强亲和力。

在 GO 的基础上，Bai 等（2017b）设计合成了石墨氮化碳（g-CN）及其衍生物氧化石墨氮化碳量子点（OCN）和氧化石墨准氮化碳量子点（OQCN）。相较 g-CN 和 OCN 两个相邻叔氮原子之间的距离（7.13 Å），OQCN 由于距离（7.42 Å）更接近冰晶的晶格（7.35 Å），因而能够和冰主棱面的冰晶更好地发生晶格匹配，从而抑制了冰晶的重结晶。纳米材料化学结构的改变也会影响 IRI 活性。当 OQCN 经硫掺杂后，其化学结构发生一定变化，使得 S 原子与相邻的叔氮原子的距离增至 7.81 Å，与冰晶晶格差别较大，从而削弱了冰的亲和性，最终导致了 IRI 活性的降低（Bai et al.，2017a）。此外，亲水和疏水基团的有序分布也是提高 IRI 活性的重要因素。Liu 等（2020）报道了一种表面被有序（GR-CH$_3$-OH-模拟物）或随机（GR-CH$_3$-OH-R）分布的甲基、羟基修饰的石墨烯衍生物，结果表明，疏水基团和亲水基团的有序分布比随机分布具有更强的冰亲和力及更强的 IRI 活性。

近年来，纳米抗冻材料在细胞的低温保存方面的研究也取得一些进展，例如，Wang 等（2020）合成一种葡萄糖基碳点（G-CD），其兼具 DIS 和 IRI 活性，成为了一种更经济的细胞冷冻保存剂。除了 GO 及其衍生物之外，具有 IRI 活性的纳米颗粒（NP）已经被开发出来应用于抗冻研究，如金属有机框架（metal organic framework，MOF）材料。与 GO 及其量子点相似，基于锆（Zr）的 MOF 能够以晶格匹配的方式与冰平面结合，其 IRI 活性可通过改变 MOF 平面上氢供体基团的密度来调节（Zhu et al.，2019a）。因此，MOF NP 也可作为一种有效的结构仿抗冻蛋白材料。

6.4 抗冻（糖）蛋白的应用

6.4.1 抗冻（糖）蛋白在食品工业中的应用

在食品的冷冻过程中，冰晶会引起产品的局部渗透压升高，改变细胞内各组分的性质，导致蛋白质的降解。在解冻过程中，经常会出现一些问题，如滴水损失、软腐或失去原始形态等。这些问题与食品原料处理、冷冻方法、包装、冷冻储存条件和解冻方法有关，其中最关键的影响因素是冷冻储存过程中温度波动导致的重结晶。因此，如何控制冰晶的生长是冷冻食品加工、运输和储存过程中亟待解决的问题。AFP 因具有安全性高和主动抑制冰重结晶的能力，即使在较低的浓度下，也可以保持冷冻食品的营养价值和质量，因此在食品冷冻和冷藏方面具有广泛的应用前景；并且，AFP 可以直接应用于食品（如浸泡、注射、真空渗透或混合等）来发挥作用。此外，AFP 还可通过转基因的方式导入生物体，对食品进行低温冷冻保护。

1. 在冷冻肉制品中的应用

冷冻技术对于加工鱼脯和肉类等产品的长期保存非常重要，然而，冰晶造成的机械损伤会导致产品质量变差（Song et al.，2019）。研究表明，将肉类浸泡在含有 AFP 的溶液中可以显著减小冰晶的大小，并减少冷冻造成的组织损伤（Zhu et al.，2019b）。AFP 抑制冰重结晶的性能对改善冻肉品质起到了关键的作用。在缓慢冷冻的过程中，细胞内容易形成冰晶；在解冻过程中，极易引起细胞破裂，导致营养物质流失。Cai 等（2019）研究证明，添加 AFP 和 CS@Fe$_3$O$_4$ 纳米颗粒，可以减少鳕鱼鱼肉的滴水损失，增强鱼肉的黏弹性和热稳定性，降低蛋白质的氧化和聚集程度，保持鱼肉的纤维微结构，提高鳕鱼品质。此外，在–20℃冷冻前，将牛羊肉浸泡在含有 1 mg/mL 的 I 型 AFP 或 AFGP 溶液中，结果表明，由于来自鱼类的高活性 AFP 包含多个冰结合位点，导致冰晶尺寸明显减小，即使是低浓度的 AFGP（0.5 mg/mL），也可以显著抑制冰晶的生长（Graham et al.，2008），从而改善冷冻肉的品质。在活体动物体内注射 AFP，对冷冻和解冻期间的肉类质量也有改善。Payne 和 Young（1995）将从南极鳕鱼中分离出的 AFGP 静脉注射到待屠宰的羔羊身上，并将肉样真空包装后在–20℃下保存 2～16 周，研究了 AFGP 对冻肉品质的影响。结果表明，在屠宰前 1 h 或 24 h 注射 AFGP 可显著降低滴水损失并减小冰晶尺寸，尤其是在屠宰前 24 h 注射 0.01 mg/kg AFGP，肉样中形成的冰晶尺寸最小。

2. 在冷冻果蔬制品中的应用

在冷冻过程中，细胞的完整性会被破坏，从而导致脱水，温度波动引起的冰重结晶会损伤细胞，从而造成植物组织的细胞成分或细胞形态的物理破坏，严重影响储存产品的整体质量。Kashyap 等（2020）用来自沙棘的 AFP HrCHI₄（0.1 mg/mL）浸泡绿豆，发现在冷冻过程中可以避免电解质泄漏和滴水损失。同样，将杨桃真空渗透或用 DaAFP 浸泡 15 天后，其滴水损失不变，在（–20±2）℃下贮藏 60 天后仍能保持硬度（Provesi et al.，2019）。此外，Song 等（2019）调查了来自黄粉虫的 TmAFP 在黄瓜、胡萝卜、西葫芦和洋葱等蔬菜保藏中的效果，结果表明，TmAFP 处理的蔬菜在 0℃下贮藏 13 天后，品质较好，结构稳定。

3. 在冷冻面团中的应用

面筋蛋白的物理化学性质和网络结构在冷冻过程中会被冰晶破坏，导致冷冻面团品质恶化。AFP 可作为冷冻面团的有益添加剂。研究人员发现，在面包制作中添加浓缩胡萝卜 AFP 后，对保持面包体积有一定的益处，并且比对照面团更稳定、更柔软，这可能是由于冷冻水含量较低。添加 AFP 削弱了冻融处理对水流动性的影响，影响了冷冻面团中的水分分布，并提高了面团的保水能力（Zhang et al.，2007）。

4. 在冷冻乳制品中的应用

控制冰晶的形成和抑制冰重结晶，对于保持冷冻乳制品在冷冻储存期间的稳定性非常重要。冰晶的形成速率决定了冷冻乳制品在硬化和储存过程中冰晶的大小，从而影响冰淇淋的粗糙度、水分和硬度等；同时，冰晶的重结晶影响了冰淇淋在冷冻过程中的质地和结构稳定性。添加 AFP 可以控制冰核的大小，抑制冰淇淋中冰晶的形成与生长，并提高储存过程中的稳定性。

Kaleda 等（2018）研究了加或不加鱼Ⅲ型 AFP 的混合冰淇淋在不同保温温度下的冰晶尺寸，结果表明，添加 3 mg/mL Ⅲ型重组 AFP 能显著提高冰淇淋的硬度和稳定性。Zhang 等（2016）研究了燕麦 AFP（AsAFP）对冰淇淋的低温保护活性。添加 0.1% AsAFP 后，冰淇淋的玻璃化转变温度从–29.14℃提高到–27.74℃，在相同浓度下，冰淇淋的抗融性得到显著改善。此外，Damodaran 和 Wang（2017）研究发现，EMAFP 还可以显著抑制冰淇淋中的冰重结晶。通过对 AFP 在冰淇淋中防冻效果的研究，发现 AFP 可以作为冰淇淋的天然调理剂，以减少冷冻和温度波动引起的变质，提高冷冻乳制品的稳定性。

6.4.2 抗冻（糖）蛋白在细胞冷冻保存中的应用

超低温冻存技术是长期保存细胞最主要的方法，细胞可以在超低温（–80℃或–196℃）的条件下减缓甚至暂停新陈代谢，从而实现长期保存。然而，降温过程中冰晶的形成会使细胞遭受致命的损伤。1970 年，Mazur 提出了"冷冻损伤假说"，当细胞降至冰点以下时，缓慢的降温会使胞外的冰晶先于胞内形成，导致胞外渗透压骤升，细胞内的流动水大量渗出胞外，从而使细胞严重脱水，导致细胞遭受渗透压损伤；如果快速降温，细胞内的水分会在渗出细胞前就在胞内结冰，对细胞内部的细胞器、蛋白质、膜结构等产生致命的冰晶损伤。冷冻保护剂（CPA）通过降低冰点和抑制冰重结晶而被广泛用于保护细胞在冻融循环中免受不可避免的低温损伤。但目前的冻存保护剂存在着一些难以解决的问题，如毒副作用及红细胞溶血等。例如，二甲基亚砜（DMSO）和甘油的常用浓度为10%（m/V）或约1 mol/L，但其具有细胞毒性。在细胞冻存方面，需要使用具有无毒和无副作用的CPA。AFP 及其仿生材料具有良好的生物相容性和抗冻活性，在细胞冷冻保存方面显示出良好的应用前景。

大多数 CPA 是渗透性的，这可以抑制细胞外和细胞内冰的形成和生长。而AFP 不能自发进入细胞，并且 AFP 本质上是蛋白质，其活性易受 CPA 溶液中盐等其他成分的影响（Robles et al.，2019；Robb et al.，2019）。作为一种非渗透性的低温保护剂，AFP 经常与渗透性保护剂配合使用，以保护细胞在低温下免受损伤（Abualreesh et al.，2021；Tomás et al.，2019；Lee et al.，2012；Halwani et al.，2014）。根据 Raymond 等（1977）的统计调查，来自鱼类的Ⅲ型 AFP 最常用于冷冻保存。

Tomalty 等（2019）将含有与Ⅰ型 AFP 相同氨基酸序列的重组 AFP，与羟乙基淀粉（HES）配合，用于红细胞的低温冷冻保存。冷台观察表明，1.54 mg/mL的 AFP 几乎完全抑制了冰重结晶，而对低温保存的红细胞的损伤作用增强。因此，研究人员提出在 AFP 的细胞保存和损伤之间可能存在平衡，这取决于抗冻蛋白的浓度。因此，AFP 的剂量是冷冻保存的关键，而这在很大程度上取决于 AFP 类型和细胞类型，同时，研究人员将Ⅰ型 AFP 用于绵羊精子的冷冻保存中，10 μg/mL的 AFP 对精子有明显的保护作用。然而，较高浓度的 AFP 却会导致针状冰晶的形成，从而刺破细胞膜，降低冷冻保存细胞存活率（Lee et al.，2020）。

1996 年，科学家们首次将Ⅲ型 AFP 及其突变体用于红细胞冷冻保存（Qadeer et al.，2014），并证实了Ⅲ型 AFP 的 IRI 活性及其保护红细胞的能力。对黑猩猩精子的Ⅲ型 AFP 的研究表明，AFP 主要在解冻过程中发挥作用。到目前为止，Ⅲ型 AFP 已被用于冷冻多种细胞，如卵母细胞、精子、HepG2、胰岛素瘤细胞、大肠杆菌细胞等（Lee et al.，2020）。

6.4.3 抗冻（糖）蛋白在涂层方面的应用

结冰会导致电力系统崩溃，降低空气涡轮叶片、空调和冷冻机等热交换器的生产效率，飞机表面（包括机翼和旋翼等）的结冰可能会造成严重的交通事故，机场跑道、铁路和公路等路面结冰会影响出行和运输安全。因此,减少设备、飞机和道路上的结冰及霜冻十分重要。目前,人们正在探索使用 AFP 来防止设备等表面结冰。

Gao 等(2022)将贻贝启发的黏附结构域与黄粉虫衍生的抗冻多肽相结合,设计了一种嵌合蛋白 Mfp-AFP。由于嵌合蛋白的黏附结构域含有 DOPA,嵌合蛋白可以很容易地修饰各种固体表面,并且由于黄粉虫衍生的抗冻蛋白结构域而起到防结霜和延缓结冰等作用。Esser-Kahn 等(2010)将Ⅲ型 AFP 和昆虫 AFP 连接到聚合物骨架上并用于表面涂层。在他们的研究中,冷凝水在涂有抗冻蛋白玻璃片上的冻结速率明显减慢。Gwak 等(2015)将南极硅藻 AFP 与铝结合多肽融合在一起,制备了铝基防冻涂层,差示扫描量热仪显示,涂层铝的过冷点降低,该涂层具有抗冰效果。天然产生的抗冻蛋白具有工业化生产的可行性,但高温可能会使蛋白质迅速变性。在工业应用中,不仅要保持 AFP 的稳定性,而且要防止热变性。例如,海藻糖是维持表面水合的基本化合物,海藻糖涂层可以用来增强蛋白质在金属表面的稳定性。

6.4.4　抗冻(糖)蛋白在冰纯化方面的应用

AFP 对冰的亲和力可应用于从混合溶液中分离提取 AFP。AFP 与冰的相互作用是一种受体-配体相互作用,基于配基亲和力的纯化过程可以获得高浓缩率和高回收率的目标蛋白。目前发展了两种有效的、基于冰生长的冰纯化方法。这些方法的基本原理是:如果冰生长得足够慢,杂质进入晶体的量就会减少。一种方法是冰亲和净化技术,在这种技术中,冰在浸泡于蛋白质溶液中的“冰手指”上缓慢生长。持续搅拌溶液可防止非 AFP 形成冰(Kuiper et al.,2003)。另一种方法是冰壳净化,使冰生长在浸入冷容器中旋转圆底烧瓶的内表面上。这两种方法中,在容器中混合 AFP 溶液,同时通过程序水浴降低温度,最后通过融化冰来提取纯化的蛋白质。利用这些方法,通过三次冰亲和纯化,从组织匀浆中分离纯化出了雪蚤 AFP(Graham and Davies,2005)和吸虫 AFP(Basu et al.,2015)。Adar 等(2018)提出了一种利用商用制冰机进行冰亲和纯化的有效、高产的系统——FWIP。经过两轮纯化后,TmAFP 的纯度大于 95%。FWIP 方法是为了高效纯化大量 AFP 而发展起来的,适用于重组 AFP 和天然 AFP 的纯化,以及包括血淋巴液体在内的不同类型的 AFP 溶液。与其他冰亲和纯化方法一样,FWIP 方法不需要蛋白质亲和标签,但不能分离特定类型 AFP 的不同天然异构体。与其他冰亲和方法相比,FWIP 具有优势,适合于在短时间内大规模纯化蛋白质。通过 FWIP 方法可以实现克级 AFP 的分离,并且 FWIP 系统不需要树脂,也不会产生化学废物,具有绿色可持续的性质。进一步,基于 FWIP 方法和抗冻蛋白作为分离标签的能力,能够将冰分离技术应用于多种蛋白质的分离纯化。

6.5　总结与展望

抗冻蛋白作为一类具有重要功能的生物分子，在基础研究和实际应用中都展现出巨大的潜力。通过对抗冻蛋白种类、结构、功能及其作用机制的深入探索，科学家不仅能够揭示生命体在低温环境下的生存策略，还能够开发出一系列创新技术来改善人类的生活质量。

尽管对抗冻蛋白的研究已经取得了显著进展，但仍有许多科学问题和技术挑战需要解决。例如，如何进一步提高抗冻蛋白的稳定性和功能效率？如何通过结构设计开发出具有新功能的人工抗冻蛋白？此外，抗冻蛋白在复杂环境中的作用机制及其与其他生物分子的相互作用也需要更深入的研究。

展望未来，随着科学技术的不断进步，抗冻蛋白的研究将进一步突破传统领域，向多学科融合方向发展。例如，结合 AI 技术设计并构建具有更强冰晶结合能力、更高稳定性和更广适用范围的人工抗冻蛋白；结合基因改造技术，赋予抗冻蛋白新的功能，比如同时具备抗氧化、抗病原体等多重保护作用。这将为解决全球性问题（如粮食安全、气候变化和医疗健康等）提供新的思路和工具。可以预见，在不久的将来，抗冻蛋白将在多个领域发挥更加重要的作用，并推动人类社会的进步与发展。

编写人员：张　雷　张相宇　申　峰　张子楹　江晓颖　郭梦娴
包　准（天津大学化工学院）

参 考 文 献

Abualreesh M, Myers J N, Gurbatow J, et al. 2021. Effects of antioxidants and antifreeze proteins on cryopreservation of blue catfish (*Ictalurus furcatus*) spermatogonia. Aquaculture, 531: 735966.

Adar C, Sirotinskaya V, Bar Dolev M, et al. 2018. Falling water ice affinity purification of ice-binding proteins. Scientific Reports, 8(1): 11046.

Ahmed A I, Feeney R E, Osuga D T, et al. 1975. Antifreeze glycoproteins from an Antarctic fish Quasi-elastic light scattering studies of the hydrodynamic conformations of antifreeze glycoproteins. Journal of Biological Chemistry, 250(9): 3344-3347.

Antson A A, Smith D J, Roper D I, et al. 2001. Understanding the mechanism of ice binding by type III antifreeze proteins. Journal of Molecular Biology, 305(4): 875-889.

Arai T, Nishimiya Y, Ohyama Y, et al. 2019. Calcium-binding generates the semi-clathrate waters on a type II antifreeze protein to adsorb onto an ice crystal surface. Biomolecules, 9(5): E162.

Ariga K, Nishikawa M, Mori T, et al. 2019. Self-assembly as a key player for materials nanoarchitectonics. Science and Technology of Advanced Materials, 20(1): 51-95.

Baardsnes J, Davies P L. 2002. Contribution of hydrophobic residues to ice binding by fish type III antifreeze protein. Biochimica et Biophysica Acta (BBA) - Proteins and Proteomics, 1601(1): 49-54.

Bachtiger F, Congdon T R, Stubbs C, et al. 2021. The atomistic details of the ice recrystallisation inhibition activity of PVA. Nature Communications, 12(1): 1323.

Bai G Y, Gao D, Wang J J. 2017a. Control of ice growth and recrystallization by sulphur-doped oxidized quasi-carbon nitride quantum dots. Carbon, 124: 415-421.

Bai G Y, Song Z P, Geng H Y, et al. 2017b. Oxidized quasi-carbon nitride quantum dots inhibit ice growth. Advanced Materials, 29(28): 1606843.

Balcerzak A K, Ferreira S S, Trant J F, et al. 2012. Structurally diverse disaccharide analogs of antifreeze glycoproteins and their ability to inhibit ice recrystallization. Bioorganic & Medicinal Chemistry Letters, 22(4): 1719-1721.

Bar Dolev M, Braslavsky I, Davies P L. 2016. Ice-binding proteins and their function. Annual Review of Biochemistry, 85: 515-542.

Baskaran A, Kaari M, Venugopal G, et al. 2021. Anti freeze proteins (afp): Properties, sources and applications–A review. International Journal of Biological Macromolecules, 189: 292-305.

Basu K, Graham L A, Campbell R L, et al. 2015. Flies expand the repertoire of protein structures that bind ice. Proceedings of the National Academy of Sciences of the United States of America, 112(3): 737-742.

Biggs C I, Bailey T L, Graham B, et al. 2017. Polymer mimics of biomacromolecular antifreezes. Nature Communications, 8(1): 1546.

Cai L Y, Nian L Y, Zhao G H, et al. 2019. Effect of herring antifreeze protein combined with chitosan magnetic nanoparticles on quality attributes in red sea bream (pagrosomus major). Food and Bioprocess Technology, 12(3): 409-421.

Capicciotti C J, Kurach J D R, Turner T R, et al. 2015. Small molecule ice recrystallization inhibitors enable freezing of human red blood cells with reduced glycerol concentrations. Scientific Reports, 5(1): 9692.

Capicciotti C J, Mancini R S, Turner T R, et al. 2016. O-aryl-glycoside ice recrystallization inhibitors as novel cryoprotectants: a structure–function study. ACS Omega, 1(4): 656-662.

Chao H, Sönnichsen F D, DeLuca C I, et al. 1994. Structure-function relationship in the globular type III antifreeze protein: Identification of a cluster of surface residues required for binding to ice. Protein Science, 3(10): 1760-1769.

Chen L, DeVries A L, Cheng C H C. 1997a. Evolution of antifreeze glycoprotein gene from a trypsinogen gene in Antarctic notothenioid fish. Proceedings of the National Academy of Sciences of the United States of America, 94(8): 3811-3816.

Chen L, DeVries A L, Cheng C H C. 1997b. Convergent evolution of antifreeze glycoproteins in Antarctic notothenioid fish and Arctic cod. Proceedings of the National Academy of Sciences of the United States of America, 94(8): 3817-3822.

Cheng C H C. 1996. Genomic basis for antifreeze glycopeptide heterogeneity and abundance in Antarctic fishes // Ennion S J, Goldspink G eds. Gene Expression and Manipulation in Aquatic Organisms. Cambridge: Cambridge University Press: 1-20.

Cheng C H C, Detrich III H W. 2012. Molecular Ecophysiology of Antarctic Notothenioid Fishes.//Rogers A D, Johnston N M, Murphy E J, et al. eds. Antarctic Ecosystems : An Extreme

Environment in a Changing World. Chichester, Hoboken: Wiley-Blackwell: 355-378.

Choi S R, Seo Y J, Kim M, et al. 2016. NMR study of the antifreeze activities of active and inactive isoforms of a type III antifreeze protein. FEBS Letters, 590(23): 4202-4212.

Congdon T R, Notman R, Gibson M I. 2016. Influence of block copolymerization on the antifreeze protein mimetic ice recrystallization inhibition activity of poly(vinyl alcohol). Biomacromolecules, 17(9): 3033-3039.

Congdon T R, Notman R, Gibson M I. 2017. Synthesis of star-branched poly(vinyl alcohol) and ice recrystallization inhibition activity. European Polymer Journal, 88: 320-327.

Czechura P, Tam R Y, Dimitrijevic E, et al. 2008. The importance of hydration for inhibiting ice recrystallization with C-linked antifreeze glycoproteins. Journal of the American Chemical Society, 130(10): 2928-2929.

Damodaran S, Wang S Y. 2017. Ice crystal growth inhibition by peptides from fish gelatin hydrolysate. Food Hydrocolloids, 70: 46-56.

Davies P L, Hew C L. 1990. Biochemistry of fish antifreeze proteins. The FASEB Journal, 4(8): 2460-2468.

Deller R C, Congdon T, Sahid M A, et al. 2013. Ice recrystallisation inhibition by polyols: Comparison of molecular and macromolecular inhibitors and role of hydrophobic units. Biomaterials Science, 1(5): 478-485.

Deller R C, Vatish M, Mitchell D A, et al. 2014. Synthetic polymers enable non-vitreous cellular cryopreservation by reducing ice crystal growth during thawing. Nature Communications, 5(1): 3244.

DeVries A L, Price T J, Miller A, et al. 1984. Role of glycopeptides and pepddes in inhibition of crystallization of water in polar fishes. Philosophical Transactions of the Royal Society of London. Biological Sciences, 304(1121): 575-588.

DeVries A L, Wohlschlag D E. 1969. Freezing resistance in some Antarctic fishes. Science, 163(3871): 1073-1075.

Ding Y L, Shi Y T, Yang S H. 2019. Advances and challenges in uncovering cold tolerance regulatory mechanisms in plants. New Phytologist, 222(4): 1690-1704.

Drickamer K. 1999. C-type lectin-like domains. Current Opinion in Structural Biology, 9(5): 585-590.

Drori R, Li C, Hu C H, et al. 2016. A supramolecular ice growth inhibitor. Journal of the American Chemical Society, 138(40): 13396-13401.

Duman J G. 2001. Antifreeze and ice nucleator proteins in terrestrial arthropods. Annual Review of Physiology, 63(1): 327-357.

Duman J G. 2015. Animal ice-binding (antifreeze) proteins and glycolipids: An overview with emphasis on physiological function. Journal of Experimental Biology, 218(Pt 12): 1846-1855.

Ebbinghaus S, Meister K, Born B, et al. 2010. Antifreeze glycoprotein activity correlates with long-range protein−water dynamics. Journal of the American Chemical Society, 132(35): 12210-12211.

Eniade A, Murphy A V, Landreau G, et al. 2001. A general synthesis of structurally diverse building blocks for preparing analogues of C-linked antifreeze glycoproteins. Bioconjugate Chemistry, 12(5): 817-823.

Eskandari A, Leow T C, Rahman M B A, et al. 2020. Antifreeze proteins and their practical utilization in industry, medicine, and agriculture. Biomolecules, 10(12): 1649.

Esser-Kahn A P, Trang V, Francis M B. 2010. Incorporation of antifreeze proteins into polymer coatings using site-selective bioconjugation. Journal of the American Chemical Society, 132(38): 13264-13269.

Ewart K V, Lin Q, Hew C L. 1999. Structure, function and evolution of antifreeze proteins. Cellular and Molecular Life Sciences, 55(2): 271-283.

Fletcher G L, Hew C L, Joshi S B. 1982. Isolation and characterization of antifreeze glycoproteins from the frostfish, *Microgadus tomcod*. Canadian Journal of Zoology, 60(3): 348-355.

Gallagher K R, Sharp K A. 2003. Analysis of thermal hysteresis protein hydration using the random network model. Biophysical Chemistry, 105(2-3): 195-209.

Gao Y H, Qi H S, Fan D D, et al. 2022. Beetle and mussel-inspired chimeric protein for fabricating anti-icing coating. Colloids and Surfaces B: Biointerfaces, 210: 112252.

Garnham C P, Campbell R L, Davies P L. 2011. Anchored clathrate waters bind antifreeze proteins to ice. Proceedings of the National Academy of Sciences of the United States of America, 108(18): 7363-7367.

Garnham C P, Gilbert J A, Hartman C P, et al. 2008. A Ca^{2+}-dependent bacterial antifreeze protein domain has a novel beta-helical ice-binding fold. Biochemical Journal, 411(1): 171-180.

Garnham C P, Natarajan A, Middleton A J, et al. 2010. Compound ice-binding site of an antifreeze protein revealed by mutagenesis and fluorescent tagging. Biochemistry, 49(42): 9063-9071.

Garnham C P, Nishimiya Y, Tsuda S, et al. 2012. Engineering a naturally inactive isoform of type III antifreeze protein into one that can stop the growth of ice. FEBS Letters, 586(21): 3876-3881.

Georgiou P G, Kontopoulou I, Congdon T R, et al. 2020. Ice recrystallisation inhibiting polymer nano-objects *via* saline-tolerant polymerisation-induced self-assembly. Materials Horizons, 8(7): 1883-1887.

Graether S P, DeLuca C I, Baardsnes J, et al. 1999. Quantitative and qualitative analysis of type III antifreeze protein structure and function. Journal of Biological Chemistry, 274(17): 11842-11847.

Graether S P, Kuiper M J, Gagné S M, et al. 2000. β-Helix structure and ice-binding properties of a hyperactive antifreeze protein from an insect. Nature, 406(6793): 325-328.

Graham L A, Davies P L. 2005. *Glycine*-rich antifreeze proteins from snow fleas. Science, 310(5747): 461.

Graham L A, Marshall C B, Lin F H, et al. 2008. Hyperactive antifreeze protein from fish contains multiple ice-binding sites. Biochemistry, 47(7): 2051-2063.

Gronwald W, Loewen M C, Lix B, et al. 1998. The solution structure of type II antifreeze protein reveals a new member of the lectin family. Biochemistry, 37(14): 4712-4721.

Grzelczak M, Liz-Marzán L M, Klajn R. 2019. Stimuli-responsive self-assembly of nanoparticles. Chemical Society Reviews, 48(5): 1342-1361.

Gudleifsson B E, Andrews C J, Bjornsson H. 1986. Cold hardiness and ice tolerance of pasture grasses grown and tested in controlled environments. Canadian Journal of Plant Science, 66(3): 601-608.

Gwak Y, Park J I, Kim M, et al. 2015. Creating anti-icing surfaces *via* the direct immobilization of antifreeze proteins on aluminum. Scientific Reports, 5(1): 12019.

Halwani D O, Brockbank K G M, Duman J G, et al. 2014. Recombinant *Dendroides canadensis* antifreeze proteins as potential ingredients in cryopreservation solutions. Cryobiology, 68(3): 411-418.

Hamada T, Ito Y, Abe T, et al. 2006. Solution structure of the antifreeze-like domain of human sialic acid synthase. Protein Science, 15(5): 1010-1016.

Hew C L, Wang N C, Joshi S, et al. 1988. Multiple genes provide the basis for antifreeze protein diversity and dosage in the ocean pout, *Macrozoarces americanus*. Journal of Biological Chemistry, 263(24): 12049-12055.

Hew C L, Wang N C, Yan S X, et al. 1986. Biosynthesis of antifreeze polypeptides in the winter flounder. European Journal of Biochemistry, 160(2): 267-272.

Hudait A, Moberg D R, Qiu Y Q, et al. 2018. Preordering of water is not needed for ice recognition by hyperactive antifreeze proteins. Proceedings of the National Academy of Sciences of the United States of America, 115(33): 8266-8271.

Hudait A, Qiu Y Q, Odendahl N, et al. 2019. Hydrogen-bonding and hydrophobic groups contribute equally to the binding of hyperactive antifreeze and ice-nucleating proteins to ice. Journal of the American Chemical Society, 141(19): 7887-7898.

Jin S L, Yin L K, Kong B, et al. 2019. Spreading fully at the ice-water interface is required for high ice recrystallization inhibition activity. Science China Chemistry, 62(7): 909-915.

Kaleda A, Tsanev R, Klesment T, et al. 2018. Ice cream structure modification by ice-binding proteins. Food Chemistry, 246: 164-171.

Kashyap P, Kumar S, Singh D. 2020. Performance of antifreeze protein HrCHI4 from *Hippophae rhamnoides* in improving the structure and freshness of green beans upon cryopreservation. Food Chemistry, 320: 126599.

Kim H J, Lee J H, Hur Y B, et al. 2017. Marine antifreeze proteins: structure, function, and application to cryopreservation as a potential cryoprotectant. Marine Drugs, 15(2): 27.

Knight C A, Cheng C C, DeVries A L. 1991. Adsorption of alpha-helical antifreeze peptides on specific ice crystal surface planes. Biophysical Journal, 59(2): 409-418.

Kondo H, Hanada Y, Sugimoto H, et al. 2012. Ice-binding site of snow mold fungus antifreeze protein deviates from structural regularity and high conservation. Proceedings of the National Academy of Sciences of the United States of America, 109(24): 9360-9365.

Kristiansen E, Ramløv H, Højrup P, et al. 2011. Structural characteristics of a novel antifreeze protein from the longhorn beetle Rhagium inquisitor. Insect Biochemistry and Molecular Biology, 41(2): 109-117.

Kuiper M J, Lankin C, Gauthier S Y, et al. 2003. Purification of antifreeze proteins by adsorption to ice. Biochemical and Biophysical Research Communications, 300(3): 645-648.

Kumari S, Muthachikavil A V, Tiwari J K, et al. 2020. Computational study of differences between antifreeze activity of type-III antifreeze protein from ocean pout and its mutant. Langmuir, 36(9): 2439-2448.

Lee J, Lee S Y, Lim D K, et al. 2019. Antifreezing gold colloids. Journal of the American Chemical Society, 141(47): 18682-18693.

Lee J K, Kim H J. 2016. Cloning, expression, and activity of type IV antifreeze protein from cultured subtropical olive flounder (*Paralichthys olivaceus*). Fisheries and Aquatic Sciences, 19: 33.

Lee S G, Koh H Y, Lee J H, et al. 2012. Cryopreservative effects of the recombinant ice-binding protein from the arctic yeast *Leucosporidium* sp. on red blood cells. Applied Biochemistry and Biotechnology, 167(4): 824-834.

Lee Y H, Kim K, Lee J H, et al. 2020. Protection of alcohol dehydrogenase against freeze–thaw stress by ice-binding proteins is proportional to their ice recrystallization inhibition property. Marine Drugs, 18(12): 638.

Leiter A, Rau S, Winger S, et al. 2016. Influence of heating temperature, pressure and pH on recrystallization inhibition activity of antifreeze protein type III. Journal of Food Engineering, 187: 53-61.

Li N, Kendrick B S, Manning M C, et al. 1998. Secondary structure of antifreeze proteins from overwintering larvae of the beetle *Dendroides canadensis*. Archives of Biochemistry and Biophysics, 360(1): 25-32.

Li T, Li M, Zhong Q X, et al. 2020a. Effect of fibril length on the ice recrystallization inhibition activity of nanocelluloses. Carbohydrate Polymers, 240: 116275.

Li T, Zhao Y, Zhong Q X, et al. 2019. Inhibiting ice recrystallization by nanocelluloses. Biomacromolecules, 20(4): 1667-1674.

Li T, Zhong Q X, Zhao B, et al. 2020b. Effect of surface charge density on the ice recrystallization inhibition activity of nanocelluloses. Carbohydrate Polymers, 234: 115863.

Li Z J, Lin Q S, Yang D S C, et al. 2004. The role of Ca^{2+}-coordinating residues of herring antifreeze protein in antifreeze activity. Biochemistry, 43(46): 14547-14554.

Lin F H, Davies P L, Graham L A. 2011. The Thr- and Ala-rich hyperactive antifreeze protein from inchworm folds as a flat silk-like β-helix. Biochemistry, 50(21): 4467-4478.

Liu S H, Ben R N. 2005. C-linked galactosyl serine AFGP analogues as potent recrystallization inhibitors. Organic Letters, 7(12): 2385-2388.

Liu S H, Wang W J, von Moos E, et al. 2007a. *In vitro* studies of antifreeze glycoprotein (AFGP) and a C-linked AFGP analogue. Biomacromolecules, 8(5): 1456-1462.

Liu X, Geng H Y, Sheng N, et al. 2020. Suppressing ice growth by integrating the dual characteristics of antifreeze proteins into biomimetic two-dimensional graphene derivatives. Journal of Materials Chemistry A, 8(44): 23555-23562.

Liu Y, Li Z J, Lin Q S, et al. 2007b. Structure and evolutionary origin of Ca^{2+}-dependent herring type II antifreeze protein. PLoS One, 2(6): e548.

Mallajosyula S S, Vanommeslaeghe K, MacKerell A DJr. 2014. Perturbation of long-range water dynamics as the mechanism for the antifreeze activity of antifreeze glycoprotein. The Journal of Physical Chemistry B, 118(40): 11696-11706.

Mao X F, Liu Z Y, Ma J, et al. 2011. Characterization of a novel β-helix antifreeze protein from the desert beetle *Anatolica polita*. Cryobiology, 62(2): 91-99.

Matsumura K, Hyon S H. 2009. Polyampholytes as low toxic efficient cryoprotective agents with antifreeze protein properties. Biomaterials, 30(27): 4842-4849.

Meister K, Ebbinghaus S, Xu Y, et al. 2013. Long-range protein-water dynamics in hyperactive insect antifreeze proteins. Proceedings of the National Academy of Sciences of the United States of America, 110(5): 1617-1622.

Middleton A J, Marshall C B, Faucher F, et al. 2012. Antifreeze protein from freeze-tolerant grass has a beta-roll fold with an irregularly structured ice-binding site. Journal of Molecular Biology, 416(5): 713-724.

Mitchell D E, Cameron N R, Gibson M I. 2015. Rational, yet simple, design and synthesis of an antifreeze-protein inspired polymer for cellular cryopreservation. Chemical Communications, 51(65): 12977-12980.

Naullage P M, Lupi L, Molinero V. 2017. Molecular recognition of ice by fully flexible molecules. The Journal of Physical Chemistry C, 121(48): 26949-26957.

Newton H, Fisher J, Arnold J R P, et al. 1998. Permeation of human ovarian tissue with cryoprotective agents in preparation for cryopreservation. Human Reproduction, 13(2): 376-380.

Nishimiya Y, Kondo H, Takamichi M, et al. 2008. Crystal structure and mutational analysis of Ca^{2+}-independent type II antifreeze protein from longsnout poacher, *Brachyopsis* rostratus. Journal of Molecular Biology, 382(3): 734-746.

Nishimiya Y, Sato R, Takamichi M, et al. 2005. Co-operative effect of the isoforms of type III antifreeze protein expressed in Notched-fin eelpout, Zoarces elongatus Kner. The FEBS Journal, 272(2): 482-492.

O'Grady S M, Schrag J D, Raymond J A, et al. 1982. Comparison of antifreeze glycopeptides from arctic and antarctic fishes. Journal of Experimental Zoology, 224(2): 177-185.

Payne S R, Young O A. 1995. Effects of pre-slaughter administration of antifreeze proteins on frozen meat quality. Meat Science, 41(2): 147-155.

Provesi J G, Valentim Neto P A, Arisi A C M, et al. 2019. Extraction of antifreeze proteins from cold acclimated leaves of *Drimys angustifolia* and their application to star fruit (*Averrhoa carambola*) freezing. Food Chemistry, 289: 65-73.

Qadeer S, Khan M A, Ansari M S, et al. 2014. Evaluation of antifreeze protein III for cryopreservation of Nili-Ravi (*Bubalus bubalis*) buffalo bull sperm. Animal Reproduction Science, 148(1-2): 26-31.

Rajan R, Jain M, Matsumura K. 2013. Cryoprotective properties of completely synthetic polyampholytes *via* reversible addition-fragmentation chain transfer (RAFT) polymerization and the effects of hydrophobicity. Journal of Biomaterials Science Polymer Edition, 24(15): 1767-1780.

Raymond J A, DeVries A L. 1977. Adsorption inhibition as a mechanism of freezing resistance in polar fishes. Proceedings of the National Academy of Sciences of the United States of America, 74(6): 2589-2593.

Raymond J A, Lin Y, DeVries A L. 1975. Glycoprotein and protein antifreezes in two Alaskan fishes. The Journal of Experimental Zoology, 193(1): 125-130.

Robb K P, Fitzgerald J C, Barry F, et al. 2019. Mesenchymal stromal cell therapy: Progress in manufacturing and assessments of potency. Cytotherapy, 21(3): 289-306.

Robles V, Valcarce D G, Riesco M F. 2019. The use of antifreeze proteins in the cryopreservation of gametes and embryos. Biomolecules, 9(5): E181.

Sandve S R, Kosmala A, Rudi H, et al. 2011. Molecular mechanisms underlying frost tolerance in perennial grasses adapted to cold climates. Plant Science, 180(1): 69-77.

Sidebottom C, Buckley S, Pudney P, et al. 2000. Heat-stable antifreeze protein from grass. Nature, 406(6793): 256.

Song D H, Kim M, Jin E S, et al. 2019. Cryoprotective effect of an antifreeze protein purified from

Tenebrio molitor larvae on vegetables. Food Hydrocolloids, 94: 585-591.

Stubbs C, Bailey T L, Murray K, et al. 2020. Polyampholytes as emerging macromolecular cryoprotectants. Biomacromolecules, 21(1): 7-17.

Stubbs C, Wilkins L E, Fayter A E R, et al. 2019. Multivalent presentation of ice recrystallization inhibiting polymers on nanoparticles retains activity. Langmuir, 35(23): 7347-7353.

Tam R Y, Ferreira S S, Czechura P, et al. 2008. Hydration index—a better parameter for explaining small molecule hydration in inhibition of ice recrystallization. Journal of the American Chemical Society, 130(51): 17494-17501.

Tomalty H E, Graham L A, Eves R, et al. 2019. Laboratory-scale isolation of insect antifreeze protein for cryobiology. Biomolecules, 9(5): 180.

Tomás R M F, Bailey T L, Hasan M, et al. 2019. Extracellular antifreeze protein significantly enhances the cryopreservation of cell monolayers. Biomacromolecules, 20(10): 3864-3872.

Toxopeus J, Sinclair B J. 2018. Mechanisms underlying insect freeze tolerance. Biological Reviews of the Cambridge Philosophical Society, 93(4): 1891-1914.

Treviño M Á, Pantoja-Uceda D, Menéndez M, et al. 2018. The singular NMR fingerprint of a polyproline II helical bundle. Journal of the American Chemical Society, 140(49): 16988-17000.

Tyshenko M G, Doucet D, Walker V K. 2005. Analysis of antifreeze proteins within spruce budworm sister species. Insect Molecular Biology, 14(3): 319-326.

Vorontsov D A, Sazaki G, Hyon S H, et al. 2014. Antifreeze effect of carboxylated ε-poly-L-lysine on the growth kinetics of ice crystals. The Journal of Physical Chemistry B, 118(34): 10240-10249.

Wang Z H, Yang B, Chen Z, et al. 2020. Bioinspired cryoprotectants of glucose-based carbon dots. ACS Appl Bio Mater, 3(6): 3785-3791.

Weng L D, Stott S L, Toner M. 2018. Molecular dynamics at the interface between ice and poly(vinyl alcohol) and ice recrystallization inhibition. Langmuir, 34(17): 5116-5123.

Xiao N, Suzuki K, Nishimiya Y, et al. 2010. Comparison of functional properties of two fungal antifreeze proteins from *Antarctomyces psychrotrophicus* and *Typhula ishikariensis*. The FEBS Journal, 277(2): 394-403.

Xie T, Dong J K, Chen H W, et al. 2016. Experimental investigation of deicing characteristics using hot air as heat source. Applied Thermal Engineering, 107: 681-688.

Xue B, Zhao L S, Qin X H, et al. 2019. Bioinspired ice growth inhibitors based on self-assembling peptides. ACS Macro Letters, 8(10): 1383-1390.

Yamashita Y, Miura R, Takemoto Y, et al. 2003. Type II antifreeze protein from a mid-latitude freshwater fish, Japanese smelt (*Hypomesus nipponensis*). Bioscience, Biotechnology, and Biochemistry, 67(3): 461-466.

Yeh Y, Feeney R E. 1996. Antifreeze proteins: Structures and mechanisms of function. Chemical Reviews, 96(2): 601-618.

Yu S O, Brown A, Middleton A J, et al. 2010. Ice restructuring inhibition activities in antifreeze proteins with distinct differences in thermal hysteresis. Cryobiology, 61(3): 327-334.

Zhang C, Zhang H, Wang L. 2007. Effect of carrot (*Daucus carota*) antifreeze proteins on the fermentation capacity of frozen dough. Food Research International, 40(6): 763-769.

Zhang M, Qiu Z F, Yang K, et al. 2023a. Design, synthesis and antifreeze properties of biomimetic peptoid oligomers. Chemical Communications, 59(46): 7028-7031.

Zhang W, Laursen R A. 1998. Structure-function relationships in a type I antifreeze polypeptide: The role of threonine methyl and hydroxyl groups in antifreeze activity. Journal of Biological Chemistry, 273(52): 34806-34812.

Zhang X Y, Qi H S, Yang J, et al. 2023b. Development of low immunogenic antifreeze peptides for cryopreservation. Industrial & Engineering Chemistry Research, 62(31): 12063-12072.

Zhang Y J, Zhang H, Ding X L, et al. 2016. Purification and identification of antifreeze protein from cold-acclimated oat (*Avena sativa* L.) and the cryoprotective activities in ice cream. Food and Bioprocess Technology, 9(10): 1746-1755.

Zhao J, Johnson M A, Fisher R, et al. 2019. Synthetic polyampholytes as macromolecular cryoprotective agents. Langmuir, 35(5): 1807-1817.

Zheng Y, Su C L, Lu J, et al. 2013. Room-temperature ice growth on graphite seeded by nano-graphene oxide. Angewandte Chemie International Edition, 52(33): 8708-8712.

Zhou W, Chan J C L, Chen W, et al. 2009. Synoptic-scale controls of persistent low temperature and icy weather over Southern China in January 2008. Monthly Weather Review, 137(11): 3978-3991.

Zhu W, Guo J M, Agola J O, et al. 2019a. Metal-organic framework nanoparticle-assisted cryopreservation of red blood cells. Journal of the American Chemical Society, 141(19): 7789-7796.

Zhu Z W, Zhou Q Y, Sun D W. 2019b. Measuring and controlling ice crystallization in frozen foods: A review of recent developments. Trends in Food Science & Technology, 90: 13-25.

Zhuang X, Yang C, Murphy K R, et al. 2019. Molecular mechanism and history of non-sense to sense evolution of antifreeze glycoprotein gene in northern gadids. Proceedings of the National Academy of Sciences, 116(10): 4400-4405.

第 7 章 模块化的重组蛋白质材料

本章详细探讨了蛋白质材料设计的核心概念与领域，通过实例研究了天然蛋白质材料的结构与功能，以及面临的挑战。在蛋白质材料的设计方面，重点介绍了构建单元的理性设计、定向进化及基因融合等策略；在蛋白质材料的组装技术方面，讨论了分级组装、共价与非共价相互作用、人工智能辅助设计等方法。最后，本章总结了研究关键点，使读者理解持续深入开展蛋白质材料设计与组装研究的重要性。

7.1 蛋白质材料概述

蛋白质是一类极其多样且多功能的生物分子，在生物体中起着至关重要的作用。它们由氨基酸链组成，通过肽键连接在一起。这些链可以折叠成复杂的三维结构，赋予蛋白质独特的性质和功能。除了生物学意义之外，由天然蛋白质构成的材料（如蚕丝与动物皮革等）亦是人类文明发展的重要物质基石之一。如今对这些蛋白质材料的研究已成为材料学科发展的重要灵感之源，同时也推动了现代合成生物学的发展（Kaplan and McGrath，2012）。

蛋白质材料也被称为基于蛋白质的材料或生物聚合物材料，是指利用蛋白质的独特性质进行工程设计而创建的材料。这些材料可以来源于天然蛋白质，也可以通过修改现有蛋白质结构或创造全新的蛋白质序列来设计。由此产生的材料具有独特的特点，如生物相容性、可生物降解性、可调节的机械性能，以及自组装成复杂结构的特性。

蛋白质材料的一个关键优势在于其固有的生物相容性。由于其来源于天然蛋白质，这些材料通常被生物体很好地耐受，使其非常适合各种生物医学应用。例如，蛋白质材料可用于组织工程，为细胞提供生长和分化的支架，有助于损伤组织的再生；还可以用于药物传递系统，其中蛋白质可以作为治疗剂的载体，确保靶向传递和控制释放。

与合成材料不同，基于蛋白质的材料可以通过自然过程分解，减少其对环境的影响，即可生物降解性。这一特性使得蛋白质材料在可持续包装等应用中非常有价值，可以作为塑料材料的替代品（Zhao et al.，2008）。

此外，蛋白质材料还表现出卓越的机械性能。氨基酸的特定排列和蛋白质的折叠模式使得人们可以创建具有不同强度、弹性和韧性的材料（Li and Cao，2010）。

通过调控蛋白质序列或引入交联策略，研究人员可以精确调节蛋白质材料的机械性能以适应特定需求。这种多功能性为蛋白质材料在纺织品、涂层和结构材料等领域的应用提供了可能。

蛋白质的自组装行为是另一个引人注目的特点，可以在蛋白质材料的开发中加以利用（de la Rica and Matsui，2010）。蛋白质具有通过非共价相互作用自发组织成明确结构的能力。通过控制环境条件，如 pH、温度或特定离子，科研人员可以引导自组装过程，创建具有从纳米尺度到宏观尺度的分层结构材料。这种分层结构赋予蛋白质材料独特的功能性质，包括选择性吸附、催化和光学特性，使其在传感器、电子和光子学等领域具有吸引力。

近年来，蛋白质工程、生物技术和材料科学的进展加速了蛋白质材料的发展，扩展了其潜在应用并开启了新的可能性。研究人员不断探索创新策略，设计和制造具有增强性能和功能的蛋白质材料。总的来说，蛋白质材料作为一种新型的生物材料，具有广阔的应用前景和巨大的发展潜力。

通过操纵蛋白质的结构和排列，研究人员可以创建具有定制性能和功能的材料，推动从生物医学到纳米技术等领域的进步。蛋白质材料的设计和组装充分体现了蛋白质分子的独特性，在诸多蛋白质工程应用中占据着举足轻重的地位，可以从以下几个关键方面理解。

第一，蛋白质材料的设计和组装可以创造出性能及功能优越的材料。蛋白质提供了广泛的结构模式、折叠模式和表面性质，可以有针对性地利用这些特性来实现特定的材料特征（Lai et al.，2012）。通过精心选择和工程化蛋白质序列，研究人员可以优化机械强度、生物相容性、可生物降解性和对外界刺激的响应等性质。这种控制水平使得开发出的蛋白质材料在性能上优于天然蛋白质或传统的合成材料（Hu et al.，2012）。

第二，蛋白质材料的设计和组装使其具备了额外的功能。通过引入酶、抗体或荧光标记等功能基团，可以对蛋白质进行修饰，从而赋予材料特定的性质（DiMarco and Heilshorn，2012；Okesola and Mata，2018）。通过有针对性地将多种功能整合到蛋白质材料中，研究人员可以创建具有多种功能的材料，执行复杂任务，扩展其在各个领域的潜在应用。

第三，能够对蛋白质材料进行精确的自组装和层次组织工程（Levin et al.，2020）。蛋白质具有自组装能力，由氢键、静电相互作用和疏水相互作用等非共价相互作用驱动。通过设计蛋白质序列或调节环境条件，研究人员可以引导自组装过程，指导所需结构在不同长度尺度上的形成。这种自组装的控制能力使得蛋白质材料具有明确的体系结构，包括纳米颗粒、纳米纤维和三维基质（Arai，2018）。层次组织工程增强了材料的性能和功能，如增加稳定性、改善机械强度和增强生物活性（Ariga et al.，2020）。

蛋白质材料的设计和组装还有助于开发可持续的、环境友好的材料。蛋白质是可再生资源的产物，且具有可生物降解性，因而是传统上从化石燃料衍生的合成材料的理想替代品（Scheller and Conrad，2005；Lendel and Solin，2021）。通过设计具有受控降解速率的蛋白质材料，并采用环境友好的加工方法，研究人员可以降低材料对环境的不利影响，并促进更加可持续的未来。

此外，蛋白质材料的设计和组装促进了生物系统与合成材料的融合（Chen et al.，2020）。这种跨学科的方法允许创建结合了生物合成和化学合成优势的混合材料。例如，蛋白质基材料可以与电子组件结合，开发具有性能增强和生物相容性的生物电子器件（Bostick et al.，2018）。将蛋白质整合到材料中，还可以与生物系统相互作用，使其适用于组织工程、药物输送和生物医学植入物等应用（Saif and Yang，2021）。

总之，蛋白质材料的设计和组装对于利用蛋白质的独特性质进行各种应用至关重要。通过精心设计蛋白质序列、操纵自组装过程和引入额外的功能，研究人员可以创造出性能优越、具有定制特性和多功能的材料，在生物医学、纳米技术、可持续材料、生物与化学系统的整合方面都具有巨大的应用潜力。对蛋白质材料的设计和组装的持续研究与开发将继续推动创新，为众多行业的发展作出贡献，最终造福整个社会。

7.2　天然蛋白质材料

7.2.1　自然界中的蛋白质材料

蛋白质在自然界中形成了各种各样且复杂的材料，展现出卓越的性质和功能。这些材料的形成过程涉及蛋白质的合成、折叠和组装等复杂步骤，产生了具有出色机械强度、灵活性和生物相容性的结构。

胶原蛋白是一类非常有代表性的天然蛋白质材料（图 7-1A）（Shoulders and Raines，2009；Avila Rodríguez et al.，2018）。胶原蛋白不仅构成了结缔组织（如肌腱、皮肤和骨骼）的基础结构，还因其独特的三级螺旋结构而赋予这些组织出色的抗拉强度和结构完整性。胶原蛋白的结构还使其具有良好的生物相容性，可以用于组织工程和再生医学。

另一类引人注目的天然蛋白质材料是丝素，它由蜘蛛或蚕产生（Vepari and Kaplan，2007）。丝素纤维轻巧而坚韧，具有惊人的强度和弹性，使其成为构建蜘蛛网和蚕蛹茧的理想材料（图 7-1B）。丝素的独特结构和物理特性使其在纺织、医学、纳米技术等领域具有广泛的应用前景（Holland et al.，2019；Nguyen et al.，2019）。

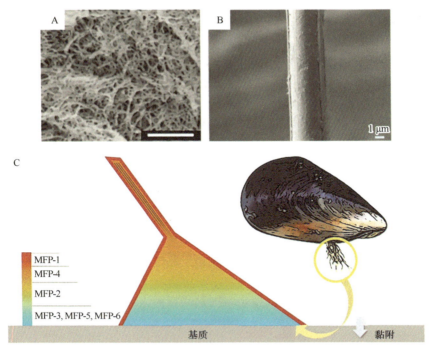

图 7-1 常见的天然蛋白质材料（Zhao et al.，2020）

A. 天然胶原蛋白形成的丝状网络结构扫描电镜图像，标尺=1 μm（Avila Rodríguez et al.，2018）；B. 天然蜘蛛丝的扫描电镜图像，标尺=1 μm（Lai and Goh，2015）；C. 贻贝足部天然黏附蛋白 MFP 示意图

除了结构性质，自然界的蛋白质材料还展示了出色的黏附特性。贻贝是一个典型的例子，它们能够借助黏附蛋白在水中牢牢附着于各种表面（图 7-1C）。贻贝的黏附蛋白中富含儿茶酚和氨基能团的氨基酸序列，使其在潮湿环境下具有强大而多功能的黏附能力（Lin et al.，2007）。这种黏附特性对于开发仿生胶黏剂和生物医学黏合剂具有重要意义（Kord Forooshani and Lee，2017）。

此外，自然界的蛋白质材料还具有许多功能性质。细菌视紫红质是其中的一个例子，它是一种光敏蛋白质，扮演着天然光传感器的角色（Lanyi and Luecke，2001）。细菌视紫红质能够利用光能将光信号转化为化学能，为细菌提供生存所需的能量。这种光敏蛋白质的研究不仅有助于理解生命的基本原理，还为光电子学和生物传感器等领域的应用开辟了新的可能性（Hampp，2000）。

研究自然界中的蛋白质材料，为我们提供了宝贵的启示。科学家们致力于揭示这些材料的设计原则、自组装机制和功能性质，以便在人工合成材料中加以应用。通过深入了解和充分利用蛋白质材料的特性，研究人员正在开发创新的生物材料、仿生工程材料和先进技术，这些材料和技术将在生物医学、生物工程、纳米技术等领域产生重大影响。

7.2.2　天然蛋白质材料的局限性

天然蛋白质材料因其卓越的性能及多样的功能而受到科学家和工程师的青睐。从为组织提供支撑的胶原蛋白，到拥有强大黏附力的贝壳蛋白，再到具备光感应能力的细菌视紫红质，这些天然材料为创新生物材料和仿生技术的发展提供了源源不断的灵感。然而，尽管它们具有这些固有的优点，天然蛋白质材料在实际应用中仍面临一系列挑战和局限性（Agnieray et al.，2021；Miserez et al.，2023）。

（1）天然蛋白质材料具有多样性和复杂性。每种蛋白质在序列、结构和性质上都有其独特性，这使得精确复制和控制其特性变得异常困难。这种多样性可能影响到基于蛋白质材料的可重复性和可靠性，从而限制了它们在多种场景中的广泛应用。

（2）天然蛋白质材料的生产和加工存在可扩展性及成本效益方面的挑战。许多天然蛋白质材料（如蜘蛛丝）产量有限，难以实现大规模生产。同时，蛋白质的合成和组装过程复杂，进一步增加了生产成本和时间。这些因素严重制约了它们在商业规模应用中的普及。

（3）天然蛋白质材料的力学性能往往难以满足某些特定应用的要求。尽管胶原蛋白、丝绸等天然蛋白质材料表现出优异的强度和弹性，但它们可能缺乏某些工程应用所需的高刚度或韧性。为了实现材料所需的力学性能，通常需要对天然蛋白质材料进行修饰或增强，这在技术上颇具挑战性。

（4）天然蛋白质材料的稳定性和耐久性也是一大问题。蛋白质容易受到酶、温度、pH 等环境因素的影响而发生降解。这种敏感性限制了蛋白质基材料的使用寿命和功能性，特别是在恶劣条件或长期应用中。因此，提升天然蛋白质材料的稳定性和耐久性，对于拓展其应用领域至关重要。

（5）天然蛋白质材料在功能方面也存在局限性。尽管一些蛋白质具有特定的功能或性能，如光感应或黏附能力，但它们可能并不涵盖所有先进技术应用所需的功能。将额外的功能或工程特定性质的蛋白质整合到天然蛋白质材料中仍是一个挑战。

综上所述，尽管天然蛋白质材料具有巨大的应用潜力，但它们在实际应用中仍面临诸多挑战和局限性。为了充分发挥这些材料的潜力，需要跨学科的努力来解决天然蛋白质材料的多样性、可扩展性、力学性能、稳定性和功能性等方面的问题。

鉴于这些挑战，人们开始研究和开发人工设计的蛋白质材料。人工设计蛋白质材料是通过设计或修改蛋白质的氨基酸序列来实现特定的性能和功能。这种方法允许精确调控蛋白质的结构和性质，使其更加适应特定的应用需求。人工设计蛋白质材料的发展仍处于早期阶段，但其前景非常广阔，将有助于满足不同领域对可持续性、定制化和高性能材料的需求。通过持续的研究和技术进步，人们可以期待在未来看到更多蛋白质材料的创新和应用。

7.3 蛋白质材料构建基元的设计

蛋白质是生命中极其迷人且功能多样的生物分子,在各种生理过程中扮演着重要角色。作为生命的基本构件,蛋白质参与催化反应、信号传递、细胞结构构建和物质运输等多种关键任务。构成常见蛋白质的 20 种独特氨基酸,每一种都拥有特定的侧链,赋予其独特的化学属性。蛋白质链中氨基酸间的复杂相互作用,包括氢键、静电作用和疏水作用,共同促进蛋白质的精确折叠和稳定,从而塑造出从简单线性链到复杂球形结构的多种形态。

蛋白质材料的丰富多样性源于氨基酸的不同组合及其在蛋白质结构中的特定排列方式,这为创造具备独特机械、热、电和生化性能的材料提供了可能。深入了解蛋白质的构建基础及其相互作用,对于发掘其潜在价值和推动先进生物材料领域的创新至关重要。通过精心调控蛋白质的序列和结构,科学家们能够开发出具有定制性能的新型材料,这些材料能够模拟甚至超越自然界中的材料,对科学和技术领域的进步具有重要意义。

7.3.1 定向进化策略

1. 定向进化概述

定向进化(directed evolution)作为一种分子生物学和蛋白质工程领域的关键技术,通过模拟自然进化的原理,在实验室环境下实现蛋白质的迭代优化。这种方法的核心在于利用突变和选择的力量,创造并筛选出具有期望特性或功能的蛋白质变体。相较于其他方法,定向进化策略不需要对目标蛋白质的序列、结构信息有详细的了解,仅通过迭代有益突变,即可大大提升蛋白质的性质。

19 世纪,达尔文(Darwin)提出了自然选择理论,用以阐释生物体的进化历程。达尔文的工作为我们奠定了理解生物群体如何随时间适应环境、产生新物种并导致其他物种灭绝的基础。进入 20 世纪,遗传学的兴起为理解推动自然选择的可遗传特征提供了分子层面的基础。1953 年,沃森(Watson)和克里克(Crick)揭示了 DNA 作为遗传物质的本质并阐明了其结构,这进一步推动了我们对进化的分子机制的理解。

蛋白质工程的概念起源于 20 世纪 70~80 年代,其核心在于通过修改蛋白质序列来创造新的或改进的功能。早期的蛋白质工程主要依赖于理性设计(rational design),即基于对蛋白质结构和功能的深入了解,有针对性地改变蛋白质序列(Ulmer,1983)。然而,由于蛋白质结构的复杂性和序列变化对功能的不可预测性，这种方法的应用受到了限制。

作为生物工程领域一个重要的方法，定向进化技术的提出与发展得益于阿诺德（Arnold）在 20 世纪 80 年代末至 90 年代初的开创性工作。阿诺德认识到可以利用自然选择的力量来引导实验室中的蛋白质进化，从而开发出一种新的蛋白质工程技术（Chen and Arnold，1993；Arnold，1996）。阿诺德最初的工作聚焦于酶的定向进化。多数酶的本质是催化化学反应的蛋白质。在 1993 年的一项具有里程碑意义的研究中，阿诺德及其团队通过在酶的基因中引入随机突变，筛选出具有对有机溶剂耐受度极高的变体，成功实现了对枯草杆菌蛋白酶 E（subtilisin E）的定向进化（Chen and Arnold，1993）。阿诺德于 2018 年因在该领域的工作而被授予诺贝尔化学奖。

定向进化取得初步成功后，研究人员开始开发一系列用于生成遗传多样性的技术，这些技术成为定向进化过程的关键组成部分。20 世纪 90 年代，一些重要的技术相继问世，包括易错 PCR（error-prone PCR）、DNA 改组（DNA shuffling）和定点突变（site-directed mutagenesis）。易错 PCR 由 Cadwell 和 Joyce 于 1992 年开发，通过在 PCR 扩增过程中引入目标基因的随机突变，从而生成多样化的基因变体库（Cadwell and Joyce，1992）。DNA 改组技术由 Stemmer 于 1994 年引入，该技术涉及多个亲本基因的随机断裂和重组，以生成具有潜在新功能的杂合基因变体（Stemmer，1994）。位点定向突变则提供了一种高度可控的方法来生成遗传多样性。通过这种方法，研究人员可以精确地在感兴趣的基因中引入特定的突变（Zheng et al.，2004）。

2. 定向进化的步骤

定向进化试验由基因文库构建、突变体表达、高通量筛选等基本步骤构成，并通过数轮迭代以期获得或接近最优解（图 7-2）（Arnold and Georgiou，2003）。

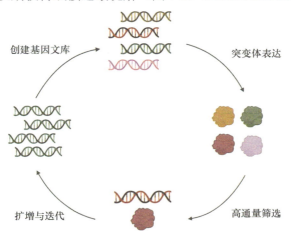

创建基因文库　　　　　　　　突变体表达

扩增与迭代　　　　　　　　　高通量筛选

图 7-2　定向进化的实验步骤示意图（Qi et al.，2022）

1）创建基因文库

易错 PCR：此技术利用 PCR 过程中的随机突变来引入目标基因的多样性。通过调整反应条件，如 Mg^{2+} 浓度、dNTP 比例或加入特定的诱变剂，可以控制突变率，从而生成具有所需多样性的基因库。

DNA 重组：这种方法涉及多个亲本基因的随机断裂，通过 PCR 重新组装，生成杂合基因变体。这种技术特别适用于创建组合基因库，或探索同源蛋白质之间的功能多样性。

定点突变：这是一种精确引入特定突变的方法，可以通过使用合成寡核苷酸或 QuikChange®定点突变试剂盒等技术实现。这种方法允许研究人员有针对性地改善蛋白质的功能或性质。

2）表达与筛选

在适当的宿主生物（如细菌、酵母、昆虫细胞系等）中表达这些基因变体，并利用高通量筛选技术识别具有所需功能或性质的蛋白质变体。筛选方法可以是正向的或负向的，这取决于所需功能是否给宿主生物带来生长优势或劣势（Arnold，1998；Turner，2009）。

3）扩增与迭代

选择的基因变体经过 PCR 扩增，并再次经历突变和筛选循环。这个过程重复多次，每一轮迭代都会积累有益的突变，从而逐渐改善蛋白质的功能或性质（Arnold，1998）。

4）表征与优化

对经过定向进化的蛋白质进行详细的表征，包括其结构、稳定性和功能。通过合理设计或进一步的定向进化循环，可以进一步优化蛋白质的性质，以满足特定应用的需求。

3. 定向进化在蛋白质材料设计中的应用

定向进化是一种创新性的生物技术手段，它通过在编码目标蛋白质的基因中引入随机突变，并筛选出性能更佳的变异体，实现了对蛋白质特性的精准优化。这一方法已广泛应用于各类蛋白质的研究，涵盖酶、抗体和结构蛋白等多个领域。通过定向进化蛋白质，科研人员能够构建出具有丰富性质的蛋白质材料变体库，在多个方面展现出卓越的性能。

嗜热菌 *Aquifex aeolicus* 的二氧四氢蝶啶合酶（lumazine synthase）以其独特的自组装能力，形成二十面体的壳体结构，因此在纳米粒子结晶和药物递送等领域具有广泛的应用前景。Wörsdörfer 等（2011）通过定向进化技术，成功筛选出了带有更多净负电荷的二氧四氢蝶啶合酶单体。在这一过程中，他们将单体的 4 个位点由原先的精氨酸、苏氨酸和谷氨酰胺突变为谷氨酸。这一改变使得进化后的单体带有更多净负电荷，在自组装时能够形成更具吸附力的蛋白质壳体，从而有效搭载更多的正电性蛋白或小分子，显著提升了封装效率。为了进一步验证这一发现的实际应用潜力，研究人员将 HIV 蛋白酶封装在进化后的蛋白质壳体中，并成功将其递送至大肠杆菌内部（图 7-3）。实验结果显示，这种蛋白质壳体为大肠杆菌提供了强大的保护屏障，使其在高浓度的 HIV 蛋白酶环境中仍能保持良好的生长状态。这一重大突破不仅证明了定向进化在优化天然蛋白质纳米颗粒载体方面的巨大潜力，也为基因治疗、药物传递和催化反应等领域带来了全新的可能性；通过利用定向进化技术，我们可以对天然蛋白质纳米颗粒载体（如病毒外壳）进行精准改造，从而设计出具有特定功能的载体。这些人工载体不仅能够满足各种复杂应用场景的需求，还为我们探索蛋白质纳米颗粒载体的更多应用领域提供了有力支持。

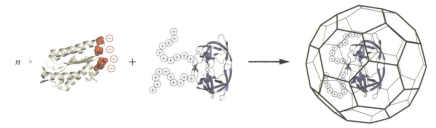

图 7-3　用于包裹正电性蛋白的蛋白质壳体（Wörsdörfer et al.，2011）

经过定向进化改造的二氧四氢蝶啶合酶（灰色）形成二十面体衣壳（n=60 或 180），它们会自发地组装在带有十聚精氨酸标签（蓝色）的 HIV 蛋白酶周围。每个单体中被突变为谷氨酸（红色）的 4 个残基指向已组装衣壳的腔内空间，它们可以与带正电的客体分子发生静电相互作用。

古细菌视紫红质（archaerhodopsin-3，Arch-3）是一种基因编码的膜电压荧光指示器，其整合膜蛋白的特性使得膜电压变化的可视化成为可能，这对于神经活动的研究至关重要。然而，目前该蛋白质的亮度不足，难以满足复杂生物体系的成像需求。针对这一问题，Frances H. Arnold 研究团队运用定向进化技术，对 Arch 蛋白进行了深入优化（McIsaac et al.，2014）。经过定向进化，Arch 蛋白的亮度得到了显著提升，且改良后的 Arch 变体在质子化的席夫碱和视黄醇之间的共价键的 pK_a 值接近中性 pH，这使得它在膜电压感应的应用中更加实用。这些亮度提升的 Arch 变体不仅能够有效地定位于生物膜，而且展现了极大的红移发射光谱，其最大激发/发射波长约为 620 nm/730 nm。另一研究团队则基于改良后的 Arch 蛋白，巧妙地设计了一种基因编码的电压指示物（Adam et al.，2019）。

这一创新设计使得研究人员能够同时记录小鼠海马体多个神经元的超阈值和亚阈值电压动态。该指示物在响应神经元动作电位时，荧光强度增加了约 40%，为观察神经元活动提供了直观且精确的指标。该工具还揭示了反向传播动作电位的亚细胞细节，并进一步探讨了多个细胞之间亚阈值电压的相关性。更值得一提的是，通过将这些电压指示物与光遗传学技术相结合，研究人员成功观察到与小鼠行为状态相关的神经元兴奋性变化。这些变化不仅反映了兴奋性和抑制性突触输入的相互作用，而且为行为背景下大脑功能提供了新信息。该研究展示了定向进化技术在神经科学研究中的巨大潜力，为未来的研究开辟了新的方向。

定向进化在蛋白质材料设计领域占据着举足轻重的地位。通过精准地引导蛋白质的进化过程，我们能够创造出具备特定功能和性能的蛋白质变体，从而极大地拓展了蛋白质的应用范畴。这一方法不仅为药物研发、催化剂优化、生物传感器设计以及纳米材料制造等领域提供了全新的解决方案，更为生物技术和材料科学的创新发展注入了强大动力。

7.3.2 理性设计

1. 理性设计简介

理性设计（rational design）充分利用蛋白质结构与功能原理来精确指导蛋白质工程，现已成为开发新型蛋白质材料和创新治疗药物不可或缺的强大工具（Wohlgemuth，2012）。通过理性设计，研究人员能够深入理解蛋白质的复杂机制，从而针对性地优化其性能或赋予其新功能，进而推动生物技术和医学领域的创新发展。

蛋白质理性设计的概念可追溯到 20 世纪 80 年代初，当时科学家们首次萌生了设计具备预定结构和功能蛋白质的想法。初期的研究主要聚焦于对天然蛋白质的修饰，旨在增强其稳定性、活性或特异性。然而，受限于当时计算工具的匮乏，以及对蛋白质结构和功能的认知局限，蛋白质理性设计的发展步伐相对缓慢。随着科技的进步，特别是进入 20 世纪 90 年代末，分子建模与模拟等计算方法取得了显著突破，同时，高分辨率蛋白质结构数据也日益丰富。这些进步为蛋白质理性设计提供了强有力的支撑，使科学家们能够更精确、高效地设计蛋白质（Woolfson，2021）。计算方法的广泛应用不仅使研究人员能够预测设计蛋白质的稳定性和功能特性，还为他们提供了定向优化蛋白质结构和功能的工具。现在，科学家们可以基于蛋白质的结构和功能原理，通过计算模拟和设计算法，精准地改造或创造全新的蛋白质，以满足特定的应用需求（Huang et al.，2016）。

2. 理性设计的方法

蛋白质理性设计的方法可以明确划分为两大类：基于结构的设计和基于序列的设计。基于结构的设计侧重于通过调整蛋白质的三维结构来达成预期的功能，而基于序列的设计则侧重于通过改造氨基酸的排列顺序来实现所需的特性。借助先进的计算方法，研究人员如今能够精准地设计出具有特定功能和特性的蛋白质。

1）基于结构的设计

基于结构的设计专门用于工程化那些具备特定功能和特性的蛋白质。该方法的核心在于利用蛋白质的三维结构作为设计的蓝本，进而构建出具有预期特性的新型蛋白质。蛋白质的三维结构为我们提供了丰富的信息，包括活性位点的位置、结合口袋的形态以及其他功能域的特性，这些都是优化蛋白质活性、特异性以及稳定性的关键所在（Laurie and Jackson，2006；Leis et al.，2010）。

在基于结构的设计过程中，我们可以采用多种先进的计算方法，如分子对接、分子动力学模拟以及能量最小化算法。分子对接技术能够帮助我们预测配体与蛋白质之间的结合模式，并通过优化它们之间的相互作用来提升结合的亲和力及特异性（Thomsen and Christensen，2006；Morris and Lim-Wilby，2008）。分子动力学模拟则可以模拟蛋白质在动态环境中的运动情况，从而预测蛋白质结构上的突变对其稳定性和功能产生的影响（Karplus and Petsko，1990；Childers and Daggett，2017；Śledź and Caflisch，2018）。能量最小化算法则是通过调整原子间的构象，优化与其他基团的相互作用，达到最小化蛋白质结构能量的目的，从而确保设计的蛋白质在热力学上更加稳定（Levitt，1983；Alford et al.，2017）。

基于结构的设计方法在蛋白质材料的基元设计中被广泛应用。芝加哥大学何川课题组与北京大学来鲁华课题组联合开发了一种能特异性结合铀酰的蛋白质（Zhou et al.，2014）。他们先根据铀酰离子的配位特征挑选出几个合适的结合口袋，再利用新开发的算法从数据库中筛选出含有对应结构的蛋白质，随后结合定点突变等技术得到了一种全新的铀酰结合蛋白 SUP（图 7-4）。这种蛋白质不仅对铀酰具有极高的亲和力，其解离常数能达到（7.2±2.0）fmol/L（1 fmol/L=10^{-18} mol/L），而且相对其他金属离子具有超过 10 000 倍的选择性。此外，SUP 还展现出了出色的热稳定性，这使得它在复杂环境中仍能保持稳定的结合性能。Kou 等（2017）巧妙地利用 SUP 蛋白，成功设计了一种新颖的蛋白质水凝胶微珠材料。这种材料能够从海水中高效地选择性吸附铀酰离子并进行富集，从而为解决铀酰污染治理、核废料处理以及清洁能源开发等关键问题提供了创新性的解决方案。

将理性设计得到的 SUP 蛋白固定在固相支持物表面，可以选择性地从含有多种离子的溶液中吸附铀酰离子，并用其他方法将之洗脱，通过这种策略可以实现海水中铀资源的富集。

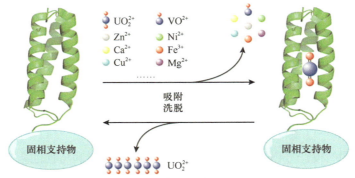

图 7-4　海水中铀元素的富集策略（Zhou et al.，2014）

尽管基于结构的设计在蛋白质工程领域取得了显著的成果，但它仍受到一些局限，主要包括高分辨率蛋白质结构数据的相对稀缺及计算方法精确度的限制。不过，随着科学技术的快速发展，蛋白质结构测定技术正在不断进步，为我们提供了越来越多的高质量结构数据。同时，计算方法也在持续更新和优化，使得基于结构的设计更为精确和可靠。

2）基于序列的设计

作为一种前沿的技术手段，基于序列的设计方法在蛋白质工程化领域发挥着举足轻重的作用。其核心在于通过精细调整蛋白质的氨基酸序列，赋予其特定的功能和特性。这种设计策略融合了多种先进的计算方法，如序列比对、同源建模以及机器学习算法，为研究人员提供了有力的预测工具。通过这些方法，研究人员能够精准地预测氨基酸序列中的突变对蛋白质稳定性、活性和特异性的潜在影响。在基于序列的设计实践中，优化蛋白质的活性、特异性和稳定性是关键目标。这一过程涉及深入剖析蛋白质的结构与功能关系，识别出对特定功能重要的残基或结构域，然后进行有针对性的修改（Gulati and Poluri，2016）。

序列比对是一种关键的计算方法，它通过将目标蛋白质的氨基酸序列与已知蛋白质序列数据库中的序列进行比对，从而揭示保守的结构域和残基，帮助研究人员识别出那些对蛋白质功能至关重要的区域，为后续的序列修改提供了依据（Marti-Renom et al.，2004；Wang et al.，2020）。

同源建模是另一种重要的计算方法，它基于蛋白质的氨基酸序列来预测其可能的三维结构，并将这些预测结构与已知蛋白质结构进行比较。通过这种方法，研究人员能够更深入地了解蛋白质的结构与功能关系，识别出关键的结构域和残基，进而为优化蛋白质功能提供指导（Krieger et al.，2003；Muhammed and Aki-Yalcin，2019）。

机器学习算法在基于序列的设计中发挥着越来越重要的作用。通过利用已知蛋白质结构和序列的大量数据集对模型进行训练，机器学习算法能够预测氨基酸序列中的突变对蛋白质稳定性、活性和特异性的潜在影响。这种方法不仅提高了预测的准确性和可靠性，还为研究人员提供了更多优化蛋白质功能的可能性（Anand et al.，2022；Dauparas et al.，2022）。

作为蛋白质结构预测与理性设计的代表性人物，华盛顿大学的 David Baker 及其团队整合了上述方法，开发并推广了 Rosetta 软件套件，使之成为蛋白质理性设计的平台技术。Rosetta 软件套件集成了一系列先进的算法，能够根据氨基酸序列精准地预测蛋白质的结构和功能。它不仅能够从头开始预测蛋白质的三维结构，还能对已通过试验验证的结构进行进一步优化，以满足特定的工程需求。此外，Rosetta 软件在设计具有特定功能的新型蛋白质方面也展现出强大的能力，如设计酶、抗体以及调控蛋白质间的相互作用等。尤为值得一提的是，Rosetta 软件在模拟蛋白质相互作用方面表现出色，它能够基于各组分蛋白质的单独结构，精准地预测蛋白质复合物的结构，进而设计出全新的蛋白质相互作用。这一特性使得 Rosetta 软件在药物发现领域大放异彩，因为它能够设计出与特定靶点具有高亲和力且能特异性结合的蛋白质，为新药研发提供了强大的技术支持（Kuhlman et al.，2003；Rohl et al.，2004）。例如，在 2020 年的新型冠状病毒感染疫情中，Baker 课题组就利用 Rosetta 软件模拟并设计出了多个能与新冠病毒刺突受体结合域特异性结合的抑制剂，可以高效地抑制病毒对细胞的感染，其解离常数达到了皮摩尔级（Cao et al.，2020）。

尽管基于序列的设计在蛋白质工程中取得了显著的成功，但由于蛋白质结构和功能的复杂性，该方法仍面临一定的挑战。蛋白质的特性和功能往往受到多种因素的共同影响，包括氨基酸序列、空间构象、相互作用等，这使得准确预测特定突变对蛋白质特性的影响相当困难。然而，随着计算方法的不断发展和完善，以及蛋白质工程工具的日益成熟，基于序列的设计，其预测精度和可靠性正在逐步提升。序列比对、同源建模和机器学习算法等计算方法的结合使用，为研究人员提供了更多维度的信息和更深入的洞察，使得我们能够更准确地理解蛋白质的结构与功能关系。因此，尽管当前仍存在一些限制和挑战，但基于序列的设计在开发新型蛋白质材料和治疗药物方面的潜力不容忽视。随着技术的不断进步，我们有望在未来更精准地设计和改造蛋白质，为生物医学领域带来更多的创新和突破。

值得一提的是，在实际应用中，基于结构与序列的两种蛋白质理性设计思路通常是密不可分的。乳糜泻是一种终身性疾病，患者对小麦、大麦和黑麦中的麸质蛋白产生免疫反应，这种反应会引发肠道炎症和损伤，进而导致一系列健康问题。当前唯一有效的治疗方法是严格避免食用含麸质食物，然而这一做法在实际生活中既困难又昂贵，因此，寻找非饮食性的乳糜泻治疗方法成为迫切需求。脯氨酸内切肽酶（prolyl endopeptidases，PEP）能够特异性地水解具有免疫毒性的麸质肽段，因此成为乳糜泻患者潜在的口服治疗药物。然而，增强 PEP 在胃酸环境中（即低 pH 和高胃蛋白酶浓度）的活性及稳定性，对蛋白质工程来说是一个重大挑战。研究人员运用了一种基于序列和结构的综合方法，并结合机器学习算法，成功改造了 PEP（Ehren et al.，2008）。经过两轮精心设计的突变和深入分析，他们发现了一种 PEP 变体，在 pH 4.5 的条件下，其特异活性提高了 20%，抗胃蛋白酶能力增强了 200 倍。这一研究结果也揭示了蛋白质中保守区域（特别是紧密堆积区域的疏水性残基）对其稳定性的重要性。这些疏水位点的突变能够深刻影响蛋白质的结构和功能，而这些影响难以仅凭第一性原理进行预测，因此需要通过不断的迭代设计和分析来优化。为了进一步验证这些 PEP 变体的实际效果，研究人员在模拟的胃酸环境中使用了全麦面包进行试验。结果表明，一些 PEP 变体在麸质解毒活性方面表现出了显著的改善，这为乳糜泻患者提供了新的治疗希望。

3. 理性设计与定向进化的比较

理性设计是一种高效的蛋白质工程方法，它利用计算方法设计具有特定功能和性质的蛋白质。这种方法基于我们对蛋白质结构和功能的深入理解，使研究人员能够精准预测突变对蛋白质稳定性、活性和特异性的潜在影响。

理性设计的显著优势在于其高效性和准确性。通过精确的计算和预测，研究人员能够有针对性地设计蛋白质，使其具备所需的特定功能或性质。这不仅提高了蛋白质工程的成功率，也缩短了研发周期。然而，理性设计也存在一定的局限性。首先，它高度依赖于高分辨率蛋白质结构和计算方法的准确性，如果缺乏足够精确的蛋白质结构数据或成熟的计算方法，那么设计的蛋白质可能无法达到预期的效果；其次，蛋白质的结构和功能具有高度的复杂性，有时难以准确预测突变对蛋白质性质的具体影响。因此，在实际应用中，研究人员还需要结合实验验证来确保设计的蛋白质具有所需的性能。

定向进化是一种强大的蛋白质工程技术，它通过在蛋白质序列中随机引入突变及选择过程，筛选出具有期望性质的变体。这种方法借鉴了自然进化的原理，能够生成具有全新或优化功能的蛋白质。定向进化可以在体内或体外进行，结合多种选择或筛选方法，为蛋白质工程领域提供了广阔的探索空间。

定向进化的主要优势在于其高度的灵活性和创新性，无需对蛋白质结构和功能有深入了解，便能够在大量随机突变中筛选出具有所需性质的变体，这使得该方法在优化蛋白质的活性、特异性和稳定性等方面具有显著优势。此外，定向进化还能帮助研究人员探索未知的蛋白质空间，发现具有独特功能的新型蛋白质，为生物医学和生物技术领域的发展提供源源不断的创新动力。然而，定向进化也存在一定的局限性。首先，它高度依赖于有效的选择或筛选方法，没有合适的筛选手段，就很难从大量的突变体中识别出符合预期的蛋白质；其次，定向进化过程往往耗时费力，需要进行多轮的突变和选择，才能最终获得理想的蛋白质变体；此外，起始蛋白质的特点也会对进化过程的效率产生影响，如果起始蛋白质本身性质不佳，那么进化出具有满足需求的变体的难度将会增加。

总之，理性设计和定向进化是蛋白质工程的两种互为补充的策略。理性设计以其高效性和高精度著称，它依赖于对蛋白质结构和功能的深入理解，能够精准地设计具备特定功能的蛋白质；定向进化则展现出高度的灵活性，无需对蛋白质结构和功能有先验知识，通过随机突变和选择过程，就能够生成具有全新或优化功能的蛋白质。然而，鉴于这两种策略各自的局限性，在实践过程中需要根据蛋白质工程的具体目标、可用资源以及专业知识进行选择。对于需要高度精确设计的情况，理性设计可能更为合适；而对于探索新蛋白质空间或优化蛋白质性质的情况，定向进化可能更具优势。随着计算方法的不断进步和蛋白质工程工具的日益完善，理性设计和定向进化在开发新型蛋白质材料及治疗药物方面的潜力将不断被挖掘。未来，这两种策略可能会更加紧密地结合，共同推动蛋白质工程领域的发展，为医学、生物技术和工业领域带来更多的创新成果（Reetz and Carballeira，2007；Baker，2010；Arnold，2018）。

7.3.3　模块化设计与重组蛋白技术

1. 模块化设计

蛋白质是由一个或多个结构域构成的，这些结构域是蛋白质中能够独立折叠并执行特定功能的离散区域。基于蛋白质结构域的模块化设计理念，研究人员可以将这些结构域进行组合，从而创造出具有所需特性的新型蛋白质（DiMarco and Heilshorn，2012）。这种方法使得研究人员能够精确调控复杂蛋白质材料的各项性质，包括其活性、特异性和稳定性。

模块化设计方法的实施涉及多个关键步骤。①结构域的识别。在这一阶段，研究人员需要鉴定出具有特定功能的蛋白质结构域，这通常依赖于多种技术手段，如序列分析、结构解析以及功能测定等。②结构域的制备，即通过特定的实验手段获得所需的结构域。③结构域的组合，即将这些结构域以合理的方式组合起来，以创建出具有预期功能的新蛋白质（Lapenta and Jerala，2020）。

部分工程化多肽，因其独特的结构域而展现出非凡的性质，因此在模块化设计中作为功能模块得到了广泛的应用。举例来说，胶原蛋白（collagen）、弹性蛋白（elastin）以及它们的类似蛋白，其重复多肽序列不仅保证了结构的完整性，而且赋予了蛋白质优异的机械性能，因此被广泛用作模块化设计的蛋白质材料。表 7-1 简要列举了常用于蛋白质材料中的功能性模块（DiMarco and Heilshorn，2012）。

表 7-1 常用于蛋白质材料中的功能性模块

功能领域	结构域	参考文献
机械性能	Collagen-like	Huang et al.，2007a
	Elastin-like	MacEwan and Chilkoti，2010
	Silk-like	Vepari and Kaplan，2007
	Resilin-like	Elvin et al.，2005
细胞黏附	RGD	Jeschke et al.，2002；Bini et al.，2006
	REDV	Girotti et al.，2004
	IKVAV	Tashiro et al.，1989
生长因子	VEGF	Zisch et al.，2001
	KGF	Koria et al.，2011
生物矿化	R5	Wong Po Foo et al.，2006
	Dentin	Huang et al.，2007b
跨膜运输	Bac-7	Massodi et al.，2010
	Penetratin	Massodi et al.，2005
抗菌	HNP-2，4	Gomes et al.，2011
	Hepcidin	Gomes et al.，2011

　　一旦蛋白质中的结构域被成功识别，接下来的步骤便是利用重组技术进行制备。作为基因工程的技术手段之一，重组技术的核心在于产生具有特定结构域的蛋白质（Khan et al.，2016）。首先，研究人员将编码目标蛋白的基因片段精确克隆到适合的载体中；其次，利用这一载体转化特定的宿主细胞，如大肠杆菌或酵母菌，在适宜的培养条件下，宿主细胞会大量复制并表达这些基因，进而在培养基中产生所需的蛋白质；最后，通过一系列精细的纯化步骤，从培养基中分离并提取出感兴趣的蛋白质。

　　模块化设计还可依赖于多种先进的计算方法，如序列比对、同源建模和机器学习算法等（Huang et al.，2016；Parmeggiani and Huang，2017；Glasgow et al.，2019）。这些方法的运用，使得研究人员能够准确预测不同结构域组合对蛋白质稳定性、活性和特异性的影响。通过比对不同蛋白质的序列，研究人员可以识别出结构域之间的相似性和差异性，进而预测它们组合后的潜在功能。同源建模则利用已知蛋白质的结构信息，构建出目标蛋白质的结构模型，为结构域的组合提供理论支持。而机器学习算法则能够通过学习大量数据，自主识别出结构域之间的相互作用规律，为设计新型蛋白质材料提供有力指导。此外，这些方法还能够帮助研究人员发现可以与现有结构域有效组合的新结构域。通过比较不同蛋白质的结构域特征，研究人员可以筛选出那些具有潜在互补性的结构域，进而设计出具有特定功能的新型蛋白质材料。

2. 重组蛋白技术

重组蛋白技术在模块化设计方法的发展中占据了举足轻重的地位。通过重组蛋白技术，研究人员能够高效地生产出大量具有特定结构域的蛋白质，这些蛋白质如同积木一般，可作为模块化设计的基石。此外，重组蛋白技术不仅限于生产已知的结构域，它还能助力研究人员对现有的结构域进行精细修改，甚至创造出全新的结构域，以满足特定的功能需求。

重组蛋白技术的实施依赖于基因工程的精确操作。研究人员首先会克隆出编码目标蛋白质的基因，并将其插入到合适的载体中；随后，这些载体被用于转化宿主细胞，如大肠杆菌或酵母，使得它们能够生产出目标蛋白质；接着，通过特定的培养基对宿主细胞进行培养；最后，从培养基中分离并纯化出目标蛋白质。

重组蛋白技术的一大显著优势在于其能够规模化地生产具有特定结构域的蛋白质。这一特性使得研究人员能够对这些结构域的性质进行深入研究，并以此为基础，在模块化设计中灵活应用。例如，利用重组蛋白技术，研究人员能够生产出包含特定相互作用结构域（如 SH3 结构域和 PDZ 结构域）的蛋白质（Mayer，2001；Hung and Sheng，2002；Teyra et al.，2012）。这些结构域可以作为重要的构建单元，用以创造出能够与特定蛋白质或细胞结构相互作用的新型蛋白质，从而推动蛋白质工程领域的不断发展。

1）修饰后的重组蛋白

重组蛋白技术在蛋白质工程领域的应用日益广泛，特别是在生产具有特定修饰（如糖基化、磷酸化和乙酰化等）的蛋白质方面。这些修饰对蛋白质的功能和稳定性具有重要影响，因此，通过重组蛋白技术有效地控制这些修饰蛋白质的生产，对于研究修饰对蛋白质功能的影响极具意义。

糖基化作为一种常见的蛋白质修饰，能够显著影响蛋白质的稳定性、溶解性和功能。利用重组蛋白技术，研究人员可以精确地控制糖基化过程，生产出具有特定糖基化模式的蛋白质。这不仅有助于揭示糖基化对蛋白质功能的具体作用机制，还为开发新型糖基化蛋白质药物提供了可能（Brooks，2004；Jefferis，2005）。磷酸化是另一种重要的蛋白质修饰，尤其在信号转导途径中发挥着关键作用。通过重组技术，研究人员可以生产出具有特定磷酸化位点和磷酸化程度的蛋白质，从而深入研究磷酸化对蛋白质活性和定位的影响。这有助于我们更好地理解信号转导途径的调控机制，为疾病的治疗提供新的思路（Chen and Cole，2015）。此外，乙酰化也是蛋白质工程中一个备受关注的修饰，它主要影响蛋白质的稳定性和活性，尤其在基因表达调控中发挥着重要作用。利用重组蛋白技术，研究人员可以生产出具有特定乙酰化位点和乙酰化程度的蛋白质，进而研究乙酰化对蛋白质功能的影响。这有助于我们揭示基因表达调控的分子机制，为基因治疗等领域提供新的策略（Chen，2012）。

2）融合重组蛋白与连接肽

重组蛋白技术不仅在蛋白质修饰领域发挥重要作用，还广泛应用于融合重组蛋白的生产（Chen，2012；Yu et al.，2015）。融合重组蛋白是由来自不同蛋白质的两个或多个结构域组合而成的全新蛋白质，这种技术为研究蛋白质间的相互作用，以及创造具有特定功能的新型蛋白质材料提供了有力工具。在利用重组技术生产融合重组蛋白的过程中，关键在于将编码不同蛋白质结构域的两个或多个基因进行融合。这通常涉及一系列复杂的分子生物学操作，如 PCR 扩增、限制性内切核酸酶消化及 DNA 片段的连接等。通过这些步骤，研究人员能够精确地组合不同结构域的基因序列，构建出融合重组蛋白质的编码基因。融合重组蛋白相比单一结构域的蛋白质，往往展现出独特的性质和功能。这是因为不同结构域之间的相互作用可能产生新的生物活性，或者使得融合重组蛋白在某些特定环境下具有更好的稳定性或活性。这些特性使得融合重组蛋白在药物研发、生物传感器及生物材料等领域具有广阔的应用前景。

作为融合重组蛋白中连接两个或多个蛋白质结构域的短肽序列，连接肽在蛋白质工程中扮演着至关重要的角色（Chen et al.，2013）。连接肽的设计和优化过程直接影响着融合重组蛋白的稳定性、溶解性和活性，因此，它是蛋白质工程领域的核心议题。连接肽的特性多种多样，包括柔性、刚性，以及长度和氨基酸组成的差异（图 7-5）。柔性连接肽通常用于连接那些具有不同折叠模式或需要一定灵活性的结构域，以适应各种生物功能需求；刚性连接肽则更适用于连接折叠模式相似或需要更稳定连接的结构域，以确保整体结构的稳定性。在长度方面，短连接肽能够最小化结构域之间的距离，促进结构域间的紧密相互作用；长连接肽则能够提供更多的柔性，减少空间位阻，允许结构域之间在保持功能的同时进行更大程度的相对运动。

可切割连接肽也是一种在融合重组蛋白质工程中被广泛应用的连接肽，它能够通过酶解或化学分解实现各蛋白质结构域的有效分离（Leriche et al.，2012）。当需要在结构域完成其生物功能并将其从整体中分离出来，或者在不干扰其他结构域功能的情况下移除某个特定结构域时，可切割连接肽便成为了理想的选择。这种连接肽的设计精巧，可以针对特定的酶进行特异性切割，确保在目标位置实现精确断裂。最常见的一种可切割连接肽是 ENLYFQS，TEV 蛋白酶可以识别这

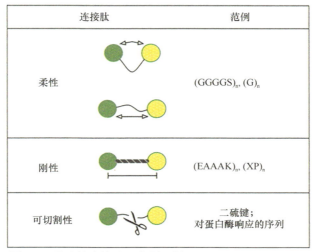

连接肽		范例
柔性		$(GGGGS)_n, (G)_n$
刚性		$(EAAAK)_n, (XP)_n$
可切割性		二硫键；对蛋白酶响应的序列

图 7-5　常见的连接肽示意图及例子（Chen et al., 2013）

条短肽并从谷氨酰胺（Q）与丝氨酸（S）之间将其切断（Carrington and Dougherty，1988）。这种有目标的断裂方式不仅提高了切割的效率和精确度，还大大简化了后续的实验操作。使用可切割连接肽的另一个显著优势是能够提高切割后各个蛋白质结构域的产量和纯度。通过精确控制切割过程，我们可以避免非特异性切割和不必要的蛋白质降解，从而确保获得高质量、高纯度的目标结构域。此外，可切割连接肽的引入还为蛋白质的纯化和检测提供了新的策略。通过结合特定的酶解技术，我们可以实现融合重组蛋白的精确切割和分离，为后续的实验分析提供了极大的便利。

连接肽的选择对融合重组蛋白的性质具有深远影响。例如，通过改变蛋白质的折叠模式或引入新的结构域间相互作用，连接肽能够显著影响蛋白质的稳定性。同时，连接肽还可以调控疏水性或亲水性残基的暴露程度，从而影响蛋白质的溶解性。此外，连接肽还可能通过改变活性位点的可接近性或影响蛋白质的结合亲和力来调节蛋白质的活性。在连接肽的设计过程中，需要综合考虑所连接结构域的性质及融合重组蛋白的期望性质。设计目标可能包括最小化空间位阻、保持结构域的正确取向、提供蛋白质间相互作用的柔性等。通过精细调整连接肽的序列和特性，可以实现对融合重组蛋白性质的精确调控。

尽管重组蛋白技术在蛋白质工程中具有诸多显著优势，但它同样面临着一些不容忽视的限制和挑战。其中，蛋白质结构域及其相互作用的复杂性尤为突出。蛋白质结构域间的相互作用通常相当复杂，这些相互作用的特性很难准确预测，当然，近年来基于深度学习的蛋白质结构预测工具（如 AlphaFold2）的出现使这一局面有所改观。另一个重要挑战是蛋白质在生产和纯化过程中可能发生的错误折叠与聚集。重组蛋白由于各种因素（如表达条件、纯化过程等）的影响，有时会出现错误的折叠状态，甚至聚集成无活性的颗粒。这不仅有可能影响蛋白质的功能，还可能降低其稳定性，从而限制了其在生物技术和医药领域的应用。为了克服这些困难，研究人员已经开发并应用了一系列策略，例如，使用伴侣蛋白协助蛋白质正确折叠、提高其稳定性和活性。此外，优化蛋白质的表达和纯化条件，如调整温度、pH、离子强度等，也可以有效减少错误折叠和聚集的发生。这些努力不仅有助于提升重组蛋白的质量，也为蛋白质工程的进一步发展提供了有力支持。

重组蛋白技术的发展为蛋白质工程领域带来了革命性的变革。通过重组蛋白技术，研究人员能够精确地复制和大量生产具有特定结构域的蛋白质，这些蛋白质作为模块化设计的核心元素，为构建复杂而精确的蛋白质结构提供了坚实的基础。此外，重组蛋白技术还赋予了研究人员对现有结构域进行修改或创造全新结构域的能力，从而实现了对蛋白质功能的精准调控。

模块化设计与重组技术相辅相成，共同构成了蛋白质工程领域的强大工具。模块化设计基于蛋白质结构域的概念，将蛋白质拆分成独立折叠并执行特定功能的离散区域，而重组蛋白技术则负责高效、精确地生产出这些结构域。通过这两种技术的结合，研究人员能够以前所未有的精度控制复杂蛋白质材料的性质，包括活性、特异性和稳定性等。随着蛋白质工程工具和计算方法的不断进步，模块化设计和重组蛋白技术将在未来发挥更加重要的作用，不仅有助于我们深入理解蛋白质的结构与功能关系，还将为开发新型蛋白质材料和治疗方法提供有力支持。我们有理由相信，在模块化设计和重组蛋白技术的推动下，蛋白质工程领域将迎来更加广阔的发展前景。

7.4 蛋白质材料的组装技术

在构建基于蛋白质的材料时，设计蛋白质材料的基本单位无疑是至关重要的第一步。这一环节的核心在于精心挑选和确定那些能够精准组装成具有特定功能属性的较大结构的特定氨基酸序列，而这个过程可以充分利用 AlphaFold2 等蛋白质结构预测工具进行辅助。一旦这些序列被精确无误地确定下来，我们就可以利用先进的合成生物学技术来制造这些分子，并通过高效的蛋白质纯化技术将它们提纯至所需的标准。随后进行的蛋白质材料组装阶段，需要借助先进的组装技术，精准地控制材料的形成过程，从而构建出具有复杂结构和特定性质的蛋白质材料。

蛋白质材料的组装是开发新型材料的关键环节，这些材料具有广泛的潜在应用。组装过程的核心在于通过分层组装技术，将较小的组分精确组织成更大、更复杂的结构。每个层次的构建都紧密依赖于前一个层次，确保最终形成的材料具备特定的性质，如优异的机械强度、出色的生物相容性及良好的可生物降解性。

在蛋白质材料的组装过程中，组装技术的运用显得尤为关键。通过精确控制材料的形成，科研人员能够创造出与天然蛋白质相似的特定结构，从而赋予材料独特的性能。这些性能包括生物相容性、可生物降解性及可持续性，使得蛋白质材料在生物医学器械、可持续纺织品等领域具有广阔的应用前景。

蛋白质材料的组装不仅对于形成复杂结构和功能至关重要，更在于其巨大的潜力能够推动各行各业的变革。从医药到制造业，蛋白质材料的独特性质为科学家提供了开发新疗法、创造可持续替代材料及提高工业效率的可能性。

7.4.1　蛋白质的分级组装与自组装

1. 蛋白质的分级组装

1）自然界中的分级组装

分级组装是自然界中一种普遍且精妙的现象，它在各种生物系统中发挥着至关重要的作用，从微观的细胞和组织形成，到宏观的整个生物体构建。这一过程的核心在于将较小的组分有序地组织成更大、更复杂的结构，每个层次的组织都紧密地依赖于前一个层次，从而构建出层次丰富、功能多样的生物体系（Yao et al.，2011）。

在分子层面，分级组装的过程在蛋白质的合成中尤为明显。蛋白质是由氨基酸这一基本单元按照特定的序列连接而成的。在蛋白质的合成过程中，氨基酸通过肽键连接，按照基因编码的顺序逐一添加到正在增长的多肽链上。这一组装过程受到严密的调控，包括转录、翻译，以及后续的修饰和折叠，确保蛋白质能够正确地形成特定的三维结构。

当我们将视角放大到细胞和组织层面时，分级组装同样发挥着不可替代的作用。细胞是生命的基本单位，其内部由各种亚细胞结构（如线粒体、内质网等细胞器）构成，这些细胞器又是由更小的组分（如蛋白质和脂类）组装而成。组织则是由具有相似结构和功能的细胞以及细胞外基质共同组成的，例如，上皮组织由紧密排列的上皮细胞构成，它们共同形成一层屏障，保护机体免受外界环境的侵害。这些结构和功能的形成都离不开精准的分级组装。

在更为宏观的生物体层面，分级组装同样扮演着重要的角色。器官和器官系统是由不同类型的组织按照一定的时空顺序组装而成的。例如，心脏是由心肌组织、血管组织和神经组织等多种组织构成的复杂器官，它们共同协作，确保心脏能够正常地泵血。这些结构和功能的形成都是分级组装在生物体水平上的具体体现。

生物系统中分级组装的机制是高度精细、复杂的，它受到多种生物过程的精确调控，包括基因表达、蛋白质合成及细胞信号转导等。基因表达是调控特定蛋白质产生的关键环节，通过调控基因转录和翻译的过程，确保所需蛋白质按照正确的序列和数量合成。随后，这些蛋白质通过自组装过程或在分子伴侣的协助下，精确地组装成更大的结构，如细胞器或细胞骨架等。细胞信号转导途径在分级组装过程中也发挥着重要的作用，它们通过调控细胞间的相互作用和信号交流，确保不同细胞和组织在正确的时间、正确的地点形成正确的结构。这些信号转导途径涉及多种信号分子的释放、传递和接收，从而实现对组装过程的精准调控。

生物系统中分级组装源于对复杂结构和功能的需求。生物系统由众多不同的组分构成，每个组分都具有特定的功能和作用。通过分级组装的方式，这些组分能够有序地组合在一起，形成更大、更复杂的结构和功能单元。每个层次的组织都建立在前一个层次的基础上，从而构建出层次丰富、功能多样的生物体系。这种分级组装的机制使得生物系统能够发展出执行广泛功能的复杂结构，从调控细胞内的生化过程到构建整个生物体的组织和器官，不仅确保了生物体内部各个部分之间的协调运作，还使得生物体能够适应不断变化的环境条件，实现生命的延续和进化。

因此，深入研究生物系统中分级组装的机制，对于理解生命的奥秘，以及开发新型材料和生物技术具有重要意义。通过揭示这些机制，我们可以为未来的生物医学、组织工程和生物材料等领域提供有益的启示。

2）蛋白质材料的分级组装

自然界中分级组装的研究启发了各种基于蛋白质的新材料和新技术的开发，这些材料和技术有望彻底改变从医药到制造等各个行业。Knowles 等（2010）深入论证了利用分级组装技术制造功能材料的可行性，该研究团队专注于淀粉样蛋白的独特性质，这些蛋白质具有自组装成富含 β 折叠的线性聚集体的能力。他们提出了两步法，旨在制备具有精确纳米结构的宏观材料。研究人员首先通过条件控制，成功引导蛋白质分子自组装成纤维状结构。这些纳米结构纤维展现出优异的稳定性与刚性，为后续的薄膜制备奠定了坚实基础。随后，研究团队将这些纤维巧妙地铸造成薄膜（图 7-6A）。在铸造过程中，纤维在薄膜平面上呈现出有序的排列，并通过添加增塑剂分子进一步促进纤维的有序化，使其在固态中呈现出向列有序的特点。通过 X 射线衍射测量，研究人员验证了薄膜所具备的独特的层次性结构，以及在纳米和微米尺度上的高度有序性——纤维内部呈现出纳米级的有序排列，而纤维之间的堆叠则展现出微米级的有序性。此外，研究人员还对蛋白质薄膜的力学性能进行了全面表征，结果显示，其杨氏模量与自然界中刚性蛋白质材料相当，这进一步证明了该制备方法的可行性和有效性。这种分级组装方法为制备具有精确纳米结构的自立式薄膜（free-standing film）提供了新策略。通过巧妙地利用生物分子间的相互作用，蛋白质支架可以在薄膜内部有效排列，从而实现对材料性能的精准调控。这项研究不仅是实现从底部向上构建多功能材料的重要一步，还为纳米技术和材料科学的各种应用提供了诸多可能性。

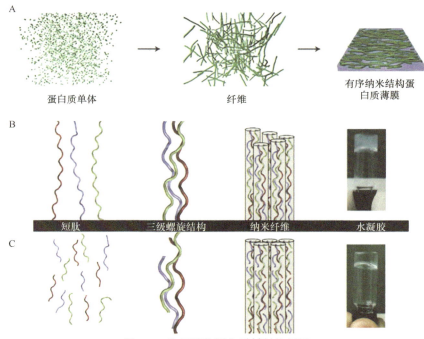

图 7-6　分级组装蛋白质材料的例子

A. 蛋白质分子先自组装成淀粉样蛋白纤维，接着被控制铸造成薄膜（Knowles et al.，2010）；B、C. Ⅰ型胶原蛋白（B）或合成模拟胶原蛋白短肽（C）先形成三级螺旋结构，再组装成纳米纤维，最后形成水凝胶（O'Leary et al.，2011）

　　另一个基于分级组装的蛋白质材料的开发实例是蛋白质水凝胶。水凝胶是一种由水胀聚合物网络构成的材料，因其独特的结构和性能，在药物传递、组织工程等众多生物医学应用中发挥着关键作用。O'Leary 等（2011）利用合成肽成功模拟胶原的自组装，进而生成水凝胶材料。胶原以其独特的多级自组装过程而著称，这一过程涉及肽链形成三螺旋（triple helix），进而组装成纳米纤维，并最终构建成水凝胶（图 7-6B、C）。研究人员巧妙地设计了一种仿生肽，其结构类似胶原蛋白质。这种肽由多个具有胶原特性的氨基酸（包括脯氨酸、羟脯氨酸和甘氨酸等）重复单元组成。此外，研究人员还通过赖氨酸和天冬氨酸之间的盐桥氢键，有效稳定了反手三螺旋，促进了纳米纤维的组装形成。这些纳米纤维展现出高度的均匀性，其长度可达几百纳米，为后续的组装过程提供了坚实的基础。最终，这些纳米纤维进一步交织成与天然胶原性质相似的水凝胶。

这种水凝胶不仅具有与天然胶原相似的物理和化学性质，还能够被胶原酶降解，显示出良好的生物相容性和可生物降解性。值得注意的是，先前的许多研究往往只能实现组装的个别级别，如反手三螺旋的形成或纳米纤维的组装，而无法完整地复制胶原的复杂多级结构。然而，该研究成功设计了一种能够复现多层次组装的仿生肽，从而实现了类似胶原水凝胶的制备，为生物医学领域的应用提供了新的可能性。

除了上述提及的水凝胶外，基于蛋白质的分级组装还催生了众多新材料，其中蛋白质薄膜、纤维及纳米颗粒便是典型的代表（Lin et al.，2014；Schreiber et al.，2015；Fan et al.，2021）。这些材料通过精细的组装过程，展现出独特的结构和性能，为药物传递、环境修复等应用提供了机遇。

2. 蛋白质的自组装

自组装是自然界中一个至关重要的过程，它涉及分子在无需外界干预的情况下自发组织成更大、更复杂的结构。这一过程在诸多生物系统中均有显现，从微观的细胞和组织形成，到宏观的整个生物体构建，都离不开自组装的精妙作用。正是自然界中自组装现象的深入研究，为科学家们提供了灵感，使他们能够开发出基于自组装的创新材料和技术（Whitesides and Grzybowski，2002）。

蛋白质作为生物体中的重要组成部分，同样表现出自组装的特性。蛋白质分子能够在没有外部刺激或指导的情况下，自发地组织成更为复杂和有序的结构（图7-7）（Pignataro et al.，2020）。这一自组装过程涉及疏水效应、静电相互作用和氢键等复杂而精细的相互作用（Leckband，2000；Meyer et al.，2006；Voet and Voet，2010）。

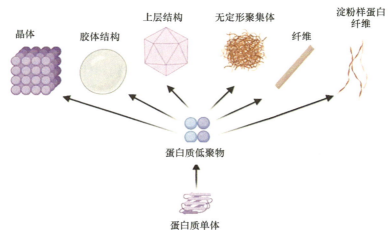

图 7-7   蛋白质分子自组装形成的不同结构类别（Pignataro et al.，2020）

　　疏水效应是蛋白质自组装过程中尤为关键的一种机制。由于蛋白质中的疏水区域对水分子存在排斥作用，这些区域倾向于相互聚集，以最大限度地减少与水的接触面积。这种疏水聚集效应促使蛋白质分子形成更大、更复杂的结构，如蛋白质聚集体和纤维，为生物体提供了坚实的结构支撑。静电相互作用同样是蛋白质自组装过程中不可忽视的机制。蛋白质表面分布着正负电荷区域，这些区域之间的相互吸引作用促进了蛋白质分子的结合。这种静电吸引力使得蛋白质能够形成更稳定、更复杂的结构，如蛋白质复合物和纤维，进一步增强了生物体的结构和功能。此外，氢键在蛋白质自组装中也发挥着举足轻重的作用。氢原子与其他电负性原子（如氧和氮）之间形成的氢键，为蛋白质分子提供了额外的稳定性。这种氢键作用使得蛋白质能够形成更加有序的结构，如螺旋和片层，进一步丰富了蛋白质自组装的多样性和复杂性。除了上述机制外，蛋白质的自组装还受到多种其他因素的影响，如 pH、温度和离子强度等。这些环境因素的变化可以影响蛋白质分子之间的相互作用，进而调控其自组装过程。

　　在自然界中，蛋白质的自组装现象广泛存在于各种生物系统中。从细胞膜这一生命活动的舞台，到细胞外基质这一生命体的支撑结构，蛋白质的自组装都在其中扮演着不可或缺的角色。以胶原蛋白为例，它是人体中含量最丰富的蛋白质之一，通过自组装成纤维状结构，为皮肤、骨骼和软骨等组织提供了坚实的结构支撑（Silver et al.，2003）。

　　然而，并非所有的蛋白质自组装都是有益的。例如，淀粉样蛋白的自组装就与多种疾病密切相关，包括阿尔茨海默病和 2 型糖尿病等。这些淀粉样蛋白在自组装过程中会形成纤维状结构，并在组织中积聚，从而破坏其正常功能（Ke et al.，2017）。尽管如此，淀粉样蛋白的自组装现象在材料科学中也展现出了潜在的应用价值。科研人员已经利用淀粉样纤维的独特性质，创造出具有特殊性能的新材料（Wei et al.，2017）。在一项研究中，研究人员探讨了利用淀粉样纤维自组装技术开发新型生物材料的潜力（Jacob et al.，2015）。他们设计了与阿尔茨海默病相关的肽，这些肽能自组装成纳米纤维，形成热可逆、无毒且具有流变性的水凝胶；研究揭示了水凝胶的形成机制，并验证了其支持多种细胞黏附和增殖的能力；通过调整浓度，可调控水凝胶硬度，适用于干细胞分化。该水凝胶因纳米级结构、易定制和流变特性，在生物材料和纳米技术中有广泛应用前景，展示了淀粉样纳米纤维在功能性生物材料开发中的潜力。

　　蛋白质自组装的研究不仅有助于我们更深入地理解生命的奥秘，更为科学家们提供了开发新材料和技术的灵感。通过深入探究蛋白质自组装的机制，科学家们有望开发出具有特定性能的新材料，如优异的机械强度、良好的生物相容性和可生物降解性等。这些新材料将在医药、制造等多个领域发挥重要作用，推动相关产业的持续发展和创新。

7.4.2 蛋白质组装中的相互作用

蛋白质的组装涉及多种氨基酸之间的复杂相互作用，这些作用包括共价和非共价两种类型，对蛋白质的结构和功能产生深远影响。共价相互作用主要体现在氨基酸间通过化学键的紧密结合，而非共价相互作用则涵盖了氢键、静电吸引、范德瓦耳斯力以及疏水效应等多种形式。深入理解和掌握这些相互作用机制，对于我们设计并合成具有独特性质和功能的蛋白质材料具有重要意义。

1. 非共价相互作用

非共价相互作用在蛋白质自组装成更大、更复杂结构的过程中发挥着至关重要的作用。尽管这些相互作用的强度弱于共价相互作用，但它们对蛋白质的结构和功能仍然具有显著的影响。影响蛋白质组装过程中非共价相互作用的具体因素包括氨基酸序列、pH、温度及离子强度等（Karshikoff，2021）。

氢键是蛋白质组装过程中最关键的非共价相互作用之一，由氢原子与电负性较强的原子（如氧和氮）之间的吸引力所形成的，在蛋白质折叠以及蛋白质-蛋白质相互作用中均起到了关键作用。

静电相互作用也是蛋白质组装过程中不可或缺的非共价相互作用。这种相互作用源于蛋白质中正、负电荷区域之间的相互吸引，进而促成蛋白质复合物和纤维的形成。

此外，范德瓦耳斯力在蛋白质组装过程中同样占据一席之地。这种作用力源自蛋白质非极性区域间的吸引，有助于推动蛋白质聚集体和纤维的生成。

疏水相互作用是蛋白质组装过程中占据支配地位的非共价相互作用。由于蛋白质的疏水区域倾向于聚集以减少与水的接触面积，因此这种相互作用在蛋白质组装成大分子结构（如聚集体和纤维等）过程中发挥着不可或缺的作用。

理解和调控这些非共价相互作用，在设计具有特定性能的蛋白质材料中至关重要。以短肽为例，这些由氨基酸构成的短链能够通过非共价相互作用进行自组装，形成多样化的材料结构，如纳米管、水凝胶、纤维以及涂层等（Ulijn and Smith，2008；Levin et al.，2020）。掌握这些相互作用的机制，有助于我们根据需要定制出具有独特物理和化学性质的材料。

利用天然的蛋白质复合物中的非共价相互作用也可以设计出一系列新材料。大肠杆菌杀菌素 E7（CE7）是一种具有 DNA 水解酶活性的细菌素，而 Im7 拮抗蛋白则能特异有效地抑制其活性（Ko et al.，1999）。Vassylyeva 等（2017）通过精心设计的突变，成功创建了 CL7 突变体，CL7 失去了原先细菌毒性（即 DNA 水解酶活性），但保留了与 Im7 特异高效结合的能力。基于 CL7 与 Im7 之间超强的非共价亲和作用，研究人员开发了一套独特的纯化系统（图 7-8）。在此系统中，

Im7 被固定在固体支持物上，实现了对各类复杂蛋白质（涵盖真核细胞来源的蛋白质、蛋白质复合物、膜蛋白、毒性蛋白及 DNA/RNA 结合蛋白质）的高效提纯。这种纯化系统的核心在于 CL7 与 Im7 之间的超强结合亲和力，解离常数（K_d）低至 10^{-17} mol/L。这种基于非共价相互作用的纯化方法不仅简单易行，而且可重复使用，为蛋白质组学、相互作用组学、药物发现及结构分析等领域的研究提供了有力工具。这种超强非共价蛋白质相互作用也为开发功能活体材料提供了新的手段（Yi et al.，2022a）。

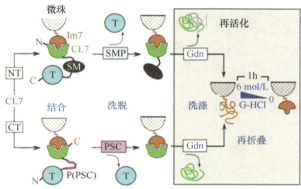

图 7-8　CL7/Im7 纯化系统（Vassylyeva et al.，2017）

2. 共价相互作用

在蛋白质中，共价相互作用可以发生在氨基酸之间，导致肽键、二硫键、酯键和其他类型键的形成。理解和操控这些共价相互作用，对于开发具有特定性质（如高机械强度、可生物降解性）的蛋白质材料非常重要（Somsen et al.，2023）。

1）酶催化的蛋白质共价连接

分选酶（sortase）是一种细菌转肽酶，已被广泛应用于生物技术领域，包括开发具有特定性质的蛋白质材料。该酶催化蛋白质与细胞表面或其他蛋白质共价结合，其机制涉及对蛋白质底物中特定氨基酸序列 LPXT-G 的识别和切割（Mao et al.，2004），形成硫酯中间体，进而将蛋白质底物转移到亲核试剂（如细胞表面或其他蛋白质）上，从而形成新的共价键（图 7-9A）。分选酶被用于构建多种蛋白质材料，如水凝胶、生物传感器和药物释放载体等（Antos et al.，2008；Cambria et al.，2015；Chen et al.，2015）。虽然分选酶在蛋白质工程中是一种强大的工具，但依然存在一些限制。分选酶的效率相对较低，需要高浓度的酶和底物才能实现对蛋白质的高效标记或固定。分选酶的另一个限制是其对 LPXTG 氨基酸序列的特异性要求，影响了该技术的普适性。LPXTG 序列可能随机出现于蛋白质的任意位置，因此会影响蛋白质连接的位点特异性。

断裂内含肽（split intein）作为一种特殊的蛋白质剪接元件，广泛存在于多种生物体中，包括细菌、真菌和古菌。其独特之处在于拥有自催化的能力，能够精准地将两个原本独立的蛋白质片段（N 端片段和 C 端片段）无缝拼接成一个完整的蛋白质，这一过程被称为蛋白质跨剪接（Li，2015；Shah and Stevens，2020）。内含肽介导的蛋白质跨剪接机制极其精妙。首先，内含肽蛋白质 N 端和 C 端片段会互相识别并紧密结合；随后的构象变化为形成具有反应活性的中间体提供了必要的条件；最终，在这一中间体的催化作用下，两个蛋白质片段得以成功拼接，形成一个连续的、功能完整的蛋白质（图 7-9B）。断裂内含肽同样在蛋白质材料的合成中被广泛应用，包括功能化蛋白水凝胶、蛋白质环化和多肽自组装（Ramirez et al.，2013；Stevens et al.，2017；Pinto et al.，2020）。当然，断裂内含肽技术同样面临一些问题，例如，内含肽剪接反应对环境条件（如温度、pH 和盐浓度）极为敏感，这增加了在特定应用中优化反应的难度；相较于其他蛋白质工程技术，内含肽介导的剪接反应速率可能较慢，这在一定程度上限制了其应用场景。

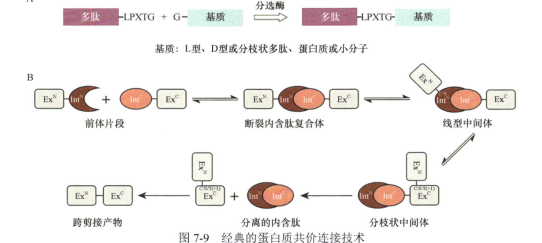

图 7-9　经典的蛋白质共价连接技术

A. Sortase 酶催化蛋白质连接的原理（Mao et al.，2004）；B. 基于断裂内含肽的蛋白质跨剪接原理（Shah and Stevens，2020）

2）可基因编辑的点击化学

点击化学（click chemistry）作为一种高效、特异性强且能在温和条件下进行的化学反应类型，已被广泛用于开发具有特定性质的蛋白质材料（Kolb et al.，2001；Barner-Kowollik et al.，2011）。点击化学的核心在于使用一些特定的反应对（如 azide-alkyne、thiol-ene、thiol-maleimide 等），这些官能团在特定反应条件下能够迅速且选择性地反应，形成稳定的共价键。点击化学已经在多个领域展现出其巨大潜力，包括材料科学、药物开发、表观遗传学等领域。科研人员利用点击化学能够将新的功能基团精准地引入蛋白质中，或对现有的功能基团进行修饰，或是将蛋白质与其他分子进行结合。这种方法的引入，使得对所得蛋白质材料的性质（如力学强度、生物相容性和可生物降解性等）进行更为精准的控制。然而，将传统点击化学应用于生物系统并非易事。通常，我们需要额外的化学或酶促步骤将非天然基团引入到生物分子中，这对于敏感的蛋白质靶点或活体系统而言，经常造成干扰；同时，在化学空间中寻找新的点击化学反应对仍然是一个亟待解决的问题（Sun and Zhang，2017）。

近年来，革兰氏阳性菌黏附素中异肽键的发现推动了一系列基于多肽/蛋白质共价反应对的发展（Kang et al.，2007）。这些新型反应对包括最初的 pilin-C/isopeptag-C 和 pilin-N/isopeptag-N（Zakeri and Howarth，2010），以及之后备受瞩目的 SpyTag/SpyCatcher 体系及其正交变种 SnoopTag/SnoopCatcher；目前，Spy002 和 Spy003 等改进版本也应运而生（Zakeri et al.，2012；Tan et al.，2016；Hatlem et al.，2019；Keeble et al.，2019；Sun and Zhang，2020）。此外，还有 SpyDock 这一非共价反应的可逆系统（Khairil Anuar et al.，2019），以及三组分反应体系 SpyStapler/BDTag/SpyTag（Wu et al.，2018）。由于它们具有极高的特异性和稳定性，这些反应对被誉为"细菌超能胶"（bacterial superglue）。以谍化学 SpyTag/SpyCatcher 体系为例，这种蛋白质化学的独特之处在于它集分子识别和自发异肽键形成于一体。它不仅继承了传统点击化学的优点，如快速动力学、高产率、等摩尔配比、模块化、化学选择性和单一反应轨迹等，而且超越了其他常见的蛋白分子连接技术，如分选酶和断裂内含肽等。SpyTag/SpyCatcher 可以在蛋白质分子的任意位点（无论是 N 端、C 端还是中间）发生反应，从而极大地扩展了对蛋白质分子结构的控制范围。更值得一提的是，SpyTag/SpyCatcher 的底物完全由天然氨基酸构成，这意味着它可以实现基因编码。因此，SpyTag/SpyCatcher 不仅具备点击化学的基本特征，而且可以在基因层面进行编码，使其成为近乎理想的蛋白质-多肽反应对（图 7-10）。正因为如此，SpyTag/SpyCatcher 被誉为一种可基因编码的点击化学（genetically encoded click chemistry，GECC），为蛋白质工程领域带来了革命性的突破（Yi et al.，2022b；Fan and Aranko，2024）。

代表性的可基因编码点击化学——谍化学（SpyTag/SpyCatcher chemistry）。伴随着 SpyTag 与 SpyCatcher 的特异性分子识别与结合，天冬氨酸与赖氨酸的侧链自发形成异肽键。SpyTag/SpyCatcher 复合物结构的 PDB 编号为 4MLI。

研究人员还基于这些可基因编码的点击化学，开发出多种蛋白质材料。天然蛋白质主要呈现为线性结构，即氨基酸序列从 N 端延伸至 C 端，通过肽键线性相连，鲜少出现分支、闭环或更复杂的拓扑结构。然而，自然界仍存在一些具有非

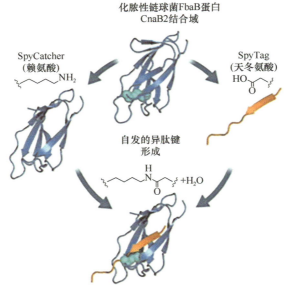

图 7-10　SpyTag/SpyCatcher 点击化学示意图（Yi et al.，2022b）

线性结构的蛋白质分子，如环形的细菌素 AS-48 和防御素 RTD-1、打结型的甲基转移酶 YbeA 和泛素羧基末端水解酶 UCH-L3，以及索烃型的二硫化碳水解酶和嗜气杆菌柠檬酸合成酶等。这些独特的拓扑结构赋予了蛋白质在热稳定性、抗蛋白酶水解和机械稳定性等方面的优异性能。因此，通过拓扑工程来改造蛋白质的结构进而改变其性质，已成为蛋白质工程领域一个新兴的研究方向。例如，将 SpyTag 和 SpyCatcher 分别连接到 β-内酰胺酶的 N 端和 C 端，通过精准调控蛋白质表达条件，成功制备了环化的 β-内酰胺酶。这一创新设计在保持酶活性基本不变的同时，显著提升了 β-内酰胺酶的热稳定性，使其能够耐受高达 100℃ 的高温，而野生型仅在 37℃ 下保持活性（Schoene et al.，2014）。

　　可基因编码点击化学也被用于构建蛋白质水凝胶。Wang 等（2017）运用该组装技术和光响应蛋白 CarH$_C$，开发了一类依赖于维生素 B$_{12}$ 的光响应全蛋白水凝胶。通过等当量混合重组蛋白 SpyTag-ELP-CarH$_C$-ELP-SpyTag 和 SpyCatcher-ELP-CarH$_C$-ELP-SpyCatcher，所得线性聚合物在 AdoB$_{12}$ 的诱导下能迅速组装成水凝胶，实现液固相变；而在光照条件下，CarH$_C$ 四聚体发生解离，进而触发快速的固液相变。Luo 和 Sun（2020）利用生物体系中广泛存在的钙调蛋白（CaM）及其结合肽（M13）来构建钙离子响应的蛋白质水凝胶。他们通过谍化学技术直接将 CaM 和 M13 组装成聚合物，成功构建了依赖 Ca^{2+} 的动态水凝胶，这种水凝胶具有可控的黏弹性和应力松弛行为。

3）拆分蛋白重组技术

拆分蛋白重组技术（split protein reassembly）是蛋白质工程领域的一大利器，通过将两个或多个蛋白质片段重组，成功塑造出全新的功能性蛋白质材料。这项技术基于拆分蛋白质的原理，即一个完整的蛋白质被分解为若干非功能性的片段，但这些片段在特定条件下能够重新组合，恢复其原有的功能。拆分蛋白重组技术的起源可追溯至断裂内含肽的发现。此后，研究人员不断探索与创新，成功开发出包括拆分绿色荧光蛋白、拆分萤光素酶及拆分 RNA 聚合酶在内的多种拆分蛋白系统（Shekhawat and Ghosh，2011）。拆分蛋白重组技术的核心机制在于精准设计和合成一系列序列互补、结构相宜的蛋白质片段。当这些片段在适当条件下相遇时，它们能够凭借非共价相互作用或形成稳定的共价键，自发地重组为完整且功能齐全的蛋白质。

拆分绿色荧光蛋白（split GFP）是最常见的一种拆分蛋白质。GFP 可以被分割为两个独立的片段——GFP_{1-10} 和 GFP_{11}，其中 GFP_{1-10} 包含了 GFP 蛋白的前 214 个氨基酸，包括发色团结构，而 GFP_{11} 则承载着剩下的 24 个氨基酸（图 7-11A）。这两个片段在单独存在时并不具备 GFP 的荧光功能，但当这两个片段在适当的条件下相遇时，它们便能自发地或者被诱导重新组装成一个完整的、且有功能性的 GFP（图 7-11B）（Cabantous et al.，2005）。拆分绿色荧光蛋白在生物工程等领域有着广泛的应用，诸如检测蛋白质相互作用（Magliery et al.，2005；Cabantous et al.，2013）、测试蛋白质溶解度（Cabantous and Waldo，2006），以及光响应的智能蛋白质水凝胶（Yang et al.，2020）。

基于这种拆分蛋白质的思路，研究人员开始将更多的功能蛋白进行拆分重组以构建一系列新型功能材料。Yang 等（2022）通过拆分 $CarH_C$ 蛋白，发明了一种光响应的蛋白质水凝胶。$CarH_C$ 是一种依赖于维生素 B_{12} 的光感受器蛋白的 C 端结构域，因其与腺苷基钴胺（$AdoB_{12}$）结合后能形成四聚体并在光照下解聚的特性而备受瞩目。在这项研究中，科研人员巧妙地将 $CarH_C$ 蛋白分解为两个更小的片段——$CarH_CN$ 和 $CarH_CC$，并证实这些片段在不同形式的钴胺（包括 $AdoB_{12}$、MeB_{12} 和 CNB_{12}）的介导下能够重新组合（图 7-12）。利用这一特性，结合 SpyTag/SpyCatcher 这一能自发形成共价键的化学反应，研究人员成功构建了基于蛋白的网络结构或水凝胶。这些新型的光响应水凝胶展现出了高度可调的力学特性，其强度或弱化程度可根据所使用的钴胺类型进行灵活调整。此外，这些水凝胶在三维细胞培养中表现出色。该研究强调了拆分 $CarH_C$ 系统的多个显著优势，如极低的自动组装背景、诱导后的高效重组能力、光学可调性，以及光解后稳定复合物的形成。这种拆分 $CarH_C$ 的化学反应为现有的基因编码点击化学反应提供了有力的替代方案，为光遗传学和材料合成生物学领域开辟了新的研究路径。

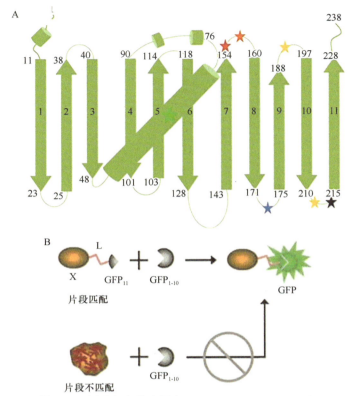

图 7-11   拆分绿色荧光蛋白（Cabantous et al.，2005）

A. GFP 二级结构示意图，绿色五角星代表发色团，黑色五角星代表拆分点位；B. 拆分 GFP 互补示意图，GFP$_{1-10}$
仅能识别有 GFP$_{11}$ 的蛋白片段，并重组成有荧光的完整 GFP

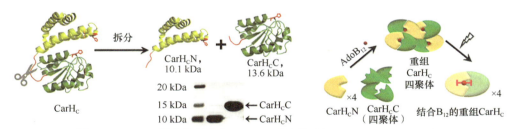

图 7-12   CarH$_C$ 蛋白的拆分与 AdoB$_{12}$ 诱导的重组（Yang et al.，2022）

7.4.3   人工智能辅助蛋白质材料设计

近年来，人工智能（artificial intelligence，AI）在多个领域掀起了革命性的浪潮，蛋白质工程领域也不例外。研究人员开始利用 AI 来设计和优化蛋白质相互作用，旨在创造出具有特定功能的新型蛋白质或改进现有蛋白质的性能。AI 具备分析庞大数据集的能力，并能发现研究人员可能忽略的细微模式，因此成为蛋白质工程领域的得力助手。蛋白质工程的目标是基于氨基酸残基之间错综复杂的相互作用，构建出具有特定功能的新型蛋白质，而机器学习、大语言模型等人工智能手段已经成为实现这一目标的关键工具。

AlphaFold 是近年来在生物领域引起广泛关注的创新研究项目。该项目采用深度学习技术，能够根据蛋白质的氨基酸序列精准预测其三维结构。这一方法由Google 的 DeepMind 团队精心研发，并在蛋白质结构预测领域取得了重大突破，赢得了业界的广泛赞誉（Jumper et al.，2021）。AlphaFold 使用一种称为神经网络的深度学习算法来预测蛋白质的结构。神经网络在大量已知蛋白质结构的数据集上进行训练，学会识别氨基酸序列与蛋白质结构之间的模式和关系。神经网络由多个相互连接的节点层组成，每个节点执行简单的数学操作。神经网络在大量已知蛋白质结构的数据集上进行训练，学会将氨基酸序列中的特定模式与蛋白质结构的特定特征关联起来。一旦神经网络训练完成，它就可以根据蛋白质的氨基酸序列来预测其结构。算法以氨基酸序列作为输入，并产生预测的结构作为输出。AlphaFold 的强大功能可以用于预测蛋白质结构，改进版的 AlphaFold2 还能预测未知的蛋白质相互作用（Bryant et al.，2022）。其他的 AI 工具还有华盛顿大学 David Baker 团队开发的基于深度学习模型的 RoseTTAFold，擅长预测蛋白质之间的相互作用。这些工具将极大地促进全新的功能性蛋白质材料的设计。

AI 辅助蛋白工程作为一个蓬勃发展的领域，正展现出巨大的潜力，深刻改变我们设计和合成蛋白质的传统方式。随着科研的深入和技术的不断进步，我们有理由相信，AI 辅助蛋白工程将在药物发现、生物技术创新以及材料科学等多个关键领域扮演日益重要的角色，引领一场科技革命，为人类健康和生活质量带来前所未有的提升。

7.5　总结与展望

综上所述，蛋白质材料设计不仅代表了一个充满机遇的新兴领域，更象征着我们对自然界奥秘的深入探索与理解。蛋白质作为生命体系中的核心分子，其多功能性和可改造性为材料科学打开了一个全新的维度。通过定向进化、理性设计和模块化设计等策略，我们能够精准地调控蛋白质的结构和功能，从而实现从自然到非自然的跨越。

然而，目前蛋白质材料设计领域仍然面临着诸多挑战和未知，包括天然蛋白质材料的局限性、蛋白质相互作用的复杂性以及组装技术的缺乏。在这个过程中，人工智能的快速发展为我们提供了新的视角和工具，有助于我们更深入地理解蛋白质的结构与功能关系，预测和设计具有特定功能的蛋白质材料。

展望未来，蛋白质材料设计有望在生物技术、医学和材料科学等多个领域发挥更加重要的作用。合成生物学家与材料科学家的联合，将创造出更多具有实用性的蛋白质材料。我们也期待新一代的材料合成生物学家能够持续推动蛋白质材料的发展，不断拓宽我们的视野和认知边界，为可持续发展创造更多的可能性。

编写人员：孙　飞　易琪昆（香港科技大学化学及生物工程学系）

参 考 文 献

Adam Y, Kim J J, Lou S, et al. 2019. Voltage imaging and optogenetics reveal behaviour-dependent changes in hippocampal dynamics. Nature, 569(7756): 413-417.

Agnieray H, Glasson J L, Chen Q, et al. 2021. Recent developments in sustainably sourced protein-based biomaterials. Biochemical Society Transactions, 49(2): 953-964.

Alford R F, Leaver-Fay A, Jeliazkov J R, et al. 2017. The Rosetta all-atom energy function for macromolecular modeling and design. Journal of Chemical Theory and Computation, 13(6): 3031-3048.

Anand N, Eguchi R, Mathews I I, et al. 2022. Protein sequence design with a learned potential. Nature Communications, 13(1): 746.

Antos J M, Miller G M, Grotenbreg G M, et al. 2008. Lipid modification of proteins through sortase-catalyzed transpeptidation. Journal of the American Chemical Society, 130(48): 16338-16343.

Arai R. 2018. Hierarchical design of artificial proteins and complexes toward synthetic structural biology. Biophysical Reviews, 10(2): 391-410.

Ariga K, Jia X F, Song J W, et al. 2020. Nanoarchitectonics beyond self-assembly: Challenges to create bio-like hierarchic organization. Angewandte Chemie International Edition, 59(36): 15424-15446.

Arnold F H. 1996. Directed evolution: Creating biocatalysts for the future. Chemical Engineering Science, 51(23): 5091-5102.

Arnold F H. 1998. Design by directed evolution. Accounts of Chemical Research, 31(3): 125-131.

Arnold F H. 2018. Directed evolution: bringing new chemistry to life. Angewandte Chemie International Edition, 57(16): 4143-4148.

Arnold F H, Georgiou G. 2003. Directed evolution library creation. Methods Mol Biol, 231: 231.

Avila Rodríguez M I, Rodríguez Barroso L G, Sánchez M L. 2018. Collagen: A review on its sources and potential cosmetic applications. Journal of Cosmetic Dermatology, 17(1): 20-26.

Baker D. 2010. An exciting but challenging road ahead for computational enzyme design. Protein Science, 19(10): 1817-1819.

Barner-Kowollik C, Du Prez F E, Espeel P, et al. 2011. "Clicking" polymers or just efficient linking: what is the difference? Angewandte Chemie International Edition, 50(1): 60-62.

Bini E, Foo C W P, Huang J, et al. 2006. RGD-functionalized bioengineered spider dragline silk biomaterial. Biomacromolecules, 7(11): 3139-3145.

Bostick C D, Mukhopadhyay S, Pecht I, et al. 2018. Protein bioelectronics: A review of what we do and do not know. Reports on Progress in Physics, 81(2): 026601.

Brooks S A. 2004. Appropriate glycosylation of recombinant proteins for human use: Implications of choice of expression system. Molecular Biotechnology, 28(3): 241-255.

Bryant P, Pozzati G, Elofsson A. 2022. Improved prediction of protein-protein interactions using AlphaFold2. Nature Communications, 13(1): 1265.

Cabantous S, Nguyen H B, Pedelacq J D, et al. 2013. A new protein-protein interaction sensor based on tripartite split-GFP association. Scientific Reports, 3: 2854.

Cabantous S, Terwilliger T C, Waldo G S. 2005. Protein tagging and detection with engineered self-assembling fragments of green fluorescent protein. Nature Biotechnology, 23(1): 102-107.

Cabantous S, Waldo G S. 2006. *In vivo* and *in vitro* protein solubility assays using split GFP. Nature Methods, 3(10): 845-854.

Cadwell R C, Joyce G F. 1992. Randomization of genes by PCR mutagenesis. PCR Methods and Applications, 2(1): 28-33.

Cambria E, Renggli K, Ahrens C C, et al. 2015. Covalent modification of synthetic hydrogels with bioactive proteins *via* sortase-mediated ligation. Biomacromolecules, 16(8): 2316-2326.

Cao L X, Goreshnik I, Coventry B, et al. 2020. *De novo* design of picomolar SARS-CoV-2 miniprotein inhibitors. Science, 370(6515): 426-431.

Carrington J C, Dougherty W G. 1988. A viral cleavage site cassette: identification of amino acid sequences required for tobacco etch virus polyprotein processing. Proceedings of the National Academy of Sciences of the United States of America, 85(10): 3391-3395.

Chen C J, Ng D Y W, Weil T. 2020. Polymer bioconjugates: Modern design concepts toward precision hybrid materials. Progress in Polymer Science, 105: 101241.

Chen K, Arnold F H. 1993. Tuning the activity of an enzyme for unusual environments: Sequential random mutagenesis of subtilisin E for catalysis in dimethylformamide. Proceedings of the National Academy of Sciences of the United States of America, 90(12): 5618-5622.

Chen Q, Sun Q, Molino N M, et al. 2015. Sortase A-mediated multi-functionalization of protein nanoparticles. Chemical Communications, 51(60): 12107-12110.

Chen R. 2012. Bacterial expression systems for recombinant protein production: *E. coli* and beyond. Biotechnology Advances, 30(5): 1102-1107.

Chen X Y, Zaro J L, Shen W C. 2013. Fusion protein linkers: property, design and functionality. Advanced Drug Delivery Reviews, 65(10): 1357-1369.

Chen Z, Cole P A. 2015. Synthetic approaches to protein phosphorylation. Current Opinion in Chemical Biology, 28: 115-122.

Childers M C, Daggett V. 2017. Insights from molecular dynamics simulations for computational protein design. Molecular Systems Design & Engineering, 2(1): 9-33.

Dauparas J, Anishchenko I, Bennett N, et al. 2022. Robust deep learning-based protein sequence design using ProteinMPNN. Science, 378(6615): 49-55.

de la Rica R, Matsui H. 2010. Applications of peptide and protein-based materials in bionanotechnology. Chemical Society Reviews, 39(9): 3499-3509.

DiMarco R L, Heilshorn S C. 2012. Multifunctional materials through modular protein engineering. Advanced Materials, 24(29): 3923-3940.

Ehren J, Govindarajan S, Morón B, et al. 2008. Protein engineering of improved prolyl endopeptidases for celiac sprue therapy. Protein Engineering Design & Selection, 21(12): 699-707.

Elvin C M, Carr A G, Huson M G, et al. 2005. Synthesis and properties of crosslinked recombinant pro-resilin. Nature, 437(7061): 999-1002.

Fan L P, Li J L, Cai Z X, et al. 2021. Bioactive hierarchical silk fibers created by bioinspired self-assembly. Nature Communications, 12(1): 2375.

Fan R X, Aranko A S. 2024. Catcher/tag toolbox: biomolecular click-reactions for protein engineering beyond genetics. Chembiochem, 25(1): e202300600.

Girotti A, Reguera J, Rodríguez-Cabello J C, et al. 2004. Design and bioproduction of a recombinant multi(bio)functional elastin-like protein polymer containing cell adhesion sequences for tissue engineering purposes. Journal of Materials Science Materials in Medicine, 15(4): 479-484.

Glasgow A A, Huang Y M, Mandell D J, et al. 2019. Computational design of a modular protein sense-response system. Science, 366(6468): 1024-1028.

Gomes S C, Leonor I B, Mano J F, et al. 2011. Antimicrobial functionalized genetically engineered spider silk. Biomaterials, 32(18): 4255-4266.

Gulati K, Poluri K M. 2016. An overview of computational and experimental methods for designing novel proteins. Recent Patents on Biotechnology, 10(3): 235-263.

Hampp N A. 2000. Bacteriorhodopsin: mutating a biomaterial into an optoelectronic material. Applied Microbiology and Biotechnology, 53(6): 633-639.

Hatlem D, Trunk T, Linke D, et al. 2019. Catching a SPY: Using the SpyCatcher-SpyTag and related systems for labeling and localizing bacterial proteins. International Journal of Molecular Sciences, 20(9): 2129.

Holland C, Numata K, Rnjak-Kovacina J, et al. 2019. The biomedical use of silk: Past, present, future. Advanced Healthcare Materials, 8(1): e1800465.

Hu X, Cebe P, Weiss A S, et al. 2012. Protein-based composite materials. Materials Today, 15(5): 208-215.

Huang J, Wong Po Foo C, George A, et al. 2007b. The effect of genetically engineered spider silk-dentin matrix protein 1 chimeric protein on hydroxyapatite nucleation. Biomaterials, 28(14): 2358-2367.

Huang J, Wong Po Foo C, Kaplan D L. 2007a. Biosynthesis and applications of silk-like and collagen-like proteins. Polymer Reviews, 47(1): 29-62.

Huang P S, Boyken S E, Baker D. 2016. The coming of age of de novo protein design. Nature, 537(7620): 320-327.

Hung A Y, Sheng M. 2002. PDZ domains: structural modules for protein complex assembly. Journal of Biological Chemistry, 277(8): 5699-5702.

Jacob R S, Ghosh D, Singh P K, et al. 2015. Self healing hydrogels composed of amyloid nano fibrils for cell culture and stem cell differentiation. Biomaterials, 54: 97-105.

Jefferis R. 2005. Glycosylation of recombinant antibody therapeutics. Biotechnology Progress, 21(1): 11-16.

Jeschke B, Meyer J, Jonczyk A, et al. 2002. RGD-peptides for tissue engineering of articular cartilage. Biomaterials, 23(16): 3455-3463.

Jumper J, Evans R, Pritzel A, et al. 2021. Highly accurate protein structure prediction with AlphaFold.

Nature, 596(7873): 583-589.

Kang H J, Coulibaly F, Clow F, et al. 2007. Stabilizing isopeptide bonds revealed in Gram-positive bacterial pilus structure. Science, 318(5856): 1625-1628.

Kaplan D, McGrath K U. 2012. Protein-Based Materials. Birkhäuser Boston:MA.

Karplus M, Petsko G A. 1990. Molecular dynamics simulations in biology. Nature, 347(6294): 631-639.

Karshikoff A. 2021. Non-covalent interactions in proteins. Second edition. Hackensack: World Scientific.

Ke P C, Sani M A, Ding F, et al. 2017. Implications of peptide assemblies in amyloid diseases. Chemical Society Reviews, 46(21): 6492-6531.

Keeble A H, Turkki P, Stokes S, et al. 2019. Approaching infinite affinity through engineering of peptide-protein interaction. Proceedings of the National Academy of Sciences of the United States of America, 116(52): 26523-26533.

Khairil Anuar I N A, Banerjee A, Keeble A H, et al, 2019. Spy&Go purification of SpyTag-proteins using pseudo-SpyCatcher to access an oligomerization toolbox. Nature Communications, 10(1): 1734.

Khan S, Ullah M W, Siddique R, et al. 2016. Role of recombinant DNA technology to improve life. International Journal of Genomics, (1): 2405954.

Knowles T P J, Oppenheim T W, Buell A K, et al. 2010. Nanostructured films from hierarchical self-assembly of amyloidogenic proteins. Nature Nanotechnology, 5(3): 204-207.

Ko T P, Liao C C, Ku W Y, et al. 1999. The crystal structure of the DNase domain of colicin E7 in complex with its inhibitor Im7 protein. Structure, 7(1): 91-102.

Kolb H C, Finn M G, Sharpless K B. 2001. Click chemistry: Diverse chemical function from a few good reactions. Angewandte Chemie International Edition, 40(11): 2004-2021.

Kord Forooshani P, Lee B P. 2017. Recent approaches in designing bioadhesive materials inspired by mussel adhesive protein. Journal of Polymer Science Part A, Polymer Chemistry, 55(1): 9-33.

Koria P, Yagi H, Kitagawa Y, et al. 2011. Self-assembling elastin-like peptides growth factor chimeric nanoparticles for the treatment of chronic wounds. Proceedings of the National Academy of Sciences of the United States of America, 108(3): 1034-1039.

Kou S Z, Yang Z G, Sun F. 2017. Protein hydrogel microbeads for selective uranium mining from seawater. ACS Applied Materials & Interfaces, 9(3): 2035-2039.

Krieger E, Nabuurs S B, Vriend G. 2003. Homology modeling. Structural Bioinformatics, 44: 509-523.

Kuhlman B, Dantas G, Ireton G C, et al. 2003. Design of a novel globular protein fold with atomic-level accuracy. Science, 302(5649): 1364-1368.

Lai W L, Goh K L. 2015. Consequences of ultra-violet irradiation on the mechanical properties of spider silk. Journal of Functional Biomaterials, 6(3): 901-916.

Lai Y T, King N P, Yeates T O. 2012. Principles for designing ordered protein assemblies. Trends in Cell Biology, 22(12): 653-661.

Lanyi J K, Luecke H, 2001. Bacteriorhodopsin. Current Opinion in Structural Biology, 11(4): 415-419.

Lapenta F, Jerala R. 2020. Design of novel protein building modules and modular architectures.

Current Opinion in Structural Biology, 63: 90-96.

Laurie A T R, Jackson R M. 2006. Methods for the prediction of protein-ligand binding sites for structure-based drug design and virtual ligand screening. Current Protein & Peptide Science, 7(5): 395-406.

Leckband D. 2000. Measuring the forces that control protein interactions. Annual Review of Biophysics and Biomolecular Structure, 29: 1-26.

Leis S, Schneider S, Zacharias M. 2010. *In silico* prediction of binding sites on proteins. Current Medicinal Chemistry, 17(15): 1550-1562.

Lendel C, Solin N. 2021. Protein nanofibrils and their use as building blocks of sustainable materials. RSC Advances, 11(62): 39188-39215.

Leriche G, Chisholm L, Wagner A. 2012. Cleavable linkers in chemical biology. Bioorganic & Medicinal Chemistry, 20(2): 571-582.

Levin A, Hakala T A, Schnaider L, et al. 2020. Biomimetic peptide self-assembly for functional materials. Nature Reviews Chemistry, 4(11): 615-634.

Levitt M. 1983. Protein folding by restrained energy minimization and molecular dynamics. Journal of Molecular Biology, 170(3): 723-764.

Li H B, Cao Y. 2010. Protein mechanics: from single molecules to functional biomaterials. Accounts of Chemical Research, 43(10): 1331-1341.

Li Y F. 2015. Split-inteins and their bioapplications. Biotechnology Letters, 37(11): 2121-2137.

Lin N B, Hu F, Sun Y L, et al. 2014. Construction of white-light-emitting silk protein hybrid films by molecular recognized assembly among hierarchical structures. Advanced Functional Materials, 24(33): 5284-5290.

Lin Q, Gourdon D, Sun C J, et al. 2007. Adhesion mechanisms of the mussel foot proteins mfp-1 and mfp-3. Proceedings of the National Academy of Sciences of the United States of America, 104(10): 3782-3786.

Luo J R, Sun F. 2020. Calcium-responsive hydrogels enabled by inducible protein-protein interactions. Polymer Chemistry, 11(31): 4973-4977.

MacEwan S R, Chilkoti A. 2010. Elastin‐like polypeptides: biomedical applications of tunable biopolymers. Peptide Science: Original Research on Biomolecules, 94(1): 60-77.

Magliery T J, Wilson C G M, Pan W L, et al. 2005. Detecting protein-protein interactions with a green fluorescent protein fragment reassembly trap: scope and mechanism. Journal of the American Chemical Society, 127(1): 146-157.

Mao H Y, Hart S A, Schink A, et al. 2004. Sortase-mediated protein ligation: A new method for protein engineering. Journal of the American Chemical Society, 126(9): 2670-2671.

Marti-Renom M A, Madhusudhan M S, Sali A. 2004. Alignment of protein sequences by their profiles. Protein Science, 13(4): 1071-1087.

Massodi I, Bidwell III G L, Raucher D. 2005. Evaluation of cell penetrating peptides fused to elastin-like polypeptide for drug delivery. Journal of Controlled Release, 108(2-3): 396-408.

Massodi I, Moktan S, Rawat A, et al. 2010. Inhibition of ovarian cancer cell proliferation by a cell cycle inhibitory peptide fused to a thermally responsive polypeptide carrier. International Journal of Cancer, 126(2): 533-544.

Mayer B J. 2001. SH3 domains: complexity in moderation. Journal of Cell Science, 114(Pt 7):

1253-1263.

McIsaac R S, Engqvist M K M, Wannier T, et al. 2014. Directed evolution of a far-red fluorescent rhodopsin. Proceedings of the National Academy of Sciences of the United States of America, 111(36): 13034-13039.

Meyer E E, Rosenberg K J, Israelachvili J. 2006. Recent progress in understanding hydrophobic interactions. Proceedings of the National Academy of Sciences of the United States of America, 103(43): 15739-15746.

Miserez A, Yu J, Mohammadi P. 2023. Protein-based biological materials: Molecular design and artificial production. Chemical Reviews, 123(5): 2049-2111.

Morris G M, Lim-Wilby M. 2008. Molecular Docking//Kukol A. ed. Molecular Modeling of Proteins. Totowa: Humana Press: 365-382.

Muhammed M T, Aki-Yalcin E. 2019. Homology modeling in drug discovery: Overview, current applications, and future perspectives. Chemical Biology & Drug Design, 93(1): 12-20.

Nguyen T P, Nguyen Q V, Nguyen V H, et al. 2019. Silk fibroin-based biomaterials for biomedical applications: A review. Polymers, 11(12): 1933.

Okesola B O, Mata A. 2018. Multicomponent self-assembly as a tool to harness new properties from peptides and proteins in material design. Chemical Society Reviews, 47(10): 3721-3736.

O'Leary L E R, Fallas J A, Bakota E L, et al. 2011. Multi-hierarchical self-assembly of a collagen mimetic peptide from triple helix to nanofibre and hydrogel. Nature Chemistry, 3(10): 821-828.

Parmeggiani F, Huang P S. 2017. Designing repeat proteins: a modular approach to protein design. Current Opinion in Structural Biology, 45: 116-123.

Pignataro M F, Herrera M G, Dodero V I. 2020. Evaluation of peptide/protein self-assembly and aggregation by spectroscopic methods. Molecules, 25(20): 4854.

Pinto F, Thornton E L, Wang B J. 2020. An expanded library of orthogonal split inteins enables modular multi-peptide assemblies. Nature Communications, 11(1): 1529.

Qi Y P, Zhu J, Zhang K, et al. 2022. Recent development of directed evolution in protein engineering. Synthetic Biology Journal, 3(6): 1081-1108.

Ramirez M, Guan D L, Ugaz V, et al. 2013. Intein-triggered artificial protein hydrogels that support the immobilization of bioactive proteins. Journal of the American Chemical Society, 135(14): 5290-5293.

Reetz M T, Carballeira J D. 2007. Iterative saturation mutagenesis (ISM) for rapid directed evolution of functional enzymes. Nature Protocols, 2(4): 891-903.

Rohl C A, Strauss C E M, Misura K M S, et al. 2004. Protein structure prediction using Rosetta. Methods in Enzymology, 383: 66-93.

Saif B, Yang P. 2021. Metal-protein hybrid materials with desired functions and potential applications. ACS Applied Bio Materials, 4(2): 1156-1177.

Scheller J, Conrad U. 2005. Plant-based material, protein and biodegradable plastic. Current Opinion in Plant Biology, 8(2): 188-196.

Schoene C, Fierer J O, Bennett S P, et al. 2014. SpyTag/SpyCatcher cyclization confers resilience to boiling on a mesophilic enzyme. Angewandte Chemie International Edition, 53(24): 6101-6104.

Schreiber A, Huber M C, Cölfen H, et al. 2015. Molecular protein adaptor with genetically encoded interaction sites guiding the hierarchical assembly of plasmonically active nanoparticle architectures. Nature Communications, 6: 6705.

Shah N H, Stevens A J. 2020. Identification, characterization, and optimization of split inteins. Methods in Molecular Biology, 2133: 31-54.

Shekhawat S S, Ghosh I. 2011. Split-protein systems: beyond binary protein - protein interactions. Current Opinion in Chemical Biology, 15(6): 789-797.

Shoulders M D, Raines R T. 2009. Collagen structure and stability. Annual Review of Biochemistry, 78: 929-958.

Silver F H, Freeman J W, Seehra G P. 2003. Collagen self-assembly and the development of tendon mechanical properties. Journal of Biomechanics, 36(10): 1529-1553.

Śledź P, Caflisch A. 2018. Protein structure-based drug design: from docking to molecular dynamics. Current Opinion in Structural Biology, 48: 93-102.

Somsen B A, Schellekens R J C, Verhoef C J A, et al. 2023. Reversible dual-covalent molecular locking of the 14-3-3/ERRγ protein-protein interaction as a molecular glue drug discovery approach. Journal of the American Chemical Society, 145(12): 6741-6752.

Stemmer W P. 1994. DNA shuffling by random fragmentation and reassembly: *in vitro* recombination for molecular evolution. Proceedings of the National Academy of Sciences of the United States of America, 91(22): 10747-10751.

Stevens A J, Sekar G, Shah N H, et al. 2017. A promiscuous split intein with expanded protein engineering applications. Proceedings of the National Academy of Sciences of the United States of America, 114(32): 8538-8543.

Sun F, Zhang W B. 2017. Unleashing chemical power from protein sequence space toward genetically encoded "click" chemistry. Chinese Chemical Letters, 28(11): 2078-2084.

Sun F, Zhang W B. 2020. Genetically encoded click chemistry. Chinese Journal of Chemistry, 38(8): 894-896.

Tan L, Hoon S S, Wong F T. 2016. Kinetic controlled tag-catcher interactions for directed covalent protein assembly. PLoS One, 11(10): e0165074.

Tashiro K, Sephel G C, Weeks B, et al. 1989. A synthetic peptide containing the IKVAV sequence from the A chain of laminin mediates cell attachment, migration, and neurite outgrowth. Journal of Biological Chemistry, 264(27): 16174-16182.

Teyra J, Sidhu S S, Kim P M. 2012. Elucidation of the binding preferences of peptide recognition modules: SH3 and PDZ domains. FEBS Letters, 586(17): 2631-2637.

Thomsen R, Christensen M H. 2006. MolDock: a new technique for high-accuracy molecular docking. Journal of Medicinal Chemistry, 49(11): 3315-3321.

Turner N J. 2009. Directed evolution drives the next generation of biocatalysts. Nature Chemical Biology, 5(8): 567-573.

Ulijn R V, Smith A M. 2008. Designing peptide based nanomaterials. Chemical Society Reviews, 37(4): 664-675.

Ulmer K M. 1983. Protein engineering. Science, 219(4585): 666-671.

Vassylyeva M N, Klyuyev S, Vassylyev A D, et al. 2017. Efficient, ultra-high-affinity chromatography in a one-step purification of complex proteins. Proceedings of the National Academy of Sciences of the United States of America, 114(26): E5138-E5147.

Vepari C, Kaplan D L. 2007. Silk as a biomaterial. Progress in Polymer Science, 32(8-9): 991-1007.

Voet D, Voet J G. 2010. Biochemistry. 4th Edition. Chichester: John Wiley & Sons.

Wang R, Yang Z G, Luo J R, et al. 2017. B_{12}-dependent photoresponsive protein hydrogels for controlled stem cell/protein release. Proceedings of the National Academy of Sciences of the United States of America, 114(23): 5912-5917.

Wang T W, Liang C, Hou Y J, et al. 2020. Small design from big alignment: Engineering proteins with multiple sequence alignment as the starting point. Biotechnology Letters, 42(8): 1305-1315.

Wei G, Su Z Q, Reynolds N P, et al. 2017. Self-assembling peptide and protein amyloids: From structure to tailored function in nanotechnology. Chemical Society Reviews, 46(15): 4661-4708.

Whitesides G M, Grzybowski B. 2002. Self-assembly at all scales. Science, 295(5564): 2418-2421.

Wohlgemuth R. 2012. Industrial biotechnology—past, present and future. New Biotechnology, 29(2): 165.

Wong Po Foo C, Patwardhan S V, Belton D J, et al. 2006. Novel nanocomposites from spider silk-silica fusion (chimeric) proteins. Proceedings of the National Academy of Sciences of the United States of America, 103(25): 9428-9433.

Woolfson D N. 2021. A brief history of de novo protein design: minimal, rational, and computational. Journal of Molecular Biology, 433(20): 167160.

Wörsdörfer B, Woycechowsky K J, Hilvert D. 2011. Directed evolution of a protein container. Science, 331(6017): 589-592.

Wu X L, Liu Y J, Liu D, et al. 2018. An intrinsically disordered peptide-peptide stapler for highly efficient protein ligation both in vivo and in vitro. Journal of the American Chemical Society, 140(50): 17474-17483.

Yang Z G, Fok H K F, Luo J R, et al. 2022. B_{12}-induced reassembly of split photoreceptor protein enables photoresponsive hydrogels with tunable mechanics. Science Advances, 8(13): eabm5482.

Yang Z G, Yang Y, Wang M, et al. 2020. Dynamically tunable, macroscopic molecular networks enabled by cellular synthesis of 4-arm star-like proteins. Matter, 2(1): 233-249.

Yao H B, Fang H Y, Wang X H, et al. 2011. Hierarchical assembly of micro-/nano-building blocks: bio-inspired rigid structural functional materials. Chemical Society Reviews, 40(7): 3764-3785.

Yi Q K, Dai X, Park B M, et al. 2022a. Directed assembly of genetically engineered eukaryotic cells into living functional materials via ultrahigh-affinity protein interactions. Science Advances, 8(44): eade0073.

Yi Q K, Sun C B, Yang Z G, et al. 2022b. Genetically encoded click chemistry, an enabling tool for materials synthetic biology. Synthetic Biology Journal, 3(4): 690-708.

Yu K, Liu C C, Kim B G, et al. 2015. Synthetic fusion protein design and applications. Biotechnology Advances, 33(1): 155-164.

Zakeri B, Fierer J O, Celik E, et al. 2012. Peptide tag forming a rapid covalent bond to a protein, through engineering a bacterial adhesin. Proceedings of the National Academy of Sciences of the United States of America, 109(12): E690-E697.

Zakeri B, Howarth M. 2010. Spontaneous intermolecular amide bond formation between side chains for irreversible peptide targeting. Journal of the American Chemical Society, 132(13): 4526-4527.

Zhao M D, Bai L Y, Jang J. 2020. Underwater adhesion of mussel foot protein on a graphite surface.

Applied Surface Science, 511: 145589.

Zhao R X, Torley P, Halley P J. 2008. Emerging biodegradable materials: starch- and protein-based bio-nanocomposites. Journal of Materials Science, 43(9): 3058-3071.

Zheng L, Baumann U, Reymond J L. 2004. An efficient one-step site-directed and site-saturation mutagenesis protocol. Nucleic Acids Research, 32(14): e115.

Zhou L, Bosscher M, Zhang C S, et al. 2014. A protein engineered to bind uranyl selectively and with femtomolar affinity. Nature Chemistry, 6(3): 236-241.

Zisch A H, Schenk U, Schense J C, et al. 2001. Covalently conjugated VEGF–fibrin matrices for endothelialization. Journal of Controlled Release, 72(1-3): 101-113.

第8章　蛋白质水凝胶材料

蛋白质水凝胶是一类高分子网络，能够吸收并保持大量的水分，同时保持其结构的稳定。这些水凝胶由蛋白质分子通过物理或化学交联形成，使其具有独特的生物相容性、生物可降解性和可调节的物理化学性质。它们可以模拟自然细胞外基质的环境，为细胞提供支持，并促进细胞的生长和分化。

蛋白质水凝胶的研究和应用得益于多个学科的进展。首先，蛋白质的来源多样化，包括动物蛋白、植物蛋白以及通过重组蛋白技术生产的蛋白质，为水凝胶提供了丰富的原料。其次，重组蛋白技术的发展使得通过微生物发酵获得特定功能蛋白质成为可能，大大扩展了水凝胶的功能性。此外，蛋白质化学偶联和生物化学的进展为蛋白质水凝胶的交联提供了多样化的方法，可以精确控制水凝胶的物理化学性质和生物活性。蛋白质单分子力学的研究提供了对蛋白质分子力学性质的深入理解，为设计具有特定机械性能的水凝胶奠定了基础。同时，水凝胶材料力学特性和材料力生物学的探索，使得蛋白质水凝胶能够更好地模拟生物组织的力学环境，支持细胞生长和组织再生。

蛋白质水凝胶相比于其他合成高分子和生物大分子的水凝胶具有显著优势。它们不仅具有出色的生物活性、能够参与不同的生理过程，还可以在细胞的不同层面上与细胞发生相互作用，如促进细胞黏附、传递信号和参与降解过程。此外，随着蛋白质工程和人工智能设计技术的快速发展，设计和获得具有特定功能的蛋白质变得更加容易且高效，为生产新型蛋白质水凝胶提供了强大的工具。

在应用方面，蛋白质水凝胶显示出广阔的前景。它们不仅在细胞培养和类器官制备中发挥作用，而且在药物递送、组织工程、器官再生和可植入传感器等领域展现了巨大的潜力。这些应用利用了蛋白质水凝胶的独特性质，如高度的生物相容性、可调节的生物可降解性以及能够模拟细胞自然生长环境的能力，为未来生物医学研究和临床治疗提供了新的策略和材料。

在本章中，我们总结了蛋白质水凝胶研究的进展。首先，我们介绍了常见蛋白质水凝胶的种类及其特性，进一步描述了蛋白质种类的特性对水凝胶性质的影响；然后，我们详细介绍了通过化学、物理交联制备蛋白质水凝胶的方法和蛋白质水凝胶的环境响应特性；接着，我们介绍了蛋白质水凝胶独特的物理力学特性及其影响因素，包括蛋白质的生化特性和构筑单元的力学特性等；最后，我们深入、细致地阐述和讨论了基于蛋白质的水凝胶在药物递送、细胞培养、组织工程、生物传感器和生物打印等方面的生物医学应用，并强调了该领域面临的当前挑战和未来前景，这可能为蛋白质水凝胶领域提供了有意义的参考。

8.1 蛋白质水凝胶概述

蛋白质和多肽是生物分子的重要组成部分，它们在生物体的结构、功能和调节中发挥着关键作用。根据来源不同，这些分子可以大致分为天然来源的蛋白质和合成蛋白质/多肽两大类。天然来源的蛋白质既有动物来源的（如主要来源于动物皮肤和骨骼的胶原蛋白、明胶，是制备生物医用材料的重要原料），也有植物来源的（如大豆蛋白和小麦蛋白，因其良好的生物相容性和生物降解性常用于食品工业、生物材料的开发），同时也有海洋生物来源的（如海藻、海绵和珊瑚，它们提供了一系列独特的蛋白质和多肽，这些物质常常具有抗菌、抗炎或促进细胞生长的功能）。合成蛋白质和多肽包括利用固相肽合成（solid phase peptide synthesis，SPPS）技术，化学合成具有精确控制氨基酸序列和特定功能的短链多肽（Behrendt et al.，2016）。这种方法适用于制备药物多肽、信号肽和研究工具，同时还可以通过基于微生物发酵的蛋白质工程技术，以及重组 DNA 技术，将目标蛋白质或多肽的基因导入宿主细胞中，通过细胞的生物合成系统生产目标分子。这种方法可用于大量具有特定性能和功能的蛋白质的制备。

8.1.1 蛋白质水凝胶的种类

最初的蛋白质水凝胶主要由天然交联或凝胶化的蛋白质制成，如弹性蛋白和胶原蛋白。但是，分子生物学和蛋白质生物化学方法的发展使得开发各种工程蛋白为基础的材料成为可能。如今已经可使用多种动物来源或植物来源的天然蛋白质、合成蛋白质单独或混合来制备蛋白质水凝胶（图 8-1）。

1. 基于天然蛋白的水凝胶

用于生成水凝胶的主要天然蛋白包括胶原蛋白、明胶、弹性蛋白、层粘连蛋白、纤维蛋白、丝素和球形蛋白质（如溶菌酶、牛血清白蛋白和卵清蛋白）。胶原蛋白是主要的细胞外基质（extracellular matrix，ECM）蛋白，它为组织提供机械支持，其中胶原 I 是最常用于水凝胶生产的类型。胶原蛋白可生物降解，抗原性低，引起的炎症反应也较低。目前，胶原水凝胶仍存在一些局限性，包括胶原降解产物的血栓形成潜力有限、纯胶原成本高及缺乏足够的机械强度，这需要通过额外的物理或化学交联来补偿（Wenger et al.，2007；Antoine et al.，2014）。

明胶（gelatin）是通过胶原变性获得的聚合物，是一种低成本、几乎无免疫原性的混合物，可在室温下发生可逆的溶-凝转变。明胶水凝胶通常具有较差的机械性能，需要大量交联以进一步应用（Zhang et al.，2022）。

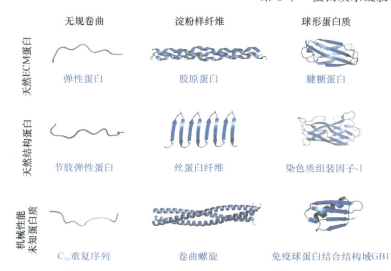

图 8-1　用于合成蛋白质水凝胶的典型蛋白质构建模块

这些模块可以是天然细胞外基质蛋白质，也可以是天然结构蛋白质（来自细菌、植物和昆虫），或其他没有任何已知机械功能的蛋白质。它们也显示出不同的结构特征，包括无规卷曲、螺旋状和淀粉样纤维和球形蛋白质。原始版权属于美国化学会（American Chemical Society），已经取得授权使用

　　弹性蛋白（elastin）是一种不溶性的 ECM 蛋白，赋予人体各种组织的可伸展性和弹性/回弹性。由于其优异的性能，如弹性、长期稳定性和生物活性，基于弹性蛋白的生物材料的应用越来越广泛。由于弹性蛋白具有不溶性，难以处理，因此，溶解形式的弹性蛋白，包括弹性酸和滑石酸溶解的弹性蛋白的衍生物、弹性蛋白的溶解前体，经常用于形成交联水凝胶（Daamen et al.，2007）。

　　层粘连蛋白（laminin）是一种异源三聚体糖蛋白，对调节神经干细胞（neural stem cell，NSC）行为具有关键作用，包括细胞黏附和存活。因此，层粘连蛋白对于设计 NSC 生长环境是非常有吸引力的（Barros et al.，2020）。

　　纤维蛋白原（fibrinogen）是参与组织修复和凝血的血浆蛋白。纤维蛋白原是其不活跃形式，激活后形成纤维蛋白网络。作为基质使用时，纤维蛋白材料允许细胞生长和更好的 ECM 沉积，而不像其他天然蛋白衍生的水凝胶那样。其主要缺点是缺乏机械强度和高可降解性，因此通常与蛋白酶抑制剂或其他成分如聚二甲基硅氧烷（polydimethylsiloxane，PDMS）结合成混合水凝胶（de Melo et al.，2020）。

　　丝素（silk fibroin）是由家蚕、蜘蛛和蝎子产生的蛋白质，具有优异的机械性能、低不良免疫反应、最小的血栓形成能力和适宜且可改良的降解速率。此外，丝素是水凝胶形成中功能最多的天然蛋白质，与几种制造工艺兼容，如三维打印技术和光刻技术（Koh et al.，2015）。

　　基质胶（matrigel）是一种凝胶状的复杂蛋白质混合物，来源于小鼠 Engelbreth-

Holm-Swarm 肿瘤，主要含有层粘连蛋白、胶原 IV 和鞭蛋白。在体内，它被用于改善移植物存活、修复损伤组织和增加肿瘤生长。然而，就像其他天然蛋白衍生的水凝胶一样，基质胶缺乏对机械性能的控制，并且受到批次间变异的影响（Passaniti et al.，2022）。

2. 工程蛋白基水凝胶

Tirrell 课题组和 Kopecek 课题组率先通过重组 DNA 技术和蛋白质工程来生产蛋白质，并合成蛋白质水凝胶，开创了工程蛋白基水凝胶这一领域的研究（Petka et al.，1998；Wang et al.，1999）。这种水凝胶利用设计的重组蛋白作为构建模块，通常展现出比天然蛋白质水凝胶更优异的机械性能和批次间的一致性。工程蛋白质水凝胶可以完全由合成蛋白组成，或包含蛋白质与其他成分的混合网络。通过遗传突变，可以精确调控这些水凝胶的性能；也可以通过引入具有不同力学特性的蛋白作为构筑单元来设计其力学特性；或通过蛋白质的相分离、自组装和折叠/解折叠来获得具有特殊力学特性的蛋白质。具有不同生物学功能的蛋白质也可以作为工程蛋白基水凝胶的功能单元，以满足不同的生物医学应用。这方面的内容可以参考最新的综述文章（Li et al.，2020；Zhang et al.，2023）。下面我们将主要介绍基于工程蛋白的合成蛋白质水凝胶。

8.1.2 不同种类蛋白质特性对水凝胶性质的影响

在合成蛋白质水凝胶中，其组成蛋白可以分为结构蛋白和功能蛋白两类。结构蛋白决定了水凝胶的机械力学性能，而功能蛋白赋予了蛋白质水凝胶不同的生物医学功能。

1. 结构蛋白

不同结构的蛋白质具有不同的物理与化学特性，对水凝胶的功能具有重要影响。例如，无规卷曲蛋白提供了水凝胶系统中的灵活性和可调节的物理性质，如孔隙率和流变性质，以适应不同的生物医学应用需求。卷曲螺旋（coiled coil）是一种稳定的二级结构，常见于蛋白质交互作用和自我组装过程中，可用于增强水凝胶的结构稳定性和调控细胞黏附性（Tunn et al.，2018）。β 片层结构的淀粉样纤维是一种具有高度有序结构的多肽链，能够形成稳定的纳米纤维网络，用于模拟细胞外基质，促进细胞生长和组织再生（Yang et al.，2023a）。多聚球形蛋白可在外力作用下发生解折叠，可赋予水凝胶材料丰富的力学特性（Fang et al.，2013）。液液相分离蛋白（phase separation protein）能够在一定条件下形成高浓度的蛋白质相，这一特性被用于设计具有特殊物理性质的水凝胶，如通过相分离调控药物释放速率（Yadav et al.，2016）。

2. 功能蛋白

不同功能的蛋白质，一方面可以有效形成蛋白质间相互作用，促进水凝胶网络的形成，另一方面也可以赋予蛋白质水凝胶丰富的生物化学功能。例如，蛋白复合物作为水凝胶中的交联节点，不仅增强了水凝胶的结构稳定性，还可以引入特定的生物学功能，如促进特定细胞类型的黏附和增殖（Song et al., 2016）。特殊设计的蛋白工具单元，如 SpyTag-SpyCatcher 系统（Zakeri et al., 2012），通过提供一种稳定的共价交联机制，极大地增强了水凝胶的机械强度和稳定性。这种系统允许科学家在分子水平上精确控制水凝胶的组装和功能化。特殊的生物功能基元，包括蛋白酶降解位点和细胞黏附位点，使得蛋白质水凝胶能够在生物体内按预定的方式降解，并通过模仿自然细胞外基质促进细胞黏附和组织整合。

通过这些高度专业化的蛋白质模块，蛋白质水凝胶的设计已从简单的生物相容性材料转变为具有高度定制化功能的智能生物材料。它们不仅能够提供药物释放和细胞培养的平台，还能够在组织工程和再生医学中模拟复杂的生物过程，如组织修复和器官再生。这些进展展示了蛋白质水凝胶在生物医学研究和应用中的广泛潜力，预示着未来在疾病治疗和组织再生方面的重大突破。

8.2　蛋白质水凝胶的交联方法及网络构象

在水凝胶中，永久性共价化学交联提供了所需的力学稳定性（图 8-2A），而物理交联则赋予了水凝胶动态和响应性能。

8.2.1　化学交联方法

蛋白质中的赖氨酸、半胱氨酸、酪氨酸等反应活性较高的氨基酸，可作为蛋白质水凝胶化学交联的天然位点。蛋白质交联是一个在化学生物学领域被广泛研究的方向，许多成熟的蛋白质标记技术可以用于化学交联蛋白质制备水凝胶。这些化学交联方法具有生物相容性，不需要极端酸碱度、高离子强度、高温或有毒催化剂。然而，为了有效形成水凝胶，理想情况下，交联方法还应该具有特异性、快速性和高收率。一般来说，这些交联方法的靶点是蛋白质在溶剂中暴露的酪氨酸、半胱氨酸和赖氨酸残基（图 8-2B）。酪氨酸可以通过光或酶催化的偶联形成二酪氨酸加合物（图 8-2B）。这样的二酪氨酸结构在体内对昆虫关节中弹性蛋白的交联起着重要作用（Elvin et al., 2005）。在过去的几年里，许多体外酪氨酸交联策略已经被开发出来，包括酶（如过氧化物酶、酪氨酸酶和漆酶）催化的反应（Qin et al., 2009；Li et al., 2013）、类似 Fenton 的反应（Sun et al., 2013）和光引发的反应（Elvin et al., 2005；Ding et al., 2013；Lv et al., 2010）。所有这些方法都涉及酪氨酰基自由基中间体的形成。钌（II）三吡啶基铑盐介导的光催化反应可能是最受欢迎的一种，因为这种光敏剂是商业上可获得的，并且已被证明具有生物相容性；此外，该反应的反应速率非常快，可以在许多生物医学应用中原位形成水凝胶。

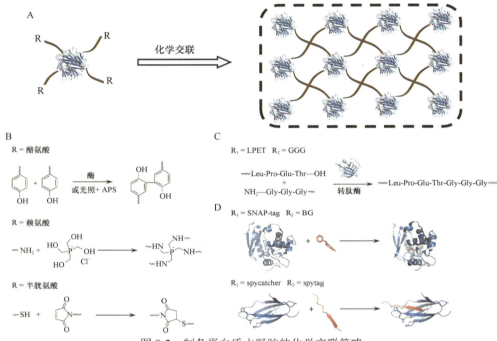

图 8-2　制备蛋白质水凝胶的化学交联策略

A. 一般化学交联方案；B. 酪氨酸、赖氨酸和半胱氨酸残基的代表性化学交联反应；C. 转肽酶催化的肽连接用于构建蛋白质水凝胶；D. 基因可编码 SNAP-tag/BG 和 SpyCatcher/tag 化学物质制备蛋白质水凝胶。原始版权属于美国化学会（American Chemical Society），已经取得授权使用

半胱氨酸残基可以氧化形成二硫键来构建水凝胶。二硫键也可以被还原，导致蛋白质水凝胶的可逆机械变化。然而，在缺少额外氧化剂的情况下，二硫键的形成通常很慢，仅由溶解的氧气促进。为了克服这个困难，李宏斌等利用蛋白质折叠将两个半胱氨酸残基带到接近距离，以便它们可以更有效和特异地形成二硫键（Kong et al.，2014）。他们利用这种方法能够可逆地调节水凝胶的力学稳定性。最近，曹毅与许华平课题组还开发了通过二硒分子催化硒-硫交换的技术，可快速催化含二硫键的水凝胶合成体系（Han et al.，2022）。

半胱氨酸残基还可以通过硫醇-迈克尔加成与电子亏欠碳-碳双键或自由基硫醇-烯烃反应，与电子富含/电子缺失碳-碳双键交联（图 8-2B）。这些反应高效，已广泛用于制备蛋白-聚合物混合水凝胶（DeForest and Anseth，2012；Gramlich et al.，2013；Qin et al.，2013；Kharkar et al.，2016）。用于硫醇-迈克尔加成反应的典型电子亏欠烯烃包括甲基丙烯酸酯、丙烯酸酯/丙烯酰胺、烯砜和马来酰亚胺（Nair et al.，2014），后两者在生理条件下无需任何催化剂即可与半胱氨酸反应（Shen et al.，2012）。值得注意的是，半胱氨酸残基的活性也受到局部环境的影响。硫醇基团的溶剂可及性以及附近的带电残基，都会极大地影响交联效率。然而，这个反应的难点是在反应之前保持半胱氨酸残基不被氧化（Kim et al.，2008），尽管在某些情况下，二硫键的形成也有助于水凝胶的交联。另一个挑战是减缓反应速率以促进均匀水凝胶的形成。研究还发现，硫醇-马来酰亚胺加合物在生理条件下不稳定，因为存在逆迈克尔加成和硫醇交换反应。然而，一旦硫代琥珀酰亚胺键水解，键就变得具有化学惰性和力学稳定性，这不会改变蛋白质之间的交联。硫醇-烯烃反应通常与光引发的自由基产生相结合，用于水凝胶合成，这允许对凝胶化过程进行时空控制（Huang et al.，2019）。然而，硫醇-烯烃反应始终与烯烃的同聚反应竞争；如果凝胶网络结构对应用至关重要，应谨慎使用。

氨基末端和赖氨酸侧链的反应也被广泛应用于水凝胶制备。Chilkoti 等、Heilshorn 等和 Kiick 等利用多功能交联剂，如 β-（三羟甲基磷酸）丙酸（β-[tris(hydroxylmethyl) phosphino] propionic acid，THPP）、四羟甲基磷酸盐（tetrahydroxymethyl phosphonium chloride，THPC）、弹性蛋白样多肽（elastin-like polypeptide，ELP）或节肢弹性蛋白样多肽（resilin-like polypeptide，RLP）构建水凝胶，展示了对这些水凝胶的机械性能、孔隙度和降解动力学的精确控制，用于细胞包埋和培养（Lim et al.，2008；Chung et al.，2012a，b）。

水凝胶也可以利用许多酶催化的反应进行工程化。通常使用的连接酶包括转肽酶 A（Chen et al.，2011）、分裂肽酶（Vila-Perelló et al.，2013）、丁酸酶（Nguyen et al.，2014）、磷酸泛酰巯基乙胺基转移酶（Mosiewicz et al.，2010）和天冬酰胺内肽酶 1（Deng et al.，2019）（图 8-2C）。它们可以连接特定的肽序列或感兴趣的肽配体以形成共价键。这些酶催化反应是特异的和正交的。一些工程化的化学交联工具，如 SpyTag-SpyCatcher 系统（Zakeri et al.，2012），本质上也是自催化的共价偶联。一些其他的自催化蛋白修饰体系，例如，Snap 蛋白与苄基鸟嘌呤（benzylguanine，BG）分子交联体系（Keppler et al.，2003）、SnoopTag-SnoopCatcher 体系（Veggiani et al.，2016）等，也可用于水凝胶的制备（图 8-2D）。当不同的酶组合时，它们对于工程复杂结构的水凝胶是有用的。此外，凝胶化动力学可以通过酶浓度、活性甚至机械力很好地控制，为通过凝胶化动力学控制水凝胶性质提供途径。某些其他酶可以改变蛋白质的疏水性或构象，也可以用于启动蛋白质水凝胶的凝胶化（Li et al.，2020）。

8.2.2 物理交联方法

水凝胶的物理交联可以通过蛋白质-蛋白质或蛋白质-配体相互作用来实现。人类互作组大约包含 650 000 种蛋白质-蛋白质相互作用（Stumpf et al.，2008），但并非所有相互作用都适合用作交联剂。有效的交联相互作用需要符合几个条件：第一，它们不能过于庞大，以免影响细菌中的溶解度和表达；第二，必须在力的作用下保持较强的亲和力，尽管许多相互作用在无力作用下表现出高亲和力，但在受力时会显著减弱（Hann et al.，2007；Thompson et al.，2015）；第三，合适的结合和解结合动力学对于赋予水凝胶自愈合及注射性能至关重要，虽然过度的动态性会导致水凝胶不稳定。

在水凝胶构建中，已采用多种蛋白质-蛋白质和蛋白质-配体相互作用（图8-3），如卷曲螺旋之间的相互作用（Dooley et al.，2012；Kim et al.，2013；Tunn et al.，2019；Zhao et al.，2010）、双色胺酸结构域与富含脯氨酸肽（Parisi-Amon et al.，2013）、TIP1 与 Kir2.3 肽（Ito et al.，2010；Guan et al.，2013）、黏连蛋白（cohesin）与 Dockerin 结构域（Yang et al.，2018）等。卷曲螺旋是一种广泛使用的交联剂，它允许通过不同的序列实现水凝胶网络中相互作用的编程（Apostolovic et al.，2010；Wood and Woolfson，2018），并可以通过多聚体状态控制网络拓扑，同时

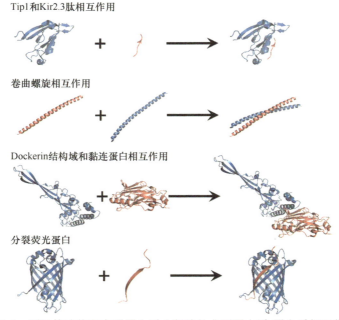

Tip1和Kir2.3肽相互作用

卷曲螺旋相互作用

Dockerin结构域和黏连蛋白相互作用

分裂荧光蛋白

图 8-3 用于构建物理交联蛋白质水凝胶的典型蛋白质-蛋白质相互作用
原始版权属于美国化学会（American Chemical Society），已经取得授权使用

通过定点突变（Dooling and Tirrell，2016）和工程金属离子结合位点（Tunn et al.，2019）调节其动力学特性。然而，卷曲螺旋具有有限的机械稳定性和适用范围（Goktas et al.，2018）。某些蛋白质-蛋白质相互作用提供了更高的力学稳定性，增强了物理交联水凝胶的延展性。

除了自然界中已有的相互作用外，分裂蛋白如链球菌 G 蛋白 B1 免疫球蛋白结合域（B1 immunoglobulin-binding domain of streptococcal protein G，GB1）（Kong and Li，2015）、分裂荧光蛋白（Yang et al.，2020）和 SpyDock 系统（Khairil Anuar et al.，2019）也可作为交联剂。非特异性相互作用或短肽自组装也能实现物理交联，例如，类似弹性蛋白的肽可通过温度升高自发聚集形成水凝胶，展现独特的温度依赖性溶胶-凝胶转变（Urry et al.，1988；Chow et al.，2008；Zhang et al.，2015b）。自组装肽还可以作为可逆的物理交联剂（Kopeček and Yang，2009；Stahl et al.，2010；Goktas et al.，2015）。此外，自组装离子互补肽已被证明能作为次级交联剂，构建出具有优异机械性能的强韧水凝胶（Sun et al.，2016）。近期研究展示了多酚和蛋白质淀粉样纤维能够自组装成可逆的物理水凝胶（Hu et al.，2018）。

8.2.3　交联网络构象变化与环境响应

在生物体内，蛋白质扮演着关键角色，负责信号转导和能量转换，这些功能往往依赖于蛋白质动态的构象变化。这一特性使蛋白质水凝胶能够对环境变化做出反应，通过蛋白质与配体结合诱导的构象变化来感应不同的化学物质。例如，在 Murphy 及其同事早期的研究中报道了一种由钙调蛋白交联的混合水凝胶，在添加一种钙调蛋白结合药物三氟拉嗪（trifluoperazine）后，可以缩小 65% 的体积（Sui et al.，2007）。这种剧烈的体积变化被归因于钙调蛋白在配体结合后从伸展状态到坍塌状态的构象变化。Deforest 及其同事在用 M13 和钙结合时，得到了类似的钙调蛋白交联水凝胶（Liu et al.，2018b）。Daunert 及其同事发现，即使钙调蛋白只附着在水凝胶网络上，配体结合也会导致水凝胶的肿胀（Ehrick et al.，2005）。这可以归因于钙调蛋白在钙或氯丙嗪结合时改变蛋白质表面的疏水性所致的构象变化。最近，另一种钙结合蛋白 RTX 也因其钙结合诱导的折叠特性而引起了人们的极大兴趣，从而产生了响应性水凝胶（Liu et al.，2018b；Dooley et al.，2014；Bulutoglu et al.，2017）。腺苷三磷酸（adenosine triphosphate，ATP）响应性水凝胶也已经报道，其中腺苷酸激酶是响应蛋白交联剂（Yuan et al.，2008）。

蛋白质水凝胶可以通过化学变性剂和热引起的蛋白质折叠/展开来对外界刺激做出响应。化学变性剂可以使蛋白质不稳定甚至导致蛋白质的展开，并显著降低水凝胶的机械强度（Khoury and Popa，2019；Lv et al.，2010）。去除化学变性剂可以恢复水凝胶的机械强度，这一恢复过程甚至可以作为驱动，用于执行机械工作（Fu et al.，2019）。机械力也可以展开水凝胶中的蛋白质构建模块（Shmilovich and Popa，2018）。水凝胶的机械响应性已广泛研究，用于模拟生物组织的机械特性。蛋白质的机械展开可以大大消耗机械能，并与水凝胶的韧性相关。卷曲螺旋序列的机械稳定性与相应的蛋白质水凝胶的动态机械响应相关（Tunn et al.，2018），并且可以通过表面残基进行调节（Drobnak et al.，2017）。尽管温度也可以引起蛋白质的展开，但通常是不可逆的，并且可能导致水凝胶中的蛋白质聚集。在少数报道中，已经研究了温度依赖的溶胶-凝胶转变（Chen et al.，2000；Petka et al.，1998）。大多数基于蛋白质的热响应水凝胶，都基于 ELP 基多肽的可逆相变（Chilkoti et al.，2002；2006）。另外，蛋白质的不可逆热变性和聚集可以引入大量的非特异性相互作用；如果设计得当，可以用于生成强韧的蛋白质水凝胶（Nojima and Iyoda，2018；Liu et al.，2019）。由于蛋白质的稳定性对 pH 和盐条件敏感，基于肽和蛋白质的折叠/展开可以设计出 pH 和盐响应性水凝胶（Ozbas et al.，2004；Rajagopal et al.，2009）。

光响应性蛋白质水凝胶特别引人关注，因为它们允许以非侵入性和可逆的方式控制溶胶-凝胶转变或调节其机械性能（图 8-4）。光响应性蛋白质水凝胶可以通过三种不同的策略进行工程化：①蛋白寡聚体的光诱导解离/结合；②蛋白质的光解；③蛋白质的构象变化。第一种策略通常允许蛋白质的机械性能或溶胶-凝胶转变的可逆变化。然而，由蛋白质复合物物理交联的水凝胶通常不太稳定，水凝胶的侵蚀可能是一个问题。最著名的光可控联合/解离蛋白是 Lin 团队改造的 Dronpa145N（Zhou et al.，2017）。随后，这种蛋白质被用于通过 SpyTag-SpyCatcher 化学反应来制备全蛋白质水凝胶（Lyu et al.，2017），或通过硫醇-马来酰亚胺化学反应结合多臂聚乙二醇（polyethylene glycol，PEG）来构建混合水凝胶（Wu et al.，2018）。类似地，青霉菌植物色素 1 单体和二聚体之间的光诱导开关，可以导致蛋白质-PEG 混合水凝胶机械性能的可逆变化（Hörner et al.，2019）。紫外线诱导的 UVR8-1 解离，可以导致超分子水凝胶的损伤（Zhang et al.，2015a）。绿光可以导致碳末端腺苷基钴结合结构域（CarH$_C$）中的钴-碳键断裂，并诱导其从四聚体转变为单体状态（Wang et al.，2017），这可能导致相应水凝胶的变软甚至溶解。最近的研究开发了一种通过切割 B$_{12}$ 依赖型光感受器 CarHC 的羧基末端域而启用的化学诱导蛋白组装方法（Yang et al.，2022b）。在添加钴胺素（如 AdoB$_{12}$、MeB$_{12}$ 或 CNB$_{12}$）后，所得到的片段能够高效地重组。此外，AdoB$_{12}$ 和 MeB$_{12}$ 等辅因子的光解进一步促成了含有双组氨酸配位 B$_{12}$ 的稳定蛋白加合物的形成。这种分裂的 CarHC 能够用来制造一系列的蛋白质水凝胶，其机械性能可通过不同类型的 B$_{12}$ 进行光强化或光弱化调控。第二种策略使用光可裂解蛋白，如 PhoCl，可以被编程为通过断裂交联剂来光弱化水凝胶，或通过暴露在折叠蛋白中埋藏的隐秘反应位点来光增强水凝胶（Chemi et al.，2017）。然而，光解反应是不可逆的。第三种策略可以快速和可逆地改变水凝胶的机械性能。例如，一种光响应蛋白结构域 LOV2（light-oxygen-voltage-sensing domain 2）交联的水凝胶，在循环蓝光照射下表现出快速和动态的弹性变化（Liu et al.，2018a）。然而，LOV2 的结构变化仅发生在远端 Jα 结构域，响应幅度因此受到限制。另一种光响应蛋白 PYP（photo-active yellow protein）可以在光照下实现整个蛋白质的快速可逆构象变化（Zhao et al.，2006），其基态在蓝光的作用下于几毫秒内迅速转化为激活态，在光消失后大约 0.5 s 内又返回到基态（Meyer et al.，1987），这有利于制备更大变化幅度的快速动态光响应水凝胶。

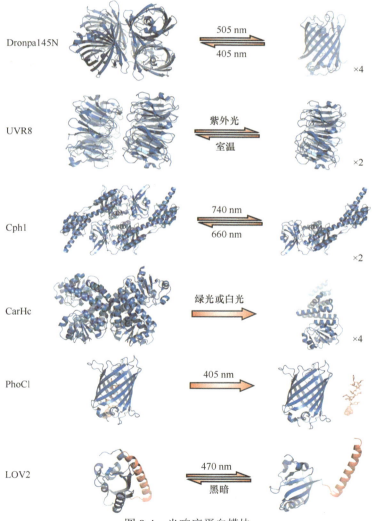

图 8-4　光响应蛋白模块

原始版权属于美国化学会，已经取得授权使用酶响应性水凝胶可以用于控制药物释放和细胞培养（Patterson and Hubbell，2010；Gao et al.，2020）。大多数酶响应性蛋白质水凝胶基于酶可切割交联剂或短肽的酶修饰来控制其自组装。氧化还原响应性水凝胶通常基于蛋白质在溶剂中暴露的半胱氨酸残基之间形成的分子间二硫键。一些非规范氨基酸，如 3,4-二羟基苯丙氨酸（Dopa），也是氧化还原响应的，并且可以用作构建氧化还原响应水凝胶的功能单元（Xue et al.，2016）。

8.3　蛋白质水凝胶的物理力学特性

8.3.1　水凝胶的物理特性

水凝胶的物理特性使得水凝胶在生物医学、药物输送、组织工程和软电子等领域有广泛应用。一些关键物理特性如下。

（1）孔隙率（porosity）：水凝胶的孔隙率是指其内部空间的体积占总体积的比例，这决定了水凝胶的吸水能力和质量传输性能。高孔隙的水凝胶可以提供更多的空间用于活性分子的载入和释放，同时促进细胞的渗透和生长（Yuan et al.，2020）。

（2）活性分子的结合与富集（binding and enrichment）：水凝胶能够通过物理吸附或化学键合的方式结合活性分子，如药物、蛋白质或生长因子。这些分子可以在水凝胶网络中被富集并在适当的条件下释放，实现靶向治疗或促进组织再生（Miyagi et al.，2011）。

（3）降解性（degradibility）：水凝胶的降解性是指其交联点的物理解离和高分子链的降解过程。通过控制交联密度和使用不同的高分子材料，可以调节水凝胶的降解速率，以适应特定的应用需求，如逐步释放药物（Yan et al.，2020）或逐渐被替换为再生组织（Wang et al.，2015；Tang et al.，2022）。

（4）溶胀（swelling）和侵蚀（erosion）：水凝胶的溶胀性是指其在水或生物体液中吸水膨胀的能力。侵蚀是指水凝胶材料在物理和化学作用下逐渐解离的过程。这两个特性影响着水凝胶的机械稳定性和长期应用性能（Wang et al.，2020）。

（5）离子/电子导电性（ion/electron conductivity）：水凝胶的导电性能通过其内部的离子和电子传输来实现。离子导电主要依赖于溶质分子在水凝胶网络中的迁移，而电子导电通常通过将导电高分子、导电碳材料、液态金属或金属纳米线等导电材料与水凝胶复合来实现，这使得水凝胶在生物传感器和柔性电子设备中有潜在应用（Jung et al.，2017；Zhang et al.，2023）。

（6）细胞黏附（cell adhesion）特性：水凝胶的细胞黏附性质可以是特异性的或非特异性的。特异性细胞黏附依赖于生物识别分子（如肽序列）的引入，能够模拟细胞外基质，促进特定类型细胞的黏附和增殖。非特异性相互作用包括电荷作用、氢键和疏水作用，这些都可以调节，从而优化细胞的黏附和生长（Yang et al., 2022a）。

通过精细设计和合成，可以将这些物理特性结合起来，以开发出具有特定功能的水凝胶系统，满足不同领域的应用需求。

8.3.2　水凝胶的机械性能

蛋白质水凝胶的机械性能可以作为一种新颖手段来控制细胞的自我更新、增殖、迁移和干细胞分化。当使用合成蛋白质水凝胶进行蛋白质和细胞递送时，剪切变稀和快速恢复对于药物的注射性及保留性是至关重要的。在探讨蛋白质水凝胶的应用时，关键在于理解其机械性能，包括硬度、能量耗散（或黏度）、塑性、屈服点及极限强度等（Chaudhuri et al., 2020）。这些性质的评估通常采用单向机械载荷测试，其中，施加的载荷在材料上产生应力（σ），即单位面积受到的力，表现为力与初始单位面积的比值。在此类测试中，材料对力的反应导致其变形，即应变（ε），定义为试样长度的变化率。

为了全面表征材料的机械性能，采用多种标准测试，如应力-应变、剪切流变、应力松弛和蠕变测试，这些测试揭示了材料是否表现出弹性、黏弹性或黏塑性行为（图 8-5）。传统的弹性固体展示出线性应力-应变关系，即 $\sigma = E\varepsilon$，其中，E 为杨氏模量（即弹性模量），代表材料的刚度。对于弹性材料，在循环变形下不会出现能量耗散，如应力-应变曲线的前向与后向路径重合（图 8-5B）；同时，应力和应变的响应是瞬时的，与时间无关。

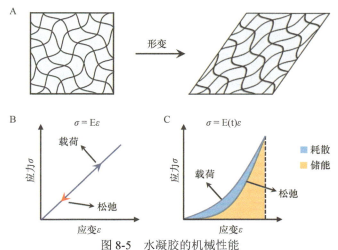

图 8-5　水凝胶的机械性能

A. 水凝胶在力加载下发生形变；弹性材料（B）和黏弹性材料（C）在机械载荷测试中表现出不同的应力-应变曲线

黏弹性行为结合了弹性固体和黏性流体的特性。线性黏性流体的行为通过应力与应变率之间的关系来描述，即 $\sigma=\eta d\varepsilon/dt$，其中，$\eta$ 代表黏度。在这类行为中，材料不会恢复到其原始形状，应变被视为永久性，且能量完全转化为热能。黏弹性聚合物中交联的存在使得材料能够恢复其原始形状，过程虽可逆，但具有时间依赖性，这可以通过应力-应变曲线中能量耗散引起的滞后现象来识别（图 8-5C）。

宏观层面上，对黏弹性固体材料施加恒定应力会引起瞬时的应变增加（弹性），随后应变以非恒定速率继续增加（黏性）。移除应力会引起部分瞬时的应变恢复（弹性），然后是延迟的恢复（黏性）。弹性变形是可逆的，意味着移除载荷后材料能够完全恢复其初始的机械性质。相反，塑性变形涉及材料的不可逆形变，而大多数实际材料至少会在某种程度上经历塑性变形。黏塑性材料在经历初始的黏弹性响应后会出现塑性形变，总会留下一些无法恢复的残余应变。

8.3.3 影响水凝胶物理力学特性的因素

1. 蛋白质的生化特性

组成水凝胶的蛋白质的生化特性主要由其氨基酸的化学特性决定，这些特性包括电荷、氢键的给体与受体特性、疏水性、翻译后修饰、自组装能力、水解和酶解等。

（1）电荷：氨基酸可以是带正电（如赖氨酸和精氨酸）、带负电（如天冬氨酸和谷氨酸），或者是中性的（Requião et al.，2017；Biro，2006）。这些电荷特性影响蛋白质在电场中的移动，以及它们与其他分子的相互作用，如亲水或疏水相互作用、在特定 pH 条件下的溶解度。

（2）氢键的给体与受体特性：氨基酸的侧链可以作为氢键的给体或受体，这对于蛋白质的折叠和结构稳定至关重要。例如，酪氨酸和丝氨酸的羟基可作为氢键的受体或给体，有助于稳定蛋白质的二级结构和三级结构（Ahmed et al.，2019；2015）。

（3）疏水性：某些氨基酸（如亮氨酸、异亮氨酸、苯丙氨酸）具有疏水侧链，它们倾向于在蛋白质内部聚集，远离水环境，这有助于蛋白质的折叠和三维结构的稳定（Cano et al.，2006；Biro，2006）。

（4）翻译后修饰：蛋白质可通过磷酸化、糖基化、泛素化等多种翻译后修饰来调控其活性、稳定性、定位和相互作用。这些化学修饰极大地增加了蛋白质功能的多样性和调控的复杂性（Yang et al.，2023b；McFadden and Yanowitz，2022）。

（5）自组装能力：某些蛋白质或肽段能够自组装成纳米纤维、管状结构或其他复杂的高级结构（Li and Cao，2018），这一特性在细胞骨架的形成、组织工程和纳米技术等领域具有重要应用。

（6）水解和酶解：蛋白质可通过水解反应在水分子的作用下断裂肽键，而酶解则是指特定酶催化下的蛋白质降解过程（Patterson and Hubbell，2010；Kopeček and Yang，2009）。这两种过程在蛋白质的代谢、信号转导和疾病状态中发挥着关键作用。

2. 构筑单元的力学特性

水凝胶的整体力学性能与构筑单元的力学性能相联系。许多具有多样化结构和力学性能的合成蛋白质已经被用于水凝胶工程，旨在通过设计调节水凝胶分子水平上的力学性能。对于无规卷曲蛋白，其刚度主要由肽链的构象决定。对于大多数氨基酸所形成的肽键，其链的柔性较高，持续长度（persistence length）在一个肽键的长度左右，但脯氨酸由于其特殊的键角和二面角，伸直长度会更长。例如，弹性蛋白因其含有较多的脯氨酸，呈现出较大的持续长度，链更加舒展，其所组成的水凝胶也具有更高的溶胀率和通透性（Daamen et al.，2007）。此外，一些自组装的蛋白质形成的纤维不仅作为水凝胶的交联点，还因其高度刚性提高了水凝胶的机械稳定性。

与固有无序蛋白和纤维蛋白相比，球状蛋白在自然界中更为丰富，是天然细胞外基质的主要组成部分（Mouw et al.，2014；Vogel，2018）。它们可以受到机械力的影响而展开，为材料提供延展性和韧性。一些使用球状蛋白作为主要构建块的工程水凝胶已经产生了强韧、延展和坚韧的水凝胶（Li，2021；Fang et al.，2013）。此外，球状蛋白的力学稳定性已经通过单分子力谱学和分子动力学模拟得到了广泛研究（Hoffmann et al.，2013）。对于球状蛋白，其解折叠过程通常具有较高的协同性。在大多数小型球状蛋白中，机械解折叠通常是一个二态过程，即当其受力位点主要承担力的部分结构被破坏后，整个蛋白质结构会瞬间打开成无规则卷曲的结构（Li and Cao，2010；Hoffmann et al.，2013）。在考虑蛋白质承担力部分氢键的结构与外力作用方向的耦合时，我们发现 α 螺旋结构虽然具有较高的热力学稳定性，但由于氢键可以被逐个断裂，缺乏协同性，因此其力学稳定性通常较低，解折叠的力在 50 pN 以内（Wu et al.，2018）。而对于 β 折叠结构，如果力的方向是作用于两个 β 片层的相反方向，所有稳定 β 折叠的氢键共同抵抗外力，那么就具有较高的力学稳定性。然而，如果力的作用点在两个 β 片层同一侧，则氢键会逐个打开，类似于解开拉链的过程，力学强度也会降低（Roque et al.，2014）。因此，理解蛋白质结构与外力作用方向之间的关系，对于评估蛋白质的力学稳定性至关重要。当然，对于不同的蛋白质，其机械稳定性也受到其整体结构的影响，可以在一个很大的范围之内，甚至可以超过 1 nN。这些具有不同力学强度的蛋白构筑元件，赋予了蛋白质水凝胶丰富的力学特性和可设计性。

3. 网络结构

水凝胶的稳定性和力学性能直接与它们的网络结构相关。水凝胶网络决定了外部力如何传递到单个蛋白质。然而，关于蛋白质水凝胶的研究中，只有少数关注了这个方面（Wu et al.，2018）。虽然大多数合成蛋白质是线性聚合物，但仍然有很大的改变网络结构的空间。蛋白质和蛋白质-蛋白质复合物的力学稳定性在很大程度上取决于拉力的方向（Dietz et al.，2006）。对于大多数应用于全蛋白质水凝胶的蛋白质来说，它们通常承受来自两个末端的拉伸力。对于混合水凝胶，一些交联方法产生了随机网络，拉伸方向没有被明确地定义。然而，可以利用蛋白质工程技术来明确定义施加在蛋白质上的力的方向，这对于物理交联水凝胶尤为重要（图 8-6）。需要注意的是，在氮端或碳端伸展的蛋白质-蛋白质相互作用对承受不同的力。通过引入多臂合成聚合物交联剂，可以构建具有理想网络结构的许多蛋白质水凝胶（Wu et al.，2018）。对于全蛋白质水凝胶，可以使用设计特殊的蛋白质复合物来定义水凝胶的网络结构（Zhang et al.，2012；Yang et al.，2020；Ito et al.，2010）。此外，由于序列的精确定义，网络接近理想的网络拓扑结构（Sakai et al.，2008）。因此，多臂全蛋白质水凝胶的缺陷可能较少，机械稳定性更强。然而，在预测整体机械性能时，仍不能忽视缺陷的影响（Fan et al.，2019）。

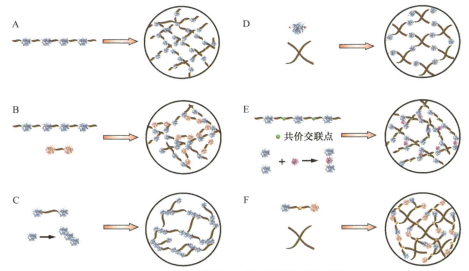

图 8-6 具有不同网络结构的蛋白质水凝胶

通过选择合适的蛋白质模块并合理设计其序列，水凝胶网络结构是可以工程化构建的。A~D 中的水凝胶由单网络构成，E、F 中的水凝胶由双网络构成。原始版权属于美国化学会（American Chemical Society），已经取得授权使用

蛋白质水凝胶的力学稳定性还可以通过设计双网络或双重交联水凝胶进一步提高（Gonzalez et al.，2017）。在这些水凝胶中，永久化学交联可以提供水凝胶高

弹性，而蛋白质或肽复合物的展开可以在拉伸时耗散能量，从而产生高韧性和可延展性的水凝胶。此外，使用蛋白质纳米颗粒作为交联剂可能提供具有新颖力学性能的水凝胶（Lv et al.，2019）。

8.4　蛋白质水凝胶在生物医药中的应用

与基于合成材料的水凝胶相比，蛋白质水凝胶具有生物来源的决定性优势，可为细胞提供更类似体内的微环境，并可能具有生物活性。由于其独特的性质，能够通过结构和功能调控，蛋白质水凝胶在药物递送、细胞培养、组织工程、生物传感器和生物打印等方面展现了巨大潜力（图 8-7）。

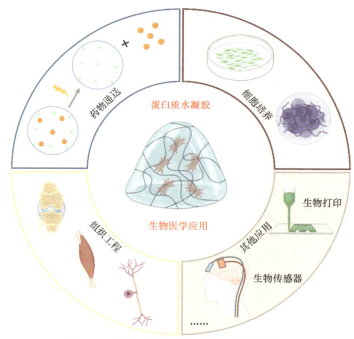

图 8-7　蛋白质水凝胶在生物医学领域应用
创建于 BioRender.com 网站

8.4.1　药物递送

1. 药物递送的基本原理

水凝胶递送系统可以有效利用药物递送带来的治疗效果，并已在临床上得到应用。水凝胶可以在空间和时间上控制各种治疗剂的释放，包括小分子药物、大分子药物和细胞。由于其可调的物理性质、可控的降解性和保护不稳定药物不被降解的能力，水凝胶作为一个平台，在其上与包封的药物发生各种物理化学相互作用，以控制药物释放。水凝胶对药物的递送和控释的影响具有多尺度、多机理的特征。水凝胶中较大的微孔会显著影响其整体机械力学响应，同时调控对药物的传输。此外，纳米尺度还存在较小的微孔，包裹着大量的水，其孔隙率由网络的交联密度决定。这些纳米尺度的微孔显著影响药物在水凝胶网络内的扩散。在分子层面上，药物和水凝胶网络之间可能发生各种物理化学相互作用。水凝胶网络可以具有许多与药物结合的相互作用位点，这些位点可以使用不同的策略预先设计。因此，水凝胶网格尺度、分子尺度和原子尺度的特征对于药物的控制释放影响巨大。同时，这些特性与水凝胶的宏观特性解耦，所以在每个长度尺度上所需的特征通常可以独立于其他长度尺度进行设计。这种多尺度性质有助于水凝胶的模块化设计，制备的水凝胶可以作为一个多功能平台来满足基于特定应用的要求。

2. 蛋白质水凝胶在药物递送中的应用

近年来，选择非毒性、生物相容性和可生物降解的水凝胶作为药物载体或介质进行封装及输送系统的研究得到了广泛关注与发展。这种封装系统通过扩散和渗透来释放药物，以稳定、缓慢地保持药物在适当浓度下的释放，同时也可以有效地保护封装的药物不受外部环境影响。与其他类型的水凝胶相比，蛋白质水凝胶具有许多优点，如良好的生物相容性、可生物降解性、高药物载荷和稳定的释放速率等。因此，在生物医学领域的药物持续释放方面，蛋白质水凝胶具有广泛的应用前景。

由于蛋白质的生物相容性，蛋白质水凝胶在对药物的缓释和保护功能方面表现优越。例如，由弹性蛋白结构域和卷曲螺旋蛋白形成的蛋白质水凝胶可以封装姜黄素，表现出的药物释放速率明显优于先前报道的骶骨水凝胶（Wang et al.，2021b）。虽然这种蛋白质水凝胶的药物封装率不及多肽水凝胶，但可以通过水凝胶表面修饰进一步改善。尽管重组蛋白质可以获得特定序列，但成本昂贵，蛋白质纯化过程复杂。浓缩胶原水凝胶与美国食品药品监督管理局批准的疏水性聚酯复合材料组合成的一种控制性药物输送平台，适用于缓释螺内酯药物，可用于治疗心血管和肾脏疾病等多种疾病。这使得原本无效的蛋白质基质具有了控制药物释放的性质，胶原基质发挥了双重屏障作用，不仅减慢了水进入药物内部结构的速度、促进了药物的扩散，还保护了这些药物颗粒表面不被腐蚀（Wang et al.，2021a）。

与此同时，可注射蛋白质水凝胶因其独特的固液相转变能力，在药物递送中被广泛研究。例如，研究人员利用牛血清蛋白混合共聚物自发组装制备了一种温度敏感的免疫刺激可注射水凝胶（Giang Phan et al.，2019），可有效地将基于DNA的疫苗传递给树突状病毒并展示抗体介导的体液免疫记忆。这种水凝胶可以通过皮下注射，以最小创伤的方式进行给药，为宿主免疫细胞提供生态位，并将 DNA 疫苗传递给树突状细胞进行成熟，随后返回淋巴结。然而，这种牛血清蛋白混合共聚物水凝胶也存在缺点。例如，由于混合共聚物在室温下的高黏度，注射水凝胶前体液可能会导致针头堵塞。因此，对机械性能随温度和 pH 等刺激变化而响应的蛋白质水凝胶的研究，已广泛应用于药物递送（图 8-8）。早在 2017 年，研究人员通过将聚乙二醇和聚（β-氨基酯脲）[poly（β-amino ester urea），PAEU]共轭形成的共聚物与人血清白蛋白耦合，设计并合成了一种可对温度和 pH 响应的可注射水凝胶（Gil et al.，2017）。该混合共聚物在从 10℃加热到 37℃时表现出可逆热凝胶化，同时在生理条件下形成的水凝胶是稳定的，于体内可在 6 周内降解。此外，治疗性蛋白质药物的短血浆半衰期得到了改善，并可用作生物制剂的屏障。因此，这种水凝胶可以用于传递尿酸酶，治疗与高尿酸血症相关的疾病。为了提高治疗效果，各种药物已被用于治疗癌症。具有双重药物载荷和长期持续药物释放能力的蛋白质水凝胶已用于局部肿瘤化疗。研究人员制备了一种基于丝素和羟基丙基纤维素的蛋白质水凝胶，其中装载了亲水的阿霉素和疏水的姜黄素（Cao et al.，2019）。这种水凝胶可以实现体内药物的同时释放，并具有良好的长期持续抗肿瘤效果。此外，再生的可注射丝素和羟基丙基纤维素水凝胶表现出触变性行为，并可实现原位凝胶化，预计将广泛用于肿瘤的局部治疗。

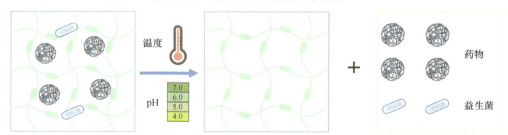

图 8-8　刺激性响应蛋白质水凝胶用于封装药物或益生菌
创建于 BioRender.com 网站

蛋白质水凝胶的卓越性能，使其不仅可以装载药物，还可以装载其他物质。由大豆分离蛋白和甜菜果胶经热处理及漆酶催化制备的双网络水凝胶表现出良好的封装性能，预计可封装益生菌以提高其利用率（Chen et al.，2019）。研究发现，这种水凝胶可以在模拟胃肠道条件下保护封装的益生菌——副干酪乳杆菌 LS14，并且副干酪乳杆菌 LS14 的活性比在游离状态下更好。此外，研究人员报道了一种由大豆分离蛋白和卡拉胶组成的复合凝胶，可以封装双歧杆菌以保护其生物活性（Mao et al.，2019），为设计高效益生菌微囊提供了新策略。在其他方面，研究人员还通过向壳聚糖和聚乙二醇水凝胶添加 T4 溶菌酶突变体，介导了治疗性金属离子 Mg^{2+} 和 Zn^{2+} 的局部输送及协同释放，可用于骨修复（Chen et al.，2021）。

随着纳米技术的不断发展，基于蛋白质的纳米载体已成为有效的药物和基因递送平台。新型基因递送系统被引入作为非病毒载体，例如，基于蛋白质、肽和氨基酸的纳米结构，通过蛋白质和肽配体基础的纳米载体实现功能转化，通常在指定的疾病中过度表达。在一项典型的研究中，研究人员开发了一个三维排列的纳米纤维水凝胶支架（Nguyen et al., 2017），在这个支架中，电纺纳米纤维分布在胶原水凝胶的三维配置中；制备的生物功能化平台提供了接触引导和持续的非病毒药物/基因递送，用于神经损伤治疗。研究人员选择大鼠脊髓颈 5 节段作为半切口模型来评估递送效果，获得的结果显示，在植入后的 10 天内，神经丝在纳米纤维-水凝胶支架中再生，表现出良好的药物递送效果和寄主-植入体一体化，显示了神经基因递送应用的良好潜力。

与传统药物给药方式（需要频繁重复高浓度剂量才能达到治疗效果，导致患者依从性差，甚至给患者带来巨大负担）不同，基于蛋白质的可注射水凝胶可以在病变部位形成药物储库，实现长期释放，减少对正常组织和器官的毒性副作用。由于其生物可降解性，水凝胶可以在体内降解，避免手术切除造成的二次损伤，使其成为理想的药物输送载体。作为新的输送载体，蛋白质水凝胶展示了广泛的潜在应用。然而，未来的研究需要解决几个问题，例如，封装物质的释放高度依赖于水凝胶的降解速率，以及活性轻微降低等。无论如何，蛋白质水凝胶有望成为一种高效的封装材料，通过将药物精准输送至特定环境，从而显著提升人们的生活质量。

8.4.2 细胞培养

1. 细胞培养的目标与挑战

天然 ECM 是一个相互连接的网络，为所有组织和器官中嵌入的细胞提供结构支持，以及必要的生化和力学信号。这些非细胞成分将细胞结合在一起，以维持组织完整性，并具有比单个细胞更高的刚度，从而为驻留细胞提供机械支持。细胞还与 ECM 在化学和物理上相互作用，这些相互作用直接和间接地调节细胞行为的许多方面。细胞与细胞表面受体的基质相互作用，向嵌入的细胞传递生化和机械信号，使受体集聚，激活细胞内信号转导以调节基因转录，指导细胞迁移、增殖和分化，并调节组织形态发生和稳态。ECM 的关键结构成分是由核心蛋白质相关的糖胺聚糖（glycosaminoglycan，GAG）组成的蛋白多糖。这些大分子可以与细胞的质膜结合，并对胶原纤维的组织起着重要作用。ECM 可以通过 GAG 的动态静电相互作用封存生长因子，并作为这些分子的储存库，以定位这些分子并调节其活性。生长因子也可以结合到细胞表面受体上，并激活细胞信号转导通路以刺激细胞生长和分化，而生长因子与 ECM 受体之间也存在相互作用。嵌入 ECM

的细胞不断合成和修改新的 ECM 分子，分泌酶来交联和降解现有的基质，并机械地重塑 ECM。因此，ECM 的组成和力学特性在发育、衰老、疾病进展以及对损伤的响应过程中动态变化。例如，由于胶原纤维之间的额外交联，老化的组织通常变得更加坚硬，并且由于弹性蛋白的丢失而变得脆弱。肿瘤也被发现比其正常组织同源体更加坚硬，这归因于额外的基质沉积和酶性交联。识别影响细胞命运和表型的 ECM 关键特征，对于组织细胞培养模型以及器官样和组织工程至关重要。

水凝胶特别适合作为人工细胞培养系统，因为它们提供了与天然 ECM 类似的水性环境（通常含水量＞70%），并允许小分子和亲水性生物大分子的扩散。在先前的研究中，精确和独立调节水凝胶性质（如硬度和配体密度）被确定为对细胞迁移、扩展、分化具有关键影响的重要特征。能够模拟 ECM 的生化和生物物理特性并允许动态调节其性质的水凝胶，是理解和调节细胞行为及复杂生物系统的重要工具。用于细胞培养的合成 ECM 必须捕捉到天然 ECM 的关键特征，以提供对组织中细胞微环境的适当模拟。为此，需要使用合理的设计和工程方法来控制基于水凝胶的 ECM 生化和生物物理特性，从而超出简单的生物相容性和物理稳定性要求。

2. 蛋白质水凝胶在细胞培养中的作用

从天然 ECM 成分衍生的蛋白质水凝胶，长期以来一直被用于细胞培养。这种蛋白质水凝胶的类别主要是单体蛋白聚合物，如 I 型胶原、明胶和纤维蛋白。另外，当需要水凝胶紧密模拟特定组织中存在的生物信号时，去细胞化 ECM 是一个有效的选择。另一种策略是收集细胞分泌的基质，就像基质胶一样。由 ECM 聚合物制成的水凝胶非常适合封装细胞的生长，因为它们的固有性质允许通过细胞表面整合素与聚合物相互作用，这些整合素结合特定的 ECM 基序。此外，这些水凝胶可以通过基质金属蛋白酶（matrix metalloproteinase，MMP）或血浆蛋白酶对天然聚合物的酶降解而被重塑。

尽管具有这些优点，天然蛋白质水凝胶通常显示出批次间的差异性，这可能对实验的可重复性构成挑战。由于天然衍生材料提供给封装细胞的信号复杂性，解析特定机械信号和生物信号在细胞响应中的作用是十分困难的。即使是经过降低生长因子的基质胶版本，也含有数百种蛋白质。调节天然水凝胶的硬度而不改变其蛋白质密度也是具有挑战性的，这可能会使细胞响应与机械信号的关联变得困难。尽管它们被认为是单一成分，但蛋白质（如胶原）通常是从动物组织中提取的。尽管经过纯化，但它们仍然可能含有其他蛋白质和生长因子，这可能会影响细胞的响应。此外，它们的异种源性可能会限制其在转化应用中的使用。基于蛋白质的天然水凝胶的另一个缺点是其机械性能受到了网络形成所需的蛋白质浓度和蛋白质溶解度的限制。

为了更好地控制它们的机械性能，天然 ECM 成分可以通过化学修改或与合成聚合物结合，形成混合水凝胶。例如，胶原衍生物明胶可以通过甲基丙烯酸酐（gelatin methacryloyl，GelMA）修饰来稳定，使其能够形成机械稳定的水凝胶；同样，可以形成胶原-聚乙二醇混合材料，其中材料的机械性能可以独立调节而与胶原密度无关。为了克服天然衍生水凝胶的许多局限性，研究人员创造了一系列完全合成的替代品。这种化学合成材料通常被视为"白板"，因为它们不含动物特异性产物及其相关的混淆生物因素，如由聚乙二醇、聚异氰酸肽和短肽形成的水凝胶。

合成蛋白质水凝胶在细胞培养中具有多重优势（图 8-9）。首先，其生物相容性良好，不会引起细胞毒性或免疫排斥反应，因而可安全用于细胞培养；其次，蛋白质水凝胶的物理和化学性质可通过调整配方及交联方式进行调控，以满足不同类型细胞的培养需求；此外，蛋白质水凝胶可设计成具有释放生物活性因子的能力，如生长因子、细胞黏附分子等，从而促进细胞增殖和分化；最后，一些蛋白质水凝胶具有生物可降解性，能够在细胞培养结束后逐渐降解，与细胞产生交互作用，对于细胞生长和组织再生具有潜在意义。例如，研究人员利用丝素蛋白的良好生物相容性制备了不同比例丝素蛋白和聚乙烯醇（polyvinyl alcohol，PVA），构建耳软骨组织的水凝胶（Lee et al.，2017）。实验结果发现，在不同比例混合水凝胶培养 1 天、3 天和 5 天后，大鼠耳软骨细胞对水凝胶的代谢活性逐渐增加。培养 5 天后，这种蛋白质水凝胶的细胞生长明显高于其他水凝胶，为软骨细胞的生长提供了更好的环境，并具有更高的生物相容性。

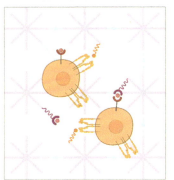

基质胶　　　　　　　　合成蛋白质水凝胶

组分复杂，功能不明确，　　　　组分完全自主定义，
批次差异性大，不可调控　　　　生化和力学特性可调

图 8-9　基质胶与合成蛋白质水凝胶结构和成分对比
创建于 BioRender.com 网站

在大多数组织中，细胞并不存在于二维单层，而是存在于复杂的三维基质中。

在这种情况下，能够封装活细胞的水凝胶显得尤为重要。与在二维表面上相比，在三维水凝胶中封装细胞时，机械信号更加复杂（图 8-10），因为限制、降解、应力松弛和基质分泌共同调节着施加力、内在机械信号和细胞响应之间的错综复杂关系。例如，在共价交联的三维水凝胶中，间充质干细胞对硬度变化不敏感，并采用脂肪形成表型。然而，当引入 MMP 易受肽序列作为交联剂时，细胞可以重塑其局部环境，在周围基质上施加牵引力，并进行成骨作用（Khetan et al.，2013）。

二维细胞培养　　　　　　　　三维细胞培养

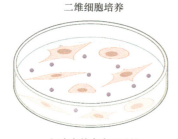

细胞在基底表面附着　　　　　　细胞在三维结构中生长
细胞形态扁平化　　　　　　　　机械信号更复杂

图 8-10　二维细胞培养和三维细胞培养差异

创建于 BioRender.com 网站

与其他培养方法相比，工程重组蛋白质水凝胶在三维细胞培养过程中具有多种优势：可以添加精确定义的化学成分；水凝胶的化学和机械性能可以独立改变；多分散性低；可以通过包含合适的 MMP 降解酶的识别位点来编程降解速率。例如，研究人员使用一种弹性蛋白样多肽基质制备了一种水凝胶，该基质含有纤维连接蛋白衍生的精氨酸-甘氨酸-天冬氨酸序列（Arg-Gly-Asp，RGD）细胞结合结构域，以四羟甲基氯化磷[tetrakis（hydroxymethyl）phosphonium chloride，THPC]作为胺反应性交联剂，该物质可短暂抑制小鼠胚胎干细胞（embryonic stem cell，ESC）来源的心肌细胞的收缩性，并提高了鸡胚胎背根神经节细胞的存活率（Chung et al.，2012b）。在一项后续研究中，小鼠心肌细胞分化（通过 α-肌球蛋白表达、细胞收缩性和代谢活性来测量）被发现依赖于 THPC 与蛋白质的化学计量比，这调节了水凝胶的硬度。在研究的弹性模量（700 Pa、3000 Pa 和 4000 Pa）中，最软的材料有利于含有中胚层祖细胞胚状体的增殖，并促进心肌细胞的快速分化。在 700 Pa 基质中培养的胚状体显示出最高水平的 MMP 分泌。抑制 MMP 的分泌对增殖和分化是有害的，这表明基质的重塑在心肌细胞分化中是必不可少的（Chung et al.，2013）。

通过融入被封装细胞识别的生物结构单元，如模拟整合素结合区域和天然 ECM 蛋白内酶切位点的肽段，合成蛋白质水凝胶可以用于多种生物研究。这是一种特别有效的方法，因为将肽段融入合成蛋白质水凝胶可以进行精细调节，产生密度可改变的 ECM 信号的三维基质，以匹配原生组织中的信号密度。例如，许多 PEG 网络是使用含有序列 GPQG↓IWGC 的肽段进行交联的，其中↓表示酶切割位点（Lutolf et al.，2003）。该序列对哺乳动物的多种 MMP，包括 MMP1、MMP2、MMP7 和 MMP9，具有高度的降解敏感性。水凝胶也被设计成容易被血浆酶降解（Patterson and Hubbell，2011），或者被特定的酶降解，如由神经祖细胞表达的解整合素金属蛋白酶 9（A disintegrin and metalloprotease 9，ADAM9）（Madl et al.，2017）。表达这些酶的封装细胞会随着时间的推移，局部降解基质，从而改变细胞形态和迁移，并在全局上软化水凝胶。

蛋白质水凝胶具有与 ECM 相媲美的结构、力学和化学特性；还可以在有利条件下对其再改造，以便与活细胞协调，这些特性使得它们成为细胞培养领域的理想候选者。尽管已经对蛋白质水凝胶进行了详细的设计，但对蛋白质在这些系统中相互作用的清晰理解仍然存在不足，需要在后续的研究中继续探索。

8.4.3　组织工程

1. 组织工程的目标与挑战

组织工程是一个致力于再生功能性人体组织的跨学科领域。尽管人体具有固有的自愈能力，但不同组织的修复程度各不相同，并且可能会受到损伤或疾病严重程度的影响。难治性疾病，如中枢神经系统（central nervous system，CNS）疾病，给设计有效治疗方案带来了挑战。在脑部或脊髓损伤（spinal cord injury，SCI）中，包括抗氧化疗法在内的常规治疗剂通常可以最小化进一步的组织损失和（或）缓解症状，但不能实现损伤或坏死神经组织的再生或替代。尽管在患有大面积组织损失或器官功能衰竭的患者中进行整个器官移植取得了可观的进展，但捐赠器官短缺和长期使用免疫抑制剂的问题严重限制了这一方法的使用。

未来，应用组织工程设计受损或丢失组织的功能性替代品，可能在再生疗法方面取得巨大成就。例如，在 CNS 损伤中，将干细胞植入损伤部位，使神经组织生长在三维支架中并应用生物材料输送药物或蛋白质，可能导致组织再生（Forraz et al.，2013；Schmidt and Leach，2003）。此外，神经引导通道可以促进轴突再生或直接向神经重连提供生长因子（Gu et al.，2023）。组织工程为克服传统治疗选项或器官移植的效率有限性提供了有希望的前景。干细胞疗法和生物材料科学的重大进展，以及能够模拟生长因子产生的传递系统的发展，可能在各种疾病的治疗中带来突破。与此同时，适当的血管化、复杂组织的创建、组织质量、移植物与宿主组织之间的功能整合，以及染色体不稳定性、突变、肿瘤发生或意外事件的潜在风险，使得组织工程仍面临诸多挑战。

用于组织工程的活细胞，其在体外的增殖和分化能力对组织修复与再生至关重要。例如，来源于人类胚胎干细胞（human embryonic stem cell，hESC）的少突胶质细胞，是治疗包括 SCI 在内的神经系统疾病的有前景的候选疗法（Willerth，2011）。在神经组织损失的情况下，应用诱导多能干细胞（induced-pluripotent stem cell，iPSC）能够制造出患者特异性的神经组织。为了增加细胞增殖、迁移或存活，可以应用各种支架，其中包含生物相容性、生物惰性和可灭菌材料，不引起细胞毒性作用或炎症反应。用于生成三维支架的复合/聚合物材料或生物陶瓷等生物材料，还应具有生物相容性、非抗原性和非致癌性，它们可以包括物理支持和细胞黏附配体，以影响细胞排列和形态，并分别增加细胞附着。为了减少与合成生物材料相关的潜在免疫反应，可以应用惰性材料或改性支架。同时，仿生支架材料可以设计用于人体内的硬组织或软组织（如神经、心脏组织、软骨和骨骼）的组织再生。例如，为了适应主要的 CNS 神经元炎症，可以使用自组装肽、水凝胶或纳米纤维支架（Oliveira et al.，2018；Kamudzandu et al.，2015）。原位形成的水凝胶、自组装肽、多孔互联支架、纤维、平行或交织微通道，都是脑部再生的常见生物材料（Tate et al.，2009；Wei et al.，2007；Nisbet et al.，2009；Wong et al.，2008）。

2. 蛋白质水凝胶在组织工程中的应用

在组织工程应用中，细胞支架理想情况下应模拟其替代的自然组织的结构，同时为细胞提供结构支持。蛋白质水凝胶尤其有望作为组织工程支架（图 8-11），因为它们可以精确控制多种支架的力学性能，还能提供固有的生物活性，如细胞黏附位点或蛋白酶降解位点。

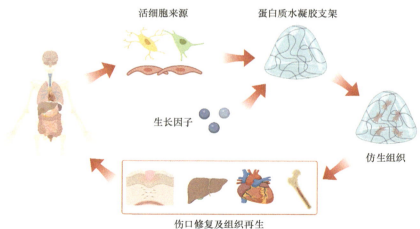

图 8-11　蛋白质水凝胶用于组织工程流程图
创建于 BioRender.com 网站

蛋白质水凝胶对生长因子的固定化是其作为组织工程材料的重要原因之一。生长因子参与细胞增殖、分化和组织再生，可以通过溶液注射或固定在支架上进行外源性供应。后者通常能够更有效地促进所需的细胞生长，同时保持生物活性和稳定性，进而延长生长因子信号转导并减少生长因子治疗的成本。之前的研究已经证明，血管内皮生长因子（vascular endothelial growth factor，VEGF）固定在胶原支架上，比使用 VEGF 溶液处理能够更有效地促进内皮细胞的增殖（Chiu and Radisic，2010）。生长因子的固定化对于体内支架应用尤其有利，它提供了将生长因子的效应局限在支架内部的额外优势，而不是让其自由扩散到周围组织中。此外，固定化生长因子在生理上也具有重要意义，因为在体内同时存在结合和游离的生长因子。研究发现，细胞可以首先对可溶性生长因子作出反应，向其源头迁移，然后对源头处更高的结合蛋白质浓度作出反应。例如，将 VEGF 共价固定到胶原支架上，可以促进体内新血管生成（Miyagi et al.，2011）。含有 VEGF 的支架比不含 VEGF 的对照支架具有更高的血管密度，这是由于内皮细胞浸润和增殖增加所致。

此外，活细胞在组织工程中发挥着重要作用，而蛋白质水凝胶在活细胞体外培养方面具有的优势使其在组织工程领域也具有重要应用前景。例如，研究人员将弹性蛋白与海藻酸钠结合，制备了两种几何形状的混合水凝胶：使用超声处理获得的二维薄膜；通过压力驱动挤出产生的三维微囊（Silva et al.，2018）。随后，对细胞活性测试和线粒体活性测试的结果分别表明，在经过混合水凝胶培养后，细胞和线粒体的活性明显高于由海藻酸钠培养的，证明了这种水凝胶材料适用于软组织工程。在另一项研究中，研究人员基于独特的酶-底物复合物通过光交联开发了一种新型可降解的水凝胶支架（Kim et al.，2018）。壳聚糖和溶菌酶被选为酶-底物系统，将溶菌酶引入壳聚糖水凝胶可以加速交联水凝胶的降解速率，并显著增强细胞增殖和迁移。该研究通过染色和活性测试，评估了水凝胶中细胞的体外成骨作用和碱性磷酸酶表达。此外，通过骨边缘生长和骨基质形成，表征了封装细胞在混合水凝胶中的优秀骨愈合效果。这项研究表明，将溶菌酶与壳聚糖结合以制备基于蛋白质的混合水凝胶，有望增加基于软材料的治疗在组织修复中的效果。

蛋白质水凝胶因其可调节生化和机械信号的特性，以及对组织中天然 ECM 的出色模仿能力，在持续、局部或靶向的蛋白质传递，以及诱导特定细胞信号转导和控制干细胞命运方面备受青睐。因此，蛋白质水凝胶在组织工程领域具有巨大潜力，可用于创伤敷料、组织修复、再生和培养等多个方面。

在伤口处止血是治疗受伤组织的最佳方法之一，有效的止血剂可以使损伤最小化。目前，蛋白质水凝胶已经广泛应用于伤口止血。例如，研究人员将组织因子嵌入到由胶原和海藻酸盐形成的水凝胶微球中，在温度变化的条件下释放到伤口处，使血液迅速凝结（Liu et al.，2021）。单一的止血功能是不够的，因此水凝胶的性质必须因不同程度的组织损伤而异。例如，对于相对大面积的创伤组织，研究人员通过原位化学交联明胶和透明质酸制备了一种可注射水凝胶，这种蛋白质水凝胶不仅可以止血，还可以作为组织密封剂，因而在组织黏附性和机械强度方面优于传统的纤维蛋白凝胶（Luo et al.，2020）。组织创伤的暴露可能导致各种空气传播的细菌附着，这些细菌可以感染和引起伤口炎症。为了解决这一问题，研究人员通过交联具有优异生物相容性、止血和抗菌性能的壳聚糖及丝素蛋白而形成多功能水凝胶。这种多功能蛋白质水凝胶不仅可以止血，还具有抗菌性能和缓慢释放活性物质的功能（Xu et al.，2021）。

　　除了初期止血外，伤口愈合和组织再生也很重要。蛋白质水凝胶也是伤口愈合和组织再生的理想材料之一。例如，研究人员将聚己内酯-乙酸乙酯-聚乙二醇-聚己内酯-乙酸乙酯三嵌段共聚物接枝到牛血清蛋白上，获得牛血清蛋白-聚己内酯生物胶原，可以在室温下转化为水凝胶，并注入到伤口中，促进伤口愈合和加速组织再生（Giang Phan et al.，2021）。类似地，由阴离子化木质纤维素纳米纤丝和胶原构建的水凝胶可以用作高级敷料，特异性地、动态地调节到特定伤口或愈合阶段，以实现最佳伤口管理（Basu et al.，2017）。蛋白质水凝胶不仅适用于常规疾病的伤口，还可以治疗癌症的伤口。例如，含金属纳米粒子的蛋白质水凝胶可以在不影响周围正常组织的情况下治疗舌癌，并潜在地抑制肿瘤复发（Su et al.，2021）。伤口愈合是一个动态的长期过程，每个时刻都需要不同的机械强度和愈合活性的水凝胶。引入纤维素衍生物能够使水凝胶具有可调节的机械性能，并加速伤口愈合（Nazir et al.，2021）。引入壳寡糖、水杨酸加合物和氧化海藻酸，增加了明胶水凝胶的抗氧化活性，并通过促进胶原沉积来增加伤口愈合的活性（Oh et al.，2021）。蜂蜜的加入不仅可以扩大明胶和壳聚糖的蛋白质-聚合物水凝胶的限制应变，还具有强大的抗菌活性，为修复创伤表面提供了新的方法（Shamloo et al.，2021）。

　　至于组织再生，最初通过具有生物相容性的水凝胶进行细胞培养，然后依赖于水凝胶对细胞的吸附生长和对原始组织基质的类似性构建仿生组织。与天然组织具有高度相似性且生化和力学性质可调节的蛋白质水凝胶，通常可用于多种组织再生。例如，对细胞有强烈吸附能力的水凝胶可用于皮肤组织再生（Keirouz et al.，2020），含透明质酸的蛋白质水凝胶可用于软骨再生，因为透明质酸是软骨的细胞外基质，并且可以通过释放包埋金属离子来加速骨再生（Zhu et al.，2017；Chen et al.，2021）。此外，通过使用蛋白质和聚合物创建仿生水凝胶，得到的高级 3D 打印仿生水凝胶组织具有更好的性能，可以替换更多不同区域的坏死组织（Kreller et al.，2021；Dorishetty et al.，2020）。在心脏组织工程方面，一些主要困难限制了心力衰竭的新策略，包括如何将干细胞和生长因子有效使用到临床上。最近，生物材料，特别是蛋白质水凝胶，已经成为治疗心脏病的一种有前途的方法，例如，研究人员将丝胶注入小鼠梗死心肌，并在心肌中凝胶化（Song et al.，2016）。这项研究表明，水凝胶可以减少瘢痕形成和梗死面积，增加壁厚和新生血管，并抑制炎症反应和细胞凋亡，为探索适用于心脏修复的新型生物材料开辟了道路。

毫无疑问，蛋白质水凝胶提供了一种更多功能的材料，扩大了组织工程的应用范围。然而，仍然存在一些不可避免的问题，如无法解决与相关器官的排斥，这仍然需要进一步研究。

8.4.4 其他应用

1. 生物传感器

近年来，水凝胶因其独特的三维网络结构、特殊的黏附性和响应性，在电子皮肤、响应传感器和生物信号检测等领域取得了显著成就。尽管如此，许多水凝胶传感器在可伸缩性、耐用性和生物相容性方面仍存在不足。与此相比，由不同蛋白质构成的水凝胶不仅展现出卓越的黏附性和机械性能，还具有生物相容性和可生物降解性等优点，有效弥补了传统水凝胶的缺陷。因此，蛋白质水凝胶为传感器领域开辟了新的可能性，预示着其在科技和医疗应用中的广泛应用前景（图 8-12）。

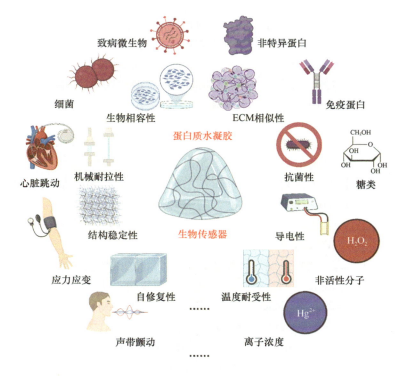

图 8-12　蛋白质水凝胶在生物传感器领域的应用

创建于 BioRender.com 网站

由于氨基酸基团的存在，蛋白质水凝胶不仅具有出色的黏附性能，符合生物体表面的黏附要求，而且其多个氢键结构赋予了它卓越的机械强度。这些特性使得蛋白质水凝胶即使在低温条件下也能保持良好的机械性能和检测能力，从而拓展了其在极端环境中作为生物传感器的应用范围。例如，天然的鱼类抗冻蛋白（antifreeze protein，AFP）展示了在低温环境下调控冰晶表面结晶过程的独特能力。这些功能为蛋白质水凝胶在高性能生物传感器领域的应用提供了新的可能性。由这些蛋白质组成的水凝胶，弥补了常规传感器在寒冷环境中机械性能差、不敏感的缺点（Voets，2017；Tsuda et al.，2020）。研究人员设计了一种抗冻水凝胶，具有自黏性和可切换的机械强度。这种由 AFP 和化学交联的聚丙烯酰胺/甲基丙烯酸钠网络组成的蛋白质水凝胶可以将微小变形转化为电信号，从而检测人体的弱信号，如人体心跳、声带颤动等（Wang et al.，2022）。由这种蛋白质水凝胶构建的可穿戴传感器可以监测人体健康状况，并为生物传感提供广泛应用。类似地，在满足抗冻性的基础上，还需要注意加强机械性能，以满足更多的应用环境。因此，研究人员开发了基于丝素蛋白和丙烯酸单体的双网络水凝胶（Zhou et al.，2022）。这种水凝胶具有特殊的拉伸能力、高机械性能、优异的抗冻性，并且可以在−80℃下保持正常性能，对各种刺激具有精确的检测能力。添加蛋白质不仅赋予水凝胶优良的机械性能和抗冻性，还使其作为传感器更加敏感，能够准确检测人体的弱信号。

此外，水凝胶的抗污能力和自修复能力也是其长期作为传感器的关键因素。良好的自修复能力可以延长水凝胶的使用寿命。各向异性和非特异性识别特性使得蛋白质水凝胶通常被用作抗污模板涂层材料。据报道，研究人员制备了一种具有可注射、自修复和抗菌特性的牛血清蛋白质水凝胶，这种水凝胶还具有可逆的调节效应（Liu et al.，2020）。在另一项研究中，研究人员基于牛血清蛋白质水凝胶的定向荧光效应，通过添加金/银合金纳米团簇构建了一种电化学发光传感器系统（Han and Guo，2020）。这种基于牛血清蛋白质水凝胶的传感器系统具有多孔、亲水的结构，可以让小分子生物目标自由扩散，同时排斥大分子干扰物，从而具有优异的抗污性能；由于金/银纳米团簇的添加，水凝胶对光电功率更敏感。此外，自愈合特性是其独特优势，有助于延长使用寿命，并为自修复电化学发光生物传感器系统和可穿戴生物传感器的发展提供参考。总之，由蛋白质制成的水凝胶传感器具有优异的抗冻性、拉伸性能和生物相容性，同时也改善了其机械性能，有助于水凝胶传感器更好地附着于生物体表面，产生更高灵敏度的运动感知。此外，由于不同蛋白质的特殊性质，某些蛋白质在恶劣环境中仍能保持正常工作能力，拓宽了水凝胶在传感器领域的发展，并有望成为未来的全新应用方向。

准确识别和检测生物体内的信息，是生物医学领域的重要工作。生物设备与人体血清、尿液、细胞裂解液等液体接触会引起严重的生物污染，特别是与非特异性蛋白质的吸附和细胞黏附。因此，如何从复杂的液体环境中准确识别生物信息分子是一项困难的工作。作为一种软材料，蛋白质水凝胶因其独特的弹性体特性和低界面张力，展现出与活体组织相似的物理特性，这赋予了水凝胶良好的生物相容性和特殊的识别性能。通过改变水凝胶的组成和交联方式，可以调节蛋白质水凝胶的化学和生物学性质，已被广泛应用于医学检测领域，并在传感器领域具有广阔的发展前景。例如，研究人员利用分子印迹技术将人免疫球蛋白 G（immunoglobulin G，IgG）与聚合物交联，形成一种基于蛋白质印迹的响应性水凝胶，具有高灵敏性、良好的抗污能力和对目标分析的特异性（Jiang et al.，2020），其广泛的响应范围有助于将水凝胶用作生物传感器，检测复杂生物血清样品中的目标物质，有望扩大生物传感器制造对临床目标分析的应用。生物大分子的检测不仅限于蛋白质，还包括葡萄糖。类似地，研究人员通过固定葡萄糖/半乳糖结合蛋白至丙烯酰胺水凝胶网络中，制备了智能葡萄糖响应水凝胶材料（Ehrick et al.，2009）。该水凝胶可以特异性地检测葡萄糖，并可能在未来用于解决由葡萄糖引起的一些疾病，如糖尿病。除了检测其自身物质外，检测各种致病因子也是一项重要工作。例如，白色念珠菌是口腔和肠道中发现的一种致病微生物，为了治疗早期感染，开发这些类型微生物的检测方法至关重要。因此，研究人员制备了一种豆腐渣凝集素水凝胶，并将其用于白色念珠菌的检测（Cai et al.，2015）。水凝胶中的豆腐渣凝集素结合于甘露聚糖，内部粒子间距的减小导致二维阵列衍射的蓝移，从而检测到白色念珠菌的浓度。添加蛋白质使水凝胶具有优越的识别性能，这可能会扩大其在医学检测中的应用。

体内信息的检测不仅限于活性生物分子，一些非活性的体内分子也非常重要。不同的离子广泛存在于人体中，且与人类生活活动、健康状态密切相关，其浓度随着身体状态的改变而变化。例如，基于红外荧光蛋白（infrared fluorescent protein，IFP）及其色团的水凝胶被报道可以作为汞离子检测的红外荧光探针（Gu et al.，2011）。IFB 和琼脂糖通过热交联形成的水凝胶能识别并结合汞离子，从而抑制 IFP 色团胆红素与半胱氨酸残基结合，关闭 IFP 红外发射。这种水凝胶已经被开发成一种用于检测生物体或组织中汞离子的纸质工具。类似地，多项研究已经发现过氧化氢（H_2O_2）是体内氧化应激和神经老化疾病的重要生物标志物，也是一种调节许多生物过程并能诱导重要生物反应的信号分子，包括细胞增殖、分化和凋亡（Meier et al.，2019）。研究人员利用牛血清蛋白作为框架，通过牛血清蛋白表面的赖氨酸与辣根过氧化物酶交联，形成蛋白质水凝胶，并将其应用于 H_2O_2 检测（Liu et al.，2022）。辣根过氧化物酶可以特异性地分解 H_2O_2，伴随着血红素失活，导致体积相变和交联密度降低。随着粒子间距的增加，二维光子晶体 PhC 的前向衍射显示不同的颜色，可以通过观察颜色的变化来表征 H_2O_2 浓度。蛋白质水凝胶在检测非活性分子方面表现出良好的生物相容性和灵敏度，显示了其作为传感器的优秀潜力。总的来说，由于其检测生物大分子信息、识别致病因子等独特性质，蛋白质水凝胶在体内信息检测方面具有广阔的应用前景。准确检测体内信息并具有良好生物特性的蛋白质水凝胶将是一个具有巨大应用潜力的研究方向，为生物信息检测、疾病治疗、医学传感等领域带来极大便利。

2. 生物打印

生物打印技术是建立在这样一个假设上的，即细胞的精确排列可以发送生理信号以产生功能性组织。生物打印技术可以让水凝胶支架与目标细胞结合，然后通过计算机控制，共同制造成设计的形状。这种方法具有许多优点，如工艺简单、成本低廉和废物最小化。更令人振奋的是，它提供了持续和可适应的进化能力，使得这项技术能够实现我们以前无法实现的设计迭代功能。

生物打印有两种主流策略：①一步生物打印，即细胞被包裹在水凝胶预混液中，然后直接打印成结构；②两步生物打印，即水凝胶材料被预先打印成所需的结构，随后细胞扩散到预先打印的支架上（图 8-13）。如今，基于三维打印技术已经开发出了各种疾病/组织模型（如神经组织、肿瘤等）或支架材料（如骨替代品），用于组织工程和药物测试。例如，研究人员用胶质母细胞构建的三维生物打印脑肿瘤模型比标准的二维细胞模型对化疗药物表现出更强的抗药性（Dai et al.，2016）。这种明显的二维和三维平台之间的治疗差异，解释了许多药物在临床试验

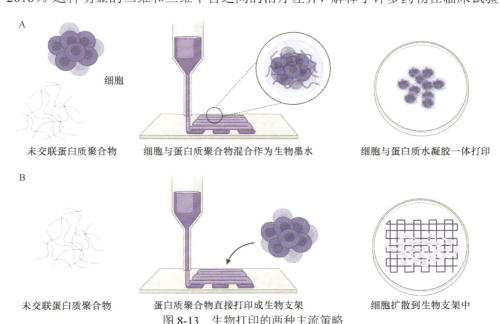

图 8-13　生物打印的两种主流策略
A. 一步生物打印；B. 两步生物打印。创建于 BioRender.com 网站

中失败的原因，主要是因为它们依赖于二维测试模型的数据。这也突显了仿生三维模型在药物测试中的重要性。

目前，研究人员已付出巨大努力来提升生物三维打印的分辨率。例如，减小特征尺寸可以提高生物打印结构的精确度，从而更好地模拟天然组织，促进再生医学的发展。这些技术的进步将使水凝胶与三维打印完美地结合起来，为生物医学领域多个方面的发展做出更多贡献。然而，生物三维打印的生物相容性和可打印生物墨水的合理设计仍然是主要挑战，特别是在打印用于功能性组织构建的、复杂细胞加载的三维结构的情况下。因此，仍需进行更多研究以促进生物打印技术的广泛应用。

在医学领域，生物三维打印具有创建复杂支架几何结构的能力，因此可以为患者提供特定于患者的植入物。三维打印水凝胶在医疗应用中面临的主要问题是低黏度、快速凝胶降解和机械性能差，需要修改水凝胶以改善这些特性。蛋白质水凝胶已被研究作为三维打印的油墨材料，因为它们独特的组分可调性使其可以拥有优秀的生化和力学性能。例如，研究人员成功地构建了一种可生物降解的、高强度的超分子聚合物增强化学交联明胶水凝胶（Gao et al.，2019），由可分割的聚（N-丙烯酰-2-甘氨酸）[poly（N-acryloyl-2-glycine），PACG]和明胶甲基丙烯酸酯组成。PACG 侧链的双氢键增强并稳定了水凝胶网络，显著提高了明胶水凝胶的机械强度；而明胶甲基丙烯酸酯的化学交联延长了 PACG 网络的降解时间，从而达成了协同效应。另一项研究中，通过将碳纳米纤维引入海藻酸钠和明胶系统，材料的黏度显著增加，从而更好地支持了支架复杂几何形状的可打印性（Serafin et al.，2021）。这种具有导电性能的三维打印支架有助于细胞相互作用，促进其存活、生长甚至分化，以实现更好的治疗应用。

8.5　总结与展望

1. 蛋白质水凝胶的前景与挑战

合成蛋白质水凝胶在过去二十年取得了巨大成功。利用细菌蛋白质合成机制生产新型蛋白质以构建水凝胶的概念，极大地扩展了软质生物材料的领域。与合成聚合物相比，基因工程蛋白在水凝胶构建方面具有许多独特的优势，包括其明确的组成、模块化和正交设计、方便的功能化及高生物相容性。随着蛋白质工程分子生物学技术的普及，合成蛋白质已被广泛用作新型生物材料的基石。在这一观点中，我们总结了选择和设计水凝胶蛋白的一般原则；列出了常用的形成水凝胶蛋白质网络的交联策略；展示了蛋白质在分子水平上的构象变化如何在宏观水平上控制蛋白质水凝胶的动态响应。除了蛋白质本身，我们强调了网络结构对水凝胶的物理性质和应用的重要性。

尽管在这些领域已经取得了很大进展，但在实际生物医学应用的蛋白质水凝胶工程方面仍存在相当多的挑战。第一，在提高合成蛋白的稳定性和产量的同时降低成本仍然存在困难。蛋白质的典型产量低于 1 g/L 培养基。如果蛋白质的分子质量较大，产量可能会更低。为了实现合成蛋白水凝胶的商业化生产，应考虑优化细菌表达条件，甚至采用体外蛋白质生产系统。第二，用排列整齐的纤维复制天然组织的各向异性结构仍然很困难。目前，在大多数合成的蛋白质水凝胶中，蛋白质是随机分布的，并且在各个方向上的力学性能都是相同的，因此需要开发新的方法，包括模板自组装或使用外部电磁场，使蛋白质构建块在网络中排列良好。第三，合理设计蛋白质水凝胶的力学性能仍需要系统的研究。由于合成蛋白质聚合物的分子量总是表现为单分散性，原则上，蛋白质水凝胶的力学性能可以在分子水平上得到更好地控制。我们预计在本构力学建模的帮助下，可以准定量地预测和设计不同的力学特性，包括高拉伸性、应变强化、超韧性和抗疲劳性。我们期望这些特殊机械性能的影响可以独立调节，使得蛋白质水凝胶可以成为评估不同机械特性对细胞三维培养影响的理想系统。第四，一旦细胞在蛋白质水凝胶中培养，整个系统就具有协同的机械性能，这部分在过去的研究中被忽视了。第五，在细胞培养过程中，细胞可以动态响应和修改蛋白质水凝胶的力学特性。在细胞长期培养过程中，蛋白质水凝胶与细胞的相互作用将是一个有趣的研究方向，这些研究可以为体内组织的发育和愈合提供基本的见解。第六，尽管大多数蛋白质直接来源于天然的人类，但生物相容性问题仍应认真研究。虽然蛋白质水凝胶经常被认为具有非常好的生物相容性，因为它可以被体内各种酶消化且降解的产物只有天然氨基酸，然而，在部分降解或通过体内修饰过程中，一些蛋白质可以形成淀粉样蛋白纤维或其他有毒聚集体。某种程度上，这种效应难以在短期评估中发现，但对实际生物医学应用很重要。此外，在体内使用蛋白质水凝胶仍然容易产生不希望的免疫反应。尽管从弹性蛋白和丝素蛋白衍生的水凝胶中获得了一些有希望的结果，蛋白质水凝胶的免疫原性仍应仔细评估。考虑到合成蛋白质水凝胶广阔的发展前景和迅速扩大的研究领域，我们预计蛋白质水凝胶可以在生物医学领域得到更广泛的应用。一些成熟的蛋白质水凝胶可以作为实验室细胞培养的标准材料，甚至可以作为医学和临床应用的新型生物材料。

2. 未来研究方向的展望

迄今为止，蛋白质水凝胶在生物医学、治疗和组织工程领域已取得显著进展。尽管如此，我们仍需进一步探索其合成方法、应用范围及其可持续性。以下是关于蛋白质水凝胶潜在发展的展望。第一，将蛋白质水凝胶与新兴的二维材料（如MXene、黑磷和过渡金属氧化物）结合，可能增强其电子、机械和光学性能，从而拓展其在柔性设备、高强度轻质材料和光响应性设备等方面的应用。第二，考虑到蛋白质分子的自组装特性，通过构建纳米纤维、纳米管和纳米片等结构的蛋白质水凝胶，有助于调控其多孔性、稳定性和机械特性。第三，通过引入具有靶向功能的肽和单链 DNA 适配体来功能化蛋白质水凝胶，可开发具有靶向活性的功能化水凝胶，这种水凝胶有望成为靶向癌症和其他疾病治疗的有效载体。第四，将蛋白质单体直接注射到组织中，并通过物理（光、热、磁）或酶刺激在体内迅速形成水凝胶，对于快速伤口修复和止血极为重要。第五，蛋白质水凝胶还可以通过添加药物和荧光探针（如量子点和金属纳米簇）用于癌症的综合诊断及治疗，制备多功能生物水凝胶是实际癌症治疗的一种有效方法。第六，考虑到自然界蛋白质的丰富性和可持续性，蛋白质水凝胶在能源存储和环境科学领域具有巨大的应用潜力，将其碳化制备多孔碳材料，有望推动其在电化学电池和高性能吸附剂中的应用。

编写人员：曹　毅（南京大学化学化工学院）
杨佳鹏（济南微生态生物医学省实验室微生态与再生医学及组织工程微制造平台）
李　英（南京信息工程大学化学与材料学院化学系）
薛　斌（南京大学物理学院）

参 考 文 献

Ahmed M H, Catalano C, Portillo S C, et al. 2019. 3D interaction homology: The hydropathic interaction environments of even alanine are diverse and provide novel structural insight. Journal of Structural Biology, 207(2): 183-198.

Ahmed M H, Koparde V N, Safo M K, et al. 2015. 3d interaction homology: The structurally known rotamers of tyrosine derive from a surprisingly limited set of information-rich hydropathic interaction environments described by maps. Proteins: Structure, Function, and Bioinformatics, 83(6): 1118-1136.

Antoine E E, Vlachos P P, Rylander M N. 2014. Review of collagen I hydrogels for bioengineered tissue microenvironments: characterization of mechanics, structure, and transport. Tissue Engineering Part B, Reviews, 20(6): 683-696.

Apostolovic B, Danial M, Klok H A. 2010. Coiled coils: attractive protein folding motifs for the fabrication of self-assembled, responsive and bioactive materials. Chemical Society Reviews, 39(9): 3541-3575.

Barros D, Amaral I F, Pêgo A P. 2020. Laminin-inspired cell-instructive microenvironments for neural stem cells. Biomacromolecules, 21(2): 276-293.

Basu A, Hong J, Ferraz N. 2017. Hemocompatibility of Ca^{2+}-crosslinked nanocellulose hydrogels: toward efficient management of hemostasis. Macromolecular Bioscience, 17(11):1700236.

Behrendt R, White P, Offer J. 2016. Advances in Fmoc solid-phase peptide synthesis. Journal of Peptide Science, 22(1): 4-27.

Biro J C. 2006. Amino acid size, charge, hydropathy indices and matrices for protein structure analysis. Theoretical Biology & Medical Modelling, 3(1): 15.

Bulutoglu B, Yang S J, Banta S. 2017. Conditional network assembly and targeted protein retention via environmentally responsive, engineered β-roll peptides. Biomacromolecules, 18(7): 2139-2145.

Cai Z Y, Kwak D H, Punihaole D, et al. 2015. A photonic crystal protein hydrogel sensor for *Candida albicans*. Angewandte Chemie International Edition, 54(44): 13036-13040.

Cano N J, Fouque D, Leverve X M. 2006. Branched-chain amino acids: Metabolism, physiological function, and application. Renal Failure, 1: 2.

Cao H, Duan Y, Lin Q R, et al. 2019. Dual-loaded, long-term sustained drug releasing and thixotropic hydrogel for localized chemotherapy of cancer. Biomaterials Science, 7(7): 2975-2985.

Chaudhuri O, Cooper-White J, Janmey P A, et al. 2020. Effects of extracellular matrix viscoelasticity on cellular behaviour. Nature, 584(7822): 535-546.

Chemi G, Gemma S, Campiani G, et al. 2017. Computational tool for fast *in silico* evaluation of *h* ERG K$^+$ channel affinity. Frontiers in Chemistry, 5: 7.

Chen H, Gan J, Ji A G, et al. 2019. Development of double network gels based on soy protein isolate and sugar beet pectin induced by thermal treatment and laccase catalysis. Food Chemistry, 292: 188-196.

Chen I, Dorr B M, Liu D R. 2011. A general strategy for the evolution of bond-forming enzymes using yeast display. Proceedings of the National Academy of Sciences of the United States of America, 108(28): 11399-11404.

Chen L, Kopeček J, Stewart R J. 2000. Responsive hybrid hydrogels with volume transitions modulated by a titin immunoglobulin module. Bioconjugate Chemistry, 11(5): 734-740.

Chen X, Tan B Y, Wang S, et al. 2021. Rationally designed protein cross-linked hydrogel for bone regeneration via synergistic release of magnesium and zinc ions. Biomaterials, 274: 120895.

Chilkoti A, Christensen T, MacKay J A. 2006. Stimulus responsive elastin biopolymers: Applications in medicine and biotechnology. Current Opinion in Chemical Biology, 10(6): 652-657.

Chilkoti A, Dreher M R, Meyer D E. 2002. Design of thermally responsive, recombinant polypeptide carriers for targeted drug delivery. Advanced Drug Delivery Reviews, 54(8): 1093-1111.

Chiu L L Y, Radisic M. 2010. Scaffolds with covalently immobilized VEGF and Angiopoietin-1 for vascularization of engineered tissues. Biomaterials, 31(2): 226-241.

Chow D, Nunalee M L, Lim D W, et al. 2008. Peptide-based biopolymers in biomedicine and biotechnology. Materials Science & Engineering R, Reports, 62(4): 125-155.

Chung C, Anderson E, Pera R R, et al. 2012a. Hydrogel crosslinking density regulates temporal contractility of human embryonic stem cell-derived cardiomyocytes in 3D cultures. Soft Matter, 8(39): 10141-10148.

Chung C, Lampe K J, Heilshorn S C. 2012b. Tetrakis(hydroxymethyl) phosphonium chloride as a covalent cross-linking agent for cell encapsulation within protein-based hydrogels. Biomacromolecules, 13(12): 3912-3916.

Chung C, Pruitt B L, Heilshorn S C. 2013. Spontaneous cardiomyocyte differentiation of mouse embryoid bodies regulated by hydrogel crosslink density. Biomaterials Science, 1(10): 1082-1090.

Daamen W F, Veerkamp J H, van Hest J C M, et al. 2007. Elastin as a biomaterial for tissue engineering. Biomaterials, 28(30): 4378-4398.

Dai X L, Ma C, Lan Q, et al. 2016. 3D bioprinted glioma stem cells for brain tumor model and applications of drug susceptibility. Biofabrication, 8(4): 045005.

de Melo B A G, Jodat Y A, Cruz E M, et al. 2020. Strategies to use fibrinogen as bioink for 3D bioprinting fibrin-based soft and hard tissues. Acta Biomaterialia, 117: 60-76.

DeForest C A, Anseth K S. 2012. Back Cover: Photoreversible patterning of biomolecules within click-based hydrogels. Angewandte Chemie International Edition, 51(8): 1978.

Deng Y B, Wu T, Wang M D, et al. 2019. Enzymatic biosynthesis and immobilization of polyprotein verified at the single-molecule level. Nature Communications, 10(1): 2775.

Dietz H, Berkemeier F, Bertz M, et al. 2006. Anisotropic deformation response of single protein molecules. Proceedings of the National Academy of Sciences of the United States of America, 103(34): 12724-12728.

Ding Y, Li Y, Qin M, et al. 2013. Photo-cross-linking approach to engineering small tyrosine-containing peptide hydrogels with enhanced mechanical stability. Langmuir, 29(43): 13299-13306.

Dooley K, Bulutoglu B, Banta S. 2014. Doubling the cross-linking interface of a rationally designed beta roll peptide for calcium-dependent proteinaceous hydrogel formation. Biomacromolecules, 15(10): 3617-3624.

Dooley K, Kim Y H, Lu H D, et al. 2012. Engineering of an environmentally responsive beta roll peptide for use as a calcium-dependent cross-linking domain for peptide hydrogel formation. Biomacromolecules, 13(6): 1758-1764.

Dooling L J, Tirrell D A. 2016. Engineering the dynamic properties of protein networks through sequence variation. ACS Central Science, 2(11): 812-819.

Dorishetty P, Balu R, Athukoralalage S S, et al. 2020. Tunable biomimetic hydrogels from silk fibroin and nanocellulose. ACS Sustainable Chemistry & Engineering, 8(6): 2375-2389.

Drobnak I, Gradišar H, Ljubetič A, et al. 2017. Modulation of coiled-coil dimer stability through surface residues while preserving pairing specificity. Journal of the American Chemical Society, 139(24): 8229-8236.

Ehrick J D, Deo S K, Browning T W, et al. 2005. Genetically engineered protein in hydrogels tailors stimuli-responsive characteristics. Nature Materials, 4(4): 298-302.

Ehrick J D, Luckett M R, Khatwani S, et al. 2009. Glucose responsive hydrogel networks based on protein recognition. Macromolecular Bioscience, 9(9): 864-868.

Elvin C M, Carr A G, Huson M G, et al. 2005. Synthesis and properties of crosslinked recombinant pro-resilin. Nature, 437(7061): 999-1002.

Fan Q Y, Chen B, Cao Y. 2019. Constitutive model reveals the defect-dependent viscoelasticity of protein hydrogels. Journal of the Mechanics and Physics of Solids, 125: 653-665.

Fang J, Mehlich A, Koga N, et al. 2013. Forced protein unfolding leads to highly elastic and tough protein hydrogels. Nature Communications, 4: 2974.

Forraz N, Wright K E, Jurga M, et al. 2013. Experimental therapies for repair of the central nervous system: stem cells and tissue engineering. Journal of Tissue Engineering and Regenerative Medicine, 7(7): 523-536.

Fu L L, Wang H, Li H B. 2019. Harvesting mechanical work from folding-based protein engines: from single-molecule mechanochemical cycles to macroscopic devices. CCS Chemistry, 1(1): 138-147.

Gao F, Xu Z Y, Liang Q F, et al. 2019. Osteochondral regeneration with 3D-printed biodegradable high-strength supramolecular polymer reinforced-gelatin hydrogel scaffolds. Advanced Science, 6(15): 1900867.

Gao J, Zhan J, Yang Z M. 2020. Enzyme-instructed self-assembly (EISA) and hydrogelation of peptides. Advanced Materials, 32(3): e1805798.

Giang Phan V H, Duong H T T, Thambi T, et al. 2019. Modularly engineered injectable hybrid hydrogels based on protein-polymer network as potent immunologic adjuvant *in vivo*. Biomaterials, 195: 100-110.

Giang Phan V H, Le T M D, Janarthanan G, et al. 2021. Development of bioresorbable smart injectable hydrogels based on thermo-responsive copolymer integrated bovine serum albumin bioconjugates for accelerated healing of excisional wounds. Journal of Industrial and Engineering Chemistry, 96: 345-355.

Gil M S, Cho J, Thambi T, et al. 2017. Bioengineered robust hybrid hydrogels enrich the stability and efficacy of biological drugs. Journal of Controlled Release, 267: 119-132.

Goktas M, Cinar G, Orujalipoor I, et al. 2015. Self-assembled peptide amphiphile nanofibers and peg composite hydrogels as tunable ECM mimetic microenvironment. Biomacromolecules, 16(4): 1247-1258.

Goktas M, Luo C F, Sullan R M A, et al. 2018. Molecular mechanics of coiled coils loaded in the shear geometry. Chemical Science, 9(20): 4610-4621.

Gonzalez M A, Simon J R, Ghoorchian A, et al. 2017. Strong, tough, stretchable, and self-adhesive hydrogels from intrinsically unstructured proteins. Advanced Materials, 29(10): 1604743.

Gramlich W M, Kim I L, Burdick J A. 2013. Synthesis and orthogonal photopatterning of hyaluronic acid hydrogels with thiol-norbornene chemistry. Biomaterials, 34(38): 9803-9811.

Gu G Y, Zhang N B, Chen C, et al. 2023. Soft robotics enables neuroprosthetic hand design. ACS Nano, 17(11): 9661-9672.

Gu Z, Zhao M X, Sheng Y W, et al. 2011. Detection of mercury ion by infrared fluorescent protein and its hydrogel-based paper assay. Analytical Chemistry, 83(6): 2324-2329.

Guan D L, Ramirez M, Shao L, et al. 2013. Two-component protein hydrogels assembled using an engineered disulfide-forming protein-ligand pair. Biomacromolecules, 14(8): 2909-2916.

Han C Y, Guo W W. 2020. Fluorescent noble metal nanoclusters loaded protein hydrogel exhibiting anti-biofouling and self-healing properties for electrochemiluminescence biosensing applications. Small, 16(45): e2002621.

Han Y Y, Liu C, Xu H P, et al. 2022. Engineering reversible hydrogels for 3D cell culture and release using diselenide catalyzed fast disulfide formation. Chinese Journal of Chemistry, 40(13): 1578-1584.

Hann E, Kirkpatrick N, Kleanthous C, et al. 2007. The effect of protein complexation on the mechanical stability of Im9. Biophysical Journal, 92(9): L79-L81.

Hoffmann T, Tych K M, Hughes M L, et al. 2013. Towards design principles for determining the mechanical stability of proteins. Physical Chemistry Chemical Physics, 15(38): 15767-15780.

Hörner M, Raute K, Hummel B, et al. 2019. Phytochrome-based extracellular matrix with reversibly tunable mechanical properties. Advanced Materials, 31(12): e1806727.

Hu B, Shen Y, Adamcik J, et al. 2018. Polyphenol-binding amyloid fibrils self-assemble into reversible hydrogels with antibacterial activity. ACS Nano, 12(4): 3385-3396.

Huang W M, Wu X, Gao X, et al. 2019. Maleimide-thiol adducts stabilized through stretching. Nature Chemistry, 11(4): 310-319.

Ito F, Usui K, Kawahara D, et al. 2010. Reversible hydrogel formation driven by protein–peptide–specific interaction and chondrocyte entrapment. Biomaterials, 31(1): 58-66.

Jiang C, Wang G X, Hein R, et al. 2020. Antifouling strategies for selective *in vitro* and *in vivo* sensing. Chemical Reviews, 120(8): 3852-3889.

Jung I Y, Kim J S, Choi B R, et al. 2017. Hydrogel based biosensors for *in vitro* diagnostics of biochemicals, proteins, and genes. Advanced Healthcare Materials, 6(12): 1601475.

Kamudzandu M, Yang Y, Roach P, et al. 2015. Efficient alignment of primary CNS neurites using structurally engineered surfaces and biochemical cues. RSC Advances, 5(28): 22053-22059.

Keirouz A, Zakharova M, Kwon J, et al. 2020. High-throughput production of silk fibroin-based electrospun fibers as biomaterial for skin tissue engineering applications. Materials Science and Engineering: C, 112: 110939.

Keppler A, Gendreizig S, Gronemeyer T, et al. 2003. A general method for the covalent labeling of fusion proteins with small molecules *in vivo*. Nature Biotechnology, 21(1): 86-89.

Khairil Anuar I N A, Banerjee A, Keeble A H, et al. 2019. Spy&Go purification of SpyTag-proteins using pseudo-SpyCatcher to access an oligomerization toolbox. Nature Communications, 10(1): 1734.

Kharkar P M, Rehmann M S, Skeens K M, et al. 2016. Thiol-ene click hydrogels for therapeutic delivery. ACS Biomaterials Science & Engineering, 2(2): 165-179.

Khetan S, Guvendiren M, Legant W R, et al. 2013. Degradation-mediated cellular traction directs stem cell fate in covalently crosslinked three-dimensional hydrogels. Nature Materials, 12(5): 458-465.

Khoury L R, Popa I. 2019. Chemical unfolding of protein domains induces shape change in programmed protein hydrogels. Nature Communications, 10(1): 5439.

Kim S, Cui Z K, Koo B, et al. 2018. Chitosan-lysozyme conjugates for enzyme-triggered hydrogel degradation in tissue engineering applications. ACS Applied Materials & Interfaces, 10(48): 41138-41145.

Kim Y H, Campbell E, Yu J, et al. 2013. Complete oxidation of methanol in biobattery devices using a hydrogel created from three modified dehydrogenases. Angewandte Chemie International Edition, 52(5): 1437-1440.

Kim Y, Ho S O, Gassman N R, et al. 2008. Efficient site-specific labeling of proteins *via* cysteines. Bioconjugate Chemistry, 19(3): 786-791.

Koh L D, Cheng Y, Teng C P, et al. 2015. Structures, mechanical properties and applications of silk fibroin materials. Progress in Polymer Science, 46: 86-110.

Kong N, Li H B. 2015. Protein fragment reconstitution as a driving force for self-assembling reversible protein hydrogels. Advanced Functional Materials, 25(35): 5593-5601.

Kong N, Peng Q, Li H B. 2014. Rationally designed dynamic protein hydrogels with reversibly tunable mechanical properties. Advanced Functional Materials, 24(46): 7310-7317.

Kopeček J, Yang J Y. 2009. Peptide-directed self-assembly of hydrogels. Acta Biomaterialia, 5(3): 805-816.

Kreller T, Distler T, Heid S, et al. 2021. Physico-chemical modification of gelatine for the improvement of 3D printability of oxidized alginate-gelatine hydrogels towards cartilage tissue engineering. Materials & Design, 208: 109877.

Lee J M, Sultan M T, Kim S H, et al. 2017. Artificial auricular cartilage using silk fibroin and polyvinyl alcohol hydrogel. International Journal of Molecular Sciences, 18(8): 1707.

Li H B, Cao Y. 2010. Protein mechanics: From single molecules to functional biomaterials. Accounts of Chemical Research, 43(10): 1331-1341.

Li H B. 2021. There is plenty of room in the folded globular proteins: Tandem modular elastomeric proteins offer new opportunities in engineering protein-based biomaterials. Advanced NanoBiomed Research, 1(7): 2100028.

Li Y, Cao Y. 2018. The physical chemistry for the self-assembly of peptide hydrogels. Chinese Journal of Polymer Science, 36(3): 366-378.

Li Y, Ding Y, Qin M, et al. 2013. An enzyme-assisted nanoparticle crosslinking approach to enhance the mechanical strength of peptide-based supramolecular hydrogels. Chemical Communications, 49(77): 8653-8655.

Li Y, Xue B, Cao Y. 2020. 100th anniversary of macromolecular science viewpoint: Synthetic protein hydrogels. ACS Macro Letters, 9(4): 512-524.

Lim D W, Nettles D L, Setton L A, et al. 2008. *In situ* cross-linking of elastin-like polypeptide block copolymers for tissue repair. Biomacromolecules, 9(1): 222-230.

Liu C K, Shi Z, Sun H Y, et al. 2021. Tissue factor-loaded collagen/alginate hydrogel beads as a hemostatic agent. Journal of Biomedical Materials Research Part B, Applied Biomaterials, 109(8): 1116-1123.

Liu L C, Wang H, Han Y Y, et al, 2018b. Using single molecule force spectroscopy to facilitate a rational design of Ca^{2+}-responsive β-roll peptide-based hydrogels. Journal of Materials Chemistry B, 6(32): 5303-5312.

Liu L M, Shadish J A, Arakawa C K, et al. 2018a. Cyclic stiffness modulation of cell-laden protein-polymer hydrogels in response to user-specified stimuli including light. Advanced Biosystems, 2(12): 1800240.

Liu R X, Cai Z Y, Zhang Q S, et al. 2022. Colorimetric two-dimensional photonic crystal biosensors for label-free detection of hydrogen peroxide. Sensors and Actuators B: Chemical, 354: 131236.

Liu W J, Sun J, Sun Y, et al. 2020. Multifunctional injectable protein-based hydrogel for bone regeneration. Chemical Engineering Journal, 394: 124875.

Liu Z, Tang Z Q, Zhu L, et al. 2019. Natural protein-based hydrogels with high strength and rapid self-recovery. International Journal of Biological Macromolecules, 141: 108-116.

Luo J W, Liu C, Wu J H, et al. 2020. *In situ* forming gelatin/hyaluronic acid hydrogel for tissue sealing and hemostasis. Journal of Biomedical Materials Research Part B, Applied Biomaterials, 108(3): 790-797.

Lutolf M P, Lauer-Fields J L, Schmoekel H G, et al. 2003. Synthetic matrix metalloproteinase-sensitive hydrogels for the conduction of tissue regeneration: engineering cell-invasion char acteristics. Proceedings of the National Academy of Sciences of the United States of America, 100(9): 5413-5418.

Lv S S, Duan T Y, Li H B. 2019. Engineering protein-clay nanosheets composite hydrogels with designed arginine-rich proteins. Langmuir, 35(22): 7255-7260.

Lv S S, Dudek D M, Cao Y, et al. 2010. Designed biomaterials to mimic the mechanical properties of muscles. Nature, 465(7294): 69-73.

Lyu S S, Fang J, Duan T Y, et al. 2017. Optically controlled reversible protein hydrogels based on photoswitchable fluorescent protein Dronpa. Chemical Communications, 53(100): 13375-13378.

Madl C M, LeSavage B L, Dewi R E, et al. 2017. Maintenance of neural progenitor cell stemness in 3D hydrogels requires matrix remodelling. Nature Materials, 16(12): 1233-1242.

Mao L K, Pan Q Y, Yuan F, et al. 2019. Formation of soy protein isolate-carrageenan complex coacervates for improved viability of *Bifidobacterium longum* during pasteurization and *in vitro* digestion. Food Chemistry, 276: 307-314.

McFadden W M, Yanowitz J L. 2022. Idpr: a package for profiling and analyzing Intrinsically Disordered Proteins in R. PLoS One, 17(4): e0266929.

Meier J, M Hofferber E, A Stapleton J, et al. 2019. Hydrogen peroxide sensors for biomedical applications. Chemosensors, 7(4): 64.

Meyer T E, Yakali E, Cusanovich M A, et al. 1987. Properties of a water-soluble, yellow protein isolated from a halophilic phototrophic bacterium that has photochemical activity analogous to sensory rhodopsin. Biochemistry, 26(2): 418-423.

Miyagi Y, Chiu L L Y, Cimini M, et al. 2011. Biodegradable collagen patch with covalently immobilized VEGF for myocardial repair. Biomaterials, 32(5): 1280-1290.

Mosiewicz K A, Johnsson K, Lutolf M P. 2010. Phosphopantetheinyl transferase-catalyzed formation of bioactive hydrogels for tissue engineering. Journal of the American Chemical Society, 132(17): 5972-5974.

Mouw J K, Ou G Q, Weaver V M. 2014. Extracellular matrix assembly: A multiscale deconstruction. Nature Reviews Molecular Cell Biology, 15(12): 771-785.

Nair D P, Podgórski M, Chatani S, et al. 2014. The thiol-Michael addition click reaction: A powerful and widely used tool in materials chemistry. Chemistry of Materials, 26(1): 724-744.

Nazir F, Ashraf I, Iqbal M, et al. 2021. 6-deoxy-aminocellulose derivatives embedded soft gelatin methacryloyl (GelMA) hydrogels for improved wound healing applications: *in vitro* and *in vivo* studies. International Journal of Biological Macromolecules, 185: 419-433.

Nguyen G K T, Wang S J, Qiu Y B, et al. 2014. Butelase 1 is an Asx-specific ligase enabling peptide macrocyclization and synthesis. Nature Chemical Biology, 10(9): 732-738.

Nguyen L H, Gao M Y, Lin J Q, et al. 2017. Three-dimensional aligned nanofibers-hydrogel scaffold for controlled non-viral drug/gene delivery to direct axon regeneration in spinal cord injury treatment. Scientific Reports, 7: 42212.

Nisbet D R, Rodda A E, Horne M K, et al. 2009. Neurite infiltration and cellular response to electrospun polycaprolactone scaffolds implanted into the brain. Biomaterials, 30(27): 4573-4580.

Nojima T, Iyoda T. 2018. Egg white-based strong hydrogel *via* ordered protein condensation. NPG Asia Materials, 10(1): e460.

Oh G W, Kim S C, Kim T H, et al. 2021. Characterization of an oxidized alginate-gelatin hydrogel incorporating a COS-salicylic acid conjugate for wound healing. Carbohydrate Polymers, 252: 117145.

Oliveira E P, Silva-Correia J, Reis R L, et al. 2018. Biomaterials developments for brain tissue engineering. Advances in Experimental Medicine and Biology, 1078: 323-346.

Ozbas B, Kretsinger J, Rajagopal K, et al. 2004. Salt-triggered peptide folding and consequent self-assembly into hydrogels with tunable modulus. Macromolecules, 37(19): 7331-7337.

Parisi-Amon A, Mulyasasmita W, Chung C, et al. 2013. Protein-engineered injectable hydrogel to improve retention of transplanted adipose-derived stem cells. Advanced Healthcare Materials, 2(3): 428-432.

Passaniti A, Kleinman H K, Martin G R. 2022. Matrigel: History/background, uses, and future applications. Journal of Cell Communication and Signaling, 16(4): 621-626.

Patterson J, Hubbell J A. 2010. Enhanced proteolytic degradation of molecularly engineered PEG hydrogels in response to MMP-1 and MMP-2. Biomaterials, 31(30): 7836-7845.

Patterson J, Hubbell J A. 2011. SPARC-derived protease substrates to enhance the plasmin sensitivity of molecularly engineered PEG hydrogels. Biomaterials, 32(5): 1301-1310.

Petka W A, Harden J L, McGrath K P, et al. 1998. Reversible hydrogels from self-assembling artificial proteins. Science, 281(5375): 389-392.

Qin G K, Lapidot S, Numata K, et al. 2009. Expression, cross-linking, and characterization of recombinant chitin binding resilin. Biomacromolecules, 10(12): 3227-3234.

Qin X H, Torgersen J, Saf R, et al. 2013. Three-dimensional microfabrication of protein hydrogels *via* two-photon-excited thiol-vinyl ester photopolymerization. Journal of Polymer Science Part A: Polymer Chemistry, 51(22): 4799-4810.

Rajagopal K, Lamm M S, Haines-Butterick L A, et al. 2009. Tuning the pH responsiveness of β-hairpin peptide folding, self-assembly, and hydrogel material formation. Biomacromolecules, 10(9): 2619-2625.

Requião R D, Fernandes L, de Souza H J A, et al. 2017. Protein charge distribution in proteomes and its impact on translation. PLoS Computational Biology, 13(5): e1005549.

Roque A I, Soliakov A, Birch M A, et al. 2014. Reversible non-stick behaviour of a bacterial protein polymer provides a tuneable molecular mimic for cell and tissue engineering. Advanced Materials, 26(17): 2704-2709, 2616.

Sakai T, Matsunaga T, Yamamoto Y, et al. 2008. Design and fabrication of a high-strength hydrogel with ideally homogeneous network structure from tetrahedron-like macromonomers. Macromolecules, 41(14): 5379-5384.

Schmidt C E, Leach J B. 2003. Neural tissue engineering: Strategies for repair and regeneration. Annual Review of Biomedical Engineering, 5: 293-347.

Serafin A, Murphy C, Rubio M C, et al. 2021. Printable alginate/gelatin hydrogel reinforced with carbon nanofibers as electrically conductive scaffolds for tissue engineering. Materials Science and Engineering: C, 122: 111927.

Shamloo A, Aghababaie Z, Afjoul H, et al. 2021. Fabrication and evaluation of chitosan/gelatin/PVA hydrogel incorporating honey for wound healing applications: an *in vitro*, *in vivo* study. International Journal of Pharmaceutics, 592: 120068.

Shen B Q, Xu K Y, Liu L N, et al. 2012. Conjugation site modulates the *in vivo* stability and therapeutic activity of antibody-drug conjugates. Nature Biotechnology, 30(2): 184-189.

Shmilovich K, Popa I. 2018. Modeling protein-based hydrogels under force. Physical Review Letters, 121(16): 168101.

Silva R, Singh R, Sarker B, et al. 2018. Hydrogel matrices based on elastin and alginate for tissue engineering applications. International Journal of Biological Macromolecules, 114: 614-625.

Song Y, Zhang C, Zhang J X, et al. 2016. An injectable silk sericin hydrogel promotes cardiac functional recovery after ischemic myocardial infarction. Acta Biomaterialia, 41: 210-223.

Stahl P J, Romano N H, Wirtz D, et al. 2010. PEG-based hydrogels with collagen mimetic peptide-mediated and tunable physical cross-links. Biomacromolecules, 11(9): 2336-2344.

Stumpf M P H, Thorne T, de Silva E, et al. 2008. Estimating the size of the human interactome. Proceedings of the National Academy of Sciences, 105(19): 6959-6964.

Su J J, Lu S, Jiang S J, et al. 2021. Engineered protein photo-thermal hydrogels for outstanding *in situ* tongue cancer therapy. Advanced Materials, 33(21): e2100619.

Sui Z, King W J, Murphy W L. 2007. Dynamic materials based on a protein conformational change. Advanced Materials, 19(20): 3377-3380.

Sun L, Zhang S J, Zhang J L, et al. 2013. Fenton reaction-initiated formation of biocompatible injectable hydrogels for cell encapsulation. Journal of Materials Chemistry B, 1(32): 3932-3939.

Sun W X, Xue B, Li Y, et al. 2016. Polymer-supramolecular polymer double-network hydrogel. Advanced Functional Materials, 26(48): 9044-9052.

Tang Y H, Zhang X, Li X Y, et al. 2022. A review on recent advances of Protein-Polymer hydrogels. European Polymer Journal, 162: 110881.

Tate C C, Shear D A, Tate M C, et al. 2009. Laminin and fibronectin scaffolds enhance neural stem cell transplantation into the injured brain. Journal of Tissue Engineering and Regenerative Medicine, 3(3): 208-217.

Thompson M S, Tsurkan M V, Chwalek K, et al. 2015. Self-assembling hydrogels crosslinked solely by receptor-ligand interactions: Tunability, rationalization of physical properties, and 3D cell culture. Chemistry, 21(8): 3178-3182.

Tsuda S, Yamauchi A, Khan N M U, et al. 2020. Fish-derived antifreeze proteins and antifreeze glycoprotein exhibit a different ice-binding property with increasing concentration. Biomolecules, 10(3): 423.

Tunn I, de Léon A S, Blank K G, et al. 2018. Tuning coiled coil stability with histidine-metal coordination. Nanoscale, 10(48): 22725-22729.

Tunn I, Harrington M J, Blank K G. 2019. Bioinspired histidine$^-$Zn^{2+} coordination for tuning the mechanical properties of self-healing coiled coil cross-linked hydrogels. Biomimetics, 4(1): 25.

Urry D W, Haynes B, Zhang H, et al. 1988. Mechanochemical coupling in synthetic polypeptides by modulation of an inverse temperature transition. Proceedings of the National Academy of Sciences of the United States of America, 85(10): 3407-3411.

Veggiani G, Nakamura T, Brenner M D, et al. 2016. Programmable polyproteams built using twin peptide superglues. Proceedings of the National Academy of Sciences, 113(5): 1202-1207.

Vila-Perelló M, Liu Z H, Shah N H, et al. 2013. Streamlined expressed protein ligation using split inteins. Journal of the American Chemical Society, 135(1): 286-292.

Voets I K. 2017. From ice-binding proteins to bio-inspired antifreeze materials. Soft Matter, 13(28): 4808-4823.

Vogel V. 2018. Unraveling the mechanobiology of extracellular matrix. Annual Review of Physiology, 80: 353-387.

Wang C, Stewart R J, Kopeček J, 1999. Hybrid hydrogels assembled from synthetic polymers and coiled-coil protein domains. Nature, 397(6718): 417-420.

Wang R, Yang Z G, Luo J R, et al. 2017. B$_{12}$-dependent photoresponsive protein hydrogels for controlled stem cell/protein release. Proceedings of the National Academy of Sciences of the

United States of America, 114(23): 5912-5917.

Wang X L, Ronsin O, Gravez B, et al, 2021a. Nanostructured dense collagen-polyester composite hydrogels as amphiphilic platforms for drug delivery. Advanced Science, 8(7): 2004213.

Wang X T, Chun Y W, Zhong L, et al. 2015. A temperature-sensitive, self-adhesive hydrogel to deliver iPSC-derived cardiomyocytes for heart repair. International Journal of Cardiology, 190: 177-180.

Wang Y, Delgado-Fukushima E, Fu R X, et al. 2020. Controlling drug absorption, release, and erosion of photopatterned protein engineered hydrogels. Biomacromolecules, 21(9): 3608-3619.

Wang Y, Wang X L, Montclare J K. 2021b. Free-standing photocrosslinked protein polymer hydrogels for sustained drug release. Biomacromolecules, 22(4): 1509-1522.

Wang Y, Xia Y, Xiang P, et al. 2022. Protein-assisted freeze-tolerant hydrogel with switchable performance toward customizable flexible sensor. Chemical Engineering Journal, 428: 131171.

Wei Y T, Tian W M, Yu X, et al. 2007. Hyaluronic acid hydrogels with IKVAV peptides for tissue repair and axonal regeneration in an injured rat brain. Biomedical Materials, 2(3): S142-S146.

Wenger M P E, Bozec L, Horton M A, et al. 2007. Mechanical properties of collagen fibrils. Biophysical Journal, 93(4): 1255-1263.

Willerth S M. 2011. Neural tissue engineering using embryonic and induced pluripotent stem cells. Stem Cell Research & Therapy, 2(2): 17.

Wong D Y, Krebsbach P H, Hollister S J. 2008. Brain cortex regeneration affected by scaffold architectures. Journal of Neurosurgery, 109(4): 715-722.

Wood C W, Woolfson D N. 2018. CCBuilder 2.0: Powerful and accessible coiled-coil modeling. Protein Science, 27(1): 103-111.

Wu J H, Li P F, Dong C L, et al. 2018. Rationally designed synthetic protein hydrogels with predictable mechanical properties. Nature Communications, 9(1): 620.

Xu Z P, Chen T Y, Zhang K Q, et al. 2021. Silk fibroin/chitosan hydrogel with antibacterial, hemostatic and sustained drug-release activities. Polymer International, 70(12): 1741-1751.

Xue B, Qin M, Wang T K, et al. 2016. Electrically controllable actuators based on supramolecular peptide hydrogels. Advanced Functional Materials, 26(48): 9053-9062.

Yadav I, Shaw G S, Nayak S K, et al. 2016. Gelatin and amylopectin-based phase-separated hydrogels: an in-depth analysis of the swelling, mechanical, electrical and drug release properties. Iranian Polymer Journal, 25(9): 799-810.

Yan W J, Zhang B Y, Yadav M P, et al. 2020. Corn fiber gum-soybean protein isolate double network hydrogel as oral delivery vehicles for thermosensitive bioactive compounds. Food Hydrocolloids, 107: 105865.

Yang J, Yu H J, Wang L, et al. 2022a. Advances in adhesive hydrogels for tissue engineering. European Polymer Journal, 172: 111241.

Yang Q, Miao Y L, Luo J S, et al. 2023a. Amyloid fibril and clay nanosheet dual-nanoengineered DNA dynamic hydrogel for vascularized bone regeneration. ACS Nano, 17(17): 17131-17147.

Yang Y H, Wen R, Yang N, et al. 2023b. Roles of protein post-translational modifications in glucose and lipid metabolism: mechanisms and perspectives. Molecular Medicine, 29(1): 93.

Yang Z G, Fok H K F, Luo J R, et al, 2022b. B_{12}-induced reassembly of split photoreceptor protein enables photoresponsive hydrogels with tunable mechanics. Science Advances, 8(13): eabm5482.

Yang Z G, Kou S Z, Wei X, et al. 2018. Genetically programming stress-relaxation behavior in entirely protein-based molecular networks. ACS Macro Letters, 7(12): 1468-1474.

Yang Z G, Yang Y, Wang M, et al. 2020. Dynamically tunable, macroscopic molecular networks enabled by cellular synthesis of 4-arm star-like proteins. Matter, 2(1): 233-249.

Yuan H F, Zheng X Y, Liu W, et al. 2020. A novel bovine serum albumin and sodium alginate hydrogel scaffold doped with hydroxyapatite nanowires for cartilage defects repair. Colloids and Surfaces B: Biointerfaces, 192: 111041.

Yuan W W, Yang J Y, Kopecková P, et al. 2008. Smart hydrogels containing adenylate kinase: translating substrate recognition into macroscopic motion. Journal of the American Chemical Society, 130(47): 15760-15761.

Zakeri B, Fierer J O, Celik E, et al. 2012. Peptide tag forming a rapid covalent bond to a protein, through engineering a bacterial adhesin. Proceedings of the National Academy of Sciences of the United States of America, 109(12): E690-E697.

Zhang Q, Liu Y, Yang G Z, et al. 2023. Recent advances in protein hydrogels: From design, structural and functional regulations to healthcare applications. Chemical Engineering Journal, 451: 138494.

Zhang X L, Chu X L, Wang L, et al. 2012. Rational design of a tetrameric protein to enhance interactions between self-assembled fibers gives molecular hydrogels. Angewandte Chemie International Edition, 51(18): 4388-4392.

Zhang X L, Dong C M, Huang W Y, et al, 2015a. Rational design of a photo-responsive UVR8-derived protein and a self-assembling peptide-protein conjugate for responsive hydrogel formation. Nanoscale, 7(40): 16666-16670.

Zhang Y N, Avery R K, Vallmajo-Martin Q, et al, 2015b. A highly elastic and rapidly crosslinkable elastin-like polypeptide-based hydrogel for biomedical applications. Advanced Functional Materials, 25(30): 4814-4826.

Zhang Y Y, Chen H, Li J S. 2022. Recent advances on gelatin methacrylate hydrogels with controlled microstructures for tissue engineering. International Journal of Biological Macromolecules, 221: 91-107.

Zhao J M, Lee H, Nome R A, et al. 2006. Single-molecule detection of structural changes during Per-Arnt-Sim (PAS) domain activation. Proceedings of the National Academy of Sciences of the United States of America, 103(31): 11561-11566.

Zhao X B, Pan F, Xu H, et al. 2010. Molecular self-assembly and applications of designer peptide amphiphiles. Chemical Society Reviews, 39(9): 3480-3498.

Zhou B G, Li Y H, Chen Y, et al. 2022. In situ synthesis of highly stretchable, freeze-tolerant silk-polyelectrolyte double-network hydrogels for multifunctional flexible sensing. Chemical Engineering Journal, 446: 137405.

Zhou X X, Fan L Z, Li P P, et al. 2017. Optical control of cell signaling by single-chain photoswitchable kinases. Science, 355(6327): 836-842.

Zhu D Q, Wang H Y, Trinh P, et al. 2017. Elastin-like protein-hyaluronic acid (ELP-HA) hydrogels with decoupled mechanical and biochemical cues for cartilage regeneration. Biomaterials, 127: 132-140.

第9章　可控分子量透明质酸材料

透明质酸（hyaluronic acid，HA）是一种广泛存在于生物体内的多糖，因其独特的物理化学性质和生物相容性而受到广泛关注。作为重要的生物材料，透明质酸在医药、化妆品、食品等领域具有重要应用，尤其在保湿、润滑和促进细胞再生方面表现出色。近年来，随着生物技术的发展，透明质酸的合成方法也日益多样化。微生物发酵法因其高效、经济和可持续性而成为主要生产方式。本章将探讨透明质酸的合成、特性，以及在不同领域的应用现状与未来发展前景，旨在为相关研究提供参考和启发。通过对透明质酸的深入了解，我们期待发现更多创新的应用，推动其在生物医学和材料科学等领域的进一步发展。

9.1　透明质酸概述

透明质酸是一种由葡萄糖-乙酰氨基葡萄糖（UDP-GlcNAc）和尿苷二磷酸葡萄糖-葡萄糖醛酸（UDP-GlcA）双糖单位通过 β-1，3 和 β-1，4 糖苷键重复交替串联而成的直链酸性黏多糖（Weissmann and Meyer，1954）。生物体内透明质酸分子的分子量分布广泛，最高能够达到上百万道尔顿，最低仅为几百道尔顿，且不同分子量大小的透明质酸在理化性质和生物学功能上具有较大差异。不同分子量透明质酸具有不同的生物学功能和潜在的应用前景。如何实现透明质酸分子量大小的调控、如何实现透明质酸分子量的全覆盖生物合成，尤其是超高分子量与透明质酸寡聚糖的生物合成研究已经成为一个热点。

目前制备透明质酸的方法有三种：动物组织提取法、微生物发酵法和体外酶法。动物组织提取法是最早的方法，主要从透明质酸含量高的动物组织（如鸡冠、关节滑液和脐带等）中进行透明质酸提取。该方法具体步骤包括：首先，利用丙酮和乙醇对原料进行脱水、脱脂处理，再充分破碎原料，用水浸泡适当的时间得到匀浆；其次，用正丁醇或氯仿溶液处理，再加入适量氯化钠水溶液，充分混匀后静置，取上清液，在上清液中添加适量胰蛋白酶以去除蛋白质；最后，将溶液离心，取上清液，加入适量乙醇使透明质酸沉淀，沉淀干燥后即可得到透明质酸粗品，粗品纯化后即为纯透明质酸。此方法的优点为产品分子量大、保湿性能好，但其得率较低、成本较高、对环境不友好。相较于动物组织提取法，微生物发酵法可通过代谢工程等技术获得更高的产量，还可获得特定分子量的透明质酸。常用的微生物包括兽疫链球菌（*Streptococcus zooepidemicus*）、谷氨酸棒杆菌（*Corynebacterium glutamicum*）、枯草芽孢杆菌（*Bacillus subtilis*）及乳酸乳球菌（*Lactococcus lactis*）等。透明质酸由微生物细胞膜上的透明质酸合酶（hyaluronan synthase）催化合成，透明质酸合酶的活力直接影响透明质酸的产量，而 Mg^{2+} 则是保证透明质酸合酶活力的重要组成部分。透明质酸的合成需消耗 ATP，是一个耗能过程。体外酶法合成透明质酸主要是通过单体的合成和聚合反应来制备。这种方法能够精准控制透明质酸的分子量，但是由于单体合成成本较高，不能够被广泛应用。

9.2　透明质酸的合成

9.2.1　透明质酸的合成途径

经过多年的研究，透明质酸合成途径已获得解析。如图 9-1 所示，6-磷酸葡

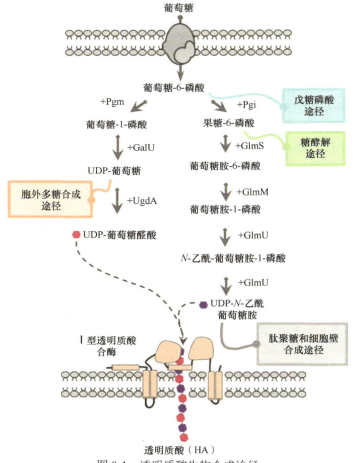

图 9-1　透明质酸生物合成途径

萄糖在磷酸葡萄糖变位酶（Pgm）、6-磷酸葡萄糖尿酰胺转移酶（GalU）、UDP-葡萄糖脱氢酶（UgdA）的作用下合成 UDP-GlcA，在谷氨酰胺-果糖-6-磷酸氨基转移酶（GlmS）、磷酸葡萄糖变位酶（GlmM）、UDP-N-乙酰葡萄糖胺焦磷酸化酶/葡萄糖-1-磷酸乙酰转移酶双功能酶（GlmU）的作用下合成 UDP-GlcNAc，最后UDP-GlcNAc 和 UDP-GlcA 在透明质酸合酶的作用下聚合生成透明质酸。

在透明质酸合成过程中，糖酵解途径、胞外多糖合成途径、细胞壁合成途径都会竞争性消耗前体物质。细胞内前体物质 UDP-GlcNAc 和 UDP-GlcA 浓度过低则导致透明质酸合酶的聚合能力不能充分发挥，从而影响透明质酸合成。透明质酸由 GlcNAc 和 GlcA 组成的二糖单位聚合而成，两者的含量为 1∶1，若 UDP-GlcNAc 和 UDP-GlcA 代谢不平衡，也会影响透明质酸的合成。因此，为实现透明质酸的高效合成，一方面，应提高 UDP-GlcNAc 和 UDP-GlcA 两个前体物质的浓度；另一方面，调控两者的比例对透明质酸的分子量调控也具有重要影响。

提高细胞内前体物质浓度的常用有效策略包括以下两种。①过表达途径基因和削弱代谢支流。Cheng 等（2016）在谷氨酸棒杆菌中通过途径基因过表达，发现过表达 UDP-葡萄糖脱氢酶、强化 UDP-Glc 到 UDP-GlcA 的反应步骤可以显著促进透明质酸的合成，使透明质酸产量由 1 g/L 提高到 2 g/L，该结果表明 UDP-葡萄糖脱氢酶催化的从 UDP-Glc 到 UDP-GlcA 的反应步骤是透明质酸合成过程中的主要限速步骤之一。Jin 等（2016）、Sheng 等（2009）、Woo 等（2019）在枯草芽孢杆菌、乳酸乳球菌和大肠杆菌中也得到类似结论。②削弱竞争性途径对底物的消耗。菌株代谢过程中一些代谢支流竞争利用中间代谢物，例如，细胞壁的合成涉及 UDP-GlcNAc，胞外多糖竞争利用 UDP-GlcA 等底物，乳酸的合成会消耗果糖-6-磷酸等。这些代谢支流有些是菌体自身所必需的，阻断其合成会影响菌体的生长代谢甚至可能导致死亡；有些通过阻断合成通路，能够提高前体物质在细胞中的浓度。Jin 等（2016）对糖酵解途径的第一个关键限速酶——磷酸果糖激酶编码基因 pfkA 的 ATG 起始密码子进行替换，适当地下调磷酸果糖激酶的翻译效率可以降低糖酵解途径的碳代谢流并提高透明质酸的产量。Cheng 等（2017）敲除乳酸脱氢酶编码基因 ldh，使透明质酸的产量从 8.7 g/L 提高到 21.3 g/L。

9.2.2　透明质酸合酶与透明质酸糖链聚合

透明质酸合酶广泛存在于自然界的生物中，是一类通过催化底物 UDP-GlcA 和 UDP-GlcNAc 特异性合成透明质酸的糖基转移酶（DeAngelis，1996）。原核生物中透明质酸合酶的分布集中在酿脓链球菌（*Streptococcus pyogenes*）和多杀巴斯德菌（*Pasteurella multocida*），这两类微生物通过合成透明质酸作为其荚膜层的主要成分来抵御外界的不良环境。1995 年，DeAngelis 和 Weigel（1995）从酿脓链球菌中成功地克隆并表达了第一个透明质酸合酶，从此揭开了对透明质酸合酶研究的序幕。随即，人们又从 *Streptococcus dysgalactiae* subsp. *Equisimilis*（停乳链球菌类马亚种）、*Streptococcus uberis*（乳房链球菌）和脊椎动物等多个物种中鉴定出了多种透明质酸合酶的序列，并对它们的功能展开了系统的研究。哺乳类动物的基因组中含有三种不同的透明质酸合酶（HAS1、HAS2、HAS3）。这三种透明质酸合酶的表达时间、组织器官分布、功效相差甚远（Kim et al.，2019；Sussmann et al.，2004）。根据透明质酸合酶结构与功能差异，人们将透明质酸合酶分为Ⅰ型和Ⅱ型两类，其中Ⅰ型透明质酸合酶是同时具有聚合和转运功能的一类膜蛋白；而Ⅱ型透明质酸合酶属于糖基转移酶家族，具有糖链聚合能力，不具备转运的能力，需依靠其余转运蛋白协助转运。

1. Ⅰ型透明质酸合酶

根据以往报道，除多杀巴斯德菌外，其他所有来源（包括脊椎动物和细菌）的透明质酸合酶全部为Ⅰ型透明质酸合酶（图 9-2）。Ⅰ型透明质酸合酶是一种跨膜蛋白，由 400～700 个氨基酸构成；具有 UDP-GlcA 和 UDP-GlcNAc 的底物结合位点；能够将底物聚合形成交替分布的、立体异构特异的 β-1，3 和 β-1，4 糖苷键；在合成透明质酸的同时将其转运至细胞膜外。同时，研究表明Ⅰ型透明质酸合酶的活性需依靠细胞膜，在脱离细胞膜的环境下便失去合成透明质酸的能力，并且还受细胞膜中膜脂环境影响。Westbrook 等（2018）在枯草芽孢菌中构建透明质酸合成途径，利用基因工程手段强化心磷脂的合成，并通过抑制 FtsZ 蛋白改变心磷脂分布，使透明质酸产量提升了 2.04 倍。

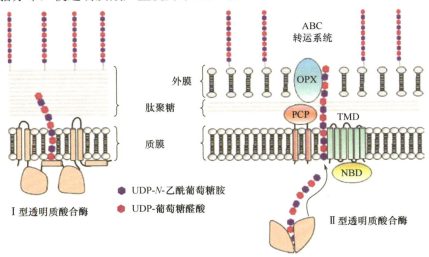

图 9-2　透明质酸合酶类型模式图
Ⅰ型合酶能够在透明质酸合成时，实现透明质酸的转运；Ⅱ型合酶只能够实现透明质酸合成，并不能实现透明质酸转运

2. Ⅱ型透明质酸合酶

多杀巴斯德菌来源的透明质酸合酶 PmHasA 属于Ⅱ型透明质酸合酶，也是自然界存在的唯一一种Ⅱ型透明质酸合酶（图 9-2）。Ⅱ型透明质酸合酶与Ⅰ型透明质酸合酶相比，无论是基因序列、蛋白质结构还是催化原理方面都截然不同：PmHasA 由 972 个氨基酸组成，是一种具有多功能的贴膜蛋白，703～972 位氨基酸区域是该蛋白质的贴膜区，该蛋白质 117～703 位氨基酸区域具有底物的结合位点，并能够将底物从非还原端依次组装成透明质酸链。该蛋白质具备透明质酸合成能力但不具备转运能力，合成的透明质酸需在 ABC 转运系统的协助下将透明质酸转运出细胞。体外酶法合成透明质酸中，PmHasA 的应用比较广泛，重组表达的 PmHasA 在不依靠细胞膜的环境中，依然具备透明质酸合成的能力，通过体外催化，能够依靠充足的供体与受体实现透明质酸的合成。

9.3　透明质酸的酶法降解

9.3.1　透明质酸的降解

透明质酸酶（hyaluronidase，HAase）是一类主要降解 HA 的酶的总称。HAase 广泛存在于真核生物和原核生物中，是一种重要的生理活性物质，并在动物机体内参与许多重要的生物学过程，如细胞分裂、细胞间的连接、生殖细胞的活动、DNA 的转染、胚胎发育、受伤组织的修复，以及正常细胞和肿瘤细胞的增生等。根据基因的来源、催化机制、底物与产物特异性，透明质酸酶可以分为三类（图9-3）（Meyer and Rapport，1952）：透明质酸 4-糖苷水解酶（EC 3.2.1.35）、透明质酸 3-糖苷水解酶（EC 3.2.1.36）和透明质酸裂解酶（EC 4.2.2.1）。

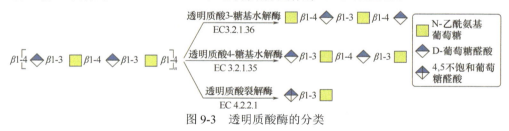

图 9-3　透明质酸酶的分类

1. 透明质酸裂解酶

透明质酸裂解酶主要来源于各种微生物，包括梭菌、微球菌、链球菌和霉菌等。它们通过 β 消除反应切割透明质酸中的 β-1,4 糖苷键，在产物的非还原端形成不饱和双键，终产物为不饱和二糖 2-乙酰氨基-2-脱氧-3-O-（β-D-葡萄糖-4-烯-吡喃糖醛酸)-D-葡萄糖[2-acetamido-2-deoxy-3-O-（β-D-gluco-4-enepyranosyluronic acid）-D-glucose]。大多数情况下，透明质酸裂解酶通过随机内切方式结合透明质酸糖链，然后通过连续性外切模式产生二糖。不同的是，链霉菌（*Streptomyces*）透明质酸酶通过随机内切模式降解透明质酸，产生不同长度的不饱和产物。除了降解透明质酸外，细菌透明质酸裂解酶还可以作用于软骨素及硫酸软骨素等其他糖胺聚糖。

2. 透明质酸水解酶

透明质酸水解酶按照切割糖苷键的不同，可以分为两类：透明质酸 4-糖苷水解酶属于糖苷水解酶 56 家族（GH56），特异性水解 β-1,4 糖苷键；透明质酸 3-糖苷水解酶属于糖苷水解酶 79 家族（GH79），它们水解 β-1,3 糖苷键，二者的产物都不含有不饱和双键。水解 β-1,4 糖苷键的透明质酸酶主要来源于哺乳动物，如唯一商品化的牛睾丸透明质酸水解酶（bovine testicular hyaluronidase，BTH），水解透明质酸的终产物为四糖和六糖。除了具有水解活性，哺乳动物类透明质酸酶还有转糖苷活性，导致它们的水解产物分子量分布范围比较广。此外，透明质酸 4-糖苷水解酶对软骨素及硫酸软骨素也具有水解活性。水解 β-1,3 糖苷键的透明质酸水解酶主要存在于水蛭中，它们不具有转糖苷活力，水解产物分子量分布范围窄，终产物为二糖、四糖与六糖。相较于其他透明质酸酶，水蛭透明质酸水解酶的底物专一性最好。

9.3.2 水蛭透明质酸酶基因的序列鉴定及在毕赤酵母中的重组表达

1. 水蛭透明质酸酶基因序列鉴定与分泌表达

为了更好地研究透明质酸酶（EC 3.2.1.35），研究人员尝试在不同的表达宿主中异源表达不同来源的透明质酸酶编码基因。人来源的透明质酸酶成功在 HEK-293 细胞、昆虫细胞、大肠杆菌、毕赤酵母中实现活性表达（Hofinger et al.，2007），而蜜蜂和蝎子来源的透明质酸酶在毕赤酵母中成功表达（Reitinger et al.，2008；Amorim et al.，2018）。此外，EC 4.2.2.1 中链球菌属不同种的透明质酸裂解酶也在大肠杆菌中实现可溶活性表达（Jedrzejas et al.，1998）。但是，基于以上表达系统和基因来源所获得的活性透明质酸酶的表达量及酶活力都较低，不具备应用价值。

基于生物信息学分析和 RACE-PCR 技术，从水蛭总 RNA 中成功克隆了首个水蛭透明质酸水解酶编码基因序列，完善了透明质酸酶家族的基因序列。在获得水蛭透明质酸水解酶（LHyal）编码基因基础上，研究人员采用基因工程技术实现了其在微生物中的高效分泌表达。通过对水蛭透明质酸酶酶学性质、水解产物和水解机制进行系统性探索及分析，揭示了其透明质酸水解酶的水解作用机制（Jin et al.，2014）。

毕赤酵母 *P. pastoris* GS115 因其独特的优势（如高密度生长、无内毒素和分泌表达）被广泛用作真核表达系统。因此，研究人员以 *P. pastoris* GS115 为宿主，分析了水蛭透明质酸水解酶的异源表达。通过在水蛭透明质酸水解酶 N 端融合酿酒酵母（*Saccharomyces cerevisiae*）来源的 α 因子信号肽，实现了其分泌表达。酶活测定数据表明，水蛭透明质酸水解酶分泌表达量为 11 954 U/mL。选用 4 种不同信号肽（HKR1、YTP1、SCS3 和 nsB）对 α 因子（α-factor）进行替换，其中重组菌株 GS115-nsB-LHyal 胞外酶活最高，与对照菌株 GS115-LHyal 胞外 HAase 产量相比提高了 26.0%，达到 7.96×10^4 U/mL；进一步在 *LHyal* 基因的 N 端融合 6 种不同的双亲短肽（amphipathic peptide，AP），重组菌株 GS115-nsB-AP2-LHyal 摇瓶发酵时酶活最高（为 9.69×10^4 U/mL）。

在 3 L 发酵罐中进行放大培养，基于对细胞活力和醇氧化酶 AOX 活力的分析，确定诱导阶段采用阶段控温策略，如图 9-4 所示。在诱导阶段，1～60 h，温度控制为 25℃；60～96 h，温度控制为 22℃。采用阶段控温策略后，LHyal 最高酶活为 1.68×10^6 U/mL（Kang et al.，2016）。

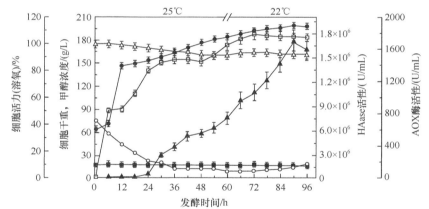

图 9-4 两阶段控制温度诱导策略的分批发酵培养对 LHyal 表达影响

LHyal 酶活（▲）；细胞干重（●）；甲醇浓度（■）；溶解氧（○）；细胞活力（△）；AOX 酶活（□）

2. 水蛭透明质酸酶 LHyal 组成型表达

尽管已成功实现重组 LHyal 酶的高水平表达，但发酵过程中需要依赖甲醇诱导蛋白质表达。由于甲醇易燃、易爆且具有毒性，因此，使用组成型启动子表达 LHyal 更具工业化生产的潜力。通过将常用的组成型启动子[PGAP、PGAP（m）和 PTEF1]与不同信号肽（如 α-信号因子、nsB 和 sp23）组合并整合到巴斯德毕赤酵母 GS115 基因组中，评估其对 LHyal 分泌表达的影响。结果显示，GAP（m）-sp23 组合产生了最高的 LHyal 活性（1.38×10^5 U/mL），是 TEF1-α 的 2.25 倍。此外,蛋白质的 N 端氨基酸序列对表达效果至关重要。因此,6 种不同的氨基酸标签(如正电荷的赖氨酸和精氨酸、负电荷的谷氨酸和天冬氨酸、中性的谷氨酰胺和天冬酰胺)被融合到 LHyal 的 N 端进行研究。尽管重组菌的生物量没有显著差异,LHyal 的表达情况却明显不同。添加谷氨酰胺、天冬氨酸和天冬酰胺标签时,LHyal 活性显著提高,分别达到 $2.06×10^5$ U/mL、$1.58×10^5$ U/mL 和 $1.53×10^5$ U/mL;而带有碱性赖氨酸或精氨酸标签的 LHyal 活性则下降至 $9.34×10^3$ U/mL 和 $5.26×10^3$ U/mL,显示出不利影响。

除了优化基因的表达框之外,一些毕赤酵母内源的转录因子被鉴定,并应用于提高异源蛋白的表达。因此,为了进一步提高 LHyal 的表达,选择 3 种转录因子(Aft1、Gal4-like、Yap1)进行过表达。相较于亲本菌株,过表达 Aft1 时,LHyal 的酶活提高了 47.1%。为了研究长期传代对 LHyal 表达的影响,将重组菌株 GAP(m)-sp23-Q6/Aft1 在 YPD 培养基中连续培养了 20 代。用菌落 PCR 检测酵母基因组中的 *LHyal* 基因,观察到对应大小的基因片段。另外,第 20 代培养上清液的 LHyal 活性与原始菌株的 LHyal 活性没有差异。这些结果证明,外源基因的组成性表达在巴斯德毕赤酵母中具有良好的遗传和表达稳定性。最后,在 3 L 发酵罐中利用甘油补料进行高密度发酵,如图 9-5 所示,发酵 108 h 时,胞外 LHyal 活性最高,达到 $2.12×10^6$ U/mL,比摇瓶中酶活提高了 7 倍(Huang et al.,2020)。

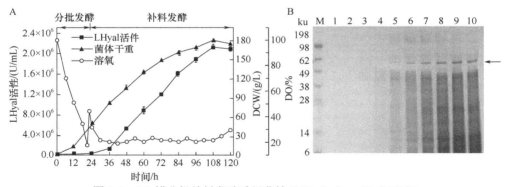

图 9-5　3 L 罐分批补料发酵重组菌株 GAP(m)-sp23-Q6/Aft1

9.4　低分子量透明质酸的酶催化生产

9.4.1　低分子量透明质酸的生产方法

1. 物理化学降解法

物理降解法制备低分子量 HA 主要包括加热、机械剪切力、紫外线、超声波、

^{60}Co 照射、γ 射线辐射等。物理降解法处理过程简单且产品易于回收，但是存在诸多问题，例如，加热处理易使 HA 变色，紫外线和超声处理的效率较低，小分子 HA 产物分子量分布范围较大（大于 3000 Da），产品稳定性较差。化学降解法包括水解法和氧化降解法，水解法包括酸（HCl）水解和碱（NaOH）水解，氧化降解法常用的氧化剂为次氯酸钠（NaClO）和过氧化氢（H_2O_2）。化学降解法引入了化学试剂污染，反应条件复杂，不仅会对 HA 的性质产生影响、给产品的纯化带来困难，还会产生大量的工业废水污染环境。此外，也有报道采用从头化学合成的方法制备 HA 寡糖，但由于化学合成存在底物昂贵、步骤烦琐，合成效率低等诸多问题，难以实现 HA 寡糖的制备应用（Boltje et al.，2009）。

2. 酶降解法

相比物理化学降解和化学合成方法，酶法降解具有专一高效、条件温和、易控制的特点。通过异源重组表达微生物来源的 HA 裂解酶，可用于体外酶法裂解 HA 制备小分子 HA。例如，Bakke 等克隆青霉属（*Penicillium*）来源的 HAase 并在大肠杆菌表达，在体外实现了酶法制备低分子量的 HA（Bakke et al.，2011）。细菌裂解酶催化水解过程中采取连续的外切裂解模式降解 HA 链，从还原端向非还原端逐一释放出不饱和的双糖单位直至一条链完全降解，这种水解机制也导致了 HA 水解产物的分子量分布范围广，难以有效获得分子量比较集中的 HA 寡糖产物，特别是 HA 产物非还原端结构发生了变化（Stern and Jedrzejas，2006）。利用商品化的牛睾丸透明质酸酶（BTH）在体外进行 HA 降解，终产物的分布范围广（4~52 个双糖单位），并且 BTH 存在转糖苷活性以至于难以获得分子量比较单一的终产物（Tawada et al.，2002）。

9.4.2　水蛭透明质酸酶酶解制备低分子量透明质酸与寡聚糖

1. 透明质酸偶数寡糖的制备

透明质酸的功能与其分子量密切相关。以兽疫链球菌合成的高分子质透明质酸（平均分子量为 1.21×10^6 Da）为底物，在水蛭透明质酸水解酶 LHyal 的作用下，通过控制加酶量和反应时间，在水溶液中水解生产透明质酸寡糖，通过控制 HAase 量和水解时间可以制备任意聚合度的透明质酸。在添加相同 HAase 量下，不同浓度的透明质酸分子量随着时间的延长而逐渐降低，相同时间点底物浓度越高，产生的透明质酸的分子量越高，分子量分布值越大（图 9-6）。这些结果表明，低浓度的透明质酸和相对长的水解时间均有助于制备分子量分布集中的透明质酸寡糖。

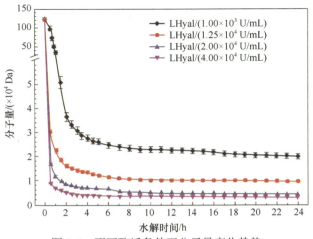

图 9-6　不同酶活条件下分子量变化趋势

2. 透明质酸偶数寡糖的制备

根据以上结果，研究人员对特定分子量的透明质酸寡糖的制备进行了研究。通过控制水蛭透明质酸酶 LHyal 添加量和水解时间，可以制备分子量大小为 30 000 Da、10 000 Da、4000 Da 的透明质酸寡糖。然而，有趣的是，所有产物在相对低的酶活和较长的时间下，均呈现出分布集中的特征。例如，制备 10 000 Da 的透明质酸寡糖，在酶活 1.25×10^4 U/mL 的条件下 15 h 时将水解反应停止；在酶活 2.00×10^4 U/mL 条件下，1.3 h 时将水解反应停止。可以发现，在不同的酶活（1.25×10^4 U/mL、2.00×10^4 U/mL）条件下，产生 10 000 Da 分子量的透明质酸寡糖在相同时间点都产生一个峰，其中酶活 1.25×10^4 U/mL 条件下的分子量分布更集中一些。此外，研究还发现，分子量为 4000 Da 的透明质酸寡糖的分子量分布值仅为 1.16，表明分子量的分布极窄。对比文献中报道，使用 BTH 水解制备透明质酸寡糖，分子量分布广（Kakizaki et al.，2010；Mahoney et al.，2001）。因此，使用水蛭透明质酸酶 LHyal 水解制备透明质酸寡糖更具优势。

在水蛭透明质酸水解酶 LHyal 酶活 1.6×10^4 U/mL 的条件下水解 HA（10 g/L），取反应不同时间（0～40 h）的中间产物，使用 HPLC 分析。如图 9-7A 所示，反应进行 0.5 h 后，一系列偶数的寡糖分子生成，HA4 和 HA6 等小分子寡糖可以被HPLC 检出；随着酶解反应进行，大分子寡糖逐步被水解，产物中 HA4 和 HA6 含量积累，达到平衡（图 9-7B～D）。因此，通过控制水解时间，可以酶解制备特定偶数的透明质酸寡聚糖。

在此基础上，作者从酶活和反应时间的维度对聚合度 10 以内的 5 种偶数寡糖制备条件进行了系统分析。寡糖的转化率（conversion rate）是指从 HA 大分子转化为寡糖的质量浓度百分比，计算方法为水解液中某一种寡糖的质量浓度与初始大分子 HA 质量浓度的比值。我们已经知道一些高效的 HA 水解酶或裂解酶，能够将大分子 HA 彻底降解为几种聚合度小于 10 的 o-HA，虽然彻底水解可以得到聚合度更低的寡糖，考虑到实际研究应用中，聚合度 10 以内的寡糖有很大的应用潜力，在促进肿瘤细胞凋亡、抑制肿瘤细胞多药耐药性、促进伤口愈合和血管生成、酶的糖基化、医药载体等研究领域有很大需求。

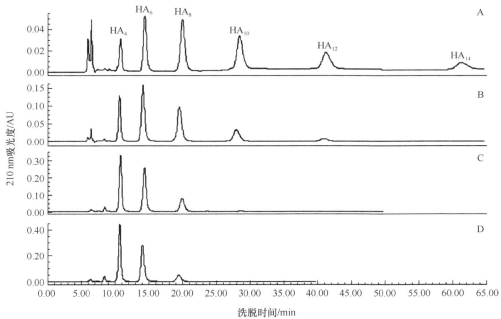

图 9-7　LHyal 水解 HA 不同时间的寡糖产物色谱图

在影响 HA 寡糖得率的诸多因素中选取了更常被用作调节参数的酶活（c，单位为 U/mL）和孵育时间（t，单位为 h）作为自变量。以酶活、孵育时间为自变量、以寡糖转化率（CVR，单位为%）为因变量，动态检测了酶活范围为 3000～50 000 U/mL、孵育时间区间 4～24 h 内大分子 HA 的降解过程，并计算寡糖转化率（图 9-8）。分析各个聚合度寡糖的转化率，可以得到每种寡糖的优化制备条件，进一步的分离纯化则可以得到单一的纯净寡糖。同样重要的是，通过分析二维（酶活和孵育时间两个维度）区间内的寡糖转化率的变化，也揭示了水解酶 LHyal 的水解特征。另外，第一次定量分析了 LHyal 最小产物 HA2^{NA}（作为 HA 基本组成单位的最小聚合度寡糖）的积累情况。以酶活和孵育时间为横坐标、以寡糖的转化率为纵坐标建立三维关系。通过展现两个因素对转化率的协同影响，不但能够优化 5 种偶数寡糖的制备条件，同时也全面反映了 LHyal 水解酶的催化特点。图 9-8 为 LHyal 产生寡糖的转化率分析。

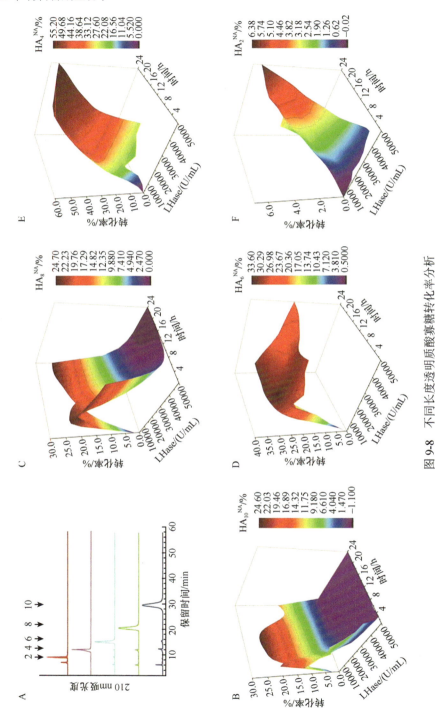

图 9-8 不同长度透明质酸寡糖转化率分析

　　在 LHyal 生产 HA 系列寡糖的过程中，不同的酶活和孵育时间对转化率有显著影响。HA10NA 的最高转化率为 24.8%（3000 U/mL， 12 h），转化率随酶活和时间增加而降低，低于 10 000 U/mL 时先增加后减少，峰值提前。HA8^{NA} 的最高转化率为 24.7%（3000 U/mL， 20 h），表现出与 HA10^{NA} 类似的趋势。HA6^{NA} 的最高转化率为 33.6%（6 000 U/mL， 24 h），多个条件转化率超过 30%，可能在高酶活下继续降解。HA4^{NA} 的最高转化率为 55.2%（50 000 U/mL， 24 h），其转化率与酶活呈正相关，表现出持续增加趋势。HA2^{NA} 的最高转化率为 6.4%（50 000 U/mL， 24 h），与 HA4^{NA} 不同，转化率持续增加，表明 HA2^{NA} 为 LHyal 的最终产物。总体而言，较低的酶活有利于某些寡糖的积累，而过高的酶活和时间则会导致降解。

3. 透明质酸奇数寡糖的制备

　　奇数 HA 寡糖是一种非天然的寡糖，其结构与天然的偶数寡糖不同，这也暗示其与偶数 o-HA 有不同的性质和应用，奇数寡糖也被证明比聚合度相近的偶数寡糖能够更有效地抑制一些 HA 相关的水解酶和合酶的酶活。然而，由于没有天然的降解酶能同时降解 HA 的两种糖苷键（β-1,3 糖苷键和 β-1,4 糖苷键），奇数 HA 寡糖的制备和研究进展较少，有化学法和酶法结合制备奇数寡糖的策略，但流程烦琐、处理量小。作者利用商业化的 BTH 和高效表达的 LHyal 这两种分别切割 β-1,4 糖苷键和 β-1,3 糖苷键的水解酶，实现了奇数 HA 寡糖的制备，研究了不同水解策略对奇数寡糖得率的影响，以及奇数寡糖的产生过程，实现了包含 11 种寡糖（HA2^{NA}、HA3^{NN}、HA3^{AA}、HA4^{NA}、HA5^{NN}、HA5AA、HA6^{NA}、HA7^{NN}、HA7^{AA}、HA8^{NA}、HA10^{NA}）的寡糖库的构建。

1）水解产生奇数糖的原理

　　自然界中 HA 水解酶主要分为两类：牛睾丸型透明质酸酶和水蛭型透明质酸酶，分别内切 β-1,4 和 β-1,3 糖苷键（图 9-9），产生有不同还原末端的、饱和的偶

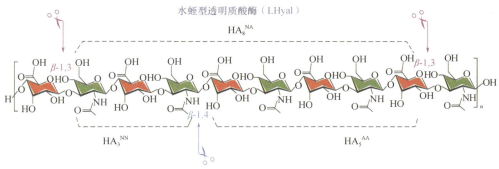

图 9-9　LHyal 和 BTH 水解 HA 不同模式

数寡糖。BTH 是最常见的牛睾丸型透明质酸酶之一，该酶同时具有水解活性和转糖苷活性，水解终产物为以氨基葡萄糖为还原末端的透明质酸二糖（极少）、四糖和六糖，目前主要从牛睾丸中提取得到；水蛭型透明质酸酶作为断裂 HA β-1,3 糖苷键的降解酶，水解终产物为以葡萄糖醛酸为还原末端的透明质酸二糖（少量）、四糖和六糖，具有水解活性而无转糖苷的活性，所以产物聚合度分布更为集中。

2）双酶水解制备奇数糖

根据两种 HA 水解酶（LHyal 和 BTH）的降解特点，推测两种酶共同催化可以得到奇数 HA 寡糖，可通过设计双酶降解的实验方案进行验证。为探究两种酶（LHyal 和 BTH）的催化顺序对奇数寡糖制备的影响，将两种 HAase 以 L-B、B-L、LB 三种作用顺序水解 2 mg/mL 的大分子 HA 溶液：第一种是用 LHyal 水解至平均分子量 4000 Da（聚合度平均为 20），将酶灭活后用 BTH 继续水解至彻底（产物经 LCMS 检测不再发生变化），LCMS 检测水解液的寡糖成分。另外两种水解顺序分别是先用 BTH 后用 LHyal、同时加入 BTH 和 LHyal。

结果显示，三种水解方式都能得到一系列奇数糖和偶数糖，但是不同水解方式产物中寡糖的占比不同。图 9-10 为 L-B、B-L 和 LB 三种降解方式得到的水解液的离子色谱图，表 9-1 为在阴离子模式下实际检测到的奇数寡糖的质荷比和相应的理论值。通过将检测到的质荷比与理论值进行对比，水解液中奇数及偶数寡糖的种类是一致的：奇数糖包括聚合度为 3 和 5 的 4 种寡糖（HA3^{AA}、HA3^{NN}、HA5^{AA} 和 HA5^{NN}），偶数糖有二糖、四糖和六糖。值得注意的是，水解所得的每个聚合度的奇数 HA 寡糖有两种：还原端和非还原端为氨基葡萄糖的 N 型饱和奇

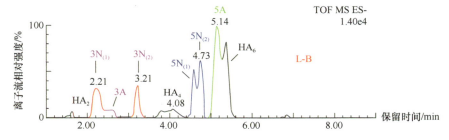

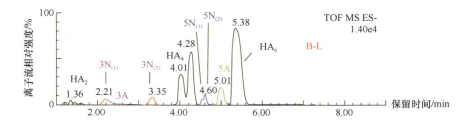

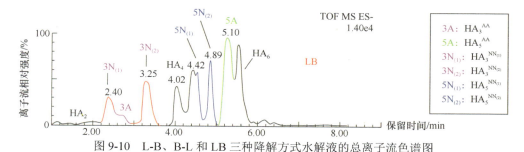

图 9-10　L-B、B-L 和 LB 三种降解方式水解液的总离子流色谱图

表 9-1　奇数 o-HA 的理论质荷比和实验检测的质荷比

o-HA	理论 Mw	[M-H]⁻		[M-2H]²⁻	
		实验值 m/z	理论值 m/z	实验值 m/z	理论值 m/z
HA3^{AA}	573.2	572.15	572.12		
HA3^{NN}	600.2	599.20	599.20		
HA5^{AA}	952.3	951.27	951.25	475.13	475.11
HA5^{NN}	979.3	978.31	978.25	488.66	488.63
HA7^{AA}	1331.4	1331.38	1330.38	664.69	664.67
HA7^{NN}	1358.4	1357.42	1357.42	678.21	678.21

数寡糖（HA2$_{n+1}$^{NN}），以及还原端和非还原端为葡萄糖醛酸的 A 型饱和奇数寡糖（HA2$_{n+1}$^{AA}）。这由两种酶的水解特点以及 HA 分子的天然结构而决定。

对于降解顺序造成的产物差异，可以通过 LCMS 谱图分析。如图 9-10 所示，虽然三种水解顺序得到的寡糖种类一致，但对于奇数 o-HA 的制备来说，L-B 的水解顺序更为有利。这可能是由于在 LHyal 和 BTH 的水解能力都是能够将大分子主要水解到四糖、六糖，而 BTH 除了降解能力还具有糖基转移酶活力，可以使寡糖之间的聚合度差异趋向于均匀。两种酶同时加入的方法（LB）操作最简单，而且也能得到相对较多的奇数 o-HA。研究同时也发现，还原端为 GlcNAc 的奇数寡糖，在高效反相 C18 色谱柱中均出现了两个色谱峰，而还原端为 GlcUA 的奇数寡糖均只有一个峰。进一步查阅资料发现这是由于 N-乙酰氨基葡萄糖本身的变旋现象导致的，游离的 N-乙酰氨基葡萄糖在水溶液中，可以通过 C18 层析柱分离两种异构体。

通过两种水解酶 LHyal 和 BTH 共同催化大分子 HA。首先，产物中检测到了奇数 o-HA，这与预期一致；其次，每个聚合度的奇数寡糖都有两种，这可以通过 HA 的天然结构和两种水解酶的催化特点解释。两种酶催化顺序不同，对产物中寡糖的种类没有影响，推测对奇数寡糖占比的影响可能由于 BTH 的转糖苷作用导致。

3）奇数 HA 寡糖产生过程分析

国外研究人员 Kakizaki 等以 BTH 降解得到的寡糖（HA4[AN]、HA6[AN]、HA8[AN] 和 HA10[AN]）为底物，进一步使用 BTH 进行降解；通过 HPLC 检测发现 HA4[AN] 不能继续被降解，HA6[AN] 有痕量的降解产物二糖和四糖，HA8[AN] 和 HA10[AN] 均能被大幅度甚至彻底降解，转化为更小的寡糖（Kakizaki et al.，2010a）。为了探究奇数寡糖在产生的过程，以 LHyal 水解产生的单一 o-HA 作为底物，加入 BTH 继续水解，使用 LCMS 分析水解的过程。分别准备浓度为 2 mg/mL 的寡糖 HA4[NA]、HA6[NA]、HA8[NA] 和 HA10[NA] 作为底物，加入质量浓度为 2 mg/mL 的商业 BTH 试剂在 38℃进行孵育反应。在反应时间为 0、0.5 h、2 h、12 h 和 24 h 时取样，处理后使用 LCMS 检测样品，离子色谱图展示了不同时间水解液中的寡糖。

在对 HA 系列寡糖的水解研究中，HA4[NA] 在 24 h 内未出现其他寡糖，推测 BTH 未能继续水解，可能与底物链长要求有关。HA6[NA] 在前 2 h 未被降解，12 h 后生成了两种三糖（HA3[AA] 和 HA3[NN]），但在 24 h 时六糖仍有明显残留，显示出较低的降解程度。HA8NA 在 0.5 h 后即开始降解，24 h 后几乎完全转化为奇数寡糖（HA5[AA] 和 HA3[NN]）。HA10[NA] 在 0.5 h 时检测到部分底物及多个奇数寡糖，2 h 后底物消失，24 h 后还发现了 HA 四糖，可能是由七糖降解产生的。

结合 Kakizaki 等的研究发现，聚合度为 4 的饱和 o-HA（HA4[AN] 和 HA4[NA]）均无法被 BTH 降解，进一步证明酶对底物链长的要求。HA6[NA] 的降解显示 HA3[NN] 和 HA3[AA] 可以通过其催化得到，但与更高聚合度寡糖相比，降解过程较为困难。HA8[NA] 的降解则较为彻底，推测 HA3[NN] 和 HA5[AA] 可通过其催化获得。HA10[NA] 降解后产生了更多类型的奇数寡糖，包括 HA3[NN]、HA3[AA]、HA5[NN]、HA5[AA]、HA7[NN] 和 HA7[AA]，并伴随偶数寡糖的生成。整体上，聚合度越大的寡糖越易于降解，且产物种类更加复杂。奇数寡糖的产生与低分子量寡糖的末端相关，推测更小的底物通常会生成更多的奇数寡糖。因此，HA8[NA] 被认为是制备聚合度小于 5 的奇数寡糖的高效选择，而 HA8[NA] 对于制备聚合度小于或等于 7 的奇数寡糖也显示出高效性。

4）双酶水解产生不同奇数寡糖的过程模型

通过对 BTH 降解偶数寡糖的产物进行检测，可以分析奇数寡糖的产生机制。使用链长相比大分子 HA 更小的寡糖作为底物，降解过程得以简化，使分析奇数寡糖产生过程、推测奇数寡糖产生机制成为可能。如图 9-11 所示，24 h 内 HA4[NA] 不会被 BTH 降解，也即 HA4[NA] 产生后将一直存在于水解体系中，不会继续断裂产生奇数寡糖；HA6[NA] 可以被部分降解产生两种不同的三糖，这个过程效率偏低，这也解释了使用 LHyal 和 BTH 共同作用大分子 HA，终产物中六糖仍然占很大比重；HA8[NA] 可以被全部降解为五糖和三糖，最终水解液中没有八糖，这与 LHyal

和 BTH 共同作用大分子 HA 的终产物中没有八糖的结果相一致；HA10^{NA} 在 2 h 即可以被全部降解，产物为 HA3^{NN}、HA3^{AA}、HA5^{NN}、HA5^{AA}、HA7^{NN} 和 HA7^{AA} 以及七糖继续降解产生的四糖，这解释了两种酶共同作用于 HA 产生四糖的现象，七糖在 24 h 的催化时间内仍存在于水解液中，而 LHyal 和 BTH 共同作用大分子 HA 时在终产物中则没有检测到七糖，推测足够长的降解时间可以使 HA7^{AA} 全部降解产生四糖和三糖。

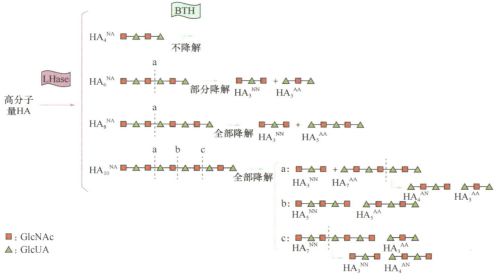

图 9-11　BTH 对 HA2n^{NA}（n=2，3，4，5）的作用模式

　　对于奇数寡糖的制备而言，HA3^{NN} 可以由 BTH 断裂 HA6^{NA} 位于中间的 β-1,4 糖苷键产生，也可以由 BTH 断裂 HA8^{NA} 靠近非还原端的 β-1,4 糖苷键产生，HA10^{NA} 靠近非还原端的 β-1,4 糖苷键被断裂后可以得到 HA3^{NN}，中间产物 HA7^{NN} 可以继续降解产生 HA3^{NN}。HA3^{AA} 可以由 BTH 断裂 HA6^{NA} 位于中间的 β-1,4 糖苷键产生，也可以由 HA10^{NA} 还原端的 β-1,4 糖苷键断裂产生；此外，中间产物 HA7^{AA} 可以继续降解产生 HA3^{AA}。HA5^{AA} 可以由 BTH 断裂 HA8^{NA} 靠近非还原端 β-1,4 糖苷键产生，也可以由 HA10^{NA} 中间位置的糖苷键断裂产生。HA7^{NN} 和 HA7^{AA} 分别由 BTH 断裂 HA10^{NA} 靠近非还原端和远离非还原端的糖苷键得到（He et al.，2020）。

9.5　透明质酸可控分子量生物合成

9.5.1　超高分子量透明质酸的生物合成

　　透明质酸按照分子量的大小，分为超高分子量透明质酸（大于 5000 kDa，大于 12 500 个双糖单元）、高分子量透明质酸（大于 2000 kDa，大于 5000 个双糖单元）、中高分子量透明质酸（100～2000 kDa，250～5000 个双糖单元）、低分子量透明质酸（10～100 kDa，25～250 个双糖单元）、透明质酸寡聚糖（低于 10 kDa，低于 25 个双糖单元）。其中有一类特殊的、并不常见的透明质酸，即超高分子量透明质酸。超高分子量透明质酸（大于 6 MDa）首次在裸鼹鼠中被报道，并被认为是裸鼹鼠具备免疫癌症、长寿等能力的关键因素之一，从而引起人们的广泛关注。美国罗切斯特大学的 Andrei Seluanov 和 Vera Gorbunova 的研究表明，裸鼹鼠通过大量分泌高分子量透明质酸来降低 H-Ras V12 与 SV40 LT 组合触发的恶性肿瘤转化过程，从而提出了抗癌的具体分子机制（Tian et al.，2013）。除此之外，研究还发现，超高分子量透明质酸具备优异的细胞保护性能（Takasugi et al.，2020）。

1. 动物源超高分子量透明质酸

超高分子量透明质酸具备如此强大的性能，因此，如何实现其生物合成，引起人们的广泛关注。透明质酸的分子量大小与透明质酸合酶、宿主细胞、发酵工艺等都有着极其密切的关联。目前通过突变透明质酸合酶一些关键氨基酸位点、改变宿主细胞膜的环境、降低发酵过程中的剪切力等方法对透明质酸的分子量提升都有一定的帮助，但超高分子量透明质酸的生产仍然存在不少困难。

2. 重组微生物合成超高分子量透明质酸

Ⅰ型透明质酸合酶是一类同时具有透明质酸合成能力和运输透明质酸至胞外功能的膜蛋白；而Ⅱ型透明质酸合酶只具有透明质酸糖链聚合能力，需要依赖菌体内其他蛋白转运体系将合成的透明质酸分泌至胞外。食品级表达的宿主谷氨酸棒杆菌中不存在透明质酸转运体系相关蛋白，因此，作者在谷氨酸棒杆菌中异源表达Ⅱ型透明质酸合酶 PmHasA，让长链透明质酸积累在细胞内部，从而避免了发酵过程中剪切力对分子量的破坏，为超高分子量透明质酸的合成提供了一种新的思路。

1）透明质酸合酶表达与透明质酸合成

利用载体 pXMJ19 表达基因 *pmhasA-0*，重组质粒转化至谷氨酸棒杆菌株分析透明质酸合成，考虑到谷氨酸棒杆菌有较强的密码子偏好性，根据密码子优化网站（http://www.jcat.de/）对透明质酸合酶基因 *pmhasA* 进行了密码子优化。在表达经过密码子优化的 *pmhasA* 基因后，透明质酸的积累量达到 0.14 g/L（图 9-12）。

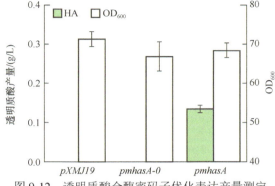

图 9-12　透明质酸合酶密码子优化表达产量测定

2）胞内透明质酸提取方法优化

多杀巴斯德杆菌（*P. multocida*）来源的透明质酸合酶为 Ⅱ 型合酶，依赖宿主自身的 ABC 转运体系实现透明质酸的分泌（Willis and Whitfield，2013a；2013b）。由于谷氨酸棒杆菌缺乏该转运体系，所以透明质酸无法正常分泌，而是积累在细胞内部。为了提取胞内的透明质酸且对其分子量不造成较大的影响，需要开发一种相对温和的细菌破壁方法。作者探究了传统的透明质酸提取方法（高温高压破壁法和高压匀浆法）与碱裂解法所提取的透明质酸分子量上的差异：采用高温高压破壁法和高压匀浆法所提取的透明质酸分子量分别为 0.21 MDa 和 0.72 MDa；采用优化的碱裂解法提取的透明质酸分子量达到 1.51 MDa。

谷氨酸棒杆菌菌体表面有一层肽聚糖，因此在裂解液 PⅠ中加入溶菌酶，可以裂解菌体表层肽聚糖以便裂解菌体；PⅡ溶液为强碱性，在裂解过程中菌体内的蛋白质、破碎的细胞壁和强碱条件下变性的 DNA 会相互缠绕形成大型复合物，同时溶液中的十二烷基硫酸钠（sodium dodecylsulfate，SDS）能与蛋白质结合，平均两个氨基酸结合一个 SDS 分子，大量的 SDS 覆盖在蛋白质表面；加入 PⅢ溶液后，SDS 与钾离子结合变成了十二烷基硫酸钾（potassium dodecylsulfate，PDS），因 PDS 是不溶于水的，蛋白质与基因组的复合物会发生沉淀，将该溶液离心后所得上清即是提取的透明质酸溶液。经过多次醇沉复溶操作后，就可以得到浓缩后纯度较高的透明质酸溶液。结果表明，采用高温高压和高压匀浆条件会破坏透明质酸原有的链长，造成透明质酸分子量的降低；而采用温和的碱裂解提取法破壁处理菌体，更有利于获得高分子量的透明质酸。

3）RBS 序列筛选和透明质酸合酶 pmHasA 截短促进透明质酸合成

核糖体结合位点（ribosome binding site，RBS）序列对基因的表达具有重要调控作用（Zhang et al.，2015）。除了利用谷氨酸棒杆菌常用的 RBS 序列 AAGGAGG（Martín et al.，2003），作者选择比较了其余 5 种不同强度的 RBS 序列，分别为

AAGGGCC、AAGGCTC、AAGGAAC、AAGGATC、AAGGTTG，分析不同 RBS 序列对合酶的表达，以及对透明质酸合成的影响。表达 5 种不同强度 RBS 序列的重组菌合成透明质酸的分子量均低于 1.51 MDa，低于表达棒杆菌中保守 RBS 序列 AAGGAGG 的重组菌 pmHasA 合成透明质酸的分子量。因此，在谷氨酸棒杆菌中合成透明质酸，RBS 序列优选 AAGGAGG。

透明质酸合酶（pmHasA）的不同氨基酸区域对于透明质酸的合成有不同的影响（Jing and DeAngelis，2003）。作者对透明质酸合酶基因 *pmhasA* 从 N 端和 C 端进行了不同长度的截短分析，构建了不同突变体（pmHasAΔ2-45、pmHasAΔ2-71、pmHasAΔ2-95、pmHasAΔ2-117 和 pmHasAΔ704-972）。这些突变体合成的透明质酸产量分别为 0.13 g/L、0.11 g/L、0.12 g/L、0.02 g/L 和 0.11 g/L，分子量分别为 1.42 MDa、1.36 MDa、1.26 MDa、0.80 MDa 和 1.41 MDa。结果表明，合酶截短造成透明质酸产量和分子量发生了不同程度的下降。截短 2～117 位氨基酸透明质酸合酶导致透明质酸产量相比 pmHasA 下降 81%，分子量下降了 48%。光学相差显微镜分析结果证明表达 pmHasAΔ2-117 菌体中难以发现透明质酸的积累，而表达 pmHasAΔ704-972 的菌体中有透明质酸明显积累，结果表明，氨基酸 95～117 位点对合成透明质酸的分子量和产量有重要影响。

4）透明质酸合酶 pmHasA 底物结合口袋氨基酸对透明质酸分子量的影响

蛋白质底物结合口袋氨基酸显著影响酶的催化功能（Stank et al.，2016）。根据 Zhang lab（https://zhanggroup.org/）模拟的透明质酸合酶 pmHasA 蛋白结构，与报道的软骨素合酶 KfoC 晶体结构相似（PDB ID：2Z86 和 2Z87）（Osawa et al.，2009）。研究人员模拟分析了透明质酸合酶 pmHasA 的两个底物 *N*-乙酰氨基葡萄糖（图 9-13B）与 UDP-葡萄糖醛酸（图 9-13D）的结合口袋位置。

考虑到底物结合口袋附近氨基酸侧链对底物结合影响，研究人员将两个底物结合口袋氨基酸均突变成对侧链不带有其他官能团、对蛋白质结构影响较小的丙氨酸，构建了针对 *N*-乙酰氨基葡萄糖底物结合口袋的突变体 R169A、R276A、W320A、H394A、N402A、R406A 和 G409A，以及针对 UDP-葡萄糖醛酸底物结合口袋的突变体 P447A、Y449A、pmHasA G506A、H589A、R591A、V612A、D613A 和 R636A。结果如图 9-13A、C 所示，透明质酸的分子量均出现了不同程度的下降，表明透明质酸合酶结合 UDP-葡萄糖醛酸底物合成透明质酸时，可能依赖 UDP-葡萄糖醛酸底物结合口袋的氨基酸电荷。进一步比较透明质酸合酶 pmHasA 和软骨素合酶 KfoC 的氨基酸序列，研究人员发现透明质酸合酶 *N*-乙酰氨基葡萄糖转移酶活性中心和底物结合位点（247DCD249，196DGS198）与 UDP-葡萄糖醛酸转移酶活性中心和结合位点（477DGS479，527DSD529）十分保守。因此，改造两个底物结合区域氨基酸可能不利于透明质酸链长的增加。

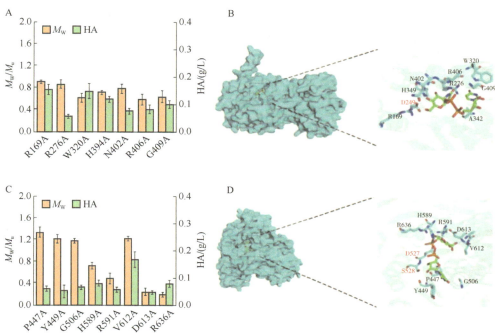

图 9-13　透明质酸合酶 pmHasA 底物结合口袋氨基酸对透明质酸分子量的影响

A. 透明质酸分子量和产量；B. N-乙酰氨基葡萄糖；C. UDP-葡萄糖醛酸底物结合口袋的突变体的透明质酸分子量和产量；D. UDP-葡萄糖醛酸

5）透明质酸合酶 pmHasA 的半理性改造

为探究透明质酸合酶 pmHasA N 端关键位点对透明质酸分子量的重要影响，研究人员对透明质酸合酶 PmHasA 的第 40 位苏氨酸、第 59 位缬氨酸和第 104 的苏氨酸（Mandawe et al.，2018）进行了突变。在表达 T40L、V59M、T104A 和 V59M T104A 突变体后，透明质酸产量分别为 0.11 g/L、0.13 g/L、0.13 g/L 和 0.12 g/L，分子量分别约为 1.34 MDa、1.6 MDa、1.82 MDa 和 1.35 MDa。结果表明，与其他突变体相比，T104A 提高了透明质酸的分子量（21%）。

为了探究第 104 位氨基酸对于合成透明质酸分子量的影响，研究人员对 104 位氨基酸进行了饱和突变。实验发现，透明质酸产量与分子量均发生不同程度的下降。根据透明质酸合酶 pmHasA 和软骨素合酶 KfoC 的氨基酸序列比对，研究人员在透明质酸合酶突变体 pmHasA T104A 的基础上，将带有正电荷的 K106 和 K107 突变为不带有电荷的丙氨酸，将带有负电荷的 E109 和 E112 突变为带有正电荷的精氨酸，将 N453 突变为带有正电荷的赖氨酸。重组菌 T104A K106A K107A 合成透明质酸分子量达到 2.02 MDa，透明质酸产量为 0.16 g/L，结果表明，远离两个糖基转移酶活性中心的透明质酸合酶 pmHasA N 端 95～117 位点对透明质酸的分子量具有重要影响。鉴于糖基转移酶柔性环区对底物结合与催化的影响（Urresti et al., 2012），研究人员对透明质酸合酶 pmHasA 及其突变体 pmHasA T104A K106A K107A 进行了动力学模拟分析，T104A K106A K107A 的引入导致整体环区柔性的增加。

6）透明质酸合成途径基因过表达对透明质酸分子量和产量的影响

除了透明质酸合酶 pmHasA 本身对透明质酸分子量的调控外，两个前体（UDP-GlcA 和 UDP-GlcNAc）的供给也影响透明质酸的合成与分子量。研究人员在表达透明质酸合酶突变体 pmHasA T104A K106A K107A 的基础上，单独强化不同来源的 galU 与 ugdA，重组菌合成的透明质酸产量和分子量都出现了不同程度的提高。其中，单独过表达兽疫链球菌（*S. equi* subsp. *zooepidemicus*）来源的 *segalu2* 基因时，分子量达到 2.6 MDa，较重组菌 T104A K106A K107A 提高了 26%，产量达到 0.26 g/L；单独过表达谷氨酸棒杆菌（*C. glutamicum*）来源的 *ugdA* 基因时，透明质酸分子量最高达到 3.3 MDa，较重组菌 T104A K106A K107A 提高了 63%，产量达到 0.54 g/L。光学显微镜镜检观察如图 9-14 所示，强化 *cgugdA* 基因时，细胞积累透明质酸的含量增加，导致细胞膨胀、体积变大。因此，UDP-GlcA 的合成是影响终透明质酸合成的关键前体。

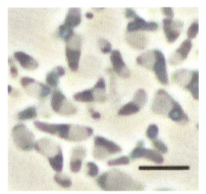

pXMJ19-pmhasA
T104A K106A K107A
pEC-XK99E-cgugdA

图 9-14　重组菌 T104A K106A K107A-cgugdA 发酵液镜检图

9.5.2　中高分子量透明质酸的发酵生产

微生物发酵法是指微生物在特定的条件下，能够将底物通过自身的代谢转化为目的产物，并通过天然分泌系统用于中高分子量透明质酸的生产。微生物发酵法与组织提取法、化学酶法相比，不受原材料限制，且产品均一性好、提取工艺简单、价格低廉，已逐步取代组织提取法，成为目前获取透明质酸的主要方法。20 世纪 80 年代，日本资生堂公司首次报道通过发酵培养链球菌，实现了工业化生产为目的的发酵生产透明质酸研究。随后，英国、美国等国家相继报道了微生物法生产透明质酸，改变了透明质酸通过组织提取法获取的单一来源局面，极大地推动了透明质酸的研究和应用。

1. 发酵菌种的选育

1）链球菌选育

目前透明质酸的天然生产菌株主要为链球菌属（*Streptococcus*）的 A 种菌和 C 种菌。其中，A 种的链球菌主要是酿脓链球菌（*Streptococcus pyogenes*），C 种的链球菌主要是兽医链球菌（*Streptococcus equi* subsp. *zooepidemicus*）。A 种链球菌对人体有致病性，一般不作为生产菌株；C 种链球菌为牲畜致病菌，因此可以用于透明质酸发酵生产。目前研究最多的是兽医链球菌，并且已经将其应用于工业生产中，取代了组织提取法成为透明质酸的主要生产来源。兽医链球菌是发酵生产获得的透明质酸，主要为高分子量透明质酸（分子量大于 100 MDa）。目前对于兽医链球菌透明质酸发酵生产的研究主要集中于以下几个部分：菌种的筛选与育种；发酵培养基的优化；发酵工艺的优化。

菌种是微生物发酵的核心与关键，是决定发酵产品工业价值的关键，只有具备良好的菌种基础，发酵工艺的改进才能体现出其价值，因此许多工作围绕着马链球菌兽疫亚种的菌种筛选与育种展开。目前主要采用诱变育种，通过使用物理诱变剂（如紫外线、X 射线等）和化学诱变剂（如烷化剂、碱基类似物和吡啶类似物等）对菌种进行随机突变，并对其进行复筛以获取正突变株。科研人员通过大量的随机突变，已获得一定数量能够提高产量的突变株，但该方法具备随机性、低频性、不定性和多害少利性等特点。

2）生产透明质酸的基因重组菌的构建

马链球菌兽疫亚种遗传操作困难，难以对其进行基因操作改造，研究主要集中在通过随机突变的方式筛选高产菌株，但该方法具有随机性、不确定性、突变频率低等特点，获取正向突变的概率比较低。更为重要的是，马链球菌兽疫亚种是致病微生物，存在内毒素等致病因子，能够引起许多疾病而导致其在医药等领域的发展受到严重制约。近些年，合成生物学不断得到发展，透明质酸的合成机制也不断得到解析，利用遗传背景清晰、生物安全性高的微生物合成透明质酸，已经成为微生物发酵法合成透明质酸的发展趋势。透明质酸的合成途径已经在大肠杆菌（*E. coli*）（Yu and Stephanopoulos，2008）、枯草芽孢杆菌（*B. subtilis*）（Jia et al., 2013)、谷氨酸棒杆菌（*C. glutamicum*）（Wang et al., 2020）等菌株中成功构建并实现了合成。

2. HA 发酵工艺优化

发酵培养基是微生物生长的必需条件，它提供微生物细胞生长代谢所需的营养物质。链球菌是一种寄生于动物体宿主的微生物，其代谢途径不完全，部分自身生长的营养物质需要外源添加。除此之外，发酵还需要满足产物的高效合成、发酵后副产物少和生产工艺符合要求等，因此，培养基的优化对链球菌透明质酸的合成也同样至关重要。目前人们相继对培养基中的碳源、氮源和微量元素等进行了系统的分析，并结合响应面法对培养基进行优化。

在获得优良的菌种和适应的发酵培养基后，要使菌种的潜力充分发挥出来，必须优化其发酵过程，从而获得较高的产物浓度、底物转化率和生产强度。发酵温度、pH、溶解氧、搅拌转速等发酵工艺对透明质酸的合成均有较大影响。已有研究表明，马链球菌兽疫亚种的最适 pH 和温度分别为 7.0 和 37℃，而且透明质酸发酵是一个高黏度发酵过程，氧气的传递对透明质酸的发酵起着至关重要的作用并得到广泛的研究。相较于厌氧发酵，好氧发酵对透明质酸的产量和分子量水平都有一定程度的促进作用。根据上述研究策略，马链球菌兽疫亚种透明质酸产量的发酵水平目前达到了 10～14 g/L，并且已经实现工业化生产。

9.5.3 低分子量透明质酸的一步发酵生产

1. 重组枯草芽孢杆菌发酵生产低分子量透明质酸

近年来，代谢工程改造微生物异源合成 HA 成为研究热点，特别是作为食品级安全宿主的枯草芽孢杆菌（*B. subtilis*）是一个理想的细胞工厂（Chong et al., 2005），并且已经被用于 HA 的生产制备（Widner et al., 2005）。尽管已经实现了 HA 产量在重组 *B. subtilis* 中的明显积累，但是 HA 的黏稠性增加导致发酵液中的溶解氧（dissolved oxygen，DO）急剧减少，这是细胞正常代谢和 HA 产量进一步提高的主要障碍。根据先前的研究（Huang et al., 2006；Mao et al., 2009），在摇瓶发酵产 HA 的过程中，由于 HA 的黏稠性增大和极低的 DO 水平，导致大分子的 HA 积累量难以提高（约 2.0×10^6 Da，3.0 g/L）。因此在发酵过程中维持较高的 DO 水平和物质传输以提高 HA 的产量仍然是当前一个重要挑战。将微生物发酵生产 HA 和 HAase 相偶联，通过精准调控 HAase 的表达水平，可实现用一种菌发酵直接获取两种产物（特定分子量 HA 寡糖和 HAase），具有一定的研究意义和工业化潜力。

1）水蛭透明质酸在枯草芽孢杆菌中的活性表达

N 端融合 His-tag 对水蛭 *LHyal* 基因在毕赤酵母中的表达水平具有显著的影

响，根据这一思路，作者采用蛋白质 N 端改造策略，成功实现了水蛭 HAase 的编码基因在 *B. subtilis* 168 中的活性分泌表达。同时，对 LHyal 的核糖体结合位点进行改造，借助 RBS 优化策略和高通量筛选技术，实现了在翻译水平上对 LHyal 表达水平的精准调控；在此基础上结合代谢工程和合成生物学手段，在枯草芽孢杆菌中构建了高效 HA 合成途径，实现了蔗糖一步发酵获得特定分子量 HA 寡聚糖的高效合成。

在水蛭 HAase 的 N 端添加 6 个 His 以及在信号肽引导下分泌表达，培养基中 HAase 的酶活力最高达到 $1.72×10^4$ U/mL，成功实现了水蛭 HAase 在 *B. subtilis* 168 中的功能活性分泌表达，为一种菌直接合成两种产物（特定分子量的 HA 寡糖和水蛭 HAase）奠定了基础。

为提高 *B. subtilis* 中 LHyal 表达的稳定性，以及便于后面研究工作的开展，采用片段同源重组方法将 *H6LHyal* 基因表达盒整合于 HA 生产菌株 *B. subtilis* E168T 基因组上。胞外分泌的 H6LHyal 的最高表达水平达到 $1.58×10^5$ U/mL，与在重组质粒 pMA05 上的表达水平（$1.72×10^4$ U/mL）相比，在基因组上整合表达产量提高了 8 倍。我们的研究结果表明，在 *B. subtilis* 系统中增加基因的拷贝数并不会提高水蛭 HAase 蛋白的表达量；相反，基因组上整合表达增加了外源重组基因的稳定性，并且减轻了重组菌株的代谢负担，这可能是促使水蛭 HAase 在重组菌株 E168TH 中产量显著提高的原因。

有研究表明，RBS 强度对于蛋白表达水平的影响范围可以达到 100 000 倍，已有相关报道通过构建 RBS 文库优化目标基因的表达水平（Salis et al., 2009）。因此在研究工作中，采用 RBS 优化策略构建 *H6LHyal* 基因的 RBS 突变文库，再结合高通量培养和筛选技术，可通过平板透明圈的直径大小来筛选不同表达水平的水蛭 HAase 的突变株。结果如图 9-15A 所示，通过 HA 平板分析，获得了水解透明圈大小差异显著的突变株（库容约 10^4 个）。因此，可以在翻译水平上对 H6LHyal 的表

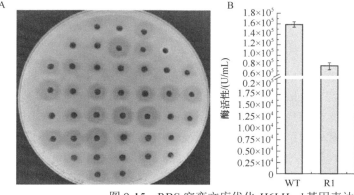

图 9-15　RBS 突变文库优化 *H6LHyal* 基因表达水平

达水平进行明显的差异调控，这便于下一步选取特定表达水平的 HAase 突变株用于生产特定分子量的 HA 寡聚糖。为了进一步确定 H6LHyal 表达量的具体差异，选取出发菌株 *B. subtilis* E168TH（WT）和 5 株 HAase 活性具有明显差异的突变株（R1～R5），经摇瓶培养，结果如图 9-15B 所示，水蛭 HAase 的蛋白分泌水平实现了近 70 倍的显著表达水平差异：$1.58×10^5$ U/mL，$7.93×10^4$ U/mL，$1.91×10^4$ U/mL，$7.21×10^3$ U/mL，$3.83×10^3$ U/mL，$2.14×10^3$ U/mL。这一研究结果表明，通过优化 RBS 的强度，能够在翻译水平上实现对水蛭 LHyal 的精准差异化调控。

2）重组枯草芽孢杆菌的摇瓶发酵

为表征不同表达水平的水蛭 HAase 对 HA 产量和分子量的影响，选取上述 6 个重组菌株进行摇瓶培养发酵，并分析测定各重组菌株的 HA 产量和分子量大小。随着水蛭 HAase 表达酶活的增大，HA 的产量也呈现增加的趋势。特别是 WT 菌株的 HAase 表达水平最高（$1.58×10^5$ U/mL），促使 HA 的产量从 3.16 g/L 显著提高到 4.35 g/L，而分子量从 $1.69×10^6$ Da 显著降低到 $2.20×10^3$ Da。由于摇瓶发酵过程中发酵液黏稠度已被降低，能维持较好的 DO 水平，但随着发酵稳定后期的碳源耗尽，HA 的积累量并没有出现大幅度的提高。同时，对上述产物的分子量分析测定表明，随着重组菌株 WT、R1、R2、R3、R4 和 R5 的水蛭 HAase 表达水平降低，HA 产物的分子量呈现逐步增加的趋势，分别为 $2.20×10^3$ Da、$2.66×10^3$ Da、$3.06×10^3$ Da、$3.68×10^3$ Da、$4.90×10^3$ Da 和 $5.37×10^3$ Da。同时，对上述 6 个菌株的 HA 产物的多分散系数值 Ip 测定分别为 1.09、1.15、1.14、1.17、1.21 和 1.18，说明这些小分子 HA 的产物分子量分布范围比较集中。由于在摇瓶发酵后期碳源的耗尽和 HA 合成的减少，导致这些重组菌株的 HA 产物的分子量普遍偏小（<10 000 Da），以及分子量分布范围较窄（多分散系数<1.25）。以上研究结果表明，与以前报道合成 HA 分子量的调控策略相比（Marcellin et al.，2014；Armstrong and Johns，1997），通过理性调控水蛭 HAase 的表达水平以实现特定分子量 HA 的微生物合成更加具有实际可行性和稳定性。

3）重组枯草芽孢杆菌的分批补料发酵

基于上述摇瓶培养发酵产 HA 的结果，进一步考察了菌株在 3 L 罐分批补料发酵的情况。重组菌株 WT、R1 和 R2 进行 3 L 罐补料发酵，WT、R1 和 R2 的 HAase 表达量分别为 $1.62×10^6$ U/mL、$8.80×10^5$ U/mL 和 $6.40×10^4$ U/mL；与表达 HAase 的原始菌株相比，R2、R1 和 WT 菌株发酵过程中黏稠度显著降低并维持较高的溶解氧水平（<40%），细胞生长速率和细胞密度显著增加；WT、R1 和 R2 菌株 HA 产量分别达到 19.38 g/L、9.18 g/L 和 7.13 g/L，分子量分别为 $6.62×10^3$ Da、$1.80×10^4$ Da、$4.96×10^4$ Da。这说明通过降低发酵液黏稠度和增加溶解氧水平，可以显著挖掘和提高重组菌株的 HA 合成能力。

根据上述 3 L 罐发酵结果的考察和分析，重组菌株 WT、R1、R2 进行补料发酵过程中，发酵液黏稠度和溶解氧水平存在显著差异，说明不同水蛭 HAase 的表达水平对 HA 的分子量产生了较大影响。为了明确这一差异，进一步采用 HPSEC-MALLS-RI 系统对上述重组菌株 WT、R1、R2 以及野生菌株 4 个发酵产物的分子量进行准确测定。重组菌株 WT、R1、R2 和原始菌株的产物分子量分别为 $6.62×10^3$ Da、$1.80×10^4$ Da、$4.96×10^4$ Da 和 $1.42×10^6$ Da（图 9-16）。原始菌株的上罐发酵产物分子量与摇瓶产物（$1.69×10^6$ Da）相比，平均分子量稍有下降，导致这一现象的原因可能归咎于上罐发酵过程中较高搅拌转速的剪切力。然而，重组菌株 WT、R1 和 R2 的上罐产物与摇瓶产物相比，HA 的分子量呈现较大幅度的增加（分别为 $2.66×10^3$ Da、$3.06×10^3$ Da 和 $3.68×10^3$ Da），这可能是由于在罐上补料发酵过程中 HA 的持续合成和产量增加，使得有限的水蛭 HAase 未完全水解产物。这一结果也导致了罐上发酵产物的多聚分散系数值（Ip 值）增大，水蛭 HAase 的表达水平越高，产物的 Ip 值越大（Jin et al.，2016）。基于透明质酸水解酶挖掘以及微生物细胞工厂的构建，作者实现了不同分子量透明质酸的高效合成，为其他糖胺聚糖的生物制造提供了借鉴。

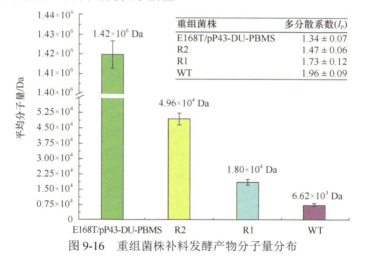

图 9-16　重组菌株补料发酵产物分子量分布

2. 重组谷氨酸棒杆菌发酵生产低分子量透明质酸

1）谷氨酸棒杆菌透明质酸合成路径的构建

谷氨酸棒杆菌遗传背景清晰、培养简单，且大量研究表明谷氨酸棒杆菌具有较强的 N-乙酰氨基葡萄糖和葡萄糖醛酸合成能力（Cheng et al.，2019；2017），因此作者考察了谷氨酸棒杆菌作为宿主菌株生产 HA 的能力。透明质酸是以 UDP-GlcA 和 UDP-GlcNAc 为二糖单位聚合而成的酸性黏多糖，在合成过程中，透明质酸合酶起到非常关键的作用。为筛选出最佳的透明质酸合酶、实现透明质酸的高效合成，筛选出 4 种来源的透明质酸合酶 (*sphasA*、*sehasA*、*suhasA*、*pmhasA*) 基因。如图 9-17 所示，菌株 spHasA 透明质酸产量最高达到 1.5 g/L，分别是 pmHasA 的 7 倍、seHasA 的 10 倍，而 suHasA 则几乎不合成透明质酸。该结果一方面表明谷氨酸棒杆菌中存在前体物质 UDP-GlcA 和 UDP-GlcNAc 的合成通路，能够有效合成前体物质；另一方面，不同来源透明质酸合酶在谷氨酸棒杆菌中合成透明质酸的能力存在差异，其中 sphasA 具有更优异的透明质酸合成能力，因此选择 spHasA 作为后续试验的基本菌株。

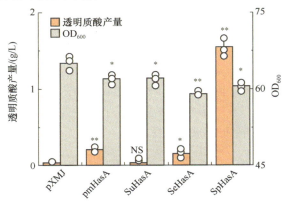

图 9-17 谷氨酸棒杆菌中异源表达不同来源的透明质酸合酶

2）透明质酸合成途径基因过表达对透明质酸产量的影响

谷氨酸棒杆菌中自身存在透明质酸前体 UDP-GlcA 和 UDP-GlcNAc 的合成通路，因此，细胞内前体物质的含量满足透明质酸合成最大需求十分重要。过表达前体物质 UDP-GlcA 和 UDP-GlcNAc 的途径基因能够有效促进前体的合成，从而促进透明质酸的合成。UDP-GlcA 和 UDP-GlcNAc 在细胞内的合成途径涉及 *galU*、*ugdA*、*glmS*、*glmM* 和 *glmU* 共 5 个基因。为探究各个基因对透明质酸合成的影响，选择了 5 种不同来源菌株[谷氨酸棒杆菌 (*C. glutamicum*，cg)；枯草芽孢杆菌 (*B. subtilis*，bs)；兽疫链球菌 (*S. equi* subsp. *zooepidemicus*，se)；恶臭芽孢杆菌 (*P. putida*，pt)；大肠杆菌 (*E. coli*，ec) MG1655]的相关基因进行研究，其中 *ugdA* 除上述 5 种来源外，还包含 *E. coli* (O10:K5:H4) ATCC 23506 (eco) 和 *E. coli* Nissle 1917 (ecn) 两种来源。

单独表达不同来源的途径基因均可以提高透明质酸的产量，尤其是过表达 *ugdA* 时增幅最大。当表达来自 *C. glutamicum* 的 *ugdA2* 时，透明质酸产量提高至 4.5 g/L，是出发菌株的 2 倍；当表达 *S. equi* subsp. *zooepidemicus* 来源的 *galU*、*P. putida* 来源的 *glmS* 和 *glmM*、*B. subtilis* 来源的 *glmU* 时，透明质酸产量提高至 2 g/L，较出发菌株提高了 30%。上述结果表明, 细胞内前体物质的供应能力没有达到透明质酸合成酶最大合成速率要求; 同时表明 UDP-葡萄糖脱氢酶催化合成 UDP-GlcA 的反应是透明质酸合成的主要限速步骤。

3) 组合优化透明质酸合成途径基因对透明质酸产量的影响

在过表达 *cgugdA2* 的基础上, 研究人员进一步对 *segalU*、*ptglmS*、*ptglmM* 和 *bsglmU* 进行了串联组合表达, 结果如图 9-18 所示。当共表达 *cgugdA2* 与 *segalU*（或 *bsglmU*）时, 透明质酸产量分别下降了 20% 和 13%; 当共表达 *cgugdA2* 与 *ptglmS*（或 *ptglmM*）时, 透明质酸产量提高了 77% 和 67%（图 9-18）, 结果表明, 透明质酸两个前体物质 UDP-GlcNAc 和 UDP-GlcA 的平衡合成调控是影响透明质酸合成的关键因素。

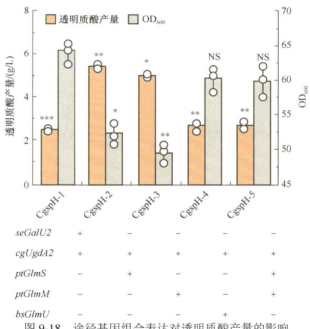

图 9-18　途径基因组合表达对透明质酸产量的影响

4) 谷氨酸棒杆菌胞外多糖合成研究

谷氨酸棒杆菌为革兰氏阳性菌株, 在工业上被广泛应用于氨基酸的工业发酵。Puech 等（2001）对谷氨酸棒杆菌的细胞膜结构进行了系统研究, 如图 9-19 所示。通过对透明质酸的合成过程进行分析, 结果发现胞外多糖合成和透明质酸合成相互竞争前体物质, 导致透明质酸分离纯化难度和成本加大。因此, 本研究中将尝试通过阻断竞争支路（胞外多糖的合成）来提高前体物质合成量, 从而促进透明质酸的合成。胞外多糖是目前研究热点之一，然而谷氨酸棒杆菌的细胞表面多糖合成过程仍然未知。Taniguchi 等（2017）报道过表达 *C. glutamicum* 的 *sigD* 因子可诱导胞外多糖的分泌，结果发现三种糖基转移酶基因（*cg0420*、*cg0532*、*cg1181*）的表达水平得到明显提高，据此猜测这些糖基转移酶可能参与谷氨酸棒杆菌胞外多糖的合成。Wzx/wzy 等蛋白质是细胞内多糖分泌途径中的重要组成部分，主要负责将胞内合成的多糖转运至细胞外，通过分析发现，除 *cg0420* 基因外，*cg0424*、*cg0419*、*cg0438* 基因也都为糖基转移酶基因。

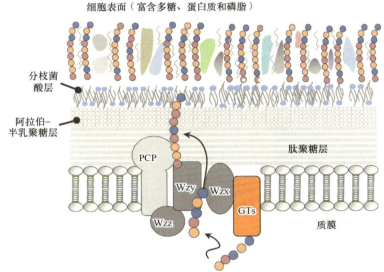

图 9-19　谷氨酸棒杆菌细胞膜结构示意图

5）糖基转移酶 Cg0420 和 Cg0424 对胞外多糖及透明质酸合成的影响

cg0424 基因和 *cg0420* 基因为谷氨酸棒杆菌中的非必需基因，且敲除后对生长代谢无明显影响，但是对谷氨酸棒杆菌胞外多糖合成的影响仍需研究。为此，研究人员将重组菌株 Delcg0424 和 Delcg0420，0424 在 CGX Ⅱ无机盐培养基中培养并纯化，测定了胞外多糖的含量，结果如图 9-20 所示，菌株 Delcg0424 和 Delcg0420，0424 胞外多糖总量较野生型菌株分别下降了 25.7% 和 45.8%；同时，研究发现重组菌株 CgspH-6（sphasA、cgugdA2、ptglmS、ΔCg0424）和 CgspH-7（sphasA、cgugdA2、ptglmS、ΔCg0424、ΔCg0420）的透明质酸产量较敲除前分别提高了 4.8% 和 14.9%，达到 5.8 g/L 和 6.4 g/L。

6）胞外多糖基因敲除对菌体生长的影响

为分析谷氨酸棒杆菌中杂多糖合成对透明质酸合成的影响，研究人员在谷氨

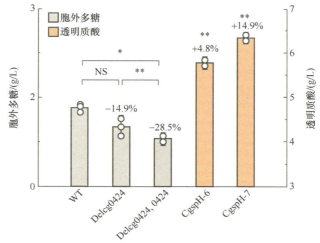

图 9-20　杂多糖合成调控对胞外多糖总量及透明质酸合成影响

显著性分析采用双侧检验；*$P<0.05$；**$P<0.01$；NS，不显著（$P \geqslant 0.05$）

酸棒杆菌中敲除基因 *cg0424* 获得重组菌株 Delcg0424，在 Delcg0424 的基础上进一步敲除基因 *cg0420* 获得重组菌株 Delcg0420，0424。以野生型的谷氨酸棒杆菌为对照菌株，在摇瓶中培养，发酵过程中每隔 4 h 对菌株的细胞密度和发酵液的葡萄糖含量进行测定，用于研究过表达 *cg0420* 和 *cg0420* 基因敲除后对谷氨酸棒杆菌生长及代谢活动的影响。重组菌株 Delcg0424 和 Delcg0420，0424 的生长曲线和葡萄糖消耗曲线与对照菌株无明显差异，表明基因 *cg0424* 和 *cg0420* 为非必需基因，敲除后对细胞的代谢活动无任何影响。

7）糖基转移酶 Cg0420 和 Cg0424 胞外多糖的单糖组分研究

通过对胞外环境中胞外多糖总含量分析，表明敲除糖基转移酶的 *Cg0420* 和 *Cg0424* 基因后，胞外多糖总量有一定程度下降，但具体是哪种多糖含量下降（即 *Cg0420* 和 *Cg0424* 参与哪种多糖的合成）仍不清楚，为此，研究人员对谷氨酸棒杆菌的胞外多糖酸进行分离提取，并利用化学方法将其全部水解，从而获取胞外多糖的单糖组分，结果如图 9-21 所示。通过研究发现谷氨酸棒杆菌胞外多糖的组成成分极为复杂，单糖组分主要为甘露糖、葡萄糖、阿拉伯糖和半乳糖组成。甘露糖尤为突出，单位 OD_{600} 细胞甘露糖含量达 17.3 mg/L，而通过敲除糖基转移酶 *cg0424* 基因，甘露糖的含量得到明显下降（下降了 31.8%），达到 11.8 mg/L。在 *cg0424* 基因敲除的基础上再敲除 *cg0420* 基因，甘露糖和阿拉伯糖含量均有一定程度的下降（分别下降了 24% 和 47%），单位 OD_{600} 总量分别为 9.0 mg/L 和 0.8 mg/L。实验结果表明，糖基转移酶 Cg0424 参与合成的多糖为甘露糖聚合而成的糖类化合物，Cg0420 参与合成的多糖为甘露糖和阿拉伯糖聚合而成的糖类化合物。

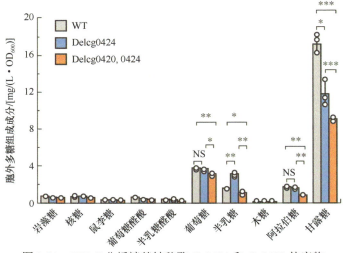

图 9-21　HPLC 分析糖基转移酶 Cg0424 和 Cg0420 的底物

显著性分析采用双侧检验，*$P<0.05$；**$P<0.01$；***$P<0.001$；NS，不显著（$P\geqslant0.05$）

8）消除透明质酸荚膜层促进低分子量透明质酸的高效合成

透明质酸是谷氨酸棒杆菌细胞荚膜的主要成分，起到保护作用。为研究透明质酸在细胞表面的分布及其释放至培养基的过程，使用相差显微镜观察了重组菌株 CgspH-2 和 CgspH-7 的发酵过程。结果显示，这些菌株倾向于聚集形成链状，与天然透明质酸产生菌的形态相似，明显不同于单个或八字排列的形态。通过黑色素染色观察荚膜，结果表明重组菌株在发酵 16 h 后，细胞外围逐渐被透明质酸包裹，形成类似胶囊的结构；随着发酵时间延长，胶囊变得更加明显，而在发酵后期逐渐减薄。对照菌株 pXMJ-pEC 则未显示出类似结构。

图 9-22 展示了谷氨酸棒杆菌透明质酸荚膜合成过程：透明质酸合成后附着在细胞表面，随着合成不断释放到培养基中。当营养充足时，胶囊增大；而在生长晚期，营养减少时，透明质酸的合成减弱，包裹在细胞表面的透明质酸逐渐释放，荚膜层逐渐消失。实验结果表明，透明质酸首先附着在细胞表面，形成胶囊，并影响细胞形态，从八字形变为链状。

研究结果表明，透明质酸的合成显著改变了谷氨酸棒杆菌的细胞形态，由分散的八字形变为聚集的链状，这种现象类似天然产透明质酸的兽疫链球菌的细胞形态。水蛭透明质酸水解酶能够专一水解其 β-1,3-糖苷键，降低其分子量并消除细胞外围的荚膜层。我们在 3 L 发酵罐中培养兽疫链球菌验证这种猜想，结果证明了兽疫链球菌细胞呈链状并形成胶囊状荚膜，通过添加水蛭透明质酸水解酶后，胶囊层消失，细胞聚集性降低，验证了透明质酸对细胞形态的影响（图 9-23）。

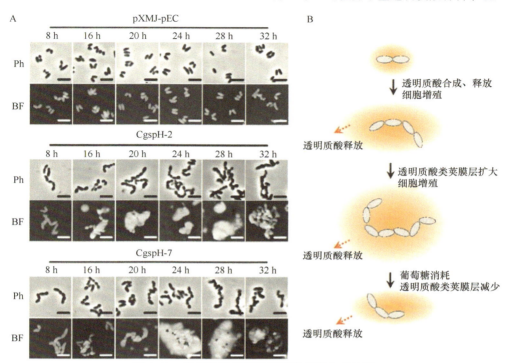

图 9-22　谷氨酸棒杆菌透明质酸荚膜合成过程

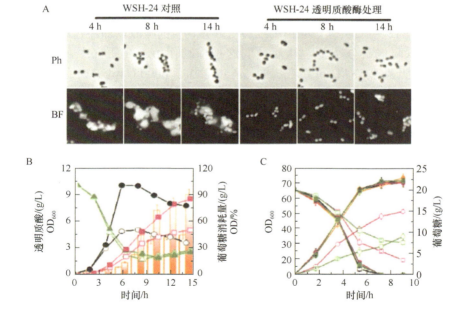

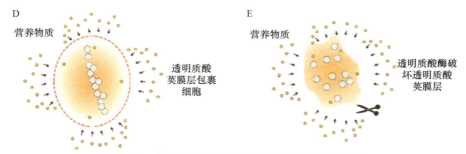

图 9-23　透明质酸荚膜抑制细胞生长和葡萄糖吸收

　　以上研究表明，通过降低透明质酸的分子量可以减弱其对细胞代谢的抑制作用，从而促进透明质酸的合成。这一方法在兽疫链球菌中得到验证，但其普适性仍需进一步探讨。以野生型谷氨酸棒杆菌为例，菌株在摇瓶中培养 8 h 至对数生长期后，以初始 OD_{600} 为 10 重新接种，并设计了添加不同浓度（0、3 g/L、5 g/L 和 10 g/L）透明质酸及添加 6000 U/mL 水蛭透明质酸水解酶的 8 种条件。结果显示，0 和 3 g/L 透明质酸的摇瓶中，细胞生长和糖耗相似；而 5 g/L 和 10 g/L 的摇瓶中，细胞生长显著抑制，抑制程度与透明质酸浓度成正比。在 3 g/L 摇瓶中，细胞代谢活动未显著受影响，表明低浓度透明质酸对菌体代谢影响有限。添加水蛭透明质酸水解酶的摇瓶中，代谢活动与对照相似，未表现出抑制效果。总的来说，透明质酸对细胞代谢的影响与其分子量和浓度密切相关，降低分子量有助于减弱抑制作用。

　　细胞表面的透明质酸分子会抑制细胞对营养物质的吸收，而通过添加透明质酸水解酶可以降低其分子量，从而减弱这种抑制作用。在研究中，重组菌株 CgspH-7 及对照菌株 pXMJ-pEC 在摇瓶培养中添加了 6000 U/mL 的水蛭透明质酸水解酶。CgspH-7 的透明质酸荚膜层被水解酶破坏，葡萄糖消耗速率和细胞密度均有所提高，透明质酸产量从 6.1 g/L 提升至 6.9 g/L。进一步的 5 L 发酵罐研究中，分别添加 1500 U/mL、3000 U/mL、6000 U/mL 的水解酶，结果显示，添加水解酶后，重组菌株细胞快速繁殖，透明质酸合成速率和最终产量均显著增加。其中，6000 U/mL 处理使透明质酸的最终产量达到 74.1 g/L，分子量降至 53 kDa（图 9-24）。这些结果表明，添加水蛭透明质酸水解酶可有效增加葡萄糖消耗、降低发酵液黏度并延长发酵周期，从而提高透明质酸产量。随着水解酶活力的提升，抑制作用愈发明显，控制水解酶活性有助于实现特定分子量透明质酸的高效合成（Wang et al.，2020）。

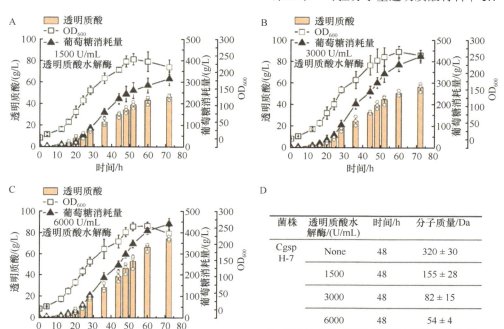

图 9-24　重组菌株 CgspH-7 5 L 发酵罐分批补料发酵添加终浓度

菌株	透明质酸水解酶/(U/mL)	时间/h	分子质量/Da
Cgsp H-7	None	48	320 ± 30
	1500	48	155 ± 28
	3000	48	82 ± 15
	6000	48	54 ± 4

9.6　总结与展望

透明质酸的合成与应用将在不同领域展现出广阔的前景。在合成方面，随着生物工程技术的不断进步，利用微生物发酵法高效生产高分子量透明质酸将更为普遍。这不仅可以满足人们对天然透明质酸日益增长的需求，还能降低生产成本。此外，通过基因工程改造微生物菌株，有望提高透明质酸的产量和分子量，从而提升其性能。

在材料应用方面，透明质酸因其优良的生物相容性和保湿特性，被广泛应用于化妆品、医药和食品领域。未来，透明质酸在皮肤护理、关节保健、伤口愈合等方面的应用将更加深入；同时，结合纳米技术，透明质酸可作为药物载体，实现靶向药物释放，提高治疗效果。

此外，探索透明质酸在新材料开发中的潜力，如作为生物可降解塑料和智能响应材料，将为其可持续发展提供新的解决方案。随着研究的深入，透明质酸的多功能化和应用领域不断拓展，将使其在生物医药、材料科学和环境保护等领域发挥更大的作用。

编写人员：康　振　胥睿睿（江南大学未来食品科学中心）

参 考 文 献

Amorim F G, Boldrini-Franca J, de Castro Figueiredo Bordon K, et al. 2018. Heterologous expression of rTsHyal-1: The first recombinant hyaluronidase of scorpion venom produced in *Pichia pastoris* system. Applied Microbiology and Biotechnology, 102(7): 3145-3158.

Armstrong D C, Johns M R. 1997. Culture conditions affect the molecular weight properties of hyaluronic acid produced by *Streptococcus zooepidemicus*. Applied and Environmental Microbiology, 63(7): 2759-2764.

Bakke M, Kamei J I, Obata A. 2011. Identification, characterization, and molecular cloning of a novel hyaluronidase, a member of glycosyl hydrolase family 16, from *Penicillium* spp. FEBS Letters, 585(1): 115-120.

Boltje T J, Buskas T, Boons G J. 2009. Opportunities and challenges in synthetic oligosaccharide and glycoconjugate research. Nature Chemistry, 1(8): 611-622.

Cheng F Y, Gong Q Y, Yu H M, et al. 2016. High-titer biosynthesis of hyaluronic acid by recombinant *Corynebacterium glutamicum*. Biotechnology Journal, 11(4): 574-584.

Cheng F Y, Luozhong S J, Guo Z G, et al. 2017. Enhanced biosynthesis of hyaluronic acid using engineered *Corynebacterium glutamicum via* metabolic pathway regulation. Biotechnology Journal, 12(10): 1700191.

Cheng F Y, Yu H M, Stephanopoulos G. 2019. Engineering *Corynebacterium glutamicum* for high-titer biosynthesis of hyaluronic acid. Metabolic Engineering, 55: 276-289.

Chong B F, Blank L M, McLaughlin R, et al. 2005. Microbial hyaluronic acid production. Applied Microbiology and Biotechnology, 66(4): 341-351.

DeAngelis P L. 1996. Enzymological characterization of the *Pasteurella multocida* hyaluronic acid synthase. Biochemistry, 35(30): 9768-9771.

DeAngelis P L, Weigel P H. 1995. Characterization of the recombinant hyaluronic acid synthase from *Streptococcus pyogenes*. Developments in Biological Standardization, 85: 225-229.

He J, Huang H, Zou X P, et al. 2020. Construction of saturated odd- and even-numbered hyaluronan oligosaccharide building block library. Carbohydrate Polymers, 231: 115700.

Hofinger E S A, Spickenreither M, Oschmann J, et al. 2007. Recombinant human hyaluronidase hyal-1: Insect cells versus *Escherichia coli* as expression system and identification of low molecular weight inhibitors. Glycobiology, 17(4): 444-453.

Huang H, Liang Q X, Wang Y, et al. 2020. High-level constitutive expression of leech hyaluronidase with combined strategies in recombinant *Pichia pastoris*. Applied Microbiology and Biotechnology, 104(4): 1621-1632.

Huang W C, Chen S J, Chen T L. 2006. The role of dissolved oxygen and function of agitation in hyaluronic acid fermentation. Biochemical Engineering Journal, 32(3): 239-243.

Jedrzejas M J, Mewbourne R B, Chantalat L, et al. 1998. Expression and purification of *Streptococcus pneumoniae* hyaluronate lyase from *Escherichia coli*. Protein Expression and Purification, 13(1): 83-89.

Jia Y N, Zhu J, Chen X F, et al. 2013. Metabolic engineering of *Bacillus subtilis* for the efficient biosynthesis of uniform hyaluronic acid with controlled molecular weights. Bioresource Technology, 132: 427-431.

Jin P, Kang Z, Yuan P H, et al. 2016. Production of specific-molecular-weight hyaluronan by metabolically engineered *Bacillus subtilis* 168. Metabolic Engineering, 35: 21-30.

Jin P, Kang Z, Zhang N, et al. 2014. High-yield novel leech hyaluronidase to expedite the preparation of specific hyaluronan oligomers. Scientific Reports, 4: 4471.

Jing W, DeAngelis P L. 2003. Analysis of the two active sites of the hyaluronan synthase and the chondroitin synthase of *Pasteurella multocida*. Glycobiology, 13(10): 661-671.

Kakizaki I, Ibori N, Kojima K, et al. 2010. Mechanism for the hydrolysis of hyaluronan oligosaccharides by bovine testicular hyaluronidase. The FEBS Journal, 277(7): 1776-1786.

Kang Z, Zhang N, Zhang Y F. 2016. Enhanced production of leech hyaluronidase by optimizing secretion and cultivation in *Pichia pastoris*. Applied Microbiology and Biotechnology, 100(2): 707-717.

Kim Y H, Lee S B, Shim S, et al. 2019. Hyaluronic acid synthase 2 promotes malignant phenotypes of colorectal cancer cells through transforming growth factor beta signaling. Cancer Science, 110(7): 2226-2236.

Mahoney D J, Aplin R T, Calabro A, et al. 2001. Novel methods for the preparation and characterization of hyaluronan oligosaccharides of defined length. Glycobiology, 11(12): 1025-1033.

Mandawe J, Infanzon B, Eisele A, et al. 2018. Directed evolution of hyaluronic acid synthase from *Pasteurella multocida* towards high-molecular-weight hyaluronic acid. Chembiochem : a European Journal of Chemical Biology, 19(13): 1414-1423.

Mao Z C, Shin H D, Chen R. 2009. A recombinant *E. coli* bioprocess for hyaluronan synthesis. Applied Microbiology and Biotechnology, 84(1): 63-69.

Marcellin E, Steen J A, Nielsen L K. 2014. Insight into hyaluronic acid molecular weight control. Applied Microbiology and Biotechnology, 98(16): 6947-6956.

Martín J F, Barreiro C, González-Lavado E, et al. 2003. Ribosomal RNA and ribosomal proteins in corynebacteria. Journal of Biotechnology, 104(1-3): 41-53.

Meyer K, Rapport M M. 1952. Hyaluronidases. Advances in Enzymology and Related Subjects of Biochemistry, 13: 199-236.

Osawa T, Sugiura N, Shimada H, et al. 2009. Crystal structure of chondroitin polymerase from *Escherichia coli* K4. Biochemical and Biophysical Research Communications, 378(1): 10-14.

Puech V, Chami M, Lemassu A, et al. 2001. Structure of the cell envelope of corynebacteria: importance of the non-covalently bound lipids in the formation of the cell wall permeability barrier and fracture plane. Microbiology, 147(Pt 5): 1365-1382.

Reitinger S, Boroviak T, Laschober G T, et al. 2008. High-yield recombinant expression of the extremophile enzyme, bee hyaluronidase in *Pichia pastoris*. Protein Expression and Purification, 57(2): 226-233.

Salis H M, Mirsky E A, Voigt C A. 2009. Automated design of synthetic ribosome binding sites to control protein expression. Nature Biotechnology, 27(10): 946-950.

Sheng J Z, Ling P X, Zhu X Q, et al. 2009. Use of induction promoters to regulate hyaluronan synthase and UDP-glucose-6-dehydrogenase of *Streptococcus zooepidemicus* expression in *Lactococcus lactis*: a case study of the regulation mechanism of hyaluronic acid polymer. Journal of Applied Microbiology, 107(1): 136-144.

Stank A, Kokh D B, Fuller J C, et al. 2016. Protein binding pocket dynamics. Accounts of Chemical Research, 49(5): 809-815.

Stern R, Jedrzejas M J. 2006. Hyaluronidases: their genomics, structures, and mechanisms of action. Chemical Reviews, 106(3): 818-839.

Stern R, Kogan G, Jedrzejas M J, et al. 2007. The many ways to cleave hyaluronan. Biotechnology Advances, 25(6): 537-557.

Sussmann M, Sarbia M, Meyer-Kirchrath J, et al. 2004. Induction of hyaluronic acid synthase 2 (HAS2) in human vascular smooth muscle cells by vasodilatory prostaglandins. Circulation Research, 94(5): 592-600.

Takasugi M, Firsanov D, Tombline G, et al. 2020. Naked mole-rat very-high-molecular-mass hyaluronan exhibits superior cytoprotective properties. Nature Communications, 11(1): 2376.

Taniguchi H, Busche T, Patschkowski T, et al. 2017. Physiological roles of sigma factor SigD in *Corynebacterium glutamicum*. BMC Microbiology, 17(1): 158.

Tawada A, Masa T, Oonuki Y, et al. 2002. Large-scale preparation, purification, and characterization of hyaluronan oligosaccharides from 4-mers to 52-mers. Glycobiology, 12(7): 421-426.

Tian X, Azpurua J, Hine C, et al. 2013. High-molecular-mass hyaluronan mediates the cancer resistance of the naked mole rat. Nature, 499(7458): 346-349.

Urresti S, Albesa-Jové D, Schaeffer F, et al. 2012. Mechanistic insights into the retaining glucosyl-3-phosphoglycerate synthase from mycobacteria. Journal of Biological Chemistry, 287(29): 24649-24661.

Wang Y, Hu L T, Huang H, et al. 2020. Eliminating the capsule-like layer to promote glucose uptake for hyaluronan production by engineered *Corynebacterium glutamicum*. Nature Communications, 11(1): 3120.

Weissmann B, Meyer K. 1954. The structure of hyalobiuronic acid and of hyaluronic acid from umbilical Cord[1, 2]. Journal of the American Chemical Society, 76(7): 1753-1757.

Westbrook A W, Ren X, Moo-Young M, et al. 2018. Engineering of cell membrane to enhance heterologous production of hyaluronic acid in *Bacillus subtilis*. Biotechnology and Bioengineering, 115(1): 216-231.

Widner B, Behr R, Von Dollen S, et al. 2005. Hyaluronic acid production in *Bacillus subtilis*. Applied and Environmental Microbiology, 71(7): 3747-3752.

Willis L M, Whitfield C, 2013a. KpsC and KpsS are retaining 3-deoxy-D-manno-oct-2-ulosonic acid (Kdo) transferases involved in synthesis of bacterial capsules. Proceedings of the National Academy of Sciences of the United States of America, 110(51): 20753-20758.

Willis L M, Whitfield C. 2013b. Structure, biosynthesis, and function of bacterial capsular polysaccharides synthesized by ABC transporter-dependent pathways. Carbohydrate Research, 378: 35-44.

Woo J E, Seong H J, Lee S Y, et al. 2019. Metabolic engineering of *Escherichia coli* for the production of hyaluronic acid from glucose and galactose. Frontiers in Bioengineering and Biotechnology, 7: 351.

Yu H M, Stephanopoulos G. 2008. Metabolic engineering of *Escherichia coli* for biosynthesis of hyaluronic acid. Metabolic Engineering, 10(1): 24-32.

Yuan P H, Lv M X, Jin P, et al. 2015. Enzymatic production of specifically distributed hyaluronan oligosaccharides. Carbohydrate Polymers, 129: 194-200.

Zhang B, Zhou N, Liu Y M, et al. 2015. Ribosome binding site libraries and pathway modules for shikimic acid synthesis with *Corynebacterium glutamicum*. Microbial Cell Factories, 14: 71.

第 10 章　细菌纤维素材料

在科学研究和工业领域，细菌纤维素（bacterial cellulose，BC）一直备受瞩目。作为一种由细菌合成的线性多糖，BC 展现出许多引人注目的特性和潜在应用。从其概念、来源、合成方式，到结构与特性的深入探讨，再到发酵工艺和代谢工程改造的研究，都为我们提供了深入理解和应用这一生物材料的机会。本章将系统地介绍 BC 的各个方面，旨在为读者提供全面的知识基础，以便进一步探索其在生物医学、生物材料和其他领域的潜在应用。

10.1　细菌纤维素的来源与合成

10.1.1　细菌纤维素的来源

纤维素是自然界分布最广的多糖，由葡萄糖通过 β-1,4-糖苷键线性链接而成，其化学式为 $(C_6H_{10}O_5)_n$，n 为葡萄糖基的数量，称为聚合度。作为地球上最丰富的生物聚合物，纤维素通常从许多生物体（包括植物、微生物和藻类）中分离出来，也可以通过酶合成。植物细胞壁是纤维素的主要来源，然而，与微生物和酶合成的最纯净的纤维素相比，植物来源的纤维素含有木质素、半纤维素和许多矿物质，因此需要额外的加工步骤才能从植物来源获得纯净的高质量纤维素。一些细菌，如醋杆菌属（*Acetobacter*）、驹形杆菌属（*Komagataeibacter*）、气杆菌属（*Aerobacter*）、无色杆菌属（*Achromobacter*）、肠杆菌属（*Enterobacter*）、根瘤菌属（*Rhizobium*）、土壤杆菌属（*Agrobacterium*）、梭菌属（*Clostridium*）、假单胞菌属（*Pseudomonas*）、产碱杆菌属（*Alcaligenes*）和沙门菌属（*Salmonella*）等，产生的纤维素称为细菌纤维素（BC）。这些微生物产生 BC 作为紫外线辐射和恶劣化学环境的保护机制。纤维素也可以在体外通过细菌[如球形红假单胞菌（*Rhodobacter sphaeroides*）]和酵母[如毕赤酵母（*Pichia pastoris*）]中的酶重组，以及仅从一种细菌中开发的无细胞酶系统来生产。

BC 是一种结构简单、不溶于水的胞外多糖。相互平行的线性葡聚糖链进行组装后，生成直径 2～20 nm 的初级纤维，初级纤维的组织、大小和形状因参与其生物合成的宿主和酶的类型而异。多个初级纤维相互聚集，并通过范德瓦耳斯力、分子间和分子内的氢键结合形成结构稳定的微纤维，即 BC。

最初的 BC 生产菌株主要为醋酸杆菌（*Acetobacter xylinum*），在分类学上属于醋杆菌属（*Acetobacter*）；随后，根据 16S RNA 基因序列以及泛醌类型，Yamada 将产生辅酶 Q10 的醋杆菌属归类为葡糖醋杆菌属（*Gluconoacetobacter*）。随着国际细菌命名法规的更新，葡糖醋杆菌属由 *Gluconoacetobacter* 更名为 *Gluconacetobacter*。驹形氏杆菌属是在 2012 年由 Yamada 等提出从葡糖酸醋杆菌属中划分出来的新属，与醋杆菌属和葡糖醋杆菌属同属于醋酸菌科，以日本微生物学家 Kazuo Komagata 的姓氏命名。葡糖醋杆菌属和驹形氏杆菌属的 BC 生产菌株都具有较高的 BC 生产能力，目前研究最多的是驹形氏杆菌属的驹形氏木醋杆菌（*K. xylinus*）、驹形氏汉森醋杆菌（*K. hansenii*）、驹形氏瑞士醋杆菌（*K. rhaeticus*）、驹形氏欧洲醋杆菌（*K. europaeus*）和驹形氏麦德林醋杆菌（*K. medellinensis*）（刘伶普，2021）。

10.1.2 细菌纤维素的合成

BC 的合成是细菌利用葡萄糖等碳源，通过一系列酶催化反应将单糖分子逐渐聚合成线性纤维素链的过程。这一过程通常发生在细菌细胞内，并通过细菌的分泌系统将合成的纤维素链释放到细菌周围的环境中。

早在 1886 年，Brown 就首次报道了纤维素的细菌合成。细菌纤维素是一种细胞外凝胶层，通过醋酸杆菌发酵醋而产生。从广义上讲，微生物细胞的 BC 生物合成是由单个葡萄糖单元通过糖苷键聚合而形成的 β-（1,4）-葡聚糖链在细胞外运输和组装到生长介质中，之后通过纤维素原纤维的结晶以及链间和分子内氢键的形成将其组织成高度有序的结构。从生化角度来看，BC 合成是一个由特定酶（纤维素合酶和内切-1,4-葡聚糖酶）和各种调节因子（辅助因子）介导的多步骤生化过程。根据细胞的生理状态，葡萄糖可以作为戊糖磷酸途径（pentose phosphate pathway，PPP）、糖酵解途径（Embden-Meyerhof-Parnas pathway，EMP）或糖异生的前体，之后参与细菌细胞系统中的三羧酸循环（tricarboxylic acid cycle，TCA cycle）。这些途径的不同中间体和最终产物，如己糖、甘油、二羟丙酮、丙酮酸或羧酸，都可以转化为纤维素。

BC 生产菌株合成 BC 主要分为 4 个步骤（Wahid et al.，2021a）（图 10-1）：①葡萄糖转化为葡萄糖-6-磷酸（glucose-6-phosphate，G6P）；②G6P 经葡萄糖磷酸变位酶（phosphoglucomutase，PGM）转化为葡萄糖-1-磷酸（glucose-1-phosphate，G1P）；③G1P 经 UTP-葡萄糖-1-磷酸尿苷酰转移酶（UTP-glucose-1-phosphateuridylyltransferase，UGPase）转化为尿苷二磷酸葡萄糖（uridine diphosphate glucose，UDPG）；④UDPG 经细菌纤维素合酶（bacterial cellulose synthase，BCS）转化为 BC。

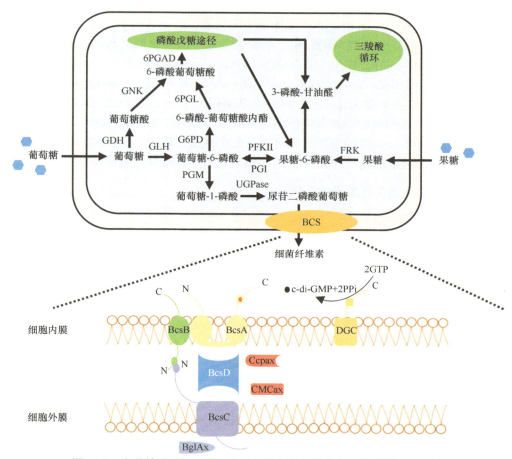

图 10-1　木葡糖酸醋杆菌中 BC 的生物合成（修改自聂雯霞等，2024）

GDH，葡萄糖脱氢酶；GNK，葡萄糖酸激酶；6PGAD，6-磷酸葡萄糖酸脱氢酶；GLK，葡萄糖激酶；G6PD，6-磷酸-葡萄糖脱氢酶；6PGL，6-磷酸-葡萄糖酸内酯酶；PFKII，磷酸果糖激酶 II；PGI，葡萄糖-6-磷酸异构酶；FRK，果糖激酶；PGM，葡萄糖磷酸变位酶；UGPase，UTP-葡萄糖-1-磷酸尿苷酰转移酶；BCS，细菌纤维素酶；BcsA，纤维素合酶 BcsA 亚基；BcsB，纤维素合酶 BcsB 亚基；BcsC，纤维素合酶 BcsC 亚基；BcsD，纤维素合酶 BcsD 亚基；DGC，二鸟苷酸环化酶；Ccpax，纤维素补充蛋白；CMCax，内切-β-1，4-葡聚糖酶；BglAx，β-葡糖苷酶；GTP，三磷酸鸟苷；c-di-GMP，环二鸟苷酸；PPi，焦磷酸

1. 细菌纤维素合酶

BCS 作为 BC 合成中的关键酶，属于多亚基复合体，在细胞中以操纵子的形式存在。bcs 操纵子主要分为 3 类：①以驹形氏木醋杆菌（*Komagataeibacter xylinus*）为代表菌株的第一种类型的 bcs 操纵子，包含 BcsA、BcsB、BcsC、BcsD、BcsZ（CMCax）、BglAx、BcsH（Ccpax），该类型操纵子的显著特征是存在 bcsD 基因，bcsD 的基因产物存在于周质中且与葡聚糖链的运输有关；②以 *E. coli* 为代表菌株的第二种类型的 bcs 操纵子，包含 BcsA、BcsB、BcsC、BcsZ（CMCax）、BcsE、

BcsF、BcsG、BcsQ、BcsR，该类型操纵子的显著特征是含有 *bcsE*、*bcsG* 基因但不含有 *bcsD* 基因，*bcsE* 的基因产物通过结合环二鸟苷酸（cyclic-diguanosine monophosphate，c-di-GMP）以促进 BCS 的激活，而 *bcsG* 的基因产物与磷酸乙醇胺纤维素的合成相关；③以根癌农杆菌（*Agrobacterium tumefaciens*）为代表菌株的第三种类型的 bcs 操纵子，包含 BcsA、BcsB、BcsZ（CMCax）、BcsN、BcsK、BscM、BcsL，该操纵子的显著特征是含有 bcsN、bcsK、bcsM、bcsL，其中 *bcsN* 的基因产物未知，*bcsK* 的基因产物可能与肽聚糖相互作用，*bcsM* 的基因产物是 Zn 依赖性的酰胺水解酶，*bcsL* 的基因产物是乙酰转移酶（聂雯霞等，2024）。

2. 微生物中细菌纤维素的合成

1）木葡糖酸醋杆菌中细菌纤维素的合成

木葡糖酸醋杆菌中 BC 的合成机制研究得较为透彻（图 10-1）。BC 的合成过程主要发生在细胞质。首先，葡萄糖、果糖等碳源经过 PPP、EMP 和糖异生等途径生成 G6P；随后在 PGM 和 UGPase 的催化下生成 UDPG，即合成 BC 的前体；最后，UDPG 通过 BCS 形成 BC。BC 的合成速率主要由 BcsA 和 BcsB（BCS 的催化域）共同调节。c-di-GMP 是 BcsA 的变构激活剂，BcsA 的 C 端胞质结构域 PilZ 与其结合可被激活，之后与 BcsB 相互作用引导新生成的 β-葡聚糖链向周质中移动。在细胞内，c-di-GMP 受二鸟苷酸环化酶（diguanylate cyclase，DGC）与磷酸二酯酶（phosphodiesterase，PDE）的调节，当缺乏 c-di-GMP 时，BC 无法合成。之后，BcsAB 与 BcsD 相互作用进一步促进 BC 的形成。这种相互作用可分为两种模式：在未形成 β-葡聚糖链时，BcsD 保持固定在 BcsAB 的表面（基础状态）；一旦 β-葡聚糖链开始形成，BcsAB 与 BcsD 分开，并通过 β-葡聚糖链连接（活跃状态）。β-葡聚糖链移动至 BcsD 的八聚体环中以结晶纤维素分子；同时，BcsC 的 N 端可能与 BcsD 存在相互作用，以控制处于活跃状态的 BcsD 在周质中的位置。随后，BcsC N 端的四肽重复结构域与 BcsB 的 N 端相互作用，使结晶后的 β-葡聚糖链通过 BcsC 的 C 端分泌至胞外，形成直径约 1.5 nm 的亚原纤维。BcsC 的排出口附近存在 CMCax、BglAx 用于水解无定形纤维。胞外的亚原纤维通过范德瓦耳斯力形成直径约 11 nm 的微纤维，微纤维之间通过氢键相互作用形成直径 40～50 nm 的带状纤维；带状纤维相互交错，最终形成具有 3D 网络结构的 BC。

2）其他菌株中细菌纤维素的合成

研究发现，*E. coli* 中 BC 的生物合成揭示了一个具有催化活性的、稳定的多亚基分泌结构。这个结构主要由两部分组成：BCS 大复合体（包括 BcsRQABEF）；呈扇形排列的周质结构（包括 6 个 BcsB 多聚体）。在 BCS 大复合体中，BcsA 的 PilZ 结构域得到 BcsRQ 复合体的牢固支撑，而 BcsQ 可能对 BcsA 的稳定性，以及对 c-di-GMP

的依赖性激活具有一定的催化作用。这个复合体的稳定性可能来自于 BcsQ-BcsE-BcsF 之间的相互作用。此外，BcsQ 与 BcsE、BcsR、BcsA 之间的相互作用，以及 BcsE 与 BcsF 之间的可能相互作用，都有助于将复合体招募至内膜。另外，研究发现 BcsE 与 c-di-GMP 结合后，能够增加二核苷酸的浓度，从而促进 BCS 的完全激活。此外，BcsG 被认为是磷酸乙醇胺转移酶，用于修饰新生多糖以赋予新生膜特定的性能，即生成天然改性纤维素——磷酸乙醇胺纤维素。BcsG 与 BcsA 之间的相互作用可能有助于复合酶的组装。尽管已经揭示了这些机制，但 E. coli 中 BC 的生物合成仍有待进一步研究，例如，BCS 在细胞表面的排列方式、BCS 大复合体（BcsRQABEF）是否与 BcsC 之间存在相互作用，以及在 E. coli 的胞外是否与木葡糖酸醋杆菌一样存在微纤维的形成等。此外，对于非醋酸菌如库德里亚夫毕赤酵母（Pichia kudriavzevii）和土壤雷夫松氏菌（Leifsonia soli）中 BC 的生物合成机制，尚未有相关文献报道。

3. 细菌纤维素中纤维的组装

β-葡聚糖链、亚原纤维、束状及带状纤维的定向取向与结合，均受到细胞表面分泌位点的控制，这些分泌位点沿着细胞的长轴线性排布，形成末端复合物（terminal complex，TC）。TC 由 BcsA、BcsB、BcsC、BcsD 和 Ccpax 等成分组成。高度有序纤维的生成涉及以下三个关键因素：①BCS 中亚基的调控；②肽聚糖结构的完整性；③菌株内在结构特征。

研究表明，BcsD 的缺失会导致 TC 在细胞表面排列异常，除了沿着细胞的长轴排列，还可能出现横向、对角线或纵向排列，导致带状纤维无法正常形成，从而减少了 BC 的合成。TC 中亚基之间的相互作用对于胞外纤维的方向性起着至关重要的作用。BcsD 与 Ccpax 之间的相互作用可能有助于 TC 正确排列在细胞表面，而 Ccpax 可能作为蛋白质-蛋白质相互作用的中介而确保 TC 的正确排列。

除了 BCS 亚基之间的调节外，肽聚糖结构的完整性可能会对纤维的组装产生影响。当 β-葡聚糖链穿过细胞质朝向外膜挤出时，完整的肽聚糖框架对于引导葡聚糖链至关重要，以确保其与挤出孔对齐；相反，肽聚糖框架的破坏可能会影响细胞形态，导致葡聚糖链与挤出孔未完全对齐，无法参与后续的亚原纤维组装，进而影响 BC 的结晶度。BCS 与肽聚糖层之间是否存在相互作用，以及肽聚糖在 BC 结晶中的具体作用，仍需进一步研究。

此外，菌株内在的结构特征也会影响纤维的组装。早期文献通过复染色和冷冻电子断层扫描可视化表明 TC 在细胞表面呈线性排列，这与高度有序的结晶纤维有关。研究人员通过电子冷冻断层扫描和聚焦离子束技术鉴定了一种新的胞质结构，即 "cortical belt"，该结构位于内膜 24 nm 的位置，不受纤维素水解酶的影响。这种结构似乎只存在于形成有序结晶纤维的细菌中，但其与内膜的具体连接方式仍待进一步研究。

10.2 细菌纤维素的发酵工艺

BC 的产生与细胞代谢有关,不受其他代谢途径的干扰,如蛋白质合成、脂质代谢和细菌细胞中核糖核酸(DNA/RNA)的复制。细菌菌株类型、曝气(好氧、厌氧和兼性好氧/厌氧)、碳源(化学定义的培养基、低成本的废料)、微环境(温度、pH 和培养时间)和发酵方式(静态、摇动和搅拌)对 BC 的合成(产量和生产强度)及性能都有很大影响。

10.2.1 微环境对细菌纤维素合成的影响

微环境指的是细菌生长和合成 BC 的具体环境条件,包括温度、pH、氧气浓度、营养物质浓度等因素。微环境对 BC 合成的影响十分显著,因为这些条件可以直接影响细菌的生理状态和合成 BC 所需的生化途径。

1. 温度

温度是微生物生长和代谢的重要环境因素之一,对 BC 合成也有重要影响。通常来说,温度会影响细菌中酶系统的活性或稳定性,适宜的温度能够提高细菌的生长速率和代谢活性,从而促进 BC 的合成。BC 生产过程中涉及的酶是温度依赖性的,最佳的纤维素生产温度在 28~30℃。在最佳培养温度下,细菌处于对数生长期时,BC 产量随着培养时间的延长逐渐增加;但在最佳培养温度以上,BC 产量由于迟滞期的延长而下降。

2. pH

pH 是发酵环境中酸碱度的指标,对 BC 合成的影响很大。不同的细菌可能对 pH 有不同的适应范围,一些醋酸杆菌(如 *Acetobacter xylinum*)对于较低的 pH(通常在 4~7)比较适应。适宜的 pH 能够维持细菌内外部环境的稳定性,促进细菌生长和 BC 合成的进行。相关研究报道,BC 合成的最佳 pH 为 4.0~6.0,pH 低于 4.0 会抑制 BC 的生成。然而,在 BC 生产过程中,细菌利用碳源后,会形成葡萄糖酸、乙酸、酮葡萄糖酸和乳酸等有机酸,导致发酵过程中发酵液的 pH 下降,直接影响 BC 的生产力。特别是当使用葡萄糖时,产生的主要副产物葡萄糖酸导致 BC 的合成减少。近年来的研究主要集中在通过使用不同的添加剂(如抗氧化剂和酚类化合物)来减少发酵过程中有机酸的积累。抗坏血酸是一种抑制葡萄糖酸形成的抗氧化剂,在其存在的条件下,木葡糖酸醋杆菌(*Gluconacetobacter xylinus*)的 BC 产量从 0.25 g/30 mL 增加到 0.47 g/30 mL。此外,在另一项研究中,确定了培养基中的酚类化合物在发酵过程中减少了有机酸的积累,可能有助于增加底物向 BC 的转化。

因此，发酵过程中 pH 的控制对于维持 BC 生产菌株的生存能力和产量至关重要。

3. 培养时间

培养时间是影响微生物生产 BC 的重要因素。Santoso 等发现发酵周期的延长会导致培养基中 BC 的积累增加、生产速率下降。Pacheco 等报道，由于培养时间的延长，培养基中的活细胞和营养物质数量减少，代谢物的增加导致了 BC 的生产速率下降。综上所述，对 BC 生产中的培养时间进行评价并进行优化，对于获得高产量的 BC 进而用于工业规模是非常重要的（Avcioglu，2022）。

4. 氧气

氧气是细菌代谢过程中的重要底物之一，也是 BC 合成的关键因素。对于许多生产 BC 的细菌来说，适宜的氧气浓度能够促进细菌的生长和代谢活性，有利于 BC 的合成，过高或过低的氧气浓度可能会导致细菌代谢途径的改变，影响 BC 的产量或结构。Liu 等（2018）在 G. xylinus CGMCC 2955 中异源表达透明颤菌血红蛋白（Vitreoscilla hemoglobin，VHb），发现在 15%氧分压培养条件下进行静置培养时，工程菌株 G. xylinus-vgb$^+$ 的 BC 产量相较于 G. xylinus CGMCC 2955 显著增加 58%。Watanabe 和 Yamanaka 发现，氧张力对 BC 的产率及其物理性质有很大影响。当氧张力为 10%～15%时，BC 产量最高，但细胞生长随氧张力的增加变化不大。随着氧张力的增加，BC 纤维的韧性增加，但在 10%～15%时获得的膜较软，同时发现不同氧张力对超细纤维的宽度影响不明显（Wahid et al.，2021a）。此外，曝气是细菌生长和 BC 产生的关键因素。据报道，大量的溶解氧会导致培养基中葡萄糖酸浓度的增加和 BC 产量的减少，而有限的氧气会对细胞生长和 BC 产量产生负面影响。

5. 营养物质

碳源被认为是微生物发酵过程中有效优化的最重要因素之一，微生物利用它将底物转化为目标产物。近年来，单糖（D-葡萄糖、D-果糖）、低聚糖（蔗糖）、醇类和糖醇（甘油、D-甘露醇和 D-山梨醇）等多种碳源被用于 BC 的生产。其中，葡萄糖是最常用的一种碳源。然而，当使用葡萄糖作为碳源时，会产生大量的副产物——葡萄糖酸，酸化培养基，抑制菌体生长，从而影响 BC 的合成。G. xylinus ATCC 53524 利用多种碳源（如甘露醇、葡萄糖、甘油、果糖和蔗糖）进行发酵，结果表明蔗糖和甘油作为碳源时，BC 产量较高，分别为 3.83 g/L 和 3.75 g/L。而在 G. xylinus CGMCC 2955 中以甘油作为碳源时，BC 产量最高，为 5.97 g/L；其次是葡萄糖和果糖，BC 产量分别为 4.97 g/L 和 3.99 g/L，这可能是由于菌株的遗传背景不同导致的。

BC 的生产过程中，培养基约占 BC 生产总成本的 30%，并且其组成会影响生产效率。因此，近年来采用替代碳源，特别是廉价碳源生产 BC 的研究逐渐增多，例如，用来自乳制品行业、菠萝农业综合企业、生物柴油和糖果行业的副产物，以及麦秸、果汁、腐烂水果、糖蜜、葡萄酒发酵液等的残留产品生产 BC。除了上述碳源外，研究人员还提出了生产 BC 的替代底物，如甘蔗渣酸解物和酶解物、玉米酸水解物、荔枝提取物和废水（经过脂质发酵、丙酮丁醇-乙醇发酵或其他工业发酵）（Fernandes et al.，2020）。

除了碳源外，其他营养物质（如氮源、有机营养物等）对细菌的生长和 BC 合成也有重要影响。蛋白胨、甘氨酸、酵母提取物、茶提取物（绿茶、康普茶、红茶、路易波士茶和玉米须茶）、谷氨酸钠、水解酪蛋白、硫酸铵和甘氨酸等氮源，都是微生物细胞构建和生长的共同基础底物。其他有利于生产 BC 的基质是无机盐和有机营养物，例如，磷酸氢二钠（Na_2HPO_4）、镁盐、硫盐和钾盐是培养基中最常用的盐，有机酸（如乙酸、柠檬酸、苹果酸和乳酸）、维生素（如抗坏血酸）和脂肪酸（来自植物油，如菜籽油）是最常用的有机营养素。除此之外，乙醇还可以用于优化 BC 的生产，因为乙醇除了能够显著提高 BC 的生产速率，还可以阻止突变的非 BC 生产菌株的积累。

综上所述，微环境条件对 BC 合成具有重要影响，通过精确控制微环境条件，可以调节细菌的生理状态和代谢途径，从而实现对 BC 合成的精准调控，提高 BC 的产量和质量。

10.2.2 发酵方式对细菌纤维素合成的影响

发酵方式对 BC 合成的影响主要体现在发酵过程中的氧气和营养物质供应方式，以及发酵过程中环境条件的控制。在 BC 生产中，可以使用静态发酵、动态发酵或生物反应器发酵方法。在静态发酵方法中，BC 在培养基中气液界面处形成薄膜，促进了更薄的三维网络结构和优异的力学性能。相比之下，在动态发酵方法中，BC 以纤维颗粒或线的形式呈现，其聚合度、机械强度和结晶度低于静态发酵形成的薄膜。然而，动态发酵被广泛用于商业目的，因为它在更短的时间内产生 BC，并且具有经济可行性和理想的应用，如蛋白质和脂肪酶的固定、药物释放和纳米复合材料的吸收。

下面详细说明发酵方式对 BC 合成的影响。

1. 静态发酵

在静态发酵中，发酵容器通常不会进行搅拌或搅拌速率较低，导致培养基中氧气的分布不均匀，通常只有容器表面与气体接触，而底部缺氧。这种条件下，细菌在培养基表面生长，形成较厚的纤维素层。

据报道，微生物产生 BC 的原因主要有两个：一个是为了保护细胞免受紫外线辐射和严酷的化学环境损害；另一个则是通过形成 BC 膜，使菌体能够漂浮在液体表面以获取充足的氧气。因此，在 BC 的工业生产中，通常采用浅盘发酵法。在静置培养条件下合成的 BC，其气相面层和液相面层的微观结构存在显著差异。气相面层的 BC 表面较为光滑，纤维束交织密集；而液相面层的 BC 则呈现絮状结构，纤维束排布相对较松。为了在有充足氧气的界面生存，BC 生产菌株通过逐层合成 BC 形成厚膜。Hornung 等（2006）的研究指出，在距离 BC 膜气相表面 1 mm 处，溶氧值接近零。因此，作者将纤维素膜 1 mm 内定义为好氧区，而更深处为缺氧区。此外，纤维素膜中仅有 10% 的菌体保持活性，能够生产 BC，这些菌生长于 BC 膜气相面层中，表明氧气是影响 BC 菌株生长和 BC 生产的关键因素之一。Watanabe 和 Yamanaka（1995）进行了一项试验，他们在醋酸杆菌的培养系统中通入了氧含量不同的空气，结果显示，氧含量对菌体量和葡萄糖酸产量没有显著影响，但对 BC 的产量有显著影响。相较于常规空气，低氧空气（10% 和 15% 的氧含量）可以使 BC 产量显著增加至 1.25 倍，而 5% 的低氧空气和 25%～50% 的高氧空气则会显著降低 BC 的产量。对 5 株 BC 生产菌株进行的试验结果表明，降低氧含量可以增加 BC 的产量，并且低氧空气还可以增加纤维丝的长度，从而改变 BC 的物理性质。因此，氧气供应对菌体的生长和代谢至关重要。此外，在静态条件下形成的 BC 通常具有较高的结晶度和抗拉强度。

2. 动态发酵

为了提高 BC 的生产效率，许多研究人员试图通过变静置培养为动态培养的方式提高 BC 生产过程中的溶氧值，从而增加 BC 的产量和合成速率。动态发酵条件下，培养基中氧气充分分散，可以提供更好的氧气供应，一些 BC 生产菌株，如 *Acetobacter xylinum* ATCC 700178 和 *Acetobacter xylinum* BPR 2001 不再局限于仅在气液界面处合成 BC，可在远离界面的培养液内大量合成絮状、球状或块状的 BC。这种条件下，BC 的合成更均匀，整个培养基中的细菌都能获得足够的氧气和营养物质。结构特性测试表明，球形 BC 具有比 BC 膜更高的持水能力、更低的杨氏模量和结晶度。

然而，研究表明，一些 BC 生产菌株通过动态培养所得 BC 产量是否高于静态培养的 BC 产量，与菌株类型有关。有研究报道，*K. xylinus* CGMCC 2955、*Acetobacter acetigenum* NCIB 8182 和 *Acetobacter xylinum* HCC B-51 等菌株在静态培养条件下的 BC 产量更高。这种现象可能是由于动态条件下产生了非 BC 生产菌株。从这个角度来看，在静态培养中生产 BC 比动态培养更有优势。从进化的角度思考，在静态发酵的情况下，细菌需要停留在气液界面，以获得足够的氧气和营养物质来进行生长；而在搅拌条件下，氧气被带入液体介质，细菌不需要漂浮在气液界面上就能获得足够的氧气和营养。由此可知，两个原因可能导致动态培养中的细菌出现不产 BC 这种表型变化（Wahid et al., 2021a）: ①在动态培养过程中，空气中有足够的氧气支持细菌生长，细菌不需要漂浮在液体表面获取氧气；②当氧气足够生存时，细菌生存就不需要产生 BC，而是需要更多的营养物质，而不产 BC 满足了细菌的生存需求。除了动态培养外，深度培养也会导致细菌突变为非 BC 生产菌株。这一现象也说明，当细菌获得氧气而不漂浮在液体表面时，它们往往会失去生产 BC 的能力。因此，动态发酵应视菌株自身的属性而定。

3. 生物反应器发酵

生物反应器的出现改变了传统发酵方式，缓解了静态和动态培养的限制。由于细菌生长缓慢且氧气供应有限，一些 BC 生产菌株在传统静态发酵中的产量低于动态发酵。然而，在动态发酵中，有害突变体的出现和传播会显著降低 BC 的产量。相比之下，生物反应器不仅具有高细胞密度、高生产速率、高质量的细菌纤维素产物、连续生产及高氧传递能力等优势，还能在减少有害突变体积累的同时，提高 BC 的生产稳定性。

生物反应器的发酵方法可根据使用富氧空气、旋转圆盘、配备旋转过滤器或硅胶膜的生物膜支架进行分类，可以选择静态培养或搅拌培养。搅拌槽式生物反应器在发酵工业中应用最多。在这种反应器中，高细胞密度的 BC 悬浮液会产生高黏性流体，达到氧传递的极限，但需要较大的搅拌功率，增加了能耗。气升式生物反应器是另一种常见的生物反应器，与搅拌槽式生物反应器相比，它的效率更高、剪切力更小。经过改良的空气运输生物反应器缓解了 BC 生产过程中氧气供应有限的问题，BC 呈现为椭圆形颗粒。其他生物反应器（如旋转盘式反应器或滴流床反应器）也是生产 BC 的良好选择，因为它们有助于增加氧气供应，提供更高的表面积/体积比，并减少剪切力。然而，根据操作方式的不同，BC 的抗拉强度可能会下降，因此发酵方法的选择应考虑 BC 所需的物理、形态和机械特性（Fernandes et al., 2020）。

综上所述，发酵方式对 BC 合成的影响主要体现在氧气和环境条件的控制上。通过精确控制发酵条件，可以调节 BC 生产菌株的生理状态和代谢途径，从而实现对 BC 合成的精准调控，提高 BC 的产量和质量。

10.3　细菌纤维素的代谢工程改造

10.3.1　细菌纤维素的代谢通路

1. 磷酸戊糖途径

木葡糖酸醋杆菌具有"氧化发酵"这一独特的代谢特征，这是一种不完全氧化的过程。在这种过程中，底物被膜结合的脱氢酶氧化，产生的氧化产物释放到培养基中。当木葡糖酸醋杆菌仅以葡萄糖为碳源时，大部分葡萄糖被氧化生成葡萄糖酸，而非直接转运入胞。葡萄糖酸的大量积累会降低发酵液的 pH。随后，葡萄糖酸通过葡萄糖酸激酶进入胞内进行代谢。当胞内对葡萄糖酸的吸收速率高于胞外葡萄糖向葡萄糖酸的转化速率时，发酵液的 pH 又会逐渐升高。

木葡糖酸醋杆菌主要依靠 PPP 途径来利用胞外碳源。PPP 途径中的 6-磷酸葡萄糖酸（6-phosphogluconic acid，6PGA）的形成主要来自两个方面：一方面来自于葡萄糖酸激酶（gluconokinase，GNK）对外源葡萄糖酸的磷酸化；另一方面来自于胞内 G6P 在 6-磷酸-葡萄糖脱氢酶（6-phosphogluconate dehydrogenase，G6PD）和 6-磷酸-葡萄糖酸内酯酶（6-phosphogluconolactonase，6PGL）的催化。6PGA 经过 PPP 途径后转化为 3-磷酸甘油醛（3-phosphoglyceraldehyde，3PGAL）和果糖-6-磷酸（fructose-6-phosphate，F6P）。由于大部分葡萄糖先形成葡萄糖酸再进入胞内，并且木葡糖酸醋杆菌的 EMP 途径中磷酸果糖激酶（phosphofructokinase，PFK）活性较低，因此仅有少部分磷酸己糖是由葡萄糖直接磷酸化形成，大部分葡萄糖通过 PPP 途径进入磷酸己糖池（黄龙辉，2022）。刘伶普（2021）敲除 K. xylinus CGMCC 2955 中的葡萄糖脱氢酶（glucose dehydrogenase，GDH）基因后，敲除菌株合成 BC 的能力严重下降，之后在敲除菌株中过表达了葡萄糖促扩散蛋白基因和己糖激酶基因，菌株产 BC 的能力显著增加。这一现象也说明了木葡糖酸醋杆菌的野生型菌株利用葡萄糖的能力较弱，磷酸己糖池的形成主要依靠 PPP 途径。

2. 糖酵解与糖异生途径

木葡糖酸醋杆菌的另一代谢特征是 EMP 途径的代谢能力较弱，主要通过糖异生途径合成 G6P。当木葡糖酸醋杆菌以葡萄糖为碳源的时候，仅有少量的葡萄糖被葡萄糖激酶（glucokinase，GLK）直接催化为 G6P；大部分的葡萄糖是经过 GDH 转化为葡萄糖酸，之后通过 PPP 途径被代谢利用。与以 EMP 代谢为主的菌株（如 E. coli）相比，木葡糖酸醋杆菌的 EMP 途径中缺少高活性的磷酸果糖激酶 I（PFKI），含有低活性的磷酸果糖激酶 II（PFKII）。葡萄糖经过 PPP 途径代谢后，一部分进入 TCA 循环，为细胞的生长代谢提供碳源和能源；另一部分则通过转醛缩酶的催化形成 F6P 和甘油醛-3-磷酸（glyceraldehyde-3-phosphate，G3P），二者进一步通过糖异生途径形成 G6P，进而为 BC 的合成提供前体物质。因此，对于木葡糖酸醋杆菌来说，糖异生途径在其积累 BC 的前体物质中起了重要作用。

3. 细菌纤维素合成途径

木葡糖酸醋杆菌中 BC 的合成主要分为四个步骤：①将葡萄糖转化为 G6P；②PGM 将 G6P 转化为 G1P；③UGPase 将 G1P 转化为 UDPG；④BCS 以 UDPG

为底物合成 BC。其中,UGPase 以 G1P 为底物合成 UDPG 这一步为不可逆步骤。已有研究通过比较合成 BC 和不合成 BC 的木葡糖酸醋杆菌中 UGPase 的活性,发现前者是后者的 100 倍。因此,UGPase 的活性对 BC 的合成至关重要。BCS 利用 UDPG 合成葡萄糖苷链,其 BcsA 亚基的活性受次级信号分子 c-di-GMP 调控。UDPG 在 BCS 的作用下延长新生多糖长度,最终生成 BC。

10.3.2 调控细菌纤维素合成的遗传工具

调控 BC 合成的遗传工具包括一系列遗传工程技术和工具,可以通过调控细菌的遗传组成和表达水平,实现对 BC 合成途径的精准调控。迄今为止,通过对一些细菌过表达或破坏其关键基因,成功地进行了基因改造,目的是提高 BC 的产量和生产强度,以及调整 BC 的结构特征。本节总结了过去几十年来用于控制 BC 生物合成的一些基因工程方法。

以下是常用的调控 BC 合成的遗传工具。

1. 基因编辑技术

（1）λ-Red 同源重组系统

λ-Red 同源重组系统是一项可在染色体水平进行遗传操作的技术,该系统由 λ 噬菌体的 *exo*、*bet* 和 *gam* 三个基因组成,分别编码 Exo、Beta 和 Gam 蛋白。λ-Red 同源重组技术是细菌靶基因置换的有效技术,该技术发展迅速,已广泛应用于 *E. coli* 等细菌染色体 DNA 的基因敲除和基因整合。2020 年,刘伶普（2021）开发了一种模块化的 DNA 方法来删除 *K. xylinus* CGMCC 2955 中的基因组区域。他们首先在木葡糖酸醋杆菌中表达用于增强 DNA 同源重组的 λ-Red 酶,然后将重组菌制备成感受态,再将带有同源臂和抗性基因的线性 DNA 导入感受态,以删除编码 GDH 的基因,该基因是 BC 生长过程中产生副产物葡萄糖酸的关键。重要的是,他们在基因组整合工作流程中加入了一个 FLP/FRT 位点特异性重组系统,以便后续移除插入过程中使用的抗生素编码基因,实现无痕敲除。GDH 编码基因的破坏确实阻止了细菌生产葡萄糖酸,当在质粒水平上表达促进葡萄糖转运的酶时,最终的工程菌株与出发菌株相比,具有更高的 BC 产量。

（2）CRISPR/dCas9 系统

CRISPR/dCas9 系统是一种基于 CRISPR 系统开发的遗传工具,用于靶向调控基因的表达。该系统由能够与靶位点基因特异性结合的单链引导 RNA（single guide RNA,sgRNA）和没有切割活性的 Cas9 蛋白（deactivated Cas9,dCas9）组成。结合 sgRNA 能够靶向识别原型间隔区相邻基序（protospacer adjacent motif,PAM）附近的靶位点基因及 dCas9 与基因结合但不切割的特性,二者可形成复合体 sgRNA-dCas9,该复合体能够干扰相应基因的转录表达。研究表明,

sgRNA-dCas9 复合体靶向基因的位置差异会导致基因表达的强弱产生差异，因此可以通过选择不同的靶位点来控制干扰基因表达的强度。Teh 等（2019）使用由 *Cas9-3xFLAG* 融合基因和来自化脓链球菌的 sgRNA 组成的转化盒建立了 CRISPR 干扰（CRISPRi）基因调控技术，并用该技术干扰内源性 *acs* 操纵子的表达。RT-PCR 结果显示，在 *acsAB* 突变体中，*acsAB* 的表达减少为原来的 1/2，BC 的产量减少了 15%。相比之下，*acsD* 突变体的 BC 产量仅下降 5%。Huang 等（2020）在 *K. xylinus* CGMCC 2955 中建立了 CRISPR/dCas9 基因调控系统，实现了对基因组中靶向基因的干扰，从而影响 BC 合成相关基因的表达水平，进而调控 BC 的结构。研究人员利用 CRISPR/dCas9 基因调控系统控制 UGPase 的编码基因 *galU* 的表达，这是因为 *galU* 是 BC 生物合成途径和卡尔文循环之间重要的碳通量调节因子。*galU* 在工程菌株中的表达量较低时，工程菌株产生的 BC 比野生型菌株产生的 BC 具有更高的孔隙率和更低的结晶度。由工程菌株产生的高孔隙率 BC 有利于其作为生物医学支架材料应用，以提高对药物、氧气、营养物质和伤口渗出物的渗透性。

（3）CRISPR/Cas9 系统

CRISPR/Cas9 系统可以实现基因的精准编辑和调控，CRISPR/Cas9 介导的基因编辑系统仅需对 CRISPR/Cas9 系统中的 20 bp 间隔序列进行修改，Cas9-crRNA-tracrRNA 复合体能够与 PAM 序列附近的互补序列靶向结合，进而使得 Cas9 蛋白将 DNA 的双链分开；随后采用具有高保真特性的同源重组 DNA 修复机制，实现对基因的无痕编辑。黄龙辉（2022）在 *K. xylinus* CGMCC 2955 中建立的 CRISPR/Cas9 基因编辑系统，可以在 *K. xylinus* CGMCC 2955 的基因组中实现靶向基因的敲除、插入或修饰，从而影响 BC 合成相关基因的表达水平。

2. 调控元件

调控元件包括启动子、核糖体结合位点、终止子等，可以用于调节目标基因的转录水平。通过合理设计和调节这些调控元件的序列及结构，可以实现对 BC 合成途径中关键基因表达水平的调控。

2016 年，Florea 等首次将模块化 DNA 工程引入 BC 生产菌株。他们描述了一个标准化的模块 DNA 部件的"工具包"，可用于在细菌生长和生产 BC 过程中控制基因的表达。他们能够在驹形氏瑞士醋杆菌中克隆和表征数十个模块化 DNA 部分的性能，包括质粒骨架、荧光蛋白报告基因、不同强度的组成型启动子，以及由转录因子控制的诱导型启动子。这些模块化的 DNA 部分被设计成一种称为 BioBricks 的标准克隆模式，这意味着他们可以在大肠杆菌构建的质粒中以许多不同的组合快速组装在一起，然后可以穿梭到驹形氏瑞士醋杆菌中。该团队利用模块化 DNA 部件的工具包和改良的 pSEVA 质粒骨架来证明空间图案化，通过在 BC 的一侧和 BC 生长的中途不同时间添加诱导剂 *N*-酰基高丝氨酸内酯（*N*-acylhomoserine lactone，AHL）使 BC 产生红色荧光。在后面的试验中，他们将红色荧光模块替换为另一个表达基于 RNA 合成的沉默系统模块，该模块用于抑制 *galU*，*galU* 是合成 BC 所必需的染色体基因。结果表明，当添加高浓度 AHL 时，工程菌株停止生产 BC。

2019 年，Teh 等扩展了一个用于 BC 生产控制的遗传工具包。研究人员使用相同的质粒和克隆框架，通过添加多个新的基因部分文库，显著扩大了表征模块 DNA 部分的可用数量，其中包括组成型启动子和诱导型启动子、核糖体结合位点、终止子及蛋白质降解标签；他们还添加了诱导型启动子 P~BAD~，该启动子对高浓度（4%）阿拉伯糖有反应，并且比先前描述的 AHL 诱导型启动子更严谨。重要的是，作者的研究表明，克隆工具箱及其新的模块化 DNA 部分不仅适用于 *K. rhaeticus* iGEM，也适用于常用的 *G. xylinus* ATCC 700178 和 *G. hansenii* ATCC 53582。为了证明 DNA 工具的可使用性，他们改变酶的表达（通过改变所使用的启动子），从而调节甲壳素与纤维素聚合物的结合量。

2020 年，Hur 等开发并鉴定了一个 RBS 模块化元件库，然后将这些 RBS 与模块化 DNA 组装起来创建了一组质粒，每个质粒用于表达合成 UDPG 的三个关键基因：*pgm*、*galU* 和 *ndp*。通过改变每个基因的 RBS 强度，找到酶表达水平的最佳组合，可将静态培养的 BC 产量提高到 5.28 g/L。

综上所述，调控 BC 合成的遗传工具涵盖了基因编辑技术和调控元件两个方面，通过精准调控细菌的遗传组成和表达水平，实现了对 BC 合成途径的精准调控和优化。

10.3.3　定向改造细菌纤维素的合成

定向改造 BC 的合成是利用遗传工程技术，针对 BC 合成途径中的关键基因进行精准改造和优化，以达到提高 BC 产量、质量及性能的目的。目前，以提高 BC 产量为目的的研究主要集中在以下几个方面：分离新的和正在开发的工程菌株、探索新的生长介质、改变培养基组成和培养条件、开发先进的反应器，以及采用低成本原料和替代碳源等方式降低生产成本，以制定工业规模的生产路线。虽然这些研究方向能够较为容易地针对特定的 BC 菌株进行优化，但由于其基因组的遗传不稳定性，提高该物种的内在产 BC 能力仍是一项具有挑战性的任务。因此，生物合成过程本身仍有很多需要探索的领域，以提高 BC 的产量和生产强度，并调整 BC 的结构，从而满足特定应用的需求。

为了实现这些目标，研究人员通过基因工程对 BC 生产菌株进行研究，以进一步了解 BC 生物合成的代谢调节。BC 生产菌株的基因工程主要通过敲除、下调、过表达、引入外源基因等方式直接靶向参与合成的基因，揭示了负责控制 BC 产量、结晶度和组装等各种特征的关键调节因子。

Nakai 等（1999）在醋酸杆菌中成功异源表达了绿豆蔗糖合成酶，这是在 BC 生产菌株中进行基因工程的第一个主要案例。当培养基中添加蔗糖时，工程菌株的 BC 产量显著增加，从而为通过更低的原料成本提高 BC 产量提供了一种途径。

在接下来的十年中，又有两个基因工程案例展示了从廉价原料中提高 BC 产量的替代方法（Singh et al.，2020）。一个案例是将来自大肠杆菌的 lacZ 基因插入到醋酸杆菌的基因组中，以便在乳清中生产 BC 时，该菌株可以利用乳糖；另一个案例是在醋酸杆菌中异源表达来自透明颤菌的血红蛋白基因，从而提高了 BC 的产量。

Yadav 等（2010）将来自白色念珠菌的、带有 3 个基因的操纵子引入木葡糖酸醋杆菌。这个操纵子编码的代谢途径可以使几丁质单体 N-乙酰氨基葡萄糖（GlcNAc）在细菌内转化为 UDP-GlcNAc。然后，UDP-GlcNAc 单体与 UDPG 混合，最终由菌体的 BC 合成机制聚合在一起。得到的工程菌株可以利用葡萄糖和 GlcNAc 产生一种新的纤维素-几丁质共聚物。由于几丁质容易被动物溶菌酶降解，因此用这种方法生产的共聚物在体内植入后可以自然降解，而纤维素生产的共聚物则不会出现这个问题。这项工作使体内用 BC 创造结构成为可能，如支架和静脉假体。

2017 年，一项研究成功地在 K. xylinus DSM 2325 中进行了基因表达调控，包括增强 bcsA、bcsB 和 bcsABCD 基因的表达，以促进 BC 的合成。在这些工程菌株中，过表达 bcsABCD 基因的菌株表现出最高的产量，在培养 4 天后达到了 4.3 g/L 的纤维素产量。此外，与野生型菌株相比，这些工程菌株合成的 BC 更厚，结晶度更高。在另一项研究（Teh et al.，2019）中，对 G. hansenii ATCC 53582 菌株进行了试验，结果显示缺失了 AcsD 蛋白的前 6 个氨基酸的菌株产生的 BC 为 1.03 g/L，而过表达 AcsD 蛋白的菌株产量达到了 1.38 g/L，比野生型菌株高出 15%。缺失了 AcsD 蛋白的前 6 个氨基酸的菌株产生的纤维更细，这可能是由于在挤压葡聚糖链后，较厚的亚初级原纤维的结晶过程受到了破坏。这些发现为通过调节 bcsD 基因的表达水平来调节 BC 的结构特征提供了线索（Mangayil et al.，2017）。

2019 年，三星电子和韩国科学技术院（KAIST）的研究人员通过获取 K. xylinus DSM 2325 的基因组测序及代谢组分析数据，首先构建了该菌株的基因组尺度代谢模型（Jang et al.，2019）。KAIST 的团队首先使用该模型来探索通过异源表达来源于大肠杆菌或谷氨酸棒杆菌中的 pgi 和 gnd 基因以提高 BC 产量，并通过这种方法实现了 BC 产量的翻倍（从 1.46 g/L 增加到 3.15 g/L）。随后，他们与三星电子合作，探索了一种替代途径，将菌株 BC 的产量提高到 4.5 g/L。这一优化的关键是他们的 "Koma" 代谢模型观察到细胞内三磷酸腺苷（adenosine triphosphate，ATP）水平对决定 BC 产量至关重要。6PGDH（由 zwf 基因编码）

是 *K. xylinus* DSM 2325 天然途径中的一个主要酶，是决定葡萄糖是被代谢还是被用于合成 BC 的关键分支点。这种酶受到高 ATP 水平的强烈抑制，因此增加细胞内 ATP 将推动更多的葡萄糖进入 BC 合成途径。为了提高 ATP 水平，他们通过质粒将大肠杆菌中编码 PFKI 的 *pfkA* 基因进行异源表达（Gwon et al., 2019）。*K. xylinus* DSM 2325 的 EMP 途径中缺乏这种关键酶，因而通过 PPP 途径代谢大部分葡萄糖。*pfkA* 基因的引入在 *K. xylinus* DSM 2325 中建立了 EMP 途径，使 ATP 水平提高了 4 倍；正如模型预测的那样，这也导致了菌体生长和 BC 生产水平的提高。作者随后试图进行进一步改进，首先引入编码其他 EMP 途径的基因，这些基因由强启动子 *tac* 调控，以进一步促进 EMP 途径。然而，这并没有成功地提高BC 的产量；相反，新陈代谢的调节发生了变化。随后，将编码大肠杆菌中 cAMP受体蛋白（cAMP-receptor protein, CRP）的基因 *crp* 加入到表达 *pfkA* 的质粒中。CRP 是一种主要的调控转录因子，已知可以正向调节大肠杆菌中葡萄糖代谢相关基因的表达，包括 EMP 途径的基因。*crp* 与 *pfkA* 一起被引入到 *K. xylinus* DSM 2325中，进一步提高了 BC 的产量。这种模型指导的代谢工程使 BC 的产量大幅提高。

但是，通过这种方法获得如此高的 BC 产量是有成本的，非 BC 生产（Cel⁻）突变菌株会在生产阶段（搅拌发酵）出现，消耗底物而不产生 BC。该团队使用基因组测序进行了研究（Hur et al., 2020），并发现 Cel⁻突变通常是由插入序列（IS）转座元件转移到编码纤维素合酶机制的 *bcsA* 基因引起的。然后，他们利用基因工程技术修改了这个关键基因的 DNA 序列，以降低普通 IS 元件插入该基因并破坏其功能的能力。最终，这种工程技术使 BC 的生产速率提高了 1.7 倍。因此，提高 BC 产量的基因改造不仅要考虑细菌的 BC 生物合成途径，还要考虑细胞的整体代谢。

当木葡糖酸醋杆菌消耗葡萄糖作为碳源生产 BC 时，只有一小部分葡萄糖被直接磷酸化成 G6P，它们大多数在细胞外被氧化成葡萄糖酸，然后通过 PPP 途径和糖异生途径进入磷酸己糖代谢池。磷酸己糖代谢池的增加有助于提高 BC 的产量。2020 年，刘伶普等通过敲除 *K. xylinus* CGMCC 2955 的 GDH 编码基因（*gcd*）、过表达葡萄糖促扩散蛋白基因（*glf*）和内源性葡萄糖激酶基因（*glk*）证明了这一点。通过加强己糖磷酸池，在静态发酵条件下，*K. xylinus* CGMCC 2955 的 BC 转化率可达 52%。UGPase 是将 G6P 转化为 BC 的关键酶。同课题组人员通过抑制或过表达 *K. xylinus* CGMCC 2955 中的 *galU*，控制 BC 合成途径中的碳通量，并以这种方式控制 BC 结构的合成。

由此可见，通过对 BC 合成机制进行分子调控，可以获得较高的 BC 产量。此外，在产生 BC 的菌株中过表达 *bcs* 操纵子，或者将其引入具有快速增殖等特殊特征的非 BC 生产菌株的基因组中，也可以提高 BC 的产量，从而降低生产成本。Buldum 等（2018）通过 BCS（*bcsABCD*）和两个上游操作子（*cmcA* 和 *ccpA*）的共表达，开发了一个稳定的、基于大肠杆菌的 BC 合成系统，该系统在仅培养 3 h 后就开始产生 BC。重要的是，大肠杆菌产生的 BC 比 *G. hansenii* ATCC 53582 产生的 BC 具有更厚、更长的纤维网络。CmcA 和 CcpA 都有助于增强纤维素原纤维的生物合成、细胞外运输和带状组装。2019 年，研究人员通过引入 *G. xylinus* BPR2001 的 *bcsA*、*bcsB* 和 *bcsAB* 基因，用可诱导的 *tac* 启动子构建了重组 *bcsAB*⁺ *E. coli*，与野生型相比，其 BC 产量增加了 1.94 g/L（Buldum et al.，2018）。有趣的是，重组 *bcsAB*⁺ *E. coli* 产生的 BC 具有与野生型 *G. xylinus* BPR2001 相同的化学结构和结晶度。

最后，除了基因在调节 BC 生物合成中的直接作用外，通过将微生物的代谢通量转向 BC 合成也可以提高 BC 的产量。2012 年，有研究指出，在培养基中添加乙醇和柠檬酸钠可以提高 BC 的产量。其中，乙醇可以产生 ATP 并抑制 6PGDH 活性，从而增加用于 BC 生物合成的 G6P 通量。而柠檬酸钠的补充可以激活副产物（主要是柠檬酸和丙酮酸）的形成，它们进入 BC 合成的糖异生途径，从而促进 BC 的生成。大部分木葡糖酸醋杆菌在利用葡萄糖后产生大量的副产物葡萄糖酸，酸化培养基，对产 BC 的菌株的生长产生负面影响，从而导致 BC 产量下降。为了控制 pH 波动，可以通过向培养基中添加乙醇、柠檬酸钠、不同的糖（如甘露醇），以及使用缓冲培养基或通过添加维生素 C，将培养基的 pH 维持在所需值。与向培养基中添加补充剂的传统方法相反，pH 波动可以通过在分子水平上防止葡萄糖酸的形成来控制。2005 年，研究人员对葡萄糖酸的合成基因片段进行破坏，获得了 *K. xylinus* BPR2001 菌株的 GDH 缺陷型突变体。当以葡萄糖为碳源时，菌株的 BC 产量高达 4.1 g/L，约为野生型的 1.7 倍。GDH 缺陷型突变体也利用糖化溶液产生了高达 5 g/L 的 BC，在添加乙醇后进一步增加到 7 g/L。无论是通过常规控制，还是通过产生 BC 的细菌细胞的基因工程，防止葡萄糖酸的形成不仅可以最大限度地将葡萄糖转化为 BC 从而提高 BC 产量，还可以防止培养基酸化。因此，GDH 缺陷型突变体为生产 BC 提供了更好的生长环境，并导致底物更快地转化为产品，即提高了生产强度（Manan et al.，2022）。

综上所述，定向改造 BC 的合成是通过利用遗传工程技术对 BC 合成途径中的关键基因进行精准改造和优化，或者调控内源代谢通路的活性和代谢产物的分配，有效地提高了底物的利用率和转化率，增加了 BC 产量及调控了 BC 的结构，为 BC 的工业化生产提供了支持。

10.4 细菌纤维素功能复合材料的改性方式

由木葡糖酸醋杆菌生产的细菌纤维素具有非常理想的材料特性，可应用于很多高级和特殊的场景。与在植物中发现的纤维素不同，BC 是由长而连续的聚合物组成的，几乎没有分支，而且它不含半纤维素、果胶和木质素等异源聚合物（Iguchi et al., 2000）。由于这种均匀性，BC 内的纤维素聚合物可以紧密地包装在一起，具有高结晶度和高抗拉伸强度等独特性能（Lee et al., 2014）。缺乏木质素和其他异源污染物也使其拥有更好的生物相容性及生物可降解性，在啮齿类动物中评估皮下植入 BC 的组织反应的研究没有发现异物排斥的证据（Sulaeva et al., 2015）。纤维素链上羟基的排列和丰度使得大量的水分子能够在纤维内部结合，也提供了大量原位或非原位修饰的位点。BC 含水量（98%，m/V）非常高，因此水合 BC 具有类似水凝胶的性质。由于这些优越的特性，木葡糖酸醋杆菌生产的 BC 已被广泛应用于生物医药、环境修复和生物传感等领域。随着对 BC 基功能复合材料的兴趣和需求不断增加，越来越多的科研人员致力于寻找改进细菌生产 BC 基功能复合材料的生物技术。目前，人们已经采用了很多方法来改变其物理化学和功能特性，如孔隙度、结晶度、化学结构和功能。BC 的改性方法可分为两大类，即非原位改性和原位改性方式（Moniri et al., 2017）。

10.4.1　非原位改性

非原位改性是在 BC 膜形成之后进行的改性，是将 BC 膜纯化后浸渍在溶解的增塑剂、聚合物溶液或其他试剂中，或者通过化学处理改进其物理、化学性质，得到的材料具有优异的性能，克服了纯 BC 的局限性。将 BC 膜浸渍在功能组分中，则功能组分可以在 BC 膜中扩散，这是由于 BC 具有独特的 3D 网络多孔结构。根据不同的类型和性能，被添加的组分可以覆盖在 BC 的纤维中或填充在 BC 纤维之间的空隙里，从而降低 BC 的孔隙率。根据被添加组分化学结构的不同，这些组分通过物理作用形成 BC 复合材料或通过与纤维素链形成化学键的方式形成 BC 复合材料（Ul-Islam et al., 2011）。这种方法可以省去溶解、均匀分散 BC 的步骤，简化了材料制备过程。另外，由于 BC 具有大量的羟基，易于对其进行化学修饰，通过这种方式也可以修改 BC 的化学结构或赋予其不具有的功能。BC 最常见的化学修饰是氧化，此外还有乙酰化、碳化、苯甲酰化、琥珀酰化和磷酸化等。

研究人员将不同类型的材料与 BC 复合，以此扩大 BC 的应用范围。通过非原位改性方法将功能组分与 BC 混合制备复合材料，这些功能组分包括聚乙二醇、明胶、壳聚糖、银和金纳米颗粒、碳纳米管等（Moniri et al., 2017）。Zhang 等（2016）通过 2,2,6,6-四甲基哌啶氧化物（2,2,6,6-tetramethylpiperidinooxy，TEMPO）介导 BC 氧化，然后将聚乙烯亚胺（polyethyleneimine，PEI）溶液接枝到氧化后的 BC 上，复合材料可以高效吸附废水中的 Cu^{2+}，具备良好的可回收利用性。Cazón 等（2020）将 BC 膜浸泡在甘油/聚乙烯醇（polyvinyl alcohol，PVA）的溶液中，以 PVA 为增强剂、甘油为增塑剂制备的复合膜具备优良的机械性能，可以有效抵挡紫外线,提高了 BC 膜的透明度。Shi 等(2016)通过溶剂热辅助结晶法制备 SiO₂-(WO₃)ₓ·TiO₂ 复合纳米粒子,并将其复合于 BC 纤维中得到气凝胶,有效增加了 BC 膜的比表面积和孔隙率,可高效光催化降解颜料 RhB。通过非原位改性成功赋予 BC 特定的功能,拓宽了 BC 材料在生物医药、食品保鲜、生物催化等领域的应用。但是该方法也存在一定的局限性,例如,具有特殊尺寸的颗粒才可以渗透到 BC 纤维中,而超过特定尺寸的材料不能通过物理浸渍的方式进入 BC 网络中。除此之外,疏水材料也不易与 BC 混合以制备复合材料(Khan et al.,2015)。

10.4.2　原位改性

原位改性是指在 BC 膜发酵形成的同时进行的改性,通过原位改性技术可以改变 BC 的形状、结构和特性等。目前,原位改性主要包括在细菌培养基中添加其他功能组分、生物代谢、共培养等合成生物学技术。

1. 在细菌培养基中添加其他功能组分

在培养基中添加细菌生长不需要的添加剂是原位改性方法的一种。例如,在 BC 菌种的培养基中添加石蜡微球,获得具有微孔结构的 BC 支架,可应用于骨组织工程(Zaborowska et al.,2010)。被添加的组分在原位上改变了 BC 的结构和物理化学性质,改变了 BC 纤维结晶过程中的网络结构和薄膜的性能。所选择的添加剂不会影响细菌的生长和纤维素的合成,它只干扰 BC 结构构象,或与形成的纤维相互作用,产生自组装的生物复合材料(Azeredo et al.,2019;Ruka et al.,2013;Zaborowska et al.,2010)。与非原位改性法不同,BC 发酵过程中被添加成分的浓度有限,因为培养基中的某些补充成分可以抑制 BC 的合成(Phisalaphong and Jatupaiboon,2008;Saibuatong and Phisalaphong,2010)。例如,芦荟凝胶添加使得介质黏度增加,降低了氧传递速率,培养基中氧的减少会限制细胞的生长(Saibuatong and Phisalaphong,2010)。

BC 纤维的组装模式将根据添加物质的性质而改变,在形态水平上获得改性的 BC 膜。BC 合成的改变可能是由于介质中化合物本身的存在改变了 BC 链的构象,或者添加物与 BC 之间发生了新的相互作用,如氢键、范德瓦耳斯力和静电相互作用等,使 BC 膜的机械强度、透气性以及膜的孔隙率等性能发生变化。原位改性 BC 的性能也会影响与其他组分(如聚合物、抗菌剂或抗氧化剂等)的进一步非原位改性(Dayal and Catchmark,2016)。

很多水溶性聚合物已被作为添加剂添加到 BC 培养基,包括:多糖,如淀粉(Wan et al.,2009)、黄原胶(Gao et al.,2020)、果胶(Dayal and Catchmark,2016);海藻酸盐(Kanjanamosit et al.,2010);纤维素衍生物,如羟丙基甲基纤维素(Huang et al.,2011);甲基纤维素;羧甲基纤维素(Cheng et al.,2009;Cielecka et al.,2019;

Dayal and Catchmark，2016；de Lima Fontes et al.，2018）；羟乙基纤维素（Cielecka et al.，2019）；蛋白质，如明胶（Dayal and Catchmark，2016）；其他成分。

通过在培养基中添加海藻酸钠，成功制备出 BC/海藻酸盐膜（Kanjanamosit et al.，2010）。多糖复合材料具有较高的吸水率，从 542%提高到 706%，水蒸气透过率（water vapor transmission rate，WVTR）略有增加，O_2 通透性显著降低。虽然，海藻酸盐的存在显著降低了 BC 膜的孔隙率，但该膜的力学性能比纯 BC 膜弱，这是由于海藻酸盐本身的机械性能较差。

果胶和木聚糖可以改变 BC 的结构及力学性能（Szymańska-Chargot et al.，2017）。木糖葡聚糖/果胶配比越低，BC 复合材料的杨氏模量越高，纤维素微原纤维越细。较高的木糖葡聚糖浓度导致 BC 结晶度急剧下降。BC/黄原胶的机械性能如抗断裂和伸长率略有改善（Gao et al.，2020）。

在 BC 发酵培养基中添加蛋白质（如明胶），可以观察到 BC 结晶度急剧下降，从纯 BC 的 83.85%下降到 BC/明胶复合膜的 39.36%；机械强度有所改善，具有更高抗拉强度和杨氏模量（Dayal and Catchmark，2016）。

聚环氧乙烷[poly(ethylene oxide)，PEO]（Brown and Laborie，2007）和聚乙烯醇[poly(vinyl alcohol)，PVOH]（Gea et al.，2010）等水溶性合成聚合物作为补充物添加到 BC 培养基中。与聚环氧乙烷不同，BC 在 PVOH 存在下的生长不会影响 BC 的晶体结构和尺寸，但是研究表明 PVOH 对 BC 纤维的取向有影响。相对于未改性的 BC，该薄膜具有更高的弹性，而断裂强度没有改变。

其他添加剂如芦荟被用于 BC 的原位改性（Saibuatong and Phisalaphong，2010），选择这类添加剂可以利用其生物活性等特性，而不是它们可能在 BC 中产生的改变。芦荟在培养基中的最佳添加量为 30%（V/V），得到的复合膜具有最强的机械强度和弹性。芦荟含量越高，薄膜越脆，机械性能越低。由于芦荟凝胶的亲水性，增加了复合膜的吸水能力（约为未改性 BC 的 1.5 倍）和水蒸气透过率。随着芦荟凝胶含量的增加，芦荟包覆和填充纤维网络结构的孔隙，促使孔隙尺寸减小、比表面积增大。

将不溶于水的聚合物如纤维素微纤维、剑麻纤维（Qiu and Netravali，2017）、聚 3-羟基丁酸酯（Ruka et al.，2013）或聚己内酯（Figueiredo et al.，2015）悬浮在 BC 培养基中，干扰 BC 的生长并对 BC 纤维的组装进行修饰。Qiu 和 Netravali（2017）在存在纤维素微纤维或剑麻纤维的培养基中生产 BC，获得了杂交纤维素结构。然后，将大豆分离蛋白作为树脂与 BC/纤维素复合材料进行异源结合，纤维素微纤维降低了 BC 的孔隙率，BC/纤维素微纤维复合材料的机械性能优于纯 BC。

为了获得原位改性 BC，人们开发了不同的培养基补充技术。Higashi 和 Miki（2018）通过将细菌包裹在明胶基微球中，原位生产了 BC 微球。如图 10-2 所示，这项工作展示了一种简单的 BC 微球制备过程，具有较高的成本效益，在生化工程和细胞递送系统中具有潜在的应用前景。此外，BC 微球也可以应用于食品包装、填充剂或活性物质的封装等领域。

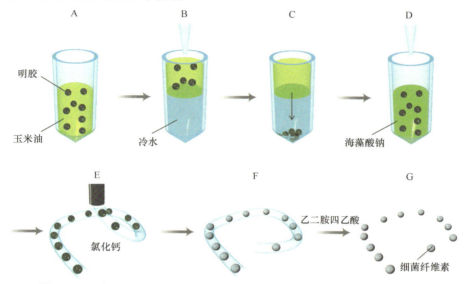

图 10-2　海藻酸钙水凝胶将生产 BC 的细菌包裹在微球形空腔的制备过程
（Higashi and Miki，2018）

2. 基于生物代谢的 BC 功能改性

BC 具有优异的 3D 网络结构、高纯度、高结晶度、良好的生物相容性和生物可降解性，但是其在自然状态下不表现出任何其他的功能，如抗菌、抗炎等能力。不同的添加剂，如银或金纳米粒子、抗生素和壳聚糖，已经通过物理涂层或化学改性附着在 BC 上（Maneerung et al.，2008；Li et al.，2017a）。非原位改性中的物理浸渍方法只需要简单的修饰条件，但会不时出现功能部分脱落的问题（Medronho et al.，2012）。BC 是由 β-1,4-糖苷键连接的 β-D-葡萄糖单元组成的天然生物聚合物链（Abdul Khalil et al.，2014）。由于 BC 具有较强的氢键和极化性，在常规有机溶剂或水中的溶解度较差，往往导致化学改性反应效率较低（Sen et al.，2013；Wang et al.，2016；Shang et al.，2021）。

新加坡国立大学刘斌教授团队探索了一种基于驹形氏蔗糖发酵菌的光敏性细菌纤维素直接合成方法（Liu et al.，2022），即用基于聚集诱导发光的光敏剂 TPEPy 修饰的葡萄糖（TPEPy-Glc）作为碳底物，通过原位细菌代谢来制备光敏剂（PS）嫁接的 BC（TPEPy-Glc-BC），TPEPy-Glc-BC 具有出色的荧光和光触发光动力杀菌活性，可用于皮肤伤口的修复。

另外，该团队近期利用生物代谢和生物正交反应，获得了基于抗菌和活细胞的治疗性人造皮肤（HV@BC@TBG）（Liu et al.，2024）。研究人员设计了葡萄糖修饰的光敏剂 TBG，通过常规静态培养，将 TBG 和叠氮化物修饰的葡萄糖依次作为碳底物供 BC 生长，制备得到光敏剂层和富叠氮化物层的 BC 夹层结构。通过生物正交反应将炔基转染的 VEGF 工程化人脐静脉内皮细胞（HV）嫁接到富含叠氮化物的 BC 层上，得到活体人造皮肤（HV@BC@TBG）。TBG 层作为人造皮肤的外层，在光照射下可以高效产生 ROS，以杀死病原菌并防止外来细菌侵入伤口部位。在靠近糖尿病伤口部位的内层，人造皮肤的 HV 层作为活体细胞工厂，原位产生 VEGF，通过促进血管生成、刺激内皮细胞增殖和迁移来加速伤口愈合。HV@BC@TBG 在光照下卓越的糖尿病伤口愈合性能和高生物安全性展示了其临床转化的巨大潜力。此外，这种基于 BC 的生物代谢原位改性方法有可能彻底改变其他治疗方法，如药物输送、细胞因子治疗和干细胞治疗等。

3. 共培养等合成生物学技术制备细菌纤维素功能复合材料

合成生物学是遗传操作的一种高级形式，采用工程方法对已测序基因组内的细胞进行基因修饰，将其 DNA 视为可重新编程的代码，可以合成、编辑并插入细胞中，以改善特定的细胞功能或增加新的功能（Andrianantoandro et al.，2006）。通过借鉴其他工程学科，利用模块化、标准化和数字化设计方法，合成生物学极大地加快了关键微生物代谢和基因工程的发展进程（Khalil and Collins，2010）。

在过去的几十年里，合成生物学已经开始应用于自然生产生物材料的细菌，以促进材料的生产，改变材料的性质，并为所得到的材料赋予新的功能。已经有研究工作使用合成生物学来改造几种木葡糖酸醋杆菌菌株，细菌可以自然分泌大量的多功能、有前景的细菌纤维素材料。基因工程、代谢工程和合成生物学等学科相结合，应用于木葡糖酸醋杆菌等菌株来改变 BC，提高其产量并开始为这种易于生长的材料添加新的功能。

受自然界存在的共生系统的启发，近年来发展了一种多微生物系统共培养技术来合成 BC 基复合材料。在微生物共培养装置中，两种或两种以上的微生物物种可以一起培养。微生物共培养技术已广泛应用于生物学领域研究细胞间的通讯，在合成生物学中也具有重要意义（Goers et al.，2014）。代替纯化的海藻酸盐和胶原蛋白，可以将能够生物合成这些成分的微生物物种添加到产生 BC 的细菌培养中，从而形成共培养系统。微生物共培养是一种具有成本效益的方案，预处理和纯化步骤较少，添加剂由微生物生物合成并直接掺入生长的 BC 基质中（Ding et al.，2021）。这种策略已经成功地应用于通过细菌和真菌共同培养来制造 BC 基复合材料。

共培养方法有共同培养和顺序培养两种。在共同培养方法中，所涉及的所有微生物种类的生长和物质组分的生产都可以在相同的条件下实现，培养基、温度、pH 等可在整个共培养过程中保持恒定。然而，在某些情况下，共同培养的微生物需要不同的培养基来实现各自的最佳生长，或者得到复合材料的一种成分之前需要先合成另一种成分。顺序培养法已被应用于处理这种情况。通过微生物共培养技术，可以将不同微生物携带的特性或功能整合到 BC 基质中。

纯 BC 没有抗菌活性，因此传统的 BC 改性方法是通过化学反应，用抗菌成分修饰，将 BC 材料应用于生物医学领域。乳链菌肽（nisin）是乳酸乳球菌天然产生的一种抗生素，对革兰氏阳性菌具有较强的抑菌作用，作为食品防腐剂广泛应用于食品工业（Fu et al.，2018）。为了制备乳链菌肽修饰的 BC 膜，将产 BC 的细菌（肠杆菌，*Enterobacter* sp.）与产乳链菌肽的细菌（乳酸乳球菌，*L. lactis*）共培养（Gao et al.，2021）。*Enterobacter* sp. FY-07 具有较强的环境耐受性，营养需求低，而 *L. lactis* N8 的营养需求较高，因此选择了 *L. lactis* N8 的生长培养基作为基础培养基进行共培养。研究结果表明，单纯的 BC 膜没有抗菌功能，而共培养得到的 BC-nisin 复合膜对革兰氏阳性菌有较强的抑制作用，并且对哺乳动物细胞无有害影响。该 BC 基复合材料在食品包装、生物医药等领域具有广阔的应用前景。

有研究利用合成生物学对生长中的细菌纤维素进行蛋白质分泌编程，采用一种共培养方法来制造具有新功能特性的 BC 基材料。受传统用于发酵的驹形氏杆菌属细菌与酵母共生培养体系（SCOBY）的启发（Teoh et al.，2004），作者设计了驹形氏瑞士醋杆菌和酿酒酵母的共生培养（图 10-3），使这两种菌可以在蔗糖中有效生长，并产生厚厚的 BC 膜（Gilbert et al.，2021）。在这种情况下，合成生物

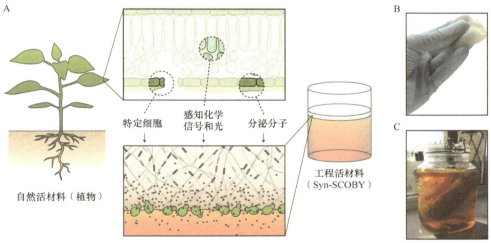

图 10-3　驹形氏瑞士醋杆菌与酿酒酵母共培养制备细菌纤维素材料（Gilbert et al.，2021）

学并没有应用于生产 BC 的细菌,而是应用于共同培养的酵母菌。由于酿酒酵母是一种成熟的合成生物学高级宿主,这开辟了许多新的工程可能性,而这些可能性仅通过修饰驹形氏杆菌属是无法实现的。

对酵母细胞进行基因修饰,使其在细胞表面分泌纤维素结合蛋白,在生产功能材料时可以锚定在 BC 上。编程酵母细胞使其可以分泌各种酶,这些酶附着在纤维素上并进行反应。通过分泌纤维素酶可以降解 BC 材料,通过填充污染物降解酶赋予材料催化性能。BC 网络结构中包裹的活酵母细胞也可以被改造成能感知材料内部的环境信号(如废水中的化学物质、肽激素),甚至能感知光线。为了响应这种感应,细胞被改造成可以分泌酶或产生荧光蛋白,这些蛋白质可以从生长的 BC 材料中检测到(Gilbert et al.,2021)。

除了这些里程碑式的进展外,我们还期待通过合成生物学来工程化细菌得到 BC 基功能复合材料的下一步发展,希望在未来可以使工程化木葡糖酸醋杆菌实现功能蛋白的分泌。

10.5　细菌纤维素功能复合材料的应用领域

由于 BC 具有纯度高、孔隙率高、无毒等独特优点,在环境工程、材料工程等领域得到了广泛的应用。此外,BC 被美国 FDA 批准为"普遍认可安全",并已广泛用于 FDA 批准的产品中(Mbituyimana et al.,2021)。由于其良好的生物安全性和生物相容性,在环境修复、生物医学和食品加工等方面具有很大的应用潜力。

10.5.1　油水分离领域

在过去的几十年间,海上石油泄漏事故频发,对环境造成了严重的污染。在应对这些事故时,常用的微滤、超滤、纳滤等工艺在处理含油废水和乳状液方面扮演着关键角色。然而,值得注意的是,目前市场上许多商业膜材料主要依赖于化石燃料衍生的合成聚合物,其生产过程常伴随大量溶剂和化学品的消耗。因此,科研界和产业界对天然聚合物如细菌纤维素膜材料产生了浓厚兴趣。

然而,纯 BC 膜因其高孔隙度和小孔径的网状结构,在直接用于油水分离时,往往面临效率低下和膜孔易堵塞的问题(Galdino et al.,2020)。为了克服这些挑战,对 BC 膜进行改性成为了研究的热点。近年来,BC 在制备具有润湿性能的材料方面展现出了巨大潜力,尤其在油水分离领域,其应用前景尤为广阔。例如,He 等(2018)以 BC 为骨架,利用甲基三乙氧基硅烷为前体,成功制备了基于 BC 的气凝胶。这种气凝胶在 80%的应变下展现出优异的超弹性,并具备超疏水亲油、形变恢复快、吸油快等特点。类似地,Sai 等(2015)通过三甲基氯硅烷对 BC 进行改性,获得了疏水性气凝胶,其吸油量高达 185 g/g。此外,还有多项研究报道了 BC 疏水气凝胶的制备（Hou et al.，2019；Wang et al.，2018），在这些研究中，大多将 BC 浸泡于四乙氧基硅烷等前体溶液中，通过水解四乙氧基硅烷生成二氧化硅纳米颗粒，进而得到二氧化硅修饰的 BC。除了上述方法，通过简单的定向冷冻干燥和高温炭化过程，也可以获得高孔隙度和机械弹性的 BC 气凝胶（Cheng et al.，2020）。Wahid 等（2021b）制备了一种基于 BC 的超亲水/水下超疏油膜，该膜在 0.3～0.5 bar 的负压下，分离效率高达 99.9%，通量高达 10 660 L/（$m^2 \cdot h$）。而 Hu 等（2021）利用贻贝启发的聚多巴胺（PDA）修饰 BC，并结合氧化石墨烯纳米片，构建了一种坚固的防污超滤膜。该复合膜在空气中的水接触角为 0°，水下油接触角为 139.6°～154.3°，显示出卓越的防污能力和长期过滤过程中的高渗透通量回收率（约 96.9%）。

值得一提的是，基于 BC 的智能水凝胶也在油水分离领域展现了良好的应用潜力。这些智能水凝胶能够通过调节 pH 来改变自身的油水分离能力，为油水分离提供了新的可能性和灵活性（Li et al.，2018）。BC 及其改性材料在油水分离领域具有广阔的应用前景，未来有望成为环保和高效的油水分离材料的重要选择。

10.5.2　伤口敷料领域

在科研的初期探索中，伤口敷料的首要功能是作为一个物理屏障，确保伤口的干燥状态。然而，这一认知在 1962 年得到了颠覆性的转变，英国科学家 G.D. Winter 提出了"湿性愈合环境理论"，他认为湿性伤口敷料能为皮肤组织的修复与愈合提供一个极为有利的微环境。除了作为临时屏障外，这类敷料还能使伤口的湿度和温度维持在一个理想状态，从而有效地刺激血管新生、促进上皮细胞的迁移，并加速肉芽组织的形成，最终实现伤口的快速愈合（Maneerung et al.，2008；Hackl et al.，2014）。

对于理想的皮肤伤口敷料，其首要标准是出色的生物相容性和机械性能。而在此基础之上，良好的保水性和适宜的水蒸气透过性能更为关键，它们共同确保了伤口部位的湿润环境，同时有效吸附渗出物，进一步加速伤口组织的再上皮化。BC 作为一种天然水凝胶，其高含水量、高纯度、高机械强度和可安全灭菌的特性，使其在上述方面表现卓越，成为伤口敷料或临时皮肤的理想选择（Klemm et al.，2001）。

早在 20 世纪 80 年代初，美国科学家 Johnson 就展开了对 BC 伤口敷料的研究。随后，巴西公司 BioFill 在 1990 年独立深入研究了纤维素生物聚合物的特性，并基于此开发了 Biofill®、Bioprocess® 和 Gengiflex® 等一系列产品，广泛应用于多种皮肤损伤的治疗。同时，日本和波兰也开展了 BC 的研究，并成功实现了商业化。而到了 1996 年，美国公司推出的 XCell® 敷料更是具备了维持湿润环境和减少更换频率的双重优势（Aung，2004）。

除了 BC 本身，其衍生物或与其他材料的复合材料也在伤口治疗中发挥了重要作用。例如，聚乙烯醇（PVA）与 BC 的交联形成了多孔的复合水凝胶（Qiao et al.，2015）。此外，壳聚糖（Chang and Chen，2016）、海藻酸、透明质酸（Li et al.，2014）和琼脂糖（Awadhiya et al.，2017）等高分子聚合物与 BC 的复合，进一步提升了材料的物理性能。然而，伤口敷料的功能性同样关键。面对皮肤损伤后的细菌感染，功能性敷料能够有效促进伤口愈合。遗憾的是，BC 虽然能提供物理屏障，但其在抗菌活性方面却有所欠缺（Wahid et al.，2020）。

为了弥补这一不足，科研工作者们开始探索对 BC 进行结构修饰或添加化合物的方法，如抗生素或抗菌药物（Volova et al.，2018；Shao et al.，2016；Lazarini et al.，2016）、金属和金属氧化物（Janpetch et al.，2016；Mohammadnejad et al.，2018；Li et al.，2017b；Li et al.，2017a）以及阳离子聚合物，以增强 BC 伤口敷料的生物活性。BC 不仅与伤口部位紧密贴合，其优良的弹性也使得它能很好地适应面部轮廓和身体其他部位。例如，Ye 等（2018）通过将不同含量的阿莫西林嫁接到再生 BC 海绵上，发现改性后的海绵在伤口愈合方面展现出显著优势。而面对抗生素耐药性的挑战，银、氧化锌等金属/金属氧化物纳米颗粒也成为了研究的热点。Jiji 等（2020）利用 PDA 包覆 BC，并结合银盐处理，成功制备了 BC/PDA/Ag-NP 创面敷料。在大鼠烧伤创面的应用中，该敷料处理后的愈合率高达 94.35%，远超过纯 BC（74.58%）和对照组（65.35%）。

10.5.3　生物传感领域

相较于传统传感器，生物传感器凭借其独特优势在科研和医疗领域崭露头角。首先，其进行的分析物检测无需烦琐的预先分离步骤，极大地简化了操作流程。值得一提的是，生物传感器具有卓越的快速响应特性，能够实时监控生物和化学过程，使数据的获取变得更为迅捷和准确。除了上述优点，生物传感器还以其易用性著称，它允许在现场或护理点直接进行测量，为医护人员和科研人员提供了极大的便利。此外，生物传感器的制备过程既灵活又简单，为科研工作者提供了更多的创新空间。同时，其小型化和自动化的潜力也为现代医疗设备带来了革命性的改变。尤其值得强调的是，生物传感器的小型化特性对于许多生物样品的分析至关重要。由于许多生物样品量小且珍贵，生物传感器能够在不造成组织损伤的前提下进行精确测量，这对于体内监测等场景来说具有非常重要的应用价值。因此，作为现代医疗设备的关键组成部分，生物传感器不仅提升了设备的便携性和功能性，还增强了其可靠性，为即时分析和实时诊断提供了强有力的支持（Morrison et al.，2007）。

　　生物传感器固然拥有诸多优势，但相较于其他分析方法，它仍面临一些不容忽视的局限性。其中，最棘手的挑战在于电化学干扰的频发、响应重现性较低，以及生物受体元件稳定性的显著下降。我们深知，一旦生物传感器脱离了其赖以生存的自然环境，大部分生物成分会迅速丧失其活性，这无疑大大限制了传感器的使用寿命。以酶为例，这些常用于检测多种分析物的生物催化剂，在溶液环境中往往难以维持长久的稳定性。为确保其重复使用，我们必须采用固定化的手段来增强其稳定性。

　　而在众多材料中，细菌纤维素基材料凭借其卓越的纤维基质特性，成为了固定化受体或传感器元件的理想选择。这些材料不仅能够轻松固定纳米颗粒、金属氧化物和酶等敏感元件，更因其可生物降解、低成本、柔韧性佳、重量轻便而备受青睐。更重要的是，细菌纤维素基材料被誉为分析应用中的"绿色"基质，充分彰显了其在可持续发展方面的潜力。

　　BC 的一大显著优势在于其能够融入第二阶段工艺，从而优化或调整其固有的属性。在探索新型生物传感器的研发中，BC 的兼容性得以凸显，尤其是当它与纳米粒子（NP）、金属氧化物、碳基材料、导电聚合物以及酶等多元材料相结合时。具体而言，金（Au）、钯（Pd）和铂（Pt）纳米粒子，以及二氧化钛（TiO_2）、氧化亚铁（FeO）和氧化锌（ZnO）等金属氧化物，均已被证实能有效提升 BC 的导电性能（Gutierrez et al.，2012；Li et al.，2016；Núñez-Carmona et al.，2019；Sourty et al.，1998；Wang et al.，2010；Wang et al.，2011；Zhang et al.，2010）。此外，聚苯乙烯磺酸盐和聚苯胺这类导电聚合物也被广泛用于提高 BC 的导电性能，进一步助力生物传感器的制造（Jasim et al.，2017）。而在生物传感领域，漆酶、血红素蛋白、葡萄糖氧化酶和辣根过氧化物酶等酶类，已成功在 BC 基网络中实现固定化，进而制备出用于检测 H_2O_2、对苯二酚、多巴胺和葡萄糖等物质的电化学生物传感器（Li et al.，2016；Wang et al.，2010；Zhang et al.，2010）。这些创新性的结合不仅拓宽了 BC 的应用领域，更为生物传感器的研发注入了新的活力。

　　近年来，纳米技术与生物材料的融合革新了传感器领域，催生了具备高反应速率和高灵敏度特性的新一代生物传感器。这些尖端设备正被广泛应用于心血管疾病、癌症及阿尔茨海默病等严重疾病的生物标志物检测中。早期、准确的诊断对于提高患者的生存概率具有无可估量的价值。在构建这些生物传感器的过程中，一个核心环节便是选择并固定一个合适的敏感生物分子，即生物识别分子。而 BC 以其高孔隙率、高连通性、低扩散障碍以及卓越的结构力学性能，成为了生物分子固定化和纳米材料附着的理想平台。因此，未来的研究方向应着重于开发基于 BC 的生物传感器，以实现更高效、更精准的生物标志物检测。然而，当我们运用如酶和蛋白质等生物识别分子时，如何维持其活性仍是一个待解决的难题。目前，关于这一方面的知识和策略尚显匮乏。此外，考虑到生物传感器的实际应用场景，其可重复使用性显得尤为重要。因此，未来的研究还需深度探索并克服 BC 表面固定化酶所面临的挑战，从而进一步扩大 BC 生物传感器的应用潜力。这些应用潜力巨大不仅限于疾病诊断，还可用于检测由疾病或生理失调引起的细胞或组织产生的各类生物标志物，为医疗健康领域带来革命性的进步。

10.6　总结与展望

细菌纤维素（BC）作为一种极具潜力的天然多糖材料，近年来在科学研究和工业应用中受到了广泛关注。虽然本章已经对 BC 的发展进行了详尽汇总，但随着生物技术的不断进步，以及持续的多学科交叉研究与技术创新，BC 的应用潜力将被进一步挖掘和拓展。

基因编辑技术和代谢工程的进展为进一步提升 BC 的生产效率和质量带来了新的机遇。随着代谢网络建模和系统生物学的不断完善，研究人员将能够更精确地模拟细菌代谢路径中的物质流动，从而为基因编辑和代谢优化提供更有力的支持。未来，开发利用廉价、可再生资源作为碳源的工程菌株，将有助于显著降低生产成本，推动 BC 在大规模工业应用中的广泛应用。发酵技术的优化同样是关键，有望进一步提高 BC 的合成效率。现代生物反应器中，实时监测和控制技术使得发酵过程得以更加自动化和高效化。优化反应器的设计和发酵条件的模拟能够帮助找到最优的生产方案，进一步提升 BC 的产量和产品质量。此外，BC 功能复合材料的开发潜力不可忽视。结合原位和非原位改性技术，并借助分子建模工具预测不同化学改性方法对 BC 结构和性能的影响，使得 BC 有望进一步拓展导电、抗菌、吸附等多功能特性，扩大其在智能材料、生物传感器和药物递送等领域的应用前景。

总的来说，随着基因工程、发酵技术和材料科学的不断进步，BC 将逐渐成为一种绿色、可持续的未来材料，尤其在高端材料领域展现出巨大潜力，有望在应对全球可持续发展挑战中发挥关键作用，成为绿色创新的支柱，为人类社会的科技进步贡献更多力量。

编写人员：钟　成　彭昭君　秦晓彤（天津科技大学生物工程学院）

参 考 文 献

黄龙辉. 2022. 基于 CRISPR 的基因干扰以及编辑系统调控细菌纤维素结构. 天津：天津科技大学博士学位论文.

刘伶普. 2021. 敲除葡萄糖脱氢酶和强化葡萄糖转运对细菌纤维素生物合成的影响及作用机制研究. 天津：天津科技大学硕士学位论文.

聂雯霞, 古梦洁, 钟卫鸿. 2024. 细菌纤维素合成酶亚基多样性和纤维结构形成研究进展. 生物工程学报, 40(9): 2797-2811.

Abdul Khalil H P S, Davoudpour Y, Islam M N, et al. 2014. Production and modification of nanofibrillated cellulose using various mechanical processes: A review. Carbohydrate Polymers, 99: 649-665.

Andrianantoandro E, Basu S, Karig D K, et al. 2006. Synthetic biology: New engineering rules for an emerging discipline. Molecular Systems Biology, 2(1): 2006.0028.

Aung B J. 2004. Does a new cellulose dressing have potential in chronic wounds. Podiatry Today, 17(3): 20-26.

Avcioglu N H. 2022. Bacterial cellulose: recent progress in production and industrial applications. World Journal of Microbiology & Biotechnology, 38(5): 86.

Awadhiya A, Kumar D, Rathore K, et al. 2017. Synthesis and characterization of agarose–bacterial cellulose biodegradable composites. Polymer Bulletin, 74(7): 2887-2903.

Azeredo H M C, Barud H, Farinas C S, et al. 2019. Bacterial cellulose as a raw material for food and food packaging applications. Frontiers in Sustainable Food Systems, 3: 7.

Brown E E, Laborie M P G. 2007. Bioengineering bacterial cellulose/poly(ethylene oxide) nanocomposites. Biomacromolecules, 8(10): 3074-3081.

Buldum G, Bismarck A, Mantalaris A. 2018. Recombinant biosynthesis of bacterial cellulose in genetically modified *Escherichia coli*. Bioprocess and Biosystems Engineering, 41(2): 265-279.

Cazón P, Velazquez G, Vázquez M. 2020. Characterization of mechanical and barrier properties of bacterial cellulose, glycerol and polyvinyl alcohol (PVOH) composite films with eco-friendly UV-protective properties. Food Hydrocolloids, 99: 105323.

Chang W S, Chen H H. 2016. Physical properties of bacterial cellulose composites for wound dressings. Food Hydrocolloids, 53: 75-83.

Cheng K C, Catchmark J M, Demirci A. 2009. Effect of different additives on bacterial cellulose production by *Acetobacter xylinum* and analysis of material property. Cellulose, 16(6): 1033-1045.

Cheng Z, Li J P, Wang B, et al. 2020. Scalable and robust bacterial cellulose carbon aerogels as reusable absorbents for high-efficiency oil/water separation. ACS Applied Bio Materials, 3(11): 7483-7491.

Cielecka I, Szustak M, Kalinowska H, et al. 2019. Glycerol-plasticized bacterial nanocellulose-based composites with enhanced flexibility and liquid sorption capacity. Cellulose, 26(9): 5409-5426.

Dayal M S, Catchmark J M. 2016. Mechanical and structural property analysis of bacterial cellulose composites. Carbohydrate Polymers, 144: 447-453.

de Lima Fontes M, Meneguin A B, Tercjak A, et al. 2018. Effect of *in situ* modification of bacterial cellulose with carboxymethylcellulose on its nano/microstructure and methotrexate release properties. Carbohydrate Polymers, 179: 126-134.

Ding R, Hu S J, Xu M Y, et al. 2021. The facile and controllable synthesis of a bacterial cellulose/polyhydroxybutyrate composite by co-culturing *Gluconacetobacter xylinus* and *Ralstonia eutropha*. Carbohydrate Polymers, 252: 117137.

Fernandes I A A, Pedro A C, Ribeiro V R, et al. 2020. Bacterial cellulose: From production optimization to new applications. International Journal of Biological Macromolecules, 164:

2598-2611.

Figueiredo A R P, Silvestre A J D, Neto C P, et al. 2015. *In situ* synthesis of bacterial cellulose/ polycaprolactone blends for hot pressing nanocomposite films production. Carbohydrate Polymers, 132: 400-408.

Florea M, Hagemann H, Santosa G, et al. 2016. Engineering control of bacterial cellulose production using a genetic toolkit and a new cellulose-producing strain. Proceedings of the National Academy of Sciences of the United States of America, 113(24): E3431-E3440.

Fu Y X, Mu D D, Qiao W J, et al. 2018. Co-expression of nisin Z and leucocin C as a basis for effective protection against *Listeria monocytogenes* in pasteurized milk. Frontiers in Microbiology, 9: 547.

Galdino C J S, Maia A D, Meira H M, et al. 2020. Use of a bacterial cellulose filter for the removal of oil from wastewater. Process Biochemistry, 91: 288-296.

Gao G, Cao Y Y, Zhang Y B, et al. 2020. *In situ* production of bacterial cellulose/xanthan gum nanocomposites with enhanced productivity and properties using *Enterobacter* sp. FY-07. Carbohydrate Polymers, 248: 116788.

Gao G, Fan H Q, Zhang Y B, et al. 2021. Production of nisin-containing bacterial cellulose nanomaterials with antimicrobial properties through co-culturing *Enterobacter* sp. FY-07 and *Lactococcus lactis* N8. Carbohydrate Polymers, 251: 117131.

Gea S, Bilotti E, Reynolds C T, et al. 2010. Bacterial cellulose - poly(vinyl alcohol) nanocomposites prepared by an *in situ* process. Materials Letters, 64(8): 901-904.

Gilbert C, Tang T C, Ott W, et al. 2021. Living materials with programmable functionalities grown from engineered microbial co-cultures. Nature Materials, 20(5): 691-700.

Goers L, Freemont P, Polizzi K M. 2014. Co-culture systems and technologies: Taking synthetic biology to the next level. Journal of the Royal Society, Interface, 11(96): 20140065.

Gutierrez J, Tercjak A, Algar I, et al. 2012. Conductive properties of TiO_2/bacterial cellulose hybrid fibres. Journal of Colloid and Interface Science, 377(1): 88-93.

Gwon H, Park K, Chung S C, et al. 2019. A safe and sustainable bacterial cellulose nanofiber separator for lithium rechargeable batteries. Proceedings of the National Academy of Sciences of the United States of America, 116(39): 19288-19293.

Hackl F, Kiwanuka E, Philip J, et al. 2014. Moist dressing coverage supports proliferation and migration of transplanted skin micrografts in full-thickness porcine wounds. Burns, 40(2): 274-280.

He J, Zhao H Y, Li X L, et al. 2018. Superelastic and superhydrophobic bacterial cellulose/silica aerogels with hierarchical cellular structure for oil absorption and recovery. Journal of Hazardous Materials, 346: 199-207.

Higashi K, Miki N. 2018. Hydrogel fiber cultivation method for forming bacterial cellulose microspheres. Micromachines, 9(1): 36.

Hornung M, Ludwig M, Gerrard A M, et al. 2006. Optimizing the production of bacterial cellulose in surface culture: Evaluation of substrate mass transfer influences on the bioreaction (Part 1). Engineering in Life Sciences, 6(6): 537-545.

Hou Y, Duan C T, Zhu G D, et al. 2019. Functional bacterial cellulose membranes with 3D porous architectures: Conventional drying, tunable wettability and water/oil separation. Journal of

Membrane Science, 591: 117312.

Hu Y, Yue M, Yuan F S, et al. 2021. Bio-inspired fabrication of highly permeable and anti-fouling ultrafiltration membranes based on bacterial cellulose for efficient removal of soluble dyes and insoluble oils. Journal of Membrane Science, 621: 118982.

Huang H C, Chen L C, Lin S B, et al. 2011. Nano-biomaterials application: *in situ* modification of bacterial cellulose structure by adding HPMC during fermentation. Carbohydrate Polymers, 83(2): 979-987.

Huang L H, Liu Q J, Sun X W, et al. 2020. Tailoring bacterial cellulose structure through CRISPR interference-mediated downregulation of *galU* in *Komagataeibacter xylinus* CGMCC 2955. Biotechnology and Bioengineering, 117(7): 2165-2176.

Hur D H, Choi W S, Kim T Y, et al. 2020. Enhanced production of bacterial cellulose in *Komagataeibacter xylinus via* tuning of biosynthesis genes with synthetic RBS. Journal of Microbiology and Biotechnology, 30(9): 1430-1435.

Iguchi M, Yamanaka S, Budhiono A. 2000. Bacterial cellulose—a masterpiece of nature's arts. Journal of Materials Science, 35(2): 261-270.

Jang W D, Kim T Y, Kim H U, et al. 2019. Genomic and metabolic analysis of *Komagataeibacter xylinus* DSM 2325 producing bacterial cellulose nanofiber. Biotechnology and Bioengineering, 116(12): 3372-3381.

Janpetch N, Saito N, Rujiravanit R. 2016. Fabrication of bacterial cellulose-ZnO composite *via* solution plasma process for antibacterial applications. Carbohydrate Polymers, 148: 335-344.

Jasim A, Ullah M W, Shi Z J, et al. 2017. Fabrication of bacterial cellulose/polyaniline/single-walled carbon nanotubes membrane for potential application as biosensor. Carbohydrate Polymers, 163: 62-69.

Jiji S, Udhayakumar S, Maharajan K, et al. 2020. Bacterial cellulose matrix with *in situ* impregnation of silver nanoparticles via catecholic redox chemistry for third degree burn wound healing. Carbohydrate Polymers, 245: 116573.

Kanjanamosit N, Muangnapoh C, Phisalaphong M. 2010. Biosynthesis and characterization of bacteria cellulose‐alginate film. Journal of Applied Polymer Science, 115(3): 1581-1588.

Khalil A S, Collins J J. 2010. Synthetic biology: Applications come of age. Nature Reviews Genetics, 11(5): 367-379.

Khan S, Ul-Islam M, Khattak W A, et al. 2015. Bacterial cellulose-titanium dioxide nanocomposites: nanostructural characteristics, antibacterial mechanism, and biocompatibility. Cellulose, 22(1): 565-579.

Klemm D, Schumann D, Udhardt U, et al. 2001. Bacterial synthesized cellulose—artificial blood vessels for microsurgery. Progress in Polymer Science, 26(9): 1561-1603.

Lazarini S C, de Aquino R, Amaral A C, et al. 2016. Characterization of bilayer bacterial cellulose membranes with different fiber densities: a promising system for controlled release of the antibiotic ceftriaxone. Cellulose, 23(1): 737-748.

Lee K Y, Buldum G, Mantalaris A, et al. 2014. More than meets the eye in bacterial cellulose: biosynthesis, bioprocessing, and applications in advanced fiber composites. Macromolecular Bioscience, 14(1): 10-32.

Li G H, Sun K Y, Li D W, et al. 2016. Biosensor based on bacterial cellulose-Au nanoparticles electrode modified with laccase for hydroquinone detection. Colloids and Surfaces A: Physicochemical and Engineering Aspects, 509: 408-414.

Li Y T, Lin S B, Chen L C, et al. 2017b. Antimicrobial activity and controlled release of nanosilvers in bacterial cellulose composites films incorporated with montmorillonites. Cellulose, 24(11): 4871-4883.

Li Y, Qing S, Zhou J H, et al. 2014. Evaluation of bacterial cellulose/hyaluronan nanocomposite biomaterials. Carbohydrate Polymers, 103: 496-501.

Li Y, Tian Y, Zheng W S, et al. 2017a. Composites of bacterial cellulose and small molecule-decorated gold nanoparticles for treating gram-negative bacteria-infected wounds. Small, 13(27): 1700130.

Li Z Q, Qiu J, Shi Y, et al. 2018. Wettability-switchable bacterial cellulose/polyhemiaminal nanofiber aerogels for continuous and effective oil/water separation. Cellulose, 25(5): 2987-2996.

Liu M, Li S Q, Xie Y Z, et al. 2018. Enhanced bacterial cellulose production by *Gluconacetobacter xylinus via* expression of *Vitreoscilla* hemoglobin and oxygen tension regulation. Applied Microbiology and Biotechnology, 102(3): 1155-1165.

Liu X G, Wang M, Cao L, et al. 2024. Living artificial skin: Photosensitizer and cell sandwiched bacterial cellulose for chronic wound healing. Advanced Materials, 36(26): e2403355.

Liu X G, Wu M, Wang M, et al. 2022. Direct synthesis of photosensitizable bacterial cellulose as engineered living material for skin wound repair. Advanced Materials, 34(13): e2109010.

Manan S, Ullah M W, Ul-Islam M, et al. 2022. Bacterial cellulose: Molecular regulation of biosynthesis, supramolecular assembly, and tailored structural and functional properties. Progress in Materials Science, 129: 100972.

Maneerung T, Tokura S, Rujiravanit R. 2008. Impregnation of silver nanoparticles into bacterial cellulose for antimicrobial wound dressing. Carbohydrate Polymers, 72(1): 43-51.

Mangayil R, Rajala S, Pammo A, et al. 2017. Engineering and characterization of bacterial nanocellulose films as low cost and flexible sensor material. ACS Applied Materials & Interfaces, 9(22): 19048-19056.

Mbituyimana B, Liu L, Ye W L, et al. 2021. Bacterial cellulose-based composites for biomedical and cosmetic applications: research progress and existing products. Carbohydrate Polymers, 273: 118565.

Medronho B, Romano A, Miguel M G, et al. 2012. Rationalizing cellulose (in)solubility: Reviewing basic physicochemical aspects and role of hydrophobic interactions. Cellulose, 19(3): 581-587.

Mohammadnejad J, Yazdian F, Omidi M, et al. 2018. Graphene oxide/silver nanohybrid: optimization, antibacterial activity and its impregnation on bacterial cellulose as a potential wound dressing based on GO-Ag nanocomposite-coated BC. Engineering in Life Sciences, 18(5): 298-307.

Moniri M, Boroumand Moghaddam A, Azizi S, et al. 2017. Production and status of bacterial cellulose in biomedical engineering. Nanomaterials, 7(9): 257.

Morrison D W G, Dokmeci M R, Demirci U, et al. 2007. Clinical applications of micro- and nanoscale biosensors. Biomedical Nanostructures, doi: 10.1002/9780470185834.ch17.

Nakai T, Tonouchi N, Konishi T, et al. 1999. Enhancement of cellulose production by expression of sucrose synthase in *Acetobacter xylinum*. Proceedings of the National Academy of Sciences of the United States of America, 96(1): 14-18.

Núñez-Carmona E, Bertuna A, Abbatangelo M, et al. 2019. BC-MOS: The novel bacterial cellulose based MOS gas sensors. Materials Letters, 237: 69-71.

Phisalaphong M, Jatupaiboon N. 2008. Biosynthesis and characterization of bacteria cellulose-chitosan film. Carbohydrate Polymers, 74(3): 482-488.

Qiao K, Zheng Y D, Guo S L, et al. 2015. Hydrophilic nanofiber of bacterial cellulose guided the changes in the micro-structure and mechanical properties of nf-BC/PVA composites hydrogels. Composites Science and Technology, 118: 47-54.

Qiu K Y, Netravali A. 2017. *In situ* produced bacterial cellulose nanofiber-based hybrids for nanocomposites. Fibers, 5(3): 31.

Ruka D R, Simon G P, Dean K M. 2013. *In situ* modifications to bacterial cellulose with the water insoluble polymer poly-3-hydroxybutyrate. Carbohydrate Polymers, 92(2): 1717-1723.

Sai H Z, Fu R, Xing L, et al. 2015. Surface modification of bacterial cellulose aerogels' web-like skeleton for oil/water separation. ACS Applied Materials & Interfaces, 7(13): 7373-7381.

Saibuatong O A, Phisalaphong M. 2010. Novo *Aloe* vera‐bacterial cellulose composite film from biosynthesis. Carbohydrate Polymers, 79(2): 455-460.

Sen S, Martin J D, Argyropoulos D S. 2013. Review of cellulose non-derivatizing solvent interactions with emphasis on activity in inorganic molten salt hydrates. ACS Sustainable Chemistry & Engineering, 1(8): 858-870.

Shang D D, Li D, Chen B Y, et al. 2021.2D‐2D SnS$_2$/covalent organic framework heterojunction photocatalysts for highly enhanced solar-driven hydrogen evolution without cocatalysts. ACS Sustainable Chemistry & Engineering, 9(42): 14238-14248.

Shao W, Liu H, Wang S X, et al. 2016. Controlled release and antibacterial activity of tetracycline hydrochloride-loaded bacterial cellulose composite membranes. Carbohydrate Polymers, 145: 114-120.

Shi F, Yu T, Hu S C, et al. 2016. Synthesis of highly porous SiO$_2$-(WO$_3$)$_x$·TiO$_2$ composite aerogels using bacterial cellulose as template with solvothermal assisted crystallization. Chemical Engineering Journal, 292: 105-112.

Singh A, Walker K T, Ledesma-Amaro R, et al. 2020. Engineering bacterial cellulose by synthetic biology. International Journal of Molecular Sciences, 21(23): 9185.

Sourty E, Ryan D H, Marchessault R H. 1998. Characterization of magnetic membranes based on bacterial and man-made cellulose. Cellulose, 5(1): 5-17.

Sulaeva I, Henniges U, Rosenau T, et al. 2015. Bacterial cellulose as a material for wound treatment: properties and modifications. A review. Biotechnology Advances, 33(8): 1547-1571.

Szymańska-Chargot M, Chylińska M, Cybulska J, et al. 2017. Simultaneous influence of pectin and xyloglucan on structure and mechanical properties of bacterial cellulose composites. Carbohydrate Polymers, 174: 970-979.

Teh M Y, Ooi K H, Danny Teo S X, et al. 2019. An expanded synthetic biology toolkit for gene expression control in *Acetobacteraceae*. ACS Synthetic Biology, 8(4): 708-723.

Teoh A L, Heard G, Cox J. 2004. Yeast ecology of kombucha fermentation. International Journal of Food Microbiology, 95(2): 119-126.

Ul-Islam M, Shah N, Ha J H, et al. 2011. Effect of chitosan penetration on physico-chemical and mechanical properties of bacterial cellulose. Korean Journal of Chemical Engineering, 28(8):

1736-1743.

Volova T G, Shumilova A A, Shidlovskiy I P, et al. 2018. Antibacterial properties of films of cellulose composites with silver nanoparticles and antibiotics. Polymer Testing, 65: 54-68.

Wahid F, Bai H, Wang F P, et al. 2020. Facile synthesis of bacterial cellulose and polyethyleneimine based hybrid hydrogels for antibacterial applications. Cellulose, 27(1): 369-383.

Wahid F, Huang L H, Zhao X Q, et al. 2021a. Bacterial cellulose and its potential for biomedical applications. Biotechnology Advances, 53: 107856.

Wahid F, Zhao X J, Duan Y X, et al. 2021b. Designing of bacterial cellulose-based superhydrophilic/underwater superoleophobic membrane for oil/water separation. Carbohydrate Polymers, 257: 117611.

Wan Y Z, Luo H L, He F, et al. 2009. Mechanical, moisture absorption, and biodegradation behaviours of bacterial cellulose fibre-reinforced starch biocomposites. Composites Science and Technology, 69(7-8): 1212-1217.

Wang Q D, Asoh T A, Uyama H. 2018. Facile fabrication of flexible bacterial cellulose/silica composite aerogel for oil/water separation. Bulletin of the Chemical Society of Japan, 91(7): 1138-1140.

Wang S, Lu A, Zhang L N. 2016. Recent advances in regenerated cellulose materials. Progress in Polymer Science, 53: 169-206.

Wang W, Li H Y, Zhang D W, et al. 2010. Fabrication of bienzymatic glucose biosensor based on novel gold nanoparticles-bacteria cellulose nanofibers nanocomposite. Electroanalysis, 22(21): 2543-2550.

Wang W, Zhang T J, Zhang D W, et al. 2011. Amperometric hydrogen peroxide biosensor based on the immobilization of heme proteins on gold nanoparticles – bacteria cellulose nanofibers nanocomposite. Talanta, 84(1): 71-77.

Watanabe K, Yamanaka S. 1995. Effects of oxygen tension in the gaseous phase on production and physical properties of bacterial cellulose formed under static culture conditions. Bioscience, Biotechnology, and Biochemistry, 59(1): 65-68.

Yadav V, Paniliatis B J, Shi H, et al. 2010. Novel *in vivo*-degradable cellulose-chitin copolymer from metabolically engineered *Gluconacetobacter xylinus*. Applied and Environmental Microbiology, 76(18): 6257-6265.

Ye S, Jiang L, Wu J M, et al. 2018. Flexible amoxicillin-grafted bacterial cellulose sponges for wound dressing: *in vitro* and *in vivo* evaluation. ACS Applied Materials & Interfaces, 10(6): 5862-5870.

Zaborowska M, Bodin A, Bäckdahl H, et al. 2010. Microporous bacterial cellulose as a potential scaffold for bone regeneration. Acta Biomaterialia, 6(7): 2540-2547.

Zhang N, Zang G L, Shi C, et al. 2016. A novel adsorbent TEMPO-mediated oxidized cellulose nanofibrils modified with PEI: preparation, characterization, and application for Cu(II) removal. Journal of Hazardous Materials, 316: 11-18.

Zhang T J, Wang W, Zhang D Y, et al. 2010. Biotemplated synthesis of gold nanoparticle–bacteria cellulose nanofiber nanocomposites and their application in biosensing. Advanced Functional Materials, 20(7): 1152-1160.

第 11 章 核 酸 材 料

核酸分子是天然存在的生物大分子，其本质也是化学高分子，可以被设计为功能材料。1982 年，Nadrian Seeman 教授提出了将 DNA 作为构筑纳米材料的结构基元的想法，设计构建了 DNA 十字结构，并将多个十字结构组装成较大的二维和三维结构，揭开了核酸材料开发与探索的帷幕。近年来，核酸功能材料已在生物成像、疾病诊断与监测、药物递送、细胞调控等生物医疗领域得到广泛研究。核酸材料的探索和发展是高分子科学与生命科学的连接桥梁，其构建与应用是化学生物学领域研究的重要方向。随着研究技术与设计理念的不断成熟，核酸功能材料有望集成更多功能模块，进行更加深入、广泛的发展，在 DNA 纳米技术、高分子材料、健康医疗、能源、生态环境和人工智能等领域发挥重要作用。

11.1　核酸分子与核酸材料

11.1.1　核酸分子结构基础

核酸是生物体内天然存在的一种大分子聚合物，是生命体记录遗传信息的媒介和载体，指导蛋白质的合成。核酸分子由核苷酸聚合而成，包括脱氧核糖核酸（deoxyribonucleic acid，DNA）和核糖核酸（ribonucleic acid，RNA）。

核酸分子由 4 种核苷酸聚合而成。每个核苷酸由一个含氮的芳香碱基、戊糖（五碳糖，又称核糖）和磷酸基团组成。组成 DNA 分子的核苷酸的戊糖 2′碳上没有羟基（—OH），称为脱氧核糖核苷酸；RNA 分子中核苷酸戊糖 2′碳上具有羟基基团，称为核糖核苷酸。核苷酸的种类由碱基决定。核酸分子中存在 5 种常见的碱基：腺嘌呤（adenine，A）、鸟嘌呤（guanine，G）、胞嘧啶（cytosine，C）、胸腺嘧啶（thymine，T）和尿嘧啶（uracil，U）（图 11-1）。其中，DNA 和 RNA 分子中均含有 A、C 和 G，而 T 仅存在于 DNA 分子中，U 只存在于 RNA 分子中。核酸分子中，一个核苷酸中戊糖上的 3′-羟基和下一个核苷酸的 5′-磷酸基团通过形成磷酸二酯键连接，逐渐延伸形成具有方向性的核酸分子链（图 11-1）。核苷酸的排列顺序通常被称为核酸分子的一级结构。

DNA 是所有生物体和大多数病毒的遗传物质，其结构和性质与遗传信息复制和传递密切相关。DNA 分子的结构可分为一级结构、二级结构和三级结构。DNA

核苷酸分子结构

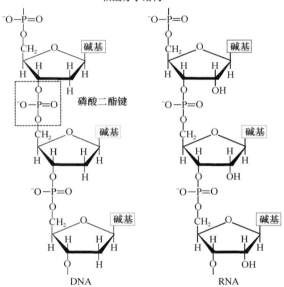

图 11-1 核苷酸分子及核酸分子结构

分子的二级结构是指两条脱氧核苷酸链反向平行盘绕所生成的双螺旋结构；DNA 分子的三级结构是指 DNA 双螺旋进一步扭曲盘绕所形成的更复杂的特定空间结构。1953 年，美国生物学家沃森（Waston）和英国生物学家克里克（Crick）在 *Nature* 杂志上提出了经典的 DNA 双螺旋结构模型 （Watson and Crick，1953），被认为是 20 世纪自然科学中最伟大的成就之一，自此生物学研究从细胞水平深入到分子水平。在经典的 DNA 双螺旋结构模型中，两条 DNA 单链反向平行形成右手双螺旋结构，其中，磷酸-脱氧核糖结构位于外侧，形成 DNA 双螺旋结构的电

负性骨架结构，赋予 DNA 分子电负性特征。碱基位于双螺旋结构内侧，两条 DNA
链之间的碱基通过氢键相连。四种碱基之间遵循碱基互补配对原则：A 与 T 之间
通过形成两个氢键进行配对，C 与 G 之间通过形成三个氢键进行配对。精准的
碱基互补配对原则赋予 DNA 精准组装的能力。碱基互补配对所形成的氢键作用
和碱基堆积作用是 DNA 双螺旋结构的主要作用力。DNA 双螺旋结构的直径约
为 2 nm，相邻碱基层之间的距离约为 0.34 nm（图 11-2）。因此，根据 DNA 分
子的核苷酸数量和折叠方式，可精准预测 DNA 分子尺寸。

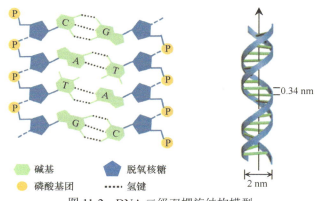

图 11-2　DNA 二级双螺旋结构模型

除了经典的双螺旋结构，在生物体中，DNA 分子还存在一些特殊的二级结
构，如 DNA 三链体、G-四链体和嵌入基序（i-motif）结构（图 11-3）。DNA 三
链体是由三条同型聚嘧啶或聚嘌呤的 DNA 链形成的特殊结构。在三链体结构中，
两条为全嘧啶链，一条为全嘌呤链，其中一条嘧啶链与嘌呤链通过碱基配对形
成双链结构，另一条嘧啶链通过 Hoogsteen 氢键与双链中的嘌呤链结合，形成
C·G-C 或 T-A·T 的三链体结合方式（Dalla Pozza et al.，2022）。G-四链体是人体
内大量存在的一种 DNA 二级结构，一般位于双链 DNA 的延伸区域，尤其存在
于人体端粒末端和癌基因启动区域。这种 DNA 片段含有聚鸟嘌呤序列，在 K+
等金属离子的存在下，通过氢键作用和 π-π 堆叠形成 G-四链体结构（Xu and
Komiyama，2023）。2018 年，澳大利亚嘉文医学研究所的 Daniel Christ 首次在
人体的活细胞中发现了 i-motif 结构。i-motif 结构是富含胞嘧啶（C）的 DNA 链
在酸性环境下形成的一种特殊的二级结构。在酸性环境中，胞嘧啶（C）碱基在
氢质子（H+）作用下发生半质子化，富含胞嘧啶（C）的 DNA 单链可以形成胞
嘧啶-胞嘧啶碱基对（C：C+），这些半质子化的 C：C+ 碱基对相互堆叠，形成稳
定的 i-motif 四链体结构（Abou Assi et al.，2018）。特殊 DNA 二级结构赋予 DNA
材料更丰富的组装形式和生物性能。

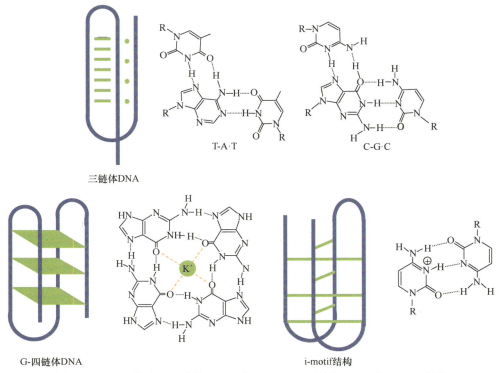

图 11-3 DNA 特殊二级结构：三链体 DNA、G-四链体 DNA 和 i-motif 结构

11.1.2 核酸分子生物活性

核酸分子除了可以作为遗传信息的载体，还具有丰富的生物学功能。许多序列特殊、结构特异的核酸分子可以在生物体内发挥独特的功能（图 11-4），是构建核酸功能材料的分子结构基础。

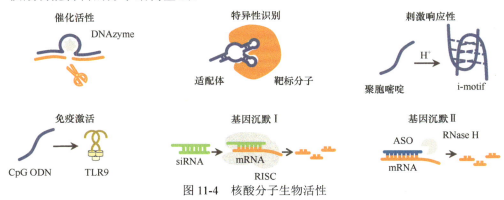

图 11-4 核酸分子生物活性

1. 催化活性

脱氧核酶（deoxyribozyme，DNAzyme）是人工合成的具有催化活性的 DNA 片段。1994 年，Gerald F. Joyce 等报道了一个体外筛选的单链 DNA 片段，可用于催化 RNA 磷酸二酯键的裂解。1995 年，Cuenoud 等进一步报道了一个具有连接酶活性的 DNA 片段。目前，已经有几十种 DNAzyme 被开发出来，其催化活性主要包括以下 5 类：RNA 切割活性、DNA 切割活性、DNA 连接酶活性、DNA 激酶活性、卟啉金属化酶和过氧化酶活性。例如，1997 年，Santoro 等从随机 DNA 分子库文库中筛选获得具有 RNA 切割活性的 DNAzyme。切割原理主要为：金属离子辅助下切割位点的嘌呤核苷酸上 2′-羟基去质子化，对邻近磷酸二酯键进行亲核攻击（Santoro and Joyce，1997；1998）。

2. 特异性识别

特定序列的寡核苷酸分子具备特异识别靶物质的能力，称为核酸适配体。适配体是通过指数富集配体系统进化技术（systematic evolution of ligands by exponential enrichment，SELEX）体外筛选得到的一段寡核苷酸片段，可自适应折叠形成特定三维结构，与相应的靶标配体发生特异性结合。靶标配体包括蛋白质、细胞膜受体、金属离子、小分子化合物等，结合作用主要依赖于适配体与靶标分子之间形状互补以及多种分子间作用力。与抗体分子相比，核酸适配体易于生产、免疫原性低、稳定性更好、易于化学修饰以实现与其他材料的耦合，已被广泛应用于传感器与疾病智能药物的研发。

3. 刺激响应性

刺激响应性主要是指特定的核酸序列可以感知某种环境信号刺激后自身发生变化的特性。例如，富含胞嘧啶（C）的 DNA 单链在酸性环境中可形成 i-motif 四链体结构，实现响应酸性环境的变构。三磷酸腺苷（adenosine triphosphate，ATP）适配体是一段富含鸟嘌呤（G）的 DNA 单链，在靶标分子 ATP 存在下，多个 G 可与 ATP 中的腺苷在氢键和 π-π 堆积作用下形成稳定结构，实现特异性结合。此外，在 K^+ 存在下，富含鸟嘌呤（G）的 DNA 单链在氢键、配位作用、π-π 堆积等作用下形成 G-四链体构象。核酸序列的刺激响应能力为智能核酸功能材料的创制奠定了基础。

4. 免疫激活

免疫系统是生物体自身的防御体系，在病毒、细菌等病原体入侵时发挥重要的防御功能。识别病原体的遗传物质并启动免疫功能是人体细胞的一项重要功能。一些特定的核酸序列可以刺激机体产生免疫应答，促进炎症反应，起到疾病治疗的作用。CpG 寡脱氧核苷酸（CpG oligodeoxynucleotide，CpG-ODN）是人工合成的含有特定非甲基化 C、G 二核苷酸的 DNA 序列，可与树突状细胞溶酶体内膜上的 Toll 样受体 9（Toll-like receptor，TLR-9）结合，触发机体免疫应答，常作为免疫佐剂用于免疫治疗。多种外源 DNA 可以被环鸟苷酸-腺苷酸合酶所利用，生成特异性第二信使环鸟苷酸-腺苷酸分子，通过识别环鸟苷酸-腺苷酸后开启下游信号通路，促进细胞分泌 I 型干扰素及促炎细胞因子，激活机体免疫系统（Ishikawa et al.，2009）。

5. 基因表达调控

很多寡核苷酸可参与基因表达调控，尤其是基因沉默。微 RNA（microRNA，miRNA）是一类内源性非编码单链 RNA，可以特异性抑制靶标信使 RNA（mRNA）的翻译，发挥基因调控功能。小干扰 RNA（siRNA）是一种长度为 20～25 bp 的双链 RNA，进入细胞后可形成 RNA 诱导的沉默复合物（RNA-induced silencing complex，RISC），进而切割与其序列互补的 mRNA，阻止翻译，起到基因沉默的作用。反义寡脱氧核苷酸（antisense oligo-deoxynucleotide，ASO）是一类单链核酸序列，可与靶基因 DNA 或 mRNA 特异性结合，抑制特定基因表达。目前，参与基因调控的寡核苷酸被广泛应用于疾病基因治疗研究，称为核酸药物。

11.1.3 核酸材料的优势

得益于天然生命属性，核酸分子在高分子材料的创制方面有着独特的优势。①序列可编程性。可通过设计 4 种脱氧核苷酸单体（A、T、C、G）的数量和排列顺序来定制化合成 DNA 序列。②结构精准性。碱基互补配对原则（A 与 T、C 与 G）是 DNA 材料精准组装的基础，互补的 DNA 单链可以形成稳定的双链结构，保证了核酸材料精准、高效的构建。③功能定制化。结构决定功能，序列和结构精准性保证了 DNA 材料的功能精准可调。核酸分子的各类生物活性赋予了核酸功能材料的多元设计性。④生物相容性。由于生物体内天然存在核酸分子，人工设计构建的核酸材料往往具有生物可控降解性和生物安全性等特点。⑤丰富的编辑策略。生物环境中存在多种核酸酶，可以在特定的核酸序列位点进行切割。利用不同细胞中酶的种类与活性的差异设计核酸材料，可以在特定细胞系中实现多种可控的事件。

11.2 核酸材料构建策略

核酸材料的构建高度依赖于核酸分子本身的理化性质，从基本的碱基互补配对原则到各类功能性核酸序列的整合，再到非核酸功能模块的引入，核酸材料的构建策略不断拓展。近年来，研究人员开发了各种组装策略用于构建核酸材料。

11.2.1　基于 DNA 单链的模块组装

单链 DNA（single-stranded DNA，ssDNA）是最容易设计和合成的核酸分子形式，常用作构建各种核酸纳米材料的基本单位。ssDNA 自身部分互补可形成发夹结构，也可与其他 ssDNA 组装成双链结构、枝状结构和框架结构等。基于单链 DNA 的模块组装，其关键是合理设计寡核苷酸序列。设计原则主要包括：①通过调节碱基组成和长度来优化结合能，保证组装结构稳定；②避免 ssDNA 自身形成稳定的二级结构；③多条 ssDNA 之间避免出现非目标互补配对。在组装过程中，需要添加适当量的阳离子（如 Na^+、Mg^{2+}）来克服 ssDNA 之间的静电斥力，从而保证 DNA 分子可相互靠近并成功组装。

1. DNA 单链枝状组装

经典的 DNA 单双链均为线性结构，主要在一维方向延伸。枝状 DNA 结构是指具有一个分支中心，从中心延伸出多条 DNA 分支臂的树枝状 DNA 结构。枝状 DNA 的多分支臂具有多向性，为 DNA 组装成更加高级、复杂的结构奠定基础。经过合理的序列设计，多条 ssDNA 可通过碱基互补配对合成 X 型或 Y 型等枝状 DNA。常用的枝状 DNA 合成策略主要分为静态一锅法和动态组装法。静态一锅法即将各条 ssDNA 按摩尔比例混合，经历退火过程后，各链互补的碱基对之间自主形成氢键，自组装为特定的枝状结构（图 11-5）。此法合成的枝状 DNA 设计简单、易于实现，是最常用的枝状 DNA 合成方法。

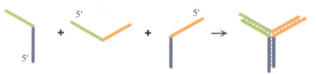

图 11-5　DNA 单链枝状结构静态一锅法组装

动态组装法主要基于催化发夹组装（catalytic hairpin assembly，CHA）策略，其对于 ssDNA 的序列设计有着更高的要求：一条单链作为引发链；几个亚稳态发夹结构作为组装和拆卸的元件。引发链序列和发夹单体具有明确的序列组成及能量关系，能够满足动态反应的要求。如图 11-6 所示，在 CHA 反应中，引发链与发夹链暴露的支点域互补，在由碱基对序列依赖的自由能驱动下打开发夹结构，打开的发夹 DNA 暴露出一个新的单链区域，它反过来又作为打开另一个发夹链的引发链。由此，亚稳态发夹链由引发链即组装途径触发级联打开，形成支链 DNA。当最后一个发夹链取代释放的启动元件时，最初始的引发链被置换下来。

引发链在 CHA 反应中起着催化剂的作用，降低反应的活化能，反应结束后被释放用于下一轮 CHA 反应。

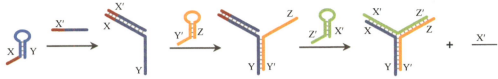

图 11-6　催化发夹组装原理示意图

2. DNA 单链框架组装

多条 ssDNA 的部分互补配对组装还可进行 DNA 立体框架结构构建。DNA 四面体结构是基于 ssDNA 组装形成的经典框架结构。如图 11-7 所示，基于碱基互补配对原则，四条长度相同的 DNA 单链（S1、S2、S3、S4）组装为一个机械强度较高的三维纳米结构，称为四面体 DNA 纳米结构（TDN）。每条单链包含三个序列部分，每个序列部分与另一条单链上的对应序列互补。四条 DNA 单链经退火结合后，四个三角形的 DNA 螺旋形成一个刚性的四面体结构，每个顶点有一个寡核苷酸，增强整体结构的柔韧性（Zhang et al.，2020）。

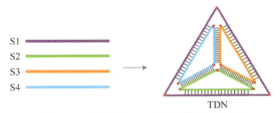

图 11-7　四面体 DNA 纳米结构示意图
（Zhang et al.，2020）

11.2.2　基于 DNA 纳米结构的模块组装

DNA 单链有序组装形成的 DNA 纳米结构可再次作为材料组装的基本模块，用于更高层级的组装，构建出更为复杂多样的材料体系。枝状 DNA（包括 X-DNA、Y-DNA、T-DNA 等）可通过单链悬垂自下而上杂交，组装形成高级结构。与各向同性的传统化学树状大分子不同，枝状 DNA 结构可以被设计成各向同性或各向异性。枝状 DNA 的每个分支臂包含一个双链区域和一个延伸的黏性末端。双链区域维持分支结构的刚性和稳定性；黏性末端可以将多个枝状 DNA 结构相连，串联成 DNA 网络或连接多个功能元件（图 11-8 左）。

DNA 纳米结构的响应性动态组装体系不仅仅依靠碱基互补配对，还涉及响应型序列与其他功能元件的应用。例如，在 DNA 纳米结构中引入两段富含胞嘧啶的序列（如 CCCCTAACCCC），在酸性环境中，相邻 DNA 纳米结构中的两条胞嘧啶序列可"手牵手"形成完整的 i-motif 结构，实现 DNA 纳米模块间的组装，形成更大尺寸的聚集体（图 11-8 右）。

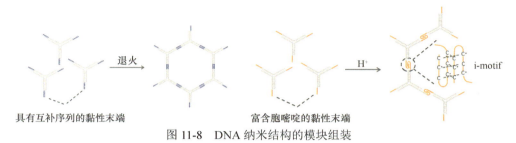

图 11-8　DNA 纳米结构的模块组装

11.2.3　热稳定聚合酶链反应

聚合酶链反应（polymerase chain reaction，PCR）是一种基于精准控温的 DNA 扩增技术。经典的 PCR 利用线性单链引物进行扩增，得到的产物为平末端线性 DNA 双链片段，限制了 PCR 产物的进一步组装。获得具有黏性末端的 PCR 产物是其进一步构建 DNA 材料的关键。引物是 PCR 扩增的起始，决定了 PCR 产物的末端序列和结构。将引物设计成枝状结构，有望为 PCR 产物提供进一步组装的黏性末端。枝状 DNA 结构中存在双链区，在 PCR 高温变性过程中易被破坏，限制了其作为 PCR 引物的应用。Luo 等首次提出利用补骨脂素构建热稳定枝状 DNA，并以此作为 PCR 引物，扩增出两端均具有分支臂的 PCR 产物，为其进一步组装提供交联点，开创了利用 PCR 构建 DNA 材料的新策略（Hartman et al.，2013）

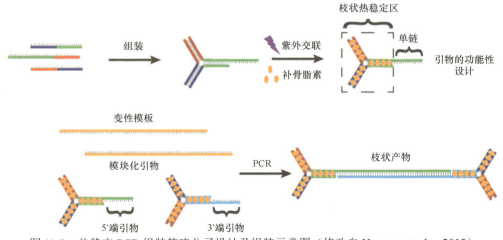

图 11-9　热稳定 PCR 组装策略分子设计及组装示意图（修改自 Hartman et al.，2013）

（图 11-9）。当在双链区中引入多个胸腺嘧啶（T）时，补骨脂素可先插入 DNA 双链中，经紫外线照射后，与两条链形成共价交联的 T-补骨脂素-T 位点，使双链或枝状 DNA 引物在高温下仍保持结构完整。这种含有双链结构引物的保护策略使基于 PCR 的材料构建方案更加灵活多变。

11.2.4 滚环扩增

与依赖温度控制的 PCR 不同，滚环扩增（rolling circle amplification，RCA）是一种以环状单链 DNA 为模板的等温酶促扩增策略，用于高效生产具有重复序列的超长单链 DNA（ssDNA）。RCA 过程依赖具有链置换活性的 DNA 聚合酶（通常为 phi29 DNA 聚合酶）。在 RCA 过程中，phi29 酶催化脱氧核苷三磷酸（deoxyribonucleoside triphosphate，dNTP）依次掺入结合在环状模板上的引物，从而使引物链逐渐延伸成含有数十甚至数百个与模板链互补的串联重复序列的超长 ssDNA。合成的超长 ssDNA 可通过物理缠绕或形成氢键等进一步组装，形成各种形式的 DNA 材料（如 DNA 水凝胶），也可与其他材料复合形成 DNA 纳米复合物。

1. RCA 组装原理

常规 RCA 反应体系需要 4 种组分，包括环状 DNA 模板、DNA 引物、具有链置换活性的 DNA 聚合酶、dNTP。DNA 模板链的长度一般为 70～110 nt，引物长度通常为 20～35 nt。在具有链置换活性的 DNA 聚合酶（phi29）的催化下，引物以环状 DNA 链为模板，从 5′端到 3′端方向延伸，合成模板互补链。当一个复制周期完成后，新合成的 DNA 链通过 phi29 聚合酶的核酸链置换活性取代先前合成的 DNA 链进一步延伸，从而产生与模板互补的、具有重复周期序列的超长 ssDNA（图 11-10）。RCA 反应条件温和，在最佳反应温度（37℃）下，1 h 内可以扩增 200 多个循环。

在核酸材料的创制发展过程中，经典的 RCA 策略得到不断丰富，多级 RCA 和双 RCA 技术被相继开发出来，用于更多样化的研究（图 11-10）。多级 RCA 是指在常规 RCA 反应体系中引入多条 ssDNA 引物，用于引发多级的 RCA 反应（Lee et al.，2012）。在多级 RCA 反应过程中，首先，通过常规 RCA 过程产生一条具有与模板链互补的串联重复序列的超长 DNA 单链 1。在此过程中添加的二级引物可与单链 1 通过碱基互补配对结合，触发次级 RCA 过程，以单链 1 为第二模板，延伸合成与单链 1 互补的单链 2。三级引物与单链 2 结合，延伸合成与单链 2 互补的单链 3。相较于常规 RCA，多级 RCA 合成效率更高，且产物中含有大量可碱基互补配对的超长 ssDNA，更易于通过物理缠绕和碱基互补配对形成交联网络结构。双 RCA 组装法是指通过两个常规 RCA 反应过程进行组装构建 DNA 材料的方法。具体来说，设计两个含有部分互补序列的环状 DNA 模板（互补序列长度通常大于 20 nt），在 phi29 聚合酶的催化下，产生两条具有大量互补序列的 ssDNA 链。将两条超长单链混合后，可在物理缠结及碱基互补配对的作用下形成 DNA 网络结构，其中互补序列区在两条超长 ssDNA 链混合后形成三维网络结构的交联点。

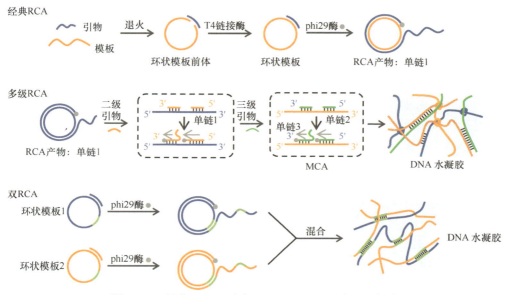

图 11-10　经典 RCA、多级 RCA、双 RCA 原理示意图

2. 基于 RCA 的核酸功能材料构建策略

通过合理设计 RCA 环状模板 DNA 序列，合成的 ssDNA 携带大量定制的 DNA 功能序列，并以超长单链为载体，集成多种功能元件，用于构建各类 DNA 功能材料。RCA 组装策略整合功能模块的方法大致分为 4 种。①在 RCA 环状模板上设计功能序列。寡核苷酸功能序列，如适配体序列、CpG-ODN、DNAzyme 和 ASO 等，可设计在模板链上，通过 RCA 在短时间内高效扩增，整合在 DNA 材料中。②基于碱基互补配对的功能元件负载。RCA 超长 ssDNA 链中可设计与目标功能元件互补的序列，目标功能元件可以是附加有互补序列的常见核酸药物，也可以是其他种类元件与互补核酸序列的化学结合物。③基于 π-π 堆积相互作用的功能元件负载。DNA 链中含有丰富的芳香环，能够通过 π-π 堆积相互作用装载其他芳香类小分子，例如，G-四链体结构可以对血红素、光敏剂二氯硅酞菁进行负载，用于光动力治疗。④基于静电相互作用的功能元件负载。带正电的功能纳米材料和金属离子可通过静电相互作用引入到 RCA 材料体系中。

11.2.5 杂交链反应

杂交链反应（hybridization chain reaction，HCR）是 Dirks 等在 2004 年提出的一种简单高效的 DNA 等温无酶扩增策略，可通过两个发夹单体的级联组装形成具有重复单元的切口 DNA 双链产物。通过发夹的序列设计或化学偶联，HCR 产物可将多种具有特定功能的纳米元件进行组装，在生物医学领域具有巨大的应用潜力。

1. HCR 组装原理

HCR 系统包含一个引发链和至少两个发夹结构链。发夹结构由三个区域组成：茎、环和支点域（Dirks and Pierce，2004）。当发夹形成二级结构时，长茎与短茎形成双链互补结构，在互补区域储存势能，环为长短茎之间的非互补区域，支点域为长茎上延伸出的非互补序列。引发链与发夹 1、发夹 1 与发夹 2 之间均存在序列互补结构域。在引发链（a'-b'）存在的情况下，a' 序列识别发夹 1 的支点域位点（a），并通过支点域介导的链置换反应与发夹 1 的长茎（a-b）互补结合，从而暴露发夹 1 的环区（c）和短茎（b'）。随后，发夹 1 的环区（c）识别发夹 2 的支点域（c'），并与其长茎（c'-b）结合，暴露出发夹 2 的环区（a'）和短茎（b'）。发夹 1 和 2 交替组装，最终形成具有黏性末端的长双链 DNA 产物，直至发夹结构耗尽（图 11-11）。

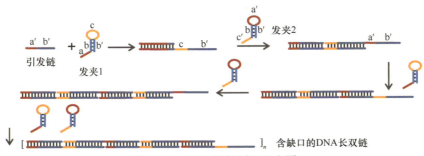

图 11-11　HCR 组装原理示意图

2. 基于 HCR 的核酸功能材料构建策略

HCR 的发夹结构的短茎末端通常被功能化设计，包括设计荧光模块、特异性识别模块、药物模块等。因此，HCR 可以作为 DNA 纳米材料搭载功能元件的工具。通过与发夹的耦合，一些治疗序列（siRNA、miRNA、ASO 和 DNAzyme）和刺激响应基序（i-motif 和 G-四链体）可以借助 HCR 的级联组装，高效负载于纳米载体上，在生物医学领域中具有很大的应用前景。HCR 在引发链的作用下将功能发夹级联组装，本质上是将事件触发信号的不断放大，其过程简单快速，无酶参与，扩增效率高，是许多基于 DNA 的生物传感系统中使用的一项重要技术。

11.2.6　杂化组装

核酸分子呈电负性，并具有良好的可修饰性，可与其他有机材料和无机材料以多种方式杂化复合（图 11-12）。杂化后的材料具有更多元化的性质、更强大的功能及更广泛的应用前景。

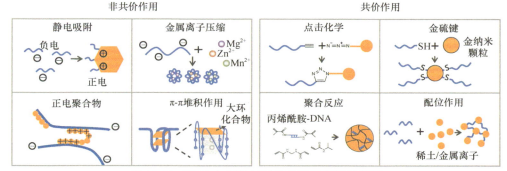

图 11-12　DNA 与其他材料杂化组装原理示意图

1. 基于非共价作用的杂化组装

核酸功能材料可与金属离子、带正电的聚合物和多肽等通过静电吸附杂化。例如，Mn^{2+} 或 Mg^{2+} 等二价金属离子可以通过静电相互作用将负电性的 DNA 长链压缩成球型纳米颗粒，合成杂化 DNA 材料（Li et al.，2022）。此外，研究人员开发了基于四氟钇钠的表面带正电的上转换米颗粒（upconversion nanoparticle，UCNP），可与核酸分子有效结合，引入多功能光学元件（Tang et al.，2022）。聚赖氨酸（PLL）可通过静电相互作用与超长 ssDNA 单链交联，形成杂化 DNA 水凝胶，显著提升了纯 DNA 水凝胶的生物稳定性（Tang et al.，2024）。核酸分子中含有大量碱基芳香环，易与其他含芳香环的化合物通过 π-π 堆积进行杂化组装。光敏剂二氯硅酞菁、酞菁锌等酞菁衍生物具有的 π 平面结构，可借助 π-π 堆积作用扦插进 G-四链体结构，从而将其引入核酸材料体系，用于光动力治疗研究（Zhao et al.，2022）。

2. 基于共价作用的杂化组装

核酸分子作为化学高分子，可以通过多种化学反应（如点击化学反应、酰胺合成反应、金属配位等）引入各类官能团或小分子。研究人员利用点击化学策略将叠氮修饰的寡核苷酸与抗原肽卵清蛋白（ovalbumin，OVA）共价连接，合成了肽-DNA 偶联物，并通过碱基互补配对将肽-DNA 偶联物装载到矩形 DNA 折纸结构上，制成纳米疫苗（Liu et al.，2021）。采用巯基修饰的 DNA 链可与金纳米颗粒形成稳定的金硫键，锚定在金纳米颗粒表面（Mirkin et al.，1996）。此外，丙烯酰胺分子修饰的 DNA 分子可与 N-异丙基丙烯酰胺、N, N-亚甲基二丙烯酰胺等其他单体，通过沉淀聚合反应合成 DNA 聚合物纳米颗粒（Li et al.，2021）。基于金属配位原理，DNA 单链可与 Fe^{2+} 在配位作用驱动的自组装下产生球型杂化纳米颗粒（Li et al.，2019）。

11.2.7 DNA 折纸技术

　　DNA 折纸技术是 Paul Rothumend 在 2006 年首次发明的一种组装方法（Rothemund，2006），可以自下而上制造从纳米级到亚微米级的精准纳米结构。如图 11-13 所示，DNA 折纸技术采用订书钉链（通常为短链，长度为 15～60 nt）折叠长单链支架 DNA（通常是 M13 基因组 DNA，长度约为 7000 nt），以形成定制化的 DNA 结构。每个短订书钉链在支架链中有多个结合域，这些结合域通过交叉碱基互补配对将支架内特定区域接合在一起，以类似针织的方式折叠支架（Dey et al.，2021）。通过计算机辅助设计，DNA 折纸可得到任意几何形状的结构。折叠过程中多个支架-订书钉链的相互结合高度协同，极大地提高了 DNA 纳米结构的精准可控性和可寻址性。

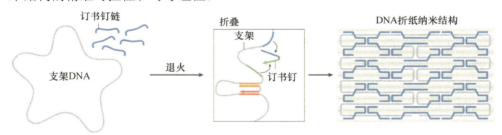

图 11-13　经典 DNA 折纸原理示意图（修改自 Dey et al.，2021）

11.3　核酸材料的种类

11.3.1　核酸水凝胶

　　水凝胶（hydrogel）是由亲水性的高分子通过一定的化学或物理交联形成的三维网络凝胶结构，可在水中迅速吸水溶胀而不溶解。DNA 作为一种天然的亲水性高分子，可通过合理的分子设计，精准构建 DNA 三维网络水凝胶。DNA 水凝胶不仅具有水凝胶的三维网络结构和高含水量的特点，还具有精准的分子识别能力、优良的生物相容性和生物可降解性，以及可定制化的生物学功能，实现了核酸分子结构与功能的融合，在生物传感、疾病治疗和细胞无损伤分离等方面应用广泛。根据构建单元的不同，DNA 水凝胶可分为超长链 DNA 水凝胶、枝状 DNA 水凝胶和杂化 DNA 水凝胶。

1. 超长链 DNA 水凝胶

超长链 DNA 水凝胶是由低刚性的超长 DNA 单链或双链通过缠结或交联形成的水凝胶。RCA 作为高效合成超长 DNA 单链的技术（见 11.2.4 节），是常用的制备超长链 DNA 水凝胶的方法。Luo 等于 2012 年首次报道了利用多级 RCA 合成长链 DNA 水凝胶，该 DNA 水凝胶在水中呈固相性，去水后表现出液体状（图 11-14）（Lee et al.，2012）。这项工作为利用 RCA 技术高效制备 DNA 水凝胶开辟了新途径。

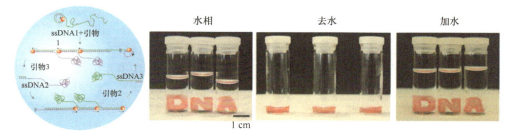

图 11-14　利用多级 RCA 制备超长链 DNA 水凝胶（修改自 Lee et al.，2012）

双 RCA 不仅可以克服单 RCA 策略成胶率低的问题，还允许同时对两个环状模板序列进行设计，极大地增强了 RCA 水凝胶产物的性能和功能设计性。通过合理设计两种环状 DNA 模板序列，调控两种环状 DNA 模板中互补序列的长度，可扩增出两种含有重复互补序列的超长 DNA 单链。两种 DNA 链通过碱基互补配对和物理缠结，快速形成 DNA 水凝胶网络（图 11-15）。通过双 RCA 合成的水凝胶具有较高的含水量、超软的性能和纤维网状结构（Yao et al.，2020）。

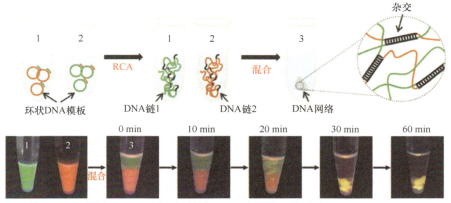

图 11-15　利用双 RCA 制备超长链 DNA 水凝胶（修改自 Yao et al.，2020）

利用 RCA 制备的 DNA 水凝胶主要通过对模板链的设计赋予 DNA 水凝胶特定的性能或生物功能。例如，在超长 DNA 单链上引入刺激响应性元件，可以赋予 DNA 水凝胶刺激响应性，构建响应性 DNA 水凝胶。

2. 枝状 DNA 水凝胶

枝状 DNA 水凝胶是由枝状 DNA 结构作为引发核或生长单元聚合形成的三维网络水凝胶。枝状 DNA 单元的聚合需要构建带有黏性末端的分枝，并利用多种手段将黏性末端相互连接形成三维网络结构。制备枝状 DNA 水凝胶的单元主要有 X-DNA、Y-DNA 和 T-DNA 等。形成枝状 DNA 水凝胶的关键是枝状 DNA 分枝黏性末端的设计。枝状 DNA 黏性末端通过碱基互补配对进行交联，是制备枝状 DNA 水凝胶最常用的方法，合理设计寡核苷酸序列是构建枝状单元的关键。枝状 DNA 单元种类对 DNA 水凝胶的物理性质起着重要的作用，由不同类型的构建单元所形成的枝状 DNA 水凝胶差异明显。2006 年，Luo 及其同事首次报道了由枝状 DNA 模块构建的 DNA 水凝胶，并通过调控枝状 DNA 单元结构（X-DNA、Y-DNA 和 T-DNA），实现了对枝状 DNA 水凝胶理化性质的调控（图 11-16）（Um et al.，2006）。通过将枝状 DNA 黏性末端序列设计成刺激响应性序列，可合成刺激响应性枝状 DNA 水凝胶。例如，将富含胞嘧啶的序列引入枝状 DNA 的黏性末端，可构建 pH 响应型 DNA 水凝胶（Cheng et al.，2009）。

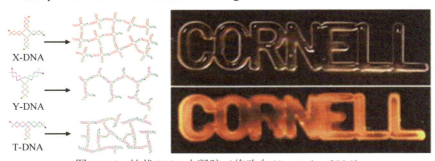

图 11-16　枝状 DNA 水凝胶（修改自 Um et al.，2006）

3. 杂化 DNA 水凝胶

杂化 DNA 水凝胶是 DNA 分子与非 DNA 组分通过化学交联或静电相互作用形成的具有三维网络结构的水凝胶。相较于纯 DNA 水凝胶，杂化水凝胶具有更强的抗酶解性和生物稳定性，并且可融合 DNA 分子和其他组分的功能，拓展 DNA 水凝胶的应用范围。构建杂化水凝胶主要有两种方式：一是将化学修饰的 DNA 通过化学键连接在其他水凝胶体系的骨架上；二是在 DNA 溶液体系引入带正电荷聚合物或无机材料，两者通过静电相互作用或配位作用等进行交联，形成杂化网络水凝胶。目前，已将 DNA 分子与聚合物、金属纳米颗粒、磁性纳米颗粒等进行杂合，构建出具备特殊结构和功能的杂化水凝胶，广泛用于生物医用研究。

1）DNA-有机聚合物杂化水凝胶

带正电的聚合物可与 DNA 分子通过静电相互作用进行复合，形成杂化 DNA 水凝胶，是目前制备杂化 DNA 水凝胶的主要方式之一。多聚-L-赖氨酸[poly-（L-lysine），PLL]是一种带正电的多肽，分子中的氨基基团可与 DNA 链的磷酸基团通过静电相互作用组装，形成 DNA/PLL 杂化水凝胶。将 PLL 加入至 DNA 溶液中，经简单振荡操作，PLL 作为交联剂迅速与 ssDNA 相互作用形成凝胶，在外部核酸酶与 ssDNA 之间产生接触位阻，形成保护层，显著延缓了核酸酶对 DNA 材料的降解，提高了 DNA 水凝胶的生物稳定性（图 11-17）（Tang et al.，2024）。

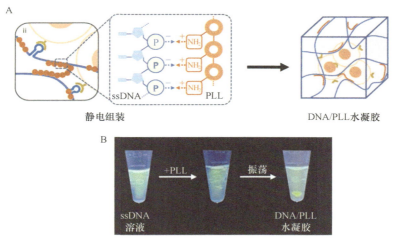

图 11-17　DNA/PLL 杂化水凝胶的制备过程（A）及其抗降解能力（B）（修改自 Tang et al.，2024）

2）DNA-无机纳米材料杂化水凝胶

在 DNA-无机纳米材料杂化水凝胶体系中，DNA 大多扮演构筑凝胶网络的角色，而掺杂的无机纳米材料则赋予水凝胶丰富的理化性质和功能。将一系列无机纳米材料，如金/银纳米团簇、Fe_3O_4 纳米颗粒和稀土离子等掺入 DNA 水凝胶中，可获得具有特定光学和磁性等性质的杂化 DNA 水凝胶。

银纳米团簇具有优良的荧光性能和抗菌性能。研究人员通过在超长 DNA 单链中设计大量可与银离子（Ag^+）结合的富含 C、G 碱基的 DNA 链螯合 Ag^+，并进一步利用还原剂硼氢化钠将 Ag^+ 还原成银纳米团簇，制备银团簇/DNA 杂化水凝胶（图 11-18）。这种杂化 DNA 水凝胶结合了 DNA 水凝胶与银纳米团簇的特性，具有荧光性、可注射性、抗菌性和生物相容性等（Geng et al.，2018）。

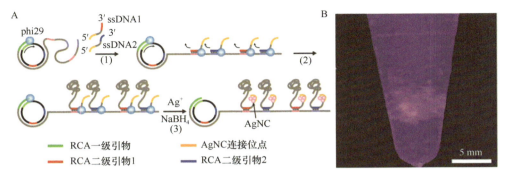

图 11-18　银团簇/DNA 杂化水凝胶制备过程（A）及其荧光性能（B）（修改自 Geng et al.，2018）

　　将磁性纳米材料掺杂在 DNA 水凝胶中，可赋予 DNA 水凝胶磁性特征。研究人员在 RCA 扩增出的超长 DNA 单链上，引入了修饰在磁珠上的二级引物，在进行二次扩增后，DNA 长链之间进行交联，将磁性材料复合到 DNA 网络结构中，制备了超软超弹性磁性 DNA 水凝胶（图 11-19）。合成的磁性 DNA 水凝胶具有形状自适应特性，能够在受限和非结构化空间中实现磁性驱动的导航运动（Tang et al.，2020）。

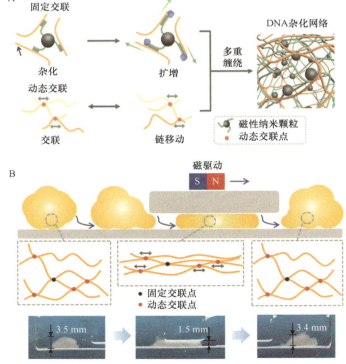

图 11-19　磁性杂化 DNA 水凝胶（A）及其磁性驱动的导航运动（B）（修改自 Tang et al.，2020）

11.3.2　纳米核酸材料

纳米级核酸材料是一类种类繁多、应用前景广泛的核酸功能材料。随着科学技术的发展，研究人员开发出了各种类型的纳米 DNA 材料，包括 DNA 多面体、DNA 纳米花、DNA 纳米凝胶和 DNA 折纸结构等。

1. DNA 多面体

DNA 多面体是三维框架纳米结构，具有良好的机械性能，且形状和尺寸可调。DNA 多面体框架中一个顶点及其相邻的 DNA 边框共同呈现三维分支结构，因此 DNA 多面体框架也可看成是多个枝状 DNA 的连接体。枝状 DNA 在序列、长度、角度和方向上的多样性使其能够以多种组合方式组装成多面体框架结构。目前已经构建出了不同尺寸大小和形貌的多面体框架结构，如四面体、三棱柱、八面体、十二面体、二十面体等（图 11-20），应用于生物传感、细胞成像和药物递送等领域（Dong et al.，2020）。

图 11-20　DNA 多面体框架结构（修改自 Dong et al.，2020）

2. DNA 纳米花

DNA 纳米花是一种通过 DNA 链与焦磷酸盐共结晶而形成的 DNA/无机杂化纳米材料，具有大量的片层结构，因其拓扑形貌呈花状而得名。焦磷酸盐中的无机金属离子为 DNA 链提供配位键，可以保持 DNA 的生理稳定性。DNA 纳米花具有可编程性、生物相容性、物理稳定性和尺寸可控等优势，在生物医学应用领域具有很强的吸引力。

RCA 是制备 DNA 纳米花的经典方法。在典型的 RCA 反应中，phi29 酶在金属离子 Mg^{2+} 的辅助下催化合成 DNA 长单链，同时不断产生大量的副产物焦磷酸阴离子（PPi^{4-}）。PPi^{4-} 与溶液中的 Mg^{2+} 结合形成难溶的焦磷酸镁（Mg_2PPi）。当达到沉淀浓度时，Mg_2PPi 开始成核结晶。由于溶液中的 Mg^{2+} 最初通过静电相互作用与长链 DNA 的磷酸骨架结合，Mg_2PPi 的成核和生长过程在长链 DNA 上原位进行，组装成花状结构（图 11-21）。除了 Mg^{2+}，Mn^{2+}、Cu^{2+} 等也可与 PPi^{4-} 形成难溶的焦磷酸盐，合成包含 Mn^{2+} 或 Cu^{2+} 的 DNA 纳米花。DNA 纳米花的形态和大小受多种因素的影响，包括 RCA 反应时间、环状模板浓度和金属离子种类等。DNA 纳米花不仅具有良好的生物稳定性，还具备金属离子的附加功能，适用于各种生物学和生物医学应用研究，如生物传感、生物成像和疾病治疗学等方面（Lv et al.，2020）。

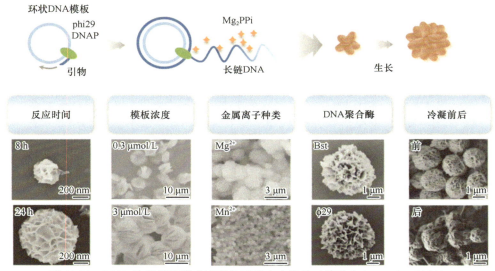

图 11-21　DNA 纳米花的形成过程及形貌大小调控（修改自 Lv et al.，2020）

3. DNA 纳米凝胶

DNA 纳米凝胶是一种粒径在纳米级范围的 DNA 水凝胶，也称为水凝胶纳米颗粒，具有纳米材料和水凝胶的性质及功能。与宏观的 DNA 水凝胶相比，DNA 纳米凝胶具有体积小、表面积大等优点。DNA 纳米凝胶通常由枝状 DNA 或简单的 DNA 框架结构与线性 DNA 交联形成。Tan 等设计了三种构建单元，即 Y 形单体 A（YMA）、Y 形单体 B（YMB）和 DNA 连接体（LK）。其中，YMA 三个分支末端均具有可与 LK 互补连接的黏性末端；而 YMB 只有一个分支端含有可与 LK 连接的黏性末端，另外两个分支端为平末端或不具备延伸性质的适配体发夹结构，以限制 DNA 网络的无限延伸，防止宏观凝胶的形成。通过对 DNA 序列的合理设计，一些功能基元，如 ASO、DNAzyme、DNA 适配体和二硫键，可被整合在三种构建单元中，最终形成 DNA 功能纳米凝胶（图 11-22）。该 DNA 纳米凝胶具有较好的稳定性，并可实现药物的靶向递送和响应性释放（Li et al.，2015）。

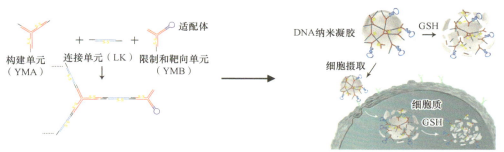

图 11-22　含有二硫键的枝状 DNA 纳米凝胶合成及细胞内 GSH 响应降解（修改自 Li et al.，2015）

4. DNA 折纸结构

利用 DNA 折纸结构组装构建的 DNA 纳米结构具有特定的一维、二维、三维结构，如长方形、三角形、笑脸、线框型多面体等，尺寸通常为 1～100 nm（见 11.2.7 节）。与传统 DNA 自组装相比，DNA 折纸更容易构造出高度复杂、稳定的纳米级结构（Praetorius et al.，2017）。DNA 折纸结构具有精准的可寻址性，可精确地寻找到结构中的特定部位，对其进行特异性修饰，或将目标偶联物定点掺入其中。由于 DNA 折纸结构具有很好的生物相容性、精确的可寻址性及稳定性等自身优势，在生物医学研究领域应用广泛。

11.3.3　杂化纳米核酸材料

杂化纳米核酸材料是核酸分子与其他纳米材料或金属离子等杂化形成的纳米级材料，兼备核酸材料与其他纳米材料的性能，在疾病诊疗领域应用广泛。根据与 DNA 杂化的材料种类的不同，可以分为 DNA-聚合物杂化纳米颗粒和 DNA-无机材料杂化纳米颗粒。

1. DNA-聚合物杂化纳米颗粒

DNA 分子可与其他高分子聚合物杂化组装，形成 DNA-聚合物杂化纳米颗粒。聚合物的掺入可改善 DNA 材料的理化性质，提升材料的结构稳定性和生物稳定性，拓展 DNA 材料的应用和功能。

聚异丙基丙烯酰胺（NIPAM）纳米复合物是一种由 *N*-异丙基丙烯酰胺、*N*-*N'*-

亚甲基双丙烯酰胺（methylene-bis-acrylamide，bis）和丙烯酰胺的修饰 DNA（acrydite-DNA）聚合而成的纳米复合物。纳米复合物与 HCR 技术的结合更是丰富了其应用（Li et al.，2021）。引入的 DNA 链可设计成 HCR 的引发链，在纳米复合物中进行 HCR，形成 DNA 纳米复合物，可用于高效装载核酸类药物（图11-23）。DNA 纳米复合物可有效防止装载的核酸药物被降解，并且内部松散的空间使其对蛋白质等大分子药物同样具有极高的负载率。另外，通过 HCR 发夹链DNA 序列的设计，可赋予纳米复合物靶向性和响应性。目前，DNA-NIPAM 纳米复合物在核酸药物和 CRISPR/Cas9 系统递送方面均展现出良好的效果，被用于疾病联合基因治疗应用研究。

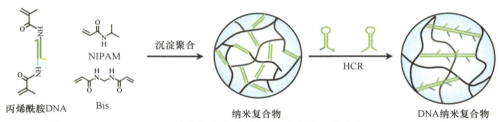

图 11-23　DNA-NIPAM 纳米复合物合成过程示意图（修改自 Li et al.，2021）

2. DNA-无机材料杂化纳米颗粒

DNA-无机材料杂化纳米颗粒是 DNA 与无机纳米材料或者金属离子通过静电相互作用或配位作用所形成的纳米材料，具有良好的生物稳定性，并具备无机材料赋予的理化性质，如光学性质和磁性，被广泛应用于疾病治疗和生物成像等应用研究。

1）DNA-无机纳米材料

DNA 通过共价键、静电吸附或配位键结合在无机纳米颗粒表面，形成以无机纳米颗粒为核心的球形核酸结构。常见的与 DNA 复合的无机纳米颗粒有金纳米颗粒（AuNP）、上转换纳米颗粒（UCNP）和四氧化三铁颗粒等。

2）DNA-金属离子杂化材料

除了金属纳米颗粒，DNA 还可以与金属离子通过配位作用形成 DNA-金属离子杂化纳米颗粒。2019 年，Li 等首次将配位驱动的自组装技术引入 DNA 纳米材料领域，通过将短链 DNA 和 Fe^{2+} "一锅法"反应，合成大量粒径均一的 Fe-DNA杂化纳米颗粒（图 11-24）。通过调节 DNA 分子与金属离子的混合比例，可精确控制杂化纳米颗粒的尺寸（Li et al.，2019）。这种新型 DNA 杂化纳米颗粒在生物传感、生物成像和药物/基因递送等方面具有很大的潜力。

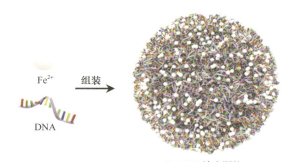

Fe-DNA纳米颗粒

图 11-24 Fe-DNA 杂化纳米颗粒（修改自 Li et al., 2019）

11.4 核酸材料的应用

11.4.1 细胞和外泌体的特异分离

将特定种类的细胞群体从复杂的混合细胞体系中分离出来，有利于进一步研究单一种类细胞的功能、组成、特性和分子机制等，在生命科学、疾病诊疗等领域具有重大意义。对于目标细胞的识别与分离，目前广泛使用的技术为密度梯度离心、基于荧光标记和免疫技术的细胞分选等。但在高效分离细胞的同时，不可避免地会产生机械力损伤和化学试剂污染等问题，影响细胞活性及后续应用。细胞外囊泡的分离策略与细胞类似，主要为基于超速离心的物理分离法，以及基于免疫技术的生化分离法，样品需求量大、成本高。近年来，基于适配体 DNA 网络材料在单细胞和外泌体高效特异性低损分离方面显示出巨大潜力，成为细胞和外泌体分离的新策略。

2020 年，研究人员首次利用双 RCA 策略构建多聚适配体 DNA 网络，实现了对骨髓间充质干细胞的特异性捕获（Yao et al., 2020）。首先采用双 RCA 法生成两条超长 DNA 链。链 1 中含有适体序列，具有与骨髓间充质干细胞膜上的 ALPL 蛋白的高亲和力，确保与骨髓间充质干细胞的特异性锚定，链 1 与链 2 的杂交使细胞锚定的 DNA 链交联形成三维网络，从而实现细胞捕获和分离。DNA 网络为三维细胞培养创造适宜的微环境，再通过核酸酶消化 DNA 网络即可实现细胞的无损释放（图 11-25）。之后，研究人员进一步通过对 RCA 环状模板链进行功能编码，构建的多聚适配体 DNA 网络可实现对肿瘤细胞群中 T 细胞的特异性识别与捕获（Yao et al., 2021）。

外泌体是细胞主动分泌的一种具有膜结构的囊泡，尺寸为 30～150 nm，是细胞间信息的重要传递者，参与受体细胞的生理过程，已成为新型疾病活检的标志物并用于疾病治疗。将外泌体从复杂的体系中分离出来，且不损伤其形貌、结构和功能，对于重大疾病的早期诊断、发病机制分析和疾病治疗具有重要意义。CD63

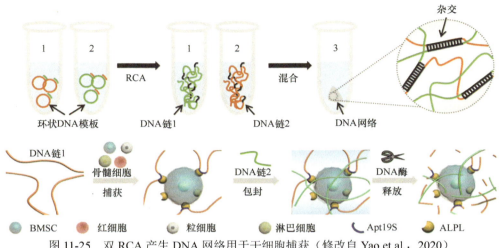

图 11-25 双 RCA 产生 DNA 网络用于干细胞捕获（修改自 Yao et al.，2020）

是外泌体（exosome，EXO）膜上的特异性标志蛋白。2022 年，研究人员通过在 RCA 产物链上设计 CD63 适配体序列，实现了从培养基和血清中高效低损分离靶标外泌体（Tang et al.，2023）。基于 RCA 法合成的超长 DNA 单链中含有 CD63 蛋白的适配体序列，该适配体序列对于外泌体具有高亲和力，在进一步形成的 DNA 网络中实现了外泌体的特异性捕获和高效富集，分离后的外泌体可以通过酶切和链置换等作用从水凝胶中无损地释放出来。

11.4.2 生物信号检测

1. 细胞事件监测

细胞是生命体基本的功能结构单元，在细胞中时刻进行着各种复杂且高度有序的生化反应，形成维持细胞正常运作和执行生物功能的细胞事件。通过监测细胞事件，可对细胞的生理状况和功能进行深入研究，对于疾病发生过程和治疗相关研究具有重要意义。

线粒体是细胞中的能量工厂，线粒体的形态、分布与胞内特定位置的能量需求有关。研究人员开发了一种多价四面体 DNA 框架纳米器件，用于探究不同细胞迁移模式下细胞中的线粒体分布及 ATP 浓度的差异（Liu et al.，2024）。器件中，通过对四面体 DNA 框架的序列编辑，整合了具有 ATP 敏感的报告位点；在框架的两个顶点连接了靶向线粒体的三苯基膦（triphenylphosphine，TPP）基团；多个四面体框架通过生物素-链霉亲和素连接在具有卓越成像性能的量子点表面构建形成多功能纳米器件（图 11-26）。该纳米器件可实时追踪细胞内线粒体分布与动力学，反映 ATP 水平差异，可用于全面探索多种生物医学研究领域中细胞迁移的能量调节机制。

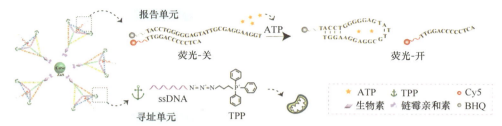

图 11-26　DNA 纳米器件追踪线粒体并反映胞内 ATP 水平变化（修改自 Liu et al.，2024）

2. 疾病标志物检测

疾病标志物包括蛋白质、核酸分子、外泌体和代谢小分子等，可客观反映特定疾病发生发展进程。近年来，基于核酸功能材料的纳米探针在疾病监测中展现出巨大潜力，表现出对靶标分子的特定识别和对信号的级联放大等优势。炎症是多种疾病发病机制及疾病进程中的关键因素，准确监测炎症过程对早期诊断和疾病干预具有重要价值。研究人员报道了一种无嘌呤/无嘧啶核酸内切酶 1（apurinic/apyrimidinic endonuclease 1，APE1）触发的 DNA 分子信标探针（E-MBP），用于体内验证相关 mRNA 的特异性扩增成像，从而直接评估炎症水平（Sheng et al.，2022）。在 DNA 分子信标探针的发夹环上引入两个 APE1 酶的切割位点，发夹结构中茎的末端修饰荧光基团和淬灭基团，基于 FRET 原理，荧光信号被淬灭。当一个 E-MBP 与一个靶标 mRNA 互补杂交时，形成两个识别位点使 APE1 酶进行切割，荧光基团的荧光恢复，产生检测信号。经过多次循环，一个靶标 mRNA 分子可以诱导许多个 E-MBP 的切割，实现信号扩增。APE1 酶在炎症细胞的细胞质中的含量更高，因此炎症细胞中的荧光信号得到进一步地放大，从而显著提高了成像灵敏度和细胞特异性（图 11-27）。

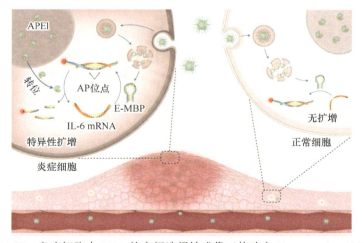

图 11-27　炎症细胞中 RNA 的空间选择性成像（修改自 Sheng et al.，2022）

肿瘤细胞来源的外泌体已成为肿瘤液体活检的"新星"。癌症患者与健康者的外泌体中携带分子标志物 miRNA 的含量存在有显著差异。研究人员报道了一种基于 DNA 水凝胶检测乳腺癌生物标志物 microRNA-21（miR-21）的方法（Tang et al.，2023）。含有多聚 CD63 适配体的 DNA 水凝胶可实现对外泌体的高效特异捕获。在 DNA 链上搭载有用于原位检测外泌体内 miRNA 的寡核苷酸分子信标（molecular beacon，MB）和单探针（single probe，SP），基于荧光信号的响应性变化可实现对肿瘤标志物 miR-21 的检测（图 11-28）。

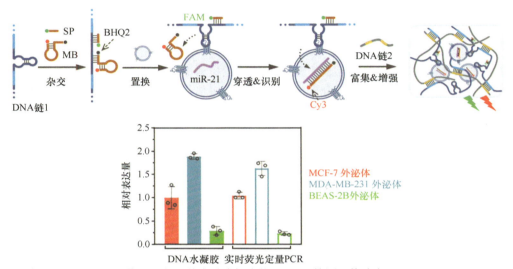

图 11-28　DNA 网络用于外泌体中肿瘤标志物 miR-21 检测（修改自 Tang et al.，2023）

11.4.3　细胞调控

利用外源物质进行细胞调控是干预细胞进程和重塑细胞功能的重要手段。细胞内功能结构如细胞器、细胞骨架等，均是通生物大分子组装形成，从而有序执行细胞特定生物功能。受此启发，研究人员通过在细胞内构建外源材料组装体，用于细胞干扰和功能调控，为多种疾病治疗提供了新的途径。核酸功能材料具有优异的序列可编程性、精确组装性、特异识别性，以及对细胞内生物信号的响应性，表现出与活细胞动态环境高度兼容的动态组装性能，在细胞调控方面展现出巨大潜力。

细胞骨架是细胞内维持细胞形态和迁移、参与细胞分裂、定位细胞器分布的关键组装结构。研究人员构建了基于 i-motif 基序的酸响应 DNA 动态组装系统，通过响应溶酶体酸性环境，组装形成机械性能强的水凝胶，干扰了细胞骨架形态，促进了细胞的迁移（Guo et al.，2020）。氧化还原水平干预是调控细胞命运的关键策略之一。研究人员利用 DNA-CeO$_2$ 纳米复合体的胞内原位组装构建了人工过氧化物酶体，增强了细胞中活性氧（reactive oxygen species，ROS）的清除，有效抑制了细胞的凋亡（Yao et al.，2022b）。线粒体作为重要细胞能量供应站，是调控细胞行为和功能的常用靶点。研究人员构建了一系列靶向线粒体的 DNA 功能材料，实现在线粒体上精准组装，干扰线粒体形态和功能。研究人员最新开发了一种肿瘤细胞内端粒酶介导的人工 DNA 纳米结构选择性组装策略，在肿瘤细胞线粒体表面组装成 DNA 网络结构（Guo et al.，2023），形成物理屏障，阻断线粒体与细胞质间的物质交换，干扰线粒体的功能，从而使肿瘤细胞 ATP 合成水平下降，最终抑制细胞的迁移（图 11-29）。

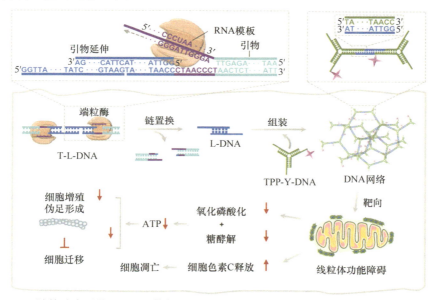

图 11-29　端粒酶介导的 DNA 组装体干扰线粒体抑制细胞迁移（修改自 Guo et al.，2023）

11.4.4　生物成像

生物成像是一种通过非入侵方式可视化生物体组织结构的过程，是判定疾病发生和监测疾病发展的重要研究手段。病变组织细胞原位成像有利于疾病快速诊断和有效治疗。常用的细胞原位成像技术主要有生物光学成像（optical imaging，OI）、磁共振成像（magnetic resonance imaging，MRI）和放射性核素成像等。然而，每种成像技术均存在一定的局限性，例如，光学成像受限于较弱的组织穿透性；核磁共振成像的造影剂难以靶向递送，且体内滞留时间短，大大限制了疾病组织的成像效果。DNA 分子能够通过共价或非共价结合的方式与各种荧光染料和造影剂进行复合，用于 DNA 成像纳米探针的设计，且 DNA 适配体的设计可解决成像技术靶向性差的问题，实现疾病组织的高灵敏特异成像。目前，基于DNA纳米结构的成像材料已经被用于磁共振成像和生物光学成像研究。

1. 磁共振成像

造影剂的有效递送和体内滞留时间是影响磁共振成像灵敏性的关键因素。研究人员使用造影离子Mn^{2+}介导RCA反应，制备了DNA-Mn杂化纳米花，用于特异性肿瘤靶向磁共振成像。研究人员利用添加Mn^{2+}的RCA体系合成带有大量AS1411适配体序列的超长ssDNA链，在此过程中，ssDNA链以Mn_2PPi为结晶核进行矿化，生成具有靶向肿瘤细胞的DNA-Mn杂化纳米花。在溶酶体的酸性环境中，杂化纳米中不溶性的Mn_2PPi被分解成游离的Mn^{2+}，释放的Mn^{2+}与附近的质子形成强烈的配位键，用于磁共振成像（图11-30）。在小鼠肿瘤模型中，DNA-Mn杂化纳米花可在肿瘤部位长时间有效积累，显示出灵敏、持久的磁共振成像效果（Zhao et al.，2021）。

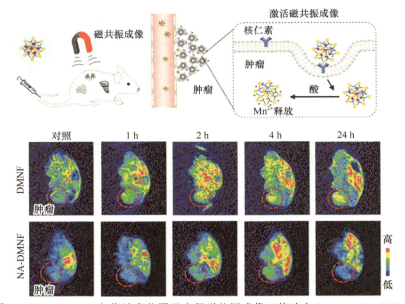

图11-30 DNA-Mn杂化纳米花用于小鼠磁共振成像（修改自Zhao et al.，2021）

2. 生物光学成像

生物光学成像是指利用光学的探测手段结合光学探测分子，对细胞或者组织甚至生物体进行成像。荧光成像具有灵敏度高、选择性好等特点。荧光分子的种类丰富，几乎覆盖整个可见光区和近红外区。然而，荧光分子单独使用，无法在靶标部位有效积累；在体内递送过程中，易与体内大分子的相互作用，引起荧光信号减弱，影响荧光成像灵敏性。研究人员通过将DNA荧光探针与上转换纳米颗粒（UCNP）复合，实现了由近红外光（near infrared，NIR）控制的肿瘤细胞和小鼠体内荧光成像。通过引入光裂解键（PC），设计了一种紫外光响应 DNA 探针（PBc），用于识别细胞内的 miRNA；PBc 内部修饰的荧光基团（Cy5）和淬灭基团（BHQ2），可在细胞和小鼠体内实现高时空分辨成像（图 11-31）。设计的 DNA 探针结合了 UCNP，该纳米颗粒充当传感器，将低能近红外光局部转换为高能紫外光，以远程控制 DNA 探针在生物窗口中的活性（Zhao et al.，2019）。这种 DNA 纳米器件通过近红外光远程激活，以荧光强度反映 miRNA 水平，在癌症的诊断中具有重要意义。

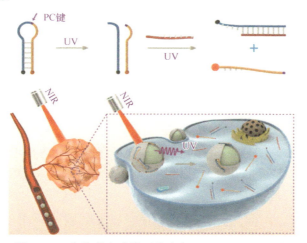

图 11-31　生物荧光成像（修改自 Zhao et al.，2019）

11.4.5　疾病治疗

疾病治疗特别是肿瘤治疗一直是医学生物应用研究发展的重要驱动力。近年来，核酸功能材料在疾病治疗方面表现出极大的潜力和应用前景。目前，各种形式的核酸材料包括 DNA 纳米凝胶、DNA 四面体和 DNA 杂化纳米颗粒等，已经被广泛用于肿瘤的化学治疗、光热与光动力治疗、基因治疗、免疫治疗等，在一定程度上克服了每种治疗策略存在的应用挑战，表现出优异的治疗效果。另外，DNA 材料具有优异的多功能整合性能，可满足重大疾病对协同治疗策略的需求，近年来在疾病协同治疗应用方面展现出巨大潜力。

1. 化学治疗

化学治疗是利用化学药物抑制肿瘤细胞生长或直接杀伤肿瘤细胞的治疗方法。作为临床常用的治疗手段之一，化学疗法在应用过程中仍然存在挑战。一是大多化学药物的溶解性较低，限制了其在体内的利用率；二是化学小分子药物不具有靶向作用，静脉给药后遍布全身，无法在肿瘤部位有效富集，从而引起全身毒性。因此，在化学治疗过程中，利用递送载体将化疗药物小分子递送至靶标组织，能够有效防止药物的代谢，增加药物在靶点的积累，从而降低全身毒性并增强治疗效果（Vargason et al.，2021）。

DNA 材料在装载化学药物方面具有明显优势。DNA 分子特殊的结构为化学药物的高效装载提供了可能。例如，蒽环类化疗药物阿霉素 DOX 可扦插在 DNA 双螺旋结构中，酞菁类和卟啉类小分子化合物可以扦插在 G-四链体结构中。通过在 DNA 载体中设计适配体等靶向基元，可赋予化疗药物组织、细胞选择性递送能力，降低药物的全身毒性。目前，DNA 四面体、DNA 杂化纳米凝胶和 DNA 折纸结构等已经被用于化疗小分子药物的有效递送。研究人员利用 DNA 四面体递送 DOX，并在四面体顶点连接西妥昔单抗，用于乳腺癌的靶向化学治疗。DOX 被扦插到 DNA 四面体内，西妥昔单抗则是通过共价作用偶联到 DNA 四面体的顶点上，可实现其特异性靶向癌细胞递送抗癌药物 DOX（图 11-32）（Setyawati et al.，2016）。除了利用抗体增强化疗药物的靶向递送，DNA 磁性杂化材料也可在磁场作用的引导下实现化疗药物的靶向递送。研究人员以 Fe_3O_4 为核心，利用 RCA 在磁性粒子表面合成了 DNA 外壳层，开发了一种磁性 DNA（M-DNA）纳米颗粒作为纳米载体，用于 DOX 的靶向递送和可控释放（Yao et al.，2018）。

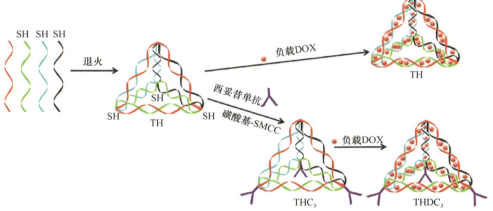

图 11-32 修饰有西妥昔单抗的 DNA 四面体用于 DOX 的靶向递送（修改自 Setyawati et al.，2016）

2. 光热疗法与光动力疗法

光热疗法（photothermal therapy，PTT）和光动力疗法（photodynamic therapy，PDT）是两种常用的光敏治疗方法，用于非侵入肿瘤消融，安全性较高。PTT 是指利用特定波长的光照射光热剂，使病变组织局部升温，从而杀伤病灶部位细胞。

PDT 是指在特定的光照射下，光敏剂将能量传递给周围的氧气分子（O_2），生成大量的活性氧自由基（ROS），引起细胞代谢功能紊乱，激活细胞凋亡通路，从而对病灶部位细胞产生杀伤作用。在过去几十年里，虽然两种光疗法已经取得了长足的进步，但其临床应用仍然存在许多挑战，特别是光热剂和光敏剂的靶向递送，以及病灶部位的有效积累方面。DNA 材料具有良好的生物相容性，易于结合光敏剂和光热剂，并且具有整合多种功能基元的能力，可同时解决两种光敏治疗面临的多种问题，已经在光热疗法和光动力疗法应用中展现出巨大的潜力。

研究人员开发了一种整合了 MXene 纳米光热剂和 DOX 化疗剂的 DNA 水凝胶，可以实现高效的光热-化疗联合的癌症治疗。在 NIR 的照射下，由 MXene 纳米光热剂引起环境温度升高，触发负载 DOX 的 DNA 水凝胶中 DNA 双链结构展开，释放 DOX，用于局部癌症治疗。去除 NIR 照射后，DNA 双链结构重新交联，游离 DOX 重新结合到水凝胶中，有效减小了副作用的产生（He et al.，2022）。

光动力治疗的临床应用已达 40 年之久，常用于实体瘤和表面肿瘤的消融。然而，常规的 PDT 在实际应用中仍然受到多种限制，例如，光敏剂的靶向积累能力有限，降低了光动力治疗的效果，可见光的组织穿透能力不足限制了 PDT 对深层肿瘤组织的消融，肿瘤部位的缺氧环境及抗氧调节不利于 ROS 的产生。为了实现深层组织内肿瘤的 PDT，研究人员将 UCNP 或长余辉纳米颗粒引入 DNA 材料中，以克服 UV 有限的组织穿透性。

研究人员构建了一种基于 RCA 的多功能 DNA/UCNP 复合材料，实现了血红素、光敏剂原卟啉（PP）和 Cas9 RNP 基因编辑系统的共传递，用于协同光动力疗法。DNA 链上设计的 AS1411 序列赋予材料肿瘤细胞靶向性，同时 AS1411 的 G-四链体结构可搭载血红素，用于催化肿瘤部位 H_2O_2 转化为 O_2，改善乏氧环境。使用较强组织穿透能力的 NIR 照射 UCNP 后进行上转换发光，激发光敏剂产生大量活性氧，实现深层组织癌细胞杀伤（Song et al.，2024）（图 11-33）。

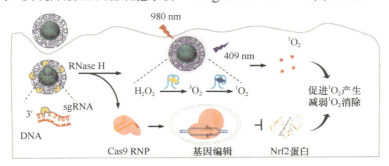

图 11-33　基于 UCNP-DNA 纳米颗粒的光动力治疗（修改自 Song et al.，2024）

自发光长余辉材料也可作为光动力治疗的光源并克服组织穿透性差的问题。

研究人员利用静电相互作用将含有 AS1411 重复序列的超长 DNA 单链和 MnO_2 包被的 PLNP 进行结合，MnO_2 可有效保护长余辉材料中储存的光能，在癌细胞中高谷胱甘肽环境下，MnO_2 外壳分解提供 Mn^{2+} 催化产生 O_2。同时，PLNP 被释放并作为自发光剂激活光敏剂以转换 O_2 变成细胞毒性 $^1O_2$。在没有外源性激光激发的乳腺肿瘤异种移植模型中，构建的 DNA/MnO_2/PLNP 复合材料显示出显著的肿瘤抑制效果，并且释放的 Mn^{2+} 也可以在模型中进行磁共振成像（Zhao et al.，2022）。

3. 基因治疗

基因治疗是指将外源基因或基因干预寡核苷酸导入靶细胞，以纠正或补偿缺陷和异常基因引起的疾病，实现疾病的精准治疗。常用基因治疗包括三种方式：利用 siRNA、短发夹 RNA（shRNA）、miRNA、ASO 和 DNAzyme 等寡核苷酸进行基因沉默；利用质粒或 mRNA 分子替换缺陷基因；利用 CRISPR-Cas（clustered regularly interspaced shortpalindromic repeats/CRISPR-associated system）基因编辑系统进行基因编辑。然而，基因治疗药物在体内的生物稳定性差，细胞摄取效率低。DNA 纳米材料作为同属核酸分子的生物材料，可通过碱基互补配对的方式对基因药物进行装载，并且可通过对 DNA 序列的设计实现基因药物的可控释放，在基因治疗领域展现出独特优势。

siRNA 是用于基因沉默的最常用核酸分子，各种针对 siRNA 递送的 DNA 纳米载体不断涌现。研究人员利用 HCR 反应制备了一种基于 DNA 杂化纳米结构的智能系统，用于 siRNA 的高效装载递送和响应释放。在聚合反应生成的纳米结构中引入 DNA 引发链，用于触发两种 DNA 发夹 H1 和 H2 的 HCR。siRNA 通过碱基互补配对与 H2 连接，在 HCR 过程中高效装载于纳米结构上，其碱基互补区设计为 ATP 适配体序列，通过响应胞内丰富的 ATP，可实现 siRNA 在细胞质中的有效释放，实现基因治疗（Li et al.，2021）（图 11-34）。

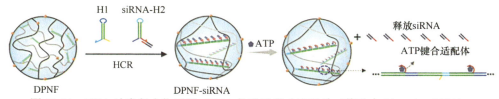

图 11-34　DNA 纳米复合物用于 siRNA 的递送和响应释放（修改自 Li et al.，2021）

DNAzyme 发挥基因切割作用需要金属离子的辅助，因此 DNA 纳米花和 DNA-金属离子复合物常被用于 DNAzyme 的递送研究。研究人员设计了一种装载有双 DNAzyme 和 $Zn_{0.5}Mn_{0.5}Fe_2O_4$（ZMF）的 DNA 纳米花，用于肿瘤基因治疗。在 RCA 产生的 ssDNA 上，整合了两种 DNAzyme：DNAzyme-1 在 Zn^{2+} 的辅助下可发生 DNA 发夹自我切割，暴露出 DNAzyme-2 片段；DNAzyme-2 在 Mn^{2+} 催化下切割

EGR-1 mRNA，导致 EGR-1 蛋白表达量下调（Yao et al., 2022a）。

近年来，基于 CRISPR/Cas 系统的基因编辑技术得到了快速发展，在精准基因治疗方面展现出极大的潜力。CRISPR/Cas 系统是存在于细菌和古细菌中的一种免疫系统，其在 sgRNA 的引导和 Cas 蛋白的切割作用下，在细胞内预定靶点产生 DNA 双链断裂。CRISPR/Cas9 系统是目前应用最广泛的 CRISPR 系统。然而，相较于寡聚核苷酸类的核酸药物，CRISPR/Cas9 系统的有效递送更具有挑战性。由于该系统本身含有的 sgRNA 能够与 DNA 进行互补配对，利用 DNA 材料递送 CRISPR/Cas9 系统自然而然地进入了人们的视线。目前，DNA 纳米花和 DNA 杂化纳米颗粒被广泛用于 CRISPR/Cas9 递送研究，并且一般与寡核苷酸基因药物共同递送，用于基因联合治疗。研究人员利用 RCA 技术构建了一种用于 Cas9/sgRNA 和 DNAzyme 共递送的 DNA 杂化纳米平台。在 RCA 合成的超长 ssDNA 中，设计了三个功能序列：sgRNA 互补序列、DNAzyme 互补序列及 HhaI 酶切割位点。在 Mn^{2+} 的存在下，超长 ssDNA 可以被压缩成带负电的 DNA 杂化纳米颗粒，利用可酸响应降解的聚甘油二甲基丙烯酸酯包裹 HhaI，并通过静电相互作用结合在 DNA 纳米颗粒表面。当 DNA 杂化纳米颗粒被肿瘤细胞摄取后，聚甘油二甲基丙烯酸酯在酸性溶酶体中被降解，HhaI 酶暴露出来，并特异性识别切割位点，释放 DNAzyme 和 Cas9/sgRNA 复合物，实现基因联合治疗（Li et al., 2022）（图 11-35）。

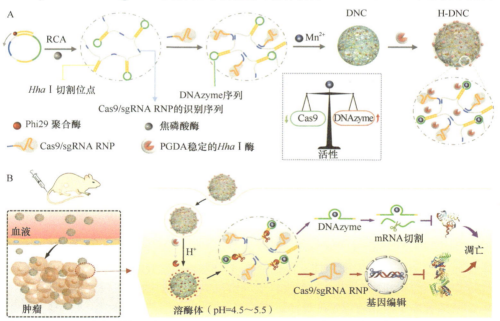

图 11-35 DNA 纳米颗粒共递送 Cas9 RNP 和 DNAzyme 用于基因治疗（修改自 Li et al., 2022）

4. 免疫治疗

免疫治疗是指通过刺激患者自身免疫系统的抗肿瘤活性来杀死肿瘤细胞的治疗手段，是近年来肿瘤治疗的研究热点。常见的免疫疗法包括免疫检查点阻断法（immune checkpoint blockade，ICB）、T 细胞免疫疗法、肿瘤疫苗和细胞因子疗法。目前，每一种免疫疗法的临床应用研究都面临挑战。例如，免疫检查点抑制剂的特异性较差，T 细胞的有效提取和分离难，大分子疫苗的生物稳定性差，而细胞因子在生物体内的半衰期较短。针对各种免疫疗法存在的问题，DNA 材料已经逐渐开始用于免疫治疗相关研究。

核酸适配体与靶标分子的特异性和亲和力高，可作为潜在的免疫检查点抑制剂。RCA 法合成的具有多价 PD-1 适配体和 CTLA-4 适配体的 DNA 水凝胶，可有效阻断免疫检查点，促进抗原呈递细胞对 T 细胞的激活，从而恢复 T 细胞对肿瘤细胞的识别和杀伤，实现免疫治疗的目的（Zhang et al.，2024）（图 11-36）。

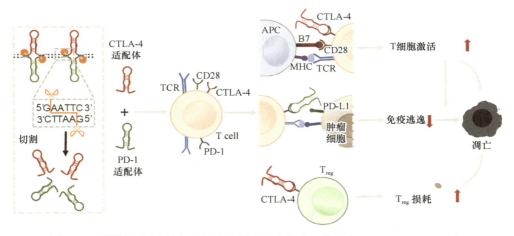

图 11-36　阻断 T 细胞的免疫检查点用于免疫治疗（修改自 Zhang et al.，2024）

T 细胞免疫疗法是指通过将体外改造的 T 细胞回输到患者体内，从而高效杀伤肿瘤细胞，或直接提取肿瘤浸润 T 细胞用于肿瘤细胞杀伤。传统免疫磁珠分离法通常会对细胞产生机械损伤和污染，难以从肿瘤组织中有效分离含量较低的浸润 T 细胞。基于双 RCA 的 DNA 网络在经过合理地设计之后，可以含有多价 PD-1 适配体，用于特异性识别和捕获肿瘤浸润 T 细胞，合适的孔隙率和温和的操作流程可使细胞免受机械损伤，以实现基于肿瘤浸润 T 淋巴细胞高效无损分离，并可用于局部肿瘤免疫治疗（Yao et al.，2021）。

利用肿瘤疫苗激活机体抗肿瘤免疫活性是免疫治疗的热门研究方向。肿瘤抗原大多是蛋白质或多肽，具有安全性高、易于获得的优点。利用纳米材料递送肿瘤抗原和佐剂分子，构建高效肿瘤疫苗，可有效克服抗原稳定性差和免疫原性不足的问题。Mirkin 团队以脂质体为核心构建了一系列免疫球形核酸结构，可装载抗原分子和 CpG-ODN 佐剂序列，用作肿瘤疫苗（Wang et al.，2019；Teplensky et al.，2023）。DNA 折纸由于其精准的可寻址性和响应性，在肿瘤疫苗构建方面展现出巨大潜力。研究人员通过 DNA 杂交将抗原肽-DNA 偶联物和 CpG-ODN 佐剂序列定点定量共装载到矩形折纸结构上，并引入了酸响应性"DNA 分子锁"结构，构建了基于 DNA 折纸分子机器的纳米疫苗。该折纸分子机器可响应呈递细胞溶酶体酸性环境打开，暴露抗原肽和 CpG-ODN 佐剂，接种后在小鼠体内产生了长期的 T 细胞记忆，有效抑制肿瘤复发（Wang et al.，2021）。

5. 协同治疗

各类肿瘤治疗策略已取得成效，但单一的治疗方式往往很难达到理想的治疗效果，无法满足恶性肿瘤治疗和预防的临床需求。因此，将多种治疗方式联合使用进行协同治疗逐渐成为癌症治疗研究的主流趋势。DNA 材料的多元设计性使其成为疾病协同治疗应用研究的理想材料。目前，DNA 材料已经实现将光动力治疗和免疫治疗协同、光动力治疗与基因治疗协同、化学治疗和基因治疗协同、光热治疗和免疫治疗协同等。

11.5　总结与展望

核酸分子是存在于天然生命系统中重要的生物大分子，具有生物分子和高分子化合物的双重属性。核酸功能材料是通过对核酸分子的合理设计，在多种相互作用下组装形成的宏观或微观材料。本章对核酸的基本结构和性质，以及核酸材料的构建、种类和应用进行了总结。这种新型材料的结构精准可控，功能丰富多样，在疾病检测、细胞调控、生物成像和疾病诊疗等重大研究领域发挥着重要作用。

目前核酸功能材料在投入临床治疗和工业化生产方面仍存在挑战。因此，核酸材料的结构与功能亟须开展进一步优化，以更好地契合实际生产与应用场景。例如，某些复杂核酸功能材料的折叠热力学机制仍需明晰，可借助人工智能及数字化模型对材料的结构进行全面模拟和分析，使其更加精确有序；核酸材料在生理环境下功能有限、易于降解，可引入其他稳定性物质实现材料的杂化升级，全面提升核酸材料的性质和功能；材料制备价格较为昂贵，可进一步开发合成和连接技术，优化生产过程，节约成本。

核酸功能材料逐渐成为国内外重点研究领域，近年来，多个研究团队实现了多种新型核酸功能材料的精准构筑，将高分子科学与生命科学进一步结合，发展出多种生物医学相关应用工具和技术平台，有望解决生命运行机制探究和疾病诊疗等领域存在的关键难题，对于人类生命健康具有重要意义。伴随着科学技术与理论研究的进阶，核酸功能材料有望实现更加深入广泛的发展，为信息存储、高分子材料、能源、环保和人工智能等领域贡献力量。

编写人员：仰大勇（复旦大学化学系）

郭小翠　李沛然　刘明星　姚　池（天津大学化工学院）

参 考 文 献

Abou Assi H, Garavís M, González C, et al. 2018. I-Motif DNA: Structural features and significance to cell biology. Nucleic Acids Research, 46(16): 8038-8056.

Cheng E J, Xing Y Z, Chen P, et al. 2009. A pH-triggered, fast-responding DNA hydrogel. Angewandte Chemie International Edition, 48(41): 7660-7663.

Dalla Pozza M, Abdullrahman A, Cardin C J, et al. 2022. Three's a crowd - stabilisation, structure, and applications of DNA triplexes. Chemical Science, 13(35): 10193-10215.

Dey S, Fan C, Gothelf K V, et al. 2021. DNA origami. Nature Reviews Methods Primers, 1(1): 13.

Dirks R M, Pierce N A. 2004. Triggered amplification by hybridization chain reaction. Proceedings of the National Academy of Sciences of the United States of America, 101(43): 15275-15278.

Dong Y H, Yao C, Zhu Y, et al. 2020. DNA functional materials assembled from branched DNA: Design, synthesis, and applications. Chemical Reviews, 120(17): 9420-9481.

Geng J H, Yao C, Kou X H, et al. 2018. A fluorescent biofunctional DNA hydrogel prepared by enzymatic polymerization. Advanced Healthcare Materials, 7(5): 1700998.

Guo X C, Li F, Liu C X, et al. 2020. Construction of organelle-like architecture by dynamic DNA assembly in living cells. Angewandte Chemie International Edition, 59(46): 20651-20658.

Guo Y F, Li S Q, Tong Z B, et al. 2023. Telomerase-mediated self-assembly of DNA network in cancer cells enabling mitochondrial interference. Journal of the American Chemical Society, 145(43): 23859-23873.

Hartman M R, Yang D Y, Tran T N N, et al. 2013. Thermostable branched DNA nanostructures as modular primers for polymerase chain reaction. Angewandte Chemie International Edition, 52(33): 8699-8702.

He P P, Du X X, Cheng Y, et al. 2022. Thermal-responsive MXene-DNA hydrogel for near-infrared light triggered localized photothermal-chemo synergistic cancer therapy. Small, 18(40): 2200263.

Ishikawa H, Ma Z, Barber G N. 2009. STING regulates intracellular DNA-mediated, type I interferon-dependent innate immunity. Nature, 461(7265): 788-792.

Lee J B, Peng S M, Yang D Y, et al. 2012. A mechanical metamaterial made from a DNA hydrogel. Nature Nanotechnology, 7(12): 816-820.

Li F, Song N C, Dong Y H, et al. 2022. A proton-activatable DNA-based nanosystem enables co-delivery of CRISPR/Cas9 and DNAzyme for combined gene therapy. Angewandte Chemie International Edition, 61(9): e202116569.

Li F, Yu W T, Zhang J J, et al. 2021. Spatiotemporally programmable cascade hybridization of hairpin DNA in polymeric nanoframework for precise siRNA delivery. Nature Communications, 12(1): 1138.

Li J, Zheng C, Cansiz S, et al. 2015. Self-assembly of DNA nanohydrogels with controllable size and stimuli-responsive property for targeted gene regulation therapy. Journal of the American Chemical Society, 137(4): 1412-1415.

Li M Y, Wang C L, Di Z H, et al. 2019. Engineering multifunctional DNA hybrid nanospheres through coordination-driven self-assembly. Angewandte Chemie International Edition, 58(5): 1350-1354.

Liu S L, Jiang Q, Zhao X, et al. 2021. A DNA nanodevice-based vaccine for cancer immunotherapy. Nature Materials, 20(3): 421-430. d]

Liu Y X, Wang Y J, Du Y, et al. 2024. DNA nanomachines reveal an adaptive energy mode in confinement-induced amoeboid migration powered by polarized mitochondrial distribution. Proceedings of the National Academy of Sciences of the United States of America, 121(14): e2317492121.

Lv J G, Dong Y H, Gu Z, et al. 2020. Programmable DNA nanoflowers for biosensing, bioimaging, and therapeutics. Chemistry – A European Journal, 26(64): 14512-14524.

Mirkin C A, Letsinger R L, Mucic R C, et al. 1996. A DNA-based method for rationally assembling nanoparticles into macroscopic materials. Nature, 382(6592): 607-609.

Praetorius F, Kick B, Behler K L, et al. 2017. Biotechnological mass production of DNA origami. Nature, 552(7683): 84-87.

Rothemund P W K. 2006. Folding DNA to create nanoscale shapes and patterns. Nature, 440(7082): 297-302.

Santoro S W, Joyce G F. 1997. A general purpose RNA-cleaving DNA enzyme. Proceedings of the National Academy of Sciences of the United States of America, 94(9): 4262-4266.

Santoro S W, Joyce G F. 1998. Mechanism and utility of an RNA-cleaving DNA enzyme. Biochemistry, 37(38): 13330-13342.

Setyawati M I, Kutty R V, Leong D T. 2016. DNA nanostructures carrying stoichiometrically definable antibodies. Small, 12(40): 5601-5611.

Sheng C G, Zhao J, Di Z H, et al. 2022. Spatially resolved *in vivo* imaging of inflammation-associated mRNA *via* enzymatic fluorescence amplification in a molecular beacon. Nature Biomedical Engineering, 6(9): 1074-1084.

Song N C, Fan X T, Guo X C, et al.2024. A DNA/upconversion nanoparticle complex enables controlled co-delivery of CRISPR-Cas9 and photodynamic agents for synergistic cancer therapy. Advanced Materials, 36(15): e2309534.

Tang J P, Jia X M, Li Q, et al. 2023. A DNA-based hydrogel for exosome separation and biomedical applications. Proceedings of the National Academy of Sciences of the United States of America, 120(28): e2303822120.

Tang J P, Ou J H, Zhu C X, et al. 2022. Flash synthesis of DNA hydrogel *via* supramacromolecular assembly of DNA chains and upconversion nanoparticles for cell engineering. Advanced Functional Materials, 32(12): 2107267.

Tang J P, Wang J, Ou J H, et al. 2024. A DNA/poly-(L-lysine) hydrogel with long shelf-time for 3D cell culture. Small Methods, 8(7): e2301236.

Tang J P, Yao C, Gu Z, et al. 2020. Super-soft and super-elastic DNA robot with magnetically driven navigational locomotion for cell delivery in confined space. Angewandte Chemie International Edition, 59(6): 2490-2495.

Teplensky M H, Evangelopoulos M, Dittmar J W, et al. 2023. Multi-antigen spherical nucleic acid cancer vaccines. Nature Biomedical Engineering, 7(7): 911-927.

Um S H, Lee J B, Park N, et al. 2006. Enzyme-catalysed assembly of DNA hydrogel. Nature Materials, 5(10): 797-801.

Vargason A M, Anselmo A C, Mitragotri S. 2021. The evolution of commercial drug delivery technologies. Nature Biomedical Engineering, 5(9): 951-967.

Wang S Y, Qin L, Yamankurt G, et al. 2019. Rational vaccinology with spherical nucleic acids. Proceedings of the National Academy of Sciences of the United States of America, 116(21): 10473-10481.

Wang Z R, Song L L, Liu Q, et al. 2021. A tubular DNA nanodevice as a siRNA/chemo-drug co-delivery vehicle for combined cancer therapy. Angewandte Chemie International Edition, 60(5): 2594-2598.

Watson J D, Crick F H. 1953. Molecular structure of nucleic acids: a structure for deoxyribose nucleic acid. Nature, 171(4356): 737-738.

Xu Y, Komiyama M. 2023. G-quadruplexes in human telomere: structures, properties, and applications. Molecules, 29(1): 174.

Yao C, Qi H D, Jia X M, et al. 2022a. A DNA nano complex containing cascade DNAzymes and promoter-like Zn-Mn-ferrite for combined gene/chemo-dynamic therapy. Angewandte Chemie International Edition, 61(6): e202113619.

Yao C, Tang H, Wu W J, et al. 2020. Double rolling circle amplification generates physically cross-linked DNA network for stem cell fishing. Journal of the American Chemical Society, 142(7): 3422-3429.

Yao C, Xu Y W, Tang J P, et al. 2022b. Dynamic assembly of DNA-ceria nano complex in living cells generates artificial peroxisome. Nature Communications, 13(1): 7739.

Yao C, Yuan Y, Yang D Y, 2018. Magnetic DNA nanogels for targeting delivery and multistimuli-triggered release of anticancer drugs. ACS Applied Bio Materials, 1(6): 2012-2020.

Yao C, Zhu C X, Tang J P, et al. 2021. T lymphocyte-captured DNA network for localized immunotherapy. Journal of the American Chemical Society, 143(46): 19330-19340.

Zhang R, Lv Z Y, Chang L L, et al. 2024. A responsive DNA hydrogel containing poly-aptamers as dual-target inhibitors for localized cancer immunotherapy. Advanced Functional Materials, 34(32): 2401563.

Zhang T, Tian T R, Zhou R H, et al. 2020. Design, fabrication and applications of tetrahedral DNA nanostructure-based multifunctional complexes in drug delivery and biomedical treatment. Nature Protocols, 15(8): 2728-2757.

Zhao H X, Li L H, Li F, et al. 2022. An energy-storing DNA-based nano complex for laser-free photodynamic therapy. Advanced Materials, 34(13): e2109920.

Zhao H X, Lv J G, Li F, et al. 2021. Enzymatical biomineralization of DNA nanoflowers mediated by manganese ions for tumor site activated magnetic resonance imaging. Biomaterials, 268: 120591.

Zhao J, Chu H Q, Zhao Y, et al. 2019. A NIR light gated DNA nanodevice for spatiotemporally controlled imaging of microRNA in cells and animals. Journal of the American Chemical Society, 141(17): 7056-7062.

第 12 章　细菌合成纳米材料及半人工光合作用

微生物能够通过生物合成途径制备无机纳米材料，这些方法通常条件温和、成本低，且产物的生物相容性好。此外，纳米材料可以通过生物矿化或自发组装等方式与微生物构成半人工光合系统。该系统同时具有纳米材料的光敏特性和微生物活细胞的高选择性催化活性，可以实现由太阳能向化学能的转化，为可持续能源生产和化学品制造提供了新途径。尽管如此，上述系统仍面临能量转化机制不明确、生产效率低、难以规模化应用等问题。未来的研究需要深入探索微生物与纳米材料之间的相互作用机制，优化半人工光合系统内的能量传递与转化效率，开发合适的底盘微生物，最终推动其在实际生产中的应用。

12.1　细菌合成纳米材料概述

纳米材料（nanomaterial，NM）的制备主要依赖于物理和化学方法。物理方法包括蒸发和冷凝、离子溅射及高能球磨法。虽然物理方法通常能获得高反应性和高纯度的 NM，但也存在粒径分布宽泛和聚集现象；此外，物理方法需要大型设备且运行成本高昂。相比之下，化学方法如电化学还原、光化学还原和分子自组装，能够生产具有更好分散性、较窄粒径分布和相对均匀形貌的 NM，但常面临表面杂质问题。总体而言，物理方法和化学方法通常需要严格的合成条件及复杂的工艺，难以节约能源和减少材料消耗。

微生物广泛存在于地球上。它们强大的环境适应能力和多样的代谢类型，使其能够从环境中捕获目标离子，并利用酶、蛋白质和其他生物活性物质通过一系列步骤合成无机 NM。通过开发具有增强的无机离子亲和力、无机离子还原能力和 NM 生物合成效率的基因工程微生物，已经实现了许多无机 NM 的合成。与化学合成相比，生物合成需要较低的能量输入，并且不需要额外添加还原剂和表面活性剂。

在许多情况下，生物分子和生物聚合物（如氨基酸和微生物胞外多糖）能够在生物合成 NM 过程中还原或稳定无机离子。此外，生物分子本身也可以充当封端剂和稳定剂，从而简化合成过程。对于生物医学应用，生物合成的 NM 通常优于化学合成的 NM，因为后者需要额外的功能基团以提高其在生物体内的兼容性和活性。生物合成策略可以避免化学合成反应中通常涉及的极端条件（如无水无氧、高温高压和有毒溶剂），提供了一种制备生物相容性无机纳米材料的绿色途径。

相比传统的物理和化学合成策略，利用活体微生物作为高效生物工厂合成 NM 能够减少化学品消耗、降低二次污染，有利于进行低成本的大规模生产。整个合成过程不需要苛刻的条件，可以在室温和中性 pH 下进行，使得这一过程既安全又经济高效。

12.1.1 细菌合成磁小体

1. 趋磁细菌合成磁小体的机制

趋磁细菌（magnetotactic bacteria，MTB）是一类在系统发育和形态上多样化的原核生物，具有高度的生物矿化能力，能够在被称为磁小体（magnetosome）的细胞器内合成磁铁矿（Fe_3O_4）和胶黄铁矿（Fe_3S_4）纳米晶体（Bazylinski and Frankel，2004）。大多数自然界中的趋磁细菌都产生磁铁矿，目前只有 *Desulfamplus magnetovallimortis* 被发现可以同时产生磁铁矿和胶黄铁矿（Descamps et al.，2017）。尽管趋磁细菌在半个世纪前就被发现了，但对磁小体生物合成的研究大多数依赖于两种趋磁细菌的模式菌株：淡水趋磁螺菌（*Magnetospirillum magneticum* AMB-1）和格瑞菲斯瓦尔德磁螺菌（*Magnetospirillum gryphiswaldense* MSR-1）。磁小体在 MTB 中的生物合成主要包括四个步骤（图 12-1）。

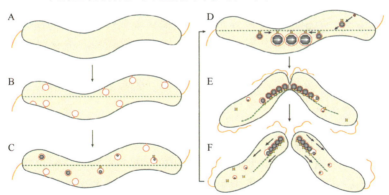

图 12-1　磁小体生物发生的机制（修改自 Uebe and Schüler，2016）

1）磁小体膜的形成

磁小体膜类似于其他革兰氏阴性原核生物的外膜和细胞质膜，由脂肪酸、糖脂、硫脂、磷脂和独特的蛋白质组成，这些蛋白质被认为是介导磁小体生物矿化的关键（Grünberg et al.，2004）。目前尚不清楚磁小体囊泡的形成是发生在磁铁矿成核和沉淀之前，还是首先在细胞质周围产生磁铁矿沉淀，再由细胞质膜内陷包覆磁铁矿沉淀物形成（Tanaka et al.，2006）。

2）蛋白质排序

在细胞质膜内陷之前、同时或之后，磁小体蛋白被排序到磁小体膜上。磁小体膜上的蛋白靶向是一个涉及几种不同机制的层次化过程，目前对这些机制仍然理解不足。

3）铁运输

铁被运输到磁小体的囊泡中，并以磁铁矿晶体形式矿化。已经提出了三种可能的途径将铁摄入磁小体囊泡。第一种是当磁小体膜与细胞质膜保持物理接触时，铁通过直接运输或从周质扩散直接进入囊泡腔（Rahn-Lee and Komeili，2013）。第二种是利用细胞铁运输系统将 Fe^{2+} 或 Fe^{3+} 吸收入细胞，并通过磁小体特异性的运输蛋白将铁运输穿过磁小体膜（Uebe et al.，2011）。第三种是铁通过与未知有机基质配位，直接从细胞质膜运输到磁小体膜，这些有机基质会在细胞质膜与磁小体膜的界面释放出来（Faivre et al.，2007）。

4）磁铁矿成核和链组装

在 pH 大于 7 且氧化还原电位较低时，磁铁矿晶体开始在磁小体囊泡内成核和生长，并最终形成特异性形态。目前已经提出两种磁铁矿晶体成核模型。第一种模型认为磁铁矿的生物矿化不涉及中间矿物相，而是通过可溶的 Fe^{2+} 和 Fe^{3+} 的直接共沉淀产生；第二种模型涉及前驱矿物相的生成，这些矿物相经历相变转变成磁铁矿（Faivre and Godec，2015）。磁铁矿晶体形态包括立方体、棱柱形及子弹状。最终，磁小体被排列成线性链，磁矩相加，以最大化细胞的总磁响应。

一个关于磁螺菌 *Magnetospirillum gryphiswaldense* MSR-1（MSR）磁小体生物矿化和链形成的模型（图 12-1A～F）。磁小体生物发生是在一个完全没有磁小体膜和磁铁矿晶体的"空"细胞中诱导的（A 部分）；然后通过细胞质膜的内陷在细胞中形成磁小体囊泡（红色圆圈），这些囊泡在生物发生的后期阶段会被掐断（B 部分）。铁被运输到磁小体膜囊泡中，磁铁矿的成核导致立方八面体磁铁矿晶体（深灰色八面体）的生物矿化，每个成熟的磁小体中都有一个晶体（C 部分）。通过MamJ（黄色星形）在磁小体膜上的相互作用，磁小体被排列成链状，这种相互作用通过 MamK（一种类肌动蛋白）的聚合形成丝状结构（C 和 D 部分）。MamK还负责在细胞中部定位磁小体链。将磁小体组织成链有助于将单个磁偶极子（白色箭头）对齐，产生能够"感知"地磁场的强磁偶极子（D 部分）。细胞分裂通过FtsZ 环（浅灰色圆圈；E 部分）的不对称收缩启动；在细胞分裂期间，细胞壁的单向凹陷与细胞弯曲相结合，有助于弯曲磁小体链，从而减少静磁力，促进磁小体向子细胞的均匀分配（E 和 F 部分）。细胞分裂完成后，磁小体链从新的细胞极沿着 MamK 丝状结构快速重新定位到细胞中部（黑色箭头：F 部分）。

2. 趋磁细菌合成磁小体的调控

磁小体的生物矿化过程受到一组特殊蛋白质的严格调控，这些蛋白质由细菌基因组的磁小体岛（magnetosome island，MAI，图 12-2）编码（Mirabello et al.，2016）。MAI 基因被组织成 5 个多顺反子操纵子，即 mamAB 操纵子、feoAB1 操纵子、mamGFDC 操纵子、mms6 操纵子和 mamXY 操纵子。其中，mamAB 操纵子包含参与磁小体生成步骤的关键基因，称为磁小体核心基因（magnetosome core gene，MACG），而 4 个小操纵子在调控晶体的大小和形状中起辅助作用（Uebe and Schüler，2016）。

1）磁小体膜形成的调控

脂质的组成与细胞质膜非常相似，但包含由 mam 和 mms 基因编码的一组独特的蛋白质。研究发现，mamI、mamL、mamM、mamQ、mamY 基因在磁小体生物矿化和膜囊泡的成熟中起作用。MamB 蛋白可能作为诱导内陷的标志蛋白，诱导膜的弯曲，并通过招募其他蛋白质如 MamM、MamI、MamQ 和 MamL 等帮助膜的形成，共同实现了磁小体膜的内陷。

2）膜蛋白组装的调控

一些跨膜蛋白（如 MamC、MamE 和 MamM）和通过间接方式结合膜的可溶性蛋白（如 MamA 的 TPR 结构域、MamE 或 MamP 的 PDZ 结构域）被认为组装在磁小体膜上。MamA 蛋白形成一个大型球状支架包围磁小体，并通过四联螺旋重复（TPR）结构域的自我识别机制进行组装（Zeytuni et al.，2011），这种机制有利于招募其他蛋白质到磁小体膜中，并通过蛋白质-蛋白质相互作用参与膜的组装。

3）铁运输的调控

Fe^{2+} 或 Fe^{3+} 必须被运输到磁小体囊泡中以便晶体生长。在 MSR 中，Fe^{2+} 转运蛋白 FeoB1 和 FeoB2 将 Fe^{2+} 从周质运输到细胞质（Rong et al.，2012），随后在 MamB 和 MamM（属于铁/锌运输亚家族成员）、MamH 和 MamZ（主要促运蛋白超家族成员）的介导下进入磁小体膜囊泡进行生物矿化（Raschdorf et al.，2013）。

4）晶体矿化的调控

MamB 和 MamM 被称为磁小体阳离子扩散促进剂，利用质子驱动力进行金属转移，同时导致磁小体腔内 pH 的增加，优化磁铁矿生成所需的碱性条件（Raschdorf et al.，2016）。当达到最佳条件时，磁铁矿晶体开始成核和生长，MamE 蛋白调节磁铁矿晶体生长（Wan et al.，2022）。MamGFDC、MamP、MamR、MamT、MmsF 等蛋白质调节磁铁矿颗粒大小和形态（Rawlings et al.，2014）。大多数与磁小体相关的基因缺失都会导致产生大小不一的晶体，只有 mms36 和 mms48 两个基因的

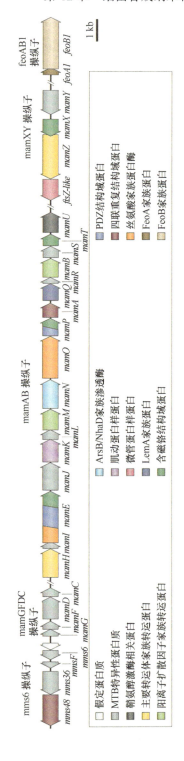

图 12-2　MSR 磁小体岛（MAI）的基因组织结构（修改自 Uebe and Schüler，2016）

缺失会导致磁铁矿晶体大小增加（Kashyap et al.，2014）。外部因素如温度也会影响磁铁矿纳米颗粒的生物合成（Mata-Perez and Perez-Benito，1987）。每个磁小体囊泡中只生成一个磁铁矿晶体，磁铁矿晶体的数量和大小在磁小体的生成过程中受到严格的调控。上述条件需要在生成足够强的磁场传感器与能量消耗、磁小体过度生成的不利影响之间取得平衡。

5）链组装的调控

磁小体必须在胞内固定才能发挥作用，否则会因漂浮聚集在一起，导致细胞磁偶极矩显著降低。最终，磁小体中的纳米晶体通过类肌动蛋白的磁小体骨架组装成单一的有序链。MamK 是一种原核生物的类肌动蛋白，在细胞质中聚合成丝状，为磁小体排列提供支架（Komeili et al.，2006），确保磁小体链位于细胞中部并参与磁小体的分离，使得相同数量的磁小体被分配到两个子细胞中（Katzmann et al.，2011；2010）。MamJ 是一种酸性蛋白质，参与将磁小体锚定在 MamK 丝状结构上（Scheffel et al.，2006）。MamJ 并非在所有趋磁细菌中都保守存在，这表明磁小体链的排列可能存在其他机制（Bennet et al.，2015）。

3. 趋磁细菌合成磁小体的应用

磁小体合成过程的高度生物控制赋予了其优异的特性，如高结晶度、强磁化、均匀的形态大小、低毒性和生物相容性等，这些特性使得磁小体在靶向药物输送、癌症治疗、磁共振成像等材料和医学科学研究中极具吸引力（图 12-3）。

1）磁共振成像

磁共振成像（magnetic resonance imaging，MRI）是一种可靠的疾病诊断方法。确定正常组织与病变组织之间的弛豫时间差异是影响 MRI 的重要因素之一。磁小体可以作为横向弛豫对比剂，增强磁共振信号（Cai et al.，2019）。研究表明，AMB-1可以提供阳性磁共振成像对比，并在小鼠肿瘤异种移植物中定植，为改进临床前和转化研究中的 MRI 可视化提供了潜在工具（Benoit et al.，2009）。

2）磁热治疗

磁热治疗（magnetic hyperthermia）是通过控制磁性纳米颗粒加热以促进肿瘤坏死的过程。磁小体由于其靶向能力，在交变磁场的作用下可以被引导到局部肿瘤并加热，从而抑制肿瘤细胞的增殖并利用磁热效应杀死肿瘤细胞（Alphandéry et al.，2012）。试验结果表明，将 MDA-MB-231 乳腺癌细胞悬浮液与从 AMB-1 中提取出的磁小体链一起孵育后，在交变磁场条件下，可实现高达 100%的乳腺癌细胞破坏率（Alphandéry et al.，2011）。

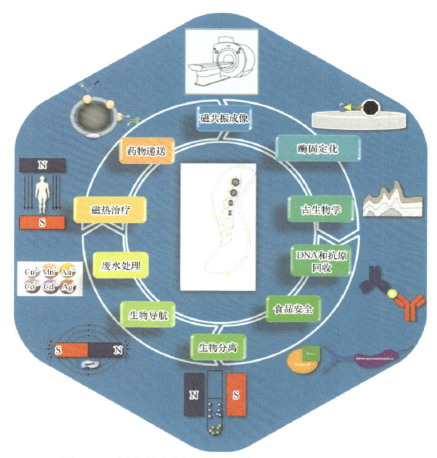

图 12-3　磁小体的生物技术应用（修改自 Ying et al.，2022）

3）靶向药物递送

磁小体具有良好的生物相容性和低毒性，可作为理想的药物载体。磁小体表面的胺基可以与具有适当功能的化疗药物共价结合，提高药物的装载效率和稳定性（Ren et al.，2023）。研究表明，海洋磁球菌（MC-1）可以携带载药纳米脂质体，通过其趋磁性行为将药物运输到肿瘤的缺氧区域，确保自身的活力和运动性，同时未引起明显的毒性迹象（Felfoul et al.，2016）。

12.1.2　细菌合成量子点

1. 概述

量子点（quantum dot，QD）是一类将激子在三个空间方向上束缚住的半导体纳米晶体。当晶体的尺寸缩小到量子极限（激子玻尔半径）的范围内，电子的连续能级变得离散，这一现象被称为量子限域效应（Roduner，2006）。量子点的光电效应可以根据其尺寸、化学结构和表面涂层进行调节，使其具有宽带吸收和易于光学激发的特点，在生物成像和光催化等领域具有广泛的应用前景（García de Arquer et al.，2021）。

细菌在 QD 合成方面展现出显著的多样性和潜力。硫化物是研究最广泛的细菌合成 QD 的类型之一。通过在培养基中添加金属盐和硫化物前体，细菌能够生成具有荧光和光伏性能的硫化物量子点，如 CdS、ZnS、Ag_2S（Zhou et al.，2015）。细菌还可以合成 SnO_2、Cu_2O、TiO_2 等氧化物量子点（Choi et al.，2018），例如，将枯草芽孢杆菌作为模板，与 K_2TiF_6 溶液共同孵育以合成 TiO_2 QD（Dhandapani et al.，2012）。除了单金属量子点之外，细菌还能够通过阳离子交换技术合成三元或四元多金属量子点。例如，在 *E. coli* 生物合成 CdS QD 的过程中，通过添加 $AgNO_3$，溶液中的 Ag^+ 逐渐取代 Cd^{2+}，形成 CdS:Ag QD（Órdenes-Aenishanslins et al.，2020）。

2. 细菌合成量子点的机制

细菌在常温常压下易于培养，并对毒性金属具有一定的防御能力。细菌能够通过细胞内或细胞外的氧化还原机制介导 QD 的合成。胞内合成 QD 主要依赖于细胞内在的代谢物而非外源化学还原或偶联试剂。上述特性赋予 QD 天然的生物相容性并降低了其毒性，但需要额外的处理步骤才能将其从细胞中释放出来（Mussa Farkhani and Valizadeh，2014）。一种值得探索的替代方法是从生物体分泌的代谢物或细胞外生物分子来合成 QD。这种方法的优势在于可以通过改变细胞外环境来调节 QD 的性质。细胞外合成的 QD 可以固定或沉积在所需的固体表面，便于实际应用。

1）细菌胞内合成量子点

细菌胞内合成 QD 涉及离子转运系统，该系统将溶解的金属离子转运入细胞质中。在细胞质内，这些金属离子与含有疏基的还原性肽和蛋白质（如植物螯合肽、金属硫蛋白和谷胱甘肽）相互作用，生成 QD。例如，在沼泽红假单胞菌中，半胱氨酸在半胱氨酸脱硫酶的催化下生成硫离子（S^{2-}），这些硫离子与进入胞内的镉离子（Cd^{2+}）反应生成 CdS QD（Bai et al.，2009）。此外，谷胱甘肽（GSH）在细胞内的代谢途径也可以促进高价态硒（SeO_3^{2-}）还原（Turner et al.，1998），从而在与 Na_2SeO_3 和 $CdCl_2$ 共孵育的金黄色葡萄球菌中形成 CdSe QD（Wu et al.，2024）。

在大肠杆菌中过表达蜘蛛丝蛋白（spider silk protein）并暴露于 $CdCl_2$ 溶液时，Cd^{2+} 通过配位或静电结合丝蛋白的特定氨基酸残基，稳定了 β 折叠结构并形成成熟的蛋白质凝聚体（图 12-4）。Cd^{2+}-丝蛋白的复合物进一步摄取 SeO_3^{2-}，并与富含硫醇分子的物质（如半胱氨酸和谷胱甘肽）相互作用，进而触发 CdS$_x$Se$_{1-x}$ QD 的成核和生长（Chen et al.，2022）。

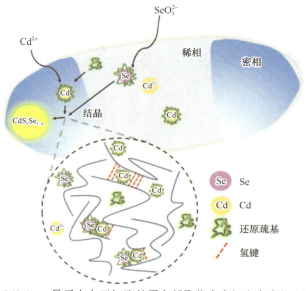

图 12-4　CdS$_x$Se$_{1-x}$ 量子点在亚细胞丝蛋白凝聚物中空间定向生物合成和定位
（修改自 Chen et al.，2022）

通过加强底物葡萄糖的代谢，可以产生更多的还原力（NADPH），从而提升含有还原型硫醇基团（RSH）的蛋白质的表达水平，如谷氧还蛋白（glutaredoxin，GRX）和硫氧还蛋白（thioredoxin，TRX）。这些蛋白质有效地改变了硒（Se）和镉（Cd）的代谢路线，从 Cd$_3$(PO$_4$)$_2$ 的形成转向 CdS$_x$Se$_{1-x}$ QD 的组装。它们作为还原剂，将亚硒酸盐和硒代二谷胱甘肽（GS-Se-SG）转化为 H$_2$Se，并为 Cd^{2+} 提供结合位点。H$_2$Se 与 Cd^{2+} 结合生成 Se-Cd-Se，作为 CdS$_x$Se$_{1-x}$ QD 的前体。此外，RSH 可以直接与体内的 Cd^{2+} 结合形成 RS-Cd-RS。这些活性前体作为凝结核随着尺寸的增长而逐渐结晶，最终生成 CdS$_x$Se$_{1-x}$ QDs（图 12-5）。最后，RSH 作为量子点表面的封端剂，使其具有良好的亲水性和生物相容性（Tian et al.，2019a）。

2）细菌胞外合成量子点

QD 的胞外合成是在细胞膜上的酶或沉积在生长介质中的酶的作用下进行的。因此，胞外合成的 QD 通常吸附在细胞膜上或沉积在介质中。在以 CdCl$_2$ 和 Na$_2$TeO$_3$ 为前体的大肠杆菌中，研究人员提出了一种蛋白质辅助的胞外合成 CdTe QD 的机制。首先，CdTe QD 在细胞外成核，初始尺寸较小且分布不均匀。随着时间推移，这些较小的纳米晶体在大肠杆菌分泌的蛋白质作用下加速溶解，并与蛋白质结合，

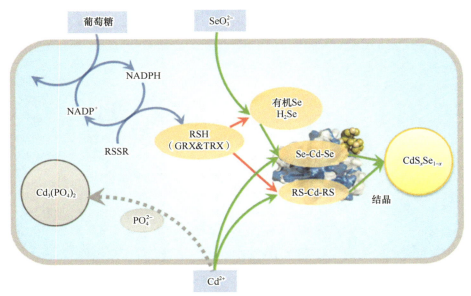

图 12-5　大肠杆菌中代谢调控的硒和镉的生物转化途径（修改自 Tian et al.，2019a）

将 CdTe 组分传递给较大的纳米晶体，促进 CdTe QD 的生长，这一过程被称为奥斯瓦尔德熟化。同时，合成的 QD 表面被蛋白质包覆，增强了其稳定性和生物相容性（图 12-6）。紫外-可见光谱、X 射线衍射等分析证实，合成的 QD 附着在细胞膜上，并且具有可调谐的荧光发射特性（Bao et al.，2010）。在胞外蛋白的介导下，还可以合成多金属 QD，例如，硫酸盐还原菌（sulfate-reducing bacteria，SRB）分泌的大量硫化物（S^{2-}）和胞外蛋白（EP）可以通过改变 Cd^{2+} 与 Zn^{2+} 的摩尔比来调控 $Zn_xCd_{1-x}S$ QD 的光致发光（PL）发射波长，从而生成覆盖整个可见光区域的多色量子点（Qi et al.，2021）。EP 中高负电荷的酸性氨基酸为吸收 Zn^{2+} 和 Cd^{2+} 提供了大量吸附位点，诱导 $Zn_xCd_{1-x}S$ QD 成核。同时，大量的非极性氨基酸导致 EP 具有较强的疏水桥接和相互连接，形成更小的空腔，从而控制 $Zn_xCd_{1-x}S$ QD 的生长（Qi et al.，2019）。此外，大肠杆菌也可以通过阳离子交换生成三元量子点（图 12-6）。在 QD 的生物合成过程中，首先形成的是 CdS QD；随后，通过向培养体系中添加不同浓度的硝酸银（$AgNO_3$）进行阳离子交换反应，银离子（Ag^+）逐渐取代 CdS QD 中的 Cd^{2+}，最终形成含银的 CdSAg QD（Órdenes-Aenishanslins et al.，2020）。

3. 细菌合成量子点的调控

　　量子点的细菌合成受到温度、底物类型和浓度、pH 等外部因素，以及细胞的生长周期、胞内的代谢物和蛋白质、孵育时间等内部因素的影响。

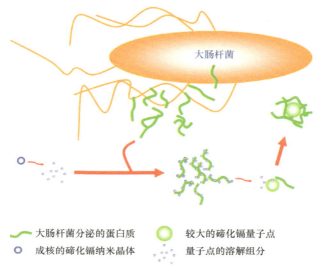

大肠杆菌分泌的蛋白质　　　　较大的碲化镉量子点

成核的碲化镉纳米晶体　　　　量子点的溶解组分

图 12-6　碲化镉（CdTe）量子点生物合成机制的示意图（修改自 Bao et al., 2010）

1）前体离子浓度

通过调整前体离子的浓度，可以控制 QD 的大小。在表达拟南芥植物螯合素合成酶（PCS）和金属硫蛋白（MT）的重组大肠杆菌中，Cd^{2+} 和 Se^{2-} 的浓度从 0.5 mmol/L 调整到 5.0 mmol/L 时，CdSe QD 的直径从（3.31±0.43）nm 调节到（5.10±0.57）nm（Park et al., 2010）。对于大肠杆菌合成 CdS QD 的研究也发现，CdS QD 的荧光发射光谱随着 Cd^{2+} 和 S^{2-} 的浓度在 0.5～10mmol/L 范围内增加而明显红移。这可能是由于 Cd^{2+} 和 S^{2-} 浓度的增加削弱了细胞对于 CdS QD 成核的控制，导致平均粒径的增加和发射波长的红移。

2）孵育时间

在胞外合成 CdTe QD 时，通过调整大肠杆菌和前体离子溶液的孵育时间，可以获得具有可调尺寸依赖的荧光发射光谱（从蓝色到绿色）的 CdTe QD（Bao et al., 2010）。

3）pH

将 pH 从 7.5 降低至 4.5，可以在 3.5 h 内将大肠杆菌中的 CdS_xSe_{1-x} QD 产量增加 25 倍，并显著提高 QD 的荧光寿命和量子产率。在酸性条件下，细胞内还原硫醇（RSH）的含量增加，同时与谷胱甘肽（GSH）合成相关的基因表达上调，有助于 Cd 和 Se 的摄取与转化。此外，酸性 pH 下细胞膜中的功能基团（磷酰基、羧基和胺基）会被质子化并带正电，从而促进 SeO_3^{2-} 的静电吸附（图 12-7）。在 pH 4.5 条件下，细胞存活率最高、活性氧（ROS）水平最低，表明酸性 pH 下强化 QD 生成在减轻 Cd 和 Se 暴露引起的氧化应激中起到了积极作用（Tian et al.，2019b）。

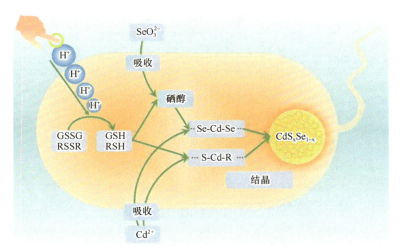

图 12-7　酸性 pH 条件促进大肠杆菌中 CdS_xSe_{1-x} QD 的生物合成（修改自 Tian et al.，2019b）

4）还原酶和肽

胱硫醚 γ-裂解酶（cystathionine γ-lyase，smCSE）通过催化 L-半胱氨酸生成 H_2S，为 CdS QD 的合成提供硫源。同时，smCSE 具有模板化和结构导向的功能，能够控制 CdS QD 的生长和尺寸。该酶有效地将矿化和模板化功能结合在一起，实现了单一酶催化的 CdS QD 的生物矿化（Dunleavy et al.，2016）。在大肠杆菌中过表达参与谷胱甘肽（GSH）合成的关键基因 *gshA*，显著增加了胞内 GSH 的含量，从而促进了 CdTe QD 的生物合成。当大肠杆菌暴露于亚致死浓度的镉（Cd）和碲（Te）时，仍显示出荧光特性，表明 GSH 在 QD 的形成和稳定中起到重要作用（Monrás et al.，2012）。

5）磷酸盐浓

磷酸盐（PO_4^{3-}）通过与胞外的镉离子（Cd^{2+}）结合形成磷酸镉，与细胞内的 S^{2-} 结合，促进 CdS QD 的形成和稳定（Ulloa et al.，2018）。磷酸盐浓度的变化会影响 CdS QD 的荧光发射颜色和强度，这可能与磷酸盐和磷酸化分子增强镉-硫化物相互作用并稳定 CdS 纳米结构的能力有关（Venegas et al.，2017）。

6）菌株生长阶段

在相同浓度的镉源条件下，处于平台期的大肠杆菌细胞比处于早期和对数生长期的细胞具有更强的合成 CdS QD 的能力。此外，当 Cd^{2+} 和大肠杆菌共孵育 2

天时，有利于 QD 的成核和生长，但共孵育时间过长会降低细胞的生化活性，从而减少 QD 的合成。

7）温度

南极假单胞菌（*Pseudomonas antarctic*）能够耐受大多数微生物不耐受的低温条件，在 15 ℃下高效地合成 CdS QD。低温条件有助于形成更多的 QD 成核位点，从而更好地控制合成的 QD 的尺寸和分散性（Gallardo et al.，2014）。

8）氧浓度

氧气水平可以影响细胞内活性氧（ROS）的积累，损害细胞的代谢并影响细胞合成 QD 的能力（Kessi and Hanselmann，2004）。与需氧条件相比，在厌氧条件下暴露于镉（Cd）和硒（Se）的大肠杆菌细胞积累的 ROS 较少，表现出更高效的 CdSe QD 生物合成效率。此外，厌氧培养的大肠杆菌细胞中谷胱甘肽（GSH）和 NADPH 的水平升高，进一步促进了 CdSe QD 的生物合成（Wang et al.，2022a）。

4. 细菌合成量子点的应用

1）生物医学应用

（1）生物医学标记和成像：QD 由于其独特的明亮荧光、可调谐发射和长期的光化学稳定性，已被广泛应用于生物标记和生物成像领域（Wang and Yan，2013；Wang et al.，2012）。通过生物阳离子交换方法生产的三元 QD 展示了良好的生物相容性和优异的光谱特性，适用于荧光分子可视化样本的生物成像应用。同时，通过胞内生物合成的荧光 CdSe QD 可以有效标记 MCF-7 细胞。在重金属离子的刺激下，细胞质膜分泌微囊泡（microvesicle，MV），包裹原位形成的 QD，从而实现高达 89.9% 的 MV 标记率。这验证了利用细胞内合成的荧光 CdSe QD 在体内原位标记活体哺乳动物癌细胞分泌的微囊泡的可行性（Xiong et al.，2020）。

（2）药物递送和癌症监测：QD 优越的光物理和光化学特性，使其成为早期诊断、预后和肿瘤监测的理想候选材料。在药物递送中，QD 的作用主要分为两大类：体内荧光探针和药物载体。与抗体和肽配体等生物分子结合，可以增强 QD 在药物递送系统中的靶向性和应用（Yao et al.，2018）。可发光的 ZnO QD 可以用于密封介孔二氧化硅纳米粒子（mesoporous silica nanoparticle，MSN）的纳米孔，以防止抗癌药物阿霉素（doxorubicin，DOX）的过早释放。进入细胞后，QD 作为触发器在细胞内酸性环境中迅速溶解，将药物释放到细胞质中。基于 ZnO 的药物递送系统表现出良好的生物相容性、高 DOX 负载能力及对肿瘤细胞的高效治疗效果（Muhammad et al.，2011）。

2）量子点-微生物杂合体的应用

QD 和微生物自组装的生物杂合体可以直接应用，无需分离生物合成的量子点（Jin et al.，2023）。例如，金黄色葡萄球菌（*Staphylococcus aureus*）在细胞内合成了具有荧光的 CdSe QD，形成了生物杂合体。金黄色葡萄球菌表面表达的蛋白质可以与单克隆抗体非共价相互作用，形成生物杂合体-抗体复合物，用作生物传感器，以检测超低水平的前列腺特异性抗原（prostate-specific antigen，PSA），展示了在癌症生物标志物选择性免疫测定中的潜力（Wang et al.，2020）。

QD 是半导体纳米颗粒，在光照条件下产生光生电子，进而为微生物细胞内的生化反应提供动力，用于清洁能源和化学品的生产。例如，在大肠杆菌表面沉淀的 CdS QD 在可见光照射下会产生大量电子，这些电子被整合到氢气生产路径中，提升了胞内甲酸的浓度和甲酸脱氢酶的活性，并引起细胞内 NADH/NAD$^+$ 比率的升高，最终提升氢气产量（Wang et al.，2017）（图 12-8）。此外，将 Cd^{2+}、半胱氨酸与非光合热醋穆尔氏菌（*Moorella thermoacetica*）结合，通过生物矿化作用生成 CdS QD。*M. thermoacetica* 利用照射 CdS QD 产生的光生电子，将生成的还原当量[H]传递到 Wood-Ljungdahl 途径，从而将二氧化碳还原为乙酸。该研究结合了无机半导体的高效光捕获能力，以及生物催化剂的高特异性、自我复制和自我修复能力，有望改进自然光合作用，从而实现化学品的可持续生产（Sakimoto et al.，2016a）。

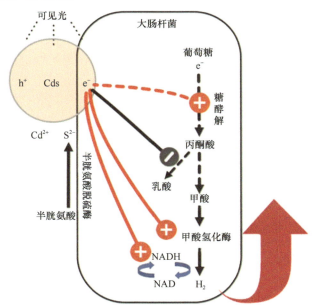

图 12-8　在杂合系统中增强氢气析出机制示意图（修改自 Wang et al.，2017）

12.1.3 细菌合成其他无机纳米材料

无机纳米材料（nanomaterial，NM）包含金属或者非金属元素，或以氧化物、氢氧化物、硫化物和磷酸盐化合物的形式存在。通过调整 NM 的尺寸、形状和成分，可以赋予其不同的电学、光学和催化特性，使其在电子学、光子学、生物传感器和生物医学等领域具有重要应用。目前，通过细菌合成的无机纳米材料涵盖了碱金属、碱土金属、过渡金属、后过渡金属和类金属元素，以及非金属元素、镧系元素和锕系元素。

1. 细菌合成其他无机纳米颗粒的机制与调控

细菌合成 NM 的确切机制尚不完全清楚，然而，已知细胞外膜带负电荷，通过静电相互作用与带正电的离子结合（Mohanpuria et al.，2008）。无机离子通过多种离子通道和转运蛋白穿越细胞质膜进入细胞内。在还原酶、非酶蛋白和肽以及电子传递途径相关组分的还原作用下，这些金属或非金属离子被还原为 NM。此外，细胞分泌的酶或位于外膜上的酶也可以在胞外将无机离子还原为 NM。

1）酶对 NM 形成的调控

酶是还原金属和非金属离子的主要生物分子。例如，在 NADH 依赖的硝酸还原酶的还原作用下，通过 NADH 释放的电子可以将银离子（Ag^+）还原为金属银（AgNP）（Kalimuthu et al.，2008；Lee and Jun，2019；Eckhardt et al.，2013）（图 12-9）。

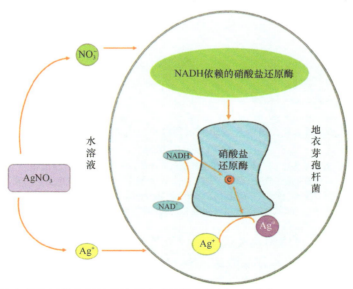

图 12-9 地衣芽孢杆菌中银纳米粒子合成的潜在机制（修改自 Kalimuthu et al.，2008）

硫酸盐和亚硫酸盐还原酶在 NM 的生物合成中也发挥着重要作用。类球红细菌（*Rhodobacter sphaeroides*）以可溶性硫酸盐作为硫源，在硫酸盐渗透酶的帮助下，SO_4^{2-} 进入细胞，并由三磷酸腺苷硫酸化酶和磷酸腺苷酰硫酸还原酶还原为 SO_3^{2-}。随后，亚硫酸盐还原酶将 SO_3^{2-} 转化为 S^{2-}。S^{2-} 与乙酰丝氨酸反应生成半胱氨酸。在细胞内存在可溶性金属离子的情况下，半胱氨酸通过脱硫酶进一步分解为 S^{2-}，并与金属离子结合形成 ZnS、CdS、PbS 等硫化物纳米粒子（Bai et al.，2006；Liu et al.，2015a）。

2）非酶蛋白和肽对 NM 形成的调控

一些非酶蛋白和肽也参与无机离子的还原和解毒途径，主要通过半胱氨酸巯基发挥作用，例如，金属硫蛋白和植物螯合素通过螯合金属离子进行解毒（Su et al.，2022；Choi et al.，2018）。

3）电子传递途径对 NM 形成的调控

一些细菌能够通过电子传递途径将金属和非金属离子还原成 NM。奥奈达希瓦菌（*Shewanella oneidensis* MR-1）利用其厌氧呼吸系统将硒酸盐还原为硒纳米颗粒。这种菌株能够使用 Fe(Ⅲ) 或硝酸盐作为胞外电子受体进行厌氧呼吸，同时还原硒酸盐。电子从细胞质膜的醌池中提取，并通过内膜四血红素细胞色素 c（CymA）传递至周质中的富马酸还原酶，从而将 SeO_3^{2-} 还原为硒纳米颗粒（Li et al.，2014；Chen et al.，2024）（图 12-10）。

图 12-10 在奥奈达湖希瓦氏菌中合成硒纳米颗粒和硫化铁纳米颗粒的过程（修改自 Choi and Lee，2020）

MtrA，周质十亚铁血红素细胞色素；MtrB，外膜结构蛋白；MtrC，胞外十亚铁血红素细胞色素；NapA 和 NapB，硝酸盐还原酶；NrfA，亚硝酸盐还原酶；OM，外膜；OmcA，外膜十亚铁血红素细胞色素；PS，过氧化物酶系统；PsrA，多硫化物还原酶亚基 A；PsrB，多硫化物还原酶亚基 B；PsrC，膜锚定亚基；SirA，亚硫酸盐还原酶；SirC，过氧化物酶系统铁-硫蛋白；SirD，整合膜氢醌脱氢酶

除此之外，奥奈达湖希瓦氏菌在厌氧条件下通过硫代硫酸盐还原酶复合物（PsrC- PsrB-PsrA）将硫代硫酸盐（$S_2O_3^{2-}$）还原为亚硫酸盐（SO_3^{2-}），SO_3^{2-} 通过细胞周质中的八血红素细胞色素 c 途径（SirD-SirC-SirA）进一步还原为硫化氢

（H₂S），与 Fe²⁺ 形成 FeS 纳米材料（Xiao et al.，2016；Fu et al.，2021）。通过大肠杆菌周质中的细胞色素 c 进行的直接电子传递，在合成 AgNP 的过程中也起着重要作用。当代谢活跃的耐银大肠杆菌与硝酸银溶液反应时，它能够氧化呼吸底物，将电子从醌池传递到周质中的氧化还原酶 NapC，将 Ag⁺ 还原成 AgNP（Lin et al.，2014）（图 12-11）。此外，细菌还可以合成多元素纳米颗粒。*S. oneidensis* MR-1 能够在细胞外合成 Fe₃O₄ NP，并在细胞表面成分或胞外多糖的参与下，通过生物还原过程在 Fe₃O₄ 表面合成 Pd/Fe₃O₄、Au/Fe₃O₄ 和 PdAu/Fe₃O₄ 纳米颗粒（Tuo et al.，2015）。

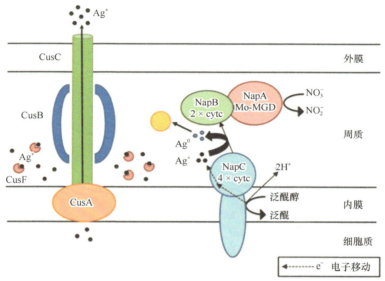

图 12-11　利用耐银大肠杆菌 116AR 的周质中的细胞色素 c"NapC"生物合成纳米银示意图（修改自 Lin et al.，2014）

　　与量子点合成类似，细菌合成其他无机纳米材料的尺寸、形状也会受到许多因素的影响，包括细菌种类、金属离子浓度、培养基成分、蛋白质浓度以及所有相关的合成条件（pH、温度、离子强度和孵育时间）（Zhang et al.，2011）。pH 显著影响 NM 的形状和合成速率。例如，荚膜红细菌（*R. capsulatus*）在 pH 为 4 时可以在胞外合成金纳米片，而在 pH 为 7 时则合成 10～20 nm 的纳米颗粒（He et al.，2007）。在 NM 合成的过程中，过于酸性或碱性的环境不仅不利于还原过程，还会导致纳米材料表面电荷不稳定，从而引起聚集。反应温度会影响 NM 的成核和晶体生长的速率，从而影响产物的尺寸。一般来说，合成速率会随着温度的升高而增加，但温度过高会导致酶、蛋白质和肽的降解（Ramanathan et al.，2011）。较长的反应时间不仅有助于细胞吸收更多的无机离子，还可以生成更多的还原剂，促进 NM 尺寸的增加。此外，随着反应的进行，无定形颗粒可以转化为更具热力学稳定性的晶体颗粒。枯草芽孢杆菌（*Bacillus subtilis*）可以合成直径范围为 50～400 nm 的球形单斜硒（m-Se）纳米颗粒，这些颗粒在室温放置一天后可以转变为高度各向异性的一维（三角形）结构（Wang et al.，2010）。底物浓度是另一个关键因素，较高的金属离子浓度通常会显著提高生物合成的初始速率。但过量的金属离子会破坏细菌的功能和结构，导致细菌的死亡和生物分子的功能失调（Yuan et al.，2021a）。通过使用人工微滴生物反应器或添加额外的还原剂，可以控制前体浓度，调节产物的尺寸（Choi and Lee，2020）。例如，将大肠杆菌的细胞提取物与 *N*-异丙基丙烯酰胺在微流控装置中处理，聚合生成包含细胞提取物和无机离子的聚（*N*-异丙基丙烯酰胺）基质，每个微滴被转化为一个单独的人工细胞生物反应器，产生均一尺寸的 NM（Lee et al.，2012）。

2. 细菌合成其他无机纳米材料的应用

1）作为催化剂

一些细菌合成的 NM 具有优异的催化活性，主要在以下三个应用领域中得到广泛使用：废水中有机污染物的去除、散装化学品的转化，以及二氧化碳的光催化还原为高价值化学品。氧化锡（SnO_2）、二氧化钛（TiO_2）和硫化镉（CdS）等 NM 已被用于多种染料的光催化降解。例如，由硫酸盐还原菌合成的 Bi_2S_3 纳米棒作为光催化剂，可以在 12 h 内降解水溶液中 87% 的亚甲基蓝（Yue et al.，2014）。在化学品转化方面，NM 显现出较高的催化活性。由恶臭假单胞菌合成的生物钯（Pd）能成功催化芳基卤化物与苯硼酸的 Suzuki-Miyaura 偶联反应，以及芳基卤化物与正丁基丙烯酸酯的 Mizoroki-Heck 偶联反应（De Corte et al.，2012）。近年来，NM 还被用于构建纳米材料-微生物杂合体，以促进二氧化碳向高价值化学品的转化（Lv et al.，2023a）。

2）作为抗菌药物

随着细菌对于抗生素的耐药性不断提高，开发新型有效的杀菌剂变得至关重要。纳米材料已被证明可以作为抗生素的潜在替代品。例如，银纳米颗粒（AgNP）会产生活性氧（ROS），氧化细胞成分如 DNA 和蛋白质。这些成分一旦被氧化，细胞会在生理和遗传水平上变得不稳定，影响其代谢和分裂能力（Singh et al.，2020）。由嗜水气单胞菌合成的二氧化钛（TiO_2）显示出对于大肠杆菌、铜绿假单胞菌、金黄色葡萄球菌、化脓性链球菌和粪肠球菌 5 种病原菌的抗菌能力（Jayaseelan et al.，2013）。

3）用于医学诊断和治疗

生物合成的无机纳米材料因其优异的生物相容性，在生物成像、药物递送和癌症治疗方面得到了广泛应用。细胞质内还原氯金酸溶液可以合成金纳米颗粒，这种金纳米颗粒以簇状形式存在，并具有荧光特性，可用于体内荧光成像，选择性地诊断癌细胞（Rana et al.，2020）。一些生物合成的 NM 对人类癌细胞显示出毒性作用，可能通过诱导细胞凋亡、降低细胞存活率、引起 DNA 损伤以及增强癌细胞的内吞活性来发挥其抗癌作用（Yang et al.，2022b）。

12.1.4　潜在挑战

1. 生物合成机制

人们对纳米材料的生物合成机制仍存在很多未解之谜。对于磁小体而言，控制磁小体囊泡形成的机制尚未完全理解，如何将蛋白质定位到磁小体膜也未明确。此外，每个磁小体囊泡中单一纯净磁铁矿晶体的形成机制同样不清楚。对于量子点，利用细菌内高效专一的生化反应途径有望实现 QD 的可控合成，但其合成机理尚不明确。除了已知的重金属解毒机制外，还需要深入研究与 QD 生物合成相关的其他代谢过程，以进一步了解 QD 在分子水平上的合成机制，这有助于未来更好地控制 QD 的尺寸和结晶度。目前，大多数关于细菌合成 QD 的研究集中在模式生物上，但嗜酸菌和嗜热菌合成的 QD 常表现出独特特性，因此探索非模式生物的生物合成能力显得尤为重要。此外，利用细菌合成并稳定无机纳米材料的底层机制仍是一个未解难题。特别是在生物相容性方面，了解生物来源的活性基团如何附着在纳米材料表面以及哪些活性基团参与其中，对于生产性能更高的纳米材料至关重要。

2. 提高材料的生物合成效率和性能

为了提高磁小体的生物合成效率和性能，可以将磁小体的生物合成机制转移到一种易于操作的非趋磁细菌中，建立一个合成生物学方法可操作的工程化磁小体生产系统模型。同时，通过重新组合调节产生多样化磁小体的基因，并重新配置磁小体的生物合成途径，实现对磁小体的精确调控。在 QD 和其他无机纳米材料的合成过程中，底物（如重金属）的毒性会对细胞活力产生不利影响，导致 QD 产量较低。为了解决这一问题，可以采取多种措施来减轻 QD 的毒性，例如，通过将其他无毒金属（如锌）引入含有毒性金属的 QD 中，或者通过基因工程改造细菌生产的肽修饰合成的 QD 来有效减轻毒性。此外，通过在 QD 表面涂覆无毒外壳形成核-壳结构，也是获得低毒性 QD 的有效途径。

为了更深入地了解无机纳米材料（NM）的生物合成过程，需要确定参与无机离子还原的生物分子中的活性基团，并研究它们在无机 NM 表面的附着方式。通过分离完整的蛋白质/肽-NM 复合物，并运用傅里叶变换红外光谱和基质辅助激光解吸/电离质谱等分析方法，更精确地表征参与 NM 生物合成的酶、非酶蛋白和肽。由于微生物细胞中的 NM 生物合成需要还原当量，因此对于生成这种驱动力的生化途径和生物分子需要更深入地了解。在基因工程改造的微生物中，开发改进的离子运输途径，可以实现金属和非金属离子的快速细胞内运输。综上所述，通过整合蛋白质工程、系统生物学、合成生物学、代谢工程和进化工程的方法，有助于开发更高效的细菌工厂，从而提高材料的生物合成效率和性能。

3. 低成本规模化的生物合成

由于趋磁细菌的生长条件严苛，在实验室条件下的培养一直很困难，导致磁小体的分离、鉴定和表征仍处于研究的早期阶段。提高趋磁细菌的培养效率对于实现磁小体的大规模生产和商业化应用至关重要。尽管已经开发并测试了优化溶解氧浓度、营养平衡供给策略和基因工程等多种高产量培养方法，但仍需进一步改进系统和优化条件，以提高磁小体在实验室和大规模（商业或工业）生产中的产量。

类似地，细菌合成量子点的过程也面临挑战。合成过程耗时长，且 QD 尺寸逐渐增加，难以有效控制其尺寸分布、形状和结晶度。为此，需要进一步研究 QD 的合成机制，优化影响合成过程的变量和下游处理方法，以提高合成效率，扩大合成规模，推动其商业化应用。

此外，理解量子点和其他无机纳米材料合成过程中无机离子的生物还原、成核、生长和稳定化的详细机制，对于实现工业规模的生产和应用同样重要。为了在工业规模上生产无机纳米材料，需要仔细研究以下几个因素：微生物细胞浓度、特定纳米材料的生物合成速率、无机离子前体的类型、发酵罐中的传质特性和培养基成本。尽管在优化条件提高无机纳米材料生物合成产量方面付出了巨大努力，但在不了解其确切生物合成机制的情况下，无法准确预测可达到的理论最大产量。现有的纯化方法，如沉淀、萃取、离心和煅烧，也需要进一步研究，以建立简单、有效且低成本的方法（图 12-12）。例如，使用能够在需要时自溶的工程微生物来促进细胞裂解，可能是一种有效的策略。

利用废弃物作为原料合成量子点展现出巨大潜力。通过将好氧硫酸盐还原途径引入需钠弧菌（*Vibrio natriegens*），无需添加昂贵的半胱氨酸前体，即可直接利用废水中的重金属离子（如 Cd^{2+}）、硫酸盐和有机物，原位合成量子点并组装成硫化镉-弧菌生物杂合体，并在 5 L 发酵罐中实现了光驱动杂合体进行 2,3-丁二醇的规模化生产。这一方法不仅充分展示了利用废弃物作为原料进行低成本、规模化合成量子点的广阔前景，还为可持续的生物制造和环境修复提供了一种替代方案。

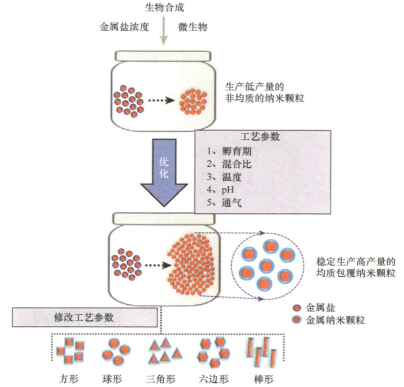

图 12-12　生产单分散、稳定、高产量生物纳米颗粒的流程（修改自 Singh et al.，2016）

12.2　半人工光合作用

12.2.1　半人工光合作用概述

　　近年来已发展出多种旨在实现太阳能向化学能转换的高效途径，主要包括基于植物和微生物的自然光合系统（Fang et al.，2020），以及利用化学催化剂构建的人工光合系统（Krasnovsky and Nikandrov，1987）。为了克服它们的固有局限，半人工光合系统及其相关研究领域应运而生并在近年经历了迅速发展（Kornienko et al.，2018）。上述系统的关键特征可参见图 12-13。

1. 自然光合作用

　　在自然光合体系中，由光系统介导的电荷分离和电子传递过程称为光反应。太阳光能在光反应中被捕获并用于产生能量载体（Stirbet et al.，2020）。光反应通常由光系统中的光合色素引发（Hohmann-Marriott and Blankenship，2011；Meng et

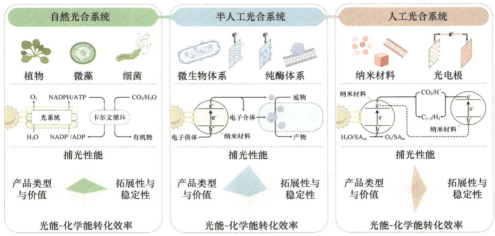

图 12-13　自然、人工和半人工光合系统的特征

每一种类型光合系统的典型构成单元在顶部展示，该系统运行的运行机制在中部展示，每种系统的优势和不足从四个不同方面进行评估并在底部突出展示

al.，2022）。这些位于捕光天线复合体上的色素将捕获的太阳能引导到反应中心，用于驱动电荷分离和电子供体氧化（Mouhib et al.，2019）。从供体中分离的电子通过电子传递链输送给电子受体，同时驱动光系统合成烟酰胺腺苷二核苷酸磷酸（nicotinamide adenine dinucleotide phosphate，NADPH）和腺苷三磷酸（adenosine triphosphate，ATP）等能量载体。后续暗反应消耗能量载体并将大气中的二氧化碳转化为碳水化合物和其他营养物，从而将太阳能储存在生物质分子的化学键中（Zhang and Reisner，2020）。自然光合作用是地球生物圈物质和能量循环的主要驱动力，但相对有限的光谱利用范围（400～700 nm 可见光波长）和极低的能量转化效率（通常小于 2%）使它不适合被用于工业化生产（Kornienko et al.，2018）。

2. 人工光合作用

人工光合系统使用半导体光催化剂来高效吸收太阳辐射（Cestellos-Blanco et al.，2020）。当入射光子能量大于或等于半导体带隙能量（Eg），半导体材料被诱导发生电荷分离，光电子被从价带（valence band，VB）激发到导带（conduction band，CB）并留下空穴（h$^+$），最终产生作为载流子的光电子-空穴对（Pang et al.，2018）。光电子作为还原剂直接还原反应体系中的电子受体生成目标化学品，电荷分离生成的空穴同时氧化电子供体（Cestellos-Blanco et al.，2020）。人工光合系统的能量转化效率远高于自然光合系统，通常可达 10%～20%（Xiao et al.，2022）。然而，人工光合系统的稳定性、拓展性、产物选择性和产品范围都弱于前者，使得它的大规模应用面临挑战（Cestellos-Blanco et al.，2020）。

3. 半人工光合作用

半人工光合系统结合了生物系统与半导体材料，从而发扬了自然和人工光合系统各自的优势（Zhang and Xiong，2023）。该特性为实现太阳能到化学能的高效转化开辟了新的途径。

12.2.2　半人工光合体系构建

半人工光合系统通常由太阳能捕获模块和化学能转化模块构成，前者包括光电极（Su et al.，2020）和纳米材料（Shen et al.，2020），后者包括纯酶（Brown et al.，2016）和微生物活细胞（Luo et al.，2021）。下文将对不同构成形式的半人工光合体系进行概述，最后对基于纳米材料和微生物活细胞的杂合体系进行重点讨论。

1. 基于光电极的半人工光合系统

基于光电极的半人工光合系统是对传统光电化学电池（photoelectrochemical cell，PEC）工作原理的拓展应用。光电极是 PEC 的核心组件，通常由半导体材料和导电基质构成。太阳光辐射激发半导体电荷分离，生成的载流子（光电子和空穴）到达材料-电解质界面参与后续氧化还原反应（Kang et al.，2015）。光电极通过外电路和电解液构成闭合回路，电极的极性取决于半导体材料特性（n 型半导体作为阳极，p 型半导体作为阴极）（Li and Wu，2015）。光电极具有出色的稳定性，它们的光电化学特性和反应活性可以方便地通过外电路进行调节和实时监控（Kim and Park，2019）。将光电极与纯酶或微生物活细胞结合，可以分别构建光电极-酶和光电极-微生物半人工光合系统。

1）光电极-酶复合体系

光电极-酶半人工光合系统使用氧化还原酶作为化学能转化模块，后者从电极、辅因子、电子传递剂或底物分子获得电子并催化底物向产物转化，如图 12-14A 所示（Kim and Park，2019）。通过光阴极还原电子介体（$Cp^*Rh(bpy)H_2O^{2+}$）实现 NADH（nicotinamide adenine dinucleotide）循环再生，进而构建 NADH 介导的多酶级联反应体系还原二氧化碳得到甲醇（图 12-14B）（Kuk et al.，2017）。将光电子导向碳纳米管-氮化碳阴极催化 $FMNH_2$（reduced flavin mononucleotide）还原再生，驱动依赖该辅因子的老黄酶（T_sOYE）高对映选择性还原 C=C 双键（图 12-14C）（Son et al.，2018）。除了利用辅因子或电子介体，酶也可以直接从电极获得电子驱动还原反应。构建负载[NiFeSe]-氢化酶的 p-Si|IO-TiO_2 光阴极和 TiCo-$BiVO_4$ 光阳极，后者光解水获得光电子输送给光阴极表面的氢化酶驱动产氢（图 12-14F）（Nam et al.，2018）。与还原酶相反，氧化酶通常需要与阳极结合以

表达催化活性。将自然状态下的还原性漆酶（*Th*Lc）共价固定到硫化铟（In$_2$S$_3$）光阳极表面并通过光照和正偏压将其逆转为氧化酶，从而实现光催化分解水产氧（图 12-14E）（Tapia et al.，2017）。使用铱配位聚合物修饰具有层次结构的反蛋白石氧化铟锡光阳极（IO-ITO）表面，并在其上负载了提取自蓝细菌的光系统 II 复合体（PSII）。在光照条件下，IO-ITO 吸收 PSII 光解水产生的光电子以促进后者产氧（图 12-14D）（Sokol et al.，2016）。

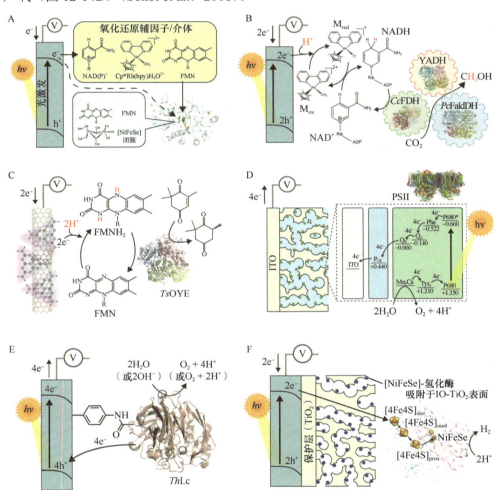

图 12-14 基于光电极-酶的半人工光合系统（Kim and Park，2019）

A. 光电极通过催化辅因子或电子介体再生（实线）和直接电子传递（虚线）激活氧化还原酶。B. 光阴极催化 NADH 再生，激活三种脱氢酶级联反应将 CO$_2$ 还原为甲醇。C. 阴极催化 FMNH$_2$ 再生，激活 TsOYE 催化高对映选择性还原 C=C 双键。D. 包埋光系统 II（PSII）的含铱聚合物光合产氧，光阳极从中提取光电子。数字表示在 pH 6.5 时相对标准氢电极（NHE）的电位。E. In$_2$S$_3$ 光阳极从与电极表面共价结合的 ThLc 中提取电子，同时催化产氧。F. p-Si|IO-TiO$_2$ 光阴极将光电子传递给吸附在电极表面的[NiFeSe]-氢酶用于催化产氢

2）光电极-微生物复合体系

纯酶的分离、纯化与保存条件严格且容易失活（Woolerton et al., 2010）。相比之下，微生物活细胞具有其独特优势：活体微生物容易培养；相对温和的胞内环境可以有效稳定处于高能过渡态的反应中间体；活细胞具备进行多酶级联催化反应的内在条件，通过遗传工程改造可以促进复杂产物的高效生产；活细胞的自我修复和复制特性使得催化实体数量随着培养时间延长而持续增加（Shen et al., 2023）。基于上述考虑，微生物活细胞可以作为化学能转化模块用于构建光电极-微生物半人工光合系统。具有电化学活性的微生物可分为产电菌（exoelectrogens）和噬电菌（electrotrophs）两种类型：前者以希瓦氏菌属（*Shewanella*）和地杆菌属（*Geobacter*）为代表，通过代谢底物产生电子传递给电极等胞外电子受体；后者可以直接或间接从电极获得电子驱动细胞自身的生理代谢，其范围涵盖部分产电菌和常见的不产电菌，如大肠杆菌（*E. coli*）、酿酒酵母（*S. cerevisiae*）和蓝细菌（Cyanobacteria）（Zhao et al., 2021）。在具体实践中，微生物燃料电池（microbial fuel cell，MFC）通过阳极将产电菌输出的电能供给外电路（You et al., 2023），微生物电合成（microbial electrosynthesis，MES）装置通过阴极向噬电菌供给电能驱动其制造高价值化学品（Liu et al., 2014）。MES 是当前光电极-微生物半人工光合系统的主要构成形式。

光电极-微生物半人工光合系统可分为集成式（integrated）和悬浮式（suspended）两种类型，如图 12-15 所示（Xiao et al., 2022）。在集成式结构下，微生物细胞紧密贴附在阴极表面，光电子直接被细胞吸收利用。例如，卵形鼠孢菌（*S. ovata*）直接附着在硅纳米线光阴极表面，光电子驱动胞内 Wood-Ljungdahl（W-L）途径将 CO_2 转化为乙酸（Liu et al., 2015b）（图 12-15A）。通过调节电解液 pH 和缓冲区间促进活细胞与硅纳米线间紧密堆叠，所得体系的能量转化效率高达 3.6%（Su et al., 2020）。将产甲烷菌群在碳布电极上扩增形成生物被膜（biofilm），所得电极与二氧化钛光阳极耦合之后可以实现光驱动微生物固定 CO_2 产甲烷（图 12-15B）（Fu et al., 2018）。在悬浮式结构下，光电极被浸没在悬浮了微生物的培养液中，微生物细胞通过代谢溶液中的电子介体或光催化生成的 H_2 间接利用光能。Torella 等（2015）构建了磷酸钴（Co-Pi）-镍钼锌（NiMoZn）电极光解水，产生的 H_2 被培养基中悬浮的真养产碱杆菌（*R. eutropha*）利用并驱动 CO_2 转化为异丙醇，系统的等效光能转化效率可达 3.2%（图 12-15C）。使用 $GaInP_2$-GaAs-Ge 三联异质结光伏电池向该体系供能，甚至可以实现高达 6%的能量转化效率（图 12-15D）（Liu et al., 2018）。

2. 基于纳米材料的半人工光合系统

半导体纳米材料可以直接作为太阳能捕获模块，用于构建半人工光合系统。纳

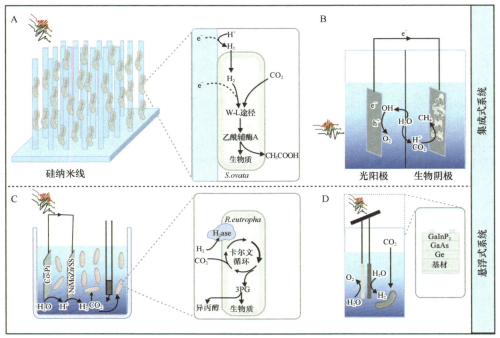

图 12-15　基于光电极-微生物活细胞的半人工光合系统

A. 基于硅纳米线/*S. ovata* 的半人工光合系统，微生物细胞在纳米线之间的致密堆叠强化了细胞与电极表面的直接电子传递。B. 基于二氧化钛光阳极和碳毡阴极的半人工光合系统，碳毡表面的产甲烷菌群生物被膜光驱动还原二氧化碳产甲烷。C. 基于 Co-Pi|NiMoZn 电极对和 *R. eutropha* 的半人工光合系统，电解水产氢驱动微生物固定 CO_2 生产异丙醇。D. 基于图 C 系统的改进方案之一，使用 $GaInP_2$-GaAs-Ge 三元异质结光伏电池供能驱动电解水产氢

米材料的吸收光谱范围、表面电荷、形貌、元素组成、能带结构等参数都可以通过制备手段调节。它们的粒径也与微生物细胞处于接近的尺度范围，从而为电子传递提供了大面积的接触区域（Guo et al.，2020；Harris and Cha，2020；Sessler et al.，2021；Lu et al.，2024）。根据化学能转换模块的性质，基于纳米材料构建的半人工光合体系可以分为纳米材料-酶和纳米材料-微生物复合体系（Chaudhary et al.，2012）。

1）纳米材料-酶复合体系

纳米材料-酶半人工光合系统的组成结构和工作原理如图 12-16A 所示：纳米材料（棕色球）吸收太阳光辐射发生电荷分离，光电子被位于材料表面的工作酶（青色球，与棕色球之间的间隔不代表两者脱离接触）用来催化产物生成，电子供体（绿色球）被空穴氧化。纳米材料在水溶液中通常携带负电荷，它与酶分子表面的正电荷通过静电引力相互吸引，最终在材料表面自发组装形成纳米材料-酶复合体系（Edwards and Bren，2020）。用于构建该系统的纳米材料包括二氧化钛（TiO_2）、碲化镉（CdTe）、硫化镉（CdS）和硒化镉（CdSe）等，工作酶包括

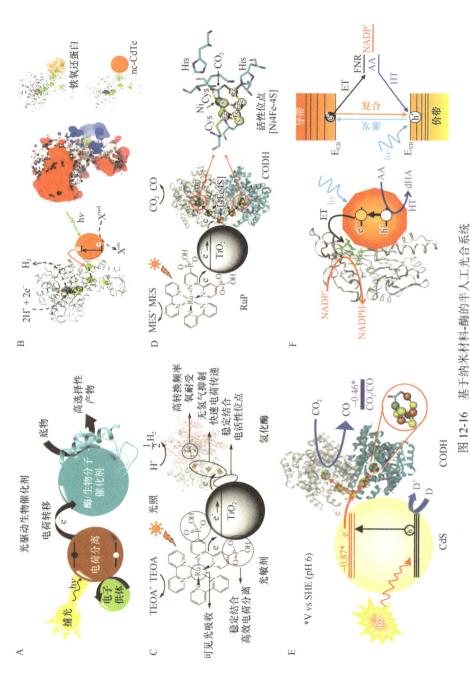

图 12-16　基于纳米材料-酶的半人工光合系统

A. 基于纳米材料-酶的半人工光合系统的组成结构和工作原理（Edwards and Bren, 2020）。B. 磷化镉纳米晶（nc-CdTe）与铁-铁氢化酶（[FeFe]H₂ase）复合体用于光驱动产氢（Brown et al., 2010）。C. 联吡啶钌（Ru-ppy）光敏化的纳米二氧化钛（TiO₂）与镍-铁-硒氢化酶（[NiFeSe]H₂ase）复合体用于光驱动产氢（Reisner et al., 2009）。D. 联吡啶钌（Ru-ppy）光敏化的纳米二氧化钛（TiO₂）与一氧化碳脱氢酶（CODH）复合体用于光驱动还原 CO₂产 CO（Woolerton et al., 2010）。E. 硫化镉量子点（CdS QD）与一氧化碳脱氢酶（CODH）复合体用于光驱动还原 CO₂产 CO（Chaudhary et al., 2012）。F. 硒化镉量子点（CdSe QD）与铁氧还蛋白 NADP⁺还原酶（FNR）复合体用于光驱动催化 NADPH 循环再生（Brown et al., 2016）

氢化酶（H₂ase）和一氧化碳脱氢酶（CODH）等（Edwards and Bren，2020；Xiao et al.，2022）。制备表面负载铁-铁氢化酶（[FeFe]H₂ase）的碲化镉纳米晶（nc-CdTe）可用于光驱动催化产氢（图 12-16B）（Brown et al.，2010）。由于 [FeFe]H₂ase 表面的铁氧还蛋白（Fd）结合位点负载正电荷，表面带有负电荷的 nc-CdTe 在此处通过静电引力与酶结合而促进二者之间的电荷传递。在纳米 TiO₂ 表面组装镍-铁-硒氢化酶（[NiFeSe]H₂ase），可用于光驱动催化产氢（图 12-16C）（Reisner et al.，2009）。由于纯 TiO₂ 对可见光捕获能力较弱，联吡啶钌（Ru-ppy）光敏剂也被负载于 TiO₂ 表面以强化其对可见光能量的转化效率。在后续工作中，通过同样手段将 CODH 组装到被 Ru-ppy 光敏化的纳米 TiO₂ 表面，实现了光驱动催化 CO₂ 还原为 CO（图 12-16D）（Woolerton et al.，2010）。CO 可以被直接用于工业化生产甲醇等液体燃料，这使得该体系在绿色能源生产方面具有潜在价值。由于 CdS 的带隙（Eg=2.4 eV）小于 TiO₂（Eg＞3eV），它在可见光照射下可以直接激发电荷分离且无需光敏剂协助。将纳米 CdS 与 CODH 自组装形成复合体系并实现了直接光驱动催化 CO₂ 还原产 CO（图 12-16E）（Chaudhary et al.，2012）。Brown 等（2016）构建了基于硫化硒量子点（CdSe QDs）和铁氧还蛋白 NADP⁺ 还原酶（ferredoxin NADP⁺-reductase，FNR）的复合体。不同于前述工作中利用酶催化直接获得产品（H₂ 或 CO），该体系先通过光驱动 FNR-CdSe QDs 复合体催化 NADPH 循环再生，再将其与 NADPH 依赖的乙醇脱氢酶（ADH）耦联来构建级联反应生产醇类（图 12-16F）。需要指出的是，纳米材料-酶半人工光合系统所采用的工作酶大多对氧气敏感，系统的制备和运行需要惰性气体保护（Xiao et al.，2022），这一缺点直接限制了该体系的实际应用。

2）纳米材料-微生物复合体系

相对于光电极和纯酶，纳米材料和微生物活细胞分别在光能捕获与化学能转化方面具有各自的优势及不足。因此，构建基于二者的半人工光合系统，可以利用它们各自的优势弥补对方的不足，从而得到性能较为均衡的纳米材料-微生物复合体系（nanomaterial-microorganism hybrid system，NMHS）。对于该领域的相关研究最早开始于 20 世纪 80 年代末，在 2015~2016 年得到明显推动，近年来的工作成果增长迅速（图 12-17）。

12.2.3 半人工光合体系优化与应用的潜在挑战

虽然当前的 NMHS 已展现出作为新型化学品生产平台的潜力，但是它们大多处于概念验证阶段，仅有少数实例可在严格控制的条件下生产种类有限的化学品（Liu et al.，2020；Lv et al.，2023b）。大多数现有 NMHS 在能量转化效率上表现欠佳，从而阻碍了该系统的实际应用。该领域研究面临的最大挑战是对系统内部

图 12-17　近年来报道的基于纳米材料-微生物的半人工光合系统

顶部箭头为时间线，椭圆色块代表微生物细胞，菱形色块代表纳米材料。缩写如下：QD，量子点；RGO，还原型石墨烯；AuNC，金纳米团簇；I-HTCC，碘掺杂水热碳化炭；PDI，苝二酰亚胺衍生物；PFP，（芴-亚苯）共聚物；PPE，聚苯乙炔；PBF，（硼-二吡咯亚甲基-芴）共聚物；PFODTBT Pdots，聚 2,7-（9,9-二辛基芴）-4,7-二（2-噻吩基）苯并-2,1,3-噻二唑纳米点；CDPCN，碳点功能化的聚合氮化碳；D-A CPN，供体-受体共轭聚合物纳米粒子；CNₓ/NCN，氰胺修饰多聚合氮化碳

能量流动机制尚无法充分了解，对这一复杂且瞬时过程的系统分析和综合评述仍然欠缺。对研究者而言，NMHS 中的能量流动机制仍然类似于图 12-18 中所示的"黑盒"，尽管对其输入端（入射光和化学底物）和输出端（化学产品和量子产率）参数的监测及分析相对方便，但对于决定系统特性和功能的底层机制仍难以清晰描述。已有相当数量的文献报道了 NMHS 的能量转换效率计算方法（Sakimoto et al.，2016a；Guo et al.，2018；Wang et al.，2017），但因为具体参数差异而无法在不同系统之间进行客观比较。下列讨论将涵盖 NMHS 中能量流动的关键步骤，包括光能捕获、生物-材料界面能量传递，以及光能-化学能转化。对于现有 NMHS 的优化思路和适应未来规模化生产的改造手段也将在此之后讨论。

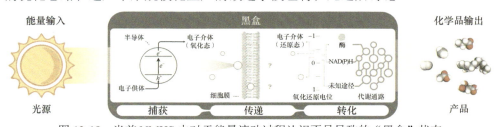

图 12-18　当前 NMHS 中对于能量流动过程认识不足导致的"黑盒"状态

1. 光能捕获与转化

如前所述，NMHS 当中的纳米材料受到太阳光辐射激发后产生电荷分离，生成的光电子被微生物细胞直接吸收或间接利用（通过电子介体或 H_2 等小分子）以驱动化学品生产，同时产生的光生空穴氧化电子供体（H_2O 或牺牲试剂）（Wang et al.，2022b）。入射光辐照强度决定了半导体生成光电子的数量（Zeiske et al.，2022）。光电子的氧化还原电位则取决于半导体的导带能级，同时也决定了光电子驱动后续氧化还原反应的能力（Lee et al.，2019）。因此，光照条件和纳米材料的能带结构是影响 NMHS 光能捕获与转化能力的关键参数。

1）光照条件

太阳光和人工光源都可用于驱动 NMHS 运行。标准太阳光强（100 mW/cm^2）已足够支持微生物细胞的正常代谢（Riordan and Hulstron，2002）。由于太阳光辐照强度会受到季节、天气和地理位置等因素影响，在具体实验中通常采用辐照强度稳定且可调节的人工光源，如氙灯和发光二极管（LED）（Gao and Garcia-Pichel，2011；Santos et al.，2013）。上述设备搭配合适的滤光片可灵活调整光源的特性，如输出标准太阳光或某些特定波长的单色光。表 12-1 总结了 NMHS 代表性工作中的光源特性。由表中数据可知，NMHS 研究中的光照条件差异较大且大多明显低于标准太阳光强。除了光源功率限制和特定实验需求（如量子产率计算）（Guan et al.，2022），微生物细胞较弱的光耐受能力（Robertson et al.，2013；Xiong et al.，2013；Wang et al.，2021）和纳米材料在强光下的光腐蚀也是造成这一现象的重要因素（Huang et al.，2020；Chen et al.，2020；Wei et al.，2021）。当光照强度不足时，从光源输入的能量不足以驱动纳米材料生成足够的光电子，最终影响微生物的化学品产率。因此，为了优化 NMHS 的光源性能并促进其实际应用，相关实验研究应尽量给予足够的光照强度。为了方便对比实际性能，对 NMHS 实验的具体光照条件的描述必须清晰明确，对于光源类型、发射光谱、输出功率、滤光片特性以及样品实际接受到的辐照功率等关键参数都需要准确测量记录（Bonchio et al.，2023）。

表 12-1　部分代表性 NMHS 所用的光源特性

光源	辐照强度 [a]/(mW/cm^2)	相对标准太阳光强百分比 [b]/%	微生物	参考文献
氙灯	275	275	奥奈达希瓦氏菌	Luo et al.，2021
氙灯	200	200	大肠杆菌	Wang et al.，2017
氙灯	100	100	热醋穆尔氏菌	Zhang et al.，2018
氙灯	100	100	沼泽红假单胞菌	Wang et al.，2019
氙灯	100	100	真氧产碱杆菌	Tremblay et al.，2020
氙灯	40	40	大肠杆菌	Wang et al.，2022c

续表

光源	辐照强度 [a]/（mW/cm²）	相对标准太阳光强百分比 [b]/%	微生物	参考文献
LED	30	30	深红红螺菌	Wang et al.，2023a
LED	6.25	6.25	大肠杆菌	Lin et al.，2023
LED	5.6	5.60	酿酒酵母	Guo et al.，2018
LED	5.5	5.50	拟球状念珠藻	Liang et al.，2023
氙灯	5	5	热醋穆尔氏菌	Sakimoto et al.，2016b
LED	3	3	硫还原地杆菌	Huang et al.，2019
LED	2.2	2.20	蛋白核小球藻	Zhu et al.，2023
氙灯	2	2	巴氏甲烷八叠球菌	Ye et al.，2019
LED	0.2~2	0.2~2	卵形鼠孢菌	He et al.，2022
LED	1.7	1.70	聚球藻	Zeng et al.，2021
LED	1.6	1.60	维氏固氮菌	Ding et al.，2019
LED	0.6	0.60	真氧产碱杆菌	Tremblay et al.，2020
氙灯	0.2	0.20	热醋穆尔氏菌	Sakimoto et al.，2016a

[a] 实际光照强度摘自相关文献。
[b] 标准太阳光强为 100 mW/cm²。

2）半导体能带结构

半导体纳米材料的能带结构通常包括导带能级和价带能级，以及由两者之差所限定的带隙（Voiry et al.，2018；Kranz and Wächtler，2021）。能带结构决定了纳米材料可以捕获的太阳光谱范围和由此产生的光电子的氧化还原电位，最终影响 NMHS 的生物催化活性（Shen et al.，2023；Okoro et al.，2023）。典型纳米材料的能带结构如图 12-19 所示。以硫化镉（CdS）为代表，金属硫化物是最广泛使用的纳米材料（Ma et al.，2021）。纳米 CdS 可以通过生物矿化制备，其带隙（Eg）通常为 2.4 eV，导带电位（E_{CB}，相对于标准氢电极）为–0.99 V。CdS 激发的光电子可以驱动多种生物相关的氧化还原反应。然而，CdS 较宽的带隙使其只能捕获小于 517 nm 波长的光子（Cheng et al.，2018）。以生物矿化法制备的 CdS 的物理与化学性能也难以调控。相比之下，化学合成半导体纳米材料的各项属性可通过反应参数进行调节，包括元素组成、形态和能带结构（Kosem et al.，2020；Zhao et al.，2023a）。化学合成的纳米磷化铟（InP）被用于和多种微生物构建 NMHS，它较窄的带隙（Eg=1.34 eV）使其具有优秀的捕光性能，但偏低的导带电位（E_{CB}=–0.43 V）影响了它的催化能力（Guo et al.，2018）。纳米材料的能带结构还可以通过掺杂和构建异质结等策略精细调整，从而在捕光性能和光催化活性之间取得平衡（Chaves et al.，2020；Hou et al.，2021；Zheng et al.，2022a）。以 PFP 和 PDI 为代表的有机半导体纳米材料则通过改变分子结构来调控能带结构（Zhou et al.，2022）。除此之外，材料-细胞界面通常需要额外的物理或化学手段加以稳定，如调节材料和细胞的表面电位以促进二者通过静电自主装（Xiao et al., 2021），或者通过表面改性强化材料在细胞表面的贴附效果（Guo et al., 2018）。该领域的最大挑战在于缺乏普遍标准来归纳总结能带结构、光电子氧化还原电位、活细胞生产特定产品所需的氧化还原反应能级这三者之间的关系。因此，上述参数需要大量的实验工作来验证并明确相互之间的联系。从最初的"试错"，到随后的"概念验证"，最终达到"理性设计、选择和制备"，构建 NMHS 所需纳米材料的开发利用有望通过这一路径得到有效推动。

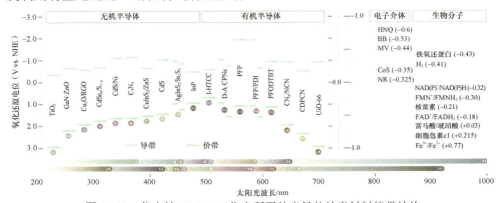

图 12-19　代表性 NMHS 工作中所用的半导体纳米材料能带结构

左侧展示了无机与有机半导体纳米材料的能带结构，右侧展示电子介体和重要生物大分子的氧化还原电位。氧化还原电位均相对于标准氢电极（NHE）。底部展示半导体纳米材料能有效吸收的光谱范围。缩写：HNQ，2-羟基-1,4-萘醌；BB，亮蓝；MV，甲基紫精；CoS，cobalt sepulchrate；NR，中性红。生物分子的氧化还原电位测定条件如下：pH 7.0，25℃，电子供体或受体浓度 1 mol/L。FAD/FADH₂的氧化还原电位仅为辅酶单独测定值，蛋白质结合后的电位介于 0～+0.3 V，具体数值取决于蛋白质类型。细胞色素 c 的氧化还原电位基于细胞色素 c1 亚型测定

2. 生物-材料界面能量传递

生物-材料界面能量传递也可以称为"跨膜能量传递"，是指纳米材料捕获的太阳能穿过细胞膜进入活细胞内部区域的过程。该过程的效率决定了微生物细胞可以从光电子中获得的能量。纳米材料相对于细胞的空间分布显著影响跨膜能量传递的途径与效率。位于细胞外的纳米材料可以和微生物共同悬浮于培养基中，也可以贴附于细胞膜表面或膜延伸结构，如表面展示蛋白（Wei et al., 2018；Hou et al., 2021）、菌毛/纳米线（Wang et al., 2022c）或人工包覆层（Guo et al., 2018；Ren et al., 2021；Yi et al., 2023）。位于细胞内的纳米材料部分或完全暴露于周质空间和细胞质中。直径较大的材料（大于 20 nm）嵌入并横跨细胞膜，直径与周质空间厚度（约 10 nm）相当的材料则被局限于周质空间，更小的纳米材料（3～5 nm）可进入细胞质中（图 12-20）。胞外纳米材料捕获的太阳光能可以通过多种形式传入胞内。当纳米材料部分或完全处于胞内时，光能捕获（光电子激发）和跨膜能量传递同时发生。

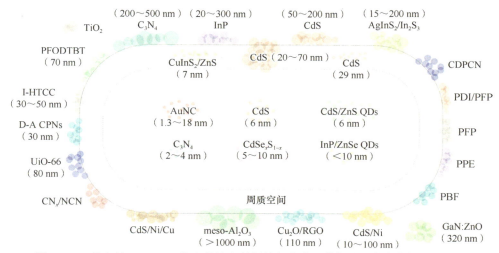

图 12-20　代表性 NMHS 工作中的纳米材料粒径大小及其相对于微生物细胞的位置

图中未显示具体数值的纳米材料为无定形态（CDPCN、PDI/PFP、CN$_x$/NCN 等有机半导体），或者是原始文献中未提及

1）胞外纳米材料

处于悬浮状态的纳米材料和微生物细胞在持续搅拌下随机碰撞，材料激发的光电子难以直接传递到胞内目标酶。通常认为光电子通过细胞膜上的氧化还原蛋白复合体传入胞内，例如，奥奈达希瓦氏菌的 MtrA/B/C 和 CymA（Li et al.，2023；Yu et al.，2023a；Zhao et al.，2023b），硫还原地杆菌的 NDH、MacA 和 OmcE/F/S/Z（Huang et al.，2019；Heidary et al.，2020），热醋穆尔氏菌的细胞色素 b:氢化酶复合体（Kornienko et al.，2016；Zhang et al.，2020），沼泽红假单胞菌的细胞色素 c、PioAB 和泛醌:细胞色素 c 氧化还原酶复合体（Liu et al.，2021）。光电子还可借助能量载体穿过细胞膜。以甲基紫精（MV）、中性红（NR）和铁-黄素单核苷酸（Fe^{3+}/Fe^{2+}-FMN）为代表的电子介体能够通过特定的氧化还原反应可逆地负载电子（Zhang et al.，2019；Jin et al.，2021；Wang et al.，2022c；Yu et al.，2023a）。除了电子介体之外，某些无机分子和简单有机物也可以作为能量载体，包括氢气（H$_2$）、甲酸、乙酸和乙醇。氢气可通过纳米材料的光催化产生，并能有效地透过细胞膜到达胞内酶（Reda et al.，2008；Son et al.，2016；Yishai et al.，2016；Tian et al.，2020；Fei et al.，2021；Huang et al.，2023）。这种能量传递模式可被用于开发模块化级联生物反应器以生产高价值产品，如 PHB 和葡萄糖（Chen et al.，2018；Zheng et al.，2022b）。

纳米材料也可以贴附在细胞膜表面。材料与细胞之间的持续接触增加电子直接跨膜的机会，同时降低了电子载体的扩散距离，材料的物理与化学性质会影响能量传递效率。有机材料与细胞膜之间的相互作用可能比无机材料更为密切，从而强化跨膜能量传递（Yu et al.，2023b）。以金属硫化物为代表的无机材料，通过生物矿化作用沉积在细胞表面或周质空间，从而缩小了材料到胞内目标酶之间的光电子传输距离（Lin et al.，2023）。由其他元素组成的纳米材料，可能需要采取诸如模块化自组装等策略来改善材料-细胞相互作用（Guo et al.，2018）。

有相当数量的 NMHS 在没有额外加入人造能量载体的条件下，实现了光驱动强化代谢或化学品增产。现已提出多种机理试图解释，例如，电子通过光合微生物的电子传递链进入胞内（Zeng et al.，2021），通过嵌入细胞膜的有机半导体跨膜传递（Zhu et al.，2020），通过短距离跳跃跨膜传递（Blumberger，2015），通过细胞器和细胞膜之间的膜交换活动进入胞内（Medina-Puche and Lozano-Durán，2022）。上述机理大都处于假说阶段，需要利用现代分析手段加以验证。对胞外材料而言，向胞内传递能量的步骤可能造成能量损失，而且材料-细胞界面的稳定性是影响能量传递效率的关键因素。

2）胞内纳米材料

通过生物矿化沉积的纳米材料可能会锚定在细胞膜上或嵌入周质空间，具体状态取决于粒径尺度。这些纳米材料的表面部分或全部接触周质空间或细胞质，从而更有可能直接将捕获的太阳能传递给胞内目标酶。上述情况多见于通过生物矿化构建的 NMHS（Wang et al.，2023a）。粒径更小的量子点（QD）可以通过内吞作用进入周质空间或细胞质（Verma and Stellacci，2010）。生物矿化作用还可以直接在细胞质内沉积纳米材料，如多种含镉材料和纳米金（Zhu et al.，2023）。

胞内纳米材料在捕获太阳光能的同时完成能量跨膜传递。该过程可能造成的能量损失少于胞外纳米材料。位于细胞质内的纳米材料比锚定在膜上或局限在周质空间中的纳米材料更容易与目标酶相互作用，用于胞外纳米材料的能量载体也可用于强化胞内纳米材料的能量传递。尽管如此，胞内纳米材料与酶之间的相互作用也会因为副反应造成能量损失。应对这个挑战的一种思路是增强纳米材料与目标酶之间的特异性亲和力，例如，使目标酶表达 His-tag 并使其选择性结合富含 Zn 的胞内量子点（Ding et al.，2019）。由于量子限制效应，量子点的电荷分离效率可能因过宽的带隙受阻（Holmes et al.，2012）。此外，单个细胞能有效负载的量子点数量也可能影响系统的整体能量传输效率（Donahue et al.，2019）。

3. 光能-化学能转化

光能-化学能转化过程（后续称为"能量转化过程"）是指微生物细胞在太阳能驱动下，通过酶催化将底物转化为目标化学品。多种酶催化过程需要消耗以 NAD(P)H 和 ATP 为代表的辅因子。NAD(P)H 是氧化还原反应的电子供体（Handy and Loscalzo，2017；Yuan et al.，2019），ATP 是活细胞的能量货币（Nirody et al.，2020）。上述辅因子共同构成胞内能量库，其相对浓度通过活细胞的代谢水平动态调节（Wang et al.，2023b）。此外，某些酶能够从胞内材料直接获取电子，或通过代谢能量载体间接获得电子。由此可知，NMHS 中的能量转化过程主要有"能量库参与"和"绕过能量库"两条途径。上述情况的简要概括见图 12-21。一般情况下，通过电子介体或光合/呼吸电子传递链实现跨膜进入胞内的能量，都有可能经过能量库（图 12-21 中蓝色箭头）或绕过能量库（图 12-21 中绿色箭头）参与驱动产品合成。胞内纳米材料可以直接绕过能量库将能量传递给目标酶。鉴于纳米材料与细胞的相互作用和胞内能量代谢途径的复杂性，上述情况有可能存在于同一个系统之中。

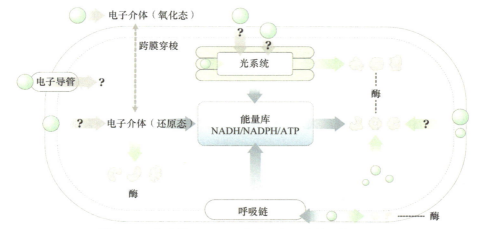

图 12-21　代表性 NMHS 工作中的能量传输与转化途径

绿色球体代表纳米材料，蓝色箭头代表经过胞内能量库的途径，绿色箭头代表绕过胞内能量库的途径，粗灰色箭头代表已提出机制假说的能量传输与转化途径，问号表示该途径未经验证或暂无足够的证据支持

1）胞内能量库参与的能量转化途径

　　胞内 NADH 的生成主要通过 TCA 循环和糖酵解（Meng et al.，2021；Pi et al.，2023）。NADPH 生成途径涉及光合生物的光反应（Croce and van Amerongen，2014）、非光合生物的磷酸戊糖途径（Yuan et al.，2021b），以及 NADH 激酶催化的 NADH 直接转化为 NADPH 途径（Lee et al.，2013）。ATP 的生成则通过氧化磷酸化（Gonzalez et al.，2017）和底物水平磷酸化实现（Willett and Banta，2023）。纳米材料在光照条件下可以促进胞内辅因子循环再生，从而强化需要这些辅因子供能的代谢途径。当 NMHS 通过消耗上述辅因子生产目标化学品，则可将此情况描述为胞内能量库参与的能量转化，同时消耗辅因子但不生成目标产物的代谢途径则被定义为副反应。例如，酿酒酵母消耗 NADPH 生产莽草酸，而同样消耗 NADPH 的脂肪酸合成途径则可以被视为莽草酸生产的副反应（Yu et al.，2018）。

　　一个典型的、通过胞外纳米材料调节胞内能量库的实例可见 InP-*S. cerevisiae*

杂合系统光驱动产莽草酸。具体而言，野生型酿酒酵母的糖酵解途径（PPP）被打断后，导致胞内 NADPH 生成能力显著下降，而表面贴附的 InP 纳米材料在光照下提升了工程细胞内 NADPH 水平，从而建立了光驱动 NADPH 循环再生与依赖该辅因子的目标酶 Aro1（催化莽草酸合成）活性之间的正相关关系（Guo et al.，2018）。同样的思路也被应用于某些光合或非光合微生物的 NMHS（Zeng et al.，2021；Wang et al.，2023a）和微生物电合成体系（Huang et al.，2023）。虽然胞内能量库参与的能量转化途径可以用于合成种类丰富的化学品，但它也有自己的局限性。首先，辅因子无法避免被副反应消耗而导致额外能量损失，直接上调还原型辅因子可能会破坏胞内氧化还原平衡而损害微生物活性（Xiao and Loscalzo，2020）；其次，绝大多数纳米材料无法选择性强化辅因子，从而影响依赖特定形式辅因子的产品合成。

2）绕过胞内能量库的能量转化途径

目标酶直接从纳米材料获取光电子，或通过特定的载体获取能量。这种情况可被定义为绕过胞内能量库的能量转化途径（Ding et al.，2019）。在上述条件下，副反应可被定义为能量从纳米材料或载体传递给不参与目标产物合成的酶。例如，AuNC-*M. thermoacetica* 体系中，胞内金纳米簇可能将能量传递给不参与生产乙酸的酶（Zhang et al.，2018）。

绕过胞内能量库的典型实例包括使用电子介体的 NMHS，如 TiO_2-*E. coli*（使用 MV）和 CdS-*E. coli*（生物被膜矿化 CdS，使用 MV）（Wang et al.，2022c）、CdS-*R. palustris*（Wang et al.，2019）、$CuInS_2$@ZnS-*S. oneidensis*（使用 MV）（Luo et al.，2021）和 Au-*M. thermoacetica*（Zhang et al.，2018）。在 CdS/CdSe/InP/Cu_2ZnSnS_4@ZnS-*A. vinelandii* 系统中，MoFe 固氮酶经工程改造后表达 His-tag，QD 则包覆了 ZnS 壳层。上述改造利用了 His-tag 与 Zn 之间的特异性亲和力，显著增强了目标酶与纳米材料之间的相互作用，并有效提高了杂合体系的固氮与化学品生产效率（Ding et al.，2019）。另一种绕过胞内能量库的策略是使用 H_2 作为能量载体，例如，在 CdS-*M. thermoacetica* 体系中，光催化 CdS 产生的 H_2 可以直接被胞内 W-L 途径氢化酶代谢（Sakimoto et al.，2016a）。

在设计绕过胞内能量库的 NMHS 时，有几个关键因素需要考虑。首先，由于无关酶与能量载体或细胞内纳米材料之间也可能发生能量传递，一定程度的能量耗散无法避免；其次，纳米材料、电子载体、目标酶三者之间的能量水平需要匹配。具体来说，纳米材料的导带电位、电子介体和目标酶的氧化还原电位必须在热力学上有利于驱动相关反应（Quek et al.，2023）。虽然 H_2 可以作为高特异性的能量载体，但它仅适用于有限数量的化能自养微生物。此外，H_2 的低水溶性导致它在生成之后迅速从反应体系逸出而不易被微生物细胞代谢，从而导致能量耗散。人工电子介体对微生物细胞具有潜在毒性，它们在食品、饮料和制药生产等行业的 NMHS 相关应用中需要特别谨慎。

12.2.4　系统性优化半人工光合体系

在 NMHS 中，太阳能转化为化学能的总体效率取决于能量流动的关键步骤之间复杂的相互作用。因此，对于该领域的相关研究还需要从整体和系统的角度来理解与分析，从而有效解决当前面临的挑战。后续讨论将着眼于系统性优化现有的 NMHS，以适应未来生产所需的规模化合成（图 12-22）。

1. 系统性优化策略

光能捕获是 NMHS 中能量流动的初始阶段。系统性优化该阶段的方法包括增强材料抗光腐蚀性、减少活性氧物种（ROS）生成、提高微生物光耐受，以及扩大纳米材料的捕光范围。上述策略配合足够的光照强度，可以系统性地增强 NMHS 的运行效率。

系统性优化跨膜能量传递和能量转化的策略，需要综合考虑能量传递与转化的不同途径。对于调动胞内能量库参与能量传递及转化的 NMHS，首先需要深入研究能量流动的途径，其次可以尝试对上述途径进行优化或重构以调动尽可能多的辅因子[NAD(P)H 和 ATP]产品合成。微生物细胞可以通过工程改造强化其对高浓度辅因子的耐受能力，如抵抗氧化还原失衡。上述手段还可以配合选择性强化特定辅因子的纳米材料，设计出最小化能量耗散的可行策略。

对于绕过胞内能量库进行能量传递及优化的 NMHS，首先需要明确能量流向目标酶和能量通过副反应耗散的相关途径以用于指导后续优化。对于利用胞外纳米材料的 NMHS，可以强化材料与细胞的贴附，从而有效缩短能量传递的距离。其次，可以考虑工程化改造目标酶和能量载体以提高它们之间的特异性亲和力，或者利用人工辅酶等新型能量载体来绕过胞内能量库向目标酶直接供能。当需要使用电子介体或 H_2 等特异性能量载体时，需要考虑对微生物进行改造以提高它们对介体毒性的耐受，或者同步优化纳米材料的 H_2 产率和微生物对 H_2 的消耗速率。开发能代谢 H_2 的新型工程菌株，也是充分利用这一特异性能量载体的途径之一。

针对以量子点为代表的胞内纳米材料，首先可以通过表面修饰来强化其在胞内富集水平和对目标酶的亲和力。微生物细胞可以进行工程改造以增强对细胞内量子点的耐受。在原核细胞中，可以利用无膜细胞器和液-液相分离技术将目标酶量子点聚集在有限的胞内空间中，从而有效避免因为材料聚集而影响细胞活性（Wunder and Mueller-Cajar, 2020）。对真核细胞的优化包括分析纳米材料胞内空间分布、增加特定细胞器中目标酶的表达，以及通过表面修饰为纳米材料赋予细胞器靶向能力。

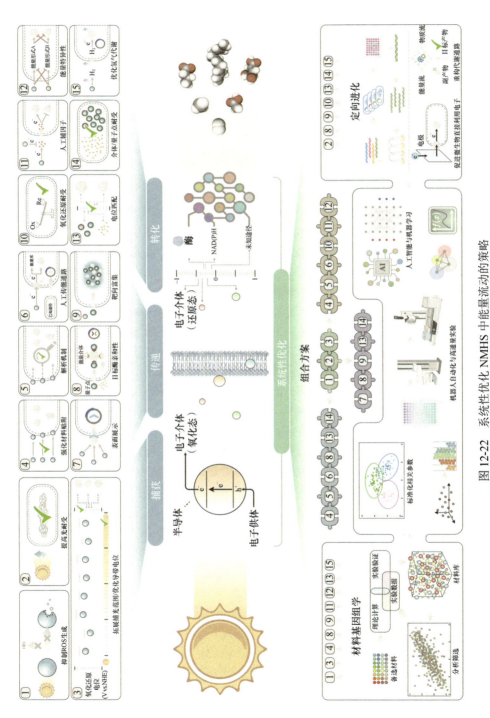

图 12-22 系统性优化 NMHS 中能量流动的策略

顶部分区编号面板展示了针对能量流动的每个步骤（捕获、传递、转化）的单独优化策略。底部分区突出展示了针对不同形式的 NMHS 的系统性优化策略，以及可以用于优化策略的现代科技手段

系统性优化 NMHS 的策略还可以包括个性化定制纳米材料与活细胞的作用模式。例如，具有食品和药品生产潜力的 NMHS 可以考虑采用胞外悬浮纳米材料配合无毒能量载体，而用于体内治疗、生物肥料或光敏生物材料等行业的 NMHS 可采用材料表面贴附或胞内材料的架构来维持复合体系的稳定运行。用于精细化学品、清洁燃料或环保材料等工业生产领域的 NMHS，对于纳米材料与细胞的结合方式没有特殊要求，但需要从生产体系中高效分离纯化目标产品。在这种情况下，针对材料制备和系统构建的投入将成为制约运营成本的重要因素。

2. 使用先进技术系统性优化能量流动

多种分析表征技术可以用来协助上述 NMHS 优化方案。对于纳米材料、细胞和材料-细胞界面的形态，可以通过扫描电子显微镜（SEM）、透射电子显微镜（TEM）以及原子力显微镜（AFM）表征；界面电化学性能可以使用诸如差分脉冲伏安法（DPV）和循环伏安法（CV）等技术进行研究；电荷分离、复合与转移特性主要通过光致发光和时间分辨光致发光谱（PL/TRPL）、瞬态吸收光谱（TA）、扫描电化学显微镜（SECM）、扫描隧道显微镜（STM）以及同步辐射 X 射线技术来实现；高效液相色谱（HPLC）、质谱（MS）和核磁共振（NMR）等可以用于识别反应系统中的未知物种，尤其是具有潜在生物活性或电化学特性效应的能量载体；胞内能量流动和代谢机制可以通过转录组、蛋白质组和代谢组等组学分析来研究。上述方法可以提供额外的证据来阐明能量流动过程中涉及的分子机制。

除了各种分析表征手段，以定向进化为代表的合成生物学技术可以有效提升微生物细胞的优化改造效率。通过迫使微生物在特定的选择压力下持续发生遗传突变，大概率能够得到最终所需的生物性状。纳米材料的性质可以通过材料基因组学优化（Lan et al.，2018）。这一技术包括针对目标材料的关键参数的理论预测和计算，以及制备和验证具有预期性能参数的材料。由于这一过程需要大量的重复迭代试验，需要使用机械辅助的自动化高通量平台提高工作效率（RA-HTP）（Fu et al.，2020）。由此产生的大量原始数据超出了人力分析和解释的范畴需要，从而引入人工智能和机器学习进行这一任务（Lu et al.，2022）。从这些数据中总结得出的规律可以用来构建 NMHS 的定量模型，并用于指导后续系统的设计与构建（Zheng et al.，2020）。

3. 用于复合体系构建的理想底盘微生物

为实现太阳能向化学能的高效转化，需要获取合适的微生物细胞作为满足此需求的能量转换模块。理想的微生物底盘细胞至少应满足一系列标准。在能量捕获方面，微生物需要耐受强光辐照，且对于纳米材料具有优异的生物相容性。微生物可以通过遗传改造来强化跨膜能量传递，例如，让目标酶对纳米材料或能量载体具有高亲和力。在能量转化方面，微生物需要易于进行代谢工程改造以引导底物和能量高效流向目标产品，同时拓宽化学品的生产范围。对于微生物的标准化培养操作应能被 RA-HTP 设施处理，以实现常规培养和筛选过程的自动化及高通量。总体而言，光能自养型和化能异养型模式微生物是现阶段最有潜力作为理想底盘细胞的候选者。随着合成生物学技术的快速发展，不同微生物之间的代谢特性正在因为工程改造而被逐渐淡化。未来甚至可以开发兼具多种代谢特征优势的新型底盘微生物，从而在有效提升 NMHS 中能量流动效率的同时拓展其应用范围。

12.3　总结与展望

从化石燃料向以太阳能为代表的可再生能源转型，对实现人类社会的可持续发展至关重要。NMHS 已成为利用太阳能驱动化学品生产的潜在平台，实现太阳能向化学能的高效转化，对实现 NMHS 的实际应用至关重要。在此可以合理设想基于多种先进技术对 NMHS 内部的能量流动过程进行系统性优化的未来发展阶段（图 12-23）。当前的 NMHS 仅能捕获系统接收到的太阳光能的极小部分，通过后续优化，太阳光能可以被有效捕获并传输给底盘细胞用于能量转化。最终，NMHS 将经历系统的、定量的、高通量与自动化优化迭代，使得对于太阳能的捕

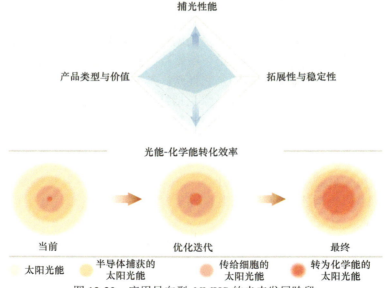

图 12-23　应用导向型 NMHS 的未来发展阶段

上半部分：优化当前的 NMHS 以强化其光能捕获并大幅提升其太阳能至化学能的转化效率。下半部分：在 NMHS 的三个发展阶段中，由半导体纳米材料捕获、传递至细胞并最终转化为产品所含化学能相对于系统接收到的太阳能总量的占比

获与利用效率达到最优。对于实际应用场景，还必须考虑制约 NMHS 扩展性和稳定性的潜在因素。一个切实可行的 NMHS 需要综合所有关键因素形成合力，而解决高效太阳能流动的挑战将是 NMHS 从实验室规模向工业生产平台过渡的基石。

编写人员：高　翔　王　博　梁　俊　于　敏

（中国科学院深圳先进技术研究院）

参 考 文 献

Alphandéry E, Faure S, Seksek O, et al. 2011. Chains of magnetosomes extracted from AMB-1 magnetotactic bacteria for application in alternative magnetic field cancer therapy. ACS Nano, 5(8): 6279-6296.

Alphandéry E, Guyot F, Chebbi I. 2012. Preparation of chains of magnetosomes, isolated from *Magnetospirillum magneticum* strain AMB-1 magnetotactic bacteria, yielding efficient treatment of tumors using magnetic hyperthermia. International Journal of Pharmaceutics, 434(1-2): 444-452.

Bai H J, Zhang Z M, Gong J. 2006. Biological synthesis of semiconductor zinc sulfide nanoparticles by immobilized *Rhodobacter sphaeroides*. Biotechnology Letters, 28(14): 1135-1139.

Bai H J, Zhang Z M, Guo Y, et al. 2009. Biosynthesis of cadmium sulfide nanoparticles by photosynthetic bacteria *Rhodopseudomonas palustris*. Colloids and Surfaces B: Biointerfaces, 70(1): 142-146.

Bao H F, Lu Z S, Cui X Q, et al. 2010. Extracellular microbial synthesis of biocompatible CdTe quantum dots. Acta Biomaterialia, 6(9): 3534-3541.

Bazylinski D A, Frankel R B. 2004. Magnetosome formation in prokaryotes. Nature Reviews Microbiology, 2(3): 217-230.

Bennet M, Bertinetti L, Neely R K, et al. 2015. Biologically controlled synthesis and assembly of magnetite nanoparticles. Faraday Discussions, 181(1): 71-83.

Benoit M R, Mayer D, Barak Y, et al. 2009. Visualizing implanted tumors in mice with magnetic resonance imaging using magnetotactic bacteria. Clinical Cancer Research, 15(16): 5170-5177.

Blumberger J. 2015. Recent advances in the theory and molecular simulation of biological electron transfer reactions. Chemical Reviews, 115(20): 11191-11238.

Bonchio M, Bonin J, Ishitani O, et al. 2023. Best practices for experiments and reporting in photocatalytic CO_2 reduction. Nature Catalysis, 6(8): 657-665.

Brown K A, Dayal S, Ai X, et al. 2010. Controlled assembly of hydrogenase-CdTe nanocrystal hybrids for solar hydrogen production. Journal of the American Chemical Society, 132(28): 9672-9680.

Brown K A, Wilker M B, Boehm M, et al. 2016. Photocatalytic regeneration of nicotinamide cofactors by quantum dot‐enzyme biohybrid complexes. ACS Catalysis, 6(4): 2201-2204.

Cai Y, Wang Y Q, Xu H T, et al. 2019. Positive magnetic resonance angiography using ultrafine ferritin-based iron oxide nanoparticles. Nanoscale, 11(6): 2644-2654.

Cestellos-Blanco S, Zhang H, Kim J M, et al. 2020. Photosynthetic semiconductor biohybrids for solar-driven biocatalysis. Nature Catalysis, 3(3): 245-255.

Chaudhary Y S, Woolerton T W, Allen C S, et al. 2012. Visible light-driven CO$_2$ reduction by enzyme coupled CdS nanocrystals. Chemical Communications, 48(1): 58-60.

Chaves A, Azadani J G, Alsalman H, et al. 2020. Bandgap engineering of two-dimensional semiconductor materials. NPJ 2D Materials and Applications, 4(1): 29.

Chen J Y, Gan L, Han Y H, et al. 2024. Ferrous sulfide nanoparticles can be biosynthesized by sulfate-reducing bacteria: Synthesis, characterization and removal of heavy metals from acid mine drainage. Journal of Hazardous Materials, 466: 133622.

Chen M T, Hu C F, Huang H B, et al. 2022. Spatially directed biosynthesis of quantum dots *via* spidroin templating in *Escherichia coli*. Angewandte Chemie International Edition, 61(49): e202214177.

Chen S, Huang D L, Xu P, et al. 2020. Semiconductor-based photocatalysts for photocatalytic and photoelectrochemical water splitting: will we stop with photocorrosion? Journal of Materials Chemistry A, 8(5): 2286-2322.

Chen X L, Cao Y X, Li F, et al. 2018. Enzyme-assisted microbial electrosynthesis of poly(3-hydroxybutyrate) *via* CO$_2$ bioreduction by engineered *Ralstonia eutropha*. ACS Catalysis, 8(5): 4429-4437.

Cheng L, Xiang Q J, Liao Y L, et al. 2018. CdS-based photocatalysts. Energy & Environmental Science, 11(6): 1362-1391.

Choi Y, Lee S Y. 2020. Biosynthesis of inorganic nanomaterials using microbial cells and bacteriophages. Nature Reviews Chemistry, 4(12): 638-656.

Choi Y, Park T J, Lee D C, et al. 2018. Recombinant *Escherichia coli* as a biofactory for various single- and multi-element nanomaterials. Proceedings of the National Academy of Sciences of the United States of America, 115(23): 5944-5949.

Croce R, van Amerongen H. 2014. Natural strategies for photosynthetic light harvesting. Nature Chemical Biology, 10(7): 492-501.

De Corte S, Hennebel T, De Gusseme B, et al. 2012. Bio-palladium: from metal recovery to catalytic applications. Microbial Biotechnology, 5(1): 5-17.

Descamps E C T, Monteil C L, Menguy N, et al. 2017. *Desulfamplus magnetovallimortis* gen. nov., sp. nov., a magnetotactic bacterium from a brackish desert spring able to biomineralize greigite and magnetite, that represents a novel lineage in the Desulfobacteraceae. Systematic and Applied Microbiology, 40(5): 280-289.

Dhandapani P, Maruthamuthu S, Rajagopal G. 2012. Bio-mediated synthesis of TiO$_2$ nanoparticles and its photocatalytic effect on aquatic biofilm. Journal of Photochemistry and Photobiology B: Biology, 110: 43-49.

Ding Y C, Bertram J R, Eckert C, et al. 2019. Nanorg microbial factories: Light-driven renewable biochemical synthesis using quantum dot-bacteria nanobiohybrids. Journal of the American Chemical Society, 141(26): 10272-10282.

Donahue N D, Acar H, Wilhelm S. 2019. Concepts of nanoparticle cellular uptake, intracellular trafficking, and kinetics in nanomedicine. Advanced Drug Delivery Reviews, 143: 68-96.

Dunleavy R, Lu L, Kiely C J, et al. 2016. Single-enzyme biomineralization of cadmium sulfide nanocrystals with controlled optical properties. Proceedings of the National Academy of

Sciences of the United States of America, 113(19): 5275-5280.

Eckhardt S, Brunetto P S, Gagnon J, et al. 2013. Nanobio silver: Its interactions with peptides and bacteria, and its uses in medicine. Chemical Reviews, 113(7): 4708-4754.

Edwards E H, Bren K L. 2020. Light-driven catalysis with engineered enzymes and biomimetic systems. Biotechnology and Applied Biochemistry, 67(4): 463-483.

Faivre D, Böttger L H, Matzanke B F, et al. 2007. Intracellular magnetite biomineralization in bacteria proceeds by a distinct pathway involving membrane-bound ferritin and an iron(II) species. Angewandte Chemie International Edition, 46(44): 8495-8499.

Faivre D, Godec T U. 2015. From bacteria to mollusks: the principles underlying the biomineralization of iron oxide materials. Angewandte Chemie International Edition, 54(16): 4728-4747.

Fang X, Kalathil S, Reisner E. 2020. Semi-biological approaches to solar-to-chemical conversion. Chemical Society Reviews, 49(14): 4926-4952.

Fei P, Luo Y C, Lai N Y, et al. 2021. Biosynthesis of (R)-3-hydroxybutyric acid from syngas-derived acetate in engineered *Escherichia coli*. Bioresource Technology, 336: 125323.

Felfoul O, Mohammadi M, Taherkhani S, et al. 2016. Magneto-aerotactic bacteria deliver drug-containing nanoliposomes to tumour hypoxic regions. Nature Nanotechnology, 11(11): 941-947.

Fu L H, Zhang J Z, Si T. 2020. Recent advances in high-throughput mass spectrometry that accelerates enzyme engineering for biofuel research. BMC Energy, 2(1): 1.

Fu Q, Xiao S, Li Z, et al. 2018. Hybrid solar-to-methane conversion system with a Faradaic efficiency of up to 96%. Nano Energy, 53: 232-239.

Fu X Z, Wu J, Cui S, et al. 2021. Self-regenerable bio-hybrid with biogenic ferrous sulfide nanoparticles for treating high-concentration chromium-containing wastewater. Water Research, 206: 117731.

Gallardo C, Monrás J P, Plaza D O, et al. 2014. Low-temperature biosynthesis of fluorescent semiconductor nanoparticles (CdS) by oxidative stress resistant Antarctic bacteria. Journal of Biotechnology, 187: 108-115.

Gao Q J, Garcia-Pichel F. 2011. Microbial ultraviolet sunscreens. Nature Reviews Microbiology, 9(11): 791-802.

García de Arquer F P, Talapin D V, Klimov V I, et al. 2021. Semiconductor quantum dots: Technological progress and future challenges. Science, 373(6555): eaaz8541.

Gonzalez J E, Long C P, Antoniewicz M R. 2017. Comprehensive analysis of glucose and xylose metabolism in *Escherichia coli* under aerobic and anaerobic conditions by ^{13}C metabolic flux analysis. Metabolic Engineering, 39: 9-18.

Grünberg K, Müller E C, Otto A, et al. 2004. Biochemical and proteomic analysis of the magnetosome membrane in *Magnetospirillum gryphiswaldense*. Applied and Environmental Microbiology, 70(2): 1040-1050.

Guan X, Erşan S, Hu X C, et al. 2022. Maximizing light-driven CO_2 and N_2 fixation efficiency in quantum dot-bacteria hybrids. Nature Catalysis, 5(11): 1019-1029.

Guo J L, Suástegui M, Sakimoto K K, et al. 2018. Light-driven fine chemical production in yeast biohybrids. Science, 362(6416): 813-816.

Guo Z Y, Richardson J J, Kong B, et al. 2020. Nanobiohybrids: Materials approaches for bioaugmentation. Science Advances, 6(12): eaaz0330.

Handy D E, Loscalzo J. 2017. Responses to reductive stress in the cardiovascular system. Free Radical Biology & Medicine, 109: 114-124.

Harris A W, Cha J N. 2020. Bridging bio-nano interactions with photoactive biohybrid energy systems. Molecular Systems Design & Engineering, 5(6): 1088-1097.

He S Y, Guo Z R, Zhang Y, et al. 2007. Biosynthesis of gold nanoparticles using the bacteria *Rhodopseudomonas Capsulata*. Materials Letters, 61(18): 3984-3987.

He Y, Wang S R, Han X Y, et al. 2022. Photosynthesis of acetate by *Sporomusa ovata*-CdS biohybrid system. ACS Applied Materials & Interfaces, 14(20): 23364-23374.

Heidary N, Kornienko N, Kalathil S, et al. 2020. Disparity of cytochrome utilization in anodic and cathodic extracellular electron transfer pathways of *Geobacter sulfurreducens* biofilms. Journal of the American Chemical Society, 142(11): 5194-5203.

Hohmann-Marriott M F, Blankenship R E. 2011. Evolution of photosynthesis. Annual Review Plant Biology, 62(1): 515-548.

Holmes M A, Townsend T K, Osterloh F E. 2012. Quantum confinement controlled photocatalytic water splitting by suspended CdSe nanocrystals. Chemical Communications, 48(3): 371-373.

Hou T F, Liang J, Wang L, et al. 2021. $Cd_{1-x}Zn_xS$ biomineralized by engineered bacterium for efficient photocatalytic hydrogen production. Materials Today Energy, 22: 100869.

Huang C C, Chen Y R, Cheng S, et al. 2023. Enhanced acetate utilization for value-added chemicals production in *Yarrowia lipolytica* by integration of metabolic engineering and microbial electrosynthesis. Biotechnology and Bioengineering, 120(10): 3013-3024.

Huang H W, Pradhan B, Hofkens J, et al. 2020. Solar-driven metal halide perovskite photocatalysis: design, stability, and performance. ACS Energy Letters, 5(4): 1107-1123.

Huang S F, Tang J H, Liu X, et al. 2019. Fast light-driven biodecolorization by a *Geobacter sulfurreducens*-CdS biohybrid. ACS Sustainable Chemistry & Engineering, 7(18): 15427-15433.

Jayaseelan C, Rahuman A A, Roopan S M, et al. 2013. Biological approach to synthesize TiO_2 nanoparticles using *Aeromonas hydrophila* and its antibacterial activity. Spectrochimica Acta Part A: Molecular and Biomolecular Spectroscopy, 107: 82-89.

Jin C Y, Xu W, Jin K, et al. 2023. Microbial biosynthesis of quantum dots: Regulation and application. Inorganic Chemistry Frontiers, 10(14): 4008-4027.

Jin S, Jeon Y, Jeon M S, et al. 2021. Acetogenic bacteria utilize light-driven electrons as an energy source for autotrophic growth. Proceedings of the National Academy of Sciences of the United States of America, 118(9): e2020552118.

Kalimuthu K, Suresh Babu R, Venkataraman D, et al. 2008. Biosynthesis of silver nanocrystals by *Bacillus licheniformis*. Colloids and Surfaces B: Biointerfaces, 65(1): 150-153.

Kang D, Kim T W, Kubota S R, et al. 2015. Electrochemical synthesis of photoelectrodes and catalysts for use in solar water splitting. Chemical Reviews, 115(23): 12839-12887.

Kashyap S, Woehl T, Valverde-Tercedor C, et al. 2014. Visualization of iron-binding micelles in acidic recombinant biomineralization protein, MamC. Journal of Nanomaterials, 2014(1): 320124.

Katzmann E, Müller F D, Lang C, et al. 2011. Magnetosome chains are recruited to cellular division sites and split by asymmetric septation. Molecular Microbiology, 82(6): 1316-1329.

Katzmann E, Scheffel A, Gruska M, et al. 2010. Loss of the actin-like protein MamK has pleiotropic effects on magnetosome formation and chain assembly in *Magnetospirillum gryphiswaldense*. Molecular Microbiology, 77(1): 208-224.

Kessi J, Hanselmann K W. 2004. Similarities between the abiotic reduction of selenite with glutathione and the dissimilatory reaction mediated by *Rhodospirillum rubrum* and *Escherichia coli*. Journal of Biological Chemistry, 279(49): 50662-50669.

Kim J, Park C B. 2019. Shedding light on biocatalysis: Photoelectrochemical platforms for solar-driven biotransformation. Current Opinion in Chemical Biology, 49: 122-129.

Komeili A, Li Z, Newman D K, et al. 2006. Magnetosomes are cell membrane invaginations organized by the actin-like protein MamK. Science, 311(5758): 242-245.

Kornienko N, Sakimoto K K, Herlihy D M, et al. 2016. Spectroscopic elucidation of energy transfer in hybrid inorganic-biological organisms for solar-to-chemical production. Proceedings of the National Academy of Sciences of the United States of America, 113(42): 11750-11755.

Kornienko N, Zhang J Z, Sakimoto K K, et al. 2018. Interfacing nature's catalytic machinery with synthetic materials for semi-artificial photosynthesis. Nature Nanotechnology, 13(10): 890-899.

Kosem N, Honda Y, Watanabe M, et al. 2020. Photobiocatalytic H_2 evolution of GaN: ZnO and[FeFe]-hydrogenase recombinant *Escherichia coli*. Catalysis Science & Technology, 10(12): 4042-4052.

Kranz C, Wächtler M, 2021. Characterizing photocatalysts for water splitting: from atoms to bulk and from slow to ultrafast processes. Chemical Society Reviews, 50(2): 1407-1437.

Krasnovsky A A, Nikandrov V V. 1987. The photobiocatalytic system: Inorganic semiconductors coupled to bacterial cells. FEBS Letters, 219(1): 93-96.

Kuk S K, Singh R K, Nam D H, et al. 2017. Photoelectrochemical reduction of carbon dioxide to methanol through a highly efficient enzyme cascade. Angewandte Chemie International Edition, 56(14): 3827-3832.

Lan Y S, Han X H, Tong M M, et al. 2018. Materials genomics methods for high-throughput construction of COFs and targeted synthesis. Nature Communications, 9(1): 5274.

Lee C Y, Zou J S, Bullock J, et al. 2019. Emerging approach in semiconductor photocatalysis: Towards 3D architectures for efficient solar fuels generation in semi-artificial photosynthetic systems. Journal of Photochemistry and Photobiology C: Photochemistry Reviews, 39: 142-160.

Lee K G, Hong J, Wang K W, et al. 2012. In vitro biosynthesis of metal nanoparticles in microdroplets. ACS Nano, 6(8): 6998-7008.

Lee S H, Jun B H. 2019. Silver nanoparticles: synthesis and application for nanomedicine. International Journal of Molecular Sciences, 20(4): 865.

Lee W H, Kim J W, Park E H, et al. 2013. Effects of NADH kinase on NADPH-dependent biotransformation processes in *Escherichia coli*. Applied Microbiology and Biotechnology, 97(4): 1561-1569.

Li D B, Cheng Y Y, Wu C, et al. 2014. Selenite reduction by *Shewanella oneidensis* MR-1 is mediated by fumarate reductase in periplasm. Scientific Reports, 4: 3735.

Li F, Tang R, Zhang B C, et al. 2023. Systematic full-cycle engineering microbial biofilms to boost electricity production in *Shewanella oneidensis*. Research, 6: 0081.

Li J T, Wu N Q. 2015. Semiconductor-based photocatalysts and photoelectrochemical cells for solar fuel generation: A review. Catalysis Science & Technology, 5(3): 1360-1384.

Liang J, Chen Z, Yin P Q, et al. 2023. Efficient semi-artificial photosynthesis of ethylene by a self-assembled InP-cyanobacterial biohybrid system. ChemSusChem, 16(20): e202300773.

Lin I W S, Lok C N, Che C M. 2014. Biosynthesis of silver nanoparticles from silver(i) reduction by the periplasmic nitrate reductase c-type cytochrome subunit NapC in a silver-resistant *E.coli*. Chemical Science, 5(8): 3144-3150.

Lin Y L, Shi J Y, Feng W, et al. 2023. Periplasmic biomineralization for semi-artificial photosynthesis. Science Advances, 9(29): eadg5858.

Liu C, Colón B E, Silver P A, et al. 2018. Solar-powered CO_2 reduction by a hybrid biological inorganic system. Journal of Photochemistry and Photobiology A: Chemistry, 358: 411-415.

Liu C, Gallagher J J, Sakimoto K K, et al. 2015b. Nanowire-bacteria hybrids for unassisted solar carbon dioxide fixation to value-added chemicals. Nano Letters, 15(5): 3634-3639.

Liu X W, Li W W, Yu H Q. 2014. Cathodic catalysts in bioelectrochemical systems for energy recovery from wastewater. Chemical Society Reviews, 43(22): 7718-7745.

Liu X, Huang L Y, Rensing C, et al. 2021. Syntrophic interspecies electron transfer drives carbon fixation and growth by *Rhodopseudomonas palustris* under dark, anoxic conditions. Science Advances, 7(27): eabh1852.

Liu X, Wang J, Yue L, et al. 2015a. Biosynthesis of high-purity γ-MnS nanoparticle by newly isolated Clostridiaceae sp. and its properties characterization. Bioprocess and Biosystems Engineering, 38(2): 219-227.

Liu Z H, Wang K, Chen Y, et al. 2020. Third-generation biorefineries as the means to produce fuels and chemicals from CO_2. Nature Catalysis, 3(3): 274-288.

Lu H Y, Diaz D J, Czarnecki N J, et al. 2022. Machine learning-aided engineering of hydrolases for PET depolymerization. Nature, 604(7907): 662-667.

Lu Z C, Zhang R, Liu H Z, et al. 2024. Nanoarmor: cytoprotection for single living cells. Trends in Biotechnology, 42(1): 91-103.

Luo B F, Wang Y Z, Li D, et al. 2021. A periplasmic photosensitized biohybrid system for solar hydrogen production. Advanced Energy Materials, 11(19): 2100256.

Lv J Q, Xie J F, Mohamed A G A, et al. 2023a. Solar utilization beyond photosynthesis. Nature Reviews Chemistry, 7(2): 91-105.

Lv X Q, Yu W W, Zhang C Y, et al. 2023b. C1-based biomanufacturing: Advances, challenges and perspectives. Bioresource Technology, 367: 128259.

Ma Z Q, Li B K, Tang R K. 2021. Biomineralization: biomimetic synthesis of materials and biomimetic regulation of organisms. Chinese Journal of Chemistry, 39(8): 2071-2082.

Mata-Perez F, Perez-Benito J F. 1987. Kinetics and mechanisms of oxidation of methylamine by permanganate ion. Canadian Journal of Chemistry, 65(10): 2373-2379.

Medina-Puche L, Lozano-Durán R. 2022. Plasma membrane-to-organelle communication in plant stress signaling. Current Opinion in Plant Biology, 69: 102269.

Meng H K, Zhang W, Zhu H W, et al. 2021. Over-expression of an electron transport protein OmcS provides sufficient NADH for D-lactate production in *Cyanobacterium*. Biotechnology for Biofuels, 14(1): 109.

Meng X, Liu L M, Chen X L. 2022. Bacterial photosynthesis: state-of-the-art in light-driven carbon fixation in engineered bacteria. Current Opinion in Microbiology, 69: 102174.

Mirabello G, Lenders J J M, Sommerdijk N A J M. 2016. Bioinspired synthesis of magnetite nanoparticles. Chemical Society Reviews, 45(18): 5085-5106.

Mohanpuria P, Rana N K, Yadav S K. 2008. Biosynthesis of nanoparticles: technological concepts and future applications. Journal of Nanoparticle Research, 10(3): 507-517.

Monrás J P, Díaz V, Bravo D, et al. 2012. Enhanced glutathione content allows the *in vivo* synthesis of fluorescent CdTe nanoparticles by *Escherichia coli*. PLoS One, 7(11): e48657.

Mouhib M, Antonucci A, Reggente M, et al. 2019. Enhancing bioelectricity generation in microbial fuel cells and biophotovoltaics using nanomaterials. Nano Research, 12(9): 2184-2199.

Muhammad F, Guo M Y, Qi W X, et al. 2011. pH-Triggered controlled drug release from mesoporous silica nanoparticles *via* intracelluar dissolution of ZnO nanolids. Journal of the American Chemical Society, 133(23): 8778-8781.

Mussa Farkhani S, Valizadeh A. 2014. Review: three synthesis methods of CdX (X = Se, S or Te) quantum dots. IET Nanobiotechnology, 8(2): 59-76.

Nam D H, Zhang J Z, Andrei V, et al. 2018. Solar water splitting with a hydrogenase integrated in photoelectrochemical tandem cells. Angewandte Chemie International Edition, 57(33): 10595-10599.

Nirody J A, Budin I, Rangamani P. 2020. ATP synthase: Evolution, energetics, and membrane interactions. The Journal of General Physiology, 152(11): e201912475.

Okoro G, Husain S, Saukani M, et al. 2023. Emerging trends in nanomaterials for photosynthetic biohybrid systems. ACS Materials Letters, 5(1): 95-115.

Órdenes-Aenishanslins N, Anziani-Ostuni G, Monrás J P, et al. 2020. Bacterial synthesis of ternary CdSAg quantum dots through cation exchange: Tuning the composition and properties of biological nanoparticles for bioimaging and photovoltaic applications. Microorganisms, 8(5): 631.

Pang H, Masuda T, Ye J H. 2018. Semiconductor-based photoelectrochemical conversion of carbon dioxide: Stepping towards artificial photosynthesis. Chemistry, an Asian Journal, 13(2): 127-142.

Park T J, Lee S Y, Heo N S, et al. 2010. *In vivo* synthesis of diverse metal nanoparticles by recombinant *Escherichia coli*. Angewandte Chemie International Edition, 49(39): 7019-7024.

Pi S S, Yang W J, Feng W, et al. 2023. Solar-driven waste-to-chemical conversion by wastewater-derived semiconductor biohybrids. Nature Sustainability, 6(12): 1673-1684.

Qi S Y, Chen J, Bai X W, et al. 2021. Quick extracellular biosynthesis of low-cadmium $Zn_xCd_{1-x}S$ quantum dots with full-visible-region tuneable high fluorescence and its application potential assessment in cell imaging. RSC Advances, 11(35): 21813-21823.

Qi S Y, Yang S H, Chen J, et al. 2019. High-yield extracellular biosynthesis of ZnS quantum dots through a unique molecular mediation mechanism by the peculiar extracellular proteins secreted by a mixed sulfate reducing bacteria. ACS Applied Materials & Interfaces, 11(11): 10442-10451.

Quek G, Vázquez R J, McCuskey S R, et al. 2023. An n-type conjugated oligoelectrolyte mimics transmembrane electron transport proteins for enhanced microbial electrosynthesis. Angewandte Chemie International Edition, 62(33): e202305189.

Rahn-Lee L, Komeili A. 2013. The magnetosome model: Insights into the mechanisms of bacterial biomineralization. Frontiers in Microbiology, 4: 352.

Ramanathan R, O'mullane A P, Parikh R Y, et al. 2011. Bacterial kinetics-controlled shape-directed biosynthesis of silver nanoplates using Morganella psychrotolerans. Langmuir, 27(2): 714-719.

Rana A, Yadav K, Jagadevan S. 2020. A comprehensive review on green synthesis of nature-inspired metal nanoparticles: Mechanism, application and toxicity. Journal of Cleaner Production, 272: 122880.

Raschdorf O, Forstner Y, Kolinko I, et al. 2016. Genetic and ultrastructural analysis reveals the key players and initial steps of bacterial magnetosome membrane biogenesis. PLoS Genetics, 12(6): e1006101.

Raschdorf O, Müller F D, Pósfai M, et al. 2013. The magnetosome proteins MamX, MamZ and MamH are involved in redox control of magnetite biomineralization in *Magnetospirillum gryphiswaldense*. Molecular Microbiology, 89(5): 872-886.

Rawlings A E, Bramble J P, Walker R, et al. 2014. Self-assembled MmsF proteinosomes control magnetite nanoparticle formation *in vitro*. Proceedings of the National Academy of Sciences of the United States of America, 111(45): 16094-16099.

Reda T, Plugge C M, Abram N J, et al. 2008. Reversible interconversion of carbon dioxide and formate by an electroactive enzyme. Proceedings of the National Academy of Sciences of the United States of America, 105(31): 10654-10658.

Reisner E, Powell D J, Cavazza C, et al. 2009. Visible light-driven H_2 production by hydrogenases attached to dye-sensitized TiO_2 nanoparticles. Journal of the American Chemical Society, 131(51): 18457-18466.

Ren G, Zhou X, Long R M, et al. 2023. Biomedical applications of magnetosomes: State of the art and perspectives. Bioactive Materials, 28: 27-49.

Ren X N, Yin P Q, Liang J, et al. 2021. Insight into the tannic acid-based modular-assembly strategy based on inorganic-biological hybrid systems: a material suitability, loading effect, and biocompatibility study. Materials Chemistry Frontiers, 5(10): 3867-3876.

Riordan C, Hulstron R, 2002. What is an air mass 1.5 spectrum? (solar cell performance calculations)//IEEE Conference on Photovoltaic Specialists. May 21-25, 1990, Kissimmee, FL, USA. IEEE, : 1085-1088.

Robertson J B, Davis C R, Johnson C H. 2013. Visible light alters yeast metabolic rhythms by inhibiting respiration. Proceedings of the National Academy of Sciences of the United States of America, 110(52): 21130-21135.

Roduner E. 2006. Size matters: why nanomaterials are different. Chemical Society Reviews, 35(7): 583-592.

Rong C B, Zhang C, Zhang Y T, et al. 2012. FeoB2 Functions in magnetosome formation and oxidative stress protection in *Magnetospirillum gryphiswaldense* strain MSR-1. Journal of Bacteriology, 194(15): 3972-3976.

Sakimoto K K, Wong A B, Yang P D. 2016a. Self-photosensitization of nonphotosynthetic bacteria for solar-to-chemical production. Science, 351(6268): 74-77.

Sakimoto K K, Zhang S J, Yang P D. 2016b. Cysteine-cystine photoregeneration for oxygenic photosynthesis of acetic acid from CO_2 by a tandem inorganic-biological hybrid system. Nano Letters, 16(9): 5883-5887.

Santos A L, Oliveira V, Baptista I, et al. 2013. Wavelength dependence of biological damage induced by UV radiation on bacteria. Archives of Microbiology, 195(1): 63-74.

Scheffel A, Gruska M, Faivre D, et al. 2006. An acidic protein aligns magnetosomes along a filamentous structure in magnetotactic bacteria. Nature, 440(7080): 110-114.

Sessler C, Huang Z K, Wang X, et al. 2021. Functional nanomaterial-enabled synthetic biology. Nano Futures, 5(2): 022001.

Shen H Q, Wang Y Z, Liu G W, et al. 2020. A whole-cell inorganic-biohybrid system integrated by reduced graphene oxide for boosting solar hydrogen production. ACS Catalysis, 10(22): 13290-13295.

Shen J Y, Liu Y, Qiao L. 2023. Photodriven chemical synthesis by whole-cell-based biohybrid systems: From system construction to mechanism study. ACS Applied Materials & Interfaces, 15(5): 6235-6259.

Singh A, Gautam P K, Verma A, et al. 2020. Green synthesis of metallic nanoparticles as effective alternatives to treat antibiotics resistant bacterial infections: A review. Biotechnology Reports, 25: e00427.

Sokol K P, Mersch D, Hartmann V, et al. 2016. Rational wiring of photosystem II to hierarchical indium tin oxide electrodes using redox polymers. Energy & Environmental Science, 9(12): 3698-3709.

Son E J, Ko J W, Kuk S K, et al. 2016. Sunlight-assisted, biocatalytic formate synthesis from CO_2 and water using silicon-based photoelectrochemical cells. Chemical Communications, 52(62): 9723-9726.

Son E J, Lee S H, Kuk S K, et al. 2018. Carbon nanotube – graphitic carbon nitride hybrid films for flavoenzyme-catalyzed photoelectrochemical cells. Advanced Functional Materials, 28(24): 1705232.

Stirbet A, Lazár D, Guo Y, et al. 2020. Photosynthesis: basics, history and modelling. Annals of Botany, 126(4): 511-537.

Su Y D, Cestellos-Blanco S, Kim J M, et al. 2020. Close-packed nanowire-bacteria hybrids for efficient solar-driven CO_2 fixation. Joule, 4(4): 800-811.

Su Z, Li X, Xi Y N, et al. 2022. Microbe-mediated transformation of metal sulfides: Mechanisms and environmental significance. Science of the Total Environment, 825: 153767.

Tanaka M, Okamura Y, Arakaki A, et al. 2006. Origin of magnetosome membrane: Proteomic analysis of magnetosome membrane and comparison with cytoplasmic membrane. Proteomics, 6(19): 5234-5247.

Tapia C, Shleev S, Conesa J C, et al. 2017. Laccase-catalyzed bioelectrochemical oxidation of water assisted with visible light. ACS Catalysis, 7(7): 4881-4889.

Tian L J, Li W W, Zhu T T, et al. 2019b. Acid-stimulated bioassembly of high-performance quantum dots in *Escherichia coli*. Journal of Materials Chemistry A, 7(31): 18480-18487.

Tian L J, Min Y, Li W W, et al. 2019a. Substrate metabolism-driven assembly of high-quality CdS_xSe_{1-x} quantum dots in *Escherichia coli*: Molecular mechanisms and bioimaging application. ACS Nano, 13(5): 5841-5851.

Tian Y, Zhou Y N, Zong Y C, et al. 2020. Construction of functionally compartmental inorganic photocatalyst-enzyme system *via* imitating chloroplast for efficient photoreduction of CO_2 to formic acid. ACS Applied Materials & Interfaces, 12(31): 34795-34805.

Torella J P, Gagliardi C J, Chen J S, et al. 2015. Efficient solar-to-fuels production from a hybrid microbial-water-splitting catalyst system. Proceedings of the National Academy of Sciences of the United States of America, 112(8): 2337-2342.

Tremblay P L, Xu M Y, Chen Y M, et al. 2020. Nonmetallic abiotic-biological hybrid photocatalyst for visible water splitting and carbon dioxide reduction. iScience, 23(1): 100784.

Tuo Y, Liu G F, Dong B, et al. 2015. Microbial synthesis of Pd/Fe_3O_4, Au/Fe_3O_4 and $PdAu/Fe_3O_4$ nanocomposites for catalytic reduction of nitroaromatic compounds. Scientific Reports, 5: 13515.

Turner R J, Weiner J H, Taylor D E. 1998. Selenium metabolism in *Escherichia coli*. Biometals, 11(3): 223-227.

Uebe R, Junge K, Henn V, et al. 2011. The cation diffusion facilitator proteins MamB and MamM of Magnetospirillum gryphiswaldense have distinct and complex functions, and are involved in magnetite biomineralization and magnetosome membrane assembly. Molecular Microbiology, 82(4): 818-835.

Uebe R, Schüler D. 2016. Magnetosome biogenesis in magnetotactic bacteria. Nature Reviews Microbiology, 14(10): 621-637.

Ulloa G, Quezada C P, Araneda M, et al. 2018. Phosphate favors the biosynthesis of CdS quantum dots in *Acidithiobacillus thiooxidans* ATCC 19703 by improving metal uptake and tolerance. Frontiers in Microbiology, 9(1): 234.

Venegas F A, Saona L A, Monrás J P, et al. 2017. Biological phosphorylated molecules participate in the biomimetic and biological synthesis of cadmium sulphide quantum dots by promoting H_2S release from cellular thiols. RSC Advances, 7(64): 40270-40278.

Verma A, Stellacci F. 2010. Effect of surface properties on nanoparticle-cell interactions. Small, 6(1): 12-21.

Voiry D, Shin H S, Loh K P, et al. 2018. Low-dimensional catalysts for hydrogen evolution and CO_2 reduction. Nature Reviews Chemistry, 2(1): 105.

Wan J, Browne P J, Hershey D M, et al. 2022. A protease-mediated switch regulates the growth of magnetosome organelles in *Magnetospirillum magneticum*. Proceedings of the National Academy of Sciences of the United States of America, 119(6): e2111745119.

Wang B, Xiao K M, Jiang Z F, et al. 2019. Biohybrid photoheterotrophic metabolism for significant enhancement of biological nitrogen fixation in pure microbial cultures. Energy & Environmental Science, 12(7): 2185-2191.

Wang B, Zeng C P, Chu K H, et al. 2017. Enhanced biological hydrogen production from *Escherichia coli* with surface precipitated cadmium sulfide nanoparticles. Advanced Energy Materials, 7(20): 1700611.

Wang C X, Wang Y, Xu L, et al. 2012. Facile aqueous-phase synthesis of biocompatible and fluorescent Ag_2S nanoclusters for bioimaging: Tunable photoluminescence from red to near infrared. Small, 8(20): 3137-3142.

Wang L, Shi S L, Liang J, et al. 2023a. Semiconductor augmented hydrogen and polyhydroxybutyrate photosynthesis from *Rhodospirillum rubrum* and a mechanism study. Green Chemistry, 25(16): 6336-6344.

Wang Q, Pornrungroj C, Linley S, et al. 2022b. Strategies to improve light utilization in solar fuel synthesis. Nature Energy, 7(1): 13-24.

Wang S M, Jiang W, Jin X, et al. 2023b. Genetically encoded ATP and NAD(P)H biosensors: Potential tools in metabolic engineering. Critical Reviews in Biotechnology, 43(8): 1211-1225.

Wang T T, Yang L B, Zhang B C, et al. 2010. Extracellular biosynthesis and transformation of selenium nanoparticles and application in H_2O_2 biosensor. Colloids and Surfaces B: Biointerfaces, 80(1): 94-102.

Wang W X, Liu Y H, Shi T H, et al. 2020. Biosynthesized quantum dot for facile and ultrasensitive electrochemical and electrochemiluminescence immunoassay. Analytical Chemistry, 92(1): 1598-1604.

Wang W Y, Li D Y, Cao X P, et al. 2021. Liberating photoinhibition through nongenetic drainage of electrons from photosynthesis. Natural Sciences, 1(2): e20210038.

Wang X M, Chen L, He R L, et al. 2022a. Anaerobic self-assembly of a regenerable bacteria-quantum dot hybrid for solar hydrogen production. Nanoscale, 14(23): 8409-8417.

Wang X Y, Zhang J C, Li K, et al. 2022 c. Photocatalyst-mineralized biofilms as living bio-abiotic interfaces for single enzyme to whole-cell photocatalytic applications. Science Advances, 8(18): eabm7665.

Wang Y, Yan X P. 2013. Fabrication of vascular endothelial growth factor antibody bioconjugated ultrasmall near-infrared fluorescent Ag_2S quantum dots for targeted cancer imaging *in vivo*. Chemical Communications, 49(32): 3324-3326.

Wei L, Guo Z G, Jia X L. 2021. Probing photocorrosion mechanism of CdS films and enhancing photoelectrocatalytic activity *via* cocatalyst. Catalysis Letters, 151(1): 56-66.

Wei W, Sun P Q, Li Z, et al. 2018. A surface-display biohybrid approach to light-driven hydrogen production in air. Science Advances, 4(2): eaap9253.

Willett E, Banta S. 2023. Synthetic NAD(P)(H) cycle for ATP regeneration. ACS Synthetic Biology, 12(7): 2118-2126.

Woolerton T W, Sheard S, Reisner E, et al. 2010. Efficient and clean photoreduction of CO_2 to CO by enzyme-modified TiO_2 nanoparticles using visible light. Journal of the American Chemical Society, 132(7): 2132-2133.

Wu C Q, Liu A A, Li X, et al. 2024. Intracellular redox potential-driven live-cell synthesis of CdSe quantum dots in *Staphylococcus aureus*. Science China Chemistry, 67(3): 990-999.

Wunder T, Mueller-Cajar O. 2020. Biomolecular condensates in photosynthesis and metabolism. Current Opinion in Plant Biology, 58: 1-7.

Xiao K M, Liang J, Wang X Y, et al. 2022. Panoramic insights into semi-artificial photosynthesis: origin, development, and future perspective. Energy & Environmental Science, 15(2): 529-549.

Xiao K M, Tsang T H, Sun D, et al. 2021. Interfacing iodine-doped hydrothermally carbonized carbon with *Escherichia coli* through an "add-on" mode for enhanced light-driven hydrogen production. Advanced Energy Materials, 11(21): 2100291.

Xiao W S, Loscalzo J. 2020. Metabolic responses to reductive stress. Antioxidants & Redox Signaling, 32(18): 1330-1347.

Xiao X, Zhu W W, Yuan H, et al. 2016. Biosynthesis of FeS nanoparticles from contaminant degradation in one single system. Biochemical Engineering Journal, 105: 214-219.

Xiong L H, Tu J W, Zhang Y N, et al. 2020. Designer cell-self-implemented labeling of microvesicles *in situ* with the intracellular-synthesized quantum dots. Science China Chemistry, 63(4): 448-453.

Xiong W, Yang Z, Zhai H L, et al. 2013. Alleviation of high light-induced photoinhibition in cyanobacteria by artificially conferred biosilica shells. Chemical Communications, 49(68): 7525-7527.

Yang Y, Waterhouse G I N, Chen Y L, et al. 2022. Microbial-enabled green biosynthesis of nanomaterials: Current status and future prospects. Biotechnology Advances, 55: 107914.

Yao J, Li P F, Li L, et al. 2018. Biochemistry and biomedicine of quantum dots: From biodetection to bioimaging, drug discovery, diagnostics, and therapy. Acta Biomaterialia, 74: 36-55.

Ye J, Yu J, Zhang Y Y, et al. 2019. Light-driven carbon dioxide reduction to methane by *Methanosarcina barkeri*-CdS biohybrid. Applied Catalysis B: Environmental, 257: 117916.

Yi Z Q, Tian S Q, Geng W, et al. 2023. A semiconductor biohybrid system for photo-synergetic enhancement of biological hydrogen production. Chemistry-A European Journal, 29(18): e202203662.

Ying G, Zhang G, Yang J, et al. 2022. Biomineralization and biotechnological applications of bacterial magnetosomes. Colloids and Surfaces B: Biointerfaces, 216(8): 112556.

Yishai O, Lindner S N, Gonzalez de la Cruz J, et al. 2016. The formate bio-economy. Current Opinion in Chemical Biology, 35: 1-9.

You Z X, Li J X, Wang Y X, et al. 2023. Advances in mechanisms and engineering of electroactive biofilms. Biotechnology Advances, 66: 108170.

Yu H, Lu Y J, Lan F, et al. 2023a. Engineering outer membrane vesicles to increase extracellular electron transfer of *Shewanella oneidensis*. ACS Synthetic Biology, 12(6): 1645-1656.

Yu T, Zhou Y J, Huang M T, et al. 2018. Reprogramming yeast metabolism from alcoholic fermentation to lipogenesis. Cell, 174(6): 1549-1558.e14.

Yu W, Pavliuk M V, Liu A J, et al. 2023b. Photosynthetic polymer dots-bacteria biohybrid system based on transmembrane electron transport for fixing CO_2 into poly-3-hydroxybutyrate. ACS Applied Materials & Interfaces, 15(1): 2183-2191.

Yuan J H, Cao J L, Yu F, et al. 2021a. Microbial biomanufacture of metal/metallic nanomaterials and metabolic engineering: Design strategies, fundamental mechanisms, and future opportunities. Journal of Materials Chemistry B, 9(33): 6491-6506.

Yuan M W, Kummer M J, Milton R D, et al. 2019. Efficient NADH regeneration by a redox polymer-immobilized enzymatic system. ACS Catalysis, 9(6): 5486-5495.

Yuan X S, Mao Y D, Tu S, et al. 2021b. Increasing *NADPH* availability for xylitol production *via* pentose-phosphate-pathway gene overexpression and Embden-Meyerhof-parnas-pathway gene deletion in *Escherichia coli*. Journal of Agricultural and Food Chemistry, 69(33): 9625-9631.

Yue L, Wu Y, Liu X, et al. 2014. Controllable extracellular biosynthesis of bismuth sulfide nanostructure by sulfate-reducing bacteria in water-oil two-phase system. Biotechnology Progress, 30(4): 960-966.

Zeiske S, Li W, Meredith P, et al. 2022. Light intensity dependence of the photocurrent in organic photovoltaic devices. Cell Reports Physical Science, 3(10): 101096.

Zeng Y, Zhou X, Qi R L, et al. 2021. Photoactive conjugated polymer-based hybrid biosystems for enhancing cyanobacterial photosynthesis and regulating redox state of protein. Advanced

Functional Materials, 31(8): 2007814.

Zeytuni N, Ozyamak E, Ben-Harush K, et al. 2011. Self-recognition mechanism of *MamA*, a magnetosome-associated TPR-containing protein, promotes complex assembly. Proceedings of the National Academy of Sciences of the United States of America, 108(33): E480-E487.

Zhang H, Liu H, Tian Z Q, et al. 2018. Bacteria photosensitized by intracellular gold nanoclusters for solar fuel production. Nature Nanotechnology, 13(10): 900-905.

Zhang J Z, Reisner E. 2020. Advancing photosystem II photoelectrochemistry for semi-artificial photosynthesis. Nature Reviews Chemistry, 4: 6-21.

Zhang N, Xiong Y J. 2023. Plasmonic semiconductors for advanced artificial photosynthesis. Advanced Sensor and Energy Materials, 2(1): 100047.

Zhang R T, He Y, Yi J, et al. 2020. Proteomic and metabolic elucidation of solar-powered biomanufacturing by bio-abiotic hybrid system. Chem, 6(1): 234-249.

Zhang X L, Yan S, Tyagi R D, et al. 2011. Synthesis of nanoparticles by microorganisms and their application in enhancing microbiological reaction rates. Chemosphere, 82(4): 489-494.

Zhang Z Y, Li F, Cao Y X, et al. 2019. Electricity-driven 7α-hydroxylation of a steroid catalyzed by a cytochrome P450 monooxygenase in engineered yeast. Catalysis Science & Technology, 9(18): 4877-4887.

Zhao J T, Li F, Cao Y X, et al. 2021. Microbial extracellular electron transfer and strategies for engineering electroactive microorganisms. Biotechnology Advances, 53: 107682.

Zhao J T, Li F, Kong S T, et al. 2023b. Elongated riboflavin-producing *Shewanella oneidensis* in a hybrid biofilm boosts extracellular electron transfer. Advanced Science, 10(9): e2206622.

Zhao Q R, Li Y F, Shen B W, et al. 2023a. UiO-66-mediated light-driven regeneration of intracellular NADH in *Clostridium tyrobutyricum* to strengthen butyrate production. ACS Sustainable Chemistry & Engineering, 11(8): 3405-3415.

Zheng B Z, Fan J Y, Chen B, et al. 2022a. Rare-earth doping in nanostructured inorganic materials. Chemical Reviews, 122(6): 5519-5603.

Zheng H, Bai Y, Jiang M L, et al. 2020. General quantitative relations linking cell growth and the cell cycle in *Escherichia coli*. Nature Microbiology, 5(8): 995-1001.

Zheng T T, Zhang M L, Wu L H, et al. 2022b. Upcycling CO_2 into energy-rich long-chain compounds *via* electrochemical and metabolic engineering. Nature Catalysis, 5(5): 388-396.

Zhou J, Yang Y, Zhang C Y. 2015. Toward biocompatible semiconductor quantum dots: From biosynthesis and bioconjugation to biomedical application. Chemical Reviews, 115(21): 11669-11717.

Zhou X, Zeng Y, Lv F T, et al. 2022. Organic semiconductor-organism interfaces for augmenting natural and artificial photosynthesis. Accounts of Chemical Research, 55(2): 156-170.

Zhu X H, Li N, Huang C X, et al. 2020. Membrane perturbation and lipid flip-flop mediated by graphene nanosheet. The Journal of Physical Chemistry B, 124(47): 10632-10640.

Zhu X Y, Xu Z J, Tang H T, et al. 2023. Photosynthesis-mediated intracellular biomineralization of gold nanoparticles inside *Chlorella* cells towards hydrogen boosting under green light. Angewandte Chemie International Edition, 62(33): e202308437.

第 13 章　生物纳米传感材料

生物体内存在各种各样的天然生物传感器，它们依靠生物系统所使用的传感原理来识别和探测目标物，在分子-细胞-组织/器官-个体中承担信息传递、信号转导等重要作用。受天然生物传感器启发，人工生物传感器（简称"生物传感器"）是基于生物传感元件与目标分析物之间的相互作用，通过物理和化学换能器件，对分析物进行检测和定量的一种装置。生物传感器既可根据生物传感元件种类进行划分，如酶传感器、核酸传感器、细胞传感器等；也可根据换能器种类进行划分，如光学传感器、电化学传感器等。更多的生物传感器知识可参阅张先恩编著的《生物传感器》一书。

在过去几十年，生物传感技术作为快速、可靠和精确的分析方法，已在全球医疗和生物市场被广泛应用。便携式血糖仪、早早孕检测试纸以及新冠病毒抗体检测试纸都是具有代表性的商业生物传感器。与此同时，伴随生物传感技术高速发展的还有纳米技术。著名的美国物理学家费曼（Richard Feynman）于 1959 年发表了历史性演讲"底部大有空间"（There's Plenty of Room at the Bottom），这是纳米领域的开山之作，他提出"如何将全套 24 册《大英百科全书》写在直径 1/16英寸（1 英寸等于 2.54 cm）的大头针针尖上"，实现这一设想意味着将百科全书的大小缩放 25 000 倍，针尖上的字要达到纳米尺寸。

近些年来，纳米技术与生物传感的交叉融合催生了纳米生物传感器（nanobiosensor）这一领域。纳米材料的尺寸效应，使其具有与宏观材料不同的物理、化学和生物学性质。纳米生物传感器正是利用纳米材料的独特性质来提高生物传感器的检测灵敏度、准确性等。在大自然中，存在许多天然生物纳米材料，不仅呈现了精巧结构，而且具有特定功能，它们既可直接来源于细胞"工厂"，又可通过合成生物学理念被重新设计。这些生物纳米材料已是生物传感领域中极其重要的元器件。其中，基于 DNA 和蛋白质自组装形成的生物纳米结构最多，按照几何维度，基本可归纳为一维（如线状）、二维（如片状）、三维（如笼状）。以外泌体为代表的生物纳米囊泡，因其生物相容性好、安全性高、能介导细胞之间交流等诸多优势，是近十年来备受学界和产业界共同关注的"明星"生物纳米材料，也可被归纳为三维纳米材料的范畴。

由于本书前述章节已经详细归纳了 DNA 自组装形成的多种纳米材料，樊春海和刘冬生主编的《DNA 纳米技术——分子传感、计算与机器》中也全面介绍DNA 纳米技术与生物传感，鉴于篇幅限制，本章不再赘述 DNA 类生物纳米材料，仅聚焦于蛋白质和生物囊泡类纳米材料，重点阐述材料特征、功能化策略，以及这些材料在生物传感中的应用，并对该领域目前所遇到的挑战和未来的发展前景展开讨论。

13.1 一维生物纳米传感材料

一维生物纳米材料是由蛋白质、多肽、核酸、丝状病毒等生物材料自组装形成的一维纳米结构，也可称为生物纳米线、生物纳米纤维。生物纳米线直径小于 100 nm，长度无上限，具有非常大的比表面积。相较于其他无机纳米材料而言，形成纳米线的生物分子自身通常兼备生物学功能，因此可直接赋予纳米线生物学活性，如催化、分子识别等。另外，鉴于生物大分子良好的生物相容性、易于修饰等特性，研究人员在学习和借鉴天然生物大分子自组装的基础上，通过理性设计（rational design），结合遗传、化学修饰等手段，可控制生物分子自组装过程并对其定向功能化。因此，近二十年来，形形色色且具有复杂功能的一维生物纳米线相继问世，并作为元器件广泛应用于生物传感领域。本节将重点关注多肽和蛋白质形成的一维生物纳米结构。

13.1.1 多肽及蛋白质纳米线的制备

多肽及蛋白质是合成生物纳米线的重要原材料，通常涉及三种合成策略（图 13-1）。

（1）利用天然蛋白质和多肽形成一维结构的生物特性，通过其自组装获得。迄今为止，已发现朊蛋白、胶原蛋白、丝蛋白等多种淀粉样蛋白具有线性自组装性质，在体内可形成阿尔茨海默病、2 型糖尿病和亨廷顿病等人类疾病相关的淀粉样纤维（amyloid fibril）结构。这些蛋白质及其自组装结构域（多肽类）均可用于生物纳米线的制备。

（2）模拟天然自组装过程，通过种子诱导的自组装策略获得纳米线（Men et al.，2009），即将酵母朊蛋白自组装结构域形成的纤维分解成小片段，引入单体后，这些小片段可作为种子，促进单体蛋白组装成纳米线。通过调节种子与单体的摩尔比，可获得不同长度的纳米线。此外，该方法可通过基因工程等技术手段将功能配体植入纳米线，进而赋予生物纳米线更多功能。

（3）通过人工设计的方法获得。多肽类纳米线的从头设计（de novo design）原理主要有两类，分别是基于 α 螺旋的多肽设计和双亲性多肽设计。前者利用氨基酸分子间氢键和疏水作用，使疏水氨基酸和极性氨基酸循环排列，形成纳米线；后者则基于多肽两端的亲水和疏水结构，于溶液中自组装形成纳米线。蛋白质类纳米线的设计更加多样化，其根本是通过分子之间的相互作用促进生物分子排列成周期性线性结构。例如，通过设计、引入金属结合结构域，使蛋白质等生物大分子在金属离子（如 Ni^{2+}、Zn^{2+} 和 Mg^{2+}）存在的情况下相互连接（Kuan et al.，2018；Li et al.，2019）。另外，静电自组装（Sun et al.，2016a）、受体-配体相互作用（Luo et al.，2016）、蛋白质-核酸相互作用等都被用于构建蛋白质纳米线，以及其他来源的一维生物纳米结构（Chandrasekaran，2016）。

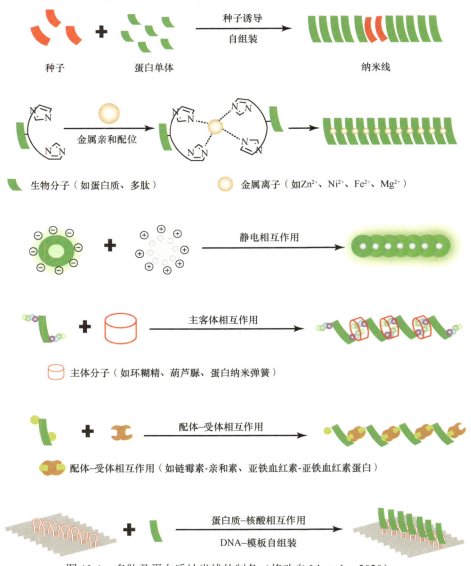

图 13-1 多肽及蛋白质纳米线的制备（修改自 Li et al.，2020）

13.1.2　多肽及蛋白质纳米线的功能化

生物纳米线的功能化是一维纳米生物器件制备的重要环节，主要通过两种途径实现（图 13-2）。

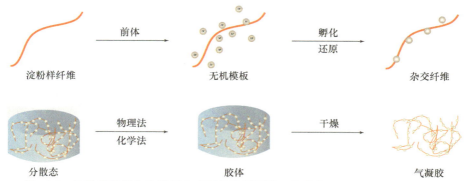

淀粉样纤维　前体　无机模板　孵化还原　杂交纤维

分散态　物理法化学法　胶体　干燥　气凝胶

图 13-2　淀粉样纤维作为模板合成无机纳米颗粒（修改自 Nyström et al.，2018）

一种是组装前修饰，即自组装基元（building block），如单体蛋白，先被功能化，再自组装成纳米线。对于一些不影响组装的小分子，如生物素分子，可以直接修饰于自组装基元上，再随自组装过程展示于纳米线表面。对于一些可能影响组装的外源功能蛋白，则可以通过基因融合的方式实现共组装。一系列功能生物分子（如酶、荧光蛋白和抗原），通过与自组装结构域基因融合表达，已实现共组装（Zhou et al.，2014；Leng et al.，2010；Men et al.，2016）。

另一种是组装后修饰，即自组装基元组装成纳米线后，再被功能化。该过程通常通过纳米线上的活性基团（如氨基、羧基和硫醇）与功能配体之间的化学交联来实现（Buell et al.，2010）。例如，Omichi 等（2014）通过人血清白蛋白纳米线上的氨基基团与生物素上羧基之间的缩合反应，制备了生物素化蛋白质纳米线。由于生物素与链霉亲和素之间的高亲和力，这种生物素化蛋白质纳米线可以轻松地与链霉亲和素修饰的功能分子结合。生物纳米线的电负性可通过改变 pH 来调节，利用静电相互作用对蛋白质纳米线功能化是另一种选择。例如，Li 等（2012）通过负电荷石墨烯与正电荷淀粉样纤维之间的静电相互作用制备了石墨烯功能化的蛋白质纳米线，并用于后续生物传感。

另外，蛋白质类纳米线存在金属还原或金属结合结构域，可用作模板促进金属纳米颗粒的原位生成，以获取新的功能。例如，Zhang 等（2019）使用 β-乳球蛋白组装的淀粉样纤维作为模板，制备了具有除氟能力的 ZrO_2 修饰淀粉样纤维。淀粉样纤维上带电氨基酸和 Zr 离子之间的静电相互作用，负责招募 Zr 离子并原位形成 ZrO_2 纳米颗粒。利用类似的策略，其他无机纳米颗粒（如金、银、铁、碳酸钙纳米颗粒）也成功修饰于纳米线上（Shen et al.，2017a；2017b；Nyström et al.，2018）。

13.1.3 多肽及蛋白质类纳米线与生物传感

如上所述，通过基因工程或表面修饰等手段，研究人员可将生物传感中的识别元件（肽、蛋白 G、抗原）和信号元件（酶、荧光蛋白、荧光染料）引入纳米线中，从而实现待检测物的高灵敏传感。例如，Men 等（2009）将具有抗体结合能力的蛋白 G 和具有催化底物产生信号能力的甲基对硫磷水解酶，分别与 Sup35 的自组装结构域（前 61 个氨基酸）融合表达。融合蛋白 Sup35-SPG 可作为诱导 Sup35-MPH 自组装的种子。经二者混合组装后，形成的纳米线携带 SPG 和 MPH，因而具有识别和产生信号双功能（图 13-3A）。所获得纳米生物传感器应用于鼠疫耶尔森菌 F1 抗原检测时，检测灵敏度比 ELISA 提高约 100 倍。为了获得超灵敏的分子生物传感器，同一团队又构建了基于酵母淀粉样蛋白 Sup35 自组装的自生物素化双功能蛋白纳米线，其中蛋白 G 和生物素受体肽基因融合。这些自生物素化的纳米线可通过生物素-亲和素互作系统将诊断用酶招募到纳米线-抗原-抗体复合物上，通过更强的信号放大，极大提升免疫生物传感的灵敏度。将生物素化的纳米线分子生物传感器应用于鼠疫耶尔森菌 F1 抗原的检测，灵敏度较 ELISA 提高了 2000～4000 倍（Men et al.，2010）。

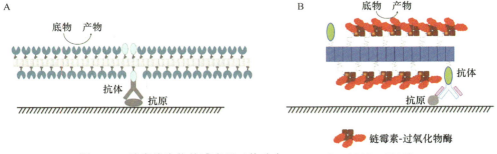

图 13-3　纳米线生物传感应用（修改自 Men et al.，2009，2010）

除了酵母蛋白来源的纳米线之外，其他蛋白质形成的纳米线也可用于生物传感，例如，Sasso 等（2014）基于乳清蛋白自组装的蛋白质纳米纤维建立了可用于葡萄糖检测的传感器，其具体策略是：用生物素修饰纳米线，由于生物素和亲和素之间的结合，纳米线表面进一步载荷亲和素修饰的葡萄糖氧化酶。同时，对纳米线表面进行巯基化修饰，因为金和巯基之间的作用，载荷葡萄糖氧化酶的纳米线被锚定于金电极表面（图 13-4）。因此，当环境中有葡萄糖时，在葡萄糖氧化酶的催化下会产生电流的变化，该信号与葡萄糖浓度具有线性关系。

另外，多肽形成的纳米线也是很有前景的生物传感材料。例如，Chen 等（2020）建立了可以传感肿瘤微环境的多肽纳米线，并将之命名为 SAM-P。SAM-P 核心序列是从头设计的多结构域肽（multidomain peptide，MDP）。MDP 被设计为具有

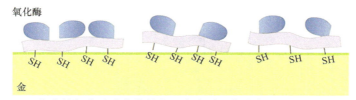

图 13-4　葡萄糖氧化酶纳米线锚定于金表面（修改自 Sasso et al.，2014）

$K_x(QL)_yK_x$ 的序列，其中 x 和 y 表示赖氨酸（K）残基的数量，以及谷氨酰胺（Q）和亮氨酸（L）重复单元对的数量。亲疏水交替结构域（QL）驱动自组装形成"三明治"状 β-纳米纤维片，而末端结构域由于赖氨酸残基之间的静电排斥而驱动自组装。在该研究中，SAM-P 的 N 端连上靶向序列，赋予其肿瘤靶向能力；C 端连上二硫键连接器，因电荷间互斥，SAM-P 失去自组装能力。由于肿瘤组织的谷胱甘肽水平高于正常组织，可与二硫键进行氧化还原反应，使连接器从 SAM-P 中脱落，促进 SAM-P 恢复自组装能力，形成纳米线（图 13-5）。因此，当 SAM-P 被荧光染料标记后，肿瘤环境中的谷胱甘肽转化成荧光纳米线，可被荧光显微镜追踪和探测。在方法学上，这种多肽纳米传感器呈现了很高的敏感性和特异性。

图 13-5　传感肿瘤微环境的多肽纳米线传感器（修改自 Chen et al.，2020）

再如，Han 等（2021）设计了基于多肽和碳纳米点共组装的分子传感器，实现了对转谷氨酰胺酶 2 的高灵敏检测。在分子传感器中，有三个肽序列，分别命名为多肽 1、多肽 2 和多肽 3。多肽 3 和碳纳米点可以共组装成多肽/碳纳米点。作者首先将特异性识别转谷氨酰胺酶 2 的多肽 1 固定在电极表面。一旦识别出转谷氨酰胺酶 2，由于谷氨酰胺和赖氨酸残基之间的交联反应，多肽 1 将与多肽 2 连接。然后，多肽 2 通过其一端的酪氨酸与碳纳米点结合，从而启动多肽 3 和碳纳米点在电极表面大规模共组装成线性结构。最后，多肽/碳纳米点复合中碳纳米点因具有过氧化物酶活性，可以催化底物 3,3′,5,5′-四甲基联苯胺（3,3′,5,5′-tetramethylbenzidine，TMB）产生可检测的电化学响应。利用该分子传感器，转谷氨酰胺酶 2 的检测限低至 0.25 pg/mL。该研究提出的策略或可作为构建肽和纳米材料共组装的通用模型，在生物和生物医学研究中得到应用（图13-6）。

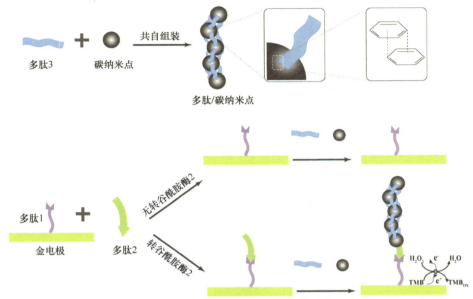

图 13-6　多肽和碳纳米点共组装的分子传感器（修改自 Han et al.，2021）

13.2　二维生物纳米传感材料

二维纳米材料是指在一个维度的尺寸为 0.1～100 nm，而在另外两个维度上无显著尺寸限制的材料。这些材料具有独特的物理和化学性质，如高导电性、大比表面积、良好的机械性能和热力学稳定性等。这些特性使得它们在生物传感、生物催化等多个领域展现出广阔的应用前景。其中，石墨烯是最具代表性的二维纳米材料，但属化学类材料。近年来，生物基二维纳米材料也逐渐引起研究人员的广泛关注，如细胞膜类二维材料和细菌 S 层。细胞膜类材料通常包含多个跨膜蛋白及其他组分，其体外制备过程较为复杂，同时维持膜的生理活性也是一项巨大的挑战。相比之下，细菌 S 层是由单一蛋白自组装而成的纳米膜结构，具有较高的稳定性和易于制备的优势，且细菌 S 层在生物传感领域表现优异，因此本节将重点讨论以细菌 S 层为代表的二维生物纳米传感材料。

13.2.1　细菌 S 层简介

S 层（surface-layer）是具有规则晶体结构的单分子层，广泛存在于古细菌和细菌菌体表面，是菌体与外界环境之间的一道天然屏障。大部分 S 层由单一蛋白质组成，其亚结构单元数目可以是 1、2、3、4、6，因此又被称为 p1、p2、p3、 p4 和 p6 对称结构。其中，p1、p2 结构的亚单位排列为斜形，p4 为正方形，p3、p6 则呈现六边形（图 13-7）。对细菌而言，S 层的厚度为 5~20 nm，亚单位的中心间距为 3~35 nm，其表面具有相同大小和形态的孔洞，直径为 2~8 nm 的孔洞占据了 70%的 S 层表面（Sleytr and Sara，1997；Sleytr et al.，1994）。因此，S 层是天然的、典型的二维生物纳米材料。

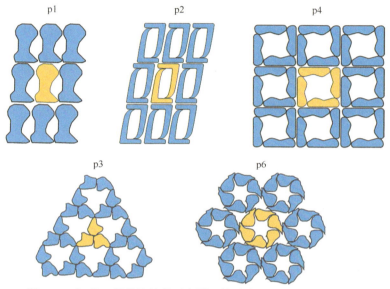

图 13-7　细菌 S 层晶格结构示意图（修改自 Sleytr et al.，2011）

分别是斜形（p1，p2）、正方形（p4）和六边形（p3，p6）对称

在过去的几十年里，细菌 S 层已经为二维纳米生物器件的设计提供了许多灵感，其原因在于，无论分离自菌体表面还是体外重组表达的 S 层蛋白都具有体外自组装性质，这些单体蛋白可在悬浮液、固相支持物、脂质膜等多种界面或者表面，自组装成与天然 S 层相同或者相似的二维纳米晶格结构。奥地利维也纳自然资源与生命科学大学 Uwe B. Sleytr 团队在 S 层蛋白发现与应用等方面做出了杰出的贡献。

13.2.2　S-层的功能化

未经改造的 S 层自身具备多种功能，例如，S 层可通过非共价键与脂分子结合，稳定各种脂膜和脂质体，用于解决脂质体包裹药物易渗漏、生物传感器中功能脂膜易破损等难题（Ucisik et al.，2013）。S 层因其表面富含均一化纳米孔洞，可作为超滤膜用于筛选不同尺寸的纳米颗粒（Schuster et al.，2001；Weigert and Sára，1995；Sára and Sleytr，1987）。另外，在还原剂作用下，金属离子可变为原子，沉淀于 S 层孔洞中，并呈现规则排列。因此，S 层也是合成超晶格金属纳米粒子的生物模板，用于制备具有大范围粒径（直径 3～15 nm）、不同粒子间距（大于 30 nm）以及多种对称类型（六边形、正方形等）的纳米粒子（Mark et al.，2006；Shenton et al.，1997；Tang et al.，2008；Liu et al.，2008）。

通过对细菌 S 层进行再设计，可赋予其多元化功能，以适用于多种应用场景。已报道的人工 S 层基于两种设计理念。第一种是将酶、抗体、抗原等功能分子通过共价键或非共价键定向固定于 S 层晶格表面，以形成具有特异性识别能力、可产生检测信号的人工 S 层（Picher et al.，2013；Rothbauer et al.，2013；Scheicher et al.，2013）。规则、有序、高密度排列于天然 S 层表面的多种官能基团（羧基、氨基和羟基）是 S 层通过共价键连接功能分子的结构基础。其中，S 层表面羧基基团的密度可高达 1.6×10^6 个/平方微米。非共价键连接主要依赖于两者之间的电荷相互作用。第二种是通过基因操纵的方式将 S 层蛋白与外源片段重组表达，在不影响自组装性质的前提下增加 S 层的生物特性。例如，已有报道将嗜热芽孢杆菌 S 层蛋白 SbsB 与链霉亲和素融合表达、SgsE 与葡萄糖-1-磷酸胸苷酰基转移酶（glucose-1-phosphate thymidylyltransferase，RmlA）融合表达，并分别体外自组装成新的人工 S 层（Schäffer et al.，2007；Moll et al.，2002）。研究人员利用球形芽孢杆菌 S 层蛋白 SbpA，成功构建了分别带有绿色荧光蛋白、骆驼抗体、IgG 结合结构域、SpyCatcher 的人工 S 层（Pleschberger et al.，2004；Ilk et al.，2004；Völlenkle et al.，2004；Tang et al.，2022；Qing et al.，2023）。我们则通过炭疽芽孢杆菌 S 层蛋白 EA1 与甲基对硫磷水解酶融合表达，构筑了双功能 S 层（Wang et al.，2015）。这些人工 S 层均呈现出与天然 S 层相同或者相似的晶格结构。

13.2.3　S 层与生物传感

尽管 S 层可应用于分子电子学、非线性光学等诸多纳米技术领域，我们在本节则着重关注 S 层在生物传感中的应用。

如前所述，S 层单体蛋白及其重组蛋白均具有体外自组装成天然 S 层晶格结构的能力。研究证明，S 层蛋白在硅、金等电极表面也可以完成自组装。因此，在生物传感领域，S 层常被用作连接生物识别分子和换能器的桥梁，其目的在于通过实现生物分子均质化、高密度固定、信号放大等方式提升生物传感器的检测性能（Schuster，2018）。目前，S 层已与不同原理的生物传感器进行联用，如电化学生物传感器、光纤生物传感器、表面等离子共振生物传感器（SPR）、石墨烯生物传感器等。在 S 层介导下，葡萄糖氧化酶被固定于多种生物传感器传感界面，用于葡萄糖检测（Neubauer et al.，1996；Neubauer et al.，1993；Picher et al.，2013）。除此之外，S 层相关的生物传感器也被用于胆固醇、氧气、叶酸受体、抗体等多种物质的检测（Ferraz et al.，2011；Scheicher et al.，2009；Guimarães et al.，2014；Damiati et al.，2018）。以下将简述几个具体应用实例。

　　如图 13-8 所示，Damiati 等（2017）建立了基于 S 层的肿瘤细胞传感体系。研究人员首先将 S 蛋白 SbpA 与结合抗体 Fc 端的 ZZ 结构域进行融合表达，并操纵融合蛋白在金电极表面自组装成人工 S 层。由于 ZZ 结构域与抗体 Fc 端结合，抗 CD133（肿瘤标志物之一）抗体会被有序固定在金传感器表面。当细胞表面高表达 CD133 的肝癌细胞（HepG2）被抗体捕获时，金表面会产生信号的变化。研究人员分别用两种不同原理的传感器（石英晶体微天平传感器和电化学传感器），通过探测金表面机械波和电化学信号的变化，实现了对肝癌细胞的检测。

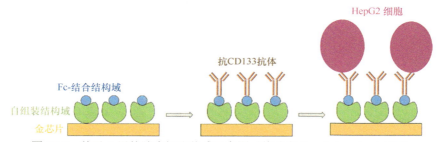

图 13-8　基于 S 层的肿瘤细胞传感示意图（修改自 Damiati et al.，2017）

　　Tang 等（2022）将 SbpA 与多肽 SpyCatcher 融合表达、抗原与 SpyTag 融合表达，利用 S 层蛋白体外自组装能力和 SpyTag-SpyCatcher 之间遗传编码的点击化学反应，成功将抗原以二维纳米阵列的形式高密度固定于金表面。利用这种温和、鲁棒性的生物固定策略，结合等离子共振传感器进行定量分析，研究人员实现了非洲猪瘟病毒感染血清中特异性抗体的高灵敏检测，与传统的化学交联固定方法相比，检测灵敏度获得显著提升。该研究不仅提出了一种生物分子固定新策略，而且为以金芯片为基础的免疫传感提供了一种高质量传感界面，同时也为深入了解病原体感染和宿主免疫提供了高灵敏分析方法（图 13-9）。

　　虽然已证实自然界中有数百种细菌和古细菌都具有 S 层结构，但其应用研究多集中于球形芽孢杆菌和嗜脂热芽孢杆菌来源的 S 层蛋白，在一定程度上限制了 S 层的应用。除自组装功能之外，S 层蛋白自身也具有形形色色的生物学意义。例如，我们在开展炭疽芽孢杆菌检测研究时发现，炭疽芽孢杆菌 S 层蛋白 EA1（非毒力蛋白）广泛存在于炭疽芽孢杆菌营养体及其孢子表面，是炭疽芽孢杆菌潜在的蛋白质标志物（Wang et al.，2009）。鉴于 EA1 蛋白作为炭疽芽孢杆菌主要抗原，可诱发机体血清学反应，产生大量可作为炭疽病血清学诊断依据的特异性抗体（Makam et al.，2014；Shlyakhov et al.，2004），我们通过甲基对硫磷水解酶（methyl parathion hydrolase，MPH）与 EA1 的基因融合和体外共组装，构筑了一种双功能二维纳米酶阵列（Wang et al.，2015）。该阵列呈现出 P1 对称的 S 层晶格结构。

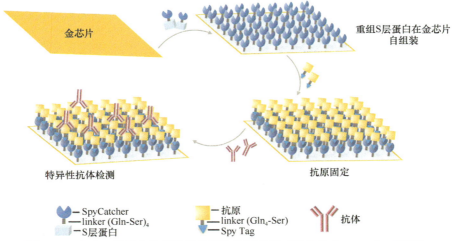

图 13-9 人工 S 层蛋白纳米阵列检测抗体示意图（修改自 Tang et al.，2022）

阵列中，S 层表面高密度载荷酶分子，既可用来稳定、高效降解有机磷农药，又能通过酶促放大 EA1 的识别反应，实现炭疽血清抗体的高灵敏检测（图 13-10）。该研究不仅拓展了 S 层纳米生物传感元件的设计与应用，同时也为炭疽血清学分析提供了新的传感体系。

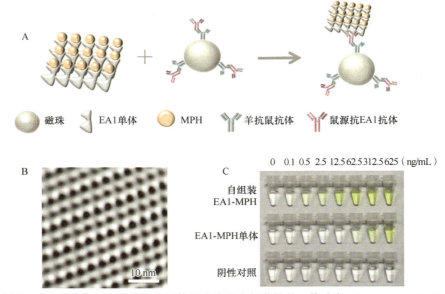

图 13-10 双功能二维纳米酶阵列检测炭疽芽孢杆菌抗体（修改自 Wang et al.，2015）

A. 炭疽特异性抗体的检测原理；B. 电镜观察 EA1-MPH 的晶格结构；C. 单体 EA1-MPH 和自组装 EA1-MPH 纳米阵列检测炭疽特异性抗体

13.3　三维生物纳米传感材料

13.3.1　蛋白纳米笼

1. 蛋白纳米笼简介

蛋白纳米笼（protein nanocage，PNC）是由一种或几种蛋白质亚基形成的纳米尺度（10～200 nm）的空心笼状结构。该结构高度有序，可呈现正四面体、正八面体、正二十面体等对称。生命体内具有种类繁多的天然蛋白纳米笼，分别行使储存、包装遗传物质等生物学功能（Kim et al.，2023）。

蛋白纳米笼因生物相容性好、易于合成改造、允许大规模制备等优势，已作为极其重要的三维生物纳米元件广泛用于生物传感、药物递送、催化等领域（Flenniken et al.，2009）。蛋白纳米笼主要包括病毒纳米颗粒（virus-based nanoparticle，VNP）、非病毒来源的蛋白纳米笼（如铁蛋白超家族、DNA 结合蛋白、热激蛋白等），以及人工设计的蛋白纳米笼（图 13-11）。

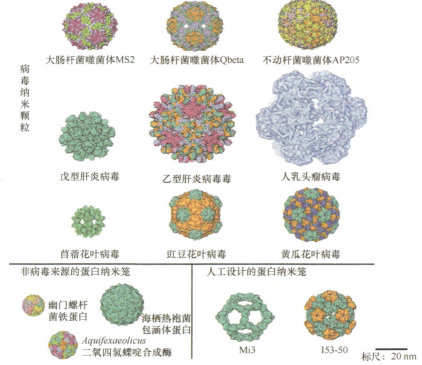

图 13-11　蛋白纳米笼的结构与种类
图片来源于蛋白质结构数据库（Protein Data Bank，PDB）

VNP 具有与天然病毒相似的结构，但不含病毒遗传物质、不能自主复制，因此不具有传染性。VNP 可以天然存在，也可以通过病毒结构蛋白表达与组装形成。例如，雀麦花叶病毒（brome mosaic virus，BMV）、豇豆褪绿斑驳病毒（cowpea chlorotic mottle virus，CCMV）、豇豆花叶病毒（cowpea mosaic virus，CPMV）、红三叶草坏死花叶病毒（red clover necrotic mosaic virus，RCNMV）、芜菁黄花叶病毒（turnip yellow mosaic virus，TYMV）等植物病毒，以及猿猴病毒 40（simian virus 40，SV40）、人乳头瘤病毒（human papilloma virus，HPV）、乙型肝炎病毒（hepatitis B virus，HBV）等动物和人类病毒的衣壳蛋白均可自组装形成 VNP（Li et al.，2020），通常也称为病毒样颗粒（virus-like particle，VLP）。

在非病毒来源的蛋白笼状结构中，铁蛋白超家族（ferritin superfamily）的研究较为广泛。该家族由铁蛋白（ferritin，Ftn）、细菌铁蛋白（bacterioferritin，Bfr）和饥饿细胞来源的 DNA 结合蛋白（DNA-binding protein from starved cell，Dps）三个亚家族组成（Uchida et al.，2010；Andrews，1998）。Ftn 最具代表性，几乎存在于所有原核生物和真核生物中，由 24 个亚基自组装形成，呈正八面体对称，外径约 12 nm，内径约 8 nm。Bfr 和 Ftn 具有类似结构，均由蛋白质外壳包裹的空心结构组成，形状近似球形。它们的内部空腔可容纳大约 5000 个 Fe(III) 分子，表面外壳含有许多孔和通道，用于调控铁、氧化剂、还原剂、螯合剂以及其他小分子进出铁蛋白分子（Tosha et al.，2010）。Dps 是迷你铁蛋白，仅由 12 个亚基组成，具有与铁蛋白类似的正八面体对称结构。不同的是，它们仅由 12 个单体自组装而成，外径约 9 nm，内径约 4.5 nm，铁储存能力较低。

除了天然存在的蛋白纳米笼之外，研究人员基于计算机设计，合成了一系列全新的蛋白纳米笼，如 I3-01、mi3 和 I53-50 等（Bale et al.，2016；Hsia et al.，2016；Bruun et al.，2018）。这些人工蛋白纳米笼同样具备高度有序、致密的对称结构，并在疫苗等纳米医药领域发挥重要作用。伴随着人工智能（artificial intelligence，AI）技术的发展，诸如 Rosetta、AlphaFold 等多种可用于蛋白质设计的深度学习模型已经问世，我们相信在不久的将来，基于 AI 赋能，研究者将会创造出更多的功能性人工蛋白纳米笼。

2. 蛋白纳米笼的功能化

由于蛋白纳米笼是由蛋白质亚基自组装形成的笼状结构，其外壳、内腔及亚基之间均可被功能化。通常情况下，治疗和诊断分子被装载至内腔，外壳的功能化旨在增强其生物相容性和靶向能力，亚基之间的功能化可以调节自组装特性、分子释放等（Bhaskar and Lim，2017），如图 13-12 所示，主要策略如下。

（1）通过基因工程的方法在蛋白质的合适位置引入基因编码的亲和标签或者其他功能元件。例如，Li 等（2011）对猿猴病毒 SV40 的衣壳蛋白进行基因改造，将第 74 位丙氨酸替换成了半胱氨酸，并在第 139 位组氨酸后插入了多聚组氨酸标签（His 标签），形成的重组纳米笼可以利用 His 标签通过镍柱进行亲和纯化，同时可以利用半胱氨酸残基有效结合金纳米颗粒。

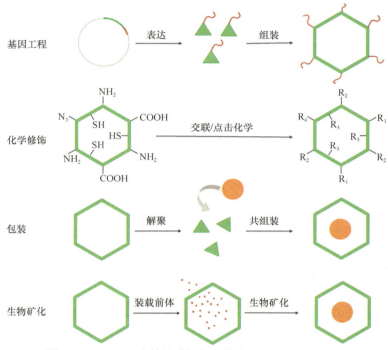

图 13-12　蛋白纳米笼的功能化（修改自 Li et al.，2020）

（2）通过化学修饰，对蛋白纳米笼进行功能化。蛋白纳米笼具有许多可用于修饰的氨基酸残基位点，如半胱氨酸、赖氨酸、天冬氨酸、谷氨酸、组氨酸以及非天然氨基酸等（Schäffer et al.，2007；Aljabali et al.，2013；Shen et al.，2015）。通过对蛋白纳米笼的结构分析，研究人员可高效锁定最优修饰位点。例如，Matsumoto 等（2013）通过吡啶二硫化物与巯基的反应，将热敏感聚 *N*-异丙基丙烯酰胺交联至 N 端富含半胱氨酸的蛋白纳米笼表面，经过修饰的纳米笼在加热到聚合物的临界溶液温度以上时发生可逆聚集，其结构在相变过程中保持完整性。

（3）通过调控蛋白纳米笼的解聚与组装，实现蛋白纳米笼对外源功能元件的包装。对于解聚的蛋白质或蛋白质亚基，改变溶液中的 pH、盐离子、氧化还原电势等方式均可促其再组装。至今，蛋白质、核酸、药物、无机纳米材料等多种货物已被成功包入。例如，Gu 等（2020）利用基因工程手段使铁蛋白亚基结合 His 标签。由于 His 标签具有双重特性，可通过配位键结合金属离子（如镍），且其质子化状态受 pH 调控，研究团队因此建立了 pH 和金属离子开关，通过调控铁蛋白的组装-解聚，实现了水不溶性姜黄素和水溶性阿霉素的高效包装。

（4）通过生物矿化作用，在蛋白纳米笼的外壳或内腔装载无机纳米材料。生物矿化是指在生物体的特定部位，溶液中的离子变为固相矿物的过程，如骨骼、牙齿的形成均源于生物矿化。对于蛋白纳米笼而言，利用生物矿化作用，可以诱导无机物结晶成核、生长，进而在外壳或内腔形成均一、有序的纳米颗粒。例如，CCMV 来源的 VNP 具有 pH 依赖的门控机制，Douglas 和 Young（1998）利用该机制装载无机物前体材料，并在 VNP 中通过生物矿化合成了仲钨酸盐和十钒酸盐纳米颗粒，自此开启了通过生物矿化修饰蛋白纳米笼的时代。随后，多种无机纳米材料在 VNP、Ferritin 等蛋白质纳米笼中矿化合成（Aljabali et al., 2010；2011；Song et al., 2021）。

3. 蛋白纳米笼与生物传感

蛋白纳米笼由于良好的生物相容性和靶向能力，经功能化后，常作为载体向活细胞、组织递送核酸、酶、多肽、小分子药物等生物活性分子。蛋白纳米笼递送的货物从根本上决定了其应用场景。尽管蛋白纳米笼在疫苗、肿瘤治疗等领域的应用研究十分广泛，但鉴于这些领域属于纳米医学的范畴，接下来，我们仍将围绕生物传感这个主题，关注蛋白纳米笼在生物成像、生物检测中的应用。

1）铁蛋白与生物传感

无论是体内成像还是体外成像，都需要高浓度显像剂聚集于成像部位，且需尽可能减少信号淬灭。因此，为了多模态成像和提升成像质量，增强磁共振（magnetic resonance imaging，MRI）、正电子发射断层扫描（positron emission tomography，PET）等成像的多种造影剂和荧光探针都被成功封装于蛋白质纳米笼中。在所有蛋白质纳米笼中，铁蛋白在生物成像应用中占主导地位。铁蛋白作为氧化铁颗粒储存铁的固有能力，使它们在 MRI 成像方面极具吸引力。另外，氧化铁纳米颗粒具有超顺磁性，携带这些颗粒的内源性铁蛋白可以作为天然的横向弛豫时间型（transverse relaxation time，T2）MRI 造影剂（Lakshmanan et al., 2016）。Fan 等（2012）同样将氧化铁纳米颗粒包裹于铁蛋白中，构筑了蛋白纳米笼 M-HFn。但巧妙的是，他们利用了氧化铁纳米颗粒的酶学性质（即纳米酶），建立了基于酶学显色的成像体系。其原理是：所使用的人源重组铁蛋白可以结合肿瘤细胞过度表达的转铁蛋白受体 1（TfR1），在过氧化氢存在下，氧化铁核心催化过氧化物酶底物，在肿瘤组织产生可视的颜色变化。利用 M-HFn，该团队对 474 例、涵盖 9 种癌症的临床组织样本进行了验证。结果表明，M-HFn 能够区分癌细胞与正常细胞，其灵敏度为 98%，特异性为 95%。由于每种成像方式都有其独特的优点，如组织穿透深度、空间和时间分辨率以及细胞特异性，多种不同成像分子探针的组合模式将允许更准确地诊断疾病状况。例如，Lin 等（2011）通过铁蛋白装载 ^{64}Cu

和荧光染料 Cy5.5，构筑了可用于近红外荧光-正电子断层扫描双模态成像的蛋白纳米笼。

除成像之外，铁蛋白还可通过装载识别分子、信号分子等用于体外分子检测和疾病诊断等。例如，Men 等（2015）利用基因操纵和体外自组装，通过调控辣根过氧化物酶（horseradish peroxidase，HRP）标记的链霉亲和素与生物素化铁蛋白结合，成功制备了一系列不同尺寸的酶纳米复合物（enzyme nano-composite，ENC）。这些 ENC 可通过表面链霉亲和素进一步与生物素化抗体结合，用于抗原检测。当检测心肌钙蛋白时，该团队采用了双抗体夹心法的检测原理，即将第一抗体固定于 ELISA 孔板中，用于捕获目标抗原心肌钙蛋白。当洗去非特异结合物质后，再加入 ENC-第二抗体复合物，使之与心肌钙蛋白进行免疫反应。由于 ENC 上整合了 HRP，加入底物后，可产生极其显著的酶学放大信号。在这个体系中，ENC-第二抗体携带的 HRP 数量远超经典的酶标抗体，因此，与传统的 ELISA 相比，检测灵敏度提高了近 10 000 倍（图 13-13）。该研究不仅展现了精巧可控的多功能生物纳米器件，同时为抗原类的分子检测提供了高灵敏检测方法。

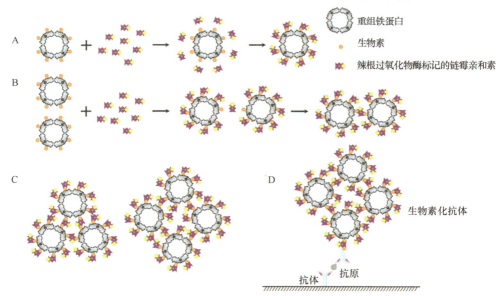

图 13-13　ENC 的设计原理及心肌钙蛋白的检测（修改自 Men et al.，2015）

A. 生物素化的 ENC 与 HRP 标记的链霉亲和素结合；B 和 C. ENC 二聚体、三聚体和四聚体形成；D. ENC 用于心肌钙蛋白（抗原）检测

铁蛋白还可用于抗体的高灵敏分析。例如，自身免疫疾病是机体针对自身抗原产生大量抗体后引起的慢性疾病。临床上，对原发性干燥综合征（primary Sjögren syndrome，pSS）的诊断通常是利用 ELISA 方法检测患者血清中的抗 M3 及 α-fodrin 抗体，但因检测灵敏度低，存在漏诊现象。为了提高自身免疫疾病的诊断效率，

Zhang 等（2021）以 pSS 为研究模型，发展了一种基于铁蛋白纳米笼的高灵敏捕获-检测系统。如图 13-14 所示，该系统利用铁蛋白纳米笼展示 pSS 相关抗原肽，以提升对特异性抗体的捕获能力；同时，又利用铁蛋白展示人类 IgG Fc 结合肽，增强与所捕获抗体的结合，并使其能被 HRP 所标记。与传统的 ELISA 相比，该系统对抗 M3 及 α-胞衬蛋白（fodrin）抗体的检测灵敏度提高了 100～1000 倍。随后，研究团队利用铁蛋白纳米笼介导的 ELISA 检测了 91 例 pSS 患者、51 例类风湿性关节炎患者、54 例系统性红斑狼疮患者和 55 例健康个体的血清中的自体抗体，均验证了该系统的可靠性。这种新技术不仅可望提高 pSS 的临床诊断率，而且对其他自身免疫病的诊断也具有重要意义。

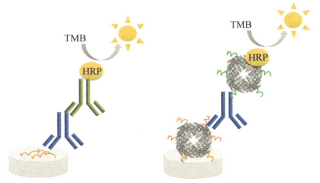

图 13-14　基于铁蛋白纳米笼的抗体检测系统（修改自 Zhang et al.，2021）

2）VNP 与生物传感

在生物成像中，VNP 也是一类应用较为广泛的蛋白纳米笼。有趣的是，源自病毒衣壳蛋白自组装的 VNP 可以模拟天然病毒的侵染过程。Li 等（2009）将一种称为量子点（quantum dot，QD）的荧光纳米颗粒包裹于猴病毒 SV40 来源的 VNP 内腔中，并通过在活细胞中动态监测 SV40 VNP 的侵染行为证明了这一现象。另外，该研究利用 VNP 装载 QD 进行荧光成像的思路较为独特。因为量子点被装载于 VNP 内腔，在 VNP 与宿主细胞相互作用过程中，可以有效避免荧光探针产生干扰，故而该策略可拓展用于病毒和宿主互作的可视化研究。为了进一步实现活体成像，Li 等（2015）在 SV40 VNP 中装载了发射光谱在近红外二区（the second near-infrared window，NIR-II）的硫化银量子点。由于 NIR-II 具有成像穿透深、时空分辨率高等优势，该研究团队实现了对蛋白纳米笼活体行为的实时动态成像。鉴于动脉粥样硬化斑块成像和治疗的必要性。此外，Sun 等（2016）通过对 SV40 衣壳蛋白进行遗传学改造，在合适的位置插入凝血酶抑制肽 Hirulog 和动脉粥样硬化斑块靶向肽，将近红外 QD 封装于重组衣壳蛋白形成 VNP，制备了具有"荧光-靶向-药物"多功能的 SV40 VNP。在小鼠活体内，多功能 VNP 可对早、中、晚不同时期的动脉粥样斑块进行荧光成像和药物靶向运送（Sun et al., 2016b）。

其他病毒来源的 VNP 也已广泛开发用于活体荧光成像。例如，Lewis 等（2006）利用有机荧光分子高密度标记 CPMV VNP，标记后的 VNP 具有体内分散的性质，能产生明亮的荧光，且不易淬灭。当 CPMV VNP 用于体内示踪成像时，示踪时间可持续 72 h 以上，示踪深度可达 500 μm。此外，该团队还利用荧光标记的 CPMV VNP 对人类纤维肉瘤的血管生成进行了可视化，并提出了识别动脉和静脉血管、监测肿瘤微环境新血管生成的新方法。

VNP 因其内腔具有充足的载物空间，也可用来装载具有高弛豫值（high relaxivity）的钆离子（Gd^{3+}），贡献核磁成像。例如，CCMV 的衣壳蛋白中含有 180 个金属结合位点，在体内的作用是结合 Ca^{2+}。Douglas 团队巧妙地利用这些位点来高效捕获、装载 Gd^{3+}，所获得的 Gd^{3+}-CCMV VNP 呈现了非常高的弛豫值，是未结合的 Gd^{3+} 弛豫值的 10 倍（Allen et al., 2005）。随后，同一团队又基于噬菌体 P22 蛋白构建了装载二乙烯三胺五乙酸钆（Gd-diethylene triamine pentacetate）的 VNP，实现了核磁成像性能的提升（Lucon et al., 2012）。除此之外，VNP 还被用于装载 PET 等其他成像模式的造影剂，由于篇幅受限，这里不再详细举例。

截至目前，各种病毒来源的衣壳蛋白通过体外自组装和搭载不同原理的成像探针，已形成了多样化的 VNP。这些 VNP 在体内生物成像领域展示了广阔的应用前景，也为未来的科学研究和临床应用提供了巨大的潜力与可能性。

在体外生物传感方面，VNP 可作为酶纳米载体（enzyme nano-carrier，ENC），通过提升酶催化效率，改善酶生物传感性能。众所周知，细胞中有许多参与代谢的酶，这些酶通常被严格限制在特定细胞器中以发挥高活性。受此启发，Minten 等（2011）将豇豆褪绿斑驳病毒（CCMV）衣壳作为仿生纳米反应器（图 13-15）。他们分别将二聚体衣壳蛋白与 K 螺旋、脂肪酶 PalB 与 E 螺旋融合表达。在 K 螺旋和 E 螺旋的相互作用下，具有精确数量的 PalB 被成功封装至 CCMV 衣壳蛋白形成的 VNP 中，结果发现，经封装后，酶反应速率有所增加，该现象几乎不受 VNP 内酶分子数目的影响。其原因在于，酶在蛋白笼中浓度极高（1 mmol/L），在有限的空间内可快速形成酶-底物复合物。

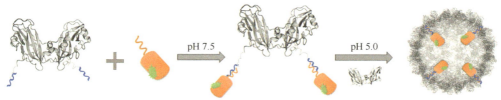

衣壳蛋白-K螺旋　　　荧光标记的Pal B-E螺旋　　　Pal B-E螺旋-K螺旋-衣壳蛋白　　　成功装载Pal B的衣壳

图 13-15　CCMV 衣壳仿生纳米反应器构建（修改自 Minten et al., 2011）

酶的固定化策略对酶生物传感器性能十分关键。目前，在纳米水平精准控制酶在传感界面的固定位置且不丧失酶活，依然十分具有挑战。乙型肝炎病毒（HBV）来源的 VNP 由 240 个 HBc 蛋白自组装而成，这意味着 HBV 来源的 VNP 可具有 240 个修饰位点。利用这一强大优势，Hartzell 等（2020）通过基因工程手段在 HBc 蛋白合适的位置插入了 SpyCatcher 序列，并将目标蛋白（纳米荧光酶）与 SpyTag 融合表达（SpyTag-NanoLuc）。改造的 HBc 蛋白在体外自组装后，通过 SpyCatcher-SpyTag 共价相互作用，可将大量萤光素酶固定于 VNP 表面，实现信号放大（图 13-16）。结果表明，每个蛋白纳米笼表面可至少固定 200 个酶分子，荧光信号可放大 1500 倍以上。随后，该研究团队操纵修饰了 SpyCatcher 的 VNP，使其表面同时结合一定数目的 SpyTag-NanoLuc 和 SpyTag-ELP-Z domain，其中，Z domain 可与抗体 Fc 端结合。ELP 是连接 SpyTag 与 Z domain 的多肽序列，避免位阻效应。当 HBV VNP 高密度载荷 NanoLuc 和 Z domain 后，可以作为酶标二抗应用于 ELISA 检测中。与游离的酶标二抗相比，这种固定化策略显著提升了检测灵敏度，通过肉眼即可检测到低纳摩尔水平的凝血酶。

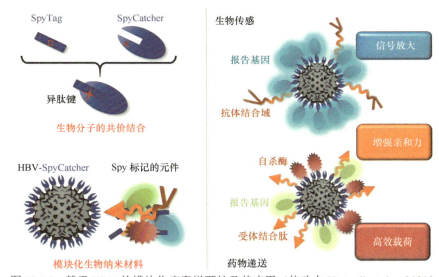

图 13-16　基于 HBV 的模块化病毒样颗粒及其应用（修改自 Hartzell et al.，2020）

病毒样纳米颗粒还可通过与多种传感器件耦合，检测其他分子。例如，将携带功能分子的烟草花叶病毒颗粒固定于电化学传感器表面，用于葡萄糖检测（Bäcker et al.，2017）；利用毛细管微流控将功能化的病毒颗粒固定于阻抗传感器表面，用于抗体检测等（Zang et al.，2017）。尽管这些纳米结构同样基于病毒蛋白自组装形成，但呈现的是纳米管结构，而非笼状。这或许是因为纳米管状材料比 VNP 更适合在传感界面固定，更具优异的传感性能，在此不再详细阐述这一类工作。

　　3）人工蛋白纳米笼与生物传感

　　有别于对天然蛋白纳米笼功能化获得的纳米笼，此处人工蛋白纳米笼仅限于从头设计、体外合成的非天然纳米笼。尽管非天然纳米笼的报道并不多，且多应用于疫苗研发，但人工蛋白纳米笼也正逐渐走向生物传感应用。例如，蓝藻羧酶体外壳是由多种蛋白质组成的类似病毒衣壳的蛋白纳米笼，直径大于 100 nm，具有物质透过选择性，即允许碳酸氢根离子透过，而不许氧气透过。受此启发，Gao 等（2022）借鉴病毒衣壳蛋白与无机纳米颗粒杂合组装策略，以羧酶体顶点蛋白 CcmL 五聚体为构筑单元，通过界面设计，并在量子点的介导下，创新性实现了 CcmL 五聚体的体外自组装。所形成的人工蛋白纳米笼呈现了与天然羧酶体完全不同的结构，直径仅为 12 nm，正二十面体对称，具有高度保守的五聚体间相互作用界面（图 13-17）。基于高分辨结构信息，该团队利用亲和性的分子补丁封闭蛋白纳米笼表面孔洞，建立了一种门控机制，能够可逆地控制纳米笼的氧通透性。这种命名为 CcmL OIPNC 的新型人工蛋白纳米笼，将来或可用于氧气响应的存储、催化、输送、传感等。

13.3.2　生物纳米囊泡

1. 细胞外囊泡

　　细胞外囊泡（extracellular vesicle，EV）是由细胞分泌的一种脂质囊泡，尺寸介于 30～5000 nm。EV 广泛存在于生物体系，动物、植物、微生物来源的细胞均可产生细胞外囊泡。EV 的主要成分包括蛋白质、脂质和核酸，但不同细胞来源，甚至相同细胞在不同状态下产生的 EV，其组分都会千差万别（Abels and Breakefield，2016）。目前已知上万种与 EV 相关的蛋白质、RNA，以及数千种脂质。根据生物起源，EV 可分为微囊泡体（microvesicle）、凋亡小体（apoptotic body）和外泌体（exosome）。

　　20 世纪 60 年代，EV 在血小板中首次被发现，起初被认为是细胞释放的垃圾（Wolf，1967）。随后，大量研究表明，EV 是细胞极其重要的运输系统，承载着细胞之间的信息传递和物质交换（van Niel et al.，2018），在多种生物学过程中扮演关键角色，包括凝血、干细胞分化、自噬、免疫应答等（Heijnen et al.，1999；Nair et al.，2014；Xu et al.，2018）。无论是囊泡的生物起源、货物分选，还是胞外分泌，其过程都是复杂而多样的，受多种因素精细调控，相关机制目前仍在研究中。其中，在调控囊泡运输的机制研究方面，詹姆斯·E. 罗斯曼（James E. Rothman）、兰迪·W. 谢克曼（Randy W. Schekman）和托马斯·C. 苏德霍夫（Thomas C. Südhof）做出了杰出贡献，被授予 2013 年诺贝尔生理学或医学奖。

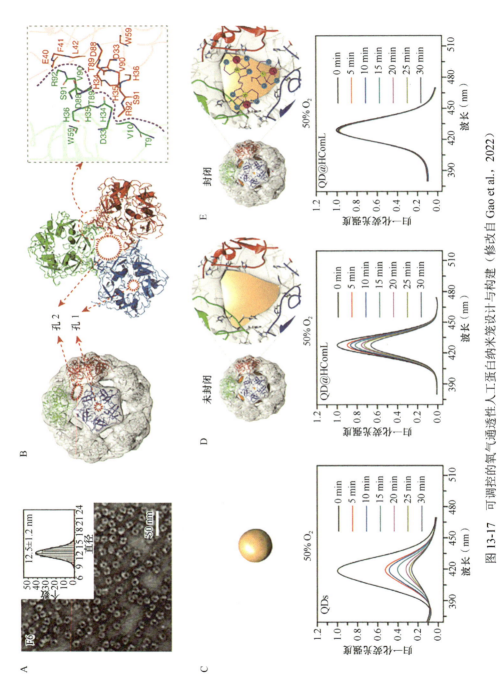

图 13-17 可调控的氧气通透性人工蛋白纳米笼设计与构建（修改自 Gao et al., 2022）

A. 人工蛋白纳米笼的电镜表征；B. 基于固体核磁共振和冷冻电镜的纳米笼结构解析；C. 量子点的氧敏感分析；D. 开放状态下人工纳米笼的氧敏感分析；E. 封闭状态下人工纳米笼的氧敏感分析

另外，EV 在疾病的发生和发展中也是不可或缺的。它们与许多不同类型的疾病密切相关，包括癌症、神经退行性疾病、心血管疾病、免疫系统疾病等。例如，EV 可与肿瘤附近甚至是远端的细胞建立通讯，通过携带特异性生物标志物引发炎症反应、血管生成、细胞迁移、细胞增殖、免疫抑制、肿瘤侵袭和药物抵抗等，其目的在于创造有利肿瘤生长和侵袭的最佳环境（Minciacchi et al.，2015；Willms et al.，2018）。

在细胞外囊泡中，外泌体最受关注。Johnstone 等（1987）率先清晰地描述了网状红细胞来源的外泌体特征，例如，具有转铁蛋白受体、能够与细胞松弛素 B（cytochalasin B）结合等（Johnstone et al.，1987）。外泌体的直径一般在 30～150 nm，其形成过程与其他囊泡不同，主要包括细胞质膜内陷、多囊泡体（multivesicular body，MVB）形成、MVB 与细胞质膜融合释放三个阶段（Théry et al.，2002）。MVB 形成过程中同时伴随货物分选。细胞质中的成分主要通过内体分选复合物（endosomal sorting complex required for transport，ESCRT）依赖性和 ESCRT 非依赖性两种途径被分选至外泌体中。

外泌体来自多种细胞类型，涉及肿瘤细胞、免疫细胞、神经元、间质细胞等，具有广泛的生物学意义。外泌体携带了源于其供体细胞的特定蛋白质和核酸，这些生物标志物能够反映供体细胞的生理和病理状态，因此在临床研究中可被用作疾病诊断、预后评估和治疗监测。另外，外泌体具有良好的生物相容性和生物降解性，以及穿越生物屏障（如血脑屏障）等多种优势，也常作为有效的纳米载体用于药物传递和基因治疗（Kalluri and LeBleu，2020）。尽管有很多方法帮助我们从细胞培养液中分离、纯化外泌体，如超速离心法、超滤法、尺寸排阻色谱法、免疫亲和法、聚合物沉淀法等，但是这些方法很难将外泌体与其他类型的具有相似尺寸细胞外囊泡分开。虽然外泌体的应用领域十分广泛，但实际情况下，通常是多种类型的细胞外囊泡混合应用。因此，使用"细胞外囊泡"这一术语比"外泌体"更为严谨。但是，在列举实例时，我们仍将尊重原文对外泌体的表述。

2. 细胞膜来源的纳米囊泡

细胞膜来源的纳米囊泡都需要人工制备，大致分为两种。一种是囊泡仅含脂质、跨膜蛋白等细胞膜相关组分，其内腔不包含供体细胞来源的货物。这类囊泡的制备主要涉及细胞膜破碎、离心去除内含物、超声和过滤膜挤压成形等环节。由于该类囊泡的空腔结构，研究人员可以根据不同的应用场景体外包封多类货物。例如，Rao 等（2020）为了制备细胞膜来源的纳米囊泡，采用低张力溶解、机械破坏和梯度离心联合处理去除细胞内容物，并通过连续超声和纳米孔挤压获得特定尺寸的纳米囊泡。该团队通过多种策略在纳米囊泡上装载了 SARS-CoV-2 受体 ACE2 和丰富的细胞因子受体，该囊泡通过与宿主细胞竞争，有效地吸附病毒和炎症细胞因子，进而干预病毒感染以及相关的免疫紊乱。另外一种囊泡和外泌体具有相似特征，兼具细胞膜相关成分和供体细胞来源的内容物。例如，Jang 等（2013）利用不同孔径过滤器分别挤压单核细胞和巨噬细胞，获得了类似外泌体的纳米囊泡。这类囊泡的产量约为外泌体的 100 倍，制备过程更加经济。

迄今为止，多种细胞来源的细胞膜已被重塑成具有特殊功能的纳米囊泡，这些细胞包括红细胞、血小板、细菌、白细胞、癌细胞、干细胞等。同一类细胞的细胞膜可以单一使用，也可以将不同细胞的细胞膜"杂交"使用，其本质是模仿细胞膜的特性，使纳米囊泡在体内应用中具有延长循环、免疫逃逸、主动靶向、组织穿透、高效药物装载等功能（Zhao et al.，2023）。例如，中性粒细胞衍生的纳米囊泡携带部分中性粒细胞所表达的蛋白质，这些蛋白质可以帮助纳米囊泡穿过受损的血脑屏障或血脊髓屏障（Shen et al.，2022）；树突状细胞衍生的纳米囊泡则可以激活 T 细胞，贡献免疫治疗（Harvey et al.，2022）。

3. 生物纳米囊泡的功能化

无论是细胞分泌的胞外纳米囊泡还是细胞膜来源的纳米囊泡，因其是生物来源，我们可统称为生物纳米囊泡。生物纳米囊泡与铁蛋白、VNP 等其他三维蛋白纳米材料具有相似的功能化策略，如基因改造、化学交联等。

利用合成生物学理念，通过基因工程手段对生物纳米囊泡的供体细胞进行改造，可从源头上改变这些囊泡的蛋白质组成，并赋予纳米囊泡新的功能。例如，Zhang 等（2015）将包膜病毒抗原的编码基因克隆到慢病毒载体并转染至 HEK 293T 细胞。病毒抗原可通过信号肽的识别定位于内质网，并被转运囊泡所携带。伴随着转运囊泡与细胞膜的融合，病毒抗原也因此被固定于细胞表面。由于细胞膜是生物纳米囊泡膜组分的重要来源，经嘌呤霉素筛选后，稳定表达病毒抗原的细胞也因此生产出表面具有病毒抗原的胞外囊泡，这些纳米囊泡在疫苗领域具有广阔的应用前景（Zhang et al.，2015）。

化学修饰也是一种常用的功能化方法，通常是利用共价、非共价交联的方法将核酸适配体、抗体、蛋白质、多肽等功能分子或特殊的功能基团修饰于囊泡的表面，实例很多，不再赘述。需特别提及的是，胆固醇常用来介导生物纳米囊泡的修饰，但不可直接用于蛋白质类纳米材料的功能化。其原因在于，生物纳米囊泡表面组分与细胞膜类似，含有脂质双分子层。胆固醇作为一种脂类分子，具有疏水性（亲油性）的脂溶性特点。一些功能分子如肿瘤靶向肽、适配体等经胆固醇修饰后，可通过胆固醇与脂质双分子层亲水端的相互作用，稳定地插入到生物纳米囊泡表面，进而发挥功能（Huang et al.，2019）。

基于疏水作用的膜融合是生物纳米囊泡功能化的又一途径。通过超声、共孵育、反复冻融等方式，可将两种及其以上的生物纳米囊泡通过膜融合的方式进行整合，所形成的"杂交"纳米囊泡也因此具备更加复杂的功能。例如，Rao 等（2020）分别制备 M1 型巨噬细胞、表达信号调节蛋白 α（SIRPα）突变体的癌细胞以及血小板来源的生物囊泡，并将这些囊泡通过膜融合实现"三合一"（图 13-18）。癌细胞表达的 CD47 是一个"别吃我"的信号，它与巨噬细胞上 SIRPα 相互作用，以防止被吞噬。癌细胞分泌刺激因子，可使肿瘤相关巨噬细胞从抗肿瘤的 M1 表型转变为肿瘤发生的 M2 表型。对此，"三合一"的杂交纳米囊泡均有"破解武器"：改造后的癌细胞所衍生的囊泡有对 CD47 更强亲和力的 SIRPα 变体，可阻断 CD47-SIRPα 信号轴；M1 型巨噬细胞衍生的囊泡含有 M2 向 M1 重新极化信号，可促进肿瘤微环境中的 M2 型巨噬细胞向 M1 重新极化。另外，血小板来源的囊泡可与循环肿瘤细胞互作，并与受损的血管和组织结合。在三种囊泡协作下，所获得的杂合囊泡实现了抑制肿瘤复发和远端转移的目的，是一种潜在的肿瘤免疫治疗剂。

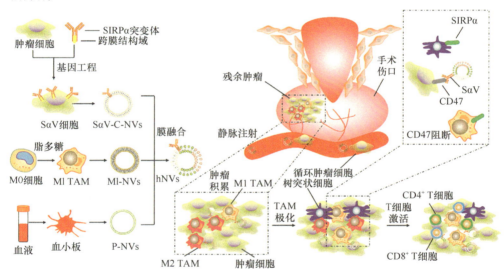

图 13-18　基于杂合细胞膜来源的工程化纳米囊泡及其肿瘤治疗示意图（修改自 Rao et al., 2020）
SIRPα，信号调节蛋白 α；TAM，肿瘤相关巨噬细胞；SαV，SIRPα 突变体；SαV-C-NVs，SαV 细胞膜包裹的纳米囊泡；M1-NVs，M1 巨噬细胞膜包裹的纳米囊泡；P-NVs，血小板膜包裹的纳米囊泡；hNVs，杂合细胞膜来源的纳米囊泡

4. 生物纳米囊泡与生物传感

生物纳米囊泡具有双面性，以外泌体为代表的天然细胞外囊泡因携带母体细胞信息，能够反映机体的生理与病理状态，因此常作为"被传感对象"，用于肿瘤液体活检、预后评估、治疗监测等。另外，工程化的生物纳米囊泡又可通过装载、递送功能元件去传感其他对象，其应用出口主要聚焦活体成像、疾病诊疗一体化等。

将生物纳米囊泡作为"被传感对象"时，首当其冲的是要深入挖掘纳米囊泡中所蕴含的生物标志物，目前的研究手段主要依赖质谱分析、RNA 测序、蛋白质芯片和核酸芯片等技术。大量研究证明，EV 中存在与肿瘤密切相关的蛋白质、核酸等。例如，Melo 等（2015）通过质谱分析发现磷脂酰肌醇蛋白聚糖-1（glypican-1，GPC1）阳性的 EV 可作为一种潜在的标志物，用于早期胰腺癌的非侵入性诊断和筛查。由于外泌体中致癌基因和抑癌基因 miRNA 在癌细胞与正常细胞之间存在表达差异，外泌体中特定 miRNA 或 miRNA 组也可作为癌症早期诊断的候选标志物。例如，循环外泌体 miR-21 水平升高与胶质母细胞瘤，以及胰腺、结肠直肠、结肠、肝脏、乳腺、卵巢等多种癌症相关，而尿液来源的 miR-21 水平升高与膀胱和前列腺癌密切相关（Salehi and Sharifi，2018；Thind and Wilson，2016）。除肿瘤之外，外泌体诊断应用还涉及心血管、中枢神经、肝脏等多种疾病（Jansen and Li，2017；Kanninen et al.，2016；Masyuk et al.，2013）。

近十年来，基于发现的 EV 相关生物标志物，高灵敏检测 EV 的生物传感体系如潮流般涌出，涉及光学、电化学、电学等多种传感原理（Xu et al.，2020）。例如，Im 等（2014）通过化学交联将抗体修饰于纳米孔阵列中的金芯片，基于抗体与外泌体中特定蛋白质的识别，以及微型光学器件对芯片表面光谱的探测，该研究团队建立了一种无标记、高通量的外泌体定量传感体系（nPLEX）。该体系实现了对卵巢癌细胞来源外泌体中 CD24 和 EpCAM 的高灵敏分析，充分体现了 EV 在疾病诊断中的应用价值。

再如，白血病的临床诊断依赖于骨髓穿刺。张先恩团队通过质谱分析，发现核仁素是极有潜力的白血病相关外泌体标志物。为了满足无创和低检测限的要求，该团队将核仁素特异性适配体 AS1411 作为识别分子，建立了一种检测白血病特异性外泌体的双信号放大荧光生物传感器，其具体检测原理如图 13-19 所示：首先，采用抗 CD63 抗体修饰的磁珠（CD63-MB）对外泌体进行富集、捕获；接着，用核酸滚环扩增（rolling circle amplification，RCA）引物和 AS1411 适配体序列组成的引物探针对外泌体进行特异性识别，促发 RCA 反应，并产生具有许多重复 DNA 序列的 RCA 产物，形成第一次信号放大；随后，加入 DNA-荧光染料（FAM）-金纳米粒（GNP）偶联物（GNP-DNA-FAM），使之与 RCA 产物进行杂交，形成核酸内切酶 Nb.BbvCI 的识别位点。由于 GNP 的光淬灭作用，GNP-DNA-FAM 偶联物中的 FAM 不发荧光；最后，体系中加入 Nb.BbvCI，在该酶的切割作用下，DNA-FAM 与 GNP 分离，继而被持续释放至溶液并产生荧光，形成第二次信号放大。基于两次信号放大，该体系产生的荧光信号与外泌体浓度呈现了良好的线性关系，对白血病相关外泌体的检测灵敏度达到 1000 个外泌体/微升（Huang et al.，2018）。随后，该团队又针对外泌体表面多个标志物，开发了一种高灵敏检测白血病特异性外泌体的多重免疫 PCR 体系。该系统利用特异性免疫识

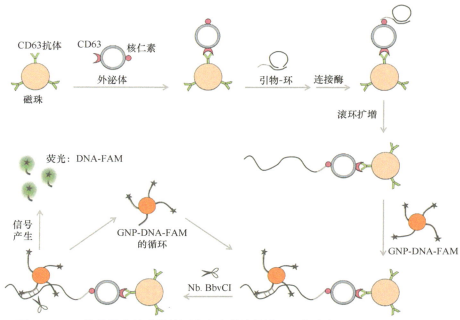

图 13-19　双信号放大传感器检测白血病外泌体原理（修改自 Huang et al.，2018）

别、核酸扩增和毛细管电泳，可以检测出浓度低至 10 个外泌体/微升的白血病特异性外泌体。与之前双信号放大系统相比，多重免疫 PCR 体系能准确鉴别难治型急性髓系白血病的多种临床亚型，且灵敏度获得了显著提升，因此更具广阔的临床应用前景（Singh et al.，2020）。

　　当生物纳米囊泡作为功能材料时，与其他三维蛋白质材料类似，主要通过递送成像元件、治疗元件，用于疾病的"诊"和"疗"。由于单独的"疗"偏离了本章的生物传感主题，所以我们着重对"诊"这一应用举例。例如，Jing 等（2021）从脂肪干细胞中分离出 EV，并将其功能化，使其同时携带正电子发射型计算机断层扫描（PET/CT）和近红外荧光成像探针（图 13-20）。在 EV 介导的 PET/CT 和近红外荧光多模态成像下，研究人员清晰地观察到原位结肠癌，为术前评估提供了充分证据。在进行手术时，近红外活体实时成像能够准确定位肿瘤位置并勾勒肿瘤边界，借助这种图像实时引导，成功完成了肿瘤切除手术。该研究为生物纳米囊泡在医学领域的应用开辟了新的可能性。

　　伴随医学进步，"诊"与"疗"不再孤立进行。Funkhouser（2002）首次提出了诊疗一体化的概念，经过 20 年发展，现已被广泛理解为"图像引导的治疗方法，或将诊断成像和治疗功能结合为一体的制剂或药物"（Ma et al.，2020）。由于诊疗一体化已成为锐不可当的医学趋势，工程化生物纳米囊泡也被赋予"诊疗"双功能。例如，内皮细胞损伤在缺血性的急性肾损伤（acute kidney injury，AKI）中

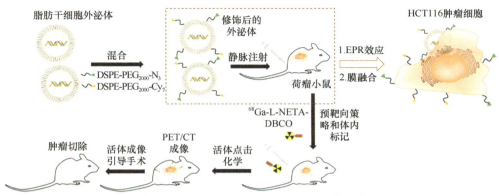

图 13-20　基于胞外囊泡的肿瘤多模态成像与手术切除（修改自 Jing et al.，2021）

发挥关键作用，并参与 AKI 的进展。Zhang 等（2023）报道了一种特异性靶向损伤内皮细胞的工程化细胞外囊泡用于急性肾损伤（AKI）诊疗一体化。该团队将 P 选择素作为 AKI 标志物，通过两亲性化合物 DMPE-PEG 将 P 选择素结合肽（P-selectin binding peptide，PBP）修饰于人胎盘来源的间充质干细胞 EV 表面（PBP-EV），并利用 Gaussia 萤光素酶（Gluc）和 Cy5.5 荧光基团标记 PBP-EV。结果表明，PBP-EV 呈现了对受损肾脏的良好靶向能力，并可通过荧光成像对肾脏中 P 选择素进行定量检测。此外，PBP-EV 因外泌体自身的特性，还可减轻炎症浸润、改善修复性血管生成和肾实质不适应性修复等。因此，该研究所合成的 PBP-EV 不仅能够提供生物标志物（P 选择素）在 AKI 早期阶段的时空信息、助力早诊，而且对肾保护及 AKI 的干预治疗具有积极意义。

13.4　总结与展望

　　自费曼的经典演讲已过去 65 年，随着我们对生命本质的深入探索和纳米技术的进步，再加上合成生物学赋能，现已能在体外构筑许多精巧的生物纳米结构。本章重点阐述了基于蛋白质（含多肽）自组装的纳米结构，以及近十年新兴的生物纳米囊泡类材料。这些生物纳米材料在细胞支架、药物递送、生物催化、光电纳米器件等方面均有广阔应用，但鉴于生物传感在环境监测、疾病诊断、生物安全、国土安全等领域的应用需求日益增加，结合团队自身研究专长，本章着重关注生物纳米材料在生物传感中的应用。

　　生物纳米材料在生物传感的应用场景非常之多，总体而言，可分为体内生物传感和体外生物传感。其中，一维和二维材料更倾向用于体外生物传感。特别是 S 层蛋白，因其能在多种材料的表面和界面自组装形成有晶体结构的二维纳米膜，非常适合与生物传感器件结合。经过改造的人工 S 层不仅赋予传感器件多种功能，而且可提升传感界面的均质化程度、稳定性等性能。对于 VLP、EV 等三维生物纳米材料而言，它们具备独特的生物学特性，例如，生物相容性好、可以像真病毒一样"感染"细胞、可以在细胞之间传递信息等，这些特性使之在活细胞、活体应用中体现了显著优势。

然而，不管哪一类生物纳米材料，都面临"如何能大规模、标准化制备"这一难题。对于自组装形成的蛋白质类纳米材料而言，自组装效率低是关键的制约原因之一。尽管分子自组装在理论上具有自发性和高效性，但在规模制备中，由于分子自组装是通过非共价相互作用自动有序排列形成稳定结构的过程，该过程极易受到环境条件（如 pH、温度、离子强度）的影响，再加上组装体系中存在复杂的分子间相互作用，这些因素会导致自组装效率低下。目前，纳米技术与合成生物技术的进步已经允许我们在一定程度上操控大分子的自组装，但还不足以精准控制自组装的强度和方向，更无法保证自组装材料尺寸、形貌、性能的均一性。因此，我们仍需深入探索分子自组装理论、洞悉分子之间互作机制及其影响因素，进而通过优化条件、设计新型分子结构等途径克服现有技术瓶颈。

对于生物纳米囊泡而言，特别是工程化的细胞外囊泡，同样具有异质性高、得率低的现状，这是多种因素共同作用的结果，如细胞分泌量低、纯化效率低、EV 来源和分泌途径多样、EV 内含物复杂等。EV 中的内含物主要来源于供体细胞，与细胞的状态和外界环境的影响密切相关，且受多种细胞内分子机制调控，即使是同一种细胞分泌出的 EV，所携带内含物的种类和含量都会有所不同。鉴于此，细胞囊泡的形成机理、货物分选机制仍值得进一步探究，这将是降低 EV 异质性的理论基础。另外，通过合成生物学方法重塑供体细胞，兼之开发高效纯化方法，也是提升 EV 产量和得率的有效途径。

生物纳米材料主要通过功能化使其携带识别分子、信号分子等传感元件，进而应用于生物传感领域。尽管目前已有许多功能化策略，但是如何高密度、定向装载功能分子，且保持生物活性一直备受领域关注。基于化学修饰的功能化策略往往会导致修饰效率不高、生物分子活性丧失、重复性差等问题。通过基因工程的功能化方法可能会产生结构干扰，如导致蛋白质丧失自组装特性、无法形成纳米结构，也可能会影响细胞的生理状态、改变生物囊泡形成与货物装载等。因此，在深入理解生物材料界面分子互作的同时，仍需精细优化功能化方法，包括开发更加精准的化学修饰技术（点击化学、酶催化修饰等）、使用计算机辅助设计（CAD）工具优化修饰位点和反应条件、实验和计算机模拟优化基因融合位置等。这些努力不仅有助于提高生物纳米材料的功能化效率、生物传感界面均质化程度，而且为纳米生物传感器件的可重复制备及传感性能提升奠定了基础。

最后，必须要提及的是，人工智能的飞跃进步正前所未有地推动着生物、医学等领域的创新与发展。广为人知的 Rosetta 和 AlphaFold 在蛋白质结构预测方面取得了革命性进展。AI 生成模型如生成对抗网络（GAN）、变分自编码器（VAE）、扩散模型（DM）已被广泛开发，允许蛋白质从头生成。另外，基于自然语言处理技术开发的蛋白质语言模型，如 TAPE 和 ProtGPT，也正在加快蛋白质设计。尽管目前还未有基于 AI 生成的生物纳米传感材料，但未来一定是大势所趋。在 AI 的助力下，我们既可获得超越大自然、更稳定、更可控的生物纳米材料，也可获得全新的生物传感元件，如特异性和亲和力更高的识别分子、酶活性更强的信号分子。这种新的组合，必将推动纳米生物传感进入新时代。

致谢：在本章撰写过程中，广州实验室门冬研究员为 13.1 "多肽及蛋白质纳米线"内容提供了宝贵的建议。中国科学院武汉病毒研究所李峰研究员为 13.3.1 "蛋白纳米笼"部分提供了大量专业资料和指导。

编写人员：王殿冰（中国科学院生物物理研究所）
图片绘制：杨晨阳 汤静雅 任晨硕 袁 也 黄新宇
（中国科学院生物物理研究所）

参 考 文 献

Abels E R, Breakefield X O. 2016. Introduction to extracellular vesicles: biogenesis, RNA cargo selection, content, release, and uptake. Cellular and Molecular Neurobiology, 36(3): 301-312.

Aljabali A A A, Barclay J E, Cespedes O, et al. 2011. Charge modified cowpea mosaic virus particles for templated mineralization. Advanced Functional Materials, 21(21): 4137-4142.

Aljabali A A A, Barclay J E, Lomonossoff G P, et al. 2010. Virus templated metallic nanoparticles. Nanoscale, 2(12): 2596-2600.

Aljabali A A, Shukla S, Lomonossoff G P, et al. 2013. CPMV-DOX delivers. Molecular Pharmaceutics, 10(1): 3-10.

Allen M, Bulte J W M, Liepold L, et al. 2005. Paramagnetic viral nanoparticles as potential high-relaxivity magnetic resonance contrast agents. Magnetic Resonance in Medicine, 54(4): 807-812.

Andrews S C. 1998. Iron storage in bacteria. Advances in Microbial Physiology, 40: 281-351.

Bäcker M, Koch C, Eiben S, et al. 2017. Tobacco mosaic virus as enzyme nanocarrier for electrochemical biosensors. Sensors and Actuators B-Chemical, 238: 716-722.

Bale J B, Gonen S, Liu Y X, et al. 2016. Accurate design of megadalton-scale two-component icosahedral protein complexes. Science, 353(6297): 389-394.

Bhaskar S, Lim S. 2017. Engineering protein nanocages as carriers for biomedical applications. NPG Asia Materials, 9(4): e371.

Bruun T U J, Andersson A M C, Draper S J, et al. 2018. Engineering a rugged nanoscaffold to enhance plug-and-display vaccination. ACS Nano, 12(9): 8855-8866.

Buell A K, White D A, Meier C, et al. 2010. Surface attachment of protein fibrils *via* covalent modification strategies. The Journal of Physical Chemistry B, 114(34): 10925-10938.

Chandrasekaran A R. 2016. Programmable DNA scaffolds for spatially-ordered protein assembly.

Nanoscale, 8(8): 4436-4446.

Chen W K, Li S X, Lang J C, et al. 2020. Combined tumor environment triggered self-assembling peptide nanofibers and inducible multivalent ligand display for cancer cell targeting with enhanced sensitivity and specificity. Small, 16(38): e2002780.

Damiati S, Küpcü S, Peacock M, et al. 2017. Acoustic and hybrid 3D-printed electrochemical biosensors for the real-time immunodetection of liver cancer cells (HepG2). Biosensors & Bioelectronics, 94: 500-506.

Damiati S, Peacock M, Mhanna R, et al. 2018. Bioinspired detection sensor based on functional nanostructures of S-proteins to target the folate receptors in breast cancer cells. Sensors and Actuators B-Chemical, 267: 224-230.

Douglas T, Young M. 1998. Host-guest encapsulation of materials by assembled virus protein cages. Nature, 393(6681): 152-155.

Fan K L, Cao C Q, Pan Y X, et al. 2012. Magnetoferritin nanoparticles for targeting and visualizing tumour tissues. Nature Nanotechnology, 7(7): 459-464.

Ferraz H C, Guimarães J A, Alves T L M, et al. 2011. Monomolecular films of cholesterol oxidase and S-Layer proteins. Applied Surface Science, 257(15): 6535-6539.

Flenniken M L, Uchida M, Liepold L O, et al. 2009. A Library of Protein Cage Architectures as Nanomaterials//Manchester M, Steinmetz N F. eds. Viruses and Nanotechnology.Berlin: Springer-Verlag Berlin: 71-93.

Funkhouser J. 2002. Reinventing pharma: The theranostic revolution. Current Drug Discovery, 2: 17-19.

Gao R M, Tan H, Li S S, et al. 2022. A prototype protein nanocage minimized from carboxysomes with gated oxygen permeability. Proceedings of the National Academy of Sciences of the United States of America, 119(5): e2104964119.

Gu C K, Zhang T, Lv C Y, et al. 2020. His-mediated reversible self-assembly of ferritin nanocages through two different switches for encapsulation of cargo molecules. ACS Nano, 14(12): 17080-17090.

Guimarães J A, Ferraz H C, Alves T L M. 2014. Langmuir-Blodgett films of cholesterol oxidase and S-layer proteins onto screen-printed electrodes. Applied Surface Science, 298: 68-74.

Han Y W, Zhang Y C, Wu S, et al. 2021. Co-assembly of peptides and carbon nanodots: Sensitive analysis of transglutaminase 2. ACS Applied Materials & Interfaces, 13(31): 36919-36925.

Hartzell E J, Lieser R M, Sullivan M O, et al. 2020. Modular hepatitis B virus-like particle platform for biosensing and drug delivery. ACS Nano, 14(10): 12642-12651.

Harvey B T, Fu X, Li L, et al. 2022. Dendritic cell membrane-derived nanovesicles for targeted T cell activation. ACS Omega, 7(50): 46222-46233.

Heijnen H F G, Schiel A E, Fijnheer R, et al. 1999. Activated platelets release two types of membrane vesicles: microvesicles by surface shedding and exosomes derived from exocytosis of multivesicular bodies and alpha-granules. Blood, 94(11): 3791-3799.

Hsia Y, Bale J B, Gonen S, et al. 2016. Design of a hyperstable 60-subunit protein dodecahedron. Nature, 535(7610): 136-139.

Huang L, Gu N, Zhang X E, et al. 2019. Light-inducible exosome-based vehicle for endogenous RNA loading and delivery to leukemia cells. Advanced Functional Materials, 29(9): 1807189.

Huang L, Wang D B, Singh N, et al. 2018. A dual-signal amplification platform for sensitive fluorescence biosensing of leukemia-derived exosomes. Nanoscale, 10(43): 20289-20295.

Ilk N, Küpcü S, Moncayo G, et al. 2004. A functional chimaeric S-layer-enhanced green fluorescent protein to follow the uptake of S-layer-coated liposomes into eukaryotic cells. Biochemical Journal, 379: 441-448.

Im H, Shao H L, Park Y I, et al. 2014. Label-free detection and molecular profiling of exosomes with a nano-plasmonic sensor. Nature Biotechnology, 32(5): 490-495.

Jang S C, Kim O Y, Yoon C M, et al. 2013. Bioinspired exosome-mimetic nanovesicles for targeted delivery of chemotherapeutics to malignant tumors. ACS Nano, 7(9): 7698-7710.

Jansen F, Li Q. 2017. Exosomes as diagnostic biomarkers in cardiovascular diseases. Advances in Experimental Medicine and Biology, 998: 61-70.

Jing B P, Qian R J, Jiang D W, et al. 2021. Extracellular vesicles-based pre-targeting strategy enables multi-modal imaging of orthotopic colon cancer and image-guided surgery. Journal of Nanobiotechnology, 19(1): 151.

Johnstone R M, Adam M, Hammond J R, et al. 1987. Vesicle formation during reticulocyte maturation. Association of plasma membrane activities with released vesicles (exosomes). Journal of Biological Chemistry, 262(19): 9412-9420.

Kalluri R, LeBleu V S. 2020. The biology, function, and biomedical applications of exosomes. Science, 367(6478): eaau6977.

Kanninen K M, Bister N, Koistinaho J, et al. 2016. Exosomes as new diagnostic tools in CNS diseases. Biochimica et Biophysica Acta, 1862(3): 403-410.

Kim S A, Lee Y, Ko Y, et al. 2023. Protein-based nanocages for vaccine development. Journal of Controlled Release, 353: 767-791.

Kuan S L, Bergamini F R G, Weil T. 2018. Functional protein nanostructures: A chemical toolbox. Chemical Society Reviews, 47(24): 9069-9105.

Lakshmanan A, Farhadi A, Nety S P, et al. 2016. Molecular engineering of acoustic protein nanostructures. ACS Nano, 10(8): 7314-7322.

Leng Y, Wei H P, Zhang Z P, et al. 2010. Integration of a fluorescent molecular biosensor into self-assembled protein nanowires: a large sensitivity enhancement. Angewandte Chemie International Edition, 49(40): 7243-7246.

Lewis J D, Destito G, Zijlstra A, et al. 2006. Viral nanoparticles as tools for intravital vascular imaging. Nature Medicine, 12(3): 354-360.

Li C X, Adamcik J, Mezzenga R. 2012. Biodegradable nanocomposites of amyloid fibrils and graphene with shape-memory and enzyme-sensing properties. Nature Nanotechnology, 7(7): 421-427.

Li C Y, Li F, Zhang Y J, et al. 2015. Real-time monitoring surface chemistry-dependent *in vivo* behaviors of protein nanocages *via* encapsulating an NIR-II Ag_2S quantum dot. ACS Nano, 9(12): 12255-12263.

Li F, Chen Y H, Chen H L, et al. 2011. Monofunctionalization of protein nanocages. Journal of the American Chemical Society, 133(50): 20040-20043.

Li F, Wang D B, Zhou J, et al. 2020. Design and biosynthesis of functional protein nanostructures. Science China-Life Sciences, 63(8): 1142-1158.

Li F, Zhang Z P, Peng J, et al. 2009. Imaging viral behavior in Mammalian cells with self-assembled capsid-quantum-dot hybrid particles. Small, 5(6): 718-726.

Li J, Pylypchuk I, Johansson D P, et al. 2019. Self-assembly of plant protein fibrils interacting with superparamagnetic iron oxide nanoparticles. Scientific Reports, 9(1): 8939.

Lin X, Xie J, Niu G, et al. 2011. Chimeric ferritin nanocages for multiple function loading and multimodal imaging. Nano Letters, 11(2): 814-819.

Liu J R, Mao Y B, Lan E, et al. 2008. Generation of oxide nanopatterns by combining self-assembly of S-layer proteins and area-selective atomic layer deposition. Journal of the American Chemical Society, 130(50): 16908-16913.

Lucon J, Qazi S, Uchida M, et al. 2012. Use of the interior cavity of the P22 capsid for site-specific initiation of atom-transfer radical polymerization with high-density cargo loading. Nature Chemistry, 4(10): 781-788.

Luo Q, Hou C X, Bai Y S, et al. 2016. Protein assembly: Versatile approaches to construct highly ordered nanostructures. Chemical Reviews, 116(22): 13571-13632.

Ma M, Wu H, Bai C, et al. 2020. Research advances in nanotheranostics. Scientia Sinica Vitae, 50(7): 734-754.

Makam S S, Kingston J J, Harischandra M S, et al. 2014. Protective antigen and extractable antigen 1 based chimeric protein confers protection against *Bacillus anthracis* in mouse model. Molecular Immunology, 59(1): 91-99.

Mark S S, Bergkvist M, Yang X, et al. 2006. Bionanofabrication of metallic and semiconductor nanoparticle arrays using S-layer protein lattices with different lateral spacings and geometries. Langmuir, 22(8): 3763-3774.

Masyuk A I, Masyuk T V, LaRusso N F. 2013. Exosomes in the pathogenesis, diagnostics and therapeutics of liver diseases. Journal of Hepatology, 59(3): 621-625.

Matsumoto N M, Prabhakaran P, Rome L H, et al. 2013. Smart vaults: thermally-responsive protein nanocapsules. ACS Nano, 7(1): 867-874.

Melo S A, Luecke L B, Kahlert C, et al. 2015. Glypican-1 identifies cancer exosomes and detects early pancreatic cancer. Nature, 523(7559): 177-182.

Men D, Guo Y C, Zhang Z P, et al. 2009. Seeding-induced self-assembling protein nanowires dramatically increase the sensitivity of immunoassays. Nano Letters, 9(6): 2246-2250.

Men D, Zhang T T, Hou L W, et al. 2015. Self-assembly of ferritin nanoparticles into an enzyme nanocomposite with tunable size for ultrasensitive immunoassay. ACS Nano, 9(11): 10852-10860.

Men D, Zhang Z P, Guo Y C, et al. 2010. An auto-biotinylated bifunctional protein nanowire for ultra-sensitive molecular biosensing. Biosensors & Bioelectronics, 26(4): 1137-1141.

Men D, Zhou J, Li W, et al. 2016. Fluorescent protein nanowire-mediated protein microarrays for multiplexed and highly sensitive pathogen detection. ACS Applied Materials & Interfaces, 8(27): 17472-17477.

Minciacchi V R, Freeman M R, Di Vizio D. 2015. Extracellular vesicles in cancer: Exosomes, microvesicles and the emerging role of large oncosomes. Seminars in Cell & Developmental Biology, 40: 41-51.

Minten I J, Claessen V I, Blank K, et al. 2011. Catalytic capsids: The art of confinement. Chemical

Science, 2(2): 358-362.

Moll D, Huber C, Schlegel B, et al. 2002. S-layer-streptavidin fusion proteins as template for nanopatterned molecular arrays. Proceedings of the National Academy of Sciences of the United States of America, 99(23): 14646-14651.

Nair R, Santos L, Awasthi S, et al. 2014. Extracellular vesicles derived from preosteoblasts influence embryonic stem cell differentiation. Stem Cells and Development, 23(14): 1625-1635.

Neubauer A, Pum D, Sleytr U B, et al. 1996. Fibre-optic glucose biosensor using enzyme membranes with 2-D crystalline structure. Biosensors and Bioelectronics, 11(3): 317-325.

Neubauer A, Pum D, Sleytr U B. 1993. An amperometric glucose sensor based on isoporous crystalline protein membranes as immobilization matrix. Analytical Letters, 26(7): 1347-1360.

Nyström G, Roder L, Fernández-Ronco M P, et al. 2018. Amyloid templated organic－inorganic hybrid aerogels. Advanced Functional Materials, 28(27): 1703609.

Omichi M, Asano A, Tsukuda S, et al. 2014. Fabrication of enzyme-degradable and size-controlled protein nanowires using single particle nano-fabrication technique. Nature Communications, 5: 3718.

Picher M M, Küpcü S, Huang C J, et al. 2013. Nanobiotechnology advanced antifouling surfaces for the continuous electrochemical monitoring of glucose in whole blood using a lab-on-a-chip. Lab on a Chip, 13(9): 1780-1789.

Pleschberger M, Saerens D, Weigert S, et al. 2004. An S-layer heavy chain camel antibody fusion protein for generation of a nanopatterned sensing layer to detect the prostate-specific antigen by surface plasmon resonance technology. Bioconjugate Chemistry, 15(3): 664-671.

Qing R, Xue M T, Zhao J Y, et al. 2023. Scalable biomimetic sensing system with membrane receptor dual-monolayer probe and graphene transistor arrays. Science Advances, 9(29): eadf1402.

Rao L, Wu L, Liu Z D, et al. 2020. Hybrid cellular membrane nanovesicles amplify macrophage immune responses against cancer recurrence and metastasis. Nature Communications, 11(1): 4909.

Rao L, Xia S, Xu W, et al. 2020. Decoy nanoparticles protect against COVID-19 by concurrently adsorbing viruses and inflammatory cytokines. Proceedings of the National Academy of Sciences of the United States of America, 117(44): 27141-27147.

Rothbauer M, Küpcü S, Sticker D, et al. 2013. Exploitation of S-layer anisotropy: pH-dependent nanolayer orientation for cellular micropatterning. ACS Nano, 7(9): 8020-8030.

Salehi M, Sharifi M. 2018. Exosomal miRNAs as novel cancer biomarkers: Challenges and opportunities. Journal of Cellular Physiology, 233(9): 6370-6380.

Sára M, Sleytr U B. 1987. Production and characteristics of ultrafiltration membranes with uniform pores from two-dimensional arrays of proteins. Journal of Membrane Science, 33(1): 27-49.

Sasso L, Suei S, Domigan L, et al. 2014. Versatile multi-functionalization of protein nanofibrils for biosensor applications. Nanoscale, 6(3): 1629-1634.

Schäffer C, Novotny R, Küpcü S, et al. 2007. Novel biocatalysts based on S-layer self-assembly of *Geobacillus stearothermophilus* NRS 2004/3a: a nanobiotechnological approach. Small, 3(9): 1549-1559.

Scheicher S R, Kainz B, Köstler S, et al. 2009. Optical oxygen sensors based on Pt(II) porphyrin dye immobilized on S-layer protein matrices. Biosensors and Bioelectronics, 25(4): 797-802.

Scheicher S R, Kainz B, Köstler S, et al. 2013. 2D crystalline protein layers as immobilization matrices for the development of DNA microarrays. Biosensors and Bioelectronics, 40(1): 32-37.

Schuster B. 2018. S-layer protein-based biosensors. Biosensors, 8(2): 40.

Schuster B, Pum D, Sára M, et al. 2001. S-layer ultrafiltration membranes: A new support for stabilizing functionalized lipid membranes. Langmuir, 17(2): 499-503.

Shen L H, Zhou J, Wang Y X, et al. 2015. Efficient encapsulation of Fe_3O_4 nanoparticles into genetically engineered hepatitis B core virus-like particles through a specific interaction for potential bioapplications. Small, 11(9-10): 1190-1196.

Shen S S, Cheng X, Zhou L Y, et al. 2022. Neutrophil nanovesicle protects against experimental autoimmune encephalomyelitis through enhancing myelin clearance by microglia. ACS Nano, 16(11): 18886-18897.

Shen Y, Nyström G, Mezzenga R. 2017a. Amyloid fibrils form hybrid colloidal gels and aerogels with dispersed $CaCO_3$ nanoparticles. Advanced Functional Materials, 27(45): 1700897.

Shen Y, Posavec L, Bolisetty S, et al. 2017b. Amyloid fibril systems reduce, stabilize and deliver bioavailable nanosized iron. Nature Nanotechnology, 12(7): 642-647.

Shenton W, Pum D, Sleytr U B, et al. 1997. Synthesis of cadmium sulphide superlattices using self-assembled bacterial S-layers. Nature 389: 585-587.

Shlyakhov E, Shoenfeld Y, Gilburd B, et al. 2004. Evaluation of *Bacillus anthracis* extractable antigen for testing *Anthrax* immunity. Clinical Microbiology and Infection, 10(5): 421-424.

Singh N, Huang L, Wang D B, et al. 2020. Simultaneous detection of a cluster of differentiation markers on leukemia-derived exosomes by multiplex immuno-polymerase chain reaction *via* capillary electrophoresis analysis. Analytical Chemistry, 92(15): 10569-10577.

Sleytr U B, Sára M, Messner P, et al. 1994. Two-dimensional protein crystals (S-layers): Fundamentals and applications. Journal of Cellular Biochemistry, 56(2): 171-176.

Sleytr U B, Sára M. 1997. Bacterial and archaeal S-layer proteins: structure-function relationships and their biotechnological applications. Trends in Biotechnology, 15(1): 20-26.

Sleytr U B, Schuster B, Egelseer E M, et al. 2011. Nanobiotechnology with S-Layer proteins as building blocks. Prog Mol Biol Transl, 103: 277-352.

Song N N, Zhang J L, Zhai J, et al. 2021. Ferritin: a multifunctional nanoplatform for biological detection, imaging diagnosis, and drug delivery. Accounts of Chemical Research, 54(17): 3313-3325.

Sun H C, Zhang X Y, Miao L, et al. 2016a. Micelle-induced self-assembling protein nanowires: Versatile supramolecular scaffolds for designing the light-harvesting system. ACS Nano, 10(1): 421-428.

Sun X X, Li W, Zhang X W, et al. 2016b. *In vivo* targeting and imaging of atherosclerosis using multifunctional virus-like particles of Simian virus 40. Nano Letters, 16(10): 6164-6171.

Tang J L, Badelt-Lichtblau H, Ebner A, et al. 2008. Fabrication of highly ordered gold nanoparticle arrays templated by crystalline lattices of bacterial S-layer protein. Chemphyschem, 9(16): 2317-2320.

Tang J Y, Zhang G M, Li F, et al. 2022. Two-dimensional protein nanoarray as a carrier of sensing elements for gold-based immunosensing systems. Analytical Chemistry, 94(26): 9355-9362.

Théry C, Zitvogel L, Amigorena S. 2002. Exosomes: Composition, biogenesis and function. Nature

Reviews Immunology, 2(8): 569-579.

Thind A, Wilson C. 2016. Exosomal miRNAs as cancer biomarkers and therapeutic targets. Journal of Extracellular Vesicles, 5: 31292.

Tosha T, Ng H L, Bhattasali O, et al. 2010. Moving metal ions through ferritin- protein nanocages from three-fold pores to catalytic sites. Journal of the American Chemical Society, 132(41): 14562-14569.

Uchida M, Kang S, Reichhardt C, et al. 2010. The ferritin superfamily: Supramolecular templates for materials synthesis. Biochimica et Biophysica Acta (BBA)-General Subjects, 1800(8): 834-845.

Ucisik M H, Küpcü S, Debreczeny M, et al. 2013. S-layer coated emulsomes as potential nanocarriers. Small, 9(17): 2895-2904.

van Niel G, D'Angelo G, Raposo G. 2018. Shedding light on the cell biology of extracellular vesicles. Nature Reviews Molecular Cell Biology, 19(4): 213-228.

Völlenkle C, Weigert S, Ilk N, et al. 2004. Construction of a functional S-layer fusion protein comprising an immunoglobulin G-binding domain for development of specific adsorbents for extracorporeal blood purification. Applied and Environmental Microbiology, 70(3): 1514-1521.

Wang D B, Yang R F, Zhang Z P, et al. 2009. Detection of B. anthracis spores and vegetative cells with the same monoclonal antibodies. PLoS One, 4(11): e7810.

Wang X Y, Wang D B, Zhang Z P, et al. 2015. A S-layer protein of *Bacillus anthracis* as a building block for functional protein arrays by *in vitro* self-assembly. Small, 11(43): 5826-5832.

Weigert S, Sára M. 1995. Surface modification of an ultrafiltration membrane with crystalline structure and studies on interactions with selected protein molecules. Journal of Membrane Science, 106(1-2): 147-159.

Willms E, Cabañas C, Mäger I, et al. 2018. Extracellular vesicle heterogeneity: Subpopulations, isolation techniques, and diverse functions in cancer progression. Frontiers in Immunology, 9: 738.

Wolf P. 1967. The nature and significance of platelet products in human plasma. British Journal of Haematology, 13(3): 269-288.

Xu J, Camfield R, Gorski S M. 2018. The interplay between exosomes and autophagy - partners in crime. Journal of Cell Science, 131(15): jcs215210.

Xu L Z, Shoaie N, Jahanpeyma F, et al. 2020. Optical, electrochemical and electrical (nano)biosensors for detection of exosomes: a comprehensive overview. Biosensors and Bioelectronics, 161: 112222.

Zang F H, Gerasopoulos K, Brown A D, et al. 2017. Capillary microfluidics-assembled virus-like particle bionanoreceptor interfaces for label-free biosensing. ACS Applied Materials & Interfaces, 9(10): 8471-8479.

Zhang K Y, Li R R, Chen X N, et al. 2023. Renal endothelial cell-targeted extracellular vesicles protect the kidney from ischemic injury. Advanced Science, 10(3): e2204626.

Zhang P F, Chen Y X, Zeng Y, et al. 2015. Virus-mimetic nanovesicles as a versatile antigen-delivery system. Proceedings of the National Academy of Sciences of the United States of America, 112(45): E6129-E6138.

Zhang Q R, Bolisetty S, Cao Y P, et al. 2019. Selective and efficient removal of fluoride from water: *in situ* engineered amyloid fibril/ZrO$_2$ hybrid membranes. Angewandte Chemie International

Edition, 58(18): 6012-6016.

Zhang Y N, Li Y N, Zhang J L, et al. 2021. Nanocage-based capture-detection system for the clinical diagnosis of autoimmune disease. Small, 17(25): e2101655.

Zhao C C, Pan Y W, Yu G C, et al. 2023. Vesicular antibodies: shedding light on antibody therapeutics with cell membrane nanotechnology. Advanced Materials, 35(12): e2207875.

Zhou X M, Entwistle A, Zhang H, et al. 2014. Self-assembly of amyloid fibrils that display active enzymes. ChemCatChem, 6(7): 1961-1968.

第 14 章　运用合成生物技术开发活体材料

合成生物学是一门通过将生命系统模块化、标准化设计，从而创造新颖生物功能的跨学科领域。其本质是通过理性设计与生物工程手段，对生物元件、模块或系统进行优化或重构，实现自然界生命体不具备的功能。自 2000 年以来，随着基因开关（toggle switch）与压缩振荡子（repressilator）等重要概念的提出，合成生物学领域逐渐崛起并快速发展。近年来，合成生物学的理念和技术被逐步应用到材料科学领域，催生了"活体材料"这一全新概念。活体材料结合了生物体动态调节功能与合成生物学模块化设计思想，具有自修复、自适应和响应环境变化的能力。通过本书，我们将探讨合成生物学如何推动活体材料的开发，以及这些材料在生物医学、环境工程等领域的应用潜力。

合成生物学是一门通过工程化方式研究生命系统的学科，其广泛定义为通过理性设计并整合新型生物元件、模块与系统，或通过重新改造天然生命，以获得自然生物（如生命或生物分子材料系统）所不存在的新颖功能。合成生物学的核心在于使生物系统的设计更具合理性、可预测性和系统性。20 世纪六七十年代，基因阻遏元件的发现揭示了基因设计在操控生命方面的潜力，自 2000 年起，随着基因开关和压缩振荡子的出现，合成生物学正式进入人们的视野。现今，标准化结构元件、模块化设计策略以及计算机模拟仿真等工程思想和技术推动了合成生物学的快速发展。现代生物工程师可以在活体生命系统中引入人工设计的基因线路，以程序化编程的方式精准操纵细胞内基因转录过程以及调节转录产物浓度等。在设计可预测的基因线路过程中，控制理论的应用，以及逻辑门和模块化基因元件等工具的开发，极大地拓展了活体基因编程的可能性。多年来基因编辑工具的进步使得科学家如今能够设计复杂的多级基因逻辑线路，以高效执行多输入、多输出的生物代谢活动（Brophy and Voigt，2014）。

除了遗传信息编程和生命行为调控外，过去 10 年（2014～2024 年），合成生物学的设计思想逐渐扩展至材料科学和工程学领域（图 14-1）。一方面，合成生物学强调通过模块化手段简化自然界复杂的生命体系，将不同来源的功能模块像积木一样整合，以创建定制的非天然生命系统。在材料科学中，合成生物学提供了一种将天然生物大分子材料按结构和功能解构为独立模块的思路。在仿生材料设计中，科学家可以通过模块化设计，对来自自然界的材料模块或人工设计的分子模块进行合理组合，从而筛选出最佳排列组合，进而开发高性能仿生材料。这方面的典型例子包括：重组的黏性生物被膜成分和贻贝足丝蛋白制成的水下黏合蛋

合成生物学的重大里程碑

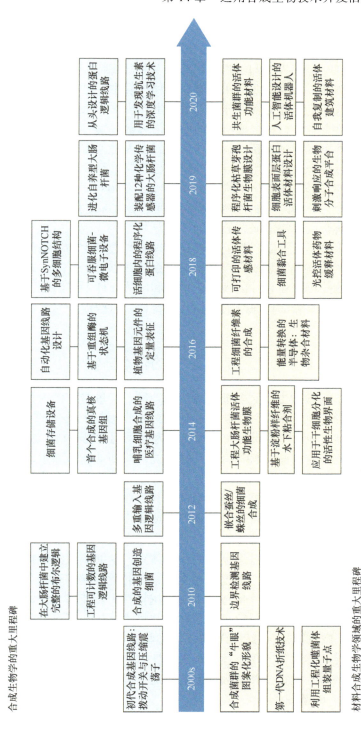

材料合成生物学领域的重大里程碑

图 14-1 合成生物学和材料合成生物学领域的里程碑

白（Zhong et al.，2021）、基于多臂交联多肽和光响应蛋白的光敏医用水凝胶（Jiang et al.，2020），以及人工设计的自组装和靶向识别的止血多肽材料等（Li et al.，2019）。另一方面，自然界中的生物材料结构及其功能特性往往与生命体的调控机制密切相关。例如，细菌或细胞在复制和迁移过程中，可根据内外信号的刺激，合成胞外基质或细胞壁等生物成分，以适应生理需求（Nguyen et al.，2018）。从时间和空间尺度上看，材料合成所需的所有信息都被编码在基因组中，因此，理论上材料工程师可以通过重新编码遗传信息或引入基因逻辑线路，实现生命体内的目标材料组分的合成和应用。近年的研究已证明，合成生物学技术能够有效操控工程细菌或细胞形成图案化结构（Basu et al.，2005），并实现功能材料的原位程序化生产（如大肠杆菌功能生物被膜展示平台）（Chen et al.，2014），这些研究进展奠定了材料合成生物学概念的基础。

材料合成生物学结合了材料的理性设计理念与合成生物学的创新思维，旨在通过模块化材料的理性组装或直接利用活体系统，以可预测的方式生成具备生物功能的材料。这些程序化设计的大分子材料和活体元件不仅简化了对自然仿生过程的设计，还通过整合活体系统的动态代谢特性，有望提升人工仿生材料的智能响应能力。

14.1 自然界中的活体材料

生物体从单细胞微生物到多细胞植物和动物，经过漫长的演化，发展出了多样化的代谢途径，并具备了令人印象深刻的生物催化能力。这些生物体能够将水、二氧化碳、无机盐和营养物质等原材料转化为一系列生物材料，如多糖、蛋白质、脂质和生物矿物等。这些材料具有多种独特的性质和功能，如水下黏附、机械强度、物理保护以及抗湿性，以适应多样化的环境条件，帮助生物体更好地生存。不仅如此，生物体还能够根据环境刺激，在其生命周期内动态调节其生物材料的物理化学和机械性质。它们可以灵活地启动或停止材料的合成，或根据生理需求调整材料的属性，如化学成分、机械稳定性和导电性，以应对不断变化的环境条件。例如，动物的皮肤具备精细调控的细胞体系，能够响应组织损伤，促进伤口愈合，最终恢复机械完整性。通过研究生命系统的适应性和动态行为，我们不仅可以深入理解生物材料在生物体背景下的卓越特性，还能够为设计下一代智能、响应性材料奠定基础，这些材料可能会在一些过去被认为不可能的领域中找到应用。本节概述了微生物、植物和动物等不同生物在其自然环境中产生的生物材料，特别强调了天然活体材料的动态性和可进化性（表 14-1），这些特性为我们提供了重要的灵感，并作为设计由转基因细胞制成的工程化活体材料（engineered living material，ELM）的蓝图。

表 14-1　生命的属性和工程生命对 ELM 制造的启发

生命属性	简述	举例	对 ELM 制造的益处
生长繁殖	生物体通过自我复制进行持续生长	细菌在几十分钟内自我复制	ELM 的生产可以通过简单地以可持续的方式培养活体生物来连续进行
生物合成	生物体可以合成特定的代谢产物和生物聚合物来生存	蓝藻产生气泡来调节浮力，这导致趋光性细菌产生生物被膜来抵抗抗生素	ELM 可以被编程用于生产具有定制功能的生物材料
自修复	生物体可以自主修复损伤并恢复功能	皮肤组织在烧伤后会经历一个自主的、特定地点的伤口愈合过程	ELM 可以被设计为自主检测和修复缺陷，从而恢复特定物体的结构或功能完整性
自组织	细胞及其产生的生物聚合物可以自组织成有序的结构	动物条纹是由有图案的色素细胞形成的；木材由分级排列的纤维素原纤维组成	ELM 可以自行组装成定制的图案或结构
响应性	生物体能够感知外部环境并做出适当的反应	捕蝇草通过其特化的叶片感知和捕捉昆虫；头足类软体动物主动调整肤色以欺骗猎物	ELM 动态感知和响应环境线索，充当"智能"材料
进化性	生物体可以进化以适应环境	长期的外部应力会增加骨密度和硬度	ELM 特性可以通过定向进化进行优化，以满足特定需求
多功能性	生命系统可以同时执行多项任务	骨骼在结构支撑、矿物质储存和红细胞生成方面发挥作用	ELM 可以设计成具有多种功能以执行编程的复杂任务

14.1.1　病毒中的活体材料体系

传统上，病毒因其与疾病的关联而给人类留下负面印象。然而，随着对病毒结构与功能研究的不断深入，病毒在生物医学领域中的应用正逐渐受到重视。病毒由多种生物大分子构成，呈现出多样化的结构和形态，例如冠状病毒、弹状病毒、丝状病毒和球状病毒，其基因组可以是双链或单链的 DNA 或 RNA。在病毒研究中，植物病毒和噬菌体尤为引人注目。烟草花叶病毒（tobacco mosaic virus，TMV）是最早被发现并深入研究的植物病毒之一，呈单分散中空纳米管形态，长度为 300 nm，外径为 18 nm，内径为 4 nm（Pitek et al.，2018）。由于其高纵横比，TMV 比球形纳米载体更适合癌症治疗和成像的应用，因为它能够逃避免疫系统的非特异性吞噬，并改善药物在肿瘤组织中的分布，如铂、阿霉素和 GdDOTA 等。此外，TMV 具有固有的免疫原性，可用于设计佐剂和疫苗载体，以激发针对癌症和感染的免疫反应。TMV 还表现出优异的稳定性，能够耐受高温、有机溶剂及酸碱环境，因此是构建生物-非生物杂交材料的理想模板（Luzuriaga et al.，2019）。

噬菌体是一类专门感染细菌的病毒，由衣壳蛋白和核酸组成，具有良好的生物安全性，目前已被用作食品防腐剂。由于噬菌体能够特异性地清除细菌，因此在治疗细菌感染方面也起到重要作用。虽然抗生素是主要治疗手段，但噬菌体疗法仍具有独特的优势，如解决抗生素耐药性问题、破坏细菌生物被膜、低毒性和高特异性等。一般而言，噬菌体可分为裂解型和温和型，具体取决于它们是否直接杀死细菌。大多数裂解型噬菌体是非丝状的，具有靶向抗菌能力（Hobbs and Abedon，2016）；相对的，温和噬菌体如 M13 噬菌体不会杀死宿主细菌，是典型的温和噬菌体，广泛应用于生物医学领域（Gray and Brown，2014）。M13 噬菌体呈丝状，长度约 900 nm，衣壳由 5 种结构蛋白组成，其中 pⅢ 和 pⅧ 蛋白为主要噬菌体表面展示系统，能够通过基因工程表面展示用于疾病靶向治疗或诊断的多肽，是构建杂交材料的关键。噬菌体展示技术是一项重要的应用，通过噬菌体展示文库可以进行高通量筛选，从而识别特异性配体。例如，M13 噬菌体可展示靶向肽，用于靶向肿瘤细胞、免疫细胞、细菌，或用于金属离子、无机纳米颗粒和有机纳米颗粒的生物合成。

此外，M13 噬菌体因其独特的纳米纤维结构，可以自组装为有序结构，如二维噬菌体膜、三维支架和水凝胶，并与功能性肽结合，促进组织再生（Jackson et al.，2021）。基于噬菌体的疫苗平台因其引发体液和细胞免疫的潜力，在预防和治疗多种疾病方面受到了广泛关注。例如，通过基因工程或化学修饰将抗原展示于噬菌体衣壳蛋白上，因其具有高免疫原性（如 M13 噬菌体基因组中的 CpG 序列是天然 TLR 激动剂）（Dong et al.，2022），工程改造的噬菌体可作为佐剂用于疾病治疗。由于噬菌体能够被免疫细胞识别和吞噬，真核启动子被用于将抗原基因包装到噬菌体基因组中，当噬菌体裂解后，其遗传物质被释放并表达为抗原，从而启动免疫反应（Tao et al.，2019）。总之，基于病毒的材料，尤其是噬菌体，凭借其精细的结构、易于修饰及高免疫活性，已被广泛应用于构建生物杂交复合材料、靶向递送系统、疫苗平台和组织再生等领域。

14.1.2　微生物中的活体材料体系

微生物是地球上最早的生命形式之一，包括细菌、古菌、藻类、真菌和原生动物等，几乎遍布全球的各个角落，包括极端环境，如南北极地区、沙漠、火山口和深海热液喷口等。微生物群落规模庞大，估计物种数量多达 20 亿至 30 亿，约占地球生物量的 60%，构成了生物圈的基础。经过数亿年的进化，微生物发展出了丰富的遗传和代谢多样性，形成了多种代谢途径，赋予生命系统卓越的催化和转化能力。作为天然的细胞工厂，微生物能够高效地将碳源和氮源转化为多种生物聚合物，如多糖、聚酯、聚酰胺、多磷酸盐和蛋白质等。这些生物聚合物具备多样的生物活性，已被广泛应用于人类社会。例如，来源于铜绿假单胞菌、木霉菌和兽疫链球菌细胞外基质的多糖，如带负电荷的海藻酸盐、高拉伸强度的纤维素和高黏性的透明质酸钠，广泛用于化妆品、食品、包装和生物医药等行业（Hayta et al.，2021）。此外，由微生物群落形成的生物被膜代表了一种动态材料系统，其形成和分解与微生物之间的化学通信过程密切相关，使微生物能够在群体水平上感知和响应外界条件，从而具备应对环境变化的"智能"特征（Flemming and Wingender，2010）。例如，地衣由真菌与光合作用的藻类或蓝细菌组成，二者之间形成互利共生关系，使地衣能够在恶劣的环境中生存（Spribille et al.，2022）。微生物利用材料适应周围环境的机制具有重要意义，为未来设计具自主响应能力的材料提供了宝贵的灵感。

1. 细菌

在自然界中，细菌群体数量庞大且种类丰富。近期的研究深入探讨了微生物的功能，揭示了细菌的多样性及其遗传变异的复杂性。随着对细菌功能理解的加深，其作为可编程生物活体材料的应用逐渐受到关注，目前细菌已成为构建活体材料过程中最常用的生命组分，展现了广阔的发展前景。作为活体材料的组成部分，细菌赋予这些材料特定的性质和功能，展现出自我复制、遗传可编辑性、响应性、结构多样性以及对恶劣环境的适应性等独特优势。细菌能够分泌并组装包括多糖、蛋白质和 DNA 在内的细胞外基质成分。细菌表面的复杂多糖结构使得对功能性材料的表面进行修饰和设计成为可能。具体而言，细菌分泌的细胞外多糖不仅可以作为"分子胶"促进细菌在表面及其彼此之间的黏附，还为细菌提供保护，帮助其抵御恶劣环境的侵害。例如，细菌纤维素是一种关键的细胞外多糖，具有较高的硬度和良好的生物相容性，且不含半纤维素和木质素，因此广泛应用于食品和医药领域。

然而，尽管细胞外多糖作为工程平台具有丰富的潜力，由于不同物种间的生物合成途径尚未标准化，基因工程对多糖结构的修饰仍面临挑战。细胞外蛋白，如功能性淀粉样蛋白、菌毛和鞭毛，是细菌生物被膜基质中的常见成分。其中，功能性淀粉样蛋白在材料工程中的支架设计方面得到了广泛应用。与多糖不同，蛋白质的合成信息直接由基因编码，因此其结构和功能更容易操纵。这种特点使得蛋白质在工程化活体材料（ELM）中能够更为便捷地赋予特定功能，如催化或黏附等（Toyofuku et al.，2023）。为了适应生长环境，细菌还具备动态制造和利用活体材料的能力。例如，一些水生原核生物可调节胞内气囊的生成和破裂，从而调节其在水体中的垂直位置，以此在水中进行垂直迁移（图 14-2）（Pfeifer，2012）。此外，一些革兰氏阴性趋磁细菌通过细胞内的磁小体在地球磁场中进行导航。这些磁小体帮助细菌在磁场中找到适合生存的位置，进而提高其在海洋环境中的生存能力（Rahn-Lee and Komeili，2013）。

细菌菌影（bacterial ghost，BG）和微细胞是两种不含基因组 DNA 的细菌来源活性物质，但它们保留了细胞的结构和功能。BG 的尺寸为 1~2 μm，保持了完整的细菌形态及大部分表面膜结构；而微细胞的尺寸为 100~400 nm，保留了大部

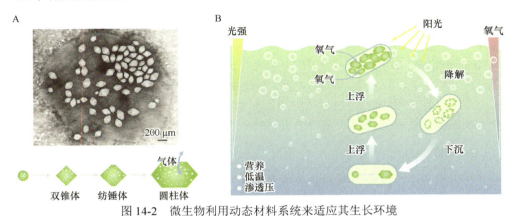

图 14-2　微生物利用动态材料系统来适应其生长环境

A. 嗜盐杆菌中纺锤形气囊的电子显微图；B. 细菌依赖于细胞内的气囊来控制它们在水中是下沉还是上浮，以获取氧气或移动到最佳光合条件的位置

分细胞质内的成分。BG 和微细胞保留了高度活性的免疫成分，因此被视为开发更高效且安全的疫苗和免疫佐剂的理想候选物。例如，基于原始 BG [如巴氏杆菌（Ran et al.，2019）和大肠杆菌 JM109（Zhou et al.，2019）]以及微细胞[如鼠伤寒沙门菌（Carleton et al.，2013）和枯草芽孢杆菌（Reeve et al.，1973）]的研究，已经成功引发了针对癌症和传染病的有效先天免疫反应。此外，BG 和微细胞还可以通过工程化改造展示特异性抗原，或通过不同给药途径（如黏膜给药、静脉注射和口服）递送治疗剂，如核酸、蛋白质和化疗药物（Shen et al.，2022）。

细菌生物被膜是一种细菌在生长过程中形成的带正电荷的胞外聚合物与细菌混合组成的生命体，展现出强大的黏附能力，并且能够抵御外部威胁（如抗生素和免疫系统的清除）。尽管生物被膜的形成与多种疾病和细菌耐药性相关，但其强黏附性也可以在许多领域得到应用。例如，口服包被生物被膜的枯草芽孢杆菌可显著增强其在肠道的定植和黏附效果（Wang et al.，2020b）；工程化的大肠杆菌 Nissle 1917 衍生的生物被膜能够黏附在肠溃疡上，形成保护性生物界面并促进黏膜屏障的修复；乳酸乳球菌生物被膜还可用作诱导干细胞黏附和分化的生物界面（Hay et al.，2018）。这些益生菌衍生的自生长生物被膜，在组织修复、伤口愈合，以及组织再生的活性贴片、黏合剂和支架设计方面展现出了巨大的潜力。

2. 真菌

真菌作为活体材料的重要生命组成部分，具备许多独特的优势。真菌作为一类真核生物，属于生物界的真菌门，可以是单细胞或多细胞生物，其细胞壁通常包含壁多糖和几丁质。与植物和动物不同，真菌展现出丰富的物种多样性，包括酵母菌、霉菌和伞菌等，这种多样性使得真菌能够适应多种环境和应用场景。此外，某些真菌种类具有自我再生和自我修复的能力，能够通过其菌丝体网络的形成和生长来修复及重构材料结构。作为生物体，真菌的代谢产物和分解产物通常具备良好的生物相容性和生物降解性，这意味着基于真菌的活体材料在医学和环境应用中具有较低的生物毒性及环境污染风险。

近年来，真菌在功能化应用方面取得了显著进展，酵母菌作为一种单细胞真菌，在工业及科研领域广泛应用。酿酒酵母是酵母菌中最常见的种类之一，常用作底盘细胞构建催化型活体材料。此外，最近的研究表明，酵母活体材料在环境修复领域具有新的价值。美国麻省理工学院的 Sun 等（2020）通过控制酵母自然产生硫化氢，替代传统的化学沉淀方法，成功调控硫酸盐同化途径，并通过选择性基因敲除和培养条件的优化，实现了 0～1000 ppm（接近于 30 mmol/L）硫化氢的生产。这种产生硫化物的酵母能够从阿萨巴斯卡油砂样品中去除汞、铅和铜。此外，酵母菌表面的生物矿化肽有助于控制沉淀金属硫化物纳米颗粒的尺寸分布和结晶度。

丝状真菌以多细胞形式存在，通常形成复杂的菌丝体结构。代表性的丝状真菌包括白色念珠霉菌和链霉菌。为了有效获取营养物质，丝状真菌进化形成由相互连接的细长细胞组成的大型网络，每个细胞被称为菌丝。菌丝可以局部吸收水分和营养，并利用这些资源推动菌丝体对周围环境的探索或孢子的形成。这种自适应行为及其自我生长、自我修复的特性在活体材料的构建中非常理想。荷兰代尔夫特理工大学的 Gantenbein 等（2023）利用水凝胶封装灵芝真菌，并通过 3D 打印技术将其制成晶格结构。在这一结构中，菌丝体能够沿着构建的晶格结构自由生长，同时促进凝胶的固定和间隙的填充。通过定制化的图案设计，研究团队成功打印出一种坚固、能够自我清洁并在受损后自动再生的"机器人皮肤"。这一研究展示了丝状真菌活体材料在自我修复、再生以及环境适应方面的强大能力，同时也为其在工程化功能应用提供了新的可能性。

虽然真菌作为活体材料的生命组分拥有许多优势，但在应用过程中也面临一些挑战与问题。例如，一些真菌可能具有潜在的毒性或致病性，可能对人体健康构成风险。此外，真菌的生长和活性受环境因素（如湿度、温度、营养物质等）的影响较大，如何保障真菌的稳定生长及活性表达仍是一个重要的挑战。与细菌相比，真菌细胞壁和细胞膜的复杂性增加了合成生物学进行基因编辑的难度。这些挑战需要通过深入研究和技术创新来克服，以充分发挥真菌作为活体材料生命组分的潜力，并确保其应用的安全性和可靠性。

3. 微藻

藻类是一类单细胞或多细胞生物，主要生长于水体环境中，包括海洋、淡水和湿地等区域。它们通过光合作用利用阳光和二氧化碳进行生长并产生氧气。藻类种类繁多，形态各异，包括绿藻、蓝藻、硅藻等。在生态系统中，藻类起着重要的作用，为生态系统的稳定性和生物多样性提供支持，同时也是食物链中重要的营养来源。作为活体材料的生命组分，藻类具有多重优势。首先，其天然来源和高效光合作用使其具有可再生性和可持续性，有助于减少对有限资源的依赖并降低环境污染；其次，藻类含有丰富的生物活性成分，如蛋白质、多糖等，具有良好的生物相容性和生物活性，适用于医药、食品等领域（Wangpraseurt et al.，2022）；此外，藻类的多样性和适应性使其能够满足不同的材料设计与功能需求，为活体材料的创新提供了广阔的空间。

在过去的十年中，由微藻和生物材料组成的活体材料在解决一系列医学挑战方面展现了巨大的潜力，如肿瘤治疗、组织重建和药物递送等（Kumar et al.，2021）。由于微藻的氧合特性和环境友好性，越来越多的研究报道了藻类活体材料在生物医学领域的各种应用优势。与传统生物材料相比，藻类活体材料可以根据活微藻的生理特性提供诸多益处，如光合活性和自发荧光等。例如，在基于微藻生物材料构建的光合组织结构中，藻类细胞提供局部氧气以支持哺乳动物细胞的生长。此外，微藻的光合作用产生的氧气还可以改善肿瘤组织因血管化不足而导致的缺氧状态。最近，研究人员开发了一种微藻凝胶贴片，用于解决糖尿病皮肤伤口的慢性愈合问题（Chen et al.，2020b）。在该贴片中，细长聚球藻细胞被封装在毫米级藻酸盐水凝胶中，通过光合作用和呼吸作用为伤口区域提供 O_2 和 CO_2。与局部使用气态氧相比，由于微藻溶解氧的渗透更为有效，微藻凝胶贴片提供了更高的氧气供应量。因此，与未治疗的对照组相比，该贴片能够更有效地促进成纤维细胞增殖和血管生成，加速糖尿病小鼠模型的伤口愈合和皮肤移植的存活。这一成果展示了将活微藻细胞封装在凝胶基质中的可能性，为构建用于生物医学应用的光合生物材料带来了希望。

此外，藻类作为活体材料在可穿戴设备、生物能源、生物修复、未来食品等领域也具有广泛的应用（Lode et al.，2015）。藻类具备独立生存、自我修复和光合作用等特性，是丰富的太阳能生物催化剂，能够与电极连接以产生电能。最新研究表明，将蓝藻集胞藻属分布于具有微分支的微柱阵列电极上，表现出良好的生物催化剂负载、光利用率和电子通量输出，最终使相同高度的、最先进多孔结构的光电流几乎翻倍。当微柱高度增加到 600 μm 时，可以达到 245 μA/cm² 的光电流密度和高达 29% 的外部量子效率。这项研究展示了未来如何更有效地利用光合作用产生生物能，并为三维电极设计提供了新的工具。此外，通过将蓝藻融入聚合物基质中，并利用合成生物学的基因调控技术，可以产生具备功能输出和定制调节电路的光合生物材料。通过核糖开关调控活体材料中的基因表达，生成具有染料褪色和诱导细胞死亡功能的刺激响应材料，以防止环境中的细胞污染。这些响应材料利用蓝藻作为生物成分，从根本上仅依赖光、二氧化碳和极少量营养物质来维持生存。此外，微藻富含蛋白质和其他必需营养元素，且对儿童的健康风险极低，因此成为对抗营养不良的极具吸引力的选择。联合国世界粮食会议已将微藻（如钝顶螺旋藻 *Spirulina platensis*）视为潜在的"未来最佳食物"。

　　虽然微藻具有特定的功能和优势，但在制备藻类活体材料的过程中仍然面临一些挑战。首先，藻类作为植物类生物，相较于更容易基因改造的细菌等微生物，在功能扩展方面更加受限；其次，与细菌等微生物活体材料相比，藻类的培养条件更加严格，包括对光照、温度和 pH 的要求；最后，藻类的生长周期相对较长，实现大规模生产和保持高产量仍是一个挑战。

14.1.3　植物中的活体材料体系

　　陆地植物的起源可以追溯到约 3.6 亿至 4.8 亿年前，它们对地球生态系统的演化产生了深远的影响。植物通过光合作用将水和二氧化碳转化为生物底物，如纤维素、半纤维素和木质素等，从而以极高的效率在地球上创造了丰富的生物材料资源。这些植物衍生的生物材料不仅为自然界提供了基本的生态功能，也在人类历史上扮演了至关重要的角色。植物提供了几乎所有类型的原材料，如木材、植物纤维和橡胶等，这些材料被广泛应用于建筑、纺织和制造领域（Chen et al.，2020a）。与基于石油的合成材料相比，基于植物的材料生产更加环保，因为它们具备高度的生物降解性和生物相容性。因此，使用可再生的植物基成分来替代传统塑料产品，正逐渐成为可持续发展的重要选择。

　　植物及其衍生物作为绿色、可持续的天然材料，不仅来源广泛，且它们的致病性较低，具有比微生物和哺乳动物细胞更高的安全性。此外，植物在生长过程中所需的人工干预相对较少，这使得分子农业极具成本效益，利于大规模生产重组生物治疗药物（如疫苗、抗体、激素和细胞因子），并广泛应用于生物制药工程领域（Eidenberger et al.，2023）。尤其是作为新型生物材料的植物源性囊泡（plant-derived vesicle，PDV），在生物医学领域中的应用正受到越来越多的关注。PDV 通常从蔬菜和水果（如姜、葡萄、柠檬和葡萄柚）中提取，因此它们具有良好的生物安全性。PDV 通过榨汁提取有效成分，并经过超滤或共沉淀进行收集和纯化（Cong et al.，2022）。这些囊泡具有抗炎特性，通过下调促炎细胞因子（如 IL-1β、TNF-α 和 IL-18）或调控信号通路相关的细胞因子的表达，发挥抗炎作用。例如，从姜、蜂蜜、大蒜、韭菜、燕麦、葡萄和草莓中分离的 PDV 可以抑制巨噬细胞中核苷酸结合结构域富含亮氨酸重复序列的 NLRP3 炎症小体，从而阻止间充质干细胞（mesenchymal stem cell，MSC）中的促炎反应或减轻氧化应激（Xu et al.，2022）。此外，PDV 还能够通过调节肠道微生物群与免疫系统之间的平衡来促进肠道屏障的修复，这在维持肠道稳态平衡和治疗相关疾病方面表现出了显著潜力（Zhang et al.，2022）。PDV 在组织和器官中的特异性分布行为，为其应用提供了更多可能性，例如，富含磷脂酸的 PDV（如姜和葡萄）常在肠道中积聚，富含磷脂酰胆碱的 PDV 则倾向于靶向肝脏，而柠檬衍生的外泌体样纳米颗粒可以通过肠道迁移到肾脏（Zhang et al.，2023）。这些特性使 PDV 在治疗癌症、炎症性肠病、酒精诱导的脑部炎症和病原性感染（如牙龈卟啉单胞菌）中，作为生物治疗剂或药物递送载体表现出巨大潜力。

此外，类囊体作为植物细胞光合作用的关键组成部分，也展示出作为新型材料的巨大潜力。类囊体主要通过膜上的光解酶在光照下产生三磷酸腺苷（adenosine triphosphate，ATP）和烟酰胺腺嘌呤二核苷酸（nicotinamide adenine dinucleotide，NADH）。近期的研究表明，重组类囊体在生物医学领域具备极大的应用前景。通过提升哺乳动物细胞中的 ATP 和烟酰胺腺嘌呤二核苷酸磷酸盐（nicotinamide adenine dinucleotide phosphate，NADPH）水平，重组纳米类囊体可以有效逆转病变细胞的代谢，从而为骨关节炎和心肌梗死等退行性疾病的治疗提供新的视角（Chen et al.，2022b）。

植物不仅是高效的绿色工厂，能够提供多功能的原材料，其结构形态和功能特征也为人工材料的设计提供了丰富的灵感。许多高性能材料的设计灵感源于植物特定的结构特性，如莲叶的自洁表面微结构启发了超疏水材料的设计（Ghezzi et al.，2015）。植物细胞能够感知并适应其环境，从而做出最佳的生存决策，这一特性为人工材料设计提供了新的思路。例如，树木的生长显示出高度的动态性，它们能够感知阳光和机械力，并据此调节代谢过程以适应不断变化的环境（图 14-3）（Pucciariello et al.，2018）。食虫植物捕蝇草展示了对外部刺激的急性响应，其捕

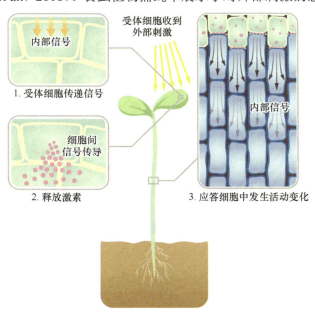

图 14-3　植物感知环境刺激并做出反应的过程

外部刺激首先通过角质层和初级细胞壁传递到受体细胞，并在受体细胞内转化为细胞内信号。受体细胞通过细胞间通信将信号传递给植物体其他部位的应答细胞。接收到信号后，应答细胞会做出机械反应

捉昆虫的过程充分说明了生命体与栖息环境之间的紧密联系（Fratzl and Barth，2009）。其他植物如含羞草、冰花、松果和禾本科植物等，在外部刺激下也会发生显著的形态变化，进一步展示了植物在适应性和动态性方面的卓越能力（Jung et al.，2014）。这些独特的结构和行为激发了许多高性能仿生材料的设计，推动了人工材料在环境适应性和自我调节方面的发展。

14.1.4　动物中的活体材料体系

　　动物也是高性能材料的重要来源之一，它们为人类提供了蛋白质、多糖、矿物等具备良好生物相容性和生物可降解性的材料。这些材料不仅具备复杂的组织结构，还具有独特的生物活性，能够满足多样的人类需求。例如，桑蚕丝、羊毛和蜘蛛丝等动物来源的材料被广泛用于纺织和高性能装备制造（Roberts et al.，2019），而牛和猪的蛋白质则广泛应用于止血和伤口修复材料中（Guo et al.，2021）。此外，动物来源的多糖（如甲壳素、壳聚糖和透明质酸等）也在医疗、化妆品和伤口敷料等领域得到了广泛应用。可以说，动物来源的材料因其特性而在各个领域中扮演着不可或缺的角色。

　　不仅如此，动物活细胞及其代谢产物组成的材料还展现出化学合成材料无法比拟的动态特性。活细胞的动态性赋予了这些材料独特的自我调节能力。例如，骨组织被视为一种自我进化的"活"材料系统，成骨细胞能够感知机械力信号，并通过促进骨生长使骨骼足够强大，以应对外部压力（Mäthger and Hanlon，2007）。其他动物（如乌贼和电鳗）也展现了活细胞调节材料属性的能力，如通过调节皮肤颜色来实现伪装和捕猎。这些例子展示了活细胞在环境适应和响应中的重要性。与此同时，哺乳动物细胞虽然具备复杂的功能（如传感、信号转导和蛋白质表达），但其脆弱性使得它们易受各种内外部应激源的影响。为了增强这些细胞对紫外线、冷冻和酶促攻击等环境因素的耐受力，研究人员开发了多种保护性涂层和纳米技术，通过将单个活细胞封装在保护性纳米膜或外壳中来实现这一目标（Zhu et al.，2019）。这些创新措施不仅提升了活细胞的稳定性，也扩展了其在复杂环境中的应用潜力。

　　作为人体的基本构成单位，活细胞天然适应宿主的免疫系统，并在治疗策略中展现出优越的生物相容性。因此，细胞治疗逐渐成为生物医学领域的前沿应用，并在解决多种棘手医学问题上取得了显著进展，彻底改变了生物医学的格局。不同类型的细胞拥有各自独特的功能，这些功能很难通过单一的方法进行复制或模拟。例如，免疫细胞（包括 T 细胞、巨噬细胞、树突状细胞和 NK 细胞）作为人体防线的重要组成部分，对癌症免疫治疗至关重要，它们能够直接分泌生物活性分子来对抗疾病。细胞毒性 CD8$^+$ T 细胞和自然杀伤细胞通过特异性受体识别肿瘤细胞,并通过释放穿孔素和各种细胞因子来消灭这些肿瘤细胞(Laskowski et al., 2022;Oliveira and Wu,2023)。此外,干细胞因其广泛的来源和强大的自我更新及分化能力,广泛应用于治疗心脏病、肾病和移植物抗宿主病等多种疾病。活细胞还具备显著的组织趋向性和渗透能力,例如,间充质干细胞和中性粒细胞具有通过血脑屏障或血脑肿瘤屏障的天然能力,而造血干细胞则表现出特异性的骨髓归巢能力(Hu et al.,2018)。红细胞膜表面高密度表达的 CD47 被认为是"别吃我"的信号,防止其被巨噬细胞吞噬。因此,与传统聚乙二醇改性材料相比,红细胞膜展现出更好的生物相容性、低免疫原性和长循环能力(Zhao et al.,2011)。此外,血小板作为另一种重要的无核血细胞,与止血功能密切相关。血小板膜上的 CD47、CD55 和 CD59 等蛋白质可以防止被巨噬细胞清除和补体激活(Hu et al.,2015)。此外,活化血小板膜上的整合素和 P 选择素介导了与血管内皮细胞的黏附,因此血小板被用于构建针对血栓形成、炎症和血管内皮的药物递送系统(Nording et al.,2015)。尽管内源性细胞在治疗中表现出了广阔的前景,但使用它们也面临潜在致癌性和高定制成本等挑战。

综上所述,微生物、植物和动物等生命体为人类提供了丰富的材料资源,其活细胞和生物产物赋予了材料动态性和自主性。当前的活体材料设计可分为自组织活体材料和混合活体材料,后者通过结合活细胞和非生物人工组件来实现更多元的功能。细胞制造材料不仅利用了细胞的催化和合成能力,还结合了生命的动态特性,如自我修复、自我生长和自我适应等。随着合成生物技术的迅速发展,这些材料的动态生物功能得以被重新编程,为开发具有用自定义生命功能的新型材料提供了新机遇。这些进展代表了生物材料领域的未来方向,显示出活体材料在诸多领域中独特的应用前景。

14.2 工程活体材料设计中的合成生物学要素

14.2.1 基因元件与线路

当前,人类开发的合成基因线路能够在转录、转录后、翻译或翻译后的不同层次上调节细胞代谢,从而实现精确且有效的代谢调控。这些基因线路通过感知周围环境中的特定诱导分子接收输入信号,而细胞对这些信号的响应则通过转录的 RNA、合成的蛋白质或多糖等生物代谢产物表现出来。因此,合成基因线路为实现特定的细胞代谢目标提供了一种灵活而强大的工具,具备广泛的应用潜力,能够有效满足多个研究和应用领域的需求。

在各种合成基因线路中,转录基因线路被认为是操纵细胞行为最简单而有效的方法之一(图 14-4A),并且在生命科学领域占据着重要地位。一个基本的基因线路或转录单元通常由启动子、目的基因和终止子组成，通过调控 RNA 的合成，转录因子（调节子）能够特异性地识别并结合在目的基因上游的 DNA 序列（操纵子）处，进而实现转录的启动或抑制。不同类型的调节子（包括激活子和阻遏子），它们的活性会受到外部信号的影响，如光照（Levskaya et al.，2005）、温度变化（Piraner et al.，2017）或化学诱导剂（Ellis et al.，2009）。正是这种对外部刺激的敏感性，使得基因线路可以使细胞快速响应环境变化。此外，与调节子结合的特异性 DNA 序列被称为诱导型启动子，而那些可以持续驱动基因表达的序列被称为组成型启动子。这些不同类型的启动子可以根据需要进行组合，从而实现对基因表达的精确调控，为合成生物学的发展提供了丰富的工具和更广泛的应用可能性。

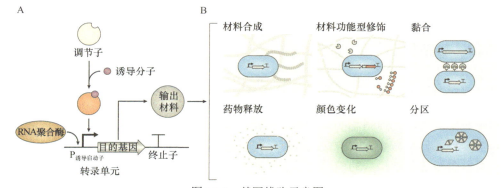

图 14-4　基因线路示意图

A. 简单诱导型线路的基本结构。转录单元是含有启动子、目的基因和终止子的 DNA 片段。诱导剂（如小分子）与转录调节子结合并激活它，将 RNA 聚合酶招募到启动子上，启动基因表达，从而产生输出。B. 基因线路的输出可以是与材料设计相关的功能蛋白

　　在材料合成生物学领域，功能蛋白或多肽通常被选择作为目标基因，以调控生物材料的微观或宏观特性（图 14-4B）。这种选择不仅直接影响材料的物理化学性能，还为实现合成生物学在材料设计中的具体应用奠定了基础。通过级联多个独立的转录单元，科学家可以设计复杂的基因线路来执行一系列任务，例如，进行布尔逻辑计算（Tamsir et al.，2011）、放大外部环境信号（Wan et al.，2019），以及在细胞内信号处理中引入延迟效果（Stricker et al.，2008）。这些任务的实现使得材料在环境适应性和响应性方面更加灵活且有效。

　　与此同时，基因操作工具的不断发展也进一步拓展了转录单元的功能。DNA 重组酶能够引入永久性的碱基序列变化，实现对目标基因表达状态的数字化控制（Siuti et al.，2013），从而提高材料合成的精确性。而 CRISPR-Cas 系统则可以通过干扰或激活基因的转录过程来调节其表达水平。相比于 DNA 重组酶，CRISPR-Cas 系统更像是一个"调节旋钮"（Brophy and Voigt，2014），理论上可以通过渐进式调节基因的转录水平，从而在材料设计中引入特性梯度变化。这些工具的应用不仅

大幅增强了基因线路的功能性，还为实现材料设计的多样性和精细化提供了重要的技术支持。

除了在转录水平进行基因线路设计，基因线路在翻译和翻译后的层面上也逐渐受到重视。这些基因线路为材料合成提供了新的可能性，使其在更加复杂的环境中依然具有适应性。例如，蛋白质逻辑线路能够快速将输入信号与输出分子关联，而基于 RNA 的基因线路则因其易于合成和严谨性，在医疗诊断领域也取得了一定的进展（Green et al.，2014）。由上述程序化基因线路组合驱动的材料合成过程，能够有效整合生命体的智能调控特性，使材料在复杂的应用环境中能够根据外部信号独立地发挥功能。这一特性为活体材料在未来多样化的应用场景中展现出了巨大的潜力。

14.2.2 功能模块

适当的调节子-启动子对是决定转录基因线路环境感应能力的关键因素。通过选择合适的调节子和启动子组合，科学家能够设计出对特定环境刺激敏感的转录基因线路，从而实现精确的生物响应调控。近年来，合成生物学通过不断挖掘和验证多种诱导型转录方式，成功开发了能够感应天然化合物、光线、温度、电子和机械刺激等外部信号的模块化系统（表 14-2）。这种模块化与通用化的方式，使得基因线路能够更灵活地适应不同的应用场景和需求，同时这些输入工具在原核和真核生物系统中都能有效实现转录调控，为复杂的生物系统提供了强有力的环境感应能力和响应机制。

表 14-2　基因元件和材料设计应用

基因元件	类型	调控机制及举例
输入		
化学信号	小分子	pLac-LacI：IPTG；pBad-AraC：阿拉伯糖
	重金属离子	pArs-ArsR：砷；pMer-MerR：汞
	生物小分子	pLexA-XVE：类固醇；pHrt-HrtR：血红素
电信号	氧化还原电位变化	pSox-SoxR
光信号	红光	Cph8/OmpR；phyB/PIF
	绿光	CcaS/R
	蓝光	YF1/fixJ；Cry2/CIB1；EL222
温度信号	热	热冲击响应机制
	冷	冷冲击响应机制
机械信号	压力	机械敏感通道
计算		
布尔逻辑	与门；或门；非门	核糖调节剂；重组酶；拆分调节器；调节器级联；CRISPR-Cas

基因元件	类型	调控机制及举例
记忆	记录	逆转录病毒；自靶向 CRISPR-Cas
	定时器	前馈环路
	计数器	重组酶级联
状态变换	开关	抑制器反馈回路
	振荡子	抑制器级联
	状态改变	基于重组酶的状态机器
通信		
扩散（化学信号）	群体感应	lux，rhl，las，cin，tra，rpa： AHL
扩散（肽信号）	基于 GPCR 的传感	酵母交配因子
接触表面受体系统	表面受体	synNotch
输出		
荧光	荧光蛋白	GFP；RFP；BFP
生物发光	萤光素酶类	萤火虫萤光素酶；NanoLuc
颜色变化	色蛋白	aeBlue；amilCP；tsPurple
	颜料	类胡萝卜素；黑色素
	不透明度变化	头足类反射蛋白
生物塑料	生物塑料单体	羟基烷酸
电	电流产生；自由基聚合	细胞外电子转移
蛋白材料	淀粉样纤维	Curli（CsgA）；TasA
	黏合蛋白	贻贝足丝蛋白
	黏附素	底物结合肽；纳米抗体
	丝	蚕丝；蜘蛛丝
	蛋白质连接酶	SpyTag-SpyCatcher
多糖材料	纤维素	细菌纤维素
	甲壳素和壳聚糖	GlcN 和 GlcNAc
矿化作用	磁铁	铁蛋白；磁小体细胞器
	碳酸钙	微生物诱导的 $CaCO_3$ 沉淀
	二氧化硅	硅藻土
	量子点	CdSe；CdS
声学特性	气泡	气体囊泡形成蛋白

IPTG，异丙基 β-D-1 硫代吡喃半乳糖苷；AHL，N-酰基高丝氨酸内酯；GFP，绿色荧光蛋白；RFP，红色荧光蛋白；BFP，蓝色荧光蛋白；CP，色蛋白；GlcN，葡糖胺；GlcNAc，N-乙酰葡糖胺；GPCR，G 蛋白偶联受体；synNotch，合成 Notch。

　　基因线路的输出物质通常选择能够改变材料物理或化学性质的功能蛋白或多肽。这种选择直接影响了材料的特性，使得基因线路的调控效果能够在材料性能上得到直观体现。在工程应用中，颜色变化、荧光强度或透明度等参数常常被用作测试基因线路响应强度的指标。例如，通过工程细菌表达的荧光蛋白或荧光素的强度，可以判断特定诱导信号的强度（Rodriguez et al.，2017）。然而，当前的工艺技术仍然难以完全重现天然材料原位组装所需的复杂微环境，因此合成生物学制备的材料输出通常局限于简单的生物分子系统，如分子代谢产物、多糖、结构蛋白单体、蛋白酶和淀粉样蛋白纤维等。

相较于传统的非活体生物功能材料，其结构和功能主要取决于模块组分的合理整合，活体材料为了实现更复杂和多样化的功能调控，需要更严密的逻辑线路进行操纵（Tamsir et al.，2011）。逻辑门的设计与其运行状态直接决定了活体材料合成系统的行为，使得活体系统能够按输入信号的顺序，以可预测的方式生产功能材料组分。这种严谨的操控方式为活体材料提供了前所未有的灵活性和适应性，使其在应对多变的环境信号方面具备了显著优势。

此外，细胞-细胞之间的相互交流在基因线路分层设计、图案化生成以及材料的输出应用中起到了至关重要的作用。合成生物学已经将群体感应分子、多肽交配因子和细胞表面蛋白受体等元件纳入基因线路的设计之中，用于构建人工生命体之间的信息交流途径。例如，群体感应分子在扩增基因线路上游信号方面发挥了重要作用（Zeng et al.，2018），并且在创建图案化生物被膜材料方面展现出巨大的应用潜力（Chen et al.，2014）。这种基于细胞间交流的策略，不仅增强了活体材料的整体功能性，还为未来的复杂生物材料设计与应用提供了更加丰富的思路和技术支持。

14.2.3 底盘细胞

利用合成生物学工程改造活体生命以发展新型材料，需要以对选择的底盘细胞基因操作手段有充分认知为基础。这种充分的认知包括对目标生物的遗传背景、基因组结构等关键因素的深入了解。特定生命体能否被成功改造，很大程度上取决于我们对其遗传背景的掌握程度。当代的计算与信息处理技术已经能够对基因组数据库中启动子、转录基因和终止子进行精准的预测和注释（Madsen et al.，2019），从而显著提高了对选用生命体的遗传信息的理解，促进了生物工程的精准化与有效性。

理想的底盘细胞需要具备清晰的遗传背景、强大的代谢分泌能力、简单的培养方式和快速的生长速度，同时还需搭配高效便捷的基因转化手段。基于这些要求，当前的研究主要集中在模式微生物的改造和设计上。这些模式微生物通常具有快速的生长和复制能力，并且已经开发出大量便捷可靠的基因操作工具，十分适合即插即用的外源基因线路设计。然而，尽管模式生物具有较完善的基因操作元件，其合成的材料通常止步于微观尺度。相对而言，一些非模式微生物则具备生产宏观级别生物材料的潜力。例如，通过在微生物中整合基因逻辑线路，可以调节生物被膜组分在时间和空间上的特异性合成与组装，其中，醋酸杆菌能够生成机械性能优异的细菌纤维素生物被膜（Yadav et al.，2010），而大型气生真菌（如灵芝）则可用于生产替代聚苯乙烯泡沫的生物可降解包装材料（Abhijith et al., 2018）。另外，将模式生物与材料生产微生物进行共同培养，可以平衡材料的工程特性与批量生产能力，例如，在康普茶菌的混菌体系内，醋酸杆菌与基因工程改造的酿酒酵母共存，酿酒酵母能够感知并响应外界刺激，而醋酸杆菌则大量合成细菌纤维素，这种互利共生的合作模式使得两种微生物协同制造出具备生物传感能力的细菌纤维素功能材料（Gilbert et al., 2019）。

　　相较于微生物体系，真核细胞（包括哺乳细胞和植物细胞等）的工程改造更加复杂。真核细胞较慢的生长速率和对培养条件的严格要求，使得其难以快速形成稳定的工程细胞系。然而，与微生物材料相比，真核细胞材料的组织形式和功能特性更加多样，这使得一旦改造成功，它们更有可能实现宏观级别的生产和应用。尽管这类工程改造仍然处于起步阶段，但近年来已吸引了大量研究关注。在当前的基础研究中，人工设计的基因线路已经能够调控动物细胞的分化过程，为自动进化的类器官（Bredenoord et al., 2017）和活体机器人（Kriegman et al., 2020）的发展创造了条件。同样，程序化基因调控线路应用于植物，使其在生产结构材料的同时，也可以合成外源基因编码的代谢产物，以帮助植物适应特殊环境或检测环境中的有害物质（Lew et al., 2020；Kassaw et al., 2018）。展望未来，相信在简单微生物体系中验证的复杂基因线路设计，将有望在动植物材料中发挥更巨大的潜力，为生物材料的多样性和应用范围开辟新的可能性。

14.3　工程活体材料的合成生物技术设计

14.3.1　重构材料模块以定制活体材料功能

　　生物材料通常由氨基酸、单糖和核酸等基本单元构建，这些基本单元在合成生物学中被视为材料的基本模块。在活细胞复杂机制的调控下，这些分散的模块通过有序的方式聚集并自组装，形成具备广泛功能的特定结构。这种自组装能力不仅是生物材料具备多样性的基础，也是合成生物学工程的重要灵感来源。通过结合外源模块来定制活体材料的功能，在不影响活细胞本身的合成与自组装能力的前提下，赋予活细胞生产和制造特定功能材料的能力。实际上，许多自组装的生物物质，从细胞外膜到细胞器，都已经被重新设计和改造，以制造具有特定功能的活体材料。通过简单的基因重组或代谢工程来改变这些组件的生物合成途径，可以有目的地赋予它们特定的属性。这种改造不仅提高了生物材料的多样性，也使得它们的应用潜力不断扩大。通过这些手段，科学家能够在控制生物模块自组装过程的同时，精确调控其功能特性，从而生成符合特定应用需求的生物材料。本节将详细描述不同生物模块的工程设计，特别是在细胞外和细胞内自组装的成功案例，以构建功能性生物支架并集成活细胞材料，满足各种特定的性能要求（图14-5）。

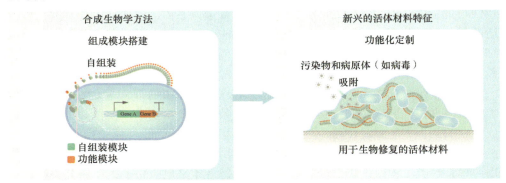

图 14-5　通过定制组成模块来设计自组织生物材料

A. 生物体的自组装模块可与功能模块相结合，而不影响其自组装能力；B. 定制模块可自组织成具有特定功能（如捕获污染物）的生物材料

1. 定制设计细胞外基质功能

1）细胞外结构蛋白

为了创建具有定制功能的自组织活体材料，首先需要重新编程其组成成分，如蛋白质和多糖等关键物质。通过这种编程，我们能够定制材料的功能，以适应特定的应用需求。一个显著的例子就是对胞外结构蛋白的工程化改造，这些蛋白质因其已知的结构和合成途径而成为理想的目标。一些开创性的工作利用了微生物生物被膜蛋白，成功设计出基于生物被膜的活体材料（Chen et al.，2014）。生物被膜是原核生物应对复杂环境的首选方式，细菌通过分泌生物聚合物，形成三维聚合物网络，以抵抗外部生存压力。在此过程中，淀粉样蛋白作为常见的结构蛋白，能够显著增强胞外生物被膜基质的韧性（Flemming and Wingender，2010），因此经常用于活性功能材料的设计和制造，如大肠杆菌卷曲纤维（curli fiber）。Chen 等（2014）通过重新设计大肠杆菌 Curli 蛋白生物被膜的合成途径，创造了首个自组织活体材料。这种基于生物被膜的材料可以通过外部控制或自主图案化，为制造和控制来自工程活细胞的功能性复合材料奠定了基础。

这一研究成果激发了其他研究人员在自组织活体材料领域的探索。Nguyen 等（2014）通过将外源肽/蛋白质结构域添加到淀粉样蛋白原纤维 CsgA 上，开发了一种集成生物被膜纳米纤维展示（biofilm-integrated nanofiber display，BIND）平台。BIND 平台的独特之处在于它能够兼容各种长度和二级结构的蛋白质，从而使得功能性设计人造生物被膜成为可能。此后的研究扩展了 BIND 平台，并开发了一系列基于蛋白纤维生物被膜的活性功能材料，包括污染物吸附剂、导电纳米线、水下胶黏剂、活性矿化复合材料、生物催化剂和治疗材料。此外，借助 CsgA 信号肽和过表达的外膜蛋白 CsgG，可以利用 Curli 蛋白分泌途径转运其他淀粉样蛋白（Sivanathan and Hochschild，2013）。这种方法已被用于开发由重组藤壶淀粉样蛋白组成的活性黏合剂（Estrella et al.，2021）。

除了大肠杆菌系统，土壤细菌枯草芽孢杆菌（*Bacillus subtilis*）也拥有与 Curli 系统在结构和功能上相似的胞外纤维（Romero et al.，2010）。枯草芽孢杆菌作为一种革兰氏阳性模型菌株，以其强大的分泌能力和 FDA 认证的安全性而闻名，因而成为活体材料研究的优选菌株之一。Huang 等（2019）基于枯草芽孢杆菌生物被膜基质蛋白 TasA 开发了一个活体材料设计平台。由于该菌强大的分泌能力，工程化的枯草芽孢杆菌生物被膜能够展示比大肠杆菌系统更大的蛋白质，甚至达到 603 个氨基酸的长度。同时，研究发现，枯草芽孢杆菌生物被膜表现出凝胶状的流变性质，通过遗传工程手段可以进一步调节生物被膜的流变行为，使得这种生物被膜成为制造 3D 打印活体材料的理想选择。在另一个有趣的研究中，Zhang 等（2019）将淀粉样蛋白的固有凝聚特性与海洋黏附蛋白结合，产生了一种基于重组枯草芽孢杆菌生物被膜的黏合剂。该黏合剂有望用于水下黏合剂的制备，而枯草芽孢杆菌生物被膜平台可能会推动多功能活体材料的开发。

除了生物被膜中的结构淀粉样蛋白外，其他蛋白质基质也在工程化活体材料的设计中展现了巨大的潜力。例如，新月柄杆菌（*Caulobacter crescentus*）最外层表面的结晶状表层蛋白（S-layer）、硫还原地杆菌（*Geobacter sulfurreducens*）产生的导电蛋白纳米线、白喉杆菌（*Corynebacterium diphtheriae*）中转肽酶（sortase）组装的纤毛以及大肠杆菌分泌的外膜囊泡（outer membrane vesicle，OMV）等，都可以展示功能模块，并作为工程化活体材料的支架。硫还原地杆菌的蛋白纳米线已经广泛用于多种电子设备中，如电化学传感器（Lovley，2017）；融合外源肽后，这些纳米线的导电性可能受目标分析物的特异性结合影响，从而有望用于未来的高灵敏度和实时传感应用。例如，Ueki 等（2019）通过在硫还原地杆菌的纳米导电纤毛上修饰六组氨酸标签（His Tag）和九肽血凝素标签，未对其电导特性产生明显影响。得益于蛋白质的遗传可编程性，生物体分泌的胞外基质蛋白为开发自组织活性功能材料提供了一个便捷且灵活的支架。

2）细胞外多糖

除了蛋白质成分外，生物体还能产生多种非核糖体合成的细胞外聚合物，包括多糖、聚酯、聚酰胺和脂质，这些物质在生物结构和代谢过程中扮演着重要角色。这些多样化的聚合物为开发具有新功能的生物材料提供了丰富的选择，特别是在合成生物学和材料工程领域中。其中，微生物合成的胞外多糖，尤其是细菌纤维素（bacterial cellulose，BC），凭借其来源丰富、低成本、高水分保持能力、高渗透性和良好生物相容性等优点，受到了功能性材料研发的广泛关注。相比于合成蛋白质，通过遗传操作对细胞外多糖进行功能性调控更具挑战性，但其独特的优势使得研究人员不断寻求新的解决方案。

在先前的研究中，通过将外源糖合成途径引入工程微生物内，可以有效调节细胞外纤维素的生物可降解性。例如，Fang 等（2015）成功将酸杆菌素的合成途径引入木醋糖醋酸杆菌（*Gluconacetobacter xylinus*），创造了具有增强生物可降解性的纤维素-酸杆菌素生物复合材料，同时保持了纤维素膜的机械强度。除了通过代谢工程的方式进行改造外，利用定制的单糖类似物培养细菌也是一种调节多糖功能的简便方法。理论上，活细胞中的天然或重构的多糖代谢机制可能将单糖结构相似的分子误整合至最终产物中。例如，研究人员通过接枝有荧光基团的葡萄糖培养产 BC 的醋杆菌（*Komagataeibacter sucrofermentans*），成功获得了荧光标记的 BC 膜（Gao et al.，2019）。这些细菌将少量的葡萄糖类似物纳入合成的 BC 膜中，使得材料在保持天然形式的同时，具备了可检测的荧光属性。最近的研究进一步拓展了这一方法，例如，Liu 等（2022）设计出葡萄糖衍生物，使其在光照下能够有效产生活性氧（reactive oxygen species，ROS），从而制备了具有光触发光动力杀菌活性的抗菌 BC 材料。这种材料被用作活性敷料，在皮肤伤口修复中展现出很大的应用潜力。

此外，一些特定的蛋白质，如纤维素结合域（cellulose-binding domain，CBD）蛋白、几丁质结合域（ChBD）蛋白以及黏附素家族蛋白，能够特异性地结合到多糖上，为基于糖的功能化材料提供了便捷的方法。例如，研究人员利用 CBD 融合纤维二糖水解酶修改了 BC 膜。这些酶可以牢固结合在膜上，由于纤维二糖水解酶能够特异性降解 BC 纳米纤维，酶的结合使得基于 BC 的活体材料的机械强度具有可调节性（Gilbert et al.，2021）。此外，Guo 等（2020）通过工程化大肠杆菌，使其表达来自普利莫耶卤地海单胞（*Marinomonas primoryensis*）的冰结合蛋白 MpA。该蛋白质不仅提高了大肠杆菌对基于葡聚糖的水凝胶的附着性，还显著减少了细菌的泄漏，进一步增强了材料的安全性和稳定性。

目前，实现具有定制功能的、基于糖的活体材料的工程化主要依赖于代谢糖工程和特定结合蛋白的应用。随着合成生物学技术在定制多糖功能方面的进步，未来将会有更多的高产量胞外多糖被应用于活体材料领域。这些进展为材料功能的多样化及其在生物医学、环境修复等领域中的广泛应用提供了更为坚实的基础。

2. 改造细胞表面功能

细胞表面展示是一种用于重新设计活细胞功能的通用工具，同时也被广泛应用于制造全细胞生物催化剂和自组织活体材料。这种技术通过将外源功能性肽或蛋白质与锚定基序（通常是细胞壁或细胞膜蛋白）融合的方式嵌入到宿主细胞的外表面。这一策略利用不同物种的锚定蛋白，几乎可以改造所有类型的生物系统。

1）原核细胞表面展示

在大肠杆菌（*E. coli*）中，许多锚定蛋白体系已经被成功验证，包括外膜蛋白 A（outer membrane protein A，OmpA）、紧密素以及溶血素 A（HlyA）等。通过这些锚定蛋白的利用，可以在微生物表面展示特定的功能模块，从而实现多种创新应用。例如，Scott 等（2018）设计了一种活体材料，将 OmpA 与来自人类的 O6-烷基鸟嘌呤（O-6-benzylguanine，BG）DNA 烷基转移酶标签（SNAP-tag）融合，以捕获环境中的特定分子。据报道，每个大肠杆菌细胞可表达多达 100 000 份 OmpA，因此理论上可以在微生物表面高密度展示融合蛋白（van Bloois et al.，2011）。此外，Chen 等（2022a）展示了另一种创新应用，通过在微生物表面展示特定的抗体-抗原对，生成了编程的多细胞形态和自我修复材料。这一工作开发了一种活性导电材料，由两株大肠杆菌构成，其中一株表达纳米抗体，另一株表达抗原，表面展示的纳米抗体-抗原对赋予细胞之间的非共价相互作用，并使系统在几分钟内展现出显著的自我修复能力。

除了在大肠杆菌上开发表面展示系统之外，其他原核微生物的表面功能化也为先进的医疗应用提供了可能性。例如，Petaroudi 等（2022b）利用工程化的非致病性乳杆菌（*Lactobacillus lactis*），使其在细胞壁上展示重组人纤维连接蛋白片段 III7-10（recombinant human fibronectin fragment III7-10，FN III7-10），从而获得了功能性的、基于生物被膜的活性生物界面，用于支持干细胞的分化。这种设计使人类间充质干细胞（human mesenchymal stem cell，hMSC）能够牢固黏附在活性界面上，同时，外源添加或由乳杆菌分泌的重组骨形态发生蛋白 2（bone morphogenetic protein 2，BMP2）则进一步刺激干细胞的增殖和分化。最近，同一团队进一步设计了乳杆菌分泌其他几种存在于天然骨髓中的生物分子，包括人 C-X-C 基序趋化因子配体 12[chemokine（C-X-C motif）ligand 12，CXCL12]、血小板生成素（thrombopoietin）和血管细胞黏附分子 1（vascular cell adhesion molecule 1，VCAM-1），所开发的类似骨髓微环境的生物界面成功阻止了 hMSC 的分化，并维持了它们长期的干细胞表型（Petaroudi et al.，2022a）。通过这些研究成果可以看出，利用定制的活性细菌界面，我们可以精确地调控哺乳动物细胞的分化过程，甚至是保持细胞的干性。这种能力为组织工程、生物医学和再生医学等领域的应用提供了重要工具，使我们能够更好地控制和设计细胞的行为，为实现更复杂的活性功能材料奠定了基础。

2）真核细胞表面展示

在真核细胞中，各种表面展示系统也得到了广泛开发，为活体材料的研究和应用提供了新的可能性。例如，Toda 等（2018）利用合成 Notch（synNotch）旁分泌信号系统开发了合成哺乳动物细胞形态素。通过这种系统，表面锚定的 synNotch 受体能够检测到相邻细胞上展示的自定义因子，然后驱动特定的细胞黏附蛋白表达，从而形成可编程的多细胞结构。这种方法为构建复杂的多细胞结构提供了灵活的平台，也展示了合成生物学在控制细胞相互作用方面的巨大潜力。

此外，酵母表面展示平台因其培养简易、遗传操作方便以及能够进行蛋白质翻译后修饰的能力，常被用于筛选和优化蛋白质，如筛选高亲和力、高稳定性和催化活性的蛋白质（Wellner et al.，2020）。这种平台的优势在于其广泛的应用性和高效的筛选能力，常用的酵母表面锚定蛋白包括 Aga1p、Aga2p、Cwp1p、Cwp2p、Tip1p、Fol1p、Sed1p 和 Pir1（Lee et al.，2003）。Wang 等（2020a）将硅酸蛋白 SilA1 融合到解脂耶氏酵母（*Yarrowia Lipolytica*）的 Cwp1p N 端，开发了一种可再生的活体材料。嵌入在酵母细胞包被中的硅酸蛋白酶能够催化海洋可溶性硅酸盐矿化为多孔生物硅，所产生的生物硅-酵母杂交体在重金属（如铬离子）解毒和 n-烷烃（如 n-十六烷）降解方面具有很大的应用潜力。这种方法展示了酵母平台在环境治理与资源利用领域的巨大前景。

除了蛋白质展示系统外，含有非天然活性功能团（如酮和叠氮）的单糖类似物也被用于细胞表面的功能定制，为材料设计提供了新的途径。Nagahama 等（2018）通过代谢糖工程将叠氮基团整合到哺乳动物细胞表面的糖原中，使细胞表面呈现反应性叠氮基团，从而使活细胞作为活性交联剂与炔基修饰的聚合物相互作用，形成基于细胞的创新材料。这种方法能够将大量脆弱的细胞制造成具有固体结构的细胞负载材料；与此同时，蛋白质和多糖均可用来在活细胞表面展示功能性基序，是哺乳动物基活体材料工程化的直接手段。然而，载体的展示效率与配体分子的大小和空间构象密切相关，因此在应用中可能需要对不同表面展示系统的性能进行筛选和比较，以选择最佳策略。通过这些不断探索与创新的表面展示系统，真核细胞在合成生物学中的应用不断拓宽，不仅增强了活体材料的多样性，还为其在生物医学、环境修复和材料科学等领域的应用带来了新的机遇。

3. 重构胞内纳米结构功能

自然界通过长期演化，形成了多样的细胞内亚结构，包括膜性细胞器、类液态细胞器以及蛋白质壳体微室等，这些结构各自承担着特定的生物学功能，如隔离毒素、聚集酶类以提升代谢效率等。它们的存在使细胞能够精细地控制内部环境，并优化生理过程，从而应对复杂的外部环境。这些独特的细胞内结构在生物工程和材料科学领域中展现出了巨大的应用潜力。其中，类液态细胞器和蛋白质壳体微室作为活体材料工程的研究对象，近年来的应用显著增多。类液态细胞器因其动态性和可逆性，被认为是调节细胞内反应速率和特异性的理想工具，而蛋白质壳体微室则可以像"纳米反应器"一样将特定的生物过程隔离，从而提高反应效率并减少副产物的生成。这些天然结构的独特属性为设计和开发具有自组织、自适应特性的活体材料提供了新的思路，也为合成生物学在新材料开发中的应用开辟了新的方向。

1）类液态细胞器

类液态细胞器（如 P 颗粒、核仁和应激颗粒）是真核细胞内的一类特殊结构，是由各种固有无序蛋白（intrinsically disordered protein，IDP）和 RNA 组成的生物分子凝聚体（Bracha et al., 2019）。这些细胞内凝聚体类似于细胞质中的异相液滴，通过动态的液-液相分离（liquid-liquid phase separation，LLPS）生成，具备快速形成和分解的能力，从而能够灵敏地响应特定的环境信号。最新的研究表明，类液态细胞器能够选择性地将特定分子划分到特定的微环境中，这种特性有助于开发酶复合物以提高代谢效率。例如，Zhao 等（2019）在酵母细胞中开发了一种可开关的合成细胞器，用于重新定向代谢通路。该合成细胞器通过融合肌肉肉瘤代谢酶的固有无序区域、光遗传聚集蛋白（如拟南芥 Cry2）或光解离蛋白[如来自 *Synechocystis* sp. PCC6803 的 PixELL 系统（Dine et al., 2018）]生成融合蛋白而实现。在蓝光照射下，这些重组蛋白能够在酵母细胞质中表达并形成类液滴，其中共定位的多酶复合体加速了脱氧紫色杆菌素（deoxyviolacein）生物合成途径的反应速率，同时限制了有毒代谢中间体的积累，使期望产物的产量提高了 6 倍。

不仅如此，类液态合成细胞器的功能也在不断扩展，除了控制代谢通量的目标生物分子外，研究人员还探索了其在模块化控制细胞决策，以及在极端条件下增强活细胞生存能力方面的应用。这些特性可以被引入到活体材料中，用于调节材料的动态特性，并通过提高细胞的适应性来增强其环境耐受性（Dzuricky et al., 2020）。类液态细胞器在自然生命系统中的广泛存在和重要功能使其在应用研究中备受关注。基于这种理解，目前的研究已经开始通过重新编程天然 IDP 以及从头设计人造 IDP 来创建人造细胞器。此外，合成无膜细胞器的工程已从真核细胞扩展到原核细胞，应用领域也日益多样化，涉及生物合成、生物修复及潜在的高效体内药物传递等方向（Sun et al., 2022）。通过对类液态细胞器的不断研究和创新开发，其应用潜力不断被挖掘，特别是在活体材料工程领域中，类液态细胞器的独特特性为调控材料功能性提供了新的可能性，也为未来复杂生物系统的设计提供了宝贵的灵感。

2）细菌微室

细菌微室（bacterial microcompartment，BMC）是一种类似于真核细胞器的特殊细菌结构，可以分为合成代谢微室（如羧酶体）和分解代谢微室（如代谢体酶体）。这种结构由半透膜蛋白壳构成，包裹着部分代谢途径中的酶复合物，从而为细菌实现多种功能，如固碳、解毒和有机物分解（Kerfeld et al., 2018）。与许多合成类液态细胞器相似，BMC 通过将催化反应限定在封闭的微环境中来提高代谢效率。因此，目前的研究主要集中于通过靶向酶对自组装的 BMC 壳蛋白进行改造，以构建用于高效生产高附加值产品的合成途径（Kirst et al.，2022）。这些合成路径的开发为可持续生物制造提供了全新的可能。例如，羧酶体的表达使得异源工程生物能够实现或增强 CO_2 固定，因而在可持续生物制造中引起了极大关注。化能自养生物那不勒斯盐硫杆菌（*Halothiobacillus neapolitanus*）的 α-羧酶体在大肠杆菌中的成功表达，展现了核糖二磷酸羧化酶的 CO_2 固定活性（Bonacci et al.，2012）。类似地，蓝藻羧酶体被引入植物叶绿体中，以期改善作物的光合作用（Gonzalez-Esquer et al.，2016）。这些研究成果展示了 BMC 在未来合成生物学应用中的潜力。因此，在未来的活体材料工程中，通过基因编辑技术使微生物或植物细胞表达 BMC，或将成为开发全细胞人工光合系统、实现光能转换和 CO_2 固定的有前景的策略。这种整合自然和人工设计的手段，为活体材料的发展提供了更多可能性，也为应对环境和能源挑战提供了新的解决方案。

3）气囊

气囊（gas vesicle，GV）是一种在某些光合细菌和古菌中发现的纳米结构，主要由遗传编码的蛋白质外壳形成，内部充满气体，帮助这些生物在水生栖息地中调节浮沉。气囊作为天然存在的蛋白质结构，具备独特的物理特性，是活体材料工程中颇具研究价值的一类候选结构。与捕获预加载气体的微泡不同，气囊排除液体但允许周围气体自由扩散，从而形成内外无压力梯度的稳定结构（Shapiro et al.，2014）。这种特性使气囊在特定静水压下具有独特的声学性质，因此可以用作超声成像的对比物，提供了一种广泛使用、廉价且非侵入性的成像技术，具备高空间分辨率和深组织穿透能力。Bourdeau 等（2018）证明，通过异源表达气囊基因簇，转基因大肠杆菌和鼠伤寒沙门菌可以用作胃肠道或肿瘤病变的显像剂。相比于传统的生物发光成像，超声成像能够更精确地可视化深部器官中的微生物，大幅提升了在体内监测的效果。此外，Farhadi 等（2019）将声学报告基因簇引入哺乳动物细胞，随后这些细胞能够产生气囊。这些细胞内充满气体的纳米结构在被液体包围时反射声波，产生超声对比，使研究人员能够以较高的空间和时间分辨率观察动物体内的细胞过程，如实时基因表达。这一成果显示了气囊作为细胞内成像标记的潜力。不仅如此，气囊还可以作为生物传感器来测量酶活性，并作为超声触发药物递送的活性载体，展现出广泛的应用前景。使用合成生物学技术生产的基因工程细胞能够精确定位于疾病部位，而在这些细胞中表达的气囊通过超声治疗可以诱导细胞破裂并原位释放药物（Bar-Zion et al.，2021）。因此，基于气囊的未来活体材料有望成为高效的治疗剂，不仅用于疾病的精确定位，还能够实现治疗的整合，开启了诊断和治疗相结合的新途径。

14.3.2　通过整合基因线路设计响应型活体材料

活细胞能够实时感知外部信号并相应地调整其生理行为，表现出强大的活力和环境适应性。将这种动态特性集成到生物活体材料中，有望实现材料功能的智能自主调节。在自然状态下，生物体通常会接收到与生长环境相关的多种刺激信号。尽管天然生命中的细胞调节系统不一定完全适用于工程化活体材料（ELM）的设计，合成生物学的进步使得重新编程细胞行为成为可能。通过在遗传物质中引入人工基因线路，工程化生物体可以获得类似计算机的能力，在接收到特定的外部刺激后，生成自定义的功能反馈（图 14-6）。因此，转基因细胞突破了天然生命体的局限性，有望赋予生物活体材料更加可控、更具智能化的特性。本部分将介绍如何利用合成生物学技术，从单细胞到多细胞群体，设计具备特定响应能力的生命系统，并实现生物材料的智能化应用。

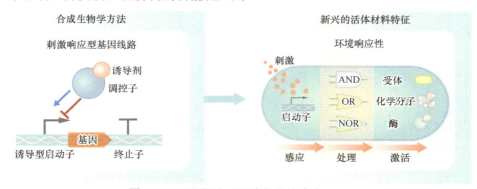

图 14-6　工程细胞对环境信号的响应

将自然调节机制标准化和模块化，组装成能够识别各种外部刺激的人工基因线路，通过将这些刺激响应型基因线路引入细胞内，活体材料可根据环境信号调整自身性能

1. 工程化单个细胞以响应外部环境信号

一个赋予人工设计生物以响应特定外部信号的合成基因线路通常由三个核心模块构成：感应、处理和输出。感应和处理模块的设计在这一系统中尤为重要：感应模块负责接收明确的刺激并将其转换为特定的生物信号，而处理模块则精确地处理输入信号，并向下游传递命令，进而驱动最终的细胞行为（如萤光素酶的表达）。通过模块的合理组合，合成生物学家已经开发出了一系列环境感知基因线路，包括简单的化学分子检测、对温度或光的响应、复杂病原体的检测、记忆记录器和振荡系统等。在这一部分中，我们特别强调感应和计算模块的设计，以开发能够调节活细胞生理行为的基因线路，推动生物活体材料的功能优化。

在自然界中，存在许多复杂的信号识别与传递机制，为合成生物学提供了丰富的灵感资源。这些机制包括但不限于变构转录因子（allosteric transcription factor， aTF）、双组分系统（two-component system，TCS）以及核糖开关（Riboswitch）等。这些天然生物学组件展现出多样化的响应机制，使细胞能够对特定环境刺激做出精确响应。近年来，这些天然调控系统经过了一系列简化和标准化处理，最终以模块化的形式被重组成合成基因线路。这一过程的目标是优化和扩展细胞对外界信号的响应范围，从而为构建更智能、更具适应性的活体材料奠定了基础。

1）基于变构转录因子的基因传感线路

变构转录因子作为合成基因线路中重要的感应元件，其研究已被广泛开展。这些因子的结构通常由两个主要部分组成：一是能够识别特定信号分子的配体结合感应域；二是位于 C 端的 DNA 结合域，该域通过特定的空间位点阻遏机制来激活或抑制下游基因的转录（图 14-7）（Changeux and Edelstein，2005）。基于这一特性，转录因子可以响应多种外界信号，包括温度、蓝光、重金属、小型化学分子、危险物质及生物分子等，从而为生物传感器及其他应用提供了极高的灵敏度。这些多功能信号响应能力为合成生物学赋能，开辟了新的应用空间。

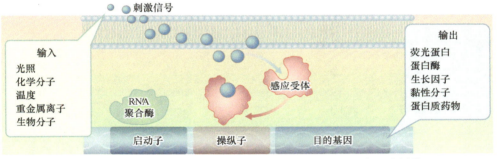

图 14-7　工程化改造基于变构转录因子的基因线路以响应环境刺激
基于变构转录因子的基因线路依赖于感应受体与输入信号分子的结合以及随后的异构变化来开启或关闭目的基因的表达

在合成生物学领域，通过调控基因线路的工程化细胞被赋予了特定的功能，成为具有应用前景的活体材料。这些材料能够通过调整输出模块来生产特定的生物聚合物基质，以满足定制化的需求。例如，Tay 等（2017）开发了一种基于生物被膜的活体材料，利用转录因子 MerR 与汞离子的结合来解除对 PmerR 启动子的抑制，使得改造后的大肠杆菌可以分泌用于吸附汞的胞外生物被膜，从而实现针对性的生物修复。此外，An 等（2020）进一步扩展了基于转录因子的动态活体材料的应用，将其用于微流控装置中的自主损伤修复。他们通过设计血液触发的基因线路，使来自裂解血细胞的血红素与特定转录抑制子结合，从而激活合成启动子的表达，推动黏附性生物被膜的分泌，以检测和修复微裂缝。这项技术有望应用于胃肠道伤口的血液信号监测及自主止血和伤口修复领域。

总的来说，通过基于转录因子的基因调控线路，科研人员能够设计并定制具备智能、自主特性的动态活体材料，以满足各种按需应用，包括实时疾病监测等。这一进展不仅推动了合成生物学的发展，也为未来医疗、环境修复等领域提供了新的工具和解决方案，开辟了更多可能性。

2）基于 TCS 的基因传感线路

与转录因子系统相比，双组分系统（TCS）是由两种保守蛋白质构成的信号转导机制，展现出独特的优势和应用潜力。该系统的结构由两部分组成，其中一种蛋白质负责配体的结合，而另一种蛋白质负责与 DNA 的结合。典型的双组分系统包括一个组氨酸激酶，它在接收到特定的外界刺激（如化学、物理或生物性质的刺激）后，将磷酸化信号传导给响应调节器蛋白，从而通过特定的输出启动子调控目标基因的表达（图 14-8）（Wolanin et al.，2002）。作为自然界中广泛存在的基因调控机制，双组分系统在合成生物学领域受到了广泛关注。尽管基于 TCS 的系统在结构上相对复杂，但其通过磷酸化信号传递过程显著提高了合成基因线路的稳定性和可靠性，提供了一种内在的调控机制，使得研究人员能够根据不同的输入浓度灵活调整蛋白质的产量。此外，TCS 中的跨膜感应组氨酸激酶可以接收细胞质传感器难以捕获的信号，这一特性显著扩展了系统对外部环境的响应能力。基于 TCS 的合成调控基因线路已经进化为可以响应包括光、温度、pH、金属离子、营养物、氧化剂以及小分子代谢物等在内的一系列广泛信号（Lazar and Tabor，2021），这些系统在生物传感、材料生物合成、诊断和疾病治疗等多个领域发挥了关键作用。

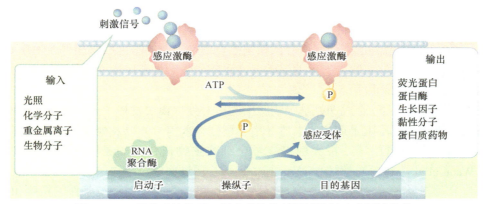

图 14-8　工程化改造基于双组分系统的基因线路以响应环境信号
典型的双组分系统通常包括一个感应激酶，它能感知外部刺激，然后使其感应受体磷酸化，从而调节输出启动子中目的基因的表达

特别是由光感受 TCS 派生的光诱导合成基因线路，由于其快速响应性和最小

化的副作用，在精确控制时空基因表达方面展现出了显著优势，成为活体材料工程领域最常用的基因线路之一。例如，Jin 等通过工程化大肠杆菌，使其在蓝光激活的转录系统（pDawn）调控下表达黏附蛋白（Ag43）（Jin and Riedel-Kruse，2018）。通过图案化的光照射，基于光响应的 TCS（由 YF1 组氨酸激酶、FixJ 响应调节器及 PFixK2 输出启动子构成）能够激发下游基因 460 倍的高表达，从而实现通过光学控制进行高分辨率的细胞图案化（Ohlendorf et al.，2012）。此外，合成生物学领域还开发出了能够响应红/远红光、绿光和紫外光的光遗传开关，从而进一步扩展了这些系统在原核和真核细胞中的应用（Zhou et al.，2022）。例如，Moser 等（2019）通过工程化设计，使大肠杆菌能够分泌由红光、绿光和蓝光调控的不同蛋白纤维变体。当这些细菌暴露于图案化光照下时，能够解码光的波长和强度，从而产生具有高空间分辨率的生物被膜涂层。这一发现展示了光诱导细菌在形成活性涂层方面的潜力，为将生物学功能（如检测毒素或释放气味）融入可穿戴设备或服装提供了全新的途径。通过将双组分系统的多样化应用与光诱导合成基因线路相结合，合成生物学家能够设计出更为灵活和智能的活体材料。这些材料不仅能够精确地响应外部刺激，还能够实现复杂环境中的自适应行为，在医疗、环境修复和智能设备开发等领域具有广泛的应用前景。

3）用于输入信号放大和逻辑处理的基因线路

在合成生物学的前沿研究中，科学家们正致力于通过定制化的基因线路整合多样的细胞传感器和执行器，使得编程后的活细胞能够对特定的细胞外或细胞内信号做出响应（Wang et al.，2011）。尽管这些设计赋予了细胞对特定刺激的高度敏感性和特异性，但当输入信号极其微弱时，确保细胞准确反馈依然存在挑战。此外，在自然界的动态环境中，单一信号输入往往不足以全面反映外部条件的变化。因此，设计能够放大微弱信号或识别多重信号组合的基因线路变得尤为重要。这不仅有助于提升生物传感器的灵敏度，还能增强对复杂环境变化的精确控制，从而实现更多实际应用。

在这种背景下，合成调控基因线路中的信号处理模块发挥了至关重要的作用。这些模块包括但不限于遗传放大器（用于增强输入信号）以及处理多重输入刺激的组合布尔逻辑门等，极大地提高了全细胞生物传感器的灵敏度和检测范围（Wang et al.，2014）。例如，Wan 等（2019）通过集成三个协同工作的转录放大器，显著提升了重金属离子生物传感器的灵敏度，为实现对环境条件的精确和动态响应奠定了基础。这些遗传放大和组合逻辑设计为应对环境中复杂、多变的信号输入提供了可能性，使得合成生物学在实际应用中愈加灵活。

随着合成生物学领域的不断进步，活传感器的设计也在持续演化，从识别单一信号的简单基因线路发展为能够处理复杂应用场景中多重输入信号的高级基因线路。通过利用诸如 AND、OR、NOR、NOT、XOR 和 NAND 等布尔逻辑门，工程化的活细胞可以对环境信号的复杂组合进行有效判断和响应（Ausländer et al.，2018）。在一项标志性的研究中，Siuti 等（2013）将逻辑门与重组酶催化的 DNA 重写技术相结合，为细菌提供了记忆功能和执行逻辑运算的能力，使得这些工程化的细胞能够在几十代内记录环境中的特定事件。这样的基因线路设计使活细胞不仅能够感知环境信号，还具备持久记忆的能力，这为监测长期环境变化等应用提供了广阔的前景。

这一概念在制造活体材料中的应用也得到了扩展。Kalyoncu 等（2019）进一步将双输入布尔逻辑门用于制造空间图案化的活体材料，通过设计，这些重组大肠杆菌可以根据环境信号合成不同的蛋白纤维单体。通过脱水四环素（anhydrotetracycline，aTc）和 IPTG 的单独或联合使用，实现了蛋白纤维淀粉样纳米纤维中功能单体的空间图案化排列。这一成果展示了合成生物学在活体材料图案化方面的创新应用，为制造具备精细结构的材料提供了新的方法。这些进展展示了合成生物学在应对动态环境中智能应用的巨大潜力，预示着活体材料在更复杂使用场景中能够实现更加智能化的应用前景。随着遗传工程和合成生物学工具的不断发展与完善，我们将能够设计出更加复杂且功能强大的生物系统，从而为环境监测、疾病诊断与治疗以及新材料开发提供革命性的解决方案。这些前景不仅推动了合成生物学的科学进步，也为多个领域带来了新的可能性。

2. 工程化细胞间通信系统以执行复杂功能

细胞间通信系统通过活细胞释放的可扩散信号分子，如群体感应（quorum sensing，QS）分子，实现了细胞群体间的信息交换，从而允许这些细胞群体在整体上同步其行为（Du et al.，2020）。这一机制在合成生物学中展现出巨大潜力，特别是在研究自组织细胞模式（如周期性条纹模式等）时。通过引入合成的细胞间通信系统，研究人员已经能够以自我调节的方式来控制活体材料的性能。例如，引入一个由 LasI-LasR QS 系统和 QS 诱导的生物被膜分散蛋白 BdcA（E50Q）构成的反馈基因线路，使得工程化微生物的生物被膜厚度具备自我调节能力（Wood et al.，2016）。具体来说，当由过度生长的大肠杆菌产生的 QS 分子达到特定阈值时，BdcA（E50Q）的表达被触发，从而抑制生物被膜的过度生长，防止形成生物污染。这样，合成的反馈系统在细胞群体中实现了对生物被膜生长的有效控制。

除了在生物被膜厚度的自我调节方面的应用，基于 QS 机制的基因线路还提供了一种自主制造空间图案化功能材料的新方法。例如，Chen 等（2014）构建了两种重组 CsgA 表达的大肠杆菌菌株，这两种菌株的协同作用使得材料的生产更加灵活。当培养基中加入 aTc 时，一种菌株开始表达并分泌 CsgA 及 QS 分子 AHL；

一旦 AHL 浓度达到某一阈值，另一菌株的基因线路也被激活，开始分泌重组 CsgA-His 蛋白。CsgA-His 能够以 aTc 诱导产生的 CsgA 纤维为模板，继续自我组装，形成由 CsgA 和 CsgA-His 两种蛋白质组成的混合纳米纤维材料。这种基于合成细胞通信的系统，使得重组蛋白纤维的生物被膜材料能够在动态、自主的方式下实现生产和图案化（图 14-9）。通过这种方式，细胞通信系统为工程化材料的复杂结构提供了一种可编程且自适应的方法。

图 14-9 利用细胞间通讯系统制备活体材料

细胞间通讯系统利用可扩散的信号分子，如酰基高丝氨酸内酯分子，在细胞之间交换信息，从而在群体水平上协调细胞行为。在活细胞体系中引入细胞间通讯系统，可以自我调节的方式调控材料的性能

通过这种对群体感应和细胞通信的精细操控，科学家们正在逐步揭示如何使用合成生物学的工具实现对细胞行为的精确控制。这些研究不仅拓展了活体材料工程的边界，也为开发新型自适应材料开辟了新的途径。这些合成的通信系统，使得我们可以在材料科学和生物工程的交叉领域中创造出更加智能化的活体材料，进一步增强了材料对环境和动态信号的响应能力。

QS 机制使得细胞间的信号传递成为可能，而在合成生物学中，科学家们也不断探索更多方式来进一步协调细胞群体的行为。在这一过程中，群体淬灭（quorum quenching，QQ）作为一种能够降解 QS 分子的机制，提供了另一种有力的工具。例如，考虑到 AHL 分子与某些致病生物被膜的形成紧密相关，Mukherjee 等（2018）设计了一个群体淬灭基因线路，使细胞在检测到环境中 AHL 分子时产生 AiiO 酰胺酶。该酰胺酶通过分解培养基中的 AHL 分子，有效地抑制了致病生物被膜的形成。这一机制不仅能够实现对有害生物被膜的抑制，也展现了基因线路在调控微生物行为中的广泛应用潜力。类似的，利用细菌同步裂解的策略，Dai 等（2019）开发了一个自主的生物制造平台，通过引入群体淬灭机制，成功地将细胞群体的行为协调起来。这种同步分解策略进一步突显了细胞间通信系统在调控活细胞群体行为方面的优势，特别是在实现高度协调及自我调节的功能性输出时，群体淬灭提供了一种全新的调控方式。通过这些系统，研究人员在材料合成和微生物控制的工程化应用方面开辟了新的维度，为工程活体材料系统的开发提供了更为多样化的手段和可能性。总体来说，群体感应和群体淬灭机制的结合使得细胞通信更加多样化，从而使合成生物学的工具箱更加完善。这些机制的灵活应用不仅能够控制细胞群体的行为，还能调节它们在特定环境下的应对方式，为开发更具智能化、自主性和功能性的活体材料系统提供了崭新的思路和工具。

14.3.3 通过多细胞协作制备活体材料

多细胞共生体定义为涵盖两种或多种微生物菌株或物种的共培养系统，广泛存在于自然界中，如肠道微生物组和土壤微生物群落，它们发挥着关键的生态和生理功能（Großkopf and Soyer，2014）。这些功能包括营养物质消化、病原体防御、有机物分解、大气氮固定以及刺激植物生长的生物活性物质的生产。通过这些功能，多细胞共生体在自然生态中承担着重要角色，也为合成生物学领域的研究提供了丰富的参考。这些多细胞共生系统在活体材料工程化方面具有两大显著优势。首先，成员间可以通过代谢产物或分子信号的交换实现信息的互通，从而促使亚群体之间的动态响应（Brenner et al.，2008）。这种高效的信号传递和反馈机制，使得共生体在复杂环境下能够表现出灵活的适应性。其次，多细胞系统通过劳动分工实现了功能的专一化，不同的群体专注于完成特定功能任务，这有效地解决了单细胞系统在处理复杂任务时因代谢负担过大而难以有效运作的问题（Tsoi et al.，2018）。正是这种分工与合作的优势，使得多细胞共生体在活体材料的开发中展现出巨大的潜力。借助于这些自然优化的协同作用机制，多细胞共生体的研究和应用逐渐转向群体管理，从而促进了多功能活体材料的开发。当前，针对多细胞系统的开发策略及其在活体材料制造中的应用受到了广泛关注，预示着合成生物学领域新的研究方向和应用前景。这些研究不仅推动了合成生物学在生物材料工程中的应用，也为未来多细胞活体材料的多样化和功能化提供了坚实的基础。

1. 设计天然多细胞共生体以设计活体材料

在生态学中，两个群体间的相互作用可归纳为共生、互利共生、反利共生、捕食、竞争以及中性关系这六种基本类型（Tsoi et al.，2018）。在共培养系统中，引入多个群体时，要求对每个群体及其相互作用进行精细控制，因而，设计出具有长期稳定性的合成多细胞系统是一大挑战。自然界的模型系统，如地衣中真菌与藻类或蓝细菌的共生体，提供了从共享营养物和代谢物到共同应对恶劣环境的示例，成为合理开发生物系统的有效灵感来源（图 14-10）。

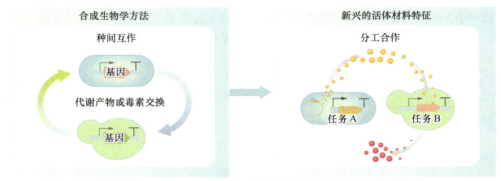

图 14-10 利用种间互作系统制备活体材料

合理设计两个或多个微生物菌株/物种之间的代谢物/毒素交换，构建跨物种联合体。不同物种通过分工合作完成任务，拓展了活体材料在高度复杂应用中的使用潜力

借鉴自然界的策略，Das 等（2016）利用莱茵衣藻（*Chlamydomonas reinhardtii*）与产细菌纤维素 BC 的醋酸杆菌（*Acetobacter aceti*）共培养，开发出一种新型的柔性活体材料。在这一系统中，微藻被醋酸杆菌原位包裹在 BC 中，展示了通过共生机制设计自组织活体材料的有效途径。同样地，另一项研究从红茶菌饮料中由产 BC 的共生细菌和酵母组成的微生物群体汲取灵感，Gilbert 等（2021）共培养了工程化的酿酒酵母菌株和大量生产 BC 的季罗尔驹形杆菌（*Komagataeibacter rhaeticus*），开发出功能可编程的活体材料。此外，Florea 等（2016）利用基于糖的原料转化为 BC，而共培养的酵母则分泌重组蛋白质，为活性复合材料提供了定制化的功能，展示了利用合成生物学工具与微生物共培养来开发自组装活体材料的潜力。McBee 等（2022）则通过菌丝体和成团泛菌（*Pantoea agglomerans*）之间的稳定共生系统，创造了能够感应和响应的活性建筑砖，克服了传统菌丝体材料在功能动态调整方面的局限性。同样，酸面包中的微生物群体也是一个有趣的案例，由在淀粉基质中共生的酵母和细菌组成，这种自然共生系统展现了开发活体材料的另一应用前景（Smid and Lacroix，2013）。这些研究案例不仅证明了从自然共生体系中汲取灵感来开发新型活体材料的可行性，也指明了将合成生物学与微生物共培养相结合的研究方向，为生物传感、自修复材料以及更广泛的生物工程应用开辟了新的途径。

2. 构建人工多细胞共生体以设计活体材料

1）代谢交叉喂食系统

适当的营养分配对于维持多细胞系统的稳定性和高效运行至关重要。如果多细胞共生体中的细胞消耗相同的碳源，底物竞争将导致生长速度较快的物种无控制地增长，破坏系统的平衡。在这种情况下，减少生长竞争的一个典型解决方案是为每种微生物设计独立的代谢途径，使它们在营养需求上形成差异性（Roell et al.，2019）。通过这种方式，各种微生物能够有效地避免竞争，实现系统的可持续运行。

交叉喂食是一种自然界共生系统中普遍观察到的典型营养关系，其中细胞 B 能够利用细胞 A 的代谢中间产物，这种营养互补性使得两种物种在共存时表现出更具可持续性和更稳健的生长（图 14-11A）（Seth and Taga，2014）。受这一现象的启发，研究人员通过代谢工程对营养物质（主要是碳和氨基酸）的生产和消耗进行了优化和重组，从而构建了耐用的多细胞系统，用于化学合成、污染物降解和能源生产等应用场景。例如，Liu 等（2017）构建了一个由三种微生物组成的共生体，以提高生物电化学装置在生物能源生产中的性能。这个微生物共生体包括经过基因工程改造的大肠杆菌、枯草芽孢杆菌和奥奈达希瓦氏菌（*Shewanella oneidensis*），它们分别负责电子生成、核黄素（一种电子传递介质）生产和电导性支持。在营养交叉供给中，大肠杆菌通过消化葡萄糖产生乳酸，为 *S. oneidensis* 的生长提供必要的营养物质，*S. oneidensis* 随后氧化乳酸生成乙酸，再反过来作为碳源供给枯草芽孢杆菌和大肠杆菌。这种交互作用有效地提高了整个系统的稳定性和效率，为未来多细胞共生体在多样化应用中的开发提供了良好示范。

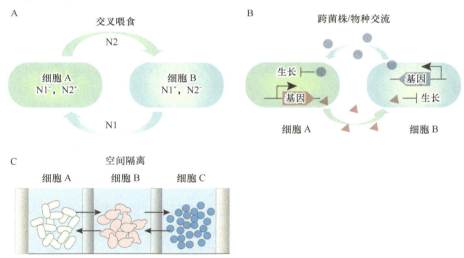

图 14-11　构建多细胞共生体的典型策略

A. 代谢交叉喂食系统示意图。每个成员都要提供一些必需的代谢物（碳或氨基酸），以支持其他成员的生存，从而形成一个强制性的营养共生系统。B. 跨菌株/物种交流示意图。多细胞群落通过耦合的细胞-细胞通讯系统（如群体感应分子）和毒素蛋白的表达自主调节细胞群体比例。C. 空间隔离示意图。不同的微生物种群在空间上被物理隔离，以尽量减少生长竞争

与单向营养供应系统相比，双向喂食系统更具优势，因为它更有可能通过防

止某个成员主导或消灭其他成员，从而实现互利共生和系统的动态平衡。这种双向相互作用为多样化的共生体提供了更为稳定的生存环境，并有效增强了系统的整体功能性。目前，已经有许多成功构建的共营养相互作用群体，使得微生物组中的微生物能够实现协同生长。其基本原则是：每个成员被设计为提供一些（但不是全部的）必需代谢产物（如氨基酸），从而保持对其他成员的营养依赖。当这些营养缺陷型菌株共同培养成共生体时，它们的互补代谢功能相互支持，形成稳定的共生关系。正是通过这种菌株之间的代谢依赖，多种菌株得以长期共存，从而为进一步优化和设计复杂的菌群功能提供了坚实的基础。这一原理的广泛应用也为多细胞活体材料系统的设计提供了全新方向，推动了微生物组在合成生物学领域的创新应用。

2）跨菌株/物种细胞——细胞通信

如 14.3.2 小节所述，编程的细胞间通信系统能够为活细胞赋予动态特性，使它们能够对外部信号做出有效响应。这种系统不仅能够赋予单个细胞以环境感知能力，还可以通过细胞间的信号传递，增强多细胞系统的协调性。例如，群体感应（QS）系统作为经典的细胞间通信手段，通过将基因表达与细胞的生存与死亡相耦合，使得微生物共生体能够实现高效的自主调节（McMillen et al.，2002）。例如，Balagaddé 等（2008）构建了一个类似经典捕食-被捕食系统的合成生态系统，并从逻辑与动力学上进行了模拟。在这一系统中，捕食细胞通过 QS 机制诱导猎物细胞内杀伤蛋白 CcdB 的表达，从而杀死猎物；而猎物细胞则通过生成另一种 QS 分子，激活捕食细胞中解毒蛋白 CcdA 的表达，以抑制 CcdB 的固有表达，使得捕食细胞得以生存。研究人员通过实验和数学建模，展示了捕食者与猎物之间种群共存的振荡动态。在另一个例子中，Fedorec 等（2021）利用竞争排除机制，构建了一个由单一菌株实现自我调节的稳定双菌株群体。在菌株密度较低时，该菌株会释放毒素杀死竞争者；当密度达到某个临界点并触发 QS 信号时，毒素生产被关闭，从而允许竞争者的生长（图 14-11B）。这种巧妙的机制使得群体能够在动态变化的条件下实现平衡和稳定。

除了控制微生物种群，编程的细胞间通信电路还可以应用于构建跨物种的合成生态系统，如包含植物、酵母、细菌和哺乳动物细胞的复杂生态网络。通过挥发性醛类、抗生素或维生素衍生小分子作为信号桥梁，发送信号的细胞与接收信号的细胞建立联系，Weber 等（2007）成功构建了一个包括细菌、酵母和哺乳动物细胞的合成生态系统，这些细胞能够模拟自然界中物种间共存的基本模式。因此，将细胞间通信系统引入活体材料的设计中，不仅有望实现不同物种之间的功能分工，还将为活体材料带来更复杂和多样的功能特性，为未来的合成生物学和活体材料领域开辟了新的应用途径。

3）空间组成隔离

许多自然界中的微生物以异质分布的方式存在于空间定义的结构中（如生物被膜），而非均质地分布在群体中。这种空间组织的形式可以有效减少资源竞争，确保那些适应性较低的成员能够生存，并提高整体系统对环境压力的韧性（Johns et al.，2016）。利用这一特点，Shahab 等（2020）开发了一种先进的生物反应器，通过生物被膜的空间组织特性，为不同代谢能力的微生物共培养提供了各自的生态位。在他们设计的 3D 生物反应器中，三种微生物菌株（一种好氧真菌、一种耐氧细菌和一种厌氧细菌）按照从靠近膜到远离膜（氧含量最高）的顺序进行接种（图 14-11C）。这种设计实现了微生物共生体中代谢任务的明确分工：好氧真菌首先将纤维素降解为短糖链，耐氧细菌随后将这些糖链转化为乳酸，而厌氧细菌则进一步利用乳酸合成短链脂肪酸——丁酸。除了利用自然生物被膜来创建空间分布，研究人员还可以借助物理隔离技术（如微流控）来构建用于微生物群体培养的人工空间结构。例如，Kim 等（2008）设计并制造了一个带有单独培养井的微流控装置，能够将不同细菌物种与主通道分开，但通过多孔膜允许小分子的交换，从而实现细胞间通信。这种空间上的限制有效地促进了不同细菌物种之间的相互作用，使其在合成的群体中实现了稳定共存。

除了微流控和微孔装置，其他如微囊化、膜分离和 3D 打印等技术（Johnston et al.，2020），也能够为微生物共生体提供物理隔离，展现出在优化生物活体材料生产方面的巨大潜力。例如，最近 Wang 等（2022）通过壳聚糖微囊将来自一个或多个物种的各种共生体组合在一起，成功开发了一个包含 34 种酶的"swarmbot"共生体系统，用于多蛋白制造。这些技术和策略为研究人员在活体材料领域开发多功能生物共生体提供了丰富的工具和灵感，使得复杂的生物合成任务得以实现和优化。

14.4　先进合成生物技术在未来活体材料开发中的潜力

合成生物技术包括基因编辑技术、定向进化技术、定量合成技术和合成细胞技术。在这里，我们总结并预期了不同合成生物学技术开发可持续工程生物活体材料的未来应用趋势。

14.4.1　基因编辑技术

基因编辑技术是一种对生物体基因组中特定位点进行修改以实现预期功能的技术，包括通过删除核苷酸实现基因敲除、添加核苷酸进行基因敲入，或编辑核苷酸产生突变。基因编辑可以发生在 DNA、RNA 或表观遗传水平，具备广泛的应用潜力。目前，主要的基因编辑技术包括锌指核酸酶（ZFN）、转录激活因子样效应物核酸酶（TALEN），以及成簇规律间隔短回文重复相关核酸酶系统（CRISPR-Cas），其中以 CRISPR-Cas 技术应用最为广泛。CRISPR-Cas 系统由两个核心模块组成：剪切蛋白和靶序列向导 RNA（guide RNA，gRNA）。与传统的限制性内切酶不同，gRNA 可以被灵活设计，以靶向不同的基因位点。此外，CRISPR-Cas 系统可以广泛应用于细菌、真菌以及动植物中，因此在合成生物学性质的应用中，比其他基因编辑工具更为适用（Clarke et al.，2021）。例如，它可以被用于构建改变细胞特性的基因线路（Schwarz et al.，2017），或者在细胞基因组中记录细胞的活动信息（Chan et al.，2019；Kalhor et al.，2018）。基因编辑技术的核心在于其能够精确改变细胞的遗传和代谢通路，是进行途径设计、微生物遗传改造以及优化底盘细胞的宝贵工具。通过应用基因编辑技术，研究人员能够重新编程细胞，使之具备更优异的合成和代谢能力，从而为高性能生物活体材料的高效生产奠定坚实的基础。

14.4.2　定向进化技术

所有物种都是进化的产物，进化是生命创造力和多样性的根本源泉。几千年来，人类通过驯化和繁育野生动植物，逐代提升其产量和品质，这实际上也是利用进化的过程。而在实验室中，这一过程得到了大幅加速与精确化。定向进化是一种通过易错 PCR 技术来创建特定基因的随机突变体库，然后从中筛选出具有改进或全新功能蛋白质的技术。正是由于这一技术对诸多领域（从蛋白质工程到药物开发等）带来的颠覆性影响，弗朗西斯·阿诺德于 2018 年获得了诺贝尔化学奖。自定向进化技术问世以来的三十年间，它已经从最初的体外易错 PCR 方法，发展到基于噬菌体（Morrison et al.，2020）、细菌（Yi et al.，2021）和酵母（Ravikumar et al.，2018）的连续定向进化技术。如今，定向进化被广泛应用于基因、酶、抗体、代谢途径、基因调控回路及微生物种群优化等众多领域（Wang et al.，2021）。通过定向进化筛选和鉴定出的蛋白质，能够被引入底盘细胞的合成途径中，从而开发出高性能的活体材料。然而，对于大多数材料成分，如丝蛋白、胶原蛋白和黏附蛋白，传统工具（如机械测试、显微镜成像和热重分析）在应对大规模样品筛选时存在明显的局限性，这成为了材料筛选过程中的一大瓶颈（Kan and Joshi，2019）。因此，建立高效的高通量材料表征方法仍然是蛋白质材料定向进化领域的一个主要挑战。

一种可行的解决方案是直接对活体材料进行进化，并选择符合应用需求的材料变体。例如，研究人员可以通过在活体动物肠道中反复突变胶水蛋白基因，并筛选出能够分泌胶水蛋白的大肠杆菌，从而开发出一种基于生物被膜的活性胶水，这种胶水材料有望能够快速附着于胃肠道并修复组织伤口。因此，利用定向进化技术筛选和优化高性能活体材料，已被证明是一条行之有效的途径，推动了在多种应用领域中对生物材料性能的不断提升。

14.4.3 定量合成技术

定量合成技术是一种结合工程学、物理学、计算机科学等方法，对生物系统进行定量描述、精确控制和预测模拟的技术。该技术的研究对象涵盖单细胞和多细胞生物，以及它们之间的相互作用和反馈机制，从而能够对生物系统中的基因、代谢、信号传递等过程进行细致的调控和优化，以实现高效生产和高效治疗等应用目标。在活体材料的开发过程中，定量合成技术通过对基因组、转录组和代谢组的信息进行分析与挖掘，建立数学模型，对生物系统的结构和功能进行定量描述和深入分析。这不仅可以揭示生物系统的基本结构和功能，还可以模拟和预测其行为，为活体材料的调控和优化提供科学依据。

14.4.4 合成细胞技术

合成细胞技术是一项新兴领域，目前主要有三种实现路径，分别是"自下而上"、"自上而下"和"中间向外"的方法（Rothschild et al.，2024）。"自下而上"的方法通过从分离或合成的大分子中逐步化学合成生命系统，这些分子包括膜、遗传物质和蛋白质，以便逐步实现细胞的各项功能。而"自上而下"的系统性方法则侧重于从现有基因组中去除无关的遗传模块，从而生成包含其初始功能子集的"最小基因组"。这种方法的目标包括提供一个简化的生物工程平台，或者为基础研究创造一个仅具备维持细胞生命所需的基本功能的细胞。"中间向外"或半合成的方法则是通过提取并重新利用现有的活细胞模块来重建生命系统，其中最典型的例子是利用细胞提取物的复杂成分（如细胞器和其他能够实现功能性生物化学的模块化结构）来重现生命系统的特性，如基因表达、复制和感知/响应行为。其他例子还包括：将细胞提取物封装在脂质体中以实现细胞功能，用细胞膜装饰纳米颗粒，或者重新设计复杂的分子系统（如糖基化装置）并将其转移到合成系统（如微粒体）。在活体材料开发中，合成细胞技术为科学家提供了一种全新的平台，既可以用于改进现有的底盘细胞或进行环境监测，也能够为生物制造提供一种新的手段，用于生产化学品和满足特定需求的材料供应。这些实现途径的多样性使得合成细胞在活体材料领域中充满了潜力。

14.5 总结与展望

合成生物学通过重构基因元件和编程细胞行为，为科学家们提供了一系列强大的工具和手段，使得人工控制的生命系统得以实现。这些系统的应用不仅局限于基础生命科学研究，还延伸至合成生物材料的开发领域。在活体材料的设计中，合成生物学利用基因线路调控、底盘细胞优化和材料模块化设计，使细胞具备合成自组织功能材料的能力。这些材料不仅在生物医学领域展示出巨大的应用潜力，也为环境修复和能源生产等领域提供了创新解决方案。合成生物学与材料科学的结合，为材料设计带来了全新机遇，推动了从仿生材料到动态自修复材料的快速发展。

展望未来，合成生物学有望在更多领域取得突破，为活体材料的研发与应用带来更丰富的创新思路。随着基因编辑技术的不断进步，尤其是 CRISPR/Cas 系统等工具的优化，复杂基因线路的设计将变得更加精准，进一步促进功能复杂且灵活的材料的开发。同时，伴随生物信息学和计算机模拟技术的不断成熟，活体材料的设计与调控将变得更加系统化和高效化，预期其应用将拓展到个性化医疗、智能制造以及可持续发展等关键领域。通过跨学科的合作，合成生物学将在推动活体材料的规模化生产与商业化应用中发挥重要作用，为应对全球性挑战提供更加环保、智能的解决方案。

编写人员：安柏霖　王艳怡　刘　坤　淦克胜
（中国科学院深圳先进技术研究院）

参 考 文 献

Abhijith R, Ashok A, Rejeesh C R. 2018. Sustainable packaging applications from *Mycelium* to substitute polystyrene: a review. Materials Today: Proceedings, 5(1): 2139-2145.

An B L, Wang Y Y, Jiang X Y, et al. 2020. Programming living glue systems to perform autonomous mechanical repairs. Matter, 3(6): 2080-2092.

Ausländer D, Ausländer S, Pierrat X, et al. 2018. Programmable full-adder computations in communicating three-dimensional cell cultures. Nature Methods, 15(1): 57-60.

Balagaddé F K, Song H, Ozaki J, et al. 2008. A synthetic *Escherichia coli* predator-prey ecosystem. Molecular Systems Biology, 4(1): 187.

Bar-Zion A, Nourmahnad A, Mittelstein D R, et al. 2021. Acoustically triggered mechanotherapy using genetically encoded gas vesicles. Nature Nanotechnology, 16(12): 1403-1412.

Basu S, Gerchman Y, Collins C H, et al. 2005. A synthetic multicellular system for programmed pattern formation. Nature, 434(7037): 1130-1134.

Bonacci W, Teng P K, Afonso B, et al. 2012. Modularity of a carbon-fixing protein organelle. Proceedings of the National Academy of Sciences of the United States of America, 109(2): 478-483.

Bourdeau R W, Lee-Gosselin A, Lakshmanan A, et al. 2018. Acoustic reporter genes for noninvasive imaging of microorganisms in mammalian hosts. Nature, 553(7686): 86-90.

Bracha D, Walls M T, Brangwynne C P. 2019. Probing and engineering liquid-phase organelles. Nature Biotechnology, 37(12): 1435-1445.

Bredenoord A L, Clevers H, Knoblich J A. 2017. Human tissues in a dish: The research and ethical implications of organoid technology. Science, 355(6322): eaaf9414.

Brenner K, You L C, Arnold F H. 2008. Engineering microbial consortia: A new frontier in synthetic biology. Trends in Biotechnology, 26(9): 483-489.

Brophy J A N, Voigt C A. 2014. Principles of genetic circuit design. Nature Methods, 11(5): 508-520.

Carleton H A, Lara-Tejero M, Liu X Y, et al. 2013. Engineering the type III secretion system in non-replicating bacterial minicells for antigen delivery. Nature Communications, 4: 1590.

Chan M M, Smith Z D, Grosswendt S, et al. 2019. Molecular recording of mammalian embryogenesis. Nature, 570(7759): 77-82.

Changeux J P, Edelstein S J. 2005. Allosteric mechanisms of signal transduction. Science, 308(5727): 1424-1428.

Chen A Y, Deng Z T, Billings A N, et al. 2014. Synthesis and patterning of tunable multiscale materials with engineered cells. Nature Materials, 13(5): 515-523.

Chen B Z, Kang W, Sun J, et al. 2022a. Programmable living assembly of materials by bacterial adhesion. Nature Chemical Biology, 18(3): 289-294.

Chen C J, Kuang Y D, Zhu S Z, et al. 2020a. Structure–property–function relationships of natural and engineered wood. Nature Reviews Materials, 5(9): 642-666.

Chen H H, Cheng Y H, Tian J R, et al. 2020b. Dissolved oxygen from microalgae-gel patch promotes chronic wound healing in diabetes. Science Advances, 6(20): eaba4311.

Chen P F, Liu X, Gu C H, et al. 2022b. A plant-derived natural photosynthetic system for improving cell anabolism. Nature, 612(7940): 546-554.

Clarke R, Terry A R, Pennington H, et al. 2021. Sequential activation of guide RNAs to enable successive CRISPR-Cas9 activities. Molecular Cell, 81(2): 226-238.e5.

Cong M H, Tan S Y, Li S M, et al. 2022. Technology insight: plant-derived vesicles—how far from the clinical biotherapeutics and therapeutic drug carriers?. Advanced Drug Delivery Reviews, 182: 114108.

Dai Z J, Lee A J, Roberts S, et al. 2019. Versatile biomanufacturing through stimulus-responsive cell-material feedback. Nature Chemical Biology, 15(10): 1017-1024.

Das A A K, Bovill J, Ayesh M, et al. 2016. Fabrication of living soft matter by symbiotic growth of unicellular microorganisms. Journal of Materials Chemistry B, 4(21): 3685-3694.

Dine E, Gil A A, Uribe G, et al. 2018. Protein phase separation provides long-term memory of transient spatial stimuli. Cell Systems, 6(6): 655-663.e5.

Dong X, Pan P, Ye J J, et al. 2022. Hybrid M13 bacteriophage-based vaccine platform for personalized cancer immunotherapy. Biomaterials, 289: 121763.

Du P, Zhao H W, Zhang H Q, et al. 2020. *De novo* design of an intercellular signaling toolbox for multi-channel cell-cell communication and biological computation. Nature Communications, 11(1): 4226.

Dzuricky M, Rogers B A, Shahid A, et al. 2020. *De novo* engineering of intracellular condensates using artificial disordered proteins. Nature Chemistry, 12(9): 814-825.

Eidenberger L, Kogelmann B, Steinkellner H. 2023. Plant-based biopharmaceutical engineering. Nature Reviews Bioengineering, 1(6): 426-439.

Ellis T, Wang X, Collins J J. 2009. Diversity-based, model-guided construction of synthetic gene networks with predicted functions. Nature Biotechnology, 27(5): 465-471.

Estrella L A, Yates E A, Fears K P, et al. 2021. Engineered *Escherichia coli* biofilms produce adhesive nanomaterials shaped by a patterned 43 kDa barnacle cement protein. Biomacromolecules, 22(2): 365-373.

Fang J, Kawano S, Tajima K, et al. 2015. *In vivo* curdlan/cellulose bionanocomposite synthesis by genetically modified *Gluconacetobacter xylinus*. Biomacromolecules, 16(10): 3154-3160.

Farhadi A, Ho G H, Sawyer D P, et al. 2019. Ultrasound imaging of gene expression in mammalian cells. Science, 365(6460): 1469-1475.

Fedorec A J H, Karkaria B D, Sulu M, et al. 2021. Single strain control of microbial consortia. Nature Communications, 12(1): 1977.

Flemming H C, Wingender J. 2010. The biofilm matrix. Nature Reviews Microbiology, 8(9): 623-633.

Florea M, Hagemann H, Santosa G, et al. 2016. Engineering control of bacterial cellulose production using a genetic toolkit and a new cellulose-producing strain. Proceedings of the National Academy of Sciences of the United States of America, 113(24): E3431-E3440.

Fratzl P, Barth F G. 2009. Biomaterial systems for mechanosensing and actuation. Nature, 462(7272): 442-448.

Gantenbein S, Colucci E, Käch J, et al. 2023. Three-dimensional printing of *Mycelium* hydrogels into living complex materials. Nature Materials, 22(1): 128-134.

Gao M H, Li J, Bao Z X, et al. 2019. A natural *in situ* fabrication method of functional bacterial cellulose using a microorganism. Nature Communications, 10(1): 437.

Ghezzi M, Wang P Y, Kingshott P, et al. 2015. Guiding the dewetting of thin polymer films by colloidal imprinting. Advanced Materials Interfaces, 2(11): 1500068.

Gilbert C, Tang T C, Ott W, et al. 2021. Living materials with programmable functionalities grown from engineered microbial co-cultures. Nature Materials, 20(5): 691-700.

Gonzalez-Esquer C R, Newnham S E, Kerfeld C A. 2016. Bacterial microcompartments as metabolic modules for plant synthetic biology. Plant Journal, 87(1): 66-75.

Gray B P, Brown K C. 2014. Combinatorial peptide libraries: mining for cell-binding peptides. Chemical Reviews, 114(2): 1020-1081.

Green A A, Silver P A, Collins J J, et al. 2014. Toehold switches: de-novo-designed regulators of gene expression. Cell, 159(4): 925-939.

Großkopf T, Soyer O S. 2014. Synthetic microbial communities. Current Opinion in Microbiology, 18: 72-77.

Guo B L, Dong R N, Liang Y P, et al. 2021. Haemostatic materials for wound healing applications. Nature Reviews Chemistry, 5(11): 773-791.

Guo S Q, Dubuc E, Rave Y, et al. 2020. Engineered living materials based on adhesin-mediated trapping of programmable cells. ACS Synthetic Biology, 9(3): 475-485.

Hay J J, Rodrigo-Navarro A, Petaroudi M, et al. 2018. Bacteria-based materials for stem cell engineering. Advanced Materials, 30(43): e1804310.

Hayta E N, Ertelt M J, Kretschmer M, et al. 2021. Bacterial materials: applications of natural and modified biofilms. Advanced Materials Interfaces, 8(21): 2101024.

Hobbs Z, Abedon S T. 2016. Diversity of phage infection types and associated terminology: The problem with 'lytic or lysogenic'. FEMS Microbiology Letters, 363(7): fnw047.

Hu C M J, Fang R H, Wang K C, et al. 2015. Nanoparticle biointerfacing by platelet membrane cloaking. Nature, 526(7571): 118-121.

Hu Q Y, Sun W J, Wang J Q, et al. 2018. Conjugation of haematopoietic stem cells and platelets decorated with anti-PD-1 antibodies augments anti-leukaemia efficacy. Nature Biomedical Engineering, 2(11): 831-840.

Huang J F, Liu S Y, Zhang C, et al. 2019. Programmable and printable *Bacillus subtilis* biofilms as engineered living materials. Nature Chemical Biology, 15(1): 34-41.

Jackson K, Peivandi A, Fogal M, et al. 2021. Filamentous phages as building blocks for bioactive hydrogels. ACS Applied Bio Materials, 4(3): 2262-2273.

Jiang B, Liu X, Yang C, et al. 2020. Injectable, photoresponsive hydrogels for delivering neuroprotective proteins enabled by metal-directed protein assembly. Science Advances, 6(41): eabc4824.

Jin X F, Riedel-Kruse I H. 2018. Biofilm Lithography enables high-resolution cell patterning *via* optogenetic adhesin expression. Proceedings of the National Academy of Sciences of the United States of America, 115(14): 3698-3703.

Johns N I, Blazejewski T, Gomes A L, et al. 2016. Principles for designing synthetic microbial communities. Current Opinion in Microbiology, 31: 146-153.

Johnston T G, Yuan S F, Wagner J M, et al. 2020. Compartmentalized microbes and co-cultures in hydrogels for on-demand bioproduction and preservation. Nature Communications, 11(1): 563.

Jung W, Kim W, Kim H Y. 2014. Self-burial mechanics of hygroscopically responsive awns. Integrative and Comparative Biology, 54(6): 1034-1042.

Kalhor R, Kalhor K, Mejia L, et al. 2018. Developmental barcoding of whole mouse *via* homing CRISPR. Science, 361(6405): eaat9804.

Kalyoncu E, Ahan R E, Ozcelik C E, et al. 2019. Genetic logic gates enable patterning of amyloid nanofibers. Advanced Materials, 31(39): e1902888.

Kan A, Joshi N S. 2019. Towards the directed evolution of protein materials. MRS Communications, 9(2): 441-455.

Kassaw T K, Donayre-Torres A J, Antunes M S, et al. 2018. Engineering synthetic regulatory circuits in plants. Plant Science, 273: 13-22.

Kerfeld C A, Aussignargues C, Zarzycki J, et al. 2018. Bacterial microcompartments. Nature Reviews Microbiology, 16(5): 277-290.

Kim H J, Boedicker J Q, Choi J W, et al. 2008. Defined spatial structure stabilizes a synthetic multispecies bacterial community. Proceedings of the National Academy of Sciences of the United States of America, 105(47): 18188-18193.

Kirst H, Ferlez B H, Lindner S N, et al. 2022. Toward a glycyl radical enzyme containing synthetic bacterial microcompartment to produce pyruvate from formate and acetate. Proceedings of the National Academy of Sciences of the United States of America, 119(8): e2116871119.

Kriegman S, Blackiston D, Levin M, et al. 2020. A scalable pipeline for designing reconfigurable organisms. Proceedings of the National Academy of Sciences of the United States of America, 117(4): 1853-1859.

Kumar V, Vlaskin M S, Grigorenko A V. 2021. 3D bioprinting to fabricate living microalgal materials.

Trends in Biotechnology, 39(12): 1243-1244.

Laskowski T J, Biederstädt A, Rezvani K. 2022. Natural killer cells in antitumour adoptive cell immunotherapy. Nature Reviews Cancer, 22(10): 557-575.

Lazar J T, Tabor J J. 2021. Bacterial two-component systems as sensors for synthetic biology applications. Current Opinion in Systems Biology, 28: 100398.

Lee S Y, Choi J H, Xu Z H. 2003. Microbial cell-surface display. Trends in Biotechnology, 21(1): 45-52.

Levskaya A, Chevalier A A, Tabor J J, et al. 2005. Engineering *Escherichia coli* to see light. Nature, 438(7067): 441-442.

Lew T T S, Koman V B, Gordiichuk P, et al. 2020. The emergence of plant nanobionics and living plants as technology. Advanced Materials Technologies, 5(3): 1900657.

Li L, Scheiger J M, Levkin P A. 2019. Design and applications of photoresponsive hydrogels. Advanced Materials, 31(26): 1807333.

Liu X G, Wu M, Wang M, et al. 2022. Direct synthesis of photosensitizable bacterial cellulose as engineered living material for skin wound repair. Advanced Materials, 34(13): 2109010.

Liu Y, Ding M Z, Ling W, et al. 2017. A three-species microbial consortium for power generation. Energy & Environmental Science, 10(7): 1600-1609.

Lode A, Krujatz F, Brüggemeier S, et al. 2015. Green bioprinting: Fabrication of photosynthetic algae-laden hydrogel scaffolds for biotechnological and medical applications. Engineering in Life Sciences, 15(2): 177-183.

Lovley D R. 2017. Electrically conductive pili: Biological function and potential applications in electronics. Current Opinion in Electrochemistry, 4(1): 190-198.

Luzuriaga J, Pastor-Alonso O, Encinas J M, et al. 2019. Human dental pulp stem cells grown in neurogenic media differentiate into endothelial cells and promote neovasculogenesis in the mouse brain. Frontiers in Physiology, 10: 347.

Madsen C, Goñi Moreno A, P U, et al. 2019. Synthetic biology open language(SBOL) version 2.3. Journal of Integrative Bioinformatics, 16(2): 20190025.

Mäthger L M, Hanlon R T. 2007. Malleable skin coloration in cephalopods: Selective reflectance, transmission and absorbance of light by chromatophores and iridophores. Cell and Tissue Research, 329(1): 179-186.

McBee R M, Lucht M, Mukhitov N, et al. 2022. Engineering living and regenerative fungal-bacterial biocomposite structures. Nature Materials, 21(4): 471-478.

McMillen D, Kopell N, Hasty J, et al. 2002. Synchronizing genetic relaxation oscillators by intercell signaling. Proceedings of the National Academy of Sciences of the United States of America, 99(2): 679-684.

Morrison M S, Podracky C J, Liu D R. 2020. The developing toolkit of continuous directed evolution. Nature Chemical Biology, 16(6): 610-619.

Moser F, Tham E, González L M, et al. 2019. Light-controlled, high-resolution patterning of living engineered bacteria onto textiles, ceramics, and plastic. Advanced Functional Materials, 29(30): 1901788. .

Mukherjee M, Hu Y D, Tan C H, et al. 2018. Engineering a light-responsive, quorum quenching biofilm to mitigate biofouling on water purification membranes. Science Advances, 4(12):

eaau1459.

Nagahama K, Kimura Y, Takemoto A. 2018. Living functional hydrogels generated by bioorthogonal cross-linking reactions of azide-modified cells with alkyne-modified polymers. Nature Communications, 9(1): 2195.

Nguyen P Q, Botyanszki Z, Tay P K R, et al. 2014. Programmable biofilm-based materials from engineered curli nanofibres. Nature Communications, 5: 4945.

Nguyen P Q, Courchesne N M D, Duraj-Thatte A, et al. 2018. Engineered living materials: Prospects and challenges for using biological systems to direct the assembly of smart materials. Advanced Materials, 30(19): e1704847.

Nording H M, Seizer P, Langer H F. 2015. Platelets in inflammation and atherogenesis. Frontiers in Immunology, 6: 98.

Ohlendorf R, Vidavski R R, Eldar A, et al. 2012. From dusk till dawn: One-plasmid systems for light-regulated gene expression. Journal of Molecular Biology, 416(4): 534-542.

Oliveira G, Wu C J. 2023. Dynamics and specificities of T cells in cancer immunotherapy. Nature Reviews Cancer, 23(5): 295-316.

Petaroudi M, Rodrigo-Navarro A, Dobre O, et al. 2022a. Living biointerfaces for the maintenance of mesenchymal stem cell phenotypes. Advanced Functional Materials, 32(32): 2203352.

Petaroudi M, Rodrigo-Navarro A, Dobre O, et al. 2022b. Living biomaterials to engineer hematopoietic stem cell niches. Advanced Healthcare Materials, 11(20): e2200964.

Pfeifer F. 2012. Distribution, formation and regulation of gas vesicles. Nature Reviews Microbiology, 10(10): 705-715.

Piraner D I, Abedi M H, Moser B A, et al. 2017. Tunable thermal bioswitches for *in vivo* control of microbial therapeutics. Nature Chemical Biology, 13(1): 75-80.

Pitek A S, Hu H, Shukla S, et al. 2018. Cancer theranostic applications of albumin-coated tobacco mosaic virus nanoparticles. ACS Applied Materials & Interfaces, 10(46): 39468-39477.

Pucciariello O, Legris M, Costigliolo Rojas C, et al. 2018. Rewiring of auxin signaling under persistent shade. Proceedings of the National Academy of Sciences of the United States of America, 115(21): 5612-5617.

Rahn-Lee L, Komeili A. 2013. The magnetosome model: Insights into the mechanisms of bacterial biomineralization. Frontiers in Microbiology, 4: 352.

Ran X H, Meng X Z, Geng H L, et al. 2019. Generation of porcine *Pasteurella multocida* ghost vaccine and examination of its immunogenicity against virulent challenge in mice. Microb Pathogenesis, 132: 208-214.

Ravikumar A, Arzumanyan G A, Obadi M K A, et al. 2018. Scalable, continuous evolution of genes at mutation rates above genomic error thresholds. Cell, 175(7): 1946-1957.e13.

Reeve J N, Mendelson N H, Coyne S I, et al. 1973. Minicells of *Bacillus subtilis*. Journal of Bacteriology, 114(2): 860-873.

Roberts A D, Finnigan W, Wolde-Michael E, et al. 2019. Synthetic biology for fibres, adhesives, and active camouflage materials in protection and aerospace. MRS Communications, 9(2): 486-504.

Rodriguez E A, Campbell R E, Lin J Y, et al. 2017. The growing and glowing toolbox of fluorescent and photoactive proteins. Trends in Biochemical Sciences, 42(2): 111-129.

Roell G W, Zha J, Carr R R, et al. 2019. Engineering microbial consortia by division of labor.

Microbial Cell Factories, 18(1): 35.

Romero D, Aguilar C, Losick R, et al. 2010. Amyloid fibers provide structural integrity to *Bacillus subtilis* biofilms. Proceedings of the National Academy of Sciences of the United States of America, 107(5): 2230-2234.

Rothschild L J, Averesch N J H, Strychalski E A, et al. 2024. Building synthetic Cells—From the technology infrastructure to cellular entities ACS Synthetic Biology, 13(4): 974-997.

Schwarz K A, Daringer N M, Dolberg T B, et al. 2017. Rewiring human cellular input-output using modular extracellular sensors. Nature Chemical Biology, 13(2): 202-209.

Scott F Y, Heyde K C, Rice M K, et al. 2018. Engineering a living biomaterial *via* bacterial surface capture of environmental molecules. Synthetic Biology, 3(1): ysy017.

Seth E C, Taga M E. 2014. Nutrient cross-feeding in the microbial world. Frontiers in Microbiology, 5: 350.

Shahab R L, Brethauer S, Davey M P, et al. 2020. A heterogeneous microbial consortium producing short-chain fatty acids from lignocellulose. Science, 369(6507): eabb1214.

Shapiro M G, Goodwill P W, Neogy A, et al. 2014. Biogenic gas nanostructures as ultrasonic molecular reporters. Nature Nanotechnology, 9(4): 311-316.

Shen H S, Aggarwal N, Wun K S, et al. 2022. Engineered microbial systems for advanced drug delivery. Advanced Drug Delivery Reviews, 187: 114364.

Shou W Y, Ram S, Vilar J M G. 2007. Synthetic cooperation in engineered yeast populations. Proceedings of the National Academy of Sciences of the United States of America, 104(6): 1877-1882.

Siuti P, Yazbek J, Lu T K. 2013. Synthetic circuits integrating logic and memory in living cells. Nature Biotechnology, 31(5): 448-452.

Sivanathan V, Hochschild A. 2013. A bacterial export system for generating extracellular amyloid aggregates. Nature Protocols, 8(7): 1381-1390.

Smid E J, Lacroix C. 2013. Microbe-microbe interactions in mixed culture food fermentations. Current Opinion in Biotechnology, 24(2): 148-154.

Spribille T, Resl P, Stanton D E, et al. 2022. Evolutionary biology of lichen symbioses. New Phytologist, 234(5): 1566-1582.

Stricker J, Cookson S, Bennett M R, et al. 2008. A fast, robust and tunable synthetic gene oscillator. Nature, 456(7221): 516-519.

Sun G L, Reynolds E E, Belcher A M. 2020. Using yeast to sustainably remediate and extract heavy metals from waste waters. Nature Sustainability, 3(4): 303-311.

Sun Y, Lau S Y, Lim Z W, et al. 2022. Phase-separating peptides for direct cytosolic delivery and redox-activated release of macromolecular therapeutics. Nature Chemistry, 14(3): 274-283.

Tamsir A, Tabor J J, Voigt C A. 2011. Robust multicellular computing using genetically encoded NOR gates and chemical 'wires'. Nature, 469(7329): 212-215.

Tao P, Zhu J G, Mahalingam M, et al. 2019. Bacteriophage T4 nanoparticles for vaccine delivery against infectious diseases. Advanced Drug Delivery Reviews, 145: 57-72.

Tay P K R, Nguyen P Q, Joshi N S. 2017. A synthetic circuit for mercury bioremediation using self-assembling functional amyloids. ACS Synthetic Biology, 6(10): 1841-1850.

Toda S, Blauch L R, Tang S K Y, et al. 2018. Programming self-organizing multicellular structures with synthetic cell-cell signaling. Science, 361(6398): 156-162.

Toyofuku M, Schild S, Kaparakis-Liaskos M, et al. 2023. Composition and functions of bacterial membrane vesicles. Nature Reviews Microbiology, 21(7): 415-430.

Tsoi R, Wu F L, Zhang C, et al. 2018. Metabolic division of labor in microbial systems. Proceedings of the National Academy of Sciences of the United States of America, 115(10): 2526-2531.

Ueki T, Walker D J F, Tremblay P L, et al. 2019. Decorating the outer surface of microbially produced protein nanowires with peptides. ACS Synthetic Biology, 8(8): 1809-1817.

van Bloois E, Winter R T, Kolmar H, et al. 2011. Decorating microbes: surface display of proteins on *Escherichia coli*. Trends in Biotechnology, 29(2): 79-86.

Wan X Y, Volpetti F, Petrova E, et al. 2019. Cascaded amplifying circuits enable ultrasensitive cellular sensors for toxic metals. Nature Chemical Biology, 15(5): 540-548.

Wang B J, Barahona M, Buck M. 2014. Engineering modular and tunable genetic amplifiers for scaling transcriptional signals in cascaded gene networks. Nucleic Acids Research, 42(14): 9484-9492.

Wang B J, Kitney R I, Joly N, et al. 2011. Engineering modular and orthogonal genetic logic gates for robust digital-like synthetic biology. Nature Communications, 2(1): 508.

Wang H Y, Wang Z Z, Liu G L, et al. 2020a. Genetical surface display of silicatein on *Yarrowia lipolytica* confers living and renewable biosilica-yeast hybrid materials. ACS Omega, 5(13): 7555-7566.

Wang L, Zhang X, Tang C W, et al. 2022. Engineering consortia by polymeric microbial swarmbots. Nature Communications, 13(1): 3879.

Wang X Y, Cao Z P, Zhang M M, et al. 2020b. Bioinspired oral delivery of gut microbiota by self-coating with biofilms. Science Advances, 6(26): eabb1952.

Wang Y J, Xue P, Cao M F, et al. 2021. Directed evolution: methodologies and applications. Chemical Reviews, 121(20): 12384-12444.

Wangpraseurt D, You S T, Sun Y Z, et al. 2022. Biomimetic 3D living materials powered by microorganisms. Trends in Biotechnology, 40(7): 843-857.

Weber W, Daoud-El Baba M, Fussenegger M. 2007. Synthetic ecosystems based on airborne inter- and intraKingdom communication. Proceedings of the National Academy of Sciences of the United States of America, 104(25): 10435-10440.

Wellner A, McMahon C, Gilman M S A, et al. 2020. Rapid generation of potent antibodies by autonomous hypermutation in yeast. BioRxiv, doi:10.1101/ 2020.11.11.378778.

Wolanin P M, Thomason P A, Stock J B. 2002. Histidine protein kinases: key signal transducers outside the animal kingdom. Genome Biology, 3(10): REVIEWS3013.

Wood T L, Guha R, Tang L, et al. 2016. Living biofouling-resistant membranes as a model for the beneficial use of engineered biofilms. Proceedings of the National Academy of Sciences of the United States of America, 113(20): E2802-E2811.

Xu F Y, Mu J Y, Teng Y, et al. 2022. Restoring oat nanoparticles mediated brain memory function of mice fed alcohol by sorting inflammatory dectin-1 complex into microglial exosomes. Small, 18(6): e2105385.

Yadav V, Paniliatis B J, Shi H, et al. 2010. Novel in vivo-degradable cellulose-chitin copolymer from metabolically engineered *Gluconacetobacter xylinus*. Applied and Environmental Microbiology,

76(18): 6257-6265.

Yi X, Khey J, Kazlauskas R J, et al. 2021. Plasmid hypermutation using a targeted artificial DNA replisome. Science Advances, 7(29): eabg8712.

Zeng J, Teo J, Banerjee A, et al. 2018. A synthetic microbial operational amplifier. ACS Synthetic Biology, 7(9): 2007-2013.

Zhang C, Huang J F, Zhang J C, et al. 2019. Engineered *Bacillus subtilis* biofilms as living glues. Materials Today, 28: 40-48.

Zhang L, Li S M, Cong M H, et al. 2023. Lemon-derived extracellular vesicle-like nanoparticles block the progression of kidney stones by antagonizing endoplasmic reticulum stress in renal tubular cells. Nano Letters, 23(4): 1555-1563.

Zhang Z Y, Yu Y, Zhu G X, et al. 2022. The emerging role of plant-derived exosomes-like nanoparticles in immune regulation and periodontitis treatment. Frontiers in Immunology, 13: 896745.

Zhao E M, Suek N, Wilson M Z, et al. 2019. Light-based control of metabolic flux through assembly of synthetic organelles. Nature Chemical Biology, 15(6): 589-597.

Zhao X W, van Beek E M, Schornagel K, et al. 2011. CD47-signal regulatory protein-α (SIRPα) interactions form a barrier for antibody-mediated tumor cell destruction. Proceedings of the National Academy of Sciences of the United States of America, 108(45): 18342-18347.

Zhong C, Gurry T, Cheng A A, et al. 2014. Strong underwater adhesives made by self-assembling multi-protein nanofibres. Nature Nanotechnology, 9(10): 858-866

Zhou P, Wu H Y, Chen S H, et al. 2019. MOMP and MIP DNA-loaded bacterial ghosts reduce the severity of lung lesions in mice after *Chlamydia psittaci* respiratory tract infection. Immunobiology, 224(6): 739-746.

Zhou Y, Kong D Q, Wang X Y, et al. 2022. A small and highly sensitive red/far-red optogenetic switch for applications in mammals. Nature Biotechnology, 40(2): 262-272.

Zhu W, Guo J M, Amini S, et al. 2019. SupraCells: living mammalian cells protected within functional modular nanoparticle-based exoskeletons. Advanced Materials, 31(25): e1900545.

第15章　工程活体治疗材料

活体治疗材料（living therapeutic material）是一类包含活体成分（微生物、动物细胞、植物细胞），主要应用于再生医学、药物递送、肿瘤治疗等领域的自组装或杂化材料，是活体材料在治疗诊断应用领域的体现。本章将对活体治疗材料的定义及分类进行介绍，并对活体治疗材料的构建，包括功能细胞的构建、非活体组分的设计以及生物制造方法进行介绍；最后将着重讨论活体治疗材料在代谢疾病治疗、胃肠道健康管理、肿瘤治疗、组织器官修复领域的前沿应用。

15.1　工程活体治疗材料简介

根据活体治疗材料的具体组分，可将其分为两大类，即自组装活体治疗材料和杂化活体治疗材料。前者主要由细胞和细胞自分泌的细胞外基质通过自发组织而构成，如生物被膜和类器官等；后者则是由细胞和非细胞自体分泌的组分（如天然或人工合成的聚合物、脱细胞外基质、无机电子器件）构成。从组织方式上来看，该类材料需要在体外人工结合活体细胞和非细胞组分，常见的例子包括人工细胞支架和活体电子生物传感器。

合成生物学在细胞和无细胞体系的改造与搭建方面已取得诸多成就，其中对于细胞体系的功能改造和全新设计推动了活体治疗材料在功能、工作模式、应用场景等方面的创新。例如，基于底盘细胞的选择及基因线路的设计和构建，合成生物学可以为活体生物材料提供源源不断的人工功能细胞。这些人工功能细胞拥有不同于野生型底盘细胞的表型，可以实现人为设计的指定功能，如响应特定的环境信号并输出指定的生物活动。这些被改造了"输入-输出"行为的功能细胞，可伴随着其他非细胞材料结合不同的生物制造方法，实现形式、功能灵活多样的活体材料构建。此外，利用膜展示技术对生物被膜进行功能化，为此类自组装活体材料在治疗领域的应用开辟了新的可能性。

15.2　工程活体治疗材料组分选择与设计

15.2.1　活体治疗材料中的非活体组分的功能性设计

纳米科学和纳米技术的出现及发展，为在细胞水平上用纳米材料操纵或强化细菌提供了基本方法，使活体治疗材料与非活体组分进行杂化成为过去几十年中肿瘤治疗领域研究最广泛的纳米药物。对于非活体组分的材料体系如纳米材料，经过适当的功能化处理即可与活体治疗材料进行杂化，产生多种抗肿瘤治疗模式。非活体组分材料体系的功能性设计，是进一步赋予活体治疗材料功能化的关键因素。非活体组分材料的功能性设计，主要分为药物递送、磁场响应、光场响应及超声响应四大类（图15-1）。

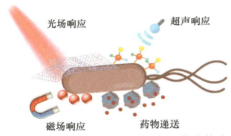

图 15-1　活体-非活体杂化功能细菌的构建

以肿瘤治疗为例，与未杂化的活体治疗材料相比，杂化后的活体治疗材料可进一步向目标区域提供多种治疗功能，实现多种相互作用，引发高效的肿瘤治疗（Li et al.，2022；Wang et al.，2022b）。例如，Xu 等在乳酸杆菌的表面构建了金属有机框架纳米粒子 ZIF-8 用于递送 CRISPR-Cas9 的基因编辑系统，借助乳酸杆菌的肿瘤靶向特性，实现对于肿瘤细胞 IDO1 的基因敲低，放大肿瘤声动力学免疫原性死亡，逆转肿瘤免疫抑制的肿瘤治疗效果（Yu et al.，2022）。另一项功能性设计的例子是 Alapan 及其合作者将含有超顺磁性氧化铁纳米颗粒的红细胞（RBC）与大肠杆菌 MG1655 共轭，获得了生物杂交微米游泳器。凭借大肠杆菌活体材料的自主推进性能，这些微米游泳器可在磁场的引导下将货物运送到指定地点（Alapan et al.，2018）。此外，Zheng 等（2018）还在大肠杆菌中设计了一氧化氮生成酶，并将其与光催化氮化碳结合用于光引发的肿瘤治疗，从而抑制了 80%的肿瘤生长。然而，光控杂交活体治疗材料存在组织穿透力不足的缺点，从而降低了治疗效果（Li et al.，2021）。超声波（US）是一种常规诊断和治疗辐照源，可用于成像、溶栓、热疗和声动力疗法等多种应用。Chen 等对大肠杆菌 BL21 进行工程改造，使其表达过氧化氢酶以产生氧气，并在大肠杆菌的表面杂化具备声动力学效应的金属有机框架 PCN 纳米粒子，赋予这种工程活体材料对超声波的响应能力，从而实现声动力学肿瘤治疗的效果（Wang et al.，2024a）。

15.2.2　活体治疗材料的生物制造

1. 表面涂层技术

细菌作为活体试剂在多个疾病领域的治疗上展示出巨大潜力，例如，作为口

服菌用于肠道健康管理和癌症的细菌疗法等。然而，口服菌受限于胃肠道中的低
pH、蛋白酶和高浓度胆盐等环境因素，生物利用度低，大大限制了其生物活性和
治疗效果（Wang et al.，2022a）。为了克服这一问题，一个有效的方式是用适当的
材料对细菌进行涂层，从而对活菌进行保护（图 15-2）。对于细菌介导的癌症治疗
法，表面涂层技术同样具有重要作用，如减少细菌的免疫原性（Luk and Zhang，
2015）、赋予细菌本身没有的功能（Zhang et al.，2022）等。由于应用场景和使用
目的等的不同，涂层材料的选择也不同。目前已有多种生物材料被用于细菌涂层，
包括天然材料（如多糖、Eudragit、蛋白质、聚氨基酸、脂质）、合成材料以及基
于细胞的材料（Wang et al.，2022a）。例如，海藻酸盐及其与壳聚糖的复合材料被
广泛用于包裹活菌形成微胶囊（Cook et al.，2011），也可利用细菌表面矿化（Geng
et al.，2023）来提高口服菌在胃肠道中的生物利用度。

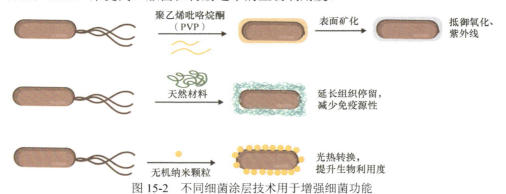

图 15-2　不同细菌涂层技术用于增强细菌功能

　　近些年，不少例子使用无机纳米材料辅助癌症细菌疗法。例如，Fan 等（2018）
报道了一种热敏药物口服输送系统，其中表达治疗蛋白 TNF-α 的热敏可编程细菌
被生物矿化金纳米颗粒装饰。经过口服后，工程细菌可以通过胃肠道到达肿瘤区
域。通过近红外光照射肿瘤部位，金纳米颗粒可以诱导工程细菌表达 TNF-α，从
而抑制肿瘤细胞的生长（Fan et al.，2018）。利用上转换纳米材料修饰活菌表面，
用以转换红外光波长、激活人工改造的功能活菌中的光响应元件，从而发挥治疗
作用（Zhang et al.，2022）。

2. 微流控技术

　　活体治疗材料的生物制造涵盖了多种需求，包括：在单细胞层面对细胞基因
型和表型进行编辑操作，利用单细胞构建简单的（如含细胞纤维、含细胞的片层
结构）或复杂的（如类器官、器官）功能单元，采用工程化的策略实现高通量、
可扩展和高效的材料生产（Zhang et al.，2021）。微流控是一种在微尺度生成和操
纵液体流动的技术，其发展为活体材料的生物制造提供了多方面助力。

微流控平台的重要特征是其通道和腔室等结构可以达到单细胞尺度，因此可以对单个细胞进行高通量和精确操作，并且可以集成其他高精密设备（如显微设备），从而对流体情况进行实时监测和操控（El-Ali et al.，2006）。微流控平台可以用于模拟生理环境（如氧梯度、复杂的流体流动、周期性形变），因而已被用于体外组织细胞培养、组织器官模型（如器官芯片）的构建（Santbergen et al.，2019）。利用微流控平台已经实现了多样的活体材料制造，包括多种结构的细胞微纤维、细胞片层、细胞液滴或微球、类器官以及模拟组织器官结构单元等（Zhang et al.，2021）。

3. 3D 生物打印

3D 生物打印是一种新兴的增材制造方法，能够根据定制化的 3D 模型，对混合有活细胞和非活体材料的生物墨水进行精确定位与塑型（图 15-3）。经典的生物打印技术包括喷墨打印、挤出式打印、激光辅助打印等；近些年也延伸出一些其他的打印技术，如深穿透声学打印（Kuang et al.，2023）、磁场驱动的生物打印（Goranov et al.，2020），以及支撑浴辅助的 3D 打印（Mirdamadi et al.，2020）。3D 生物打印具有快速、高精度、可定制化以及可以多材料打印等优点，因而已被广泛用于活体材料的制造。

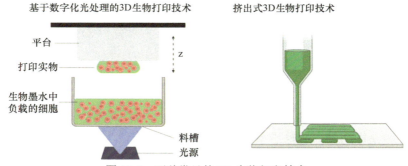

图 15-3　两种常见的 3D 生物打印技术

在治疗应用领域，3D 生物打印被用于构建组织器官替代物以解决器官短缺问题，建立健康疾病组织器官模型用于药物筛选和疾病发生机制研究，构建活体支架用于组织修复或实现治疗细胞、细菌递送等。Feinberg 团队开发了一种名为自由可逆嵌入式悬浮水凝胶（freeform reversible embedding of suspended hydrogel，FRESH）的打印方式，已经实现了成人心脏体积水凝胶材料的精细打印（Mirdamadi et al.，2020）。该方法同样被用于一个可收缩的管状心室 3D 模型的构建，实现了一定程度上对心脏功能的复刻（Bliley et al.，2022）。利用挤出式 3D 打印技术已经实现了功能化的生物被膜打印（Balasubramanian et al.，2019；Huang et al.，2019），或可用于生物被膜模型建立、功能化活体治疗材料的制备。然而，3D 生物打印活体材料仍存在一定挑战，例如，如何实现大规模活性材料的制造、如何从形似到真正实现功能组织器官打印等。

15.3　工程活体治疗材料前沿应用

15.3.1　活体治疗材料在代谢疾病中的应用

过去几十年间，由于人们生活方式的改变，如久坐、摄入过高热量的饮食等，使得代谢紊乱类型疾病的发生越来越普遍。代谢综合征是一个由多种相关紊乱组成的集合体，包括胰岛素抵抗、内脏肥胖、高脂血症、高血糖和高血压。这些紊乱的并发症包括 2 型糖尿病、心血管疾病、失明和肾衰竭等。目前缺乏公认的治疗策略来预防或改善代谢综合征。单一药物或药物组合疗法的效果不佳，因此人们迫切希望采用新的策略来应对代谢紊乱的复杂性（Teixeira and Fussenegger，2017）。

针对代谢疾病，合成生物学家设计出多种功能细胞，能够通过细胞内感知周围环境并产生特定反应。这些细胞结合一定的生物制造方法，可以形成活体治疗材料，用于体内移植发挥治疗功能。根据功能细胞的响应方式，合成基因线路大致可分为两类（Mahameed and Fussenegger，2022）：①响应人为附加的外源信号的开环基因线路，如响应诱导剂、光、超声、电刺激、外加磁场等；②响应体内疾病相关生物标志、无需人为附加外源信号的闭环基因线路，例如，以体内血糖水平等体内生化指标为输入信号的线路。

活体治疗材料已被设计用于治疗代谢功能失调，其中一些材料的功能细胞采用了开环基因线路。例如，Ye 等（2013）针对代谢综合征的症状（高血压、肥胖和高血糖）设计了一种独特的联合治疗策略，即功能细胞可以响应临床上批准的一款降压药胍那苄（Wytensin），通过激活一个合成的信号级联，从而诱导表达活性肽胰高血糖素样肽 1（GLP1；用于治疗肥胖）和瘦素（用于治疗高血糖）。这些功能细胞可以通过微囊制造仪封装到海藻酸-聚-（L-赖氨酸）-海藻酸珠中，形成活体治疗材料，用于实验动物的腹腔内移植。其他的开环基因线路还使用非入侵性的外源输入信号（如红外光和电刺激）来避免反复注射所带来的患者依从性和生活质量降低等问题，例如，构建功能细胞以实现蓝光诱导的 GLP-1 分泌和血糖调节，用以治疗 2 型糖尿病（Ye et al.，2011）。

早期的活体治疗材料多采用上述提到的微包裹策略结合功能细胞和非活体材料，从而为体内移植后的功能细胞提供良好的微环境，保证营养物质、氧气向细胞自由扩散，以及治疗活性物质向外自由扩散，同时保护非自体细胞免受宿主免疫系统的攻击。近些年，非活体材料组分不再仅限于实现对细胞的简单包裹，而是被赋予了其他更多的功能。特别是针对开环的细胞响应模式，非活体组分可以被设计用于辅助功能细胞信号的输入和输出（Wang et al.，2024b）。例如，

Fussenegger 设计了一种硬币大小的生物电子设备,用于无线控制 1 型糖尿病小鼠的血糖。该设备集成了响应电刺激释放胰岛素的人工 β 细胞,以及用于提供无线控制的脉冲电流电子器件(Krawczyk et al.,2020)。类似地,该团队利用人工 β 细胞还开发出一种可植入皮下的生物电子设备,可通过按钮控制胰岛素释放。该设计利用压电材料将机械压缩转化为电刺激,从而为这些电响应的功能细胞提供输入信号(Zhao et al.,2022)。

开环合成信号级联无法根据疾病状态控制治疗剂量,需要定期调整适当的输入信号,类似于常规的药物给药。而基于闭环基因线路的自主给药活体材料,则可以检测内源性疾病相关信号,自主产生指定的治疗输出。该类活体治疗材料通过自主调节给药,避免了剂量控制所带来的困扰。闭环类型的活体治疗材料已被开发,用于治疗多种代谢疾病。例如,Rössger 等针对饮食诱导性肥胖设计一种闭环基因线路,该线路可以不断监测与饮食相关的高脂血症中的血脂酸水平,并自主调节表达普兰林肽以抑制食欲。在患有饮食诱导性肥胖的小鼠中植入了这种自调节表达普拉林肽的微胶囊化细胞,在高脂饮食下,小鼠显示出明显的食物摄入量、血脂水平和体重减少(Rössger et al.,2013a)。另外,这种具有自调节药物递送功能的活体材料,还被开发用于以下用途:监测多巴胺水平、自主释放利钠肽的高血压治疗(Rössger et al.,2013b);利用血 pH 降低作为输入信号来激活胰岛素表达,以减轻糖尿病酮症酸中毒的治疗(Ausländer et al.,2014);检测甲状腺激素水平的升高并诱导表达一种甲状腺刺激素受体拮抗剂用于 Graves 病治疗(Saxena et al.,2016)等。

15.3.2 活体治疗材料在炎症性肠病中的应用

炎症性肠病(inflammatory bowel disease,IBD)是一类发病原因尚不明确的结直肠部位自身免疫性疾病的总称,包括溃疡性结肠炎和克劳恩病两种疾病亚型。患有 IBD 的患者主要表现为恶心、腹泻、腹痛、便血、体重减轻等症状,病程漫长、反复且难治。中重度的 IBD 患者常因病情加剧而衰弱,伴有危及生命的严重并发症和炎癌转变风险。IBD 的全球发病率较高,我国受 IBD 困扰的人口数量也正在逐渐攀升,约有 100 万人长期受到 IBD 的折磨,严重威胁着我国人民的生命质量与安全。目前,针对结肠炎的常见治疗方案主要有氨基水杨酸盐、抗生素、皮质类固醇药物、新型的靶向细胞因子及黏附因子的抗体治疗(Danese et al.,2020)。然而,较多的临床病例显示,上述疾病治疗方案均存在严重的副作用,且难以对结肠炎形成长效、稳定的治疗效果,预后较差(Alsoud et al.,2021)。

炎症性肠病的疾病微环境起因于黏膜屏障的破坏与致病菌的入侵,触发宿主防御系统中的巨噬细胞、中性粒细胞的迁移,形成剧烈的炎症微环境,并进一步诱导上皮细胞的损伤，加剧黏膜屏障的破坏。因此，炎症性肠病难以自限性痊愈。针对炎症性肠病的疾病微环境特征，治疗炎症性肠病的关键在于切断病灶微环境中炎症-氧化应激恶性循环，并为受损的黏膜屏障提供外源性的保护，在阻断致病菌入侵的同时，修复黏膜屏障。近年来，活体治疗材料在胃肠道疾病尤其是炎症性肠病的治疗方面逐渐引起研究人员的关注。

Joshi 等通过对 *E.coli* Nissle1917 进行工程化改造，在其分泌的 CsgA 蛋白上融合了具有黏膜修复作用的三叶因子（trefoil factor-3），这一工程活体材料在形成功能化纤维后，经由口服进入小鼠肠道受损部位并定植，起到隔离致病菌且修复黏膜屏障的作用，促进内皮细胞重构，稳定病灶免疫微环境，实现炎症性肠病的高效治疗（Praveschotinunt et al.，2019）。

另一项工作则主要聚焦于炎症性肠病中氧化应激的清除。Chen 等同样对 *E.coli* Nissle 1917 进行工程化改造，使其表达超氧化物歧化酶，用于病灶部位活性氧物种的清除。同时，为了提高工程菌在肠道部位的生物可利用度，研究人员采用静电自组装吸附的方法在工程活体材料的表面包裹了壳聚糖和海藻酸钠涂层，研究发现，这一工程活体材料能够有效定植到炎症性肠病部位，清除病灶的氧化应激，并对病灶部位的微生物菌群进行调节，有效提高菌群多样性并维持肠道微生态平衡，为炎症性肠病的治疗提供了重要的基础（图 15-4）（Zhou et al.，2022）。

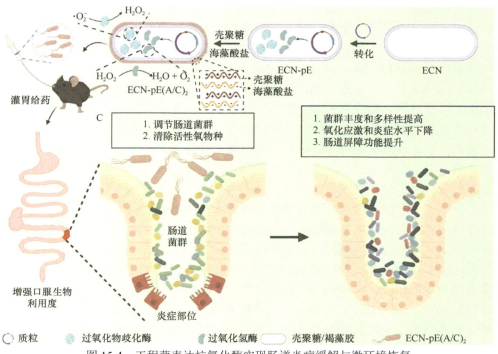

图 15-4　工程菌表达抗氧化酶实现肠道炎症缓解与微环境恢复

15.3.3 活体治疗材料在肿瘤治疗中的应用

肿瘤是一种由一系列基因突变而引起的疾病，当维持正常细胞的生物学活动相关基因发生突变时，所形成的肿瘤细胞会引发过度的增殖，并伴随着一系列与能量代谢、血管新生及细胞命运相关的改变。肿瘤是世界上发病率和致死率最高的恶性疾病之一，给肿瘤患者及家庭带来身心层面的痛苦，目前已经成为人类公共卫生领域最严重的问题之一。传统的肿瘤治疗模式包括手术切除、放疗治疗和化学药物治疗等，可以一定程度上缓解和解决患者的肿瘤负担。然而，这些治疗模式也存在着难以克服的缺点，例如，手术切除难以应对已发生多发转移的病灶，化疗及放疗的治疗模式对人体正常组织的毒副作用较大，加剧了肿瘤患者的生理痛苦与心理创伤。临床上的肿瘤治疗迫切需要一种高效肿瘤靶向且对肿瘤特异性杀伤的治疗模式。可编程的活体治疗材料为肿瘤治疗提供了一种理想的解决途径。

利用活体材料治疗肿瘤的开创性尝试是由外科医生 William Coley 在 1868 年实现的，他首次报道了基于病原菌的临床观察。在这一观察结果的启发下，他精心提纯了沙雷氏菌，并将其注射到 4 名肉瘤患者的肿瘤中。虽然其中 2 名患者后来死于严重感染，但幸运的是，另外 2 名患者获得了令人满意的肿瘤抑制效果。随后，Coley 又通过热衰减细菌细胞（即科利毒素）改进了配方（Coley，1893），并在此后的几个肿瘤治疗案例中取得了成功。虽然科利毒素的治疗效果并不稳定，但这一有争议的尝试促使人们对活体细菌材料治疗肿瘤的可能机理进行了大量研究。20 世纪中叶，研究人员发现，一些严格厌氧菌属的细菌[如梭状芽孢杆菌（Malmgren and Flanigan，1955；Parker et al.，1947）、双歧杆菌（Kohwi et al.，1978）]进入人体后，会在肿瘤区域而非其他器官中出现特定分布，这一现象源自于所注射严格厌氧菌或孢子对于肿瘤局部乏氧的高效靶向性。此外，肿瘤组织还具有丰富的血管供应，肿瘤细胞驯化浸润的免疫细胞，形成免疫抑制型的肿瘤微环境，这些条件都更加有利于厌氧细菌，甚至是兼性厌氧细菌（如沙门菌、大肠埃希菌）的生存与增殖。这类活体材料的肿瘤靶向特性为肿瘤治疗中最关键的肿瘤靶向选择性提供了重要基础。

合成生物学技术通过基因编辑手段对活体材料进行了遗传改造，包括编码功能性蛋白质和多肽，产生或转化关键的代谢产物或功能性物质，或在特定刺激响应下合成有价值的药物分子，从而构建出具有特定功能特性的新型活体材料（Adolfsen et al.，2021；Canale et al.，2021）。例如，经过基因工程改造，大肠杆菌表面表达的组蛋白样蛋白 A 使这些微生物能够靶向大肠癌细胞（Ho et al.，2018）。在另一篇报道中，陈晓东及其合作者构建了表皮葡萄球菌工程菌株，该菌株在肿瘤组织中定植后可表达肿瘤抗原，启动针对黑色素瘤的 T 细胞反应（Chen et al.，2023）。鼠伤寒沙门菌菌株也可被改造以分泌弧菌鞭毛蛋白 B，在不同类型的肿瘤中诱导有效的免疫反应（Zheng et al.，2017）。聂广军课题组通过基因改造大肠杆菌 Top10 菌株，使其可控地表达特定的肿瘤抗原（小鼠免疫球蛋白 G 的 Fc 片段抗原）并与细胞溶解素 A 蛋白融合。这一工程细菌可用于抗原呈递，刺激适应性免疫反应并增强肿瘤治疗和抗转移（Yue et al.，2022）（图 15-5）。Abedi 及其同事开发了一种聚焦超声可激活治疗方法（Abedi et al.，2022）。Huo 等构建了一种能持续合成葡萄糖脱氢酶的转基因微生物 EcM-GDH，针对肿瘤区域主动竞争葡萄糖营养，可阻断对结直肠肿瘤细胞/组织的能量供应，通过促自噬性死亡作用导致肿瘤明显消退，实现对肿瘤的高效靶向营养竞争治疗（Ji et al.，2023）。

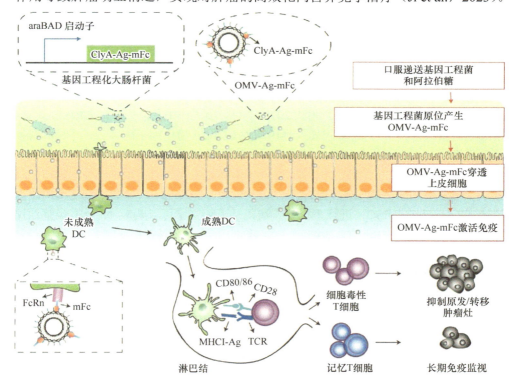

图 15-5　工程细菌原位产生抗原并激活适应性免疫增强原发/转移肿瘤的治疗

15.3.4　活体治疗材料在组织器官修复中的应用

相较于传统的非活体材料，包含了活细胞的活体材料具有动态响应、自适应、可再生等特点，已成为再生医学组织器官修复领域的研究热点。活体治疗材料可通过一定的工程策略和制造方法获得，如基因工程、细胞涂层技术、微流控技术、3D 打印等。这些材料在再生医学领域可用作组织修复的活体支架、细胞疗法的活体复合物，以及活体组织器官模型等（Yu et al.，2021）。近些年，合成生物学为活体治疗材料的构建提供了一些新的思路，主要体现在理性设计细胞与细胞、细胞与环境之间的响应性，从而对细胞本身的治疗功能进行增强，或者对活体材料整体的功能进行加强。

活体支架通常模拟原生组织的物理结构和生物组成用于指导组织的有序再生，该类支架最初多采用具有增殖和分化潜能的干细胞、祖细胞或者原生部位其他类型的细胞，然而往往忽视病理环境对于细胞活性、功能以及细胞命运的影响。因此，活体治疗材料除了用以弥补疾病组织的再生能力以外，还可被赋予额外的功能，如调节患病组织的微环境。Guilak 团队利用基因编辑、基因线路设计等技术，在骨关节炎治疗、软骨组织修复领域做了很多有趣的尝试。炎症环境是加速关节软骨退行、阻碍关节软骨修复的重要因素。IL-1 等促炎因子可抑制基质积累、细胞增殖和软骨形成，从而阻碍软骨修复过程。为重塑这种退行性微环境，Guilak 团队设计了多种可以响应性释放 IL-1 受体拮抗剂（IL-1Ra）的活体支架，以此缓解组织缺损处的炎症（图 15-6）。例如，在 Guilak 团队 2017 年的一项工作中，他们通过 CRISPR-Cas9 基因组编辑技术将 *IL-1Ra* 基因插入到内源性 CCL2（趋化因子配体 2，一种具有招募免疫细胞至炎症或损伤部位的趋化因子）启动子的后面，从而实现了炎症激活的 IL-1Ra 表达（Brunger et al.，2017）；在另一项研究中，他们开发了一种基于核转录因子 kappa B（NF-κB）响应性合成启动子的人工基因线路，并利用慢病毒对小鼠诱导多能干细胞（iPSC）进行工程化改造，从而获得了可以响应 NF-κB 炎症通路从而自调节表达 IL-1Ra 的功能细胞。这些细胞可结合水凝胶材料制备成活体材料，用于关节腔注射的骨关节炎治疗（Pferdehirt et al.，2019）。2021 年，研究人员设计了基因线路，实现了机械敏感性离子通道 TRPV4 的激活与 IL-1Ra 表达的耦合。这些细胞进一步被工程化为活体支架，这些支架在受到机械负荷时会产生并释放 IL-1Ra，从而缓解关节炎症状环境（Nims et al.，2021）。

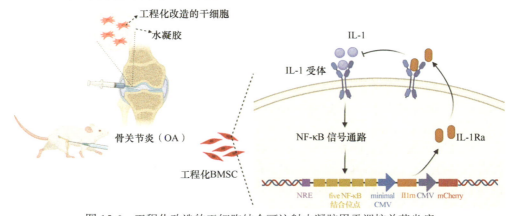

图 15-6　工程化改造的干细胞结合可注射水凝胶用于调控关节炎症

除了增强活体支架功能外，合成生物学在组织器官模型建立方面也提供了一些新的技术方法，从而可以更好地模拟原生组织器官的生理形态和功能。例如，合成生物学中所建立的光响应元件可以实现细胞行为的光调控，从而提供一种对细胞更精准的时空控制方法。国内叶海峰团队开发了一种光遗传学远红外（FRL）激活的 CRISPR-dCas9 系统（FACE），可以实现 FRL 精细调控的内源基因强烈激活。该系统可用于精确操控细胞行为，并在该研究中实现了 FRL 控制的 iPSC 神经分化，或可用于神经等精细组织的模型建立（Shao et al.，2018）。Polstein 等（2017）基于 CRY2 和 CIB1 二聚化开发了一种蓝光控制元件，可以实现蓝光诱导的基因表达、细胞分化和组织形态发生。该元件可用于诱导 HEK293T 细胞的肌肉发生和血管生成。为了实现精准的骨再生，研究人员还引入了光遗传学元件，精细控制间充质细胞的命运，在蓝光照射下激活 BMP2 介导的分化，同时抑制 Lhx8 介导的增殖。类似的方法还被用于精准诱导 MSC 的成骨分化，用以达成 *Lhx8* 和 *BMP2* 两个基因在不同时间段上的表达（Wang et al.，2019）。

此外，还有一类研究利用生物被膜展示技术改造生物被膜作为材料-细胞界面，用以提供哺乳动物细胞动态的微环境，如调控细胞黏附、诱导细胞分化等。该类活体材料或可用于伤口修复和干细胞组织工程等（Rodrigo-Navarro et al.，2021）。

15.4　总结与展望

1. 标准化、大规模生产及监管挑战

活体治疗材料市场转化所面临的首要挑战在于如何实现材料的标准化和大规模生产。活体治疗材料通常包含改造或未改造的活细胞组分，因此，保证不同批次的细胞产品在质量、特性和效果上的可重复性和一致性显得尤为重要。这要求在细胞来源、分离培养、细胞改造、扩增生产等关键工艺步骤进行严格控制，并且对包括细胞纯度、效力、组成等多个方面进行鉴别检测，例如，遵守 cGMP 指南规定、严格控制无菌生产、对细胞身份进行鉴定、进行内毒素和支原体检测等。另外，细胞的规模化生产可借用已有的技术标准和设备条件，例如，生物反应器已用于细菌、动植物细胞的体外大规模培养（包括贴壁培养、悬浮培养和固定化培养等），广泛用于生物制品、药物、酶制剂等的生产。

此外，活体治疗材料通常涉及细胞的工程化改造，因此实现细胞改造的自动化和标准化、加快改造周期，对于活体治疗材料从实验室走向规模化生产十分必要。目前的细胞改造多依赖于小规模、作坊式的生产模式，极大依赖于技术人员的操作和经验，同时存在高试剂成本、高损耗的问题。因此，需要利用高通量的自动化设备，建立工程化的平台，实现从研发到生产的标准化、自动化，提升效

率。例如，在细胞治疗领域，针对临床级 CAR-T 细胞的生产已建立了全封闭、自动化的生产线，该类平台在满足治疗性细胞生产所需的高指标要求的同时，大大缩短了细胞制备的时间（CAR-TXpress™ Platform）。另外，合成生物学一直致力于构建模块化、标准化的生物部件，以实现部件间更为灵活、快捷的组装，以及对于整个生命系统更为精准的预测，而这些技术进步同样也将会有助于活体治疗材料标准化生产流程的搭建。

随着活体治疗材料形式和功能的多样化，清晰界定活体治疗材料的范畴，规范材料组分、形式、功能、应用场景等，建立相应的制度标准和监管机制也同样重要。

2. 临床、伦理审批挑战

除了标准化大规模生产和市场监管，活体治疗材料的市场化还面临着临床审批和生物伦理等方面的挑战。首先，活体治疗材料由于其组分、形式和适用场景的复杂性及多样性，其分类难以界定，因此缺乏明确的临床审批标准。例如，活体治疗材料通常含有活体生物组分（包括动植物细胞、真菌细菌、病毒噬菌体等），对于这些不同活体生物组分制品，不同国家、地区的相关机构一般具有严格的种类划分、风险等级以及不同的审批标准。以美国食品药品监督管理局（FDA）以往批准的产品为例，包含人体细胞、组织的活体生物材料有可能被划分为细胞疗法。例如，StrataGraft 是一种包含人源角质细胞和真皮成纤维细胞的双层细胞化支架，被获批作为细胞疗法用于治疗成年人局部深度烧伤、促进皮肤愈合和再生（U.S. Food and Drug Administration，2024）。这是一个典型的活体治疗材料用于再生医学的例子。然而，包含活菌的治疗材料则更有可能被归为活菌生物药（live biotherapeutic product，LBP），即含有活性微生物，旨在通过调节人体微生物组来预防、治疗或治愈疾病的生物制品。另外，活体治疗材料的适应证、使用方式或给药途径，以及所使用的活体细胞是否涉及工程改造，同样也会影响其类别界定和标准确立。例如，目前获批的活菌类产品主要针对肠道相关疾病的预防和治疗，其中包括两个重组 LBP，用于预防成人复发性难辨梭菌感染；或是含有工程化改造的人体细胞的细胞疗法，FDA 获批产品也局限于几款 CAR-T 细胞疗法，用于复发或难治性癌症的"后线"治疗。

活体治疗材料的应用带来了生物伦理方面的重要挑战。首先，涉及活细胞的治疗诊断生物材料引发了关于细胞来源的质疑，特别是在干细胞研究领域，围绕胚胎干细胞的获取存在伦理争议，包括破坏胚胎以获取人类胚胎干细胞的伦理合理性、细胞捐赠的知情自愿同意、试验干预的风险收益评估等。此外，合成生物学本身也带来了新的伦理问题。合成生物学的发展引发了公众对"生命"定义及其尊严的辩论，涉及合成生物实体的道德地位、生物技术对自然生物进化的干预、新物种的出现等伦理挑战。另外，合成生物学的应用还可能引发生物安全方面的担忧，如人工合成、基因改造微生物或生物体的意外泄露，以及使用合成病原体进行恐怖袭击的潜在风险。这些风险对公共健康、环境安全和生命本身构成潜在威胁，因此需要严谨的风险评估和有效管理，以保障公共安全和生态环境的保护。目前，一些国家已采取一定措施，通过法律法规来规范合成生物学的潜在风险。

随着跨学科合作不断推动新型生物材料的出现及新参与者的加入，研究人员必须超越自身研究领域，关注这些关键问题。此外，制定多样化诊疗生物材料的分类标准，建立新的立法和监管框架，对于评估这些创新生物材料的生物安全性和伦理问题至关重要。

3. 结语

材料合成生物学是生物学与材料学、环境能源、化学、医学、药学等多学科前沿交叉的研究领域。尤其在材料合成生物学中，通过基因编辑与分子生物学技术，研究人员获得了创造新型活体治疗材料的工具与手段，使这一领域在活体治疗中具有广泛的应用前景。此外，通过将非生命元件与活体治疗材料杂化，进一步赋予了其多样化的功能与智能性。我们见证了材料合成生物学在活体治疗材料领域的诸多基础研究进展及实用产品的开发与应用。目前，材料合成生物学正为活体治疗材料的研究开创一个新纪元，推动传统活体治疗材料向从头合成、理性设计与智能制造的方向发展。未来，这一领域将更好地服务于人民的生命健康需求，给医疗领域带来全新的视野与机遇，为临床研究注入新的动力。

编写人员：陈　飞　于　寅（中国科学院深圳先进技术研究院）
霍敏锋（同济大学医学院）

参 考 文 献

Abedi M H, Yao M S, Mittelstein D R, et al. 2022. Ultrasound-controllable engineered bacteria for cancer immunotherapy. Nature Communications, 13(1): 1585.

Adolfsen K J, Callihan I, Monahan C E, et al. 2021. Improvement of a synthetic live bacterial therapeutic for phenylketonuria with biosensor-enabled enzyme engineering. Nature Communications, 12(1): 6215.

Alapan Y, Yasa O, Schauer O, et al. 2018. Soft erythrocyte-based bacterial microswimmers for cargo delivery. Science Robotics, 3(17): eaar4423.

Alsoud D, Verstockt B, Fiocchi C, et al. 2021. Breaking the therapeutic ceiling in drug development in ulcerative colitis. The Lancet Gastroenterology & Hepatology, 6(7): 589-595.

Ausländer D, Ausländer S, Charpin-El Hamri G, et al. 2014. A synthetic multifunctional mammalian pH sensor and CO_2 transgene-control device. Molecular Cell, 55(3): 397-408.

Balasubramanian S, Aubin-Tam M E, Meyer A S. 2019.3D printing for the fabrication of biofilm-based functional living materials. ACS Synthetic Biology, 8(7): 1564-1567.

Bliley J, Tashman J, Stang M, et al. 2022. FRESH 3D bioprinting a contractile heart tube using human stem cell-derived cardiomyocytes. Biofabrication, 14(2): 024106.

Brunger J M, Zutshi A, Willard V P, et al. 2017. Genome engineering of stem cells for autonomously regulated, closed-loop delivery of biologic drugs. Stem Cell Reports, 8(5): 1202-1213.

Canale F P, Basso C, Antonini G, et al. 2021. Metabolic modulation of tumours with engineered bacteria for immunotherapy. Nature, 598(7882): 662-666.

Chen Y E, Bousbaine D, Veinbachs A, et al. 2023. Engineered skin bacteria induce antitumor T cell responses against melanoma. Science, 380(6641): 203-210.

Coley W B. 1893. The treatment of malignant tumors by repeated inoculations of erysipelas: With a report of ten original cases. The American Journal of the Medical Sciences, 105(5): 487-510.

Cook M T, Tzortzis G, Charalampopoulos D, et al. 2011. Production and evaluation of dry alginate-chitosan microcapsules as an enteric delivery vehicle for probiotic bacteria. Biomacromolecules, 12(7): 2834-2840.

Danese S, Roda G, Peyrin-Biroulet L. 2020. Evolving therapeutic goals in ulcerative colitis: Towards disease clearance. Nature Reviews Gastroenterology & Hepatology, 17(1): 1-2.

El-Ali J, Sorger P K, Jensen K F. 2006. Cells on chips. Nature, 442(7101): 403-411.

Fan J X, Li Z H, Liu X H, et al. 2018. Bacteria-mediated tumor therapy utilizing photothermally-controlled TNF-α expression *via* oral administration. Nano Letters, 18(4): 2373-2380.

Geng Z M, Wang X Y, Wu F, et al. 2023. Biointerface mineralization generates ultraresistant gut microbes as oral biotherapeutics. Science Advances, 9(11): eade0997.

Goranov V, Shelyakova T, De Santis R, et al. 2020. 3D patterning of cells in magnetic scaffolds for tissue engineering. Scientific Reports, 10(1): 2289.

Ho C L, Tan H Q, Chua K J, et al. 2018. Engineered commensal microbes for diet-mediated colorectal-cancer chemoprevention. Nature Biomedical Engineering, 2(1): 27-37.

Huang J F, Liu S Y, Zhang C, et al. 2019. Programmable and printable *Bacillus subtilis* biofilms as engineered living materials. Nature Chemical Biology, 15(1): 34-41.

Ji P H, An B L, Jie Z M, et al. 2023. Genetically engineered probiotics as catalytic glucose depriver for tumor starvation therapy. Materials Today Bio, 18: 100515.

Kohwi Y, Imai K, Tamura Z, et al. 1978. Antitumor effect of *Bifidobacterium infantis* in mice. Gann, 69(5): 613-618.

Krawczyk K, Xue S, Buchmann P, et al. 2020. Electrogenetic cellular insulin release for real-time glycemic control in type 1 diabetic mice. Science, 368(6494): 993-1001.

Kuang X, Rong Q Z, Belal S, et al. 2023. Self-enhancing sono-inks enable deep-penetration acoustic volumetric printing. Science, 382(6675): 1148-1155.

Li J C, Yu X R, Jiang Y Y, et al. 2021. Second near-infrared photothermal semiconducting polymer nanoadjuvant for enhanced cancer immunotherapy. Advanced Materials, 33(4): e2003458.

Li J J, Xia Q, Guo H Y, et al. 2022. Decorating bacteria with triple immune nanoactivators generates tumor-resident living immunotherapeutics. Angewandte Chemie International Edition, 61(27): e202202409.

Luk B T, Zhang L F. 2015. Cell membrane-camouflaged nanoparticles for drug delivery. Journal of

Controlled Release, 220: 600-607.

Mahameed M, Fussenegger M. 2022. Engineering autonomous closed-loop designer cells for disease therapy. iScience, 25(3): 103834.

Malmgren R A, Flanigan C C. 1955. Localization of the vegetative form of *Clostridium tetani* in mouse tumors following intravenous spore administration. Cancer Research, 15(7): 473-478.

Mirdamadi E, Tashman J W, Shiwarski D J, et al. 2020. FRESH 3D bioprinting a full-size model of the human heart. ACS Biomaterials Science & Engineering, 6(11): 6453-6459.

Nims R J, Pferdehirt L, Ho N B, et al. 2021. A synthetic mechanogenetic gene circuit for autonomous drug delivery in engineered tissues. Science Advances, 7(5): eabd9858.

Parker R C, Plummer H C, Siebenmann C O, et al. 1947. Effect of histolyticus infection and toxin on transplantable mouse tumors. Proceedings of the Society for Experimental Biology and Medicine, 66(2): 461-467.

Pferdehirt L, Ross A K, Brunger J M, et al. 2019. A synthetic gene circuit for self-regulating delivery of biologic drugs in engineered tissues. Tissue Engineering Part A, 25(9-10): 809-820.

Polstein L R, Juhas M, Hanna G B, et al. 2017. An engineered optogenetic switch for spatiotemporal control of gene expression, cell differentiation, and tissue morphogenesis. ACS Synthetic Biology, 6(11): 2003-2013.

Praveschotinunt P, Duraj-Thatte A M, Gelfat I, et al. 2019. Engineered *E. coli* Nissle 1917 for the delivery of matrix-tethered therapeutic domains to the gut. Nature Communications, 10(1): 5580.

Rodrigo-Navarro A, Sankaran S, Dalby M J, et al. 2021. Engineered living biomaterials. Nature Reviews Materials, 6(12): 1175-1190.

Rössger K, Charpin-El-Hamri G, Fussenegger M. 2013a. A closed-loop synthetic gene circuit for the treatment of diet-induced obesity in mice. Nature Communications, 4(1): 2825.

Rössger K, Charpin-El-Hamri G, Fussenegger M. 2013b. Reward-based hypertension control by a synthetic brain-dopamine interface. Proceedings of the National Academy of Sciences of the United States of America, 110(45): 18150-18155.

Santbergen M J C, van der Zande M, Bouwmeester H, et al. 2019. Online and *in situ* analysis of organs-on-a-chip. TrAC Trends in Analytical Chemistry, 115: 138-146.

Saxena P, Charpin-El Hamri G, Folcher M, et al. 2016. Synthetic gene network restoring endogenous pituitary-thyroid feedback control in experimental Graves' disease. Proceedings of the National Academy of Sciences of the United States of America, 113(5): 1244-1249.

Shao J W, Wang M Y, Yu G L, et al. 2018. Synthetic far-red light-mediated CRISPR-dCas9 device for inducing functional neuronal differentiation. Proceedings of the National Academy of Sciences of the United States of America, 115(29): E6722-E6730.

Teixeira A P, Fussenegger M. 2017. Synthetic biology-inspired therapies for metabolic diseases. Current Opinion in Biotechnology, 47: 59-66.

U.S. Food and Drug Administration. 2024. https://www.fda.gov/vaccines-blood-biologics/stratagraft.

Wang C, Chen L F, Zhu J F, et al. 2024a. Programmable bacteria-based biohybrids as living biotherapeutics for enhanced cancer sonodynamic-immunotherapy. Advanced Functional Materials, 34(30): 2316092.

Wang J H, Guo N, Hou W L, et al. 2022a. Coating bacteria for anti-tumor therapy. Frontiers in Bioengineering and Biotechnology, 10: 1020020.

Wang L, Cao Z P, Zhang M M, et al. 2022b. Spatiotemporally controllable distribution of combination therapeutics in solid tumors by dually modified bacteria. Advanced Materials, 34(1): e2106669.

Wang W C, Huang D L, Ren J H, et al. 2019. Optogenetic control of mesenchymal cell fate towards precise bone regeneration. Theranostics, 9(26): 8196-8205.

Wang X, Liang Q Y, Luo Y X, et al. 2024b. Engineering the next generation of theranostic biomaterials with synthetic biology. Bioactive Materials, 32: 514-529.

Ye H F, Charpin-El Hamri G, Zwicky K, et al. 2013. Pharmaceutically controlled designer circuit for the treatment of the metabolic syndrome. Proceedings of the National Academy of Sciences of the United States of America, 110(1): 141-146.

Ye H F, Daoud-El Baba M, Peng R W, et al. 2011. A synthetic optogenetic transcription device enhances blood-glucose homeostasis in mice. Science, 332(6037): 1565-1568.

Yu J F, Zhou B G, Zhang S, et al. 2022. Design of a self-driven probiotic-CRISPR/Cas9 nanosystem for sono-immunometabolic cancer therapy. Nature Communications, 13(1): 7903.

Yu Y R, Wang Q, Wang C, et al. 2021. Living materials for regenerative medicine. Engineered Regeneration, 2: 96-104.

Yue Y L, Xu J Q, Li Y, et al. 2022. Antigen-bearing outer membrane vesicles as tumour vaccines produced *in situ* by ingested genetically engineered bacteria. Nature Biomedical Engineering, 6(7): 898-909.

Zhang P C, Shao N, Qin L D. 2021. Recent advances in microfluidic platforms for programming cell-based living materials. Advanced Materials, 33(46): 2005944.

Zhang Y Y, Xue X, Fang M X, et al. 2022. Upconversion optogenetic engineered bacteria system for time-resolved imaging diagnosis and light-controlled cancer therapy. ACS Applied Materials & Interfaces, 14(41): 46351-46361.

Zhao H J, Xue S, Hussherr M D, et al. 2022. Autonomous push button-controlled rapid insulin release from a piezoelectrically activated subcutaneous cell implant. Science Advances, 8(24): eabm4389.

Zheng D W, Chen Y, Li Z H, et al. 2018. Optically-controlled bacterial metabolite for cancer therapy. Nature Communications, 9(1): 1680.

Zheng J H, Nguyen V H, Jiang S N, et al. 2017. Two-step enhanced cancer immunotherapy with engineered *Salmonella typhimurium* secreting heterologous flagellin. Science Translational Medicine, 9(376): eaak9537.

Zhou J, Li M Y, Chen Q F, et al. 2022. Programmable probiotics modulate inflammation and gut microbiota for inflammatory bowel disease treatment after effective oral delivery. Nature Communications, 13(1): 3432.

第16章 活体杂化材料

在自然界中，生命系统通过进化形成了许多独特的生物结构，这些结构展现出动态适应环境变化的"智能"特性。例如，生物体能够在不同状态之间切换，并且具有自我修复能力。为了适应环境的变化，生物活体材料在应用的过程中表现出多样的功能性特点，如环境响应、自我生长和修复能力等，这些特性是许多合成材料难以企及的。

生命系统中生物分子的自组装是其核心策略之一，它利用进化过程中精确关联的分子构建块，创建了复杂的结构。DNA是最经典的例子，它不仅是生命信息的存储材料，还通过精确的自组装，构建起"复杂的生物结构"。研究人员在深入了解这些自组装机制后，已经成功地将其应用到工程领域，创造了由肽、蛋白质、DNA和碳水化合物组成的人工自组装材料。然而，这些工程材料大多在高度受控的实验室条件下进行纯化和组装，这使得许多天然生命系统的独特特性可能会丧失。近年来，新一代的材料科学研究强调材料应具备更多"智能"功能。研究人员受自然界启发，利用活生物体作为纳米材料的制造工厂。活生物体不仅能感知外界环境，还能从简单分子中汲取能量，将其转化为更复杂的结构和功能材料。生物体还能够动态调节生物材料的物理化学性质和机械性能，以响应外界刺激。例如，在面临特定环境刺激时，生物体能够启动或停止材料的合成，并在需要时修复和调整材料的特性。

工程活体杂化材料（engineered hybrid living material，EHLM）是结合了生物系统和合成成分的复合材料。作为生物混合材料中的新兴领域，EHLM从大自然汲取灵感，利用工程生物系统开发出具有动态响应能力的材料。这些材料通过基因工程手段，或者简单的空间/机械工程来定位和限制活生物体的行为，并且在材料的生命周期内，活生物体可以通过吸收环境中的能量和原料，维持或扩展其功能。EHLM与其他生物材料的关键区别在于，它们内含的生命结构不仅作为材料的一部分，还通过不断地与环境互动，动态调节材料的特性，使材料在复杂环境中表现出稳健的功能。

大自然为工程活性材料提供了丰富的基础活生物体资源，从微生物（如细菌和真菌）到更复杂的植物和动物细胞。这些细胞不仅能够形成或组装材料，还可以在生命周期内通过环境交互，改变材料的特性。生命物质，包括细胞和微生物，是天然系统的基本组成部分，能够将简单的原料（如水、二氧化碳和无机盐等）转化为多种功能性生物材料（如多糖、蛋白质和生物矿物质）。在合成生物学领域，研究人员通过操控这些活生物体，创造出具有定制属性的动态响应材料。随着研究的深入，这些具有生物特性的材料被用于开发新的智能响应材料，应用范围包括各种环境条件下的生物材料生产、复杂器官系统的模拟、微流体装置以及可穿戴技术。这些新材料不仅保留了生命系统的独特优势，还展现出在各种复杂环境中工作的潜力。

综上所述，随着对生命系统的理解不断加深，新一代智能材料正在从自然界汲取灵感，并通过先进的合成生物学技术，实现了许多曾被认为无法实现的功能特性。这些基于活生物体的杂化材料在未来的应用中将会极大地改变工程、医学和环境科学领域的格局。

16.1　活体杂化材料的制备策略

活生物体（如活细胞和微生物）在材料科学中的应用展示了广阔的前景，但在实际应用中仍面临一些关键挑战。首先，细胞和微生物作为活体存在，其在体内的增殖可能失控，导致严重的副作用。其次，活细胞和微生物可能偏离预定目标，攻击其他正常组织或器官，甚至引发不可预测的基因突变，从而增加潜在的疾病风险。这些因素都使得活生物体在医疗应用中面临潜在的挑战。另外，由于大多数活生物体具有较强的免疫原性，它们在全身给药后容易被免疫系统清除，降低疗效。同时，在胃肠道等复杂环境中，某些活生物治疗剂可能会迅速失去活性。这些问题凸显了对保护策略的需求，以确保这些生物材料在体内的稳定性和有效性。

针对这些问题，工程改造策略提供了许多可能的解决方案。例如，通过基因工程手段向外源活细胞引入新的生物模块，赋予它们全新的功能特性；通过化学或物理方法可以将合成材料与活生物体整合，增强其性能。近年来，3D 打印技术和微流体技术等新兴工程手段，进一步扩展了生命材料的应用范围和潜在功能。以下总结了几种有代表性的活生物体工程改造策略。

16.1.1　化学工程技术

化学表面修饰技术在活细胞工程中得到了广泛应用。细胞表面的复杂环境包括蛋白质、脂质、糖类和肽聚糖等多种分子结构，为工程化改造提供了丰富的靶点。赖氨酸残基中的伯氨基（—NH_2）是一种常见的化学修饰位点，能与多种化学基团（如 N-羟基琥珀酰亚胺酯、氰尿酰氯和醛）形成共价键，从而连接药物、荧光探针、纳米颗粒（nanoparticle，NP）和抗体等分子。与此同时，半胱氨酸残基中的巯基（—SH）也常被用于化学修饰，例如，细菌表面的—NH_2通过与 Traut 试剂（2-亚氨基硫杂环戊烷）的简单混合反应，在生理条件下转化为—SH，并一步与肠黏液层中的聚二硫键交换，促进益生菌在肠道内定植（Luo et al.，2022）（图 16-1A）。在另一项研究中，马来酰亚胺功能化的 NP 可稳定地结合到 T 细胞和造血干细胞的含巯基表面（Stephan et al.，2010）（图 16-1B）。除了蛋白质的氨基酸修饰，糖类和肽聚糖的化学功能化也是细胞表面工程的重要领域。顺式二醇结构（如唾液酸、半乳糖和甘露糖），可以通过与苯硼酸反应进行修饰（Liu et al.，2013；Zeng et al.，2009）。此外，细菌表面的肽聚糖富含-NH$_2$ 和-COOH 基团，为功能化提供了多个修饰位点，从而能够结合各种 NP。病毒表面也存在多个可供修饰的氨基酸残基，例如，M13 噬菌体的酪氨酸残基可以与重氮基团反应，TMV 病毒的 N 端脯氨酸残基则可通过与酚类的氧化偶联实现功能化。

共价化学策略的发展同样促进了活体材料的研究。例如，通过动态共价界面合成聚合物可以与工程化枯草芽孢杆菌细胞结合，从而开发出具有适应性和自愈合特性的活体材料。这些材料不仅能够进行生物传感，还可按需释放重组蛋白（Jo and Sim，2022）。生物正交化学的引入，为在不干扰细胞正常生理过程的情况下进行高选择性修饰提供了可能性。二苯并环辛炔（DBCO）和叠氮基团（—N$_3$）之间的特异性反应在这类应用中表现出色，并广泛应用于活细胞的化学工程化（Li and Chen，2016；Sletten and Bertozzi，2009）（图 16-1C）。一种常见的策略是通过糖酵解标记法引入官能团，即通过叠氮化修饰糖分子，将-N$_3$ 标记到活细胞表面，然后将 DBCO 修饰的功能分子整合到细胞中。例如，通过叠氮化修饰的糖分子可以将-N$_3$ 标记在细胞表面，然后利用 DBCO 修饰的功能分子进行整合（Hu et al.，2018；Nagahama et al.，2018；Wang et al.，2017）。大肠杆菌 MG1655 通过 2-叠氮基-2-脱氧-D-葡萄糖标记后，能够共价结合 DBCO-二氧化铈纳米颗粒（Pan et al.，2019）。类似的，叠氮化物修饰的氨基酸类似物（D-叠氮基丙氨酸和 L-叠氮基高丙氨酸）也被用于进一步偶联 DBCO 功能元素。

在细胞表面修饰过程中，非共价相互作用也具有重要意义。例如，抗生物素蛋白-生物素之间的强相互作用广泛应用于将抗原、氧化铁和红细胞等分子附着在细胞表面（Alapan et al.，2018；Li et al.，2022；Weyant et al.，2023）（图 16-2A）。另一种策略是基于超分子相互作用，通过将葫芦脲锚定在巨噬细胞表面，使金刚烷胺修饰的细菌能够通过主客体相互作用被特异性识别（Cheng et al.，2022）。β-环糊精（β-CD）是另一种可以容纳客体（如金刚烷、偶氮苯和二茂铁）的分子，用于活细胞的表面工程。在封装活细胞的研究中，金属离子的配位作用也得到了充分利用。例如，植物多酚（如单宁酸）与金属离子的混合可以在细菌表面形成黏性多酚网络，有助于口服益生菌的递送和肠道内定植（Pan et al.，2022a；Yang et al.，2022）（图 16-2B）。此外，低温生物硅化过程被用于肿瘤细胞的表面矿化，随后通过修饰阳离子聚合物 PEI，形成能够携带佐剂和抗原的个性化肿瘤疫苗（Guo et al.，2022）。生物矿化技术也被用于在外源添加 Ca^{2+}、PO$_4$$^{3-}$ 或 CO$_3$$^{2-}$ 的

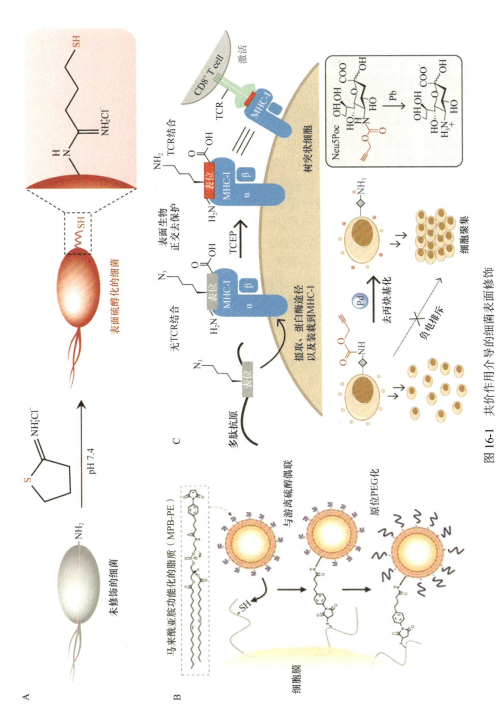

图 16-1　共价作用介导的细菌表面修饰

A. 化学反应介导的细菌共价定位（Luo et al., 2022）；B. 马来酰亚胺与导细胞表面硫醇的偶联；C. 用于干细胞工程及蛋白质活化的生物正交切割化学（Li and Chen, 2016）

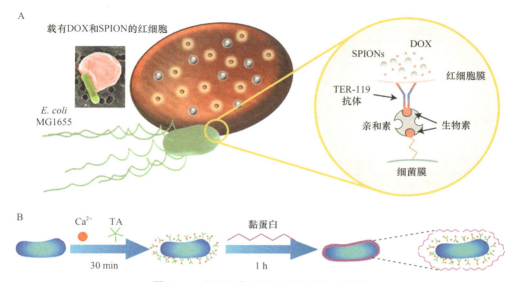

图 16-2　非共价作用介导的细菌表面修饰

A. 通过生物素-亲和素-生物素结合复合物将红细胞连接到大肠杆菌上（Alapan et al.，2018）；B. 用功能性纳米涂层装饰细菌以增强生物治疗（Yang et al.，2022）

情况下，在酵母或 M13 噬菌体表面促进纳米支架的核化和生长（Chen et al.，2020；Lee et al.，2006；Wang et al.，2008a）。

16.1.2　物理工程技术

　　活生物体表面修饰技术在生物医学工程中具有重要作用。物理修饰的关键机制之一是静电相互作用，这一方法主要利用了活细胞表面富含的带负电荷磷脂、多糖和蛋白质。因此，许多带正电荷的材料，如阳离子聚合物、金属纳米颗粒及其他功能性分子，能够通过静电吸附直接附着在活生物体表面，形成稳定的表面层。例如，阳离子聚合物包覆的金纳米颗粒和壳聚糖包覆的 Fe_3O_4 纳米颗粒等带正电荷的纳米材料，已经被成功应用于细菌和微藻等微生物的表面修饰（Caudill et al.，2020；Le et al.，2020；Zhong et al.，2020）（图 16-3A）。这些纳米颗粒通过静电吸附的方式沉积在细胞表面，从而赋予了细胞特定的功能。此外，带正电荷的金属离子也可以与活细胞表面的带负电荷成分结合，例如，Fe^{2+}、Mn^{2+} 和 Ru^{3+} 等金属离子能够与带负电荷的磷脂和蛋白质结合，为多模态成像和治疗提供了多功能平台。这种方法简单且易于操作，是物理修饰技术的一个显著优点。然而，静电相互作用形成的复合物在体内环境中的稳定性较弱，与化学修饰相比存在一定的局限性。

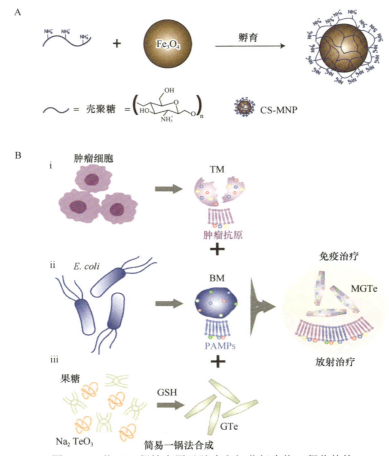

图 16-3 物理工程技术用于肿瘤和细菌衍生物工程化修饰

A. 使用壳聚糖包被的氧化铁磁性纳米颗粒（Le et al., 2020）；B. 通过物理挤出技术得到由肿瘤和细菌衍生的免疫调节剂、纳米放射增敏剂组成的混合纳米平台（Pan et al., 2022c）

　　层层组装（layer-by-layer，LBL）技术是通过静电相互作用，逐层吸附带电物质来封装活生物体的一种方法。LBL 技术能够实现复杂结构的形成，例如，通过静电相互作用，阳离子壳聚糖和阴离子藻酸盐在大肠杆菌 Nissle 1917 表面形成多层保护膜，用于益生菌封装和肠道疾病治疗（Zhou et al., 2022a）。此外，带负电荷的丝状 M13 噬菌体也可以与带正电荷的线性聚乙烯亚胺和带负电荷的聚丙烯酸进行自组装，形成具有高度可调性的纳米尺度薄膜。这种 LBL 组装策略具有良好的生物相容性，且所需材料较少，不会影响生物分子的功能。

　　物理挤出法是指通过挤压力破坏膜结构，使其在纳米颗粒周围重新形成涂层，已成为近年来制备膜包裹纳米颗粒的创新技术。这种方法将不同来源的纳米颗粒与膜材料混合，并通过多孔聚碳酸酯膜反复挤压，最终获得均匀包裹的纳米颗粒。

被膜包裹的纳米颗粒能够实现特定细胞靶向，延长其在体内的循环时间，避免被免疫细胞清除，提高治疗效果。例如，从原发性实体瘤中提取的肿瘤细胞膜与从大肠杆菌中分离的外膜囊泡（outer membrane vesicle，OMV）结合，通过物理挤出形成具有免疫激活功能的纳米囊泡（Zou et al.，2021）。这种纳米囊泡可用于个性化肿瘤免疫治疗，展示了物理挤出法在生物膜封装领域的潜力。

16.1.3　生物工程技术

基因工程工具在合成生物学领域的快速进步，为定制和编程活细胞及微生物等提供了极大的可能性。合成生物学的核心目标是通过设计特定的基因回路来赋予活细胞新的功能，或改进其生物功能，从而满足特定的应用需求。这种设计通常涉及触发内源性信号级联反应，以生成用于诊断或治疗的报告分子。例如，通过引导基因表达特异性生物标志物，可以触发一系列的生物学反应（Zhao et al.，2023）。其中，工程化活细胞的一个重要应用是在疾病的诊断和治疗中实现时间、空间和剂量的精确控制，例如，CAR-T 细胞疗法在血液恶性肿瘤的治疗中取得了显著成果，相关的增强策略包括使 CAR-T 细胞能够分泌细胞因子（如 IL-12、IL-15 和 IL-18）和抗体。

细菌和哺乳动物细胞因其天然的分泌系统而被设计为"活工厂"，用于生产具有治疗作用的生物活性分子，如毒性蛋白质、细胞因子和抗体。细菌由于其先天的肿瘤靶向能力，常被合成生物学修饰，以分泌具有治疗效果的分子，如河豚毒素（tetrodotoxin，TTX）和 TNF-α。此外，细菌还可以被设计分泌免疫调节因子（如 CXCL16、CCL20、IL-2 和纳米抗体），以增强免疫治疗的效果。基因工程改造的细胞也可以用于展示效应分子，例如，肿瘤归巢肽和血管生成素结合肽被设计用于噬菌体表面展示，以靶向乳腺癌（Li et al.，2020）（图 16-4）。细菌、酵母和哺乳动物细胞同样能够展示靶分子，例如，基因工程血小板已被改造成表达程序性细胞死亡蛋白 1（programmed cell death protein-1，PD-1）（Zhang et al.，2018）。在其他研究中，通过质粒转染，大肠杆菌可以在其外膜上展示 PD-1、肿瘤靶向肽 LyP1 和 CD47（Feng et al.，2022；Pan et al.，2022b）；酵母则可以被工程化在其细胞壁上表达黑色素瘤相关抗原（Liu et al.，2018）。工程化活细胞还可以通过表达天然生物过程中的外源功能来提供治疗，例如，细菌或酵母可以表达不同的酶，作为生物催化剂将惰性物质转化为生物活性治疗剂。双歧杆菌表达胞嘧啶脱氨酶可以将无毒的 5-氟胞嘧啶转化为具有抗肿瘤作用的 5-氟尿嘧啶（Sasaki et al.，2010）；酵母则被工程化分泌用于治疗炎症性肠病的腺苷三磷酸双磷酸酶（Scott et al.，2021）。此外，活细胞也可以被改造为降解有害内源性物质，或将其转化为无毒物质。例如，大肠杆菌治疗菌株被设计为编码苯丙氨酸解氨酶和 L-氨基酸脱氨酶，用于降解苯丙氨酸，从而治疗苯丙酮尿症（Adolfsen et al.，2021；Isabella et al.，2018）。

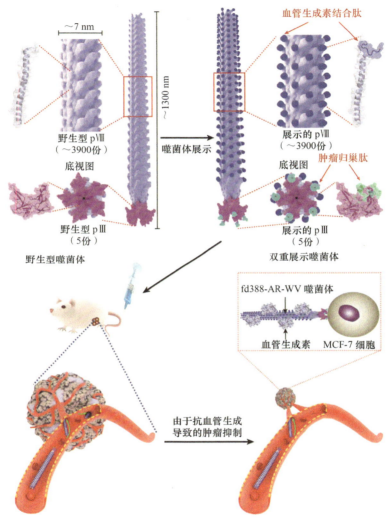

图 16-4　通过工程噬菌体纳米纤维抑制原位肿瘤（Li et al.，2020）

16.1.4　其他新兴工程技术

在生物医学工程领域，除了传统的活生物体改造方法，近年来的技术突破如 3D 生物打印、静电纺丝和微流体技术，为大规模和高效的活生物体改造提供了新的途径。3D 生物打印技术在组织工程、再生医学及药物研发方面取得了显著进展。

该技术通过将活细胞与生物支撑材料（如 LBL）逐层叠加，按照预设模型构建复杂的三维结构。活细胞（包括细菌、植物细胞、哺乳动物细胞和真菌）负责提供功能支持，而支撑材料则为细胞提供生长和功能所需的稳定环境（Schwab et al.，2020）。这些支撑材料一般由天然生物大分子或合成聚合物组成，如藻酸盐、壳聚糖、胶原和明胶甲基丙烯酰。利用 3D 生物打印技术，使用明胶甲基丙烯酰作为支撑材料，在光引发剂的帮助下，可以迅速生成水凝胶，并在 22 s 内打印出带有活细胞的人耳支架模型（Bernal et al.，2019）。

静电纺丝技术在高静电场下能够生产超薄的纳米或微米纤维，这些纤维适用于包裹或固定活细胞。通过将藤黄微球菌、温氏硝基杆菌和伊氏希瓦菌混合在聚乙烯醇溶液中，挤出后可以获得含有活性微生物的复合物，这展示了设计功能性微生物群落的潜力（Kaiser et al.，2017；Knierim et al.，2015）。到目前为止，许多研究已成功地使用聚己内酯、Pluronic 衍生物、聚乙烯吡咯烷酮和丝素蛋白等聚合物，通过静电纺丝技术包裹了各种活细胞，包括细菌、微藻、酵母和病毒（Balusamy et al.，2019）。微流体技术也是一种新颖的活细胞工程方法。通过微流控双乳液模板系统，可以制备装载胰腺 β 细胞的多孔微胶囊，这些微胶囊能够用于构建胰腺类器官并调节葡萄糖稳态（Liu et al.，2022）（图 16-5）。微流体装置制造的微胶囊表现出良好的单分散性、高制备效率、灵活性和成本效益。

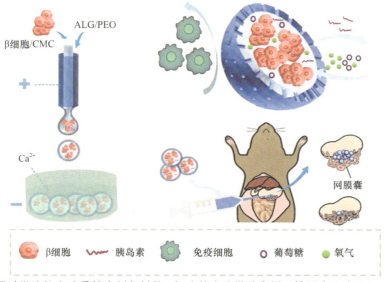

图 16-5　通过微流控电喷雾技术制备封装 β 细胞的多孔微胶囊用于糖尿病治疗（Liu et al.，2022）

此外，近年来也开发了一些创新的活细胞修饰方法。例如，利用液氮冷冻技术可以消除细胞的致病性，同时保持其结构完整，为药物递送提供了新选择。通过液氮处理肿瘤细胞，可以得到无致病性但结构完整的死细胞，这些细胞可以用作药物的载体，实现骨髓靶向，提升癌症治疗效果（Ci et al., 2020）。还有一种方法是设计含有多种成分的梯度水凝胶，如黏蛋白、聚（4-苯乙烯磺酸钠）、聚乙二醇二丙烯酸酯、肠道细菌和聚烯丙胺盐酸盐，用于研究肠道微生物群与药物之间的相互作用（Zheng et al., 2023）。随着技术的不断进步，未来的研究将能够开发出更加创新、高效和适应性强的活细胞工程策略。

16.2 活体杂化材料的功能特性

活生物组分的独特特性使得杂化生物材料展现出优异的生物相容性、生物活性以及生物可降解性。此外，合成材料的物理化学特性赋予了这些杂化活生物材料独特的生物和力学性能。

16.2.1 自修复与功能再生

近年来，随着技术的迅速进展，研究人员利用共价键重组、扩散、流动、形状记忆效应等方法，制造出了自修复聚合材料。通过将自修复材料与生物相容性材料相结合，形成了完整的自我修复杂化材料。天然导电膜能够自我复制和修复，以维持细胞的能量通量和生长，研究人员利用微生物的这种特性，设计出了能够持续发电的微生物燃料电池（Tender et al., 2002）。两个相互堆叠的细菌纤维素球状微粒能够有效融合成薄膜，球体各向同性地生长细菌纤维素，在径向方向上生成纤维素，这种生长方式提供了一种修复薄膜损伤的方法，可以有效修复被穿刺的材料，不仅可以与其他球体融合，还可以与任何紧密接触的水合纤维素融合（Caro-Astorga et al., 2021）（图 16-6A）。利用细菌的黏附特性，可以对细菌群体进行程序化组装，细菌外膜上锚定的纳米抗体-抗原对能够使细菌之间发生黏附，形成功能性材料，并对细胞表面进行功能化修饰。纳米抗体-抗原对的黏附特性使得材料在拉伸或弯曲时能够快速恢复。这一特性使得它们可用于制造可穿戴细菌黏附传感器，以检测生物电信号或生物力学信号（Chen et al., 2022）。由于真菌菌丝体在复合材料中的活生物量占主导地位，并在整个生长和干燥阶段保持代谢活性，因此它们具有独特的融合和修复能力。使用这种方法，可以对材料进行内部加固。同样，破损或受损的块体可以通过接触断裂的碎片进行愈合或重组，愈合后的材料能够抵抗修复部位的再次断裂，并保留大部分原始机械性能（McBee et al., 2022）（图 16-6B）。

16.2.2 动态组装结构

通过细胞工程技术，可以精确控制活体材料的组装与拆卸过程，从而编程其

图 16-6　自修复与功能再生活体材料

A. 细菌纤维素球体修复材料（Caro-Astorga et al.，2021）；B. 真菌-细菌活体自愈合材料（McBee et al.，2022）

制造步骤。例如，结合代谢聚糖标记和生物正交点击反应，可以生产带有 β-环糊精的细胞，这些细胞可以通过与偶氮苯-PEG-偶氮苯交联剂的光可逆主客体相互作用进行自组装（Shi et al.，2016）。在紫外线（λ=365 nm）照射下，偶氮苯的反式异构体会转变为顺式异构体，从而解离细胞间的相互作用，而在可见光下这种构型可以被逆转并重新启用细胞间的组装。此外，将偶氮苯基团与细胞选择性适配体结合，可以实现可逆的异型细胞间相互作用。在另一项研究中，脂质体融合技术被用于在携带酮基和肼基的互补细胞间安装可光裂解的连接，从而在紫外线（λ=365 nm）刺激下实现组织的远程控制和拆卸（Luo et al.，2014）（图 16-7）。

　　通过将微生物细胞表面重构为可编程支架，可以介导细胞间、细胞与外部环境元素的相互作用。这一过程涉及 S 层蛋白的应用。S 层是一种古老的细胞封装机制，存在于几乎所有的古细菌和许多革兰氏阳性菌及阴性菌中。这些蛋白质通过形成二维晶格状单层，发挥膜状屏障、细菌黏附及酶支架等功能（Sleytr et al.，2007）。通过将异源结构域与 S 层蛋白基因融合，这些蛋白质可以用作新型合成纳米生物材料的支架。目前，已有丰富的工具集可以将不同结构域与来源于乳酸菌的 S 层蛋白融合，这些工具广泛应用于疫苗开发、重金属生物修复、传感器诊断和无细胞纳米生物材料等领域。例如，Moraïs 等（2014）设计了一种植物乳杆菌集聚体，用于协同组装细胞外人工纤维素降解酶复合物。

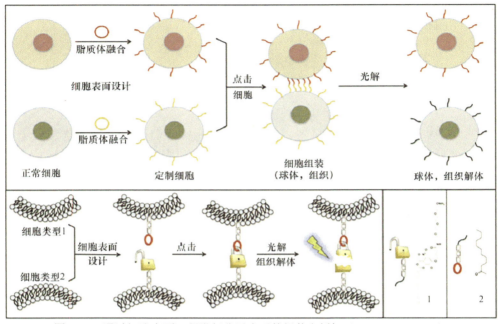

图 16-7　通过细胞表面工程进行分子水平的组装和拆卸（Luo et al.，2014）

　　微生物诱导的溶胀现象也被用于水凝胶材料的制造。受酵母发酵过程中气体生成的启发，研究者们开发了一种通过酵母诱导交联丙烯酰胺网络形成孔隙的方法（Wang et al.，2021）。在这一"发酵聚合"过程中，将酿酒酵母细胞和糖引入标准的丙烯酰胺聚合混合物中。随着聚合反应的进行，酵母细胞将葡萄糖转化为二氧化碳和乙醇，二氧化碳气泡被交联的水凝胶网络捕获，形成层次分明的孔隙，从而具有凝胶膨胀特性，得到的超孔水凝胶（由 CO_2 气泡形成）以及大孔（由聚合物交联形成）表现出优异的吸水能力。此外，水凝胶还能够改变微生物细胞的形态，例如，微生物细胞在狭窄微通道中可能因施加的机械应力而变形。Takeuchi 等（2005）介绍了一种在琼脂糖水凝胶中压花微室（特征尺寸：2.0 μm）的技术，使得丝状微生物细胞能够在特定的微室结构中生长成明确的形状。在这些实验中，细胞在伸长过程中可以弯曲，并根据水凝胶中的微室结构（如新月形、锯齿形、正弦形和螺旋形）调整形状。当酵母细胞被封装在水凝胶墨水中进行 3D 打印时，水凝胶的黏弹性会影响酵母菌落的增殖模式并改变酵母细胞的大小。

16.2.3　界面催化作用

　　仿生材料在界面上的催化功能已被证明能够将水溶性差的底物转化为精细

化学品、药物和燃料。高效的生物催化剂不仅能够在恶劣环境下长期稳定存在，还能克服扩散限制以实现催化功能。例如，一个强大的、可回收的 Pickering 界面生物催化集成粪产碱细胞 CaP 矿物壳和 Fe_3O_4 纳米粒子。这种磷矿物质壳层可以有效地保护生物催化剂免受长期有机溶剂的压力，同时，Fe_3O_4 纳米粒子提供了磁分离和循环利用。在两种不互溶溶剂的界面上，MDP-Na 对矿物壳的吸附能同时稳定 Pickering 乳液。这种生物催化壳的合理设计显著提升了催化性能和重复使用效率（Chen et al.，2015）。此外，酵母细胞表面还可以通过 MnO_2 纳米酶制成具有多酶活性的外壳。连续的 MnO_2 壳层不仅增强了细胞对各种应激源（如脱水、致死性裂解酶和紫外线辐射）的耐受性，还能在 2 周的时间内维持高催化活性和稳定性，从而进一步展示了对细胞的保护能力。在这些纳米酶壳的帮助下，超氧自由基和羟基自由基在硝基四氮唑蓝及对苯二甲酸反应体系中得到了有效去除，证明了生物杂化材料的多酶活性（Chen et al.，2015）（图 16-8A）。此外，通过构建基于生物杂化材料的半人工光合作用系统，能够结合材料和生物系统的优点，实现优势互补，从而为光能到化学能的转化开辟新的应用前景。光合半导体生物杂化物结合了生物细胞催化剂和半导体纳米材料的最佳特性，天然细胞环境中的酶机制能够提供精确的产品选择性和低底物活化能，而半导体纳米材料则能稳定高效地捕获光能（Cestellos-Blanco et al.，2020）（图 16-8B）。

16.2.4　数据保存及应用

核酸在活体生物系统中充当遗传信息的储存介质。虽然核酸不像蛋白质和多糖那样直接参与生化功能，但因其高密度的信息存储能力、便于复制（通过细胞分裂）及长期稳定性，被认为是未来数据存储的理想介质。在微生物中进行信息存储不仅有助于追踪物体的来源和流动路径，还在食品安全、商业应用及人类健康领域具有重要作用（Shipman et al.，2017）。例如，Qian 等（2020）设计了一

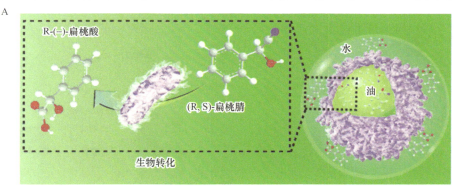

A

R-(−)-扁桃酸

(R, S)-扁桃腈

水

油

生物转化

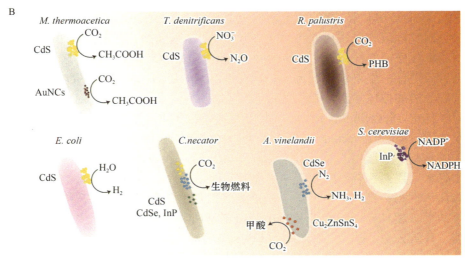

图 16-8　活体材料的界面催化作用

A. 利用单独封装的微生物作为 Pickering 界面生物催化剂（Chen et al., 2015）；B. 常见光敏微生物及光电化学半导体生物杂化材料（Cestellos-Blanco et al., 2020）

种微生物孢子系统，用于识别现实环境中的食品来源。他们将独特的 DNA 条形码嵌入食物携带的微生物基因组中，以便在长途运输后确认食物的来源（图16-9A）。此外，记录生物状态并调节细胞表型的能力对原位生物学研究和新型治疗方法的开发尤为重要。结合 DNA 数据存储和 DNA 写入技术（如重组酶和 Cas 蛋白），活细胞已经被设计为生物记录仪，能够监测细胞事件（Roquet et al., 2016）。Farzadfard 等（2019）开发了一种创新平台，能够同时记录动态分子事件，并在活细胞中执行逻辑运算。这些平台在基础疾病研究、体内生物传感器以及适应性治疗开发方面具有广泛的生物技术和生物医学应用潜力。

Liu 等（2021）将诊断微生物与磁性水凝胶载体结合，开发了一种能够针对胃肠道出血产生的血红素信号进行可控定位和检测的磁性水凝胶（图 16-9B）。

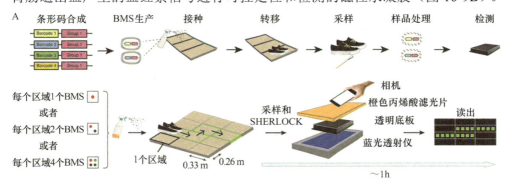

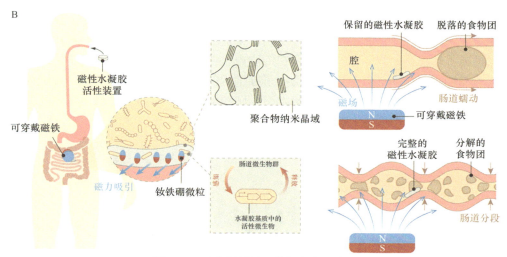

图 16-9　活体材料用于数据保存及应用

A. 条形码微生物孢子（BMS）系统（Qian et al., 2020）；B. 磁性微生物水凝胶用于肠道疾病诊断（Liu et al., 2021）

此外，将益生菌传感器集成到电子设备中，已被证明能够通过体内电子设备实现对胃肠道疾病的实时诊断（Mimee et al.，2018）。将活细胞封装在保护性基质中，不仅能够提升材料性能、延长细胞活性，还可以在实际应用中避免因细胞泄漏而引发的生物安全问题。

16.2.5　磁电效应

　　微生物能够在电极上自然形成生物膜，这些生物膜由活细胞与细胞外聚合物（如蛋白质、糖类、DNA 等）构成，形成导电的基质。天然的活性导电生物膜能够在电极与细胞之间、膜内固定的细胞之间有效地传输电子，展现出类似氧化还原导电聚合物的特性。通过利用微生物的电化学活性，并结合合成生物学的方法，将天然导电生物膜或细胞外电子转移机制设计到生物体内，有望开发出新型导电材料或对现有材料进行改进。例如，结合电活性细菌（如希瓦氏菌和硫还原地杆菌）与碳基材料（如碳点、炭黑、石墨烯），能够显著提升材料的导电性。这些导电材料可以进一步应用于高效的微生物燃料电池，用于污染物降解和能量输出（Estrada-Osorio et al.，2024）（图 16-10）。光合微生物，如蓝藻和微藻，常被用于制造混合燃料电池，因为它们能够将太阳能转化为电能。在这些应用中，电极设计被用来克服不利的电荷转移效率瓶颈，包括添加外源介质和导电涂层（Reggente et al.，2020）。革兰氏阴性趋磁细菌能够利用特殊的细胞内纳米结构，在地球磁场中进行定向运动。所有革兰氏阴性趋磁细菌均具有较高的运动性，通常在微氧或缺氧环境中生存。趋磁细菌能够通过生物矿化形成磁小体，这些磁小体内含有主要由磁铁矿（Fe_3O_4）或灰长岩（Fe_3S_4）组成的磁性矿物。磁性矿物的组成、大小和形态在细菌内通过生物矿化过程得到精确控制，这一过程涉及将无机离子转化为矿物。磁小体通常在细胞内呈链状排列，在环境温度下展现出永久的磁性，并作为导航装置在磁场中引导细胞的方向。在水生栖息地，趋磁细菌利用这些线性磁性结构来指导其沿地磁场轴线的运动，从而选择最适宜生存的位置（即微氧区或缺氧区）。

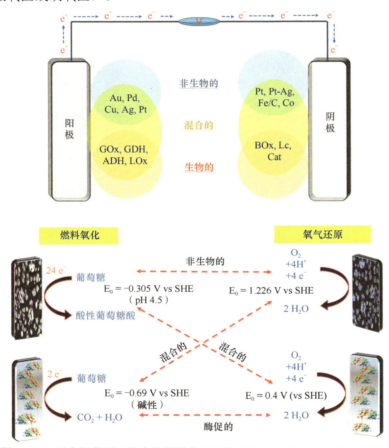

图 16-10　导电细菌用于微生物燃料电池设计（Estrada-Osorio et al.，2024）

16.2.6　群体组织与调控

形态形成相关蛋白在多细胞组织发育过程中提供空间定位信息，从而决定细胞的命运，使其成为人工模式形成中备受关注的信号分子（Luo et al.，2019）（图16-11）。通过调节形态形成相关蛋白的表达，可以形成浓度梯度，从而组织活细

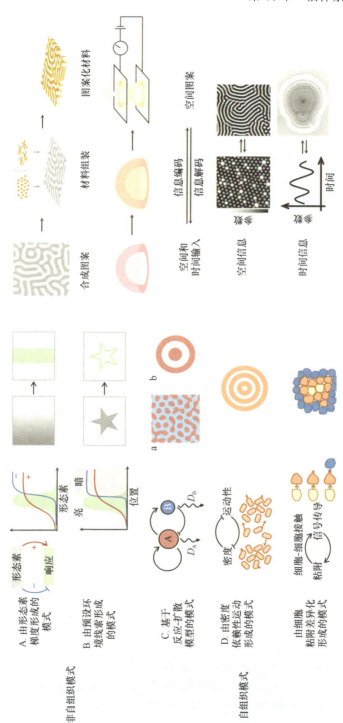

图 16-11　自组织和非自组织模式构建合成生物材料（Luo et al., 2019）

胞的生长和模式化。Toda 等（2020）通过反馈回路在空间上调控形态因子的结合位点或抑制剂的分布和密度，成功创造了具有有序多域结构的人工生命系统。Santos-Moreno 等（2020）引入反馈回路或振荡器电路后，形成自组织模式，使细胞能够自主调节其附着性、运动性和活力，以完全自主的方式生成模式（Miano et al.，2020）。尽管目前的模式形成研究主要集中在提升生物质生产方面，但与活体材料的结合尚有限。然而，EHLM 模式在生物医学领域，尤其是在具有分隔结构的支架组织再生方面，展示了巨大的应用潜力。Tecon 和 Or（2017）研究了两种基于甲苯作为碳源的土壤细菌恶臭假单胞菌菌株，这些菌株展示了协同代谢的互惠行为。结果表明，通过调整初始细菌浓度和碳源等因素，可以影响两种菌株之间的关系（如共生或竞争），从而诱导联合体在琼脂平板上形成不同的菌落模式。

16.2.7 环境感知及响应

EHLM 结合了传感能力和可定制功能，可以被编程以执行特定的任务，其功能可以根据需要进行激活。例如，在检测到污染物时，EHLM 可以表达用于吸附污染物的基质（Tay et al.，2017），或者在诱导剂的存在下控制药物的释放（Chowdhury et al.，2019；Guo et al.，2020；Isabella et al.，2018；Mao et al.，2018）（图 16-12）。利用工程化的非致病性大肠杆菌尼氏菌株，设计了一种用于苯丙酮尿症治疗的药物输送系统。这种菌株能够编码苯丙氨酸降解酶（如 PAL 和 LAAD），并在人体肠道的微氧环境下诱导其表达（Isabella et al.，2018）。此外，光遗传学开关能够在空间和时间上精确控制基因表达，具有广泛的应用潜力。通过在细菌、酵母甚至哺乳动物细胞中引入各种光响应基因回路，可以实现药物释放、人工控制模式形成以及精确的损伤修复。最近，研究人员开发了一种适用于哺乳动物细胞的红/远红外开关系统，并应用于糖尿病大鼠模型中，调节葡萄糖稳态（Zhou et al.，2022b）。在恶劣环境中提高生物体耐久性的一种方法是使用人造外壳作为"生物护甲"，例如，酿酒酵母细胞被包裹在生物相容的 CaP 矿物壳中，表面的 CaP 层能够提供保护，抵御恶劣环境的影响（如溶酶体状态）（Wang et al.，2008b）；此外，由于氧气和一些营养物质通过矿物质涂层的扩散和运输速度较慢，使这些包裹细胞的寿命得到了延长。这种策略不仅可以延长细胞的储存时间，还能提供重新激活治疗性细胞的可能途径，因此，生物杂化材料有潜力显著提升细胞在恶劣条件下的生存能力，并延长其保存时间。另外，与单细胞的浮游生物相比，生物膜能显著提高微生物对各种抗生素的耐受性，提升幅度可达 10～1000 倍（Davies，2003）。例如，铜绿假单胞菌在高细胞密度下形成生物膜，而霍乱弧菌和金黄色葡萄球菌则在低细胞密度时开始形成生物膜，并在达到高细胞密度后

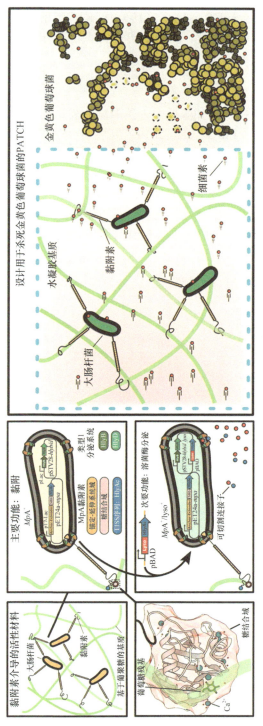

图 16-12　黏附蛋白将工程化细菌固定在水凝胶中（Guo et al., 2020）

停止形成（Mukherjee and Bassler，2019）。群体感应系统使微生物能够在群体水平上感知和响应外部环境变化，从而赋予它们适应不断变化环境的"智能"特性。

16.2.8 生物降解

通过在宿主细胞中引入外源性非天然多糖的表达，可以制造出新型复合材料（Fang et al.，2015；Liu et al.，2019）（图 16-13A）。例如，将土壤农杆菌（*Agrobacterium tumefaciens*）的合成途径导入木醋杆菌（*Gluconacetobacter xylinus*），能够合成热凝胶/纤维素复合材料。这种复合材料相比单一的细菌纤维素，展示了更优越的生物降解性能（Fang et al.，2015）。仿生封装的设计主要用于调控细胞分裂过程中的降解性。生物可降解涂层可以由金属有机框架（metal organic framework，MOF）和 β-半乳糖苷酶组成，这些涂层能够在细胞表面形成

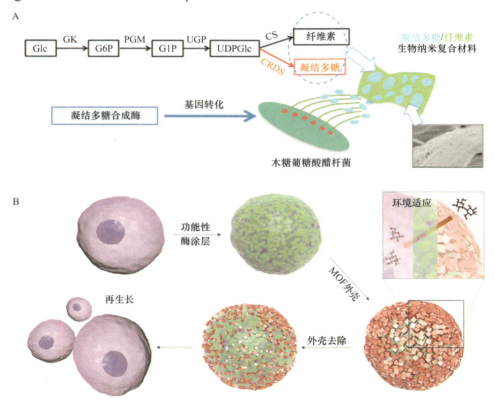

图 16-13 活体材料改造提高生物降解性能

A. 细菌纤维素纳米复合材料（Fang et al.，2015）；B. 生物活性外壳帮助酿酒酵母细胞在极端营养枯竭环境中存活（Liang et al.，2017）

外骨骼，并在营养贫乏的环境中提供必要的养分。当条件恢复到最佳生长状态时，加入 EDTA 后，MOF 外壳能够迅速被去除，细胞则会立即恢复生长并保持健康。此外，细胞上的可逆涂层也可以通过特定的反应实现，如基于苯硼酸的点击反应（Liang et al.，2017）（图 16-13B）。由于硼酸酯键对葡萄糖和 pH 的敏感性，细胞的封装可以通过葡萄糖的添加或去除来实现逆转。当在 pH 7.0 下加入葡萄糖时，硼酸酯键的平衡被破坏，从而使 MSN-B(OH)$_2$ 与顺式二醇基团之间的连接断裂。在去除葡萄糖后，pH 降至 6.0 时，MSN-B(OH)$_2$ 与细胞表面多糖的连接可以重新形成。通过调节葡萄糖的浓度及稀释过程，以及重新分配或额外添加 MSN，可以生成不同包封的子细胞。

16.2.9　其他

通过使用一系列微生物，可以调节聚合物的机械性能，使其对刺激作出反应或发生膨胀。例如，芽孢杆菌孢子作为封装在坚韧蛋白质外壳中的休眠细胞，其外壳会随着湿度的变化发生可逆膨胀（Lavrador et al.，2021）（图 16-14A）。通过引入响应性孢子，这些孢子能够发酵并释放气体或其他可能影响溶胀或机械性能的分子，或增强复合材料结构的细胞，可以调整多种柔性和软性聚合物材料的机械性能。大肠杆菌产生的 CsgA 淀粉样纤维，以及由枯草芽孢杆菌产生的 TasA 纳米纤维等生物膜基质蛋白，能够与功能蛋白模块融合并自组装成纳米纤维。例如，通过将各种功能肽融合到 CsgA 和 TasA 亚基上，大肠杆菌能够生产具有所需功能的纳米纤维。这些改性生物膜在疾病治疗、水下黏附和环境修复等领域有广泛应用。

共培养是一种通过混合两个或多个重新编程的细胞系来建立多细胞联合体的方法，这种方法简化了多细胞系统的创建。在共培养系统中，每种细胞可能被赋予特定的任务，以实现更复杂的功能（An et al.，2020）（图 16-14B）。例如，An 等（2020）描述了这种合作方法在活细胞胶材料开发中的优势。此外，Liu 等报告了一种基于工程细菌和水凝胶-弹性体杂交体的生物传感器系统，其中工程大肠杆菌被封装在内，并对特定的启动子（如绿色荧光蛋白基因的表达）产生响应（Liu et al.，2017）（图 16-14C）。水凝胶持续提供营养，并通过信号分子的运输促进细胞与环境之间的交流。弹性体则提供了足够的透气性，维持细菌的活力和功能，其高弹性和拉伸性防止了细胞在重复变形过程中从活体材料和设备中泄漏。这些实例展示了通过在合成微生物群体中进行分工，可显著减轻代谢负担，从而极大地提升了细胞的性能（Liu et al.，2017）。

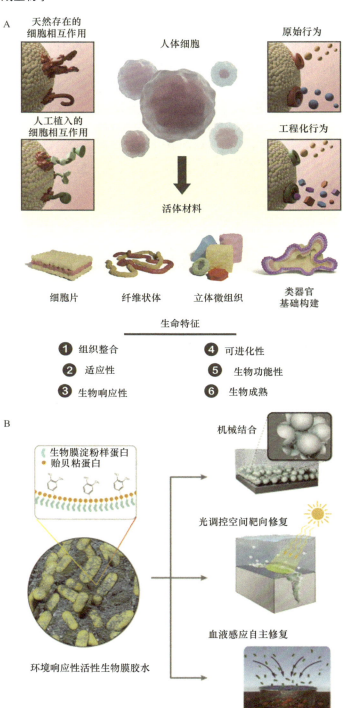

A

天然存在的
细胞相互作用

人体细胞

原始行为

人工植入的
细胞相互作用

工程化行为

活体材料

细胞片　　　纤维状体　　　立体微组织　　　类器官
　　　　　　　　　　　　　　　　　　　　　　基础构建

生命特征

❶ 组织整合　　　　　❹ 可进化性

❷ 适应性　　　　　　❺ 生物功能性

❸ 生物响应性　　　　❻ 生物成熟

B

机械结合

生物膜淀粉样蛋白
贻贝粘蛋白

光调控空间靶向修复

血液感应自主修复

环境响应性活性生物膜胶水

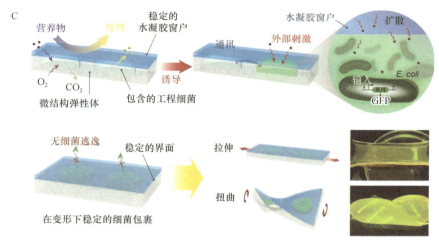

图 16-14　按需调控的功能活体杂化材料

A. 基于人体细胞构建的工程生物材料（Lavrador et al., 2021）；B. 按需操作的工程生物胶系统（An et al., 2020）；C. 水凝胶-弹性体生物杂化材料（Liu et al., 2017）

16.3　活体杂化材料的应用领域

16.3.1　生物医学领域

　　传统的疾病治疗方法主要依赖药物治疗，但这些药物常常伴随着显著的副作用，这导致患者的用药依从性较差，进而限制了其治疗效果的发挥，无法满足广泛的医疗需求（Atri et al., 2023）。相比之下，基于活体材料的生物治疗药物具有独特的优势，包括特定的组织靶向能力、渗透性、免疫调节功能以及代谢活性（Yan et al., 2023）。这些药物通过引入人工设计的功能模块，经过工程改造后，能够提升其功能，使其更加适应体内复杂的生理环境和各种疾病的特征。另外，利用天然生命材料作为基础，可以根据不同疾病的特点，采用各种工程改造策略"量体裁衣"，解决当前治疗中的关键问题。该系统的显著优点之一是活性材料不仅能作为药物和功能合成材料的载体，将其递送至病灶部位，还能自身发挥生物活性，协同提高治疗效果（Mitchell et al., 2021）。这种基于工程化活体材料的策略不仅克服了传统治疗方法的局限性，还可以根据个体需求量身定制医疗方案，实现精准医疗和个性化治疗。

　　然而，尽管活体材料在生理过程监测和疾病治疗方面展现出巨大的潜力，但其功能和质量仍需精确控制。由于细胞外微环境、体内循环和免疫系统的复杂性，治疗细胞在被输送到受损组织时，可能会遭遇不利的宿主免疫反应，导致其活性和治疗效果的下降。尽管近年来大量研究表明，这些基于工程生物材料的系统在口服给药、系统给药以及用于各种疾病的精准治疗装置方面具有巨大的潜力和发展前景，但仍需仔细考虑并解决若干挑战，以加速其未来的临床应用。

16.3.2 环保与生态领域

相较于传统材料，生物基材料及其生产工艺更具可持续性。这是因为许多生物方法源自生物化学反应，因此它们所需的化学和热条件相对温和（Sun et al.，2024）。此外，由于进化的作用，这些过程通常不会产生对生态系统有害的有毒副产品或污染物。相比之下，当前许多非生物基材料的生产过程虽然具有较高的可扩展性和较低的成本，但却常常伴随着有害污染物的产生，对环境造成负面影响。因此，持续推动用生物基材料取代高污染的生产工艺显得尤为重要。例如，利用代谢工程和发酵技术合成材料原料，可以减少对石油基前体的依赖。通过生物材料的使用，我们可以积极地从大气中去除二氧化碳，并将其直接转化为有价值的化学品，从而实现负碳排放（Zhang et al.，2022）。因此，采用生命系统生产材料有助于推动可持续发展，减少负面环境影响。

随着基因工程技术的发展，科学家们可以将具有生物修复潜力的酶和代谢途径从其天然宿主转移到易于遗传操作的模型生物中（Zhu et al.，2024）（图 16-15）。在这些模型系统中，调节目标基因的表达和进行蛋白质工程变得相对简单，且可以高通量地进行。此外，定向进化和机器学习技术可以提升野生型生物修复酶的生物催化能力，使其在新底物上的催化活性得到增强。Joshi 及其团队报道了一种

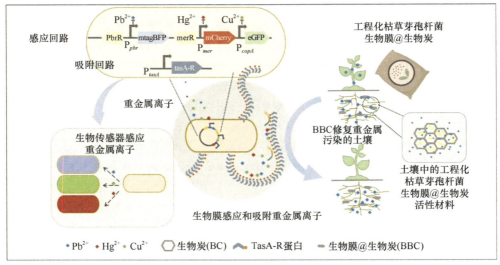

图 16-15 基于枯草芽孢杆菌的工程生物材料用于水土环境中重金属的传感和修复（Zhu et al.，2024）

基于卷曲纤维的汞离子封存遗传电路（Tay et al.，2017）。他们设计的基因回路调节了具有汞响应启动子的卷曲纤维的生产。当环境中的汞浓度超过临界值时，启动子触发基质的产生。在汞被封存后，游离汞浓度低于临界值时，基质生产停止，细胞转而进行繁殖。具有动态响应能力的活体材料非常适合于现场部署后自主运行的系统，因为它们无需外部干预即可工作。

16.3.3　活性结构材料领域

在生物矿化过程中，细菌或其他微生物通过提高周围环境的 pH，促使碳酸钙的沉淀。通过这些生化反应，细胞周围的颗粒被粘合在一起，形成一种类似于水泥在混凝土中作用的复合材料。Heveran 及其研究团队通过将具有生物矿化能力的光合蓝藻接种到砂-水凝胶支架中，成功解决了结构混凝土的可行性问题，创造了具有宏观结构的工程活体材料。这种方法不仅提高了细胞的存活率，而且其抗压强度与传统水泥砂浆相当（Heveran et al.，2020）（图 16-16A）。在自愈混凝土的研究中，活性微生物被嵌入混凝土中，以实现裂缝自动修复。然而，由于混凝土的微环境通常不适合微生物生存，研究人员采用了耐碱细菌的孢子与混凝土结合。当水渗透到混凝土中的微裂缝时，孢子会发芽，细菌利用少量的营养物质填补裂缝，并沉淀碳酸钙进行修复。早期的自愈混凝土技术通常仅能维持 1～2 个月的修复效果。之后，研究人员通过将孢子包裹在多孔黏土支架中，延长了其活性，使裂缝愈合的寿命延长至 6 个月以上。然而，黏土支架在混凝土结构中的体积分数过大，影响了力学性能。因此，为了实现理想的裂缝修复性能，其他研究团队探索了使用硅胶、聚氨酯、偏高岭土和铝硅酸盐等材料来包裹细菌，以保护它们并尽可能减少对机械性能的影响。

生物材料在建筑领域的应用不仅限于混凝土，还包括自愈水泥、菌丝体泡沫等新兴材料（Jia et al.，2022）（图 16-16B）。随着合成生物学的进步，未来可能出现更先进的应用，如活体墙纸、生物传感器、环境质量指示器，以及用于结构健康监测的活性生物电子器件（Dong et al.，2024）（图 16-16C）。尽管这些技术展示了巨大的潜力，但要将其推广至大规模商业应用，还需要进行更多的研究和可行性分析，特别是在解决规模化生产和经济挑战方面。

16.3.4　其他领域

近年来，EHLM 技术的主要进展已转向非医疗领域，如电子、设备和计算机行业。工程师们利用 Curli 纤维制造了导电生物膜和先进的电生物传感器。此外，与工程生物光伏发电相关的研究中，也出现了应用细菌纤维素薄膜的技术实例和

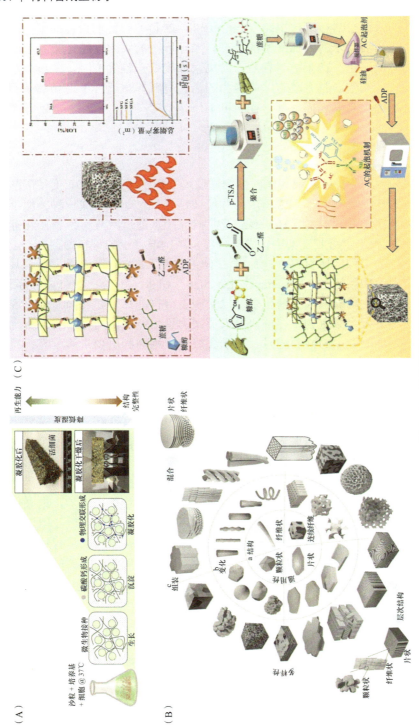

图 16-16 活性结构材料的构建

A. 物理交联水凝胶与细菌方解石沉淀形成生物矿化支架（Heveran et al., 2020）；B. 生物矿化材料（Jia et al., 2022）；C. 生物基蔗糖呋喃树脂用于隔热和耐火建筑材料（Dong et al., 2024）

概念验证，表明其在电子产品和光子材料开发中的潜力。另一个新兴的应用领域涉及机器人和计算设备，这些设备能够提供结构、驱动、感测和控制功能。将活细胞产生的化学能有效转化为机械能，将为机器人领域带来显著的突破。

在以往的研究中，3D 生物打印技术用于构建一种被称为"生物机器人"的微型行走机器，这种机器的驱动机制基于心肌细胞或骨骼肌细胞的收缩。尽管骨骼肌细胞本身没有自发收缩能力，但其可以通过外部信号对驱动进行精确控制。通过添加细胞外基质蛋白，可以调节 3D 打印肌肉复合材料的性质（Cvetkovic et al.，2014）。除了肌肉细胞，生物机器人概念还可应用于多种细胞类型和组织。利用 3D 生物打印和其他微加工技术，生物机器人正在架起生物材料与组织工程之间的桥梁，展示了 EHLM 领域如何有效借鉴成熟领域的设计原则。Parker 及其团队首次开发了由肌肉薄膜驱动的装置，这些装置能够实现抓握、抽吸、行走和游泳，能够实现良好的空间和时间控制（Feinberg et al.，2007）。活体混合材料能够根据外部刺激发生变化，从而使科学家能够制造出可以执行机械活动的软体机器人。嵌入水凝胶中的酵母细胞形成了一种可变形材料，该材料在酵母增殖过程中发生形变。Lee 等利用心肌细胞的机电信号设计了一种自我维持的游泳生物杂交鱼（Rivera-Tarazona et al.，2020），这种生物杂交体由两层人类心肌细胞组成，通过相互收缩和放松在液体环境中驱动运动（Lee et al.，2022）。随着合成生物学领域中逻辑门等遗传电路的不断更新，未来的 EHLM 将朝着更复杂和智能的方向发展。

16.4　总结与展望

生物材料科学与材料工程的融合催生了众多生命材料。通过设计功能性活生物材料，可使这些材料在生物制造、环境修复和疾病治疗等领域得到广泛应用。与传统的无生命材料相比，这些新型工程杂化活体材料在环境可持续性和响应性方面具有显著优势。随着合成生物学技术的不断发展，预计将开发出更多类型的杂化生物体，以满足不同领域的需求。此外，利用多细胞联合体来设计先进的 EHLM 也可能成为未来的研究趋势。与单一细胞系统相比，多细胞系统具备代谢分工、复杂底物的多组分利用以及对复杂环境的耐受性，这使其成为更理想的材料生产平台。生物纳米技术和生物工程的快速进步，推动了先进生物材料的发展。将有机功能物质与活细胞结合，能够充分发挥各部分的优势，形成比单独部分更优越的效果。作为一种先进材料，EHLM 利用生物细胞进行材料的制造、组装和维护。这些细胞充当活的纳米材料工厂，使 EHLM 具备生命系统的自我组装、自我修复和动态响应等特性，这些特性是合成材料难以模拟的。EHLM 作为生物杂交设备的一部分，其脱细胞成分完全由原位生成或通过细胞修饰。这种将生命系统紧密集成到材料中的方法，使得工程合成生物电路的研究成果能够应用于材料科学领域。

合成生物学与机器学习的交叉为 EHLM 的发展带来了新的机遇。在蛋白质工程领域，机器学习已经显示出了巨大的潜力。通过训练神经网络模型，我们能够研究功能蛋白的序列-结构-功能关系，从而重新设计具有特定结构或功能的内源性模块，如治疗人类疾病的蛋白质或降解塑料的酶催化剂。此外，利用深度学习技术揭示生物分子之间的相互作用，能够合理设计新的细胞通信机制和遗传调控元件。这两个领域的结合将为 EHLM 的研究注入新的活力，并加速其在可持续生物制造、环境监控和疾病治疗中的应用。

当前研究主要集中在通过细菌生产自组装的细胞外材料上，由于原核系统相对简单且易于培养，这种方法在合成生物学中占据了主导地位。然而，真核细胞的使用也具有显著的潜力，因为许多常见的天然材料，如棉织物、皮革和木材，都来自于真核组织。随着研究的深入，更多的合成生物电路将被整合，以控制 EHLM 的生成和降解。EHLM 系统有望迅速成为开发可编程材料的有效途径。合成形态发生领域的最新进展将指导我们设计能够在空间和时间上自组织的生命材料。这些领域的持续进展将推动 EHLM 设计和工程的发展，迈向大规模遗传可编程材料的目标。生物结构材料不仅展现了卓越的力学性能，还具有环境响应性、自主性和自愈性等动态特性，这些特性是传统工程材料难以实现的。通过材料科学、合成生物学及其他学科的融合，EHLM 提供了将生物体与非生物成分相结合的有前景的解决方案，从而促进了功能性活生物材料的开发。

受自然界中材料动态响应行为的启发，研究人员开发了具备环境适应性和生物合成能力的 EHLM，以满足对可持续发展的需求。作为生物材料的重要组成部分，生物体赋予材料许多激动人心的特性，如环境响应性、自修复、自再生和自组装等。尤其是生命系统的可编程性，通过简单的遗传信息重写，能够调节材料的特性，使其相比传统的非生命材料具有独特优势。生物材料的可编程性和与非生物材料的良好集成性，催生了大量具有自组织能力的生物材料和混合材料，这些材料具有新兴且引人注目的特性。尽管面临诸多挑战，但生物材料在减少环境污染、提高作物产量或实现负碳排放方面展现出良好的可持续发展前景。随着该领域的进一步发展，生物材料有望在健康、能源、农业、工业和节能基础设施等多个领域发挥更加重要的作用。

编写人员： 刘尽尧（上海交通大学医学院）

罗会龙（广州医科大学药学院）

谢 娟（上海交通大学医学院）

参 考 文 献

Adolfsen K J, Callihan I, Monahan C E, et al. 2021. Improvement of a synthetic live bacterial therapeutic for phenylketonuria with biosensor-enabled enzyme engineering. Nature

Communications, 12(1): 6215.

Alapan Y, Yasa O, Schauer O, et al. 2018. Soft erythrocyte-based bacterial microswimmers for cargo delivery. Science Robotics, 3(17): eaar4423.

An B L, Wang Y Y, Jiang X Y, et al. 2020. Programming living glue systems to perform autonomous mechanical repairs. Matter, 3(6): 2080-2092.

Atri A, Ivkovic M, Jönsson L, et al. 2023. Estimating treatment effects of disease-modifying drugs: traditional methods vs. accelerated failure time models and progression analysis. Alzheimer's & Dementia, 19(S21): e071470.

Balusamy B, Sarioglu O F, Senthamizhan A, et al. 2019. Rational design and development of electrospun nanofibrous biohybrid composites. ACS Applied Bio Materials, 2(8): 3128-3143.

Bernal P N, Delrot P, Loterie D, et al. 2019. Volumetric bioprinting of complex living-tissue constructs within seconds. Advanced Materials, 31(42): e1904209.

Caro-Astorga J, Walker K T, Herrera N, et al. 2021. Bacterial cellulose spheroids as building blocks for 3D and patterned living materials and for regeneration. Nature Communications, 12(1): 5027.

Caudill E R, Hernandez R T, Johnson K P, et al. 2020. Wall teichoic acids govern cationic gold nanoparticle interaction with Gram-positive bacterial cell walls. Chemical Science, 11(16): 4106-4118.

Cestellos-Blanco S, Zhang H, Kim J M, et al. 2020. Photosynthetic semiconductor biohybrids for solar-driven biocatalysis. Nature Catalysis, 3: 245-255.

Chen B Z, Kang W, Sun J, et al. 2022. Programmable living assembly of materials by bacterial adhesion. Nature Chemical Biology, 18(3): 289-294.

Chen Q W, Liu X H, Fan J X, et al. 2020. Self-mineralized photothermal bacteria hybridizing with mitochondria-targeted metal-organic frameworks for augmenting photothermal tumor therapy. Advanced Functional Materials, 30(14): 1909806.

Chen Z W, Ji H W, Zhao C Q, et al. 2015. Individual surface-engineered microorganisms as robust Pickering interfacial biocatalysts for resistance-minimized phase-transfer bioconversion. Angewandte Chemie International Edition, 54(16): 4904-4908.

Cheng Q, Xu M, Sun C, et al. 2022. Enhanced antibacterial function of a supramolecular artificial receptor-modified macrophage (SAR-Macrophage). Materials Horizons, 9(3): 934-941.

Chowdhury S, Castro S, Coker C, et al. 2019. Programmable bacteria induce durable tumor regression and systemic antitumor immunity. Nature Medicine, 25(7): 1057-1063.

Ci T Y, Li H J, Chen G J, et al. 2020. Cryo-shocked cancer cells for targeted drug delivery and vaccination. Science Advances, 6(50): eabc3013.

Cvetkovic C, Raman R, Chan V, et al. 2014. Three-dimensionally printed biological machines powered by skeletal muscle. Proceedings of the National Academy of Sciences of the United States of America, 111(28): 10125-10130.

Davies D. 2003. Understanding biofilm resistance to antibacterial agents. Nature Reviews Drug Discovery, 2(2): 114-122.

Dong Y H, Liu B W, Lee S H, et al. 2024. Fabrication of rigid flame retardant foam using bio-based sucrose-furanic resin for building material applications. Chemical Engineering Journal, 495: 153614.

Estrada-Osorio D V, Escalona-Villalpando R A, Gurrola M P, et al. 2024. Abiotic, hybrid, and biological electrocatalytic materials applied in microfluidic fuel cells: A comprehensive review. ACS Measurement Science Au, 4(1): 25-41.

Fang J, Kawano S, Tajima K, et al. 2015. *In vivo* curdlan/cellulose bionanocomposite synthesis by genetically modified *Gluconacetobacter xylinus*. Biomacromolecules, 16(10): 3154-3160.

Farzadfard F, Gharaei N, Higashikuni Y, et al. 2019. Single-nucleotide-resolution computing and memory in living cells. Molecular Cell, 75(4): 769-780.e4.

Feinberg A W, Feigel A, Shevkoplyas S S, et al. 2007. Muscular thin films for building actuators and powering devices. Science, 317(5843): 1366-1370.

Feng Q Q, Ma X T, Cheng K M, et al. 2022. Engineered bacterial outer membrane vesicles as controllable two-way adaptors to activate macrophage phagocytosis for improved tumor immunotherapy. Advanced Materials, 34(40): e2206200.

Guo J M, May H D, Franco S, et al. 2022. Cancer vaccines from cryogenically silicified tumour cells functionalized with pathogen-associated molecular patterns. Nature Biomedical Engineering, 6(1): 19-31.

Guo S Q, Dubuc E, Rave Y, et al. 2020. Engineered living materials based on adhesin-mediated trapping of programmable cells. ACS Synthetic Biology, 9(3): 475-485.

Heveran C M, Williams S L, Qiu J S, et al. 2020. Biomineralization and successive regeneration of engineered living building materials. Matter, 2(2): 481-494.

Hu Q Y, Sun W J, Wang J Q, et al. 2018. Conjugation of haematopoietic stem cells and platelets decorated with anti-PD-1 antibodies augments anti-leukaemia efficacy. Nature Biomedical Engineering, 2(11): 831-840.

Isabella V M, Ha B N, Castillo M J, et al. 2018. Development of a synthetic live bacterial therapeutic for the human metabolic disease phenylketonuria. Nature Biotechnology, 36: 857-864.

Jia Z A, Deng Z F, Li L. 2022. Biomineralized materials as model systems for structural composites: 3D architecture. Advanced Materials, 34(20): e2106259.

Jo H, Sim S. 2022. Programmable living materials constructed with the dynamic covalent interface between synthetic polymers and engineered *B. subtilis*. ACS Applied Materials & Interfaces, 14(18): 20729-20738.

Kaiser P, Reich S, Leykam D, et al. 2017. Electrogenic single-species biocomposites as anodes for microbial fuel cells. Macromolecular Bioscience, 17(7): 1600442.

Knierim C, Enzeroth M, Kaiser P, et al. 2015. Living composites of bacteria and polymers as biomimetic films for metal sequestration and bioremediation. Macromolecular Bioscience, 15(8): 1052-1059.

Lavrador P, Gaspar V M, Mano J F. 2021. Engineering mammalian living materials towards clinically relevant therapeutics. eBioMedicine, 74: 103717.

Le T N, Tran T D, Kim M I. 2020. A convenient colorimetric bacteria detection method utilizing chitosan-coated magnetic nanoparticles. Nanomaterials, 10(1): 92.

Lee K Y, Park S J, Matthews D G, et al. 2022. An autonomously swimming biohybrid fish designed with human cardiac biophysics. Science, 375(6581): 639-647.

Lee S K, Yun D S, Belcher A M. 2006. Cobalt ion mediated self-assembly of genetically engineered bacteriophage for biomimetic Co-Pt hybrid material. Biomacromolecules, 7(1): 14-17.

Li J, Chen P R. 2016. Development and application of bond cleavage reactions in bioorthogonal chemistry. Nature Chemical Biology, 12(3): 129-137.

Li Y, Ma X T, Yue Y L, et al. 2022. Rapid surface display of mRNA antigens by bacteria-derived outer membrane vesicles for a personalized tumor vaccine. Advanced Materials, 34(20): e2109984.

Li Y, Qu X W, Cao B R, et al. 2020. Selectively suppressing tumor angiogenesis for targeted breast cancer therapy by genetically engineered phage. Advanced Materials, 32(29): e2001260.

Liang K, Richardson J J, Doonan C J, et al. 2017. An enzyme-coated metal-organic framework shell for synthetically adaptive cell survival. Angewandte Chemie International Edition, 56(29): 8510-8515.

Liu D Q, Lu S, Zhang L X, et al. 2018. An indoleamine 2, 3-dioxygenase siRNA nanoparticle-coated and Trp2-displayed recombinant yeast vaccine inhibits melanoma tumor growth in mice. Journal of Controlled Release, 273: 1-12.

Liu D, Cao Y Y, Qu R R, et al. 2019. Production of bacterial cellulose hydrogels with tailored crystallinity from *Enterobacter* sp. FY-07 by the controlled expression of colanic acid synthetic genes. Carbohydrate Polymers, 207: 563-570.

Liu H L, Li Y Y, Sun K, et al. 2013. Dual-responsive surfaces modified with phenylboronic acid-containing polymer brush to reversibly capture and release cancer cells. Journal of the American Chemical Society, 135(20): 7603-7609.

Liu X Y, Tang T C, Tham E, et al. 2017. Stretchable living materials and devices with hydrogel-elastomer hybrids hosting programmed cells. Proceedings of the National Academy of Sciences of the United States of America, 114(9): 2200-2205.

Liu X Y, Yang Y Y, Inda M E, et al. 2021. Magnetic living hydrogels for intestinal localization, retention, and diagnosis. Advanced Functional Materials, 31(27): 2010918.

Liu X Y, Yu Y R, Liu D C, et al. 2022. Porous microcapsules encapsulating β cells generated by microfluidic electrospray technology for diabetes treatment. NPG Asia Materials, 14: 39.

Luo H L, Chen Y M, Kuang X, et al. 2022. Chemical reaction-mediated covalent localization of bacteria. Nature Communications, 13(1): 7808.

Luo N, Wang S Y, You L C. 2019. Synthetic pattern formation. Biochemistry, 58(11): 1478-1483.

Luo W, Pulsipher A, Dutta D, et al. 2014. Remote control of tissue interactions *via* engineered photo-switchable cell surfaces. Scientific Reports, 4: 6313.

Mao N, Cubillos-Ruiz A, Cameron D E, et al. 2018. Probiotic strains detect and suppress cholera in mice. Science Translational Medicine, 10(445): eaao2586.

McBee R M, Lucht M, Mukhitov N, et al. 2022. Engineering living and regenerative fungal-bacterial biocomposite structures. Nature Materials, 21(4): 471-478.

Miano A, Liao M J, Hasty J. 2020. Inducible cell-to-cell signaling for tunable dynamics in microbial communities. Nature Communications, 11(1): 1193.

Mimee M, Nadeau P, Hayward A, et al. 2018. An ingestible bacterial-electronic system to monitor gastrointestinal health. Science, 360(6391): 915-918.

Mitchell M J, Billingsley M M, Haley R M, et al. 2021. Engineering precision nanoparticles for drug delivery. Nature Reviews Drug Discovery, 20(2): 101-124.

Moraïs S, Shterzer N, Lamed R, et al. 2014. A combined cell-consortium approach for lignocellulose degradation by specialized *Lactobacillus plantarum* cells. Biotechnology for Biofuels, 7: 112.

Mukherjee S, Bassler B L. 2019. Bacterial quorum sensing in complex and dynamically changing environments. Nature Reviews Microbiology, 17(6): 371-382.

Nagahama K, Kimura Y, Takemoto A. 2018. Living functional hydrogels generated by bioorthogonal cross-linking reactions of azide-modified cells with alkyne-modified polymers. Nature Communications, 9(1): 2195.

Pan J M, Li X L, Shao B F, et al. 2022b. Self-blockade of PD-L1 with bacteria-derived outer-membrane vesicle for enhanced cancer immunotherapy. Advanced Materials, 34(7): e2106307.

Pan J Z, Gong G D, Wang Q, et al. 2022a. A single-cell nanocoating of probiotics for enhanced amelioration of antibiotic-associated diarrhea. Nature Communications, 13(1): 2117.

Pan P, Dong X, Chen Y, et al. 2022c. A heterogenic membrane-based biomimetic hybrid nanoplatform for combining radiotherapy and immunotherapy against breast cancer. Biomaterials, 289: 121810.

Pan P, Fan J X, Wang X N, et al. 2019. Bio-orthogonal bacterial reactor for remission of heavy metal poisoning and ROS elimination. Advanced Science, 6(24): 1902500.

Qian J, Lu Z X, Mancuso C P, et al. 2020. Barcoded microbial system for high-resolution object provenance. Science, 368(6495): 1135-1140.

Reggente M, Politi S, Antonucci A, et al. 2020. Design of optimized PEDOT-based electrodes for enhancing performance of living photovoltaics based on phototropic bacteria. ECS Meeting Abstracts, (47): 2683.

Rivera-Tarazona L K, Bhat V D, Kim H, et al. 2020. Shape-morphing living composites. Science Advances, 6(3): eaax8582.

Roquet N, Soleimany A P, Ferris A C, et al. 2016. Synthetic recombinase-based state machines in living cells. Science, 353(6297): aad8559.

Santos-Moreno J, Tasiudi E, Stelling J, et al. 2020. Multistable and dynamic CRISPRi-based synthetic circuits. Nature Communications, 11(1): 2746.

Sasaki T, Fujimori M, Ito T, et al. 2010. Abstract 5530: a novel bacterial anticancer treatment modality targeting hypoxic solid tumors as an enzyme-prodrug using non-pathogenic *Bifidobacterium longum* expressing cytosine deaminase. Cancer Research, 70: 5530.

Schwab A, Levato R, D'Este M, et al. 2020. Printability and shape fidelity of bioinks in 3D bioprinting. Chemical Reviews, 120(19): 11028-11055.

Scott B M, Gutiérrez-Vázquez C, Sanmarco L M, et al. 2021. Self-tunable engineered yeast probiotics for the treatment of inflammatory bowel disease. Nature Medicine, 27(7): 1212-1222.

Shi P, Ju E G, Yan Z Q, et al. 2016. Spatiotemporal control of cell-cell reversible interactions using molecular engineering. Nature Communications, 7: 13088.

Shipman S L, Nivala J, Macklis J D, et al. 2017. CRISPR-Cas encoding of a digital movie into the genomes of a population of living bacteria. Nature, 547(7663): 345-349.

Sletten E M, Bertozzi C R. 2009. Bioorthogonal chemistry: fishing for selectivity in a sea of functionality. Angewandte Chemie International Edition, 48(38): 6974-6998.

Sleytr U B, Huber C, Ilk N, et al. 2007. S-layers as a tool kit for nanobiotechnological applications. FEMS Microbiology Letters, 267(2): 131-144.

Stephan M T, Moon J J, Um S H, et al. 2010. Therapeutic cell engineering with surface-conjugated synthetic nanoparticles. Nature Medicine, 16(9): 1035-1041.

Sun T, Huo H S, Zhang Y Y, et al. 2024. Engineered cyanobacteria-based living materials for bioremediation of heavy metals both *in vitro* and *in vivo*. ACS Nano, 18(27): 17694-17706.

Takeuchi S, DiLuzio W R, Weibel D B, et al. 2005. Controlling the shape of filamentous cells of *Escherichia coli*. Nano Letters, 5(9): 1819-1823.

Tay P K R, Nguyen P Q, Joshi N S. 2017. A synthetic circuit for mercury bioremediation using self-assembling functional amyloids. ACS Synthetic Biology, 6(10): 1841-1850.

Tecon R, Or D. 2017. Cooperation in carbon source degradation shapes spatial self-organization of microbial consortia on hydrated surfaces. Scientific Reports, 7: 43726.

Tender L M, Reimers C E, Stecher H A 3rd, et al. 2002. Harnessing microbially generated power on the seafloor. Nature Biotechnology, 20(8): 821-825.

Toda S, McKeithan W L, Hakkinen T J, et al. 2020. Engineering synthetic morphogen systems that can program multicellular patterning. Science, 370(6514): 327-331.

Wang B, Liu P, Jiang W G, et al, 2008a. Yeast cells with an artificial mineral shell: protection and modification of living cells by biomimetic mineralization. Angewandte Chemie International Edition, 47(19): 3560-3564.

Wang B, Liu P, Jiang W G, et al, 2008b. Yeast cells with an artificial mineral shell: Protection and modification of living cells by biomimetic mineralization. Angewandte Chemie International Edition, 47(19): 3560-3564.

Wang H, Wang R B, Cai K M, *et al.* 2017. Selective *in vivo* metabolic cell-labeling-mediated cancer targeting. Nature Chemical Biology, 13(4): 415-424.

Wang L L, Janes M E, Kumbhojkar N, et al. 2021. Cell therapies in the clinic. Bioengineering & Translational Medicine, 6(2): e10214.

Weyant K B, Oloyede A, Pal S, et al. 2023. A modular vaccine platform enabled by decoration of bacterial outer membrane vesicles with biotinylated antigens. Nature Communications, 14: 464.

Yan X, Liu X, Zhao C H, et al. 2023. Applications of synthetic biology in medical and pharmaceutical fields. Signal Transduction and Targeted Therapy, 8(1): 199.

Yang X Y, Yang J L, Ye Z H, et al. 2022. Physiologically inspired mucin coated *Escherichia coli* nissle 1917 enhances biotherapy by regulating the pathological microenvironment to improve intestinal colonization. ACS Nano, 16(3): 4041-4058.

Zeng Y, Ramya T N C, Dirksen A, et al. 2009. High-efficiency labeling of sialylated glycoproteins on living cells. Nature Methods, 6(3): 207-209.

Zhang W, Zhang P, Wang H M, et al. 2022. Design of biomass-based renewable materials for environmental remediation. Trends in Biotechnology, 40(12): 1519-1534.

Zhang X D, Wang J Q, Chen Z W, et al. 2018. Engineering PD-1-presenting platelets for cancer immunotherapy. Nano Letters, 18(9): 5716-5725.

Zhao N L, Song Y J, Xie X Q, et al. 2023. Synthetic biology-inspired cell engineering in diagnosis, treatment, and drug development. Signal Transduction and Targeted Therapy, 8(1): 112.

Zheng D W, Qiao J Y, Ma J C, et al. 2023. A microbial community cultured in gradient hydrogel for investigating gut microbiome-drug interaction and guiding therapeutic decisions. Advanced Materials, 35(22): e2300977.

Zhong D N, Li W L, Qi Y C, et al. 2020. Photosynthetic biohybrid nanoswimmers system to alleviate tumor hypoxia for FL/PA/MR imaging-guided enhanced radio-photodynamic synergetic therapy. Advanced Functional Materials, 30(17): 1910395.

Zhou J, Li M Y, Chen Q F, et al. 2022a. Programmable probiotics modulate inflammation and gut microbiota for inflammatory bowel disease treatment after effective oral delivery. Nature Communications, 13(1): 3432.

Zhou Y, Kong D Q, Wang X Y, et al. 2022b. A small and highly sensitive red/far-red optogenetic switch for applications in mammals. Nature Biotechnology, 40(2): 262-272.

Zhu X J, Xiang Q Y, Chen L, et al. 2024. Engineered *Bacillus subtilis* Biofilm@Biochar living materials for *in situ* sensing and bioremediation of heavy metal ions pollution. Journal of Hazardous Materials, 465: 133119.

Zou M Z, Li Z H, Bai X F, et al. 2021. Hybrid vesicles based on autologous tumor cell membrane and bacterial outer membrane to enhance innate immune response and personalized tumor immunotherapy. Nano Letters, 21(20): 8609-8618.

第17章 工程活体建筑材料

　　城市化的速度和规模为确保提供足够的住房、基础设施提出了挑战。住房、基础设施的建设扩张需要的混凝土，是现在最广泛使用的建筑材料，全球每年使用量约为 300 亿吨。然而，混凝土的生产是以巨大的环境污染为代价的，几乎占全球碳排放量的 8%。根据《巴黎协定》和联合国政府间气候变化专门委员会的建议，将人为造成的全球变暖限制在一定水平需要限制人为二氧化碳的累积排放量，因此，要大力推动钢铁、有色金属、石化、化工、建材等传统产业优化升级，加快工业领域低碳工艺革新和数字化转型。随着科技的进步和环保意识的提高，可持续建筑材料将迎来更加广阔的发展空间和市场机遇。

17.1　工程活体建筑材料概述

　　建筑、基础设施的供应需求是随着人口的增加而持续增长的，但大多数建筑材料使用寿命不长，进而加剧了对建筑材料的需求。由于 38 亿年的进化过程，生物体已经发展出了智能、优化的生存解决方案。生物材料通常从分子到纳米再到宏观尺度进行分层组织。它们的特性在不同层面有所不同，但所有这些特性都体现了它们的多功能性。例如，竹子这一国内常见的生物材料，它的外部结构包括表皮和筋脉。表皮作为最外层，主要起到保护竹材内部、防止外界伤害的作用；筋脉不仅加强了竹子的支撑力，还使其具有出色的耐久性。竹子内部的筋束（即竹壳层）具有优异的抗压性和强度，是竹子结构中的重要支撑部分；髓心具有良好的抗弯性和弹性。再如，动物界带"房"生活的代表——蜗牛，蜗牛壳不但可以为提供坚硬的保护，也具有一定的保温、保湿作用，从而维护蜗牛体内环境的稳定；具有超轻"体重"的木蹄层孔菌，芬兰科学家的研究发现，该菌的子实体是一种功能分级的材料，具有三个不同的层，菌丝体网络是所有层中的主要成分，但每一层中的菌丝体都表现出非常独特的微观结构，具有独特的方向、纵横比、密度和分枝长度。这些生物体展现出的出色结构、成分、性能以及不可比拟的可持续性，让其在一代代的挑战中更好地生存。

　　生物体所具备的天然生物材料一直以来都是新的科学和技术成就的巨大灵感来源，因此科学家们求助于大自然来解决人造建筑材料所面临的问题。科学家们认为可以模仿和利用其周围自然环境的材料、结构和系统开发建筑，活体建筑材料应运而生。活体建筑材料是时代发展的一种新兴产品，其发展有望推动合成生物学、材料工程、纳米技术、生物材料和人工智能的界限与前沿。活体材料可以复制生物体的功能和能力，为建筑行业提供了巨大潜力。活体建筑材料被定义为完全或部分由活细胞组成的、用于建筑的材料。各种微生物或工程生物结构块（蛋白质、多糖和核酸）可以以基质的形式作为生物活性成分被纳入，或者可以是活性支架的一部分。活体建筑材料是新兴的交叉研究领域，专注于开发可编程和响应式的下一代建筑材料，通过将基因编程的生命体（如细菌、真菌等）融入材料设计的核心，打破了传统建筑材料固有概念，赋予了材料多种类似生命体的功能，如生长与修复、动态响应、交流与传感等。更重要的是，活体建筑材料取之于自然、用之于自然，成为未来建筑发展的必然选择。

17.1.1 历史演变与当代相关性

虽然活体建筑材料是作为一种新型独特而富有生命力的建筑材料受到关注，但是其历史演变却源远流长，并与人类社会文明的发展息息相关。从古代的天然材料到现代的环保、智能化材料，活体建筑材料不断适应着时代的变迁，展现出其独特的魅力和价值。在人类社会早期，由于生产力和科技水平的限制，人们只能利用自然界中的材料如木材、石材、泥土等来建造房屋，如在树上直接建造树屋就是活体建筑材料的最初雏形。近代随着工业革命的到来，钢铁、水泥等新型建筑材料逐渐取代了传统的自然材料。这些工业材料具有强度高、耐久性好、易于大规模生产等优点，极大地推动了建筑行业的发展。然而，这些材料在生产和使用过程中也对环境造成了严重的污染和破坏。20 世纪中叶，无节制的城市扩张导致人类居住环境越发恶劣，无法满足人们居住生活层面的幸福感。因此，第二次世界大战后许多欧美国家都针对本国的建筑业现状提出了有机建筑、适应性住宅等展望。例如，1992 年，联合国环境与发展大会上确立了建设发展需要遵循"可持续发展"的设计原则；1999 年，第 20 届世界建筑师大会通过《北京宪章》，倡导"建筑师们应该在有限的地球资源条件下，建立一个更加美好更加公平的人居环境"（支文军，1999）。这些概念受到国际大众的认可与推崇，影响了现代建筑设计的价值取向和审美。

进入 21 世纪后，随着人们对环境保护意识的提高和科技的进步，环保与智能化材料逐渐成为建筑材料开发的主流。随着合成生物学的活跃发展，活体建筑材料研究逐渐成为建筑材料发展趋势中不容忽视的存在。活体建筑材料不仅具有良好的环保性能，如可再生、可降解、低污染等，还具备可编程功能。活体建筑材料的制造通常将活细胞嵌入有机或无机基质中，为所生成的材料提供额外的机械性能或功能。例如，活细胞可以融入合成的有机聚合物中，产生具有生物功能的纤维、水凝胶和纳米材料。此外，基质也可以由材料内部的活成分内源性产生，如工程生物膜或功能化细菌纤维素。这些材料可被编程以表现出复杂行为，如生产抗生素、调整电导率、响应刺激以及进行机械驱动。这些特性赋予建筑物多种定制化功能，如智能调节温度、湿度、光照等。这些特点使得活体建筑材料更加符合现代社会的需求和发展趋势（Wun et al.，2022）（图 17-1）。随着环保、智能化和可持续发展等议题的提出和深入发展，活体建筑材料将在未来发挥更加重要的作用。

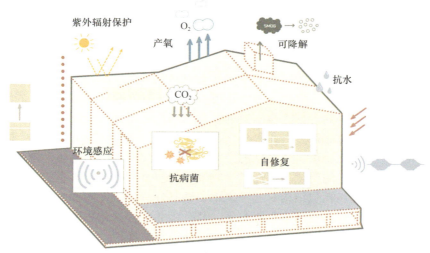

图 17-1　活体建筑材料的功能化
功能包括环境感应、自我修复、能源生产与空气净化等

17.1.2　活体建筑材料的生物基础

活体建筑材料是一个深入且多层面的研究领域，它涉及生物学、材料科学等学科。其同时具有生物活性和功能性，涵盖了从微观细胞结构到宏观生物组织的各个层面。了解活体建筑材料的生物基础，不仅有助于我们深入理解生物体的基本构成和功能，还能为活体建筑材料的设计和开发提供理论支持与实践指导。

活体建筑材料的生物学部分主要由生物细胞、生物分子以及组织构成。细胞是生物体的基本结构和功能单位，具有生长、繁殖和代谢等基本生物功能。活体建筑材料的生物基础首先建立在细胞之上，通过控制细胞的时空分布和相互作用，可以实现活体建筑材料的功能性和可控性。生物分子如蛋白质、核酸和多糖等，是细胞的基本组成成分，也是实现生物功能的关键。在活体建筑材料中，生物分子可以作为信号传递、能量转换和物质代谢的媒介，实现生物催化、生物修复和刺激响应等功能。生物组织是由多种细胞和细胞外基质构成的复杂结构，具有特定的形态和功能。活体建筑材料通过这三部分的有机调整、整合，从而实现功能、性质的定制调控，例如，通过控制生物细胞的时空分布和相互作用，活体建筑材料可以实现高效的生物功能。南京工业大学余子夷和陈苏教授团队利用 3D 打印技术制备的具有生物催化功能的活体建筑材料，可吸收空气中的二氧化碳用于生物修复（He et al.，2022）；中国科学院深圳先进技术研究院钟超课题组通过整合生物细胞和生物分子，实现了梯度可控响应矿化，这些都具有应用于建筑材料的潜能（Wang et al.，2021）。随着科学技术的不断发展，对活体建筑材料生物基础的理解将越来越深入，活体建筑材料的设计和开发也将更加精准和高效，为人类社会建筑的可持续发展做出更大的贡献。

1. 物理和化学特性

活体建筑材料作为一种新型的生物学与材料科学的交叉产物，其独特的物理和化学特性在建筑设计、绿色生态以及可持续发展等方面展现出了巨大的潜力。

活体建筑材料因其内部含有一定的孔隙结构，通常具有较低的密度。这些微小的孔隙不仅能有效储存空气和水分，保证建筑材料的轻质性和优异的保温性能，还可为植物和微生物提供生长所需的空间。随着时间和环境的变化，活体建筑材料的容重（单位体积的质量）可通过生物细胞的生长和代谢特性进行调整。活体建筑材料的孔隙率和孔隙结构对其吸水率、透气性、保温性能都具有重要影响。散粒状活体建筑材料在自然堆积状态下，其孔隙体积占总体积的百分比即为孔隙率，是影响其物理性能的关键因素。与传统建筑材料类似，活体建筑材料的表面化学性质和微观结构决定了其亲水性及憎水性。例如，一些活体建筑材料如生物砖具有良好的亲水性，能够快速吸收和释放水分，有利于植物生长和生态微环境的形成。而经过特殊处理的活体建筑材料则可能具有憎水性，有效抵御水分的渗透和侵蚀，从而提升材料的耐久性和稳定性。活体建筑材料的这些特性使其在可持续建筑和生态设计中促进建筑与自然环境的有机融合，具有重要应用价值（Wu et al.，2022）。

活体建筑材料最显著的化学特性是其生物活性和代谢能力。它们能够像生物体一样进行呼吸、生长和代谢，与周围环境进行物质和能量的交换。这种生物活性使得活体建筑材料在生态修复、空气净化和水质净化等领域具有独特的优势。例如，通过与空气和水中的污染物发生反应，这些材料能够吸收、转化或分解有害物质，从而有效改善环境质量。活体建筑材料的稳定性和耐久性在很大程度上依赖于其内部的生物群落及外部环境。在适宜的环境条件下，内部的微生物群落能够维持一个相对稳定的生态平衡，从而保障材料的长期稳定性和耐久性。然而，在面对恶劣的环境（如极端高温、干旱或严重污染）时，材料的生物活性可能受到抑制，进而影响其性能。这意味着，环境条件的变化可能显著影响活体建筑材料的使用寿命和功能。活体建筑材料的另一显著特点是其出色的环境适应性及自我修复与再生能力。不同于传统建筑材料，活体材料能够根据环境条件进行自我调节。例如，在干旱条件下，它们可以通过减少蒸腾作用来减少水分消耗，从而适应干旱环境；在污染环境中，活体建筑材料可以吸收、转化或分解污染物，净化空气和水质。当材料受到外部损伤时，其内部的生物组分能够感知损伤，并启动类似于生物体伤口愈合的自我修复机制。这样的修复能力大大延长了建筑材料的使用寿命，降低了维护和修理成本，提升了其整体的可持续性。此外，活体建筑材料具备高度的环境响应性，能够感知外界环境的变化并作出相应的物理或化学调整。例如，在炎热的夏季，材料可能通过改变表面结构来减少热量吸收，从而降低室内温度；在潮湿环境中，材料可能调整其吸湿性，保持建筑内部的干燥舒适。这些特性使得活体建筑材料在节能环保方面表现出色，与传统建筑材料相比，更加有利于应对气候变化和环境挑战（An et al.，2023）。

活体建筑材料的多功能性是其在建筑设计中广泛应用的又一关键优势。除了提供基本的结构支撑外，它们还可以被设计为具有多种附加功能，如空气净化、隔音降噪、调节温湿度等。通过结合这些功能，活体建筑材料不仅能减少对能源和资源的依赖，还能够为居住环境创造更健康、舒适的生态系统。这种综合性能使活体建筑材料成为未来绿色建筑设计的重要组成部分，推动了建筑领域的可持续发展。

2. 与传统材料的主要区别

活体建筑材料作为一种先锋材料，与传统的水泥、混凝土等传统建筑材料有很大区别，体现在多个方面。第一，活体建筑材料具有生物活性特性。它们通常由具有生命活力的生物体或其生物活性物质构成，因此具备生长、代谢和自我修复等生物功能，这使得它们与传统材料在物理和化学特性上有着根本性的不同，后者主要由无机或死体生物材料组成，缺乏生物活性。第二，活体建筑材料展现出较高的环境适应性。它们能够根据环境条件自我调节和适应，例如，在干旱环境中减少水分消耗、在污染环境中吸收和转化污染物。这种自然适应能力使得活体建筑材料在极端或污染环境中具备更强的生存能力和应用潜力，远远超过传统材料的环境敏感性。第三，活体建筑材料具备显著的可持续性。它们的生产往往依赖于生物体自然生长和代谢过程，因此不需要大量的能源消耗，与传统材料的开采、加工及运输相比，其环境影响较小。此外，活体建筑材料中使用的生物体或其生物活性物质通常能够在自然环境中实现自我繁殖和再生，具备较高的可再生性，这与传统材料中许多有限资源（如金属、矿石等）的不可再生性形成鲜明对比。第四，活体建筑材料对生态系统具有积极影响。它们能够与周围的生物和环境进行物质及能量的交换，形成一个相互依存、相互影响的生态系统。在这个生态系统中，活体建筑材料不仅能够作为建筑结构的一部分，还能参与生态循环和调节过程，如净化空气、调节气候等，从而促进生态系统的健康与稳定。相比之下，传统材料则常常对生态系统产生负面影响，其生产和应用过程往往导致资源消耗和环境污染。因此，活体建筑材料以其生物活性、环境适应性、可持续性及对生态系统的积极影响，展现出与传统材料截然不同的特性和潜力，为未来可持续建筑和生态环境保护提供了新的可能性和方向。

17.2 工程活体建筑材料类型

17.2.1 活体建筑材料常用生物细胞概述

在生物科技与材料科学的交汇点上，活体建筑材料正在快速崛起，展现出前所未有的独特魅力与广泛应用前景。与传统材料不同，这些新型材料由生物体或其衍生物构成，具备生物活性和卓越的环境适应能力，且在多个应用领域展现出巨大的潜力。活体建筑材料的出现，源自活体功能材料的发展，而这一领域的开端可以追溯到对生物被膜的研究。

2014 年，麻省理工学院（MIT）的卢冠达团队首次通过工程化生物被膜体系，利用大肠杆菌淀粉样蛋白纤维（Curli 蛋白），成功组装出活体材料，标志着活体材料领域的正式诞生。细菌生物被膜是一种由细菌通过分泌多糖、蛋白质等物质形成的复合聚集体，从而将细菌包裹在一个复杂的网络结构中。物理上，生物被膜可被视为一种嵌入了胶体颗粒的交联高分子凝胶复合体，其稳定性主要依赖于胞外基质中多糖与蛋白质之间的相互作用。生物被膜作为细菌适应多种环境的生存策略，不仅广泛存在于自然界、人工系统中，还能在宿主内环境中发挥重要作用，这为其在多种场景中应用提供了坚实的基础。

活体建筑材料借鉴了天然生物复合材料的概念，结合了活体功能材料与传统建筑材料的构建方法，通过赋予建筑材料生命系统的活体特性，如快速生长、自我修复和环境适应性，使其能够动态响应环境变化，实现智能化调节。这些材料不仅具有极强的自我适应性和可持续性，还能根据外界条件实时改变自身性质，进一步提高建筑物的功能性和环境友好性。

在目前的研究与应用中，几种生物细胞体系被广泛使用，包括大型真菌菌丝体、藻类和工程化细菌等。每种生物体系都具有独特的物理和化学特性。例如，真菌菌丝体能够形成非常坚固且具有弹性的网络结构，被认为是替代传统建筑材料的有力候选者；藻类则因其快速生长和自我修复能力而备受关注，能够在特定条件下大规模生产生物材料；而工程化细菌则因其灵活的基因工程特性，可用于定制各种功能性建筑材料，如具备污染物降解能力或碳捕集能力的材料。这些活体建筑材料不仅为建筑设计提供了新的可能性，也为未来的生态可持续发展提供了重要的科学依据。随着技术的不断进步，活体建筑材料有望成为应对气候变化、资源短缺和环境污染等全球挑战的关键点。通过进一步优化生物系统与材料科学的结合，未来的建筑或将不再是静态的结构，而是能够与环境共生、主动响应外部变化的动态系统。

17.2.2 活体建筑材料常用生物细胞的属性和应用

菌丝体是由真菌孢子萌发而形成的基本结构单位，其纤细的管状结构可相互交织，形成复杂的菌丝网络。这种天然材料近年来在替代传统建筑材料如木材和石材方面展现出巨大的潜力。菌丝体材料不仅具有优异的物理性能，如隔音、隔热性能，还能够在建筑外墙、屋顶等部位有效应用，从而帮助实现建筑节能和环保目标。此外，菌丝体材料具备可生物降解性，这意味着其在使用寿命结束后不会对环境产生持久的负面影响，符合当代可持续发展和绿色建筑的理念。利用菌丝体材料，可以大幅减少建筑行业对自然资源的消耗和碳足迹，推动生态友好型建筑的广泛应用。菌丝体是真菌的营养体，由许多菌丝组成。真菌菌丝体是一种极具价值的可再生结构聚合物材料，主要由葡聚糖、蛋白质、甲壳素等天然聚合物构成。这些菌丝具有自发缠绕并在基质上定植的能力，因此被誉为"生物黏合剂"，是一种理想的天然材料。这些菌丝是一种管状、细长的单细胞结构，可以不断生长和分枝，形成庞大的菌丝体网络。菌丝体具有许多独特的物理和化学特性，使其成为一种理想的活体建筑材料构筑单元（Gow and Lenardon，2023；Haneef et al.，2017）。由于其细丝的高纵横比特性，它们特别适用于制造薄片或薄膜，甚至可作为复合材料的增强相。近期研究主要聚焦于利用菌丝制造各类材料，包括通过不同工艺提取菌丝材料、将真菌菌丝与其他材料（如织物和聚合物）结合，以及运用工程真菌细胞生产特定材料（Elsacker et al.，2019；Gandia et al.，2021；Gantenbein et al.，2023）（图 17-2）。真菌菌丝体在材料制造领域具有巨大的应用潜力。菌丝体具有出色的结构强度和韧性。其内部的多糖物质和蛋白质纤维构成了坚固的骨架结构，使其能够承受较大的压力和拉力。此外，菌丝体具有良好的可生物降解性和环境友好性。在自然界中，菌丝体可以被微生物分解，转化为水和二氧化碳等无害物质。因此，使用菌丝体作为材料可以减少对环境的污染和破坏。菌丝体还具有独特的生物活性，可以分泌酶和其他生物活性物质，用于降解有机物质、促进植物生长等。

藻类（包括蓝藻、绿藻、红藻等）作为一种广泛分布于自然界的低等植物，在现代材料科学领域展现出巨大的潜力，尤其在活体建筑材料的开发中。藻类的独特物理和化学特性使其成为一种理想的生物基建筑材料，兼具环保性与功能性（Datta et al.，2023）（图 17-3）。首先，藻类拥有高效的光合作用能力。它们能够

图 17-2　菌丝体作为制造材料的多种形式

将菌丝体与其他材料（如植物纤维、木屑等）结合，通过菌丝体的生长将其固定并生成坚固的结构；将菌丝体用于开发新型生物纤维，具有柔韧性，可用于织物、包装材料等领域等

图 17-3　藻类细胞开发活体建筑材料的方式

通过吸收太阳能，将水和二氧化碳转化为有机物和氧气，源源不断地为生态系统提供能量和物质。这种自养特性不仅使藻类能够在能源和环境领域发挥重要作用，还为活体建筑材料的自我维持和环境调节提供了新的可能性。例如，建筑物中包含的藻类可以持续吸收二氧化碳，并通过光合作用生成氧气，从而净化周围环境并调节室内气体平衡。其次，藻类富含多种生物活性物质，如蛋白质、多糖和脂

肪酸，这些物质具有广泛的应用价值。藻类中的多糖能够被用于制备生物塑料和生物凝胶，提供可再生、可降解的环保材料，而藻类中的脂肪酸则可以被转化为生物柴油，为可再生能源的开发提供支持。由于藻类的自然生物相容性和强大的环境适应能力，它们可以在多种极端环境中生存和繁殖，为生态系统的稳定性和可持续发展作出贡献。科罗拉多大学的研究人员利用蓝藻作为建筑材料的组成部分，开发了一种可再生的活体建筑材料，旨在替代一些昂贵且高能耗的混凝土（Heveran et al.，2020）。蓝藻是一类光合自养的原核生物，具有在光合作用过程中产生氧气的能力。在他们的研究中，蓝藻与沙子、明胶及无机营养物质结合，形成了一种新型复合材料。蓝藻通过促进碳酸钙（$CaCO_3$）的沉淀，增强了材料的机械性能。这种自我增强的能力使得该材料不仅具有可再生性，还具备了卓越的强度与耐久性。藻类作为一种简单的植物类型，种类繁多，广泛存在于自然界。藻类通过光合作用捕获太阳能，并将二氧化碳转化为有机物和氧气，因此在固碳和提高空气质量方面具有重要价值。"藻类皮肤"是一种新型的外墙材料，通过将藻类集成到建筑表面，不仅能够吸收二氧化碳并产生新鲜氧气，还能够通过光合作用提高城市的空气质量。此外，藻类建筑板还具备吸收热量的功能，能够为建筑物提供吸热能力，减少夏季空调的使用，降低建筑的整体能源消耗。这种藻类生物质还可以被进一步加工成生物燃料，为建筑物提供可再生能源的一部分需求，提升建筑的能源自给能力。

与此同时，工程化细菌与酵母也为活体建筑材料领域的研究带来了突破性进展。常用的工程化细胞体系包括大肠杆菌、枯草芽孢杆菌和酵母等，通过生物技术的改造，这些细胞具有了高度的可控性和生物相容性。科学家们通过精确调控这些细胞的类型、胞外基质的组成和排列方式等参数，能够定制各种具有特定功能的材料（Hirsch et al.，2023；Huang et al.，2019b；Li et al.，2023）。这种灵活的可调控性使得活体材料在结构、功能和应用上获得了显著的突破。例如，钟超课题组利用 Curli 蛋白和 CsgA 系统开发了功能可编辑的阵列材料，这些材料不仅可用于生物芯片和生物传感器，还为其他高精度、生物活性的材料提供了可能（Li et al.，2019）。他们进一步基于枯草芽孢杆菌生物被膜，开发了可编程且可 3D 打印的活体功能材料，成功展示了细菌活体胶水的可行性。此类研究表明，通过基因编辑和生物工程手段，可以赋予这些材料诸如自我修复、污染物降解和功能响应等特性（Huang et al.，2019a）。

其他团队也在利用不同的底盘细胞，如大肠杆菌、蓝藻和酵母，开发出具有黏合、催化和诊疗等功能的活体材料，进一步扩展了活体材料在生物修复、生物转化和能源等领域的应用前景（Tang et al.，2021；Srubar III，2021；Molinari et al.，2022；Liu et al.，2018；Huang et al.，2022；Duraj-Thatte et al.，2021）。例如，美国麻省理工学院的 Timothy K. Lu 课题组利用大肠杆菌构建了活体胶囊材料（Gow and Lenardon，2023）。此外，美国得克萨斯大学达拉斯分校 Ware 团队通过将酵母细胞封入水凝胶中，创造了形变可控的活体复合材料（Gow and Lenardon，2023）。

工程化细胞技术的进步为活体建筑材料的未来应用开辟了新的途径。通过生物技术手段，细菌或酵母等微生物被改造为具备特定功能的工程化细胞，虽然在活体建筑材料领域的应用仍处于探索阶段，但具有极高的应用潜力，发展前景广阔。工程化细胞可以赋予材料诸如自我修复、自我调节等智能特性，开发出具有创新功能的新型建筑材料。例如，工程化细菌可以在材料结构中进行生物修复，在建筑受损时通过自身生长和代谢进行自我修复，从而延长建筑物的使用寿命。这类智能材料不仅能够提升建筑的功能性，还能够减少维修和维护的成本。尽管工程化细胞的应用日渐成熟，但其宏观成型能力相对有限，因此在实际应用中往往需要借助支架材料以实现大规模的建筑材料构建。然而，随着材料科学与生物技术的不断进步，活体建筑材料有望逐步突破这些技术瓶颈，成为未来建筑与生态环境的核心组成部分。这种材料的出现不仅能够减少传统材料对环境的负担，还将推动建筑行业向更加绿色、智能和可持续的方向发展。因此，工程化细胞还可以与菌丝体、藻类等其他生物材料相结合，构建更加复杂和多样化的活体建筑材料系统。通过这种多组分生物材料的整合，科学家们可以开发出同时具备结构强度、环境适应性和生物功能性的材料。这些材料将具备自我维持、智能响应环境变化的能力，有望在未来的建筑设计中发挥关键作用，推动建筑行业向更加智能化、绿色化的方向发展。

17.3　工程活体建筑材料生产与加工技术

传统建筑材料如砖、碎石、水泥和钢材，历来被认为是无机、静态的材料体系，它们并不具备"活体"的概念。然而，随着生物科技的迅猛发展和绿色建筑理念的普及，近年来出现了一些与生物或植物相关的新型建筑材料概念，如生物砖和植物混凝土等。这些材料虽然与传统水泥混凝土在外观上相似，甚至在某些方面具备类似的物理性能，但它们的研发并不应局限于模仿传统材料的特性。新一代的活体建筑材料，灵感来源于自然界的生物系统，旨在通过生物学手段生产具备独特功能的材料。这类材料不仅仅是替代传统材料的简单仿制品，它们应当展现出显著的独特优势，如自我修复、环境响应和可持续性，从而超越传统材料的局限。这些创新材料的真正目标是通过生物工程手段，使其具备自然界活体系统的动态功能，推动建筑行业迈向更高效、生态友好的未来。

尽管如此，活体建筑材料的推广仍然需要满足严格的性能标准。要想在实际应用中被广泛接受，它们必须能够与传统材料在强度、耐久性和安全性等关键指标上相媲美。这不仅有助于赢得工程师和建筑师的信任，还将促使这些新材料被指定用于实际建筑项目，从而为活体建筑材料顺利进入市场提供坚实的基础。通过确保在工程应用中的可靠性和功能优势，活体建筑材料能够真正实现其生态和技术上的双重突破，成为未来建筑设计中的重要组成部分。

17.3.1　活体建筑材料构筑单元培养

选择合适的生物或植物材料，是构建活体建筑材料的第一步。这些材料包括微生物、藻类、植物纤维等，它们必须同时具备足够的结构强度和生物活性，才能满足建筑应用的需求。例如，藻类的光合作用能力和植物纤维的抗拉强度为建筑提供了双重优势。在选择这些材料时，不仅要考虑它们的机械性能，还要评估其在不同环境条件下的适应性和可持续性。

培养基在活体建筑材料的生产过程中起着关键作用。不同类型的生物材料如细菌、细胞或植物组织，需要特定的培养基来维持其生长和繁殖。培养基中应包含必要的营养物质、生长因子和激素，以支持活体材料的健康生长和功能分化。此外，培养条件（如温度、湿度、光照、pH 等）也需要精确控制，以确保材料在适宜的环境下发育。为避免微生物污染，整个培养过程必须在严格的无菌环境下进行。这通常需要使用无菌技术，如无菌手套、无菌操作台和无菌培养设备，以确保活体建筑材料的纯净性和质量。

当生物或植物材料生长到预期规模后，可以通过物理或化学方法对其进行收获和加工。收获方法因材料类型不同而异，可能包括离心、过滤或刮取等步骤。在收获过程中，保持无菌操作至关重要，以防止外来微生物的污染，同时也要确保材料在处理过程中不受损害。随后，这些材料可以进行进一步加工和成型。例如，植物纤维可以与胶合剂混合后轧制成建筑板材，或者使微生物与矿物材料结合形成坚固的生物砖。

收获后的活体建筑材料可以通过冷冻、干燥或液氮保存等方式进行储存，以供后续试验或应用。运输过程中，必须采取相应的防护措施，以避免温度波动或其他不利因素对材料的影响，确保其生物活性和结构稳定性不受损害。此外，成型后的活体建筑材料还需要进行适当的养护和固化，以提高其强度和稳定性，确保在实际应用中的耐久性。

质量检测是活体建筑材料生产流程中的最后一个关键步骤。检测不仅要评估材料的结构完整性和机械性能，还要确保其符合建筑安全标准和相关法规。只有通过严格的质量控制，才能确保这些材料在实际建筑项目中发挥预期的功能和作用。

作为一种新兴的材料概念，活体建筑材料构筑单元的选择和培养技术仍处于不断发展、不断完善的阶段。目前，常用的构筑单元仍然为藻类和部分真菌菌丝等，随着生物科技和材料科学的持续进步，活体建筑材料构筑单元有望在未来获得更多拓展，如增加环境常见非模式细胞、哺乳细胞等，从而推动建筑行业向多环境、可持续的方向发展。

17.3.2 提高强度和耐久性的处理方法

活体建筑材料的强度和耐久性是其应用于实际建筑工程的关键指标，提升这些性能的方法依赖于材料的具体类型和应用场景。首先，确保活体建筑材料在生长过程中的环境条件得当至关重要。这包括提供足够的营养、水分、光照以及适宜的温度和湿度等因素，以促进材料的健康生长，从而增强其整体强度和耐久性。优化生长环境是基础性的处理方法，有助于维持材料的结构稳定性和延长其使用寿命。其次，在基因层面，利用基因编辑技术可以对活体建筑材料的细胞或微生物进行特定的遗传改造，以赋予其更高的强度、耐久性以及对环境压力或病虫害的抵抗能力。例如，通过编辑菌丝体或工程化细菌的基因，可以控制其生长模式、胞外基质的组成和结构，从而增强材料的物理性能。

此外，添加增强剂是提升活体建筑材料性能的有效手段。通过将生物活性物质、纳米材料等掺入到材料体系中，可以显著提高其强度和耐久性。这些增强剂不仅能够增强材料的机械性能，还可以改善其耐候性、耐腐蚀性和抗菌性能。例如，纳米材料的高比表面积和优异的力学性能可以有效提升活体建筑材料的强度，同时保持其轻质和生物友好性。物理、化学处理也是常见的强化方法。热处理、压力处理等技术可以通过改变材料的密度等来增强其性能，通过化学试剂进行表面处理或浸泡处理，可以改变材料的表面性质，提升其附着力和耐久性。例如，热处理可以增加材料的结晶度和密度，从而提升其硬度、耐磨性和抗压能力。这些处理方法能够使材料在保持生物活性的同时，提高其在苛刻环境条件下的耐久性。化学处理技术也可以用于增强活体建筑材料的性能；化学试剂表面轻微腐蚀可以增加材料的粗糙度或改进其润湿性，从而提高其与其他建筑材料的结合强度。

活体建筑材料与其他传统材料（如金属、塑料、纤维等）复合使用也是提升强度和耐久性的有效策略。复合材料可以结合活体建筑材料的独特生物活性与传统材料的优异机械性能，形成具备更高强度、更强耐久性和多功能性的材料体系。例如，将菌丝体与纤维材料结合，可以创造出同时具备生物自修复能力和机械强度的建筑材料，满足更广泛的建筑需求。

总的来说，通过环境优化、基因编辑、添加增强剂、物理和化学处理以及复合材料的使用，可以有效提升活体建筑材料的强度和耐久性，使其能够更好地适应实际建筑环境中的各种需求。随着技术的不断进步，这些处理方法将进一步推动活体建筑材料在可持续建筑领域的广泛应用。

17.3.3　性能评估与质量标准化

　　活体建筑材料的性能评估与反馈是确保其在实际应用中符合建筑需求并维持长期稳定性的关键步骤。为了保证这些材料在不同使用场景中的有效性，必须对其进行一系列的性能测试和反馈分析。拉伸测试是常见的机械性能测试之一，通过对材料施加拉伸力，评估其拉伸强度和延展性。这种测试可以揭示材料在受到拉伸应力时的耐受能力，特别适用于需要承受张力的结构构件。压缩测试则用于评估材料在承受压力时的表现，包括压缩强度和压缩模量，这有助于了解材料在建筑负载下的表现，特别是在柱体和墙体等承载结构中的应用。弯曲测试则是测量材料在弯曲载荷作用下的强度和变形程度，评估其在复杂形变条件下的可靠性，适用于评估结构中的梁、板等构件。加速老化试验是预测材料长期耐久性的有效手段。通过模拟真实环境中的加速老化条件，如紫外线、温度变化、湿度等自然因素，测试材料在较短时间内的退化情况。这种试验可帮助预估材料的使用寿命并提供维护指导。耐腐蚀性测试通过将材料暴露在各种腐蚀介质中，观察其表面腐蚀状况，从而评估材料在恶劣化学环境中的使用可靠性，特别适用于潮湿或化学暴露场景中的建筑应用。

　　活体建筑材料在实际应用中的不同状态需要不同的测试重点，例如，需要长期暴露于自然环境中时，湿性能评估是测试重点，通过测试材料的吸湿性和保水性，评估其在潮湿环境中的表现；对于需要在极端温度条件下使用的活体建筑材料，进行温度适应性测试的同时，测量材料的热导率、热膨胀系数等热学参数，了解其在温度变化时的热稳定性和隔热性能也显得尤为重要；而对于暴露在特定化学物质中的材料，化学适应性测试可以帮助评估其在特定化学环境中的表现。放在噪声环境中或者需要隔音建筑上的材料，必须通过声性能测试，如声速、声衰减，从而评估其在声音传播过程中的表现。

　　建筑材料的定期检查是维护材料结构、性能的重要环节，具体包括定期评估表面是否存在损坏、变形或性能下降的迹象，以便及时发现并解决潜在问题，定期去除材料表面的污垢和杂质有助于保持其物理和化学性质的稳定性，防止材料退化确保性能持续符合预期。当材料出现问题时，修复与更换是必要的处理措施。对于轻微损坏的材料，可以进行修复处理，避免问题进一步扩大；而对于无法修复的损坏材料，应及时更换以确保建筑整体的安全性和性能。在性能评估反馈的基础上，对活体建筑材料进行质量标准化控制是确保其在不同领域应用时具备一致性与稳定性的核心环节。像传统建筑材料一样，活体建筑材料的质量标准化控制应该包含材料来源、处理流程，以及检验检测各个步骤的严格管理与标准化。

　　材料来源可追溯性是质量标准化的基础。活体建筑材料的最初来源包含各类生物体，如工程化细胞、菌丝体及蓝藻等。应该记录这些细胞的来源，确保细胞来源的透明、可追溯及安全性。这有助于当材料中生物体出现问题而需要补救时，可以迅速、精准地补充同物种，以免出现不同物种之间生存竞争，以及不同改造途径的同物种出现遗传信息混乱等影响材料活性的情况发生。另外，制定质量标准指标也是保证材料一致性的关键。对于活体建筑材料来说，要根据不同生物体特性建立相应的质量控制标准，如应涵盖生物体含量、活性、结构强度等指标。此外，根据活体建筑材料的不同特性，制定标准化存储，可以确保材料在投入使用前受到较大折损。运输管理也是质量控制的重要环节。由于活体建筑材料对环境的敏感性，运输过程必须严格遵循既定标准，确保材料不会因震动、温度波动或其他外部影响而受到损害。通过采用适当的包装和运输设备，可以最大限度地降低材料在运输途中的风险。记录与文档管理的完备性是确保质量可追溯和管理的基础。每批次的活体建筑材料从采集到使用的整个过程，都应详细记录相关信息，包括处理方法、检测结果、储存和运输记录等。通过建立系统化的文档管理体系，可确保所有信息能够快速、准确地查找和保存。

为了确保整体的质量管理体系能够高效运作，必须建立全面的质量控制体系。随着新材料的开发和技术的进步，质量控制体系也需要不断更新和调整，以适应新的需求；通过对检测结果、反馈意见的分析，持续优化和提升质量控制流程，确保材料始终处于高标准之下。寻求第三方认证，如 ISO 认证等，是提升质量控制标准的有效手段。第三方认证能够为质量控制体系提供外部评估，并增加材料在国际市场中的认可度。通过获得认证，企业或研究机构能够确保其产品符合全球通用的质量标准。

综上，活体建筑材料的性能评估和质量标准化涉及多个环节的综合测试与管理。这不仅确保了材料在不同环境中的适应性和稳定性，还为未来的建筑设计和应用提供了宝贵的数据支持。随着技术的进步和新材料的不断开发，这些评估方法将进一步精细化，提高活体建筑材料在不同应用中的可靠性和一致性，并为其广泛应用打下坚实的基础。

17.4 工程活体建筑材料可持续性与环境影响

活体建筑材料的发展代表了人类科技进步和生态可持续性的新趋势。其影响不仅仅体现在技术领域，更涵盖了社会接受、环境保护、资源效率、人类与自然关系的深刻变革。在这一过程中，技术开发、可持续性评估、心理影响分析相互配合，形成全方位的审视与实践。

17.4.1 对生态环境可持续性、碳足迹和资源效率的影响

活体建筑材料在促进生态与环境可持续性方面展现出巨大的潜力。首先，

它们具有生物降解性，能够在自然环境中分解并重新融入生态系统，这意味着活体建筑材料的废弃物不会像合成材料那样造成长期污染，并且其分解过程还能够释放有益的营养物质，促进生态系统的健康发展。生态适应性是活体建筑材料的另一大优势，它们能够适应各种环境条件，甚至在一些受损或污染的生态系统中存活并发挥作用。例如，在污染的土壤或水体中引入合适的活体建筑材料，可以加速生态系统的恢复和再生，增强生态系统的韧性和稳定性。这种材料的应用不仅限于建筑领域，还可以用于生态修复和环境治理，进一步提升环境的可持续性。

因此，活体建筑材料及其生产与使用过程对碳足迹和资源效率也有显著的正面影响。活体建筑材料在生产过程中产生的温室气体排放和其他污染物较少。相比传统建筑材料的化学合成过程，活体材料的生产通常更为简化，不需要高温高压的条件，因此其能源消耗和水资源消耗也相对较低。这使得活体建筑材料能够更有效地减少对环境的破坏，实现更为环保的建筑解决方案；此外，活体建筑材料往往利用整个生物体，与传统化石燃料制成的材料相比，能够提高资源利用效率，减少对不可再生资源的依赖，并有助于减少能源消耗和废弃物的产生。

然而，在材料的生产和加工过程中，如果大量依赖化石燃料或非清洁能源，则会抵消其减碳优势。因此，优化生产工艺、减少能源消耗成为至关重要的步骤，应采用清洁能源（如太阳能和风能）来降低生产过程中的能源消耗。同时，通过改进产品设计，能够延长活体建筑材料的使用寿命，从而减少废弃物的产生和处理成本；提高运输效率以及发展循环利用机制，通过回收和再利用废弃的活体建筑材料，可以减少对新资源的需求，提升整体资源效率，进而减少环境负担。

17.4.2　生命周期分析和循环经济

生命周期分析（life-cycle assessment，LCA）是评估活体建筑材料在其整个生命周期内对环境影响的关键方法。通过 LCA，我们能够全面了解这些材料从原材料获取、生产、使用到废弃和回收的每个阶段对环境的影响，从而为优化材料使用和减轻环境压力提供科学依据。

活体建筑材料的生产过程虽然相对环保，但仍然会产生一定的环境负荷，因此不断改进生产技术是实现可持续发展的重要手段。利用 LCA，可以在活体建筑材料生产阶段评估不同生产工艺能源消耗、废弃物产生和污染物排放，进而指导我们如何优化生产流程、减少环境影响；也可以在使用阶段帮助评估活体建筑材料在实际应用中的环境影响，如材料的耐用性、维护需求、废弃物产生等因素。这些数据能够指导设计优化和材料创新，以减少使用过程中的资源消耗和污染（图 17-4）。

图 17-4　活体建筑材料的生命碳足迹分析

活体建筑材料的生命碳足迹分析主要涵盖以下几个阶段。①制造阶段：活体建筑材料通常利用微生物或植物细胞，如菌丝体或藻类，这些生物通过自然代谢吸收二氧化碳，减少材料生产中的碳排放。②运输与加工阶段：由于这些材料往往是轻量且本地化生产，生产过程相对环保，使用的能量较少。③使用阶段：活体建筑材料在建筑物使用期间能够继续吸收二氧化碳、净化空气，降低建筑物的运营碳足迹。④寿命结束与废弃物循环：这些材料通常是生物可降解的，废弃后可以自然分解，避免传统建筑材料处理过程中产生的碳排放。通过分析整个生命周期，活体建筑材料在减少碳排放、促进可持续发展方面具有显著优势

　　废弃与回收阶段同样至关重要。活体建筑材料的生物可降解性和可回收性为其在循环经济中的应用提供了优势。当材料废弃时，LCA 可以帮助确定最环保的处理方式，如通过回收再利用、自然降解或转化为其他资源，最大限度地减少对环境的负面影响。循环经济通过减量化、再利用、资源化等原则，推动资源的高效利用和循环使用。通过优化产品设计、提高产品质量和延长材料的使用寿命，可以减少活体建筑材料的使用量，并通过修复和再制造等方式，实现资源的高效利用。活体建筑材料的可再生性使其在循环经济中具有独特优势，从而减少对不可再生资源的依赖，进而推动资源的可持续利用。

17.5　应用案例研究

17.5.1　真菌砖

　　真菌菌丝体是一种由真菌形成的纤维网络，可作为建筑材料的基础。这些菌丝体材料具备良好的力学强度和轻便性，并且能够自我生长和修复，使它们成为

未来绿色建筑和太空探索中极具潜力的材料选择。研究人员利用某些真菌能够快速生长于富含纤维素的农业废弃物（如秸秆）上的特性，开发出一种具有高韧性、可伸缩性的菌丝材料。通过将这些真菌接种在秸秆颗粒等基质中，并提供适宜的生长条件，真菌菌丝能够迅速生长，并牢固地将基质颗粒紧密地结合在一起，从而形成"真菌砖"。这类生物材料的开发为绿色建筑领域提供了新的可能（Meyer et al.，2020）。

　　例如，2014 年，在纽约 MoMA PS1 艺术区展示的 Hy-Fi 塔楼成为了此类真菌砖应用的一个标志性项目。这座高达 43 英尺（约 13 m）的塔楼由 10 000 块可堆肥的菌丝砖构成。菌丝砖通过利用木屑等有机分解得到营养物质生长而成，制造过程中不产生污染物，反而生成肥沃的土壤。相比传统的水泥生产所产生的大量有害碳排放，这一生物制造过程显得更加环保。同时，菌丝砖在建筑中保持活性，使其具备自我黏合和自我修复的能力，即使砖块之间没有使用砂浆连接，砖体也能够通过菌丝的持续生长愈合裂缝。

　　2016 年，美国菌丝体材料公司 Ecovative Design 与美国国防高级研究计划局（DARPA）合作，围绕开发新一代的活体多功能、高效菌丝体建筑材料，能够在需要的地方快速构建结构。2018 年，罗斯柴尔德实验室（Rothschild Lab）与 NASA 合作开展探索任务，致力于探索如何将菌丝体应用于建筑领域，特别是月球和火星等极端环境的可持续建筑。研究团队尝试培育具有特定性能的真菌菌丝材料，能够在这些极端环境中存活并生长，以期在未来的星际殖民地中提供建筑材料。这种材料可以通过 3D 打印等技术制成各种形状，同时在原地生长、修复和升级。此外，罗斯柴尔德实验室还探索了与真菌的生物复合材料结合，将真菌与其他生物材料（如植物纤维或细菌纤维素）混合，以进一步增强其结构强度和耐用性。这种生物复合材料可能比传统材料更具环境友好性，并能为可持续建筑和生物设计提供创新方案[如"Mycotecture off Planet"由 NASA Institute for Advanced Concepts（NIAC）提出]。

　　2020 年荷兰设计周期间，一个名为 Growing Pavilion 的临时活动空间同样展示了菌丝体的多样化应用。该空间使用菌丝板作为建筑材料，具备方便拆卸和修复、可再利用的特点。菌丝体板材不仅提供了优异的隔音和保温效果，还为建筑增添了舒适与宁静的氛围。

　　然而，虽然"真菌砖"已被投入市场，但传统生产方式仍依赖于基质灭菌工艺，通过高温处理杀死砖块内的所有微生物。随着生物工程技术的发展，研究人员逐步改进了菌丝砖的制造工艺，使真菌在砖块中保持活性，从而赋予砖块更多的功能。例如，哥伦比亚大学的研究团队通过将灵芝属真菌与汉麻纤维混合，加入适量水、面粉和硫酸钙，再将其放入模具中培养，最终得到一种具有优异抗压性能的"活菌砖"。这些砖块不仅具备高强度，还可以在受损后通过再次接种菌丝材料自我修复，经过修复后的砖体与原本完好的砖体在结构强度上甚至无明显差异。

研究人员还通过设计、定制不同形状的菌丝体砖，以及同时开发智能砖等方式扩展了他们在活体建筑领域的应用。例如，菌丝砖可以通过特定模具制成多种形状，并通过计算机辅助设计实现大规模定制。这种砖块不仅能够节省建筑材料，还能感知环境信息并作出反应。据报道，在一项试验中，研究人员利用了两种被基因改造的细菌与一种菌丝体作为建筑材料活体组成部分，一种细菌被改造用于生产信号分子；另一种细菌被改造后可以利用这种信号分子作为启动器而释放荧光。当这两种菌株和菌丝体一起制备成活体砖，经过不到一周时间的放置，砖体在 6 天后成功发出荧光，验证了菌丝砖的活体属性（McBee et al.，2022）。

17.5.2 细菌混凝土

细菌混凝土是一种最近出现的活体建筑材料，目前常用作自愈合混凝土，它主要利用细菌的生物矿化作用来固定松散砂石并修复裂缝。具体来说，就是通过利用微生物代谢产物与环境中存在的有机或无机化合物反应诱导碳酸钙沉积，得到方解石、霰石等碳酸钙晶体。这一过程不仅增强了建筑材料的机械性能（如强度和刚度），还减少了材料内部孔隙，提高了耐用性（Riley et al.，2019）。基于这一原理，研究人员开发出了"细菌砖/混凝土"和"藻类砖/混凝土"，这些新型材料不仅在力学性能上表现出色，还具备环境感知和自我修复的潜力。

例如，光合自养微生物，如蓝细菌和微藻，可以通过吸收环境中的 CO_2 并在细胞外生成碳酸钙；异养微生物，如芽孢杆菌，则通过代谢有机酸盐促进 CO_3^{2-} 形成，进而与钙或镁离子反应生成沉淀物。这项突破性的技术不仅大幅减少了温室气体排放，而且推动了混凝土材料可持续发展。与传统制混凝土工艺相比，这种细菌混凝土的生产过程不仅能够减少碳排放，而且能通过自然过程实现自我修复，展现了在环保和建筑可持续性方面的巨大潜力。但是，能够诱导生物矿化过程产生的细菌菌株数量有限。因此，精心选择细菌菌株和优化环境条件对于成功实施活体细菌混凝土至关重要。经过研究，*Bacillus flexus* 和 *Sporosarcina koreensis* 两种菌株制备的细菌混凝土在微观和宏观物理性能上有显著提升（Mohammed et al.，2024）。研究发现这两种细菌混凝土在 7 天和 56 天的抗压强度分别显著提高，*B. flexus* 分别提高 21.8%和 11.7%，*S. koreensis* 分别提高 12.2%和 7.4%，并且均在 42 天内实现了裂缝闭合，裂缝宽度分别为 259.7 μm 和 288.7 μm。

选用合适细菌所制备的活砖不仅能够有效利用废弃资源，还显著减少了对环境的负面影响，近年来被广泛开发利用。荷兰代尔夫特理工大学微生物学家 Hendrik Jonkers 是细菌混凝土研究先驱之一，利用芽孢杆菌属（地衣芽孢杆菌 *Bacillus licheniformis*）在石灰质环境中的生存能力制备了一种生物混凝土，芽孢杆菌孢子在缺乏营养和氧气的条件下休眠，当建筑出现裂缝时，雨水和氧气可唤醒休眠中的孢子，孢子生长过程中，不断消耗提前加入混凝土中作为营养物质的乳酸钙，释放出钙离子并与水中的碳酸根离子结合生成碳酸钙（石灰石），从而修复裂缝。完成修复后，由于水不再渗入，细菌的生长环境消失，孢子再次进入休眠状态。实验显示，这种生物混凝土可以在大约 3 周内修复宽度达 0.5 mm 的裂缝，有效延长了建筑物的使用寿命。该研究已经应用于荷兰的一些高速公路的桥梁上。

英国巴斯大学材料与结构研究中心 Kevin Paine 教授等侧重于探索细菌在混凝土裂缝里生存、繁殖以及矿化等过程。巴斯大学的研究项目被认为是细菌混凝土领域的标杆，其实验数据和测试方法被多个研究机构参考，推动了全球范围内的细菌混凝土研究。他们开发了以轻质多孔材料（如膨润土等）作为载体的细菌混凝土，多孔材料可以保证细菌混凝土中细菌的活性。同时，研究团队加入了营养缓释载体，使细菌孢子可以在被需要时激活。他们与英国多个政府机构和建筑公司（如 Highways England）合作，用于桥梁和公路项目中的裂缝修复实验，并且在英国隧道和地下排水设施进行了测试（Tan et al.，2022）。印度理工学院则针对印度本身气候特点，开发了适合高温、高湿的自愈细菌活砖块。研究人员利用可以在高温、高湿、高盐度下能够存活的菌种，如枯草芽孢杆菌和凝结芽孢杆菌，制作了自愈活砖块。这些砖块可以在高温下长期保持活性，并且当裂缝宽度小于0.6 mm 时，修复效率可以达到 0%～90%。这些砖块有些已经用在部分城市排水管道中，显著减少了因裂缝导致的漏水和土壤污染问题。美国莱斯大学结合微生物技术与混凝土材料科学，探索出了能够在高碱性和低水分环境中生存的细菌，如枯草芽孢杆菌和解淀粉芽孢杆菌。莱斯大学的研究人员开发了一种"智能"混凝土材料，能够在修复裂缝的同时提升抗渗透性和耐腐蚀性；同时引入了先进的显微镜和传感器技术，实时观察细菌在混凝土裂缝中的生长和矿化过程，利用 AI技术优化菌株筛选和营养物质设计，预测了最佳的材料配比和环境参数（Molinari et al.，2022；Wong et al.，2024）。他们在得克萨斯州的一些高速公路和桥梁结构中测试了自己的研究成果，显示裂缝愈合率高达 85%～90%。

这种自修复材料的出现极大地降低了建筑物的维护成本，并提高了结构的安全性。传统的混凝土在使用过程中容易因环境因素产生微小裂缝，而这些裂缝会随着时间的推移逐渐扩大，影响建筑的整体结构完整性。通过将生物混凝土应用于建筑物中，裂缝的自我修复能力不仅减少了因修补裂缝所产生的额外费用，还避免了更大的结构性损坏，进而提高了建筑的安全性。

17.5.3　藻类活体砖块

藻类作为建筑材料的一部分，也开始引起研究人员的关注。在某些项目中，藻类被用作生物建筑材料，能够通过光合作用吸收空气中的二氧化碳，同时释放氧气，从而提高建筑周围的空气质量。这些藻类还具备自我修复的能力，当建筑表面产生裂缝时，藻类可以填补这些裂缝，从而延长建筑物的使用寿命。

美国科罗拉多大学博尔德分校的研究团队进一步拓展了活性建筑材料的研究。他们将蓝藻细菌与沙子和一种能够保持水分及营养的水凝胶混合在一起，创造了一种类似于水泥基砂浆的坚固材料（Gow and Lenardon，2023）。在适当的湿度条件下，蓝藻能够在混合物中生长并释放碳酸钙，类似于一些海洋生物生成贝壳的过程。当这种材料干燥后，其强度堪比传统建筑材料。令人惊讶的是，该活性材料不仅可以保持活性，还能够自我复制。研究人员将一块砖劈成两半，加入额外的沙子、水凝胶和营养物质，结果发现，蓝藻细菌重新繁殖，生成了两块全尺寸的砖；经过三代试验，这种材料成功地从 1 块砖复制到了 8 块砖，展示了活体材料的潜力。

除此之外，科学家们还开发出由微生物产生的墨水，这种墨水能够被 3D 打印成各种建筑部件或结构。虽然该技术尚处于研究阶段，但它展示了生物材料在建筑设计和制造中的巨大潜力。未来，微生物墨水有望用于打印建筑构件、家具甚至是装饰物，为建筑行业带来更多的个性化和定制化解决方案。

生态屋顶和生态墙面系统是活体建筑材料的另一个重要应用领域。生态屋顶和墙面通常包含植被、土壤和排水层等组件，使得建筑物具有隔热、保温以及雨水管理的功能。此外，这些系统还可以增加生物多样性，改善城市环境，减少城市热岛效应。生态屋顶通过吸收和过滤雨水，减少城市排水系统的负担，同时为动植物提供栖息地，进一步推动了城市的可持续发展。

这些案例展示了活体建筑材料在可持续建筑领域中的广阔应用前景。随着科学技术的不断进步，基于生物材料的建筑解决方案将越来越多地出现在实际项目中。未来的建筑不仅具备高效节能的特点，还能够自我修复、感知环境并作出反应。这些创新材料有望在绿色建筑和智能城市的发展中发挥重要作用，推动全球向低碳、环保、可持续发展的方向迈进。未来，活体建筑材料有望广泛应用于绿色建筑、智能建筑以及生态修复等领域。通过微生物与废弃物结合，建筑材料将具备自我修复、信息传递和环境响应的多种功能，开启了可持续智慧建筑的新纪元。

17.6 主要挑战及解决方案

17.6.1 主要挑战

活体建筑材料的研发与生产目前面临诸多技术和实践上的挑战，主要集中在材料的稳定性、可控性、规模化生产及成本控制等方面。活体材料中的真菌等生物体系具有复杂的形态差异性，在生长过程中，由于不均匀的扩展与生长模式，可能导致材料厚度不一致，进而影响其力学性能。此外，这种不均匀性也会带来色素沉积等外观问题，使材料的美学和功能性降低。在大规模生产方面，活体建筑材料还缺乏成熟的工艺流程和设备支持，尤其是在生产一致性和质量控制方面存在挑战。要实现大规模应用，亟须开发合理的生产流程，提升设备性能以提高产能并降低成本。此外，活体材料的生产周期较长，降解周期也难以控制，进一步增加了成本和资源消耗。环境风险方面，活体建筑材料中使用的工程微生物可能通过多种方式与周围环境发生互动，存在潜在的生态危害。例如，微生物扩散可能影响其他生态系统，导致不可预见的环境问题。因此，如何管理和监测这些材料的生命周期，评估其潜在的环境影响，是当前研究的关键之一。利用生命周期评价技术，对活体建筑材料的生产、使用、降解等环节进行全面的环境影响评估，是确保其环境友好性的重要手段。

17.6.2　解决方案

面对活体建筑材料所面临的多重挑战，需要多领域研究人员共同努力，持续推动技术创新与工艺改进，从而提高其稳定性、可控性和成本效益。以下是若干可行的应对策略。

通过基因编辑技术（如 CRISPR），可以进一步优化用于活体建筑材料的工程微生物，构建更强大的基因回路，提升材料的自修复能力和结构稳定性。通过定向修改微生物的基因特性，可使其在特定环境下表现出更佳的适应性和功能性。这样的生物优化将有助于解决材料的生长不均匀性问题，并增强其在复杂环境中的表现。针对活体建筑材料的自修复功能，开发了基于动态非共价键（如氢键或金属配位键）的新型自愈合材料。这类材料能够在损伤后迅速修复，具有良好的再利用性能，不仅提升了材料的使用寿命，还可降低修复和维护成本。在建筑领域的实际应用中，自修复能力的强化将极大减少结构性损坏，延长建筑物的使用周期。推动活体建筑材料的发展，需要广泛的产学研合作，高校、科研机构与企业的紧密合作可以加速技术研发和成果转化，提升材料的实际应用性能。通过跨学科合作，深入挖掘活体建筑材料的多样性功能，如自修复、绝缘性、吸附性等，将其应用拓展至建筑之外的领域，包括服装设计、体育用品、食品包装、污染治理和 3D 打印等新兴行业。在生产层面，必须建立高效的工艺流程和设备以实现活体建筑材料的规模化生产。通过工艺优化和流程标准化，进一步降低能源消耗和废弃物排放，从而降低生产成本；同时，探索更为高效的资源循环利用机制，使生产过程更加环保和经济可行。技术改进应注重缩短生产周期，提升产品降解的可控性，以满足建筑行业对高效、低成本材料的需求。在推动活体建筑材料研发和应用的过程中，需进行全面的环境风险评估，确保材料对环境的影响可控；制定严格的环境保护标准，并建立相应的监管体系，防止材料在应用过程中产生负面生态影响；利用 LCA 方法评估材料从生产到降解的整个生命周期，确保其具有良好的环境友好性。

活体建筑材料的发展离不开健全的政策体系和法规支持。应通过制定和完善相关政策、标准，促进该领域的创新和可持续发展。与此同时，建立完整的产业链体系，涵盖上游的原材料供应，以及下游的生产、销售和应用环节，确保活体建筑材料能够顺利实现产业化。提高公众对活体建筑材料的认知度和接受度，是推广该技术的关键步骤，通过广泛的科普宣传和教育活动，向公众展示这类材料的优势与潜力，可以通过举办科普讲座、展览等形式，使社会各界更深入地了解活体建筑材料的应用前景和环保价值，进而推动其大规模应用。

活体建筑材料作为一种具有巨大潜力的创新技术，未来的应用场景广泛，涵盖建筑、环保、能源等多个领域。随着技术的不断进步，活体建筑材料的稳定性、自修复性、环境适应性将不断提升，为绿色建筑和可持续发展提供新的解决方案。通过多方协作、技术创新以及政策支持，活体建筑材料将为未来的建筑行业带来变革性影响，推动全球向低碳、环保的可持续发展模式迈进。

17.7 总结与展望

建筑行业正处于前所未有的变革之中。活体建筑作为这一变革的关键方向之一，凭借其独特的生态优势和技术潜力，正逐渐成为未来建筑发展的重要趋势。未来，合成生物学与建筑学的融合将更加紧密，促成生物建筑学这一新兴学科的形成。在这一框架下，活体建筑将作为核心研究领域之一，通过引入植物、微生物等自然元素，实现建筑与自然环境的和谐共生。这一趋势不仅有助于实现建筑的功能性提升，还能进一步减少建筑对环境的负面影响。与此同时，物联网、大数据和人工智能技术的进步将推动活体建筑的智能化与自动化发展。通过智能控制系统，建筑内部环境及活体材料的生长状态能够被实时监测和调节，从而大幅提升建筑的舒适性和可持续性。未来的活体建筑不仅限于居住或办公用途，还将探索更多功能性应用。通过引入特殊植物或微生物，建筑可以实现空气净化、水质净化等功能，并设计独特的植物景观，为城市提供休闲和娱乐服务。

随着生物技术的不断进步，未来将有更多生物材料被应用于活体建筑。例如，基因编辑技术可以培育出具备特殊功能的植物或微生物，从而增强材料的功能性与适应性。微生物技术的应用也可以赋予建筑材料自我修复和自净的能力，这将为活体建筑的长期稳定性提供重要保障。同时，材料科学的发展将为活体建筑提供更高性能和更环保的材料选择。例如，具有更好生物相容性和耐久性的生物基材料，以及具备智能修复与自净功能的创新材料，将显著提升建筑的综合性能。这些技术突破将使活体建筑在功能性、可持续性和环保性能上得到全方位的提升。从生产角度看，未来的活体建筑将与能源技术紧密结合，实现能源的自给自足，例如，通过太阳能、风能等可再生能源为建筑提供电力，或通过生物质能技术将建筑废弃物资源化利用。这种能源自给模式不仅提升了建筑的能源效率，也为全球建筑行业的环保转型提供了可行的解决方案。

尽管活体建筑材料在理论和技术上充满前景，但其规模化生产和商业化应用仍面临诸多挑战。目前，由于涉及生物材料和智能控制系统等高端技术，活体建筑的成本较高，加之市场对这一新兴建筑形式的接受度有限，使其在短期内难以大规模推广。然而，随着科技的进步和人们对绿色建筑需求的不断增加，活体建筑的市场潜力将逐步显现。通过不断优化技术流程、降低成本并提高性能，未来活体建筑材料将逐步进入商业化应用的主流。同时，随着公众环保意识的增强，绿色建筑的市场需求将不断扩大，这为活体建筑的发展提供了广阔的空间。

活体建筑材料不仅是建筑行业生态化转型的重要推动力量，更是技术创新和可持续发展理念的典范。通过将生物元素与智能技术结合，活体建筑不仅打破了传统建筑的局限，还为建筑与自然的和谐共生提供了全新路径。尽管当前活体建筑仍面临诸多挑战，尤其是在技术成熟度与市场接受度方面，但随着持续的研发创新和多方合作，这些障碍将在未来逐步克服。活体建筑材料作为一种未来导向的建筑技术，将为全球建筑行业带来新一轮的生态革新，并在可持续发展的大潮中扮演重要角色。

编写人员：李　柯（中国科学院深圳先进技术研究院）

参 考 文 献

支文军. 1999. 世纪的回眸与展望:国际建协第 20 届世界建筑师大会(北京, 1999)综述. 时代建筑 (03): 92-98.

An B L, Wang Y Y, Huang Y Y, et al. 2023. Engineered living materials for sustainability. Chemical Reviews, 123(5): 2349-2419.

Datta D, Weiss E L, Wangpraseurt D, et al. 2023. Phenotypically complex living materials containing engineered cyanobacteria. Nature Communications, 14(1): 4742.

Duraj-Thatte A M, Manjula-Basavanna A, Rutledge J, et al. 2021. Programmable microbial ink for 3D printing of living materials produced from genetically engineered protein nanofibers. Nature Communications, 12(1): 6600.

Elsacker E, Vandelook S, Brancart J, et al. 2019. Mechanical, physical and chemical characterisation of *Mycelium*-based composites with different types of lignocellulosic substrates. PLoS One,

14(7): e0213954.

Gandia A, van den Brandhof J G, Appels F V W, et al. 2021. Flexible fungal materials: Shaping the future. Trends in Biotechnology, 39(12): 1321-1331.

Gantenbein S, Colucci E, Käch J, et al. 2023. Three-dimensional printing of *Mycelium* hydrogels into living complex materials. Nature Materials, 22(1): 128-134.

Gow N A R, Lenardon M D. 2023. Architecture of the dynamic fungal cell wall. Nature Reviews Microbiology, 21(4): 248-259.

Haneef M, Ceseracciu L, Canale C, et al. 2017. Advanced materials from fungal *Mycelium*: fabrication and tuning of physical properties. Scientific Reports, 7(1): 41292.

He F K, Ou Y T, Liu J, et al. 2022. 3D printed biocatalytic living materials with dual-network reinforced bioinks. Small, 18(6): e2104820.

Heveran C M, Williams S L, Qiu J S, et al. 2020. Biomineralization and successive regeneration of engineered living building materials. Matter, 2(2): 481-494.

Hirsch M, Lucherini L, Zhao R, et al. 2023.3D printing of living structural biocomposites. Materials Today, 62: 21-32.

Huang J F, Liu S Y, Zhang C, et al. 2019a. Programmable and printable *Bacillus subtilis* biofilms as engineered living materials. Nature Chemical Biology, 15(1): 34-41.

Huang Y Y, Zhang M Y, Wang J, et al. 2022. Engineering microbial systems for the production and functionalization of biomaterials. Current Opinion in Microbiology, 68: 102154.

Li K, Wei Z, Jia J Y, et al. 2023. Engineered living materials grown from programmable *Aspergillus niger* mycelial pellets. Materials Today Bio, 19: 100545.

Li Y F, Li K, Wang X Y, et al. 2019. Patterned amyloid materials integrating robustness and genetically programmable functionality. Nano Letters, 19(12): 8399-8408.

Liu T, Guo Z W, Zeng Z S, et al. 2018. Marine bacteria provide lasting anticorrosion activity for steel *via* biofilm-induced mineralization. ACS Applied Materials & Interfaces, 10(46): 40317-40327.

McBee R M, Lucht M, Mukhitov N, et al. 2022. Engineering living and regenerative fungal-bacterial biocomposite structures. Nature Materials, 21(4): 471-478.

Meyer V, Basenko E Y, Benz J P, et al. 2020. Growing a circular economy with fungal biotechnology: A white paper. Fungal Biology and Biotechnology, 7(1): 5.

Mohammed T A, Kasie Y M, Assefa E, et al. 2024. Enhancing structural resilience: Microbial-based self-healing in high-strength concrete. International Journal of Concrete Structures and Materials, 18(1): 22.

Molinari S, Tesoriero R F Jr, Li D, et al. 2022. A *de novo* matrix for macroscopic living materials from bacteria. Nature Communications, 13(1): 5544.

Riley B, de Larrard F, Malécot V, et al. 2019. Living concrete: Democratizing living walls. Science of the Total Environment, 673: 281-295.

Srubar III W V. 2021. Engineered living materials: Taxonomies and emerging trends. Trends in Biotechnology, 39(6): 574-583.

Tan L, Ke X, Li Q, et al. 2022. The effects of biomineralization on the localised phase and microstructure evolutions of bacteria-based self-healing cementitious composites. Cement and Concrete Composites, 128: 104421.

Tang T C, An B L, Huang Y Y, et al, 2021. Materials design by synthetic biology. Nature Reviews

Materials, 6(4): 332-350.

Wang Y, An B, Xue B, et al. 2021. Living materials fabricated via gradient mineralization of light-inducible biofilms. Nature Chemical Biology, 17(3): 351-359.

Wong P Y, Mal J, Sandak A, et al. 2024. Advances in microbial self-healing concrete: A critical review of mechanisms, developments, and future directions. Science of The Total Environment, 947: 174553.

Wun K S, Hwang I Y, Chang M W. 2022. Living building blocks. Nature Materials, 21(4): 382-383.

第 18 章 工程活体能源材料

工程活体能源材料（engineered living energy material，ELEM）可以系统整合天然活体系统和人工材料系统，实现可持续的能量转换和存储。自然界进化出了高效的能量转化生物模块，用于维持自身的生存，其中的典型代表就是叶绿体和线粒体，前者用于储存能量，后者用于释放能量。近年来，研究人员开发了多样化的工程活体能源材料系统，例如，整合半导体材料和微生物细胞的半人工光合作用体系，可实现光能到化学能的转化；生物电池，利用微生物的新陈代谢将化学能转化为电能进行应用。这些新开发的工程活体能源材料体系在能源、环境、医疗等领域都显示出了优异的性能，能够推动可持续的能源转化和社会发展。

18.1 工程活体能源材料概述

能源是经济社会发展的基础和动力源泉。然而，化石燃料消耗的激增导致了碳排放量的增加，增加的碳排放造成了全球气温上升，引发了温室效应，导致极端气候频发。此外，地缘政治冲突又进一步加剧了能源安全问题。例如，在英国，2021 年 10 月能源价格上限上涨了 12%，之后在 2022 年 4 月再次飙升了 54%（Huebner et al.，2023）。在这种背景下，可持续的能源供应变得至关重要。太阳能、风能、地热能、潮汐能和生物质能等清洁能源，作为能源系统的有效补充，为能源供应提供了可替代的解决方案；同时，为了实现更广泛的可持续发展目标，生物体系的参与也变得至关重要。

经过上亿年的演变，自然界进化出了各式各样的生命体，拥有众多的能量转换模块，储能量以维持自身生存。这些自然界存在的生物转化模块体现了生物多样性以及附带的多样化功能，其中典型的能量转化生物模块包括叶绿体和线粒体。叶绿体吸收太阳能，驱动氧气产生，并固定二氧化碳生成糖类，储存作为能源物质；线粒体可以氧化碳水化合物、脂肪和氨基酸，释放其中的能量，同时产生 NADH、$FADH_2$ 和 ATP 等高能物质。生物转换模块存在于自然界的生命体系，而这些活的生命体系拥有独特的性质，如自生长、自再生、自适应、环境响应和抗逆性（Yewdall et al.，2018；Koehle et al.，2023；An et al.，2022）。

自然界的生命体系可以用于设计工程活体材料，实现多样化的功能。微生物生物被膜作为最常用的底盘细胞，进行了动态响应的工程活体材料构建，实现了水下黏合、污水处理、生物矿化、水凝胶、肠道疾病治疗等各种应用。近年来，研究人员陆续提出了能源方面的应用实例。例如，将半导体材料与工程化的微生物进行整合，可以实现光驱固碳生成长链化学分子。将银纳米颗粒掺入希瓦氏菌生物被膜，能够提升电子导出的效率。利用该材料制备的微生物燃料电池，输出效率得到了大大提升。另外，通过 3D 打印的方式将氧化铟锡纳米颗粒加工成微柱阵列电极，可以使产电蓝细菌更多地负载于电极内部，从而实现光能到电能的高效转化，使外量子效率达到了 29%。

具有能量转化能力的蛋白质自身也可以用于开发能量转换的生物装置。例如，将遗传编码的绿色荧光蛋白与聚甲基丙烯酸甲酯（polymethyl methacrylate，PMMA）集成后，可以用于制作白色发光二极管，可以在更宽的电流范围内实现温和的白光发射，具有长达 100 h 的稳定性（Patrian et al.，2023）。此外，研究人员发现气囊蛋白在超声诱导下能够释放微米级的空化气泡，在局部释放强烈的机械力，可以用于裂解细菌、杀死哺乳动物细胞或者破坏组织，在生物医药方面具有极大的潜力（Bar-Zion et al.，2021）。

合成生物技术通过对基因进行操控，能够使生命体执行特定的功能。例如，通过对大肠杆菌进行工程改造，能够使其响应 NO、H_2O_2、硫代硫酸盐和四硫代酸盐等炎症相关分子，产生冷发光信号，这种化学信号到光信号的转化为炎症性肠病的早期诊断提供了强有力的手段。另外一个典型案例是将光驱动质子泵引入大肠杆菌，可以被双光子聚合技术制备 3D 微马达进行捕获，马达的转速可以通过光强来进行控制。

这些与能量转换相关的研究引发了新的研究前沿，被定义为工程活体能源材料（engineered living energy material，ELEM），它可以系统整合天然活体系统和人工材料系统，实现可持续的能量转换和存储。工程活体能源材料最早可以追溯到 1911 年，英国植物学家 Michael C. Potter 发现，将铂电极置于大肠杆菌或者酵母菌的培养液里会产生电信号，因此提出了"细菌电池"的概念。1931 年，Barnett Cohen 成功制备的细菌半电池证实了这一概念，实现了化学能到电能的转化。在很长的一段时间内，生物电池方面的研究重点都在提升微生物燃料电池的输出功率。直到最近几十年，工程活体能源材料出现了采用新型能量转换策略的应用新趋势，这些新的能量转换策略包括光能到化学能、短波长光到长波长光、电能到化学能、磁能到机械能、声能到机械能、机械能到电能、化学能到光能、势能到电能的转换。这些策略提供了当前能源、环境、医疗等问题的可持续解决方案。

本章聚焦于工程活体能源材料这一方兴未艾的前沿研究领域，深入剖析了能源转换生物模块的精妙机制，以及工程活体能源材料在实际应用中的显著进展，旨在勾勒出这一领域未来的广阔发展前景。工程活体能源材料的研究，不仅是推动可持续发展战略的关键一环，更是重塑未来生活方式的创新力量，其潜在的深远影响，正逐步引领我们步入一个能源与生命科学深度融合的新纪元。

18.2　能量转换生物模块

生物系统历经亿万年的演化，已经展现出了一系列令人惊叹的功能。包括基因编辑、基因电路和定向进化在内的合成生物学技术，使研究人员能定制化细胞，实现生物系统的特定功能输出。例如，研究人员近年来开发了 CETCH（crotonyl-CoA/乙基丙二酰 CoA/羟基丁酰 CoA）循环和人工淀粉合成途径，这些人工固碳途径已经可以实现从 CO_2 到葡萄糖、淀粉等目标分子的特异性转化。此外，引入人造材料为生物系统赋能，能够用于工程活体能源材料的开发，其中两个代表性的例子就是生物电池和半人工光合作用系统。生物电池是通过在电极上生长的电活性微生物实现电能的输出，而半人工光合作用则是利用半导体材料吸收的太阳能驱动二氧化碳的固定并生成目标化学分子。

自然生物系统具有进化而来的高效能量转化机制，这是它们维持生存的关键，这些具有明确能量转换机制的生物模块都有设计工程活体能源材料的潜力。因此，本节将对能量转换相关的蛋白质、细胞器、生命体及其能量转换机制和最新研究进展进行详细阐述与深入探讨。

18.2.1　能量转换蛋白

蛋白质是具有复杂三维结构的氨基酸链，通过其分子构型的调整来发挥作用。蛋白质具有多种功能，例如，通过形成纤维网络提供结构支撑或进行运动，通过酶进行生物化学反应，通过定位于细胞膜与环境相互作用。所有这些功能都涉及能量转移过程。在这里，本节列出了具有代表性的能量转换蛋白，包括荧光蛋白、萤光素酶、马达蛋白、黑色素、机械敏感离子通道。

1. 荧光蛋白

荧光蛋白（fluorescent protein）的发现可追溯到 1962 年，由日本科学家下村修在水母中发现；之后，美国科学家 Martin Chalfie 和钱永健等对绿色荧光蛋白（GFP）进行了进一步的研究与改造，使其发光效率和稳定性得到了显著提升。这三人因发现和应用绿色荧光蛋白，于 2008 年共同获得了诺贝尔化学奖。荧光蛋白可以吸收激发光，发出明亮的荧光，因此可以被广泛应用于生物学、医学和药物研发等领域。荧光蛋白的发色团相对比较保守，因此所有的荧光蛋白都有类似的发光机制。以绿色荧光蛋白为例（图 18-1），其发光过程被称为激发质子转移过程。当受光激发时，核心发色团中酪氨酸的酚羟基失去质子，生成带负电的发色团，发出绿光并返回基态，实现了短波到长波的转化（Sample et al.，2009）。光转移荧光蛋白是一类特殊的荧光蛋白，稳定性好，可以在特定光照下发生颜色变化, 显著的颜色对比能够用于在复杂环境区分特定细胞或者分子, 因此结合活体成像技术可以实现非侵入式、高分辨率和高灵敏度的成像。

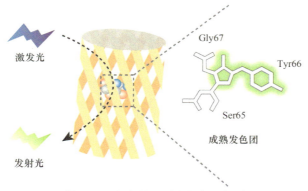

图 18-1 绿色荧光蛋白的发光机制

当受光激发时, 核心发色团中酪氨酸的酚羟基失去质子, 生成带负电的发色团, 发出绿光并返回基态, 实现短波到长波的转化

2. 萤光素酶

萤光素酶 (luciferase) 是一种发光酶, 具有广泛的应用价值, 其中萤火虫萤光素酶 (firefly luciferase, FLuc) 和海肾萤光素酶 (renilla luciferase, RLuc) 是最常用的两类萤光素酶。萤光素酶可以催化萤光素的氧化, 并在这个过程中产生生物发光现象。不同的萤光素酶有不同的发光机制, 并且产生不同波长的光。例如, 萤火虫萤光素酶在 ATP、Mg^{2+} 和 O_2 的协助下可以产生 540～600 nm 的绿色光, 海肾萤光素酶在 O_2 的协助下可以产生 460～540 nm 的蓝色光 (图 18-2)。

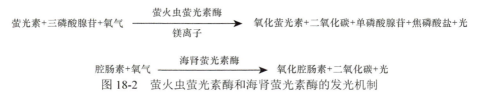

图 18-2 萤火虫萤光素酶和海肾萤光素酶的发光机制

萤光素酶被广泛用于酶活测试、污染物鉴定、生物传感、活细胞成像等各种应用。天然的萤光素酶由于发光波长范围较窄而限制了其应用, 研究人员通过萤光素酶基因的突变, 筛选到了波长红移、亮度更高的萤光素酶。除突变外, 通过蛋白质工程可以优化其结构, 开发了 NanoLuc 萤光素酶, 可以用于高分辨成像, 进一步对其发光机制进行了解析。随着人工智能技术的进步, 美国华盛顿大学的 David Baker 开发了基于深度学习的 "family-wide hallucination" 方法, 可以实现从头设计人工萤光素酶。通过将人工合成萤光素底物 diphenylterazine 与 4000 个天然小分子结合蛋白进行对接, 筛选出了核运输因子 2 类似蛋白[nuclear transport factor 2（NTF2）-like superfamily]，对其结合口袋进行了进一步的优化设计（Yeh et al.，2023）。以这些支架为核心设计出的人工萤光素酶 LuxSit 具有分子量小（13.9 kDa）、热稳定性高、底物特异性强和催化活性强的优点。

3. 马达蛋白

马达蛋白（motor protein）可以利用 ATP 水解产生的能量，驱动自身定向运动。根据其运动机制，马达蛋白被分为线性分子马达和旋转分子马达。线性分子马达包括驱动蛋白、动力蛋白和肌球蛋白；而旋转分子马达则包括鞭毛马达、液泡型三磷酸腺苷酶（V-ATPase）和 ATP 合酶。

驱动蛋白（kinesin）主要存在于真核细胞中，是首个被发现的、在细胞内沿微管移动的马达蛋白。驱动蛋白有两个球形头部，可以沿着微管从负极移动到正极，并将细胞内的囊泡或细胞器运输到细胞膜。动力蛋白（dynein）是从环状 ATP 酶进化而来的，ATP 与动力蛋白结合，诱导从紧密的微管结合状态转变为弱结合状态，从而将微管结合域从其细胞骨架轨道上释放，ATP 在未结合的头部与微管重新结合并在水解后释放产物（图 18-3）。沿微管运动的动态行程可能与 ADP 结合中间体的异构化或 ADP 释放相伴。肌球蛋白（myosin）是真核细胞内的一类 ATP 依赖型分子马达，肌球蛋白头部首先以约 90° 角与肌动蛋白结合，当 ATP 水解时，释放 Pi、Mg 和 ADP，并且肌球蛋白和肌动蛋白的结合角度倾斜了约 45°，使肌肉细丝产生移动。之后，肌球蛋白从肌动蛋白上解离，并再次与 ATP 结合，使水解反应再次发生，从而形成循环过程。这些线性分子马达的具体分子机制到目前为止都没有完全研究清楚，而冷冻电镜技术的发展为其结构和机制的研究提供了强有力的工具（Niu et al.，2024）。

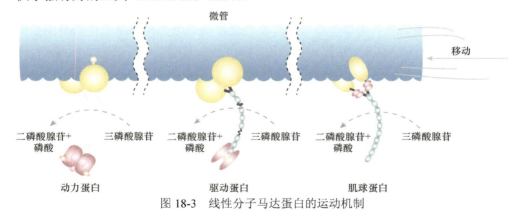

图 18-3　线性分子马达蛋白的运动机制

鞭毛马达（flagellar motor）被认为是自然界中存在的最高效、最精密的分子引擎，通过独特结构和相互之间的精妙配合，将质子泵转化而来的机械能毫无损耗地迅速传给鞭毛丝，转速高达 300～2400 转/秒，促进鞭毛丝高速转动，使细菌得以快速运动（图 18-4）。液泡型三磷酸腺苷酶是一种与 ATP 合酶结构相关的生电性旋转机械酶。这些酶可以水解 ATP，为细胞过程建立质子梯度，促进电化学过程发生。例如，神经元中的神经递质向突触囊泡中的装载，由每个突触囊泡的一个 V-ATPase 分子提供能量（图 18-5）。ATP 合酶主要存在于线粒体内膜、叶绿体类囊体、异养细菌和光合细菌质膜中。呼吸作用释放的能量可以建立跨膜质子梯度，质子的流动可以促使 ATP 合酶的亚基旋转，促使 ADP 和磷酸高效地合成 ATP（图 18-6）。

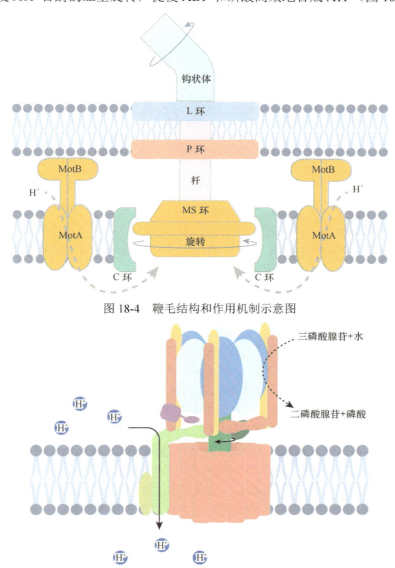

图 18-4　鞭毛结构和作用机制示意图

图 18-5　V-ATPase 结构和作用机制示意图

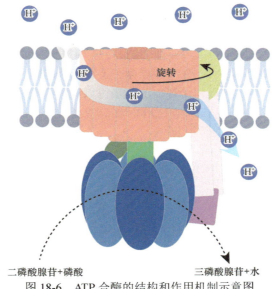

二磷酸腺苷+磷酸　　　　　　　　三磷酸腺苷+水

图 18-6　ATP 合酶的结构和作用机制示意图

4. 黑色素

黑色素（melanin）的名称来源于希腊语"melanos"，意为"黑色"或"非常黑"。瑞典化学家 Berzelius 在 1840 年首次使用这个词来指代从眼膜中提取的深色色素。黑色素在人类皮肤、眼睛、头发、内耳和脑干，以及不同类型的细菌和真菌中广泛存在，具有金属螯合、光保护、自由基清除、热调节等重要作用。黑色素的形成是氢键、阳离子-π 和芳香族化合物相互作用的共同结果，其形成过程很难通过基因来控制。

天然黑色素是酚类和吲哚化合物为主要成分的异质聚合物，主要分为五大类：真黑色素、褐黑色素、神经黑色素、异黑色素和脓黑色素。黑色素被认为是通过 Raper-Mason 途径进行合成，始于酪氨酸的氧化，最终形成平面多聚体的堆叠以及更大的无定形结构（图 18-7）。黑色素中存在自由载流子，因此在固态条件下拥有优异的光电导性，另外，静态发色团的重叠和 π-π 堆积赋予了其优异的可见光吸收能力，可以用于光热器件的开发，在太阳能利用方面具有巨大潜力（d'Ischia et al.，2020）。聚多巴胺是一种人工合成的黑色素类似物，通过富含邻苯二酚和氨基的小分子聚合而来。聚多巴胺具有与黑色素相似的化学成分和物理性质，已经被用于表面改性、光热疗法、生物热成像、污水处理等多个领域。

5. 机械敏感离子通道

机械敏感离子通道（mechanosensitive ion channel）广泛存在于植物、动物和微生物中，是对应力、触觉和本体感觉的基础。这些对力敏感的蛋白质能够响应

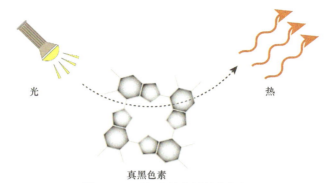

光　　　　　　　　　　　　　　　　　　　　　　　　　热

真黑色素

图 18-7　黑色素的能量转换机制

真黑色素主要依赖于静态发色团的堆叠和分子间扰动，从而吸收可见光产生热量

机械力，从而打破构象能垒，使它们能够将力转化为细胞信号。在细菌中，机械敏感离子通道通过脂质机制的力来调控，质膜的张力被认为是驱动机械敏感离子通道的主要机制。在高渗环境或受到膜张力时，阳离子会发生内流，从而将机械力信号转化为电化学信号，促使不同信号通路的开启（图 18-8）。另一种方式是诱导弯曲，由于上层脂质层的张力和下层脂质层的压缩，局部半径变化会触发 MS 通道的开启（Cox et al.，2019）。

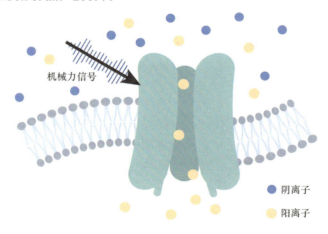

机械力信号

阴离子

阳离子

图 18-8　机械敏感离子通道的力信号转换机制

当高渗环境或受到膜张力作用时，机械敏感离子通道会允许阳离子内流，将机械力信号转化为电信号和化学信号

18.2.2　能量转换细胞器

生命体的生化过程，大部分都是通过胞内的细胞器来执行任务的，其中也包含能量转换的过程。本节对具有代表性的四类细胞器分别进行阐述，即线粒体、

叶绿体、气体囊泡、磁小体。

1. 线粒体

线粒体（mitochondrion）是细胞的"发电厂"，被认为是大多数哺乳动物细胞内产生能量的主要细胞器。线粒体是含有双层膜结构的细胞器，由外膜、内膜、膜间隙和基质四个功能区隔组成。线粒体外膜具有高度通透性，允许小分子自由渗透，同时还具有能够运输大分子的特殊通道。相比之下，线粒体内膜的通透性要低得多，只允许非常小的分子进入基质。线粒体基质中存在线粒体自身的 DNA 和核糖体，是半自主细胞器。线粒体是进行有氧呼吸的主要场所（图 18-9），通过内膜中的三羧酸循环和电子传递链，可以将葡萄糖、脂肪酸和氨基酸等营养物质转化为 ATP，为细胞代谢提供所需的大量能量（Monzel et al.，2023；Nunnari and Suomalainen，2012）。线粒体是真核生物中最重要的能量转换细胞器，与人体的衰老、心血管疾病、癌症、神经退行性疾病等各种疾病密切相关。

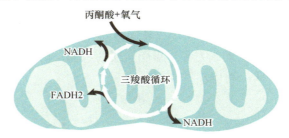

图 18-9　线粒体内的能量转换

2. 叶绿体

万物生长靠太阳，叶绿体（chloroplast）是绿色植物或藻类等真核自养生物的胞内光合细胞器，大约在 15 亿年前从蓝细菌内共生进化而来，承担着吸收太阳能的重任。叶绿体与线粒体类似，都是双层膜结构细胞器。叶绿体是光合作用的主要场所，吸收太阳能，并将二氧化碳和水分子转化为碳水化合物，同时释放出氧气。光合作用分为光反应和暗反应两个过程。光反应发生在类囊体膜上（图 18-10），光系统 II（PS II）吸收太阳能，水分子被分解产生氧气，产生的电子经由光系统 I（PS I）和电子传递链，生成 ATP 和 NADPH 等高能物质。暗反应发生在叶绿体基质中，通过卡尔文循环进行二氧化碳的固定，并将能量储存在糖类分子当中。在这个过程中，Rubisco 酶是固碳的第一步，对于整个体系的固碳效率至关重要（Shen，2015；Vinyard and Brudvig，2017）。

尽管叶绿体是非常重要的细胞器，然而其结构及反应机制到目前为止仍不清晰。包括冷冻电子显微镜（cryo-EM）和冷冻电子断层扫描（cryo-ET）在内的先进表征技术，能够在原子分辨率下原位解析叶绿体结构，为其详细机制的解析提

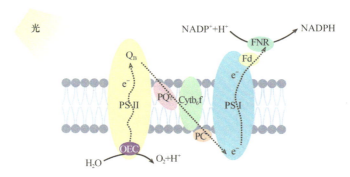

图 18-10　叶绿体上的能量转换机制

叶绿体的能量转换依赖于光合作用。光合作用分为光反应和暗反应。光反应发生在类囊体膜上。PS I 和 PS II 将光能转化为电子以产生 NADPH 和 ATP，ATP 和 NADPH 进一步参与基质中的暗反应

供了新的契机。Kapil 等将能量依赖型猝灭引发的激发耗散纳入到了色素尺度的激发传递与捕获模型中，发现激发扩散长度由猝灭程度决定，并且还可用于测试叶绿素荧光强度。中国科学院的研究人员在其结构解析方面做出了重要贡献，例如，中国科学院遗传与发育生物学研究所刘翠敏团队通过冷冻电子显微镜确定了莱茵衣藻（*Chlamydomonas reinhardtii*）的叶绿体 ClpP 复合体结构，他们认为 ClpP 具有两个没有对称性的七聚体催化环；中国科学院分子植物科学卓越创新中心张余团队通过冷冻电子显微镜确认了烟草（*Nicotiana tabacum*）PEP-PAP 脱辅基酶和 PEP-PAP 转录延伸复合体的结构。这些工作为理解光合作用机制并进一步改造它们提供了分子层面的视角。

3. 气体囊泡

气体囊泡（gas vesicle）在水生细菌中广泛存在，它是由遗传编码控制的刚性中空、充满气体的特殊细胞器，为水生细菌提供浮力。气体囊泡在热力学上是稳定的，囊泡中的气体会与周围环境介质动态交换。对气体囊泡的结构进行解析发现，它是一个充满气体的纳米腔室，是通过结构蛋白 GvpA 自组装形成的、锥形尖端封闭的空心螺旋圆柱体，两个螺旋半壳通过 GvpA 单体的规则排列连接在一起（图 18-11）。GvpC 是次级结构蛋白，主要位于外壳表面，可增强气囊外壳的抗压能力（Huber et al.，2023）。充满气体的气囊蛋白和周围的细胞结构之间存在显著的密度差异，这些独特的物理性质使它们能够产生对体外和体内具有显著特异性的谐波超声信号，因此可以被用于制备超声造影剂、肿瘤检测、基因递送等。除此之外，气体囊泡通过与磁性纳米颗粒结合，可以响应周围组织的不同机械性质，从而产生不同的超声信号。进一步与声学镊子的结合为直接驱动治疗细胞提供了解决思路，用于生物医学应用。

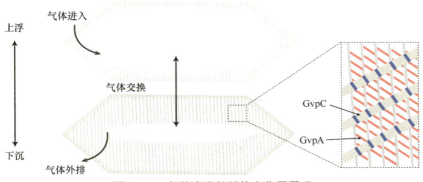

图 18-11　气体囊泡的结构和作用原理

4. 磁小体

趋磁细菌于 1975 年被意外发现，包括伽马变形菌、阿尔法变形菌、硝化螺旋菌类及德尔塔变形菌等。趋磁细菌主要存在于水生沉积物中，其磁性来源于磁小体这一特殊细胞器。磁小体（magnetosome）是由脂质双层膜包裹纳米级的 Fe_3O_4 或 Fe_3S_4 的复合结构（图 18-12），其形成过程分为两步：细胞质膜内陷并断裂形成磁小体囊泡，囊泡进一步可以促进 Fe_3O_4 或 Fe_3S_4 等磁性晶体的成核和生长，控制其大小和形状。磁小体通常排列在细胞内的一个或多个链中，往往沿着细胞的长轴排列（Murat et al.，2010）。将磁小体基因簇引入其他物种，能够使非磁性细菌合成磁性纳米结构。目前，趋磁细菌主要用于磁性药物靶向、磁性成像技术和光热癌症治疗等领域。

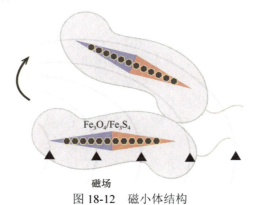

图 18-12　磁小体结构

18.2.3　能量转换生命体

除蛋白质和组织外，整体的生命体同样可以用于能量转换，以维持自身生存。

本节着重讨论典型的两类能量转换生命体：电鳗和导电生物被膜。

1. 电鳗

电鳗（electric eel）是发电能力最强的生物，放电电压最高可达 860 V，约为家庭标准电压的 4 倍（Xiao et al., 2023）。电鳗中存在可以产电的电细胞，能够将化学能转化为电能。当受到刺激后，在神经冲动的控制下，细胞膜上的电压门控离子通道和离子泵允许特定的离子流入和流出，单个细胞会产生约 150 mV 的电压（图 18-13）（Keynes and Martins-Ferreira, 1953）。数千个细胞紧密堆叠排列，它们的同步激活就产生了如此高的电压。由于神经信号在放电过程中不足以同时激活产电细胞，因此电鳗是通过减慢神经冲动、向离指令核最近的器官部分传递来同步信号传输的。电鳗的产电机制是仿生的重要灵感源泉，通过人工设计离子梯度的纳米液滴，就可以实现纳米发电装置的制备，用于小型能源装置和电子器件的开发。

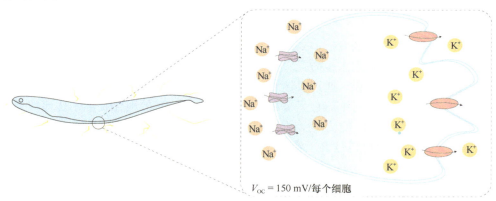

V_{OC} = 150 mV/每个细胞

图 18-13　电鳗（电细胞）的产电机制

2. 导电生物被膜

1）自然导电生物被膜

在自然界中，微生物一般都是以生物被膜的形式存在，生物被膜是胞外分泌物和包裹于其中的微生物细胞的整体结构。其中存在着一类导电生物被膜，能够将化学能转化为电能，这些微生物广泛存在于湖底、沉积物等极端环境。微生物消化有机底物后会产生电子，电子穿过细胞内膜、周质空间和细胞外膜传递到胞外的电子受体。有些微生物也可以通过相反的方式将电子传递到胞内，驱动胞内的还原反应。

电子传递机制分为直接电子传递和间接电子传递（图 18-14）（Zhang et al., 2023；Lovley and Holmes, 2022）。直接电子传递是指细胞与电子受体之间的直接接触，主要通过希瓦氏菌（*Shewanella oneidensis*）的细胞色素 MtrCAB 复合物，或通过地杆菌（*Geobacter sulfurreducens*）的导电纳米线直接将电子传递到电极。间接电子传递则是通过可溶性电子介质如黄素[由 *S. oneidensis* 和李斯特菌（*Listeria monocytogenes*）产生]、吩嗪、氢气和甲酸等将电子传递到电极。通过细胞色素 c 通路引入、蛋白纳米线表达、可溶性电子介质的外源添加或过表达等手段，对微生物的电子传递通路进行改造，可用于增强其电子传递效果。

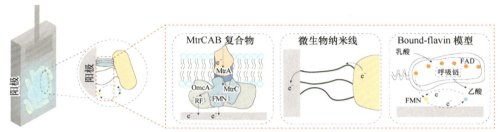

图 18-14 导电生物被膜导电机制

2）人工导电生物被膜

随着合成生物学的发展，对生物系统的重编程和基因改造工具日益丰富，使得对微生物进行改造越来越方便。通过在大肠杆菌中表达希瓦氏菌的 Mtr 途径，可以实现金属离子还原，通过表达 CymA 和核黄素，能够进一步增强大肠杆菌的电子传递途径。通过对细胞色素 c 的成熟调控，也能有效地控制电子传递效果。另外，通过材料改性的方式，将导电高分子、金属有机骨架（metal-organic framework，MOF）材料包裹于希瓦氏菌表面，能够在生物被膜中重构新的导电通路，提升电子输出的效率，并用于生物电子器件开发。

18.3 工程活体能源材料应用范畴

通过将生物组分与人工组分整合得到的工程活体能源材料，可以实现能源的可持续转换和存储。本节对其应用范畴进行了详细归纳和总结，包括：光能到电能，光能到化学能，光能到光能，化学能到电能，化学能到光能，化学能到机械能，电能到化学能，磁能到热能，磁能到机械能，机械能到电能，声能到机械能，光电基因线路设计等应用。

18.3.1 光能到电能转换

生物光伏是工程活体能源材料的一种利用形式，能够利用光合微生物实现光能到电能的转化。其作用机制主要是通过生物体的光系统吸收光能，并将产生的电子传递到电极，进行收集并利用。

1. 光合色素蛋白用于生物光伏

光系统 I 含有光合色素，可以吸收太阳光，在生物体内含量丰富且量子效率高，但是光电流较低。为提升其光电流，研究人员将人工染料苝二酰亚胺衍生物（PTCDI）与光系统 I 结合，组装到二氧化钛光电极上（图 18-15）。PTCDI 吸收的光子可以通过荧光共振能量转移，将能量传递给光系统 I。由于 PTCDI 的引入，增加了该体系的吸光范围，在 450～750 nm 的吸收波长范围内，极大地增强了光能到电能的转化效率，产生了 0.47 mA/cm^2 的光电流（Takekuma et al.，2019）。与光系统 I 相比，细菌细胞色素复合物（RC-LH1）可以产生更大的光电流，将类球红细菌（*Rhodobacter sphaeroides*）RC-LH1 复合物滴涂在表面覆盖有 Cu、Mo 或 Ni 的 N 掺杂硅片上，在半导体与金属的界面上会形成肖特基结。在光照下，电位梯度的产生增强了光电流的产生，形成 1.3 mA/cm^2 的光电流（Ravi et al.，2019）。

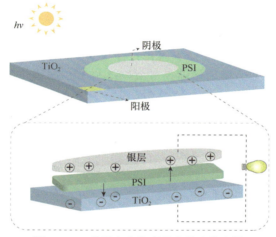

图 18-15　基于光合色素的生物光伏电池

2. 光合细菌用于生物光伏

将光合细菌负载到电极表面，其产生的电子可以直接传递到电极产生光电流。不同的电极材料，其生物兼容性不同，会影响光伏发电的效率。在掺杂 CuO 纳米颗粒的石墨电极上培养小球藻（*Chlorella vulgaris*）可以获得 6 W/m^3 的功率；相比之下，镀铂碳布（Pt/C）电极会抑制藻类的生长，功率密度仅为 1.35 W/m^3。除材料种类外，电极材料的结构同样会影响光伏发电效率。通过 3D 打印技术将 ITO 颗粒打印成微柱状电极（图 18-16），然后将蓝细菌 *Synechocystis* sp. PCC 6803 在其中生长，当打印高度为 600 μm、白光强度为 3 mW/cm^2 时，光电流密度达到最大值 245 μA/cm^2（Chen et al.，2022b）。

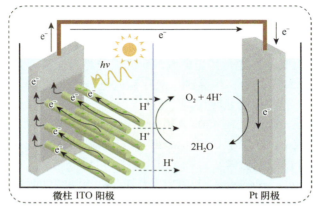

图 18-16　基于蓝藻的生物光伏

3. 人工微生物群落用于生物光伏

通过人工微生物群落的构建，以及分工协作的原理，能够提升生物光伏系统的稳定性。为实现这一目标，研究人员设计了 4 种微生物的生物光伏体系（图 18-17）。首先利用工程改造的聚球藻 Syn7942-FL130 固碳并产生蔗糖，然后通过工程化的大肠杆菌将蔗糖分解为 D-乳酸，最后由电活性微生物希瓦氏菌和地杆菌消耗乳酸，并将产生的电子转移到电极，可以实现光能向电能的定向转化，电池输出的最大功率可达 380 μW，且该系统能稳定运行一个多月（Zhu et al.，2022）。

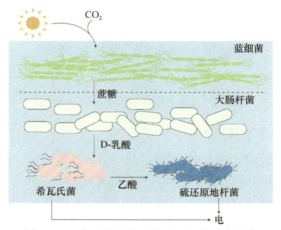

图 18-17　人工微生物群落用于高效光电转化

18.3.2　光能到化学能转换

将高效吸光的半导体材料与特异性催化的生物体系相结合，能够实现光能到化学能的可持续转化，固定二氧化碳并生成有机分子。酶或全细胞都能够催化底物转化，因此都可以用于构建材料-生物杂化体系，开发活体能源材料体系进行半人工光合固碳（图 18-18）。

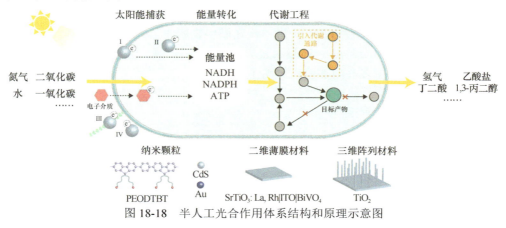

图 18-18　半人工光合作用体系结构和原理示意图

通过静电吸附的方式将氧化还原酶与半导体材料相结合，是开发半人工光合体系的常用方法。甲酸脱氢酶是天然固碳酶，能够选择性地催化二氧化碳并生成甲酸。光敏剂吸收光能后，能够将电子传递到 NAD$^+$，生成 NADH 作为辅酶，用于甲酸脱氢酶固定二氧化碳。选择不同的半导体材料能够影响最终的固碳效率，具体的作用机制目前还不清晰。研究人员也开发了人工固碳通路，例如，2016 年，Tobias J. Erb 团队利用巴豆酰辅酶 A 羧化酶/还原酶成功构建了 CETCH 循环，能够在体外以 CO_2 为底物合成乙醛酸，固碳效率达到了 5 nmol CO_2/（min·mg 核心酶）。进一步将类囊体与 CETCH 循环共同封装到油包水液滴中，能够实现光驱还原力和能量的产生，驱动二氧化碳固定。2021 年，化学催化和生物催化结合的 ASAP 途径被发明，该途径能够以 CO_2 和 H_2 为原料在体外合成淀粉，合成速率达到了到 22 nmol C/（min·mg 总催化剂），比玉米中的淀粉合成速率高约 8.5 倍（Cai et al., 2021）。目前开发的固碳途径，在固碳效率方面都已经超过了天然的卡尔文循环。这些新开发的固碳通路，未来都可以用于半人工光合体系的设计。

相比氧化还原酶，微生物可再生且具有更高的稳定性。美国加利福尼亚大学伯克利分校的杨培东教授团队于 2016 年在非光合细菌热醋穆尔氏菌（*Moorella thermoacetica*）表面沉积半导体颗粒 CdS，首次实现了材料-微生物复合的半人工光合体系构建。在光照条件下，CdS 产生的光电子能够传入胞内，为细菌供能，通过 Wood-Ljungdahl 途径将 CO_2 还原为乙酸（Sakimoto et al., 2016）。后续甲烷八叠球菌属（*Methanosarcina* sp.）、红假单胞菌属（*Rhodopseudomonas* sp.）、固氮

菌属的 *Azotobacter vinelandii*、贪铜菌属的 *Cupriavidus necator* 等化能自养微生物都可以跟半导体材料结合,用于半人工光合体系的构建。除非模式菌株外,大肠杆菌以其易于工程改造的特性,也被用于半人工光合体系构建。通过改造大肠杆菌的生物被膜淀粉样蛋白 CsgA,能够实现 CdS 纳米颗粒在其上的特异性负载,从而可以减少材料对细胞的伤害。进一步在微生物胞内引入固碳途径,实现了光驱固碳生成甲酸的体系构建(Wang et al.,2022a)。未来通过代谢通路和基因线路的设计,能够实现更多高附加值产物的生产。

18.3.3 光能到光能转换

1. 荧光成像

荧光蛋白可以吸收短波长的激发光,释放出长波长的荧光。由于发射光是单色光,并且蛋白质天然具备良好的生物兼容性,因此这种光能到光能的转换机制可以用于生物体的荧光成像。由于荧光蛋白不会破坏生物分子的结构完整性,因此可用于原位标记和高分辨成像(图 18-19),例如,神经元的活动,或内质网与高尔基体之间的物质运输。荧光蛋白的稳定性对于实际应用非常重要,通过定向进化的策略,实现了 StayGold 的单体版本的开发(Ivorra-Molla et al.,2024)。这种高亮度、高稳定性的荧光蛋白是超分辨显微成像技术的有力工具。荧光共振能量转移依赖于分子间的非辐射能量转移,青色荧光蛋白(CFP)和黄色荧光蛋白(YFP)组成的 CFP-YFP 是最经典且有效的 FRET 对(Gohil et al.,2023)。为提高光学性能,研究人员陆续开发了不同版本的绿色荧光蛋白-红色荧光蛋白对,动态范围更广,并且能对钙离子和钾离子进行传感。

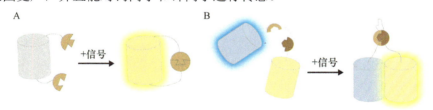

图 18-19　蛋白标签应用

A. 单分子荧光蛋白的蛋白标签;B. 基于 FRET 的蛋白标签

荧光标记对于生理活动的监测具有重要的意义,将远红外荧光蛋白 smURFP 与牛血清白蛋白结合,可以合成荧光蛋白纳米粒子(图 18-20)。这些合成的纳米粒子没有明显的生物毒性,pH 稳定性强。这些蛋白质通过非特异性内吞作用进入细胞,并可用于实体瘤成像。若将单域近红外荧光蛋白 miRFP670nano3 与荧光纳米抗体融合,就可以选择性地靶向特定抗原,并可以扩展到靶向蛋白质降解,调节蛋白质表达和酶活性（Oliinyk et al.，2022）。

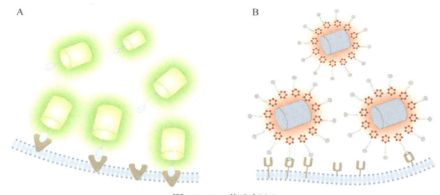

图 18-20　荧光标记

A. 荧光蛋白标记；B. 荧光蛋白-非生物杂交标签

2. 生物发光二极管

荧光蛋白工程简单、制备方便，有望替代传统的无机材料，用于发光二极管的制备（图 18-21）。首先需要解决的就是荧光蛋白的稳定性难题，通过合成生物学改造，使荧光蛋白可以进行多聚化，增强其稳定性。将其与凝胶材料共混并干燥后，形成的橡胶材料能够用于白色发光二极管的多层涂层。这种方法制备的白色发光二极管寿命长、能效高，并且环保廉价，有望用于下一代发光二极管的工业化生产。

图 18-21　生物发光二极管

18.3.4　化学能到电能转换

利用酶或者微生物的氧化还原特性都可以开发生物电池，作为化学能到电能转换的活体能源材料体系。本节将对微生物燃料电池（microbial fuel cell，MFC）

和酶生物燃料电池（enzymatic biofuel cell，EBFC）分别进行介绍（图 18-22）。

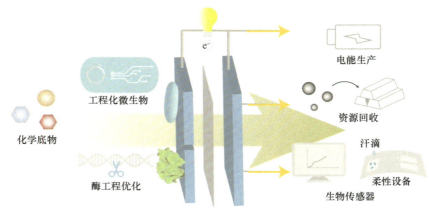

图 18-22　生物电池的示意图及其应用范畴

1. 微生物燃料电池

微生物燃料电池分为阳极室和阴极室。阳极室中微生物生长于电极表面，并将电子传输到外部电路，实现化学能到电能的转换；阴极室则通常是铁氰化钾溶液。

阳极材料的选择对于 MFC 的产电能力至关重要，在阳极室中添加聚吡咯、金属纳米粒子、碳纳米管等导电物质，能够提高界面处的电子传输效率，提升产电能力。例如，使用释放阴离子的还原氧化石墨烯-银纳米颗粒（rGO/Ag）支架，导致在 rGO/Ag 阳极上附着的希瓦氏菌表面上形成密集的银纳米颗粒，从而大大提高了电子传递效率，并实现了 0.66 mW/cm^2 的功率输出（Cao et al.，2021）。除材料方式外，通过基因改造的方式同样可以提升微生物产电能力，例如，天津大学的宋浩团队通过模块化方式重构了希瓦氏菌胞内的 NAD 通路，通过提升 NADH 的含量，从而提升产电能力。

除直接发电外，微生物燃料电池还可以用于资源回收和转化。微生物可以利用其代谢活动消耗废水中的有机污染物，用于废水处理。而产生的电子还可以进行金属的还原，从废水中回收 Pb^{2+}、V^{5+}、Cr^{6+}、Sb^{5+} 和 Cd^{2+} 等重金属。MFC 还可以和人工湿地进行整合，用于废水处理。在该系统中，填料和湿地植物的选择都会影响最终的净化效果，活性炭颗粒填料和水葫芦的组合是一种较为有效的金属净化剂。

微生物燃料电池的另外一个应用就是生物传感，当与电化学信号检测器结合时，就可以进行电化学传感。将 S. oneidensis MR-1 与导电共轭聚合物（PMNT）结合，并集成到柔性芯片中，构建了一个柔性生物电子设备。产生的电信号可以通过智能手机高效、准确地接收、读取和分析，从而实现对血液和尿液中超过 1 mmol/L 乳酸的检测（Wang et al.，2022b）。通过利用微流控、3D 打印和激光蚀刻等技术，MFC 可以集成到柔性材料中，开发出可通过汗液激活的可穿戴 MFC，用于健康监测，并可以在使用后焚烧。

实现生物传感的另一种重要方法是通过合成生物学对非天然电化学活性微生物进行改造，赋予它们细胞外电子传递能力。通过在非天然电化学活性微生物中异源表达与电子传递链相关的基因，可以构建人工电化学活性微生物，并进行电化学生物传感。例如，表达 *S. oneidensis* MR-1 电子传递链 MtrCAB 的大肠杆菌可以特异性地将电子从硫代硫酸盐转移到细胞外环境。通过使用包含雌激素受体配体结合域的工程改造铁氧化还原蛋白，可以在 7.8 min 内实现 95%置信水平的内分泌干扰物 4-羟基他莫昔芬的监测（Atkinson et al.，2022）。

2. 酶生物燃料电池

酶生物燃料电池可以通过在电极上固定或捕获酶来创建，将化学能转化为电能。与微生物燃料电池相比，酶生物燃料电池具有更高的能量转化效率，可以实现小型化，但是稳定性相对微生物会差一点。将还原型氧化石墨烯（Sadat Mousavi et al.，2020）固定在泡沫镍上，填充孔隙以增加负载能力和降低电子转移阻力，构建了三维蜘蛛网状结构的基底。使用聚乙二醇二缩水甘油醚将葡萄糖氧化酶（GOx）和漆酶（LAc）固定在基底上，构建了无膜葡萄糖/氧气生物燃料电池，实现了（7.05±0.05）mW/cm^2 的最大输出功率（Hui et al.，2022）。酶生物燃料电池由于结构小巧，也可以做成柔性装置，将 GOx 作为阳极催化剂，胆红素氧化酶和 4-氨基苯甲酸（4-ABA）作为阴极材料固定在巴基纸（BP）上，制造出了无膜纸型 EBFC。在 10 μmol/L 的葡萄糖浓度下，其最大功率密度达到了 92.025±0.004 μW/cm^2（Kim et al.，2023）。另外，还可以使用双线圈纱线工艺将氧化酶集成到织物中，将阳极和阴极结合在单根纱线上，以组装基于纺织品的 EBFC。将葡萄糖氧化酶 GOx 和胆红素氧化酶 BOx 固定在类似纺织品的石墨烯/碳纳米管（G/CNT）复合材料上，以创建阳极和阴极。使用含有葡萄糖的水凝胶电解质将它们分开，实现了 64.2 μW/cm^2 的最大功率密度。复合材料的纺织结构提供了高灵活性和可拉伸性，使其即使在拉伸条件下也能保持原始功率密度的 93.5%（Chen et al.，2022c）。

酶生物燃料电池可以根据催化底物的浓度产生不同的功率，这使得它们在生物化学物质监测方面具有巨大潜力。基于酶催化反应对底物的特异性，可以检测特定的化合物。例如，黄素腺嘌呤二核苷酸依赖的葡萄糖脱氢酶（FAD-GDH）可以在厌氧条件下催化葡萄糖氧化。通过使用 FAD-GDH 作为阳极催化剂、使用碳基材料作为阴极催化剂，在丝网印刷电极上组装了一个 EBFC。这实现了在 5μL 样品体积中一次性检测葡萄糖，实验结果通过分析产生的电力来实现（Morshed et al.，2023）。

18.3.5　化学能到光能转换

萤光素酶可以催化萤光素的氧化，实现生物发光，完成化学能到光能的转化。生物发光的这一特性，可以应用于成像。与荧光蛋白相比，不需要激发光的参与，因此可以用于组织深层的成像。

萤光素酶的荧光波长可以通过理性设计来控制，如通过定向进化的方式，可以得到 AkaLumine-HCl 特异性的配对酶（Akaluc），产生 677 nm 的高穿透性近红外光。通过病毒转导的方式将该蛋白质的基因转入 HeLa 细胞，能够实现非侵入性成像，发光强度是萤光素酶的 100 倍（Iwano et al.，2018）。进一步通过纳米萤光素酶底物（cephalofurimazine，CFz）的设计，能够增强其穿透血脑屏障的能力，实现更强的脑部定位（图 18-23）。信号强度提升了将近 6 倍，并可以实现哺乳动物神经活动的非侵入式成像（Kim et al.，2024）。设计新的萤光素和萤光素酶类似物并拓展生物发光光谱，能够提高体内成像的分辨率和准确性。

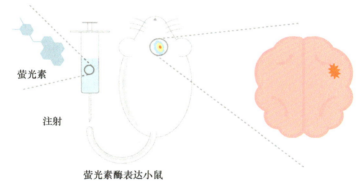

萤光素酶表达小鼠

图 18-23　萤光素-萤光素酶系统用于活体成像

萤光素酶的生物发光是化学反应，底物包括萤光素和 ATP，因此记录发光强度，就可以定量、准确地检测不同浓度的 ATP。通过冷冻干燥，将冻干萤光素酶-萤光素固定在硝酸纤维素纸上，并添加冷冻保护剂保护酶活性，这一微型化和便携式 ATP 检测能够极大地提高 ATP 检测在日常生活中的应用。除此之外，通过合理设计萤光素酶的结构，可以开发出特定的近红外生物探针，实现对 NO 的监测，对肿瘤进行定位。

萤光素酶的生物发光还可以开发发光植物，如同《阿凡达》电影中展示的场景一样，通过植物来进行照明（图 18-24）。萤火虫萤光素酶（Fluc）被固定在马来酰亚胺基团修饰的 SiO₂（SNP-Luc）上，以增强酶的稳定性。将萤光素缓释系统（SNP-Luc，D-萤光素释放聚合物和辅酶 A 功能化的壳聚糖）通过气孔引入植物细胞，并定位在叶绿体上，通过萤光素的缓慢释放，可以在植物体内实现 21.5 h

的生物发光（Kwak et al.，2017）。通过将 *Neonothopanus nambi* 发光基因整合到烟草中，植物体内的咖啡酸被利用转化为萤光素。咖啡酸可以通过植物友好的咖啡酸循环不断产生，并且基于咖啡酸循环的生物发光可以与植物的吸收光谱间隙很好地匹配，实现了肉眼可见的可持续植物自发光（Mitiouchkina et al.，2020）。2024 年，美国的一家生物技术公司 Light Bio 宣布，其开发的萤火虫矮牵牛花在晚上可以像萤火虫一样发出绿色的荧光。

图 18-24　生物发光烟草发光机制

18.3.6　化学能到机械能转换

　　生物体内主要是通过马达蛋白实现化学能到机械能的能量转化，将肌动蛋白、微管和分子马达以分层方式组装在一起，构建了类似肌肉的收缩单元，创造出毫米级驱动机械部件，并产生了微牛级的力。微管的细胞马达可以通过介导肌动蛋白纤维的不对称分布来确定植物的重力方向（图 18-25A）（Li et al.，2021）。结合 3D 打印技术，将蛋白模块化单元引入变形机器人中，这些单元中的肌动蛋白通过特定的非共价相互作用连接到变形机器人结构的不同部分，创建了由外骨骼驱动的机器人（图 18-25B）。将生物分子马达蛋白和 DNA 结合蛋白相结合，能够使其在 DNA 纳米管上移动。通过在 DNA 纳米管的轨道上排列结合位点，就能够在局部控制运动方向；此外，通过不同的马达蛋白还能够实现货物的多重运输（Jia et al.，2022）。

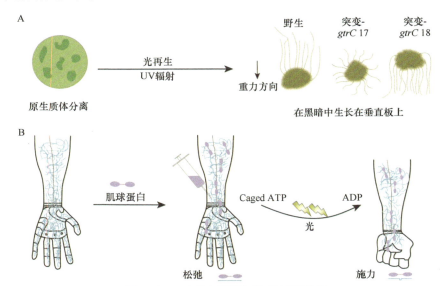

图 18-25 ELEM 用于化学-机械能转换

A. 通过介导肌动蛋白丝的不对称分布来确定植物的重力方向；B. 3D 打印技术制作外骨骼驱动机器人

18.3.7 电能到化学能转换

微生物电合成（microbial electrosynthesis，MES）是利用微生物作为催化剂，通过电能驱动进行化学反应的过程，能够实现电能到化学能的转化，目前主要应用于 CO_2 资源化、能源存储和有机废物转化等方面（图 18-26）。早期对 MES 的研究主要集中在甲烷生产或乙酸生产上。近年来，合成生物学的发展、基因编辑修改底盘菌株、重写代谢途径等拓展了 MES 产品范围的多样性。

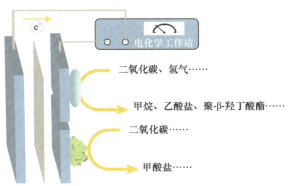

图 18-26 微生物电合成示意图

产甲烷菌沼泽甲烷杆菌（*Methanobacterium palustre*）能够在生物阴极上将二氧化碳转化为甲烷，面临启动慢和生产率低等挑战。富集产甲烷菌和增加初始接种量可以加快 MES 甲烷生产的启动。将石墨毡引入厌氧反应器中形成生物膜，可以绕过启动阶段，将 MES 甲烷启动时间缩短至少 20 天。通过 3D 打印技术铸造和碳化 NiMo 合金碳气凝胶，合成了具有高表面积的阴极。在最优电流密度为 2.5 mA/cm^2 的条件下，使用海沼甲烷球菌（*Methanococcus maripaludis*）作为生物催化剂进行电生产，获得了 2.2 L_{CH_4} / $L_{catholyte}$ / d 的甲烷产量（Kracke et al.，2021）。通过设计阴极材料改善微生物与材料之间的界面，能够进一步提升生产效率。利用含有聚吡咯（PPy）填料的 3D 打印石墨烯气凝胶，可以改善生物相容性、导电性和稳定性。这导致甲烷产量达到（1672±131）mmol/（m^2·d），是使用碳毡电极时产量的 2.14 倍（He et al.，2023）。

卵形鼠孢菌（*Sporomusa ovata*）、永达尔梭菌（*Clostridium ljungdahlii*）、热醋穆尔氏菌（*Moorella thermoacetica*）等产乙酸菌的特点是它们能够利用氢气和二氧化碳合成乙酸，通过 Wood-Ljungdahl 途径（WLP）将二氧化碳还原为乙酸。卵形鼠孢菌与硅纳米线结合形成高密度纳米线/*S. ovata* 系统（Su et al.，2020）。在施加电流和二氧化碳供应的情况下，该系统可以电驱动二氧化碳固定和乙酸生产。混合培养中用于乙酸生产的微生物群落，主要来自废水处理中的活性污泥。通过接种活性污泥并添加碳酸氢盐以增强二氧化碳的溶解度，可以实现乙酸产生菌群的富集。可以在富集的培养基中基于碳转化率和乙酸产量来选择高产乙酸的菌群。由于协同效应，与纯培养相比，混合培养的乙酸产生微生物群落可以有效地提高乙酸生产力，并提供更大的稳定性。阴极材料的设计同样可以提升其效率。

除甲烷和乙酸外，研究人员还开发了新的微生物体系，能够实现脂肪酸、丁酸盐、乙醇和丁醇等多碳化合物的生产。通过电子受体的调整，能够控制体系的生产能力。富养罗尔斯通氏菌（*Ralstonia eutropha*）可以在碳源过剩和氮源有限的条件下，利用各种代谢途径合成大量的聚羟基丁酸酯（PHB）。通过在 –0.9 V 的 CoP- Fe$_2$O$_3$/g-C$_3$N$_4$ 光阴极上培养 *R. eutropha*，可以高效合成 PHB，产量为 20 mg/（L·d）。使用甲酸盐作为电子载体的工程化 *R. eutropha*，在双室 MES 中可以实现 30 mg/（L·d）的产量（Chen et al.，2018）。通过重编程代谢途径，可以在 MES 系统中实现复杂高价值化合物的合成。将番茄红素合成途径整合到杀虫贪铜菌（*Cupriavidus necator*）中，并将重组 *C. necator* 与电化学水解系统耦合，可以在 MES 系统中从二氧化碳生物合成番茄红素，在第 4 天番茄红素的产量达到 1.73 mg/L，展示了 MES 在复杂化合物生物合成方面的潜力（Wu et al.，2022）。

18.3.8　磁能到热能转换

磁性纳米材料能够实现磁热转化，通过直接瘤内注射或静脉注射进行间接输送，磁性物质被输送到肿瘤部位，并在交变磁场下加热，导致温度上升 4~6℃（Nguyen et al.，2023），这种技术被称为"磁热疗法"。具有磁热疗法潜力的磁性纳米粒子可以从磁性细菌中获得。提高磁性纳米粒子安全性的方法包括减少生长介质中的重金属、硼酸和次氮基三乙酸（Nguyen et al.，2023）。通过去除磁性纳米粒子表面的残留有机物质，可减轻免疫原性。用柠檬酸涂覆表面可进一步降低免疫原性并增强稳定性。

　　磁性细菌含有磁颗粒，具有作为治疗癌症的天然磁热材料的潜力。当暴露于交变磁场时，趋磁螺细菌（*Magnetospirillum magneticum*）AMB-1 显示出高的产热效率，这种效率高于磁小体链和单个磁小体。当注射 AMB-1 并暴露于交变磁场时，Neuro-2a 肿瘤的生长受到抑制，质量减少（Chen et al.，2022a；Xing et al.，2021）。将 Fe_3O_4@脂质纳米复合材料负载于工程化的大肠杆菌，制备了人工磁性菌（Ma et al.，2023）。工程化的大肠杆菌含有热敏启动子，当靶向肿瘤部位后，在交变磁场作用下，温度升高，热敏启动子开启细菌裂解和免疫治疗药物 CD47 纳米抗体的释放，实现对肿瘤的有效治疗。

18.3.9　磁能到机械能转换

　　磁场的排列能够控制磁性纳米颗粒的运动，因此通过合理的设计，工程活体能源材料能够进行磁能到机械能的转换，实现定向运动（图 18-27）。由可运动的

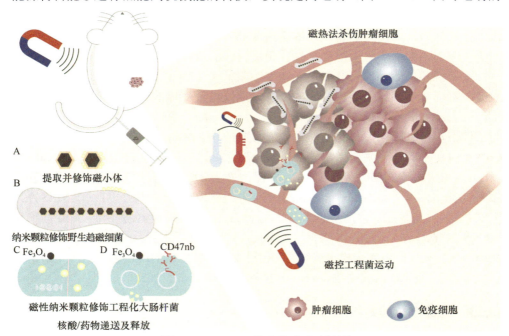

图 18-27　ELEM 用于磁-热/机械转换

A. 磁小体；B. 含有磁小体的趋磁细菌是磁热的天然材料；C. 工程菌修饰的磁性颗粒可以实现递送。通过自主或磁引导靶向肿瘤部位进行磁热治疗，增强免疫反应，可达到杀伤肿瘤的效果

Magnetospirillum magneticum AMB-1 组成的生物混合微机器人（Chen et al.，2022a），拥有磁控导航能力。通过装载光触发吲哚菁绿纳米粒子（Song et al.，2023），实现了肿瘤标记并赋予它们近红外（NIR）激活的热效应，使得磁控和光控肿瘤治疗成为可能。通过非共价结合或者表面展示磁性颗粒矿化短肽的方式（Chen et al.，2023），都能够实现磁性纳米颗粒在大肠杆菌 MG1655 表面的负载，从而定向运输药物。

18.3.10　机械能到电能转换

机械敏感离子通道是实现机械能到电能转化的关键，通过慢病毒转染的方式将其引入大鼠的神经元后，在低至 0.25 MPa 的压力条件下，仍然可以产生强大的机械敏感电流，对照神经元则没有产生电流（图 18-28）（Ye et al.，2018）。这展示了超声波通过激活机械敏感离子通道来调节细胞活性的潜力，而由于机械敏感离子通道相对简单的亚分子结构，这种调节可以通过突变进行调整。

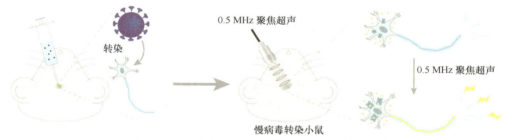

图 18-28　小鼠大脑深部靶神经元的非侵入性刺激

机械敏感通道可以触发离子的内流，在肿瘤细胞的凋亡方面也有重要的作用。通过脂质体（Wang et al.，2020）或纳米凝胶（He et al.，2021）将机械敏感性通道蛋白递送到肿瘤细胞，通过超声可以打开工程化的 MscL 蛋白通道，触发 Ca^{2+} 内流并激活细胞的 Ca^{2+} 凋亡途径（图 18-29）。另外，将 Piezo1 和基因转导模块引

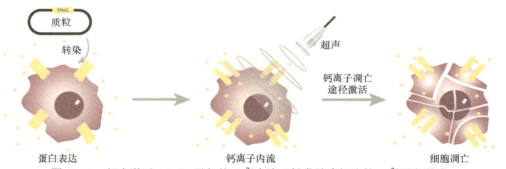

图 18-29　超声激活 MscL 引起的 Ca^{2+} 内流可触发肿瘤细胞的 Ca^{2+} 凋亡通路

入工程化 T 细胞（Pan et al.，2018），超声产生的机械扰动可以转化为基因活动，能够用于靶向杀灭肿瘤细胞。

18.3.11 声能到机械能转换

气体囊泡（GV）的形状和大小会影响其对压力的抵抗性，在临界声压下，会发生爆破，实现声能到机械能的转化。不同来源的气体囊泡具有不同的声学性质，用修饰后的重组 GvpC 蛋白替换气体囊泡表面上的 GvpC，同样可以改变机械和声学性质。在大肠杆菌中表达带有 His 标签的 GvpC，或缺失念珠藻 GvpC 的 N 端和 C 端部分的较小 GvpC 变体，并将其添加到用 6 mol/L 尿素剥离了天然 GvpC 的纯化念珠藻气体囊泡中。与用 GvpC 缺失变体或 GvpCWT 装饰的气体囊泡相比，没有 GvpC 的气体囊泡在较低的声压下爆破。通过超声使气体囊泡破碎会导致其对比度丧失，并允许通过连续破碎进行多重成像。

由于气体囊泡充满气体，可以散射声波，因此在体内会产生超声对比，可以作为超声成像的新型造影剂（Lakshmanan et al.，2020；Kim et al.，2024）。气体囊泡的优势在于，与用于成像的内在不稳定的合成微米气泡相比，它们更为稳定。在超极化氙核磁共振成像中产生对比，使得对解剖结构的敏感性和无创观察成为可能。传统的 MRI 造影剂基于超顺磁性离子氧化物或镧系螯合物，这些物质可能具有毒性，并且需要高达微摩尔级别的浓度才能进行检测。相比之下，通过超极化化学交换饱和转移（HyperCEST）的检测方法，使用皮摩尔浓度级的超极化 ^{129}Xe 的气体囊泡即可实现造影成像（图 18-30）（Shapiro et al.，2014）。

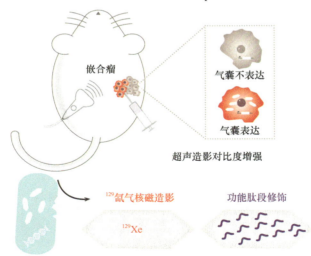

图 18-30　GV 作为超声造影剂

超声造影过程中，气体囊泡与周围组织的声学特性差异较大，当超声波遇到气体囊泡时会产生强烈的反射和散射，从而增强超声图像的回声信号通过对 GvpC 的改造，气体囊泡还可以用作酶活性的超声成像生物传感器，例如，将 TEV 酶位点整合到念珠藻 GvpC 蛋白的第二螺旋重复中，对念珠藻 GvpC 蛋白进行改造。GvpC 中的识别基序被相应的蛋白酶识别，GvpC 被 TEV 酶切割成两个较小的片段。即使片段仍然附着在一起，形成的气体囊泡也会变得不那么坚硬并发生屈曲，产生增强的非线性超声对比。

18.3.12　可用于工程活体能源材料的基因线路

合成生物学的发展为生命体的改造提供了强有力的工具，通过基因线路的设计能够实现细胞对特定信号的响应，激活目标基因的表达。光电信号具有良好的时空分辨率，不会在反应体系中留下痕迹。因此，本节主要针对光遗传学和电遗传学进行介绍。

1. 光遗传学

光遗传学系统基于光感受器蛋白的使用，而光感受器蛋白来源于微藻、真菌或细菌。这些序列通过利用质粒转化、病毒转染等技术整合到目标的细胞、组织或生命体中。在光照条件下，光感受蛋白发生构象变化，释放功能基团，在转录调控下，功能基团被拼接在一起以激活或抑制下游基因转录（图 18-31A）（Warden et al.，2014）。其中，激活或抑制的原理在于不同通道对阳离子或阴离子的通透性：如果转导通道是 ChR 通道，则当细胞接收到蓝光时，ChR 通道打开并发生阳离子内流，这导致去极化电位的产生，诱导动作电位的发放以激活细胞；如果转导到 HR 通道，细胞暴露于黄光下，导致阴离子内流，产生超极化电位并抑制细胞活性。此外，还有一类光激活或抑制通道 optoXR，它在光激活后改变细胞内激酶系统并影响细胞活动。光遗传学提供了对生物信号和代谢过程的时空、定量和可逆的控制。光遗传学控制已在细菌、真菌和哺乳动物细胞中建立，可以精确控制细胞的各种生命活动，如细胞运动性、细胞调控、代谢、细胞死亡、细胞分裂、生物膜形成等。

光遗传学在医学方面应用广泛，例如，Zhang 等设计了一个基因电路来记录视网膜神经节细胞峰活动的变化，通过光极触发基因电路中的视网膜光感受器，传递绿色激光。此外，Yohei Kawana 等在迷走神经中建立了基因电路，构建了 ChAT-ChR2 小鼠，在 Cre 重组后，ChR2（H134R）-EYFP 融合蛋白可以在胆碱能神经元中由 CAG 启动子控制表达（图 18-31B）。之后通过膈下植入光纤和在胰管中放置由近红外激活的镧系元素微粒的方法，使表达胆碱乙酰转移酶视紫红质 2 的小鼠中葡萄糖刺激的胰岛素分泌增强和 β 细胞增殖（Madisen et al.，2012）。

光遗传学技术克服了传统方法控制细胞或生物体活动的许多缺点，实现了非侵入性的精确定位操作。光遗传学的进步推动了生命科学和其他领域的发展。对于医学领域，通过开发更特异的启动子、更安全的病毒载体和更长波长的视蛋白，可以改善基因靶向。

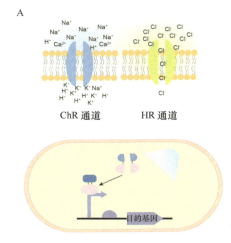

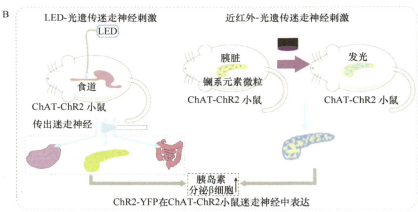

图 18-31　光遗传学用于 ELEM

A. 光敏蛋白在光照条件下被变构激活，释放官能团，官能团拼接在一起，在转录调控下激活或抑制下游基因转录。含有 ChR 通道的细胞接受蓝色激光照射时发生阳离子内流，含有 HR 通道的细胞则接受黄色激光照射时发生阴离子内流。B. 利用光遗传学技术刺激迷走神经。一种方法是在嵌入式光纤的结合下，对蓝光敏感的视蛋白进行刺激；另一种方法是选择性地激活迷走神经纤维。将发射蓝光的镧系元素微粒置于表达视蛋白的小鼠胰管内，然后进行近红外照射

2. 电遗传学

电遗传学是电子学和遗传学相结合的新兴领域，可以利用电场来控制工程化细胞的功能。电遗传系统由 4 个组件组成：电极、氧化还原诱导剂、氧化还原转录因子及其同源启动子。该系统可以利用 Fcn（O/R）氧化还原状态的动态电化学控制来驱动全局报告器响应"开启"或"关闭"（图 18-32A）。外部电极改变 Fcn

的氧化还原状态，从而控制对绿脓青素（Pyo）的氧化应激反应。Pyo 被还原后，可以氧化 SoxR 阻遏蛋白，导致 SoxS 启动子的表达。被还原的 Pyo 还可以通过细胞内的电子转移被重新氧化（Tschirhart et al.，2017）。

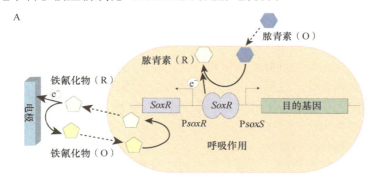

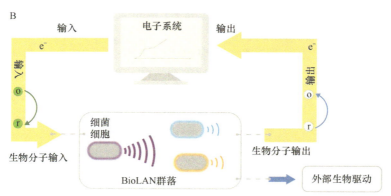

图 18-32　电遗传学用于 ELEM

A. 该系统可以利用铁氰化物（O/R）氧化还原状态的动态电化学控制来驱动全局报告器响应。外部电极可以改变铁氰化钾的价态，三价铁氰化钾可以氧化脓青素，氧化态的脓青素可以进一步氧化 SoxR 阻遏蛋白，从而启动 SoxS 启动子的表达。B. 电遗传系统通过嵌入的电子接口和氧化还原信号转导，实现活细胞和工程微生物之间的信息交换；电发生也可以通过电子传感器通信和外部生物驱动来实现

使用电遗传工具可构建生物电子通信系统（图 18-32B）。该系统通过嵌入的电子接口和氧化还原信号转导，实现了信息交流功能。在大肠杆菌内，引入应激反应调节剂 oxyRS 和 eCRISPR 模块，通过电子实现细胞间的传感通信（Wang et al.，2023）。电遗传学还可以应用于哺乳动物细胞。Krzysztof 等（2020）描述了一种生物电子接口，该接口使用无线供电的电刺激细胞来促进胰岛素的释放，这是通过 L 型电压门控通道 CaV1.2 和内向整流钾通道 Kir2.1 实现的；此外，他们还设计了过于敏感的人类 β 细胞。这些 β 细胞受到无线电刺激，并为 1 型糖尿病患者提供了囊泡胰岛素释放的实时控制。

目前电遗传工具的发展仍然有限，在表达和转化方面还存在一些缺陷。未来，

将电感应系统植入患者体内，并通过手机或其他通信设备调节细胞，是医学领域的发展方向，有望实现各种疾病的最精确治疗。

18.4　总结与展望

工程活体能源材料体系（ELEM）通过整合生物体系和人工体系，开发装置或器件，能够实现能量的可持续转化和存储。针对这一新兴研究领域，本章对自然界中的能量转化元件（包括蛋白质、组织和生命体）进行了总结，并对工程活体能源材料的应用场景进行了剖析。尽管目前已经实现了生物电池、半人工光合、生物光伏、微生物电合成等多样化的应用场景，但是距离产业化仍有一定距离，面临着稳定性、规模化等难题。

针对工程活体能源材料，目前可使用的能量转化元件还较少，需要继续进行挖掘。另外，AI 技术的发展使得功能元件的理性设计成为了可能。华盛顿大学的 David Baker 教授团队已经实现了叶绿素分子、萤火素酶等能量转换元件的人工设计，有望得到超越自然的功能元件。

另外，在具体的使用场景中，需要将生物元件设计成器件或装置来进行使用。传统的电子元器件有标准的加工技术和方法，然而针对生物分子，仍需要开发新的、温和的加工技术，避免生物元件发生失活。3D 打印技术可以实现定制化设计，并且加工方式可调，有望在工程活体能源材料体系的加工制造环节起到较大的作用。

目前，工程活体能源材料领域已经成为了许多国家重点布局的关键领域。该领域的发展不仅能够解决能源可持续应用的难题，对于人民健康和国家安全也有重要的意义。

编写人员：王新宇　袁欣怡　徐海译　刘兴武

（中国科学院深圳先进技术研究院）

参 考 文 献

An B L, Wang Y Y, Huang Y Y, et al. 2022. Engineered living materials for sustainability. Chemical Reviews, 123(5): 2349-2419.

Atkinson J T, Su L, Zhang X, et al. 2022. Real-time bioelectronic sensing of environmental contaminants. Nature, 611(7936): 548-553.

Bar-Zion A, Nourmahnad A, Mittelstein D R, et al. 2021. Acoustically triggered mechanotherapy using genetically encoded gas vesicles. Nature Nanotechnology, 16(12): 1403-1412.

Cai T, Sun H B, Qiao J, et al. 2021. Cell-free chemoenzymatic starch synthesis from carbon dioxide. Science, 373(6562): 1523-1527.

Cao B C, Zhao Z P, Peng L L, et al. 2021. Silver nanoparticles boost charge-extraction efficiency in

Shewanella microbial fuel cells. Science, 373(6561): 1336-1340.

Chen H X, Zhou T, Li S, et al. 2023. Living magnetotactic microrobots based on bacteria with a surface-displayed CRISPR/Cas12a system for *Penaeus* viruses detection. ACS Applied Materials & Interfaces, 15(41): 47930-47938.

Chen X, Lai L W, Li X, et al, 2022a. Magnetotactic bacteria AMB-1 with active deep tumor penetrability for magnetic hyperthermia of hypoxic tumors. Biomaterials Science, 10(22): 6510-6516.

Chen X L, Cao Y X, Li F, et al. 2018. Enzyme-assisted microbial electrosynthesis of poly (3-hydroxybutyrate) *via* CO_2 bioreduction by engineered *Ralstonia eutropha*. ACS Catalysis, 8(5): 4429-4437.

Chen X L, Lawrence J M, Wey L T, et al. 2022b.3D-printed hierarchical pillar array electrodes for high-performance semi-artificial photosynthesis. Nature Materials, 21(7): 811-818.

Chen Z L, Yao Y, Lv T, et al. 2022c. Flexible and stretchable enzymatic biofuel cell with high performance enabled by textile electrodes and polymer hydrogel electrolyte. Nano Letters, 22(1): 196-202.

Cox C D, Bavi N, Martinac B. 2019. Biophysical principles of ion-channel-mediated mechanosensory transduction. Cell Reports, 29(1): 1-12.

d'Ischia M, Napolitano A, Pezzella A, et al. 2020. Melanin biopolymers: tailoring chemical complexity for materials design. Angewandte Chemie International Edition, 59(28): 11196-11205.

Gohil K, Wu S Y, Takahashi-Yamashiro K, et al. 2023. Biosensor optimization using a förster resonance energy transfer pair based on mScarlet red fluorescent protein and an mScarlet-derived green fluorescent protein. ACS Sensors, 8(2): 587-597.

He T D, Wang H J, Wang T G, et al. 2021. Sonogenetic nanosystem activated mechanosensitive ion channel to induce cell apoptosis for cancer immunotherapy. Chemical Engineering Journal, 407: 127173.

He Y T, Li J, Zhang L, et al. 2023.3D-printed GA/PPy aerogel biocathode enables efficient methane production in microbial electrosynthesis. Chemical Engineering Journal, 459: 141523.

Huber S T, Terwiel D, Evers W H, et al. 2023. Cryo-EM structure of gas vesicles for buoyancy-controlled motility. Cell, 186(5): 975-986.e13.

Huebner G M, Hanmer C, Zapata-Webborn E, et al. 2023. Self-reported energy use behaviour changed significantly during the cost-of-living crisis in winter 2022/23: insights from cross-sectional and longitudinal surveys in great Britain. Scientific Reports, 13(1): 21683.

Hui Y C, Wang H X, Zuo W, et al. 2022. Spider nest shaped multi-scale three-dimensional enzymatic electrodes for glucose/oxygen biofuel cells. International Journal of Hydrogen Energy, 47(9): 6187-6199.

Ivorra-Molla E, Akhuli D, McAndrew M B L, et al. 2024. A monomeric StayGold fluorescent protein. Nature Biotechnology, 42: 1368-1371.

Iwano S, Sugiyama M, Hama H, et al. 2018. Single-cell bioluminescence imaging of deep tissue in freely moving animals. Science, 359(6378): 935-939.

Jia H Y, Flommersfeld J, Heymann M, et al. 2022.3D printed protein-based robotic structures actuated by molecular motor assemblies. Nature Materials, 21(6): 703-709.

Keynes R D, Martins-Ferreira H. 1953. Membrane potentials in the electroplates of the electric eel. The Journal of Physiology, 119(2-3): 315-351.

Kim S, Ji J, Kwon Y. 2023. Paper-type membraneless enzymatic biofuel cells using a new biocathode consisting of flexible buckypaper electrode and bilirubin oxidase based catalyst modified by electrografting. Applied Energy, 339: 120978.

Kim W S, Min S, Kim S K, et al. 2024. Magneto-acoustic protein nanostructures for non-invasive imaging of tissue mechanics *in vivo*. Nature Materials, 23(2): 290-300.

Koehle A P, Brumwell S L, Seto E P, et al. 2023. Microbial applications for sustainable space exploration beyond low Earth orbit. NPJ Microgravity, 9(1): 47.

Kracke F, Deutzmann J S, Jayathilake B S, et al. 2021. Efficient hydrogen delivery for microbial electrosynthesis *via* 3D-printed cathodes. Frontiers in Microbiology, 12: 696473.

Krawczyk K, Xue S, Buchmann P, et al. 2020. Electrogenetic cellular insulin release for real-time glycemic control in type 1 diabetic mice. Science, 368(6494): 993-1001.

Kwak S Y, Giraldo J P, Wong M H, et al. 2017. A nanobionic light-emitting plant. Nano Letters, 17(12): 7951-7961.

Lakshmanan A, Jin Z Y, Nety S P, et al. 2020. Acoustic biosensors for ultrasound imaging of enzyme activity. Nature Chemical Biology, 16(9): 988-996.

Li Y F, Deng Z G, Kamisugi Y, et al. 2021. A minus-end directed kinesin motor directs gravitropism in *Physcomitrella patens*. Nature Communications, 12(1): 4470.

Lovley D R, Holmes D E. 2022. Electromicrobiology: The ecophysiology of phylogenetically diverse electroactive microorganisms. Nature Reviews Microbiology, 20: 5-19.

Ma X T, Liang X L, Li Y, et al. 2023. Modular-designed engineered bacteria for precision tumor immunotherapy *via* spatiotemporal manipulation by magnetic field. Nature Communications, 14(1): 1606.

Madisen L, Mao T Y, Koch H, et al. 2012. A toolbox of Cre-dependent optogenetic transgenic mice for light-induced activation and silencing. Nature Neuroscience, 15(5): 793-802.

McCapra F. 1976. Chemical mechanisms in bioluminescence. Accounts of Chemical Research, 9(6): 201-208.

Mitiouchkina T, Mishin A S, Somermeyer L G, et al. 2020. Plants with genetically encoded autoluminescence. Nature Biotechnology, 38(8): 944-946.

Monzel A S, Enríquez J A, Picard M. 2023. Multifaceted mitochondria: Moving mitochondrial science beyond function and dysfunction. Nature Metabolism, 5(4): 546-562.

Morshed J, Hossain M M, Zebda A, et al. 2023. A disposable enzymatic biofuel cell for glucose sensing via short-circuit current. Biosensors and Bioelectronics, 230: 115272.

Mount J, Maksaev G, Summers B T, et al. 2022. Structural basis for mechanotransduction in a potassium-dependent mechanosensitive ion channel. Nature Communications, 13(1): 6904.

Murat D, Byrne M, Komeili A. 2010. Cell biology of prokaryotic organelles. Cold Spring Harbor Perspectives in Biology, 2(10): a000422.

Nguyen T N, Chebbi I, Le Fèvre R, et al. 2023. Non-pyrogenic highly pure magnetosomes for efficient hyperthermia treatment of prostate cancer. Applied Microbiology and Biotechnology, 107(4): 1159-1176.

Niu F F, Li L X, Wang L, et al. 2024. Autoinhibition and activation of myosin VI revealed by its cryo-EM structure. Nature Communications, 15(1): 1187.

Nunnari J, Suomalainen A. 2012. Mitochondria: in sickness and in health. Cell, 148(6): 1145-1159.

Oliinyk O S, Balaban M, Clark C L, et al. 2022. Single-domain near-infrared protein provides a scaffold for antigen-dependent fluorescent nanobodies. Nature Methods, 19(6): 740-750.

Pan Y J, Yoon S, Sun J, et al. 2018. Mechanogenetics for the remote and noninvasive control of cancer immunotherapy. Proceedings of the National Academy of Sciences of the United States of America, 115(5): 992-997.

Patrian M, Nieddu M, Banda-Vázquez J A, et al. 2023. Genetically encoded oligomerization for protein-based lighting devices. Advanced Materials, 35(48): 2303993.

Ravi S K, Zhang Y X, Wang Y N, et al. 2019. Optical shading induces an in-plane potential gradient in a semiartificial photosynthetic system bringing photoelectric synergy. Advanced Energy Materials, 9(35): 1901449.

Sadat Mousavi P, Smith S J, Chen J B, et al. 2020. A multiplexed, electrochemical interface for gene-circuit-based sensors. Nature Chemistry, 12(1): 48-55.

Sakimoto K K, Wong A B, Yang P D. 2016. Self-photosensitization of nonphotosynthetic bacteria for solar-to-chemical production. Science, 351(6268): 74-77.

Sample V, Newman R H, Zhang J. 2009. The structure and function of fluorescent proteins. Chemical Society Reviews, 38(10): 2852-2864.

Shapiro M G, Goodwill P W, Neogy A, et al. 2014. Biogenic gas nanostructures as ultrasonic molecular reporters. Nature Nanotechnology, 9(4): 311-316.

Shen J R. 2015. The structure of photosystem II and the mechanism of water oxidation in photosynthesis. Annual Review of Plant Biology, 66(1): 23-48.

Song S J, Mayorga-Martinez C C, Vyskočil J, et al. 2023. Precisely navigated biobot swarms of bacteria *Magnetospirillum magneticum* for water decontamination. ACS Applied Materials & Interfaces, 15(5): 7023-7029.

Su Y D, Cestellos-Blanco S, Kim J M, et al. 2020. Close-packed nanowire-bacteria hybrids for efficient solar-driven CO_2 fixation. Joule, 4(4): 800-811.

Takekuma Y, Nagakawa H, Noji T, et al. 2019. Enhancement of photocurrent by integration of an artificial light-harvesting antenna with a photosystem I photovoltaic device. ACS Applied Energy Materials, 2(6): 3986-3990.

Tschirhart T, Kim E, McKay R, et al. 2017. Electronic control of gene expression and cell behaviour in *Escherichia coli* through redox signalling. Nature Communications, 8(1).: 14030.

Vinyard D J, Brudvig G W. 2017. Progress toward a molecular mechanism of water oxidation in photosystem II. Annual Review of Physical Chemistry, 68(1): 101-116.

Wang S, Chen C Y, Rzasa J R, et al. 2023. Redox-enabled electronic interrogation and feedback control of hierarchical and networked biological systems. Nature Communications, 14(1): 8514.

Wang T G, Wang H J, Pang G J, et al. 2020. A logic AND-gated sonogene nanosystem for precisely regulating the apoptosis of tumor cells. ACS Applied Materials & Interfaces, 12(51): 56692-56700.

Wang X Y, Zhang J C, Li K, et al. 2022a. Photocatalyst-mineralized biofilms as living bio-abiotic interfaces for single enzyme to whole-cell photocatalytic applications. Science Advances, 8(18): eabm7665.

Wang Z H, Bai H T, Yu W, et al. 2022b. Flexible bioelectronic device fabricated by conductive polymer-based living material. Science Advances, 8(25): eabo1458.

Warden M R, Cardin J A, Deisseroth K. 2014. Optical neural interfaces. Annual Review of Biomedical Engineering, 16(1): 103-129.

Wu H L, Pan H J, Li Z J, et al. 2022. Efficient production of lycopene from CO_2 *via* microbial electrosynthesis. Chemical Engineering Journal, 430: 132943.

Xiao X T, Mei Y, Deng W T, et al. 2023. Electric eel biomimetics for energy storage and conversion. Small Methods, 8(6): e2201435.

Xing J H, Yin T, Li S M, et al. 2021. Sequential magneto-actuated and optics-triggered biomicrorobots for targeted cancer therapy. Advanced Functional Materials, 31(11): 2008262.

Ye J, Tang S Y, Meng L, et al. 2018. Ultrasonic control of neural activity through activation of the mechanosensitive channel MscL. Nano Letters, 18(7): 4148-4155.

Yeh A H W, Norn C, Kipnis Y, et al. 2023. *De novo* design of luciferases using deep learning. Nature, 614(7949): 774-780.

Yewdall N A, Mason A F, van Hest J C M. 2018. The hallmarks of living systems: Towards creating artificial cells. Interface Focus, 8(5): 20180023.

Zhang J Q, You Z X, Liu D Y, et al. 2023. Conductive proteins-based extracellular electron transfer of electroactive microorganisms. Quantitative Biology, 11(4): 405-420.

Zhu H W, Xu L R, Luan G D, et al. 2022. A miniaturized bionic ocean-battery mimicking the structure of marine microbial ecosystems. Nature Communications, 13(1): 5608.

第19章 活体材料加工制造

　　活体材料加工制造在于将具有生命特征的构筑单元构建为特定结构和性能的半成品或成品，以期实现从生命状态到满足特定物质应用需求的高度转变，旨在创造具有自我修复、自我复制、响应环境变化以及自主调节等特性的智能材料（An et al.，2023）。从材料学的角度来看，具有生命特征的细胞通常被看成是特定功能的构筑基元，可以不断地从外界获取能量，使得材料具有复杂的功能属性。因此，在活体材料研究发展的过程中，细胞不仅仅作为材料骨架的组成部分，还通过嵌入、封装、涂层等形式，赋予材料在合成、组装及维持其结构和功能方面的独特性能。尽管经典的组织工程材料通过负载哺乳动物细胞也属于活体材料研究的范畴，但这一领域已在以往的综述中得到了充分探讨。因此，本章主要介绍了非哺乳动物细胞的活体材料加工制造技术，着重探讨合成生物学与材料科学相结合的新兴活体材料技术的研究和应用（图 19-1）。通过总结加工制造的研究进展，本章详细解释了活体材料当前在加工制造领域的发展状况及未来面临的挑战。

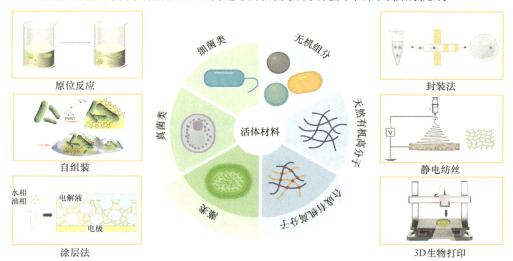

图 19-1　活体材料构筑单元与加工制造方法概览图

　　从制造工程学的角度来看，活体材料的加工制造进展标志着向更高水平的材料智能化和功能集成迈出了重要步伐。实现这些特性的关键途径包括细胞和基因工程手段、自组装材料工程、高精度生物打印等各项技术的应用，它们共同为制造具有前所未有复杂功能和结构的材料提供了可能。活体材料加工制造的发展不仅推动了新一代智能活体材料的开发，也为可持续制造、生物医学、环境监测等领域带来了革命性的应用潜力，同时进一步提出了对制造过程控制、标准化、可靠性验证以及伦理法律问题等方面的新要求和新挑战。

19.1 活体材料的分类

活体材料的加工制造水平是决定其能否从实验室成功转移到工业应用的重要关卡之一，因此，如何维持生命组分的生物功能、精确控制活体材料特性、实现规模化生产等多个方面的因素，是必须重点关注的核心挑战和发展方向。与传统材料的加工制造相比，活体材料的加工制造以生物细胞为主体，其核心在于将生物细胞转化为可用的材料。活体材料的应用方向以及外源组分的特性决定了其加工制造手段的特殊性，主要影响因素如下。①生物细胞特性：不同类型的细胞具有特定的生物功能，如细胞的形态、生长速率、代谢途径等，这些特性将直接影响活体材料的制备方法和条件。②外源组分属性：活体材料的制备通常涉及与生物细胞相互作用的外源组分，如载体材料、生长因子、细胞培养基等，这些组分的选择、性质以及与生物细胞的相互作用方式，将决定最终活体材料的性能和功能。③加工制造工艺：活体材料的加工制造需要特殊的工艺方法，如细胞培养、组装、修饰等，不同的加工工艺将影响活体材料的结构、形貌、稳定性等关键特性，同时还需考虑从实验室成功转移到工业应用规模化生产的可行性和效率。④生物功能维持技术：活体材料在转移至工业应用过程中，需要保持其生物功能的稳定性和活性，因此，开发能够维持生物功能的加工技术和保存方法是必要的，还需考虑加工制造过程中生物安全性和产品的可控性，确保生产过程和最终产品符合相关的安全标准与质量标准。

目前，活体材料的加工制造方法主要采取"自下而上"的手段，从构筑单元的角度来看，活体材料由纯生命组分或生命与非生命单位组成的杂化组分构成。由纯生命组分构成的活体材料包括细胞和细胞来源的细胞外基质，以及其他生物分子如蛋白质、多糖和核酸等，通过自组装、自组织或生物合成的方式构建，特别是通过基因工程技术对生物体的遗传物质进行改造与调控，可以实现对细胞的工程化。这种工程化使得细胞能够按照预先编程的指令组装并调节新材料，具备适应性反应、自我复制潜力与稳健性功能（Burgos-Morales et al.，2021）。相较于由纯生命组分构成的活体材料，由生命与非生命单元组成的杂化材料具有更高的灵活性和功能性。杂化材料的构建结合了生物体系的特异性与动态可调性，以及人工材料的稳定性与可设计性，从而实现对材料性能的精确调控和优化。通过将生命单元与无机材料或有机材料等非生命单元相结合，活体材料的功能可以得到进一步的增强和扩展，为各种领域的应用提供更多创新的可能性。

为探究适用于不同活体材料的加工制造方法，对活体材料进行分类尤为重要。针对合成生物学与材料学的交叉融合，不仅需要考虑从材料的角度对其加工制造方法进行区分，而且应将生命元素作为影响分类的重要因素。因此，按照生命组分提供的功能特征，可以将其分为结构活体材料、传感活体材料、催化活体材料、医药活体材料等。但是，从加工制造的角度，不同功能属性的活体材料也极有可能用到相同的加工制造方法，基于此，提出以拓扑结构为基准的维度特征对活体材料进行分类，这一概念的引入使得我们可以从零维、一维、二维和三维对活体材料进行区分。零维是指准点阵构型，通常表现为空间位置固定的单个细胞或细胞团所构成的活体材料。一维则是指长度至少比其余两个维度大一个数量级的活体材料。当活体材料的深度比其宽度和长度小一个数量级时，我们将其视为二维材料。三维材料是其结构呈现出三维空间的形态，构成物质在空间中形成复杂的结构。基于维度特征对活体材料进行分类，对于深入探索和充分利用这些具有生命特性的材料具有重要意义（Lantada et al.，2022），有助于推动活体材料制造技术的发展，为生物医学、材料科学和工程领域带来更多创新和应用可能性。

19.2　活体材料加工制造的构筑单元

19.2.1　生命组分的设计与选择

活体材料中的生命组分是保证其具备"活"属性的来源，以实现活体材料的自生长、自修复和自响应等特性。由生命组分加工制造的活体材料主要以工业微生物为主，包括细菌、真菌、藻类等，它们不仅能通过生物发酵生产如抗生素、酶、有机酸、燃料、维生素等重要的产品，还能通过可编程性实现其他生物化学过程，如表达蛋白质、多糖和核酸，用作工程化活体材料的生物构建模块。这些由工程生命系统表达的功能构建模块将决定活体材料的所需功能。工业微生物作为活体材料的生命组分，一般需要具备如下一个或几个特征：①生物功能活性；②生物相容性；③可扩展性与生产性；④生物安全性；⑤可调控性和遗传工程可塑性；⑥可行性和可操作性。相应的生命组分的内容已在第 14 章中进行了详细介绍，在此不再赘述。

19.2.2　非生命组分的设计与选择

尽管活体材料的生命组分是支撑其功能来源的重要组成部分，但如何进一步扩展活体材料的功能、提高可加工性能、维持生命组分活力等，往往需要无机或有机等非生命组分的杂化。因此，研究者们设计并选择了多种与生命组分互联的非生命组分，通过其集成使得活体材料具备了更好的加工性能，也提高了活体材料耐恶劣环境的能力（Wang et al.，2022）。这类非生命组分除了保留细胞生物合成、自我调节和再生等属性之外，还为活细胞提供了生长与代谢的环境，甚至为其提供免遭外界环境或生物影响的庇护场所，同时也能提升活体材料的机械性能和可加工性能。构建活体材料非生命组分的选择一般具有如下一个或几个特征：①细胞相容性；②可加工性；③多功能性；④环境稳定性。

1. 无机组分

无机组分通常被定义为不基于碳-氢共价键构建的物质。作为组成活体材料的非生命组分，无机物的选择范围非常宽泛，包括金属、盐、矿物和合成的无机化合物等（图 19-2），主要是利用其独有的高机械强度、电化学性能、可调的光学属性等。当生命组分与无机组分结合时，不同无机材料的功能特性影响着生命组分和活体材料的性质与功能，这些特性包括表面附着力、磁感应能力以及光能转换等。在选择无机组分时，需要考虑其与活体材料的兼容性、加工性、环境稳定性以及成本效益。这些无机组分结合的目的是发挥其优点，同时克服单一组分的局限性，以实现活体材料更高的性能和更多样的功能。

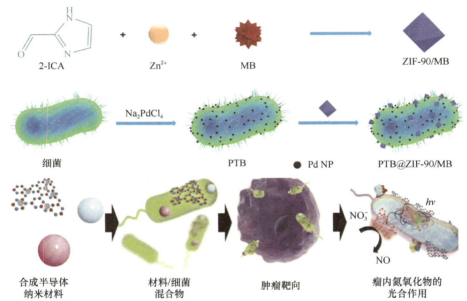

图 19-2　无机非生命组分与细菌杂化加工制造生物治疗的活体材料（修改自 Liu et al.，2023）

金属纳米粒子是一类尺寸为 1～100 nm 的金属颗粒。用以构建活体材料的金属纳米粒子通常是利用其催化活性、独特的光学性质（如等离子共振），以及可调的磁性。例如，研究者们利用金纳米粒子，以纳米簇的形式结合非光合细菌，整个体系具有光吸收和生物相容性的双重优势，通过高效地收集阳光，将光生电子转移到细胞代谢中，实现连续的二氧化碳固定（Zhang et al.，2018）。另外，金属纳米粒子的导电性使其在与细菌结合后获得动态响应的功能，在传感方面发挥很大的作用。通过构建三维的穹顶结构，可以响应不同的压力强度和持续时间的传感信号。基于活细胞组装的传感器为活体材料制造提供了新的路径，包括响应环境提示的动态重组、机械信号和化学信号的集成，以及功能结构的自我修复。

硅酸盐是一类含有硅元素和氧元素的化合物，这些化合物在自然界中广泛存在，是构成地壳的主要成分之一，同时也是建筑领域中的主要材料。作为面向建筑领域的应用，采用硅酸盐作为非生命组分，可赋予活体材料结构与生物功能的双重属性（Heveran et al.，2020）。例如，通过在硅酸盐类材料中添加营养物质，由硅酸盐类的杂化组分（如沙子、混凝土等）与丝状真菌或者生物矿化细菌相结合制备形成活体材料，利用丝状真菌菌丝体的自生长特性可以使得建筑材料具有再生的功能。具有生物矿化特性的微生物（如蓝藻、巴氏杆菌等）在与碎石和水泥混合后，可以开发自我修复的混凝土建筑活体材料。

单质碳材料是由纯碳元素构成的材料，其结构中不含有其他元素的化学键。这类材料是碳的同素异形体，表现出多种不同的分子结构和物理特性。常见的单质碳材料有碳点、炭黑以及石墨烯等，这些材料具有良好的导电性，当其作为活体材料的非生命组分进行杂化时，可以使活体材料具备更好的电子传递效率、独特的光吸收等物理性质。碳点是一种纳米碳材料，它具有特殊的光学、电学和化学性质。近年来，碳点在光发射、光/点催化、重金属离子传感、体内成像和抗肿瘤治疗方面有良好的性能。研究人员将单胞菌与碳点相结合形成活体材料，建立了一种简单有效的方法来改善电子生成和随后的电子转移，在生物发电和细菌相关的氧化还原反应中具有相当大的潜力。炭黑是一种由碳元素组成的黑色粉末物质，具有很好的导电性。有研究团队将炭黑加入到装有沙瓦氏杆菌的生物墨水中，首次 3D 打印出了微生物燃料电池阳极活体材料。石墨烯是一种由单层碳原子构成的二维晶格结构材料，其具有的导电性、导热性、机械强度以及光学性质等特性，使其在电子、光电子以及材料科学领域有广泛的应用前景。在活体材料领域中，石墨烯可以用于细胞外电子的转移。将石墨烯与希瓦氏菌相结合，通过自组装可以形成一种电活性的、氧化石墨烯还原杂化的三维大孔生物膜（Yong et al.，2014）。与自然产生的生物膜相比，这种 3D 电活性生物膜的外向电流（氧化电流，从细菌到电极的电子通量）增加了 25 倍，内向电流（还原电流，从电极到细菌的电子通量）增加了 74 倍。

2. 有机组分

组成活体材料的有机非生命组分通常是指含有碳氢元素的化合物，其中，有机高分子是一类特殊的有机化合物，其分子由许多重复单元组成，形成链或网络结构。这些有机高分子化合物可以是天然的（如蛋白质、碳水化合物、脂肪和核酸等），也可以是人工合成的（如聚合物、合成树脂、化学纤维等）。高分子材料与生命组分相结合，可以制备出具有不同功能的活体材料，其中高分子材料为生命组分提供了一个适宜的生存空间并增强了活体材料的机械性能；同时，生命组分赋予高分子材料新的功能。随着材料科学和合成生物学的发展，越来越多的高分子材料以非生命组分的形式参与活体材料的制备，包括天然高分子材料、合成高分子材料以及复合高分子材料。

1）天然高分子材料

天然高分子材料是源自天然生物体的高分子化合物，具有生物可降解性和可再生性。木质纤维是一种广泛存在于自然界中的天然高分子材料，主要来源于植物。这些纤维的主要成分包括纤维素、木质素和少量的半纤维素，越来越多的研究将木质纤维作为非生命组分用于活体材料的制备。在大自然中，木质纤维是真菌和细菌等微生物生长的载体，有研究将木质纤维原料与真菌-细菌相结合开发了一种生物复合材料，这种活体材料可以形成可模塑、可折叠和可再生的生命结构。除了木质纤维，常见的用于活体材料制备的天然高分子材料还有透明质酸、海藻酸盐、壳聚糖、明胶以及琼脂等（Yu et al.，2020），这类天然高分子材料具有多孔结构、良好的储水能力以及生物相容性，常用于模仿自然生物体的细胞外基质，能够为细胞提供生存空间和黏附位置，并且有利于营养物质的传递。例如，以透明质酸和卡拉胶组成的天然高分子组分，可以与假单胞菌和木醋杆菌复合实施 3D 打印定制化构建活体材料，发挥其特有的生物治理和生物医学作用（图 19-3）。

为了进一步提升天然高分子材料在活体材料制备中的性能与功能，对天然高分子材料的改性也成为研究的热点。常见的改性天然高分子材料包括甲基丙烯酸酯明胶、甲基丙烯酸缩水甘油酯透明质酸、巯基化透明质酸、甲基丙烯酸酯海藻酸钠等。这类材料结合了良好的生物相容性、可调节的物理性能，以及易于加工和规模化生产的优势（Yu et al.，2020），这在活体材料加工制造过程中具有很大的优势。例如，通过对明胶进行甲基丙烯酸酯接枝反应，引入含有双键结构的功能基团，从而赋予明胶响应特定波长照射下固化的能力。在光引发的条件下，甲基丙烯酸酯明胶能够发生光聚合反应，这一特性在 3D 生物打印加工制造中具有广泛的应用前景。除此之外，一些天然高分子材料具有外部物理或化学刺激特性，例如，明胶和琼脂通过温度变化可以暂时性凝胶化，添加二价阳离子（钙离子）可以引起海藻酸钠的快速凝胶化。

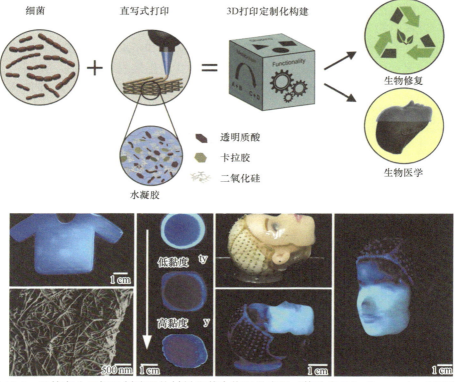

图 19-3　天然高分子加工制造活体材料及其生物医学应用（修改自 Schaffner et al.，2017）

　　天然高分子杂化材料在活体材料加工制造中扮演着重要的角色，这些材料在与生命组分相结合过程中表现出了出色的生物相容性，并且对环境的影响也相对较小。但天然高分子材料仍然存在一些挑战，例如，在活体材料加工制造中（如3D 生物打印），天然高分子材料往往存在机械性能较弱的问题。

　　2）合成高分子材料

　　合成高分子材料是人工合成的高分子化合物，通常采用化学方法将单体或前驱体分子聚合而成。这类材料一般具有可控的结构和性能，广泛应用于工业加工制造领域。在活体材料加工制造中，合成高分子在 3D 生物打印中发挥了重要作用，能够提升打印支架的机械性能。合成高分子材料常被用于活体材料的支架，这样可以提高活体材料整体的支架强度，使得活体材料能够在更复杂、更极端的环境中应用。常见的合成高分子材料包括聚（ε-己内酯）、聚乳酸、聚羟基乙酸、聚乙烯醇以及聚乙二醇二丙烯酸酯等。例如，研究中将冻干酵母粉末与聚乙二醇二丙烯酸酯混合，形成生物墨水。通过添加光引发剂苯基-2,4,6-三甲基苯甲酰基膦酸锂进行交联，形成了生物发酵的活性材料。借助 3D 打印技术，可以进一步制备具有高分辨率、大尺寸和高细胞密度的自支撑三维几何形状。这种方法提高了酵母菌在催化葡萄糖生成乙醇过程中的效率。具有温敏特性的聚醚 F127 二丙烯酸酯也是一种常见的合成高分子非生命组分，它是一种由疏水性聚丙烯氧化物和亲水性聚乙烯氧化物组成的三嵌段共聚物（Bhusari et al.，2022），能够在水中自组装成纳米胶束。双键改性的聚醚 F127 二丙烯酸酯（Saha et al.，2018）可以用于隔离工程微生物多细胞体系，形成催化活体材料的共培养系统，多轮重复使用生产小分子化合物和抗菌肽，并且还可以通过冷冻干燥技术进行保存，在需要时重新水化，用于按需生产化学和药物产品，其效果优于传统的液体培养方式（图 19-4）。合成高分子杂化材料在构建活体材料的过程中充当了提高机械性能和强度的角色，这对活体材料的多功能应用提供了更好的外部保障，使得活体材料能够在更复杂、更极端的外部环境中应用。

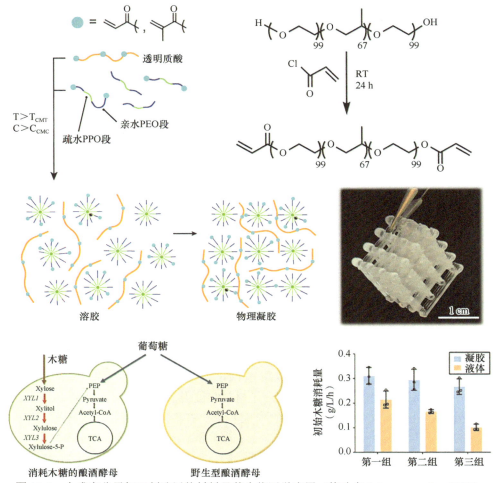

图 19-4 合成高分子加工制造活体材料及其生物医学应用（修改自 Johnston et al.，2020）

3）复合高分子材料

由于单一的天然高分子材料和合成高分子材料在活体材料加工制造过程中的性能控制往往具有局限性，限制了它们在生物应用领域的广泛使用。为了克服这一挑战，研究人员开始开发复合高分子材料（Collins et al.，2021），这些材料结合了非生命组分，以增强性能并提供更精确的功能调控。通常，复合高分子材料由两种或多种高分子材料结合而成，其中天然高分子材料的生物相容性和合成高分子材料的力学性能使得复合材料同时兼备了两者的优点。近年来，复合高分子材料的研究成为了热点，其中水凝胶复合材料是两种或两种以上具有协同性能的天然和合成水凝胶结合而成的。例如，由Ⅰ型明胶和胞外基质蛋白合成的复合水凝胶，与单一材料获得的水凝胶材料相比具有更好的机械性能和生物相容性（Maisani et al.，2018）；由海藻酸盐和Ⅰ型胶原合成的水凝胶具有更好的流变性能和压痕特性（Baniasadi and Minary-Jolandan，2015）。在生物打印加工制造领域，已经合成了许多复合材料，包括海藻酸盐-透明质酸（Lee et al.，2020）、海藻酸二醛-明胶（You et al.，2020）、壳聚糖-海藻酸盐-羟基磷灰石（Sadeghianmaryan et al.，2022）、海藻酸盐-羧甲基壳聚糖（Mohabatpour et al.，2023）和海藻酸盐-明胶（Ketabat et al.，2023）等。

除了使用两种有机高分子材料结合的复合材料之外，在有机高分子材料中加入无机材料（如陶瓷类羟基磷灰石和石墨烯等碳基材料）而制备的复合材料也是层出不穷。受生物系统中天然存在的生物活性纳米材料的启发，研究人员通过将无机陶瓷与天然或合成高分子相结合来开发新型活体材料，从而增强机械和生物性能，以及在生物打印环境中的可打印性，例如，生物活性陶瓷纳米颗粒（包括羟基磷灰石、硅酸盐纳米颗粒和磷酸钙等）已被应用于复合高分子材料。近年来，越来越多的结合无机杂化组分的复合高分子材料已经被开发用于生物打印，并且展现出很好的打印性、电活性和生物相容性。

19.3　活体材料加工制造的方法学

为制造出目标活体材料，特定的加工制造方法在近年来得到了广泛的关注。为了实现对微生物活体材料的精确控制和优化，研究人员开发了一系列先进的加工制造方法，包括原位反应、自组装、静电纺丝、涂层法、封装法、3D 生物打印等。这些方法各具特点，可以根据不同的微生物原料、产物需求和应用场景，选择合适的方法进行微生物活体材料的制备和加工。

19.3.1　原位反应

通过调控外界环境，给微生物提供适宜的反应条件，以生命组分作为驱动力进行原位反应，是一种理想的活体材料加工制造方法，可用来制造纳米颗粒或者实现生物矿化。近十年来，利用生物系统以金属纳米结构或微结构的形式对金属离子进行生物修复的研究进展迅速，该方法也可用于相应的金属纳米颗粒的生物制造。在众多的生物方法中，以微生物为介导的原位反应法，因其生态友好、经济高效的工艺优势而备受关注。最近的一项研究显示，绿藻和环藻的相互作用可成功生产出银纳米粒子，并且这些纳米粒子体现出较强的抗菌活性。除了微藻外，细菌类微生物也可以在一定条件下产生金属纳米粒子。例如，气单胞菌可以通过原位反应合成银纳米粒子，对大肠杆菌和金黄色葡萄球菌具有显著的抗菌潜力。因此，与化学合成的银纳米粒子相比，使用气单胞菌制备的银纳米粒子对高浓度银离子具有抗性，显示出更强的抗菌活性（Sharma et al.，2018）。希瓦氏菌是一种革兰氏阴性菌，具有金属还原能力，在环境污染物的生物修复方面具有相当大的潜力。已经有研究表明，γ-希瓦氏变形杆菌能够还原四氯金酸盐离子，生成离散的、零维的、球形金纳米粒子，并分布于细胞外（Suresh et al.，2011）。通过原位还原制备的纳米粒子形状均匀，粒径可调，在常温条件下产量高，理论最大值可达到88%。利用革兰氏阴性菌（大肠杆菌和奈氏杆菌）和革兰氏阳性菌（枯草芽孢杆菌）对这些纳米粒子的抗菌活性进行了评估，毒性评估结果表明，这些颗粒对这些细菌既没有毒性也没有抑制作用。实验表明，这些颗粒可能是通过细菌细胞膜中的还原剂制造的，并被蛋白质或肽涂层覆盖。

原位反应除了可以制备上文所述的纳米粒子之外，还可以利用生物体内部的生物矿化酶或微生物等生物体系，使无机物质转化成有机-无机复合材料，从而通过生物矿化实现三维活体材料的制备和修饰。原位生物矿化制造活体材料首先要选择适合的生物体系，如细菌、真菌、藻类或植物等（Molinari et al.，2021）。这些生物体系通常具有特定的酶或代谢途径，能够促进无机物质的矿化过程。此外，要提供适当的无机物质作为生物矿化的底物，这些无机物质可以是金属离子、矿物颗粒或其他化合物，从而被生物体系转化为有机-无机复合材料。无机物质与生物体系接触，在适当的温度、pH等条件下，生物体系中的酶或微生物将催化无机物质，实现生物矿化（Xin et al.，2021）。这个过程可能涉及无机物质的溶解、结晶、沉淀或表面沉积等步骤，以形成具有特定结构和性质的复合材料。经过必要的处理和纯化步骤后，可获得所需的活体材料。原位生物矿化在材料制备中具有诸多优点，包括温和的反应条件、环境友好性、制备过程较高的可控性以及产物的多样性等。用于生物矿化的活体材料可以满足多种目标需求，包括提高制造速度、赋予机械效益和维持生物功能，因此在生物医学材料、环境修复、纳米材料等领域都具有广泛的应用前景（Rodrigo-Navarro et al.，2021）。

硅藻可以通过合成特定的硅藻肽，在细胞外利用这些肽的功能形成复杂的二氧化硅结构。研究表明，可以利用调控硅藻的生物合成途径和模板机制，在适宜的环境条件下引导二氧化硅的生长。这一技术在电子学和光子学领域具有潜在的应用前景。此外，已经研究出一种利用碳酸盐沉淀微藻来制备自愈混凝土的方法（图 19-5）。在搅拌过程中，向混凝土中加入微藻、营养物质和沉淀前体。当混凝土建造结构出现裂缝时，内部的细菌会被裂缝中的水激活，沉淀碳酸盐以填充裂缝，从而完成自愈（Mujah et al.，2017）。在此基础上，通过调节细菌的浓度和位置，可以精确调节碳酸钙沉淀量和沉淀位点，以调节矿物形成的数量、位置和结构，为研究活体材料的具体力学性能和特定建筑材料的制造提供了条件。这种建筑活体材料代表了一种平台技术，通过这种技术可以为基础设施材料的构筑提供多种可能。

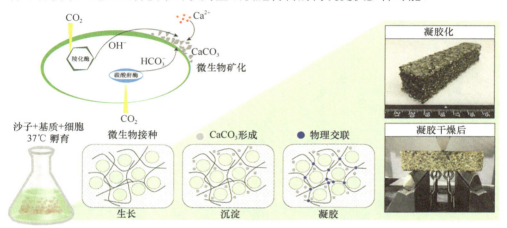

图 19-5 微生物原位反应实现生物矿化加工制造建筑活体材料（修改自 Heveran et al.，2020）

19.3.2 自组装

自组装是指原子、分子或者更大尺寸的组分，在没有外部指导或限制的情况下，自发地组织和排列形成有序结构的过程。在活体材料加工制造过程中，自组装技术利用了生物分子（如蛋白质、核酸、多糖等）的天然自组装特性，甚至可以扩展应用到细胞层面及至宏观层面，按照特定的空间排列和功能性设计自动组装。这种方式可以模拟自然界中的生物组织结构，如细胞膜、骨骼和其他复杂的生物系统（Wang et al.，2018）。自组装的优点是它通常自主发生，不需要复杂的外部干预，且具有精密度高、重现性好等特点。

采用大肠杆菌的 Curli 系统自组装制备生物被膜，是一种常见的活体材料自组装制造方法（图 19-6）。CsgA 蛋白单体从大肠杆菌细胞中分泌，可以自组装成淀粉样纳米纤维。它富含 β 折叠结构，是一种典型的淀粉样蛋白，具备极强的环境耐受性，如耐高低温、酸碱溶液、有机溶剂以及一定的机械摩擦。同时，还可以利用基因工程对 CsgA 单体蛋白进行功能化修饰，例如，利用大肠杆菌的 Curli 系统可以创建能够共价固定酶的功能性纳米纤维网（Seker et al.，2017），重组的 α-淀粉酶可以通过 Spy Tag 和 Spy Catcher 固定在大肠杆菌 Curli 纤维上，这为空间精确制备纳米材料和构建生物催化提供了设计思路。此外，基于 CsgA 蛋白的合理设计，可以用于工程大肠杆菌生物膜的制备。将 CsgA 与已知的流感病毒结合肽（这里表示为 C5）结合后，CsgA-C5 单体可以自组装形成稳定的纤维，通过表达和胞外分泌 CsgA-C5 蛋白，自组装成生物膜（Pu et al.，2020），利用胞外纳米纤维捕获水中存在的病毒可实现生物修复。

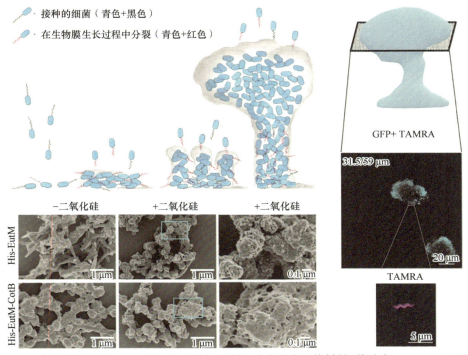

图 19-6　大肠杆菌分泌 CsgA 蛋白自组装加工制造纳米纤维活体材料（修改自 Ozer et al.，2021）

生物自组装还可以实现石墨烯活体材料的加工制造。例如，氧化石墨烯和希瓦氏菌可以自组装成一种电活性的大孔石墨烯生物膜活体材料（Yong et al.，2014）。这种结构由于其细胞外电子传递的特点，使得希瓦氏菌与电极之间能够高效地进行双向电子转移，从而增强了电子流和石墨烯的活性。类似地，利用石墨烯生物膜的氧化还原特性和电子传递能力，研发了一种新型的生物记忆装置，这种装置由希瓦氏菌和微生物还原的石墨烯组成，通过电化学方法研究了其电荷的存储与释放（Yuan et al.，2013）。研究显示，通过细胞色素 c 的氧化还原反应，可以实现对"写入"和"擦除"功能的电化学控制。此外，氧化石墨烯经微生物转化为导电石墨烯并自组装入生物膜，这一过程中石墨烯和电化学活性生物膜的协同作用增强了希瓦氏菌生物记忆的电流信号,并显著提升了电荷的存储与释放性能。这种生物记忆装置的电流信号远超基于蛋白质的系统,为记忆存储设计提供了新的可能。同时,这种复合生物膜活体材料既经济,又具有自修复和自复制的特性,为基于蛋白质的生物记忆系统的进一步研究和发展开辟了新途径。

19.3.3　静电纺丝

静电纺丝技术是一种简单有效地制备各种一维纤维及其他低维活体材料的方法。其基本原理是将纺丝溶液置于高压静电场中,使其带电并产生形变,在喷头末端处形成泰勒锥液滴。当液滴表面的电荷斥力超过表面张力时,在液滴表面会高速喷射出聚合物微小液滴,简称"射流"。这些射流经过电场力的高速拉伸、溶剂挥发和固化,最终沉积在接收板上,形成纤维。这种方法通过高压静电使从针头喷出的液滴带电,然后通过液滴中溶剂挥发或者固化制备活体材料(图 19-7)。静电纺丝前驱体溶液的黏度较大,分子链间的缠结多且紧密,产物为纳米纤维膜。在静电纺丝制备纳米纤维的研究中,有研究表明,通过静电纺丝技术将聚乙烯醇和聚氧聚乙烯作为聚合物基质,对一株具有亚甲基蓝染料修复能力的铜绿假单胞菌菌株进行纳米纤维封装,得到的静电纺丝纳米纤维对亚甲基蓝具有巨大修复潜力(Sarioglu et al.,2017)。将细菌包裹的电纺丝纳米纤维网在 4℃下保存 3 个月,

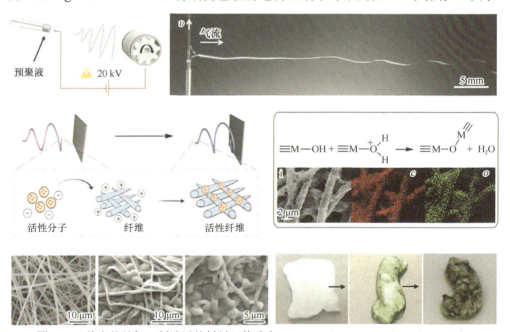

图 19-7　静电纺丝加工制造活体材料(修改自 Zhang et al.,2023;Li et al.,2022)

发现它们可以在储存的同时保持被包裹的细菌的存活性。与此相似，有研究通过同轴静电纺丝将酵母菌包裹在聚合物微管中来制造活体材料，酵母菌被包裹在一个可溶于水的生物相容性的聚合物核心中，该核心提供了维持细胞存活的良好环境。在这些电纺纤维中，酵母细胞被证明仍然具有生物活性，且能够生物降解多酚和生产乙醇。除此之外，有研究团队报道了一种含有细菌细胞的复合纤维，可分别用于分离黄金和去除溶液中的硝酸盐。细菌与聚合物材料的结合确保了细菌在水环境中短期内的稳定性和生物活性。由此可得，电纺丝纳米纤维是一种保存活细菌细胞的合适平台，静电纺丝也是制造低维活体材料的一种合适方法。

静电纺丝技术以其制备简单、可调控性强、适用范围广等优点，成为制备活体材料的一种重要方法，并在加工制造领域中得到了广泛的应用。值得注意的是，静电纺丝技术可以以预定的设计格式在空间上排列细胞和原料，从而制造具有可控空间定位的活体材料。未来，静电纺丝技术可以制造像网格和织物这样的大规模材料，也可以制造有生物活性的可穿戴设备和服装（Nguyen et al.，2018），是一种有应用前景的规模化制造方法。

19.3.4 涂层法

在基材表面涂覆一层含有微生物的薄膜也是加工制造活体材料的常用方法之一，称为涂层法，主要应用于二维活体材料的制造。这种方法具有广泛的应用前景，可以用于制备生物传感器、生物催化剂、生物电池等各种微生物活体材料（图19-8）。涂层法涂覆的底物基材可以是玻璃、塑料、金属等各种材料；在涂覆过程中，通常要先将微生物菌株接种到适当的培养基中进行培养，使微生物繁殖并分泌出所需的物质；然后将培养好的微生物悬浮液进行浓缩，得到一定浓度的微生物悬浮液；随后，将准备好的微生物悬浮液均匀地涂覆在基材表面，形成一层薄膜。涂覆方法可以是喷涂、刷涂、浸渍等。涂覆后可以按需将基材放置在适当的环境中进行干燥，使悬浮液中的水分蒸发，将微生物固定在基材表面。干燥过程中需要注意控制温度和湿度，以防止微生物死亡。涂层法制造微生物活体材料的过程相对简单，不需要复杂的设备和技术；操作过程中的可控性强，可以通过调整涂覆工艺和培养条件，实现对微生物活体材料性能的精确调控。然而，涂层法制造微生物活体材料也存在一定的局限性，如微生物在基材表面的固定程度可能不够牢固，容易脱落；或者涂层厚度和均匀性难以控制等。因此，在实际应用中需要针对具体问题进行优化和改进。

使用涂层法来加工制造活体材料的具体案例包括制造基于微生物的刺激响应材料、应用于生物光电化学系统产生光电流和制造高性能微生物燃料电池。研究表明，芽孢杆菌孢子对水梯度的机械响应比合成水响应材料高出两个数量级，并

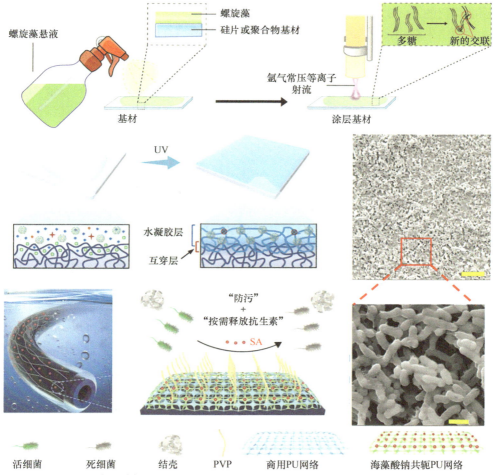

螺旋藻悬液

螺旋藻
硅片或聚合物基材

氩气常压等离子
射流

多糖　新的交联

基材

涂层基材

UV

水凝胶层
互穿层

"防污"
+
"按需释放抗生素"

SA

活细菌　　　死细菌　　　结壳　　　PVP　　　商用PU网络　　　海藻酸钠共轭PU网络

图 19-8　涂层法加工制造活体材料及其防污应用（修改自 Yao et al.，2022）

且它们可以在硅微悬臂和弹性体片等基底上形成致密的亚微米厚单层。利用这些特征，可以将枯草芽孢杆菌孢子涂覆在硅微悬臂和乳胶橡胶片上，构成生物杂交湿形态致动器（Chen et al.，2014b）。在响应过程中，孢子对水势变化产生的差异应变可以引起微悬臂梁和乳胶片曲率的变化，这些变形反过来能够描述单孢子厚度层对水势变化的响应。涂层法还可以应用于电极活体材料的加工制造。将蓝藻涂覆在石墨烯电极上可以收集光电流制氢，实现生物光电的电化学系统的应用。经过物理处理后的蓝藻细胞，使光驱动电子通过内源性介质转移到生物光电化学电池中的石墨电极，无需添加电子供体或受体。该活体材料中的光电流来源于光系统，而电子来源于蓝藻呼吸系统消耗的碳水化合物。最后，该电流在阴极上实现了析氢。与此相似，一种由内置细菌的石墨烯-碳纳米管网络组成的结构也通过涂层孵化的方式制造活性石墨烯材料。在此项研究中，细菌插入并在石墨烯-碳纳米管网络中孵化，以作为微生物电池的阳极来制造混合电活性生物膜（Zhao et al.，2015）。由于杂化导电生物膜在阳极表面的强附着力，以及石墨烯的高比表面积和碳纳米管的高导电性，极大地增强了希瓦氏菌与电极之间的直接胞外电子传递，表现出优越的电化学性能。总之，利用涂层的方式可以使微生物与目标底物基材有效结合，在合适的位置实现活体材料的制造，是一种适用范围较广的活体材料加工制造方法。

19.3.5 封装法

为了提高活体材料中生命组分的存活率，通常也将细胞以封装的方式结合起来制备活体材料，即将生命组分用非生命组分封装起来，以实现保护、控制释放和应用等功能。所选择的非生命组分一般具有生物相容性好、稳定性高、释放可控等优点。常用的非生命组分包括天然高分子（明胶、藻酸盐、壳聚糖等）和合成高分子等（聚乳酸、聚酯等），通过乳化、凝胶化、喷雾干燥等适当的方法实现生命组分的封装构成活体材料。在这个过程中，可以添加一些辅助剂，如稳定剂、控释剂等，以调节包封效率和释放性能。包封后的活体材料可以有效保护活性成分免受外界环境（如温度、pH、氧气浓度）的影响，从而增强其稳定性和存活率。此外，通过对生命组分的封装还可以实现对微生物释放的调控，使其释放速率和方式能够符合特定的应用需求，因而在医药、农业、环境保护等领域具有广泛的应用前景，可用于制备微生物修复剂、生物传感器、智能农业产品等。

二氧化硅基质也是一种用来包封微生物的常见非生命组分。在整个过程中，细胞与硅前驱体相互作用，硅前驱体经过水解和缩合反应形成硅材料（Meunier et al.，2010），通过原位溶胶-凝胶包裹实现微生物封装。二氧化硅基质材料拥有许多优点，如生物相容性、热稳定性、机械稳定性和光学透明性。二氧化硅基质材料与生命组分的结合在生物反应器、生物传感器、环境修复系统甚至人造器官等方面均有应用潜力。研究表明，将表达阿特拉津氯水解酶的重组大肠杆菌包裹在有机改性的硅胶中可以应用于生物降解，是一种经济、环保地去除环境中有毒化学物质的方法。

自分泌自组装也是实现三维活体材料封装的一种加工制造方法。例如，细菌纤维素具有优异的材料性能，可以通过简单的细菌培养实现持续生产，通过掺入工程大肠杆菌来生产高度可编程的细菌纤维素材料，可将分泌纤维素的醋酸细菌与工程大肠杆菌共培养，产生包封大肠杆菌的纤维素坚固胶囊（Birnbaum et al.，2021）。研究表明，包封的大肠杆菌可以在纤维素基质中产生工程蛋白纳米纤维，从而产生能够隔离特定生物分子的杂交胶囊。这种新颖的生产方式基于两种细菌，结合一种简单的制造工艺，扩展了纤维素基活体材料的功能。

电喷雾技术也是实现微生物封装加工制造活体材料的一种常见方法。电喷雾的工作原理主要有三个步骤：液滴产生、电离和分散。当流体携带非生命组分喷射到喷嘴出口处时，其高流速与周围空气产生剪切力，使得液流形成展宽的细流。当喷孔处液流在周围空气的作用下还原成小径流时，微小的射流会裂开，形成小液滴。紧接着，受到高电压作用的液体分子会因为电离而失去电子，变为带正电荷的离子。随着液体黏性的改变和喷嘴中心电场强度的增加，离子浓度逐渐增加并逐渐分散到液体表面，形成了一个电离层。最后，高电压电场下的离子和相邻的液体颗粒形成电场耦合系统，促进离子分离和液滴的极化分散。同时，液滴和吸附在其表面的离子在电场作用下形成一个互动稳定的体系，阻止了液滴的凝聚，从而形成小液滴。电喷雾技术可以通过调节电压、喷头形状、溶液浓度等参数，精确控制颗粒的尺寸和分布；制备过程中不需要添加额外的溶剂或添加剂，避免了对生命组分的干扰，是一种有效的制备活体材料颗粒的方法。

有研究报道了一种使用基因工程发光细菌为活性成分的活体材料，可用作水环境中毒性分类和鉴定的浸渍式生物传感器。由于生物发光是由不同的毒性作用模式诱导的，这种浸渍式生物传感器由 8 个不同光学颜色编码的功能藻酸盐微珠组成，每个微珠都封装了不同的生物发光菌株及其相应的荧光微珠。其中的海藻酸盐微珠就是利用电喷雾技术加工制造，含有生物发光细菌和荧光微珠的海藻酸钠溶液通过注射器挤出，并在搅拌器上通过静电和重力作用滴入氯化钙溶液，然后通过离子交联实现硬化（Jung et al.，2014）。这种活体材料传感器可以广泛而实际地检测环境中水的毒性，并可能指示生物多样性的状况。与此相似，高温喷雾干燥也被应用于活体材料的封装。这种方法首先通过高温喷嘴将液体雾化成微小颗粒，形成雾化液滴，然后接触大量的热空气，实现了液体的瞬间蒸发和迅速干燥。高温喷雾干燥法具有制备周期短、粒径分布均匀的优势，可以通过调整喷雾参数和干燥温度实现不同粒径的微粒制备，同时保留材料的活性成分。有研究表明，可以通过高温喷雾干燥将活的黄体微球菌和大肠杆菌包裹在聚乙烯醇、聚乙烯吡咯烷酮、羟丙基纤维素、明胶中，且喷雾过程中的瞬间干燥有助于减少热敏感性微生物的热损伤，从而提高微生物存活率（Reich et al.，2019）。这为功能细菌制备活体材料提供了一种加工制造思路。

微流控技术是一种在微米尺度上控制和操纵流体的技术，近年来已被广泛应用于生物医学、化学、材料科学等领域，亦可作为一种封装方法加工制造活体材料。微流控技术在应用上可以实现对微生物活体材料的精确控制和操作，并通过微通道网络的设计和构建，精确地将微生物培养基输送到特定的位置，从而实现对微生物在活体材料中生长环境的精确调控（Zhang et al.，2021a）。此外，微流控还可以实现对微生物的分离、纯化和筛选等功能，进一步提高了活体材料的制备效率和质量。同时，由于微流控芯片具有大量的微通道和反应室，微流控技术可以实现对活体材料的高通量制备，这对于大规模生产和应用微生物活体材料具有重要意义。与传统的微生物培养方法相比，微流控技术不需要大型的实验室设备和复杂的操作步骤，可以在普通的实验室环境中进行，这使得微流控技术在活体材料制备领域具有广泛的应用前景。研究表明，通过微流控技术制备出的水凝胶微球，不仅可以使微生物在水凝胶微球内部保持长期的高细胞活力，而且还赋予水凝胶微球活体材料多功能性（Ou et al.，2023），在构建多细胞活体材料方面意义重大（图 19-9）。

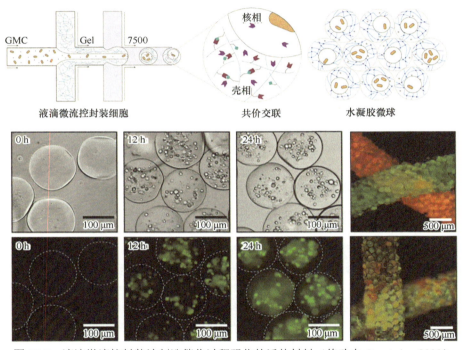

图 19-9 液滴微流控封装法制造催化过程强化的活体材料（修改自 Ou et al.，2023）

19.3.6 3D 生物打印

在活体材料的加工制造过程中，活细胞的空间分布对其生物活性和材料功能的发挥至关重要。因此，高空间和时间分辨率的加工制造技术是必不可少的，特别是对于可定制的材料生产。此外，在活体材料的构建过程中，活细胞需要处于适宜的物理化学微环境中，这使得传统的加工制造方法无法满足复杂活体材料的要求。因此，新兴的 3D 生物打印技术开始在构建活体材料中发挥作用，特别是利用微生物提供能量和功能的材料，在生物传感、生物制造和生物修复等领域展示了其广泛的应用潜力（图 19-10）。

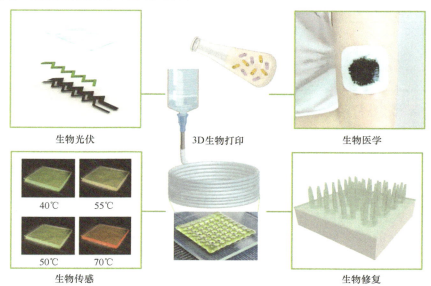

图 19-10　活体材料 3D 生物打印加工制造

　　3D 生物打印技术是一种革命性的加工制造方法,采用逐层堆叠的方式构建三维结构,结合计算机辅助设计软件进行数字建模,具有定制化构建和快速原型设计等优点。3D 生物打印技术为构建不同的微生物活体材料提供了巨大的机会。例如,它促进了高表面积与体积比的固定化结构的制造,这使得营养物质流动更加高效,从而实现了最优的生物合成。生命组分的打印还通过精确控制材料、微生物和化学组分在空间中的形态,使得静态活体材料具有多功能的动态特性(Liu et al.,2023)。此外,3D 生物打印还可以对生命组分的分布进行特定位置的控制,为研究多细胞活体材料制备提供了一种新的模式。活性材料支架的 3D 结构使得我们能够更好地控制和调节细胞与生物体之间的空间相互作用。相较于传统制造方法,3D 打印技术的发展为此提供了更多可能性。主要有三种类型的 3D 生物打印加工制造方法,包括喷墨技术、挤出式技术和光辅助 3D 打印技术(表 19-1)。

表 19-1　3D 生物打印活体材料研究分类

制造方法	生物材料	生命组分	应用
喷墨 3D 打印	海藻酸盐、碳纳米管、VeroClear（RGD810）	微藻、蓝藻（集胞藻）、细菌（大肠杆菌）	生物学研究、传感和响应设备
挤出式 3D 打印	海藻酸盐、PEGDA、明胶、透明质酸、F127-DA、纳米纤维素、聚硅氧烷	细菌（恶臭假单胞菌和大肠杆菌）、微藻（莱茵衣藻和小球藻）、贝克氏酵母、蓝藻	生物修复生物医学生物发酵生物传感

制造方法	生物材料	生命组分	应用
光辅助 3D 打印	光敏树脂、气凝胶	细菌（枯草芽孢杆菌）	环境修复
	EGDA、Gel-MA	细菌（大肠杆菌、新月形杆菌）	生物学研究
	明胶、丙烯酸酯	细菌（金黄色葡萄球菌、铜绿假单胞菌）	物质生产

1. 喷墨 3D 打印

基于喷墨技术的 3D 打印是利用类似于喷墨打印机的原理，通过喷射精细的材料来逐层构建三维结构的加工制造方法（Klebe，1988）。其中，按需滴墨的喷墨 3D 打印技术广泛应用于生物打印领域，其工作原理是：利用压电喷头，通过电压脉冲控制喷头内部压力，从而使得装载生物墨水的腔体体积减小，导致生物墨水以液滴的形式被喷射出来（Ji and Guvendiren，2021）。压电喷墨打印可以在大于 10 kHz 的频率下产生大小为 1~100 pL 的液滴，喷射出的液滴大小可以通过调节输入的电压脉冲或通过选择适当尺寸的喷嘴来进行控制。由于喷墨 3D 生物打印是通过喷射液滴来包裹微生物，所以对固定化液滴大小、微生物种群和生产率的控制是非常有优势的。有研究团队通过将藻酸盐-海藻悬浮乳液打印到氯化钙溶液中，生成了具有固定化微藻的微粒，他们发现喷墨打印在固定化藻类方面具有很大的潜力，能够控制被包裹的微藻数量以及微环境对所包裹微藻的微观相互作用（图 19-11）。进一步地，有研究团队使用喷墨打印机来制造薄膜纸基生物光伏电池，该电池由碳纳米管导电表面上的一层蓝藻细胞组成，这些印刷蓝藻能够在黑暗中（作为"太阳能生物电池"）响应光线（作为"生物太阳能电池板"）而产生持续的电流，在低功率设备中具有潜在的应用前景。在另一项研究中，将基于多材料喷墨的 3D 打印机与工程菌相结合，通过数字控制来决定 3D 喷墨的体积材料分布，使用扩散化学品发送细胞信号，使用水凝胶环境在 3D 结构表面固定细胞，这些生物表面是定制的、可复制的和按需制造的。

随着活体材料多样化应用的需求以及加工制造技术的发展，基于喷墨技术的 3D 打印凭借其较低的成本、可多材料打印以及细胞均匀分布等优点成为研究热点。然而，喷墨 3D 生物打印仍然存在着挑战，由于其是通过喷墨机进行喷射来逐层构建三维结构，所以无法构建高精度、高复杂性的活体材料支架。

2. 挤出式 3D 打印

挤出式 3D 打印是活体材料构建中应用最广泛的一种加工制造方法，利用注射器等将生物墨水逐层挤出，结合计算机的结构设计软件，通过 3D 打印机来构建三维结构。挤出式 3D 打印根据其挤出机械力的不同主要分为三类，分别是气动式、活塞式及螺杆驱动式。气动打印过程是利用压缩空气将生物墨水从打印喷

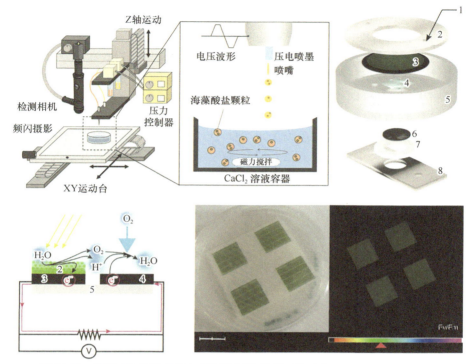

图 19-11　喷墨 3D 生物打印加工制造活体材料（修改自 Sawa et al.，2017）

嘴中挤出，通过调节压缩空气的压力来控制活体材料的沉积。气动打印由于操作简单、易于维护等优点而得到广泛应用（Zhang et al.，2021b）。在活塞或螺杆驱动的打印过程中，生物墨水溶液由活塞或螺丝机械挤出，活塞驱动和螺杆驱动打印提供更大的机械力，并允许更直接地控制生物墨水的流动。相较于喷墨式 3D 打印，挤出式 3D 打印对于生物墨水的选择更加严苛，在挤出式 3D 打印过程中以及后续的成功使用均依赖于所制备的生物墨水的特性，包括物理性质、流变性能、交联性质、机械性能和生物特性。除此之外，挤出式 3D 打印由打印喷嘴、三轴定位系统和工作台组成，其中，打印喷嘴的尺寸对于活体材料支架的构建至关重要。打印喷嘴通常是圆柱形或锥形，直径为 0.1～2 mm，打印图案的精密度和分辨率在很大程度上取决于针头直径，更高分辨率的线束可以通过更小的针头来实现。在生物打印过程中，生物墨水的流变性、设计参数和形态控制、工艺条件以及生物材料的交联性都是至关重要的。挤出式 3D 打印对微生物的空间分布控制非常有利，在控制嵌入材料中微生物的空间组成和动态功能方面取得了很大进展。

挤出式 3D 打印构建的复杂 3D 几何结构对于微生物的定位是一个较大的挑战，有研究团队开发了一种 3D 打印平台，用于在复杂且自持的 3D 结构中实现对细胞或微生物空间分布和浓度的精确控制。他们通过多材料生物墨水直写式打印（direct ink writing，DIW），提供的形状和材料组成与微生物的新陈代谢反应相结合，使带有细菌的活体材料能够进行数字化制造，具有前所未有的功能，如适应行为、污染物降解、以纤维素增强形式形成结构（Zhu et al.，2020）（图19-12）。随着合成生物学的发展，工程化响应型细菌的出现为生物传感提供了新思路，挤出式3D打印已被广泛用于制造响应材料的定制结构，包括水凝胶、液晶弹性体、形状记忆聚合物等。有研究团队报道，其能够将编程的大肠杆菌作为响应组件，将水凝胶活性生物墨水 3D 打印成大规模高分辨率的生物传感支架，其中细胞以可编程的方式进行通信和处理信号。除了人工合成的材料可用于挤出式3D打印外，一些由微生物自组装生成的物质（如生物膜）也可以用于挤出式3D打印。有研究团队利用耐甲氧西林金黄色葡萄球菌和铜绿假单胞菌，形成成熟的细菌生物膜，并对其进行了 3D 打印，结果显示其对抗菌剂有很高的抵抗力。

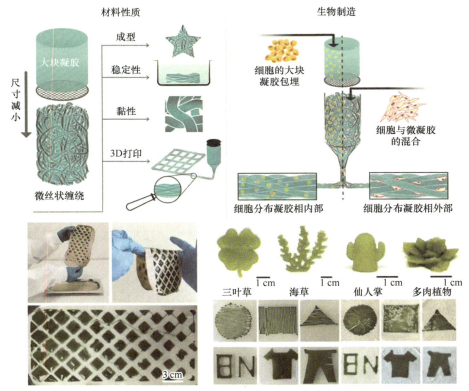

图 19-12　挤出式 3D 生物打印加工制造活体材料（修改自 Kessel et al.，2020）

综上所述，挤出式 3D 打印凭借着其高度定制化、高精度以及高稳定性，成为研究最多的活体材料加工制造方法，并且在各个领域中都有很广泛的应用。然而，挤出式 3D 打印在活体材料构建过程中仍然存在一些挑战，例如，打印的分辨率受到喷嘴的限制、生物墨水的选择有更多的限制，以及挤压过程中的剪切力会降低细胞的存活率。

3. 光辅助 3D 打印

基于光辅助的 3D 打印一般是利用光敏树脂或光敏聚合物作为原料，通过光激发逐层固化来构建三维结构。在光辅助 3D 打印中，预聚液通过光暴露交联并固化，形成三维结构，预聚物、光引发剂和微生物活性成分组成了适用于光交联的生物墨水，含有光引发剂的活体材料在光暴露的地方会凝固（Wangpraseurt et al.，2022）。常用的光辅助 3D 打印加工制造活体材料包括数字光处理 3D 打印和双光子聚合 3D 打印。

数字光处理 3D 打印是一种利用光固化技术，通过逐层固化光敏树脂来构建三维物体的加工技术。该方法始于一个数字化的三维模型，该模型通过软件创建，然后被转换成可以逐层打印的一系列层或切片。数字光处理 3D 打印使用一个装满液态光敏感活体材料前驱体的容器，该前驱体在特定波长光的照射下会硬化（图19-13）。该方法的数字光投影屏幕一次性显示每一层的完整图像，这个图像由方形像素组成，每个像素都可以单独控制，以更精确和可控的方式投射光线。投影仪在液态光敏的活体材料前驱体表面投影一层图像，准确地在光线照射的位置使前驱体硬化。然后，构建平台向上或向下移动，允许新的前驱体流到部件下方。此过程逐层重复，直到整个活体材料对象创建完成，每一层都黏附在下面一层上，形成一个坚固的三维活体材料物体。

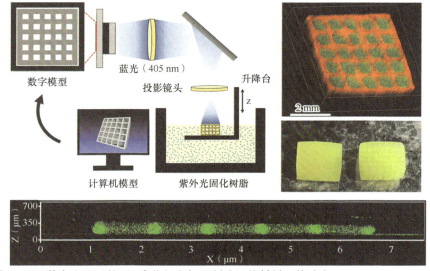

图 19-13　数字光处理的 3D 生物打印加工制造活体材料（修改自 Dubbin et al.，2021）

近年来，在构建生物膜活体材料过程中，基于数字光处理的 3D 打印加工制造方法经常被使用。虽然像喷墨技术、激光辅助以及挤压式打印等打印技术已经运用于生物膜活体材料的加工制造，但这些方法在很大程度上局限于二维图案，使其不适合工程生物膜。有研究团队利用基于数字光处理的 3D 打印技术在水凝胶结构内打印不同荧光表达的大肠杆菌，在三维几何图形中构建微生物图案。这项工作代表了微生物立体光刻印刷的第一次演示，并为未来的工程生物膜和其他复杂的三维结构化培养提供了机会。数字光处理 3D 打印的速度快，成型精度高，打印物的细节和表面光洁度方面可匹敌注塑成型的耐用塑料部件。

基于双光子聚合的 3D 打印是一种高分辨率的微纳光固化 3D 打印技术，利用聚合物在受到两个光子同时照射时发生聚合反应的原理，实现微米级别的 3D 结构打印（图 19-14）。基于双光子聚合的 3D 打印已经在扩展分辨率、制造速度和应用领域方面取得了显著进展。利用其微纳加工制造的优势，新型功能材料的应用使得微型传感器、微型执行器等的应用成为可能（Faraji Rad et al.，2021）。有研究团队引入了一种蒸气响应型光致抗蚀剂，使亚微米二维光子结构能够进行四维微型打印，具有可预测的均匀颜色显示，可以根据需要进行调制。在活体材料加工制造领域中，基于双光子聚合的 3D 打印有广泛的应用。有研究团队基于光子聚合的 3D 打印创建了一种微型生态系统，该生态系统旨在研究几乎任何三维排列中多个细菌种群的相互作用和整合。基于双光子聚合的 3D 打印虽然在高精度、高分辨率以及构建微型复杂结构方面拥有非常大的优势，但过高的设备成本限制了其在实验室研究中的应用。

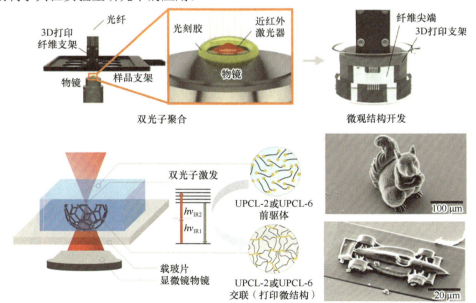

图 19-14　双光子聚合的 3D 生物打印加工制造活体材料（修改自 Arslan et al.，2020）

19.4 活体材料加工制造的挑战与展望

当前，活体材料的加工制造已经成为科研人员极为关注的前沿领域之一，特别是在生物制造、医学材料开发以及环境保护等领域展示出极大的应用潜力和重要价值。这些材料的独特性在于能够响应环境变化并执行复杂功能，开辟了一系列新的应用可能性。然而，要实现活体材料的精准加工制造和规模化生产，我们还需克服许多技术与应用上的挑战，包括如何精确控制生物制造过程、如何实现技术的集成与设备的兼容性、如何有效地进行规模化生产同时控制成本，以及如何处理涉及的生物安全和伦理问题。解决这些问题不仅需要技术创新，还需要跨学科的合作和政策支持，以推动活体材料加工制造技术的持续发展和社会经济价值的实现。

19.4.1 精准的生物过程调控

活体材料的加工制造通常涉及对生物过程的精密调控，包括细菌、真菌、微藻等生物体的生长与代谢活动。所面临的挑战在于如何精确控制这些生物体的生物过程，以达到预期的产品特性和性能。这需要对生物体的生物学特性、代谢路径及其调控机制有深刻的理解，并根据这些知识制定有效的调控策略和技术。同时，我们还需考虑生物体间的差异、复杂性以及生长环境因素（如温度、pH、营养素等）对生物活动的影响。

为实现对生物过程的精确控制，常采用基因工程技术对微生物进行遗传改造，使其具备特定的代谢功能或生物合成路径。这样可以精细调节产物的类型、产量和纯度，以满足不同的应用需求。此外，通过调整培养基的成分、培养条件及方式，也能优化生物过程的效率和产品质量。在活体材料的生产过程中，生命组分通常被包裹或固定于非生物基质中，这就要求精心设计材料组分和制造工艺，以保证微生物的生长活性不受损害，并确保微生物与基质间有良好的相互作用。

19.4.2 集成和兼容性问题

活体材料加工技术需要与现有的制造和应用系统进行无缝集成，这意味着要解决不同技术之间的接口和兼容性问题，以确保各种工艺能够协同工作，实现整体生产链的高效运转。例如，活体材料的制备过程可能涉及多种加工工艺，如 3D 打印、静电纺丝、微流控等，这些技术需要与传统的制造工艺和设备进行有效对接，以实现从实验室到工业化生产的平稳过渡。

此外，优化材料性能是活体材料加工制造中的一个核心环节。活体材料通常具备复杂的结构与功能，需在保持其生物活性的同时，进一步提升其机械、化学和物理性能，以适应不同的应用环境。例如，在生物医疗领域，活体材料需要确保良好的生物兼容性和可降解性；在环境修复中，活体材料则应具有较强的吸附能力和持久的稳定性。为此，必须开发创新的设计和制造方法，包括新型生物组分和非生物组分的应用，以精确调控活体材料的性能，并进行定制化设计，满足特定应用的需求。这不仅要求对材料的生物特性和非生物特性有深入理解，还需要不断探索加工制造技术，以实现活体材料的高效生产与功能化应用。

19.4.3　规模化生产与成本管理

目前，生物 3D 打印、静电纺丝和微流控等技术已用于活体材料的生产，但这些方法在规模化生产和成本控制方面还面临一些挑战。例如，生物 3D 打印虽然可以进行定制化和复杂结构的打印，但打印速度相对较慢，且在大规模生产时难以保持一致的高质量。静电纺丝技术虽然能够制造出超细的纤维，适用于模拟细胞外基质，但其生产效率和成本控制仍是一项挑战。此外，微流控技术在精细控制小规模流体反应中表现出色，但将这些过程放大到工业级别时，设备和运行成本高昂，且技术复杂。此外，目前针对活体材料的制造标准化流程及规范性的缺乏，也导致了不同实验室或企业在制造过程中存在着差异性，难以实现活体材料的质量控制及产品的一致性。

同时，活体材料的制造通常涉及复杂的工艺及高昂的原材料成本，例如，用于培养微生物的培养基、生长因子及材料合成所需的成本。在活体材料的加工制造过程中，活性组分容易受到多种因素的影响，如温度、pH、氧气浓度等，这些因素的变化有可能会造成活细胞的不稳定性，继而影响活体材料的质量与功能。此外，活体材料的规模化生产面临着一系列的挑战，制造过程中的一些环节难以扩展到大规模生产，如微生物的培养、基因改造、材料的合成等，且规模化生产需要投入大量的资金及设备，这对于诸多的初创平台及研究机构来说是一个巨大的挑战。

19.4.4　生物安全与伦理

活体材料制造过程中涉及的生物安全与伦理问题既关乎人类健康和环境保护，也涉及商业化与社会责任的平衡。首先，生物安全是制造过程中必须重视的关键问题之一。在利用生物体制造活体材料时，必须采取严格的措施来防止生命组分的意外释放或滥用。特别是对于那些具有潜在风险的生物体，如可能对人类健康或环境造成危害的微生物或生物体，必须采取额外的安全措施，包括实验室内部的生物安全级别控制、严格的实验操作规程、生物材料的安全存储和处置等方面的措施，以确保生产过程中不会发生意外泄漏或滥用的情况。其次，伦理审查是活体材料商业化过程中必须面对的挑战之一。活体材料的商业化涉及对生物技术的应用和商业化，可能会引发一系列的伦理和社会问题。因此，活体材料的商业化过程需要通过复杂的伦理和监管审查过程，以确保其安全、合法和道德的商业化。

展望未来，随着科技的持续进步和多学科领域的深入融合，活体材料在医学、生物工程、环境保护等多个领域的重要性将日益增加。通过先进的制造技术，活体材料的智能化、功能性和可控性都将得到显著提高。此外，随着制造技术的持续优化和成本逐步降低，活体材料的商业应用将逐渐加速，预示着广泛的市场推广前景。因此，我们对活体材料未来的发展持乐观态度，相信它将为社会带来更广泛的创新和发展机会。

编写人员：余子夷　文慧琳　袁羚峰　付晨伟　王镜如
（南京工业大学化工学院）

参 考 文 献

Aleklett K, Ohlsson P, Bengtsson M, et al. 2021. Fungal foraging behaviour and hyphal space exploration in micro-structured soil chips. The ISME Journal, 15(6): 1782-1793.

An B L, Wang Y Y, Huang Y Y, et al. 2023. Engineered living materials for sustainability. Chemical Reviews, 123(5): 2349-2419.

Arslan A, Steiger W, Roose P, et al. 2020. Polymer architecture as key to unprecedented high-resolution 3D-printing performance: The case of biodegradable hexa-functional telechelic urethane-based poly-ε-caprolactone. Materials Today, 44(1):25-39.

Baniasadi M, Minary-Jolandan M. 2015. Alginate-collagen fibril composite hydrogel. Materials (Basel), 8(2): 799-814.

Bhusari S, Sankaran S, del Campo A. 2022. Regulating bacterial behavior within hydrogels of tunable viscoelasticity. Advanced Science, 9(17): e2106026.

Bird L J, Onderko E L, Phillips D A, et al. 2019. Engineered living conductive biofilms as functional materials. MRS Communications, 9(2): 505-517.

Birnbaum D P, Manjula-Basavanna A, Kan A, et al. 2021. Hybrid living capsules autonomously produced by engineered bacteria. Advanced Science (Weinh), 8(11): 2004699.

Burgos-Morales O, Gueye M, Lacombe L, et al. 2021. Synthetic biology as driver for the biologization of materials sciences. Materials Today Bio, 11: 100115.

Chen A Y, Deng Z T, Billings A N, et al. 2014a. Synthesis and patterning of tunable multiscale materials with engineered cells. Nature Materials, 13(5): 515-523.

Chen H H, Cheng Y H, Tian J R, et al. 2020. Dissolved oxygen from microalgae-gel patch promotes chronic wound healing in diabetes. Science Advances, 6(20): eaba4311.

Chen X, Mahadevan L, Driks A, et al. 2014b. Bacillus spores as building blocks for stimuli-responsive materials and nanogenerators. Nature Nanotechnology, 9(2): 137-141.

Collins M N, Ren G, Young K, et al. 2021. Scaffold fabrication technologies and structure/function properties in bone tissue engineering. Advanced Functional Materials, 31(21): 2010609.

Dubbin K, Dong Z, Park D M, et al. 2021. Projection microstereolithographic microbial bioprinting for engineered biofilms. Advance Science, 21(3): 1352-1359.

Faraji Rad Z, Prewett P D, Davies G J. 2021. High-resolution two-photon polymerization: The most versatile technique for the fabrication of microneedle arrays. Microsystems & Nanoengineering, 7(1): 71.

Gantenbein S, Colucci E, Käch J, et al. 2023. Three-dimensional printing of *Mycelium* hydrogels into living complex materials. Nature Materials, 22(1): 128-134.

Heveran C M, Williams S L, Qiu J S, et al. 2020. Biomineralization and successive regeneration of engineered living building materials. Matter, 2(2): 481-494.

Hug J J, Krug D, Müller R. 2020. Bacteria as genetically programmable producers of bioactive natural products. Nature Reviews Chemistry, 4(4): 172-193.

Ji S, Guvendiren M. 2021. Complex 3D bioprinting methods. APL Bioengineering, 5(1): 011508.

Johnston T G, Yuan S F, Wagner M W, et al. 2020.Compartmentalized microbes and co-cultures in hydrogels for on-demand bioproduction and preservation. Nature Communications, 11(1): 563.

Jung I, Seo H B, Lee J E, et al. 2014. A dip-stick type biosensor using bioluminescent bacteria encapsulated in color-coded alginate microbeads for detection of water toxicity. The Analyst, 139(18): 4696-4701.

Kessel B, Lee M, Bonato A, et al. 2020.3D bioprinting of microporous materials based on entangled hydrogel microstrands. Advance Science, 7(1):2001419

Ketabat F, Maris T, Duan X M, et al. 2023. Optimization of 3D printing and *in vitro* characterization of alginate/gelatin lattice and angular scaffolds for potential cardiac tissue engineering. Frontiers in Bioengineering and Biotechnology, 11: 1161804.

Klebe R J. 1988. Cytoscribing: a method for micropositioning cells and the construction of two- and three-dimensional synthetic tissues. Experimental Cell Research, 179(2): 362-373.

Kumar V, Vlaskin M S, Grigorenko A V. 2021.3D bioprinting to fabricate living microalgal materials. Trends in Biotechnology, 39(12): 1243-1244.

Lantada A D, Korvink J G, Islam M. 2022. Taxonomy for engineered living materials. Cell Reports Physical Science, 3(4): 100807.

Lee J, Hong J, Kim W, et al. 2020. Bone-derived dECM/alginate bioink for fabricating a 3D cell-laden mesh structure for bone tissue engineering. Carbohydrate Polymers, 250: 116914.

Li Z W, Cui Z W, Zhao L H, et al. 2022.High-troughput production of kilogram-scale nanofibers by Kármán vortex solution blow spinning. Science Advance, 8(11): abn3690.

Liu Y F, Xia X D, Liu Z, et al. 2023. The next frontier of 3D bioprinting: bioactive materials functionalized by bacteria. Small, 19(10): e2205949.

Lode A, Krujatz F, Brüggemeier S, et al. 2015. Green bioprinting: Fabrication of photosynthetic algae-laden hydrogel scaffolds for biotechnological and medical applications. Engineering in

Life Sciences, 15(2): 177-183.

Maisani M, Ziane S, Ehret C, et al. 2018. A new composite hydrogel combining the biological properties of collagen with the mechanical properties of a supramolecular scaffold for bone tissue engineering. Journal of Tissue Engineering and Regenerative Medicine, 12(3): e1489-e1500.

Meunier C F, Dandoy P, Su B L. 2010. Encapsulation of cells within silica matrixes: Towards a new advance in the conception of living hybrid materials. Journal of Colloid and Interface Science, 342(2): 211-224.

Mohabatpour F, Duan X M, Yazdanpanah Z, et al. 2023. Bioprinting of alginate-carboxymethyl chitosan scaffolds for enamel tissue engineering in vitro. Biofabrication, 15(1): 015022.

Molinari S, Tesoriero R F, Ajo-Franklin C M. 2021. Bottom-up approaches to engineered living materials: challenges and future directions. Matter, 4(10): 3095-3120.

Mujah D, Shahin M A, Cheng L. 2017. State-of-the-art review of biocementation by microbially induced calcite precipitation (MICP) for soil stabilization. Geomicrobiology Journal, 34(6): 524-537.

Nguyen P Q, Courchesne N M D, Duraj-Thatte A, et al. 2018. Engineered living materials: Prospects and challenges for using biological systems to direct the assembly of smart materials. Advanced Materials, 30(19): e1704847.

Ou Y T, Cao S X, Zhang Y, et al. 2023. Bioprinting microporous functional living materials from protein-based core-shell microgels. Nature Communications, 14(1): 322.

Ozer E, Yaniv K, Chetrit E, et al. 2021.An inside look at a biofilm: Pseudomonas aeruginosa flagella biotracking. Science Advance, 7(24): eabg8581.

Pu J H, Liu Y, Zhang J C, et al. 2020. Virus disinfection from environmental water sources using living engineered biofilm materials. Advanced Science, 7(14): 1903558.

Reich S, Kaiser P, Mafi M, et al. 2019. High-temperature spray-dried polymer/bacteria microparticles for electrospinning of composite nonwovens. Macromolecular Bioscience, 19(5): e1800356.

Rodrigo-Navarro A, Sankaran S, Dalby M J, et al. 2021. Engineered living biomaterials. Nature Reviews Materials, 6(12): 1175-1190.

Sadeghianmaryan A, Naghieh S, Yazdanpanah Z, et al. 2022. Fabrication of chitosan/alginate/hydroxyapatite hybrid scaffolds using 3D printing and impregnating techniques for potential cartilage regeneration.International Journal of Biological Macromolecules, 204: 62-75.

Saha A, Johnston T G, Shafranek R T, et al. 2018. Additive manufacturing of catalytically active living materials. ACS Applied Materials & Interfaces, 10(16): 13373-13380.

Sarioglu O F, Keskin N O S, Celebioglu A, et al. 2017. Bacteria encapsulated electrospun nanofibrous webs for remediation of methylene blue dye in water. Colloids and Surfaces B: Biointerfaces, 152: 245-251.

Sawa M, Fantuzzi A, Bombelli P, et al. 2017.Electricity generation from digitally printed cyanobacteria. Nature Communications, 8(1): 1327

Schaffner M, Rühs P S, Coulter F, et al. 2017.3D printing of bacteria into functional complex materials. Science Advance, 3(12): eaao6840.

Seker U O S, Chen A Y, Citorik R J, et al. 2017. Synthetic biogenesis of bacterial amyloid nanomaterials with tunable inorganic-organic interfaces and electrical conductivity. ACS Synthetic Biology, 6(2): 266-275.

Sharma M, Nayak P S, Asthana S, et al. 2018. Biofabrication of silver nanoparticles using bacteria from mangrove swamp. IET Nanobiotechnology, 12(5): 626-632.

Sun G L, Reynolds E E, Belcher A M. 2020. Using yeast to sustainably remediate and extract heavy metals from waste waters. Nature Sustainability, 3(4): 303-311.

Suresh A K, Pelletier D A, Wang W, et al. 2011. Biofabrication of discrete spherical gold nanoparticles using the metal-reducing bacterium Shewanella oneidensis. Acta Biomaterialia, 7(5): 2148-2152.

Thongsomboon W, Serra D O, Possling A, et al. 2018. Phosphoethanolamine cellulose: A naturally produced chemically modified cellulose. Science, 359(6373): 334-338.

Wang Y Y, Liu Y, Li J, et al. 2022. Engineered living materials (ELMs) design: From function allocation to dynamic behavior modulation. Current Opinion in Chemical Biology, 70: 102188.

Wang Y Y, Pu J H, An B L, et al. 2018. Emerging paradigms for synthetic design of functional amyloids. Journal of Molecular Biology, 430(20): 3720-3734.

Wangpraseurt D, You S T, Sun Y Z, et al. 2022. Biomimetic 3D living materials powered by microorganisms. Trends in Biotechnology, 40(7): 843-857.

Wösten H A B, van Wetter M A, Lugones L G, et al. 1999. How a fungus escapes the water to grow into the air. Current Biology, 9(2): 85-88.

Xin A, Su Y P, Feng S W, et al. 2021. Growing living composites with ordered microstructures and exceptional mechanical properties. Advanced Materials, 33(13): 2006946.

Yao M M, Wei Z J, Li J J, et al. 2022.Microgel reinforced zwitterionic hydrogel coating for blood-contacting biomedical devices. Nature Communications, 13(1): 5339

Yong Y C, Yu Y Y, Zhang X H, et al. 2014. Highly active bidirectional electron transfer by a self-assembled electroactive reduced-graphene-oxide-hybridized biofilm. Angewandte Chemie International Edition, 53(17): 4480-4483.

You F, Wu X, Kelly M, et al. 2020. Bioprinting and *in vitro* characterization of alginate dialdehyde – gelatin hydrogel bio-ink. Bio-Design and Manufacturing, 3(1): 48-59.

Yu C, Schimelman J, Wang P R, et al. 2020. Photopolymerizable biomaterials and light-based 3D printing strategies for biomedical applications. Chemical Reviews, 120(19): 10695-10743.

Yuan Y, Zhou S G, Yang G Q, et al. 2013. Electrochemical biomemory devices based on self-assembled graphene–*Shewanella oneidensis* composite biofilms. RSC Advances, 3(41): 18844-18848.

Zhang H, Liu H, Tian Z Q, et al. 2018. Bacteria photosensitized by intracellular gold nanoclusters for solar fuel production. Nature Nanotechnology, 13(10): 900-905.

Zhang P C, Shao N, Qin L D. 2021a. Recent advances in microfluidic platforms for programming cell-based living materials. Advanced Materials, 33(46): e2005944.

Zhang S L, Zhou M J, Liu M Y, et al. 2023.Ambient-conditions spinning of functional soft fibers via engineering molecular chain networks and phase separation. Nature Communications, 14(1):3245

Zhang Y S, Haghiashtiani G, Hübscher T, et al. 2021b. 3D extrusion bioprinting. Nature Reviews Methods Primers, 1(1): 75.

Zhao C E, Wu J S, Ding Y Z, et al. 2015. Hybrid conducting biofilm with built-in bacteria for high-performance microbial fuel cells. ChemElectroChem, 2(5): 654-658.

Zhu J Z, Zhang Q, Yang T Q, et al. 2020.3D printing of multi-scalable structures *via* high penetration near-infrared photopolymerization. Nature Communications, 11(1): 3462.

第20章　材料合成生物学的挑战和发展趋势

材料合成生物学是合成生物学与材料学交叉诞生的新兴研究领域，得到了国内外管理机构的大力支持和研究机构的大力参与。通过合成生物技术发展新材料，是材料合成生物学的发展方向。因此，本书首先介绍了 PHA、PLA、蛋白质、多糖和 DNA 材料的发酵制备、功能改造及应用，进一步阐释了仿生蛋白功能材料的模块化设计方式；进一步，针对工程活体材料的设计、应用和加工进行了详细阐述。材料合成生物学的发展，将改进材料的开发和应用方式，能够促进社会的可持续发展，成为推动经济发展的引擎。

尽管近年来合成生物技术推动了工程活体材料的飞速发展，但由于工程生命的复杂性，这一领域在材料设计与应用上仍面临诸多困难和挑战。目前，大肠杆菌、枯草杆菌和酿酒酵母等模式微生物常作为活体材料设计与制造的主要平台，选择这些模式生物也主要是因为它们具有明确的遗传背景以及便于进行基因工程操作的优点。虽然合成生物学的遗传操作工具不断发展，使得对非模式生物的工程改造成为可能，但是有效的基因转化工具、稳定的遗传调控手段以及高效的菌株筛选方法的匮乏，限制了应用非模式生物作为活体材料底盘的发展。对于未来工程活体材料的发展，我们提出了以下可能的研究方向。

1. 在底盘细胞中构建高效的生物合成途径以实现大规模生产

只有当新型材料产品能够被大规模地制造出来，并且能够替代传统的不可持续材料时，使用活体生命体制造的、可自我复制的活体材料才有机会对社会的可持续发展作出实质性贡献。要实现这一目标，首先需要在活体材料所使用的底盘细胞中对目标产品的生物合成途径进行理性设计和优化。在过去几十年的科学研究中，代谢工程为产物途径设计、微生物遗传操作和宿主优化积累了宝贵的知识及工具。尽管如此，利用工程生命体异源生产特定化学物质仍然严重依赖于繁琐的试错试验和广泛的参数空间探索，更不用说规模放大所需的进一步优化工作。值得注意的是，近年来，合成生物学铸造厂（synthetic biological factory，SBF）作为一种平台技术出现，将自动化与细胞生长、化学分析、光学表征等功能模块合理地组装在一起。这种整合允许以高通量、自动化的方式实施合成生物学中的"设计-构建-测试-学习"的典型周期，为活体材料底盘以及代谢线路的优化提供了系统性探索参数空间的可能。一个代表性的例子是，博德研究所团队与 SBF 合作开发工程微生物，在 3 个月时间内即成功利用改造的微生物大规模生产了 10

种指定代谢产物中的 8 个。因此，在未来活体材料的设计与制作中，自动化平台可以用来完成代谢途径、底盘宿主甚至培养条件的高通量调试和筛选，最终获得理性的参数条件。

2. 通过定向进化改善材料性能

材料的优异性能是其能够被公众广泛接受以及可持续使用的前提条件。针对活体材料性能不佳的问题，当前可以借助定向进化技术改善材料分子的性能。生命的创造力源于进化，进化的力量也在不断地被人类利用以造福社会，例如，数千年来，人类通过不断的迭代培育，提高野生植物的产量以养活更多的人口。相比于祖先在漫长时间内对作物的进化筛选，当前在实验室中，进化速度可以被大大加快，且能够根据特定需求实现定向进化。定向进化依赖于错误倾向的 PCR 来创建特定基因的随机突变库，并通过对这个库进行筛选，寻找具有改进功能或全新功能的蛋白变体。在这项技术发展的三十年里，定向进化已从体外的易错 PCR 方法，逐步演化为基于噬菌体、细菌和酵母的连续定向进化技术。如今，定向进化技术的应用已非常广泛，用于优化基因元件、酶、抗体、代谢途径、基因调控回路，甚至设计微生物群落等。

经过定向进化技术筛选获得的蛋白质可通过工程化底盘宿主进行大规模合成，从而有望开发出性能优良的功能性材料。然而，当前对于大多数生物材料组分，如丝蛋白、胶原蛋白或者黏合蛋白等，传统表征手段（如机械力测试、显微成像和热重分析）在处理大量样本时存在明显短板，这严重阻碍了功能材料的筛选工作。因此，开发高效的高通量材料表征方法是定向进化蛋白材料面临的主要挑战之一。一种可行的解决方案是直接进化活体材料，并筛选出满足实际应用需求的材料变种。由于活体材料借助工程生命原位合成或者分泌蛋白质，因此，通过在应用过程中选择最佳效能的活体材料变体，可实现功能材料的批量化性能鉴定。例如，为了开发一种能有效黏附在肠道的活体胶水，可以采用连续定向进化系统对胶原蛋白进行随机突变，然后通过大肠杆菌的异源分泌，在胞外形成黏性基质。在真实动物的胃肠道模型中，高黏性的蛋白变体能迅速黏附到肠壁并助力修复受损组织。这一过程中，对胶原蛋白的黏附能力进行筛选，有效地淘汰了性能不佳的变种，展示了一种高效而迅速的体内定向进化策略。同理，任何在淘汰筛选中表现出优异属性的材料，都适宜使用这种策略进行快速优化和进化。

3. 人工智能辅助材料设计

人工智能（AI）通过统计模型探索数据的深层信息，可有力地协助定向进化与筛选，并提供机器学习的预测能力。近来，人工智能在生物学研究领域引起了广泛关注，其应用包括蛋白质结构预测、腺相关病毒衣壳蛋白设计、抗菌肽识别、核糖开关设计、蛋白质-肽相互作用预测，甚至直接生成人工生命基因组等。在活体材料工程中，AI 能够简化从庞大的序列和表型数据库中挖掘特定生物合成基因簇资源的过程，帮助定向进化以优化基本材料单元的性能，并探索用于开发稳健基因电路的基因模块。自动化平台如 SBF 可以用来收集大量与材料属性相关的测试数据，这些数据可以解决由于计算机模型训练数据不足导致的准确性低下问题，从而提升 AI 算法的预测可靠性。因此，AI 与 SBF 的协同作用有望提高新型化学品和材料（如生物聚合物）的生产数量和质量。

4. 从廉价且易获取的资源中生产活体材料

材料的经济制造是可持续社会发展的支柱。目前，活体材料领域大多数工作使用的底盘细胞主要基于实验室所培养的细菌或细胞，实验室培养基的使用极大地增加了活体材料的生产成本。从这个角度，寻找更经济的营养来源有助于低成本制造活体材料，并有望实现在资源贫乏的地区（如高山或外太空）进行材料生产。在近年的研究工作中，一种代表性的节约活体材料生产成本的方法是从食物废料中培养活体材料，如使用面包渣衍生的培养基。另外，一些天然的农业废物降解菌在发展活体材料方面也极具优势，例如，菌丝体能够将稻草秸秆作为营养来源，使用纤维素降解的微生物或与其他细胞工厂组合生产，也有望促进农业废弃物转化为活体功能产品。最近发现的聚对苯二甲酸乙二醇酯降解细菌 *Ideonella sakaiensis* 也展示出开发活体材料（如可降解塑料的活体材料）的潜能。此外，使用海洋微生物如需钠弧菌（*Vibrio natriegens*）、盐单胞菌（*Halomonas bluephagenesis*）和绿藻来制造活体材料，则可以减少对淡水资源的消耗，因为这些微生物可以直接在海水中培养。最后，利用自养生物生产活体材料是另一种减少对外源食物供应依赖的方式。与许多培养条件严苛的化能自养微生物相比，光合细菌能够在光照条件下增殖并将太阳能高效地转化为化学能。因此，作为自给自足制作活体材料的宿主载体，近年来光合微生物也受到了越来越多的关注。例如，最近开发的可食用光合细菌 *Arthrospira platensis* 已被用来生产重组蛋白；基于螺旋藻的活体材料也已被用于体内药物生产和输送并展现出广阔的前景。

5. 通过活体和非活体组分之间的高效分工制造活体材料

在活体生命以及非活体材料组分（如半导体等）的杂合体系中，非生命体系和活体系统相互整合，充分发挥各自独特的优势。例如，无机催化剂使用电能和（或）太阳能分解水，产生的氢气驱动微生物合成高附加值的产品。研究人员最近开发了一种杂合活体材料系统，将二氧化碳电解与酵母发酵耦合。该设备首先电解空气中的二氧化碳产生乙酸，然后由基因工程改造的酿酒酵母利用乙酸并转化为长链化合物，如葡萄糖。这种生命有机-无机杂合系统使异养微生物能够将温室气体转化为能量丰富的化合物，推动未来材料的经济型生产。活体和非活体系统之间的协同作用要求生物兼容的非生物材料能够与目标微生物的代谢过程无缝整合，同时尽可能减少其对生长的影响。为实现这一目标，亟须深入探索生物系统和非生物基质之间的相互作用，以实现两者的最佳组合，并确保运行过程的协同整合。

6. 延长活体材料的工作寿命

活体材料因其自我生长和对环境的动态响应能力备受关注，然而，以模式菌株构建的活体材料往往对环境压力较为敏感，如食物匮乏、干旱、极端温度和辐射等，这成为限制活体材料走出实验室、实现广泛应用的主要瓶颈。尽管在材料研究中，可以通过凝胶、聚合物涂层和无机颗粒保护活体生命，从生物学角度来看，通过对模式菌株进行基因工程改造，如引入甘露糖、荚膜多糖和胞内相分离蛋白的合成途径等，也有望显著提高菌株的抗逆性，使其更加适应恶劣环境。此外，构建多物种共生系统，也可以进一步增强活体材料的复杂功能，为其在生物修复和生物制造等领域的应用提供新的可能性。例如，研究人员已经成功利用多种芽孢杆菌构建具有自愈功能的混凝土。这些细菌形成的芽孢赋予了其极强的耐受性，使其能够在混凝土内部的高碱、缺氧和干燥环境中长期存活。

7. 降低并控制活体材料的生物危害

活体材料的应用也面临着生物安全方面的挑战，例如，工程菌株的逃逸可能对当地生态系统构成威胁。为了解决这一问题，可以采取以下几种策略。首先，应优先选择一般公认安全（generally recognized as safe，GRAS）的菌株作为活体材料的生物底盘。其次，可以工程化工程菌株的营养需求，制造营养缺陷型的工程生命，使其依赖于自然环境中不存在的特定氨基酸或核苷酸。这种无抗生素选择策略可有效防止转基因生物的泄漏，同时避免抗生素抗性基因在自然中的传播。此外，可以引入"死亡开关"或"密码开关"等生物防护工具，通过激活这些开关，主动控制工程生物体增殖或限制水平基因转移，从而终止工程菌株的活性。例如，研究人员开发的"Deadman"和"Passcode"微生物自杀开关，已被证明可以有效地防止转基因生物逃逸到非设定的环境中。除了上述方法，还可以设计无复制功能或无染色体的微生物，以降低其在自然环境中长期存活的概率，实现工程活体材料的安全应用。

编写人员：钟　超　王新宇　安柏霖（中国科学院深圳先进技术研究院）